Springer-Lehrbuch

Springer

Berlin
Heidelberg
New York
Barcelona
Hongkong
London
Mailand
Paris
Tokio

Engineering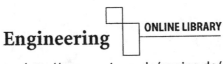

http://www.springer.de/engine-de/

Andrei Duma

Kompaktkurs Mathematik für Ingenieure und Naturwissenschaftler

mit 329 Aufgaben und Lösungen

 Springer

Professor Dr. Andrei Duma
FernUniversität Hagen
Fachbereich Mathematik
Lehrgebiet Komplexe Analysis
Lützowstr. 125
58084 Hagen

Die Deutsche Bibliothek - CIP-Einheitsaufnahme
Duma, Andrei:
Kompaktkurs Mathematik für Ingenieure und Naturwissenschaftler / Andrei Duma
Berlin; Heidelberg; NewYork; Barcelona; Hongkong; London; Mailand; Paris; Tokio: Springer, 2002
  (Springer-Lehrbuch)
  ISBN 3-540-43598-0

ISBN 3-540-43598-0 Springer-Verlag Berlin Heidelberg New York

Springer-Verlag Berlin Heidelberg New York
ein Unternehmen der BertelsmannSpringer Science + Business Media GmbH

http://www.springer.de

© Springer-Verlag Berlin Heidelberg 2002
Printed in Germany

Einband-Entwurf: design & production,Heidelberg
Satz: Digitale Druckvorlage des Autors
Gedruckt auf säurefreiem Papier   SPIN: 10854142   7/3020Rw - 5 4 3 2 1 0

Vorwort

Dieses Buch soll in erster Linie Studenten der Ingenieurwissenschaften und Physik, aber auch Informatik- und Mathematikstudenten (vor allem fürs Lehramt) helfen, das Grundstudium zu überstehen; es ist kein Geheimnis, dass für viele Ingenieur- und Informatikstudenten die Mathematik **der** Stolperstein ist! Das Buch setzt den regelmäßigen Besuch von Vorlesungen (bzw. das Studium der Fernkurse), die aktive Mitarbeit in den Übungsgruppen und das Studium von Lehrbüchern voraus, und es ist nicht dazu geeignet, diese Aktivitäten zu ersetzen oder überflüssig zu machen! Die theoretischen Betrachtungen geben eine (unvollständige) Wiederholung der Begriffe und Ergebnisse und werden durch einfache Beispiele ergänzt, um den Zugang zum Wesentlichen – und das sind hier die gelösten Aufgaben – zu erleichtern. Nach dem Titel jedes Paragraphen (z.B. 1.1.9 Vektorräume) wird in Klammern auf die dazu passenden Aufgaben hingewiesen (also zu 1.1.9: Aufgaben 33 bis 36). Der Aufbau weicht von der strengen Darstellung – Definition, Satz, Beweis, Folgerungen, Beispiele, Definition, Satz,... – ab; damit wird nicht nur eine unkonventionelle Wiederholung, sondern auch eine Vertiefung der vorhandenen Kenntnisse angestrebt. Einige Themen werden absichtlich oder ungewollt weggelassen oder nur kurz behandelt, andere dafür umso mehr in den Vordergrund gestellt. Oft habe ich festgestellt, dass anspruchsvolle Sachverhalte den Studierenden leicht fallen, dagegen andere – angeblich einfache – Zusammenhänge große Schwierigkeiten bereiten.

In den Lösungen der Aufgaben wird selten Bezug auf die entsprechenden Zusammenfassungen der Grundbegriffe und Ergebnisse aus der Theorie genommen, um das Durcharbeiten der Lösungen auch ohne diese theoretischen Betrachtungen zu ermöglichen und ständiges Blättern zu vermeiden. Natürlich gibt es auch gute Gründe, es anders zu machen. Wenn ein Begriff zum ersten Mal vorkommt, dann wird er fett geschrieben; in der Regel wird er an dieser Stelle auch definiert. Entsprechendes gilt für Sätze, Ergebnisse, usw.

Der dargestellte Stoff wurde in drei Gruppen eingeteilt; dies dient in erster Linie der Systematik. Wenn man verschiedene Fachkollegen fragt, was in jedes der ersten drei Semester gehört, bekommt man kaum zwei gleiche Antworten. Die vorgenommene Einteilung orientiert sich an Erfahrungen von Kollegen der RWTH Aachen und an meinen Erfahrungen mit Physikstudenten an der Ruhr-Universität Bochum. Jedes Kapitel enthält in etwa den Stoff des jeweiligen Semesters der meisten Universitäten bzw. technischen Hochschulen.

Hätte ich nach einem optimal logischen Aufbau gesucht, so wäre ich heute noch damit beschäftigt und hätte keine Seite geschrieben. Dazu nur ein einfaches Beispiel: Was sollte zuerst angesprochen werden: Ungleichungen, Beträge oder Funktionen? Schließlich ist der Betrag eine Funktion, die man besser mit Hilfe von Ungleichungen versteht; die wiederum sind notwendig, um den maximalen Definitionsbereich einer Funktion zu bestimmen, usw. Eng damit verbunden ist die leidige Frage, was man (noch!) von der Schule als bekannt voraussetzen kann. Die Meinungen über die Stoffauswahl gehen auseinander und sind zeitlichen Schwankungen ausgesetzt. Schon deshalb kann kein Anspruch auf Vollständigkeit des hier behandelten Stoffes erhoben werden. Die numerischen Aspekte kommen zu kurz, das wichtige Gebiet der Wahrscheinlichkeitstheorie und Statistik – wie leider bei den meisten Technischen Hochschulen – und die Lineare Optimierung – als nützliche Anwendung der Linearen Algebra – werden nicht behandelt; auch Distributionen bleiben unerwähnt. Eventuell werde ich einige dieser Themen und den Stoff des vierten Semesters der Ingenieurmathematik in einem zweiten Buch behandeln.

Die Auswahl der präsentierten Aufgaben spiegelt die fast vierzigjährige Erfahrung des Autors wieder; die überproportionale Behandlung bestimmter Aufgabentypen ist eine Folge der auch von vielen meiner Kollegen vertretenen Meinung: Gewisse elementare Themen wie z.B. vollständige Induktion, Ungleichungen und Grenzwerte können gar nicht oft genug geübt werden, und trotzdem sind die Lösungswege im entscheidenden Moment nicht parat! Außerdem musste ich berücksichtigen, dass die meisten Studierenden während ihrer Schulzeit nicht ausreichend geübt haben. Das bezieht sich z.B. auf das Lösen von Ungleichungen, auf elementare Manipulationen mit algebraischen Ausdrücken, auf mangelhafte Kenntnisse aus der Trigonometrie, auf fehlendes geometrisches, vor allem räumliches Vorstellungsvermögen.

Eine meines Erachtens nach sinnvolle Art, mit diesem Buch zu arbeiten, ist, zu jedem Thema zunächst die theoretischen Betrachtungen zu lesen, eventuell die entsprechenden Stellen aus den Notizen zu besuchten Vorlesungen noch einmal anzuschauen und erst dann zu den zugehörigen Aufgaben überzugehen. Am besten (aber dabei mache ich mir keine besonderen Hoffnungen – schließlich war ich auch Student!) sucht man zuerst allein nach einem Lösungsweg und studiert erst danach (unabhängig vom erzielten Ergebnis) die angegebene Lösung. Beim erneuten Lesen der Lösung ist es im Sinne der Vertiefung angebracht, bei jedem Schritt zu überlegen, ob es sich um Routinerechnungen handelt oder ob dabei neue Begriffe, Sätze, Techniken zur Anwendung kommen. Erst dann ist es sinnvoll, zu versuchen, die Übungen, welche Sie aktuell für ihr Studium bearbeiten müssen, in Angriff zu nehmen. Für Prüfungsvorbereitungen können Sie den Stand ihrer Vorbereitung an den angebotenen Tests messen; dabei ist es angemessen, für die kleinen Tests zwei Stunden und für die größeren drei zu veranschlagen.

Die Entscheidung, dieses Buch zu schreiben, wurde mir durch die Feststellung erleichtert, dass die meisten Studenten, die in den ersten zwei bis drei Semestern an diesem notwendigen Übel (der Mathematik) verzweifeln, nicht an den neuen mathematischen Begriffen und Zusammenhängen scheitern, sondern an der mangelnden Übung mit der Mathematik aus der Schulzeit. Deshalb werden Sie immer wieder Stellen im Buch finden, die einfache, selbstverständliche Schritte erläutern. Und denjenigen Lesern, die manche Seiten als langweilig und zum Teil überflüssig empfinden, entgegne ich, dass einer bestimmt größeren Zahl von Lesern viele Schritte und Umformungen als zu schnell oder unbegründet vorkommen. Wenn ich hiermit dazu beitragen könnte, die Anzahl der Studienabbrecher zu verringern, habe ich mein Ziel erreicht, und dabei könnte ich mit gutem Gewissen die Kritik der „reinen" Mathematiker ertragen, die an vielen Stellen die mathematische Strenge vermissen.

Meinen guten und strengen Gymnasiallehrern, die von mir fleißiges Einüben und regelmäßiges Wiederholen des Unterrichtsstoffes verlangt und erwartet haben, danke ich an dieser Stelle.

Meinen Mitarbeitern Herrn Dipl.-Math. Michael Conrad und Herrn Dipl.-Math. Ulrich Scheja danke ich für ihre Hilfe beim kritischen Lesen des Manuskriptes, für wertvolle Änderungsvorschläge sowie für die Anfertigung der Skizzen (trotz schlechter Vorlage). Mein besonderer Dank gilt meinem Kollegen und Freund Dr. Gerhard Garske; hätte er mir nicht von Anfang an seine uneingeschränkte Unterstützung angeboten, so wäre dieses Buch nicht entstanden. Seine qualifizierte Kritik, seine Ermunterungen und Verbesserungsvorschläge während der letzten drei Jahre haben mir sehr geholfen.

Meiner Familie danke ich für die Geduld und ihr Verständnis.

Hagen, im Sommer 2002 A. Duma

Inhaltsverzeichnis

1 Grundlagen der Analysis und Linearen Algebra

1.1 Begriffe und Ergebnisse

1.1.1 Mathematische Logik (Aufgabe 1 bis 6)

Eine Aussage ist etwas, was oft als Satz oder als Zeilenreihe formuliert ist und von dem festgelegt ist, ob es wahr oder falsch ist. Eine Vermutung, von welcher man nicht entscheiden kann, ob sie wahr oder falsch ist, ist also keine Aussage. Einer Aussage kann man also eindeutig einen Wahrheitswert (nämlich wahr oder falsch) zuordnen. Mit Aussagen kann man „operieren", d.h. einer oder mehreren Aussagen kann man nach bestimmten Regeln (Stichwort: **Aussagenkalkül**) eine neue Aussage zuordnen. Das setzt voraus, dass man aus den Wahrheitswerten der gegebenen Aussagen eindeutig den Wahrheitswert der neuen Aussage erhält, die dann als **Verknüpfung** der gegebenen Aussagen gewonnen wird. Dies geschieht praktischerweise z.B. mit Hilfe einer **Wahrheitstafel**; dabei werden alle möglichen Kombinationen für die Wahrheitswerte der gegebenen Aussagen betrachtet und in jedem Fall der Wahrheitswert der durch Verknüpfung entstandenen Aussage notiert.

Die elementaren Verknüpfungen sind **Negation, Konjunktion, Disjunktion, Implikation** und **Äquivalenz**; die verwendeten Operationszeichen dafür sind $\neg, \wedge, \vee, \Rightarrow$, bzw. $\Longleftrightarrow$.

Ist A eine Aussage (z.B. Hans ist volljährig), so ist $\neg A$ die **Verneinung** (Negation) von A (in unserem Beispiel: Hans ist nicht volljährig). Die Wahrheitswerte von A und $\neg A$ sind verschieden (also entgegengesetzt!).

Aus den Aussagen A und B kann man die folgenden Aussagen bilden:

A und B (geschrieben $A \wedge B$),

A oder B (geschrieben $A \vee B$),

Aus A folgt B (oder auch: Wenn A, dann B; geschrieben $A \Rightarrow B$),

A gleichwertig zu B (oder auch: A genau dann, wenn B; geschrieben $A \Longleftrightarrow B$).

Mit einer Ausnahme entsprechen diese Konstruktionen dem üblichen (gewöhnlichen) Sprachgebrauch; nur „A oder B" (also die Disjunktion) wird im Sinne von „A oder wenigstens B" (und das ist dasselbe wie „B oder wenigstens A") verstanden, und nicht als „entweder A oder B". Sind A und B zwei Aussagen, so werden die Wahrheitswerte von $A \wedge B$, $A \vee B$, $A \Rightarrow B$, $A \Longleftrightarrow B$ in der folgenden Wahrheitstafel angegeben; dabei werden für A und B die vier Kombinationsmöglichkeiten von wahr (bezeichnet mit w) und falsch (bezeichnet mit f) betrachtet.

A	B	$\wedge$	$\vee$	$\Rightarrow$	$\Longleftrightarrow$
w	w	w	w	w	w
w	f	f	w	f	f
f	w	f	w	w	f
f	f	f	f	w	w

Noch einmal: Durch einfache oder komplizierten Verknüpfungen entstehen neue Aussagen. Wenn gefragt wird, ob $A \Rightarrow B$ wahr ist, wird nicht gefragt, ob A und B wahr sind, sondern nur ob aus A die Aussage B folgt. So ist z.B. die Aussage „wenn die Erde eine Scheibe ist, regnet es morgen" insgesamt richtig, weil die Voraussetzung nicht erfüllt ist, und deshalb keine Folgerung nachzuprüfen ist. Die Äquivalenz kann man auch als doppelte Implikation deuten; anstelle von $A \Longleftrightarrow B$ kann man auch $(A \Rightarrow B) \wedge (B \Rightarrow A)$ schreiben, was in vielen Beweisen benutzt wird. Damit haben wir ein erstes Beispiel, wie kompliziertere Verknüpfungen aus einfacheren aufgebaut sein können.

Wenn man mit Gleichungen oder Ungleichungen arbeitet, führt man oft äquivalente Umformungen durch, bis man zu einer offensichtlich wahren oder vorher bewiesenen Aussage gelangt (s. Aufgabe 2). Es sind Ihnen (aus der Schulzeit) Beweismethoden bekannt, wie z.B. der **indirekte Beweis** (statt $A \Rightarrow B$ wird äquivalent $\neg B \Rightarrow \neg A$ gezeigt) oder der **Widerspruchsbeweis** (um die Aussage A zu zeigen, wird $\neg A$ als wahr angenommen, und aus dieser Aussage wird dann eine offensichtlich falsche Aussage abgeleitet).

Gelegentlich hat man es mit Aussagen zu tun, die von einer natürlichen Zahl n abhängen. Das wird dann durch die Bezeichnung $A(n)$ oder A_n ausgedrückt. Ein Standardproblem ist es nachzuweisen, dass eine Aussage $A(n)$ für alle natürlichen Zahlen n richtig ist, die größer oder gleich einer festen natürlichen Zahl n_0 sind. Ein häufig verwendetes Hilfsmittel dazu ergibt sich aus dem **Prinzip der vollständigen Induktion.** Diese Beweismethode besteht aus zwei Schritten:

Induktionsanfang (manchmal mit (IA) bezeichnet): Man zeigt, dass $A(n_0)$ wahr ist.

Induktionsschritt (auch (IS) bezeichnet): Aus der **Induktionsvoraussetzung** (IV), d.h. aus der Annahme „$A(n)$ ist wahr", wird die **Induktionsbehauptung** (IB) mittels äquivalenter Umformungen gezeigt, d.h. es wird festgestellt, dass $A(n+1)$ ebenfalls wahr ist.

1.1.2 Binomischer Satz (Aufgabe 7 und 8)

Mit $\mathbb{N}$ wird die Menge der natürlichen Zahlen $0, 1, 2, 3, \ldots$ bezeichnet; $\mathbb{N}^*$ ist die Menge der natürlichen Zahlen ohne Null. (Manche Autoren bezeichnen $0, 1, 2, 3, \ldots$ mit $\mathbb{N}_0$ und $1, 2, 3, \ldots$ mit $\mathbb{N}$.) Ist $n \geq 1$ eine natürliche Zahl, so heisst das Produkt aller natürlicher Zahlen von 1 bis n die **Fakultät** von n und wird mit $n!$ (sprich „n Fakultät") bezeichnet; also: $n! = 1 \cdot 2 \cdot 3 \cdots n$. Mit Hilfe der vollständigen Induktion kann man die Fakultät **rekursiv** definieren:

$$1! = 1 \quad , \quad (n+1)! = (n+1) \cdot n! \, .$$

Außerdem wird noch $0! = 1$ definiert. (Damit kann man z.B. Formeln einheitlich schreiben, ohne Fallunterscheidungen vornehmen zu müssen). Sind k und n Zahlen aus $\mathbb{N}$ mit $k \leq n$, so wird der Binomialkoeffizient $\binom{n}{k}$ (sprich „n über k") durch $\binom{n}{k} := \frac{n!}{k!(n-k)!}$ definiert. Insbesondere gilt:

$$\binom{n}{0} = \binom{n}{n} = 1 \, , \quad \binom{n}{1} = n \quad \text{und} \quad \binom{n}{k} = \binom{n}{n-k} \, .$$

Sind a und b reelle oder komplexe Zahlen, so gilt:

$$(a+b)^n = \sum_{k=0}^{n} \binom{n}{k} a^{n-k} b^k \, . \tag{1.1}$$

Der Beweis dieses **binomischen Satzes** mit Hilfe der vollständigen Induktion ist eine lohnende Übung; dazu benötigt man die Identität

$$\binom{n}{k} + \binom{n}{k+1} = \binom{n+1}{k+1} \, , \tag{1.2}$$

welche für alle natürlichen Zahlen k und n mit $k+1 \leq n$ gilt. Die Folgerung

$$\sum_{k=0}^{n} \binom{n}{k} = \binom{n}{0} + \binom{n}{1} + \ldots + \binom{n}{k} + \ldots + \binom{n}{n} = 2^n \, , \tag{1.3}$$

die man aus dem binomischen Satz für $a = b = 1$ erhält, hat eine schöne kombinatorische Interpretation (s. Abschnitt 1.1.6 Mengen).

1.1.3 Ungleichungen, Betrag (Aufgabe 9 bis 12)

Mit $\mathbb{R}$ wird die Menge der reellen Zahlen bezeichnet. Ungleichungen, in welchen natürliche Zahlen die Hauptrolle spielen, haben wir schon im Zusammenhang mit der vollständigen Induktion behandelt. Die Rechenregeln für den Umgang mit Ungleichungen zwischen reellen Zahlen setzen wir voraus, heben aber das Wichtigste noch einmal hervor. Es seien a, b, c, d reelle Zahlen. Dann gilt:

- Aus $a < b$ und $c < d$ folgt $a + c < b + c$ und daraus $a + c < b + d$.
- Aus $a < b$ und $c < 0 < d$ folgen $ac > bc$ und $ad < bd$. (Deshalb kann man aus $a < b$ nur dann $a^2 < b^2$ schließen, wenn $0 \leq a$ vorausgesetzt ist!).
- Aus $a^2 < b^2$ folgt $|a| < |b|$ (und i.a. nicht $a < b$).

Man muss bei der Multiplikation einer Ungleichung mit einer Zahl (durch ein Polynom z.B. ausgedrückt), von welcher nicht von vornherein klar ist, welches Vorzeichen sie hat, beide Möglichkeiten untersuchen (genauer alle drei, wenn auch der Fall 0 auftreten kann). An solchen Stellen werden häufig grobe Fehler gemacht. Um Ungleichungen zu behandeln, ist es nützlich, einige parat zu haben, wie z.B. die Ungleichung zwischen dem **arithmetischen** und dem **geometrischen Mittel** positiver Zahlen ($\frac{a+b}{2} \geq \sqrt{ab}$) und die **Ungleichung von Bernoulli** ($(1+x)^n \geq 1 + nx$ für alle reellen Zahlen $x \geq -1$ und alle natürlichen Zahlen $n \geq 1$), welche mit Hilfe der vollständigen Induktion bewiesen werden kann. Die Frage nach dem Vorzeichen eines Polynoms zweiten Grades p, $p(x) = ax^2 + bx + c$, mit reellen Koeffizienten $a \neq 0, b$ und c in Abhängigkeit von x sollte kein Problem sein. Sind die Nullstellen von p komplex (d.h. $b^2 - 4ac < 0$), so haben a und $p(x)$ für alle reellen Zahlen x dasselbe Vorzeichen. Ist $b^2 - 4ac = 0$, so lässt sich $p(x)$ als $a(x + \frac{b}{2a})^2$ schreiben, und damit ist die Antwort auch klar. Schließlich sind, falls $b^2 - 4ac > 0$ gilt, die Nullstellen x_1 und x_2 von p reell und paarweise verschieden; o.E. $x_1 < x_2$. (Das ist die Abkürzung für „ohne Einschränkung" und bedeutet hier, dass wir die Bezeichnung der Nullstellen so wählen, dass x_1 die kleinere ist, also $x_1 = \frac{-b - \sqrt{b^2 - 4ac}}{2a}$ und $x_2 = \frac{-b + \sqrt{b^2 - 4ac}}{2a}$). Aus der Darstellung

$$p(x) = a(x - x_1)(x - x_2)$$

lässt sich sofort folgern, dass genau für x aus $]x_1, x_2[$ die Zahlen a und $p(x)$ verschiedene Vorzeichen haben. (Leider sind manche Ingenieurstudenten an diesem Zwischenschritt in vielen Aufgaben gescheitert.)
Das Polynom

$$\left(\sum_{k=1}^{n} a_k^2 \right) x^2 + 2 \left(\sum_{k=1}^{n} a_k b_k \right) x + \sum_{k=1}^{n} b_k^2 = \sum_{k=1}^{n} (a_k x + b_k)^2$$

hat keine negativen Werte; deshalb sind seine Nullstellen entweder komplex oder gleich. Aus den obigen Betrachtungen erhält man die **Cauchy-Schwarzsche Ungleichung**: Für alle natürlichen Zahlen $n \geq 1$ und alle reellen Zahlen $a_1, \ldots, a_n, b_1, \ldots, b_n$ gilt:

$$\left(\sum_{k=1}^{n} a_k b_k \right)^2 \leq \left(\sum_{k=1}^{n} a_k^2 \right) \left(\sum_{k=1}^{n} b_k^2 \right) . \tag{1.4}$$

Gleichheit tritt auf genau dann, wenn eine reelle Zahl x_0 existiert, so dass für alle $k = 1, 2, \ldots, n$ gilt: $a_k x_0 + b_k = 0$. Das bedeutet, dass die n-Tupel $(a_1, a_2, \ldots, a_n)$ und $(b_1, b_2, \ldots, b_n)$ proportional sind. Also:

$$(-x_0)(a_1, a_2, \ldots, a_n) := (-x_0 a_1, -x_0 a_2, \ldots, -x_0 a_n) = (b_1, b_2, \ldots, b_n).$$

Der (**absolute**) **Betrag** einer reellen Zahl kommt in Definitionen vieler Begriffe und in Formulierungen vieler Aussagen (z.B. Abschätzungen) vor; deshalb ist es wichtig, geschickt und natürlich korrekt damit umgehen zu können. So manche Formel lässt sich kürzer und übersichtlicher aufschreiben und ist deshalb leichter zu behalten, wie z.B. die **Dreiecksungleichung**: Für alle reellen Zahlen a und b gilt:

$$\big| |a| - |b| \big| \leq |a + b| \leq |a| + |b| . \tag{1.5}$$

Eine Möglichkeit, Ungleichungen oder Gleichungen zu lösen, in welchen Beträge vorkommen, ist die, durch Fallunterscheidungen zu erreichen, dass der Betrag „weggelassen" werden kann.
Hier noch weitere Techniken:

–   Ergänzend zu der bereits erwähnten Regel für Ungleichungen gilt $a^2 < b^2 \iff |a| < |b|$ und $a^2 = b^2 \iff |a| = |b|$.

–   Ist $\varepsilon > 0$, so gilt $|x| < \varepsilon$ genau für diejenigen reellen Zahlen x, für die $-\varepsilon < x < \varepsilon$ gilt, d.h. für genau die Zahlen des offenen Intervalls $]-\varepsilon, \varepsilon[$.

–   Ist allgemeiner $a \in \mathbb{R}$, so werden durch $|x - a| < \varepsilon$ alle diejenigen reellen Zahlen x beschrieben, deren Abstand von a kleiner als ε ist, d.h. alle Zahlen des offenen Intervalls $]a - \varepsilon, a + \varepsilon[$. Ist das Gleichheitszeichen zugelassen, also $|x - a| \leq \varepsilon$, so gehören die Intervallrandpunkte mit zur betreffenden Menge. $|x - a| > \varepsilon$ ist die Vereinigung der Intervalle $] - \infty, a - \varepsilon[$ und $]a + \varepsilon, \infty[$.

1.1.4 p-adische Darstellung der Zahlen (Aufgabe 13 und 14)

Wir haben uns daran gewöhnt, mit Zahlen zu rechnen, die im **Dezimalsystem** dargestellt sind. Mit dem Computer ist auch das **Dualsystem** populär geworden, das für die „Fähigkeiten" des Computers besser geeignet ist. Im Prinzip kann man jede natürliche Zahl p, die größer oder gleich 2 ist, zur Darstellung von Zahlen verwenden, d.h. man kann jede natürliche Zahl n eindeutig als Summe $\sum_{k=0}^{s} a_k p^k$ darstellen, wobei $a_0, \ldots, a_{s-1} \in \{0, 1, \ldots, p - 1\}$

und $a_s \in \{1, \ldots, p-1\}$ sind und $p^s \le n < p^{s+1}$ gilt. Die Zahlen $a_0, a_1, \ldots, a_s$ sind also **Ziffern im p-adischen System**, welche durch sukzessive Division mit Rest berechnet werden; in der Lösung der Aufgabe 13 ist ein Schema dafür angegeben.

Ist $\frac{a}{b}$ mit $1 \le a < b$ eine rationale Zahl, so kann man sie p-adisch darstellen:

$$\frac{a_{-1}}{p} + \frac{a_{-2}}{p^2} + \frac{a_{-3}}{p^3} + \ldots, \quad \text{mit} \quad a_{-1}, a_{-2}, \ldots \quad \text{aus} \quad \{0, 1, \ldots, p-1\} \, .$$

Diese Summe ist entweder endlich oder periodisch, d.h. es gibt $k \ge 1$ und $s \ge 0$ mit $a_{-(s+i)} = a_{-(s+nk+i)}$ für alle $i \in \{1, 2, \ldots, k-1, k\}$ und $n \ge 1$. s ist die Länge der Vorperiode, k diejenige der Periode. Man schreibt dann

$$\frac{a}{b} = (0, a_{-1} a_{-2} \ldots a_{-s} \overline{a_{-(s+1)} a_{-(s+2)} \cdots a_{-(s+k)}})_p \, .$$

Ein brauchbares Schema für die Bestimmung der p-adischen Ziffern a_{-1}, a_{-2}, $a_{-3}, \ldots$ wird in der Lösung der Aufgabe 14 ersichtlich. Umgekehrt: Der dezimal geschriebene Bruch, der $(0, a_{-1} a_{-2} \ldots a_{-s} \overline{a_{-(s+1)} a_{-(s+2)} \cdots a_{-(s+k)}})_p$ entspricht, läßt sich mittels

$$\frac{a_{-1} p^{s+k-1} + \ldots + a_{-s} p^k + \ldots + a_{-(s+k)} - (a_{-1} p^{s-1} + \ldots + a_{-s+1} p + a_{-s})}{p^{s+k} - p^s}$$

berechnen. (Für $p = 10$ ist z.B. $0,31\overline{5798} = \frac{315798-31}{10^6-10^2} = \frac{315767}{999900}$.)

1.1.5 Komplexe Zahlen (Aufgabe 15 bis 22)

Entstanden sind die komplexen Zahlen aus dem Manko, dass man aus negativen reellen Zahlen keine Wurzeln (Quadratwurzeln) ziehen kann, genauer: dass es keine reelle Zahlen gibt, deren Quadrate negative Zahlen sind. Deshalb wurden neue erfunden; allerdings hat es lange gedauert, bis sie ganz akzeptiert wurden! Das Überraschende daran ist, dass es ausreicht, eine Wurzel aus einer einzigen negativen Zahl, -1, zu erfinden, die mit i bezeichnet wird. Wenn man diese in naheliegender Weise mit den reellen Zahlen kombiniert, nämlich alle Ausdrücke der Gestalt $a + ib$ für reelle a und b betrachtet, und diese neuen Ausdrücke **komplexe Zahlen** nennt, so zeigt sich, dass nicht nur jede negative Zahl eine Wurzel hat, sondern auch jede komplexe! Addition und Multiplikation komplexer Zahlen werden nach Regeln definiert, die man vom Rechnen mit reellen Zahlen her kennt, wobei man zusätzlich $i^2 = -1$ berücksichtigt:

$$
\begin{aligned}
(a + ib) + (c + id) &= a + c + i(b + d) \\
(a + ib)(c + id) &= ac - bd + i(ad + bc) \, .
\end{aligned}
\tag{1.6}
$$

So wie reelle Zahlen auf der Zahlengeraden veranschaulicht werden, ist es naheliegend, weil jede komplexe Zahl $z = a + ib$ durch zwei Daten – **Real**- und **Imaginärteil**, $\operatorname{Re} z = a$ und $\operatorname{Im} z = b$ – bestimmt ist, sich die komplexen Zahlen im Zweidimensionalen, in einem rechtwinkligen Koordinatensystem dargestellt zu denken. Die komplexen Zahlen mit Imaginärteil Null werden mit den entsprechenden reellen Zahlen identifiziert, also $a + i0 = a$; in diesem Sinne sind die oben eingeführten Operationen auf der Menge $\mathbb{C}$ der komplexen Zahlen Fortsetzungen der Operationen von $\mathbb{R}$. Die Addition zweier komplexer Zahlen gewinnt man dann ganz natürlich durch Vektoraddition der jeweiligen Ortsvektoren (Stichwort: **Parallelogrammregel**). Den Zahlen $z = a + ib$ und $-z = -a - ib = -a + i(-b)$ entsprechen symmetrische Punkte bezüglich des Nullpunktes; deshalb lässt sich auch die Subtraktion gut veranschaulichen. Jeden Punkt in der zweidimensionalen Ebene kann

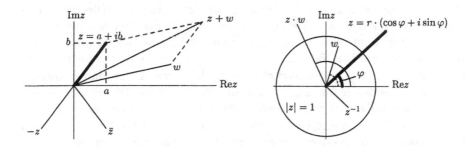

Abbildung 1.1. Addition und Multiplikation komplexer Zahlen

man charakterisieren durch seine kartesischen Koordinaten – jede komplexe Zahl durch Real- und Imaginärteil – oder, falls die Zahl von Null verschieden ist, durch seine Polarkoordinaten, d.h. seinen Abstand vom Nullpunkt und den Winkel zwischen der positiven x-Achse und seinem Ortsvektor; dabei wird mathematisch positiv gemessen, d.h. gegen den Uhrzeigersinn. Bei einer komplexen Zahl $z = a + ib$ nennt man diese beiden Daten den **Betrag**, $|z| := \sqrt{a^2 + b^2}$, und das **Argument**, $\arg z := \varphi$; dabei ist φ die eindeutig bestimmte Zahl aus $]-\pi, \pi]$ mit der Eigenschaft

$$\cos\varphi = \frac{a}{\sqrt{a^2 + b^2}} = \frac{\operatorname{Re} z}{|z|} \quad \text{und} \quad \sin\varphi = \frac{b}{\sqrt{a^2 + b^2}} = \frac{\operatorname{Im} z}{|z|}. \quad (1.7)$$

Man kann φ aus a und b mit Hilfe der Funktion arctan erhalten (gemeint ist dabei der Hauptwert zwischen $-\frac{\pi}{2}$ und $\frac{\pi}{2}$). Für $a > 0$ ist $\varphi = \arctan\frac{b}{a}$. Für $a < 0$ wird zu $\arctan\frac{b}{a}$ der Winkel π addiert, falls b positiv ist, bzw. abgezogen, falls b negativ ist. Für $a = 0$ ist $\varphi = \frac{\pi}{2}$, falls $b > 0$, und $\varphi = -\frac{\pi}{2}$, falls $b < 0$ (zur Funktion arctan s. Abschnitt 1.1.16)

Die **Polarkoordinaten** für $z \in \mathbb{C}$ sind also ein Zahlenpaar (r, φ) mit $r = |z|$ und $\varphi = \arg z$. Dem Nullpunkt, also der Zahl $0 + i0$ (die wir mit 0 aus $\mathbb{R}$ identifiziert haben), wird kein Argument zugeordnet.

Aus (1.7) erhalten wir $z = |z|(\cos\varphi + i\sin\varphi)$. Ist w eine weitere komplexe Zahl mit dem Argument ψ, gilt also $w = |w|(\cos\psi + i\sin\psi)$, so hat man wegen der Additionstheoreme für sin und cos

$$
\begin{aligned}
zw &= [|z|(\cos\varphi + i\sin\varphi)][|w|(\cos\psi + i\sin\psi)] \\
&= |z||w|(\cos\varphi\cos\psi - \sin\varphi\sin\psi + i(\sin\varphi\cos\psi + \cos\varphi\sin\psi)) \quad (1.8) \\
&= |z||w|(\cos(\varphi + \psi) + i\sin(\varphi + \psi)).
\end{aligned}
$$

Das Produkt zweier komplexer Zahlen lässt sich damit darstellen als diejenige komplexe Zahl, deren Betrag sich als Produkt der Beiträge der beiden Faktoren ergibt und deren Argument man als Summe der Argumente der beiden Faktoren erhält, falls diese Summe in $]-\pi, \pi]$ liegt, was nicht immer der Fall ist. Liegt $\varphi + \psi$ außerhalb $]-\pi, \pi]$, so ergibt sich das Argument von zw daraus durch Addition oder Subtraktion von 2π. Das Produkt einer komplexen Zahl $z \neq 0$ mit i (diese Zahl hat die Polarkoordinaten $(1, \frac{\pi}{2})$) lässt sich deshalb geometrisch als eine Drehung des Ortsvektors von z um den Winkel $\frac{\pi}{2}$ deuten. Allgemeiner: Multipliziert man z mit einer komplexen Zahl der Gestalt $\cos\psi + i\sin\psi$ (welcher ein Punkt auf dem Einheitskreis entspricht), so bedeutet das, dass der Ortsvektor von z um den Winkel ψ um den Nullpunkt gedreht wird. Noch allgemeiner lässt sich das Produkt von z mit $w = |w|(\cos\psi + i\sin\psi)$ als eine Drehstreckung interpretieren, die aus einer Streckung des Ortsvektors von z um den Faktor $|w|$ sowie einer Drehung um den Winkel ψ (mit dem Nullpunkt als Zentrum) besteht.

Aus der Definition der Multiplikation komplexer Zahlen ist sofort abzulesen, dass die komplexe Zahl $1 + i0$, die mit der reellen Zahl 1 identifiziert wurde und die Polarkoordinaten $(1, 0)$ hat, die Eigenschaft des neutralen Elementes besitzt, d.h. Multiplikation mit $1 + i0$ reproduziert jede komplexe Zahl.

Es ist nun leicht festzustellen, wie die Polarkoordinaten des Kehrwertes (also des Inversen bzgl. der Multiplikation) einer von Null verschiedenen komplexen Zahl $z = a + ib$ lauten. Hat z die Polarkoordinaten (r, φ), so hat $z^{-1} = \frac{1}{z}$ die Polarkoordinaten $(\frac{1}{r}, -\varphi)$, weil die Multiplikation von r mit $\frac{1}{r}$ und die Addition von φ und $-\varphi$ die Polarkoordinaten von 1 (nämlich $(1, 0)$) ergibt. Teilt man die komplexe Zahl $z_1 = a_1 + ib_1$ mit den Polarkoordinaten (r_1, φ_1) durch die komplexe Zahl $z_2 = a_2 + ib_2$ mit den Polarkoordinaten (r_2, φ_2), so erhält man die mit $\frac{z_1}{z_2}$ bezeichnete komplexe Zahl, welche die Polarkoordinaten $(\frac{r_1}{r_2}, \varphi_1 - \varphi_2)$ hat. (Denn diese Zahl multipliziert mit z_2 ergibt z_1.) Sollte $\varphi_1 - \varphi_2$ nicht in $] - \pi, \pi]$ liegen, so muss man 2π dazu addieren. Die kartesischen Koordinaten der Zahlen z^{-1} und $\frac{z_1}{z_2}$ lassen sich leicht berechnen. Wegen $(a+ib)(a-ib) = a^2 + b^2$ folgt $(a+ib)(\frac{a}{a^2+b^2} - i\frac{b}{a^2+b^2}) = 1$, und deshalb gilt $z^{-1} = (a+ib)^{-1} = \frac{a}{a^2+b^2} - i\frac{b}{a^2+b^2}$. Daraus folgt

$$\frac{z_1}{z_2} = (a_1 + ib_1)\left(\frac{a_2}{a_2^2 + b_2^2} - i\frac{b_2}{a_2^2 + b_2^2}\right) = \frac{a_1 a_2 + b_1 b_2}{a_2^2 + b_2^2} + i\frac{a_2 b_1 - a_1 b_2}{a_2^2 + b_2^2} .$$

Eine sehr nützliche Abkürzung beim Rechnen mit komplexen Zahlen ist das **Konjugieren**. Zur Zahl $z = a + ib$ ist die zugehörige (komplex) **konjugierte Zahl** $\bar{z}$ definiert durch $\bar{z} := a - ib$. Geometrisch ist das also die Spiegelung an der reellen Achse. Sofort klar ist

$$z\bar{z} = |z|^2 , \ \operatorname{Re} z = \frac{1}{2}(z + \bar{z}) , \ \operatorname{Im} z = \frac{1}{2i}(z - \bar{z}) , \ |z| = |\bar{z}| ,$$

$$\arg z = -\arg \bar{z} , \ \frac{1}{z} = \frac{\bar{z}}{|z|^2} , \ \frac{z_1}{z_2} = \frac{z_1 \bar{z}_2}{|z_2|^2} .$$

Leicht nachzurechnen sind

$$\overline{z + w} = \bar{z} + \bar{w} , \ \overline{zw} = \bar{z}\bar{w} , \ |zw| = |z||w| , \ \left|\frac{z}{w}\right| = \frac{|z|}{|w|} .$$

Wie im Reellen „misst" der Betrag einer komplexen Zahl deren Abstand zum Nullpunkt und der Betrag der Differenz zweier komplexen Zahlen ihren Abstand voneinander. Das passt zu der Tatsache, dass er gleich dem euklidischen Abstand der entsprechenden Punkte in der Ebene ist: $|(a_1 + ib_1) - (a_2 + ib_2)| = \sqrt{(a_1 - a_2)^2 + (b_1 - b_2)^2}$. Die mehrfache Anwendung der Formel (1.8) liefert die **Formel von Moivre**:

$$[r(\cos\varphi + i\sin\varphi)]^n = r^n(\cos n\varphi + i\sin n\varphi) . \qquad (1.9)$$

Dies ist der Schlüssel zur Bestimmung von n-ten Wurzeln. Setzt man dafür an $w = \rho(\cos\psi + i\sin\psi)$, so haben wir die Bedingung, dass die n-te Potenz w^n die Zahl $z = r(\cos\varphi + i\sin\varphi)$ ergibt, also

$$[\rho(\cos\psi + i\sin\psi)]^n = \rho^n(\cos n\psi + i\sin n\psi) = r(\cos\varphi + i\sin\varphi) .$$

Das ist erfüllt, wenn $\rho = \sqrt[n]{r}$ sowie $n\psi = \varphi$ gelten, oder – auf Grund der Periodizitätseigenschaft der sin- und cos-Funktion – wenn sich $n\psi$ und φ um ein ganzzahliges Vielfaches von 2π unterscheiden. Es existiert also ein k aus $\mathbb{Z}$ mit der Eigenschaft $n\psi = \varphi + 2k\pi$. Für jede ganze Zahl k ist dann

$$w_k := \sqrt[n]{r}\left(\cos\left(\frac{\varphi}{n} + \frac{2\pi}{n}k\right) + i\sin\left(\frac{\varphi}{n} + \frac{2\pi}{n}k\right)\right) \qquad (1.10)$$

eine n-te Wurzel von z. Wieder über die Periodizitätseigenschaft der sin- und cos-Funktion macht man sich leicht klar, dass hier nur n verschiedene komplexe Zahlen stehen, obwohl für k alle ganzen Zahlen eingesetzt werden können: Für $k = 0, 1, \ldots, n-1$ erhält man alle n-ten Wurzeln $w_0, w_1, \ldots, w_{n-1}$ aus z. In der komplexen Zahlenebene bilden sie die Ecken eines regelmäßigen n-Ecks mit dem Nullpunkt 0 und dem Radius $\sqrt[n]{r}$.

Die Festlegung des Argumentes einer komplexen Zahl auf einen Winkel zwischen $-\pi$ und π ist willkürlich; man könnte dafür auch ein beliebiges anderes halboffenes Intervall der Länge 2π wählen. Häufig wird auch $[0, 2\pi[$ verwendet. Damit kann man den obigen Unannehmlichkeiten nicht aus dem Weg gehen. Verschiedene Operationen mit komplexen Zahlen in Polardarstellung können zu Winkeln führen, die außerhalb des Intervalls – z.B. $[0, 2\pi[$ – liegen. In der Praxis muss man das nicht immer bei jedem Schritt mitverfolgen und gegebenenfalls „korrigieren". Häufig reicht es, wenn man beim Endergebnis darauf achtet, dass das Argument nach einer geeigneten Korrektur (Addition eines Winkels $2k\pi$ mit $k \in \mathbb{Z}$) in dem betrachteten Intervall (also $]-\pi, \pi]$ oder $[0, 2\pi[$) liegt.

1.1.6 Mengen (Aufgabe 23 und 24)

Es ist hier nicht die richtige Stelle, die Grundlagen der Mengenlehre zu erläutern. Die Beschäftigung mit diesem sehr interessanten Teilgebiet der Mathematik (vielleicht besser: Grenzgebiet zwischen Mathematik und Philosophie) ist eine Aufgabe für sich. Wir begnügen uns mit einem Zitat aus den Werken von Georg Cantor, der diesen Begriff als „**gedankliche Zusammenfassung gewisser wohlunterschiedener Objekte unserer Umwelt oder unseres Denkens zu einem Ganzen**" beschrieben hat. (Man könnte gleich nachhaken: Und was ist ein Objekt?). Man beachte, dass der übliche Sprachgebrauch (das ist eine Menge! – im Sinne von „viel") nur teilweise diesen Begriff wiedergibt, und zwar nur, wenn darunter nur „große" Mengen verstanden werden. In der Mathematik werden gleichberechtigt auch Mengen mit wenig **Elementen** betrachtet; auch die **leere Menge**, die kein Element enthält und mit ϕ bezeichnet wird, spielt gelegentlich eine wichtige Rolle.

Zu einer Menge gehört die Möglichkeit zu entscheiden, ob ein bestimmtes Objekt „zu ihr gehört" oder nicht. Im positiven Fall spricht man von einem **Element** der gegebenen Menge. Die Bezeichnung $x \in A$ wird gelesen als „x ist Element der Menge A" oder „x liegt in A" oder auch „x ist aus A". Die Verneinung dieser Aussage, also $\neg(x \in A)$, wird durch $x \notin A$ beschrieben. Man sagt, x ist kein Element von A.

Es fällt uns leicht, zu verstehen und zu akzeptieren, wie eine Menge angegeben werden kann. Man kann eine Menge durch Aufzählen ihrer Elemente beschreiben; so zum Beispiel:

- Hans, Martin, Dirk.
- Merkur, Venus, Erde, Mars, Jupiter, Saturn, Uranus, Neptun, Pluto.
- 3, 4, 5, 6, 7, 8, 9, 10.
- 10, 15, 25, 28, 30, 40.
- 1, 3, 5, 7, 9, 11, 13, 15, 17.
- rot, orange, gelb, grün, blau, indigo, violett.

Rein schreibtechnisch fasst man die so durch Aufzählung beschriebenen Mengen durch Mengenklammern zusammen und man spricht z.B. von der Menge {Klaus, Martin, Dirk}.

Eine andere Möglichkeit, eine Menge festzulegen, ist die Angabe von charakteristischen Eigenschaften. Die obigen Beispiele für Mengen können auch wie folgt dargestellt werden:

- Die Vornamen der Söhne der Familie Maier aus der Ahornstrasse.
- Die Planeten des Sonnensystems.
- Die natürlichen Zahlen, die größer als 2 und kleiner oder gleich 10 sind. (In der Regel wird diese Menge durch $\{n \in \mathbb{N} \mid 2 < n \leq 10\}$ beschrieben.)
- Die am 22.01.2000 gezogenen Lottozahlen.
- Die ungeraden natürlichen Zahlen zwischen 1 und 17.
- Die Farben des Regenbogens.

Diese Möglichkeit Mengen durch Eigenschaften zu beschreiben, erlaubt es auch, unendliche Mengen (s. Abschnitt 1.1.7) anzugeben. So z.B.

- Die Menge der reellen Zahlen, die größer als 2 und kleiner oder gleich 5 sind. (Sie wird in der Regel durch $]2, 5]$ bezeichnet.)
- Die Menge der komplexen Zahlen innerhalb des Einheitskreises. (Die übliche Schreibweise ist $\{z \in \mathbb{C} \mid |z| < 1\}$.)

Auch eine definitorische Zeichnung kann verwendet werden, um eine Menge festzulegen. Die letzten beiden Beispiele sind dazu geeignet; man kann die genannte Menge schraffieren oder besonders färben.

Falls man den Begriff Menge wenigstens „gefühlsmäßig" akzeptiert hat, hat man keine Schwierigkeiten mit dem Begriff **Teilmenge**. Man sagt, dass die Menge B eine Teilmenge von A ist, falls jedes Element von B in A liegt; Bezeichnung dafür: $B \subset A$. Damit wird (im Gegensatz zur Bezeichnung $B \subsetneqq A$) nicht ausgeschlossen, dass die Mengen B und A **gleich** sind, d.h., dass auch jedes Element von A in B liegt. Die Schreibweise $B \subsetneqq A$ wird als „B ist eine **echte Teilmenge von** A" gelesen und besagt also, dass jedes Element von

B in A enthalten ist und A wenigstens noch ein weiteres Element enthält. Eine der gebräuchlichsten Formen zur Darstellung von Mengen ist die mit Mengenklammern, die auf den Begriff der Teilmenge zurückgeht – wir haben sie ja auch schon verwendet: Wenn eine Menge dadurch festgelegt ist, dass man aus einer vorgegebenen Gesamtmenge A alle die Elemente x betrachtet, die eine zusätzliche Eigenschaft $E(x)$ haben, so bezeichnet man diese Teilmenge von A durch $\{x \in A \mid E(x)\}$.

Zwei Mengen A und B sind gleich, wenn beide dieselben Elemente haben; beweistechnisch wird das oft entschieden, indem man zeigt, dass sowohl A Teilmenge von B als auch B Teilmenge von A ist. Ist a aus A, so bezeichnet $\{a\}$ in Übereinstimmung mit unserer vereinbarten Schreibweise die Teilmenge von A, die nur das Element a enthält. Man hat also: $a \in \{a\} \subset A$. Genau dann ist $\{a\}$ eine echte Teilmenge von A, wenn A mindestens zwei Elemente enthält. Besondere Teilmengen von $\mathbb{R}$ sind die beschränkten Intervalle verschiedener Art: **abgeschlossen** (bezeichnet mit $[a, b]$), **halboffen** ($]a, b]$ oder $[a, b[$) und **offen** ($]a, b[$). Häufig hat man es auch mit den unbeschränkten Intervallen $]-\infty, a[$, $]-\infty, a]$, $[a, \infty[$, $]a, \infty[$ zu tun; so sind $]-\infty, a[$, $]-\infty, a]$ die Mengen aller Zahlen, die kleiner als a bzw. die kleiner oder gleich a sind; analog für $[a, \infty[$ und $]a, \infty[$. Die Menge $\{a\}$ kann als ausgeartetes Intervall $[a, a]$ angesehen werden. Die Tatsache, dass die leere Menge eine Teilmenge jeder Menge ist, und die Möglichkeit, die Menge $\mathcal{P}(A)$ aller Teilmengen von A zu betrachten, sind ein bisschen gewöhnungsbedürftig. Also: „B ist Element von $\mathcal{P}(A)$" kann man äquivalent durch „B ist Teilmenge von A" ausdrücken. (Geschrieben: $B \in \mathcal{P}(A) \iff B \subset A$.) Man nennt $\mathcal{P}(A)$ die **Potenzmenge von** A. Besteht die Menge A aus n (paarweise verschiedenen) Elementen, so gibt es genau $\binom{n}{k}$ paarweise verschiedene k-elementige Teilmengen von A. Dies kann man z.B. mit Hilfe der Formel (1.2) durch vollständige Induktion nach k beweisen. Dabei stehen $\binom{n}{0} = 1$ und $\binom{n}{n} = 1$ für die leere Menge (die einzige Teilmenge von A mit 0 Elementen) bzw. für die einzige Teilmenge von A mit n Elementen (nämlich A selbst). Nach (1.3) folgt, dass $\mathcal{P}(A)$ genau 2^n Elemente enthält.

Ein weiterer Anlass, „neue" Mengen zu betrachten, ergibt sich, wenn man Operationen mit Mengen ausführt: Für die Mengen A und B (die nicht als Teilmengen einer Gesamtmenge angesehen werden müssen) definiert man

$$A \cup B := \{x \mid x \in A \quad \text{oder} \quad x \in B\}, \quad \text{deren } \textbf{Vereinigung,}$$

$$A \cap B := \{x \mid x \in A \quad \text{und} \quad x \in B\}, \quad \text{deren } \textbf{Durchschnitt,}$$

$$A \backslash B := \{x \mid x \in A \quad \text{und} \quad x \notin B\}, \quad \text{deren } \textbf{Differenz,}$$

$$A \triangle B := (A \backslash B) \cup (B \backslash A), \quad \text{deren } \textbf{symmetrische Differenz,}$$

In der Definition der Vereinigung ist „oder" nicht im ausschliessenden Sinne zu verstehen, sondern – wie bei der Disjunktion von Aussagen – in dem

Sinn, dass mindestens eine der beiden Aussagen richtig ist. Auch dann, wenn Sie Kenntnisse über Operationen mit Mengen haben, sind die Beweise der folgenden „Gesetze" gute Übungen.

Seien A, B und C beliebige Mengen; es gilt:

Kommutativität: $A \cup B = B \cup A$, $A \cap B = B \cap A$, $A \triangle B = B \triangle A$.

Assoziativität: $(A \cup B) \cup C = A \cup (B \cup C)$,
$(A \cap B) \cap C = A \cap (B \cap C)$, $(A \triangle B) \triangle C = A \triangle (B \triangle C)$.

Distributivität: $A \cup (B \cap C) = (A \cup B) \cap (A \cup C)$,
$A \cap (B \cup C) = (A \cap B) \cup (A \cap C)$.

Die besondere Rolle der leeren Menge ϕ für diese Operationen wird sofort klar aus: $A \cup \phi = A$, $A \cap \phi = \phi$, $A \triangle \phi = A$, $A \triangle A = \phi$.

Man kann auch **Vereinigungen und Durchschnitte von beliebig vielen Mengen** definieren. Sei I eine nichtleere Menge und für jedes $i \in I$ sei A_i eine Menge. (Man spricht in diesem Fall von der **Familie** $\{A_i \mid i \in I\}$ der Mengen A_i, die durch die Menge I **indiziert** ist.) Dann werden die Vereinigung und der Durchschnitt dieser Mengen A_i wie folgt definiert:

$$\bigcup_{i \in I} A_i := \{x \mid \exists i \in I \text{ mit } x \in A_i\}, \quad \bigcap_{i \in I} A_i := \{x \mid \forall i \in I \text{ gilt } x \in A_i\} .$$

Ist $\{A_i \mid i \in I\}$ eine Familie von Teilmengen der Menge A, so sagt man, sie definiert eine **Zerlegung von** A, wenn $A = \bigcup_{i \in I} A_i$ und $A_i \cap A_j = \phi$ für alle i, j aus I mit $i \neq j$ gilt. Die zweite Forderung wird durch die Sprechweise „die A_i sind paarweise disjunkt" abgekürzt. So bildet $\{A \cap B, A \backslash B, B \backslash A\}$ eine Zerlegung von $A \cup B$. Mit Argumenten, die über den Rahmen dieser Kurzzusammenfassung hinausgehen, kann man sich überlegen, dass jede Teilmenge von IR eine Zerlegung in Intervalle besitzt und unter den möglichen Zerlegungen gibt es genau eine, die den folgenden **maximalen** Charakter hat: Die Vereinigung zweier verschiedener Intervalle aus der Zerlegung ist kein Intervall mehr. (Damit schliesst man Situationen wie $[a, b[\cup[b, c]$ oder $]a, b] \cup [b, b]$ aus.) Beispielsweise hat $\{x \in \text{IR} \mid \sin x \geq 0\}$ die Zerlegung $\{[2\pi k, 2\pi k + \pi] \mid k \in \mathbb{Z}\}$, und $\mathbb{Q}$ hat die Zerlegung $\{[q, q] \mid q \in \mathbb{Q}\}$.

Auch durch das **kartesische Produkt** zweier Mengen A und B entsteht eine neue Menge $A \times B$, die aus allen „geordneten" Paaren (a, b) mit $a \in A$ und $b \in B$ gebildet wird. Und diese Konstruktion kann man auf endlich viele Mengen $A_1, \ldots, A_n$ erweitern, indem man $A_1 \times A_2 \times \ldots \times A_n$ als die Menge aller geordneten n-Tupel $(a_1, a_2, \ldots, a_n)$ mit $a_i \in A_i$ für $i = 1, 2, \ldots, n$ definiert. Das n-fache kartesische Produkt von A, wobei also jede der beliebigen Mengen A_i die Menge A ist, wird mit A^n bezeichnet; also: $A^n = \{(a_1, \ldots, a_n) \mid a_i \in A \; \forall i = 1, \ldots, n\}$.

Auf geometrische (graphische) Darstellungen der eingeführten Operationen mit Mengen sollten Sie immer zurückgreifen; Zeichnungen sind zwar keine Beweise, aber sie erleichtern Ihnen die Orientierung.

1.1.7 Funktionen (Aufgabe 25 bis 30)

Seien A und B nichtleere Mengen. Eine **Funktion** f von A in die Menge B ist eine Vorschrift, die jedem Punkt a aus A **eindeutig** (d.h. genau) einen Punkt $f(a)$ aus B zuordnet. Dabei heißen A und B der **Definitions**- bzw. **Bildbereich von** f. Das **Bild** oder auch der **Wertebereich von** f ist die Menge aller Punkte aus B, die **Bilder von Punkten aus** A sind, d.h.

$$f(A) := \text{Bild}(f) := \{b \mid b \in B \, , \, \exists a \in A \quad \text{mit} \quad b = f(a)\} \, .$$

Man verlangt also im Allgemeinen nicht, dass alle Elemente von B als Bilder vorkommen. Wozu braucht man dann noch den Bildbereich? Warum betrachtet man nicht gleich den Wertebereich von f? Wenn man die Vorschrift f kennt, ist es im Allgemeinen nicht leicht, den Wertebereich zu bestimmen; so zum Beispiel (und dieses Beispiel ist relativ einfach!) für $f : \mathbb{R} \to \mathbb{R}$, $f(x) = \frac{2x-1}{x^4+1}$.

Man kann eine Funktion auf verschiedene Arten angeben, definieren. Ist die Menge A endlich, so kann dies durch eine Tabelle geschehen; z.B. für die täglichen Durchschnittstemperaturen des vergangenen Jahres, die in einer Wetterstation (z.B. der Zugspitze) gemessen und dann errechnet werden, oder für die Kurswerte an der Frankfurter Börse.

Häufig wird eine Funktion angegeben in der Form $f : A \to B$ zusammen mit einer Beschreibung (etwa durch eine Gleichung), wie jedem $x \in A$ das Element $f(x)$ zuzuordnen ist. Gelegentlich wird – unkorrekt aber bequem – die Funktion f mit dem (unbestimmten) Funktionswert $f(x)$ identifiziert, also z.B. x^2 als Funktion bezeichnet, wo $x \mapsto x^2$ korrekt wäre.

Ist A eine beliebige Menge, so bezeichnet id_A die **Identität** oder die **identische Abbildung von** A; es ist die Vorschrift, bei der Definitionsbereich und Bildbereich gleich A sind, und die jedem $a \in A$ wieder a zuordnet. Ist B eine weitere Menge und $b \in B$ fest, so kann man die **konstante Abbildung** b betrachten, die jedem a aus A den Wert b zuordnet. Eine Funktion mit zweielementigem Wertebereich haben wir schon kennengelernt (auch wenn wir das dort nicht so bezeichnet haben): Jeder Aussage wird entweder „wahr" oder „falsch" als Wahrheitswert zugeordnet; also ist $\{w, f\}$ der Wertebereich.

Sind A und B Teilmengen von $\mathbb{R}$, so kann man $f : A \to B$ mit Hilfe einer Rechenvorschrift definieren, z.B. durch ein Polynom oder durch eine rationale Funktion, d.h. als Quotient von zwei Polynomen; dabei darf natürlich A keine Nullstelle des Nenners enthalten. Hiermit ist die nächste Fragestellung vorbereitet. Gegeben sei eine Verkettung von Operationen und bekannten Funktionen, in welchen eine unbestimmte reelle Zahl x vorkommt. Gesucht ist die größte Teilmenge von $\mathbb{R}$ – der sog. **maximale Definitionsbereich** –, auf welcher dieser Ausdruck sinnvoll ist, so dass hier durch diesen Ausdruck eine Funktion definiert werden kann. (Man kann sich natürlich viel schlimmere Beispiele vorstellen als etwa die Zuordnung

$x \mapsto \sqrt{10x^2 - \ln(x^3 - 6x^2 + 11x - 6)}$!). Auch Funktionen auf Teilmengen von $\mathbb{R}^n$ oder $\mathbb{C}$ nach $\mathbb{R}^m$ oder $\mathbb{C}$ werden betrachtet. So z.B. $f : \mathbb{R}^2 \to \mathbb{R}$, $f(x_1, x_2) = \frac{x_1 x_2}{x_1^2 + x_2^2 + 1}$ oder $g : \mathbb{C} \to \mathbb{C}$, $g(z) = |z| + z^2 - 3\overline{z} + 5$.

Egal was man untersucht, erforscht, misst, experimentiert, die erzielten Resultate kann man fast immer mit Hilfe von Funktionen ausdrücken. Die meisten Ergebnisse menschlicher Tätigkeiten oder von Naturphänomenen können und werden durch Funktionen erfasst und beschrieben. Nicht nur in der Technik und in den Natur- und Ingenieurwissenschaften trifft man bei jedem Schritt auf Funktionen (wenn man sie sehen will oder kann!), sondern überall in der Wirtschaft, Demographie, Demoskopie, Medizin, Politik, Rechtswissenschaft, Kunst, Sprachwissenschaften, Verwaltung, Ernährung, usw. Einige Beispiele:

– Dosierungen von Arzneimittel sind Funktionen vom Körpergewicht.
– Die Börsenkurse in Frankfurt können als Funktionen von zwei oder drei Variablen – Datum und Firma (für die Schlussnotierung) oder Datum, Uhrzeit und Firma – angesehen werden.
– Wahlergebnisse können in Prozenten oder in Wählerzahlen veröffentlicht werden.
– Abstimmungsergebnisse in verschiedenen Gremien sind dreiwertige Funktionen. (Die Funktionswerte sind ja, nein oder Enthaltung).
– Prognosen verschiedener Institute über die Zahlen zur wirtschaftlichen Entwicklung bzw. Bevölkerungsentwicklung sind ebenfalls in Form von Funktionen darstellbar.
– Haushaltsdaten und Sportergebnisse verschiedener Art liefern Funktionen.

Oft sind Vorgänge derart komplex (z.B. in der Wirtschaft, Medizin oder Biologie), dass das Herausfinden einer Funktion, die den untersuchten Vorgang exakt beschreibt, eine fast unüberwindbare Aufgabe ist, und deshalb macht man vereinfachende Annahmen, um den Vorgang durch Funktionen beschreiben zu können, die einigermassen handhabbar sind.

Die Funktion $f : A \to B$ ist eindeutig durch ihren **Graphen** $G_f := \{(a, f(a)) \in A \times B \mid a \in A\}$ bestimmt. Umgekehrt ist eine Teilmenge $G \subset A \times B$ der Graph einer (eindeutig bestimmten!) Funktion genau dann, wenn jedes $a \in A$ in genau einem Element aus G als erste Komponente vorkommt. In diesem Fall ist die zweite Komponente das Bild von a unter der dadurch definierten Funktion.

Seien $f : A \to B$ und $f_1 : A_1 \to B_1$ Funktionen mit $A \subset A_1$, $B \subset B_1$ und $f(a) = f_1(a)$ für alle a aus A. Dann heißt f eine **Einschränkung von** f_1 und f_1 heißt eine **Fortsetzung von** f. Obwohl die Zuordnungsvorschrift für alle Elemente aus A dieselbe ist, werden f und f_1 – falls $A \neq A_1$ oder wenigstens $B \neq B_1$ – als verschieden betrachtet. Die Zuordnung $x \mapsto \frac{x^2 - 4x}{x}$

hat $\mathbb{R}\backslash\{0\}$ als maximalen Definitionsbereich; dadurch wird eine Funktion
$f : \mathbb{R}\backslash\{0\} \to \mathbb{R}\backslash\{-4\}$ definiert. Die Funktion $f_1 : \mathbb{R} \to \mathbb{R}$, $f_1(x) = x - 4$ ist
eine Fortsetzung von f. Auch $f_2 : \mathbb{R} \to \mathbb{R}$, $f_2(x) = f(x)$ für $x \in \mathbb{R}\backslash\{0\}$ und
$f_2(0) = 0$ ist eine Fortsetzung von f.

Ist $f : A \to B$ eine Funktion, so ordnet f jedem $a \in A$ genau ein $b \in B$ zu;
dabei ist nicht ausgeschlossen, dass zwei verschiedene Elemente a_1 und a_2
auf dasselbe Element b abgebildet werden, und es ist auch möglich, dass ein
$b \in B$ existiert, das nicht im Bild von f liegt. Folgt aus $f(a_1) = f(a_2)$ stets
$a_1 = a_2$, so nennt man f **injektiv**. Gibt es für jedes $b \in B$ ein $a \in A$ mit
$f(a) = b$, so heißt f **surjektiv**. Um auszudrücken, dass $f : A \to B$ surjektiv ist, kann man auch sagen: f ist eine Funktion von A **auf** B. So ist z.B.
$f : \mathbb{R} \to \mathbb{R}$, $f(x) = x^2$ weder injektiv noch surjektiv, da $f(1) = f(-1)$ gilt
und -1 kein Urbild hat. Die Einschränkungen $[0, \infty[\to \mathbb{R}$ und $\mathbb{R} \to [0, \infty[$ von
f sind dagegen injektiv bzw. surjektiv. Die Einschränkungen $[0, \infty[\to [0, \infty[$
und $] - \infty, 0] \to [0, \infty[$ von f sind sowohl injektiv als auch surjektiv. Eine
solche Funktion nennt man **bijektiv**.

Sind $f : A \to B$ und $g : B \to C$ Funktionen, so wird durch $a \mapsto g(f(a))$ eine
Funktion $A \to C$ definiert, die mit $g \circ f$ bezeichnet wird, und die **Komposition von f und g** heißt. Für jedes $a \in A$ wird also zunächst der Funktionswert $f(a)$ ermittelt und zu diesem Element aus B wird anschliessend
das Bild $g(f(a))$ bzgl. g bestimmt. Diese Operation ist assoziativ, d.h.: Für
$f : A \to B$, $g : B \to C$ und $h : C \to D$ gilt: $h \circ (g \circ f) = (h \circ g) \circ f$. Sind
f und g zwei Funktionen von A nach A, so sind im Allgemeinen $f \circ g$ und
$g \circ f$ verschieden. Sind $f : A \to B$ und $g : B \to C$ beide injektiv oder beide
surjektiv, so hat $g \circ f$ dieselbe Eigenschaft. Deshalb ist $g \circ f$ bijektiv, falls f
und g es sind. Ist $f : A \to B$ bijektiv, so gibt es eine eindeutig bestimmte
Funktion $g : B \to A$ mit $g \circ f = \text{id}_A$ und $f \circ g = \text{id}_B$. Diese Funktion g wird
mit f^{-1} bezeichnet und heißt die **Inverse von** f; $f(a) = b$ und $f^{-1}(b) = a$
sind also äquivalent.

Für eine feste natürliche Zahl $n \geq 1$ heißt jede bijektive Abbildung von
$\{1, \ldots, n\}$ auf $\{1, \ldots, n\}$ eine **Permutation**. Mit Hilfe vollständiger Induktion kann man sich überlegen, dass es $n!$ verschiedene Permutationen der
Menge $\{1, \ldots, n\}$ gibt.

Sei nun $A \subset \mathbb{R}$. $f : A \to \mathbb{R}$ heißt **monoton wachsend (streng monoton
wachsend)**, falls aus $a_1 < a_2$ immer $f(a_1) \leq f(a_2)$ (bzw. $f(a_1) < f(a_2)$)
folgt. Analog definiert man **monoton fallend** und **streng monoton fal-
lend**. Der Betrag $| \quad | : \mathbb{R} \to \mathbb{R}$ ist keine monotone Funktion, da zwar $-3 < 1$
und $-3 < 5$ gilt, aber $|-3| > |1|$ und $|-3| < |5|$. Die Einschränkungen des
Betrages auf $] - \infty, 0]$ und $[0, \infty[$ sind streng monoton fallend bzw. wachsend.
Es ist klar, dass die strenge Monotonie die Injektivität impliziert, aber das
Umgekehrte gilt nicht. (Z.B. $f : [0, 1] \cup [2, 3] \to \mathbb{R}$, $f(x) = x$ für $x \in [0, 1]$

und $f(x) = 5 - x$ für $x \in [2,3]$ ist injektiv, aber nicht monoton.)

Sei $f : A \times B \to C$ eine Funktion; sind $a_0 \in A$ und $b_0 \in B$ fest gewählt, so kann man die Funktionen $A \to C$, $a \mapsto f(a, b_0)$ und $B \to C$, $b \mapsto f(a_0, b)$ betrachten; sie werden mit $f(\cdot, b_0)$ bzw. $f(a_0, \cdot)$ bezeichnet. Diese Funktionen sind Kompositionen von $A \to A \times B$, $a \mapsto (a, b_0)$ und $B \to A \times B$, $b \mapsto (a_0, b)$ mit f.

Zwei Mengen A und B heißen **gleichmächtig**, wenn eine bijektive Funktion von A nach B existiert. Diese Relation ist eine **Äquivalenzrelation**, d.h. sie ist **symmetrisch** (A ist gleichmächtig zu A), **reflexiv** (ist A gleichmächtig zu B, so ist B gleichmächtig zu A) und **transitiv** (ist A gleichmächtig zu B und B gleichmächtig zu C, so ist A gleichmächtig zu C). Die Menge aller Mengen, die zu A gleichmächtig sind, nennt man die Äquivalenzklasse von A. Die Äquivalenzklasse von A heißt die **Mächtigkeit** oder **Kardinalzahl von A**. Gibt es zu A eine natürliche Zahl $n \geq 1$, so dass A und $\{1, \ldots, n\}$ gleichmächtig sind, so ist n eindeutig bestimmt, und A heißt **endlich** mit der Kardinalzahl n. Sonst heißt A – falls A nicht die leere Menge ist – **unendlich**. Ist A gleichmächtig zu $\mathbb{N}$, so nennt man A **abzählbar**. Alle anderen unendlichen Mengen heißen **überabzählbar**. Die Menge $\mathbb{Z}$ der ganzen Zahlen ist abzählbar; als bijektive Abbildung von $\mathbb{N}$ auf $\mathbb{Z}$ kann man nehmen: $2k \mapsto k$ und $2k + 1 \mapsto -k - 1$ für $k \in \mathbb{N}$. Das ist gleichzeitig ein Beispiel dafür, dass eine Menge dieselbe Mächtigkeit haben kann wie eine echte Teilmenge. Bei endlichen Mengen ist das nicht möglich. Es ist nicht allzu schwer zu zeigen, dass auch $\mathbb{Q}$ und $\mathbb{N}^m$ für eine beliebige natürliche Zahl $m \geq 1$ abzählbar sind. Etwas mehr muss man sich anstrengen um nachzuweisen, dass $\mathbb{R}$ und $\mathbb{C}$ überabzählbar sind.

1.1.8 Polynome, Horner-Schema (Aufgabe 31 und 32)

Teilt man das Polynom P, $P(x) = a_n x^n + \ldots + a_1 x + a_0$ durch $x - x_0$, so folgt aus

$$a_n x^n + \ldots + a_1 x + a_0 = (x - x_0)\left(b_{n-1} x^{n-1} + \ldots + b_1 x + b_0\right) + r$$

durch Koeffizientenvergleich

$$b_{n-1} = a_n , \ b_{n-2} = a_{n-1} + x_0 b_{n-1}, \ldots,$$
$$b_{n-k} = a_{n-k+1} + x_0 b_{n-k+1}, \ldots, b_0 = a_1 + x_0 b_1 , \ r = a_0 + x_0 b_0 . \tag{1.11}$$

Deshalb sind die Koeffizienten des Quotienten $Q(x) = b_{n-1} x^{n-1} + \ldots + b_1 x + b_0$ und der Rest r leicht mit Hilfe des sog. **Horner-Schemas** zu berechnen:

$$
\begin{array}{cccccc}
a_n & a_{n-1} & \cdots a_{n-k+1} & \cdots & a_1 & a_0 \\
x_0 & x_0 b_{n-1} & \cdots x_0 b_{n-k+1} \cdots & & x_0 b_1 & x_0 b_0 \\
\hline
b_{n-1}\, b_{n-2} & & \cdots b_{n-k} & \cdots & b_0 & r \quad,
\end{array}
$$

wobei die letzte Zeile mit Hilfe von (1.11) gewonnen wird. Aus $P(x) = (x - x_0)Q(x) + r$ folgt (durch Einsetzen von x_0): $P(x_0) = r$. Also: x_0 ist eine Nullstelle von P genau dann, wenn $P(x_0) = 0$ gilt.

Der **Fundamentalsatz der Algebra** besagt, dass jedes Polynom P n-ten Grades mit komplexen (insbesondere auch mit reellen) Koeffizienten genau n (im Allgemeinen komplexe) Nullstellen besitzt, wenn man mit Vielfachheiten zählt. Das bedeutet Folgendes: Es gibt k paarweise verschiedene komplexe Zahlen $x_1, \ldots x_k$ sowie k positive natürliche Zahlen $m_1, \ldots, m_k$, so dass gilt:

$$
P(x) = a_n \prod_{j=1}^{k} (x - x_j)^{m_j} \quad \text{mit} \quad \sum_{j=1}^{k} m_j = n \ . \tag{1.12}
$$

m_j ist die **Vielfachheit der Nullstelle** x_j von P. Sind die Koeffizienten $a_0, a_1, \ldots, a_n$ reell, so ist mit x_j auch $\overline{x}_j$ eine Nullstelle von P, da

$$
P(\overline{x}_j) = \sum_{k=0}^{n} a_k \overline{x}_j^k = \sum_{k=0}^{n} \overline{a}_k \overline{x_j^k} = \overline{\sum_{k=0}^{n} a_k x_j^k} = \overline{P(x_j)}
$$

gilt. Ist also $x_j \in \mathbb{C} \backslash \mathbb{R}$ eine Nullstelle von P, so ist auch $\overline{x}_j \neq x_j$ eine Nullstelle von P, und die Faktoren $x - x_j$ und $x - \overline{x}_j$ kommen in (1.12) mit denselben Exponenten vor (was man sich leicht mit vollständiger Induktion und auf Grund der folgenden Bemerkung überlegen kann). Das Produkt $(x - x_j)(x - \overline{x}_j)$ ist ein Polynom zweiten Grades mit reellen Koeffizienten, denn:

$$
(x - x_j)(x - \overline{x}_j) = x^2 - (x_j + \overline{x}_j)x + x_j \overline{x}_j = x^2 - 2(\operatorname{Re} x_j)x + |x_j|^2 \ .
$$

Deshalb lässt sich das Polynom P mit reellen Koeffizienten $a_0, a_1, \ldots, a_n$ wie folgt schreiben:

$$
P(x) = \prod_{j=1}^{s} (x^2 + b_j x + c_j)^{m_j} \prod_{k=1}^{r} (x - d_k)^{p_k} \tag{1.13}
$$

mit $s, r \in \mathbb{N}$, $m_j \geq 1$ für alle $j \in \{1, \ldots, s\}$, $p_k \geq 1$ für alle $k \in \{1, \ldots, r\}$ und $2 \sum_{j=1}^{s} m_j + \sum_{k=1}^{r} p_k = n$. Dabei sind die Fälle $s = 0$ und $r = 0$ möglich, d.h., P könnte nur reelle Nullstellen oder gar keine reellen Nullstellen haben. Allerdings ist es oft schwer, die Zerlegungen (1.12) und (1.13) konkret anzugeben. Als kleine Hilfe in einem Spezialfall kann das folgende, leicht nachprüfbare Ergebnis dienen: Sind die Koeffizienten von $P(x) = x^n + a_{n-1}x^{n-1} + \ldots + a_1 x + a_0$ (der höchste Koeffizient ist also 1!) ganze Zahlen, so ist jede rationale Nullstelle von P auch ganz, und zwar ein Teiler von a_0. Über irrationale Nullstellen ist dabei nichts gesagt; Beispiel: $x^2 - 2 = (x - \sqrt{2})(x + \sqrt{2})$.

1.1.9 Vektorräume (Aufgabe 33 bis 36)

Eine systematische Behandlung von Systemen von linearen Gleichungen verlangt Kenntnisse über Vektorräume; im Rahmen dieser Theorie kann man die Ergebnisse klar darstellen, die Vorgehenweise als natürlich ansehen und die vorhandenen Zusammenhänge tiefer verstehen. (So z.B. wird schon die einfache Frage nach dem Umfang der Lösungsmenge eines linearen Gleichungssystems damit einfacher und präziser beantwortet.)

Eine **Operation** oder **Verknüpfung** auf einer nichtleeren Menge M ist eine Funktion f von $M \times M$ nach M, die bestimmte Eigenschaften haben kann (die bestimmten Gesetzen genügen kann), wie z.B.:

Kommutativität: $f(x,y) = f(y,x) \quad \forall x, y \in M$,

Assoziativität: $f\left(x, f(y,z)\right) = f\left(f(x,y), z\right) \quad \forall x, y, z \in M$,

Existenz eines neutralen Elementes n: $f(n,x) = f(x,n) = x \quad \forall x \in M$.

Im Fall seiner Existenz ist n eindeutig bestimmt, da für zwei Elemente n und n' mit derselben Eigenschaft gilt $n = f(n, n') = n'$.

Gibt es **das** neutrale Element n für f, so heißt y ein **Inverses** von x (für diese Operation), falls $f(x,y) = f(y,x) = n$ gilt. Sind y, y' zwei Elemente mit dieser Eigenschaft, so gilt $y' = f(y', n) = f\left(y', f(x,y)\right)$ und $y = f(n, y) = f\left(f(y', x), y\right)$. Deshalb kann für eine assoziative Verknüpfung mit neutralem Element höchstens ein Inverses für ein Element existieren.

(M, f) heißt eine **Gruppe**, falls f assoziativ ist, das neutrale Element für f existiert und zu jedem Element von M das Inverse existiert. In diesem Fall wird anstelle von $f(x,y)$ meist xy oder $x \cdot y$ und anstelle von n entweder e oder 1 geschrieben. x^{-1} ist das Inverse von x. Die bijektiven Funktionen einer nichtleeren Menge M auf sich bilden bezüglich der Komposition von Funktionen eine Gruppe; das neutrale Element ist die identische Funktion id_M, das inverse Element zu φ ist die inverse Funktion φ^{-1}; es ergeben sich also keine Probleme mit den Bezeichnungen. Falls die Gruppenoperation kommutativ ist, hat man es mit einer kommutativen oder abelschen Gruppe zu tun. (Niels Henrik Abel – berühmter norwegischer Mathematiker). Die Verknüpfung wird dann meist additiv geschrieben; das neutrale Element und das Inverse von x werden mit 0 bzw. $-x$ bezeichnet.

Ist M eine Menge mit mindestens drei Elementen, so ist die Gruppe der Permutationen (der bijektiven Funktionen von M auf M) von M nicht kommutativ; dagegen sind $(\mathbb{Z}, +)$, $(\mathbb{Q}, +)$, $(\mathbb{R}, +)$ und $(\mathbb{C}, +)$ abelsche Gruppen.

Sind f und g zwei Verknüpfungen auf M, so heißt g **distributiv bzgl.** f, falls für alle x, y und z aus M gilt:

$$g\left(x, f(y,z)\right) = f\left(g(x,y), g(x,z)\right) \quad \text{und} \quad g\left(f(x,y), z\right) = f\left(g(x,z), g(y,z)\right) \ .$$

Sei K eine Menge mit mindestens zwei Elementen 0 und 1, und seien $+$, $\cdot$ zwei Verknüpfungen auf K. Ist

→ $(K, +)$ eine abelsche Gruppe mit Nullelement 0, d.h., gilt $x + y = y + x$, $(x + y) + z = x + (y + z), x + 0 = x$ für alle $x, y, z \in K$ und existiert zu jedem $x \in K$ ein Element $-x$ mit der Eigenschaft $x + (-x) = 0$,

→ $(K \backslash \{0\}, \cdot)$ eine abelsche Gruppe mit Einselement 1, d.h., gilt $x \cdot y = y \cdot x, (x \cdot y) \cdot z = x \cdot (y \cdot z), x \cdot 1 = x$ für alle $x, y, z \in K \backslash \{0\}$ und existiert zu jedem $x \in K \backslash \{0\}$ ein Element x^{-1} mit der Eigenschaft $x \cdot (x^{-1}) = 1$,

→ $\cdot$ distributiv bezüglich $+$, also gilt $x \cdot (y + z) = x \cdot y + x \cdot z$ für alle $x, y, z \in K$,

so heißt das Tripel $(K, +, \cdot)$ ein **Körper**. Insbesondere gilt $0 \neq 1$ und für alle x, y aus K hat man $(-x) \cdot y = -(x \cdot y) = x \cdot (-y)$, $0 \cdot x = 0 = x \cdot 0$.

So sind $(\mathbb{Q}, +, \cdot)$, $(\mathbb{R}, +, \cdot)$ und $(\mathbb{C}, +, \cdot)$ Körper, aber $(\mathbb{Z}, +, \cdot)$ nicht, da $x \in \mathbb{Z} \backslash \{0, 1, -1\}$ kein Inverses bezüglich der Multiplikation hat. In solchen Fällen spricht man von **kommutativen Ringen**; fehlt außerdem auch die Kommutativität der Multiplikation, so hat man nur einen **Ring**.

Gruppen, abelsche Gruppen, Ringe, kommutative Ringe, Körper sind die am häufigsten benutzten **algebraischen Strukturen auf einer Menge**. Ist M' eine nichtleere Teilmenge der Menge M, die mit einer algebraischen Struktur versehen ist, und hat (bzw. haben) die Einschränkung der Operation (bzw. Einschränkungen der Operationen) von M auf $M' \times M'$ als Wertebereich M', so hat man auf M' **die von derjenigen von M induzierten algebraischen Struktur**; man spricht von **der Unterstruktur auf M'**. So ist $(\mathbb{Z}, +, \cdot)$ ein Unterring von $(\mathbb{R}, +, \cdot)$, $(\mathbb{Q}, +, \cdot)$ ein Unterkörper von $(\mathbb{R}, +, \cdot)$, usw.

Sind f und f^* zwei Operationen auf M bzw. M^*, so ist die Funktion $\varphi : M \to M^*$ **verträglich mit diesen Operationen**, falls für alle $x, y \in M$ gilt:

$$\varphi \left(f(x, y) \right) = f^* \left(\varphi(x), \varphi(y) \right) .$$

So ist z.B. $\mathbb{R} \to \mathbb{R}$, $x \mapsto 2x$ verträglich mit $+$ und $+$, aber nicht mit $\cdot$ und $\cdot$, weil für $x \neq 0 \neq y$ gilt: $2(x \cdot y) \neq (2x) \cdot (2y)$.

Haben M und M^* dieselbe Struktur und ist $\varphi : M \to M^*$ verträglich mit jedem Paar von entsprechenden Operationen, so heißt φ ein **Homomorphismus** der vorhandenen Struktur; z.B. ist der Übergang zum Konjugierten $\mathbb{C} \to \mathbb{C}$, $z \mapsto \overline{z}$ ein Körperhomomorphismus, weil für alle z_1 und z_2 aus $\mathbb{C}$ gilt $\overline{z_1 + z_2} = \overline{z}_1 + \overline{z}_2$, $\overline{z_1 z_2} = \overline{z}_1 \cdot \overline{z}_2$.

Seien $(K, +, \cdot)$ ein Körper, dessen Elemente mit griechischen oder lateinischen Buchstaben geschrieben werden und als **Skalare** angesprochen werden, und $(V, +)$ eine abelsche Gruppe, deren Elemente fett geschrieben und **Vektoren** genannt werden; das neutrale Element, d.h. der **Nullvektor** wird mit **0** be-

zeichnet. Aus dem Zusammenhang wird immer klar, um welches Pluszeichen
es sich handelt; es wäre lästig, zwei verschiedene Pluszeichen zu verwenden.
Eine **Multiplikation der Vektoren aus V mit den Skalaren aus K** ist
eine Funktion

$$K \times V \to V \quad , \quad (\alpha, \mathbf{v}) \mapsto \alpha\mathbf{v} ,$$

welche die folgenden Eigenschaften hat:

$$(\alpha_1 + \alpha_2)\mathbf{v} = \alpha_1\mathbf{v} + \alpha_2\mathbf{v} \quad \text{für alle} \quad \alpha_1, \alpha_2 \in K \quad \text{und} \quad \mathbf{v} \in V ,$$

$$\alpha(\mathbf{v}_1 + \mathbf{v}_2) = \alpha\mathbf{v}_1 + \alpha\mathbf{v}_2 \quad \text{für alle} \quad \alpha \in K \quad \text{und} \quad \mathbf{v}_1, \mathbf{v}_2 \in V ,$$

$$(\alpha \cdot \beta)\mathbf{v} = \alpha(\beta\mathbf{v}) \quad \text{für alle} \quad \alpha, \beta \in K \quad \text{und} \quad \mathbf{v} \in V ,$$

$$1\mathbf{v} = \mathbf{v} \quad \text{für alle} \quad \mathbf{v} \in V .$$

Die ersten zwei Gesetze bedeuten die Distributivität der Multiplikation mit
Skalaren sowohl bezüglich der Addition von K als auch von V; die dritte
Bedingung ist die Assoziativität der Körpermultiplikation mit der „äußeren"
(oder skalaren) Multiplikation. Schließlich bedeutet die letzte Forderung, dass
bei der Multiplikation mit 1 die Vektoren aus V unverändert bleiben. Mit diesen beiden Operationen – also einer „inneren" Addition und einer „äußeren"
Multiplikation – versehen heißt V ein **K-Vektorraum** oder ein **Vektor-
raum über K**. Es gilt $0\mathbf{v} = \mathbf{0} = \alpha\mathbf{0}$ für alle $\alpha \in K$ und $\mathbf{v} \in \mathbf{V}$. Ist K
der Körper der reellen oder komplexen Zahlen, so spricht man von reellen
bzw. komplexen Vektorräumen. IR^n wird zum IR-Vektorraum, wenn man die
Addition und die Skalarmultiplikation durch

$$\begin{pmatrix} x_1 \\ \vdots \\ x_n \end{pmatrix} + \begin{pmatrix} y_1 \\ \vdots \\ y_n \end{pmatrix} = \begin{pmatrix} x_1 + y_1 \\ \vdots \\ x_n + y_n \end{pmatrix} \quad \text{bzw.} \quad \lambda \cdot \begin{pmatrix} x_1 \\ \vdots \\ x_n \end{pmatrix} = \begin{pmatrix} \lambda x_1 \\ \vdots \\ \lambda x_n \end{pmatrix}$$

definiert. Wenn man vom reellen Vektorraum IR^n spricht, ist immer die obige
Struktur von IR^n gemeint. Analog wird die Struktur eines komplexen Vektorraums auf $\mathbb{C}^n$ und allgemeiner eines K-Vektorraums auf K^n eingeführt.
Der Punkt mit den kartesischen Koordinaten (x_1, x_2) bzw. (x_1, x_2, x_3) aus
der Ebene bzw. dem Raum wird immer mit dem Vektor

$$\begin{pmatrix} x_1 \\ x_2 \end{pmatrix} \quad \text{bzw.} \quad \begin{pmatrix} x_1 \\ x_2 \\ x_3 \end{pmatrix}$$

aus IR^2 bzw. IR^3 identifiziert. Wegen der Vorstellung, dass diese Vektoren die
Pfeile vom Nullpunkt zum Punkt (x_1, x_2) bzw. (x_1, x_2, x_3) sind, hat man eine
Erklärung für die benutzte Terminologie.

Die Polynome mit reellen (komplexen) Koeffizienten bilden für die üblichen Operationen einen $\mathbb{R}$-(bzw. $\mathbb{C}$-)Vektorraum. Ist M eine nichtleere Menge und $(K, +, \cdot)$ ein Körper, so ist die Menge aller Funktionen $M \to K$ mit den folgenden Operationen ein Vektorraum über K :

$$(f_1 + f_2)(m) := f_1(m) + f_2(m) \, ,$$
$$(\lambda f)(m) := \lambda \cdot f(m) \, . \tag{1.14}$$

Nimmt man $\{1, \ldots, n\}$ für M und identifiziert man jede Funktion $f : \{1, \ldots, n\} \to \mathbb{R}$ mit

$$\begin{pmatrix} f(1) \\ f(2) \\ \vdots \\ f(n) \end{pmatrix} ,$$

so bekommt man eine andere Beschreibung von $\mathbb{R}^n$ als reeller Vektorraum. Betrachtet man nun das kartesische Produkt $\{1, 2, \ldots, m\} \times \{1, 2, \ldots, n\}$ und identifiziert man jedes $f : \{1, 2, \ldots, m\} \times \{1, 2, \ldots, n\} \to K$ mit der **Matrix** (anders gesagt: mit dem $m \times n$-rechteckigen Schema)

$$\begin{pmatrix} f(1,1) & f(1,2) & \ldots & f(1,n) \\ f(2,1) & f(2,2) & \ldots & f(2,n) \\ \vdots & \vdots & & \vdots \\ f(m,1) & f(m,2) & \ldots & f(m,n) \end{pmatrix} ,$$

so erhält man einen K-Vektorraum, der mit $K^{m \times n}$ oder $M_{m,n}(K)$ oder auch $\mathrm{Mat}(K; m, n)$ bezeichnet wird. Wegen der Verwendung von Matrizen in der Theorie der linearen Gleichungssysteme benutzt man für eine $m \times n$-Matrix A, deren (i,j)-Komponente a_{ij} ist, die Schreibweise

$$A = (a_{ij})_{\substack{i=1,\ldots,m \\ j=1,\ldots,n}} = \begin{pmatrix} a_{11} & a_{12} & \ldots & a_{1n} \\ a_{21} & a_{22} & \ldots & a_{2n} \\ \vdots & \vdots & & \vdots \\ a_{m1} & a_{m2} & \ldots & a_{mn} \end{pmatrix} .$$

Die obige Identifikation führt zu den folgenden Verknüpfungen:

$$A + B = (a_{ij})_{\substack{i=1,\ldots,m \\ j=1,\ldots,n}} + (b_{ij})_{\substack{i=1,\ldots,m \\ j=1,\ldots,n}} = (a_{ij} + b_{ij})_{\substack{i=1,\ldots,m \\ j=1,\ldots,n}} \, ,$$
$$\lambda A = \lambda (a_{ij})_{\substack{i=1,\ldots,m \\ j=1,\ldots,n}} = (\lambda \cdot a_{ij})_{\substack{i=1,\ldots,m \\ j=1,\ldots,n}} \, . \tag{1.15}$$

Man beachte, dass K^n und $K^{n \times 1}$ denselben Vektorraum bezeichnen.

Sei V ein K-Vektorraum, I eine nichtleere Menge und $\mathcal{V} := \{\mathbf{v}_i \mid i \in I\}$ eine mit I indizierte Menge von Vektoren aus V. Die Vektoren aus $\mathcal{V}$ heißen **linear unabhängig**, wenn für jede endliche Teilmenge $\{i_1, \ldots, i_k\}$ aus I die Gleichung $\sum_{j=1}^{k} \alpha_j \mathbf{v}_{i_j} = \mathbf{0}$ nur die Lösung $\alpha_1 = \alpha_2 = \ldots = \alpha_k = 0$ besitzt.

Äquivalent dazu: Zwei **Linearkombinationen** $\sum_{j=1}^{k} \alpha_j \mathbf{v}_{i_j}$ und $\sum_{j=1}^{k} \beta_j \mathbf{v}_{i_j}$ sind genau dann gleich, wenn $\alpha_j = \beta_j$ für alle j gilt.

Insbesondere sind alle Vektoren aus $\mathcal{V}$ von $\mathbf{0}$ verschieden. Deshalb gibt es im **Nullvektorraum**, d.h. in dem Vektorraum, der nur aus dem Nullvektor besteht, keine Menge von linear unabhängigen Vektoren (sie würde sowieso nur aus $\mathbf{0}$ bestehen!). In $\mathbb{R}^3$ sind die Vektoren

$$\begin{pmatrix} 1 \\ 1 \\ 1 \end{pmatrix}, \begin{pmatrix} 1 \\ 1 \\ 0 \end{pmatrix} \quad \text{und} \quad \begin{pmatrix} 1 \\ 0 \\ 0 \end{pmatrix}$$

linear unabhängig. Wegen des Fundamentalsatzes der Algebra ist jede Menge von Polynomen mit reellen (oder komplexen) Koeffizienten von paarweise verschiedenen Graden linear unabhängig; insbesondere sind die Monome $1, x, x^2, \ldots, x^n, \ldots$ linear unabhängig. Es ist angebracht, manchmal etwas präziser zu sein, indem man sagt: $\mathbf{v}_1, \ldots, \mathbf{v}_k$ sind **linear unabhängig über** K. Damit vermeidet man Probleme wie dieses: 1 und $\sqrt{2}$ sind **linear abhängig** über $\mathbb{R}$, aber linear unabhängig über $\mathbb{Q}$, da $\sqrt{2} \notin \mathbb{Q}$ gilt.

$\mathcal{V}$ ist ein **Erzeugendensystem von** V oder **die Vektoren von** $\mathcal{V}$ **erzeugen den Vektorraum** V, wenn jedes Element $\mathbf{v}$ aus V eine Linearkombination von Elementen aus $\mathcal{V}$ ist, d.h. es gibt $\{i_1, \ldots, i_k\} \subset I$ und $\alpha_1, \ldots, \alpha_k$ aus K mit $\mathbf{v} = \sum \alpha_j \mathbf{v}_{i_j}$. Der Nullvektor erzeugt den Nullvektorraum. Die Monome $1, x, x^2, \ldots, x^n$ erzeugen den Vektorraum aller Polynome vom Grad $\leq n$. Besitzt V ein endliches Erzeugendensystem, so heißt V **endlich dimensional**; sonst sagt man, dass V **unendlich dimensional** ist.

Ein linear unabhängiges Erzeugendensystem von V heißt eine **Basis** von V. Ist also $\mathcal{V} = \{\mathbf{v}_i \mid i \in I\}$ eine Basis von V, so gibt es für jedes $\mathbf{v} \neq \mathbf{0}$ nur eine natürliche Zahl k, genau eine Teilmenge $\{i_1, \ldots, i_k\}$ von I und eindeutig bestimmte Elemente $\alpha_1, \ldots, \alpha_k$ aus $K^* = K \backslash \{0\}$ mit der Eigenschaft $\mathbf{v} = \sum_{j=1}^{k} \alpha_j \mathbf{v}_{i_j}$. Der Nullvektorraum besitzt keine Basis. 1 und i bilden eine Basis des reellen Vektorraumes $\mathbb{C}$; dagegen ist $\{1\}$ oder $\{i\}$ eine Basis des komplexen Vektorraumes $\mathbb{C}$. Für K^n bilden

$$\mathbf{e}_1 = \begin{pmatrix} 1 \\ 0 \\ 0 \\ \vdots \\ 0 \end{pmatrix}, \ \mathbf{e}_2 = \begin{pmatrix} 0 \\ 1 \\ 0 \\ \vdots \\ 0 \end{pmatrix}, \dots, \mathbf{e}_n = \begin{pmatrix} 0 \\ 0 \\ \vdots \\ 0 \\ 1 \end{pmatrix}$$

eine Basis; man nennt sie die **kanonische Basis von** K^n; Bezeichnung: $\mathcal{E}_n$. Daran anlehnend betrachtet man die kanonische Basis $\mathcal{E}_{m,n}$ von $K^{m \times n}$. Sei $\mathbf{e}_{ij}$ die $m \times n$-Matrix, welche nur eine einzige von Null verschiedene Komponente hat, nämlich die (i,j)-Komponente, die gleich 1 ist. $\mathcal{E}_{m,n} := \{ \mathbf{e}_{ij} \mid i \in \{1, \dots, m\}, j \in \{1, \dots, n\}\}$ ist die **kanonische Basis von** $K^{m \times n}$.

Ist V ein Vektorraum, der nicht der Nullvektorraum ist, so kann man aus jedem Erzeugendensystem eine Basis erhalten, indem man gegebenenfalls einige Elemente entfernt. Dieses Ergebnis ist für einen endlich dimensionalen Vektorraum einfach nachzuweisen; für einen unendlich dimensionalen Vektorraum dagegen anspruchsvoll (Stichwort dazu: Zornsches Lemma) Das ist – falls das Erzeugendensystem nicht schon eine Basis ist – auf verschiedene Arten möglich; so kann man aus $\{\binom{1}{1}, \binom{1}{0}, \binom{0}{1}\}$ durch Entfernen je eines Vektors drei verschiedene Basen von $\mathbb{R}^2$ gewinnen. Sehr wichtig für diese Theorie ist der folgende Satz, der so genannte **Austauschsatz von Steinitz**, den man durch vollständige Induktion beweisen kann: Sind $\mathbf{w}_1, \dots, \mathbf{w}_r$ linear unabhängige Vektoren und $\mathbf{v}_1, \dots, \mathbf{v}_n$ eine Basis des Vektorraums V, so ist $r \leq n$ und es gibt $i_{r+1}, \dots, i_n$ paarweise verschiedene Zahlen aus $\{1, \dots, n\}$, so dass $\{\mathbf{w}_1, \dots, \mathbf{w}_r, \mathbf{v}_{i_{r+1}}, \dots, \mathbf{v}_{i_n}\}$ eine Basis von V ist.

Daraus folgt, dass je zwei Basen eines endlich dimensionalen K-Vektorraums V gleich viele Elemente (gleiche Länge) haben. Diese – von Null verschiedene Zahl – heißt die **Dimension des endlich dimensionalen** Vektorraums V; Bezeichnung: $\dim_K V$. Man vereinbart, dass die Dimension des Nullvektorraums gleich Null ist, obwohl (oder gerade weil) er keine Basis besitzt, und dass ein unendlich dimensionaler Vektorraum $+\infty$ als Dimension hat. So hat der Vektorraum der Polynome mit Koeffizienten aus einem beliebigen Körper die Dimension $+\infty$. Es gilt: $\dim_K K^{m \times n} = mn$.

Es ist empfehlenswert, $\dim_K V$ und nicht bloß $\dim V$ zu schreiben, weil z.B. $\dim_{\mathbb{R}} \mathbb{C} = 2$, aber $\dim_{\mathbb{C}} \mathbb{C} = 1$ gilt. Noch wichtiger ist es, im folgenden Fall den Körper nicht zu vergessen: $\dim_{\mathbb{R}} \mathbb{R} = 1$, aber $\dim_{\mathbb{Q}} \mathbb{R} = +\infty$ (was allerdings den Rahmen dieses Buches sprengen würde).

In verschiedenen Beispielen wird oft (manchmal stillschweigend!) eine Folgerung des Austauschsatzes von Steinitz verwendet: Sei V ein K-Vektorraum der Dimension n; für $\mathcal{V} = \{\mathbf{v}_1, \dots, \mathbf{v}_n\}$ sind die folgenden Aussagen äquivalent:

i) $\mathcal{V}$ ist eine Basis von V.

ii) $\mathcal{V}$ ist ein Erzeugendensystem von V .

iii)   Die Vektoren $\mathbf{v}_1, \ldots, \mathbf{v}_n$ sind linear unabhängig über K .

Ein **Untervektorraum** U von V ist eine nichtleere Teilmenge U von V, die **abgeschlossen bzgl. der Operationen von** V **ist**, d.h. mit $\mathbf{u}_1$ und $\mathbf{u}_2$ aus U ist auch $\alpha_1\mathbf{u}_1 + \alpha_2\mathbf{u}_2$ aus U für alle α_1, α_2 aus K und $\mathbf{u}_1, \mathbf{u}_2$ aus U. (Äquivalent dazu: Für alle $\mathbf{u}_1$ und $\mathbf{u}_2$ aus U ist $\mathbf{u}_1 + \mathbf{u}_2$ auch in U, und für alle α aus K und $\mathbf{u}$ aus U ist $\alpha\mathbf{u}$ auch in U.) Insbesondere ist $\mathbf{0}$ in U, und mit $\mathbf{u}$ ist auch $-\mathbf{u}$ in U. U ist bezüglich der induzierten Addition und Multiplikation mit Skalaren aus K selbst ein Vektorraum. Die Gültigkeit der Rechengesetze für U ergibt sich automatisch aus denen für V. Die folgenden Diagramme helfen dem besseren Verständnis dieses Begriffs. (Der Leser wäre gut beraten, für jede algebraische Unterstruktur solche Diagramme zu zeichnen.)

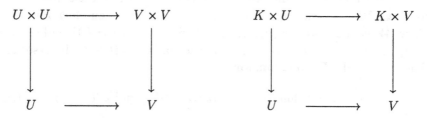

Hierin bedeuten die waagerechten Pfeile Inklusionen, während die senkrechten Pfeile Verknüpfungen darstellen. Eine Menge $\mathcal{V}$ von Vektoren aus U, die in U linear abhängig oder unabhängig ist, hat als Menge von Vektoren aus V dieselbe Eigenschaft. Deshalb gilt:

→   Ist U unendlich dimensional, so auch V .

→   Ist V endlich dimensional, so auch U, und $\dim_K U \leq \dim_K V$. In diesem Fall folgert man aus dem Austauschsatz, dass jede Basis von U zu einer Basis von V ergänzt werden kann.

Als Beispiel: Die Menge aller $m \times n$ Matrizen mit Komponenten aus K, für die von Null verschiedenen Einträge nur in der ersten Spalte oder in der ersten Zeile vorkommen können, bildet einen K-Untervektorraum von $K^{n \times m}$ der Dimension $m + n - 1$. Die Basis $\{\mathbf{e}_{1j} \mid j \in \{1, \ldots, n\}\} \cup \{\mathbf{e}_{i1} \mid i \in \{2, \ldots, m\}\}$ lässt sich z.B. zur kanonischen Basis $\mathcal{E}_{m,n}$ von $K^{m \times n}$ ergänzen.

Sind $\{U_i \mid i \in I\}$ Untervektorräume von V, so ist $\bigcap_{i \in I} U_i$ ebenfalls ein Untervektorraum. Für jede Teilmenge W eines K-Vektorraums V existiert ein kleinster Untervektorraum, der W enthält. Er ist der Durchschnitt aller Untervektorräume, die W enthalten. (V selbst liegt auch in dieser Menge.) Dieser **von** W **aufgespannte Untervektorraum** wird mit Span(W) bezeichnet. Er erweist sich als die Menge aller Linearkombinationen von Elementen aus W. Besteht W aus k Vektoren $\mathbf{w}_1, \ldots, \mathbf{w}_k$, so wird oft $\langle \mathbf{w}_1, \ldots, \mathbf{w}_k \rangle$ anstelle von Span($\mathbf{w}_1, \ldots, \mathbf{w}_k$) geschrieben. Also:

$$\langle \mathbf{w}_1, \ldots, \mathbf{w}_k \rangle = \left\{ \sum_{j=1}^{k} \alpha_j \mathbf{w}_j \;\middle|\; \alpha_1, \ldots, \alpha_k \in K \right\} . \qquad (1.16)$$

Sind U_1 und U_2 zwei Untervektorräume von V, so ist $U_1 \cup U_2$ genau dann ein Untervektorraum, wenn $U_1 \subset U_2$ oder $U_2 \subset U_1$. (Sonst: Sind $\mathbf{u}_1 \in U_1 \backslash U_2$ und $\mathbf{u}_2 \in U_2 \backslash U_1$, so ist $\mathbf{u}_1 + \mathbf{u}_2 \notin U_1 \cup U_2$.) Die Elemente von Span$(U_1 \cup U_2)$ lassen sich – weil eben U_1 und U_2 Untervektorräume sind – als $\mathbf{u}_1 + \mathbf{u}_2$ mit $\mathbf{u}_1 \in U_1$ und $\mathbf{u}_2 \in U_2$ schreiben. Deshalb wird Span$(U_1 \cup U_2)$ als $U_1 + U_2$ bezeichnet, und heißt die **Summe der Untervektorräume** U_1 und U_2. Die Darstellung $\mathbf{u}_1 + \mathbf{u}_2$ eines beliebigen Elements aus $U_1 + U_2$ mit $\mathbf{u}_1 \in U_1$ und $\mathbf{u}_2 \in U_2$ ist eindeutig dann und nur dann, wenn $U_1 \cap U_2 = \{0\}$ gilt. In diesem Fall ist $U_1 + U_2$ die **direkte Summe** von U_1 und U_2, und wird mit $U_1 \dot{+} U_2$ oder $U_1 \oplus U_2$ bezeichnet. Seien nun U und W beliebige, endlich dimensionale Untervektorräume von V. Ist $\{\mathbf{v}_1, \ldots, \mathbf{v}_l\}$ eine Basis von $U \cap W$, wird diese Basis durch $\{\mathbf{u}_1, \ldots, \mathbf{u}_n\}$ und $\{\mathbf{w}_1, \ldots, \mathbf{w}_m\}$ zu einer Basis von U bzw. W ergänzt, so gilt $\langle \mathbf{u}_1, \ldots, \mathbf{u}_n \rangle \cap \langle \mathbf{w}_1, \ldots, \mathbf{w}_m \rangle = \{0\}$ und deshalb ist $\{\mathbf{v}_1, \ldots, \mathbf{v}_l, \mathbf{u}_1, \ldots, \mathbf{u}_n, \mathbf{w}_1, \ldots, \mathbf{w}_m\}$ eine Basis von $U + W$. Insbesondere bekommt man die **Dimensionsformel**

$$\dim_K U + \dim_K W = \dim_K (U + W) + \dim_K (U \cap V) , \qquad (1.17)$$

da $(l + n) + (l + m) = (l + n + m) + l$ gilt.

Mit der angesprochenen Identifizierung der Vektoren von $\mathbb{R}^2$ und $\mathbb{R}^3$ mit den Punkten der Ebene bzw. des Raums, lassen sich die Untervektorräume von $\mathbb{R}^2$ und $\mathbb{R}^3$, wie folgt aufzählen:

→   Der (einzige) nulldimensionale Untervektorraum ist der Nullpunkt.

→   Die 1-dimensionalen Untervektorräume von $\mathbb{R}^2$ und $\mathbb{R}^3$ sind die Geraden in der Ebene oder im Raum, welche durch den Nullpunkt gehen.

→   Der einzige 2-dimensionale Untervektorraum von $\mathbb{R}^2$ ist die Ebene selbst.

→   Die 2-dimensionalen Untervektorräume von $\mathbb{R}^3$ sind die Ebenen im Raum, welche durch den Nullpunkt gehen.

→   Der einzige 3-dimensionale Untervektorraum von $\mathbb{R}^3$ ist der Raum selbst.

Ist A eine Gerade der Ebene oder des Raums, oder eine Ebene des Raums, die nicht durch den Nullpunkt geht, so ist A kein Untervektorraum. Betrachtet man einen beliebigen, aber festen Punkt aus A, der mit dem Vektor $\mathbf{a}_0$ identifiziert ist, so ist

$$A - \mathbf{a}_0 := \{\mathbf{a} - \mathbf{a}_0 \mid \mathbf{a} \in A\}$$

ein Untervektorraum (der Dimension 1 oder 2); er ist unabhängig von der Wahl von a_0 in A, d.h. $U(A) := A - a_0 = A - a_1$ für jedes $a_1 \in A$. $U(A)$ (genauer: Das entsprechende Punktgebilde) ist also geometrisch parallel zu A, und A ist das Ergebnis der Verschiebung von $U(A)$ in Richtung a_0. Nun lässt sich diese Situation leicht verallgemeinern: Sei U ein Untervektorraum von V, $a \in V$ und $U + a := \{u + a \mid u \in U\}$; es gilt: $U + a = U + b \iff a - b \in U$. Man sagt, dass $A := U + a$ der **affine Unterraum von** V ist, der aus U durch **Parallelverschiebung (Translation)** mittels a gewonnen wird. Die Dimension von A (obwohl A für $0 \notin U$ kein Untervektorraum ist!) wird definiert als die Dimension von U.

1.1.10 Geometrie in der Ebene und im Raum (Aufgabe 37 bis 41)

Wir haben jeden Punkt der Ebene oder des Raums mit seinem Ortsvektor identifiziert, der wie ein Pfeil vom Nullpunkt zum betrachteten Punkt veranschaulicht werden kann. Allgemeiner: Sind zwei beliebige Punkte P_1 und P_2 mit den Koordinaten (x_1, x_2) bzw. (y_1, y_2) in der Ebene oder (x_1, x_2, x_3) bzw. (y_1, y_2, y_3) im Raum gegeben, so ist die orientierte Strecke von P_1 nach P_2 (also der Pfeil $\overrightarrow{P_1 P_2}$) die Differenz der Ortsvektoren von P_2 und P_1, und sie hat die Projektionen $y_1 - x_1$, $y_2 - x_2$ oder $y_1 - x_1$, $y_2 - x_2$, $y_3 - x_3$ auf die Koordinatenachsen. Und diese Vorstellung lässt sich auf den n-dimensionalen euklidischen Raum und den IR-Vektorraum IR^n erweitern. Die Ausdehnung der geometrischen Schulkenntnisse, die auf Längen- und Winkelmessung fußen, auf geometrische Vorstellungen im IR^n basiert auf dem Begriff **Skalarprodukt**, das als Funktion

$$\text{IR}^n \times \text{IR}^n \to \text{IR} , \quad x \cdot y := \sum_{j=1}^{n} x_j y_j \qquad (1.18)$$

definiert ist; dabei sind $x_1, \ldots, x_n$ und $y_1, \ldots, y_n$ die Komponenten der Vektoren x bzw. y. Man beachte, dass das Skalarprodukt keine Verknüpfung von IR^n ist. Es ist leicht nachzuprüfen, dass für alle x_1, x_2, x und y aus IR^n und λ aus IR gilt:

$$
\begin{aligned}
x \cdot y &= y \cdot x , \\
(x_1 + x_2) \cdot y &= x_1 \cdot y + x_2 \cdot y , \\
\lambda(x \cdot y) &= (\lambda x) \cdot y , \\
x \cdot x &= \sum_{j=1}^{n} x_j^2 \geq 0 , \\
x \cdot x = 0 &\iff x = 0 .
\end{aligned}
$$

Für $n = 2$ oder $n = 3$ ist $\sqrt{x \cdot x}$ die (euklidische) Länge des Vektors x; deshalb heißt $|x| := \sqrt{x \cdot x}$ auch im allgemeinen Fall (also n beliebig) die

Länge des Vektors $\mathbf{x}$. Manchmal wird $\|\mathbf{x}\|$ statt $|\mathbf{x}|$ und $< \mathbf{x}, \mathbf{y} >$ statt $\mathbf{x} \cdot \mathbf{y}$ geschrieben.

Sind $\mathbf{x}$ und $\mathbf{y}$ zwei Vektoren aus $\mathbb{R}^2$ oder $\mathbb{R}^3$ und bezeichnet $\theta \in [0, \pi]$ den Winkel zwischen ihnen, so lautet der Cosinussatz

$$|\mathbf{x} - \mathbf{y}|^2 = |\mathbf{x}|^2 + |\mathbf{y}|^2 - 2|\mathbf{x}||\mathbf{y}|\cos\theta \ .$$

Dabei betrachtet man das Dreieck mit den Eckpunkten $\mathbf{0}, \mathbf{x}$ und $\mathbf{y}$. Wie immer werden die Vektoren $\mathbf{0}, \mathbf{x}$ und $\mathbf{y}$ mit den Punkten gleichen Namens identifiziert. Die Vektorenlänge $|\mathbf{x} - \mathbf{y}|$ ist die Kantenlänge zwischen den Ecken $\mathbf{x}$ und $\mathbf{y}$. Aus

$$\begin{aligned} |\mathbf{x} - \mathbf{y}|^2 &= \langle \mathbf{x} - \mathbf{y}, \mathbf{x} - \mathbf{y} \rangle = \langle \mathbf{x}, \mathbf{x} \rangle + \langle \mathbf{y}, \mathbf{y} \rangle - \langle \mathbf{x}, \mathbf{y} \rangle - \langle \mathbf{y}, \mathbf{x} \rangle \\ &= |\mathbf{x}|^2 + |\mathbf{y}|^2 - 2\langle \mathbf{x}, \mathbf{y} \rangle \end{aligned}$$

und aus dem Cosinussatz folgt dann

$$\mathbf{x} \cdot \mathbf{y} = \langle \mathbf{x}, \mathbf{y} \rangle = |\mathbf{x}||\mathbf{y}|\cos\theta \ . \tag{1.19}$$

Wegen der Cauchy-Schwarzschen Ungleichung (1.4) wird durch (1.19) sinnvoll der Winkel θ zwischen den Vektoren $\mathbf{x}$ und $\mathbf{y}$ aus $\mathbb{R}^n$ definiert. Dass diese Definition vernünftig ist, folgt aus der Tatsache, dass die Cauchy-Schwarzsche-Ungleichung eine Gleichheit genau dann ist, wenn ein $\lambda > 0$ mit $x = \lambda y$ existiert, d.h.: Der Winkel θ ist Null (d.h. $\cos\theta = 1$) dann und nur dann, wenn $\mathbf{x}$ und $\mathbf{y}$ kollinear und gleich orientiert sind. Man sagt, dass $\mathbf{x}$ und $\mathbf{y}$ aus $\mathbb{R}^n$ **zueinander senkrecht** (oder **orthogonal**) sind, wenn $\theta = \frac{\pi}{2}$ ist, d.h., wenn $\mathbf{x} \cdot \mathbf{y} = 0$ gilt. (Für $n = 2$ oder $n = 3$ erkennt man die übliche Definition wieder!).

In der Ebene oder im (dreidimensionalen) Raum werden sowohl die Koordinaten x, y bzw. x, y, z als auch x_1, x_2 bzw. x_1, x_2, x_3 verwendet.

Eine Gerade g in der Ebene oder im Raum, die durch einen Punkt $\mathbf{x}_0$ mit Koordinaten x_0, y_0 oder x_0, y_0, z_0 geht und deren Richtung $\mathbf{v}$ die Komponenten α, β bzw. α, β, γ hat, ist die Punktmenge $\{\mathbf{x}_0 + \lambda\mathbf{v} \mid \lambda \in \mathbb{R}\}$. Man sagt, dass $\mathbf{x} = \mathbf{x}_0 + \lambda\mathbf{v}$, $\lambda \in \mathbb{R}$ eine **Gleichung der Geraden** g oder eine **Parameterdarstellung von** g ist. Koordinatenweise hat man:

$$\begin{aligned} x = x_0 + \lambda\alpha, \ y = y_0 + \lambda\beta, \ \lambda \in \mathbb{R}, \quad \text{bzw.} \\ x = x_0 + \lambda\alpha, \ y = y_0 + \lambda\beta, \ z = z_0 + \lambda\gamma, \ \lambda \in \mathbb{R} \ . \end{aligned} \tag{1.20}$$

Die Richtung $\mathbf{v}$ von g ist eindeutig durch zwei verschiedene Punkte $\mathbf{x}_1$ und $\mathbf{x}_2$ von g festgelegt: $\mathbf{v} = \mathbf{x}_1 - \mathbf{x}_2$. In diesem Fall hat man die Parameterdarstellung $\mathbf{x} = \mathbf{x}_0 + \lambda(\mathbf{x}_1 - \mathbf{x}_2)$ mit $\lambda \in \mathbb{R}$ oder auch

$$x = x_0 + \lambda(x_1 - x_2), \; y = y_0 + \lambda(y_1 - y_2) \quad \text{bzw.}$$
$$x = x_0 + \lambda(x_1 - x_2), \; y = y_0 + \lambda(y_1 - y_2), \; z = z_0 + \lambda(z_1 - z_2).$$

$$\tag{1.21}$$

Wählt man $\mathbf{x}_2 = \mathbf{x}_0$, so ergibt sich die Parameterdarstellung

$$\mathbf{x} = (1 - \lambda)\mathbf{x}_0 + \lambda \mathbf{x}_1, \; \lambda \in \mathbb{R} \,. \tag{1.22}$$

Der Vorteil dieser Darstellung liegt in der geometrischen Deutung von λ als Verhältnis zwischen den orientierten Strecken zwischen $\mathbf{x}_0$ und $\mathbf{x}$ bzw. zwischen $\mathbf{x}_0$ und $\mathbf{x}_1$. Genau für λ zwischen 0 und 1 erhält man Punkte zwischen $\mathbf{x}_0$ und $\mathbf{x}_1$. Insbesondere für $\lambda = \frac{1}{2}$ ergeben sich die Koordinaten des Mittelpunktes der Strecke zwischen $\mathbf{x}_0$ und $\mathbf{x}_1$:

$$\frac{x_0 + x_1}{2}, \; \frac{y_0 + y_1}{2} \quad \text{bzw.} \quad \frac{x_0 + x_1}{2}, \; \frac{y_0 + y_1}{2}, \; \frac{z_0 + z_1}{2} \,.$$

Sind $\mathbf{x}_0 = \binom{a}{0}$ und $\mathbf{x}_1 = \binom{0}{b}$ die Schnittpunkte der Geraden g mit den Koordinatenachsen der Ebene, so erhält man aus der Parameterdarstellung (1.22) durch Elimination von λ die **Achsenabschnittsform** der Geraden g

$$\frac{x}{a} + \frac{y}{b} = 1 \,. \tag{1.23}$$

Die zur x-Achse oder zur y-Achse parallelen Geraden lassen sich nicht in dieser Form darstellen; sie haben eine Gleichung der Form $y = b$ bzw. $x = a$. Auch eine Gerade durch den Nullpunkt, die den (gegen den Uhrzeigersinn gemessenen) Winkel $\varphi \in [0, \pi[$ mit der x-Achse bildet (und gemessen wird ab der x-Achse!), hat keine Darstellung in der Form (1.23), sondern als

$$x \sin \varphi = y \cos \varphi \,. \tag{1.24}$$

Ist $p > 0$ der Abstand vom Nullpunkt zur Geraden g, so gibt es einen einzigen Vektor $\mathbf{n}$ der Länge 1 (genannt auch die **Normale von** g), so dass der Punkt $p\mathbf{n}$ auf g liegt. Ist $\mathbf{x}$ der Vektor vom Nullpunkt zu einem beliebigen Punkt von g, so ist $\mathbf{x} - p\mathbf{n}$ senkrecht zu $\mathbf{n}$, d.h. $\mathbf{n} \cdot (\mathbf{x} - p\mathbf{n}) = 0$, oder auch (wegen $\mathbf{n}^2 := \mathbf{n} \cdot \mathbf{n} = 1$):

$$\mathbf{n} \cdot \mathbf{x} = p \,. \tag{1.25}$$

Die Gleichung (1.25) ist die **Hessesche Normalform von** g. (1.24) kann als Spezialfall ($p = 0$) von (1.25) angesehen werden; allerdings ist diesmal die Normale nicht eindeutig bestimmt. $\binom{\cos \varphi}{\sin \varphi}$ ist die Richtung von g; als Normale könnte man $\binom{-\sin \varphi}{\cos \varphi}$ oder $\binom{\sin \varphi}{-\cos \varphi}$ nehmen.

Ist $ax + by + c$ ein Polynom vom Grad 1, also $(a, b) \neq (0, 0)$, so ist die Punktmenge $\{\mathbf{x} = \binom{x}{y} \in \mathbb{R}^2 \mid ax + by + c = 0\}$ eine Gerade; die zugeordnete Hessesche Normalform wird für $c < 0$ durch $\frac{a}{\sqrt{a^2+b^2}}x + \frac{b}{\sqrt{a^2+b^2}}y = -\frac{c}{\sqrt{a^2+b^2}}$ und für $c > 0$ durch $-\frac{a}{\sqrt{a^2+b^2}}x - \frac{b}{\sqrt{a^2+b^2}}y = \frac{c}{\sqrt{a^2+b^2}}$ berechnet.

Der Abstand von einem Punkt $\mathbf{x}_0$ zu einer durch $\mathbf{n}\mathbf{x} = p$ gegebenen Geraden g

ist $|\mathbf{n}\mathbf{x}_0 - p|$. Der obige Übergang von **der allgemeinen Form** $ax + bx + c = 0$ einer Geraden g zu ihrer Hesseschen Normalform zeigt, dass der Abstand von $\mathbf{x}_0 = \binom{x_0}{y_0}$ zu g gleich $\left|\frac{ax_0 + bx_0 + c}{\sqrt{a^2 + b^2}}\right|$ ist.

Bilden die Vektoren $\mathbf{x}$ und $\mathbf{y}$ den Winkel θ, so gilt:

$$|\sin\theta| = \sqrt{1 - \cos^2\theta} = \sqrt{1 - \frac{\langle\mathbf{x},\mathbf{y}\rangle^2}{|\mathbf{x}|^2|\mathbf{y}|^2}} = \sqrt{1 - \frac{(x_1y_1 + x_2y_2)^2}{(x_1^2 + x_2^2)(y_1^2 + y_2^2)}}$$

$$= \sqrt{\frac{x_1^2y_2^2 + x_2^2y_1^2 - 2x_1x_2y_1y_2}{(x_1^2 + x_2^2)(y_1^2 + y_2^2)}} = \frac{|x_1y_2 - x_2y_1|}{|\mathbf{x}||\mathbf{y}|}\,.$$

Deshalb hat der Flächeninhalt des Dreiecks, das von $\mathbf{x}$ und $\mathbf{y}$ aufgespannt wird, d.h. des Dreiecks mit den Kantenlängen $|\mathbf{x}|, |\mathbf{y}|$ und $|\mathbf{x} - \mathbf{y}|$, den Wert $\frac{1}{2}|\mathbf{x}||\mathbf{y}||\sin\theta| = \frac{1}{2}|x_1y_2 - x_2y_1|$. Mit Hilfe dieser Formel kann man Flächeninhalte von Polygonen berechnen, indem man sie in Dreiecke zerlegt (trianguliert!).

Eine Ebene E im Raum, die durch den Punkt $\mathbf{x}_0$ geht und zu zwei nichtparallelen Richtungen $\mathbf{v}_1$ und $\mathbf{v}_2$ parallel ist, ist die Punktmenge

$$\{\mathbf{x}_0 + \lambda_1\mathbf{v}_1 + \lambda_2\mathbf{v}_2 \mid \lambda_1, \lambda_2 \in \mathbb{R}\}\,.$$

Sind x_0, y_0, z_0 die Koordinaten von $\mathbf{x}_0$ und $\alpha_i, \beta_i, \gamma_i$ die Komponenten von $\mathbf{v}_i, i = 1, 2$, so bekommt die **Parameterdarstellung von** E

$$\mathbf{x} = \mathbf{x}_0 + \lambda_1\mathbf{v}_1 + \lambda_2\mathbf{v}_2 \tag{1.26}$$

auch die Gestalt

$$x = x_0 + \lambda_1\alpha_1 + \lambda_2\alpha_2,\ y = y_0 + \lambda_1\beta_1 + \lambda_2\beta_2,\ z = z_0 + \lambda_1\gamma_1 + \lambda_2\gamma_2\,. \tag{1.27}$$

Sind $\mathbf{x}_0, \mathbf{x}_1$ und $\mathbf{x}_2$ drei nicht kollineare Punkte aus E, so kann man die nichtparallelen Richtungen durch $\mathbf{v}_1 = \mathbf{x}_1 - \mathbf{x}_0$ und $\mathbf{v}_2 = \mathbf{x}_2 - \mathbf{x}_0$ festlegen, und damit ergibt sich die Parameterdarstellung der Ebene E in der Form

$$\mathbf{x} = \mathbf{x}_0 + \lambda_1(\mathbf{x}_1 - \mathbf{x}_0) + \lambda_2(\mathbf{x}_2 - \mathbf{x}_0)\,, \tag{1.28}$$

oder auch $x = x_0 + \lambda_1(x_1 - x_0) + \lambda_2(x_2 - x_0)$, $y = y_0 + \lambda_1(y_1 - y_0) + \lambda_2(y_2 - y_0)$, $z = z_0 + \lambda_1(z_1 - z_0) + \lambda_2(z_2 - z_0)$.

Sind $\begin{pmatrix} a \\ 0 \\ 0 \end{pmatrix}, \begin{pmatrix} 0 \\ b \\ 0 \end{pmatrix}$ und $\begin{pmatrix} 0 \\ 0 \\ c \end{pmatrix}$ die Schnittpunkte von E mit den drei Koordinatenachsen, so erhält man die **Achsenabschnittsform der Ebene** E

$$\frac{x}{a} + \frac{y}{b} + \frac{z}{c} = 1\,. \tag{1.29}$$

Die zur z-Achse parallelen Ebenen lassen sich allgemein durch $ax + by + d = 0$

mit $(a, b) \neq (0, 0)$ darstellen. Analog für Ebenen, die zur y- oder x-Achse
parallel sind: $ax + cz + d = 0$ mit $(a, c) \neq (0, 0)$ und $by + cz + d = 0$ mit
$(b, c) \neq (0, 0)$. Um weitere Darstellungen von Ebenen zu erhalten, führen wir
eine Operation ein, die nur für Vektoren aus $\mathbb{R}^3$ definiert ist, und die auch
in anderem Zusammenhang sehr nützlich sein wird. Das **Vektorprodukt**

$$\mathbb{R}^3 \times \mathbb{R}^3 \to \mathbb{R}^3 \text{ ordnet jedem geordneten Paar } \mathbf{x}_1 = \begin{pmatrix} x_1 \\ y_1 \\ z_1 \end{pmatrix}, \ \mathbf{x}_2 = \begin{pmatrix} x_2 \\ y_2 \\ z_2 \end{pmatrix}$$

von Vektoren den Vektor $\mathbf{x}_1 \times \mathbf{x}_2$ mit den Komponenten $y_1 z_2 - y_2 z_1$,
$z_1 x_2 - z_2 x_1$, $x_1 y_2 - x_2 y_1$ zu. Ist $\mathbf{e}_1, \mathbf{e}_2$ und $\mathbf{e}_3$ die kanonische Basis von $\mathbb{R}^3$, so
gilt nach der obigen Definition $\mathbf{e}_1 \times \mathbf{e}_2 = \mathbf{e}_3$, $\mathbf{e}_2 \times \mathbf{e}_3 = \mathbf{e}_1$ und $\mathbf{e}_3 \times \mathbf{e}_1 = \mathbf{e}_2$.
Wir fassen die wesentlichen Eigenschaften dieser Operation zusammen. Sind
$\mathbf{x}, \mathbf{x}_1, \mathbf{x}_2$ und $\mathbf{x}_3$ aus $\mathbb{R}^3$ und λ aus $\mathbb{R}$, so gilt:

i) $\mathbf{x}_1 \times (\mathbf{x}_2 + \mathbf{x}_3) = \mathbf{x}_1 \times \mathbf{x}_2 + \mathbf{x}_1 \times \mathbf{x}_3$,

ii) $(\mathbf{x}_1 + \mathbf{x}_2) \times \mathbf{x}_3 = \mathbf{x}_1 \times \mathbf{x}_3 + \mathbf{x}_2 \times \mathbf{x}_3$,

iii) $\mathbf{x}_1 \times \mathbf{x}_2 = -\mathbf{x}_2 \times \mathbf{x}_1$,   insbesondere $\mathbf{x} \times \mathbf{x} = \mathbf{0}$,

iv) $(\lambda \mathbf{x}_1) \times \mathbf{x}_2 = \lambda(\mathbf{x}_1 \times \mathbf{x}_2)$,

v) $(\mathbf{x}_1 \times \mathbf{x}_2) \cdot \mathbf{x}_1 = (\mathbf{x}_1 \times \mathbf{x}_2) \cdot \mathbf{x}_2 = 0$, d.h. $\mathbf{x}_1 \times \mathbf{x}_2$ ist orthogonal zu $\mathbf{x}_1, \mathbf{x}_2$.

Sind also $\mathbf{v}_1$ und $\mathbf{v}_2$ zwei linear unabhängige Vektoren in einer Ebene E,
welche durch den Punkt $\mathbf{x}_0$ geht, so steht $\mathbf{v}_1 \times \mathbf{v}_2$ senkrecht zu E; sei
$\mathbf{n} = \frac{1}{|\mathbf{v}_1 \times \mathbf{v}_2|} \mathbf{v}_1 \times \mathbf{v}_2$ ein **Normaleneinheitsvektor** zu E. Ein beliebiger
Punkt $\mathbf{x}$ des Raumes gehört zu E dann und nur dann, wenn $\mathbf{x} - \mathbf{x}_0$ und
$\mathbf{n}$ senkrecht zueinander stehen, d.h. wenn $(\mathbf{x} - \mathbf{x}_0) \cdot \mathbf{n} = 0$ gilt. Der Vektor $\mathbf{n}$
zeigt aus dem Nullpunkt in Richtung E genau dann, wenn $\mathbf{x}_0 \cdot \mathbf{n}$ eine nichtnegative Zahl ist. Das kann man immer erreichen, notfalls muss man $\mathbf{v}_1$ und
$\mathbf{v}_2$ vertauschen. Die Zahl $p := \mathbf{x}_0 \cdot \mathbf{n} \geq 0$ ist die Projektionslänge von $\mathbf{x}_0$ auf
$\mathbf{n}$, oder auch der Abstand vom Nullpunkt zu E. $\mathbf{x} \cdot \mathbf{n} = p$ ist die **Hessesche
Normalform der Ebenengleichung** von E. Ist $\mathbf{x}_1$ ein beliebiger Punkt
des Raums, so ist $|(\mathbf{x}_1 - \mathbf{x}_0) \cdot \mathbf{n}| = |\mathbf{x}_1 \cdot \mathbf{n} - p|$ der Abstand $d(\mathbf{x}_1, E)$ von $\mathbf{x}_1$
zu E .

Sei nun $ax + by + cz + d$ ein Polynom ersten Grades, d.h. $(a, b, c) \neq (0, 0, 0)$.
Die Punktmenge $\{(x, y, z) \mid ax + by + cz + d = 0\}$ ist eine Ebene E; die
Hessesche Normalform der Gleichung dieser Ebene erhält man aus der **allgemeinen** Gleichung $ax + by + cz + d = 0$, indem man durch $\sqrt{a^2 + b^2 + c^2}$ oder
$-\sqrt{a^2 + b^2 + c^2}$, je nachdem, ob $d < 0$ oder $d \geq 0$ gilt, teilt. Der Abstand
eines Punktes $\mathbf{x}_1$ mit den Koordinaten x_1, y_1, z_1 zu dieser Ebene ist deshalb
$\frac{|ax_1 + by_1 + cz_1 + d|}{\sqrt{a^2 + b^2 + c^2}}$.

Nun setzen wir die Aufzählung der Eigenschaften des Vektorproduktes fort.

vi) $(\mathbf{x}_1 \times \mathbf{x}_2) \times \mathbf{x}_3$ und $\mathbf{x}_1 \times (\mathbf{x}_2 \times \mathbf{x}_3)$ sind im allgemeinen verschieden. (Z.B. für $\mathbf{x}_1 = \mathbf{x}_2 = \mathbf{e}_1$ und $\mathbf{x}_3 = \mathbf{e}_2$ gilt: $(\mathbf{e}_1 \times \mathbf{e}_1) \times \mathbf{e}_3 = \mathbf{0} \times \mathbf{e}_3 = \mathbf{0}$ und $\mathbf{e}_1 \times (\mathbf{e}_1 \times \mathbf{e}_2) = \mathbf{e}_1 \times \mathbf{e}_3 = -\mathbf{e}_2$.)

vii) Ist $\theta \in [0, \pi]$ der Winkel zwischen $\mathbf{x}_1$ und $\mathbf{x}_2$, so gilt:

$$|\mathbf{x}_1 \times \mathbf{x}_2| = |\mathbf{x}_1||\mathbf{x}_2| \sin \theta \ . \tag{1.30}$$

(Insbesondere sind $\mathbf{x}_1$ und $\mathbf{x}_2$ genau dann linear unabhängig, wenn $\mathbf{x}_1 \times \mathbf{x}_2 \neq \mathbf{0}$ gilt.)

viii) $\mathbf{x}_1 \cdot (\mathbf{x}_2 \times \mathbf{x}_3) = \mathbf{x}_3 \cdot (\mathbf{x}_1 \times \mathbf{x}_2) = \mathbf{x}_2 \cdot (\mathbf{x}_3 \times \mathbf{x}_1) = x_1 y_2 z_3 - x_1 y_3 z_2 + y_1 z_3 x_2 - y_1 z_2 x_3 + z_1 x_2 y_3 - z_1 x_3 y_2$. (Das ergibt sich sofort aus den Definitionen des Skalar- und Vektorproduktes.) Man sagt, dass $\mathbf{x}_1 \cdot (\mathbf{x}_2 \times \mathbf{x}_3)$ das **Spatprodukt** der Vektoren $\mathbf{x}_1, \mathbf{x}_2$ und $\mathbf{x}_3$ ist.

Die Formel (1.30) lässt sich leicht nachweisen, wenn man den Cosinussatz einbezieht:

$$|\mathbf{x}_1|^2 |\mathbf{x}_2|^2 \sin^2 \theta = (x_1^2 + y_1^2 + z_1^2)(x_2^2 + y_2^2 + z_2^2)(1 - \cos^2 \theta) =$$
$$(x_1^2 + y_1^2 + z_1^2)(x_2^2 + y_2^2 + z_2^2) - (x_1 x_2 + y_1 y_2 + z_1 z_2)^2 =$$
$$x_1^2 y_2^2 + x_2^2 y_1^2 + y_1^2 z_2^2 + y_2^2 z_1^2 + z_1^2 x_2^2 + z_2^2 x_1^2$$
$$-2(x_1 x_2 y_1 y_2 + y_1 y_2 z_1 z_2 + z_1 z_2 x_1 x_2) =$$
$$(x_1 y_2 - x_2 y_1)^2 + (y_1 z_2 - y_2 z_1)^2 + (z_1 x_2 - z_2 x_1)^2 = |\mathbf{x}_1 \times \mathbf{x}_2|^2 \ .$$

Die Zahlen, welche die Länge des Vektorproduktes $\mathbf{x}_1 \times \mathbf{x}_2$ und den Flächeninhalt des von $\mathbf{x}_1$ und $\mathbf{x}_2$ aufgespannten Parallelogramms $\mathcal{P}(\mathbf{x}_1, \mathbf{x}_2)$ angeben, sind also laut (1.30) gleich. (Aus Dimensionsgründen ist die „übliche" Formulierung „die Länge von $\mathbf{x}_1 \times \mathbf{x}_2$ ist gleich dem Flächeninhalt von $\mathcal{P}(\mathbf{x}_1, \mathbf{x}_2)$" natürlich falsch!)

Sind $\mathbf{x}_1, \mathbf{x}_2$ und $\mathbf{x}_3$ drei Vektoren und zwei davon (z.B. $\mathbf{x}_2$ und $\mathbf{x}_3$) linear unabhängig, so ist $\left|\mathbf{x}_1 \cdot \frac{\mathbf{x}_2 \times \mathbf{x}_3}{|\mathbf{x}_2 \times \mathbf{x}_3|}\right|$ die Länge der Projektion des Vektors $\mathbf{x}_1$ auf die Richtung $\mathbf{x}_2 \times \mathbf{x}_3$, oder anders gesagt, der Abstand des Punktes $\mathbf{x}_1$ zu der Ebene durch $\mathbf{0}, \mathbf{x}_2$ und $\mathbf{x}_3$. Wegen der geometrischen Interpretation von $|\mathbf{x}_2 \times \mathbf{x}_3|$ ist $|\mathbf{x}_1 \cdot (\mathbf{x}_2 \times \mathbf{x}_3)|$ das Volumen des von $\mathbf{x}_1, \mathbf{x}_2$ und $\mathbf{x}_3$ aufgespannten Parallelepipeds (Spates). Das motiviert die Bezeichnung **Spatprodukt**.

Bekanntlich ist das Volumen des Tetraeders mit den Ecken $\mathbf{0}, \mathbf{x}_1, \mathbf{x}_2$ und $\mathbf{x}_3$ ein Sechstel des Volumen des obigen Spates, d.h. $\frac{1}{6}|\mathbf{x}_1 \cdot (\mathbf{x}_2 \times \mathbf{x}_3)|$.

Im Allgemeinen sagt man, dass $\mathbf{x}_1, \mathbf{x}_2$ und $\mathbf{x}_3$ ein **Rechtssystem** oder ein **Rechtsdreibein** bilden, wenn sie linear unabhängig sind (d.h. wenn sie eine Basis bilden) und $\mathbf{x}_1 \cdot (\mathbf{x}_2 \times \mathbf{x}_3) > 0$ gilt. So bilden $\mathbf{e}_1, \mathbf{e}_2$ und $\mathbf{e}_3$ ein Rechtssystem, aber $\mathbf{e}_1, \mathbf{e}_3$ und $\mathbf{e}_2$ nicht. Aus vii) und viii) folgt, dass für je zwei linear

unabhängige Vektoren $\mathbf{x}_1$ und $\mathbf{x}_2$ die Vektoren $\mathbf{x}_1, \mathbf{x}_2$ und $\mathbf{x}_1 \times \mathbf{x}_2$ ein Rechtssystem bilden, denn es gilt: $\mathbf{x}_1 \cdot (\mathbf{x}_2 \times (\mathbf{x}_1 \times \mathbf{x}_2)) = (\mathbf{x}_1 \times \mathbf{x}_2) \cdot (\mathbf{x}_1 \times \mathbf{x}_2) > 0$.
Also: Bilden $\mathbf{x}_1, \mathbf{x}_2$ und $\mathbf{x}_3$ ein Rechtssystem, so ist $\frac{1}{6}\mathbf{x}_1 \cdot (\mathbf{x}_2 \times \mathbf{x}_3)$ das Volumen des Tetraeders mit den Ecken $\mathbf{0}, \mathbf{x}_1, \mathbf{x}_2$ und $\mathbf{x}_3$.

Zum Schluss dieser geometrischen Betrachtungen wollen wir einige Hinweise geben, wie man gewisse Winkel und Abstände im Raum messen kann.
Seien dafür g_0, g_1 Geraden mit Richtungen $\mathbf{v}_0$ und $\mathbf{v}_1$, E_0 und E_1 Ebenen mit Normaleneinheitsvektoren $\mathbf{n}_0$ und $\mathbf{n}_1$.
Der Winkel $\varphi \in [0, \frac{\pi}{2}]$ zwischen g_0 und E_0 ist definitionsgemäß der Winkel zwischen g_0 und der Projektion von g_0 auf E_0, und dieser Winkel ist komplementär zu demjenigen Winkel zwischen g_0 und $\mathbf{n}_0$, der in $[0, \frac{\pi}{2}]$ liegt; also:
$$\cos \varphi = \sin(\tfrac{\pi}{2} - \varphi) = \frac{|\mathbf{v}_0 \times \mathbf{n}_0|}{|\mathbf{v}_0|} \ .$$
Den Winkel zwischen E_0 und E_1 kann man als denjenigen Winkel $\theta \in [0, \frac{\pi}{2}]$ mit der Eigenschaft $\cos \theta = |\mathbf{n}_0 \cdot \mathbf{n}_1|$ definieren. Geometrisch bedeutet dies, falls E_0 und E_1 nicht parallel sind, folgendes: Sei g die Schnittgerade von E_0 und E_1, $P \in g$ beliebig aber fest, h_0 und h_1 die Geraden durch P in der Ebene E_0 bzw. E_1, die senkrecht zu g sind. Dann bilden h_0 und h_1 den Winkel θ aus $[0, \frac{\pi}{2}]$.

Sei nun Q ein Punkt im Raum, $P_0 \neq Q$ ein Punkt von g_0 (falls $Q \notin g$, hat jeder Punkt von g diese Eigenschaft) und Q_0 die orthogonale Projektion von Q auf g_0. Der Abstand $d(Q, g_0)$ von Q zu g_0 ist die Länge der Strecke $\overline{QQ_0}$ oder auch $|\overline{P_0Q}| \sin \varphi$, wobei φ der Winkel zwischen $\mathbf{v}_0$ und $\overline{P_0Q}$ ist. Wegen
$$\sin \varphi = \frac{|\overline{P_0Q} \times \mathbf{v}_0|}{|\overline{P_0Q}||\mathbf{v}_0|} \quad \text{gilt} \quad d(Q, g_0) = \frac{|\overline{P_0Q} \times \mathbf{v}_0|}{|\mathbf{v}_0|} \ .$$

Sind die Geraden g_0 und g_1 parallel, d.h. sind $\mathbf{v}_0$ und $\mathbf{v}_1$ proportional, so ist der Abstand $d(g_0, g_1)$ zwischen g_0 und g_1 gleich dem Abstand von einem beliebigen Punkt von g_0 (bzw. g_1) zu g_1 (bzw. g_0); mit $P_0 \in g_0$ und $P_1 \in g_1$ hat man $d(g_0, g_1) = d(P_0, g_1) = \frac{|\overline{P_0P_1} \times \mathbf{v}_1|}{|\mathbf{v}_1|} = \frac{|\overline{P_0P_1} \times \mathbf{v}_0|}{|\mathbf{v}_0|} = d(P_1, g_0)$. Sonst (d.h. wenn $\mathbf{v}_0$ und $\mathbf{v}_1$ nicht proportional sind) ist der Abstand $d(g_0, g_1)$ der kleinste Abstand zwischen einem Punkt von g_0 und einem Punkt von g_1. Die Existenz und die Eindeutigkeit eines Punktepaares (Q_0, Q_1) mit den Eigenschaften $Q_0 \in g_0$, $Q_1 \in g_1$ und $d(Q_0, Q_1) = d(g_0, g_1)$ kann man elementar geometrisch zeigen. (Komplizierter geht es natürlich auch! Stichwort dazu: Extrema mit Nebenbedingung.) Wir schildern hier nur die Konstruktion dieses Punktepaares. (Überlegen Sie sich den Beweis dazu und verwenden Sie dafür eine Skizze!) Seien $E_{0,1}$ und $E_{1,0}$ die Ebenen durch g_0 bzw. g_1, die parallel zu g_1 bzw. g_0 sind. Mit h_1 und h_0 bezeichne man die orthogonale Projektion von g_1 bzw. g_0 auf $E_{0,1}$ bzw. $E_{1,0}$. Dann sind Q_0 und Q_1 die

Schnittpunkte von g_0 mit h_1 bzw. g_1 mit h_0. Der Vektor $\mathbf{v}_0 \times \mathbf{v}_1$ ist eine Normale sowohl zu $E_{0,1}$ als auch zu $E_{1,0}$. Sind $P_0 \in g_0$ und $P_1 \in g_1$ beliebige Punkte, so ist die Länge der orthogonalen Projektion von $\overline{P_0 P_1}$ auf die Richtung $\mathbf{v}_0 \times \mathbf{v}_1$ gleich $|\overline{Q_0 Q_1}|$; also:

$$d(g_0, g_1) = \left| \overline{P_0 P_1} \cdot \frac{\mathbf{v}_0 \times \mathbf{v}_1}{|\mathbf{v}_0 \times \mathbf{v}_1|} \right| = \frac{|\overline{P_0 P_1} \cdot (\mathbf{v}_0 \times \mathbf{v}_1)|}{|\mathbf{v}_0 \times \mathbf{v}_1|} . \tag{1.31}$$

1.1.11 Lineare Gleichungssysteme, Abbildungen und Matrizen
(Aufgabe 42 bis 50)

Geometrische, physikalische, chemische, biologische, ökonomische und soziologische Fragestellungen führen zu Gleichungen, in welchen die Unbekannten, also gesuchte Größen $x_1, x_2, \ldots, x_n$, linear vorkommen, d.h. deren Potenzen, Inversen oder mittelbare Verknüpfungen (wie z.B. $2^{x_1}, \sin x_2$ oder $\ln x_3$) treten dabei nicht auf oder werden vernachlässigt. Fasst man diese m Informationen (die z.B. aus Messungen oder Naturgesetzen gewonnen werden) über $x_1, x_2, \ldots, x_n$ zusammen, so erhält man ein **System von linearen Gleichungen**, das allgemein durch

$$
\begin{aligned}
a_{11}x_1 & + a_{12}x_2 + \ldots + a_{1n}x_n = b_1 \\
a_{21}x_1 & + a_{22}x_2 + \ldots + a_{2n}x_n = b_2 \\
& \vdots \\
a_{m1}x_1 & + a_{m2}x_2 + \ldots + a_{mn}x_n = b_m
\end{aligned}
\tag{1.32}
$$

dargestellt wird. Dabei sind die Koeffizienten a_{ij} reelle Zahlen; man kann sich aber Koeffizienten auch aus einem anderen Körper vorstellen. Kommen in (1.32) wenige Gleichungen vor (also ist m klein), so kann man elementar zu Werke gehen und durch sukzessive Elimination die Unbekannten bestimmen oder wenigstens versuchen, dies zu tun. Im günstigen Fall bekommt man eine eindeutig bestimmte Lösung. Unangenehm ist der Fall, in welchem eine Vereinfachung nicht mehr möglich ist und man auf Bedingungen wie z.B. $x_1 + x_2 = 1$ und $x_3 + 2x_4 - 3x_5 = 0$ „sitzenbleibt". Für jede Wahl von x_2, x_4 und x_5 bekommt man hier eindeutig x_1 und x_3 und damit auch die Werte für die restlichen $x_6, \ldots, x_n$ (falls vorhanden!). Man spricht in einem solchen Fall von einer dreiparametrigen Lösungsmenge. Auch die Möglichkeit durch solche Eliminationen zu einem Widerspruch zu kommen, wie $x_1 + x_2 = 2$ und $x_1 + x_2 = 3$, ist denkbar. Dann hat das System keine Lösung. Wenn sehr viele Gleichungen vorkommen oder wenn die Koeffizienten von Parametern abhängen, ist das Problem schwierig. In allen diesen Fällen stellen sich drei Fragen von allgemeinem Charakter:

–   Gibt es überhaupt eine Lösung?

– Wenn ja, wieviele? Besitzt die Lösungsmenge eine besondere Struktur?
– Gibt es Lösungswege, die schneller als das Eliminationsverfahren sind? Kann man dabei technische Hilfsmittel (Computer) verwenden?

Zur Bewältigung dieser Fragen dient die Theorie der Vektorräume und linearen Abbildungen zwischen Vektorräumen. Dabei erweist es sich als sehr nützlich, den genauen Zusammenhang zwischen linearen Abbildungen und Matrizen zu kennen. Wir führen deshalb nun den Begriff **lineare Abbildung** (oder auch **Homomorphismus von Vektorräumen**) ein, erläutern den Zusammenhang zwischen linearen Abbildungen und Matrizen, erklären die Operationen mit Matrizen und geben schließlich die Hauptergebnisse über lineare Gleichungssysteme an.

Wenn man Mengen betrachtet, die eine Struktur tragen, wenn z.B. Addition und Multiplikation darauf definiert sind, dann spielen Abbildungen eine besondere Rolle, die mit dieser Struktur „verträglich" sind, die sie „erhalten". Solche Abbildungen nennt man **Homomorphismen**.
Bei K-Vektorräumen sind das diejenigen Abbildungen, die die Summe zweier Vektoren auf die Summe der Bildvektoren abbilden und das skalare Vielfache eines Vektors auf dasselbe Vielfache des Bildvektors. Explizit formuliert:
Sind V und W zwei K-Vektorräume, so ist $f : V \to W$ ein K-**Vektorraumhomomorphismus** oder eine K-**lineare Abbildung** oder auch ein K-**linearer Homomorphismus**, falls für alle $\mathbf{v}, \mathbf{v}_1, \mathbf{v}_2 \in V$ und $a \in K$ gilt:

$$f(\mathbf{v}_1 + \mathbf{v}_2) = f(\mathbf{v}_1) + f(\mathbf{v}_2) \,, \; f(a\mathbf{v}) = af(\mathbf{v}) \,. \tag{1.33}$$

Äquivalent dazu: Für alle $\mathbf{v}_1, \mathbf{v}_2 \in V$ und $a_1, a_2 \in K$ hat man

$$f(a_1\mathbf{v}_1 + a_2\mathbf{v}_2) = a_1 f(\mathbf{v}_1) + a_2 f(\mathbf{v}_2) \,. \tag{1.34}$$

Die Menge der K-linearen Homomorphismen wird mit $\mathrm{Hom}_K(V, W)$ bezeichnet. Sie ist nicht leer, da die Nullfunktion, die jedem $\mathbf{v} \in V$ den Nullvektor von W zuordnet, ein K-linearer Homomorphismus ist. Sind f, f_1, f_2 aus $\mathrm{Hom}_K(V, W)$ und a aus K, so werden $f_1 + f_2$ und af durch

$$(f_1 + f_2)(\mathbf{v}) := f_1(\mathbf{v}) + f_2(\mathbf{v}) \quad \text{bzw.} \quad (af)(\mathbf{v}) := a(f(\mathbf{v})) \quad \text{für} \quad \mathbf{v} \in V$$

definiert. $f_1 + f_2$ und af sind ebenfalls K-linear; durch diese Festlegung von Addition und skalarer Multiplikation ist $\mathrm{Hom}_K(V, W)$ selbst ebenfalls ein K-Vektorraum. $\mathrm{Hom}_K(V, V)$ – wenn also $W = V$ gilt – heißt der **Endomorphismenraum** von V und wird mit $\mathrm{End}_K(V)$ bezeichnet. Sind $f : V \to W$ und $g : W \to T$ Vektorraumhomomorphismen (über K), so ist auch $g \circ f : V \to T$ ein K-linearer Homomorphismus. Ist der K-lineare Homomorphismus $f : V \to W$ bijektiv, so ist die inverse Funktion $f^{-1} : W \to V$ ebenfalls K-linear, da aus

$$a_1\mathbf{w}_1 + a_2\mathbf{w}_2 = a_1 f(f^{-1}(\mathbf{w}_1)) + a_2 f(f^{-1}(\mathbf{w}_2)) = f(a_1 f^{-1}(\mathbf{w}_1) + a_2 f^{-1}(\mathbf{w}_2))$$

folgt $f^{-1}(a_1\mathbf{w}_1 + a_2\mathbf{w}_2) = a_1 f^{-1}(\mathbf{w}_1) + a_2 f^{-1}(\mathbf{w}_2)$. Hier zeigt sich zum ersten Mal die Stärke der K-Linearität. Wir geben nun weitere Ergebnisse an, welche aus der K-Linearität gewonnen werden.

Sei $f : V \to W$ ein K-linearer Homomorphismus; er bildet den Nullvektor aus V auf den Nullvektor aus W ab ($f(\mathbf{0}) = f(0 \cdot \mathbf{0}) = 0 \cdot f(\mathbf{0}) = \mathbf{0}$). Sind $\mathbf{v}_1, \ldots, \mathbf{v}_k$ aus V linear abhängig, so sind $f(\mathbf{v}_1), f(\mathbf{v}_2), \ldots, f(\mathbf{v}_k)$ linear abhängig, weil jede Linearkombination $\sum_{j=1}^{k} a_j \mathbf{v}_j$ auf die Linearkombination $\sum_{j=1}^{k} a_j f(\mathbf{v}_j)$ durch f abgebildet wird. Gilt also $\sum_{j=1}^{k} a_j \mathbf{v}_j = \mathbf{0}$, wobei mindestens ein a_j von Null verschieden ist, so folgt $\sum_{j=1}^{n} a_j f(\mathbf{v}_j) = \mathbf{0}$. Die Teilmenge

$$\text{Kern}(f) := \{\mathbf{v} \in V \mid f(\mathbf{v}) = \mathbf{0}\} = f^{-1}(\{\mathbf{0}\}) \tag{1.35}$$

von V und die Teilmenge

$$\text{Bild}(f) := \{\mathbf{w} \in W \mid \exists \mathbf{v} \in V \quad \text{mit} \quad f(\mathbf{v}) = \mathbf{w}\} = f(V) \tag{1.36}$$

von W sind Untervektorräume des jeweiligen Raums. Das ist leicht an Hand der Definition für Unterräume nachzurechnen.

Wegen der K-Linearität ist f genau dann injektiv, wenn $\text{Kern}(f) = \{\mathbf{0}\}$ ist. ($f(\mathbf{v}_1) = f(\mathbf{v}_2) \iff f(\mathbf{v}_1) - f(\mathbf{v}_2) = \mathbf{0} \iff f(\mathbf{v}_1 - \mathbf{v}_2) = \mathbf{0}$ und $\mathbf{v}_1 = \mathbf{v}_2 \iff \mathbf{v}_1 - \mathbf{v}_2 = \mathbf{0}$.) In diesem Fall heißt f **Monomorphismus**. Die surjektiven K-linearen Abbildungen heißen **Epimorphismen**. Die bijektiven Homomorphismen heißen **Isomorphismen**. Die bijektiven Endomorphismen werden **Automorphismen** genannt.

Ist f ein Monomorphismus, so überträgt f auch die lineare Unabhängigkeit: Sind $\mathbf{v}_1, \ldots, \mathbf{v}_k$ aus V linear unabhängig und sind $a_1, \ldots, a_k$ Elemente aus K, so dass gilt $\sum_{j=0}^{k} a_j f(\mathbf{v}_j) = \mathbf{0}$, so folgt $f(\sum_{j=0}^{k} a_j \mathbf{v}_j) = \mathbf{0}$. Wegen $\text{Kern}(f) = \{\mathbf{0}\}$ hat man $\sum_{j=0}^{k} a_j \mathbf{v}_j = \mathbf{0}$, und die lineare Unabhängigkeit von $v_1, \ldots, v_k$ impliziert $a_1 = \ldots = a_k = 0$. Also sind auch die Bilder der $\mathbf{v}_1, \ldots, \mathbf{v}_k$ linear unabhängig. Ohne die Injektivität ist diese Aussage falsch; das einfachste Gegenbeispiel ist die Nullfunktion.

Da die Bilder einer Basis ein Erzeugendensystem von $\text{Bild}(f)$ sind, ist $\dim \text{Bild}(f) \leq \dim V$, und aus dem obigen Ergebnis für Monomorphismen folgt $\dim \text{Bild}(f) = \dim V$, wenn f injektiv ist. Daraus können wir ablesen: Ist f ein Monomorphismus, so ist $\dim V \leq \dim W$. Ist f ein Epimorphismus, so ist $\dim V \geq \dim W$. Ist f ein Isomorphismus, so ist $\dim V = \dim W$.

Ein K-linearer Homomorphismus $f : V \to W$ ist vollkommen bekannt, wenn man die Werte von f auf einer Basis von V kennt. Ist nämlich $\mathbf{v} \in V$, so existieren endlich viele Basiselemente $\mathbf{v}_1, \ldots, \mathbf{v}_k$ und dazu Körperelemente $a_1, \ldots, a_k$, so dass $\mathbf{v} = \sum_{j=1}^{k} a_j \mathbf{v}_j$ gilt; wir haben deshalb $f(\mathbf{v}) = f(\sum_{j=1}^{k} a_j \mathbf{v}_j) = \sum_{j=1}^{k} a_j f(\mathbf{v}_j)$.

Leicht nachzuweisen ist auch die umgekehrte Aussage: Sind V und W K-Vektorräume und ist $\mathcal{B}$ eine Basis von V, so kann man jedem Vektor aus

$\mathcal{B}$ einen beliebigen Vektor aus W zuordnen (diese Wertemenge muss weder linear unabhängig noch erzeugend sein) und hat damit eindeutig einen K-Homomorphismus festgelegt. Diese Aspekte werden wir jetzt für endlich dimensionale Vektorräume genauer untersuchen. Seien also V, W endlich dimensional, $\mathcal{B} := \{\mathbf{v}_1, \ldots, \mathbf{v}_n\}$ eine Basis von $V, \mathcal{C} := \{\mathbf{w}_1, \ldots, \mathbf{w}_m\}$ eine Basis von W und sei $f : V \to W$ K-linear. Schreibt man jedes $f(\mathbf{v}_j)$ als Linearkombination $\sum_{k=1}^{m} a_{kj}\mathbf{w}_k$, so kann man f und den Basen $\mathcal{B}$ und $\mathcal{C}$ die Matrix

$$M_{\mathcal{C},\mathcal{B}}(f) := \begin{pmatrix} a_{11} & a_{12} & \ldots & a_{1n} \\ a_{21} & a_{22} & \ldots & a_{2n} \\ \vdots & \vdots & & \vdots \\ a_{m1} & a_{m2} & \ldots & a_{mn} \end{pmatrix} \tag{1.37}$$

zuordnen mit folgender Konsequenz: Ist $\mathbf{v} \in V$ und $\sum_{j=1}^{n} \xi_j \mathbf{v}_j$ die Darstellung von $\mathbf{v}$ in der Basis $\mathcal{B}$, so folgt: $f(\mathbf{v}) = f(\sum_{j=1}^{n} \xi_j \mathbf{v}_j) = \sum_{j=1}^{n} \xi_j f(\mathbf{v}_j) = \sum_{j=1}^{n} \xi_j (\sum_{k=1}^{m} a_{kj}\mathbf{w}_k) = \sum_{k=1}^{m} (\sum_{j=1}^{n} a_{kj}\xi_j)\mathbf{w}_k$.

Man erhält also den k-ten Koeffizienten der Darstellung von $f(\mathbf{v})$ in der Basis $\mathcal{C}$ als Skalarprodukt der k-ten Zeile von $M_{\mathcal{C},\mathcal{B}}(f)$ mit der Koeffizientenzeile $(\xi_1, \ldots, \xi_n)$ von $\mathbf{v}$ bezüglich der Basis $\mathcal{B}$. Mit den Definitionen von $M_{\mathcal{C},\mathcal{B}}$, den Operationen in $\mathrm{Hom}_K(V,W)$ und den Operationen in $K^{m \times n}$ lässt sich zeigen, dass für alle $f_1, f_2 \in \mathrm{Hom}_K(V,W)$ und $a_1, a_2 \in K$ gilt:

$$M_{\mathcal{C},\mathcal{B}}(a_1 f_1 + a_2 f_2) = a_1 M_{\mathcal{C},\mathcal{B}}(f_1) + a_2 M_{\mathcal{C},\mathcal{B}}(f_2) .$$

Wenn wir also $M_{\mathcal{C},\mathcal{B}}$ als Abbildung von $\mathrm{Hom}_K(V,W)$ in $K^{m \times n}$ auffassen, ist damit klar, dass $M_{\mathcal{C},\mathcal{B}}$ ein K-linearer Homomorphismus ist. Wir überlegen uns jetzt, dass es sogar ein K-Vektorraumisomorphismus ist. Einer beliebigen Matrix $A = (a_{kj})_{\substack{k=1,\ldots,m \\ j=1,\ldots,n}}$ aus $K^{m \times n}$ ordnet man nämlich den K-linearen Homomorphismus $h_A : V \to W$ zu, der durch $h_A(\mathbf{v}_j) := \sum_{k=1}^{m} a_{kj}\mathbf{w}_j$ eindeutig definiert wird. Wegen $h_{a_1 A_1 + a_2 A_2} = a_1 h_{A_1} + a_2 h_{A_2}$ ist h ein K-linearer Homomorphismus von $K^{m \times n}$ nach $\mathrm{Hom}_K(V,W)$. Es gilt sogar $M_{\mathcal{C},\mathcal{B}}(h_A) = A$ und $h_{M_{\mathcal{C},\mathcal{B}}(f)} = f$ für alle A aus $K^{m \times n}$ und f aus $\mathrm{Hom}_K(V,W)$. Damit ist $M_{\mathcal{C},\mathcal{B}}$ ein K-Vektorraumisomorphismus. Insbesondere hat $\mathrm{Hom}_K(V,W)$ die Dimension $m \cdot n$, denn $K^{m \times n}$ hat die Dimension $m \cdot n$. Der Matrix e_{kj} aus der kanonischen Basis von $K^{m \times n}$ (s. 9) entspricht die K-lineare Abbildung $h_{e_{kj}}$, welche $\mathbf{v}_j$ auf $\mathbf{w}_k$ und alle anderen $\mathbf{v}_i$ auf $\mathbf{0}$ abbildet. Damit ist $\{h_{e_{kj}} \mid k = 1, \ldots, m, j = 1, \ldots, n\}$ eine Basis von $\mathrm{Hom}_K(V,W)$, denn wir hatten ja schon gesehen: Monomorphismen bilden linear-unabhängige Mengen auf linear-unabhängige Mengen ab, Epimorphismen bilden Erzeugendensysteme auf Erzeugendensysteme ab, so dass Isomorphismen Basen auf Basen abbilden.

Sei nun T ein weiterer K-Vektorraum, $\mathcal{D} = \{t_1, \ldots, t_p\}$ eine Basis von T, $g : W \to T$ ein K-linearer Homomorphismus und $M_{\mathcal{D},\mathcal{C}}(g) = (b_{lk})_{\substack{l=1,\ldots,p \\ k=1,\ldots,m}}$ die zugeordnete Matrix. Es gilt: $g(f(\mathbf{v}_j)) = g(\sum_{k=1}^{m} a_{kj}\mathbf{w}_k) = \sum_{k=1}^{m} a_{kj}g(\mathbf{w}_k) = \sum_{k=1}^{m} a_{kl}(\sum_{l=1}^{p} b_{lk}t_l) = \sum_{l=1}^{p}(\sum_{k=1}^{m} b_{lk}a_{kj})t_l$.

Also: $M_{\mathcal{D},\mathcal{B}}(g \circ f) = (\sum_{k=1}^{m} b_{lk}a_{kj})_{\substack{l=1,\ldots,p \\ j=1,\ldots,n}}$. Dieses Ergebnis rechtfertigt die Definition der **Matrizenmultiplikation**. Das Produkt $B \cdot A$ der Matrizen B und A mit Komponenten aus dem Körper K ist nur dann definiert, wenn die Anzahl der Spalten von B gleich der Anzahl von Zeilen von A ist. Ist $B = (b_{lk})_{\substack{l=1,\ldots,p \\ k=1,\ldots,m}}$ und $A = (a_{kj})_{\substack{k=1,\ldots,m \\ j=1,\ldots,n}}$, so ist die (l,j)-Komponente c_{lj} von $C := B \cdot A$ definiert durch $c_{lj} = \sum_{k=1}^{m} b_{lk}a_{kj}$. Mit dieser Definition hat man:

$$M_{\mathcal{D},\mathcal{C}}(g) \cdot M_{\mathcal{C},\mathcal{B}}(f) = M_{\mathcal{D},\mathcal{B}}(g \circ f) \ . \tag{1.38}$$

Noch einmal: Wenn man $B \cdot A$ schreibt, bedeutet dies automatisch, dass die Anzahl der Zeilen von A und der Spalten von B gleich sind. Für alle $d \in K, C \in K^{q \times p}, B, B_1, B_2 \in K^{p \times m}, A, A_1, A_2 \in K^{m \times n}$ gilt:

$$\begin{aligned} (B_1 + B_2)A = B_1 \cdot A + B_2 \cdot A \ , \ B \cdot (A_1 + A_2) = B \cdot A_1 + B \cdot A_2 \ , \\ C \cdot (B \cdot A) = (C \cdot B) \cdot A \ , \ (dB) \cdot A = d(B \cdot A) = B \cdot (dA) \ . \end{aligned} \tag{1.39}$$

Ist $E_n \in K^{n \times n}$ die Einheitsmatrix, d.h. die $n \times n$-Matrix, deren Hauptdiagonalelemente alle 1 sind, und alle anderen Elemente sind 0, so gilt für $A \in K^{m \times n} : E_m \cdot A = A = A \cdot E_n$. Ist $B \cdot A$ definiert, so ist im Allgemeinen $A \cdot B$ nicht definiert, es sei denn, $A \in K^{m \times n}$ und $B \in K^{n \times m}$. Sind A und B quadratische Matrizen aus $K^{n \times n}$ und ist $n \geq 2$, so gilt im Allgemeinen $AB \neq BA$, wie in dem folgenden einfachen Beispiel:

$$\begin{pmatrix} 0 & 1 \\ 0 & 0 \end{pmatrix} \cdot \begin{pmatrix} 0 & 0 \\ 1 & 0 \end{pmatrix} = \begin{pmatrix} 1 & 0 \\ 0 & 0 \end{pmatrix} \quad \text{und} \quad \begin{pmatrix} 0 & 0 \\ 1 & 0 \end{pmatrix} \cdot \begin{pmatrix} 0 & 1 \\ 0 & 0 \end{pmatrix} = \begin{pmatrix} 0 & 0 \\ 0 & 1 \end{pmatrix} \ .$$

Das lineare Gleichungssystem (1.32) lässt sich mit Hilfe der Matrizenmultiplikation als

$$A \cdot \mathbf{x} = \mathbf{b} \tag{1.40}$$

schreiben; dabei ist A die $m \times n$ Matrix $(a_{kj})_{\substack{k=1,\ldots,m \\ j=1,\ldots,n}}$, $\mathbf{x}$ ist die $n \times 1$-Matrix (d.h. ein Spaltenvektor) mit den Komponenten x_j, und $\mathbf{b}$ ist die $m \times 1$-Matrix (Spaltenvektor) mit den Komponenten b_k. Sind $\mathbf{a}_1, \ldots, \mathbf{a}_n$ die Spalten von A, so erhält man für das Gleichungssystem (1.32) die folgende Darstellung:

$$x_1\mathbf{a}_1 + x_2\mathbf{a}_2 + \ldots + x_n\mathbf{a}_n = \mathbf{b} \ . \tag{1.40'}$$

Betrachtet man auf K^m und K^n die kanonischen Basen $\mathcal{E}_m$ bzw. $\mathcal{E}_n$, so definiert $A \in K^{m \times n}$ eine K-lineare Abbildung $h_A : K^n \to K^m$. Das Lösen von $A\mathbf{x} = \mathbf{b}$ bedeutet also: Bestimme alle $\mathbf{x} \in K^n$, die durch h_A auf $\mathbf{b}$ abgebildet werden. Das System (1.32) hat genau dann (mindestens) eine Lösung, wenn $\mathbf{b}$ im Bild von h_A liegt. Wegen der Darstellung (1.40') hat das Gleichungssystem (1.32) genau dann (mindestens) eine Lösung, wenn $\mathbf{b}$ in dem von $\mathbf{a}_1, \mathbf{a}_2, \ldots, \mathbf{a}_n$ erzeugten Untervektorraum von K^m liegt. Die Dimension dieses Untervektorraums – die der **Rang (Spaltenrang) von** A genannt wird – spielt deshalb eine besondere Rolle. Man bezeichnet mit $(A, \mathbf{b})$, die durch $\mathbf{b}$ ergänzte Matrix A, d.h. $(A, \mathbf{b})$ ist die $m \times (n+1)$-Matrix mit den Spalten $\mathbf{a}_1, \mathbf{a}_2, \ldots, \mathbf{a}_n, \mathbf{b}$. Dann gibt es (mindestens) eine Lösung von (1.32), wenn Rang A = Rang$(A, \mathbf{b})$ gilt, wenn also $\mathbf{a}_1, \ldots, \mathbf{a}_n, \mathbf{b}$ nicht mehr linear unabhängige Vektoren enthält als $\mathbf{a}_1, \ldots, \mathbf{a}_n$. Den Spaltenrang von A kann man mit Hilfe **elementarer Spaltenumformungen** berechnen. Das sind die folgenden Operationen:

i)   Multiplikation einer Spalte mit einem von Null verschiedenen Element.

ii)   Addition einer Spalte zu einer anderen Spalte.

iii) Vertauschung von Spalten.

Eine **Spaltenumformung** ist das Ergebnis von hintereinander ausgeführten elementaren Spaltenumformungen. Da der Spaltenrang gleich der maximalen Anzahl linear-unabhängiger Spalten von A ist, ändert eine (statt jede) elementare Spaltenumformung den Spaltenrang von A nicht. Man kann sich leicht klar machen, dass es stets möglich ist, eine Matrix durch elementare Spaltenumformungen auf die Gestalt $\begin{pmatrix} E_r & 0_{r,n-r} \\ 0_{m-r,r} & 0_{m-r,n-r} \end{pmatrix}$ zu transformieren; dabei ist $0_{p,q}$ die $p \times q$-Nullmatrix. r ist dann der Spaltenrang von A. Analog kann man die Begriffe **Zeilenrang, elementare Zeilenumformung** und **Zeilenumformung** definieren. Mit einer etwas mühsamen Argumentation kann man nachweisen, dass für jede Matrix Zeilenrang und Spaltenrang übereinstimmen. Damit ist gerechtfertigt, kurz nur von dem **Rang** einer Matrix zu sprechen.

Um die Transformation von Matrizen auf die soeben angegebene **Normalform** zu erreichen, definieren wir einige einfache $m \times m$-Matrizen: $M_i^{(m)}(\lambda)$, $S_{ij}^{(m)}$ und $V_{ij}^{(m)}$.

$M_i^{(m)}(\lambda)$ ist die $m \times m$-Matrix, deren Diagonalelemente bis auf die (i, i)-te Stelle gleich 1 sind; an der Stelle (i, i) steht λ. Alle anderen Komponenten von $M_i^{(m)}(\lambda)$ sind Null.

$S_{ij}^{(m)}$ hat auf der Diagonalen und an der (i, j)-ten Stelle die Einträge 1; die restlichen Komponenten sind Null.

$V_{ij}^{(m)}$ ist die $m \times m$-Matrix, deren Diagonalelemente bis auf die (i, i)-te und die (j, j)-te Stelle gleich 1 sind. An diesen beiden Stellen steht 0. An der (i, j)-ten und der (j, i)-ten Stelle steht 1; alle anderen Stellen sind mit 0 belegt. Es gilt insbesondere: $V_{ij}^{(m)} = V_{ji}^{(m)}$. Z.B. hat man:

$$M_2^{(4)}(\lambda) = \begin{pmatrix} 1 & 0 & 0 & 0 \\ 0 & \lambda & 0 & 0 \\ 0 & 0 & 1 & 0 \\ 0 & 0 & 0 & 1 \end{pmatrix} \quad , \quad S_{24}^{(4)} = \begin{pmatrix} 1 & 0 & 0 & 0 \\ 0 & 1 & 0 & 1 \\ 0 & 0 & 1 & 0 \\ 0 & 0 & 0 & 1 \end{pmatrix} ,$$

$$S_{42}^{(4)} = \begin{pmatrix} 1 & 0 & 0 & 0 \\ 0 & 1 & 0 & 0 \\ 0 & 0 & 1 & 0 \\ 0 & 1 & 0 & 1 \end{pmatrix} \quad , \quad V_{23}^{(4)} = V_{32}^{(4)} = \begin{pmatrix} 1 & 0 & 0 & 0 \\ 0 & 0 & 1 & 0 \\ 0 & 1 & 0 & 0 \\ 0 & 0 & 0 & 1 \end{pmatrix} .$$

Es lässt sich leicht prüfen, dass:

→ $M_i^{(m)}(\lambda) \cdot A$ die Multiplikation der i-ten Zeile von A mit λ bewirkt (d.h. bei $M_i^{(m)}(\lambda) \cdot A$ steht in der i-ten Zeile das λ-fache der i-ten Zeile von A, alle anderen Zeilen stimmen überein),

→ $S_{ij}^{(m)} \cdot A$ die Addition der j-ten Zeile zur i-ten Zeile von A bedeutet,

→ $V_{ij}^{(m)} \cdot A$ die Vertauschung der Zeilen i und j von A bewirkt.

Eine Zeilenumformung von A lässt sich also durch das Produkt einer Matrix (das wiederum ein Produkt von Matrizen der Typen S, V und M ist) mit A realisieren; insbesondere gibt es deshalb eine Matrix B mit $B \cdot A = \begin{pmatrix} E_r & 0_{r,n-r} \\ 0_{m-r,r} & 0_{m-r,n-r} \end{pmatrix}$. Analoge Überlegungen kann man für die Spaltenumformungen anstellen; der Unterschied ist nur, dass die Matrix A von rechts mit $n \times n$-Matrizen vom obigen Typ multipliziert wird. Da der Zeilenrang und der Spaltenrang gleich sind, gibt es also auch eine Matrix C mit der Eigenschaft $A \cdot C = \begin{pmatrix} E_r & 0_{r,n-r} \\ 0_{m-r,r} & 0_{m-r,n-r} \end{pmatrix}$.

Wegen der Definition des Spalten- und des Zeilenrangs folgt Rang $A \leq n$ und Rang $A \leq m$ und damit Rang $A \leq \min\{m, n\}$ für alle A aus $K^{m \times n}$.
Man beachte, dass im Allgemeinen gilt

$$\text{Rang}(B \cdot A) \leq \min\{\text{Rang}\, B, \text{Rang}\, A\} , \tag{1.41}$$

denn Bild$(h_{B \cdot A})$ = Bild$(h_B \circ h_A)$ $\subset$ Bild(h_B), und die Dimension von $h_B(\text{Bild}(h_A))$ ist höchstens gleich der Dimension von Bild(h_A). Diese letzte Bemerkung ist eine unmittelbare Folgerung der wichtigen **Dimensionsformel** für lineare Homomorphismen:
Ist $f : V \to W$ ein K-linearer Homomorphismus und $\{\mathbf{w}_1, \ldots, \mathbf{w}_r\}$ eine Basis von Bild(f), so seien $\mathbf{v}_1, \ldots, \mathbf{v}_r$ aus V mit $f(\mathbf{v}_i) = \mathbf{w}_i$ für $i = 1, \ldots, r$. Wegen der Linearität von f sind $\mathbf{v}_1, \ldots, \mathbf{v}_r$ linear unabhängig. Sei $\{\mathbf{n}_1, \ldots, \mathbf{n}_k\}$ eine Basis von Kern(f). Es lässt sich leicht nachweisen, dass $\mathbf{v}_1, \ldots, \mathbf{v}_r, \mathbf{n}_1, \ldots, \mathbf{n}_k$

eine Basis von V bildet, und deshalb gilt die sog. Dimensionsformel

$$\dim_K \text{Kern}(f) + \dim_K \text{Bild}(f) = \dim_K V \ . \tag{1.42}$$

Nun untersuchen wir – unter der Annahme der Existenz einer Lösung (d.h. wenn $\text{Rang}\,A = \text{Rang}(A, \mathbf{b})$ gilt) –, ob und wann das System (1.40) nur eine Lösung hat, bzw. wie die **Lösungsmenge** $\mathbb{L}$ beschrieben werden kann. Sind $\mathbf{x}$ und $\mathbf{x}'$ zwei Lösungen von (1.40), so gilt: $A(\mathbf{x} - \mathbf{x}') = A\mathbf{x} - A\mathbf{x}' = \mathbf{b} - \mathbf{b} = \mathbf{0}$. D.h., $\mathbf{x} - \mathbf{x}'$ ist eine Lösung des **homogenen Gleichungssystems**

$$A\mathbf{x} = \mathbf{0} \ . \tag{1.43}$$

Im anderen Fall, wenn $\mathbf{b} \neq \mathbf{0}$ ist, nennt man (1.40) **inhomogen**. Umgekehrt: Ist $\mathbf{x}$ irgendeine spezielle (man sagt oft: **partikuläre**) Lösung des inhomogenen Systems und $\mathbf{x}^*$ eine beliebige Lösung des homogenen Systems, so ist $A(\mathbf{x} + \mathbf{x}^*) = A\mathbf{x} + A\mathbf{x}^* = \mathbf{b} + \mathbf{0} = \mathbf{b}$, d.h. auch $\mathbf{x} + \mathbf{x}^*$ ist eine Lösung des inhomogenen Systems. Mit $\mathbb{L}_0$ bezeichnet man die Lösungsmenge des homogenen Systems; offensichtlich ist $\mathbb{L}_0$ der Kern von h_A, d.h. ein Untervektorraum von K^n. Mit diesen Bemerkungen folgt: $\mathbb{L}$ ist der affine Unterraum $\mathbb{L}_0 + \mathbf{x} = \{\mathbf{x}^* + \mathbf{x} \mid \mathbf{x}^* \in \mathbb{L}_0\}$. Wegen der Dimensionsformel gilt (s. die Definition der Dimension eines affinen Raumes am Ende des Paragraphen 1.1.9)

$$\dim \mathbb{L} + \text{Rang}\,A = \dim \mathbb{L}_0 + \text{Rang}\,A = n \ . \tag{1.44}$$

Also: Notwendig und hinreichend für die Eindeutigkeit der Lösung ist: $\text{Rang}\,A = n$. Insbesondere ist $n \leq m$ wegen $\text{Rang}\,A \leq \min\{m, n\}$. Sonst (d.h. falls $\text{Rang}\,A < n$) ist $\mathbb{L}$ ein affiner Raum der Dimension $n - \text{Rang}\,A$.

Man sagt, dass das durch A definierte lineare Gleichungssystem **universell lösbar** ist, wenn für alle $\mathbf{b} \in K^m$ das lineare Gleichungssystem $A\mathbf{x} = \mathbf{b}$ lösbar ist, d.h., wenn für alle $\mathbf{b} \in K^m$ gilt: $\text{Rang}\,A = \text{Rang}(A, \mathbf{b})$. Ist $\text{Rang}\,A = \dim_K \text{Bild}(h_A) < m$, so gibt es ein $\mathbf{b} \in K^m \backslash \text{Bild}(h_A)$, und für dieses $\mathbf{b}$ ist $A\mathbf{x} = \mathbf{b}$ nicht lösbar. Hiermit ist $\text{Rang}\,A = m$ notwendig für die universelle Lösbarkeit. Diese Bedingung ist auch hinreichend, weil aus $\text{Rang}\,A = m$ zuerst $m \leq n$ und wegen $m = \text{Rang}\,A \leq \text{Rang}(A, \mathbf{b}) \leq m$ auch $\text{Rang}\,A = \text{Rang}(A, \mathbf{b})$ folgt. Die obigen Überlegungen führen zum folgenden Ergebnis: Das Gleichungssystem $A\mathbf{x} = \mathbf{b}$ hat für jedes $\mathbf{b} \in K^m$ genau dann eine eindeutige Lösung, wenn $\text{Rang}\,A = n = m$ gilt. Man sagt in diesem Fall: A definiert ein **universell eindeutig lösbares Gleichungssystem**.

Ist $A = (a_{kj})_{\substack{k=1,\ldots,m \\ j=1,\ldots,n}}$ aus $K^{m \times n}$, so heißt die Matrix $A^T = (a_{kj}^T)_{\substack{k=1,\ldots,n \\ j=1,\ldots,m}}$ mit $a_{kj}^T = a_{jk}$ die **transponierte Matrix von** A; es ist diejenige Matrix, die als k-te Zeile die k-te Spalte von A hat für jedes $k = 1, \ldots, n$. Z.B. gilt:

$$\left(S_{ij}^{(m)} \right)^T = S_{ji}^{(m)} \ .$$

Die Zuordnung $A \mapsto A^T$ ist ein K-Isomorphismus von $K^{m \times n}$ auf $K^{n \times m}$, der außer der K-Linearität noch weitere Eigenschaften hat, wie z.B. $(A^T)^T = A$

und $\operatorname{Rang} A^T = \operatorname{Rang} A$ für alle $A \in K^{m \times n}$.

Das schon angesprochene Eliminationsverfahren ist die Grundidee für den sog. **Gaußschen Algorithmus**. Mit diesem Rechenschema gelingt es, gleichzeitig den Rang der Matrix A und der ergänzten Matrix $(A, \mathbf{b})$ zu berechnen, und – falls die Lösbarkeitsbedingung $\operatorname{Rang} A = \operatorname{Rang}(A, \mathbf{b})$ erfüllt ist – ein zu (1.32) äquivalentes System

$$\tilde{a}_{1i_1} x_{i_1} + \tilde{a}_{1i_2} x_{i_2} + \ldots + \tilde{a}_{1i_r} x_{i_r} + \ldots + \tilde{a}_{1i_n} x_{i_n} = \tilde{b}_1$$
$$\tilde{a}_{2i_2} x_{i_2} + \ldots + \tilde{a}_{2i_r} x_{i_r} + \ldots + \tilde{a}_{2i_n} x_{i_n} = \tilde{b}_2$$
$$\vdots \qquad\qquad\qquad (1.45)$$
$$\tilde{a}_{ri_r} x_{i_r} + \ldots + \tilde{a}_{ri_n} x_{i_n} = \tilde{b}_r$$

zu bekommen; dabei ist $(i_1, \ldots, i_n)$ eine Permutation von $(1, \ldots, n)$, d.h. die Mengen $\{i_1, \ldots, i_n\}$ und $\{1, \ldots, n\}$ sind gleich, und alle Diagonalelemente $\tilde{a}_{1i_1}, \tilde{a}_{2i_2}, \ldots, \tilde{a}_{r,i_r}$ sind von Null verschieden. Die $n - r$ Unbekannten $x_{i_{r+1}}, x_{i_{r+2}}, \ldots, x_{i_n}$ bleiben frei wählbar und heißen Parameter der Lösungsmenge. Für jedes $(n-r)$-Tupel $(\lambda_{r+1}, \ldots, \lambda_n)$ aus K^{n-r} erhält man aus (1.45) sukzessive (von unten nach oben) $x_{i_r}, x_{i_{r-1}}, \ldots, x_{i_2}, x_{i_1}$ als Polynome ersten Grades in $\lambda_{r+1}, \ldots, \lambda_n$. (So gewinnt man zuerst aus der letzten Gleichung von (1.45) den Wert $x_{i_r} = \frac{\tilde{b}_r}{a_{ri_r}} - \left(\frac{a_{ri_{r+1}}}{a_{ri_r}} \lambda_{r+1} + \ldots + \frac{a_{ri_n}}{a_{ri_r}} \lambda_n \right)$; und damit dann aus der vorletzten Gleichung von (1.45) $x_{i_{r-1}}$, usw.) Es wird wie folgt verfahren: Im ersten Schritt betrachtet man eine Tabelle mit $n + 1$ Spalten; die ersten n Spalten sind die Spalten von A und tragen die Bezeichnungen $x_1, \ldots, x_n$. Die letzte Spalte ist $\mathbf{b}$. Damit entsteht das erste Kästchen der Tabelle. Man wählt einen von Null verschiedenen Koeffizienten $a_{k_1 i_1}$ (falls möglich 1 oder -1!) und bezeichnet die k_1-te Zeile mit I. Für jedes $l \in \{1, \ldots, m\} \backslash \{k_1\}$ multipliziert man die k_1-te Zeile mit $-\frac{a_{l i_1}}{a_{k_1 i_1}}$, und das Ergebnis wird zur l-ten Zeile addiert. Die neu erhaltenen $m - 1$ Zeilen bilden – in derselben Reihenfolge – das zweite Kästchen der Tabelle; dabei steht in der i_1-ten Spalte überall die Null, und die k_1-te Zeile ist nicht vorhanden. Die Nummerierung der anderen Zeilen bleibt also unverändert. Man sucht nun in diesem zweiten Kästchen einen von Null verschiedenen Koeffizienten $a^*_{k_2 i_2}$. (Aus der Konstruktion ergibt sich $k_1 \neq k_2$ sowie $i_1 \neq i_2$. Am günstigsten wäre es, für $a_{k_2 i_2}$ entweder -1 oder 1 wählen zu können.) Die k_2-te Zeile wird mit II bezeichnet. Für jedes $l \in \{1, \ldots, m\} \backslash \{k_1, k_2\}$ multipliziert man II mit $-\frac{a_{l i_2}}{a_{k_2 i_2}}$ und addiert das Ergebnis zur l-ten Zeile des zweiten Kästchens. Die neu gewonnenen (insgesamt $m - 2$) Zeilen bilden das dritte Kästchen; jetzt stehen sowohl in der i_1-ten als auch in der i_2-ten Spalte nur Nullen. Dies wird nun fortgesetzt, bis entweder nach r Schritten nur noch eine einzige Zeile übrig bleibt und diese

Zeile in einer der ersten n Spalten von Null verschiedenes Element hat, oder wir erhalten nach $r + 1$ Schritten ein Kästchen, das in den ersten n Spalten nur Nullen enthält. Im ersten Fall ist r sowohl der Rang von A als auch von $(A, \mathbf{b})$, und damit ist das System lösbar. Im zweiten Fall ist r der Rang von A; erscheint in diesem $(r + 1)$-Kästchen in der letzten Spalte ein von Null verschiedenes Element, so ist das System unlösbar. Sonst ist der Rang von $(A, \mathbf{b})$ ebenfalls r, wie im ersten Fall. Die Zeilen $k_1, k_2, \ldots, k_r$ (die mit I,II, usw. bezeichnet wurden) werden nun zu $1, 2, \ldots, r$ umnummeriert, und dadurch erhält man (1.45). Wie es weiter geht, haben wir schon erläutert.

Die Handhabung dieses Verfahrens ist in der Praxis einfacher; diese „genaue" (aber unangenehme) Beschreibung ist notwendig, wenn man das entsprechende Computerprogramm schreiben möchte (was eigentlich nur zum Üben interessant ist, da inzwischen der Gaußalgorithmus schon in einfachen Softwarepaketen vorhanden ist!).

Wir haben festgestellt, dass das durch eine $m \times n$-Matrix A definierte lineare

	x_1	...	x_{i_1}	...	x_n	$\mathbf{b}$
	a_{11}		a_{1i_1}		a_{1n}	b_1
	$\vdots$		$\vdots$		$\vdots$	
I	$a_{k_1 1}$		$a_{k_1 i_1}$		$a_{k_1 n}$	b_{k_1}
	$\vdots$		$\vdots$		$\vdots$	
	a_{m1}		a_{mi_1}		a_{mn}	b_m
	a_{11}^{*}		0		a_{1n}^{*}	b_1^{*}
	$\vdots$		$\vdots$		$\vdots$	
	$a_{(k-1)1}^{*}$		0		$a_{(k_1-1)n}^{*}$	$b_{k_1-1}^{*}$
	$a_{(k_1+1)1}^{*}$		0		$a_{(k_1+1)n}^{*}$	$b_{k_1+1}^{*}$
	$\vdots$		$\vdots$		$\vdots$	$\vdots$
II	$a_{k_2 1}^{*}$		0		$a_{k_2 n}^{*}$	$b_{k_2}^{*}$
	$\vdots$		$\vdots$		$\vdots$	
	a_{m1}^{*}		0		a_{mn}^{*}	b_m^{*}
	$\vdots$		0		$\vdots$	$\vdots$
	$\vdots$		0		$\vdots$	$\vdots$
	$\vdots$		$\vdots$		$\vdots$	$\vdots$

Tabelle 1.1. Der Gaußalgorithmus

Gleichungssystem universell eindeutig lösbar ist, wenn $m = n = \text{Rang } A$ gilt. Hat die Matrix $A \in K^{n \times n}$ den maximalen Rang (also Rang $A = n$), so kann man Matrizen B und C aus $K^{n \times n}$ finden, so dass $BA = AC = E_n$ gilt. Es folgt $B = B \cdot E_n = B \cdot (A \cdot C) = (B \cdot A) \cdot C = E_n \cdot C = C$. Deshalb ist B die inverse Matrix von A, und wird mit A^{-1} bezeichnet. Der Rang von A^{-1} ist ebenfalls n, da $n = \text{Rang } E_n \leq \min\{\text{Rang } A, \text{Rang } A^{-1}\} \leq n$, Rang $A = n$ und Rang $A^{-1} \leq n$ gilt.

Wir erinnern uns daran, dass B ein Produkt von Matrizen der Typen M, V und S ist. Betrachtet man anstelle von A die zusammengesetzte $n \times 2n$-Matrix (A, E_n) und führt man der Reihe nach darauf die Zeilentransformationen aus, welche in der Darstellung von B als Produkt von Matrizen der Typen M, V und S vorkommen, so erhält man anstelle von (A, E_n) die Matrix (E_n, A^{-1}). Ist nun $A \in K^{n \times n}$ invertierbar, so folgt – wie oben – Rang $A = n$, und damit haben wir gezeigt, dass Rang $A = n$ zur Invertierbarkeit von A äquivalent ist, und gleichzeitig ein Verfahren angegeben, wie man A^{-1} berechnen kann (s. Aufgabe 47,b)).

Ein Hilfsmittel von Bedeutung ist die Berechnung von Determinanten. Wir haben schon eine Zahlen-Größe kennengelernt, die jeder Matrix zugeordnet wird: den Rang, der stets eine natürliche Zahl ist. Eine weitere wichtige K-wertige Größe, die nur für quadratische Matrizen definiert werden kann, ist die Determinante. Sie hilft sowohl bei der Berechnung des Ranges einer beliebigen Matrix, als auch beim Lösen von linearen Gleichungssystemen (Stichworte: Cramersche Regel und Berechnung der inversen Matrix).

Die Determinante einer 3×3-Matrix haben wir kennengelernt, obwohl wir das an der Stelle nicht so genannt haben. Sind $\mathbf{a}_1, \mathbf{a}_2, \mathbf{a}_3$ die Spalten der Matrix A, so ist $\det(A)$ das Spatprodukt $(\mathbf{a}_1 \times \mathbf{a}_2) \cdot \mathbf{a}_3$.

Die Berechnung einer Determinante lässt sich leicht programmieren, und falls die Anzahl n der Spalten und Zeilen nicht allzu groß ist, ist der Rechenaufwand gut zu bewältigen.

Ist A eine quadratische Matrix mit n Zeilen und Spalten und bezeichnen $\mathbf{a}_1, \mathbf{a}_2, \ldots, \mathbf{a}_n$ die Spalten von A, so kann man A durch $(\mathbf{a}_1, \mathbf{a}_2, \ldots, \mathbf{a}_n)$ angeben; diese Schreibweise ist im Folgenden vorteilhaft.

Man kann beweisen, dass für jede natürliche Zahl $n \geq 1$ **genau eine** Funktion $\det_n : K^{n \times n} \to K$ oder einfacher $\det : K^{n \times n} \to K$ oder auch $|\ \ | : K^{n \times n} \to K$ existiert (da aus dem Umfeld klar ist, wieviele Zeilen und Spalten vorhanden sind), so dass gilt:

i)   det ist K-linear in jeder Spalte, d.h. für jedes $k \in \{1, 2, \ldots, n\}$ gilt

$$\det(\mathbf{a}_1, \ldots, \mathbf{a}_{k-1}, \beta\mathbf{b}_k + \gamma\mathbf{c}_k, \mathbf{a}_{k+1}, \ldots, \mathbf{a}_n) =$$
$$\beta \det(\mathbf{a}_1, \ldots, \mathbf{a}_{k-1}, \mathbf{b}_k, \mathbf{a}_{k+1}, \ldots, \mathbf{a}_n)$$
$$+\gamma \det(\mathbf{a}_1, \ldots, \mathbf{a}_{k-1}, \mathbf{c}_k, \mathbf{a}_{k+1}, \ldots, \mathbf{a}_n).$$

ii)   det ist **spalten-alternierend**, d.h. entsteht A' aus A durch Vertauschen zweier Spalten, so gilt det $A' = -\det A$.

iii) $\det E_n = 1$, wobei E_n die $n \times n$-Einheitsmatrix ist.

Man liest $\det(A)$ als **Determinante** von A. Mehr oder weniger leicht kann man weitere Eigenschaften von det nachweisen:

iv)   Die Determinante einer Matrix ändert ihren Wert nicht, wenn das Vielfache einer Spalte zu einer anderen Spalte addiert wird.

v)   Hat eine Matrix eine Nullspalte oder zwei gleiche Spalten, so ist ihre Determinante gleich Null.

vi)   Die Determinante einer Diagonalmatrix oder einer Dreiecksmatrix (d.h. einer Matrix, die unterhalb oder oberhalb der Diagonalen nur Nulleinträge hat) ist das Produkt der Diagonalelemente.

vii) $\det(AB) = \det(A) \cdot \det(B)$ für alle $A, B \in K^{n \times n}$.

viii) $\det A = \det A^T$ für jede Matrix $A \in K^{n \times n}$.

ix) $\det(a \cdot A) = a^n \det(A)$ für jedes $a \in K$ und alle $A \in K^{n \times n}$ (denn: $\det(a \cdot A) = \det(a \cdot (E_n \cdot A)) = \det((a \cdot E_n)A) = \det(a \cdot E_n) \cdot \det A = a^n \det(A)$).

Aus viii) folgt, dass in i), ii), iv) und v) das Wort Spalte durch das Wort Zeile ersetzt werden kann. Die Funktion $\det_1 : K^{1 \times 1} = K \to K$ ist die Identität, da sie den Bedingungen i), ii) und iii) genügt.

Für $n = 2$ ist sehr einfach zu beweisen, dass die Abbildung

$$K^{2 \times 2} \to K \,, \quad \begin{pmatrix} a_{11} & a_{12} \\ a_{21} & a_{22} \end{pmatrix} \mapsto a_{11}a_{22} - a_{12}a_{21}$$

die Eigenschaften i),ii) und iii) besitzt, und deshalb gilt:

$$\det_2 \begin{pmatrix} a_{11} & a_{12} \\ a_{21} & a_{22} \end{pmatrix} = \det \begin{pmatrix} a_{11} & a_{12} \\ a_{21} & a_{22} \end{pmatrix} = a_{11}a_{22} - a_{12}a_{21} \,. \tag{1.46}$$

Etwas mühsamer ist festzustellen, dass

$$\det_3 \begin{pmatrix} a_{11} & a_{12} & a_{13} \\ a_{21} & a_{22} & a_{23} \\ a_{31} & a_{32} & a_{33} \end{pmatrix} = \det \begin{pmatrix} a_{11} & a_{12} & a_{13} \\ a_{21} & a_{22} & a_{23} \\ a_{31} & a_{32} & a_{33} \end{pmatrix} = \tag{1.47}$$

$$a_{11}a_{22}a_{33} + a_{12}a_{23}a_{31} + a_{13}a_{21}a_{32} - a_{13}a_{22}a_{31} - a_{11}a_{23}a_{32} - a_{12}a_{21}a_{33}$$

die richtige Funktion ist. Wie kann man sich diese Formel merken? Sind $\mathbf{a}_1, \mathbf{a}_2, \mathbf{a}_3$ die Spalten von A, so schreibt man die 3×5 Matrix $(\mathbf{a}_1, \mathbf{a}_2, \mathbf{a}_3, \mathbf{a}_1, \mathbf{a}_2)$ auf. Man bildet die Summe der drei Produkte der Elemente dieser Matrix, die auf den drei Diagonalen von oben links nach unten rechts liegen, also $a_{11}a_{22}a_{33} + a_{12}a_{23}a_{31} + a_{13}a_{21}a_{32}$. Davon subtrahiert man die Summe der drei Produkte der Elemente auf den drei Diagonalen von oben rechts nach unten links, d.h. $a_{13}a_{22}a_{31} + a_{11}a_{23}a_{32} + a_{12}a_{21}a_{33}$. Die ersten drei Diagonalen stehen senkrecht auf den anderen Diagonalen, was an einen Jägerzaun erinnert; deshalb nennt man diese Gedächtnisstütze **Jägerzaun-Regel**. Auch der Name **Sarrus-Regel** wird dafür verwendet. $\det_n$ wird rekursiv berechnet, d.h. $\det_{n-1}$ wird bei der Berechnung von $\det_n$ benutzt, indem man den folgenden **Entwicklungssatz** anwendet. (Leider gibt es für $n \geq 4$ keine leicht zu merkende Regel wie z.B. die Sarrus-Regel.) Sei $A \in K^{n \times n}$ und $(i,j) \in \{1,\dots,n\} \times \{1,\dots,n\}$; mit A_{ij} bezeichnet man die $(n-1) \times (n-1)$-Matrix, die aus A durch Entfernen der i-ten Zeile und j-ten Spalte entsteht. Der Entwicklungssatz besagt

$$\det A = \det{}_n A = \sum_{j=1}^{n} (-1)^{i+j} a_{ij} \det{}_{n-1}(A_{ij}) = \sum_{j=1}^{n} (-1)^{i+j} a_{ij} \det(A_{ij}) ,$$

wenn man nach der i-ten Zeile entwickelt, und

$$\det A = \det{}_n A = \sum_{i=1}^{n} (-1)^{i+j} a_{ij} \det{}_{n-1}(A_{ij}) = \sum_{i=1}^{n} (-1)^{i+j} a_{ij} \det(A_{ij}) ,$$

wenn man nach der j-ten Spalte entwickelt. Selbstverständlich ist es vorteilhaft, nach einer Zeile oder Spalte zu entwickeln, die mehrere Nulleinträge vorweist. Praktisch wird zuerst mit Hilfe einiger Operationen gemäß Eigenschaft iv) für Zeilen oder/und Spalten angestrebt, ziemlich viele solche Nulleinträge in einer Zeile oder Spalte zu erreichen, und dann wird nach dieser Zeile oder Spalte entwickelt. Damit ist z.B. klar, wie vi) bewiesen wird.

Sei A eine $n \times n$-Matrix mit $\det A \neq 0$, deren Spalten $\mathbf{a}_1, \mathbf{a}_2, \dots, \mathbf{a}_n$ sind, und $\mathbf{b}$ ein Spaltenvektor mit n Komponenten (also – wie $\mathbf{a}_1, \mathbf{a}_2, \dots, \mathbf{a}_n$ – auch eine $n \times 1$-Matrix). Wir wissen schon (da A eine bijektive Abbildung von K^n nach K^n durch $\mathbf{v} \mapsto A \cdot \mathbf{v}$ definiert), dass das lineare Gleichungssystem $A\mathbf{x} = \sum_{i=1}^{n} x_i \cdot \mathbf{a}_i = \mathbf{b}$ eine eindeutige Lösung hat; nennen wir sie $\xi_1, \dots, \xi_n$. Wegen $\sum_{i=1}^{n} \mathbf{a}_i \xi_i = \mathbf{b}$, i) und v) gilt $\det(\mathbf{a}_1, \dots, \mathbf{a}_{k-1}, \mathbf{b}, \mathbf{a}_{k+1}, \dots, \mathbf{a}_n) = \det(\mathbf{a}_1, \dots, \mathbf{a}_{k-1}, \sum_{i=1}^{n} \xi_i \mathbf{a}_i, \mathbf{a}_{k+1}, \dots, \mathbf{a}_n) = \sum_{i=1}^{n} \xi_i \det(\mathbf{a}_1, \dots, \mathbf{a}_{k-1}, \mathbf{a}_i, \mathbf{a}_{k+1}, \dots, \mathbf{a}_n) = \xi_k \det(\mathbf{a}_1, \dots, \mathbf{a}_{k-1}, \mathbf{a}_k, \mathbf{a}_{k+1}, \dots, \mathbf{a}_n) = \xi_k \cdot \det A$, und damit haben wir die **Cramersche Regel** bewiesen:

$$\xi_k = \frac{\det(\mathbf{a}_1, \dots, \mathbf{a}_{k-1}, \mathbf{b}, \mathbf{a}_{k+1}, \dots, \mathbf{a}_n)}{\det A} \quad \text{für} \quad k = 1, \dots, n . \qquad (1.48)$$

Das **Kronecker-Symbol** ist die Funktion $\delta \colon \{1, \dots, n\} \times \{1, \dots, n\} \to \{0, 1\}$, die jedem Paar (i,i) den Wert 1 und jedem Paar (i,j) mit $i \neq j$ den Wert 0 zuordnet. $\delta((i,j))$ wird mit δ_{ij} bezeichnet. Dieses Symbol hilft uns, gewisse

Formeln einheitlich zu schreiben und dabei auf Fallunterscheidungen zu verzichten.

Sei nun wieder A eine $n \times n$ Matrix mit den Spalten $\mathbf{a}_1, \ldots, \mathbf{a}_n$. Für alle j und k aus $\{1, \ldots, n\}$ gilt

$$\delta_{jk} \cdot \det A = \det(\mathbf{a}_1, \ldots, \mathbf{a}_{j-1}, \mathbf{a}_k, \mathbf{a}_{j+1}, \ldots, \mathbf{a}_n) = \sum_{i=1}^{n} (-1)^{i+j} a_{ik} \det A_{ij} \ .$$

Die Matrix $A^{\#} = (a_{ij}^{\#})_{\substack{i=1,\ldots,n \\ j=1,\ldots,n}}$ mit $a_{ij}^{\#} := (-1)^{i+j} \det A_{ji} = (-1)^{i+j} |A_{ji}|$ heißt die **Adjunkte** von A. Die obige Gleichung läßt sich als $\delta_{jk} \cdot \det A = \sum_{i=1}^{n} a_{ji}^{\#} a_{ik}$ schreiben; daraus folgt

$$(\det A) \cdot E_n = A^{\#} A \ . \tag{1.49}$$

Ist $\det(A) \neq 0$ (äquivalent dazu: Existiert die Inverse A^{-1} von A), so erhält man daraus $E_n = (\frac{1}{\det(A)} \cdot A^{\#}) A$, was

$$A^{-1} = \frac{1}{\det A} \cdot A^{\#} = \left(\frac{(-1)^{i+j} |A_{ji}|}{|A|} \right)_{\substack{i=1,\ldots,n \\ j=1,\ldots,n}} \tag{1.50}$$

bedeutet. Ist insbesondere A eine 2×2-Matrix mit $|A| \neq 0$, so gilt:

$$A^{-1} = \begin{pmatrix} a_{11} & a_{12} \\ a_{21} & a_{22} \end{pmatrix}^{-1} = \frac{1}{|A|} \begin{pmatrix} a_{22} & -a_{21} \\ -a_{12} & a_{11} \end{pmatrix} \ .$$

Ist die 3×3 Matrix $B = (b_{ij})$ invertierbar, so gilt

$$B^{-1} = \frac{1}{|B|} \begin{pmatrix} + \begin{vmatrix} b_{22} & b_{23} \\ b_{32} & b_{33} \end{vmatrix} & - \begin{vmatrix} b_{12} & b_{13} \\ b_{32} & b_{33} \end{vmatrix} & + \begin{vmatrix} b_{12} & b_{13} \\ b_{22} & b_{23} \end{vmatrix} \\[2ex] - \begin{vmatrix} b_{21} & b_{23} \\ b_{31} & b_{33} \end{vmatrix} & + \begin{vmatrix} b_{11} & b_{13} \\ b_{31} & b_{33} \end{vmatrix} & - \begin{vmatrix} b_{11} & b_{13} \\ b_{21} & b_{23} \end{vmatrix} \\[2ex] + \begin{vmatrix} b_{21} & b_{22} \\ b_{31} & b_{32} \end{vmatrix} & - \begin{vmatrix} b_{11} & b_{12} \\ b_{31} & b_{32} \end{vmatrix} & + \begin{vmatrix} b_{11} & b_{12} \\ b_{21} & b_{22} \end{vmatrix} \end{pmatrix} \ .$$

Man bemerkt also, dass die Vorzeichen $+$ und $-$ wie die Farben eines Schachbrettes verteilt sind. In den Ecken oben links sowie unten rechts steht $+$.

1.1.12 Folgen und Reihen reeller und komplexer Zahlen
  (Aufgabe 51 bis 63)

Der Begriff, der in den letzten 300 Jahren dem mathematischen Fortschritt die wesentlichen Impulse gegeben hat, ist die Konvergenz, die Existenz des

Grenzwertes. Ohne ihn wären die meisten Teilgebiete der heutigen Mathematik (aber auch die Grundlagen der theoretischen Physik) nicht vorstellbar. Die erste Stufe in der Entwicklung dieses Begriffs ist die Konvergenz von nummerischen Folgen und Reihen.

Eine **Folge in einer nichtleeren Menge** A ist eine Funktion von $\mathbb{N}$ oder $\mathbb{N}^*$ nach A. Üblicherweise wird eine solche Folge durch eine Aufzählung $(a_0, a_1, a_2, a_3, \ldots)$ bzw. $(a_1, a_2, a_3, \ldots)$ oder einfacher $(a_n)_{n \geq 0}$ bzw. $(a_n)_{n \geq 1}$ angegeben; dabei ist noch festzulegen, nach welcher Vorschrift a_n definiert wird. Für uns sind zuerst die **Zahlenfolgen** (also Folgen in $\mathbb{Q}, \mathbb{R}$ oder $\mathbb{C}$) interessant. So kann man für jede Zahl a die **konstante Folge** $(a, a, a, a, \ldots)$, die **alternierende Folge** $(a, -a, a, -a, a, \ldots)$ oder die **Folge der Potenzen** $(a, a^2, a^3, a^4, \ldots)$ betrachten. Eine Folge darf auch „später anfangen", wie z.B. $(a_n)_{n \geq 4}$ mit $a_n = \frac{1}{(n-3)(n-2)(n-1)}$ für $n \geq 4$. Es genügt aber, nur Folgen zu betrachten, die bei 0 oder bei 1 anfangen; denn durch „Umnummerierung" kann jede Folge darauf zurückgeführt werden; so läßt sich die obige Folge als $(b_n)_{n \geq 1}$ mit $b_n = \frac{1}{n(n+1)(n+2)}$ darstellen. Man schreibt oft auch nur (a_n), da es für die Konvergenz – wie wir gleich sehen werden – unwichtig ist, ob die Folge mit a_0 oder a_1 anfängt. (Hauptsache: a_n ist durch eine sinnvolle Vorschrift gegeben!). Die Folgen sind also spezielle reellwertige oder komplexwertige Funktionen; insbesondere kann man – wie für alle reell- oder komplexwertigen Funktionen – algebraische Operationen wie die Summe, die Differenz, das Produkt oder den Quotienten betrachten. Beim Quotienten der Folge (a_n) durch die Folge (b_n) muss man voraussetzen, dass alle b_n von Null verschieden sind.

Durch Einschränkungen auf unendliche Teilmengen von $\mathbb{N}$ bzw. $\mathbb{N}^*$ entstehen **Teilfolgen**, wie z.B. aus $((-1)^n \frac{1}{n})_{n \geq 1}$ die Teilfolgen $(-\frac{1}{2k-1})_{k \geq 1}$ und $(\frac{1}{2k})_{k \geq 1}$.

Auch der Begriff der Beschränktheit bei Folgen reeller oder komplexer Zahlen liest sich wie bei Funktionen: Eine Folge reeller oder komplexer Zahlen (a_n) ist **beschränkt**, wenn eine reelle Zahl $M > 0$ existiert, so dass für alle n gilt: $|a_n| \leq M$. Für Folgen von reellen Zahlen kann man weitere Eigenschaften betrachten wie z.B. **beschränkt nach oben, beschränkt nach unten, monoton, streng monoton**; so ist die Folge $(\frac{n}{n+1})_{n \geq 1}$ streng monoton wachsend und beschränkt, während die Folge $(n^2)_{n \geq 1}$ streng monoton wachsend, aber nicht beschränkt ist.

Was eigentlich neu ist, ist die Idee zu untersuchen, wie sich die Folge „auf Dauer" verhält, ob die Folge bei steigendem Index gegen einen bestimmten Wert strebt; schon in dieser ungenauen Formulierung ist klar, dass die ersten

10, 100 oder 100.000 Glieder der Folge für das untersuchte Verhalten keine Rolle spielen! Was man darunter mathematisch genau versteht, hat sich erst zu Anfang des neunzehnten Jahrhunderts in den Arbeiten (und Vorlesungen) von Cauchy herauskristallisiert.

Die Folge (a_n) **konvergiert**, wenn eine Zahl a existiert, so dass für jedes $\varepsilon > 0$ eine natürliche Zahl n_0 mit der folgenden Eigenschaft existiert: Für jedes $n \geq n_0$ gilt: $|a_n - a| < \varepsilon$. In diesem Fall ist a eindeutig bestimmt und heißt **der Grenzwert (Limes)** von (a_n). Man schreibt: $a = \lim\limits_{n\to\infty} a_n$ oder $a_n \to a$ für $n \to \infty$ und sagt treffend: a_n **konvergiert** bzw. **strebt** gegen a, wenn n gegen **Unendlich** strebt. Im reellen (komplexen) Fall ist äquivalent dazu: Außerhalb jedes offenen Intervalls (bzw. Kreises), das (der) a enthält, liegen nur endlich viele Glieder der Folge.
Ist 0 der Grenzwert von (a_n), so spricht man von einer **Nullfolge**. Man hat die Äquivalenz der folgenden Aussagen:

$$\text{i)} \quad \lim_{n\to\infty} a_n = a \,, \quad \text{ii)} \quad (a_n - a) \quad \text{ist eine Nullfolge.}$$

Schränkt man die genannten algebraischen Operationen auf konvergente Folgen ein, so erhält man wieder konvergente Folgen; dabei muss man aber ausschließen, dass bei Quotienten der Grenzwert der Nennerfolge den Wert Null hat. Genauer: Konvergiert (a_n) gegen $a \neq 0$ und (b_n) gegen 0, so ist die Folge $(\frac{a_n}{b_n})$ nicht konvergent. Ist $a = 0$, so kann man keine allgemeingültige Aussage machen. Z.B. für $a_n = \frac{1}{n}$, $b_n = \frac{1}{n^2}$, $c_n = \frac{1}{n^3}$ konvergiert die Folge $(\frac{a_n}{b_n}) = (n)$ nicht, dagegen ist $(\frac{c_n}{b_n}) = (\frac{1}{n})$ eine Nullfolge, also konvergent. Wichtig – vor allem für Anwendungen – ist, dass die Grenzwertbildung und die algebraischen Operationen vertauschbare Prozesse sind; dies wird kurz geschrieben wie folgt:

$$
\begin{aligned}
\lim_{n\to\infty} (a_n + b_n) &= \lim_{n\to\infty} a_n + \lim_{n\to\infty} b_n \,, \\
\lim_{n\to\infty} (a_n - b_n) &= \lim_{n\to\infty} a_n - \lim_{n\to\infty} b_n \,, \\
\lim_{n\to\infty} (a_n \cdot b_n) &= (\lim_{n\to\infty} a_n)(\lim_{n\to\infty} b_n) \,, \\
\lim_{n\to\infty} \frac{a_n}{b_n} &= \frac{\lim\limits_{n\to\infty} a_n}{\lim\limits_{n\to\infty} b_n} \,.
\end{aligned}
\qquad (1.51)
$$

Diese „Rechenregeln" muss man **richtig** lesen! Dies tun wir nur für die letzte von ihnen, die ohnehin die komplizierteste ist: Konvergieren die Folgen (a_n) und (b_n) gegen a bzw. b, und gilt $b_n \neq 0$ für alle n sowie $b \neq 0$, so ist die Folge $(\frac{a_n}{b_n})$ konvergent, und ihr Grenzwert ist $\frac{a}{b}$.

Eine konvergente Folge ist stets beschränkt; die negative Form dieser Aussage ist ebenfalls nützlich: Eine unbeschränkte Folge konvergiert nicht.

Sei (c_n) eine Folge komplexer Zahlen und $a_n := \operatorname{Re} c_n$ und $b_n := \operatorname{Im} c_n$. Dann gilt: (c_n) konvergiert dann und nur dann, wenn (a_n) und (b_n) konvergieren. In diesem Fall gilt:

$$\lim_{n \to \infty} c_n = \lim_{n \to \infty} a_n + i \lim_{n \to \infty} b_n \, . \tag{1.52}$$

Wir betrachten nun Folgen reeller Zahlen. Eine beschränkte oder eine monotone Folge braucht nicht zu konvergieren; dagegen ist eine beschränkte **und** monotone Folge konvergent. Klassische Beispiele dazu sind die Folgen $((1 + \frac{1}{n})^n)_{n \geq 1}$ und $((1 + \frac{1}{n})^{n+1})_{n \geq 1}$. Für alle $n \geq 1$ kann man zeigen:

$$2 \leq (1 + \tfrac{1}{n})^n < (1 + \tfrac{1}{n+1})^{n+1} < (1 + \tfrac{1}{n+1})^{n+2} < (1 + \tfrac{1}{n})^{n+1} \leq 4 \, ;$$

also sind beide Folgen streng monoton und beschränkt; die erste steigend, die zweite fallend. Wegen $1 + \frac{1}{n+1} \to 1$ für $n \to \infty$ gilt: $\lim_{n \to \infty} (1 + \frac{1}{n})^n = \lim_{n \to \infty} (1 + \frac{1}{n})^{n+1}$. Der gemeinsame Grenzwert ist eine sehr interessante Zahl, die **Eulersche Zahl** e. Diese Zahl ist nicht rational (der Beweis dazu ist äußerst schwierig), und ihr Wert ist etwa $2,718281$.

Beim Übergang zum Grenzwert bleiben Ungleichungen bestehen; genauer: Sind (a_n) und (b_n) konvergente Folge und gilt $a_n \leq b_n$ für alle n, so folgt $\lim_{n \to \infty} a_n \leq \lim_{n \to \infty} b_n$. Allerdings folgt aus $a_n < b_n$ für alle n nur $\lim_{n \to \infty} a_n \leq \lim_{n \to \infty} b_n$, wie die Nullfolgen $(0, 0, 0, 0, \ldots)$ und $(1, \frac{1}{2}, \frac{1}{3}, \frac{1}{4}, \ldots)$ zeigen. Von praktischer Bedeutung ist der **Einschließungssatz**: Gelten für die Folgen $(a_n), (b_n)$ und (c_n) die Ungleichungen $a_n \leq b_n \leq c_n$ für alle n, und sind (a_n) und (c_n) konvergent gegen α, so ist (b_n) ebenfalls konvergent, und ihr Grenzwert ist α.

Ist (a_n) eine gegen a konvergente Folge, so ist jede Teilfolge von (a_n) ebenfalls gegen a konvergent. Enthält (a_n) eine **divergente** (d.h. nicht konvergente) Teilfolge, so ist (a_n) selbst divergent. Hat eine (nicht notwendig konvergente) Folge eine konvergente Teilfolge, so heißt der Grenzwert dieser Teilfolge **Häufungspunkt** der Ausgangsfolge. Eine Folge ist genau dann konvergent, wenn sie beschränkt ist und nur einen einzigen Häufungspunkt besitzt. Es ist leicht, den **Satz von Bolzano-Weierstraß** zu beweisen: Jede beschränkte Folge hat mindestens einen Häufungspunkt. (Äquivalent dazu: Eine Folge ohne Häufungspunkt ist unbeschränkt.)

Vielen Folgen sieht man – z.B. wegen der Rechenregeln (1.51) – leicht an, ob sie konvergieren, und in den meisten Fällen „ahnt" man schon, wie der

Grenzwert lautet. Das ist aber nicht immer der Fall! So ist z.B. für $a > 0$ die durch $a_1 := a$, $a_{n+1} := \frac{1}{2}(a_n + \frac{a}{a_n})$ rekursiv definierte Folge monoton fallend und wegen $a_n^2 \geq a$ muss $\alpha := \lim_{n \to \infty} a_n > 0$ gelten. Unter Benutzung der Rechenregeln für konvergente Folgen ergibt sich aus $a_{n+1} = \frac{1}{2}(a_n + \frac{a}{a_n})$ zuerst $\alpha = \frac{1}{2}(\alpha + \frac{a}{\alpha})$, und daraus $\alpha^2 = a$. Also ist α die positive Wurzel $\sqrt{a}$. Manchmal ist die Entscheidung, ob eine Folge konvergiert, noch schwieriger. Von theoretischer Bedeutung ist das sog. **Cauchy-Kriterium**: (a_n) konvergiert genau dann, wenn für jedes $\varepsilon > 0$ ein $n_\varepsilon \in \mathbb{N}$ existiert, so dass für alle $n, m \geq n_\varepsilon$ gilt: $|a_n - a_m| < \varepsilon$.

Wenn eine Folge (a_n) keinen Grenzwert hat, dann treten eine oder mehrere der folgenden Situationen auf:

- (a_n) hat mindestens zwei verschiedene Häufungspunkte.
- (a_n) besitzt eine streng monoton steigende und nicht nach oben beschränkte Teilfolge.
- (a_n) besitzt eine streng monoton fallende und nicht nach unten beschränkte Teilfolge.

Zwei Typen von divergenten Folgen verdienen eine besondere Kennzeichnung. Hat die Folge (a_n) die Eigenschaft, dass für jedes $\alpha \in \mathbb{R}$ eine natürliche Zahl n_α existiert, so dass $a_n \geq \alpha$ (bzw. $a_n \leq \alpha$) für alle $n \geq n_\alpha$, so sagt man, dass die Folge (a_n) **uneigentlich gegen** ∞ (bzw. $-\infty$) **konvergiert** oder auch **bestimmt gegen** ∞ (bzw. $-\infty$) **divergiert**. Die Bezeichnung dafür: $\lim_{n \to \infty} a_n = \infty$ (bzw. $-\infty$) oder $a_n \to \infty$ (bzw. $-\infty$) für $n \to \infty$. Hiermit ist also klar, dass ∞ und $-\infty$ **keine Zahlen** sondern **Symbole** sind. (Die Schreibweise „$n \to \infty$" erhält hiermit einen Sinn.) $\lim_{n \to \infty} a_n = \infty$ ist äquivalent zu: (a_n) ist nach unten beschränkt und besitzt keinen Häufungspunkt.
Für die Folge $(a^n)_{n \geq 1}$ hat man:

$$\lim_{n \to \infty} a^n = \begin{cases} \infty & \text{, falls } a > 1\,, \\ 1 & \text{, falls } a = 1\,, \\ 0 & \text{, falls } |a| < 1\,. \end{cases}$$

Für $a \leq -1$ ist die Folge $(a^n)_{n \geq 1}$ divergent.
Man kann nun Operationen mit Folgen betrachten, die konvergent oder bestimmt divergent sind; so z.B.: Ist (a_n) konvergent und (b_n) bestimmt divergent gegen ∞ (bzw. $-\infty$), so ist $(a_n + b_n)$ bestimmt divergent gegen ∞ (bzw. $-\infty$). Ist (a_n) konvergent gegen $\alpha > 0$ und (b_n) bestimmt divergent gegen ∞ (bzw. $-\infty$), so ist $(a_n b_n)$ bestimmt divergent gegen ∞ (bzw. $-\infty$), usw. Dagegen kann man keine allgemein gültige Aussage machen über das Verhalten von

$\rightarrow (a_n + b_n)$, falls $\lim\limits_{n \to \infty} a_n = \infty$ und $\lim\limits_{n \to \infty} b_n = -\infty$,

$\rightarrow (a_n b_n)$, falls $\lim\limits_{n \to \infty} a_n = \pm\infty$ und $\lim\limits_{n \to \infty} b_n = 0$.

Formal kann man diese Rechenregeln kurz darstellen wie folgt:

$$\alpha + \infty = \infty \quad \text{und} \quad \alpha - \infty = -\infty \quad \text{für} \quad \alpha \in \mathbb{R} \, ,$$

$$\infty + \infty = \infty \, , \quad \infty \cdot \infty = \infty \, , \quad \infty \cdot (-\infty) = -\infty \, ,$$

$$\alpha \cdot \infty = \infty \quad \text{und} \quad \alpha \cdot (-\infty) = -\infty \quad \text{für} \quad \alpha > 0 \, ,$$

$$\alpha \cdot \infty = -\infty \quad \text{und} \quad \alpha \cdot (-\infty) = \infty \quad \text{für} \quad \alpha < 0 \, , \qquad (1.51')$$

$$\frac{\alpha}{\infty} = 0 \quad \text{und} \quad \frac{\alpha}{-\infty} = 0 \quad \text{für} \quad \alpha \in \mathbb{R} \, ,$$

$$\frac{\infty}{\alpha} = \infty \quad \text{und} \quad \frac{-\infty}{\alpha} = -\infty \quad \text{für} \quad \alpha > 0 \, ,$$

$$\frac{\infty}{\alpha} = -\infty \quad \text{und} \quad \frac{-\infty}{\alpha} = \infty \quad \text{für} \quad \alpha < 0 \, .$$

Aber die „Operationen" $\infty - \infty$, $\infty \cdot 0$, $\frac{\infty}{\infty}$ haben keinen Sinn, weil z.B. für die Folgen (n) und (n^2) gilt: $\lim\limits_{n \to \infty} n = \infty = \lim\limits_{n \to \infty} n^2$, $\lim\limits_{n \to \infty} (n - n) = 0$, $\lim\limits_{n \to \infty} (n - n^2) = -\infty$, $\lim\limits_{n \to \infty} (n^2 - n) = \infty$, $\lim\limits_{n \to \infty} \frac{n}{n^2} = 0$, $\lim\limits_{n \to \infty} \frac{n^2}{n} = \infty$.

Ein **Häufungspunkt** einer nichtleeren Teilmenge A von $\mathbb{R}$ oder $\mathbb{C}$ ist eine Zahl (also geometrisch ein Punkt) p aus $\mathbb{R}$ bzw. $\mathbb{C}$, so dass eine gegen p konvergente Folge von paarweise verschiedenen Elementen aus A existiert. Eine endliche (evtl. leere) Teilmenge von $\mathbb{R}$ oder $\mathbb{C}$ hat also keinen Häufungspunkt. Mit $H(A)$ bezeichnen wir die Menge der Häufungspunkte von A; man hat z.B.

$$H(]0,1[) = H(]0,1]) = H([0,1]) = H(]0, \tfrac{1}{2}[\cup]\tfrac{1}{2},1[) = H(\mathbb{Q} \cap [0,1]) = [0,1] \, .$$

Sind A und B zwei Teilmengen von $\mathbb{R}$ oder $\mathbb{C}$, so folgt aus $A \subset B$ stets die Inklusion $H(A) \subset H(B)$.

Ist $a \in A \backslash H(A)$, so heißt a **isoliert in** A oder ein **isolierter Punkt von** A; es gibt also ein offenes Intervall bzw. einen offenen Kreis I mit $I \cap A = \{a\}$, d.h. in einer genügend kleinen Umgebung von a liegt kein weiteres Element aus A. Die Menge der ganzen Zahlen $\mathbb{Z}$ (als Teilmenge in $\mathbb{R}$ oder $\mathbb{C}$) besteht nur aus isolierten Punkten.

Eine nichtleere Teilmenge A von $\mathbb{R}$ ist **nach oben beschränkt**, wenn ein $\alpha \in \mathbb{R}$ existiert, so dass $a \le \alpha$ für alle a aus A gilt. α heißt eine **obere Schranke von** A. Es gibt eine **kleinste obere Schranke von** A; sie heißt das **Supremum von** A und wird mit $\sup A$ oder $\sup\limits_{a \in A} a$ bezeichnet. Analog gibt es für eine nach unten beschränkte Teilmenge B von $\mathbb{R}$ eine **größte**

untere Schranke, die **Infimum** heißt und mit $\inf B$ oder $\inf\limits_{b \in B} b$ bezeichnet wird. Für eine nach oben (unten) unbeschränkte Teilmenge A von $\mathbb{R}$ wird $\sup A = \infty$ (bzw. $\inf A = -\infty$) gesetzt. Ist A nach oben beschränkt, so liegt genau einer der folgenden Fälle vor:

1) $\sup A$ ist ein isolierter Punkt von A. (Das kommt immer vor, wenn A endlich ist.)

2) $\sup A$ ist ein Häufungspunkt von A, der in A liegt. (Z.B. für $A = [0,1]$ gilt $\sup A = 1$.)

3) $\sup A$ ist ein Häufungspunkt von A, der nicht in A liegt. (Z.B. $\sup A = \frac{1}{2}$ für $\bigcup_{n=0}^{\infty} [\frac{n}{2n+2}, \frac{n}{2n+1}]$.)

Ist A nach oben unbeschränkt, so gibt es eine streng monoton wachsende Folge (a_n) in A mit $\lim\limits_{n \to \infty} a_n = \infty = \sup A$. Analoge Ergebnisse gelten für das Infimum einer Teilmenge von $\mathbb{R}$.

Sei $(a_n)_{n \geq 0}$ eine Folge reeller oder komplexer Zahlen. Man definiert rekursiv die Folge der **Partialsummen** $(s_n)_{n \geq 0}$: $s_0 := a_0, s_{n+1} := s_n + a_{n+1}$ für alle $n \geq 0$. Für eine Folge $(a_n)_{n \geq 1}$ definiert man ähnlich: $s_1 := a_1, s_{n+1} := s_n + a_{n+1}$ für alle $n \geq 1$. Die **Reihe** $\sum_{n=0}^{\infty} a_n$ oder $\sum_{n=1}^{\infty} a_n$ konvergiert gegen a, wenn die Folge der Partialsummen (s_n) gegen a konvergiert. a heißt die **Summe der Reihe**. Sonst **divergiert** die Reihe. Die Reihe $\sum_{n=0}^{\infty} a_n$ oder $\sum_{n=1}^{\infty} a_n$ **konvergiert absolut**, wenn $\sum_{n=0}^{\infty} |a_n|$ bzw. $\sum_{n=1}^{\infty} |a_n|$ konvergiert. Aus der absoluten Konvergenz folgt die Konvergenz.

Konvergiert die Reihe $\sum_{n=1}^{\infty} a_n$, so ist (a_n) eine Nullfolge; das zeigt man mit dem Kriterium von Cauchy für (s_n). Ist also (a_n) keine Nullfolge, so divergiert die Reihe. Ist (a_n) eine Nullfolge, so ist $\sum_{n=1}^{\infty} a_n$ nicht unbedingt konvergent, wie die **harmonische Reihe** $\sum_{n=1}^{\infty} \frac{1}{n}$ zeigt. Diese Reihe ist divergent, weil

$$s_{2^{m+1}} = \sum_{n=1}^{2^{m+1}} \frac{1}{n} = s_{2^m} + \frac{1}{2^m + 1} + \ldots + \frac{1}{2^{m+1}} > s_{2^m} + 2^m \cdot \frac{1}{2^{m+1}} = s_{2^m} + \frac{1}{2}$$

gilt, also $\lim\limits_{n \to \infty} s_n = \infty$.

Aus der Konvergenz der beschränkten und monotonen Folgen erhält man sofort: Jede Reihe mit reellen, nichtnegativen Gliedern ist konvergent, falls die Folge der Partialsummen beschränkt ist. Aber gerade dagegen verstößt die harmonische Reihe!

Nun geben wir zwei Beispiele von konvergenten Reihen, für welche die Summe leicht zu berechnen ist. Ist a keine negative ganze Zahl, so ist $\frac{1}{(n+a)(n+a+1)}$ eine reelle Zahl, und die Reihe $\sum_{n=1}^{\infty} \frac{1}{(n+a)(n+1+a)}$ ist konvergent mit der Summe $\frac{1}{1+a}$, weil $\sum_{n=1}^{m} \frac{1}{(n+a)(n+1+a)} = \sum_{n=1}^{m} (\frac{1}{n+a} - \frac{1}{n+1+a}) = \frac{1}{1+a} - \frac{1}{m+1+a}$ gegen $\frac{1}{1+a}$ strebt, wenn m gegen ∞ strebt. Insbesondere ist $\sum_{n=1}^{\infty} \frac{1}{n(n+1)} = 1$.

Das zweite Beispiel ist von besonderer praktischer und theoretischer Bedeutung: Für jedes $c \in \mathbb{C}$ mit $|c| < 1$ konvergiert die **geometrische Reihe** $\sum_{n=0}^{\infty} c^n$, und die Summe ist wegen $\sum_{n=0}^{m} c^n = \frac{1-c^{m+1}}{1-c}$ gleich $\frac{1}{1-c}$, also

$$\sum_{n=0}^{\infty} c^n = \frac{1}{1-c} \quad \text{für} \quad |c| < 1 . \tag{1.53}$$

Reihen als Reihen und nicht als Folgen von Partialsummen zu betrachten, erweist sich als sehr nützlich bei der Formulierung verschiedener Konvergenzkriterien.

Das **Quotientenkriterium** (für Reihen mit reellen oder komplexen Gliedern) lautet: Gibt es ein $n_0 \in \mathbb{N}$ und $q \in]0, 1[$ mit der Eigenschaft $|\frac{a_{n+1}}{a_n}| \le q$ für alle $n \ge n_0$ oder gilt $\lim_{n\to\infty} |\frac{a_{n+1}}{a_n}| < 1$, so ist $\sum_{n=1}^{\infty} a_n$ absolut konvergent. Gibt es ein $n_0 \in \mathbb{N}$ mit der Eigenschaft $|\frac{a_{n+1}}{a_n}| \ge 1$ für alle $n \ge n_0$ oder gilt $\lim_{n\to\infty} |\frac{a_{n+1}}{a_n}| > 1$, so ist $\sum_{n=1}^{\infty} a_n$ divergent. Mit diesem Kriterium kann man zeigen, dass für alle $c \in \mathbb{C}$ die Reihe $\sum_{n=0}^{\infty} \frac{c^n}{n!}$ absolut konvergent ist; dabei gilt:

$$\sum_{n=0}^{\infty} \frac{1}{n!} = e . \tag{1.54}$$

Das ist allerdings nicht ganz leicht zu zeigen. Für $\sum_{n=1}^{\infty} \frac{1}{n^2}$ kann man mit dem Quotientenkriterium keine Entscheidung treffen.

Das **Wurzelkriterium** (für Reihen mit reellen oder komplexen Gliedern) sichert die absolute Konvergenz von $\sum_{n=1}^{\infty} a_n$, falls ein $n_0 \in \mathbb{N}$ und ein $q \in]0, 1[$ existieren, so dass $\sqrt[n]{|a_n|} \le q$ für alle $n \ge n_0$ gilt. Gibt es ein $n_0 \in \mathbb{N}$ mit $\sqrt[n]{|a_n|} \ge 1$ für alle $n \ge n_0$ oder gilt $\lim_{n\to\infty} \sqrt[n]{|a_n|} > 1$, so ist $\sum_{n=1}^{\infty} a_n$ divergent. Auch mit diesem Kriterium kann man nicht entscheiden, ob $\sum_{n=1}^{\infty} \frac{1}{n^2}$ konvergiert. Die Beweise für die Gültigkeit des Wurzel- und Quotientenkriteriums beruhen auf dem Verhalten der geometrischen Reihen.

Das **Leibniz-Kriterium** gilt nur für Reihen mit reellen Gliedern: Ist (a_n) eine monotone Nullfolge, so ist $\sum_{n=1}^{\infty} (-1)^n a_n$ konvergent. Insbesondere sind $\sum_{n=1}^{\infty} \frac{(-1)^n}{n}$ und $\sum_{n=1}^{\infty} \frac{(-1)^n}{\sqrt{n}}$ konvergente Reihen.

Das **Majoranten-Kriterium** vergleicht eine Reihe $\sum_{n=1}^{\infty} c_n$ komplexer Zahlen mit einer Reihe $\sum_{n=1}^{\infty} a_n$ positiver Zahlen. Gibt es ein $n_0 \in \mathbb{N}$ mit $|c_n| \le a_n$ für alle $n \ge n_0$ und ist $\sum_{n=1}^{\infty} a_n$ konvergent, so ist $\sum_{n=1}^{\infty} c_n$ absolut konvergent. Wegen $\frac{1}{(n+1)^2} < \frac{1}{n(n+1)}$ für alle $n \ge 1$ und $\sum_{n=1}^{\infty} \frac{1}{n(n+1)} = 1$ konvergiert die Reihe $\sum_{n=2}^{\infty} \frac{1}{n^2}$ und damit auch $\sum_{n=1}^{\infty} \frac{1}{n^2}$.

Das **Minoranten-Kriterium** vergleicht zwei Reihen mit positiven Gliedern. Gibt es ein $n_0 \in \mathbb{N}$ mit $0 \le a_n \le b_n$ für alle $n \ge n_0$ und divergiert $\sum_{n=1}^{\infty} a_n$, so divergiert auch $\sum_{n=1}^{\infty} b_n$. Deshalb ist $\sum_{n=1}^{\infty} \frac{1}{n^\alpha}$ für $0 < \alpha \leq 1$ divergent wegen $\frac{1}{n} \leq \frac{1}{n^\alpha}$ für alle $n \geq 1$.

Aus diesen beiden Kriterien kann man das **Vergleichskriterium** ableiten. Seien (a_n) eine Folge reeller Zahlen und (b_n) eine Folge positiver reeller Zahlen. Konvergiert die Quotientenfolge $(\frac{a_n}{b_n})$ gegen eine von Null verschiedene Zahl, so haben die Reihen $\sum a_n$ und $\sum b_n$ dasselbe Konvergenzverhalten.

Einen Beweis des folgenden Kriteriums, das den Namen **Verdichtungskriterium** trägt, kann man durch geschicktes Arbeiten mit Ungleichungen erhalten: Für eine monotone Nullfolge reeller Zahlen (a_n) sind die Reihen $\sum_{n=1}^{\infty} a_n$ und $\sum_{n=1}^{\infty} 2^n a_{2^n}$ gleichzeitig konvergent oder divergent.

Mit Hilfe dieses Kriteriums kann man noch einmal beweisen, dass $\sum_{n=1}^{\infty} \frac{1}{n^2}$ konvergiert. Für $a_n = \frac{1}{n^2}$ gilt $a_{2^n} = \frac{1}{(2^n)^2} = \frac{1}{2^{2n}}$ und damit $\sum_{n=1}^{\infty} 2^n a_{2^n} = \sum_{n=1}^{\infty} 2^n \frac{1}{2^{2n}} = \sum_{n=1}^{\infty} \frac{1}{2^n} = \frac{1}{2} \sum_{n=0}^{\infty} \frac{1}{2^n} = 1$.

Nach dem Studium der uneigentlichen Integrale werden wir ein weiteres Konvergenzkriterium für Reihen kennenlernen, das **Integralkriterium**.

1.1.13 Grenzwerte von Funktionen (Aufgabe 64 bis 65)

Wir haben uns gerade mit der Konvergenz (Existenz der Grenzwerte) numerischer Folgen beschäftigt. Hiermit können wir die Existenz der Grenzwerte von Funktionen definieren – also die zweite Stufe dieses zentralen Begriffes kennenlernen. Ich sage noch einmal: Der Begriff Grenzwert ist fundamental für die Mathematik, aber nicht nur für sie. Er ist sehr geeignet für die Untersuchung zeitlich veränderlicher Prozesse. Wie könnte man ohne diesen Begriff definieren und verstehen, was Geschwindigkeit, Beschleunigung oder Stromstärke sind? Auch die Länge beliebiger Kurven und den Flächeninhalt beschränkter Gebiete der Ebene kann man nur mit Hilfe der Grenzwertbetrachtungen definieren.

Sei a ein Häufungspunkt von $D \subset \mathbb{R}$ und $f : D \to \mathbb{R}$ oder $f : D \backslash \{a\} \to \mathbb{R}$. Der Punkt $b \in \mathbb{R}$ ist **Grenzwert** von f in a, falls für jedes $\varepsilon > 0$ ein $\delta > 0$ existiert, so dass für jedes x aus $(D \backslash \{a\}) \cap\;]a - \delta, a + \delta[$ gilt: $|f(x) - b| < \varepsilon$. Man schreibt $\lim_{x \to a} f(x) = b$ oder $f(x) \to b$ für $x \to a$. Ist a ein Häufungspunkt von D, so ist $\lim_{x \to a} f(x) = b$ äquivalent zur folgenden Aussage: Für jede gegen a konvergente Folge $(x_n)_{n \geq 1}$ aus $D \backslash \{a\}$ gilt: $\lim_{n \to \infty} f(x_n) = b$. Insbesondere hat f keinen Grenzwert in a, wenn eine der beiden Situationen eintritt:

–   Es gibt eine gegen a konvergente Folge $(x_n)_{n \geq 1}$ aus $D \backslash \{a\}$, so dass $(f(x_n))_{n \geq 1}$ nicht konvergiert.

–   Es gibt zwei gegen a konvergente Folgen $(x'_n)_{n \geq 1}$ und $(x''_n)_{n \geq 1}$, so dass die Folgen $(f(x'_n))_{n \geq 1}$ und $(f(x''_n))_{n \geq 1}$ gegen verschiedene Zahlen konvergieren.

Aus der zweiten folgt die erste Situation; dazu betrachtet man z.B. die gemischte Folge $x'_1, x''_1, x'_2, x''_2, x'_3, \ldots$. Damit wird auch klar, dass f in a höchstens einen Grenzwert haben kann; deshalb spricht man von **dem** Grenzwert von f in a, und die Bezeichnung $\lim\limits_{x \to a} f(x)$ ist gerechtfertigt. Ist a ein isolierter Punkt von D, so darf man nicht einmal die Frage stellen, ob f in a einen Grenzwert hat! Die Funktion

$$s_{b,c} : \mathbb{R} \backslash \{a\} \to \mathbb{R} \,, \ s_{b,c}(x) = \begin{cases} b & , \text{ falls } x < a \,, \\ c & , \text{ falls } x > a \end{cases}$$

hat genau dann einen Grenzwert in a, wenn $b = c$ ist; dann gilt $\lim\limits_{x \to a} s_{b,b}(x) = b$. Sonst besitzt $s_{b,c}$ in a einen **Sprung** der Breite $|b-c|$. Schränkt man $s_{b,c}$ auf $]-\infty, a[$ (bzw. $]a, \infty[$) ein, so ist b (bzw. c) der Grenzwert dieser eingeschränkten Funktion in a. Man schreibt $\lim\limits_{x \to a-} s_{b,c}(x) = b$ und $\lim\limits_{x \to a+} s_{b,c}(x) = c$. Allgemeiner: Ist a ein Häufungspunkt von $D \cap]-\infty, a[$ und hat die Einschränkung von f auf $D \cap]-\infty, a[$ in a den Grenzwert b, so heißt b **der linksseitige Grenzwert** von f in a; man schreibt $\lim\limits_{x \to a-} f(x) = b$ oder $f(x) \to b$ für $x \to a-$. Analog definiert man den **rechtsseitigen Grenzwert** $\lim\limits_{x \to a+} f(x)$ von f in a; das setzt natürlich voraus, dass a ein Häufungspunkt von $D \cap]a, \infty[$ ist.

Für die Grenzwerte (und entsprechend für die linksseitigen und rechtsseitigen Grenzwerte) gelten die folgenden Rechenregeln:

$$\begin{aligned} \lim_{x \to a} \big(f(x) \pm g(x)\big) &= \lim_{x \to a} f(x) \pm \lim_{x \to a} g(x) \,, \\ \lim_{x \to a} \big(f(x) \cdot g(x)\big) &= \left(\lim_{x \to a} f(x)\right) \cdot \left(\lim_{x \to a} g(x)\right) \,, \\ \lim_{x \to a} \frac{f(x)}{g(x)} &= \frac{\lim\limits_{x \to a} f(x)}{\lim\limits_{x \to a} g(x)} \,. \end{aligned} \qquad (1.55)$$

Diese Regeln sollen richtig „gelesen" werden; so muss man die letzte dieser Formeln wie folgt verstehen: Haben die Funktionen f und g in a einen Grenzwert und gilt $\lim\limits_{x \to a} g(x) \neq 0$, so gibt es ein $\varepsilon > 0$ mit der Eigenschaft, dass für jedes $x \in]a - \varepsilon, a + \varepsilon[$, in welchem g definiert ist, $g(x) \neq 0$ gilt. Für jedes $x \in]a - \varepsilon, a + \varepsilon[$, in welchem f und g definiert sind, ist der Quotient $\frac{f(x)}{g(x)}$ definiert, und er besitzt in a den Grenzwert $\dfrac{\lim\limits_{x \to a} f(x)}{\lim\limits_{x \to a} g(x)}$. Die anderen Regeln sind leichter zu „lesen".

Für die Komposition von Funktionen gilt die (beim ersten Blick recht kompliziert aussehende) **Kettenregel für Grenzwerte von Funktionen**. Seien $f_1 : D_1 \to$ IR und $f_2 : D_2 \to$ IR Funktionen und gelte $f_1(D_1) \subset D_2$. Sei $a \in D_1$ ein Häufungspunkt von D_1 und es existiere $\lim\limits_{x \to a} f_1(x) =: b$. Sei b ein Häufungspunkt von D_2 und f_2 habe in b den Grenzwert c. Gibt es ein $\delta > 0$ mit der Eigenschaft

$$b \notin f_1(D_1 \cap]a - \delta, a[) \cup f_1(D_1 \cap]a, a + \delta[) , \qquad (*)$$

so hat $f_2 \circ f_1$ den Grenzwert c in a. Es gilt also:

$$\lim_{x \to a} (f_2 \circ f_1)(x) = \lim_{y \to \lim\limits_{x \to a} f_1(x)} f_2(y) . \qquad (1.56)$$

Die Bedingung $(*)$ kann man äquivalent wie folgt formulieren: Es gibt keine Folge $(x_n) \subset D \backslash \{a\}$ mit $f_1(x_n) = b$ für alle n. (Überlegen Sie sich, dass die Funktion $f_1 :$ IR $\to$ IR , $f_1(x) = 0$ für $x \leq 0$ und $f_1(x) = x$ für $x > 0$ die Eigenschaft $(*)$ für $a = 0$, $b = 0$ nicht besitzt, und dass für f_1 zusammen mit $f_2 :$ IR $\to$ IR , $f_2(0) = 1$ und $f_2(y) = y$ für $y \neq 0$ die Formel (1.56) verletzt ist.)

Ein interessantes Beispiel liefert die Funktion $f :$ IR $\backslash \{0\} \to$ IR, $f(x) = \sin \frac{1}{x}$. Sie hat in 0 keinen Grenzwert; man kann sogar zeigen: Ist $b \in [-1, 1]$ und $\beta \in [-\frac{\pi}{2}, \frac{\pi}{2}]$ mit $\sin \beta = b$, so ist $(\frac{1}{2n\pi + \beta})_{n \geq 1}$ eine Nullfolge und es gilt $f(\frac{1}{2n\pi + \beta}) = \sin(2n\pi + \beta) = \sin \beta = b$.

Überraschend ist das Grenzwertverhalten der folgenden Funktion:

$$f : \text{IR} \to \text{IR} , \quad f(x) = \begin{cases} 1 & \text{, falls } x \in \mathbb{Q} , \\ 0 & \text{, falls } x \in \text{IR} \backslash \mathbb{Q} . \end{cases}$$

Jedes $x \in$ IR lässt sich durch eine Folge rationaler Zahlen $(q_n)_{n \in \mathbb{N}}$, aber auch durch eine Folge irrationaler Zahlen $(p_n)_{n \in \mathbb{N}}$ approximieren, d.h. $\lim\limits_{n \to \infty} q_n = x = \lim\limits_{n \to \infty} p_n$. Wegen $f(q_n) = 1$ und $f(p_n) = 0$ hat f in x keinen Grenzwert. (Und x war beliebig in IR!).

Die Grenzbildung erhält die Ordnungsrelation, d.h.: Gibt es ein $\varepsilon > 0$, so dass für alle $x \in D \cap]a - \varepsilon, a + \varepsilon[$ die Ungleichung $f(x) \leq g(x)$ gilt, so gilt auch $\lim\limits_{x \to a} f(x) \leq \lim\limits_{x \to a} g(x)$. Unter denselben Voraussetzungen folgt aus $f(x) < g(x)$ für alle $x \in D \cap]a - \varepsilon, a + \varepsilon[$ nur $\lim\limits_{x \to a} f(x) \leq \lim\limits_{x \to a} g(x)$.

Nützlich ist das folgende **Einschließungskriterium**: Ist a ein Häufungspunkt von D und gilt für $f, g, h : D \to$ IR die Ungleichung $f(x) \leq g(x) \leq h(x)$

für alle $x \in D\backslash\{a\}$, so folgt aus $\lim\limits_{x \to a} f(x) = \lim\limits_{x \to a} h(x)$ die Existenz von $\lim\limits_{x \to a} g(x)$ und sogar $\lim\limits_{x \to a} f(x) = \lim\limits_{x \to a} g(x) = \lim\limits_{x \to a} h(x)$. Insbesondere folgt wegen $-|x| \leq x \sin\frac{1}{x} \leq |x|$ für alle $x \in \mathbb{R}\backslash\{0\}$ aus dem obigen Kriterium: $\lim\limits_{x \to 0} x \sin\frac{1}{x} = 0$.

Nun beschäftigen wir uns mit Grenzwerten vom Typ $\lim\limits_{x \to a} f(x) = b$, in welchen für a und b auch die Symbole $-\infty$ bzw. ∞ zugelassen sind, d.h. mit **uneigentlichen Grenzwerten**.

Sei zuerst wie vorher $D \subset \mathbb{R}$, $a \in \mathbb{R}$ ein Häufungspunkt von D und $f : D \to \mathbb{R}$ oder $f : D\backslash\{a\} \to \mathbb{R}$. Man sagt, dass f **gegen** ∞ **strebt**, falls x gegen a strebt, wenn für jedes $A \in \mathbb{R}$ ein $\varepsilon_A > 0$ existiert, so dass für alle x aus $(D\backslash\{a\}) \cap \,]a - \varepsilon_A, a + \varepsilon_A[$ gilt: $f(x) > A$. Man schreibt $\lim\limits_{x \to a} f(x) = \infty$. Analog erklärt man, was $\lim\limits_{x \to a} f(x) = -\infty$ bedeutet.

Sei nun D nach oben unbeschränkt; das könnten wir auch kurz durch „∞ ist ein Häufungspunkt von D" ausdrücken. Man sagt, dass $f(x)$ gegen $b \in \mathbb{R}$ strebt, **falls x gegen ∞ strebt**, wenn zu jedem $\varepsilon > 0$ ein $A_\varepsilon \in \mathbb{R}$ existiert, so dass $|f(x) - b| < \varepsilon$ für alle $x \in D \cap \,]A_\varepsilon, \infty[$ gilt. Geschrieben wird dann: $\lim\limits_{x \to \infty} f(x) = b$. Analog definiert man $\lim\limits_{x \to -\infty} f(x) = b$; das beinhaltet die Annahme, dass D nach unten unbeschränkt ist (oder auch: $-\infty$ ist ein Häufungspunkt von D).

Nun sei wieder ∞ ein Häufungspunkt für D. Man sagt, dass $f(x)$ gegen ∞ konvergiert, falls x gegen ∞ konvergiert, wenn für jedes $A \in \mathbb{R}$ ein $B_A \in \mathbb{R}$ existiert, so dass $f(x) > A$ für alle $x \in D \cap \,]B_A, \infty[$ gilt. Dazu notiert man: $\lim\limits_{x \to \infty} f(x) = \infty$. Es ist eine leichte, aber lohnende Übung zu erläutern, was $\lim\limits_{x \to \infty} f(x) = -\infty$, $\lim\limits_{x \to -\infty} f(x) = \infty$ und $\lim\limits_{x \to -\infty} f(x) = -\infty$ bedeuten.

Wir schließen diese Betrachtungen mit der Bemerkung ab, dass auch für uneigentliche Grenzprozesse Rechenregeln aufgestellt werden können, aber – wie bei den uneigentlich konvergenten Folgen – Fälle existieren, die keine allgemein gültige Antwort zulassen, wie z.B.: Gilt $\lim\limits_{x \to a} f(x) = \infty$ und $\lim\limits_{x \to a} g(x) = -\infty$, so weiß man i.A. nicht, ob $\lim\limits_{x \to a} (f(x) + g(x))$ im eigentlichen oder uneigentlichen Sinne existiert. (Vgl. dazu auch die Formel (1.51′) aus 1.1.12).

1.1.14 Stetige Funktionen (Aufgaben 66 bis 70)

Die meisten Phänomene aus verschiedenen Lebensbereichen verlaufen in der Regel oder wenigstens über längere Intervalle (z.B. Zeitintervalle, aber nicht nur!) ohne „Sprünge", kontinuierlich (um nicht stetig zu sagen). Dies ist z.B.

der Fall, wenn man die Dichte des Wassers in Abhängigkeit von seiner Temperatur (zwischen 0^0 und 100^0 Celsius) untersucht. Man sagt „die Natur macht keine Sprünge" oder „kleine Ursachen – kleine Wirkungen". Das gilt nur mit Einschränkungen, und vor allem nicht in der Atomphysik. Auch in der Politik sind Wahltage mögliche Stichtage für plötzliche, sprunghafte Veränderungen.

Seien $D \subset \mathbb{R}$, $a \in D \cap H(D)$ und $f : D \to \mathbb{R}$; a ist also kein isolierter Punkt von D. Man sagt, dass f **in** a **stetig** ist, wenn der Grenzwert von f in a existiert **und** gleich dem Funktionswert $f(a)$ ist, d.h. $\lim_{x \to a} f(x) = f(a)$. Schreibt man $\lim_{x \to a} x$ anstelle von a, so hat man $\lim_{x \to a} f(x) = f(\lim_{x \to a} x)$, d.h. die Stetigkeit von f in a kann man als Vertauschung von f mit der Grenzwertbildung auffassen. Die Stetigkeit von f in a bedeutet also: Zu jedem $\varepsilon > 0$ gibt es ein $\delta > 0$, so dass aus $|x - a| < \delta$ stets $|f(x) - f(a)| < \varepsilon$ folgt. Äquivalent dazu: Für jede gegen a konvergente Folge (x_n) aus $D \backslash \{a\}$ konvergiert die Folge $(f(x_n))$ gegen $f(a)$.

f heißt **linksseitig** oder **rechtsseitig stetig** in a, falls die Einschränkung $f|_{D \cap]-\infty,a]}$ bzw. $f|_{D \cap [a,\infty[}$ stetig in a ist, d.h. für jede Folge (x_n) mit $x_n < a$ bzw. $x_n > a$ für alle n und $\lim_{n \to \infty} x_n = a$ gilt: $\lim_{n \to \infty} f(x_n) = f(a)$.

Hat D keine isolierten Punkte (d.h., ist D eine Vereinigung von nichtausgearteten Intervallen), so heißt $f : D \to \mathbb{R}$ **stetig auf** D, falls f in jedem Punkt von D stetig ist. Äquivalent dazu: Zu jedem $a \in D$ und jedem $\varepsilon > 0$ gibt es eine von ε und a abhängige positive Zahl δ, so dass $|f(x) - f(a)| < \varepsilon$ für alle $x \in D$ mit $|x - a| < \delta$ gilt. Entsprechend kann man die **Links-** bzw. **Rechtsseitigstetigkeit** einer Funktion auf ihrem Definitionsbereich (ohne isolierte Punkte) definieren. Hängt in der obigen Definition die Zahl δ nur von ε ab, also ist δ unabhängig von a, so sagt man, dass f **gleichmäßig stetig auf** D ist. Jede konstante Funktion ist gleichmäßig stetig auf $\mathbb{R}$. Jedes Polynom vom Grad 1 ist gleichmäßig stetig auf $\mathbb{R}$. Ein Polynom vom Grad größer oder gleich 2 ist stetig, aber nicht gleichmäßig stetig auf $\mathbb{R}$. Operationen mit stetigen Funktionen führen wegen (1.55) aus 1.1.13 zu stetigen Funktionen. Die Summe und die Differenz zweier gleichmäßig stetiger Funktionen sind gleichmäßig stetige Funktionen. Für Produkte und Quotienten ist dies im Allgemeinen nicht der Fall; so ist $\mathrm{id}_{\mathbb{R}}$ gleichmäßig stetig, aber $x \mapsto \frac{1}{x}$ nur stetig auf $\mathbb{R} \backslash \{0\}$. Ein hinreichendes Kriterium für die gleichmäßige Stetigkeit einer stetigen Funktion $f : D \to \mathbb{R}$ liefert die **Lipschitz-Bedingung**, die bedeutet, es existiert eine positive Zahl L – genannt **Lipschitz-Konstante** – mit der Eigenschaft

$$|f(x') - f(x)| \leq L|x' - x| \quad \text{für alle} \quad x, x' \in D .$$

Ist a ein Häufungspunkt von D und hat $f : D \backslash \{a\} \to \mathbb{R}$ einen Grenzwert in a, so ist die Fortsetzung $\tilde{f} : D \to \mathbb{R}$, $\tilde{f}(x) = f(x)$ für $x \neq a$ und

$\tilde{f}(a) = \lim\limits_{x \to a} f(x)$, stetig in a. Man hat also f in a **stetig fortgesetzt**.

Die Kettenregel für Grenzwerte von Funktionen führt zur **Kettenregel für stetige Funktionen** (allerdings ist die Formulierung diesmal einfacher). Seien $f_1 : D_1 \to D_2$ stetig in a und $f_2 : D_2 \to \mathrm{IR}$ stetig in $f_1(a)$; dann ist $f_2 \circ f_1$ stetig in a .

Ist $f : [a, b] \to \mathrm{IR}$ stetig, so nimmt f jeden Wert zwischen $f(a)$ und $f(b)$ mindestens einmal an; dieses Ergebnis – der **Zwischenwertsatz** – hat als Folgerung, dass das Bild eines Intervalls wieder ein Intervall ist. Dabei wird zurecht nicht spezifiziert, ob es sich um offene, halboffene, abgeschlossene, endliche oder unendliche Intervalle handelt, wie die folgenden Beispiele zeigen:

→ Der Wertebereich von $]0, 1]$ mittels $x \mapsto \frac{1}{x}$ ist $[1, \infty[$.

→ Das Bild von $]1, 2[$ mittels $x \mapsto \frac{1}{x}$ ist $]\frac{1}{2}, 1[$.

→ Das Bild von $] - 1, 1[$ mittels $x \mapsto x^2$ ist $[0, 1[$.

→ Der Wertebereich von $\mathrm{IR} =] - \infty, \infty[$ mittels $x \mapsto \frac{x}{1 + x^2}$ ist $[-\frac{1}{2}, \frac{1}{2}]$.

Der Zwischenwertsatz hat eine äquivalente Formulierung: Ist $f : [a, b] \to \mathrm{IR}$ stetig und haben $f(a)$ und $f(b)$ verschiedene Vorzeichen, ist also eine dieser Zahlen positiv, die andere negativ, so hat f mindestens eine Nullstelle im Intervall $]a, b[$. Damit kann man die Existenz von Nullstellen einer stetigen Funktion nachweisen und durch Intervallhalbierungsverfahren (s. Aufgabe 67) ein Intervall von vorgegebener Länge bestimmen, in welchem sich mindestens eine dieser Nullstellen befindet.

Insbesondere erhält man aus dem Zwischenwertsatz, dass jedes Polynom (mit reellen Koeffizienten) eine reelle Nullstelle besitzt, falls sein Grad ungerade ist.

Im Paragraphen 1.1.5 (über komplexe Zahlen) haben wir für jede natürliche Zahl $n \geq 2$ und jede positive reelle Zahl r die Existenz der positiven n-ten Wurzel $\sqrt[n]{r}$ als selbstverständlich angesehen. Mit Hilfe des Zwischenwertsatzes kann man leicht beweisen, dass sie tatsächlich existiert und eindeutig bestimmt ist, da $x \mapsto x^n$ eine streng monotone Funktion von $[0, \infty[$ **auf** $[0, \infty[$ ist, und damit bildet ihre Inverse $\sqrt[n]{}$ das Intervall $[0, \infty[$ auch auf $[0, \infty[$ ab. Die Stetigkeit von $\sqrt[n]{}$ (also der n-ten Wurzelfunktion) ist eine Folgerung des Satzes über die **Stetigkeit der Umkehrfunktion**. Dafür treffen wir zuerst eine Vorbereitung. Sei f eine stetige Funktion auf dem Intervall I; das Intervall J sei das Bild von f, also $f : I \to J$ ist surjektiv. Wegen des Zwischenwertsatzes sind die Eigenschaften streng monoton und bijektiv für f äquivalent; in diesem Fall hat die Umkehrfunktion $f^{-1} : J \to I$ dasselbe Monotonieverhalten wie f, d.h. beide sind streng monoton wachsend, oder beide sind streng monoton fallend. (Die Erhaltung der Monotonieart „sieht" man auch anhand der grafischen Darstellungen von f und f^{-1}; deren Graphen sind bezüglich der ersten Winkelhalbierenden – d.h. der Geraden $x = y$ – spiegelsymmetrisch.) Mit diesen Bezeichnungen lautet der angekündigte Satz: Ist f stetig und bijektiv, so ist auch f^{-1} stetig.

Eine Funktion $f : D \to \mathbb{R}$ heißt **beschränkt**, wenn ihr Wertebereich $f(D)$ eine beschränkte Teilmenge von $\mathbb{R}$ ist. Entsprechend kann man nach oben (unten) beschränkte Funktionen definieren. Ist f stetig auf einem beschränkten und offenen (oder halboffenen) Intervall, so ist f nicht notwendig beschränkt, wie das Beispiel $f(x) = \frac{1}{x}$ zeigt; für $a > 0$ gilt: $f(]0, a[) =]\frac{1}{a}, \infty[$. Das kann nicht passieren, falls das Intervall beschränkt und abgeschlossen ist. Es gilt nämlich: Jede stetige Funktion $f : [a, b] \to \mathbb{R}$ ist beschränkt. Außerdem existieren in $[a, b]$ mindestens ein Punkt x_m und ein Punkt x_M mit der Eigenschaft $f(x_m) = \inf f([a, b])$, $f(x_M) = \sup f([a, b])$. Man sagt, dass f in x_m (bzw. x_M) ihr **absolutes Minimum** (bzw. **Maximum**) annimmt. $f(x_m)$ und $f(x_M)$ sind die **absoluten Extrema** von f. Wegen des Zwischenwertsatzes gilt: $f([a, b]) = [f(x_m), f(x_M)]$.

Entscheidend ist dabei die Beschränktheit und die Abgeschlossenheit von $[a, b]$. Allgemeiner nennt man eine Menge M aus $\mathbb{R}$, die beschränkt und abgeschlossen ist, **kompakt**. Die Kompaktheit von M kann äquivalent durch die folgende Eigenschaft charakterisiert werden: Ist M in einer beliebigen Vereinigung $\bigcup_{\lambda \in \Lambda}]a_\lambda, b_\lambda[$ von offenen Intervallen enthalten, so genügen immer schon endlich viele davon, um M zu überdecken, d.h., es gibt $\lambda_1, \ldots, \lambda_n \in \Lambda$ mit $M \subset \bigcup_{k=1}^{n}]a_{\lambda_k}, b_{\lambda_k}[$.

Eine stetige Funktion auf einem kompakten Intervall ist gleichmäßig stetig. Das kann man recht leicht mit der obigen Eigenschaft eines kompakten Intervalls beweisen oder durch einen Widerspruchsbeweis unter Verwendung des Satzes von Bolzano-Weierstraß (s. Abschnitt 1.1.12, Folgen und Reihen). Im Vergleich dazu ist der Beweis des folgenden Satzes (**Approximationssatz von Weierstraß**) sehr anspruchsvoll:
Zu jeder stetigen Funktion $f : [a, b] \to \mathbb{R}$ und zu jedem $\varepsilon > 0$ gibt es ein Polynom P, so dass $|f(x) - P(x)| < \varepsilon$ für alle $x \in [a, b]$ gilt.
Nimmt man für ε der Reihe nach die Werte $\frac{1}{n}$, so erhält man eine Folge von Polynomen (P_n), so dass für alle $x \in [a, b]$ gilt: $|f(x) - P_n(x)| < \frac{1}{n}$.
Später werden wir sehen, wie man solche Polynomfolgen konstruieren kann. Hiermit haben wir einen nahtlosen Übergang zum nächsten Paragraphen vorbereitet.

1.1.15 Funktionenfolgen, Funktionenreihen, Potenzreihen
(Aufgabe 71 bis 74)

Mit $\mathbb{K}$ bezeichnen wir einen der Körper $\mathbb{R}$ oder $\mathbb{C}$ und mit D eine Teilmenge von $\mathbb{K}$. Seien $(f_n : D \to \mathbb{K})_n$ eine Folge $\mathbb{K}$-wertiger Funktionen und $a \in D$. Man sagt, dass (f_n) im Punkt $a \in D$ konvergiert, wenn die nummerische Folge $(f_n(a))$ konvergiert. Die Menge aller Punkte aus D, in welchen (f_n) konvergiert, heißt die **Konvergenzmenge** von (f_n). Ist diese Menge gleich D und bezeichnet $f(x)$ den Grenzwert von $(f_n(x))$ in jedem x aus D, so erhält man eine Funktion $f : D \to \mathbb{K}$. Man sagt, die Folge (f_n) **konvergiert punktweise** gegen f, und f ist die **Grenzfunktion** von (f_n). So konvergiert die Folge $(\frac{1+x^n}{1+nx})$ punktweise auf $[0, 1]$ gegen die Funktion, die im Nullpunkt den Wert 1 hat und sonst (d.h. auf $]0, 1]$) verschwindet. Dabei bemerken wir, dass alle Funktionen $x \mapsto \frac{1+x^n}{1+nx}$ stetig auf $[0, 1]$ sind, aber die Grenzfunktion nicht. Bei punktweiser Konvergenz werden also nicht automatisch Eigenschaften der Funktionen der Funktionenfolge auf die Grenzfunktion übertragen. Dies gilt jedoch bei einer schärferen (stärkeren) Konvergenzart, der **gleichmäßigen Konvergenz**. Um den Unterschied zwischen den beiden Konvergenzarten deutlich zu sehen, stellen wir fest: (f_n) konvergiert punktweise auf D gegen f, wenn für jedes $\varepsilon > 0$ und jedes $x \in D$ eine von ε und x abhängige natürliche Zahl $N = N(\varepsilon, x)$ existiert, so dass für $n \geq N$ gilt: $|f_n(x) - f(x)| < \varepsilon$. Kann man für jedes $\varepsilon > 0$ diese natürliche Zahl N unabhängig von x aus D wählen, so heißt die Konvergenz der Folge (f_n) gegen f gleichmäßig. Aus dem Approximationssatz von Weierstraß haben wir also gefolgert, dass für jede stetige Funktion auf einem kompakten Intervall eine Folge von Polynomen existiert, die gleichmäßig gegen diese Funktion konvergiert. Für jedes $a \in]0, 1[$ konvergiert die Folge (z^n) gleichmäßig gegen die Nullfunktion auf der abgeschlossenen Kreisscheibe $\overline{\Delta}_a := \{z \in \mathbb{C} \mid |z| \leq a\}$. Dagegen konvergiert (x^n) nur punktweise auf $[0, 1]$ gegen die Funktion, die auf $[0, 1[$ verschwindet und in 1 den Wert 1 annimmt. Die gleichmäßige Konvergenz einer Folge von stetigen Funktionen sichert die Übertragung der Stetigkeit aller Folgenglieder auf die Grenzfunktion.

Sei nun $D \subset \mathbb{R}$ und seien alle Funktionen der Folge $(f_n : D \to \mathbb{R})$ sowie $f : D \to \mathbb{R}$ stetig auf D. Ist $(f_n(x))$ eine monoton wachsende Folge mit dem Grenzwert $f(x)$ für alle $x \in D$, so ist (f_n) gleichmäßig konvergent gegen f. Dasselbe gilt, wenn die Eigenschaft monoton wachsend durch monoton fallend ersetzt wird.

Sei $a \in]0, 1[$, dann ist für jedes $x \in [a, 1]$ die Folge $(\frac{1+x^n}{1+nx})$ monoton fallend gegen Null. Die Nullfunktion und jede Funktion $x \mapsto \frac{1+x^n}{1+nx}$ sind stetige Funktionen. Deshalb konvergiert die Funktionenfolge $(\frac{1+x^n}{1+nx})$ auf $[a, 1]$ gleichmäßig gegen die Nullfunktion.

Sei nun wieder $D \subset \mathbb{K}$. Der Folge $(f_n : D \to \mathbb{K})$ und jedem $x \in D$ kann man die Reihe $\sum f_n(x)$ zuordnen. Mit Hilfe der Partialsummen kann man also sagen, was es heißt, dass die Reihe $\sum f_n$ punktweise oder gleichmäßig gegen $f : D \to \mathbb{K}$ konvergiert. Für $a \in]0,1[$ konvergiert z.B. die Reihe $\sum_{n=1}^{\infty} z^n$ gleichmäßig auf $[-a,a]$ bzw. $\overline{\triangle}_a$ gegen $\frac{z}{1-z}$. Die gleichmäßige Konvergenz ist hinreichend für die Übertragung der Stetigkeit aller Reihenglieder f_n auf die Stetigkeit der Summe $\sum f_n$. Hinreichende Bedingungen für die gleichmäßige Konvergenz einer Reihe $\sum f_n$ sind:

1) **Weierstraß-Kriterium.** Gibt es eine konvergente Reihe positiver Zahlen $\sum a_n$ und gilt $|f_n(x)| \leq a_n$ für alle $x \in D$, so ist die $\mathbb{K}$-wertige Reihe $\sum f_n$ gleichmäßig konvergent auf D.

2) **Dirichlet-Kriterium.** Seien $D \subset \mathbb{R}$, M eine positive Zahl, $(f_n : D \to \mathbb{R})$ mit der Eigenschaft $|\sum_{n=1}^{N} f_n(x)| < M$ für alle $x \in D$ und $N \in \mathbb{N}$ und $(g_n : D \to \mathbb{R})$ eine monoton fallende Funktionenfolge, die gleichmäßig gegen die Nullfunktion konvergiert. Dann ist $\sum f_n g_n$ eine gleichmäßig konvergente Reihe.

Mit dem Weierstraß-Kriterium kann man sofort zeigen, dass die obige geometrische Reihe $\sum_{n=1}^{\infty} z^n$ auf $\overline{\triangle}_a$ gleichmäßig konvergiert wegen $|z^n| \leq a^n$ für alle $z \in \overline{\triangle}_a$ und wegen $\sum_{n=1}^{\infty} a^n = \frac{a}{1-a}$. Die gleichmäßige Konvergenz der Reihe $\sum_{n=1}^{\infty} n x^{2n}$ auf $[0, \frac{1}{2}]$ ergibt sich als Anwendung des Dirichlet-Kriteriums auf die Funktionen $f_n(x) = x^n$ und $g_n(x) = n x^n$. Auf $[0, \frac{1}{2}]$ gilt $|f_n(x)| \leq \frac{1}{2^n}$ und $g_{n+1}(x) \leq g_n(x)$ (da diese letzte Ungleichung zu $x \leq \frac{n}{n+1}$ äquivalent ist und $x \leq \frac{1}{2} \leq \frac{n}{n+1}$ für alle $n \geq 1$ gilt).

Die **Potenzreihen** sind spezielle Funktionenreihen, die im reellen Fall die Gestalt $\sum a_n(x - x_0)^n$ und im komplexen Fall die Gestalt $\sum a_n(z - z_0)^n$ haben. Dabei heißt x_0 bzw. z_0 der **Entwicklungspunkt der Potenzreihe.** Man spricht von einer **Potenzreihe um** $x_0 \in \mathbb{R}$ bzw. $z_0 \in \mathbb{C}$ **mit den Koeffizienten** a_n aus $\mathbb{R}$ bzw. $\mathbb{C}$. Die Konvergenzmenge $K(x_0)$ bzw. $K(z_0)$ der Potenzreihe ist relativ leicht zu beschreiben. Setzt man $R := \sup\{|x - x_0| \mid x \in K(x_0)\}$ bzw. $R := \sup\{|z - z_0| \mid z \in K(z_0)\}$, so ist die Konvergenzmenge

– die einpunktige Menge $\{x_0\}$ bzw. $\{z_0\}$, falls $R = 0$ gilt,
– ganz $\mathbb{R}$ bzw. $\mathbb{C}$, falls $R = \infty$ ist,
– das Intervall $]x_0 - R, x_0 + R[$ bzw. der Kreis $\triangle_R(z_0) := \{z \in \mathbb{C} \mid |z - z_0| < R\}$ vereinigt mit einer (evtl. leeren) Teilmenge des Randes $\{x_0 - R, x_0 + R\}$ bzw. $\partial \triangle_R(z_0) = \{z \mid |z - z_0| = R\}$, falls R eine positive Zahl ist. Welche Randpunkte hinzukommen, muss man in jedem einzelnen Fall untersuchen.

Für die Reihe $\sum_{n=1}^{\infty} \frac{1}{\sqrt{n}} z^n$ gilt z.B. $R = 1$: Zunächst weiß man $R \geq 1$, weil für jedes $a \in]0,1[$ die Reihe $\sum a^n$ und damit wegen $|\frac{1}{\sqrt{n}} z^n| \leq a^n$ für $|z| \leq a$ auch $\sum_{n=1}^{\infty} \frac{1}{\sqrt{n}} z^n$ konvergiert (Kriterium von Weierstraß). $R \leq 1$ gilt, da die Folge $(\frac{1}{\sqrt{n}} z^n)$ für $|z| > 1$ keine Nullfolge ist. Es gilt sogar $\lim_{n \to \infty} \frac{1}{\sqrt{n}} |z|^n = \infty$ für $|z| > 1$. Für $z = 1$ ist die Reihe divergent (beachte $\frac{1}{\sqrt{n}} \geq \frac{1}{n}$ und die Divergenz der harmonischen Reihe!). Für $|z| = 1$ und $z \neq 1$ gilt

$$\left| \sum_{n=1}^{N} z^n \right| = |z| \frac{|1 - z^n|}{|1 - z|} \leq |z| \frac{1 + |z^n|}{|1 - z|} = \frac{2|z|}{|1 - z|} \ .$$

Da $(\frac{1}{\sqrt{n}})$ eine monoton fallende Nullfolge ist, ergibt sich mit dem Dirichlet-Kriterium die Konvergenz von $\sum \frac{1}{\sqrt{n}} z^n$, und damit ist $\overline{\Delta}_1 \setminus \{1\} = \{z \in \mathbb{C} \mid |z| \leq 1$ und $z \neq 1\}$ die Konvergenzmenge von $\sum_{n=1}^{\infty} \frac{1}{\sqrt{n}} z^n$.

Ist $R > 0$ und gilt $r < R$, so konvergiert die Potenzreihe $\sum a_n (x - x_0)^n$ bzw. $\sum a_n (z - z_0)^n$ auf $[x_0 - r, x_0 + r]$ bzw. $\overline{\Delta}_r(z_0) := \{z \mid |z - z_0| \leq r\}$ gleichmäßig, was man aus dem Vergleich der Potenzreihe mit einer numerischen geometrischen Reihe schließt. Insbesondere ist die Potenzreihe stetig für jedes Intervall $[x_0 - r, x_0 + r]$ bzw. jeder Kreisscheibe $\overline{\Delta}_r(z_0)$ und damit auch auf $]x_0 - R, x_0 + R[= \bigcup_{r < R} [x_0 - r, x_0 + r]$ bzw. $\Delta_R(z_0) = \bigcup_{r < R} \overline{\Delta}_r(z_0)$. Mit derselben Begründung erhält man für $R = \infty$ die Stetigkeit der Potenzreihe auf $\mathbb{R}$ bzw. $\mathbb{C}$. $(\mathbb{R} = \bigcup_{n \geq 1} [-n, n]$ bzw. $\mathbb{C} = \bigcup_{n \geq 1} \overline{\Delta}_n(0)$.)

Mit Hilfe der Stetigkeit kann man den **Eindeutigkeitssatz** oder **Identitätssatz für Potenzreihen** beweisen: Konvergieren zwei Potenzreihen um denselben Entwicklungspunkt auf einer offenen Umgebung um diesen Punkt und sind sie (als Funktionen) darauf gleich, so sind alle entsprechenden Koeffizienten gleich. Kurz geschrieben: Gilt $\sum a_n (z - z_0)^n = \sum b_n (z - z_0)^n$ auf $\Delta_r(z_0)$ oder $\sum a_n (x - x_0)^n = \sum b_n (x - x_0)^n$ auf $]x_0 - r, x_0 + r[$ mit $r > 0$, so gilt $a_n = b_n$ für alle n. Wie berechnet man den **Konvergenzradius** R? Man berechnet zuerst den **Limes superior** der Folge $(\sqrt[n]{|a_n|})$, d.h. den größten Häufungspunkt dieser Folge. Bezeichnung: $\limsup \sqrt[n]{|a_n|}$ oder $\overline{\lim} \sqrt[n]{|a_n|}$. Falls $\lim_{n \to \infty} \sqrt[n]{|a_n|}$ existiert, gilt natürlich $\limsup \sqrt[n]{|a_n|} = \lim_{n \to \infty} \sqrt[n]{|a_n|}$. Gibt es ein n_0 mit $a_n \neq 0$ für alle $n \geq n_0$ und hat die Folge $(|\frac{a_{n+1}}{a_n}|)_{n \geq n_0}$ einen Grenzwert, so ist dieser Grenzwert gleich $\limsup \sqrt[n]{|a_n|}$. Der Limes superior von $(\sqrt[n]{|a_n|})$ existiert – im Gegensatz zu $\lim_{n \to \infty} \sqrt[n]{|a_n|}$ und $\lim_{n \to \infty} |\frac{a_{n+1}}{a_n}|$ – immer und zwar ist er 0, eine positive Zahl s oder ∞. Nach einem **Satz von Hadamard** gilt dann $R = \infty$ bzw. $\frac{1}{s}$ bzw. 0.

Die Folge $(\sqrt[n]{n})_{n \geq 3}$ ist z.B. streng monoton fallend (da $\sqrt[n]{n} > \sqrt[n+1]{n+1}$

zu $n^{n+1} > (n+1)^n$ und damit zu $n > (\frac{n+1}{n})^n = (1+\frac{1}{n})^n$ äquivalent ist und $(1+\frac{1}{n})^n < e < 3$ gilt). Außerdem gibt es zu jedem $a > 1$ ein $N(a)$, so dass $\sqrt[n]{n} < a$ (d.h. $n < a^n$) für alle $n \geq N(a)$ gilt. Deshalb hat man

$\lim\limits_{n\to\infty} \sqrt[n]{n} = 1$ und damit $\lim\limits_{n\to\infty} \sqrt[n]{\frac{1}{n+1}} = 1$. Daraus folgt für jede Folge (a_n) :

$\limsup \sqrt[n]{n|a_n|} = \limsup \sqrt[n]{|a_n|} = \limsup \sqrt[n]{\frac{1}{n+1}|a_n|}$.

Insbesondere haben $\sum_{n=1}^{\infty} a_n(z - z_0)^n$, $\sum_{n=1}^{\infty} na_n(z - z_0)^n$ und $\sum_{n=1}^{\infty} \frac{1}{n+1}a_n(z - z_0)^n$ denselben Konvergenzradius. Entsprechendes gilt im reellen Fall.

Die folgende Aussage, deren Beweis jetzt viel Mühe machen würde, kann man mit Kenntnissen aus dem Kapitel 3 leicht beweisen: Konvergieren die Reihen $\sum_{n=0}^{\infty} a_n(z - z_0)^n$ und $\sum_{n=0}^{\infty} b_n(z - z_0)^n$ auf einer Kreisscheibe $\Delta_r(z_0)$ mit $r > 0$, so ist $\sum_{n=0}^{\infty}(\sum_{k=0}^{n} a_k b_{n-k})(z - z_0)^n$ konvergent, und es gilt für alle $z \in \Delta_r(z_0)$:

$$\left(\sum_{n=0}^{\infty} a_n(z - z_0)^n \right) \cdot \left(\sum_{n=0}^{\infty} b_n(z - z_0)^n \right) = \sum_{n=0}^{\infty} \left(\sum_{k=0}^{n} a_k b_{n-k} \right) (z-z_0)^n. \quad (1.57)$$

Die entsprechende Aussage für den reellen Fall erhält man als Folgerung. Auf dem Einheitskreis hat man insbesondere $(\sum_{n=0}^{\infty} z^n)^2 = \sum_{n=0}^{\infty}(n+1)z^n$.

1.1.16 Elementare Funktionen (Aufgabe 75 bis 81)

Der Konvergenzradius der komplexen Potenzreihe $\sum_{n=0}^{\infty} \frac{1}{n!}z^n$ ist wegen $\lim\limits_{n\to\infty}[\frac{1}{n!} : \frac{1}{(n+1)!}] = \lim\limits_{n\to\infty}(n+1)$ gleich ∞, und damit wird auf $\mathbb{C}$ eine stetige, komplexwertige Funktion

$$\exp : \mathbb{C} \to \mathbb{C}, \quad \exp(z) = \sum_{n=0}^{\infty} \frac{1}{n!}z^n \quad (1.58)$$

definiert; sie heißt die **Exponentialfunktion** (auch **komplexe Exponentialfunktion**). Es folgt $\exp(0) = 1$ und $\exp(1) = e$ (s.(1.54) aus 1.1.12). Außerordentlich wichtig ist die folgende Eigenschaft, deren Beweis nicht sehr einfach ist:

$$\exp(z_1 + z_2) = \exp(z_1) \cdot \exp(z_2) \quad \text{für alle} \quad z_1, z_2 \text{ aus } \mathbb{C}. \quad (1.59)$$

Diese Funktionalgleichung ist der Schlüssel für das Studium der Exponentialfunktion; aus ihr folgt für alle $z \in \mathbb{C}$ hintereinander $\exp(z) \neq 0$, $\exp(-z) = \frac{1}{\exp(z)}$ und damit $\exp(nz) = (\exp(z))^n$ für alle $n \in \mathbb{Z}$; insbesondere gilt $\exp(n) = e^n$.

Wegen $\overline{\sum_{n=0}^{N} \frac{1}{n!}z^n} = \sum_{n=0}^{N} \frac{1}{n!}\overline{z}^n$ hat man $\exp(\overline{z}) = \overline{\exp(z)}$. Daraus ergibt sich

für $y \in \mathbb{R}$: $\overline{\exp(iy)} = \exp(\overline{iy}) = \exp(-iy) = \frac{1}{\exp(iy)}$, also $\exp(iy) \cdot \overline{\exp(iy)} = 1$
und damit $|\exp(iy)| = 1$.

Man setzt e^z anstelle von $\exp(z)$, also $e^z := \exp(z) = \sum_{n=0}^{\infty} \frac{1}{n!} z^n$. Das
ist sinnvoll, weil die üblichen Rechenregeln für e-Potenzen $\{e^n \mid n \in \mathbb{Z}\}$
auf „komplexe e-Potenzen" erweitert werden. Wie oben gesehen gilt für alle
$z, z_1, z_2 \in \mathbb{C}$ und $n \in \mathbb{Z}$: $e^0 = 1$, $e^1 = e$, $e^z \neq 0$, $e^{-z} = \frac{1}{e^z}$, $(e^z)^n = e^{nz}$ und
(vor allem!) $e^{z_1 + z_2} = e^{z_1} \cdot e^{z_2}$. Insbesondere gilt $e^{x+iy} = e^x \cdot e^{iy}$ mit $|e^{iy}| = 1$.
Die Einschränkung von exp auf $\mathbb{R}$ ist eine stetige Funktion. Ist x positiv, so
folgt aus $\exp(x) = 1 + x + \ldots + \frac{x^k}{k!} + \ldots$ sofort $\exp(x) > 1 + x > 1$ und
$\exp(x) > \frac{x^k}{k!}$ Ersetzt man k durch $m+1$, so erhält man $\frac{\exp(x)}{x^m} > \frac{x}{(m+1)!}$ und
damit:

$$\lim_{x \to \infty} \exp(x) = \infty \quad , \quad \lim_{x \to \infty} \frac{\exp(x)}{x^m} = \infty \quad \forall m \in \mathbb{N} \ . \tag{1.60}$$

Die Lesart dazu lautet: Die Funktion exp wächst schneller als jedes Polynom,
wenn x gegen ∞ strebt. Wegen $1 = \exp(0) = \exp(x - x) = \exp(x) \cdot \exp(-x)$
folgt für $x > 0$: $0 < \exp(-x) < 1$. Aus (1.59) und (1.60) ergibt sich sogar:

$$\lim_{x \to -\infty} \exp(x) = 0 \ , \ \lim_{x \to -\infty} x^m \exp(x) = 0 \ , \tag{1.61}$$

d.h. für $x \to -\infty$ fällt $\exp(x)$ schneller gegen Null als der Betrag jedes Polynoms gegen ∞ wächst. Nach dem Zwischenwertsatz ist das Bild der reellen
Exponentialfunktion das Intervall $]0, \infty[$. Durch äquivalente Umformungen
$x_1 < x_2$, $0 < x_2 - x_1$, $1 < \exp(x_2 - x_1)$, $1 < \exp(x_2) \cdot \exp(-x_1) =$
$\exp(x_2) \cdot \frac{1}{\exp(x_1)}$, $\exp(x_1) < \exp(x_2)$ ergibt sich, dass exp streng monoton wachsend ist und insbesondere bijektiv. Die Inverse ist ebenfalls ste-
tig, streng monoton wachsend und bildet $]0, \infty[$ bijektiv auf $\mathbb{R}$ ab. Sie heißt
der **natürliche Logarithmus** und wird mit $\ln :]0, \infty[\to \mathbb{R}$ bezeichnet. Ihre
Eigenschaften lesen wir aus denjenigen der reellen Exponentialfunktion ab:
$\ln 1 = 0$, $\ln e = 1$, $\ln(x_1 x_2) = \ln x_1 + \ln x_2$, $\ln(\frac{1}{x}) = -\ln x$, $\lim_{x \to \infty} \ln x =$
∞, $\lim_{x \to 0+} \ln x = -\infty$ und $\ln x \leq x - 1$ für alle $x, x_1, x_2 \in \mathbb{R}$. Aus $\lim_{x \to \infty} \frac{x^m}{e^x} = 0$
für alle $m \in \mathbb{N}^*$ folgt $\lim_{x \to \infty} \frac{\ln x}{\sqrt[m]{x}} = 0$, d.h. $\ln x$ wächst langsamer gegen ∞
als jede Wurzelfunktion. Mit diesen Erkenntnissen kann man eine Skizze
anfertigen, wie Abbildung 1.2 sie zeigt.
Für jedes $x \in \mathbb{R}$ ist also e^x, die x-te Potenz zur Basis e, durch $\sum_{n=0}^{\infty} \frac{1}{n!} x^n$
definiert. Ist $a > 0$, so definiert man die x-te **Potenz zur Basis** a durch
$a^x := e^{x \ln a}$. Die Rechenregeln für $x \mapsto a^x$ werden mühelos aus denjenigen der Exponential- und reellen Logarithmusfunktion abgeleitet. Für alle

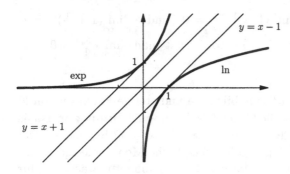

Abbildung 1.2.
Exponential- und
Logarithmus-Funktion

x, x_1, x_2 aus $\mathbb{R}$ gilt:

$$a^{x_1+x_2} = a^{x_1} a^{x_2} \ , \ a^{-x} = \frac{1}{a^x} \ , \ \ln(a^x) = x \ln a \ , \ (a^{x_1})^{x_2} = a^{x_1 x_2} \ . \qquad (1.62)$$

Die letzte Regel ergibt sich aus $\ln\big((a^{x_1})^{x_2}\big) = x_2 \ln(a^{x_1}) = x_2 x_1 \ln a = \ln(a^{x_1 x_2})$ und der Injektivität von $\ln$.

Ist $a > 1$, so ist $x \mapsto x \ln a$ eine streng monoton steigende und stetige (also bijektive!) Funktion von $\mathbb{R}$ **auf** $\mathbb{R}$. Wie schon erwähnt, ist die Exponentialfunktion eine streng monoton steigende und stetige Funktion von $\mathbb{R}$ **auf** $]0, \infty[$. Deshalb ist $x \mapsto a^x = \exp(x \ln a)$ als Komposition dieser Funktionen eine streng monoton steigende und stetige Funktion von $\mathbb{R}$ **auf** $]0, \infty[$. Analog zeigt man für $a \in]0, 1[$, dass $x \mapsto a^x$ eine streng monoton fallende und stetige Funktion von $\mathbb{R}$ auf $]0, \infty[$ ist. Für $a = 1$ ist $x \mapsto a^x$ die konstante Funktion $x \mapsto 1$.

Sei (a_n) eine Folge positiver Zahlen mit dem Grenzwert a und (b_n) eine Folge reeller Zahlen mit dem Grenzwert b. Ist $a > 0$, so konvergiert die Folge $\ln(a_n^{b_n}) = b_n \ln a_n$ gegen $\ln(a^b) = b \ln a$ (wegen der Stetigkeit von $\ln$). Wegen der Stetigkeit der Exponentialfunktion konvergiert deshalb $(a_n^{b_n})$ gegen a^b, also:

$$\lim_{n \to \infty} \left(a_n^{b_n} \right) = \left(\lim_{n \to \infty} a_n \right)^{\lim_{n \to \infty} b_n}, \quad \text{falls} \quad \lim_{n \to \infty} a_n > 0 \ . \qquad (1.63)$$

Für $a = 0$ gilt $\lim\limits_{n \to \infty} (a_n^{b_n}) = 0$, falls $b > 0$ bzw. $\lim\limits_{n \to \infty} (a_n^{b_n}) = \infty$, falls $b < 0$. Für $a = 0 = b$ kann man im Allgemeinen über die Konvergenz von $(a_n^{b_n})$ keine Aussage machen. Es gilt z.B. $\lim\limits_{n \to \infty} (\frac{1}{n})^{\frac{1}{n}} = 1$, $\lim\limits_{n \to \infty} (\frac{1}{n^n})^{\frac{1}{n}} = 0$, $\lim\limits_{n \to \infty} (\frac{1}{n^n})^{-\frac{1}{n}} = \infty$. Falls $a > 1$ und $b_n \to \infty$ bzw. $a \in]0, 1[$ und $b_n \to -\infty$, so strebt $a_n^{b_n}$ gegen ∞. Falls $a \in]0, 1[$ und $b_n \to \infty$ bzw. $a > 1$ und $b_n \to -\infty$, so strebt $a_n^{b_n}$ gegen 0. Falls $a = 1$ und $b_n \to \infty$ oder $b_n \to -\infty$, so kann man über das Verhalten von $(a_n^{b_n})$ für $n \to \infty$ i.A. keine Aussage machen;

als Begründung dient z.B.: $\lim\limits_{n\to\infty}(1-\frac{1}{n})^{n^2}=0$ und $\lim\limits_{n\to\infty}(1+\frac{1}{n})^n=e$.

Falls $a=0$ und $b_n\to\infty$ bzw. $b_n\to-\infty$, so hat man $\lim\limits_{n\to\infty}a_n^{b_n}=0$ bzw. $\lim\limits_{n\to\infty}a_n^{b_n}=\infty$.

Für $a\in]0,1[\cup]1,\infty[$ ist $x\mapsto a^x$ eine bijektive und stetige Funktion von $\mathbb{R}$ auf $]0,\infty[$. Die Umkehrfunktion heißt der (reelle) **Logarithmus zur Basis** a und wird mit $_a\log{}:]0,\infty[\to\mathbb{R}$ oder auch $\log_a:]0,\infty[\to\mathbb{R}$ bezeichnet. Der Logarithmus zur Basis a ist stetig und hat die gleiche Monotonieeigenschaft wie die Potenz zur Basis a, d.h. er ist für $a>1$ streng monoton wachsend, für $0<a<1$ streng monoton fallend. Es folgt sofort $_a\log 1=0$ und $_a\log a=1$. Für alle x,x_1 und x_2 aus $]0,\infty[$ hat man

$$_a\log x=\frac{\ln x}{\ln a}\ ,\ _a\log(x_1x_2)=_a\log x_1+_a\log x_2\ ,$$
$$_a\log a^x=x\ ,\ a\log\left(\frac{1}{x}\right)=-_a\log x\ . \tag{1.64}$$

Außerdem gilt für alle $a,b\in]0,1[\cup]1,\infty[$ die **Umrechnungsformel**

$$_a\log x=_a\log b\cdot_b\log x\ . \tag{1.65}$$

Die **trigonometrischen Funktionen** Sinus und Cosinus werden (zunächst unabhängig von dem bisher Behandelten) eingeführt durch die Potenzreihen

$$\sin x:=\sum_{n=0}^{\infty}(-1)^n\frac{x^{2n+1}}{(2n+1)!}\quad,\quad\cos x:=\sum_{n=0}^{\infty}(-1)^n\frac{x^{2n}}{(2n)!}\ . \tag{1.66}$$

Der Konvergenzradius dieser Reihen ist unendlich, und deshalb definieren sie Funktionen auf $\mathbb{R}$, die stetig sind. Sofort sieht man, dass Sinus ungerade ist (d.h. $\sin(-x)=-\sin x$ für alle x aus $\mathbb{R}$) und Cosinus gerade (d.h. $\cos(-x)=\cos x$ für alle x aus $\mathbb{R}$). Wegen

$$\exp(ix)=\sum_{n=0}^{\infty}\frac{1}{n!}(ix)^n=\sum_{n=0}^{\infty}(-1)^n\frac{x^{2n}}{(2n)!}+i\sum_{n=0}^{\infty}(-1)^n\frac{x^{2n+1}}{(2n+1)!}$$
$$=\cos x+i\sin x$$

und entsprechend $\exp(-ix)=\cos x-i\sin x$ ergeben sich die sog. **Eulerschen Formeln**

$$\sin x=\frac{\exp(ix)-\exp(-ix)}{2i}=\frac{e^{ix}-e^{-ix}}{2i}\ ,$$
$$\cos x=\frac{\exp(ix)+\exp(-ix)}{2}=\frac{e^{ix}+e^{-ix}}{2}\ . \tag{1.67}$$

Wie gesehen gilt $|e^{ix}| = 1$ für alle $x \in \mathbb{R}$. Damit haben wir nachgewiesen:

$$\sin^2 x + \cos^2 x = 1 . \tag{1.68}$$

Insbesondere liegen die Werte von sin und cos in $[-1, 1]$. Für jedes $z = x + iy$ aus $\mathbb{C}$ mit x, y aus $\mathbb{R}$ gilt also:

$$\exp(z) = e^z = e^{x+iy} = e^x e^{iy} = e^x(\cos x + i \sin x) ,$$

$$|\exp(z)| = |e^z| = |e^x e^{iy}| = |e^x||e^{iy}| = e^x \cdot 1 = e^x .$$

Aus der Funktionalgleichung (1.59) ergeben sich die Beweise der **Additionstheoreme für Sinus und Cosinus**:

$$\sin(x_1 + x_2) = \sin x_1 \cos x_2 + \sin x_2 \cos x_1 ,$$
$$\cos(x_1 + x_2) = \cos x_1 \cos x_2 - \sin x_1 \sin x_2 . \tag{1.69}$$

Exemplarisch beweisen wir das Additionstheorem für die Sinusfunktion:

$$\sin x_1 \cos x_2 + \sin x_2 \cos x_1 = \frac{e^{ix_1} - e^{-ix_1}}{2i} \cdot \frac{e^{ix_2} + e^{-ix_2}}{2} + \frac{e^{ix_2} - e^{-ix_2}}{2i} \cdot$$

$$\frac{e^{ix_1} + e^{-ix_1}}{2} = \frac{1}{4i}[e^{i(x_1+x_2)} + e^{i(x_1-x_2)} - e^{i(x_2-x_1)} - e^{-i(x_1+x_2)} + e^{i(x_1+x_2)} - $$

$$e^{i(x_1-x_2)} + e^{-i(x_1-x_2)} - e^{-i(x_1+x_2)}] = \frac{e^{i(x_1+x_2)} - e^{-i(x_1+x_2)}}{2i} = \sin(x_1 + x_2) .$$

Weil sin und cos ungerade bzw. gerade Funktionen sind, gewinnt man aus (1.69) auch

$$\sin(x_1 - x_2) = \sin x_1 \cos x_2 - \sin x_2 \cos x_1 ,$$
$$\cos(x_1 - x_2) = \cos x_1 \cos x_2 + \sin x_1 \cos x_2 . \tag{1.70}$$

Insbesondere erhält man aus (1.69) und (1.70) leicht die Formeln

$$\sin 2x = 2 \sin x \cos x , \ \sin 3x = 3 \sin x - 4 \sin^3 x ,$$
$$\cos 2x = 2 \cos^2 x - 1 = 1 - 2 \sin^2 x , \ \cos 3x = 4 \cos x - 3 \cos^3 x , \tag{1.71}$$

sowie

$$\sin x_1 + \sin x_2 = 2 \sin \frac{x_1 + x_2}{2} \cos \frac{x_1 - x_2}{2} ,$$

$$\sin x_1 - \sin x_2 = 2 \sin \frac{x_1 - x_2}{2} \cos \frac{x_1 + x_2}{2} ,$$

$$\cos x_1 + \cos x_2 = 2 \cos \frac{x_1 - x_2}{2} \cos \frac{x_1 + x_2}{2} , \tag{1.72}$$

$$\cos x_1 - \cos x_2 = 2 \sin \frac{x_2 - x_1}{2} \sin \frac{x_2 + x_1}{2} .$$

Mit Abschätzungen folgt aus der Definition der Sinusfunktion, dass

$$x - \frac{x^3}{3!} < \sin x \quad \text{für alle} \quad x \quad \text{aus} \quad]0,2] \,,$$

$$\sin x < x - \frac{x^3}{3!} + \frac{x^5}{5!} - \frac{x^7}{7!} + \frac{x^9}{9!} \quad \text{für alle} \quad x \quad \text{aus} \quad]0,4]$$

(1.73)

gelten. (Sie gelten sogar für alle $x > 0$; dafür ist aber ein aufwendiger Beweis notwendig, der mit Hilfe des Satzes von Taylor – siehe Kapitel 2 – durchgeführt werden kann.)

Insbesondere folgt daraus, dass die Funktion sin auf $]0,2]$ nur positive Werte hat. Für $x = \sqrt{12}$ hat das Polynom $x - \frac{x^3}{3!} + \frac{x^5}{5!} - \frac{x^7}{7!} + \frac{x^9}{9!}$ einen negativen Wert. Deshalb hat sin zwischen 2 und $\sqrt{12}$ mindestens eine Nullstelle. Die kleinste positive Nullstelle von sin ist die Hälfte der Bogenlänge des Einheitskreises, also π. Das kann man an dieser Stelle nicht zeigen! Ebenfalls sehr schwierig ist der Beweis, dass die auf diese Weise eingeführten Sinus- und Cosinusfunktionen mit den aus der Schulzeit bekannten Funktionen mit den gleichen Namen übereinstimmen. Im Klartext ist dabei folgendes gemeint: Man betrachtet auf dem Einheitskreis (mit dem Mittelpunkt M) zwei Punkte P und Q mit der Eigenschaft, dass die Bogenlänge x dazwischen klei-

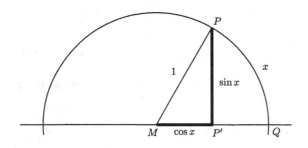

Abbildung 1.3.
$\sin x$ und $\cos x$
im Einheitskreis

ner als $\frac{\pi}{2}$ ist. Mit P' bezeichnet man die Projektion von P auf den Radius $\overline{MQ}$. Dann ist $\sin x = \sum_{n=0}^{\infty} (-1)^n \frac{x^{2n+1}}{(2n+1)!}$ die Länge der Strecke $\overline{PP'}$ und $\cos x = \sum_{n=0}^{\infty} (-1)^n \frac{x^{2n}}{(2n)!}$ die Länge der Strecke $\overline{MP'}$. Hiermit ist π als diejenige positive Zahl festgelegt, die die Eigenschaft

$$\sin \pi = 0 \quad \text{und} \quad \sin x > 0 \quad \text{für} \quad x \in]0, \pi[$$

(1.74)

hat. (Diese Zahl π, deren Wert durch $3,1416$ approximiert werden kann, ist keine rationale Zahl. Es gibt nicht einmal ein Polynom mit rationalen Koeffizienten, das π als Nullstelle hat. Diese Aussagen übersteigen bei weitem das von uns angestrebte Niveau.) Aus dem Additionstheorem für Sinus folgt durch vollständige Induktion, dass $\sin n\pi = 0$ für alle $n \in \mathbb{N}$ und wegen $\sin(-n\pi) = -\sin n\pi$ auch für alle $n \in \mathbb{Z}$ gilt. Aus (1.68) folgt $|\cos n\pi| = 1$. Ist α eine Nullstelle von sin, so gibt es genau eine ganze Zahl k mit

$k\pi \le \alpha < (k+1)\pi$. Es gilt $0 \le \alpha - k\pi < \pi$ und $\sin(\alpha - k\pi) = \sin\alpha\cos k\pi - \sin k\pi\cos\alpha = 0$. Die Minimalität von π als positive Nullstelle von $\sin$ hat also als Folgerung $\alpha = k\pi$. Damit ist gezeigt, dass $\{n\pi \mid n \in \mathbb{Z}\}$ die Nullstellenmenge der Sinusfunktion ist. Wegen $\sin 2x = 2\sin x\cos x$ und (1.74) ist $\cos$ auf $]0, \frac{\pi}{2}[$ positiv, und deshalb ist $\frac{\pi}{2}$ die kleinste positive Nullstelle des Cosinus. Es folgt $\sin\frac{\pi}{2} = 1$ und $\cos\pi = 2\cos^2\frac{\pi}{2} - 1 = -1$. Durch vollständige Induktion kann man zeigen $\cos n\pi = (-1)^n$ für $n \in \mathbb{Z}$. Man hat $\sin\frac{3\pi}{2} = \sin\pi\cos\frac{\pi}{2} + \sin\frac{\pi}{2}\cos\pi = -1$. Insbesondere ist der Wertebereich sowohl für $\sin$ als auch für $\cos$ das Intervall $[-1, 1]$. Mit Hilfe der Additionstheoreme kann man für alle $x \in \mathbb{R}$ zeigen:

$$\sin(x + 2\pi) = \sin(x - 2\pi) = x \ , \ \cos(x + 2\pi) = \cos(x - 2\pi) = \cos x \ ,$$

$$\cos\left(x - \frac{\pi}{2}\right) = \cos\left(\frac{\pi}{2} - x\right) = \sin x \ , \ \sin\left(\frac{\pi}{2} - x\right) = \cos x \ ,$$

$$\cos\left(x + \frac{\pi}{2}\right) = -\sin x \ , \ \sin\left(x + \frac{\pi}{2}\right) = \cos x \ ,$$

$$\cos(x + \pi) = -\cos x \ , \ \sin(x + \pi) = -\sin x \ . \tag{1.75}$$

Wegen $0 = \cos\frac{\pi}{2} = 2\cos^2\frac{\pi}{4} - 1 = 1 - 2\sin^2\frac{\pi}{4}$ sowie $\sin x > 0$ und $\cos x > 0$ für $x \in]0, \frac{\pi}{2}[$ folgt $\sin\frac{\pi}{4} = \cos\frac{\pi}{4} = \frac{\sqrt{2}}{2}$. Mit der Formel (1.71) erhält man aus $0 = \sin\pi = \sin(3 \cdot \frac{\pi}{3}) = 3\sin\frac{\pi}{3} - 4\sin^3\frac{\pi}{3} = \sin\frac{\pi}{3}(3 - 4\sin^2\frac{\pi}{3})$ wegen $\sin\frac{\pi}{3} > 0$ und $\cos\frac{\pi}{3} > 0$ zuerst $\sin\frac{\pi}{3} = \frac{\sqrt{3}}{2}$ und daraus $\cos\frac{\pi}{3} = \frac{1}{2}$. Analog ergeben sich aus $0 = \cos\frac{\pi}{2} = \cos(3 \cdot \frac{\pi}{6}) = 4\cos^3\frac{\pi}{6} - 3\cos\frac{\pi}{6} = \cos\frac{\pi}{6}(4\cos^2\frac{\pi}{6} - 3)$ die Funktionswerte $\cos\frac{\pi}{6} = \frac{\sqrt{3}}{2}$ und $\sin\frac{\pi}{6} = \frac{1}{2}$. Mit dem Additionstheorem für $\cos$ und wegen der Minimalität von $\frac{\pi}{2}$ als positive Nullstelle von $\cos$ zeigt man, dass $\{\frac{\pi}{2} + n\pi \mid n \in \mathbb{Z}\}$ die Nullstellenmenge des Cosinus ist.

Sind x_1, x_2 mit $x_1 < x_2$ aus $[0, \frac{\pi}{2}]$, so folgt $0 < \frac{x_2 - x_1}{2} \le \frac{\pi}{4}$ und $0 < \frac{x_1 + x_2}{2} < \frac{\pi}{2}$, und damit $\sin x_2 - \sin x_1 = 2\sin\frac{x_2 - x_1}{2}\cos\frac{x_1 + x_2}{2} > 0$. Deshalb ist $\sin$ auf $[0, \frac{\pi}{2}]$ streng monoton wachsend. Wegen $\sin(-x) = -\sin x$ und $\cos x = \sin(\frac{\pi}{2} - x)$ ist $\sin$ sogar auf $[-\frac{\pi}{2}, \frac{\pi}{2}]$ streng monoton wachsend von -1 bis 1, während $\cos$ auf $[0, \frac{\pi}{2}]$ streng monoton fallend ist. Wegen $\cos(\pi - x) = -\cos x$ ist $\cos$ auf $[0, \pi]$ streng monoton fallend von 1 bis -1. Mit Hilfe der Formeln (1.75) zeigt man, dass für alle ganzen Zahlen n $\sin$ auf $[2n\pi - \frac{\pi}{2}, 2n\pi + \frac{\pi}{2}]$ und $\cos$ auf $[(2n-1)\pi, 2n\pi]$ streng monoton wachsend von -1 bis 1 sind; dagegen sind $\sin$ auf $[2n\pi + \frac{\pi}{2}, 2n\pi + \frac{3\pi}{2}]$ und $\cos$ auf $[2n\pi, (2n+1)\pi]$ streng monoton fallend von 1 bis -1. Die streng monotonen Funktionen $\sin: [-\frac{\pi}{2}, \frac{\pi}{2}] \to [-1, 1]$ und $\cos: [0, \pi] \to [-1, 1]$ sind bijektiv. Ihre Umkehrfunktionen

$$\arcsin : [-1,1] \to \left[-\frac{\pi}{2}, \frac{\pi}{2}\right] \quad \text{und} \quad \arccos : [-1,1] \to [0,\pi]$$

heißen **Arcus Sinus** und **Arcus Cosinus**; sie sind streng monoton wachsend
bzw. fallend. Für jedes $x \in [-1,1]$ folgt $\frac{\pi}{2} - \arccos x \in [-\frac{\pi}{2}, \frac{\pi}{2}]$, und deshalb

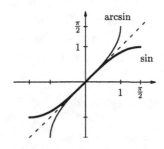 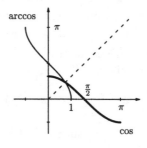

Abbildung 1.4.
Arcus Sinus
und Arcus Cosinus

gilt $\sin(\frac{\pi}{2} - \arccos x) = \cos(\arccos x) = x$, was zu

$$\frac{\pi}{2} = \arcsin x + \arccos x \tag{1.76}$$

äquivalent ist. Die stetigen Funktionen

$$\tan : D_{\tan} := \mathbb{R}\backslash\{n\pi + \tfrac{\pi}{2} \mid n \in \mathbb{Z}\} \to \mathbb{R} \;,\; \tan x := \frac{\sin x}{\cos x}$$

und

$$\cot : D_{\cot} := \mathbb{R}\backslash\{n\pi \mid n \in \mathbb{Z}\} \to \mathbb{R} \;,\; \cot x := \frac{\cos x}{\sin x}$$

heißen **Tangens** und **Cotangens**. Aus den Eigenschaften von sin und cos
ergeben sich diejenigen von tan und cot:

→   tan ist streng monoton wachsend auf $]-\frac{\pi}{2}, \frac{\pi}{2}[$ und bildet $]-\frac{\pi}{2}, \frac{\pi}{2}[$ bijektiv
     auf $\mathbb{R}$ ab. Man hat $\lim\limits_{x \to -\frac{\pi}{2}+} \tan x = -\infty$ und $\lim\limits_{x \to \frac{\pi}{2}-} \tan x = \infty$.

→   cot ist streng monoton fallend auf $]0, \pi[$ und bildet $]0, \pi[$ bijektiv auf $\mathbb{R}$
     ab. Man hat $\lim\limits_{x \to 0+} \cot x = \infty$ und $\lim\limits_{x \to \pi-} \cot x = -\infty$.

→ $\{n\pi \mid n \in \mathbb{Z}\}$ und $\{n\pi + \frac{\pi}{2} \mid n \in \mathbb{Z}\}$ sind die Nullstellenmengen von tan
     bzw. cot.

→ $\tan \frac{\pi}{6} = \cot \frac{\pi}{3} = \frac{1}{\sqrt{3}}$, $\tan \frac{\pi}{4} = \cot \frac{\pi}{4} = 1$, $\tan \frac{\pi}{3} = \cot \frac{\pi}{6} = \sqrt{3}$.

→ $1 + \tan^2 x = \frac{1}{\cos^2 x}$ für alle $x \in D_{\tan}$, $1 + \cot^2 x = \frac{1}{\sin^2 x}$ für alle $x \in D_{\cot}$.

→ $\tan(x + \pi) = \tan x$ für alle $x \in D_{\tan}$, $\cot(x + \pi) = \cot x$ für alle
     $x \in D_{\cot}$.

$\rightarrow$ $\tan(x_1 + x_2) = \frac{\tan x_1 + \tan x_2}{1 - \tan x_1 \tan x_2}$ für alle $x_1, x_2 \in D_{\tan}$ mit $x_1 + x_2 \in D_{\tan}$.
Insbesondere gilt $\tan 2x = \frac{2 \tan x}{1 - \tan^2 x}$, falls x und $2x$ aus $D_{\tan}$ sind.

$\rightarrow$ $\cot(x_1 + x_2) = \frac{\cot x_1 \cot x_2 - 1}{\cot x_1 + \cot x_2}$ für alle $x_1, x_2 \in D_{\cot}$ mit $x_1 + x_2 \in D_{\cot}$.
Insbesondere gilt $\cot 2x = \frac{\cot^2 x - 1}{2 \cot x}$, falls x und $2x$ aus $D_{\cot}$ sind.

$\rightarrow$ Die Inversen $\arctan : \mathbb{R} \rightarrow \,]-\frac{\pi}{2}, \frac{\pi}{2}[$ von $\tan :]-\frac{\pi}{2}, \frac{\pi}{2}[\rightarrow \mathbb{R}$ und $\operatorname{arccot} :$
$\mathbb{R} \rightarrow]0, \pi[$ von $\cot :]0, \pi[\rightarrow \mathbb{R}$ existieren. Sie heißen **Arcus Tangens**
und **Arcus Cotangens** und sind stetig und streng monoton wachsend
bzw. fallend.

$\rightarrow$ Für alle $x \in \mathbb{R}$ gilt $\arctan x + \operatorname{arccot} x = \frac{\pi}{2}$.

Nach dem Vorbild der Eulerschen Formeln (1.67) definiert man die **hyperbolischen Funktionen Sinus hyperbolicus** und **Cosinus hyperbolicus**
$\sinh : \mathbb{R} \rightarrow \mathbb{R}$ bzw. $\cosh : \mathbb{R} \rightarrow \mathbb{R}$ durch

$$\sinh x := \frac{e^x - e^{-x}}{2} \;,\; \cosh x := \frac{e^x + e^{-x}}{2} \;. \tag{1.77}$$

Die Funktion $\sinh$ ist stetig und bildet $\mathbb{R}$ bijektiv auf $\mathbb{R}$ ab, weil sie streng
monoton steigend ist und $\lim\limits_{x \to -\infty} \sinh x = -\infty$ sowie $\lim\limits_{x \to \infty} \sinh x = \infty$ gilt.
Wegen

$$\cosh^2 x - \sinh^2 x = 1 \;, \tag{1.78}$$

folgt $\lim\limits_{x \to -\infty} \cosh x = \infty = \lim\limits_{x \to \infty} \cosh x$ und $\cosh 0 = 1$. Deshalb ist die stetige
Funktion $\cosh$ auf dem Intervall

$\rightarrow$ $]-\infty, 0]$ streng monoton fallend und bildet dieses Intervall bijektiv auf
$[1, \infty[$ ab,

$\rightarrow$ $[0, \infty[$ streng monoton wachsend und bildet dieses Intervall ebenfalls auf
$[1, \infty[$ ab.

So wie jedem Punkt des Einheitskreises $\{(u, v) \in \mathbb{R}^2 \mid u^2 + v^2 = 1\}$
genau ein Punkt $x \in [0, 2\pi[$ mittels der **Parametrisierung** des Kreises
$x \mapsto (\cos x, \sin x)$ entspricht, entspricht jeder Punkt des rechten Astes der
Hyperbel $\{(u, v) \in \mathbb{R}^2 \mid u^2 - v^2 = 1, u \geq 1\}$ genau einem Punkt $x \in \mathbb{R}$ mittels
der folgenden Parametrisierung dieses Hyperbelastes $x \mapsto (\cosh x, \sinh x)$.
Deshalb nennt man in Analogie zu den **Kreisfunktionen** $\sin$ und $\cos$ die
Funktionen $\sinh$ und $\cosh$ **hyperbolische Funktionen**; diese Analogie kann
man fortsetzen:

$\rightarrow$ Aus (1.77) folgt ähnlich zu (1.66) die Darstellung von $\sinh$ und $\cosh$ als
konvergente Potenzreihen auf $\mathbb{R}$

$$\sinh x = \sum_{n=0}^{\infty} \frac{x^{2n+1}}{(2n+1)!} \;,\; \cosh x = \sum_{n=0}^{\infty} \frac{x^{2n}}{(2n)!} \;. \tag{1.79}$$

→   Wie sin ist sinh ungerade, während cosh wie cos eine gerade Funktion ist.

→   Es gelten die **Additionstheoreme**

$$\sinh(x_1 + x_2) = \sinh x_1 \cosh x_2 + \sinh x_2 \cosh x_1 \ ,$$
$$\cosh(x_1 + x_2) = \cosh x_1 \cosh x_2 + \sinh x_1 \sinh x_2 \ .$$

(1.80)

Insbesondere hat man $\sinh 2x = 2 \sinh x \cosh x$, $\cosh 2x = \cosh^2 x + \sinh^2 x$.

Die Umkehrfunktionen von $\sinh : \mathbb{R} \to \mathbb{R}$ und $\cosh : [0, \infty[\to [1, \infty[$ heißen **Area Sinus hyperbolicus** bzw. **Area Cosinus hyperbolicus**; sie werden mit area sinh bzw. area cosh bezeichnet.

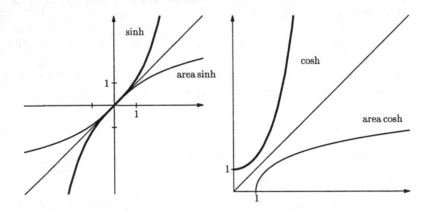

Abbildung 1.5. Area Sinus hyperbolicus
bzw. Area Cosinus hyperbolicus

1.2 Aufgaben für das erste Kapitel

Aufgabe 1

Seien m und n natürliche Zahlen. Die Bezeichnung $m|n$ bedeutet: m teilt n, d.h. es gibt ein $p \in \mathbb{N}$ mit $mp = n$.

Stellen Sie fest, welche Implikationen und Äquivalenzen zwischen den folgenden Aussagen A, B, C, D, E, F, G und H für eine beliebige natürliche Zahl n allgemein gelten; Sie brauchen Ihre Antwort nicht zu begründen.

$A : 2|n$, $B : 5|n$, $C : 10|n$, $D : 2|n$ und $5|n$, $E : 2|n$ oder $5|n$, F: Die letzte Ziffer der Zahl n ist 0 , $G : 4|n^2$, $H : 25|n^2$.

Lösung:

C, D und F sind äquivalent. A und G sind äquivalent. B und H sind äquivalent. Jede der Aussagen C, D und F impliziert jede der Aussagen A, B, G und H. Jede der Aussagen A, B, C, D, F, G und H impliziert E. Weitere Implikationen oder Äquivalenzen sind nicht vorhanden.

Aufgabe 2

Lösen Sie die folgenden Gleichungen:

i) $\quad \dfrac{(n+2)!}{n!} = 72$, $\quad n \in \mathbb{N}$.

ii) $\quad \dfrac{n^3}{(n+2)!} = \dfrac{1}{n!} - \dfrac{1}{(n+1)!}$, $n \in \mathbb{N}$.

Lösung:

i) Wir formen äquivalent um $\frac{(n+2)!}{n!} = 72 \iff \frac{n!(n+1)(n+2)}{n!} = 72 \iff$ $(n+1)(n+2) = 72 \iff n^2 + 3n + 2 = 72 \iff n^2 + 3n - 70 = 0$.

Mit der p-q-Formel (welche die Nullstellen $-\frac{p}{2} \pm \sqrt{\frac{p^2}{4} - q}$ für die quadratische Gleichung $x^2 + px + q = 0$ liefert) erhält man für $p = 3$ und $q = -70$

$$n_{1,2} = -\frac{3}{2} \pm \sqrt{\frac{9}{4} + 70} = -\frac{3}{2} \pm \sqrt{\frac{289}{4}} = -\frac{3}{2} \pm \frac{17}{2}$$

und damit die Nullstellen $n_1 = -10$ und $n_2 = 7$. Die Lösungsmenge ist also $\mathbb{L} = \{7\}$, da -10 keine natürliche Zahl ist.

ii) Wieder wird äquivalent umgeformt: $\frac{n^3}{(n+2)!} = \frac{1}{n!} - \frac{1}{(n+1)!} \iff \frac{n^3}{(n+2)!} = \frac{(n+1)(n+2)-(n+2)}{(n+2)!} \iff n^3 = n^2 + 3n + 2 - n - 2 \iff 0 = -n^3 + n^2 + 2n \iff$ $0 = n(-n^2 + n + 2) \iff n = 0$ oder $-n^2 + n + 2 = 0$. $n_1 = 0$ gehört also zur Lösungsmenge. Für die Gleichung $n^2 - n - 2 = 0$ ergibt sich wiederum mit der p-q-Formel für $p = -1$ und $q = -2$

$$n_{2,3} = \frac{1}{2} \pm \sqrt{\frac{1}{4} + \frac{8}{4}} = \frac{1}{2} \pm \sqrt{\frac{9}{4}} = \frac{1}{2} \pm \frac{3}{2}, \quad \text{d.h.} \quad n_2 = -1, \, n_3 = 2.$$

Hiermit lautet die Lösungsmenge $\mathbb{L} = \{0, 2\}$.

Aufgabe 3

a)   Berechnen Sie $\sum_{k=1}^{n} \frac{1}{k^2}$ für $n = 3$ und $n = 4$.

b)   Beweisen Sie durch vollständige Induktion, dass für alle natürlichen Zahlen $n \geq 2$ gilt: $\sum_{k=1}^{n} \frac{1}{k^2} < 2 - \frac{1}{n}$.

Lösung:

a) $\displaystyle\sum_{k=1}^{3} \frac{1}{k^2} = \frac{1}{1^2} + \frac{1}{2^2} + \frac{1}{3^2} = 1 + \frac{1}{4} + \frac{1}{9} = 1 + \frac{13}{36} = \frac{49}{36}$.

$\displaystyle\sum_{k=1}^{4} \frac{1}{k^2} = \sum_{k=1}^{3} \frac{1}{k^2} + \frac{1}{4^2} = \frac{49}{36} + \frac{1}{16} = \frac{205}{144}$.

b) Induktionsanfang für $n = 2$: $\sum_{k=1}^{2} \frac{1}{k^2} = \frac{1}{1^2} + \frac{1}{2^2} = \frac{5}{4} < \frac{3}{2} = 2 - \frac{1}{2}$.

Induktionsschritt von n auf $n + 1$: Die Induktionsannahme $\sum_{k=1}^{n} \frac{1}{k^2} < 2 - \frac{1}{n}$ führt zu $\sum_{k=1}^{n+1} \frac{1}{k^2} = \sum_{k=1}^{n} \frac{1}{k^2} + \frac{1}{(n+1)^2} < 2 - \frac{1}{n} + \frac{1}{(n+1)^2} < 2 - \frac{1}{n+1}$, weil $\frac{1}{n+1} + \frac{1}{(n+1)^2} < \frac{1}{n}$ (wegen $\frac{n+2}{(n+1)^2} < \frac{1}{n}$ oder auch $n^2 + 2n < n^2 + 2n + 1$) gilt. Hiermit ist der Schritt vollzogen, da aus der Annahme $\sum_{k=1}^{n} \frac{1}{k^2} < 2 - \frac{1}{n}$ die Ungleichung $\sum_{k=1}^{n+1} \frac{1}{k^2} < 2 - \frac{1}{n+1}$ folgt.

Aufgabe 4

Beweisen Sie durch vollständige Induktion

i) $\displaystyle\sum_{k=1}^{n} (2k - 1)^2 = \frac{n(4n^2 - 1)}{3}$.

ii) $\displaystyle\sum_{k=1}^{n} (3k - 2)^2 = \frac{n(6n^2 - 3n - 1)}{2}$.

Lösung:

i) Wir führen den Beweis mit vollständiger Induktion nach $n \in \mathbb{N}$.

Induktionsvoraussetzung (IV): $\sum_{k=1}^{n} (2k - 1)^2 = \frac{n(4n^2-1)}{3}$.

Induktionsbehauptung (IB): $\sum_{k=1}^{n+1} (2k - 1)^2 = \frac{(n+1)(4(n+1)^2-1)}{3}$.

Induktionsanfang (IA): Für $n = 1$ gilt die Behauptung, weil die Gleichung

$\sum_{k=1}^{1}(2k-1)^2 = \frac{1(4\cdot1^2-1)}{3}$ äquivalent zu $1 = 1$ ist.

Induktionsschritt (IS): Aus (IV) erhält man (IB) mittels folgender Umformungen: $\sum_{k=1}^{n+1}(2k-1)^2 = \sum_{k=1}^{n}(2k-1)^2 + \big(2(n+1)-1\big)^2 \overset{(IV)}{=} \frac{n(4n^2-1)}{3} +$

$(2n+1)^2 = \frac{4n^3-n+3(4n^2+4n+1)}{3} = \frac{4n^3-n+12n^2+12n+3}{3} = \frac{4n^3+12n^2+11n+3}{3} =$

$\frac{(n+1)(4n^2+8n+3)}{3} = \frac{(n+1)\big(4(n+1)^2-1\big)}{3}$.

ii) Der Beweis wird wieder mit vollständiger Induktion nach $n \in \mathbb{N}$ geführt.

IV: $\sum_{k=1}^{n}(3k-2)^2 = \frac{n(6n^2-3n-1)}{2}$.

IB: $\sum_{k=1}^{n+1}(3k-2)^2 = \frac{(n+1)\big(6(n+1)^2-3(n+1)-1\big)}{2}$.

IA: Für $n = 1$: $\sum_{k=1}^{1}(3k-2)^2 = \frac{1(6\cdot1^2-3\cdot1-1)}{2}$ gilt, da beide Seiten den Wert 1 haben.

IS: $\sum_{k=1}^{n+1}(3k-2)^2 = \sum_{k=1}^{n}(3k-2)^2 + \big(3(n+1)-2\big)^2 \overset{IV}{=} \frac{n(6n^2-3n-1)}{2} +$

$(3n+1)^2 = \frac{6n^3-3n^2-n+2(9n^2+6n+1)}{2} = \frac{6n^3-3n^2-n+18n^2+12n+2}{2} =$

$\frac{6n^3+15n^2+11n+2}{2} = \frac{(n+1)(6n^2+9n+2)}{2} = \frac{(n+1)(6(n+1)^2-3(n+1)-1)}{2}$.

Aufgabe 5

a)   Beweisen Sie, dass für alle natürlichen Zahlen $n \geq 7$ gilt: $n^2 < 2^{n-1}$.

b)   Bestimmen Sie die Menge $M := \{n \in \mathbb{N}_0 \mid 5n^2 < 2^n\}$.

Hinweis: Verwenden Sie für b) das Ergebnis aus a).

Lösung:

a) Der Induktionsanfang ist leicht zu überprüfen: $7^2 = 49 < 64 = 2^{7-1}$.
Der Induktionsschritt von n auf $n+1$ ergibt sich wie folgt: Nimmt man für ein $n \geq 7$ an, dass $n^2 < 2^{n-1}$ gilt, so folgt

$$(n+1)^2 = n^2 + 2n + 1 < 2^{n-1} + 2n + 1 < 2^n = 2^{(n+1)-1} ,$$

weil $2^{n-1} + 2n + 1 < 2^n$ zu $2n + 1 < 2^{n-1}$ äquivalent ist, und dies ist für $n \geq 5$ richtig:

$$2^{n-1} = (1+1)^{n-1} = 1+(n-1)+\frac{(n-1)n}{2}+\ldots+1 > 1+\frac{(5-1)\cdot n}{2} = 1+2n .$$

b) Offensichtlich gehört 0 zu M. Es ist leicht zu sehen, dass $1, 2, \ldots, 7, 8$ nicht zu M gehören, da $5 > 2$, $20 > 4, \ldots, 245 > 128$, $320 > 256$ gilt. Dagegen folgt aus $405 < 512$ und $500 < 1024$, dass 9 und 10 in M liegen. Leicht sieht man, dass auch $11, 12$ und 13 zu M gehören. Dies führt zur Vermutung $5n^2 < 2^n$ für alle $n \geq 9$. Dahinter steht die Tatsache, dass mit steigendem n der Abstand zwischen $5n^2$ und 2^n steigt! Diese Aussage werden wir nun durch vollständige Induktion beweisen. Den Induktionsanfang haben wir oben schon gemacht. Sei nun $n \geq 9$, und es gelte $5n^2 < 2^n$. Die Ungleichung $5(n+1)^2 < 2^{n+1}$ folgt daraus: $5(n+1)^2 = 5n^2 + 10n + 5 < 2^n + 10n + 5 < 2^{n+1}$, da wegen a) und $n \geq 9$ gilt: $10n + 5 < 10n + 10 = 10(n+1) \leq (n+1)^2 < 2^n = 2^{n+1} - 2^n$. Also: $M = \{0\} \cup \{n \in \mathbb{N} \mid n \geq 9\}$.

Aufgabe 6

Bestimmen Sie die Menge aller $n \in \mathbb{N}$ mit der Eigenschaft

$$1 \cdot 3 \cdot 5 \cdots (2n-1) = \frac{(2n)!}{2^n n!} > 6^n .$$

Lösung:
Wir suchen also die Menge aller $n \in \mathbb{N}$ mit der Eigenschaft, dass gilt:

$$(n+1)(n+2) \ldots (2n-1)(2n) > 12^n .$$

Zuerst bemerken wir, dass beide Seiten n Faktoren enthalten. Ist $n \geq 11$, so gilt diese Ungleichung, da nur der erste Faktor größer gleich 12 ist und alle anderen $n-1$ Faktoren echt größer 12 sind. Dagegen gilt für $n \leq 5$ die Ungleichung nicht, da alle n Faktoren der linken Seite kleiner 12 sind. Auch für $n = 6$ gilt die Ungleichung nicht, weil nur ein Faktor der linken Seite 12 ist, während die anderen fünf kleiner als 12 sind. Sogar für $n = 7$ gilt die Ungleichung nicht, weil:

$$8 \cdot 9 \cdot 10 \cdot 11 \cdot 12 \cdot 13 \cdot 14 = 8 \cdot 9 \cdot (10 \cdot 14) \cdot (11 \cdot 13) \cdot 12 < 12 \cdot 12 \cdot (12 \cdot 12) \cdot (12 \cdot 12) \cdot 12 .$$

(Dazu bemerken wir allgemeiner: $(k-p)(k+p) < k \cdot k$ für alle $p, 1 \leq p \leq k-1$.)
Für $n = 8$ hat man $9 \cdot 10 \cdot 11 \cdot 12 \cdot 13 \cdot 14 \cdot 15 \cdot 16 = 12^3 \cdot 10 \cdot 11 \cdot 13 \cdot 14 \cdot 15 = 12^4 \cdot 5 \cdot 11 \cdot 13 \cdot 7 \cdot 5 = 12^4 \cdot 143 \cdot 175 > 12^4 \cdot 144 \cdot 144 = 12^8$. Damit gilt für $n = 8$ die Ungleichung. Nun zeigen wir durch vollständige Induktion, dass für alle $n \geq 8$ die Ungleichung

$$(n+1)(n+2) \ldots (2n-1)(2n) > 12^n$$

gilt. Den Induktionsanfang, d.h. die Überprüfung der Ungleichung für $n = 8$, haben wir gerade getan. Sei $n \geq 8$ und gelte $(n+1)(n+2) \ldots (2n-1)(2n) > 12^n$. Es folgt:

$$(n+2)(n+3) \ldots (2n)(2n+1)(2n+2) = (n+1)(n+2) \ldots (2n)(2n+1) \cdot 2$$
$$> 12^n \cdot (2n+1) \cdot 2 \geq 12^n \cdot (2 \cdot 8 + 1) \cdot 2 > 12^{n+1} \cdot 2 > 12^{n+1} .$$

Hiermit haben wir den Induktionsschritt durchgeführt, d.h. wir haben gezeigt, dass aus der Induktionsvoraussetzung die Induktionsbehauptung folgt.

Also ist $\{n \in \mathbb{N} \mid n \geq 8\}$ ist die gesuchte Lösungsmenge.

Aufgabe 7

Bestimmen Sie aus der Summe, die über den binomischen Lehrsatz aus

$$\text{i)} \quad \left(x^2 - \frac{1}{x}\right)^{12} \quad , \quad \text{ii)} \quad \left(\sqrt[5]{x} + \frac{2}{\sqrt{x}}\right)^{21}$$

entsteht, den konstanten Summanden, d.h. denjenigen, der von x nicht abhängt.

Lösung:

i) Mit dem binomischen Lehrsatz ergibt sich: $(x^2 - \frac{1}{x})^{12} =$

$\sum_{k=0}^{12} \binom{12}{k} x^{2(12-k)}(-\frac{1}{x})^k = \sum_{k=0}^{12} \binom{12}{k} x^{24-2k} \cdot \frac{(-1)^k}{x^k} = \sum_{k=0}^{12} \binom{12}{k}(-1)^k x^{24-3k}$.

Um nun den konstanten Summanden zu erhalten, muss $24 - 3k = 0$ gelten, d.h. $k = 8$. Daher ist der gesuchte Summand $(-1)^8 \binom{12}{8} = \frac{12!}{8!4!} = 9 \cdot 5 \cdot 11 = 495$.

ii) Für $(\sqrt[5]{x} + \frac{2}{\sqrt{x}})^{21}$ ergibt sich wie bei i): $(\sqrt[5]{x} + \frac{2}{\sqrt{x}})^{21} =$

$\sum_{k=0}^{21} \binom{21}{k}(\sqrt[5]{x})^{21-k}(\frac{2}{\sqrt{x}})^k = \sum_{k=0}^{21} \binom{21}{k} x^{\frac{21}{5}-\frac{k}{5}} \cdot \frac{2^k}{x^{\frac{k}{2}}} = \sum_{k=0}^{21} \binom{21}{k} x^{\frac{21}{5}-\frac{k}{5}-\frac{k}{2}} \cdot 2^k$.

Auch hier muss der Exponent von x Null werden; daher soll $\frac{21}{5} - \frac{k}{5} - \frac{k}{2} = 0$ gelten. Es folgt $\frac{21}{5} = \frac{7}{10}k$ und damit $k = \frac{210}{35} = 6$. Für den konstanten Summanden ergibt sich $\binom{21}{6}2^6 = \frac{21!}{6!(21-6)!} \cdot 2^6 = \frac{21!2^6}{6!15!} = 8 \cdot 17 \cdot 19 \cdot 21 \cdot 2^6 = 3472896$.

Aufgabe 8

Welche Summanden aus der Summe, die mit Hilfe des binomischen Lehrsatzes aus $(\sqrt[5]{3} - \frac{1}{\sqrt{3}})^{27}$ gewonnen wird, sind rationale Zahlen? Berechnen Sie diese Summanden.

Lösung:
Der allgemeine Summand

$$s_k = \binom{27}{k}(\sqrt[5]{3})^k(-\frac{1}{\sqrt{3}})^{27-k} = (-1)^{27-k}\binom{27}{k}3^{\frac{k}{5}-\frac{27-k}{2}} = (-1)^{27-k}\,3^{\frac{7k-135}{10}}$$

ist rational, wenn $\frac{7k-135}{10} \in \mathbb{Z}$ gilt. Für $k \in \{0, 1, ..., 27\}$ ist $\frac{7k-135}{10}$ eine ganze Zahl genau dann, wenn $k \in \{5, 15, 25\}$ gilt. Man hat also die folgenden rationalen Summanden:

$$s_5 = \binom{27}{5} 3^{-10} = \frac{27 \cdot 26 \cdot 25 \cdot 24 \cdot 23}{2 \cdot 3 \cdot 4 \cdot 5 \cdot 3^{10}} = \frac{2990}{2187} \, ,$$

$$s_{15} = \binom{27}{15} 3^{-3} = \frac{27 \cdot 26 \cdot \ldots \cdot 17 \cdot 16}{2 \cdot 3 \cdot \ldots \cdot 11 \cdot 12 \cdot 3^3} = \frac{1931540}{3} \, ,$$

$$s_{25} = \binom{27}{25} 3^4 = \frac{27 \cdot 26 \cdot 81}{2} = 28431 \, .$$

Alternative Lösung: $(\sqrt[5]{3} - \frac{1}{\sqrt{3}})^{27} = (3^{\frac{1}{5}} - 3^{-\frac{1}{2}})^{27} =$

$\sum_{k=0}^{27} \binom{27}{k} (-1)^k (3^{\frac{1}{5}})^{27-k} (3^{-\frac{1}{2}})^k$. Die Summanden werden rational, wenn $\frac{27-k}{5} - \frac{k}{2} = \frac{54-7k}{10}$ eine ganze Zahl ist; dies ist für $k \in \{2, 12, 22\}$ der Fall.

$\underline{k=2}: \quad S_2 = \binom{27}{2} (-1)^2 \cdot 3^{\frac{54-14}{10}} = \frac{27!}{2! \cdot 25!} 3^4 = \frac{27 \cdot 26}{2} 3^4 = 28431 \, .$

$\underline{k=12}: \quad S_{12} = \binom{27}{12} (-1)^{12} \cdot 3^{\frac{54-84}{10}} = \frac{27!}{12! \cdot 15!} 3^{-3}$

$$= \frac{27 \cdot 26 \cdot 25 \ldots 17 \cdot 16}{1 \cdot 2 \ldots 11 \cdot 12 \cdot 3^3} = \frac{17383860}{27} = \frac{1931540}{3} \, .$$

$\underline{k=22}: \quad S_{22} = \binom{27}{22} (-1)^{22} 3^{\frac{54-154}{10}} = \frac{27!}{22! \cdot 5!} 3^{-10}$

$$= \frac{27 \cdot 25 \cdot 24 \cdot 23}{2 \cdot 3 \cdot 4 \cdot 5 \cdot 3^{10}} = \frac{80730}{3^{10}} = \frac{2990}{3^7} = \frac{2990}{2187} \, .$$

Aufgabe 9

Lösen Sie die folgenden Ungleichungen.

i) $\qquad x^2 + 6x + a \geq 0$ in Abhängigkeit von $a \in \mathbb{R}$.

ii) $\qquad x^6 + 19x^3 - 216 < 0$. $\qquad\qquad$ iii) $\dfrac{x-1}{x+1} < \dfrac{2x-1}{2x+1}$.

Lösung:

i) Man hat $x^2 + 6x + a = (x+3)^2 + a - 9$. Ist $a \geq 9$, so ist $(x+3)^2 + a - 9 \geq 0$ und damit gilt die Ungleichung für jedes $x \in \mathbb{R}$. Ist $a < 9$, so hat $x^2 + 6x + a$ die reellen Nullstellen $-3 \pm \sqrt{9-a}$ und es gilt

$$x^2 + 6x + a = \left[x - (-3 - \sqrt{9-a}) \right] \left[x - (-3 + \sqrt{9-a}) \right] \, .$$

Deshalb ist $x^2 + 6x + a$ positiv genau dann, wenn x in der Vereinigung der Intervalle $]-\infty, (-3 - \sqrt{9-a})[$ und $](-3 + \sqrt{9-a}), \infty[$ liegt.

ii) Die Gleichung $y^2 + 19y - 216 = 0$ hat die Nullstellen -27 und 8, weil:

$\frac{19}{2} \pm \sqrt{\frac{361}{4} + 216} = -\frac{19}{2} \pm \sqrt{\frac{1225}{4}} = -\frac{19}{2} \pm \frac{35}{2}$. Damit gilt:

$$x^6 + 19x^3 - 216 = (x^3 + 27)(x^3 - 8) = (x + 3)(x - 2)(x^2 - 3x + 9)(x^2 + 2x + 4) .$$

Wegen $x^2 - 3x + 9 = (x - \frac{3}{2})^2 + \frac{27}{4}$ und $x^2 + 2x + 4 = (x + 1)^2 + 3$ hat $x^6 + 19x^3 - 216$ dasselbe Vorzeichen wie $(x + 3)(x - 2)$. Das Produkt $(x+3)(x-2)$ ist negativ dann und nur dann, wenn $x \in]-3, 2[$ gilt. Also ist dieses Intervall die gesuchte Lösungsmenge der Ungleichung $x^6 + 19x^3 - 216 < 0$.

iii) Die angegebene Ungleichung ist äquivalent zu $\frac{2x-1}{2x+1} - \frac{x-1}{x+1} > 0$ und damit zu $\frac{2x^2-x+2x-1-2x^2-x+2x+1}{(2x+1)(x+1)} > 0$, d.h. zu $\frac{2x}{(2x+1)(x+1)} > 0$. In den Punkten $-\frac{1}{2}$ und -1 ist der Ausdruck nicht definiert; sie werden von unserer Untersuchung ausgeschlossen. Der Nullpunkt gehört nicht zur Lösungsmenge. Man hat also das Vorzeichen von $\frac{x}{(2x+1)(x+1)}$ in Abhängigkeit von x zu bestimmen, und zwar auf den Intervallen $]-\infty, -1[, \ ]-1, -\frac{1}{2}[, \ ]-\frac{1}{2}, 0[$ und $]0, \infty[$. Für x aus $]-\infty, -1[$ sind $x, 2x+1$ und $x+1$ negativ. Damit gilt $\frac{x}{(2x+1)(x+1)} < 0$. Für x aus $]-1, -\frac{1}{2}[$ sind x und $2x + 1$ negativ, während $x + 1$ positiv ist, also: $\frac{x}{(2x+1)(x+1)} > 0$. Für x aus $]-\frac{1}{2}, 0[$ sind $2x + 1$ und $x + 1$ positiv, während x negativ ist. Hiermit gilt $\frac{x}{(2x+1)(x+1)} < 0$. Schließlich sind für $x \in]0, \infty[$ die Zahlen $x, x + 1$ und $2x + 1$ positiv und damit auch $\frac{x}{(2x+1)(x+1)}$. Die Lösungsmenge ist $\mathbb{L} =]-1, -\frac{1}{2}[\cup]0, \infty[$.

Aufgabe 10

Lösen Sie die Ungleichungen

i) $\dfrac{x^2 - 5x + 4}{x^2 - 8x + 15} \geq 0$. ii) $\dfrac{x}{x + 2} < \dfrac{2x - 1}{3x - 5}$.

Lösung:

i) Wir wollen sämtliche reellen Zahlen x bestimmen, die die Eigenschaft haben, dass $\frac{x^2-5x+4}{x^2-8x+15} \geq 0$ gilt. Es ist wichtig, zuerst darauf zu achten, dass der Ausdruck $A(x) := \frac{x^2-5x+4}{x^2-8x+15}$ definiert ist, d.h., dass $x^2 - 8x + 15$ von Null verschieden ist. Dies gilt genau dann, wenn x weder 3 noch 5 ist. Da die Nullstellen von $x^2 - 5x + 4$ die Zahlen 1 und 4 sind, kann man den Ausdruck (genauer: den Wert $A(x)$ der rationalen Funktion A) als $\frac{(x-1)(x-4)}{(x-3)(x-5)}$ schreiben. Nützlich ist es (sowohl für Anfänger als auch für Fortgeschrittene!) eine Tabelle wie Tabelle 1.2 zur Hilfe zu nehmen. Dabei haben wir uns z.B. klar gemacht, dass $x - 1$ für $x \in]-\infty, 1[$ negativ und für $x \in]1, \infty[$ positiv ist.

x		1		3		4		5	
$x-1$	−	0	+	+	+	+	+	+	+
$x-4$	−	−	−	−	−	0	+	+	+
$x-3$	−	−	−	0	+	+	+	+	+
$5x-5$	−	−	−	−	−	−	−	0	+
$A(x)$	+	0	−		+	0	−		+

Tabelle 1.2. Vorzeichenverteilung von $A(x)$

Außerdem wurden die bekannten Regeln über das Vorzeichen eines Produktes bzw. Quotienten von reellen Zahlen (wie „Minus mal minus ist plus") verwendet, um auf den entstandenen Intervallen das Vorzeichen von A zu bestimmen. Also ist $]-\infty,1]\cup\,]3,4]\cup\,]5,\infty[$ die Lösungsmenge.

ii) Man formt die gegebene Ungleichung um: $\frac{x}{x+2} < \frac{2x-1}{3x-5}$
$\Longleftrightarrow 0 < \frac{2x-1}{3x-5} - \frac{x}{x+2} \Longleftrightarrow \frac{2x^2-x+4x-2-3x^2+5x}{(3x-5)(x+2)} > 0 \Longleftrightarrow \frac{-x^2+8x-2}{(3x-5)(x+2)} > 0$
$\Longleftrightarrow B(x) := \frac{x^2-8x+2}{(3x-5)(x+2)} < 0$. Die Nullstellen des Zählers sind $x_1 = 4-\sqrt{14}$
und $x_2 = 4+\sqrt{14}$, des Nenners -2 und $\frac{5}{3}$. Die Anordnung dieser vier Zahlen
ist: $-2 < 4-\sqrt{14} < \frac{5}{3} < 4+\sqrt{14}$. (Vorsicht! Hier lauert die Gefahr, die

x		-2		x_1		$\frac{5}{3}$		x_2	
$x-x_1$	−	−	−	0	+	+	+	+	+
$x-x_2$	−	−	−	−	−	−	−	0	+
$x+2$	−	0	+	+	+	+	+	+	+
$x-\frac{5}{3}$	−	−	−	−	−	0	+	+	+
$B(x)$	+		−	0	+		−	0	+

Tabelle 1.3. Vorzeichenverteilung von $B(x)$

Zahlen falsch anzuordnen!). Aus Tabelle 1.3 ergibt sich die Lösungsmenge der Ungleichung: $]-2, 4-\sqrt{14}[\,\cup\,]\frac{5}{3}, 4+\sqrt{14}[$.
(Ein grober – und leider nicht seltener – Fehler ist es zu glauben, dass $\frac{x}{x+2} < \frac{2x-1}{3x-5}$ zu $x(3x-5) < (2x-1)(x+2)$ äquivalent ist. Man darf eine Ungleichung nicht mit einer Zahl multiplizieren, von welcher man nicht

weiß, ob sie positiv oder negativ ist!)

Aufgabe 11

Lösen Sie die Ungleichung $|x + 1| < |2x - 3| - 1$. Bestätigen Sie Ihr Ergebnis durch eine Skizze.

Lösung:
Um die Ungleichung $|x + 1| < |2x - 3| - 1$ zu lösen, betrachtet man 3 Fälle.
1. Fall: $x \leq -1$
$x + 1$ und $2x - 3$ sind dann negativ. Damit ergeben sich die äquivalenten Umformungen $-(x+1) < -(2x-3)-1$, $-x-1 < -2x+2$, $x < 3$. Deshalb gehört das ganze Intervall $]-\infty, -1]$ zur Lösungsmenge $\mathbb{L}$.
2. Fall: $-1 < x < \frac{3}{2}$
Diesmal ist $x + 1$ positiv, während $2x - 3$ negativ ist. Die Ungleichung ist äquivalent zu $x + 1 < 3 - 2x - 1$ und damit zu $x < \frac{1}{3}$. Hiermit gilt $]-1, \frac{3}{2}[\cap \mathbb{L} =]-1, \frac{1}{3}[$.
3. Fall: $x \geq \frac{3}{2}$
Da $x + 1$ und $2x - 3$ in diesem Fall positiv sind, erhält die Ungleichung die Gestalt $x + 1 < 2x - 3 - 1$, oder auch $5 < x$. Also: $\mathbb{L} \cap [\frac{3}{2}, +\infty[=]5, \infty[$.
Insgesamt ist die Lösungsmenge $\mathbb{L} =]-\infty, \frac{1}{3}[\cup]5, \infty[$. Die „graphische Lösung" der Ungleichung zeigt Abbildung 1.6.

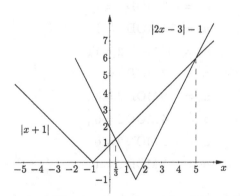

Abbildung 1.6.
„Graphische Lösung"
der Ungleichung $|x + 1| < |2x - 3| - 1$

Aufgabe 12

Schreiben Sie die folgende Menge als Vereinigung von Intervallen.

$$A = \{x \in \mathbb{R} \mid 1 < \big||3x - 1| - |2x + 1|\big| < 11\}.$$

Lösung:

Man betrachtet drei Fälle: $x \leq -\frac{1}{2}$, $-\frac{1}{2} < x < \frac{1}{3}$ und $x \geq \frac{1}{3}$.

Ist $x \leq -\frac{1}{2}$, so gilt $\big||3x-1|-|2x+1|\big| = |1-3x-(-2x-1)| = |2-x| = 2-x$.
Damit ist in diesem Fall $1 < \big||3x-1|-|2x+1|\big| < 11$ äquivalent zu
$1 < 2-x < 11$, d.h. zu $-9 < x < 1$. Also: $A \cap \,]-\infty, -\frac{1}{2}] \,= \,]-9, -\frac{1}{2}]$.
Ist $-\frac{1}{2} < x < \frac{1}{3}$, so gilt $\big||3x-1|-|2x+1|\big| = |1-3x-(2x+1)| = 5|x|$ und deshalb muss $1 < 5|x| < 11$ gelten. Es folgt: $A \cap \,]-\frac{1}{2}, \frac{1}{3}[$
$= \,]-\frac{1}{2}, -\frac{1}{5}[\,\cup\,]\frac{1}{5}, \frac{1}{3}[$.
Ist $x \geq \frac{1}{3}$, so gilt $\big||3x-1|-|2x+1|\big| = |3x-1-(2x+1)| = |x-2|$.

→ Für $\frac{1}{3} \leq x < 2$ hat man $1 < 2-x < 11$ zu lösen, d.h. $-9 < x < 1$. Damit gilt $A \cap [\frac{1}{3}, 2[\,= \,[\frac{1}{3}, 1[$.

→ Für $2 \leq x$ ergibt sich aus $1 < x-2 < 11$ äquivalent $3 < x < 13$, und deshalb gilt $A \cap [2, \infty[\,= \,]3, 13[$.

Insgesamt gilt: $A = \,]-9, -\frac{1}{5}[\,\cup\,]\frac{1}{5}, 1[\,\cup\,]3, 13[$.

Aufgabe 13

Berechnen Sie die p-adische Darstellung von 143 für $p = 2$, 6 und 12 .

Lösung:
Für $p = 2$ erhält man wegen

$$
\begin{aligned}
n_0 &= 143 \,\mathrm{DIV}\, 2 = 71\,, & a_0 &= 143 \,\mathrm{MOD}\, 2 = 1\,, \\
n_1 &= 71 \,\mathrm{DIV}\, 2 = 35\,, & a_1 &= 71 \,\mathrm{MOD}\, 2 = 1\,, \\
n_2 &= 35 \,\mathrm{DIV}\, 2 = 17\,, & a_2 &= 35 \,\mathrm{MOD}\, 2 = 1\,, \\
n_3 &= 17 \,\mathrm{DIV}\, 2 = 8\,, & a_3 &= 17 \,\mathrm{MOD}\, 2 = 1\,, \\
n_4 &= 8 \,\mathrm{DIV}\, 2 = 4\,, & a_4 &= 8 \,\mathrm{MOD}\, 2 = 0\,, \\
n_5 &= 4 \,\mathrm{DIV}\, 2 = 2\,, & a_5 &= 4 \,\mathrm{MOD}\, 2 = 0\,, \\
n_6 &= 2 \,\mathrm{DIV}\, 2 = 1\,, & a_6 &= 2 \,\mathrm{MOD}\, 2 = 0\,, \\
n_7 &= 1 \,\mathrm{DIV}\, 2 = 0\,, & a_7 &= 1 \,\mathrm{MOD}\, 2 = 1
\end{aligned}
$$

die Dualdarstellung $(10001111)_2$ von 143. Für $p = 6$ ergibt sich analog aus

$$
\begin{aligned}
n_0 &= 143 \,\mathrm{DIV}\, 6 = 23\,, & a_0 &= 143 \,\mathrm{MOD}\, 6 = 5\,, \\
n_1 &= 23 \,\mathrm{DIV}\, 6 = 3\,, & a_1 &= 23 \,\mathrm{MOD}\, 6 = 5\,, \\
n_2 &= 3 \,\mathrm{DIV}\, 6 = 0\,, & a_2 &= 3 \,\mathrm{MOD}\, 6 = 3
\end{aligned}
$$

die 6-adische Darstellung $(355)_6$ von 143 .

Ist 12 die Grundzahl, so werden mit A und B die „Ziffern" 10 bzw. 11 bezeichnet. Es gilt

$$n_0 = 143 \text{ DIV } 12 = 11 \,, \qquad a_0 = 143 \text{ MOD } 12 = 11 \,,$$
$$n_1 = 11 \text{ DIV } 12 = 0 \,, \qquad a_1 = 11 \text{ MOD } 12 = 11$$

und damit $143 = (BB)_{12}$.

Aufgabe 14

a) Bestimmen Sie den p-adischen Bruch von $\frac{3}{5}$ für $p = 3$ und $p = 5$.

b) Schreiben Sie $(10, 041\overline{32})_5$ als rationale Zahl.

Lösung:

a) Für $p = 3$ ergibt sich mit dem bekannten Schema für $\frac{3}{5}$ zuerst $r_0 = 3$ und dann:

$$a_{-1} = 3 \cdot 3 \text{ DIV } 5 = 1 \,, \qquad r_{-1} = 3 \cdot 3 \text{ MOD } 5 = 4 \,,$$
$$a_{-2} = 3 \cdot 4 \text{ DIV } 5 = 2 \,, \qquad r_{-2} = 3 \cdot 4 \text{ MOD } 5 = 2 \,,$$
$$a_{-3} = 3 \cdot 2 \text{ DIV } 5 = 1 \,, \qquad r_{-3} = 3 \cdot 2 \text{ MOD } 5 = 1 \,,$$
$$a_{-4} = 3 \cdot 1 \text{ DIV } 5 = 0 \,, \qquad r_{-4} = 3 \cdot 1 \text{ MOD } 5 = 3 \,.$$

Also: $r_{-1} \neq r_0$, $r_{-2} \notin \{r_0, r_{-1}\}$, $r_{-3} \notin \{r_0, r_{-1}, r_{-2}\}$, $r_{-4} = r_0$. Hiermit folgt: $\frac{3}{5} = (0, \overline{1210})_3$.

Für $p = 5$ ist alles viel einfacher. Setzt man wieder $r_0 = 3$, so hat man

$$a_{-1} = 5 \cdot 3 \text{ DIV } 5 = 3 \,, \qquad r_{-1} = 5 \cdot 3 \text{ MOD } 5 = 0$$

und deshalb $\frac{3}{5} = (0, 3)_5$.

b) Es gilt $(10)_5 = 1 \cdot 5^1 + 0 \cdot 5^0 = 5$. Für $(0, 041\overline{32})_5$ ergibt sich die Darstellung $\frac{a}{b}$ mit

$$a = (4132)_5 - (41)_5 = 4 \cdot 5^3 + 1 \cdot 5^2 + 3 \cdot 5^1 + 2 \cdot 5^0 - (4 \cdot 5^1 + 1 \cdot 5^0) =$$
$$500 + 25 + 15 + 2 - 21 = 521 \,,$$
$$b = 5^5 - 5^3 = 3125 - 125 = 3000 \,.$$

Also gilt $\frac{a}{b} = \frac{521}{3000}$ und damit $(0, 041\overline{32})_5 = 5 + \frac{521}{3000} = \frac{15521}{3000}$.

Aufgabe 15

Schreiben Sie die folgenden Zahlen in der Form $a + ib$ mit $a, b \in \mathbb{R}$

i) $\dfrac{(2 - i^{47})(3 + 5i^{145})}{10 - i}$.   ii) $(2 + 3i)^4$.

Lösung:

Es gilt $i^n = \begin{cases} 1 & \text{, falls } n = 4m \text{ ,} \\ i & \text{, falls } n = 4m + 1 \\ -1 & \text{, falls } n = 4m + 2 \text{ ,} \\ -i & \text{, falls } n = 4m + 3 \text{ .} \end{cases}$

i) Da $47 = 4 \cdot 11 + 3$ und $145 = 4 \cdot 36 + 1$ gelten, hat man $i^{47} = -i$ und $i^{145} = i$. Damit lassen sich die folgenden Umformungen anstellen:

$$\frac{(2 - i^{47})(3 + 5i^{145})}{10 - i} = \frac{(2 + i)(3 + 5i)}{10 - i} = \frac{(6 + 13i + 5i^2)(10 + i)}{(10 - i)(10 + i)} =$$

$$\frac{(1 + 13i)(10 + i)}{100 - i^2} = \frac{10 + 131i + 13i^2}{101} = \frac{-3}{101} + i\frac{131}{101} \; .$$

ii) $(2 + 3i)^4 = (4 + 12i + 9i^2)^2 = (-5 + 12i)^2 = 25 - 120i + 144i^2 = -119 - 120i$.

Aufgabe 16

Bestimmen Sie die Polarkoordinaten von

i) -17 .   ii) $-i$.   iii) $\sqrt{3} - i$.

iv) $2 + 2i$.   v) $\sin\alpha - i\cos\alpha$.   vi) $3 - 4i$.

Lösung:

Die Polarkoordinaten von $a + ib$ seien r und φ_0. Man hat dann $a = r\cos\varphi$, $b = r\sin\varphi$, d.h. $a + ib = r(\cos\varphi + i\sin\varphi)$. Damit erhält man:

i) $-17 = 17(\cos\pi + i\sin\pi)$,

ii) $-i = 1(\cos\frac{3\pi}{2} + i\sin\frac{3\pi}{2}) = 1(\cos(-\frac{\pi}{2}) + i\sin(-\frac{\pi}{2}))$,

iii) $\sqrt{3} - i = 2(\cos\frac{11\pi}{6} + i\sin\frac{11\pi}{6}) = 2(\cos(-\frac{\pi}{6}) + i\sin(-\frac{\pi}{6}))$,

iv) $2 + 2i = 2\sqrt{2}(\cos\frac{\pi}{4} + i\sin\frac{\pi}{4})$,

v) $\sin\alpha - i\cos\alpha = 1(\cos(\frac{3\pi}{2} + \alpha) + i\sin(\frac{3\pi}{2} + \alpha))$, und nun muss man ein Vielfaches von 2π zu $\frac{3\pi}{2} + \alpha$ addieren oder subtrahieren, um in das richtige Intervall zu gelangen.

vi) $3 - 4i = 5\big(\cos(2\pi - \beta) + i\sin(2\pi - \beta)\big)$, wobei β der einzige Winkel aus $]0, \frac{\pi}{2}[$ mit $\sin\beta = \frac{4}{5}$ ist.

Aufgabe 17

Stellen Sie $\frac{(\sqrt{3} - i)^{15}}{(2 + 2i)^7}$ in der Form $a + ib$ dar.

Lösung:

Mit den Ergebnissen aus der Lösung der Aufgabe 16iii) und iv) sowie mit Hilfe der Moivreschen Formel erhält man:

$$\frac{(\sqrt{3}-i)^{15}}{(2+2i)^7} = \frac{[2(\cos\frac{11\pi}{6}+i\sin\frac{11\pi}{6})]^{15}}{[2\sqrt{2}(\cos\frac{\pi}{4}+i\sin\frac{\pi}{4})]^7} = \frac{2^{15}(\cos\frac{55\pi}{2}+i\sin\frac{55\pi}{2})}{2^{10}\sqrt{2}(\cos\frac{7\pi}{4}+i\sin\frac{7\pi}{4})} =$$

$$2^4\sqrt{2}(\cos\frac{103\pi}{4}+i\sin\frac{103\pi}{4}) = 16\sqrt{2}(\cos(24+\tfrac{7}{4})\pi+i\sin(24+\tfrac{7}{4})\pi) =$$

$$16\sqrt{2}(\cos\frac{7\pi}{4}+i\sin\frac{7\pi}{4}) = 16\sqrt{2}(\tfrac{\sqrt{2}}{2}-i\tfrac{\sqrt{2}}{2}) = 16(1-i) \ .$$

Aufgabe 18

a) Bestimmen Sie die Polarkoordinaten der Zahlen $z_1 = -1+i$ und $z_2 = 1-i\sqrt{3}$.

b) Berechnen Sie $(z_1+z_2)^3$, $z_1 z_2$, z_2^2 , z_2^3 , $\frac{z_1}{z_2}$ und $\frac{z_2^{15}}{z_1^{11}}$.

Lösung:

a) $|-1+i| = \sqrt{1+1} = \sqrt{2}$. Aus $\cos\varphi = -\frac{1}{\sqrt{2}}$ und $\sin\varphi = \frac{1}{\sqrt{2}}$ sowie $\varphi \in]-\pi,\pi]$ folgt $\varphi = \frac{3\pi}{4}$ und damit $z_1 = -1+i = \sqrt{2}(\cos\frac{3\pi}{4}+i\sin\frac{3\pi}{4})$. Analog folgt wegen $|1-i\sqrt{3}| = \sqrt{1+3} = 2$ aus $\cos\varphi = \frac{1}{2}$, $\sin\varphi = -\frac{\sqrt{3}}{2}$ und $\varphi \in]-\pi,\pi]$ zuerst $\varphi = -\frac{\pi}{3}$ und damit $z_2 = 1-i\sqrt{3} = 2(\cos(-\frac{\pi}{3})+i\sin(-\frac{\pi}{3}))$.

b) $z_1+z_2 = -1+i+1-i\sqrt{3} = i(1-\sqrt{3})$,

$(z_1+z_2)^3 = -i(1-3\sqrt{3}+3\cdot 3-3\sqrt{3}) = -i(10-6\sqrt{3}) = i(6\sqrt{3}-10)$,

$z_1 \cdot z_2 = (-1+i)(1-i\sqrt{3}) = -1+i+i\sqrt{3}+\sqrt{3} = \sqrt{3}-1+i(\sqrt{3}+1)$,

$z_2^2 = 1-2i\sqrt{3}-3 = -2-2i\sqrt{3}$,

$z_2^3 = 1-3i\sqrt{3}-3\cdot 3+i3\sqrt{3} = -8$,

$\frac{z_1}{z_2} = \frac{-1+i}{1-i\sqrt{3}} = \frac{(-1+i)(1+i\sqrt{3})}{1+3} = \frac{-1+i-i\sqrt{3}-\sqrt{3}}{4} = \frac{-1-\sqrt{3}+i(1-\sqrt{3})}{4}$,

$\frac{z_2^{15}}{z_1^{11}} = \frac{2^{15}(\cos(-5\pi)+i\sin(-5\pi))}{2^5\sqrt{2}(\cos\frac{33\pi}{4}+i\sin\frac{33\pi}{4})} = 2^9\sqrt{2}\frac{\cos\pi+i\sin\pi}{\cos\frac{\pi}{4}+i\sin\frac{\pi}{4}} =$

$2^9\sqrt{2}(\cos(\pi-\frac{\pi}{4})+i\sin(\pi-\frac{\pi}{4})) = 2^9\sqrt{2}(\cos\frac{3\pi}{4}+i\sin\frac{3\pi}{4}) =$

$2^9\sqrt{2}(-\frac{1}{\sqrt{2}}+i\frac{1}{\sqrt{2}}) = 2^9(-1+i) = 512(-1+i)$.

Aufgabe 19

Bestimmen Sie alle komplexen Zahlen z in Polarkoordinatendarstellung mit der Eigenschaft $z^5 = -4-4i$.

Lösung:

Zunächst stellen wir $-4-4i$ in Polarkoordinaten dar. Es ist $r_1 = \sqrt{16+16} =$

$4\sqrt{2}$ und aus $\sin\varphi_1 = -\frac{4}{4\sqrt{2}} = -\frac{1}{\sqrt{2}}$ und $\cos\varphi_1 = -\frac{4}{4\sqrt{2}} = -\frac{1}{\sqrt{2}}$ folgt
$\varphi_1 = -\frac{3\pi}{4}$. Die gesuchte Zahl $r(\cos\varphi + i\sin\varphi)$ soll der Gleichung

$$r^5(\cos 5\varphi + i\sin 5\varphi) = 4\sqrt{2}(\cos(-\tfrac{3\pi}{4}) + i\sin(-\tfrac{3\pi}{4}))$$

genügen. Es folgt $r^5 = 4\sqrt{2} = (\sqrt{2})^5$, d.h. $r = \sqrt{2}$, und $5\varphi + \frac{3\pi}{4} = 2k\pi$ mit
$k \in \{0,1,2,3,4\}$, d.h. $\varphi = -\frac{3\pi}{20} + k \cdot \frac{2\pi}{5}$ mit k aus $\{1,2,3,4,5\}$. Die fünf
Wurzeln sind also:

$z_1 = \sqrt{2}(\cos\frac{\pi}{4} + i\sin\frac{\pi}{4}) = 1 + i$, $z_2 = \sqrt{2}(\cos\frac{13\pi}{20} + i\sin\frac{13\pi}{20})$,
$z_3 = \sqrt{2}(\cos\frac{21\pi}{20} + i\sin\frac{21\pi}{20}) = \sqrt{2}(\cos(-\frac{19\pi}{20}) + i\sin(-\frac{19\pi}{20}))$,
$z_4 = \sqrt{2}(\cos\frac{29\pi}{20} + i\sin\frac{29\pi}{20}) = \sqrt{2}(\cos(-\frac{11\pi}{20}) + i\sin(-\frac{11\pi}{20}))$,
$z_5 = \sqrt{2}(\cos\frac{37\pi}{20} + i\sin\frac{37\pi}{20}) = \sqrt{2}(\cos(-\frac{3\pi}{20}) + i\sin(-\frac{3\pi}{20}))$.

Aufgabe 20

Lösen Sie die folgenden Gleichungen   i) $z + 3\bar{z} - 1 - 4i = 0$.
ii) $(1 + 3i)z^2 + 2(1 - i)z + i - 1 = 0$.   iii) $z^6 - iz^4 + z^2 - i = 0$.

Lösung:

i) Mit $z = x + iy$ ergibt sich aus $z + 3\bar{z} - 1 - 4i = 0$ die Gleichung
$x + iy + 3x - 3iy - 1 - 4i = 0$, d.h. $4x - 1 - 2i(y + 2) = 0$, und daraus
$x = \frac{1}{4}$ sowie $y = -2$. Die Lösung ist $\frac{1}{4} - 2i$.

ii) $z = \frac{i - 1 \pm \sqrt{(1-i)^2 - (1+3i)(i-1)}}{1+3i} = \frac{i - 1 \pm \sqrt{1 - 2i - 1 - i + 1 + 3i}}{1+3i} = \frac{i - 1 \pm 2}{1+3i}$; die Nullstellen sind also $\frac{i+1}{1+3i} = \frac{(i+1)(1-3i)}{1+9} = \frac{i+1+3-3i}{10} = \frac{2-i}{5}$ und $\frac{i-3}{1+3i} = i$.

iii) Wegen
$z^6 - iz^4 + z^2 - i = z^2(z^4 + 1) - i(z^4 + 1) = (z^4 + 1)(z^2 - i) = (z^2 - i)^2(z^2 + i)$
hat man $z^2 = i = \cos\frac{\pi}{2} + i\sin\frac{\pi}{2}$ sowie $z^2 = -i = \cos(-\frac{\pi}{2}) + i\sin(-\frac{\pi}{2})$ zu
lösen. Die erste der beiden Gleichungen hat die Lösungen $\cos\frac{\pi}{4} + i\sin\frac{\pi}{4}$ und
$\cos(-\frac{3\pi}{4}) + i\sin(-\frac{3\pi}{4})$, d.h. $w_1 := \frac{1}{\sqrt{2}}(1+i)$ und $w_2 := -\frac{1}{\sqrt{2}}(1+i)$. Weiter sind
$w_3 := \cos(-\frac{\pi}{4}) + i\sin(-\frac{\pi}{4}) = \frac{1}{\sqrt{2}}(1-i)$ und $w_4 = \cos\frac{3\pi}{4} + i\sin\frac{3\pi}{4} = \frac{1}{\sqrt{2}}(-1+i)$
die Nullstellen der zweiten Gleichung. Hiermit sind w_1, w_2, w_3 und w_4 die
Nullstellen der gegebenen Gleichung; dabei sind w_1 und w_2 doppelte Nullstellen. Also:

$$z^6 - iz^4 + z^2 - i = (z - w_1)^2(z - w_2)^2(z - w_3)(z - w_4) .$$

Aufgabe 21

Berechnen Sie $\sin\frac{\pi}{8}$ und $\cos\frac{5\pi}{12}$ mit Hilfe der Additionstheoreme.

Lösung:

a) Die Sinusfunktion ist auf $[0, \frac{\pi}{2}]$ streng monoton steigend. Wegen $0 < \frac{\pi}{8} < \frac{\pi}{6}$ gilt $0 = \sin 0 < \sin \frac{\pi}{8} < \sin \frac{\pi}{6} = \frac{1}{2}$, d.h. insbesondere, dass $\sin \frac{\pi}{8}$ eine positive Zahl ist.

Nach den Additionstheoremen gilt $\cos 2\alpha = 1 - 2\sin^2 \alpha$; dies kann man äquivalent umschreiben zu $\sin \alpha = \pm \sqrt{\frac{1-\cos 2\alpha}{2}}$. In unserem Fall, d.h. für $\alpha = \frac{\pi}{8}$, fällt – wie vorbemerkt – die negative Lösung weg. Daraus ergibt sich

$$\sin \frac{\pi}{8} = \sqrt{\frac{1 - \cos \frac{\pi}{4}}{2}} = \sqrt{\frac{1 - \frac{\sqrt{2}}{2}}{2}} = \frac{1}{2}\sqrt{2 - \sqrt{2}} \, .$$

b) Es gilt $\frac{5\pi}{12} = \frac{\pi}{4} + \frac{\pi}{6}$. Damit lässt sich $\cos \frac{5\pi}{12}$ mit Hilfe des Cosinus-Additionstheorems berechnen. Man erhält

$$\cos \frac{5\pi}{12} = \cos \frac{\pi}{4} \cos \frac{\pi}{6} - \sin \frac{\pi}{4} \sin \frac{\pi}{6} = \frac{\sqrt{2}}{2} \cdot \frac{\sqrt{3}}{2} - \frac{\sqrt{2}}{2} \cdot \frac{1}{2}$$

$$= \frac{\sqrt{2}}{4}(\sqrt{3} - 1) = \frac{1}{4}(\sqrt{6} - \sqrt{2}) \, .$$

Aufgabe 22

a)   Beschreiben Sie in $\mathbb{R}^2$ die Menge

$$A := \{z \in \mathbb{C} \mid |z - x_0| \le a|z - x_1|\} \, ,$$

wobei $x_0 < x_1$ und a reelle Zahlen sind. Geben Sie das Ergebnis als Teilmenge von $\mathbb{R}^2$ an (über die Identifizierung von $\mathbb{R}^2$ mit $\mathbb{C}$).

b)   Beschreiben Sie A insbesondere für $x_0 = 0$, $x_1 = 3$ und $a = 2$.

Lösung:

a) Ist a negativ, so ist A die leere Menge. Für $a = 0$ besteht A nur aus x_0. Sei $a > 0$. Setzt man $z = x + iy$, so ist die gegebene Ungleichung (d.h. $|z - x_0| \le a|z - x_1|$) äquivalent zu $(x - x_0)^2 + y^2 \le a^2[(x - x_1)^2 + y^2]$. Für $a \ne 1$ folgt daraus

$$x^2 - 2x_0 x + x_0^2 + y^2 \le a^2 x^2 - 2a^2 x_1 x + a^2 x_1^2 + a^2 y^2 \, ,$$

$$0 \le (a^2 - 1)x^2 + (a^2 - 1)y^2 + 2(x_0 - a^2 x_1)x + a^2 x_1^2 - x_0^2 \, ,$$

$$0 \le (a^2 - 1)[(x + \tfrac{x_0 - a^2 x_1}{a^2 - 1})^2 + y^2 - \tfrac{(x_0 - a^2 x_1)^2}{(a^2 - 1)^2}] + a^2 x_1^2 - x_0^2 \, ,$$

$$0 \le (a^2 - 1)[(x + \tfrac{x_0 - a^2 x_1}{a^2 - 1})^2 + y^2 + \tfrac{(a^2 - 1)(a^2 x_1^2 - x_0^2) - (x_0 - a^2 x_1)^2}{(a^2 - 1)^2}] \, ,$$

$$0 \le (a^2 - 1)[(x + \tfrac{x_0 - a^2 x_1}{a^2 - 1})^2 + y^2 - \tfrac{a^2(x_0 - x_1)^2}{(a^2 - 1)^2}] \, .$$

Ist $a > 1$, so ist die gesuchte Menge A durch $(x + \frac{x_0 - a^2 x_1}{a^2 - 1})^2 + y^2 \geq \frac{a^2(x_0 - x_1)^2}{(a^2 - 1)^2}$ gegeben; sie ist das Äußere des offenen Kreises mit dem Radius $\frac{a|x_0 - x_1|}{a^2 - 1}$ und dem Mittelpunkt $(\frac{a^2 x_1 - x_0}{a^2 - 1}, 0)$. Ist $a \in]0, 1[$, so ist die gesuchte Menge $A = \{(x, y)^T \in \mathbb{R}^2 \mid (x + \frac{x_0 - a^2 x_1}{a^2 - 1})^2 + y^2 \leq (\frac{a|x_0 - x_1|}{1 - a^2})^2\}$, d.h. der Kreis (einschließlich des Randes) mit $(\frac{x_0 - a^2 x_1}{1 - a^2}, 0)$ als Mittelpunkt und dem Radius $\frac{a|x_0 - x_1|}{1 - a^2}$.

Für $a = 1$ ergibt sich aus der gegebenen Ungleichung $-2x_0 x + x_0^2 \leq -2x_1 x + x_1^2$ oder auch $2(x_1 - x_0)x \leq (x_1 - x_0)(x_1 + x_0)$, $x \leq \frac{x_1 + x_0}{2}$. Damit ist die gesuchte Menge die berandete Halbebene $\{(x, y)^T \in \mathbb{R}^2 \mid x \leq \frac{x_1 + x_0}{2}\}$.

b) Gemäß a) ist die gesuchte Menge A das Äußere des offenen Kreises mit dem Radius $\frac{2 \cdot 3}{4 - 1} = 2$ und dem Mittelpunkt $(4, 0)$ (also einschließlich des Kreisrandes!).

Aufgabe 23

Gegeben sind die folgenden Teilmengen von $\mathbb{Z}$:

$$A := \{n \in \mathbb{N} \mid n \leq 7\}, \ B := \{2n + 1 \mid n \in \mathbb{N}\},$$
$$C := \{2n + 1 \mid n \in \mathbb{Z}\}, \ D := \{n \in \mathbb{Z} \mid n^2 \leq 17\}.$$

Bestimmen Sie die folgenden Mengen:

$A \cap B, \ A \cap C, \ A \cap D, \ B \cap C, \ B \cap D, \ C \cap D, \ A \cup D, \ B \cup C, \ A \cap B \cap C \cap D$.

Lösung:

$A \cap B = \{n \in \mathbb{N} \mid n \leq 7\} \cap \{2n + 1 \mid n \in \mathbb{N}\} = \{1, 3, 5, 7\}$.

$A \cap C = \{n \in \mathbb{N} \mid n \leq 7\} \cap \{2n + 1 \mid n \in \mathbb{Z}\} = A \cap B = \{1, 3, 5, 7\}$.

$A \cap D = \{n \in \mathbb{N} \mid n \leq 7\} \cap \{n \in \mathbb{Z} \mid n^2 \leq 17\} = \{0, 1, 2, 3, 4\}$.

$B \cap C = \{2n + 1 \mid n \in \mathbb{N}\} \cap \{2n + 1 \mid n \in \mathbb{Z}\} = B = \{1, 3, 5, 7, 9, \ldots\}$.

$B \cap D = \{2n + 1 \mid n \in \mathbb{N}\} \cap \{n \in \mathbb{Z} \mid n^2 \leq 17\} = \{1, 3\}$.

$C \cap D = \{2n + 1 \mid n \in \mathbb{Z}\} \cap \{n \in \mathbb{Z} \mid n^2 \leq 17\} = \{-3, -1, 1, 3\}$.

$A \cup D = \{n \in \mathbb{N} \mid n \leq 7\} \cup \{n \in \mathbb{Z} \mid n^2 \leq 17\} = \{0, 1, 2, 3, 4\}$.

$B \cup C = \{2n + 1 \mid n \in \mathbb{N}\} \cup \{2n + 1 \mid n \in \mathbb{Z}\} = C = \{\pm 1, \pm 3, \pm 5, \ldots\}$.

$A \cap B \cap C \cap D = (A \cap B) \cap (C \cap D) = \{1, 3, 5, 7\} \cap \{-3, -1, 1, 3\} = \{1, 3\}$.

Aufgabe 24

Gegeben sind die folgenden Teilmengen von $\mathbb{C}$: $K = \{z \in \mathbb{C} \mid 1 \le |z| \le 4\}$,
$L = \{z \in \mathbb{C} \mid |z+1| < |z-i|\}$, $M = \{z \in \mathbb{C} \mid |z+\bar{z}| < 4\}$.
Skizzieren Sie $K \cap L$, $K \cap M$, $L \cap M$ und $K \cap L \cap M$.

Lösung:
K ist der abgeschlossene Kreisring (d.h. mit Rändern) mit Mittelpunkt 0 und
Radien 1 und 4. L ist die offene Halbebene, die durch die Mittelsenkrechte
der Strecke zwischen -1 und i berandet ist (ohne jedoch diese Gerade zu
enthalten), welche den Punkt -1 (aber nicht den Punkt i) enthält. Sei $z = x + iy$. Wegen $z + \bar{z} = x + iy + (x - iy) = 2x$ ist M der offene (d.h. ohne
Ränder) unendliche Streifen zwischen den Geraden $x = -2$ und $x = 2$.
Damit ergeben sich die Skizzen gemäß Abb. 1.7.

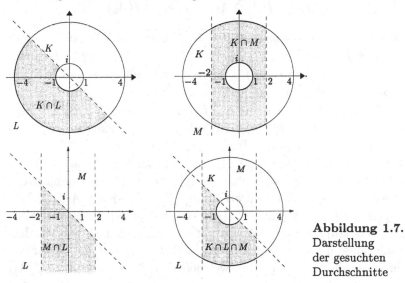

Abbildung 1.7.
Darstellung
der gesuchten
Durchschnitte

Aufgabe 25

Es sei $f : \mathbb{R} \to \mathbb{R}$ eine beliebige Funktion und A_1, A_2, B_1 und B_2 seien
beliebige Teilmengen von $\mathbb{R}$. Mit $f(A_1)$ und $f^{-1}(B_1)$ bezeichnet man (wie
üblich) das Bild bzw. das Urbild der Teilmenge A_1 bzw. B_1 unter f, d.h.:

$$f(A_1) = \{b_1 \in \mathbb{R} \mid \exists a_1 \in A_1 \quad \text{mit} \quad f(a_1) = b_1\} ,$$
$$f^{-1}(B_1) = \{a_1 \in \mathbb{R} \mid f(a_1) \in B_1\} .$$

Welche der folgenden Gleichheiten gelten immer:

a) $f^{-1}(B_1 \cup B_2) = f^{-1}(B_1) \cup f^{-1}(B_2)$. d) $f(A_1 \cap A_2) = f(A_1) \cap f(A_2)$.

b) $f^{-1}(B_1 \cap B_2) = f^{-1}(B_1) \cap f^{-1}(B_2)$. e) $f^{-1}\left(f(A_1)\right) = A_1$.

c) $f(A_1 \cup A_2) = f(A_1) \cup f(A_2)$.   f) $f\left(f^{-1}(B_1)\right) = B_1$.

Ihre Antwort ist vollständig, wenn Sie entweder die Gleichheit (indem Sie beide Inklusionen zeigen) beweisen, oder ein Gegenbeispiel dazu bieten.

Lösung:
Ist $A_1 \subset A_2$, so gilt $f(A_1) \subset f(A_2)$. Aus $B_1 \subset B_2$ folgt (laut Definition der Urbildmenge) $f^{-1}(B_1) \subset f^{-1}(B_2)$. Daraus ergeben sich sofort die folgenden Inklusionen:

$$f^{-1}(B_1) \cup f^{-1}(B_2) \subset f^{-1}(B_1 \cup B_2), \ f^{-1}(B_1 \cap B_2) \subset f^{-1}(B_1) \cap f^{-1}(B_2),$$
$$f(A_1) \cup f(A_2) \subset f(A_1 \cup A_2), \ f(A_1 \cap A_2) \subset f(A_1) \cap f(A_2).$$

a) Sei a aus $f^{-1}(B_1 \cup B_2)$, dann ist $f(a) \in B_1 \cup B_2$. Ist $f(a)$ aus B_1 oder B_2, so ist a aus $f^{-1}(B_1)$ bzw. $f^{-1}(B_2)$, also: $a \in f^{-1}(B_1) \cup f^{-1}(B_2)$, und damit $f^{-1}(B_1 \cup B_2) \subset f^{-1}(B_1) \cup f^{-1}(B_2)$. Hiermit gilt stets die Gleichung $f^{-1}(B_1 \cup B_2) = f^{-1}(B_1) \cup f^{-1}(B_2)$.

b) Ist a aus $f^{-1}(B_1) \cap f^{-1}(B_2)$, so gilt $a \in f^{-1}(B_1)$ und $a \in f^{-1}(B_2)$. Es folgt $f(a) \in B_1$ und $f(a) \in B_2$, also: $f(a) \in B_1 \cap B_2$. Damit ist a aus $f^{-1}(B_1 \cap B_2)$ und insgesamt: $f^{-1}(B_1 \cap B_2) = f^{-1}(B_1) \cap f^{-1}(B_2)$.

c) Sei $b \in f(A_1 \cup A_2)$. Es gibt ein $a \in A_1 \cup A_2$ mit der Eigenschaft $f(a) = b$. Ist a aus A_1 bzw. A_2, so ist $b = f(a)$ aus $f(A_1)$ bzw. $f(A_2)$, und damit ist in jedem Fall $b \in f(A_1) \cup f(A_2)$. Es gilt also immer $f(A_1 \cup A_2) = f(A_1) \cup f(A_2)$.

d) Ist $b \in f(A_1) \cap f(A_2)$, so gilt $b \in f(A_1)$ und $b \in f(A_2)$. Es gibt $a_1 \in A_1$ und $a_2 \in A_2$ mit $f(a_1) = b = f(a_2)$. Hiermit ist aber noch nicht gesagt, dass es ein gemeinsames a aus A_1 und A_2 gibt, so dass $f(a) = b$ gilt. Dies führt zur Vermutung, dass es Fälle gibt, in welchen $f(A_1 \cap A_2) \neq f(A_1) \cap f(A_2)$ gilt. Schon aus der obigen Überlegung sieht man, dass in einem solchen Fall f nicht injektiv sein darf. Ist f die Abbildung $f(x) = x^2$ und nimmt man für A_1 das Intervall $[-2, -1]$ und $A_2 = [1, 2]$, so gilt $A_1 \cap A_2 = \phi$, $f(A_1 \cap A_2) = \phi$, aber $f(A_1) = f(A_2) = [1, 4]$, und damit auch $f(A_1) \cap f(A_2) = [1, 4]$.

e) Ist a aus A_1, so ist $f(a)$ aus $f(A_1)$ und damit ist a aus $f^{-1}\left(f(A_1)\right)$. Ist f nicht injektiv, so könnte es sein, dass die Gleichung aus e) nicht gilt. Das trifft z.B. für die Funktion f mit $f(x) = x^2$ zu. Man hat:

$$f^{-1}\left(f([1, 2])\right) = f^{-1}([1, 4]) = [-2, -1] \cup [1, 2] \neq [1, 2] .$$

Die Antwort lautet: Im Allgemeinen gilt nur $A_1 \subset f^{-1}\left(f(A_1)\right)$.

f) Ist b aus $f(f^{-1}(B_1))$, so gibt es ein $a \in f^{-1}(B_1)$ mit $f(a) = b$. Aber

$a \in f^{-1}(B_1)$ bedeutet, $f(a)$ liegt in B_1. Man hat also $f(f^{-1}(B_1)) \subset B_1$. Ist B_1 nicht leer, aber $f^{-1}(B_1)$ leer, so ist auch $f(f^{-1}(B_1))$ leer und damit $f(f^{-1}(B_1)) \neq B_1$. Dass dies möglich ist, zeigt uns die Funktion $f(x) := x^2$ mit $B_1 = [-5, -3]$. Also: Im Allgemeinen gilt nur $f(f^{-1}(B_1)) \subset B_1$.

Aufgabe 26

Untersuchen Sie, ob jeweils die folgende Teilmenge von IR^2 der Graph einer Funktion $y = f(x)$ oder/und $x = g(y)$ ist. Geben Sie, falls das zutrifft, Definitions- und Wertebereich sowie eine Funktionsgleichung für f bzw. g an. Fertigen Sie eine Skizze an.

i) $\{(x,y) \in \mathsf{IR}^2 \mid x^2 + y^2 > 6x\}$.   ii) $\{(x,y) \in \mathsf{IR}^2 \mid x^2 + y^2 = 6x\}$.

iii) $\{(x,y) \in \mathsf{IR}^2 \mid x^2 + y^2 = 6x,\ y \leq 0\}$.

iv) $\{(x,y) \in \mathsf{IR}^2 \mid x^2 + y^2 = 6x,\ x \geq a\}$ für $a \in\ ]-\infty, 6]$.

v) $\{(x,y) \in \mathsf{IR}^2 \mid x^2 + y^2 = 6x,\ x + y \geq a\}$ für $a \in\ ]-\infty, 3 + 3\sqrt{2}]$.

Lösung:

i) Die angegebene Menge ist das Äußere des Kreises mit dem Mittelpunkt $(0,3)$ und Radius 3, da $x^2 + y^2 > 6x$ auch als $(x-3)^2 + y^2 > 3^2$ geschrieben werden kann. Daher liegen z.B. alle Punkte $(-1, y)$ mit $y \in \mathsf{IR}$ in der Menge, d.h., dass -1 unendlich oft als erste Koordinate vorkommt. Deshalb ist diese Menge nicht der Graph einer Funktion von x. Aus ähnlichem Grund (z.B. für alle $x \in \mathsf{IR}$ liegen die Punkte $(x, -4)$ in der Menge) ist diese Menge nicht der Graph einer Funktion von y.

ii) Auch diesmal handelt es sich nicht um den Graphen einer Funktion von x bzw. y, denn die Punkte $(3, 3)$ und $(3, -3)$ bzw. $(0, 0)$ und $(6, 0)$ liegen auf dem Kreis.

iii) Diese Menge ist der untere Halbkreis und somit der Graph der Funktion $[0, 6] \to [-3, 0]$, $x \mapsto y(x) := -\sqrt{6x - x^2}$. Sie ist aber nicht der Graph einer Funktion von y, weil $(0, 0)$ und $(6, 0)$ in der Menge liegen.

iv) Für $a \in]-\infty, 0]$ ist die Menge der ganze Kreis und somit (s. ii)) weder der Graph einer Funktion von x noch der Graph einer Funktion von y.
  Für $a \in]0, 3[$ ist der Kreisbogen weder der Graph einer Funktion von x noch der Graph einer Funktion von y, wie Abb. 1.8 zeigt.
Für $a \in [3, 6[$ ist der Kreisbogen nur der Graph einer Funktion von y, nämlich $[-\sqrt{6a - a^2}, \sqrt{6a - a^2}] \to [a, 3]$, $y \mapsto 3 + \sqrt{9 - y^2}$. Für $a = 6$ besteht die betrachtete Menge aus dem Punkt $(6, 0)$ und ist damit der Graph der Funktion $6 \mapsto 0$ aber auch der Funktion $0 \mapsto 6$.

v) Für $a \in]-\infty, 3 - 3\sqrt{2}]$ ist die Menge der ganze Kreis, für $a \in]3 - 3\sqrt{2}, 6[$ ist die Menge ein Kreisbogen. In diesen Fällen (also bei $a \in\ ]-\infty, 6[$) ist die Menge weder der Graph einer Funktion von x noch der Graph einer Funktion

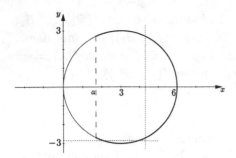

Abbildung 1.8.
Der Fall $0 < a < 3$

von y . Für $a \in [6, 3 + 3\sqrt{2}]$ ist die Menge – also der Kreisbogen mit einem

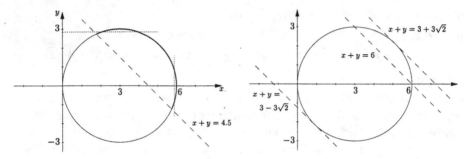

Abbildung 1.9. Der Fall $3 - 3\sqrt{2} < a < 6$ und der Fall $6 < a < 3 + \sqrt{2}$

Öffnungswinkel kleiner gleich $\frac{\pi}{2}$ – der Graph der Funktion $x \mapsto \sqrt{6x - x^2}$ aber auch der Funktion $y \mapsto 3 + \sqrt{9 - y^2}$. (Geben Sie selbst den entsprechenden Definitionsbereich an.)
Die Menge besteht für $a = 3 + 3\sqrt{2}$ nur dem einem Punkt $(3 + \frac{3}{\sqrt{2}} , \frac{3}{\sqrt{2}})$.

Aufgabe 27

Es seien f und g die auf $\mathbb{R}$ durch $f(x) := x^2 + x - 1$ und $g(x) := 3x - 1$ definierten Funktionen. Berechnen Sie $f \circ g$, $g \circ f$, $f \circ f$ und $g \circ g$.

Lösung:
$(f \circ g)(x) = f\big(g(x)\big) = g(x)^2 + g(x) - 1 = (3x - 1)^2 + (3x - 1) - 1 = 9x^2 - 6x + 1 + 3x - 1 - 1 = 9x^2 - 3x - 1$.
$(g \circ f)(x) = g\big(f(x)\big) = 3f(x) - 1 = 3x^2 + 3x - 4$.
$(f \circ f)(x) = f\big(f(x)\big) = f(x)^2 + f(x) - 1 = (x^2 + x - 1)^2 + (x^2 + x - 1) - 1 = x^4 + 2x^3 + x^2 - 2x^2 - 2x + 1 + x^2 + x - 1 - 1 = x^4 + 2x^3 - x - 1$.

$$(g \circ g)(x) = g\left(g(x)\right) = 3g(x) - 1 = 3(3x - 1) - 1 = 9x - 4\,.$$

Aufgabe 28

a)   Zeigen Sie, dass die Funktion $f : \mathbb{R} \to \mathbb{R}$, $f(x) = \begin{cases} x^2 & \text{, falls } x < 0\,, \\ 0 & \text{, falls } x = 0\,, \\ -x^3 & \text{, falls } x > 0 \end{cases}$

   streng monoton fallend und bijektiv ist.

b)   Berechnen Sie f^{-1} und $f \circ f$.

Lösung:

a) Ist $x_1 < 0 < x_2$, so gilt $f(x_1) = x_1^2 > f(0) = 0 > f(x_2) = -x_2^3$. Ist $x_1 < x_2 < 0$, so hat man $f(x_1) = x_1^2 > x_2^2 = f(x_2)$. Ist schließlich $x_1 > x_2 > 0$, so folgt $x_1^3 > x_2^3 > 0$ und damit $f(x_1) = -x_1^3 < -x_2^3 = f(x_2) < 0$.

Aus der strengen Monotonie folgt die Injektivität von f. Sei $y < 0$. Dann ist $-y > 0$ und $f(\sqrt[3]{-y}) = -(\sqrt[3]{-y})^3 = -(-y) = y$. Ist nun $y > 0$, dann ist $-\sqrt{y} < 0$, und damit $f(-\sqrt{y}) = (-\sqrt{y})^2 = y$. Außerdem ist $f(0)$ gleich 0. Deshalb ist f surjektiv und damit insgesamt bijektiv.

b) Im Beweis der obigen Surjektivität haben wir gezeigt: $f^{-1}(y) =$

$\begin{cases} \sqrt[3]{-y} & \text{, falls } y < 0\,, \\ 0 & \text{, falls } y = 0\,, \\ -\sqrt{y} & \text{, falls } y > 0\,. \end{cases}$ Man hat: $(f \circ f)(x) = \begin{cases} f(x^2) & \text{, falls } x < 0\,, \\ f(0) & \text{, falls } x = 0\,, \\ f(-x^3) & \text{, falls } x > 0 \end{cases} =$

$\begin{cases} -(x^2)^3 & \text{, falls } x < 0\,, \\ 0 & \text{, falls } x = 0\,, \\ (-x^3)^2 & \text{, falls } x > 0 \end{cases} = \begin{cases} -x^6 & \text{, falls } x < 0\,, \\ 0 & \text{, falls } x = 0\,, \\ x^6 & \text{, falls } x > 0\,. \end{cases}$

Aufgabe 29

a)   Bestimmen Sie den maximalen Definitionsbereich D_f der Zuordnung
      $x \mapsto f(x) := \frac{2x+1}{x-1}$. Die Funktionen $f_1 :]-\infty, 1[\to \mathbb{R}$ und $f_2 :]1, \infty[\to \mathbb{R}$
      seien als Einschränkungen von f definiert.

b)   Zeigen Sie, dass f_1 und f_2 streng monoton fallend sind.

c)   Ist f eine monotone Funktion?

d)   Bestimmen Sie den Wertebereich W_i von f_i, $i = 1, 2$.

e)   Bestimmen Sie $f_1^{-1} : W_1 \to]-\infty, 1[$ und $f_2^{-1} : W_2 \to]1, \infty[$.

f)   Ist $f_1 \circ f_1$ bzw. $f_2 \circ f_2$ definiert? Bestimmen Sie gegebenenfalls die Funktionsgleichung (Zuordnungsvorschrift) und den Wertebereich.

g)   Fertigen Sie eine Skizze des Graphen von f an.

Lösung:

a) $D_f =]-\infty, 1[\cup]1, \infty[= \mathbb{R}\setminus\{1\}$, da für alle $x \neq 1$ der Ausdruck $\frac{2x+1}{x-1}$ definiert ist.

b) Es gilt: $f(x_1) - f(x_2) = \frac{2x_1+1}{x_1-1} - \frac{2x_2+1}{x_2-1} = \frac{3(x_2-x_1)}{(x_1-1)(x_2-1)}$. Sind x_1 und x_2
beide aus $]-\infty, 1[$ oder aus $]1, \infty[$, so ist der Nenner positiv. Ist $x_1 < x_2 < 1$
(bzw. $1 < x_1 < x_2$), so folgt aus der obigen Umformung $f_1(x_1) > f_1(x_2)$
(bzw. $f_2(x_1) > f_2(x_2)$).

c) Man hat $f(-1) = \frac{1}{2} > f(0) = -1$ und $f(0) = -1 < f(2) = 5$. Deshalb
ist f auf ihrem Definitionsbereich weder monoton fallend noch monoton steigend.

d) Wegen $\lim\limits_{x \to -\infty} f_1(x) = 2$, $\lim\limits_{x \to 1-} f_1(x) = -\infty$ und $\lim\limits_{x \to 1+} f_2(x) = \infty$,
$\lim\limits_{x \to +\infty} f_2(x) = 2$ sowie der Monotonieeigenschaften von f_1 und f_2 ist $]-\infty, 2[$
bzw. $]2, \infty[$ der Wertebereich von f_1 bzw. f_2. Also:

$$W_1 =]-\infty, 2[\quad \text{und} \quad W_2 =]2, \infty[.$$

e) Da aus $\frac{2x+1}{x-1} = y$ mit $y \neq 2$ sofort $x = \frac{y+1}{y-2}$ folgt, ergibt sich für f_1^{-1} und
f_2^{-1} derselbe Ausdruck; die Funktionen ordnen jedem y aus ihrem Definitionsbereich den Wert $\frac{y+1}{y-2}$ zu.

f) $f_1(-5) = \frac{-10+1}{-5-1} = \frac{-9}{-6} = \frac{3}{2}$. Da f_1 in $\frac{3}{2}$ nicht definiert ist, ist $f_1 \circ f_1$ auch
nicht definiert. (Der Grund ist also: f_1 bildet $]-\infty, 1[$ **auf** $]-\infty, 2[$ ab, und
$]-\infty, 2[$ ist nicht in $]-\infty, 1[$ enthalten!).
Wegen $f_2(]1, \infty[) =]2, \infty[\subset]1, \infty[$ ist $f_2 \circ f_2$ definiert. Man hat für jedes x
aus $]1, \infty[$:

$$(f_2 \circ f_2)(x) = f_2\left(f_2(x)\right) = \frac{2f_2(x)+1}{f_2(x)-1} = \frac{2\frac{2x+1}{x-1}+1}{\frac{2x+1}{x-1}-1} = \frac{5x+1}{x+2} .$$

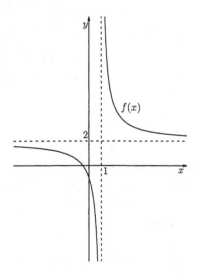

Abbildung 1.10. $f(x) = \dfrac{2x+1}{x-1}$

Da f_2 streng monton fallend ist, ist $f_2 \circ f_2$ streng monoton wachsend, wie die folgende Überlegung zeigt:

$$1 < x' < x'' \Rightarrow 2 < f_2(x'') < f_2(x') \Rightarrow f_2\left(f_2(x')\right) < f_2\left(f_2(x'')\right).$$

Aus dieser Monotonieeigenschaft, aus dem Zwischenwertsatz und aus

$$\lim_{x \to 1+} (f_2 \circ f_2)(x) = \frac{5 \cdot 1 + 1}{1 + 2} = 2 \quad \text{sowie} \quad \lim_{x \to \infty} (f_2 \circ f_2)(x) = 5$$

folgt, dass $]2,5[$ der Wertebereich von $f_2 \circ f_2$ ist. Die Funktion $f_2 \circ f_2$ bildet also $]1, \infty[$ bijektiv und strikt monoton steigend auf $]2, 5[$ ab.

g) Die Abbildung 1.10 zeigt den Graphen von f.

Aufgabe 30

Untersuchen Sie, ob die folgenden Funktionen surjektiv, injektiv oder bijektiv sind:

i) $f : \mathbb{R} \to \mathbb{R}$, $f(x) = \frac{x}{x^2+1}$.   iii) $h : [1, \infty[\to]0, \frac{1}{2}]$, $h(x) = \frac{x}{x^2+1}$.

ii) $g : [1, \infty[\to \mathbb{R}$, $g(x) = \frac{x}{x^2+1}$.   iv) $k : [-1, 1] \to [-\frac{1}{2}, \frac{1}{2}]$, $k(x) = \frac{x}{x^2+1}$.

Bestimmen Sie für die bijektiven Funktionen die Inverse.

Hinweis: Zeigen Sie zuerst, dass f in -1 (bzw. $+1$) und nur in diesem Punkt das Minimum (bzw. Maximum) annimmt.

Lösung:

Wir zeigen zuerst, dass für jedes $x \in \mathbb{R} \setminus \{1, -1\}$ gilt:

$$-\tfrac{1}{2} = f(-1) < f(x) < f(1) = \tfrac{1}{2} . \tag{$*$}$$

$-\frac{1}{2} < f(x)$ ist äquivalent zu $0 < \frac{x}{x^2+1} + \frac{1}{2}$, d.h. zu $0 < \frac{2x+x^2+1}{2(x^2+1)}$ und damit zu $0 < \frac{(x+1)^2}{2(x^2+1)}$. Diese letzte Ungleichung ist für jedes $x \neq -1$ aber klar. Analog ist $\frac{x}{x^2+1} < \frac{1}{2}$ zuerst zu $0 < \frac{1}{2} - \frac{x}{x^2+1}$, dann zu $0 < \frac{x^2+1-2x}{2(x^2+1)}$ und schließlich zu $0 < \frac{(x-1)^2}{2(x^2+1)}$ äquivalent. Das ist aber für $x \neq 1$ richtig.

Insbesondere folgt aus $(*)$, dass f das Intervall $[1, \infty[$ in $]0, \frac{1}{2}]$ und das Intervall $[-1, 1]$ auf $[-\frac{1}{2}, \frac{1}{2}]$ abbildet, was die Definitionen von h und k rechtfertigt.

i) Wie gesehen liegen die Punkte aus $] - \infty, -1[$ und aus $]1, \infty[$ nicht im Bild von f. Deshalb ist f nicht surjektiv, und damit auch nicht bijektiv. Die Gleichung $\frac{x}{x^2+1} = y$ mit $y \in] - \frac{1}{2}, 0[\cup]0, \frac{1}{2}[$ hat zwei verschiedene reelle Nullstellen, nämlich $\frac{1 \pm \sqrt{1-4y^2}}{2y}$. Deshalb ist f auch nicht injektiv. (Es würde genügen, einfach zu bemerken, dass $f(2 + \sqrt{3}) = f(2 - \sqrt{3}) = \frac{1}{4}$ gilt.)

ii) Wegen $g(x) \leq \frac{1}{2}$ für alle x ist g nicht surjektiv. Aus $1 \leq x_1 < x_2$ folgt

$1 < x_1 x_2$ und damit $g(x_1) > g(x_2)$ wegen der folgenden äquivalenten Umformungen:

$$g(x_1) > g(x_2) \iff \frac{x_1}{1+x_1^2} > \frac{x_2}{1+x_2^2} \iff x_1 + x_1 x_2^2 > x_2 + x_1^2 x_2 \iff$$

$$x_1 - x_2 + x_1 x_2 (x_2 - x_1) > 0 \iff (x_2 - x_1)(x_1 x_2 - 1) > 0 \,.$$

g ist also streng monoton fallend, und deshalb insbesondere injektiv. Eine andere Möglichkeit, die Injektivität von g zu beweisen, ist die folgende: g hat nur positive Werte, und zwar in $]0, \frac{1}{2}]$. Ist $y \in]0, \frac{1}{2}[$, so ergeben sich, wie schon gesehen, aus $\frac{x}{x^2+1} = y$ für x die Werte $\frac{1 \pm \sqrt{1-4y^2}}{2y}$. Genau einer davon, nämlich $x = \frac{1+\sqrt{1-4y^2}}{2y}$, liegt in $]1, \infty[$. Hinzu kommt $g(1) = \frac{1}{2}$. Deshalb ist g injektiv. Wir haben eigentlich mehr gezeigt: $x \mapsto \frac{1}{x^2+1}$ bildet $[1, \infty[$ bijektiv auf $]0, \frac{1}{2}]$ ab und die inverse Abbildung ist $y \mapsto \frac{1+\sqrt{1-4y^2}}{2y}$. Hiermit haben wir die Lösung für iii) geliefert: h ist eine bijektive Abbildung und ihre Inverse ist $h^{-1}(y) = \frac{1+\sqrt{1-4y^2}}{2y}$.

iv) Zu jedem $y \in [-\frac{1}{2}, \frac{1}{2}]$ gibt es genau ein x aus $[-1, 1]$ mit $\frac{x}{x^2+1} = y$:

→ für $y = 0$ ist es $x = 0$, und

→ für $y \neq 0$ ist $x = \frac{1-\sqrt{1-4y^2}}{2y}$ diese Zahl.

Hiermit gilt: $h^{-1}(y) = \begin{cases} 0 & \text{, falls } y = 0 \,, \\ \frac{1-\sqrt{1-4y^2}}{2y} & \text{, falls } y \in [-\frac{1}{2}, 0[\, \cup \,]0, \frac{1}{2}] \,. \end{cases}$

Aufgabe 31

Berechnen Sie die Werte des Polynoms $P(x) = 2x^3 - 5x^2 + 3x - 11$ an den Stellen $x_0 = 3$ und $x_1 = -2$ mit Hilfe des Horner-Schemas.

Lösung:

	2	−5	3	−11
$x_0 = 3$		6	3	18
	2	1	6	7
	2	−5	3	−11
$x_1 = -2$		−4	18	−42
	2	−9	21	−53

Also: $P(3) = 7$ und $P(-2) = -53$. Daraus abzulesen sind auch die Darstellungen $P(x) = (x-3)(2x^2 + x + 6) + 7$, $P(x) = (x+2)(2x^2 - 9x + 21) - 53$.

Aufgabe 32

Schreiben Sie $x^4 - 11x^3 + 43x^2 - 69x + 36$ als Produkt von Linearfaktoren. Untersuchen Sie dafür zuerst mit dem Horner-Schema, ob 3 eine einfache oder mehrfache Nullstelle dieses Polynoms ist.

Lösung:

	1	-11	43	-69	36
$x_0 = 3$		3	-24	57	-36
	1	-8	19	-12	0

Deshalb ist 3 eine Nullstelle.

	1	-8	19	-12
$x_0 = 3$		3	-15	12
	1	-5	4	0

3 ist also mindestens eine doppelte Nullstelle.

	1	-5	4
$x_0 = 3$		3	-6
	1	-2	-2

3 ist also keine dreifache Nullstelle. Für das Polynom ergibt sich damit zunächst $x^4 - 11x^3 + 43x^2 - 69x + 36 = (x-3)^2(x^2 - 5x + 4)$. Nun lässt sich $x^2 - 5x + 4$ als $(x-1)(x-4)$ schreiben. Daraus ergibt sich insgesamt:

$$x^4 - 11x^3 + 43x^2 - 69x + 36 = (x-1)(x-3)^2(x-4) \, .$$

Aufgabe 33

Welche der folgenden Mengen von Vektoren aus $\mathbb{R}^3$ sind linear abhängig und welche sind linear unabhängig? Bilden die Mengen der linear unabhängigen Vektoren jeweils eine Basis?

i) $\begin{pmatrix} 1 \\ 1 \\ 2 \end{pmatrix}, \begin{pmatrix} 1 \\ 0 \\ 0 \end{pmatrix}, \begin{pmatrix} 1 \\ 0 \\ 1 \end{pmatrix}.$ ii) $\begin{pmatrix} 1 \\ \sqrt{3} \\ 1 \end{pmatrix}, \begin{pmatrix} 3 \\ 2\sqrt{3} \\ 0 \end{pmatrix}, \begin{pmatrix} -2 \\ -\sqrt{3} \\ 1 \end{pmatrix}.$

iii) $\begin{pmatrix} 1 \\ 2 \\ 3 \end{pmatrix}, \begin{pmatrix} 2 \\ 3 \\ 4 \end{pmatrix}.$ iv) $\begin{pmatrix} 1 \\ 2 \\ 3 \end{pmatrix}, \begin{pmatrix} 2 \\ 3 \\ 5 \end{pmatrix}, \begin{pmatrix} 3 \\ -1 \\ 2 \end{pmatrix}.$

Lösung:

i) Sei $\begin{pmatrix} y_1 \\ y_2 \\ y_3 \end{pmatrix}$ ein beliebiger Vektor aus $\mathbb{R}^3$. Aus

$$\lambda_1 \begin{pmatrix} 1 \\ 1 \\ 2 \end{pmatrix} + \lambda_2 \begin{pmatrix} 1 \\ 0 \\ 0 \end{pmatrix} + \lambda_3 \begin{pmatrix} 1 \\ 0 \\ 1 \end{pmatrix} = \begin{pmatrix} y_1 \\ y_2 \\ y_3 \end{pmatrix} \text{, d.h. aus } \begin{array}{rcl} \lambda_1 + \lambda_2 + \lambda_3 &=& y_1 \\ \lambda_1 &=& y_2 \\ 2\lambda_1 \quad\quad + \lambda_3 &=& y_3 \end{array}$$

ergibt sich durch Elimination

$$\lambda_1 = y_2 \ , \ \lambda_2 = y_1 + y_2 - y_3 \ , \ \lambda_3 = y_3 - 2y_2 \ .$$

Die Existenz und die Eindeutigkeit dieser Lösung zeigt, dass $\begin{pmatrix} 1 \\ 1 \\ 2 \end{pmatrix}, \begin{pmatrix} 1 \\ 0 \\ 0 \end{pmatrix}$

und $\begin{pmatrix} 1 \\ 0 \\ 1 \end{pmatrix}$ eine Basis bilden; insbesondere sind diese Vektoren linear un-

abhängig.

ii) Aus $\lambda_1 \begin{pmatrix} 1 \\ \sqrt{3} \\ 1 \end{pmatrix} + \lambda_2 \begin{pmatrix} 3 \\ 2\sqrt{3} \\ 0 \end{pmatrix} + \lambda_3 \begin{pmatrix} -2 \\ -\sqrt{3} \\ 1 \end{pmatrix} = \begin{pmatrix} 0 \\ 0 \\ 0 \end{pmatrix}$ erhält man

$$\begin{array}{rcl} \lambda_1 + \quad 3\lambda_2 - \quad 2\lambda_3 &=& 0 \\ \sqrt{3}\lambda_1 + 2\sqrt{3}\lambda_2 - \sqrt{3}\lambda_3 &=& 0 \\ \lambda_1 \quad\quad\quad + \quad \lambda_3 &=& 0 \ . \end{array}$$

Aus den letzten beiden Gleichungen ergibt sich durch Elimination $\lambda_3 = \lambda_2 = -\lambda_1$. Setzt man $\lambda_3 = -\lambda_1$ und $\lambda_2 = -\lambda_1$ in die erste Gleichung ein, so erhält man eine Identität, nämlich $0 = 0$. λ_1 ist damit frei wählbar. Die nichttriviale Lösung $\lambda_1 = 1$, $\lambda_2 = -1$, $\lambda_3 = -1$ des obigen Systems zeigt, dass $\begin{pmatrix} 1 \\ \sqrt{3} \\ 1 \end{pmatrix}, \begin{pmatrix} 3 \\ 2\sqrt{3} \\ 0 \end{pmatrix}$ und $\begin{pmatrix} -2 \\ -\sqrt{3} \\ 1 \end{pmatrix}$ linear abhängig sind.

iii) $\lambda_1 \begin{pmatrix} 1 \\ 2 \\ 3 \end{pmatrix} + \lambda_2 \begin{pmatrix} 2 \\ 3 \\ 4 \end{pmatrix} = \begin{pmatrix} 0 \\ 0 \\ 0 \end{pmatrix}$ lässt sich als $\begin{array}{rcl} \lambda_1 + 2\lambda_2 &=& 0 \\ 2\lambda_1 + 3\lambda_2 &=& 0 \\ 3\lambda_1 + 4\lambda_2 &=& 0 \end{array}$ schreiben.

Aus den ersten beiden Gleichungen folgt $\lambda_1 = \lambda_2 = 0$. Damit sind $\begin{pmatrix} 1 \\ 2 \\ 3 \end{pmatrix}$ und

$\begin{pmatrix} 2 \\ 3 \\ 4 \end{pmatrix}$ linear unabhängig, aber sie bilden keine Basis. (Z.B. lässt sich $\begin{pmatrix} 1 \\ 0 \\ 1 \end{pmatrix}$

nicht als lineare Kombination der angegebenen Vektoren schreiben.)

iv) $\lambda_1 \begin{pmatrix} 1 \\ 2 \\ 3 \end{pmatrix} + \lambda_2 \begin{pmatrix} 2 \\ 3 \\ 5 \end{pmatrix} + \lambda_3 \begin{pmatrix} 3 \\ -1 \\ 2 \end{pmatrix} = \begin{pmatrix} 0 \\ 0 \\ 0 \end{pmatrix}$ hat als Lösung $\lambda_1 = 11$, $\lambda_2 =$

-7 und $\lambda_3 = 1$. Deshalb sind diese drei Vektoren linear abhängig; insbesondere können sie keine Basis bilden.

Aufgabe 34

Untersuchen Sie, ob die Vektoren

$$\mathbf{b}_1 = \begin{pmatrix} 1 \\ 1 \\ 1 \\ 1 \end{pmatrix}, \quad \mathbf{b}_2 = \begin{pmatrix} 1 \\ 0 \\ 1 \\ 1 \end{pmatrix}, \quad \mathbf{b}_3 = \begin{pmatrix} 1 \\ 1 \\ 0 \\ 1 \end{pmatrix} \quad \text{und} \quad \mathbf{b}_4 = \begin{pmatrix} 1 \\ 1 \\ 1 \\ 0 \end{pmatrix}$$

a) linear unabhängig sind,

b) ein Erzeugendensystem von $\mathbb{R}^4$ bilden,

c) eine Basis von $\mathbb{R}^4$ bilden.

Lösung:

a) Aus $\alpha_1 \mathbf{b}_1 + \alpha_2 \mathbf{b}_2 + \alpha_3 \mathbf{b}_3 + \alpha_4 \mathbf{b}_4 = \mathbf{0}$, d.h. aus

$$\alpha_1 + \alpha_2 + \alpha_3 + \alpha_4 = 0$$
$$\alpha_1 \qquad + \alpha_3 + \alpha_4 = 0$$
$$\alpha_1 + \alpha_2 \qquad + \alpha_4 = 0$$
$$\alpha_1 + \alpha_2 + \alpha_3 \qquad = 0$$

erhält man, indem man von der ersten Gleichung des Systems jede der anderen Gleichungen abzieht, sofort $\alpha_2 = 0$, $\alpha_3 = 0$ und $\alpha_4 = 0$. Aus der ersten Gleichung (oder aus jeder anderen) ergibt sich dann $\alpha_1 = 0$, und dies zeigt die lineare Unabhängigkeit der Vektoren $\mathbf{b}_1, \mathbf{b}_2, \mathbf{b}_3$ und $\mathbf{b}_4$.

b) Ist $\mathbf{a} = (a_1 \ a_2 \ a_3 \ a_4)^T$ ein beliebiger Vektor aus $\mathbb{R}^4$, so muss man feststellen, ob das Gleichungssystem (das zu $\beta_1 \mathbf{b}_1 + \beta_2 \mathbf{b}_2 + \beta_3 \mathbf{b}_3 + \beta_4 \mathbf{b}_4 = \mathbf{a}$ äquivalent ist)

$$\beta_1 + \beta_2 + \beta_3 + \beta_4 = a_1$$
$$\beta_1 \qquad + \beta_3 + \beta_4 = a_2$$
$$\beta_1 + \beta_2 \qquad + \beta_4 = a_3$$
$$\beta_1 + \beta_2 + \beta_3 \qquad = a_4$$

eine Lösung besitzt. Zieht man von der ersten Gleichung die zweite, dritte bzw. vierte Gleichung ab, so erhält man

$$\beta_2 = a_1 - a_2 \,, \quad \beta_3 = a_1 - a_3 \,, \quad \beta_4 = a_1 - a_4 \,.$$

Aus jeder der 4 Gleichungen des Systems bekommt man deshalb $\beta_1 = a_2 + a_3 + a_4 - 2a_1$, und damit hat das Gleichungssystem genau eine Lösung, was die gestellte Frage, ob $\mathbf{b}_1, \mathbf{b}_2, \mathbf{b}_3$ und $\mathbf{b}_4$ ein Erzeugendensystem bilden, positiv beantwortet.

c) In der Lösung von b) wurde gezeigt, dass jeder Vektor $\mathbf{a}$ aus $\mathbb{R}^4$ sich auf genau eine Weise als lineare Kombination von $\mathbf{b}_1, \mathbf{b}_2, \mathbf{b}_3$ und $\mathbf{b}_4$ darstellen lässt, nämlich $\mathbf{a} = (a_2 + a_3 + a_4 - 2a_1)\mathbf{b}_1 + (a_1 - a_2)\mathbf{b}_2 + (a_1 - a_3)\mathbf{b}_3 + (a_1 - a_4)\mathbf{b}_4$.
Deshalb bilden die vier Vektoren eine Basis von $\mathbb{R}^4$.
Eine andere Begründung: In a) und b) wurde gezeigt, dass $\mathbf{b}_1, \mathbf{b}_2, \mathbf{b}_3$ und $\mathbf{b}_4$ ein linear unabhängiges Erzeugendensystem von $\mathbb{R}^4$ ist, und dies ist äquivalent zu der Aussage, dass diese vier Vektoren eine Basis bilden, weil die Dimension von $\mathbb{R}^4$ gleich 4 ist.

Aufgabe 35

Untersuchen Sie, ob

a) der offene Einheitskreis $\mathbb{E} := \{(x,y)^T \in \mathbb{R}^2 \mid |x^2 + y^2 < 1\}$,

b) der abgeschlossene Einheitskreis $\overline{\mathbb{E}} := \{(x,y)^T \in \mathbb{R}^2 \mid |x^2 + y^2 \le 1\}$,

c) der Kreis $\partial\mathbb{E} := \overline{\mathbb{E}} \backslash \mathbb{E} = \{(x,y)^T \in \mathbb{R}^2 \mid x^2 + y^2 = 1\}$,

d) die abgeschlossene obere Halbebene $\mathbb{H}^+ := \{(x,y)^T \in \mathbb{R}^2 \mid y \ge 0\}$
     Unterräume von $\mathbb{R}^2$ sind.

Lösung:
Die Antwort ist in jedem Fall: nein! Man kann dafür in den Fällen a) und d) sowie für b) und c) jeweils eine gemeinsame Begründung angeben: Der

Vektor $\begin{pmatrix} 1/2 \\ 1/2 \end{pmatrix}$ (bzw. $\begin{pmatrix} 1/\sqrt{2} \\ 1/\sqrt{2} \end{pmatrix}$) liegt in der entsprechenden Menge, aber

der Vektor $(-10) \cdot \begin{pmatrix} 1/2 \\ 1/2 \end{pmatrix} = \begin{pmatrix} -5 \\ -5 \end{pmatrix}$ (bzw. $\sqrt{2} \cdot \begin{pmatrix} 1/\sqrt{2} \\ 1/\sqrt{2} \end{pmatrix} = \begin{pmatrix} 1 \\ 1 \end{pmatrix}$) nicht.

Für b) und c) kann man auch folgendermaßen argumentieren: $\begin{pmatrix} 1 \\ 0 \end{pmatrix}$ und $\begin{pmatrix} 0 \\ 1 \end{pmatrix}$

liegen in der Menge, aber nicht deren Summe $\begin{pmatrix} 1 \\ 1 \end{pmatrix}$. Im Fall c) ist auch die

folgende Argumentation möglich: $\begin{pmatrix} 0 \\ 0 \end{pmatrix} \notin \partial \mathrm{IE}$. Für IH^+ kann man sogar sagen:

Ist $\begin{pmatrix} x \\ y \end{pmatrix}$ aus IH^+ und $\alpha < 0$, so ist $\alpha \begin{pmatrix} x \\ y \end{pmatrix} = \begin{pmatrix} \alpha x \\ \alpha y \end{pmatrix}$ aus IH^+ genau dann,

wenn $y = 0$ gilt.

Aufgabe 36

Untersuchen Sie, welche der angegebenen Mengen Unterräume der jeweiligen Vektorräume sind, und berechnen Sie die Dimension, falls es sich um einen Untervektorraum handelt.

i) $U_a := \{(x_1, x_2)^T \mid x_1 - 3x_2 = a\} \subset \mathrm{IR}^2$, $a \in \mathrm{IR}$.

ii) $V := \{(x_1, x_2, x_3)^T \mid 2x_1 - 3x_2 + x_3 = 0,\ x_2 - x_3 = 0\} \subset \mathrm{IR}^3$.

iii) $W := \{(x_1, x_2, x_3)^T \mid x_1 + x_2^2 - 3x_3 = 0\} \subset \mathrm{IR}^3$.

Lösung:

i) Ist $a \neq 0$, so ist U_a kein Untervektorraum von IR^2, weil $\begin{pmatrix} 0 \\ 0 \end{pmatrix}$ nicht zu U_a

gehört. Ist $a = 0$, so ist U_a ein Untervektorraum von IR^2, weil mit $\begin{pmatrix} x_1 \\ x_2 \end{pmatrix}$ und

$\begin{pmatrix} y_1 \\ y_2 \end{pmatrix}$ für alle α, β aus IR auch $\alpha \begin{pmatrix} x_1 \\ x_2 \end{pmatrix} + \beta \begin{pmatrix} y_1 \\ y_2 \end{pmatrix} = \begin{pmatrix} \alpha x_1 + \beta y_1 \\ \alpha x_2 + \beta y_2 \end{pmatrix}$ in U_0

liegt. Aus $x_1 - 3x_2 = 0 = y_1 - 3y_2$ folgt nämlich

$$(\alpha x_1 + \beta y_1) - 3(\alpha x_2 + \beta y_2) = \alpha(x_1 - 3x_2) + \beta(y_1 - 3y_2) = \alpha \cdot 0 + \beta \cdot 0 = 0.$$

Ist $\begin{pmatrix} x_1 \\ x_2 \end{pmatrix}$ aus U_0, so gilt $x_1 = 3x_2$ und damit $\begin{pmatrix} x_1 \\ x_2 \end{pmatrix} = x_2 \begin{pmatrix} 3 \\ 1 \end{pmatrix}$. Somit ist

$\left\{ \begin{pmatrix} 3 \\ 1 \end{pmatrix} \right\}$ eine Basis des eindimensionalen Unterraums U_0 von IR^2 .

Geometrische Interpretation: Jede Menge U_a ist eine Gerade in IR^2. Nur diejenigen Geraden aus IR^2 sind auch Untervektorräume, die durch den Nullpunkt gehen. In unserem Fall ist dies nur U_0.

ii) Aus $2x_1 - 3x_2 + x_3 = 0$ und $x_2 - x_3 = 0$ folgt $x_2 = x_3$ und damit $x_1 = x_3$. Deshalb hat jeder Vektor aus V die Gestalt $x_3(1, 1, 1)^T$. Umgekehrt liegt jeder Vektor von dieser Gestalt in V. Damit sieht man, dass V ein Untervektorraum der Dimension 1 von IR^3 ist; $\{(1, 1, 1)^T\}$ ist eine Basis von V .

Aus allgemeinen Gründen kann man ebenfalls behaupten, dass V ein Untervektorraum von $\mathbb{R}^3$ ist: V ist die Lösungsmenge eines linearen Gleichungssystems.

Geometrisch entsteht V als Schnitt zweier nichtparallelen Ebenen $2x_1 - 3x_2 + x_3 = 0$ und $x_2 - x_3 = 0$. Deshalb ist V eine durch den Nullpunkt gehende Gerade, und damit ein eindimensionaler Untervektorraum.

iii) Man ahnt, dass die zweite Potenz der zweiten Koordinate die Linearität stört. Dass es tatsächlich so ist, ergibt sich z.B. aus: $(-1, 2, 1)^T \in W$ (da $-1 + 2^2 - 3 = 0$), aber $2 \cdot (-1, 2, 1)^T = (-2, 4, 2)^T \notin W$ (da $-2 + 4^2 - 3 \cdot 2 = 8 \neq 0$) .

Aufgabe 37

Sei $n \geq 3$ eine natürliche Zahl. $\mathbf{a}$ und $\mathbf{b}$ seien zwei linear unabhängige Vektoren aus $\mathbb{R}^n$. V und U bezeichnen die folgenden Teilmengen von $\mathbb{R}^n$:

$$V := \{\alpha\mathbf{a} + \beta\mathbf{b} \mid \alpha, \beta \in \mathbb{R}\} \quad \text{und} \quad U := \{\mathbf{c} \in \mathbb{R}^n \mid \mathbf{c} \cdot \mathbf{a} = 0 = \mathbf{c} \cdot \mathbf{b}\} \, .$$

a)   Zeigen Sie, dass V und U Unterräume von $\mathbb{R}^n$ sind.

b)   Welche Dimension hat V ?

c)   Bestimmen Sie die Schnittmenge $U \cap V$. Benutzen Sie dabei die Aussage der Cauchy-Schwarzschen Ungleichung (und zwar in vollem Umfang!).

d)   Zeigen Sie, dass jeder Vektor aus $\mathbb{R}^n$ als Summe eines Vektors aus U und eines Vektors aus V darstellbar ist.

e)   Folgern Sie aus c) und d), dass die Vereinigung einer Basis von V mit einer Basis von U eine Basis von $\mathbb{R}^n$ ist.

f)   Welche Dimension hat U ?

Lösung:

a) Mit $\alpha\mathbf{a} + \beta\mathbf{b}$ und $\alpha_1\mathbf{a} + \beta_1\mathbf{b}$ liegt auch $(\alpha + \alpha_1)\mathbf{a} + (\beta + \beta_1)\mathbf{b}$ in V. Ist λ eine beliebige reelle Zahl, so ist $\lambda(\alpha\mathbf{a} + \beta\mathbf{b}) = (\lambda\alpha)\mathbf{a} + (\lambda\beta)\mathbf{b}$ aus V .

Gilt $\mathbf{c}_1 \cdot \mathbf{a} = 0 = \mathbf{c}_1 \cdot \mathbf{b}$ und $\mathbf{c}_2 \cdot \mathbf{a} = 0 = \mathbf{c}_2 \cdot \mathbf{b}$ und sind γ_1, γ_2 beliebige reelle Zahlen, so gilt auch $(\gamma_1\mathbf{c}_1 + \gamma_2\mathbf{c}_2) \cdot \mathbf{a} = \gamma_1(\mathbf{c}_1 \cdot \mathbf{a}) + \gamma_2(\mathbf{c}_2 \cdot \mathbf{a}) = 0 = \gamma_1(\mathbf{c}_1 \cdot \mathbf{b}) + \gamma_2(\mathbf{c}_2 \cdot \mathbf{b}) = (\gamma_1\mathbf{c}_1 + \gamma_2\mathbf{c}_2) \cdot \mathbf{b}$.

b) Da $\mathbf{a}$ und $\mathbf{b}$ linear unabhängig sind, bilden sie nicht nur ein Erzeugendensystem von V, sondern eine Basis. Deshalb ist die Dimension von V gleich 2.

c) Sei $\mathbf{c}$ aus $U \cap V$. Es gibt also α, β aus $\mathbb{R}$ mit $\mathbf{c} = \alpha\mathbf{a} + \beta\mathbf{b}$. Außerdem gilt:

$$\alpha\mathbf{a} \cdot \mathbf{a} + \beta\mathbf{b} \cdot \mathbf{a} = 0$$
$$\alpha\mathbf{b} \cdot \mathbf{a} + \beta\mathbf{b} \cdot \mathbf{b} = 0 \, .$$

Multipliziert man die erste Gleichung mit $\mathbf{b} \cdot \mathbf{b}$ und die zweite Gleichung mit $\mathbf{b} \cdot \mathbf{a}$ und subtrahiert, so erhält man

$$\alpha \left((\mathbf{a} \cdot \mathbf{a})(\mathbf{b} \cdot \mathbf{b}) - (\mathbf{b} \cdot \mathbf{a})(\mathbf{b} \cdot \mathbf{a}) \right) = 0$$

oder auch

$$\alpha \left(||\mathbf{a}||^2 ||\mathbf{b}||^2 - (\mathbf{b} \cdot \mathbf{a})^2 \right) = 0 .$$

Wegen der linearen Unabhängigkeit von $\mathbf{a}$ und $\mathbf{b}$ folgt aus (dem zweiten Teil) der Cauchy-Schwarzschen Ungleichung $\alpha = 0$. Analog, d.h. durch Multiplikation der ersten Zeile mit $\mathbf{b} \cdot \mathbf{a}$ und der zweiten Zeile von $\mathbf{a} \cdot \mathbf{a}$, erhält man $\beta = 0$. Also: $U \cap V = \{\mathbf{0}\}$.

d) Wir müssen also für jedes $\mathbf{x}$ aus $\mathbb{R}^n$ Zahlen α und β finden, so dass $\mathbf{x} - \alpha\mathbf{a} - \beta\mathbf{b}$ in U liegt, d.h., dass gilt:

$$(\mathbf{x} - \alpha\mathbf{a} - \beta\mathbf{b}) \cdot \mathbf{a} = 0 = (\mathbf{x} - \alpha\mathbf{a} - \beta\mathbf{b}) \cdot \mathbf{b} .$$

α und β müssen also Lösung des linearen Gleichungssystems

$$(\mathbf{a} \cdot \mathbf{a})\alpha + (\mathbf{b} \cdot \mathbf{a})\beta = \mathbf{x} \cdot \mathbf{a}$$
$$(\mathbf{a} \cdot \mathbf{b})\alpha + (\mathbf{b} \cdot \mathbf{b})\beta = \mathbf{x} \cdot \mathbf{b}$$

sein. Mit dem Trick, den wir in der Lösung von c) schon benutzt haben (d.h. Multiplikation der ersten Zeile mit $\mathbf{b} \cdot \mathbf{b}$, der zweiten Zeile mit $\mathbf{b} \cdot \mathbf{a}$ und Subtraktion) erhalten wir

$$\left((\mathbf{a} \cdot \mathbf{a})(\mathbf{b} \cdot \mathbf{b}) - (\mathbf{a} \cdot \mathbf{b})^2 \right) \alpha = (\mathbf{x} \cdot \mathbf{a})(\mathbf{b} \cdot \mathbf{b}) - (\mathbf{x} \cdot \mathbf{b})(\mathbf{a} \cdot \mathbf{b})$$

und damit (wieder kommt die Cauchy-Schwarzsche Ungleichung ins Spiel!)

$$\alpha = \frac{(\mathbf{x} \cdot \mathbf{a})(\mathbf{b} \cdot \mathbf{b}) - (\mathbf{x} \cdot \mathbf{b})(\mathbf{a} \cdot \mathbf{b})}{||\mathbf{a}||^2 ||\mathbf{b}||^2 - (\mathbf{a} \cdot \mathbf{b})^2} .$$

Analog errechnet sich für β der Wert

$$\frac{(\mathbf{x} \cdot \mathbf{b})(\mathbf{a} \cdot \mathbf{a}) - (\mathbf{x} \cdot \mathbf{a})(\mathbf{a} \cdot \mathbf{b})}{||\mathbf{a}||^2 ||\mathbf{b}||^2 - (\mathbf{a} \cdot \mathbf{b})^2} .$$

Damit ist die Behauptung bewiesen.

e) Ist $\mathbf{x}$ aus $\mathbb{R}^n$, so haben wir gezeigt, dass $\mathbf{u} \in U$ und $\mathbf{v} \in V$ mit $\mathbf{u} + \mathbf{v} = \mathbf{x}$ existieren. Ist $\{\mathbf{v}_1, \mathbf{v}_2\}$ eine Basis von V und $\{\mathbf{u}_1, \ldots, \mathbf{u}_k\}$ eine Basis von U, so lässt sich $\mathbf{u}$ als lineare Kombination von $\mathbf{u}_1, \ldots, \mathbf{u}_k$ und $\mathbf{v}$ als lineare Kombination von $\mathbf{v}_1$ und $\mathbf{v}_2$ schreiben. Damit ist $\mathbf{x}$ eine lineare Kombination von $\mathbf{v}_1, \mathbf{v}_2, \mathbf{u}_1, \ldots, \mathbf{u}_k$, d.h. $\{\mathbf{v}_1, \mathbf{v}_2, \mathbf{u}_1, \ldots, \mathbf{u}_k\}$ ist ein Erzeugendensystem von $\mathbb{R}^n$. Aus

$$\gamma_1\mathbf{v}_1 + \gamma_2\mathbf{v}_2 + \delta_1\mathbf{u}_1 + \ldots + \delta_k\mathbf{u}_k = 0$$

folgt $\gamma_1\mathbf{v}_1 + \gamma_2\mathbf{v}_2 = -(\delta_1\mathbf{u}_1 + \ldots + \delta_k\mathbf{u}_k) \in V \cap U$ und damit $\gamma_1\mathbf{v}_1 + \gamma_2\mathbf{v}_2 = 0 = \delta_1\mathbf{u}_1 + \ldots + \delta_k\mathbf{u}_k$ (siehe c)). Da $\{\mathbf{v}_1, \mathbf{v}_2\}$ eine Basis von V und $\{\mathbf{u}_1, \ldots, \mathbf{u}_k\}$ eine Basis von U ist, folgt $\gamma_1 = \gamma_2 = 0 = \delta_1 = \ldots = \delta_k$, d.h. $\{\mathbf{v}_1, \mathbf{v}_2, \mathbf{u}_1, \ldots, \mathbf{u}_k\}$ ist ein System von linear unabhängigen Vektoren. Damit ist $\{\mathbf{v}_1, \mathbf{v}_2, \mathbf{u}_1, \ldots, \mathbf{u}_k\}$ eine Basis von $\mathbb{R}^n$.

f) Aus $2 + k = n$ folgt $\dim U = k = n - 2$.

Aufgabe 38

Betrachten Sie die folgenden drei Geraden in der Ebene:

$$g_1 := \{(x_1, x_2)^T \in \mathbb{E}_2 \mid 2x_1 - 3x_2 - 6 = 0\} \, ,$$

$$g_2 := \{(x_1, x_2)^T \in \mathbb{E}_2 \mid 2x_1 + 3x_2 - 6 = 0\} \, ,$$

$$g_3 := \{(x_1, x_2)^T \in \mathbb{E}_2 \mid 2x_1 - x_2 + 2 = 0\} \, .$$

a)   Zeigen Sie, dass keine zwei dieser Geraden parallel sind.

b)   Bestätigen Sie das Ergebnis aus a) indem Sie die Schnittpunkte C von g_1 und g_2, A von g_2 und g_3 sowie B von g_3 und g_1 berechnen.

c) h_1 sei die Gerade durch A senkrecht zur Geraden durch B und C, h_2 sei die Gerade durch B senkrecht zur Geraden durch A und C und h_3 sei die Gerade durch C senkrecht zur Geraden durch A und B. Bestimmen Sie je eine Parametergleichung von h_1, h_2 und h_3 .

d)   Bestimmen Sie die Hessesche Normalform der Geraden g_1, g_2, g_3, h_1, h_2 und h_3. Welche davon liegt dem Nullpunkt am nächsten?

e)   Berechnen Sie den Schnittpunkt der Höhen des Dreiecks ABC .

f)   Bestimmen Sie den Mittelpunkt und den Radius des Kreises, der dem Dreieck umschrieben ist.

g)   Berechnen Sie die Längen der Seiten und Höhen des Dreiecks sowie den Flächeninhalt.

h)   Fertigen Sie eine Skizze an.

Lösung:

a) Eine Möglichkeit zwei Geraden in Koordinantenform auf Parallelität zu prüfen, besteht darin, die Normalenvektoren auf lineare Abhängigkeit zu prüfen.

i) $g_1 \| g_2$?

Der Normalenvektor von g_1 ist $\mathbf{n}_1 = \binom{2}{-3}$ und der von g_2 $\mathbf{n}_2 = \binom{2}{3}$. Offensichtlich ist aber $\mathbf{n}_1$ kein Vielfaches von $\mathbf{n}_2$, also sind $\mathbf{n}_1$ und $\mathbf{n}_2$ linear unabhängig. Damit sind g_1 und g_2 nicht parallel.

ii) $g_2 \| g_3$?

Wie bei i) ist $\mathbf{n}_2 = \binom{2}{3}$ und für den Normalenvektor von g_3 ergibt sich $\mathbf{n}_3 = \binom{-2}{1}$. Auch hier ist offensichtlich $\mathbf{n}_2$ kein Vielfaches von $\mathbf{n}_3$, also sind auch $\mathbf{n}_2$ und $\mathbf{n}_3$ linear unabhängig und damit g_2 und g_3 nicht parallel.

iii) $g_1 \| g_3$?

Aus i),ii) ist bekannt: $\mathbf{n}_1 = \binom{2}{-3}$ und $\mathbf{n}_3 = \binom{-2}{1}$. Wie man leicht sieht, sind $\mathbf{n}_1$

und n_3 linear unabhängig, also auch g_1 und g_3 nicht parallel.

b)i) Berechnung des Schnittpunktes C von g_1 und g_2. $g_1 : 2x_1 - 3x_2 - 6 = 0$ und $g_2 : 2x_1 + 3x_2 - 6 = 0$. Zunächst wird die erste Geradengleichung nach x_1 aufgelöst: $x_1 = \frac{3}{2}x_2 + 3$. Setzt man nun dies in g_2 ein, so erhält man $2(\frac{3}{2}x_2 + 3) + 3x_2 - 6 = 0$. Das ist aber äquivalent zu $6x_2 = 0$ und hiermit gilt $x_2 = 0$. Setzt man nun noch x_2 in g_1 ein, so ergibt sich $x_1 = 3$, und damit ist der Schnittpunkt $C = (3,0)$.

ii) Der Schnittpunkt A von g_2 und g_3 habe die Koordinaten x_1 und x_2. Sie erfüllen die Gleichungen $2x_1 + 3x_2 - 6 = 0$ von g_2 und $2x_1 - x_2 + 2 = 0$ von g_3. Hier löst man zuerst g_2 nach x_1 auf: $x_1 = -\frac{3}{2}x_2 + 3$. Wie bei i) setzt man x_1 nun in g_3 ein und erhält für x_2 den Wert 2. Setzt man x_2 in g_2 ein, so ergibt sich $x_1 = 0$. Also ist $A = (0,2)$ der Schnittpunkt.

iii) Der Schnittpunkt B von $g_3 : 2x_1 - x_2 + 2 = 0$ und von $g_1 : 2x_1 - 3x_2 - 6 = 0$ lautet $B = (-3,-4)$.

c)i) h_1 sei die Gerade durch $A = (0,2)$ senkrecht zur Geraden $g_{B,C}$ durch B und C; die letztere wird mit Hilfe der Zweipunkteform geschrieben. Man hat für $g_{B,C}$ (d.h. für g_1):

$$\mathbf{x} = \begin{pmatrix} -3 \\ -4 \end{pmatrix} + \lambda(\begin{pmatrix} 3 \\ 0 \end{pmatrix} - \begin{pmatrix} -3 \\ -4 \end{pmatrix}) = \begin{pmatrix} -3 \\ -4 \end{pmatrix} + \lambda \begin{pmatrix} 6 \\ 4 \end{pmatrix}.$$

Deshalb ergibt sich für h_1 die Gleichung $\mathbf{x} = \begin{pmatrix} 0 \\ 2 \end{pmatrix} + \lambda \begin{pmatrix} 4 \\ -6 \end{pmatrix}$.

ii) h_2 sei die Gerade durch $B = (-3,-4)$ senkrecht zur Geraden $g_{A,C}$ durch A und C. Wie bei i) erhält man für $g_{A,C}$ (d.h. für g_2):

$$\mathbf{x} = \begin{pmatrix} 0 \\ 2 \end{pmatrix} + \mu(\begin{pmatrix} 3 \\ 0 \end{pmatrix} - \begin{pmatrix} 0 \\ 2 \end{pmatrix}) = \begin{pmatrix} 0 \\ 2 \end{pmatrix} + \mu \begin{pmatrix} 3 \\ -2 \end{pmatrix}.$$

Entsprechend lautet die Gleichung von $h_2 : \mathbf{x} = \begin{pmatrix} 0 \\ 2 \end{pmatrix} + \mu \begin{pmatrix} 3 \\ -2 \end{pmatrix}$.

iii) Analog hat man für $g_{A,B}$ (d.h. für g_3) die Gleichung

$$\mathbf{x} = \begin{pmatrix} 0 \\ 2 \end{pmatrix} + t(\begin{pmatrix} -3 \\ -4 \end{pmatrix} - \begin{pmatrix} 0 \\ 2 \end{pmatrix}) = \begin{pmatrix} 0 \\ 2 \end{pmatrix} + t \begin{pmatrix} -3 \\ -6 \end{pmatrix}.$$

Für h_3 erhält man $\mathbf{x} = \begin{pmatrix} 3 \\ 0 \end{pmatrix} + t \begin{pmatrix} 6 \\ -3 \end{pmatrix}$.

d)i) Die Hessesche Normalform von g_1, g_2 bzw. g_3 wird zuerst berechnet. Dafür benötigt man den Normaleneinheitsvektor n_1 zu g_1, der durch Normieren von $\begin{pmatrix} 4 \\ -6 \end{pmatrix}$ gewonnen wird, also $n_1 = \frac{1}{\sqrt{13}}\begin{pmatrix} 2 \\ -3 \end{pmatrix}$. Der Abstand d_1 vom Nullpunkt zu g_1 ist die Länge der Projektion des Vektors $\overline{OC}$ auf n_1, also:

$$d_1 = \frac{1}{\sqrt{13}} \left| \begin{pmatrix} 3 \\ 0 \end{pmatrix} \cdot \begin{pmatrix} 2 \\ -3 \end{pmatrix} \right| = \frac{1}{13}|6 + 0| = \frac{6}{\sqrt{13}}.$$

Analog erhält man den Einheitsvektor $\mathbf{n}_2$ zu g_2 und den Abstand d_2 vom Nullpunkt zu g_2 als Projektion des Vektors $\overline{OC}$ auf $\mathbf{n}_2$:

$$\mathbf{n}_2 = \frac{1}{\sqrt{13}} \begin{pmatrix} 2 \\ 3 \end{pmatrix} \quad , \quad d_2 = \frac{1}{\sqrt{13}} \left| \begin{pmatrix} 3 \\ 0 \end{pmatrix} \cdot \begin{pmatrix} 2 \\ 3 \end{pmatrix} \right| = \frac{6}{\sqrt{13}} \ .$$

Entsprechend lautet der Einheitsvektor $\mathbf{n}_3$ zu g_3 und der Abstand d_3 vom Nullpunkt zu g_3 :

$$\mathbf{n}_3 = \frac{1}{\sqrt{5}} \begin{pmatrix} -2 \\ 1 \end{pmatrix} \quad , \quad d_3 = \frac{1}{\sqrt{5}} \left| \begin{pmatrix} -1 \\ 0 \end{pmatrix} \cdot \begin{pmatrix} -2 \\ 1 \end{pmatrix} \right| = \frac{2}{\sqrt{5}} \ .$$

Die Hessesche Normalform von g_i lautet $\mathbf{n}_i \cdot \mathbf{x} = d_i$ für $i = 1, 2, 3$. Es folgt:

$$\frac{1}{\sqrt{13}} \begin{pmatrix} 2 \\ -3 \end{pmatrix} \cdot \begin{pmatrix} x_1 \\ x_2 \end{pmatrix} = \frac{6}{\sqrt{13}} \quad \text{für} \quad g_1 \ ,$$

$$\frac{1}{\sqrt{13}} \begin{pmatrix} 2 \\ 3 \end{pmatrix} \cdot \begin{pmatrix} x_1 \\ x_2 \end{pmatrix} = \frac{6}{\sqrt{13}} \quad \text{für} \quad g_2 \ ,$$

$$\frac{1}{\sqrt{5}} \begin{pmatrix} -2 \\ 1 \end{pmatrix} \cdot \begin{pmatrix} x_1 \\ x_2 \end{pmatrix} = \frac{2}{\sqrt{5}} \quad \text{für} \quad g_3 \ .$$

ii) Die Einheitsnormalenvektoren zu h_1, h_2 und h_3 lauten $\frac{1}{\sqrt{13}} \begin{pmatrix} 3 \\ 2 \end{pmatrix}$, $\frac{1}{\sqrt{13}} \begin{pmatrix} 3 \\ -2 \end{pmatrix}$ bzw. $\frac{1}{\sqrt{5}} \begin{pmatrix} 1 \\ 2 \end{pmatrix}$. Die Abstände vom Nullpunkt zu h_1, h_2 und h_3 sind $\left| \frac{1}{\sqrt{13}} \begin{pmatrix} 3 \\ 2 \end{pmatrix} \cdot \begin{pmatrix} 0 \\ 2 \end{pmatrix} \right| = \frac{4}{\sqrt{13}}$, $\left| \frac{1}{\sqrt{13}} \begin{pmatrix} 3 \\ -2 \end{pmatrix} \cdot \begin{pmatrix} -3 \\ -4 \end{pmatrix} \right| = \frac{1}{\sqrt{13}}$ bzw. $\left| \frac{1}{\sqrt{5}} \begin{pmatrix} 1 \\ 2 \end{pmatrix} \cdot \begin{pmatrix} 3 \\ 0 \end{pmatrix} \right| = \frac{3}{\sqrt{5}}$. Damit erhalten wir die Hessesche Normalform von

$$h_1 : \frac{1}{\sqrt{13}} \begin{pmatrix} 3 \\ 2 \end{pmatrix} \cdot \begin{pmatrix} x_1 \\ x_2 \end{pmatrix} = \frac{4}{\sqrt{13}} , \quad \text{von} \quad h_2 : \frac{1}{\sqrt{13}} \cdot \begin{pmatrix} 3 \\ -2 \end{pmatrix} \cdot \begin{pmatrix} x_1 \\ x_2 \end{pmatrix} = \frac{1}{\sqrt{3}}$$

bzw. von $\quad h_3 : \frac{1}{\sqrt{5}} \begin{pmatrix} 1 \\ 2 \end{pmatrix} \cdot \begin{pmatrix} x_1 \\ x_2 \end{pmatrix} = \frac{3}{\sqrt{5}} \ .$

e) Den Schnittpunkt von h_1 und h_2 erhält man, indem man $\begin{pmatrix} 0 \\ 2 \end{pmatrix} + \lambda \begin{pmatrix} 4 \\ -6 \end{pmatrix}$ und $\begin{pmatrix} 0 \\ 2 \end{pmatrix} + \mu \begin{pmatrix} 3 \\ -2 \end{pmatrix}$ gleichsetzt. Es ergibt sich $\mu = \frac{7}{4}$, $\lambda = \frac{1}{8}$ und damit $(\frac{1}{2}, \frac{5}{4})$ für den Schnittpunkt. Dieser Punkt liegt auch auf h_3, weil $\begin{pmatrix} 3 \\ 0 \end{pmatrix} + (-\frac{5}{12}) \cdot \begin{pmatrix} 6 \\ -3 \end{pmatrix} = \begin{pmatrix} \frac{1}{2} \\ \frac{5}{4} \end{pmatrix}$ gilt.

f) Um den Mittelpunkt M des Kreises, der dem Dreieck umschrieben ist, zu bestimmen, berechnet man den Schnitt von zwei der drei Seitenhalbierenden des Dreiecks ABC. Ein Punkt (x_1, x_2) liegt auf der Seitenhalbierenden von $\overline{AB}$, wenn er von A und B gleich weit entfernt ist, d.h., wenn gilt:

$$\sqrt{(x_1 - 0)^2 + (x_2 - 2)^2} = \sqrt{(x_1 + 3)^2 + (x_2 + 4)^2} \,.$$

Durch Quadrieren und Vereinfachen ergibt sich daraus die Gleichung der Seitenhalbierenden $x_1^2 + x_2^2 - 4x_2 + 4 = x_1^2 + 6x_1 + 9 + x_2^2 + 8x_2 + 16$, $-6x_1 - 12x_2 - 21 = 0$. Analog für die Seitenhalbierende von $\overline{AC}$

$$\sqrt{(x_1 - 0)^2 + (x_2 - 2)^2} = \sqrt{(x_1 - 3)^2 + (x_2 - 0)^2} \,,$$
$$x_1^2 + x_2^2 - 4x_2 + 4 = x_1^2 - 6x_1 + 9 + x_2^2 \,,$$
$$6x_1 - 4x_2 - 5 = 0 \,.$$

Die Koordinaten des Schnittpunktes erhält man als Lösung des folgenden Gleichungssystems:

$$-6x_1 - 12x_2 - 21 = 0$$
$$6x_1 - 4x_2 - 5 = 0 \,.$$

Addiert man die zweite Gleichung zur ersten Gleichung, so erhält man $-16x_2 - 26 = 0$, d.h. $x_2 = -\frac{13}{8}$. Daraus folgt $x_1 = \frac{2}{3}(-\frac{13}{8}) + \frac{5}{6} = -\frac{1}{4}$. Der Mittelpunkt ist also $M = (-\frac{1}{4}, -\frac{13}{8})$. Der Abstand von diesem Punkt zu A, d.h. der Radius des dem Dreieck ABC umschriebenen Kreises, ist

$$\sqrt{\left(-\frac{1}{4}\right)^2 + \left(-\frac{13}{8} - 2\right)^2} = \sqrt{\frac{4}{64} + \frac{841}{64}} = \frac{\sqrt{845}}{8} \,.$$

g) Die Vektoren $\overline{AB} = \binom{-3-0}{-4-2} = \binom{-3}{-6}$ $\overline{AC} = \binom{3-0}{0-2} = \binom{3}{-2}$ und $\overline{BC} = \binom{3+3}{0+4} = \binom{6}{4}$ haben die Längen $|\overline{AB}| = \sqrt{45} = 3\sqrt{5}$, $|\overline{AC}| = \sqrt{13}$ und $|\overline{BC}| = \sqrt{52} = 2\sqrt{13}$. Wir berechnen nun die Längen der Höhen des Dreiecks ABC. Die Projektion A_1 von A auf g_1 erhält man aus dem linearen Gleichungssystem

$$2x_1 - 3x_2 - 6 = 0 \quad \text{und} \quad \binom{x_1}{x_2} = \binom{0}{2} + \lambda \binom{4}{-6} \,.$$

Setzt man $x_1 = 4\lambda$ und $x_2 = 2 - 6\lambda$ in die 1. Gleichung ein, so erhält man $2(4\lambda) - 3(2 - 6\lambda) - 6 = 0$, d.h. $\lambda = \frac{12}{26} = \frac{6}{13}$. Damit ergeben sich $x_1 = \frac{24}{13}$, $x_2 = -\frac{10}{13}$ und die Länge der Höhe $\overline{AA_1}$: $|\overline{AA_1}| = \sqrt{(\frac{24}{13} - 0)^2 + (-\frac{10}{13} - 2)^2} = \sqrt{(\frac{24}{13})^2 + (\frac{-36}{13})^2} = \frac{1}{13}\sqrt{9 \cdot 208} = \frac{12}{\sqrt{13}}$. Analog berechnet man die Koordinaten der Projektion B_1 von B auf g_2. Aus $2x_1 + 3x_2 - 6 = 0$ und $\binom{x_1}{x_2} = \binom{-3}{-4} + \mu\binom{2}{3}$ folgt $B_1 = (\frac{9}{13}, \frac{20}{13})$. Deshalb ist die Länge der Höhe $\overline{BB_1}$ gleich $|\overline{BB_1}| = \sqrt{(\frac{9}{13} + 3)^2 + (\frac{20}{13} + 4)^2} = \frac{24}{\sqrt{13}}$. Wiederum analog berechnet man die Koordinaten der Projektion C_1 von C

auf g_3. Aus $2x_1 - x_2 + 2 = 0$ und $\binom{x_1}{x_2} = \binom{3}{0} + \nu\binom{6}{-3}$ ergibt sich $C_1 = (-\frac{1}{5}, \frac{8}{5})$

und damit $|\overline{CC_1}| = \sqrt{(-\frac{1}{5} - 3)^2 + (\frac{8}{5})^2} = \sqrt{\frac{320}{25}} = \frac{8}{25}$. Der Flächeninhalt des

Dreiecks ABC ist $\frac{|\overline{AA_1}| \cdot |\overline{BC}|}{2} = \frac{\frac{12}{\sqrt{13}} \cdot 2\sqrt{13}}{2} = 12$.

h) Abbildung 1.11 zeigt eine zugehörige Skizze.

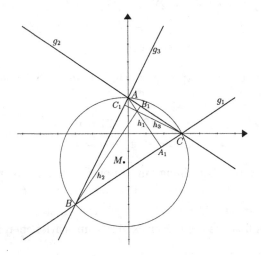

Abbildung 1.11. Das Dreieck ABC und seine Höhen

Aufgabe 39

Man betrachte die Vektoren $\mathbf{a} = (1, 0, 1)^T$, $\mathbf{b} = (2, 3, -1)^T$, $\mathbf{e} = (-1, 1, 2)^T$, $\mathbf{d} = \mathbf{b} \times \mathbf{e}$ sowie die Vektorenschar $\{\mathbf{c}_\lambda = (-1, \lambda^2, \frac{1-3\lambda}{2})^T \mid \lambda \in \mathbb{R}\}$ aus $\mathbb{E}_3$. Seien $\lambda_1 = 1$ und $\lambda_2, \lambda_3 \in \mathbb{R}$, $\lambda_3 < \lambda_2$, die beiden eindeutig bestimmten reellen Zahlen, für welche $\mathbf{c}_{\lambda_2}$ und $\mathbf{c}_{\lambda_3}$ senkrecht zu $\mathbf{d}$ sind. Sei E die Ebene mit der Parametergleichung $\mathbf{x} = \mathbf{a} + \nu\mathbf{b} + \mu\mathbf{c}_{\lambda_2}, \nu, \mu \in \mathbb{R}$.

a) Berechnen Sie den Flächeninhalt des von den Vektoren $\mathbf{c}_{\lambda_1}$ und $\mathbf{c}_{\lambda_2}$ aufgespannten Parallelogramms.

b) Berechnen Sie das Volumen des von den Vektoren $\mathbf{c}_{\lambda_1}, \mathbf{c}_{\lambda_2}$ und $\mathbf{c}_{\lambda_3}$ aufgespannten Spats.

c) Stellen Sie E in der Form $ax_1 + bx_2 + cx_3 = e$ dar.

d) Leiten Sie die Hessesche Normalform von E her.

e) Bestimmen Sie den Abstand von $(-1, -3, 0)$ zur Ebene E.

f) Berechnen Sie den Schnittpunkt A von E mit der Geraden g durch den Punkt $(-1, -3, 0)$, die parallel zu $\mathbf{a}$ ist.

g) Wie lautet eine Gleichung der Projektion von g auf E ?

Lösung:

$$\mathbf{d} = \mathbf{b} \times \mathbf{e} = \begin{pmatrix} 2 \\ 3 \\ -1 \end{pmatrix} \times \begin{pmatrix} -1 \\ 1 \\ 2 \end{pmatrix} = \begin{pmatrix} 7 \\ -3 \\ 5 \end{pmatrix}, \quad \mathbf{c}_\lambda \cdot \mathbf{d} = \begin{pmatrix} -1 \\ \lambda^2 \\ \frac{1-3\lambda}{2} \end{pmatrix} \cdot \begin{pmatrix} 7 \\ -3 \\ 5 \end{pmatrix} =$$

$$-7 - 3\lambda^2 + \frac{5-15\lambda}{2} = \frac{-14 - 6\lambda^2 + 5 - 15\lambda}{2} = -\frac{3}{2}(2\lambda^2 + 5\lambda + 3) = -(\lambda + 1)(\lambda + \frac{3}{2}).$$

Also: $\lambda_3 = -\frac{3}{2}$, $\lambda_2 = -1$, $\lambda_1 = 1$.

a) $\mathbf{c}_{\lambda_1} \times \mathbf{c}_{\lambda_2} = \begin{pmatrix} -1 \\ 1 \\ -1 \end{pmatrix} \times \begin{pmatrix} -1 \\ 1 \\ 2 \end{pmatrix} = \begin{pmatrix} 3 \\ 3 \\ 0 \end{pmatrix}$, $\quad |\mathbf{c}_{\lambda_1} \times \mathbf{c}_{\lambda_2}| = \sqrt{9 + 9 + 0} = 3\sqrt{2}$.

Der Flächeninhalt des von $\mathbf{c}_{\lambda_1}$ und $\mathbf{c}_{\lambda_2}$ aufgespannten Parallelogramms ist also $3\sqrt{2}$.

b) Das Volumen des von $\mathbf{c}_{\lambda_1}, \mathbf{c}_{\lambda_2}$ und $\mathbf{c}_{\lambda_3}$ aufgespannten Spats ist

$$|(\mathbf{c}_{\lambda_1} \times \mathbf{c}_{\lambda_2}) \cdot \mathbf{c}_{\lambda_3}| = \left| \begin{pmatrix} 3 \\ 3 \\ 0 \end{pmatrix} \cdot \begin{pmatrix} -1 \\ \frac{9}{4} \\ \frac{11}{4} \end{pmatrix} \right| = \left| -3 + \frac{27}{4} + 0 \right| = \frac{15}{4}.$$

c) $\mathbf{x} = \mathbf{a} + \nu\mathbf{b} + \mu\mathbf{c}_{\lambda_2} = \begin{pmatrix} 1 \\ 0 \\ 1 \end{pmatrix} + \nu \begin{pmatrix} 2 \\ 3 \\ -1 \end{pmatrix} + \mu \begin{pmatrix} -1 \\ 1 \\ 2 \end{pmatrix} = \begin{pmatrix} 1 + 2\nu - \mu \\ 3\nu + \mu \\ 1 - \nu + 2\mu \end{pmatrix} =$

$\begin{pmatrix} x_1 \\ x_2 \\ x_3 \end{pmatrix}$. Aus den Gleichungen $1 + 2\nu - \mu = x_1$ und $3\nu + \mu = x_2$ folgt

$1 + 5\nu = x_1 + x_2$, während aus $1 + 2\nu - \mu = x_1$ und $1 - \nu + 2\mu = x_3$ sich $3 + 3\nu = 2x_1 + x_3$ ergibt. Die gesuchte Darstellung der Gleichung von E erhält man aus $\nu = \frac{x_1 + x_2 - 1}{5} = \frac{2x_1 + x_3 - 3}{3}$; sie lautet: $7x_1 - 3x_2 + 5x_3 = 12$.

Ein Normaleneinheitsvektor zu E ist also $\frac{1}{\sqrt{83}} \begin{pmatrix} 7 \\ -3 \\ 5 \end{pmatrix}$, da $\sqrt{7^2 + (-3)^2 + 5^2} =$

$\sqrt{83}$ gilt. Der Abstand vom Nullpunkt E ist $|\frac{-12}{\sqrt{83}}| = \frac{12}{\sqrt{83}}$. Damit ist die Hessesche Normalform von E:

$$\frac{1}{\sqrt{83}} \begin{pmatrix} 7 \\ -3 \\ 5 \end{pmatrix} \cdot \begin{pmatrix} x_1 \\ x_2 \\ x_3 \end{pmatrix} = \frac{12}{\sqrt{83}}.$$

e) Der gesuchte Abstand ist

$$\frac{|7 \cdot (-1) - 3 \cdot (-3) + 5 \cdot 0 - 12|}{\sqrt{83}} = \frac{|-7 + 9 - 12|}{\sqrt{83}} = \frac{10}{\sqrt{83}}.$$

f) Die Gerade g hat eine Gleichung der Gestalt

$$\mathbf{x} = \begin{pmatrix} -1 \\ -3 \\ 0 \end{pmatrix} + \lambda \begin{pmatrix} 1 \\ 0 \\ 1 \end{pmatrix} = \begin{pmatrix} \lambda - 1 \\ -3 \\ \lambda \end{pmatrix} .$$

Setzt man $x_1 = \lambda - 1$, $x_2 = -3$ und $x_3 = \lambda$ in die Gleichung von E ein, so folgt aus $7(\lambda - 1) - 3(-3) + 5\lambda = 12$ zuerst $7\lambda - 7 + 9 + 5\lambda = 12$, und damit $\lambda = \frac{10}{12} = \frac{5}{6}$. Der Schnittpunkt von E und g ist also $(-\frac{1}{6}, -3, \frac{5}{6}) =: A$.

g) Die Projektion B von $(-1, -3, 0)$ auf E bekommt man als Schnitt von

$$\mathbf{x} = \begin{pmatrix} -1 \\ -3 \\ 0 \end{pmatrix} + \lambda \begin{pmatrix} 7 \\ -3 \\ 5 \end{pmatrix} \text{ mit } E. \text{ Setzt man } x_1 = 7\lambda - 1, \; x_2 = -3\lambda - 3 \text{ und}$$

$x_3 = 5\lambda$ in E ein, so folgt aus $7(7\lambda - 1) - 3(-3\lambda - 3) + 5(5\lambda) = 12$ für λ den Wert $\lambda = \frac{10}{83}$. Damit gilt $B = (-\frac{13}{83}, \frac{279}{83}, \frac{50}{83})$. Die Projektion von g auf E ist durch A und B bestimmt. Sie hat eine Gleichung der Form

$$\mathbf{x} = \begin{pmatrix} -\frac{1}{6} \\ -3 \\ \frac{5}{6} \end{pmatrix} + \lambda \begin{pmatrix} -\frac{13}{83} + \frac{1}{6} \\ -\frac{279}{83} + 3 \\ \frac{50}{83} - \frac{5}{6} \end{pmatrix} = \frac{1}{6} \begin{pmatrix} -1 \\ -18 \\ 5 \end{pmatrix} + \frac{5\lambda}{498} \begin{pmatrix} 1 \\ -36 \\ -23 \end{pmatrix} .$$

Aufgabe 40

Durch die Punkte $A_1 = (1, 2, 3)$, $A_2 = (-2, 1, 2)$, $A_3 = (-1, 3, 4)$ bzw. $B_1 = (-3, 7, -1)$, $B_2 = (1, 3, 1)$, $B_3 = (2, 11, 5)$ werden zwei Ebenen E_A und E_B eindeutig bestimmt. Sei g die Schnittgerade $E_A \cap E_B$.

a)   Geben Sie je eine Gleichung dieser Ebenen an.

b)   Berechnen Sie eine Parameterdarstellung der Schnittgeraden g.

c)   Entscheiden Sie, welcher der Punkte A_1, A_2, A_3 am nächsten und welcher am weitesten von E_B entfernt ist. Welche von diesen drei Punkten (d.h. A_1, A_2 und A_3) liegen in demselben von E_B berandeten Halbraum wie der Nullpunkt?

d)   Seien B_1', B_2', B_3' die Projektionen von B_1, B_2, B_3 auf E_A. Berechnen Sie den Flächeninhalt des Dreiecks B_1', B_2', B_3'.

e)   Unter welchem Winkel $\alpha \in [0, \frac{\pi}{2}]$ schneiden sich die Ebenen E_A und E_B ?

Lösung:

a) E_A hat eine Gleichung der Gestalt $\mathbf{x} = \begin{pmatrix} 1 \\ 2 \\ 3 \end{pmatrix} + \lambda \begin{pmatrix} 3 \\ 1 \\ 1 \end{pmatrix} + \mu \begin{pmatrix} -2 \\ 1 \\ 1 \end{pmatrix} .$

$$x_1 = 1 + 3\lambda - 2\mu$$

Eliminiert man λ und μ aus $\quad x_2 = 2 + \lambda + \mu \quad$, so erhält man eine weitere

$$x_3 = 3 + \lambda + \mu$$

Gleichung von $E_A : x_3 - x_2 = 1$.

E_B hat eine Gleichung der Form $\mathbf{x} = \begin{pmatrix} 1 \\ 3 \\ 1 \end{pmatrix} + \lambda \begin{pmatrix} 1 \\ 8 \\ 4 \end{pmatrix} + \mu \begin{pmatrix} 4 \\ -4 \\ 2 \end{pmatrix}$. Durch die

$$x_1 = 1 + \lambda + 4\mu$$

Elimination von λ und μ aus $\quad x_2 = 3 + 8\lambda - 4\mu$ bekommt man die folgende

$$x_3 = 1 + 4\lambda + 2\mu$$

Gleichung von $E_B : 16x_1 + 7x_2 - 18x_3 = 19$.

b) Setzt man in $16x_1 + 7x_2 - 18x_3 = 19$ für x_3 den Wert $x_2 + 1$ ein, so ergibt sich $16x_1 + 7x_2 - 18(x_2 + 1) = 19$ und damit $16x_1 - 11x_2 = 37$. Aus $x_1 = \frac{11}{16}x_2 + \frac{37}{16}$ und $x_3 = x_2 + 1$ erhält man die folgende Parameterdarstellung

von $g : \mathbf{x} = \begin{pmatrix} x_1 \\ x_2 \\ x_3 \end{pmatrix} = \begin{pmatrix} \frac{37}{16} \\ 0 \\ 1 \end{pmatrix} + \lambda \begin{pmatrix} \frac{11}{16} \\ 1 \\ 1 \end{pmatrix}$.

c) Der Abstand eines Punktes $P = (p_1, p_2, p_3)$ von einer Ebene E, die durch eine Gleichung der Form $a_1 x_1 + a_2 x_2 + a_3 x_3 + a_4 = 0$ angegeben werden kann, ist

$$d(P, E) := \frac{|a_1 p_1 + a_2 p_2 + a_3 p_3 + a_4|}{\sqrt{a_1^2 + a_2^2 + a_3^2}} .$$

Zwei Punkte P und $Q = (q_1, q_2, q_3)$ liegen in demselben von E beranderen Halbraum, falls $a_1 p_1 + a_2 p_2 + a_3 p_3 + a_4$ und $a_1 q_1 + a_2 q_2 + a_3 q_3 + a_4$ dasselbe Vorzeichen haben. In unserer Situation hat man mit der Bezeichnung

$$f_B(P) := f_B(p_1, p_2, p_3) := 16p_1 + 7p_2 - 18p_3 - 19$$

(für welche gilt $\quad d(P, E_B) = \dfrac{|f_B(P)|}{\sqrt{16^2 + 7^2 + (-18)^2}} = \dfrac{|f_B(P)|}{\sqrt{629}}$) :

$$f_B(A_1) = 16 \cdot 1 + 7 \cdot 2 - 18 \cdot 3 - 19 = -43 , \ d(A_1, E_B) = \frac{43}{\sqrt{629}} ,$$

$$f_B(A_2) = 16 \cdot (-2) + 7 \cdot 1 - 18 \cdot 2 - 19 = -80 , \ d(A_2, E_B) = \frac{80}{\sqrt{629}} ,$$

$$f_B(A_3) = 16 \cdot (-1) + 7 \cdot 3 - 18 \cdot 4 - 19 = -86 , \ d(A_3, E_B) = \frac{86}{\sqrt{629}}$$

und schließlich für den Nullpunkt $O = (0, 0, 0)$

$$f_B(O) = 16 \cdot 0 + 7 \cdot 0 - 18 \cdot 0 - 19 = -19, \quad d(O, E_B) = \frac{19}{\sqrt{629}}.$$

Daraus folgt $d(A_1, E_B) < d(A_2, E_B) < d(A_3, E_3)$, d.h. A_1 liegt näher bei E_B als A_2, A_2 liegt näher bei E_B als A_3 und A_1, A_2, A_3 befinden sich in demselben von E_B berandeten Halbraum wie der Nullpunkt.

d) Der Vektor $(0, 1, -1)^T$ ist senkrecht zu E_A. Um die Projektion von B_3 auf E_A zu bekommen, schneidet man die Gerade $\mathbf{x} = \begin{pmatrix} 2 \\ 11 \\ 5 \end{pmatrix} + \lambda \begin{pmatrix} 0 \\ 1 \\ -1 \end{pmatrix}$ mit der Ebene E_A. Aus $x_1 = 2$, $x_2 = 11 + \lambda$, $x_3 = 5 - \lambda$ und $x_3 - x_2 = 1$ folgt $\lambda = -\frac{7}{2}$ und damit $B_3' = (2, \frac{15}{2}, \frac{17}{2})$.

Analog erhält man B_2' als Schnitt der Geraden $\mathbf{x} = \begin{pmatrix} 1 \\ 3 \\ 1 \end{pmatrix} + \lambda \begin{pmatrix} 0 \\ 1 \\ -1 \end{pmatrix}$ und E_A. Aus $(1 - \lambda) - (3 + \lambda) = 1$ ergibt sich $\lambda = -\frac{3}{2}$, und daraus $B_2' = (1, \frac{3}{2}, \frac{5}{2})$. Den Punkt B_1' als Projektion von B_1 auf E_A kann man genauso berechnen; man erhält $B_1' = (-3, \frac{5}{2}, \frac{7}{2})$. Der Flächeninhalt des Dreiecks $B_1' B_2' B_3'$ ist

$$\frac{1}{2} \cdot |\overline{B_1' B_2'} \times \overline{B_1' B_3'}| = \frac{1}{2} \left| \begin{pmatrix} 4 \\ -1 \\ -1 \end{pmatrix} \times \begin{pmatrix} 5 \\ 5 \\ 5 \end{pmatrix} \right| = \frac{1}{2} \left| \begin{pmatrix} 0 \\ -25 \\ 25 \end{pmatrix} \right| = \frac{25}{\sqrt{2}}.$$

e) Der Winkel $\alpha \in [0, \frac{\pi}{2}]$ zwischen E_A und E_B ist der Winkel zwischen den Normaleneinheitsvektoren zu E_A und zu E_B, d.h. zwischen $\frac{1}{\sqrt{2}}$ und $\frac{1}{\sqrt{629}}(16, 7, -18)^T$, also: $\cos \alpha = \frac{|-7 - 18|}{\sqrt{2}\sqrt{629}} = \frac{25}{\sqrt{2}\sqrt{629}}$, $\alpha = \arccos \frac{25}{\sqrt{2}\sqrt{629}}$, $\alpha \approx 45^0 10' 55''$.

Aufgabe 41

Seien $A = (1, 2, 0)$, $B = (2, 0, 1)$ und $C = (0, 1, 2)$ drei Punkte aus IR^3. Mit E bezeichne man die Ebene, welche durch A, B und C geht. Sei g die Gerade mit der Gleichung $\mathbf{x} = \begin{pmatrix} -2 \\ -2 \\ -2 \end{pmatrix} + \lambda \begin{pmatrix} 1 \\ 1 \\ 1 \end{pmatrix}$, $\lambda \in \mathrm{IR}$.

a)   Berechnen Sie die Seitenlängen des Dreiecks ABC .

b)   Ermitteln Sie eine Gleichung von E in Parameterform.

c)   Geben Sie die Hessesche Normalform von E an.

d)   Geben Sie Gleichungen der Geraden aus E an, welche die Winkel des Dreiecks ABC halbieren, und berechnen Sie dann deren Schnittpunkt S. Wie hätten Sie unter Verwendung von a) und Schulkenntnissen (aus der Mittelstufe!) den Punkt S sofort angeben können?

e)   Zeigen Sie, dass jeder Punkt von g gleich weit von A, B und C entfernt ist.

f)   Berechnen Sie den Punkt D auf g, der den Abstand $2\sqrt{3}$ zur Ebene E hat und so gewählt ist, dass S zwischen dem Nullpunkt O und D liegt.

g)   Berechnen Sie das Spatprodukt der Vektoren $\overline{DA}$, $\overline{DB}$ und $\overline{DC}$.

h)   Welche geometrische Deutung hat dieses Spatprodukt aus g)?

Lösung:

a)
$$|\overline{AB}| = \sqrt{(2-1)^2 + (0-2)^2 + (1-0)^2} = \sqrt{6},$$
$$|\overline{BC}| = \sqrt{(0-2)^2 + (1-0)^2 + (2-1)^2} = \sqrt{6},$$
$$|\overline{CA}| = \sqrt{(1-0)^2 + (2-1)^2 + (0-2)^2} = \sqrt{6}.$$

b) $\mathbf{x} = \overline{OA} + \lambda\overline{AB} + \mu\overline{AC} = \begin{pmatrix} 1 \\ 2 \\ 0 \end{pmatrix} + \lambda \begin{pmatrix} 1 \\ -2 \\ 1 \end{pmatrix} + \mu \begin{pmatrix} -1 \\ -1 \\ 2 \end{pmatrix}$; $\lambda, \mu \in \mathbb{R}$.

c) $\mathbf{n}$ erhält man durch Normieren von $\overline{AB} \times \overline{AC} = (-3, -3, -3)^T$, und dabei soll das Vorzeichen so gewählt werden, dass z.B. $\mathbf{n} \cdot \overline{OA}$ positiv ist. Deshalb gilt $\mathbf{n} = \frac{1}{\sqrt{3}}(1, 1, 1)^T$ und $\mathbf{n} \cdot \overline{OA} = \frac{1}{\sqrt{3}}(1 + 2 + 0) = \sqrt{3}$. Also: $\mathbf{n} \cdot \mathbf{x} - \sqrt{3} = 0$ ist die Hessesche Normalform der Ebene E.

d) Da $\overline{AB} = \overline{AC}$ gilt, geht die Winkelhalbierende des Winkels in A durch den Mittelpunkt A' der Strecke $\overline{BC}$, d.h. durch $A' = (1, \frac{1}{2}, \frac{3}{2})$. Deshalb ist $\mathbf{x} = \overline{OA} + \lambda\overline{AA'}$ eine Gleichung dieser Winkelhalbierenden, also:

$$\mathbf{x} = \begin{pmatrix} 1 \\ 2 \\ 0 \end{pmatrix} + \begin{pmatrix} 0 \\ -3/2 \\ 3/2 \end{pmatrix} \quad, \quad \lambda \in \mathbb{R}.$$

Setzt man α anstelle von $\frac{3}{2}\lambda$, so erhält man die folgende Gestalt einer Gleichung der Winkelhalbierenden $\mathbf{x} = \begin{pmatrix} 1 \\ 2 \\ 0 \end{pmatrix} + \alpha \begin{pmatrix} 0 \\ -1 \\ 1 \end{pmatrix}$, $\alpha \in \mathbb{R}$. Analog erhält man für die Winkelhalbierenden der Winkel in B und C

$$\mathbf{x} = \begin{pmatrix} 2 \\ 0 \\ 1 \end{pmatrix} + \beta \begin{pmatrix} -1 \\ 1 \\ 0 \end{pmatrix} , \ \beta \in \mathbb{R} \quad \text{bzw.} \quad \mathbf{x} = \begin{pmatrix} 0 \\ 1 \\ 2 \end{pmatrix} + \gamma \begin{pmatrix} 1 \\ 0 \\ -1 \end{pmatrix} , \ \gamma \in \mathbb{R}.$$

Als Schnittpunkt ergibt sich für $\alpha = \beta = \gamma = 1 : S = (1,1,1)$.

Da das Dreieck ABC gleichseitig ist (s. a)), ist S nicht nur der Schnittpunkt der Winkelhalbierenden (also der Mittelpunkt des einbeschriebenen Kreises in diesem Dreieck) sondern auch der Schwerpunkt des Dreiecks, und deshalb gilt $\overline{OS} = \frac{1}{3}(\overline{OA} + \overline{OB} + \overline{OC})$, was zum selben Wert $(1,1,1)$ für S führt.

e) Die Gerade g geht durch S (diesen Punkt erhält man für $\lambda = 3$) und ist senkrecht auf E. Aus der Gleichheit der rechtwinkligen Dreiecke ASP, BSP, CSP ($P \in g$ beliebig) ergibt sich die Behauptung. Dasselbe Ergebnis kann man auch rechnerisch erhalten, indem man die Abstände zwischen $P = (\lambda - 2, \lambda - 2, \lambda - 2)$ und A, B bzw. C bestimmt.

f) Wenn man die konkrete geometrische Vorstellung außer acht lässt und für g die Darstellung $\mathbf{x} = \mu(1,1,1)^T$, $\mu \in \mathbb{R}$, nimmt, so bekommt man für den Abstand eines Punktes (μ, μ, μ) von E den Wert $|\frac{1}{\sqrt{3}}(\mu + \mu + \mu) - \sqrt{3}|$. Aus $|\sqrt{3}\mu - \sqrt{3}| = 2\sqrt{3}$ folgt $|\mu - 1| = 2$ und damit $\mu = 3$ oder $\mu = -1$, d.h. der gesuchte Punkt ist entweder $(3,3,3)$ oder $(-1,-1,-1)$. Da $S = (1,1,1)$ zwischen $(0,0,0)$ und D liegt, muß $D = (3,3,3)$ gelten.

Wenn man bedenkt, dass g senkrecht zu E in S ist, ist der Abstand eines Punktes $P = (\mu, \mu, \mu)$ von g zu E die Länge der Strecke $\overline{PS}$, d.h. $\sqrt{(\mu - 1)^2 + (\mu - 1)^2 + (\mu - 1)^2}$. Aus $\sqrt{3}|\mu - 1| = 2\sqrt{3}$ folgt wieder $\mu = 3$ oder $\mu = -1$.

g) $\overline{DA} = \begin{pmatrix} -2 \\ -1 \\ -3 \end{pmatrix}$, $\overline{DB} = \begin{pmatrix} -1 \\ -3 \\ -2 \end{pmatrix}$ $\overline{DC} = \begin{pmatrix} -3 \\ -2 \\ -1 \end{pmatrix}$ $\overline{DA} \times \overline{DB} = \begin{pmatrix} -7 \\ -1 \\ 5 \end{pmatrix}$,

$(\overline{DA} \times \overline{DB}) \cdot \overline{DC} = 21 + 2 - 5 = 18$.

h) 18 ist das Volumen des Parallelotops, das durch die Kanten $\overline{DA}$, $\overline{DB}$ und $\overline{DC}$ definiert wird.

Aufgabe 42

Sei $\{\mathbf{v_1}, \mathbf{v_2}, \mathbf{v_3}\}$ eine Basis eines dreidimensionalen Vektorraums V über einem Körper K, der $\mathbb{Q}$ enthält, und $f : V \to V$ ein Endomorphismus von V, der durch $f(\mathbf{v_1}) = \mathbf{v_1} - 2\mathbf{v_2} + 3\mathbf{v_3}$, $f(\mathbf{v_2}) = 2\mathbf{v_1} + 3\mathbf{v_2} - 4\mathbf{v_3}$, $f(\mathbf{v_3}) = -\mathbf{v_2}$ definiert ist.

a)   Bestimmen Sie den Kern und das Bild von f .

b)   Wie operiert $f \circ f$ auf der angegebenen Basis von V ?

c)   Ist f oder $f \circ f$ ein Isomorphismus? Gegebenenfalls bestimmen Sie den inversen Isomorphismus.

Lösung:

a) Sei $\mathbf{v} \in V$ mit der Eigenschaft $f(\mathbf{v}) = \mathbf{0}$. Es gibt a_1, a_2, a_3 aus K mit

$v = a_1 v_1 + a_2 v_2 + a_3 v_3$. Es folgt

$$f(v) = f(a_1 v_1 + a_2 v_2 + a_3 v_3) = a_2 f(v_2) + a_3 f(v_3)$$
$$= a_1(v_1 - 2v_2 + 3v_3) + a_2(2v_1 + 3v_2 - 4v_3) - a_3 v_2$$
$$= (a_1 + 2a_2)v_1 + (-2a_1 + 3a_2 - a_3)v_2 + (3a_1 - 4a_2)v_3 \ .$$

Deshalb ist $f(v) = 0$ äquivalent zum linearen Gleichungssystem

$$a_1 + 2a_2 = 0, \ -2a_1 + 3a_2 - a_3 = 0, \ 3a_1 - 4a_2 = 0 \ .$$

Aus der ersten und dritten Gleichung folgt $2(a_1 + 2a_2) + (3a_1 - 4a_2) = 5a_1 = 0$, d.h. $a_1 = 0$, und damit $a_2 = 0$. Aus der zweiten Gleichung erhält man dann $a_3 = 0$. Hiermit ist v der Nullvektor, d.h. f ist ein Monomorphismus. Wegen der Dimensionsformel

$$\dim_K \mathrm{Kern}(f) + \dim_K \mathrm{Bild}(f) = \dim_K V$$

folgt $\mathrm{Bild}(f) = V$, d.h. f ist auch ein Epimorphismus.

b) $(f \circ f)(v_1) = f(f(v_1)) = f(v_1 - 2v_2 + 3v_3) = f(v_1) - 2f(v_2) + 3f(v_3) = v_1 - 2v_2 + 3v_3 - 2(2v_1 + 3v_2 - 4v_3) + 3(-v_2) = -3v_1 - 11v_2 + 11v_3$.
Analog erhält man $(f \circ f)(v_2) = 8v_1 + 9v_2 - 6v_3$ und $(f \circ f)(v_3) = -2v_1 - 3v_2 + 4v_3$.

c) f ist sowohl injektiv als auch surjektiv, also ein Isomorphismus. Als Komposition von Isomorphismen ist $f \circ f$ ebenfalls ein Isomorphismus.
Man sucht für $i = 1, 2, 3$ die Elemente $\lambda_{i1}, \lambda_{i2}, \lambda_{i3}$ aus K mit der Eigenschaft $f(\lambda_{i1} v_1 + \lambda_{i2} v_2 + \lambda_{i3} v_3) = v_i$. Dann ist $f^{-1}(v_i) = \lambda_{i1} v_1 + \lambda_{i2} v_2 + \lambda_{i3} v_3$.
Wie in a) hat man $f(\lambda_{i1} v_1 + \lambda_{i2} v_2 + \lambda_{i3} v_3) = (\lambda_{i1} + 2\lambda_{i2})v_1 + (-2\lambda_{i1} + 3\lambda_{i2} - \lambda_{i3})v_2 + (3\lambda_{i1} - 4\lambda_{i2})v_3$. Daraus folgt für $i = 1$
$\lambda_{11} + 2\lambda_{12} = 1$, $-2\lambda_{11} + 3\lambda_{12} - \lambda_{13} = 0$, $3\lambda_{11} - 4\lambda_{12} = 0$ und damit $\lambda_{11} = \frac{2}{5}$, $\lambda_{12} = \frac{3}{10}$, $\lambda_{13} = \frac{1}{10}$. Analog berechnet man $\lambda_{21} = \lambda_{22} = 0$, $\lambda_{23} = -1$ und $\lambda_{31} = \frac{1}{5}$, $\lambda_{32} = -\frac{1}{10}$, $\lambda_{33} = -\frac{7}{10}$.
Es gilt $(f \circ f)^{-1} = f^{-1} \circ f^{-1}$, und deshalb hat man $(f \circ f)^{-1}(v_1) = f^{-1}(f^{-1}(v_1)) = f^{-1}(\frac{2}{5}v_1 + \frac{3}{10}v_2 + \frac{1}{10}v_3) = \frac{2}{5}(\frac{2}{5}v_1 + \frac{3}{10}v_2 + \frac{1}{10}v_3) + \frac{3}{10}(-v_3) + \frac{1}{10}(\frac{1}{5}v_1 - \frac{1}{10}v_2 - \frac{7}{10}v_3) = \frac{9}{50}v_1 + \frac{11}{100}v_2 - \frac{33}{100}v_3$, $(f \circ f)^{-1}(v_2) = \ldots = -\frac{1}{5}v_1 + \frac{1}{10}v_2 + \frac{7}{10}v_3$, $(f \circ f)^{-1}(v_3) = \ldots = -\frac{3}{50}v_1 + \frac{13}{100}v_2 + \frac{61}{100}v_3$.

Aufgabe 43

Berechnen Sie sämtliche Lösungen der folgenden linearen Gleichungssysteme durch Zeilenumformungen:

i)
$$3x_1 - 4x_2 + 5x_3 - x_4 = 7$$
$$4x_1 - 2x_2 + 7x_3 - 4x_4 = -2$$
$$2x_1 + 3x_2 + 2x_3 + 2x_4 = 7 \ .$$

ii)
$$3ix_1 \quad -4(1+i)x_2 \; -x_3 \quad = -1 - 4i$$
$$(1+i)x_1 + 2(1-2i)x_2 + (1-i)x_3 = -5 + 3i \; .$$

Lösung:

i) Addiert man das 2-fache der ersten Zeile zur dritten Zeile und das (-4)-fache der ersten Zeile zur zweiten Zeile, so folgt

$$8x_1 - \; 5x_2 + 12x_3 = 21$$
$$-8x_1 + 14x_2 - 13x_3 = -30 \; .$$

Addiert man nun diese beiden Zeilen, so erhält man $9x_2 + x_3 = 9$, d.h. $x_3 = 9 - 9x_2$, woraus sich dann für x_1 und x_4 folgende Lösungen ergeben: $x_1 = -\frac{87}{8} + \frac{113}{8}x_2$ und $x_4 = \frac{43}{8} - \frac{53}{8}x_2$. Damit ist die Lösungsmenge die folgende Gerade aus $\mathbb{R}^4$:

$$\mathbb{L} = \left\{ \left(-\frac{87}{8}, 0, 9, \frac{43}{8} \right)^T + \lambda \left(\frac{113}{8}, 1, -9, -\frac{53}{8} \right)^T \mid \lambda \in \mathbb{R} \right\} \; .$$

ii) Addiert man das $(1-i)$-fache der ersten Zeile zur zweiten Zeile, so folgt

$$3i(1-i)x_1 + (1+i)x_1 - 4(1+i)(1-i)x_2 + 2(1-2i)x_2 = (1-i)(-1-4i)(-5+3i) \; ,$$

was äquivalent ist zu $x_1(4i+4) - x_2(-4i+10) = 34$. Daher ergibt sich für x_1

$$x_1 = \frac{17}{2i+2} + x_2 \frac{-4i+10}{4i+4} = \frac{17-17i}{4} + x_2 \frac{3-7i}{4} \; ,$$

und für x_3

$$x_3 = 1 + 4i + \frac{51i+51}{4} + x_2 \frac{21+9i}{4} - 4(1+i)x_2 = \frac{55+67i}{4} + x_2 \frac{5-7i}{4} \; .$$

Daraus ergibt sich als Lösungsmenge:

$$\mathbb{L} = \left\{ \left(\frac{17-17i}{4}, 0, \frac{55+67i}{4} \right)^T + \mu \left(\frac{3-7i}{4}, 1, \frac{5-7i}{4} \right)^T \mid \mu \in \mathbb{C} \right\} \; .$$

Aufgabe 44

Bestimmen Sie alle Lösungen der folgenden Gleichungssysteme:

i)
$$15x_1 \qquad + 17x_3 + 9x_4 + 4x_5 = \quad 0$$
$$5x_1 - 2x_2 + \; 7x_3 + 3x_4 + 2x_5 = -1$$
$$5x_1 + \; x_3 + \; 5x_3 + 3x_4 + \; x_5 = \quad 1.$$

ii)
$$4x_1 + x_2 + 7x_3 + 3x_4 = 0$$
$$4x_1 + 2x_2 + 6x_3 + 2x_4 = 1$$
$$x_1 \qquad + 2x_3 + x_4 = 3 \, .$$

Lösung:

i) Subtrahiert man von der zweiten Gleichung die dritte Gleichung und von dem 3-fachen der dritten Gleichung die erste Gleichung, so folgt

$$-3x_2 + 2x_3 + x_5 = -2$$
$$3x_2 - 2x_3 - x_5 = 3 \, .$$

Addiert man nun wieder diese beiden Gleichungen, so erhält man $0 = 1$, woraus folgt, dass das System keine Lösung hat.

ii) Addiert man das (-2)-fache der ersten Gleichung zur zweiten Gleichung und multipliziert man die dritte Gleichung mit -4, so erhält man

$$-4x_1 - 8x_3 - 4x_4 = 1$$
$$-4x_1 - 8x_3 - 4x_4 = -12 \, .$$

Das System hat also keine Lösung.

Aufgabe 45

Lösen Sie die folgenden linearen Gleichungssysteme mit Hilfe des Gaußschen Algorithmus und – falls möglich – mit der Cramerschen Regel.

i)
$$2x + y - 3z = 6$$
$$3x - 2y - 4z = 3$$
$$2x + y + 3z = 1 \, .$$

ii)
$$2x - 3y + z = 2$$
$$3x - 4y + 5z = 4$$
$$-x + y - 3z = -2 \, .$$

Lösung:

i)

	x	y	z	b
I	2	1	−3	6
	3	−2	−4	3
	2	1	3	1
	7	0	−10	15
II	0	0	6	−5

Aus II ergibt sich gleich $z = -\frac{5}{6}$ und damit $x = \frac{20}{21}$, aus I folgt $y = \frac{67}{42}$.

Man hat mit Hilfe des Gaußschen Algorithmus die Lösung $x = \frac{20}{21}$, $y = \frac{67}{42}$ und $z = -\frac{5}{6}$ gefunden. Da die Determinante der Koeffizienten des Gleichungssystems den Wert 42 hat, d.h. von Null verschieden ist, kann man die Cramersche Regel anwenden und erhält mit

$$\det \begin{pmatrix} 2 & 1 & -3 \\ 3 & -2 & -4 \\ 2 & 1 & 3 \end{pmatrix} = 42 \quad \text{die Werte} \quad x = \frac{1}{42} \det \begin{pmatrix} 6 & 1 & -3 \\ 3 & -2 & -4 \\ 1 & 1 & 3 \end{pmatrix} = \frac{20}{21} \, ,$$

$$y = \frac{1}{42} \det \begin{pmatrix} 2 & 6 & -3 \\ 3 & 3 & -4 \\ 2 & 1 & 3 \end{pmatrix} = \frac{67}{42} \, , \quad z = \frac{1}{42} \det \begin{pmatrix} 2 & 1 & 6 \\ 3 & -2 & 3 \\ 2 & 1 & 1 \end{pmatrix} = -\frac{35}{42} = -\frac{5}{6} \, .$$

ii) Den zugehörigen Gauß-Algorithmus zeigt Tabelle 1.4. Aus III erhält man

	x	y	z	b
I	2	-3	1	2
	3	-4	5	4
	-1	1	-3	-2
	-7	11	0	-6
	5	-8	0	4
II	1	$-\frac{11}{7}$	0	$\frac{6}{7}$
	5	-8	0	4
III	0	$-\frac{1}{7}$	0	$-\frac{2}{7}$

Tabelle 1.4. Der Gauß-Algorithmus zu Aufgabe 45 ii)

$y = 2$, hiermit ergibt sich aus II $x = 4$ und dann aus I der Wert 0 für z .

Die Koeffizientenmatrix des Systems ist $\begin{pmatrix} 2 & -3 & 1 \\ 3 & -4 & 5 \\ -1 & 1 & -3 \end{pmatrix}$, ihre Determinante hat den Wert -1, d.h. sie ist von Null verschieden. Deshalb ist die Cramersche Regel anwendbar. Sie führt zu derselben Lösung $x = 4$, $y = 2$, $z = 0$

wegen $\det \begin{pmatrix} 2 & -3 & 1 \\ 4 & -4 & 5 \\ -2 & 1 & -3 \end{pmatrix} = -4$, $\det \begin{pmatrix} 2 & 2 & 1 \\ 3 & 4 & 5 \\ -1 & -2 & -3 \end{pmatrix} = -2$,

$$\det \begin{pmatrix} 2 & -3 & 2 \\ 3 & -4 & 4 \\ -1 & 1 & -2 \end{pmatrix} = 0.$$

Aufgabe 46

Betrachten Sie das lineare Gleichungssystem

$$x_1 + x_2 + x_3 = 3$$

$$2x_1 - x_2 + 3x_3 = 4$$

$$3x_1 + 2x_2 + 4x_3 = 9$$

$$4x_1 + 7x_2 + 5x_3 = 0 \,.$$

a) Lösen Sie dieses System mit Hilfe des Gaußschen Algorithmus, indem Sie elementare Umformungen durchführen.

b) Lösen Sie die 4 linearen Gleichungssysteme, die aus je drei Gleichungen des obigen Systems entstehen. Benutzen Sie dabei für zwei von diesen Systemen die tabellarische Form des Gaußschen Algorithmus und für die anderen zwei die Cramersche Regel.

c) Interpretieren Sie die erzielten Ergebnisse geometrisch.

Lösung:

a) Wir formen das gegebene Gleichungssystem um. Zuerst wird die erste Gleichung mit $2, 3$ bzw. 4 multipliziert und von der zweiten, dritten bzw. vierten Gleichung abgezogen. Man erhält: $x_1 + x_2 + x_3 = 3$, $-3x_2 + x_3 = -2$, $-x_2 + x_3 = 0$, $3x_2 + x_3 = -12$. Multipliziert man die dritte Gleichung mit -1 und vertauscht die Gleichungen 2 und 3, so folgt $x_1 + x_2 + x_3 = 3$, $x_2 - x_3 = 0$, $-3x_2 + x_3 = -2$, $3x_2 + x_3 = -12$. Nun wird die zweite Gleichung mit 3 multipliziert und zur dritten Gleichung addiert bzw. von der vierten Gleichung abgezogen. Es folgt $x_1 + x_2 + x_3 = 3$, $x_2 - x_3 = 0$, $-2x_3 = -2$, $4x_3 = -12$. Multipliziert man die dritte Gleichung mit 2, addiert man sie zur vierten Gleichung und teilt man danach die dritte Gleichung durch -2, so erhält man das (zum ursprünglichen System äquivalente) System: $x_1 + x_2 + x_3 = 3$, $x_2 - x_3 = 0$, $x_3 = 1$, $0 = -16$. Das Gleichungssystem hat also keine Lösung. (Das hätten wir auch früher sehen können, aber dadurch ist das Verfahren vollständig durchgeführt.)

b) Wir lösen das Gleichungssystem, das aus den ersten 3 Gleichungen des angegebenen Systems besteht; dabei benutzen wir den Gaußschen Algorithmus in tabellarischer Form (vgl. Tabelle 1.5). Aus III folgt $x_2 = 1$, und damit ergibt sich aus II der Wert 1 für x_3. Schließlich folgt aus I: $x_1 = 1$. Also ist $(1, 1, 1)$ die Lösung dieses Systems. Nun lösen wir mit derselben Methode auch das System, das aus den Gleichungen $1, 2$ und 4 des angegebenen Systems gebildet wird (vgl. Tabelle 1.6). Man erhält nacheinander aus III, II

	x_1	x_2	x_3	b
I	1	1	1	3
	2	-1	3	4
	3	2	4	9
II	0	-3	1	-2
	0	-1	1	0
III	0	2	0	2

Tabelle 1.5. Der Gauß-Algorithmus für die ersten drei Gleichungen

	x_1	x_2	x_3	b
I	1	1	1	3
	2	-1	3	4
	4	7	5	0
	0	-3	1	-2
II	0	3	1	-12
III	0	-6	0	10

Tabelle 1.6. Der Gauß-Algorithmus für die Gleichungen 1, 2 und 4

und I: $x_2 = -\frac{5}{3}$, $x_3 = -7$ und $x_1 = \frac{35}{3}$.

$$\begin{aligned} x_1 + x_2 + x_3 &= 3 \\ 3x_1 + 2x_2 + 4x_3 &= 9 \\ 4x_1 + 7x_2 + 5x_3 &= 0 \end{aligned}$$

Die Lösung des Systems wird mit der Cramerschen Regel gesucht, was wegen $d := \begin{vmatrix} 1 & 1 & 1 \\ 3 & 2 & 4 \\ 4 & 7 & 5 \end{vmatrix} = -4 \neq 0$ möglich ist. Weiterhin ist

$$d_1 := \begin{vmatrix} 3 & 1 & 1 \\ 9 & 2 & 4 \\ 0 & 7 & 5 \end{vmatrix} = -36 , \quad d_2 := \begin{vmatrix} 1 & 3 & 1 \\ 3 & 9 & 4 \\ 4 & 0 & 5 \end{vmatrix} = 12 , \quad d_3 := \begin{vmatrix} 1 & 1 & 3 \\ 3 & 2 & 9 \\ 4 & 7 & 0 \end{vmatrix} = 12 .$$

Die Lösung ist deshalb $x_1 = \frac{d_1}{d} = 9$, $x_2 = \frac{d_2}{d} = -3$, $x_3 = \frac{d_3}{d} = -3$.

$$\begin{aligned} 2x_1 - x_2 + 3x_3 &= 4 \\ 3x_1 + 2x_2 + 4x_3 &= 9 \\ 4x_1 + 7x_2 + 5x_3 &= 0 \end{aligned}$$

Auch das Gleichungssystem wird mit der Cramer-schen Regel gelöst. Wegen $\begin{vmatrix} 2 & -1 & 3 \\ 3 & 2 & 4 \\ 4 & 7 & 5 \end{vmatrix} = 2$ setzt man das Verfahren fort.

Mit

$$\begin{vmatrix} 4 & -1 & 3 \\ 9 & 2 & 4 \\ 0 & 7 & 5 \end{vmatrix} = 162 , \quad \begin{vmatrix} 2 & 4 & 3 \\ 3 & 9 & 4 \\ 4 & 0 & 5 \end{vmatrix} = -14 \quad \text{und} \quad \begin{vmatrix} 2 & -1 & 4 \\ 3 & 2 & 9 \\ 4 & 7 & 0 \end{vmatrix} = -110$$

erhält man die Lösung $(81, -7, -55)$.

c) Bezeichnet man mit E_i die Ebene, welche durch die i-te Gleichung des Systems beschrieben wird, so besagt das Ergebnis aus a), dass die Ebenen E_1, E_2, E_3 und E_4 keinen gemeinsamen Punkt besitzen. Aus b) folgt: Je drei dieser 4 Ebenen schneiden sich in genau einem Punkt, d.h. sie bestimmen ein Tetraeder mit den Ecken $(1, 1, 1)$, $(-\frac{5}{3}, -7, \frac{35}{3})$, $(9, -3, -3)$ und $(81, -7, -55)$.

Aufgabe 47

Betrachten Sie die Matrizenschar $\{A_\alpha, \alpha \in \mathbb{R}\}$, $A_\alpha := \begin{pmatrix} 1 & 1 & \alpha \\ 1 & \alpha & 1 \\ 1 & \alpha & \alpha \end{pmatrix}$ aus

$\mathrm{Mat}_3(\mathbb{R})$.

a)   Berechnen Sie in Abhängigkeit von α den Rang von A_α .

b)   Berechnen Sie A_α^{-1} falls der Rang maximal (d.h. 3) ist.

c)   Berechnen Sie A_α^2 und A_α^3 .

Lösung:

a) Um den Rang von $A_\alpha = \begin{pmatrix} 1 & 1 & \alpha \\ 1 & \alpha & 1 \\ 1 & \alpha & \alpha \end{pmatrix}$ zu bestimmen, bringen wir die

Matrizenschar auf Zeilenstufenform. Die k-te Zeile der Matrix, die umgeformt wird, wird mit der entsprechenden römischen Ziffer bezeichnet.

$$\begin{pmatrix} 1 & 1 & \alpha \\ 1 & \alpha & 1 \\ 1 & \alpha & \alpha \end{pmatrix} \underset{\mathrm{III-II}}{\longmapsto} \begin{pmatrix} 1 & 1 & \alpha \\ 1 & \alpha & 1 \\ 0 & 0 & \alpha-1 \end{pmatrix} \underset{\mathrm{II-I}}{\longmapsto} \begin{pmatrix} 1 & 1 & \alpha \\ 0 & \alpha-1 & 1-\alpha \\ 0 & 0 & \alpha-1 \end{pmatrix}.$$

Der Rang von A_1 ist also 1. Für $\alpha \neq 1$ ist der Rang von A_α gleich drei.

b) Sei $\alpha \neq 1$; wir formen nun die Matrix A_α zur Einheitsmatrix E_3 und gleichzeitig die Einheitsmatrix E_3 zu A_α^{-1} um. (A_α, E_3) sei die 3×6 Matrix, die aus A_α und E_3 zusammengesetzt ist.

$$(A_\alpha, E_3) \quad = \quad \begin{pmatrix} 1 & 1 & \alpha & 1 & 0 & 0 \\ 0 & \alpha-1 & 1-\alpha & 0 & 1 & 0 \\ 0 & 0 & \alpha-1 & 0 & 0 & 1 \end{pmatrix}$$

$$\underset{\mathrm{II}:(\alpha-1)}{\longmapsto} \begin{pmatrix} 1 & 1 & \alpha & 1 & 0 & 0 \\ 0 & 1 & -1 & 0 & (\alpha-1)^{-1} & 0 \\ 0 & 0 & \alpha-1 & 0 & 0 & 1 \end{pmatrix}$$

$$\overset{\text{III:}(\alpha-1)}{\longmapsto} \begin{pmatrix} 1 & 1 & \alpha & 1 & 0 & 0 \\ 0 & 1 & 0 & 0 & (\alpha-1)^{-1} & -(\alpha-1)^{-1} \\ 0 & 0 & 1 & 0 & 0 & (\alpha-1)^{-1} \end{pmatrix}$$

$$\overset{\text{I-II-}\alpha\text{III}}{\longmapsto} \begin{pmatrix} 1 & 0 & 0 & 1 & -(\alpha-1)^{-1} & -1 \\ 0 & 1 & 0 & 0 & (\alpha-1)^{-1} & -(\alpha-1)^{-1} \\ 0 & 0 & 1 & 0 & 0 & (\alpha-1)^{-1} \end{pmatrix} = (E_3, A_\alpha^{-1}) \,.$$

Also:

$$A_\alpha^{-1} = \frac{1}{\alpha-1} \begin{pmatrix} \alpha-1 & -1 & 1-\alpha \\ 0 & 1 & -1 \\ 0 & 0 & 1 \end{pmatrix} \quad \text{für} \quad \alpha \neq 1 \,.$$

c)

$$A_\alpha^2 = \begin{pmatrix} 1 & 1 & \alpha \\ 1 & \alpha & 1 \\ 1 & \alpha & \alpha \end{pmatrix} \begin{pmatrix} 1 & 1 & \alpha \\ 1 & \alpha & 1 \\ 1 & \alpha & \alpha \end{pmatrix} = \begin{pmatrix} 2+\alpha & 1+\alpha+\alpha^2 & 1+\alpha+\alpha^2 \\ 2+\alpha & 1+\alpha+\alpha^2 & 3\alpha \\ 1+2\alpha & 1+2\alpha^2 & 2\alpha+\alpha^2 \end{pmatrix},$$

$$A_\alpha^3 = \begin{pmatrix} 2+\alpha & 1+\alpha+\alpha^2 & 1+\alpha+\alpha^2 \\ 2+\alpha & 1+\alpha+\alpha^2 & 3\alpha \\ 1+2\alpha & 1+2\alpha^2 & 2\alpha+\alpha^2 \end{pmatrix} \begin{pmatrix} 1 & 1 & \alpha \\ 1 & \alpha & 1 \\ 1 & \alpha & \alpha \end{pmatrix}$$

$$= \begin{pmatrix} 4+3\alpha+2\alpha^2 & 2+3\alpha+2\alpha^2+2\alpha^3 & 1+4\alpha+3\alpha^2+\alpha^3 \\ 3+5\alpha+\alpha^2 & 2+2\alpha+4\alpha^2+\alpha^3 & 1+3\alpha+5\alpha^2 \\ 2+4\alpha+3\alpha^2 & 1+3\alpha+2\alpha^2+3\alpha^3 & 1+\alpha+6\alpha^2+\alpha^3 \end{pmatrix} \,.$$

Aufgabe 48

Betrachten Sie die folgenden Matrizen:

$$A_1 = \begin{pmatrix} 1 & 2 \\ 3 & -2 \end{pmatrix}, \; A_2 = \begin{pmatrix} 2 & 2 \\ 3 & -4 \\ -1 & 5 \end{pmatrix}, \; A_3 = \begin{pmatrix} -1 & 2 & 3 \\ 0 & 5 & -3 \end{pmatrix}, \; A_4 = \begin{pmatrix} 2 \\ 3 \end{pmatrix} \,.$$

a) Untersuchen Sie für alle $i, j \in \{1, 2, 3, 4\}$, ob das Produkt $A_i A_j$ definiert ist und berechnen Sie es gegebenenfalls.

b) Berechnen Sie $\det\left(A_1^2\right)$, $\det(A_3 A_2)$, $\det(A_2 A_3)$.

Lösung:

a) Die Multiplikation AB von zwei Matrizen A und B ist nur dann definiert, wenn die Spaltenzahl von A mit der Zeilenzahl von B übereinstimmt. Daher sind A_1A_2 , A_3A_1 , A_3A_4 , A_4A_1 , A_4A_2 , A_2A_2 , A_3A_3 und A_4A_4 nicht definiert. Dagegen kann man folgende Matrizenprodukte berechnen:

$$A_1A_1 = \begin{pmatrix} 1 & 2 \\ 3 & -2 \end{pmatrix} \begin{pmatrix} 1 & 2 \\ 3 & -2 \end{pmatrix} = \begin{pmatrix} 7 & -2 \\ -3 & 10 \end{pmatrix} ,$$

$$A_1A_3 = \begin{pmatrix} 1 & 2 \\ 3 & -2 \end{pmatrix} \begin{pmatrix} -1 & 2 & 3 \\ 0 & 5 & -3 \end{pmatrix} = \begin{pmatrix} -1 & 12 & -3 \\ -3 & -4 & 15 \end{pmatrix} ,$$

$$A_1A_4 = \begin{pmatrix} 1 & 2 \\ 3 & -2 \end{pmatrix} \begin{pmatrix} 2 \\ 3 \end{pmatrix} = \begin{pmatrix} 8 \\ 0 \end{pmatrix} ,$$

$$A_2A_1 = \begin{pmatrix} 2 & 2 \\ 3 & -4 \\ -1 & 5 \end{pmatrix} \begin{pmatrix} 1 & 2 \\ 3 & -2 \end{pmatrix} = \begin{pmatrix} 8 & 0 \\ -9 & 14 \\ 14 & -12 \end{pmatrix} ,$$

$$A_2A_3 = \begin{pmatrix} 2 & 2 \\ 3 & -4 \\ -1 & 5 \end{pmatrix} \begin{pmatrix} -1 & 2 & 3 \\ 0 & 5 & -3 \end{pmatrix} = \begin{pmatrix} -2 & 14 & 0 \\ -3 & -14 & 21 \\ 1 & 23 & -18 \end{pmatrix} ,$$

$$A_2A_4 = \begin{pmatrix} 2 & 2 \\ 3 & -4 \\ -1 & 5 \end{pmatrix} \begin{pmatrix} 2 \\ 3 \end{pmatrix} = \begin{pmatrix} 10 \\ -6 \\ 13 \end{pmatrix} ,$$

$$A_3A_2 = \begin{pmatrix} -1 & 2 & 3 \\ 0 & 5 & -3 \end{pmatrix} \begin{pmatrix} 2 & 2 \\ 3 & -4 \\ -1 & 5 \end{pmatrix} = \begin{pmatrix} 1 & 5 \\ 18 & -35 \end{pmatrix} .$$

b) Es sind $\det(A_1) = -2 - 6 = -8, \det(A_1^2) = 70 - 6 = 64, \det(A_3A_2) = -35 - 80 = -115$ und $\det(A_2A_3) = -504 - 756 + 294 + 966 = 1260 - 1260 = 0$. Als Probe dient uns die bekannte Identität $\det(A_1^2) = [\det(A_1)]^2$.

Aufgabe 49

Wir betrachten die Matrix A_α sowie die Vektoren $\mathbf{b}_\alpha$ und $\mathbf{c}_\alpha$.

$$A_\alpha = \begin{pmatrix} 0 & 1 & -2 & 0 \\ 1 & 1 & 0 & -1 \\ 1 & 0 & \alpha^2 & 0 \\ 0 & 0 & 1 & 1 \end{pmatrix} , \quad \mathbf{b}_\alpha = \begin{pmatrix} -4 \\ -1 \\ 3 + 5\alpha \\ 7 \end{pmatrix} \quad \text{und} \quad \mathbf{c}_\alpha = \begin{pmatrix} -4 \\ -1 \\ \sqrt{3}\alpha + 7 \\ 7 \end{pmatrix} .$$

a)   Berechnen Sie $A_\alpha \cdot A_\alpha = A_\alpha^2$, $A_\alpha \cdot \mathbf{b}_\alpha$ und $\mathbf{b}_\alpha^T \cdot A_\alpha$.
b)   Berechnen Sie den Rang von A_α in Abhängigkeit von $\alpha \in \mathbb{R}$.
c)   Berechnen Sie die Adjunkte von A_α .
d)   Bestimmen Sie A_α^{-1} für alle α, für welche dies sinnvoll ist.

e)   Berechnen Sie die Lösungsmenge des linearen Gleichungssystems $A_\alpha \mathbf{x} = \mathbf{c}_\alpha$ in Abhängigkeit von α aus $\mathbb{R}$. Wie kann man die Ergebnisse deuten?

Lösung:

a) $$A_\alpha \cdot A_\alpha = \begin{pmatrix} -1 & 1 & -2\alpha^2 & -1 \\ 1 & 2 & -3 & -2 \\ \alpha^2 & 1 & \alpha^4 - 2 & 0 \\ 1 & 0 & \alpha^2 + 1 & 1 \end{pmatrix} , \quad A_\alpha \cdot \mathbf{b}_\alpha = \begin{pmatrix} -7 - 10\alpha \\ -12 \\ -4 + 3\alpha^2 + 5\alpha^3 \\ 10 + 5\alpha \end{pmatrix}$$

und $\mathbf{b}_\alpha^T \cdot A_\alpha = (2 + 5\alpha , \ -5 , \ 15 + 3\alpha^2 + 5\alpha^3 , \ 8)$

b) Streicht man die dritte Zeile und die dritte Spalte aus A_α, so erhält man

die Matrix $\begin{pmatrix} 0 & 1 & 0 \\ 1 & 1 & -1 \\ 0 & 0 & 1 \end{pmatrix}$; ihre Determinante ist -1, d.h. sie ist invertierbar,

und damit gilt rang $A_\alpha \geq 3$ für alle $\alpha \in \mathbb{R}$. Wegen det $A_\alpha = 3 - \alpha^2$ ist der Rang von A_α gleich 4 für $\alpha \neq \pm\sqrt{3}$ und gleich 3 für $\alpha = \pm\sqrt{3}$.

c) Man berechnet (mit viel Geduld):

$$A_{11} = \begin{vmatrix} 1 & 0 & -1 \\ 0 & \alpha^2 & 0 \\ 0 & 1 & 1 \end{vmatrix} = \alpha^2 , \quad A_{12} = \begin{vmatrix} 1 & 0 & -1 \\ 1 & \alpha^2 & 0 \\ 0 & 1 & 1 \end{vmatrix} = \alpha^2 - 1 ,$$

$$A_{13} = \begin{vmatrix} 1 & 1 & -1 \\ 1 & 0 & 0 \\ 0 & 0 & 1 \end{vmatrix} = -1 , \quad A_{14} = \begin{vmatrix} 1 & 1 & 0 \\ 1 & 0 & \alpha^2 \\ 0 & 0 & 1 \end{vmatrix} = -1 ,$$

$$A_{21} = \begin{vmatrix} 1 & -2 & 0 \\ 0 & \alpha^2 & 0 \\ 0 & 1 & 1 \end{vmatrix} = \alpha^2 , \quad A_{22} = \begin{vmatrix} 0 & -2 & 0 \\ 1 & \alpha^2 & 0 \\ 0 & 1 & 1 \end{vmatrix} = 2 ,$$

$$A_{23} = \begin{vmatrix} 0 & 1 & -1 \\ 1 & 0 & 0 \\ 0 & 0 & 1 \end{vmatrix} = -1 , \quad A_{24} = \begin{vmatrix} 0 & 1 & -2 \\ 1 & 0 & \alpha^2 \\ 0 & 0 & 1 \end{vmatrix} = -1 ,$$

$$A_{31} = \begin{vmatrix} 1 & -2 & 0 \\ 1 & 0 & -1 \\ 0 & 1 & 1 \end{vmatrix} = 3 , \quad A_{32} = \begin{vmatrix} 0 & -2 & 0 \\ 1 & 0 & -1 \\ 0 & 1 & 1 \end{vmatrix} = 2 ,$$

$$A_{33} = \begin{vmatrix} 0 & 1 & 0 \\ 1 & 1 & -1 \\ 0 & 0 & 1 \end{vmatrix} = -1 , \quad A_{34} = \begin{vmatrix} 0 & 1 & -2 \\ 1 & 1 & 0 \\ 0 & 0 & 1 \end{vmatrix} = -1 ,$$

$$A_{41} = \begin{vmatrix} 1 & -2 & 0 \\ 1 & 0 & -1 \\ 0 & \alpha^2 & 0 \end{vmatrix} = \alpha^2 \, , \; A_{42} = \begin{vmatrix} 0 & -2 & 0 \\ 1 & 0 & -1 \\ 1 & \alpha^2 & 0 \end{vmatrix} = 2 \, ,$$

$$A_{43} = \begin{vmatrix} 0 & 1 & 0 \\ 1 & 1 & -1 \\ 1 & 0 & 0 \end{vmatrix} = -1 \, , \; A_{44} = \begin{vmatrix} 0 & 1 & -2 \\ 1 & 1 & 0 \\ 1 & 0 & \alpha^2 \end{vmatrix} = 2 - \alpha^2 \, .$$

Mit der Relation $a_{ij}^{\#} = (-1)^{i+j} A_{ji}$ erhalten wir die Adjunkte zur Matrix A_α :

$$A^{\#} = \begin{pmatrix} \alpha^2 & -\alpha^2 & 3 & -\alpha^2 \\ 1-\alpha^2 & 2 & -2 & 2 \\ -1 & 1 & -1 & 1 \\ 1 & -1 & 1 & 2-\alpha^2 \end{pmatrix} \, .$$

d) Wegen $\det A_\alpha = 3 - \alpha^2$ und der obigen Darstellung von $A^{\#}$ erhalten wir für jedes $\alpha \neq \pm\sqrt{3}$ die Inverse zu A_α :

$$A_\alpha^{-1} = \frac{1}{3-\alpha^2} \begin{pmatrix} \alpha^2 & -\alpha^2 & 3 & -\alpha^2 \\ 1-\alpha^2 & 2 & -2 & 2 \\ -1 & 1 & -1 & 1 \\ 1 & -1 & 1 & 2-\alpha^2 \end{pmatrix} \, .$$

e) Ist $\alpha \neq \pm\sqrt{3}$, so ist A_α invertierbar, und die Lösung von $A_\alpha \mathbf{x} = \mathbf{c}_\alpha$ lautet

$$\mathbf{x} = A_\alpha^{-1} \cdot \mathbf{c}_\alpha = \frac{1}{3-\alpha^2} \begin{pmatrix} 21 + 3\sqrt{3}\alpha - 10\alpha^2 \\ 22 + 2\sqrt{3}\alpha + 4\alpha^2 \\ 3 - \sqrt{3}\alpha \\ 18 + \sqrt{3}\alpha - 7\alpha^2 \end{pmatrix} \, .$$

Für $\alpha = \sqrt{3}$ erhält man das Gleichungssystem $x_2 - 2x_3 = -4$, $x_1 + x_2 - x_4 = -1$, $x_1 + 3x_3 = 10$, $x_3 + x_4 = 7$. Setzt man $x_4 = 7 - x_3$, $x_1 = 10 - 3x_3$ und $x_2 = 2x_3 - 4$ in die zweite Gleichung ein, so ergibt sich $-1 = -1$, und damit ist die Lösungsmenge

$$\{(10, -4, 0, 7)^T + \lambda(-3, 2, 1, -1)^T \mid \lambda \in \mathbb{R}\} \, .$$

Dies liegt daran, dass die Matrix $A_{\sqrt{3}}$ ergänzt durch $\mathbf{c}_{\sqrt{3}}$ ebenso wie $A_{\sqrt{3}}$ den Rang 3 hat. Für $\alpha = -\sqrt{3}$ erhält man das Gleichungssystem $x_2 - 2x_3 = -4$, $x_1 + x_2 - x_4 = -1$, $x_1 + 3x_3 = 4$, $x_3 + x_4 = 7$. Setzt man nun $x_4 = 7 - x_3$, $x_1 = 4 - 3x_3$ und $x_2 = 2x_3 - 4$ in die zweite Gleichung ein, so ergibt sich der Widerspruch $-7 = -1$. Das erklärt sich durch rang $A_{-\sqrt{3}} = 3$

$$\ne 4 = \operatorname{rang} \begin{pmatrix} 0 & 1 & -2 & 0 & -4 \\ 1 & 1 & 0 & -1 & -1 \\ 1 & 0 & 3 & 0 & 4 \\ 0 & 0 & 1 & 1 & 7 \end{pmatrix}, \text{ weil } \begin{vmatrix} 0 & 1 & -2 & -4 \\ 1 & 1 & 0 & -1 \\ 1 & 0 & 3 & 4 \\ 0 & 0 & 1 & 7 \end{vmatrix} = -6 \text{ gilt.}$$

Aufgabe 50

i) Berechnen Sie die folgende Determinante

$$\det \begin{pmatrix} (a+b)^2 & c^2 & c^2 \\ a^2 & (b+c)^2 & a^2 \\ b^2 & b^2 & (c+a)^2 \end{pmatrix}$$

und zeigen Sie, dass das Ergebnis in der Form $2abc(a+b+c)^3$ dargestellt werden kann.

ii) Sei A_k die folgende Matrix mit k Zeilen und Spalten:

$$A_k = \begin{pmatrix} a & a & \ldots & a & b \\ a & a & \ldots & b & a \\ . & . & \ldots & . & . \\ a & b & & a & a \\ b & a & \ldots & a & a \end{pmatrix}.$$

Berechnen Sie $\det(A_k)$ für $k = 2, 3, 4$ und 5.

iii) Berechnen Sie für $n \ge 2$ die Determinante der Matrix

$$A_n = \begin{pmatrix} b+c & bc & 0 & \ldots & 0 & 0 & 0 \\ 1 & b+c & bc & \ldots & 0 & 0 & 0 \\ 0 & 1 & b+c & \ldots & 0 & 0 & 0 \\ \vdots & \vdots & \vdots & & \vdots & \vdots & \vdots \\ 0 & 0 & 0 & \ldots & b+c & bc & 0 \\ 0 & 0 & 0 & \ldots & 1 & b+c & bc \\ 0 & 0 & 0 & \ldots & 0 & 1 & b+c \end{pmatrix},$$

wobei b und c von Null verschieden sind. (Man kann die Matrix $A_n = (a_{ij})_{1 \le i,j \le n}$ wie folgt beschreiben: $a_{ii} = b+c$ für $1 \le i \le n$, $a_{(i-1)i} = 1$ für $2 \le i \le n$, $a_{i(i+1)} = bc$ für $1 \le i \le n-1$ und $a_{ij} = 0$ für $|i-j| \ge 2$.)

Lösung:

i) Zieht man aus der ersten (bzw. zweiten) Spalte die zweite (bzw. dritte) Spalte ab, und benutzt man mehrmals die Identität $A^2 - B^2 = (A-B)(A+B)$, so ist die zu berechnende Determinante gleich

$$\det \begin{pmatrix} (a+b-c)(a+b+c) & 0 & c^2 \\ (a-b-c)(a+b+c) & (b+c-a)(b+c+a) & a^2 \\ 0 & (b-c-a)(b+c+a) & (c+a)^2 \end{pmatrix} =$$

$$(a+b+c)^2 \det \begin{pmatrix} a+b-c & 0 & c^2 \\ a-b-c & b+c-a & a^2 \\ 0 & b-c-a & (c+a)^2 \end{pmatrix} =$$

$$(a+b+c)^2 \left[\left(b^2-(a-c)^2\right)(c+a)^2 + c^2\left(c^2-(a-b)^2\right) - a^2\left((b-c)^2-a^2\right) \right]$$

$$= (a+b+c)^2 \left[b^2c^2 + b^2a^2 + 2acb^2 - a^4 - c^4 + 2a^2c^2 + c^4 \right.$$

$$\left. -a^2c^2 + 2abc^2 - b^2c^2 + a^4 - a^2b^2 - a^2c^2 + 2a^2bc \right]$$

$$= (a+b+c)^2[2a^2bc + 2ab^2c + 2abc^2] = 2abc(a+b+c)^3 \ .$$

ii) Der erste, aber entscheidende Schritt bei den Umformungen der Matrix A_k ist die Addition der zweiten, dritten,... bis k-ten Spalte zur ersten Spalte. Für $k = 2$ ist dieser Schritt nicht notwendig, aber aus methodischen Gründen wird er trotzdem durchgeführt.

$$\det A_2 = \det \begin{pmatrix} a & b \\ b & a \end{pmatrix} = \det \begin{pmatrix} a+b & b \\ a+b & a \end{pmatrix} = (a+b) \det \begin{pmatrix} 1 & b \\ 1 & a \end{pmatrix}$$

$$= (a+b) \det \begin{pmatrix} 0 & b-a \\ 1 & a \end{pmatrix} = -(a+b)(b-a) \ . \ \det A_3 =$$

$$\det \begin{pmatrix} a & a & b \\ a & b & a \\ b & a & a \end{pmatrix} = \det \begin{pmatrix} 2a+b & a & b \\ 2a+b & b & a \\ 2a+b & a & a \end{pmatrix} = (2a+b) \det \begin{pmatrix} 1 & a & b \\ 1 & b & a \\ 1 & a & a \end{pmatrix}$$

$$= (2a+b) \det \begin{pmatrix} 0 & 0 & b-a \\ 0 & b-a & 0 \\ 1 & a & a \end{pmatrix} = -(2a+b)(b-a)^2 \ .$$

$$\det A_4 = \det \begin{pmatrix} a & a & a & b \\ a & a & b & a \\ a & b & a & a \\ b & a & a & a \end{pmatrix} = \det \begin{pmatrix} 3a+b & a & a & b \\ 3a+b & a & b & a \\ 3a+b & b & a & a \\ 3a+b & a & a & a \end{pmatrix} =$$

$$(3a+b) \det \begin{pmatrix} 1 & a & a & b \\ 1 & a & b & a \\ 1 & b & a & a \\ 1 & a & a & a \end{pmatrix} = (3a+b) \det \begin{pmatrix} 0 & 0 & 0 & b-a \\ 0 & 0 & b-a & 0 \\ 0 & b-a & 0 & 0 \\ 1 & a & a & 0 \end{pmatrix} =$$

$$-(3a+b)\det\begin{pmatrix} 0 & 0 & b-a \\ 0 & b-a & 0 \\ b-a & 0 & 0 \end{pmatrix} = (3a+b)(b-a)^3 \ .$$

$$\det A_5 = \det\begin{pmatrix} a & a & a & a & b \\ a & a & a & b & a \\ a & a & b & a & a \\ a & b & a & a & a \\ b & a & a & a & a \end{pmatrix} = \det\begin{pmatrix} 4a+b & a & a & a & b \\ 4a+b & a & a & b & a \\ 4a+b & a & b & a & a \\ 4a+b & b & a & a & a \\ 4a+b & a & a & a & a \end{pmatrix} =$$

$$(4a+b)\det\begin{pmatrix} 1 & a & a & a & b \\ 1 & a & a & b & a \\ 1 & a & b & a & a \\ 1 & b & a & a & a \\ 1 & a & a & a & a \end{pmatrix} =$$

$$(4a+b)\det\begin{pmatrix} 0 & 0 & 0 & 0 & b-a \\ 0 & 0 & 0 & b-a & 0 \\ 0 & 0 & b-a & 0 & 0 \\ 0 & b-a & 0 & 0 & 0 \\ 1 & a & a & a & a \end{pmatrix} =$$

$$(4a+b)\det\begin{pmatrix} 0 & 0 & 0 & b-a \\ 0 & 0 & b-a & 0 \\ 0 & b-a & 0 & 0 \\ b-a & 0 & 0 & 0 \end{pmatrix} =$$

$$-(4a+b)(b-a)\det\begin{pmatrix} 0 & 0 & b-a \\ 0 & b-a & 0 \\ b-a & 0 & 0 \end{pmatrix} = (4b+a)(b-a)^4 \ .$$

Bemerkung:
Man kann auf diese Weise $\det A_{k+1}$ für eine beliebige natürliche Zahl k berechnen. Was noch dafür fehlt, ist der Wert der Determinante

$$\det\begin{pmatrix} 0 & 0 & \ldots & 0 & \lambda_1 \\ 0 & 0 & \ldots & \lambda_2 & 0 \\ \cdot & \cdot & \ldots & \cdot & \cdot \\ 0 & \lambda_{n-1} & \ldots & 0 & 0 \\ \lambda_n & 0 & \ldots & 0 & 0 \end{pmatrix} \ .$$

Er ist $\varepsilon_n \lambda_1 \lambda_2 \ldots \lambda_{n-1} \lambda_n$, wobei gilt:

$$\varepsilon_n = \begin{cases} +1 & \text{falls } n = 4p \quad \text{oder} \quad n = 4p-3 \quad \text{mit} \quad p \geq 1 \\ -1 & \text{falls } n = 4p-1 \quad \text{oder} \quad n = 4p-2 \quad \text{mit} \quad p \geq 1 \end{cases} \ .$$

Damit folgt $\det A_{k+1} = \varepsilon_k(ka+b)(b-a)^k$.

iii) Man hat $\det(A_n) = \det(B_n) + \det(C_n)$, wobei gilt:

$$B_n = \begin{pmatrix} b & bc & 0 & \cdots & 0 & 0 & 0 \\ 1 & b+c & bc & \cdots & 0 & 0 & 0 \\ 0 & 1 & b+c & \cdots & 0 & 0 & 0 \\ \vdots & \vdots & \vdots & & \vdots & \vdots & \vdots \\ 0 & 0 & 0 & \cdots & b+c & bc & 0 \\ 0 & 0 & 0 & & 1 & b+c & bc \\ 0 & 0 & 0 & & 0 & 1 & b+c \end{pmatrix}$$

und

$$C_n = \begin{pmatrix} c & bc & 0 & \cdots & 0 & 0 & 0 \\ 0 & b+c & bc & \cdots & 0 & 0 & 0 \\ 0 & 1 & b+c & \cdots & 0 & 0 & 0 \\ \vdots & \vdots & \vdots & & \vdots & \vdots & \vdots \\ 0 & 0 & 0 & \cdots & b+c & bc & 0 \\ 0 & 0 & 0 & \cdots & 1 & b+c & bc \\ 0 & 0 & 0 & \cdots & 0 & 1 & b+c \end{pmatrix} \ .$$

Der Grund dafür: Die erste Spalte von A_n ist die Summe der ersten Spalten von B_n und C_n, die anderen Spalten von A_n, B_n und C_n stimmen überein. Multipliziert man die erste Zeile von B_n mit $-\frac{1}{b}$ und addiert man das Er-

gebnis zur zweiten Zeile, so folgt $B_n = \begin{pmatrix} b & bc & 0 & \cdots & 0 \\ 0 & & & & \\ \vdots & & B_{n-1} & & \\ 0 & & & & \end{pmatrix}$ und damit

$\det B_n = b \det(B_{n-1})$. Durch vollständige Induktion folgt $B_n = b^{n-2} \det(B_2)$.

Wegen $\det(B_2) = \det \begin{pmatrix} b & bc \\ 1 & b+c \end{pmatrix} = b^2$ hat man $\det(B_n) = b^n$. Entwickelt man $\det(C_n)$ nach der ersten Spalte (Regel von Laplace), so ergibt sich $\det(C_n) = c \det(A_{n-1})$. Wegen $\det(A_1) = b+c$, $\det(A_2) = b^2 + bc + c^2$,

$$\det(A_3) = \det \begin{pmatrix} b+c & bc & 0 \\ 1 & b+c & bc \\ 0 & 1 & b+c \end{pmatrix} = \ldots = b^3 + b^2c + bc^2 + c^3$$

vermutet man $\det(A_n) = b^n + b^{n-1}c + \ldots + bc^{n-1} + c^n$. Der Induktionsschritt ist leicht nachzuvollziehen: Aus $\det(A_k) = b^k + b^{k-1}c + \ldots + bc^{k-1} + c^k$

folgt $\det(A_{k+1}) = \det(B_{k+1}) + \det(C_{k+1}) = b^{k+1} + c\det(A_k) = b^{k+1} + c(b^k + b^{k-1}c + \ldots + bc^{k+1} + c^k) = b^{k+1} + b^k c + \ldots + bc^k + c^{k+1}$, was man erreichen wollte! Hiermit gilt $\det(A_n) = \sum_{k=0}^{n} b^{n-k}c^k$. Insbesondere hat man für $b = c$:

$$
\det \begin{pmatrix}
2b & b^2 & 0 & \ldots & 0 & 0 & 0 \\
1 & 2b & b^2 & \ldots & 0 & 0 & 0 \\
0 & 1 & 2b & \ldots & 0 & 0 & 0 \\
\vdots & \vdots & \vdots & & \vdots & \vdots & \vdots \\
0 & 0 & 0 & \ldots & 2b & b^2 & 0 \\
0 & 0 & 0 & \ldots & 1 & 2b & b^2 \\
0 & 0 & 0 & \ldots & 0 & 1 & 2b
\end{pmatrix} = (n+1)b^n .
$$

Aufgabe 51

Bestimmen Sie für jedes $\varepsilon > 0$ eine natürliche Zahl n_ε mit der Eigenschaft, dass für alle $n \in \mathbb{N}$ mit $n \geq n_\varepsilon$ gilt: $1 - \frac{\sqrt{n}}{\sqrt{n+1}} < \varepsilon$. Was folgt daraus für die Folge $(\frac{\sqrt{n}}{\sqrt{n+1}})_{n \geq 0}$?

Lösung:
Für $\varepsilon > 1$ ist die Ungleichung für alle $n \geq 0$ erfüllt. Deshalb sei $\varepsilon \leq 1$. (Dies wird an der Stelle $(*)$ benutzt.) Die Ungleichung lässt sich wie folgt äquivalent umformen:

$$
1 - \frac{\sqrt{n}}{\sqrt{n+1}} < \varepsilon \iff \frac{1}{\sqrt{n+1}} < \varepsilon \iff \frac{1}{\varepsilon} < \sqrt{n} + 1
$$

$$
\iff \frac{1}{\varepsilon} - 1 < \sqrt{n} \overset{(*)}{\iff} \left(\frac{1}{\varepsilon} - 1\right)^2 < n .
$$

Ist n_ε eine natürliche Zahl, die größer als $(\frac{1}{\varepsilon} - 1)^2$ ist, so gilt die Ungleichung $(\frac{1}{\varepsilon} - 1)^2 < n$ (und damit auch $1 - \frac{\sqrt{n}}{\sqrt{n+1}} < \varepsilon$) für alle $n \geq n_\varepsilon$.
Aus der Definition einer konvergenten Folge ergibt sich daraus die Konvergenz der Folge $(\frac{\sqrt{n}}{\sqrt{n+1}})_{n \geq 0}$ gegen den Grenzwert 1.

Aufgabe 52

Seien $q > 0$ eine reelle Zahl und $a_n := \frac{q^n}{n^3}$ für $n \geq 1$.

a)   Untersuchen Sie die Folge $(a_n)_{n \in \mathbb{N}}$ auf Monotonie und Beschränktheit in Abhängigkeit von q.

b)   Für welche q ist $(a_n)_{n\in\mathbb{N}}$ eine Nullfolge?

c)   Für welche q ist die Folge $(a_n)_{n\in\mathbb{N}}$ bestimmt divergent gegen ∞ ?

Lösung:

a) a_n verhält sich zu a_{n+1} wie $(\frac{n+1}{n})^3$ zu $\frac{q^{n+1}}{q^n} = q$. Ist $q \leq 1$, so ist also $(\frac{n+1}{n})^3 > \frac{n+1}{n} = 1 + \frac{1}{n} \geq 1 \geq q$ und damit $a_n > a_{n+1}$ für alle $n \geq 1$. Die Folge $(a_n)_{n\geq 1}$ ist also für $q \leq 1$ eine streng monoton fallende Folge, wegen $a_1 = q > a_n > 0$ für alle $n \geq 2$ ist diese Folge auch beschränkt. $a_n < a_{n+1}$, d.h. $\frac{q^n}{n^3} < \frac{q^{n+1}}{(n+1)^3}$ ist äquivalent zu $(1 + \frac{1}{n})^3 < q$ oder auch zu $1 + \frac{1}{n} < \sqrt[3]{q}$. Ist $q > 8$, so ist die Folge $(a_n)_{n\geq 1}$ streng monoton wachsend. Ist $q = 8$, so ist die Folge „nur" monoton wachsend, da $8 = a_1 = a_2 < a_3 < a_4 < \ldots$ gilt. Sei q aus $]1,8[$. Da $(\frac{1}{n})_{n\geq 1}$ eine Nullfolge ist, gibt es ein $n_0 \geq 2$ mit $1 + \frac{1}{n_0} < \sqrt[3]{q} \leq 1 + \frac{1}{n_0 - 1}$. Das besagt, dass die Teilfolge $(\frac{q^n}{n^3})_{n\geq n_0}$ streng monoton wachsend ist. Da $a_1 = q > \frac{q^2}{8} = a_2$ gilt, ist die Gesamtfolge $(a_n)_{n\geq 1}$ keine monotone Folge.

Es soll die Beschränktheit der Folge $(a_n)_{n\geq 1}$ für $q > 1$ untersucht werden. Sei $x > 0$ mit $1 + x = q$. Für $n \geq 4$ gilt

$$q^n = (1+x)^n = 1 + nx + \ldots + \frac{n(n-1)(n-2)(n-3)}{24}x^4 + \ldots > \frac{n(n-1)(n-2)(n-3)}{24}x^4$$

und damit

$$\frac{q^n}{n^3} > \frac{x^4}{24}(1-\frac{1}{n})(1-\frac{2}{n})(n-3) \geq \frac{x^4}{24}(1-\frac{1}{4})(1-\frac{2}{4})(n-3) = \frac{x^4}{64}(n-3) \, .$$

Das zeigt, dass die Folge $\frac{q^n}{n^3}$ unbeschränkt ist, falls $q > 1$ gilt.

b) Für jedes $q \leq 1$ ist die Folge $(a_n)_{n\geq 1}$ eine Nullfolge, weil $\frac{q^n}{n^3} < \frac{1}{n^3} < \frac{1}{n}$ gilt. (Man könnte hier z.B. wegen $0 < a_n < \frac{1}{n}$ auch den Einschließungssatz benutzen!). Dass nur für $q \leq 1$ eine Nullfolge vorliegt, ergibt sich aus der Unbeschränktheit der Folge $(a_n)_{n\geq 1}$, die für $q > 1$ in a) gezeigt wurde.

c) In a) wurde gezeigt, dass für $q > 1$ und $n \geq 4$ gilt: $a_n > \frac{(q-1)^4}{64}(n-3)$. Ist $K > 0$, so sei n_1 eine natürliche Zahl mit $\frac{(q-1)^4}{64}(n_1 - 3) > K$, d.h. $n_1 > \frac{64K}{(q-1)^4} + 3$. Für alle $n \geq n_1$ gilt dann auch $a_n > K$, was zeigt, dass $(a_n)_{n\geq 1}$ bestimmt divergent gegen ∞ ist oder kurz geschrieben: $\lim_{n\to\infty} a_n = \infty$ falls $q > 1$. (Weitere q kommen natürlich wegen b) nicht in Frage.)

Aufgabe 53

Für eine Teilmenge M von $\mathbb{R}$ bezeichnet $H(M)$ die Menge der Häufungspunkte von M. Untersuchen Sie, welche allgemeingültige Beziehung zwischen

i) $H(A \cup B)$ und $H(A) \cup H(B)$,

ii) $H(A \cap B)$ und $H(A) \cap H(B)$

besteht.

Lösung:
Bekanntlich folgt aus $M \subset N$ sofort $H(M) \subset H(N)$. Deshalb ergibt sich aus
$A \subset A \cup B$ und $B \subset A \cup B$ sowie $A \cap B \subset A$ und $A \cap B \subset B$:

$$H(A) \cup H(B) \subset H(A \cup B) \, , \, H(A \cap B) \subset H(A) \cap H(B) \, .$$

Die Frage ist also, ob auch $H(A \cup B) \subset H(A) \cup H(B)$ bzw. $H(A) \cap H(B) \subset$
$H(A \cap B)$ gilt.

i) Sind $x \in H(A \cup B)$ und $n \in \mathbb{N}$ beliebig, so gibt es $c_n \in A \cup B \backslash \{x\}$ mit
$|c_n - x| < \frac{1}{n}$. Entweder gibt es unendlich viele n mit $c_n \in A$, und dann ist x
aus $H(A)$, oder es gibt nur endlich viele n mit $c_n \in A$, dann sind fast alle c_n
aus B, und deshalb ist x aus $H(B)$. Also gilt für alle $A, B \subset \mathbb{R}$:

$$H(A) \cup H(B) = H(A \cup B) \, .$$

ii) Sowohl die Menge $\mathbb{Q}$ der rationalen Zahlen als auch die Menge $\mathbb{R} \backslash \mathbb{Q}$
der irrationalen Zahlen ist dicht in $\mathbb{R}$, d.h. $H(\mathbb{Q}) = \mathbb{R} = H(\mathbb{R} \backslash \mathbb{Q})$. Da
$\mathbb{Q} \cap (\mathbb{R} \backslash \mathbb{Q}) = \phi$ gilt, hat man

$$H(\mathbb{Q} \cap (\mathbb{R} \backslash \mathbb{Q})) = \phi \neq \mathbb{R} = \mathbb{R} \cap \mathbb{R} = H(\mathbb{Q}) \cap H(\mathbb{R} \backslash \mathbb{Q}) \, .$$

Deshalb gilt im Allgemeinen nur die Inklusion

$$H(A \cap B) \subset H(A) \cap H(B)$$

und nicht die Gleichheit.

Aufgabe 54

Untersuchen Sie die Folgen $(a_n)_{n \geq 1}$ auf Konvergenz. Bestimmen Sie gegebenenfalls den Grenzwert.

i) $a_n = \sqrt{n^4 + 2n^2 + 7} - n^2$.   ii) $a_n = (-1)^n \frac{n-1}{n+1}$.

iii) $a_n = \frac{5n^2 - 7n + 2}{10n^2 + 5n - 1}$.   iv) $a_n = (-1)^n \frac{n^3}{n^4 + 1}$.

v) $a_n = \sqrt{n^2 + 3n + 5} - \sqrt{n^2 + 2n + 3}$.

vi) $a_n = \sqrt{n^2 + 3n - 5} - \sqrt{n^2 + 3n + 3}$.

vii) $a_n = \sqrt{n^3 + 1} - \sqrt{n^2 + 1}$.   viii) $a_n = \frac{1 + (-1)^n n^2}{1 + n + n^2}$.

ix) $a_n = (1 - \frac{1}{2n})^{3n}$.

Lösung:

Es werden die üblichen Rechenregeln für konvergente Folgen und dazu bekannte Tatsachen wie $\sqrt{A} - \sqrt{B} = \frac{A-B}{\sqrt{A}+\sqrt{B}}$ und $\lim\limits_{n\to\infty} \frac{1}{n^k} = 0$ für alle natürlichen Zahlen $k \geq 1$ benutzt.

i) $a_n = \sqrt{n^4 + 2n^2 + 7} - n^2 = \frac{n^4+2n^2+7-n^4}{\sqrt{n^4+2n^2+7}+n^2} = \frac{2n^2+7}{\sqrt{n^4+2n^2+7}+n^2} = \frac{2+\frac{7}{n^2}}{\sqrt{1+\frac{2}{n^2}+\frac{7}{n^4}}+1}.$

Der Zähler des letzten Bruchs konvergiert gegen 2, der Nenner ebenfalls! Damit ist $(a_n)_{n\geq 0}$ konvergent und $\lim\limits_{n\to\infty} a_n = 1$.

ii) Die Teilfolge $(a_{2n})_{n\geq 0}$ konvergiert gegen 1, weil $a_{2n} = (-1)^{2n}\frac{2n-1}{2n+1} = \frac{2-\frac{1}{n}}{2+\frac{1}{n}}$ gilt. Dagegen gilt $a_{2n-1} = -\frac{2n-2}{2n} = -1 + \frac{1}{n}$ und damit ergibt sich $\lim\limits_{n\to\infty} a_{2n-1} = -1$. Deshalb ist die angegebene Folge divergent.

iii) Es gilt $\frac{5n^2-7n+2}{10n^2+5n-1} = \frac{5-\frac{7}{n}+\frac{2}{n^2}}{10+\frac{5}{n}-\frac{1}{n^2}}$. Wegen $\lim\limits_{n\to\infty}\frac{1}{n} = \lim\limits_{n\to\infty}\frac{1}{n^2} = 0$ erhält man mit den Rechenregeln für konvergente Folgen: $\lim\limits_{n\to\infty}\frac{5n^2-7n+2}{10n^2+5n-1} = \frac{1}{2}$.

iv) $a_n = (-1)^n\frac{n^3}{n^4+1} = (-1)^n\frac{\frac{1}{n}}{1+\frac{1}{n^4}}$. Der Zähler $\frac{1}{n}$ konvergiert gegen 0, der Nenner $(1+\frac{1}{n^4})$ gegen 1. Damit gilt $\lim\limits_{n\to\infty} a_n = 0$.

v) Die Umformungen

$\sqrt{n^2+3n+5} - \sqrt{n^2+2n+3} = \frac{n^2+3n+5-(n^2+2n+3)}{\sqrt{n^2+3n+5}+\sqrt{n^2+2n+3}} =$

$\frac{n+2}{\sqrt{n^2+3n+5}+\sqrt{n^2+2n+3}} = \frac{1+\frac{2}{n}}{\sqrt{1+\frac{3}{n}+\frac{5}{n^2}}+\sqrt{1+\frac{2}{n}+\frac{3}{n^2}}}$ zeigen:

$$\lim_{n\to\infty}\left(\sqrt{n^2+3n+5} - \sqrt{n^2+2n+3}\right) = \frac{1}{2}.$$

vi) Wegen $\sqrt{n^2+3n-5} - \sqrt{n^2+3n+3} = \frac{-8}{\sqrt{n^2+3n-5}+\sqrt{n^2+3n+3}}$ hat der gesuchte Grenzwert den Wert 0.

vii) $a_n = \sqrt{n^3+1} - \sqrt{n^2+1} = \frac{n^3+1-(n^2+1)}{\sqrt{n^3+1}+\sqrt{n^2+1}} = \frac{n^3(1-\frac{1}{n})}{\sqrt{n^3}(\sqrt{1-\frac{1}{n^3}}+\sqrt{\frac{1}{n}+\frac{1}{n^3}})}$

$= \sqrt{n^3}\frac{1-\frac{1}{n}}{\sqrt{1-\frac{1}{n^3}}+\sqrt{\frac{1}{n}+\frac{1}{n^3}}}$. Aus $\lim\limits_{n\to\infty}\sqrt{n^3} = \infty$ und $\lim\limits_{n\to\infty}\frac{1-\frac{1}{n}}{\sqrt{1-\frac{1}{n^3}}+\sqrt{\frac{1}{n}+\frac{1}{n^3}}} = 1$ folgt $\lim\limits_{n\to\infty} a_n = \infty$.

viii) Man hat $\frac{1+(-1)^n n^2}{1+n+n^2} = \frac{\frac{1}{n^2}+(-1)^n}{\frac{1}{n^2}+\frac{1}{n}+1}$. Es gilt $\lim\limits_{k\to\infty} a_{2k} = \lim\limits_{k\to\infty}\frac{\frac{1}{4k^2}+1}{\frac{1}{4k^2}+\frac{1}{2k}+1} = 1$ und $\lim\limits_{k\to\infty} a_{2k-1} = \lim\limits_{k\to\infty}\frac{\frac{1}{(2k-1)^2}-1}{\frac{1}{(2k-1)^2}+\frac{1}{2k-1}+1} = -1$. Deshalb konvergiert die Folge $(a_n)_{n\in\mathbb{N}}$ nicht.

ix) Man hat $a_n = (1-\frac{1}{2n})^{3n} = (\frac{2n-1}{2n})^{3n} = \frac{1}{\left(\frac{2n}{2n-1}\right)^{3n}} = \frac{1}{\left(1+\frac{1}{2n-1}\right)^{3n}} =$

$$\frac{1}{\left[\left(1+\frac{1}{2n-1}\right)^{2n-1}\right]^{\frac{3n}{2n-1}}} \cdot \text{ Da die Folge } ((1+\tfrac{1}{2n-1})^{2n-1})_{n\geq 1} \text{ eine Teilfolge der ge-}$$

gen e konvergenten Folge $((1+\tfrac{1}{n})^n)_{n\geq 1}$ ist, und $\lim\limits_{n\to\infty} \frac{3n}{2n-1} = \lim\limits_{n\to\infty} \frac{3}{2-\frac{1}{n}} = \frac{3}{2}$

gilt, folgt (weil die Voraussetzungen für die Gültigkeit der Rechenregel

$$\lim_{n\to\infty} (b_n^{c_n}) = (\lim_{n\to\infty} b_n)^{\lim\limits_{n\to\infty} c_n} \text{ erfüllt sind):}$$

$$\lim_{n\to\infty} a_n = \frac{1}{[\lim\limits_{n\to\infty} (1+\frac{1}{2n-1})^{2n-1}]^{\lim\limits_{n\to\infty} \frac{3n}{2n-1}}} = \frac{1}{e^{3/2}} \cdot$$

Aufgabe 55

Betrachten Sie die Folgen $(a_n)_{n\geq 1}$ und $(b_n)_{n\geq 1}$:

$$a_n = \frac{2\cdot 6\cdot 10\dots(4n+2)}{5\cdot 9\cdot 13\dots(4n+5)} \quad , \quad b_n = \frac{6\cdot 10\cdot 14\dots(4n+2)}{5\cdot 9\cdot 13\dots(4n+1)} \cdot$$

a)   Zeigen Sie, dass die Folge $(a_n)_{n\geq 1}$ konvergiert.

b)   Ist $a := \lim\limits_{n\to\infty} a_n$, so zeigen Sie: $0 \leq a < \frac{8}{39}$.

c)   Begründen Sie die Aussage: $(b_n)_{n\geq 1}$ ist streng monoton wachsend.

d)   Beweisen Sie, dass $a_n b_n \leq \frac{8}{25}$ für alle $n \geq 1$ gilt.

e)   Berechnen Sie den Grenzwert $\lim\limits_{n\to\infty} \frac{a_n}{b_n}$.

f)   Zeigen Sie, dass aus der Annahme $a > 0$ die Ungleichung $\lim\limits_{n\to\infty} b_n \leq \frac{8}{25a}$

        folgt.

g)   Folgern Sie aus e) und f), dass $a = 0$ gilt.

Lösung:

a) Wegen $0 < a_{n+1} = a_n \cdot \frac{4n+6}{4n+9} < a_n$ ist $(a_n)_{n\geq 1}$ eine streng monoton fallende, nach unten beschränkte Folge, und damit konvergent.

b) Wegen $a_n > 0$ folgt $a \geq 0$. Für jedes $n \geq 1$ hat man $a < a_n$ und insbesondere $a < a_2 = \frac{2\cdot 6\cdot 10}{5\cdot 9\cdot 13} = \frac{8}{39}$.

c) Für jedes $n \geq 1$ gilt $b_{n+1} = b_n \cdot \frac{4n+6}{4n+5} > b_n$ (da $\frac{4n+6}{4n+5} > 1$).

d) $a_n \cdot b_n = \frac{2}{5} \cdot (\frac{6}{9} \cdot \frac{6}{5}) \cdot (\frac{10}{13} \cdot \frac{10}{9})\dots(\frac{4n+2}{4n+5} \cdot \frac{4n+2}{4n+1})$, $(4n+2)^2 = 16n^2 + 16n + 4 < 16n^2 + 24n + 5 = (4n+5)(4n+1)$. Die Zahl in jeder der n Klammern ist also kleiner eins. Damit ist $a_n \cdot b_n \leq \frac{2}{5} \cdot (\frac{6}{9} \cdot \frac{6}{5}) = \frac{8}{25}$ für alle $n \geq 1$.

e) $0 \leq \frac{a_n}{b_n} = \frac{2}{4n+5} < \frac{1}{n}$ zeigt, dass $\lim\limits_{n\to\infty} \frac{a_n}{b_n} = 0$ gilt.

f) Gelte $a > 0$, so gelte $ab_n < a_n b_n \leq \frac{8}{25}$ und damit $b_n \leq \frac{8}{25a}$. Da $(b_n)_{n\geq 1}$ eine streng monoton wachsende Folge ist, folgte daraus, dass der Grenzwert der Folge $(b_n)_{n\geq 1}$ eine reelle Zahl – sagen wir b – ist. Für diese Zahl gelte $0 < b \leq \frac{8}{25a}$.

g) Die Annahme $a > 0$ führt zur Existenz von $b > 0$ als Grenzwert von $(b_n)_{n\geq 1}$ und damit zum Widerspruch: $0 = \lim\limits_{n\to\infty} \frac{a_n}{b_n} = \frac{\lim\limits_{n\to\infty} a_n}{\lim\limits_{n\to\infty} b_n} = \frac{a}{b}$. Also muss $a = 0$ gelten.

Aufgabe 56

Seien a und b zwei reelle Zahlen mit $a < b$. Die Folgen $(a_n)_{n\geq 1}$ und $(b_n)_{n\geq 1}$ seien rekursiv definiert durch $a_1 = a$, $b_1 = b$ und $a_n = \frac{a_{n-1}+b_{n-1}}{2}$, $b_n = \frac{2a_{n-1}+3b_{n-1}}{5}$ für $n \geq 2$.

a) Beweisen Sie durch vollständige Induktion, dass für alle $n \geq 1$ gilt: $a_n < a_{n+1} < b_{n+1} < b_n$.

b) Zeigen Sie, dass diese zwei Folgen konvergieren, und dass $\alpha := \lim\limits_{n\to\infty} a_n$ und $\beta := \lim\limits_{n\to\infty} b_n$ gleich sind.

Lösung:

a) Man hat $a_1 = a$, $a_2 = \frac{a+b}{2}$, $b_1 = b$ und $b_2 = \frac{2a+3b}{5}$. Wegen $a < b$ folgt $a_1 = a = \frac{a+a}{2} < \frac{a+b}{2} = a_2$, $b_2 = \frac{2a+3b}{5} < \frac{2b+3b}{5} = b = b_1$ und aus $5a + 5b = 4a + a + 5b < 4a + 6b$ auch $a_2 = \frac{a+b}{2} = \frac{5a+5b}{10} < \frac{4a+6b}{10} = \frac{2a+3b}{5} = b_2$. Das ist der Nachweis für den Induktionsanfang $a_1 < a_2 < b_2 < b_1$. Die Induktionsannahme ist: Für ein $n \geq 2$ gelte $a_{n-1} < a_n < b_n < b_{n-1}$. Daraus folgt $a_{n+1} = \frac{a_n+b_n}{2} > \frac{a_n+a_n}{2} = a_n$ und $b_{n+1} = \frac{2a_n+3b_n}{5} < \frac{2b_n+3b_n}{5} = b_n$. Die Ungleichung $a_{n+1} < b_{n+1}$, d.h. $\frac{5a_n+5b_n}{10} < \frac{4a_n+6b_n}{10}$, ist zu $a_n < b_n$ äquivalent, und dies ist aufgrund der Annahme richtig. Hiermit ist der Induktionsschritt vollzogen: Aus der Annahme $a_{n-1} < a_n < b_n < b_{n-1}$ folgt $a_n < a_{n+1} < b_{n+1} < b_n$.

b) Die Folge $(a_n)_{n\in\mathbb{N}}$ ist streng monoton wachsend und nach oben beschränkt durch b_1. Die Folge $(b_n)_{n\in\mathbb{N}}$ ist streng monoton fallend und nach unten beschränkt durch a_1. Deshalb sind beide Folgen konvergent und wegen $a_n < b_n$ für alle n folgt: $\alpha = \lim\limits_{n\to\infty} a_n \leq \lim\limits_{n\to\infty} b_n = \beta$. Aus $a_{n+1} = \frac{a_n+b_n}{2}$ folgt $\alpha = \frac{\alpha+\beta}{2}$ und damit $\alpha = \beta$.

Aufgabe 57

Untersuchen Sie, ob die folgenden Reihen konvergieren oder divergieren. Begründen Sie Ihre Antworten.

i) $\displaystyle\sum_{n=1}^{\infty}\left(\sqrt{n^4+2n^2+7}-n^2\right)$.　　ii) $\displaystyle\sum_{n=2}^{\infty}(-1)^n\frac{n-1}{n+1}$.

iii) $\displaystyle\sum_{n=1}^{\infty}(-1)^n\frac{n^3}{n^4+1}$.　　iv) $\displaystyle\sum_{n=0}^{\infty}\frac{2n^2+1}{n^4+1}$.

v) $\displaystyle\sum_{n=0}^{\infty}\frac{2n^2+1}{n^3+1}$.　　vi) $\displaystyle\sum_{n=0}^{\infty}\frac{2\cdot6\cdot10...(4n+2)}{5\cdot9\cdot13...(4n+5)}$.

Lösung:

Wir benutzen die Lösung der Aufgabe 54, das Leibnizkriterium, das notwendige Kriterium „$\sum_{n=1}^{\infty}a_n$ konvergiert $\Longrightarrow \lim_{n\to\infty}a_n=0$" (in seiner negativen Form, d.h.: Konvergiert $(a_n)_{n\geq1}$ nicht gegen Null, so divergiert die Reihe $\sum_{n=1}^{\infty}a_n$), das Majorantenkriterium, die Konvergenz von $\sum_{n=1}^{\infty}\frac{1}{n^2}$ und die Divergenz von $\sum_{n=1}^{\infty}\frac{1}{n}$.

i) Da $\lim_{n\to\infty}\left(\sqrt{n^4+2n^2+7}-n^2\right)=1\neq0$ gilt, konvergiert die Reihe nicht.

ii) Da die Folge $((-1)^n\frac{n-1}{n+1})_{n\geq2}$ nicht gegen Null konvergiert, divergiert die angegebene Reihe.

iii) Die Folge $((-1)^n\frac{n^3}{n^4+1})_{n\geq1}$ ist eine alternierende Folge, welche gegen Null konvergiert. Wir zeigen nun, dass $(\frac{n^3}{n^4+1})_{n\geq1}$ eine monoton fallende Folge ist, und damit ergibt sich aus dem Leibnizkriterium die Konvergenz der angegebenen Reihe. Man hat die äquivalenten Ungleichungen:

$$\frac{n^3}{n^4+1}>\frac{(n+1)^3}{(n+1)^4+1}\iff n^3[(n+1)^4+1]>(n^4+1)(n+1)^3$$

$$\iff n^3(n^4+4n^3+6n^2+4n+2)>(n^4+1)(n^3+3n^2+3n+1)$$

$$\iff n^7+4n^6+6n^5+4n^4+2n^3>n^7+3n^6+3n^5+n^4+n^3+3n^2+3n+1$$

$$\iff n^6+3n^5+3n^4+n^3>3n^2+3n+1 .$$

Diese letzte Ungleichung ist offensichtlich und damit auch die erste aus dieser Kette, was $(\frac{n^3}{n^4+1})_{n\geq1}$ als monoton fallende Folge nachweist.

iv) Man hat $\frac{2n^2+1}{n^4+1}<\frac{3}{n^2}$ für alle $n\geq1$, da $2n^4+n^2<3n^4+3$ $=2n^4+n^4+3$ gilt. Deshalb ist die angegebene Reihe nach dem Majorantenkriterium konvergent.

v) Wegen $\frac{2n^2+1}{n^3+1}>\frac{1}{n}$ für alle $n\geq1$ ist die Reihe $\sum_{n=0}^{\infty}\frac{2n^2+1}{n^3+1}$ divergent.

vi) Man hat $2\cdot6\cdot10\cdot14...(4n+6)>5\cdot9\cdot13...(4n+5)$ und damit $\frac{2\cdot6\cdot10...(4n+2)}{5\cdot9\cdot13...(4n+5)}>\frac{1}{4n+6}(>\frac{1}{11n})$ für alle $n\geq1$. Also divergiert die angegebene Reihe.

Aufgabe 58

Zeigen Sie, dass die Reihe $\sum_{k=1}^{\infty} \frac{k}{3 \cdot 5 \cdot 7 \dots (2k+1)}$ konvergiert, und berechnen Sie die Summe.

Hinweis: Beachten Sie, dass für alle $k \geq 1$ gilt:

$$\frac{k}{3 \cdot 5 \cdot 7 \dots (2k+1)} = \frac{1}{2} \left(\frac{1}{3 \cdot 5 \cdot 7 \dots (2k-1)} - \frac{1}{3 \cdot 5 \cdot 7 \dots (2k+1)} \right) .$$

Lösung:
Mit Hilfe des Hinweises erhalten wir die folgenden (für Aufgaben von diesem Typ üblichen) Umformungen:

$$\sum_{k=1}^{n} \frac{k}{3 \cdot 5 \cdot 7 \dots (2k+1)} = \frac{1}{3} + \frac{2}{3 \cdot 5} + \frac{3}{3 \cdot 5 \cdot 7} + \dots + \frac{n}{3 \cdot 5 \cdot 7 \dots (2n+1)}$$

$$= \frac{1}{3} + \frac{1}{2}(\frac{1}{3} - \frac{1}{3 \cdot 5}) + \frac{1}{2}(\frac{1}{3 \cdot 5} - \frac{1}{3 \cdot 5 \cdot 7}) + \frac{1}{2}(\frac{1}{3 \cdot 5 \cdot 7} - \frac{1}{3 \cdot 5 \cdot 7 \cdot 9}) + \dots +$$

$$\frac{1}{2}(\frac{1}{3 \cdot 5 \dots (2n-3)} - \frac{1}{3 \cdot 5 \dots (2n-1)}) + \frac{1}{2}(\frac{1}{3 \cdot 5 \dots (2n-1)} - \frac{1}{3 \cdot 5 \dots (2n+1)})$$

$$= \frac{1}{2}(1 - \frac{1}{3 \cdot 5 \cdot 7 \dots (2n+1)}) .$$

Wegen $\lim\limits_{n \to \infty} \frac{1}{3 \cdot 5 \cdot 7 \dots (2n+1)} = 0$ existiert der Grenzwert $\lim\limits_{n \to \infty} \sum_{k=1}^{n} \frac{k}{3 \cdot 5 \cdot 7 \dots (2k+1)}$, d.h. die angegebene Reihe konvergiert, und es gilt $\sum_{k=1}^{\infty} \frac{k}{3 \cdot 5 \cdot 7 \dots (2k+1)} = \frac{1}{2}$.

Aufgabe 59

Zeigen Sie, dass die Reihen i) $\sum_{n=1}^{\infty} \frac{1}{n(n+4)}$ und ii) $\sum_{n=0}^{\infty} \frac{(n+1)^2}{n!}$ konvergieren und berechnen Sie jeweils die Summe.

Lösung:
i) Es gilt $\frac{1}{n(n+4)} = \frac{\frac{1}{4}}{n} - \frac{\frac{1}{4}}{n+4}$ und deshalb $\sum_{n=1}^{k} \frac{1}{n(n+4)} = \sum_{n=1}^{k} (\frac{\frac{1}{4}}{n} - \frac{\frac{1}{4}}{n+4})$
$= \frac{1}{4}(1 + \frac{1}{2} + \frac{1}{3} + \frac{1}{4}) - \frac{1}{4}(\frac{1}{k+1} + \frac{1}{k+2} + \frac{1}{k+3} + \frac{1}{k+4})$.
Wegen $\lim\limits_{k \to \infty} \frac{1}{k+p} = 0$ für $p = 1, 2, 3, 4$ folgt, dass

$$\sum_{n=1}^{\infty} \frac{1}{n(n+4)} := \lim_{k \to \infty} \sum_{n=1}^{k} \frac{1}{n(n+1)}$$

existiert, und ist gleich $\frac{1}{4}(1 + \frac{1}{2} + \frac{1}{3} + \frac{1}{4}) = \frac{25}{48}$.
ii) Für $n \geq 5$ gilt $n^3 \geq 5n^2 = 4n^2 + n^2 > 4n^2 + 1$. Die Ungleichung
$(n - 2)(n - 1)n > (n + 1)^2$ ist äquivalent zu $n^3 > 4n^2 + 1$, und damit gilt sie für $n \geq 5$. Deshalb hat man für $n \geq 5$:

$$\frac{(n+1)^2}{n!} \leq \frac{(n+1)^2}{(n-4)(n-3)(n-2)(n-1)n} < \frac{1}{(n-4)(n-3)} < \frac{1}{(n-4)^2} \,.$$

Da $\sum_{n=5}^{\infty} \frac{1}{(n-4)^2} = \sum_{k=1}^{\infty} \frac{1}{k^2}$ konvergiert, konvergiert auch $\sum_{n=5}^{\infty} \frac{(n+1)^2}{n!}$, und damit auch $\sum_{n=0}^{\infty} \frac{(n+1)^2}{n!}$. Wegen $\frac{(n+1)^2}{n!} = \frac{n^2+2n+1}{n!} = \frac{n(n-1)+3n+1}{n!} = \frac{1}{(n-2)!} + \frac{3}{(n-1)!} + \frac{1}{n!}$ und $\sum_{n=0}^{\infty} \frac{1}{n!} = e$ hat man:

$$\sum_{n=0}^{\infty} \frac{(n+1)^2}{n!} = 1 + 4 + \sum_{n=2}^{\infty} \frac{(n+1)^2}{n!} = 5 + \sum_{n=2}^{\infty} \left[\frac{1}{(n-2)!} + \frac{3}{(n-1)!} + \frac{1}{n!} \right] =$$

$$5 + \sum_{k=0}^{\infty} \frac{1}{k!} + 3 \sum_{m=1}^{\infty} \frac{1}{m!} + \sum_{n=2}^{\infty} \frac{1}{n!} = e + 3 \sum_{m=0}^{\infty} \frac{1}{m!} + \sum_{n=0}^{\infty} \frac{1}{n!} = e + 3e + e = 5e.$$

Aufgabe 60

Zeigen Sie, dass die Reihe $\sum_{k=1}^{\infty} \frac{1}{k^k}$ konvergiert und dass ihr Wert größer als $\frac{46}{36}$ und kleiner gleich $\frac{47}{36}$ ist.

Lösung:

Man hat für $k \geq 2 : \frac{1}{k^k} \leq \frac{1}{2^k}$. Die geometrische Reihe $\sum_{k=2}^{\infty} \frac{1}{2^k}$ konvergiert. Nach dem Majorantenkriterium konvergiert auch $\sum_{k=2}^{\infty} \frac{1}{k^k}$ und damit auch $\sum_{k=1}^{\infty} \frac{1}{k^k}$. Setzt man $a_n := \sum_{k=1}^{n} \frac{1}{k^k}$, so gilt: $a_1 = 1$, $a_2 = \frac{5}{4}$, $a_3 = \frac{46}{36}$. Wegen $\frac{1}{k^k} > 0$ ist $a := \lim_{n \to \infty} a_n = \sum_{k=1}^{\infty} \frac{1}{k^k}$ größer als $\frac{46}{36}$. Die folgende Abschätzung zeigt uns die noch nicht bewiesene Behauptung $a \leq \frac{47}{36}$; sei dafür $n > 3$.

$$a_n = \sum_{k=1}^{n} \frac{1}{k^k} = 1 + \frac{1}{2^2} + \frac{1}{3^3} + \frac{1}{4^4} + \ldots + \frac{1}{n^n} < 1 + \frac{1}{2^2} + \frac{1}{3^3} + \frac{1}{3^4} + \ldots + \frac{1}{3^n}$$

$$= \frac{5}{4} + \frac{1}{3^3} \left(1 + \frac{1}{3} + \frac{1}{3^2} + \ldots + \frac{1}{3^{n-3}} \right) < \frac{5}{4} + \frac{1}{27} \sum_{n=0}^{\infty} \frac{1}{3^n}$$

$$= \frac{5}{4} + \frac{1}{27} \cdot \frac{1}{1 - \frac{1}{3}} = \frac{5}{4} + \frac{1}{18} = \frac{47}{36} \,.$$

Aufgabe 61

Untersuchen Sie die Reihe $\sum_{n=1}^{\infty} (-1)^n \frac{1}{\sqrt[3]{n}}$ auf Konvergenz und auf absolute Konvergenz.

Lösung:

Die Folge $(\frac{1}{\sqrt[3]{n}})_{n \geq 1}$ ist eine streng monoton fallende Nullfolge, denn aus $n < n+1$ folgt $\sqrt[3]{n} < \sqrt[3]{n+1}$ und damit $\frac{1}{\sqrt[3]{n}} > \frac{1}{\sqrt[3]{n+1}}$. Nach dem Leibnizkriterium konvergiert die angegebene Reihe. Wegen $\frac{1}{\sqrt[3]{n}} \geq \frac{1}{n}$, wegen der Divergenz der harmonischen Reihe $\sum_{n=1}^{\infty} \frac{1}{n}$ und aufgrund des Minorantenkriteriums ist die Reihe $\sum_{n=1}^{\infty} (-1)^n \frac{1}{\sqrt[3]{n}}$ nicht absolut konvergent.

Aufgabe 62

Betrachten Sie die Reihe $\frac{1}{3} + \frac{1}{2^2} + \frac{1}{3^3} + \frac{1}{2^4} + \frac{1}{3^5} + \frac{1}{2^6} + \dots$.

a) Schreiben Sie die Reihe in der Form $\sum_{n=1}^{\infty} a_n$.
b) Untersuchen Sie diese Reihe mit dem Quotientenkriterium auf Konvergenz.
c) Untersuchen Sie diese Reihe mit dem Wurzelkriterium auf Konvergenz.
d) Bestimmen Sie die Summe.

Lösung:

a) Man setzt $a_n := \begin{cases} \frac{1}{3^n} & \text{, falls } n \text{ ungerade,} \\ \frac{1}{2^n} & \text{, falls } n \text{ gerade.} \end{cases}$ Man schreibt auch $a_{2n} := \frac{1}{2^{2n}}$

und $a_{2n-1} := \frac{1}{3^{2n-1}}$ für alle $n \geq 1$.

b) Wenn man $\frac{a_{n+1}}{a_n}$ untersucht, muss man berücksichtigen, ob n gerade oder ungerade ist. Man hat

$\frac{a_{2n+1}}{a_{2n}} = \frac{\frac{1}{3^{2n+1}}}{\frac{1}{2^{2n}}} = \frac{1}{3} \cdot (\frac{2}{3})^{2n} \leq \frac{1}{3} \cdot (\frac{2}{3})^2 = \frac{4}{27}$ und $\frac{a_{2n}}{a_{2n-1}} = \frac{\frac{1}{2^{2n}}}{\frac{1}{3^{2n-1}}} = \frac{1}{2} \cdot (\frac{3}{2})^{2n-1}$.

Für $n \geq 2$ gilt $\frac{a_{2n}}{a_{2n-1}} \geq \frac{a_4}{a_3} = \frac{1}{2} \cdot (\frac{3}{2})^3 = \frac{27}{16}$. Es gibt also kein $q < 1$ mit $|\frac{a_{n+1}}{a_n}| \leq q$ für fast alle n. Es wäre aber auch falsch zu behaupten, dass $|\frac{a_{n+1}}{a_n}| \geq 1$ für fast alle $n \in \mathsf{IN}$ gilt. Deshalb kann man mit Hilfe des Quotientenkriteriums keine Aussage über die Konvergenz der angegebenen Reihe machen, falls man dieses Kriterium ohne genauere Überlegung verwendet. Berücksichtigt man, dass die Reihe $\sum_{n=1}^{\infty} a_n$ die Summe von zwei geometrischen Reihen, nämlich $\sum_{n=1}^{\infty} b_n$ und $\sum_{n=0}^{\infty} c_n$ mit $b_n = \frac{1}{4^n}$ und $c_n = \frac{1}{3 \cdot 9^n}$ ist, so kann man wohl mit Hilfe des Quotientenkriteriums die Konvergenz der Reihen $\sum_{n=1}^{\infty} b_n$ und $\sum_{n=0}^{\infty} c_n$ sofort nachweisen, und daraus die Konvergenz von $\sum_{n=1}^{\infty} a_n$ folgern.

c) Wegen $\sqrt[2n]{a_{2n}} = \frac{1}{2}$ und $\sqrt[2n-1]{a_{2n-1}} = \frac{1}{3}$ folgt $\sqrt[n]{a_n} \leq \frac{1}{2}$ für alle $n \geq 1$. Die Reihe ist nach dem Wurzelkriterium konvergent.

d) $\frac{1}{3} + \frac{1}{2^2} + \frac{1}{3^3} + \frac{1}{2^4} + \frac{1}{3^5} + \frac{1}{2^6} + \dots = \frac{1}{3} \sum_{k=0}^{\infty} \frac{1}{9^k} + \frac{1}{4} \sum_{j=0}^{\infty} \frac{1}{4^j} = \frac{1}{3} \cdot \frac{1}{1-\frac{1}{9}} + \frac{1}{4} \cdot \frac{1}{1-\frac{1}{4}} =$
$\frac{3}{8} + \frac{1}{3} = \frac{17}{24}$.

Aufgabe 63

Zeigen Sie mit Hilfe des Verdichtungskriteriums, dass die Reihe $\sum_{n=2}^{\infty} \frac{1}{n \ln n}$ divergiert.

Lösung:

Die Folge $(a_n)_{n \geq 2}$ mit $a_n := \frac{1}{n \ln n}$ konvergiert monoton fallend gegen Null. Für $n \geq 1$ gilt $a_{2^n} = \frac{1}{2^n \ln 2^n} = \frac{1}{2^n n \ln 2}$. Die Reihe $\sum_{n=2}^{\infty} 2^n a_{2^n} = \sum_{n=2}^{\infty} 2^n \frac{1}{2^n n \ln 2} = \frac{1}{\ln 2} \sum_{n=2}^{\infty} \frac{1}{n}$ ist divergent. Deshalb ist auch die Reihe $\sum_{n=2}^{\infty} \frac{1}{n \ln n}$ divergent.

Aufgabe 64

Bestimmen Sie (falls vorhanden) die folgenden Grenzwerte:

i) $\quad \lim_{x \to \infty} \dfrac{x-1}{x+1}$.

ii) $\quad \lim_{x \to -\infty} \dfrac{x^2+1}{x-1}$.

iii) $\quad \lim_{x \to \infty} \dfrac{x^2+1}{x^3+2}$.

iv) $\quad \lim_{x \to \infty} \sqrt{x^2+1} \sin x$.

v) $\quad \lim_{x \to -\infty} x \cos x$.

vi) $\quad \lim_{x \to \infty} \dfrac{\sin x}{\sqrt{x+1}}$.

Lösung:

i) Für $x > 0$ hat man $\frac{x-1}{x+1} = \frac{1-\frac{1}{x}}{1+\frac{1}{x}}$. Da $\lim\limits_{x \to \infty} \frac{1}{x} = 0$ gilt, hat man $\lim\limits_{x \to \infty} (1 - \frac{1}{x}) = 1 = \lim\limits_{x \to \infty} (1 + \frac{1}{x})$ und damit

$$\lim_{x \to \infty} \frac{x-1}{x+1} = \frac{\lim\limits_{x \to \infty} \left(1 - \frac{1}{x}\right)}{\lim\limits_{x \to \infty} \left(1 + \frac{1}{x}\right)} = \frac{1}{1} = 1 \,.$$

ii) Ist $x \notin \{1, 0\}$, so gilt $\frac{x^2+1}{x-1} = \frac{x+\frac{1}{x}}{1-\frac{1}{x}}$. Für $x \to -\infty$ geht der Zähler gegen $-\infty$, während der Nenner gegen 1 geht. Deshalb gilt $\lim\limits_{x \to -\infty} \frac{x^2+1}{x-1} = -\infty$.

iii) Für $x \notin \{0, -\sqrt[3]{2}\}$ gilt $\frac{x^2+1}{x^3+2} = \frac{\frac{1}{x}+\frac{1}{x^3}}{1+\frac{2}{x^3}}$. Da $\lim\limits_{x \to \infty} (\frac{1}{x} + \frac{1}{x^3}) = 0$ und $\lim\limits_{x \to \infty} (1 + \frac{2}{x^3}) = 1$ gelten, hat man $\lim\limits_{x \to \infty} \frac{x^2+1}{x^3+2} = 0$.

iv) Die Funktion $f : \mathbb{R} \to \mathbb{R}$, $f(x) = \sqrt{x^2+1} \sin x$ soll für $x \to \infty$ untersucht werden. Die drei Folgen $(2n\pi)_{n \geq 0}$, $((2n+\frac{1}{2})\pi)_{n \geq 0}$ und $((2n+\frac{3}{2})\pi)_{n \geq 0}$ haben ∞ als Grenzwert. Es gilt

$$f(2n\pi) = 0 \,, \quad f\left((2n+\tfrac{1}{2})\pi\right) = \sqrt{(2n+\tfrac{1}{2})^2 \pi^2 + 1} > (2n+\tfrac{1}{2})\pi \quad \text{und}$$

$$f\left((2n + \tfrac{3}{2})\pi\right) = -\sqrt{(2n + \tfrac{3}{2})\pi^2 + 1} < -(2n + \tfrac{3}{2})\pi \ .$$

Deshalb existiert $\lim\limits_{x\to\infty} f(x)$ nicht!

v) Analog wie bei iv) wird das Verhalten der Funktion $g : \mathbb{R} \to \mathbb{R}$, $g(x) = x\cos x$ für $x \to -\infty$ untersucht. Betrachtet man die Werte $g(-2n\pi) = -2n\pi$, $g(-(2n + 1)\pi) = (2n + 1)\pi$ und $g(-(2n + \tfrac{1}{2})\pi) = 0$, so sieht man, dass $\lim\limits_{x\to-\infty} g(x)$ nicht existiert.

vi) Da $|\sin x| \le 1$ für alle $x \in \mathbb{R}$ und $\lim\limits_{x\to\infty} \frac{1}{\sqrt{x+1}} = 0$ gilt, folgt $\lim\limits_{x\to\infty} \frac{\sin x}{\sqrt{x+1}} = 0$. Wir zeigen nun exemplarisch – ohne Verwendung der Rechenregeln für Grenzwerte, warum $\lim\limits_{x\to\infty} \frac{\sin x}{\sqrt{x+1}} = 0$ gilt. Dafür gehen wir von der Definition aus. Sei $\varepsilon > 0$; zu zeigen ist: Es gibt $A_\varepsilon \ge 0$, so dass für alle $x > A_\varepsilon$ gilt: $\left|\frac{\sin x}{\sqrt{x+1}} - 0\right| < \varepsilon$. Wegen $\left|\frac{\sin x}{\sqrt{x+1}}\right| \le \frac{1}{\sqrt{x+1}} < \varepsilon$ und $\frac{1}{\sqrt{x+1}} < \varepsilon \iff \frac{1}{\varepsilon} < x + 1 \iff \frac{1}{\varepsilon} - 1 < x$ genügt es A_ε gleich $\max\{0, \frac{1}{\varepsilon} - 1\}$ zu wählen.

Aufgabe 65

Bestimmen Sie die Grenzwerte folgender Funktionen für $x \to \pm\infty$:

i) $\dfrac{x^2 + x + 1}{2x^2 + 3x + 7}$. ii) $\dfrac{|x^2 + x - 5|}{x^2 + |x - 1|}$. iii) $\dfrac{x^3 + x - 17}{x^2 + x + 1}$. iv) $\dfrac{x^m - 1}{x^n + 1}$.

Lösung:
Es wird benutzt: $\lim\limits_{x\to\infty} \frac{1}{x^k} = 0 = \lim\limits_{x\to-\infty} \frac{1}{x^k}$ für jede natürliche Zahl $k \ge 1$.

i) Wegen $\frac{x^2+x+1}{2x^2+3x+7} = \frac{1+\frac{1}{x}+\frac{1}{x^2}}{2+\frac{3}{x}+\frac{7}{x^2}}$ ist sowohl der Grenzwert für $x \to \infty$ als auch für $x \to -\infty$ gleich $\frac{1}{2}$.

ii) Wegen $\frac{|x^2+x-5|}{x^2+|x-1|} = \frac{|1+\frac{1}{x}-\frac{5}{x^2}|}{1+\frac{1}{|x|}\cdot|1-\frac{1}{x}|}$ folgt, dass beide Grenzwerte gleich 1 sind.

iii) Die Umformung $\frac{x^3+x-17}{x^2+x+1} = \frac{x(1+\frac{1}{x}-\frac{17}{x^2})}{1+\frac{1}{x}+\frac{1}{x^2}}$ zeigt: $\lim\limits_{x\to-\infty} \frac{x^3+x-17}{x^2+x+1} = -\infty$ und $\lim\limits_{x\to\infty} \frac{x^3+x-17}{x^2+x+1} = \infty$.

iv) Ist $m = n$, so folgt aus $\frac{x^m-1}{x^n+1} = \frac{x^m-1}{x^m+1} = \frac{1-\frac{1}{x^m}}{1+\frac{1}{x^m}}$ sofort $\lim\limits_{x\to\pm\infty} \frac{x^m-1}{x^n+1} = 1$. Falls $m > n$, so hat man $m - n \ge 1$ und $\frac{x^m-1}{x^n+1} = \frac{x^{m-n}-\frac{1}{x^n}}{1+\frac{1}{x^n}}$; also: $\lim\limits_{x\to\infty} \frac{x^m-1}{x^n+1} = \infty$ und $\lim\limits_{x\to-\infty} \frac{x^m-1}{x^n+1} = (-1)^{m-n}\infty$. Schließlich gilt für $n > m$, d.h. für $n - m \ge 1$ zuerst $\frac{x^m-1}{x^n+1} = \frac{1-\frac{1}{x^m}}{x^{n-m}+\frac{1}{x^m}}$ und damit $\lim\limits_{x\to\pm\infty} \frac{x^m-1}{x^n+1} = 0$.

Aufgabe 66

Betrachten Sie die folgenden Funktionen:

i) $f : \mathbb{R} \to \mathbb{R}$, $f(x) = \begin{cases} 2x & \text{, falls } x < 0, \\ x^2 & \text{, falls } x \geq 0. \end{cases}$ ii) $f : \mathbb{R} \to \mathbb{R}$, $f(x) = |x+2|$.

iii) $f : \mathbb{R} \backslash \{-2\} \to \mathbb{R}$, $f(x) = \frac{1}{|x+2|}$. iv) $f : \mathbb{R} \backslash \{-2\} \to \mathbb{R}$, $f(x) = \frac{1}{x+2}$.

v) $f : \mathbb{R} \to \mathbb{R}$, $f(x) = \frac{1}{x^4+3}$.

a) Berechnen Sie jeweils $\lim\limits_{x \to \infty} f(x)$, $\lim\limits_{x \to -\infty} f(x)$ und gegebenenfalls zu Punkten aus $\mathbb{R}$, die nicht in dem angegebenen Definitionsbereich liegen, sondern auf dessen Rand, die Grenzwerte von f.

b) Begründen Sie, warum jede der angegebenen Funktionen stetig ist.

c) Bestimmen Sie die Bildmengen dieser Funktionen.

d) Untersuchen Sie, ob die Funktionen umkehrbar (invertierbar) sind, und bestimmen Sie gegebenenfalls die Umkehrfunktion.

e) Für jede der obigen Funktionen, die nicht (global!) invertierbar ist, stellen Sie den Definitionsbereich als (nicht notwendig disjunkte) Vereinigung von Intervallen dar, auf welchen die Einschränkungen der betreffenden Funktion invertierbar sind. Geben Sie dann für jede dieser Einschränkungen jeweils die Umkehrfunktion an.

Lösung:

i) $\lim\limits_{x \to \infty} f(x) = \lim\limits_{x \to \infty} x^2 = \infty$ und $\lim\limits_{x \to -\infty} f(x) = \lim\limits_{x \to -\infty} 2x = -\infty$.

f ist definiert auf $\mathbb{R}$, deshalb hat man keine weiteren Grenzwerte zu berechnen. Als Polynome sind $2x$ auf $]-\infty, 0[$ und x^2 auf $[0, \infty[$ stetig. Wegen

$$\lim\limits_{x \to 0-} f(x) = \lim\limits_{x \to 0-} 2x = 0 = \lim\limits_{x \to 0+} x^2 = \lim\limits_{x \to 0+} f(x)$$

ist f auch im Nullpunkt stetig und damit auf $\mathbb{R}$.

Ist $y < 0$, so ist $\frac{y}{2} < 0$ und $f(\frac{y}{2}) = 2 \cdot \frac{y}{2} = y$, ist $y \geq 0$, so ist $f(\sqrt{y}) = (\sqrt{y})^2 = y$. Damit ist $\mathbb{R}$ das Bild von f. Außerdem werden durch die Zuordnungen $x \mapsto 2x$ und $x \mapsto x^2$ die Intervalle $]-\infty, 0[$ bzw. $[0, \infty[$ jeweils bijektiv auf sich selbst abgebildet. Hiermit ist f umkehrbar, und es gilt:

$$f^{-1}(y) = \begin{cases} \frac{y}{2} & \text{, falls } y < 0, \\ \sqrt{y} & \text{, falls } y \geq 0. \end{cases}$$

ii) Es gilt $\lim\limits_{x \to \infty} |x+2| = \lim\limits_{x \to -\infty} |x+2| = \infty$. Als Komposition der stetigen Funktionen $x \mapsto x+2$ und $z \mapsto |z|$ ist f stetig auf $\mathbb{R}$. Für $x \in \mathbb{R}$ ist $f(x) \geq 0$; umgekehrt gilt für jedes $y \geq 0$

$$f(y-2) = |y-2+2| = |y| = y \quad \text{und} \quad f(-y-2) = |-y-2+2| = |-y| = y.$$

Daraus ergibt sich:

→ $[0, \infty[$ ist das Bild von f.

→ f ist nicht bijektiv, da jede positive Zahl $y > 0$ zwei verschiedene Urbilder hat.

→   Die Einschränkungen $f_1 : [-2, \infty[\to$ IR und $f_2 :] - \infty, -2] \to$ IR sind injektiv. Sie bilden deren Definitionsbereiche bijektiv auf $[0, \infty[$ ab. Man hat für $f_1^{-1} : [0, \infty[\to [-2, \infty[$ und $f_2^{-1} : [0, \infty[\to] - \infty, -2]$ die Zuordnungsvorschriften $f_1^{-1}(y) = y - 2$ bzw. $f_2^{-1}(y) = -y - 2$.

iii) $\lim_{x \to \infty} f(x) = 0 = \lim_{x \to -\infty} f(x)$. Schreibt man den Definitionsbereich von f als $] - \infty, -2[\cup]2, \infty[$, so sieht man besser, dass auch $\lim_{x \to -2-} f(x)$ und $\lim_{x \to -2+} f(x)$ berechnet werden sollten. Beide dieser Grenzwerte sind ∞, da man „1 durch eine immer kleiner werdende positive Zahl teilt". Sowohl auf $] - \infty, -2[$ als auch auf $] - 2, \infty[$ ist f stetig, da gilt:

$$f(x) = \begin{cases} \frac{1}{x+2} & \text{für } x > -2, \\ -\frac{1}{x+2} & \text{für } x < -2. \end{cases}$$

Im Punkt -2 ist f nicht definiert. Deshalb stellt sich die Frage nach der Stetigkeit von f überhaupt nicht! Man darf allerdings die Frage nach der Existenz einer stetigen Ergänzung von f in diesem Punkt stellen. Da $\lim_{x \to -2-} f(x) = \infty$ und $\lim_{x \to -2+} f(x) = \infty$ gilt (es genügt nur eine dieser „Gleichungen" als Begründung), ist diese Frage negativ zu beantworten.

f nimmt nur positive Werte an, und zwar alle! Ist nämlich $y > 0$, so folgt aus $\frac{1}{|x+2|} = y$ zuerst $\frac{1}{y} = |x + 2|$, und daraus $x = \frac{1}{y} - 2$ oder $x = -\frac{1}{y} - 2$. Dabei liegt $\frac{1}{y} - 2$ in $] - 2, \infty[$, während $-\frac{1}{y} - 2$ in $] - \infty, -2[$ liegt. Es wurde also gezeigt:

→ $]0, \infty[$ ist das Bild von f.

→ f ist nicht injektiv.

→   Die Einschränkungen $f_1 :] - 2, \infty[\to$ IR und $f_2 :] - \infty, -2[\to$ IR von f bilden deren Definitionsbereich jeweils bijektiv auf $]0, \infty[$ ab. Deren Inversen sind $f_1^{-1}(y) = \frac{1}{y} - 2$ bzw. $f_2^{-1}(y) = -\frac{1}{y} - 2$.

iv) Die Grenzwerte der Funktion am Rande des Definitionsbereich lauten:

$$\lim_{x \to -\infty} f(x) = 0 = \lim_{x \to \infty} f(x), \ \lim_{x \to -2-} f(x) = -\infty \text{ und } \lim_{x \to -2+} f(x) = \infty.$$

Als Quotient von stetigen Funktionen (nämlich einer konstanten Funktion durch ein Polynom) ist f auf dem Definitionsbereich IR$\setminus\{-2\}$ stetig.

f hat keine Nullstelle, ansonsten wird jeder Wert genau einmal angenommen, da aus $\frac{1}{x+2} = y \neq 0$ folgt $x + 2 = \frac{1}{y}$ und damit $x = \frac{1}{y} - 2$. Also ist $\mathbb{R}\backslash\{0\}$ das Bild von f und die Zuordnung $\mathbb{R}\backslash\{-2\} \to \mathbb{R}\backslash\{0\}$, $x \mapsto \frac{1}{x+2}$ ist bijektiv. Die inverse Zuordnung lautet $y \mapsto \frac{1}{y} - 2$.

v) $\lim\limits_{x\to\infty} f(x) = 0 = \lim\limits_{x\to-\infty} f(x)$. Wie bei iv) ist f als Quotient einer konstanten Funktion durch ein Polynom (ohne Nullstellen) auf $\mathbb{R}$ stetig. f hat nur positive Werte, genauer: es ist $\frac{1}{x^4+3} \leq \frac{1}{0+3} = \frac{1}{3}$. Wir zeigen, dass jeder Wert y aus $]0, \frac{1}{3}]$ angenommen wird:

$$y = \frac{1}{x^4 + 3} \iff x^4 + 3 = \frac{1}{y} \iff x^4 = \frac{1}{y} - 3 \iff x = \pm\sqrt[4]{\frac{1}{y} - 3}.$$

Daraus folgt:

→   Bild $f =]0, \frac{1}{3}]$.

→ f ist nicht injektiv und damit nicht bijektiv.

→ $f_1 : [0, \infty[\to]0, \frac{1}{3}]$ und $f_2 :]-\infty, 0] \to]0, \frac{1}{3}]$ als Einschränkungen von f sind bijektiv. Die Umkehrabbildungen sind gegeben durch $f_1^{-1}(y) = \sqrt[4]{\frac{1}{y} - 3}$ bzw. $f_2^{-1}(y) = -\sqrt[4]{\frac{1}{y} - 3}$.

Aufgabe 67

[ ] bezeichne die Gaußsche Klammer, d.h. $[x]$ ist die größte ganze Zahl, die kleiner oder gleich x ist.

a)   Berechnen Sie die Werte dieser Funktion in $-\frac{8}{3}$, $\sqrt{3}$, π, π^2, e, e^2.

b)   Bestimmen Sie die Menge U aller Punkte u aus $\mathbb{R}$, in welchen die Funktion $g : \mathbb{R} \to \mathbb{R}, g(x) := [x^2]$ nicht stetig ist. Gehört 0 zu U ?

c)   Berechnen Sie in jedem $u \in U$ die Grenzwerte $\lim\limits_{x\to u+} [x^2]$ und $\lim\limits_{x\to u-} [x^2]$.

d)   In welchen Punkten aus U ist g linksseitig bzw. rechtsseitig stetig? Wie groß ist die Sprunghöhe in diesen Punkten?

e)   Stellen Sie die Funktion g graphisch dar.

Lösung:

a) $-\frac{8}{3} = -2,666\ldots$, $\sqrt{3} = 1,73205\ldots$, $\pi = 3,14159\ldots$, $\pi^2 = 9,8696\ldots$, $e = 2,71828\ldots$, $e^2 = 7,389056\ldots$. Deshalb gilt: $[-\frac{8}{3}] = -3$, $[\sqrt{3}] = 1$, $[\pi] = 3$, $[\pi^2] = 9$, $[e] = 2$, $[e^2] = 7$.

b) Für jede natürliche Zahl $n \geq 1$ und jedes $q \in]0, 1[$ gilt:

$$g(\sqrt{n+q}) = [n+q] = n, \; g(\sqrt{n-q}) = [n-q] = n-1,$$
$$g(-\sqrt{n+q}) = [n+q] = n, \; g(-\sqrt{n-q}) = [n-q] = n-1,$$

$$g(\pm\sqrt{q}) = [q] = 0 = g(0) \, .$$

Daraus folgt die Stetigkeit der Funktion g auf $]-1,1[$, auf $]\sqrt{n}, \sqrt{n+1}[$ und $]-\sqrt{n+1}, -\sqrt{n}[$. Hiermit ist $U = \{\sqrt{n} \mid n \in \mathbb{N}\} \cup \{-\sqrt{n} \mid n \in \mathbb{N}\}$ und $0 \notin U$.

c) Aus b) folgt insbesondere:

$$\lim_{x \to \sqrt{n}+} g(x) = n = g(\sqrt{n}) \, , \quad \lim_{x \to \sqrt{n}-} g(x) = n - 1 \, ,$$

$$\lim_{x \to -\sqrt{n}-} g(x) = n = g(-\sqrt{n}) \, , \quad \lim_{x \to -\sqrt{n}+} g(x) = n - 1 \, .$$

d) $\lim\limits_{x \to \sqrt{n}+} g(x) - \lim\limits_{x \to \sqrt{n}-} g(x) = 1$, $\lim\limits_{x \to -\sqrt{n}+} g(x) - \lim\limits_{x \to -\sqrt{n}-} g(x) = -1$. Die Sprunghöhe in $\sqrt{n}$ ist 1 und in $-\sqrt{n}$ hat sie den Wert -1. Außerdem folgt aus c), dass g in $\sqrt{n}$ rechtsseitig stetig und in $-\sqrt{n}$ linksseitig stetig ist.

e) Die obigen Ergebnisse werden auch durch die folgende Bemerkung bestätigt: Die Funktion g ist eine gerade Funktion, d.h. $g(x) = g(-x)$ für alle $x \in \mathbb{R}$.

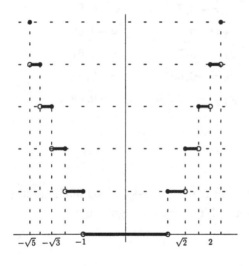

Abbildung 1.12.
$g(x) = [x^2]$

Das bedeutet geometrisch: Der Graph von g ist symmetrisch bzgl. der y-Achse. Eine Skizze zeigt uns die Abbildung 1.12.

Aufgabe 68

Gegeben sei das Polynom $P : \mathbb{R} \to \mathbb{R}$ durch $P(x) := x^3 + x + 1$.

a)   Zeigen Sie, dass P eine streng monoton steigende Funktion ist.

b)   Wieviele Nullstellen hat P? (Warum?)

c)   Bestimmen Sie die Nullstellen mit Hilfe des Intervallhalbierungsverfah-
rens auf zwei Stellen nach dem Komma genau.

Lösung:
a) Ist $x_1 < x_2$, so auch $x_1^3 < x_2^3$ und damit

$$P(x_1) = x_1^3 + x_1 + 1 < x_2^3 + x_2 + 1 = P(x_2) \, .$$

b) Da P eine injektive Funktion ist, gibt es höchstens ein $\tilde{x} \in \mathbb{R}$ mit $P(\tilde{x}) = 0$.
Wegen $P(-1) = -1$ und $P(1) = 3$ folgt (s. Zwischenwertsatz), dass eine (und
nur eine!) Nullstelle von P existiert.

c) Man hat $P(-0,9) < 0$ und $P(-0,5) > 0$, genauer: $P(-0,9) = -0,629$ und
$P(-0,5) = 0,375$. Deshalb ist es sinnvoll, das Intervallhalbierungsverfahren
mit $x_0 = -0,9$ und $y_0 = -0,5$ anzufangen. Wir führen die Rechnungen durch
und erhalten dabei die folgende Tabelle:

		$x_0 = -0,9$	$y_0 = -0,5$
$P(-0,7)$	$= -0,043$	$x_1 = -0,7$	$y_1 = -0,5$
$P(-0,6)$	$= 0,184$	$x_2 = -0,7$	$y_2 = -0,6$
$P(-0,65)$	$= 0,075375$	$x_3 = -0,7$	$y_3 = -0,65$
$P(-0,675)$	$= 0,01745\ldots$	$x_4 = -0,7$	$y_4 = -0,675$
$P(-0,6875)$	$= -0,01245\ldots$	$x_5 = -0,6875$	$y_5 = -0,675$
$P(-0,68125)$	$= 0,00258$	$x_6 = -0,6875$	$y_6 = -0,68125$.

Deshalb ist die gesuchte Nullstelle $\tilde{x} = -0,68\ldots\ldots$

Aufgabe 69

Zeigen Sie, dass die Funktion $f : \mathbb{R} \to \mathbb{R}$, $f(x) := \frac{x}{1+x^2}$ gleichmäßig stetig
auf $\mathbb{R}$ ist, indem Sie zeigen, dass f einer Lipschitz-Bedingung genügt.

Lösung:
Für alle x, x' aus $\mathbb{R}$ gilt

$$\left| \frac{x}{1+x^2} - \frac{x'}{1+x'^2} \right| = \left| \frac{x + xx'^2 - x' - x'x^2}{(1+x^2)(1+x'^2)} \right| = \frac{|(x-x')(1-xx')|}{(1+x^2)(1+x'^2)}$$

$$= |x-x| \frac{|1-xx'|}{(1+x^2)(1+x'^2)} \leq |x-x'| \frac{1+|x||x'|}{(1+x^2)(1+x'^2)} \, .$$

Für nichtnegative Zahlen a und b gilt $1 + ab \leq (1+a^2)(1+b^2)$, denn das
ist äquivalent zu $ab \leq a^2 + b^2 + a^2b^2$, was offensichtlich richtig ist wegen

$2ab \leq a^2 + b^2$. (Für unsere Aufgabe wählt man $a = |x|$ und $b = |x'|$.) Die Lipschitz-Konstante ist also 1, d.h.: $|\frac{x}{1+x^2} - \frac{x'}{1+x'^2}| \leq |x - x'|$.

Aufgabe 70

Sei $f : \mathbb{R} \to \mathbb{R}$, $f(x) = \frac{1}{1+x^4}$.

a)   Zeigen Sie, dass f eine Lipschitz-Bedingung erfüllt.

b)   Was folgt insbesondere daraus?

Lösung:

a) Sind x und t verschiedene reelle Zahlen, so ist $|f(x) - f(t)| \leq$
$4|x - t| \iff \frac{|x^4 - t^4|}{(1+x^4)(1+t^4)} \leq 4|x - t| \iff |x^3 + x^2 t + x t^2 + t^3| \leq$
$4(1 + x^4)(1 + t^4)$. Ohne Einschränkung sei $|t| \leq |x|$. Ist $|x| \leq 1$, so gilt

$|x^3 + x^2 t + x t^2 + t^3| \leq |x|^3 + x^2 |t| + |x| t^2 + |t|^3 \leq 4 < 4(1 + x^4)(1 + t^4)$.

Ist $|x| > 1$, so hat man

$|x^3 + x^2 t + x t^2 + t^3| \leq |x|^3 + x^2 |t| + |x| t^2 + |t|^3 < 4 x^4 < 4(1 + x^4)(1 + t^4)$.

Also ist 4 eine Lipschitz-Konstante für f .

b) Aus a) folgt, dass f gleichmäßig stetig auf $\mathbb{R}$ ist. Ist nämlich $\varepsilon > 0$, so folgt aus $|x - t| < \frac{\varepsilon}{4}$ die Ungleichung $|f(x) - f(t)| < \varepsilon$.

Aufgabe 71

a)   Untersuchen Sie die Funktionenfolge $(f_n)_{n \in \mathbb{N}}$ auf $\mathbb{R}$ auf Konvergenz und gleichmäßige Konvergenz. Dabei gilt $f_n(x) := \frac{1}{1+nx^2}$.

b)   Untersuchen Sie mit Hilfe des Cauchyschen Konvergenzkriteriums für gleichmäßige Konvergenz die Funktionenfolge $(f_n)_{n \in \mathbb{N}}$ auf $\mathbb{R}$. Diesmal ist $f_n(x) := \frac{x}{1+nx^2}$.

Lösung:

a) Ist $x \neq 0$, so hat man $\lim\limits_{n \to \infty} (1 + nx^2) = \infty$ und deshalb $\lim\limits_{n \to \infty} f_n(x) = 0$.
Für $x = 0$ gilt $f_n(0) = 1$ für alle n aus $\mathbb{N}$. Deshalb ist $f : \mathbb{R} \to \mathbb{R}$,

$f(x) = \begin{cases} 1 & \text{, falls } x = 0 , \\ 0 & \text{sonst} \end{cases}$ die Grenzfunktion der Folge $(f_n)_{n \geq 1}$. Die Funk-

tionen f_n sind alle stetig auf $\mathbb{R}$, aber f nicht. Deshalb kann die Konvergenz der Folge $(f_n)_{n \geq 1}$ gegen die Funktion f nicht gleichmäßig sein.

b) Die gegebene Funktionenfolge konvergiert gegen die Nullfunktion. Die einzige (allerdings anspruchsvolle) Frage ist, ob diese Konvergenz gleichmäßig ist: Sei $\varepsilon > 0$ fest; es genügt $\varepsilon < 1$ anzunehmen. Sei $x \in \mathbb{R}$ mit $|x| \geq 1$. Es gibt ein $n_1 = n_1(\varepsilon)$ aus $\mathbb{N}$ mit $n_1 > \frac{1}{\varepsilon}$. Für alle $n \geq n_1$ und alle $m > n$ gilt:

$|f_m(x) - f_n(x)| = \frac{|m-n||x|^3}{(1+mx^2)(1+nx^2)} < \frac{|m-n||x|^3}{mnx^4} \le \frac{|m-n|}{m} \cdot \frac{1}{n} < \frac{1}{n_1} < \varepsilon$.

Sei $x \in \mathbb{R}$ mit $\varepsilon \le |x| < 1$. Es gibt ein $n_2 = n_2(\varepsilon)$ aus $\mathbb{N}$ mit $n_2 > \frac{1}{\varepsilon^2}$. Für alle $n \ge n_2$ gilt $n > \frac{1}{\varepsilon^2} \ge \frac{1}{\varepsilon|x|}$ und damit $n|x| > \frac{1}{\varepsilon}$, was zu $\frac{nx^2}{|x|} > \frac{1}{\varepsilon}$ äquivalent ist. Es folgt $\frac{1+nx^2}{|x|} = \frac{1}{|x|} + \frac{nx^2}{|x|} > \frac{nx^2}{|x|} > \frac{1}{\varepsilon}$ und damit $\frac{|x|}{1+nx^2} < \varepsilon$. Daraus ergibt sich für alle $m \in \mathbb{N}$:

$$|f_m(x) - f_n(x)| = |x| \left| \frac{1}{1+mx^2} - \frac{1}{1+nx^2} \right| < |x| \frac{1}{1+nx^2} < \varepsilon .$$

Sei schließlich $x \in \mathbb{R}$ mit $|x| < \varepsilon$. Aus $\frac{|x|}{1+nx^2} < \varepsilon$ für alle $n \in \mathbb{N}$ folgt wie zuletzt: $|f_m(x) - f_n(x)| < \varepsilon$ für alle $m, n \in \mathbb{N}$. Insgesamt haben wir gezeigt: Für alle $m, n \in \mathbb{N}$ mit $m > n > \max(n_1, n_2) = n_2$ und alle $x \in \mathbb{R}$ gilt: $|f_m(x) - f_n(x)| < \varepsilon$. Die Funktionenfolge $(f_n)_{n \in \mathbb{N}}$ ist nach dem Cauchyschen Kriterium gleichmäßig konvergent.

Aufgabe 72

Bestimmen Sie die Konvergenzradien der folgenden Potenzreihen mit Hilfe des Quotientenkriteriums:

$$\text{i)} \quad \sum_{n=1}^{\infty} \binom{3n}{n} x^n \quad . \quad \text{ii)} \quad \sum_{n=1}^{\infty} \frac{n^{2n}}{((n+1)!)^2} x^n .$$

Lösung:

i) $\dfrac{a_n}{a_{n+1}} = \dfrac{\binom{3n}{n}}{\binom{3n+3}{n+1}} = \dfrac{\frac{(3n)!}{n!(2n)!}}{\frac{(3n+3)!}{(n+1)!(2n+2)!}} = \dfrac{(n+1)!(2n+2)!}{n!(2n)!} \cdot \dfrac{(3n)!}{(3n+3)!}$

$= \dfrac{(n+1)(2n+2)(2n+1)}{(3n+3)(3n+2)(3n+1)} = \dfrac{4n^2+6n+2}{3(9n^2+9n+2)} \xrightarrow[n \to \infty]{} \dfrac{4}{27}$.

Es folgt für den Konvergenzradius: $r = \frac{4}{27}$.

ii) $\dfrac{a_n}{a_{n+1}} = \dfrac{\frac{n^{2n}}{((n+1)!)^2}}{\frac{(n+1)^{2n+2}}{((n+2)!)^2}} = \dfrac{((n+2)!)^2}{((n+1)!)^2} \cdot ((\frac{n+1}{n})^n)^{-2} \cdot \dfrac{1}{(n+1)^2} =$

$\dfrac{(n+2)^2}{(n+1)^2} \cdot ((1 + \frac{1}{n})^n)^{-2} = (1 + \frac{1}{n+1})^2 \cdot ((1 + \frac{1}{n})^n)^{-2} \xrightarrow[n \to \infty]{} e^{-2}$.

Der Konvergenzradius ist gemäß dem Quotientenkriterium gleich e^{-2} .

Aufgabe 73

Bestimmen Sie für die folgenden Potenzreihen die Konvergenzmengen:

$$\text{i)} \quad \sum_{n=0}^{\infty} (3^n + 4^n) x^n \quad . \qquad \text{ii)} \quad \sum_{n=0}^{\infty} \frac{n^2 + 1}{n^3 + 2} (x - 3)^n \ .$$

$$\text{iii)} \quad \sum_{n=1}^{\infty} \frac{(3n)!}{n^{2n}} x^n \quad . \qquad \text{iv)} \quad \sum_{n=1}^{\infty} \frac{(3n)!}{n^{3n}} x^n \ .$$

Lösung:

i) Mit $a_n := 3^n + 4^n$ lässt sich die Reihe in der Form $\sum_{n=0}^{\infty} a_n x^n$ schreiben.

Man hat die Umformungen $\frac{a_n}{a_{n+1}} = \frac{3^n + 4^n}{3^{n+1} + 4^{n+1}} = \frac{\left(\frac{3}{4}\right)^n + 1}{3\left(\frac{3}{4}\right)^n + 4}$.

Daraus ergibt sich $\lim\limits_{n \to \infty} \frac{a_n}{a_{n+1}} = \frac{1}{4}$, da $\lim\limits_{n \to \infty} \left(\frac{3}{4}\right)^n = 0$ gilt. Dieser Grenzwert ist der Konvergenzradius. Wegen $a_n \cdot \left(\frac{1}{4}\right)^n = \left(\frac{3}{4}\right)^n + 1$ und $a_n \cdot \left(-\frac{1}{4}\right)^n = (-1)^n \left[\left(\frac{3}{4}\right)^n + 1\right]$ sind die Reihen $\sum_{n=0}^{\infty} a_n \left(\frac{1}{4}\right)^n$ und $\sum_{n=0}^{\infty} a_n \left(-\frac{1}{4}\right)^n$ divergent, und damit ist $\left] -\frac{1}{4}, \frac{1}{4} \right[$ die gesuchte Konvergenzmenge.

ii) Setzt man $a_n := \frac{n^2 + 1}{n^3 + 2}$, so gilt $\frac{a_n}{a_{n+1}} = \frac{n^2 + 1}{n^3 + 2} : \frac{(n+1)^2 + 1}{(n+1)^3 + 2} = \frac{(n^2+1)[(n+1)^3 + 2]}{(n^3+2)[(n+1)^2 + 1]}$
$= (1 + \frac{1}{n^2})[(1 + \frac{1}{n})^3 + \frac{2}{n^3}] : (1 + \frac{2}{n^3})[(1 + \frac{1}{n})^2 + \frac{1}{n^2}]$. Daraus folgt $\lim\limits_{n \to \infty} \frac{a_n}{a_{n+1}} = 1$, und deshalb ist 1 der Konvergenzradius der angegebenen Reihe. Zu untersuchen ist nun das Verhalten der Reihen in den Punkten $x = 4$ und $x = 2$, d.h. der Reihen $\sum_{n=0}^{\infty} a_n$ und $\sum_{n=0}^{\infty} (-1)^n a_n$. Wegen $a_n = \frac{n^2 + 1}{n^3 + 2} > \frac{1}{n}$ für alle $n \geq 1$ und nach dem Majorantenkriterium ist $\sum_{n=0}^{\infty} a_n$ divergent. Es gilt $\lim\limits_{n \to \infty} a_n = 0$ und für jedes $n \geq 1$ gilt $a_{n+1} < a_n$, weil diese Ungleichung wie folgt zu einer offensichtlich geltenden Ungleichung äquivalent umgeformt werden kann:

$$a_{n+1} < a_n \iff \frac{(n+1)^2 + 1}{(n+1)^3 + 2} < \frac{n^2 + 1}{n^3 + 2}$$
$$\iff (n^2 + 2n + 2)(n^3 + 2) < (n^2 + 1)(n^3 + 3n^2 + 3n + 2)$$
$$\iff n + 1 < n^4 + n^3 + 4n^2 \ .$$

Nach dem Leibnizkriterium ist $\sum_{n=0}^{\infty} (-1)^n a_n$ konvergent, und damit ist $[2, 4[$ die Konvergenzmenge der Reihe $\sum_{n=0}^{\infty} \frac{n^2 + 1}{n^3 + 2} (x - 3)^n$.

iii) Ist $a_n := \frac{(3n)!}{n^{2n}}$, so gilt

$$\frac{a_n}{a_{n+1}} = \frac{(3n)!}{n^{2n}} : \frac{(3n+3)!}{(n+1)^{2n+2}} = \frac{(n+1)^2}{(3n+1)(3n+2)(3n+3)} \cdot \left[\left(\frac{n+1}{n}\right)^n\right]^2$$

$$= \frac{n+1}{3(3n+1)(3n+2)} \left[\left(1 + \frac{1}{n}\right)^n\right]^2 \ .$$

Weil $\lim\limits_{n\to\infty} (1 + \tfrac{1}{n})^n = e$ und $\lim\limits_{n\to\infty} \frac{n+1}{(3n+1)(3n+2)} = 0$ gelten, ist $\lim\limits_{n\to\infty} \frac{a_n}{a_{n+1}} = 0$, und damit ist 0 der Konvergenzradius; die Konvergenzmenge besteht nur aus dem Nullpunkt.

iv) Mit $a_n := \frac{(3n)!}{n^{3n}}$ gilt diesmal

$$\frac{a_n}{a_{n+1}} = \frac{(3n)!}{n^{3n}} : \frac{(3n+3)!}{(n+1)^{3n+3}} = \frac{(n+1)^2}{3(3n+1)(3n+2)} \cdot [(1+\tfrac{1}{n})^n]^3 \,,$$

und deshalb ist $\frac{e^3}{27} = \lim\limits_{n\to\infty} \frac{a_n}{a_{n+1}}$ der Konvergenzradius. Die Untersuchung der Reihe in den Punkten $x = \frac{e^3}{27}$ und $x = -\frac{e^3}{27}$ ist anspruchsvoll. Man benutzt im Vorgriff auf Kapitel 2, dass für $|x| < 1$ gilt:

$$\ln(1+x) = x - \frac{x^2}{2} + \frac{x^3}{3} - \frac{x^4}{4} + \frac{x^5}{5} - \frac{x^6}{6} + \frac{x^7}{7} - \frac{x^8}{8} + \dots .$$

Die Ungleichung $n(n^2 + 2n + 1) < (n+1)(n^2 + 2n + \tfrac{2}{9})$ ist für alle $n \geq 1$ gültig, weil $n^3 + 2n^2 + n < n^3 + n^2 + \tfrac{2}{9}n + n^2 + n + \tfrac{2}{9}$ gilt. Deshalb folgt

$$\frac{a_n}{a_{n+1}} = \frac{n^2 + 2n + 1}{n^2 + n + \tfrac{2}{9}} \cdot \frac{1}{27} \left(1 + \frac{1}{n}\right)^{3n} < \left(1 + \frac{1}{n}\right) \frac{1}{27} \left(1 + \frac{1}{n}\right)^{3n} .$$

Für $r = \frac{e^3}{27}$ hat man also

$$a_n r^n < \left(1 + \tfrac{1}{n}\right) \frac{1}{27} \left(1 + \tfrac{1}{n}\right)^{3n} a_{n+1} r^n = (1 + \tfrac{1}{n})^{3n+1} \frac{1}{e^3} a_{n+1} r^{n+1}. \qquad (*)$$

Nun zeigen wir, dass für alle $n \geq 1$ gilt

$$\left(1 + \tfrac{1}{n}\right)^{3n+1} \leq e^3 . \qquad (**)$$

Für $n = 1$ ist $(**)$ erfüllt, weil $2^4 = 16 < 19{,}683 = 2{,}7^3 < e^3$ gilt. Für $n \geq 2$ zeigen wir (äquivalent zu $(**)$), dass $(3n+1)\ln(1 + \tfrac{1}{n}) < 3$ gilt. Man hat:

$(3n+1)\ln(1 + \tfrac{1}{n}) = (3n+1)(\tfrac{1}{n} - \tfrac{1}{2n^2} + \tfrac{1}{3n^3} - \tfrac{1}{4n^4} + \tfrac{1}{5n^5} - \tfrac{1}{6n^6} + \tfrac{1}{7n^7} - \dots) =$

$3 + \tfrac{1}{n} - \tfrac{3n+1}{2n^2} + \tfrac{3n+1}{3n^3} - (3n+1)[(\tfrac{1}{4n^4} - \tfrac{1}{5n^5}) + (\tfrac{1}{6n^6} - \tfrac{1}{7n^7}) + \dots] <$

$3 + \tfrac{-3n^2+3n+2}{6n^3} < 3$, weil für alle $n \geq 2$ die Zahl $-3n^2 + 3n + 2$ negativ ist. Aus $(*)$ und $(**)$ folgt dann $a_n r^n < a_{n+1} r^{n+1}$, und damit sind weder $\sum_{n=1}^{\infty} a_n r^n$ noch $\sum_{n=1}^{\infty} (-1)^n a_n r^n$ konvergent. Die gesuchte Konvergenzmenge ist deshalb $]-\frac{e^3}{27}, \frac{e^3}{27}[$.

Aufgabe 74

Bestimmen Sie die Konvergenzmenge der Potenzreihe $\sum_{n=2}^{\infty} \frac{1}{\ln n} x^n$.

Lösung:

Der Grenzwert $\lim\limits_{n\to\infty} \frac{\frac{1}{\ln n}}{\frac{1}{\ln(n+1)}} = \lim\limits_{n\to\infty} \frac{\ln(n+1)}{\ln n}$, der der Konvergenzradius r dieser Reihe ist, ist ohne die Regel von de l'Hospital (vgl. 2.1.2) schwierig zu berechnen. Deshalb geht man diesmal anders vor. Für $x = 1$ hat man es mit der Reihe $\sum_{n=2}^{\infty} \frac{1}{\ln n}$ zu tun, die wegen $\frac{1}{n} < \frac{1}{\ln n}$ für alle $n \geq 2$ genauso wie die harmonische Reihe divergiert; also: $r \leq 1$. Dagegen ist die Reihe $\sum_{n=2}^{\infty} (-1)^n \frac{1}{\ln n}$, die für $x = -1$ entsteht, konvergent nach dem Leibniz-Kriterium, da $\lim\limits_{n\to\infty} \frac{1}{\ln n} = 0$ und $\ln n < \ln(n+1)$ für alle $n \geq 2$ wegen der strengen Monotonie der Logarithmusfunktion. Also: $r \geq 1$. Hiermit ergibt sich $r = 1$ für den Konvergenzradius und $[-1, 1[$ für die Konvergenzmenge. Als Nebenprodukt erhält man den Grenzwert $\lim\limits_{n\to\infty} \frac{\ln n}{\ln(n+1)} = 1$ wie folgt: Die Folge $(\frac{\ln n}{\ln(n+1)})_{n\geq 2}$ ist streng monoton fallend und beschränkt, also konvergent. Ihr Grenzwert ist dann $\frac{1}{r} = 1$.

Aufgabe 75

Lösen Sie die Gleichungen

i) $9^x - 4 \cdot 3^x + 3^{x+1} = 0$.   ii) $_3 \log x +_9 \log x +_{27} \log x = \frac{22}{3}$.

Lösung:

i) Es gilt $9^x = (3^2)^x = (3^x)^2$ und $3^{x+1} = 3 \cdot 3^x$. Aus der gegebenen Gleichung ergibt sich mit der Bezeichnung $y = 3^x$ die quadratische Gleichung $y^2 - 4y + 3y = 0$, d.h. $y^2 - y = 0$. Diese letzte Gleichung hat die Nullstellen 0 und 1. $3^x = 0$ ist nicht lösbar, da $3^x > 0$ für alle $x \in \mathbb{R}$ gilt. Die Gleichung $3^x = 1$ hat die Lösung $x = 0$. Also ist 0 die einzige Lösung der Gleichung.

ii) Wegen $_3 \log 9 \cdot {}_9 \log x =_3 \log x$ und $_3 \log 9 = 2$ folgt $_9 \log x = \frac{1}{2} \, _3 \log x$. Analog ergibt sich $_{27} \log x = \frac{1}{3} \, _3 \log x$. Hiermit gilt

$$_3 \log x +_9 \log x +_{27} \log x =_3 \log x + \frac{1}{2} \, _3 \log x + \frac{1}{3} \, _3 \log x = \frac{11}{6} \, _3 \log x \,.$$

Die Gleichung $\frac{11}{6}(_3 \log x) = \frac{22}{3}$ ist äquivalent zu $_3 \log x = 4$. Also ist $x = 3^4 = 81$ die gesuchte Lösung.

Aufgabe 76

Geben Sie alle $x \in \mathbb{R}$ an, für welche gilt:

i) $\sin 2x = \cos 5x$.   ii) $\tan x = \sqrt{2}\sin x$.

iii) $\tan x = \sqrt{6}\cos x$.   iv) $\sin 2x = \tan x$.

v) $\cos 3x = 5 - 4\cos^2 x$.   vi) $5\sin x - 12\cos x = 10$.

Lösung:
Für solche Aufgaben ist es wichtig, die Additionstheoreme sowie verschiedene Formeln, die daraus folgen, zu kennen (oder wenigstens zu wissen, dass es sie gibt und wo sie stehen!) Außerdem ist es nützlich, sich die Werte von sin, cos und tan in Punkten wie $0, \frac{\pi}{6}, \frac{\pi}{4}, \frac{\pi}{3}$, usw. zu merken, sowie das Verhalten der trigonometrischen Funktionen, wenn man das Argument x in $-x$, in $x + \frac{\pi}{2}$ bzw. in $x + \pi$, usw. ändert.

i) $\sin 2x = \cos 5x = \sin(\frac{\pi}{2} - 5x)$ führt zu $0 = \sin 2x - \sin(\frac{\pi}{2} - 5x) = 2\sin(\frac{2x-\frac{\pi}{2}+5x}{2})\cos(\frac{2x+\frac{\pi}{2}-5x}{2}) = 2\sin(\frac{7}{2}x - \frac{\pi}{4})\cos(\frac{3}{2}x - \frac{\pi}{4})$.

Die Lösungen von $\sin t = 0$ haben die Form $n\pi$ mit $n \in \mathbb{Z}$ und aus $\frac{7}{2}x - \frac{\pi}{4} = n\pi$ folgt $x = \frac{2}{7}(n\pi + \frac{\pi}{4}) = \frac{2n}{7}\pi + \frac{\pi}{14}$. Die Lösungen von $\cos t = 0$ sind alle Zahlen der Form $k\pi + \frac{\pi}{2}$ mit $k \in \mathbb{Z}$. Hiermit erhält man aus $\frac{3}{2}x - \frac{\pi}{4} = k\pi + \frac{\pi}{2}$ sofort $x = \frac{2k}{3}\pi + \frac{\pi}{2}$. Also ist

$$\left\{ \frac{2n}{7}\pi + \frac{\pi}{14} \mid n \in \mathbb{Z} \right\} \cup \left\{ \frac{2k}{3}\pi + \frac{\pi}{2} \mid k \in \mathbb{Z} \right\}$$

die Lösungsmenge von $\sin 2x = \cos 5x$.

ii) Man kann $\tan x = \frac{\sin x}{\cos x} = \sqrt{2}\sin x$ zu $\sin x(\frac{1}{\sqrt{2}} - \cos x) = 0$ umformen. Aus $\sin x = 0$ erhält man die Lösungen $\{n\pi \mid n \in \mathbb{Z}\}$ und aus $\cos x = \frac{1}{\sqrt{2}}$ die Lösungen $\{2k\pi \pm \frac{\pi}{4} \mid k \in \mathbb{Z}\}$. Die Gesamtlösungsmenge lautet also

$$\{n\pi \mid n \in \mathbb{Z}\} \cup \left\{ 2k\pi \pm \frac{\pi}{4} \,\Big|\, k \in \mathbb{Z} \right\} \ .$$

Man beachtet dabei, dass keine der Zahlen $\frac{\pi}{2} + m\pi$ mit $m \in \mathbb{Z}$ (in welchen $\tan x$ nicht definiert ist) zur Lösungsmenge gehört.

iii) Schreibt man $\tan x = \frac{\sin x}{\cos x} = \sqrt{6}\cos x$ als $\sin x = \sqrt{6} \ \cos^2 x = \sqrt{6}(1 - \sin^2 x)$, so muss man zuerst die Gleichung $\sqrt{6}\,X^2 + X - \sqrt{6} = 0$ lösen. Eine der Lösungen, nämlich $-\frac{\sqrt{6}}{2}$, liegt nicht im Wertebereich der Sinusfunktion. Die andere Lösung, also $\frac{2}{\sqrt{6}}$, liegt zwischen -1 und 1. Daraus ergibt sich die Lösungsmenge der Gleichung $\tan x = \sqrt{6}\cos x$ zu

$$\left\{ (-1)^n \arcsin \frac{2}{\sqrt{6}} + n\pi \,\Big|\, n \in \mathbb{Z} \right\} \ .$$

Sie enthält nur Punkte, in welchen $\tan x$ definiert ist.

iv) Aus $\sin 2x = \frac{2\tan x}{1+\tan^2 x} = \tan x$ erhält man äquivalent $\tan x(\tan^2 x - 1) = 0$, und damit ist die gesuchte Lösungsmenge die Vereinigung der Lösungsmengen von $\tan x = 0$, $\tan x = 1$ und $\tan x = -1$, d.h.

$$\{n\pi \mid n \in \mathbb{Z}\} \cup \left\{ m\pi \pm \frac{\pi}{4} \,\middle|\, m \in \mathbb{Z} \right\} \ .$$

v) Man benutzt die Formel $\cos 3x = 4\cos^3 x - 3\cos x$. Die angegebene Gleichung erhält damit die Gestalt $4\cos^3 x + 4\cos^2 x - 3\cos x - 5 = 0$. Es gilt $(\cos x - 1)(4\cos^2 x + 8\cos x + 5) = 4\cos^3 x + 4\cos^2 x - 3\cos x - 5$.
Die Gleichung $4X^2 + 8X + 5 = 0$ hat die komplexen Zahlen $-1 \pm \frac{i}{2}$ als Nullstellen. Deshalb stimmt die Lösungsmenge der angegebenen Gleichung mit der Lösungsmenge von $\cos x = 1$ überein, d.h. sie lautet

$$\{2n\pi \mid n \in \mathbb{Z}\} \ .$$

vi) Teilt man die Gleichung durch $\sqrt{5^2 + 12^2} = 13$, so hat man $\frac{5}{13}\sin x - \frac{12}{13}\cos x = \frac{10}{13}$. Seien α, β aus $]0, \frac{\pi}{2}[$ mit $\cos\alpha = \frac{5}{13}$ und $\sin\beta = \frac{10}{13}$. Dann gilt $\sin\alpha = \frac{12}{13}$, und damit folgt $\sin(x - \alpha) = \sin x \cos\alpha - \cos x \sin\alpha = \frac{5}{13}\sin x - \frac{12}{13}\cos x = \frac{10}{13} = \sin\beta$. $\sin(x - \alpha) = \sin\beta$ ist zu $x - \alpha = (-1)^n\beta + n\pi$ mit $n \in \mathbb{Z}$ äquivalent. Also ist

$$\{\alpha + (-1)^n\beta + n\pi \mid n \in \mathbb{Z}\}$$

die Lösungsmenge der Gleichung $5\sin x - 10\cos x = 10$.

Aufgabe 77

Lösen Sie die folgenden Gleichungen:

i) $\sin x + \sin 3x + \sin 5x = 0$.

ii) $\sqrt{3}\sin x - \cos x = \sqrt{2}$.

iii) $3\sin x + 4\cos x = \dfrac{5}{\sqrt{2}}$.

Hinweis zu iii): Betrachten Sie den Winkel $\alpha \in [0, \frac{\pi}{2}]$ mit $\cos\alpha = \frac{3}{5}$.

Lösung:

i) Mit den Umformungen $\sin x + \sin 3x + \sin 5x = (\sin x + \sin 5x) + \sin 3x$ $= 2\sin 3x \cos 2x + \sin 3x = 2\sin 3x(\cos 2x + \frac{1}{2})$ sieht man, dass die Lösungsmenge der gegebenen Gleichung die Vereinigung der Lösungsmengen von $\sin 3x = 0$ und von $\cos 2x = -\frac{1}{2}$ ist. Ist x eine Lösung von $\sin 3x = 0$, so gibt es $n \in \mathbb{Z}$ mit $3x = n\pi$. Deshalb hat $\sin 3x = 0$ die Lösungsmenge $\{n\frac{\pi}{3} \mid n \in \mathbb{Z}\}$. x ist eine Lösung von $\cos 2x = -\frac{1}{2}$ genau dann, wenn es ein $k \in \mathbb{Z}$ mit $2x = \pm\frac{2\pi}{3} + 2k\pi$ gibt. Also ist diesmal $\{\pm\frac{\pi}{3} + k\pi \mid k \in \mathbb{Z}\}$ die Lösungsmenge von $\cos 2x = -\frac{1}{2}$. Als Lösungsmenge für die gegebene Gleichung erhalten wir daher $\{n\frac{\pi}{3} \mid n \in \mathbb{Z}\} \cup \{\pm\frac{\pi}{3} + k\pi \mid k \in \mathbb{Z}\}$.

ii) $\sqrt{3}\sin x - \cos x = 2(\frac{\sqrt{3}}{2}\sin x - \frac{1}{2}\cos x) = 2(\cos\frac{\pi}{6}\sin x - \sin\frac{\pi}{6}\cos x) = 2\sin(x - \frac{\pi}{6}) = \sqrt{2}$ führt zu $\sin(x - \frac{\pi}{6}) = \frac{\sqrt{2}}{2} = \sin\frac{\pi}{4}$ und damit zu $\sin(x - \frac{\pi}{6}) - \sin\frac{\pi}{4} = 2\sin(\frac{x-\frac{\pi}{6}-\frac{\pi}{4}}{2})\cos(\frac{x-\frac{\pi}{6}+\frac{\pi}{4}}{2}) = 0$, d.h. zu $\sin\frac{x-\frac{5\pi}{12}}{2} = 0$ und $\cos\frac{x+\frac{\pi}{12}}{2} = 0$. Aus der ersten Gleichung folgt $\frac{x-\frac{5\pi}{12}}{2} = n\pi$ mit $n \in \mathbb{Z}$ und aus der zweiten Gleichung $\frac{x+\frac{\pi}{12}}{2} = \frac{\pi}{2} + k\pi$ mit $k \in \mathbb{Z}$. Es ergibt sich die Lösungsmenge für die gegebene Gleichung:
$\{2n\pi - \frac{5\pi}{12} \mid n \in \mathbb{Z}\} \cup \{(2k+1)\pi - \frac{\pi}{12} \mid k \in \mathbb{Z}\}$.

iii) Für α aus $[0, \frac{\pi}{2}]$ mit $\cos\alpha = \frac{3}{5}$ gilt $\sin\alpha = \frac{4}{5}$. Man geht ähnlich wie im Fall ii) vor: $5(\frac{3}{5}\sin x - \frac{4}{5}\cos x) = \frac{5}{\sqrt{2}}$, $5(\cos\alpha\sin x - \sin\alpha\cos x) = \frac{5}{\sqrt{2}}$, $\sin(x - \alpha) = \frac{1}{\sqrt{2}} = \sin\frac{\pi}{4}$, $x - \alpha = \pm\frac{\pi}{4} + n\pi$ mit $n \in \mathbb{Z}$. $\{x = \alpha \pm \frac{\pi}{4} + n\pi \mid n \in \mathbb{Z}\}$ ist also die Lösungsmenge.

Aufgabe 78

Zeigen Sie, dass im $\mathbb{R}$-Vektorraum aller Funktionen von $\mathbb{R}$ nach $\mathbb{R}$ die Funktionen $\sin x, \cos x, \sin 2x, \cos 2x$ linear unabhängig sind, d.h.: Gilt für a_1, a_2, b_1, b_2 aus $\mathbb{R}$

$$b_1\sin x + a_1\cos x + b_2\sin 2x + a_2\cos 2x = 0$$

für alle x aus $\mathbb{R}$, so folgt $b_1 = b_2 = 0 = a_1 = a_2$.

Lösung:

Für $x = 0, \frac{\pi}{2}, \pi$ ergibt sich aus $b_1\sin x + a_1\cos x + b_2\sin 2x + a_2\cos 2x = 0$ das lineare Gleichungssystem $a_1 + a_2 = 0$, $b_1 - a_2 = 0$, $-a_1 + a_2 = 0$. Dies ist nur für $a_1 = a_2 = b_1 = 0$ möglich. Die obige Gleichung reduziert sich dadurch zu $b_2\sin 2x = 0$ für alle $x \in \mathbb{R}$. Da die Funktion $\sin 2x$ nicht die Nullfunktion ist (ihre Nullstellenmenge ist $\{n\frac{\pi}{2} \mid n \in \mathbb{Z}\}$), muss auch b_2 verschwinden, und deshalb sind die vier trigonometrischen Funktionen $\sin x, \cos x, \sin 2x, \cos 2x$ linear unabhängig.

Aufgabe 79

Zeigen Sie, dass für alle $x \in \mathbb{R}\backslash\{n\pi \mid n \in \mathbb{Z}\}$ gilt:

$$\frac{\sin nx \sin(n+1)x}{\sin x} = \sin 2x + \sin 4x + \sin 6x + \ldots + \sin 2nx \ .$$

Hinweis: Sie könnten die Identität durch vollständige Induktion beweisen. Eine andere Möglichkeit ist, die äquivalente Identität

$$\sin x \sin 2x + \sin x \sin 4x + \sin x \sin 6x + \ldots + \sin x \sin 2nx = \sin nx \sin(n+1)x$$

durch Umformungen nachzuweisen. In beiden Fällen benötigen Sie als entscheidendes Hilfsmittel die Additionstheoreme.

Lösung:
Wir beweisen die Identität zuerst mit Hilfe der vollständigen Induktion.
Induktionsanfang: Für alle x aus $\mathbb{R} \backslash \{n\pi \mid n \in \mathbb{Z}\}$ gilt $\frac{\sin x \sin 2x}{\sin x} = \sin 2x$.
Dies ist offensichtlich.
Induktionsschritt: Unter Benutzung der Induktionsannahme

$$\frac{\sin nx \sin(n+1)x}{\sin x} = \sin 2x + \sin 4x + \sin 6x + \ldots + \sin 2nx$$

vollziehen wir den Induktionsschritt und zeigen, dass (ebenfalls für alle x aus $\mathbb{R} \backslash \{n\pi \mid n \in \mathbb{Z}\}$) gilt:

$$\frac{\sin(n+1)x \sin(n+2)x}{\sin x} = \sin 2x + \sin 4x + \ldots + \sin 2nx + \sin(2n+2)x \ .$$

In den folgenden Umformungen benutzen wir zweimal die Additionstheoreme und an der Stelle (∗) die Induktionsannahme:

$$\sin 2x + \sin 4x + \ldots + \sin 2nx + \sin(2n+2)x \overset{(*)}{=} \frac{\sin nx \sin(n+1)x}{\sin x} +$$

$$\sin(2n+2)x = \frac{\sin nx \sin(n+1)x}{\sin x} + 2\sin(n+1)x \cos(n+1)x =$$

$$\frac{\sin(n+1)x}{\sin x}[\sin nx + 2\sin x \cos(n+1)x] =$$

$$\frac{\sin(n+1)x}{\sin x}[\sin nx + (\sin(n+2)x - \sin nx)] = \frac{\sin(n+1)\sin(n+2)x}{\sin x} \ .$$

Das war der Induktionsschritt.
Nun berechnet man die Summe

$$\sin x \sin 2x + \sin x \sin 4x + \sin x \sin 6x + \ldots + \sin x \sin 2nx \ ,$$

indem man $\sin x \sin 2kx$ als $\frac{1}{2}(\cos(2k-1)x - \cos(2k+1)x)$ darstellt, und dann ergibt sich aus

$$\frac{1}{2}(\cos x - \cos 3x) + \frac{1}{2}(\cos 3x - \cos 5x) + \ldots + \frac{1}{2}(\cos(2n-1)x - \cos(2n+1)x)$$

zuerst $\frac{1}{2}(\cos x - \cos(2n+1)x)$ und daraus: $\frac{1}{2} \cdot 2\sin nx \sin(n+1)x$.

Aufgabe 80

Bestimmen Sie den maximalen Definitionsbereich der Funktion

$$x \mapsto f(x) := \ln(\sin x + \cos 2x) .$$

Lösung:
Wir bestimmen den maximalen Definitionsbereich der Funktion f. Die Funktion ist in $x \in \mathbb{R}$ genau dann definiert, wenn $\sin x + \cos 2x > 0$ gilt, d.h. wenn $2\sin^2 x - \sin x - 1 < 0$ gilt. Das ist zu $-\frac{1}{2} < \sin x < 1$ äquivalent. Also ist

$$\bigcup_{n \in \mathbb{Z}} \left(\left] -\frac{\pi}{6} + 2n\pi , \frac{\pi}{2} + 2n\pi \right[\cup \left] \frac{\pi}{2} + 2n\pi , \frac{7\pi}{6} + 2n\pi \right[\right)$$

der maximale Definitionsbereich von f .

Aufgabe 81

Zeigen Sie, dass für alle $x \in \mathbb{R}\backslash\{0\}$ gilt:

$$1 + \sinh x + \sinh 2x + \ldots + \sinh nx = \frac{\sinh(n+\frac{1}{2})x}{\sinh \frac{x}{2}} .$$

Lösung:
Man hat (s. geometrische Reihe):

$\sinh x + \sinh 2x + \ldots + \sinh nx = \frac{e^x - e^{-x}}{2} + \frac{e^{2x} - e^{-2x}}{2} + \ldots + \frac{e^{nx} - e^{-nx}}{2} =$

$\frac{e^x}{2}[1 + e^x + \ldots + e^{(n-1)x}] - \frac{e^{-x}}{2}[1 + e^{-x} + \ldots + e^{-(n-1)x}] =$

$\frac{e^x}{2}[1 + e^x + \ldots + (e^x)^{n-1}] - \frac{e^{-x}}{2}[1 + e^{-x} + \ldots + (e^{-x})^{n-1}] =$

$\frac{e^x}{2}(\frac{e^{nx}-1}{e^x-1}) - \frac{e^{-x}}{2}(\frac{e^{-nx}-1}{e^{-x}-1}) = \frac{1}{2}\frac{e^{(n+1)x}-e^x+e^{-nx}-1}{e^x-1} =$

$\frac{1}{2}\frac{e^{(n+\frac{1}{2})x}+e^{-(n+\frac{1}{2})x}-e^{\frac{x}{2}}-e^{-\frac{x}{2}}}{e^{\frac{x}{2}}-e^{-\frac{x}{2}}} = \frac{\cosh(n+\frac{1}{2})x-\cosh\frac{x}{2}}{2\sinh\frac{x}{2}}$.

(Man beachte, dass $\sinh\frac{x}{2}$ so wie auch $e^x - 1$ nur $x = 0$ als Nullstelle hat.)

1.3 Erster Test für das erste Kapitel

Aufgabe 1

Beweisen Sie durch vollständige Induktion, dass für alle natürlichen Zahlen n gilt:

$$\sum_{k=1}^{n} k(k+1)(k+5) = \frac{n(n+1)(n+2)(n+7)}{4} .$$

Lösung:

(IA) Induktionsanfang: Für $n = 1$ gilt die angegebene Identität, weil die linke Seite $\sum_{k=1}^{1} k(k+1)(k+5) = 1 \cdot 2 \cdot 6 = 12$ mit der rechten Seite $\frac{1 \cdot 2 \cdot 3 \cdot 8}{4} = 12$ übereinstimmt.

(IS) Induktionsschritt von n auf $n+1$: Annahme: $\sum_{k=1}^{n} k(k+1)(k+5) = \frac{n(n+1)(n+2)(n+7)}{4}$ gilt. Zu zeigen ist: $\sum_{k=1}^{n+1} k(k+1)(k+5) = \frac{(n+1)(n+2)(n+3)(n+8)}{4}$.
Es gelten die folgenden Umformungen:

$$\sum_{k=1}^{n+1} k(k+1)(k+5) = \sum_{k=1}^{n} k(k+1)(k+5) + (n+1)(n+2)(n+6)$$

$$\stackrel{(*)}{=} \frac{n(n+1)(n+2)(n+7)}{4} + (n+1)(n+2)(n+6)$$

$$= \frac{(n+1)(n+2)}{4}[n^2 + 7n + 4n + 24] = \frac{(n+1)(n+2)}{4}(n^2 + 11n + 24);$$

dabei hat man an der Stelle $(*)$ die Induktionsannahme benutzt. Da offensichtlich $n^2 + 11n + 24 = (n+3)(n+8)$ gilt, wurde gezeigt, dass aus der Annahme der Identität für n die Identität für $n+1$ folgt.

Aufgabe 2

a) Bestimmen Sie die Polarkoordinaten von

$$z_1 = -1 + i\sqrt{3}, \ z_2 = \sqrt{2} - i\sqrt{2}, \ z_3 = 2\sqrt{3} - 2i .$$

b) Berechnen Sie $z_4 = \frac{z_1^5 \cdot z_2^5}{z_3^4}$.

c) Bestimmen Sie die drei Wurzeln w_0, w_1, w_2 der Gleichung $w^3 = z_4$ in der Form $a_k + ib_k$ mit $a_k, b_k \in \mathbb{R}$, $k = 1, 2, 3$.

Benutzen Sie dabei die Werte $\cos\frac{\pi}{12} = \frac{\sqrt{6}+\sqrt{2}}{4}$, $\sin\frac{\pi}{12} = \frac{\sqrt{6}-\sqrt{2}}{4}$.

Lösung:

a) Zuerst berechnen wir die Beträge der drei komplexen Zahlen:

$$|z_1| = \sqrt{1+3} = 2, \ |z_2| = \sqrt{2+2} = 2, \ |z_3| = \sqrt{12+4} = 4 \ .$$

Die trigonometrischen Gleichungen $\cos\alpha_1 = -\frac{1}{2}$, $\sin\alpha_1 = \frac{\sqrt{3}}{2}$, $\cos\alpha_2 =$ $\frac{1}{\sqrt{2}}$, $\sin\alpha_2 = -\frac{1}{\sqrt{2}}$, $\cos\alpha_3 = \frac{\sqrt{3}}{2}$, $\sin\alpha_3 = -\frac{1}{2}$ haben in $[0, 2\pi[$ die Lösungen $\alpha_1 = \frac{2\pi}{3}$, $\alpha_2 = \frac{7\pi}{4}$, $\alpha_3 = \frac{11\pi}{6}$, und in $]-\pi, \pi]$ die Lösungen $\alpha_1 =$ $\frac{2\pi}{3}$, $\alpha_2 = -\frac{\pi}{4}$, $\alpha_3 = -\frac{\pi}{6}$. Damit ergeben sich die folgenden Darstellungen:

$z_1 = 2(\cos\frac{2\pi}{3} + i\sin\frac{2\pi}{3})$,

$z_2 = 2(\cos\frac{7\pi}{4} + i\sin\frac{7\pi}{4}) = 2(\cos(-\frac{\pi}{4}) + i\sin(-\frac{\pi}{4}))$,

$z_3 = 4(\cos\frac{11\pi}{6} + i\sin\frac{11\pi}{6}) = 4(\cos(-\frac{\pi}{6}) + i\sin(-\frac{\pi}{6}))$.

b) Wegen $z_1^5 = 2^5 \left(\cos\dfrac{10\pi}{3} + i\sin\dfrac{10\pi}{3} \right) = 2^5 \left(\cos\dfrac{4\pi}{3} + i\sin\dfrac{4\pi}{3} \right)$,

$$z_2^5 = 2^5 \left(\cos\frac{35\pi}{4} + i\frac{35\pi}{4} \right) = 2^5 \left(\cos\frac{3\pi}{4} + i\sin\frac{3\pi}{4} \right) \ ,$$

$$z_3^4 = 4^4 \left(\cos\frac{44\pi}{6} + i\sin\frac{44\pi}{6} \right) = 2^8 \left(\cos\frac{4\pi}{3} + i\sin\frac{4\pi}{3} \right)$$

folgt:

$$z_4 = 2^{5+5-8} \left[\cos\left(\frac{4\pi}{3} + \frac{3\pi}{4} - \frac{4\pi}{3} \right) + i\sin\left(\frac{4\pi}{3} + \frac{3\pi}{4} - \frac{4\pi}{3} \right) \right]$$

$$= 4 \left(\cos\frac{3\pi}{4} + i\sin\frac{3\pi}{4} \right) = 2\sqrt{2}(-1+i) \ .$$

c) Für die drei Wurzeln w_0, w_1 und w_2 erhalten wir

$$w_k = \sqrt[3]{4} \left(\cos\frac{\frac{3\pi}{4} + 2k\pi}{3} + i\sin\frac{\frac{3\pi}{4} + 2k\pi}{3} \right) =$$

$$\sqrt[3]{4} \left[\cos\left(\frac{\pi}{4} + \frac{2k\pi}{3} \right) + i\sin\left(\frac{\pi}{4} + \frac{2k\pi}{3} \right) \right] \ ,$$

also $w_0 = \sqrt[3]{4}(\cos\frac{\pi}{4} + i\sin\frac{\pi}{4}) = \sqrt[3]{4}(\frac{1}{\sqrt{2}} + i\frac{1}{\sqrt{2}}) = \sqrt[6]{2}(1+i)$,

$$w_1 = \sqrt[3]{4} \left(\cos\frac{11\pi}{12} + i\sin\frac{11\pi}{12} \right) \ , \ w_2 = \sqrt[3]{4} \left(\cos\frac{19\pi}{12} + i\sin\frac{19\pi}{12} \right) \ .$$

Es gilt: $\cos\frac{11\pi}{12} = -\cos\frac{\pi}{12} = -\frac{\sqrt{6}+\sqrt{2}}{4}$, $\sin\frac{11\pi}{12} = \sin\frac{\pi}{12} = \frac{\sqrt{6}-\sqrt{2}}{4}$, $\cos\frac{19\pi}{12} =$
$\sin\frac{\pi}{12} = \frac{\sqrt{6}-\sqrt{2}}{4}$, $\sin\frac{19\pi}{12} = -\cos\frac{\pi}{12} = -\frac{\sqrt{6}+\sqrt{2}}{4}$. Damit hat man:

$$w_1 = \frac{1}{2\sqrt[3]{2}}\left[\left(-\sqrt{6}-\sqrt{2}\right) + i\left(\sqrt{6}-\sqrt{2}\right)\right],$$

$$w_2 = \frac{1}{2\sqrt[3]{2}}\left[\left(\sqrt{6}-\sqrt{2}\right) - i\left(\sqrt{6}+\sqrt{2}\right)\right].$$

Aufgabe 3

Untersuchen Sie für alle reellen Zahlen λ die Lösbarkeit des linearen Gleichungssystems

$$\begin{aligned}
\lambda x_1 &+ x_2 &+ 2x_3 &= \lambda + 3 \\
3x_1 &- x_2 &+ (\lambda - 1)x_3 &= \lambda - 3 \\
-3x_1 &+ \lambda x_2 & &= 2.
\end{aligned}$$

Bestimmen Sie jeweils alle Lösungen.

Lösung:

Es gilt: $\det\begin{pmatrix} \lambda & 1 & 2 \\ 3 & -1 & \lambda-1 \\ -3 & \lambda & 0 \end{pmatrix} = -3\lambda + 3 + 6\lambda - 6 - \lambda^3 + \lambda^2 =$

$$\lambda^2(\lambda - 1) + 3(\lambda - 1) = (\lambda - 1)(3 - \lambda^2).$$

Für $\lambda \notin \{1, -\sqrt{3}, \sqrt{3}\}$ ist das lineare Gleichungssystem eindeutig lösbar. Nach der Cramerschen Regel gilt:

$$x_1 = \frac{\det\begin{pmatrix} \lambda+3 & 1 & 2 \\ \lambda-3 & -1 & \lambda-1 \\ 2 & \lambda & 0 \end{pmatrix}}{(\lambda-1)(3-\lambda^2)} = \frac{2-\lambda-\lambda^3}{(\lambda-1)(3-\lambda^2)} = \frac{\lambda^2+\lambda+2}{\lambda^2-3},$$

$$x_2 = \frac{\det\begin{pmatrix} \lambda & \lambda+3 & 2 \\ 3 & \lambda-3 & \lambda-1 \\ -3 & 2 & 0 \end{pmatrix}}{(\lambda-1)(3-\lambda^2)} = \frac{3+2\lambda-5\lambda^2}{(\lambda-1)(3-\lambda^2)} = \frac{5\lambda+3}{\lambda^2-3},$$

$$x_3 = \frac{\det \begin{pmatrix} \lambda & 1 & \lambda+3 \\ 3 & -1 & \lambda-3 \\ -3 & \lambda & 2 \end{pmatrix}}{(\lambda-1)(3-\lambda^2)} = \frac{\lambda^3 - 6\lambda^2 - \lambda + 6}{(\lambda-1)(\lambda^2-3)} = \frac{(\lambda-6)(\lambda+1)}{\lambda^2-3}.$$

Ist $\lambda = 1$, so erhält unser System die Gestalt: $x_1 + x_2 + 2x_3 = 4$, $3x_1 - x_2 = -2$, $-3x_1 + x_2 = 2$. Die letzten zwei Gleichungen sind bis auf das Vorzeichen gleich. Ist $x_2 = t$ (beliebig aus $\mathbb{R}$), so folgt $x_1 = \frac{t-2}{3}$ aus der zweiten Gleichung, und damit $x_3 = \frac{7-2t}{3}$ aus der ersten Gleichung. Die Lösungsmenge ist also für $\lambda = 1$ die folgende Gerade in $\mathbb{R}^3$:

$$\left\{ \begin{pmatrix} -\frac{2}{3} \\ 0 \\ \frac{7}{3} \end{pmatrix} + t \begin{pmatrix} \frac{1}{3} \\ 1 \\ -\frac{2}{3} \end{pmatrix} \ \middle|\ t \in \mathbb{R} \right\}.$$

Durch Zeilenumformungen erhalten wir für die (um die rechten Seite des Systems) erweiterte Koeffizentenmatrix, falls $\lambda \neq 1$ (das wird an der Stelle $(*)$ benutzt):

$$\begin{pmatrix} \lambda & 1 & 2 & | & \lambda+3 \\ 3 & -1 & \lambda-1 & | & \lambda-3 \\ -3 & \lambda & 0 & | & 2 \end{pmatrix} \longmapsto \begin{pmatrix} 1 & -\frac{\lambda}{3} & 0 & | & -\frac{2}{3} \\ \lambda & 1 & 2 & | & \lambda+3 \\ 3 & -1 & \lambda-1 & | & \lambda-3 \end{pmatrix} \longmapsto$$

$$\begin{pmatrix} 1 & -\frac{\lambda}{3} & 0 & | & -\frac{2}{3} \\ 0 & \frac{\lambda^2}{3}+1 & 2 & | & \frac{5\lambda}{3}+3 \\ 0 & \lambda-1 & \lambda-1 & | & \lambda-1 \end{pmatrix} \overset{(*)}{\longmapsto} \begin{pmatrix} 1 & -\frac{\lambda}{3} & 0 & | & -\frac{2}{3} \\ 0 & \frac{\lambda^2}{3}+1 & 2 & | & \frac{5\lambda}{3}+3 \\ 0 & 1 & 1 & | & 1 \end{pmatrix} \longmapsto$$

$$\begin{pmatrix} 1 & -\frac{\lambda}{3} & 0 & | & -\frac{2}{3} \\ 0 & \frac{\lambda^2}{3}-1 & 0 & | & \frac{5\lambda}{3}+1 \\ 0 & 1 & 1 & | & 1 \end{pmatrix}.$$

Für $\lambda = \pm\sqrt{3}$ ist 2 der Rang der Matrix $\begin{pmatrix} 1 & -\frac{\lambda}{3} & 0 \\ 0 & \frac{\lambda^2}{3}-1 & 0 \\ 0 & 1 & 1 \end{pmatrix}$, während der

Rang von $\begin{pmatrix} 1 & 0 & -\frac{2}{3} \\ 0 & 0 & \frac{5\lambda}{3}+1 \\ 0 & 1 & 1 \end{pmatrix}$ gleich 3 ist, weil die Determinante (also $-\frac{5\lambda}{3}-1$)

nicht verschwindet. Deshalb ist für $\lambda = \pm\sqrt{3}$ das System nicht lösbar.

Aufgabe 4

Betrachten Sie die Ebene E, welche die Punkte $A = (1, 0, -1)$ und $B = (0, -1, 1)$ enthält und parallel zum Vektor $\mathbf{c} = (2, -1, 0)^T$ ist. Sei C der Punkt auf der x_1-x_2-Ebene, dessen orthogonale (senkrechte) Projektion auf E der Punkt A ist. Bestimmen Sie

a) die Koeffizienten a, b, c, d mit $a \geq 0$ der Gleichung $ax_1 + bx_2 + cx_3 = d$ von E,

b) die Hessesche Normalform von E,

c) den Punkt C,

d) eine Gleichung der Geraden durch B und C,

e) den Flächeninhalt des Dreiecks ABC.

Lösung:

a) Die erste Möglichkeit: Setzt man in die Gleichung $ax_1 + bx_2 + cx_3 = d$ die Koordinaten von A und B ein, so ergeben sich $a - c = d$ und $-b + c = d$. Außerdem müssen $(a, b, c)^T$ und $(2, -1, 0)^T$ senkrecht zueinander sein. Es gilt also $2a - b = 0$. Aus diesen drei Gleichungen, die a, b, c, d erfüllen, folgt, dass jede Lösung von der Form $(a, b, c, d) = \lambda(2, 4, 3, -1)$ mit $\lambda \in \mathbb{R}$ ist. Eine Gleichung der Ebene ist also $2x_1 + 4x_2 + 3x_3 = -1$.

Die zweite Möglichkeit: Die Vektoren $\mathbf{c}$ und $\overline{AB} = (-1, -1, 2)^T$ spannen die Ebene E auf, sie geht außerdem durch A. Also ist

$$\mathbf{x} = \begin{pmatrix} x_1 \\ x_2 \\ x_3 \end{pmatrix} = \begin{pmatrix} 1 \\ 0 \\ -1 \end{pmatrix} + \lambda \begin{pmatrix} 2 \\ -1 \\ 0 \end{pmatrix} + \mu \begin{pmatrix} -1 \\ -1 \\ 2 \end{pmatrix} \quad \text{mit} \quad \lambda, \mu \in \mathbb{R}$$

eine Parameterdarstellung der Ebene E. Durch Elimination von λ aus $x_1 = 1 + 2\lambda - \mu$ und $x_2 = -\lambda - \mu$ hat man $x_1 + 2x_2 = 1 - 3\mu$. Daraus und aus $x_3 = -1 + 2\mu$ eliminiert man μ, und erhält (wie erwartet!) die Gleichung $2x_1 + 4x_2 + 3x_3 = -1$, die von allen (und nur von diesen!) Punkten von E erfüllt wird.

b) Die Länge des Vektors $\begin{pmatrix} 2 \\ 4 \\ 3 \end{pmatrix}$ ist $\sqrt{4 + 16 + 9} = \sqrt{29}$. Mit $\mathbf{n} = -\frac{1}{\sqrt{29}} \begin{pmatrix} 2 \\ 4 \\ 3 \end{pmatrix}$

lässt sich die Hessesche Normalform der Ebene E angeben: $\mathbf{n} \cdot \mathbf{x} - \frac{1}{\sqrt{29}} = 0$.

c) Die Gerade, die senkrecht zu E in A ist, wird dargestellt in der Form

$$\frac{x_1 - 1}{2} = \frac{x_2 - 0}{4} = \frac{x_3 + 1}{3}.$$

Für $x_3 = 0$ bekommt man $x_1 = \frac{5}{3}$ und $x_2 = \frac{4}{3}$, und damit ist $(\frac{5}{3}, \frac{4}{3}, 0)^T$ der Ortsvektor des Punktes C.

d) Man hat $\frac{x_1-0}{0-\frac{5}{3}} = \frac{x_2+1}{-1-\frac{4}{3}} = \frac{x_3-1}{1-0}$, d.h. die Gerade durch B und C wird durch

$$\frac{x_1}{-5} = \frac{x_2+1}{-7} = \frac{x_3-1}{3} \text{ beschrieben. Alternativ: } \begin{pmatrix} x_1 \\ x_2 \\ x_3 \end{pmatrix} = \begin{pmatrix} 0 \\ -1 \\ 1 \end{pmatrix} + \lambda \begin{pmatrix} -5 \\ -7 \\ 3 \end{pmatrix}$$

mit $\lambda \in \mathbb{R}$ ist eine Parameterdarstellung dieser Geraden.

e) Der Flächeninhalt $\mathbf{F}$ des Dreiecks ABC ist die Hälfte der Länge des Vektors $\overline{BA} \times \overline{BC}$, weil $\|\overline{BA} \times \overline{BC}\| = \|\overline{BA}\| \cdot \|\overline{BC}\| \sin \beta$ gilt; dabei ist β der Winkel zwischen beiden Vektoren $\overline{BA}$ und $\overline{BC}$. Es gilt

$$\begin{pmatrix} 1 \\ 1 \\ -2 \end{pmatrix} \times \begin{pmatrix} \frac{5}{3} \\ \frac{7}{3} \\ -1 \end{pmatrix} = \begin{pmatrix} \frac{11}{3} \\ -\frac{7}{3} \\ \frac{2}{3} \end{pmatrix} \quad , \quad \left\| \begin{pmatrix} \frac{11}{3} \\ -\frac{7}{3} \\ \frac{2}{3} \end{pmatrix} \right\| = \frac{\sqrt{174}}{3} \quad , \quad \mathbf{F} = \frac{\sqrt{174}}{6} \ .$$

Aufgabe 5

a)   Untersuchen Sie, ob die Reihen i) $\sum_{n=0}^{\infty} \frac{3n-1}{n^3+2n+1}$ und ii) $\sum_{n=0}^{\infty} \frac{3n-1}{n^2+1}$ konvergieren.

b)   Zeigen Sie, dass die Reihe $\sum_{n=0}^{\infty} \frac{n^2+3n-1}{(n+1)!}$ konvergiert, und berechnen Sie ihre Summe.

Lösung:

Die Reihe $\sum_{n=1}^{\infty} \frac{1}{n}$ ist divergent, dagegen ist $\sum_{n=1}^{\infty} \frac{1}{n^2}$ konvergent. Diese Reihen werden nun für a) bzw. b) bei der Anwendung des Majorantenkriteriums benutzt.

a) i) Wegen $\frac{3n-1}{n^3+2n+1} < 3\frac{n}{n^3} = 3\frac{1}{n^2}$ ist die Reihe $\sum_{n=1}^{\infty} \frac{3n-1}{n^3+2n+1}$ konvergent.

ii) Mit $\frac{3n-1}{n^2+1} \geq \frac{1}{n}$ ergibt sich die Divergenz der Reihe $\sum_{n=1}^{\infty} \frac{3n-1}{n^2+1}$.

(Man beachte: $\frac{3n-1}{n^2+1} \geq \frac{1}{n} \iff 3n^2 - n \geq n^2 + 1 \iff 2n^2 \geq n + 1$) .

b) Für $n \geq 6$ gilt:

$$\frac{n^2+3n-1}{(n+1)!} < \frac{n^2+3n}{(n+1)!} < \frac{n^2+3n}{3(n-2)(n-1)n(n+1)} < \frac{1}{(n-2)(n-1)} < \frac{1}{(n-2)^2} \ .$$

Deshalb ist die angegebene Reihe konvergent. Mit den Identitäten

$$\sum_{n=0}^{\infty} \frac{1}{n!} = e \ , \quad \sum_{n=1}^{\infty} \frac{1}{n!} = e - 1 \quad \text{und} \quad \sum_{n=2}^{\infty} \frac{1}{n!} = e - 2$$

führen wir die folgenden Umformungen für $n \geq 1$ durch:

$$\frac{n^2 + 3n - 1}{(n+1)!} = \frac{n(n+1) + 2n - 1}{(n+1)!} = \frac{1}{(n-1)!} + \frac{2n + 2 - 3}{(n+1)!}$$

$$= \frac{1}{(n-1)!} + 2\frac{1}{n!} - 3\frac{1}{(n+1)!} .$$

Daraus folgt:

$$\sum_{n=0}^{\infty} \frac{n^2 + 3n - 1}{(n+1)!} = -1 + \sum_{n=1}^{\infty} \frac{n^2 + 3n - 1}{(n+1)!}$$

$$= -1 + \sum_{n=1}^{\infty} \frac{1}{(n-1)!} + 2\sum_{n=1}^{\infty} \frac{1}{n!} - 3\sum_{n=1}^{\infty} \frac{1}{(n+1)!}$$

$$= -1 + \sum_{n=0}^{\infty} \frac{1}{n!} + 2(e - 1) - 3\sum_{n=2}^{\infty} \frac{1}{n!} = -1 + e + 2e - 2 - 3(e - 2) = 3 .$$

Aufgabe 6

Bestimmen Sie die Konvergenzmenge (nicht nur den Konvergenzradius!) der Potenzreihe

$$\sum_{n=1}^{\infty} \frac{2^n x^n}{n + 2} .$$

Lösung:

Mit $a_n = \frac{2^n}{n+2}$ gilt $\frac{a_n}{a_{n+1}} = \frac{2^n}{n+2} : \frac{2^{n+1}}{n+3} = \frac{n+3}{n+2} \cdot \frac{1}{2}$, und damit ist $r = \lim_{n\to\infty} \frac{a_n}{a_{n+1}} = \frac{1}{2}$ der Konvergenzradius dieser Reihe. Für $x = -\frac{1}{2}$ und $x = \frac{1}{2}$ erhalten die angegebenen Reihen die Gestalt $\sum_{n=1}^{\infty} (-1)^n \frac{1}{n+2}$ bzw. $\sum_{n=1}^{\infty} \frac{1}{n+2}$. Während die erste Reihe nach dem Leibniz-Kriterium konvergiert, ist die zweite bekanntlich divergent. Also ist $[-\frac{1}{2}, \frac{1}{2}[$ die Konvergenzmenge.

Aufgabe 7

Berechnen Sie den Grenzwert $\lim_{x\to\infty} \sin \frac{\pi x - 1}{2x + 3}$. Begründen Sie dabei Ihre Vorgehensweise.

Lösung:

Es gilt $\lim_{x\to\infty} \frac{\pi x - 1}{2x - 3} = \lim_{x\to\infty} \frac{\pi - \frac{1}{x}}{2 - \frac{3}{x}} = \frac{\pi}{2}$. Wegen der Stetigkeit der Sinusfunktion folgt:

$$\lim_{n\to\infty} \sin \frac{\pi x - 1}{2x - 3} = \sin \left(\lim_{n\to\infty} \frac{\pi x - 1}{2x - 3} \right) = \sin \frac{\pi}{2} = 1 .$$

1.4 Zweiter Test für das erste Kapitel

Aufgabe 1

Beweisen Sie durch vollständige Induktion für alle $n \geq 1$

$$\sum_{k=1}^{n}(2k-1)^3 = n^2(2n^2-1) \, .$$

Lösung:
Induktionsanfang: Für $n = 1$ ist die linke Seite der zu beweisenden Identität gleich 1^3. Die rechte Seite ist $1^2(2 \cdot 1^2 - 1)$, d.h. ebenfalls 1.
Induktionsschritt: Aus der Induktionsannahme $\sum_{k=1}^{n}(2k-1)^3 = n^2(2n^2-1)$ soll gefolgert werden:

$$\sum_{k=1}^{n+1}(2k-1)^3 = (n+1)^2(2(n+1)^2-1) \, .$$

Die Umformung der linken Seite unter Verwendung der Induktionsannhme ergibt:

$$\sum_{k=1}^{n+1}(2k-1)^3 = \sum_{k=1}^{n}(2k-1)^3 + (2n+1)^3 = n^2(2n^2-1) + (2n+1)^3$$
$$= 2n^4 - n^2 + 8n^3 + 12n^2 + 6n + 1$$
$$= 2n^4 + 8n^3 + 11n^2 + 6n + 1 \, .$$

Dasselbe Polynom erhält man auf der rechten Seite:

$$(n+1)^2(2(n+1)^2-1) = (n^2+2n+1)(2n^2+4n+1)$$
$$= 2n^4 + 4n^3 + n^2 + 4n^3 + 8n^2 + 2n + 2n^2 + 4n + 1$$
$$= 2n^4 + 8n^3 + 11n^2 + 6n + 1 \, .$$

Hiermit ist der Induktionsschritt durchgeführt.

Aufgabe 2

Bestimmen Sie die Menge aller $x \in \mathbb{R}$ mit $|x^2 - 4x - 5| \leq 2x + 5$.

Lösung:
Das Polynom $x^2 - 4x - 5$ hat die Nullstellen -1 und 5. Damit gilt

$$|x^2 - 4x - 5| = \begin{cases} x^2 - 4x - 5 & \text{falls } x \in \,] - \infty, 1[\, \cup \,]5, +\infty[\\ 5 + 4x - x^2 & \text{falls } x \in [-1, 5] \, . \end{cases}$$

Deshalb muss man die folgenden Ungleichungen lösen:

$$x^2 - 4x - 5 \leq 2x + 5 \quad \text{für} \quad x \in \,] - \infty, -1[\, \cup \,]5, +\infty[$$

$$\text{und} \quad 5 + 4x - x^2 \leq 2x + 5 \quad \text{für} \quad x \in [-1, 5] \, .$$

Die erste davon läßt sich auch als $x^2 - 6x - 10 \leq 0$ schreiben. Da $x^2 - 6x - 10$ die Nullstellen $3 \pm \sqrt{19}$ hat und $3 - \sqrt{19} < -1$ sowie $5 < 3 + \sqrt{19}$ gelten, ergibt sich $[3 - \sqrt{19}, -1[\, \cup \,]5, 3 + \sqrt{19}]$ als Lösungsmenge der ersten Ungleichung. Die zweite Ungleichung lautet äquivalent umgeformt $0 \leq x^2 - 2x = x(x - 2)$, sie hat die Lösungsmenge $[-1, 0] \, \cup \, [2, 5]$. Die Menge aller $x \in \mathbb{R}$ mit der Eigenschaft $|x^2 - 4x - 5| \leq 2x + 5$ ist also: $[3 - \sqrt{19}, 0] \, \cup \, [2, 3 + \sqrt{19}]$.

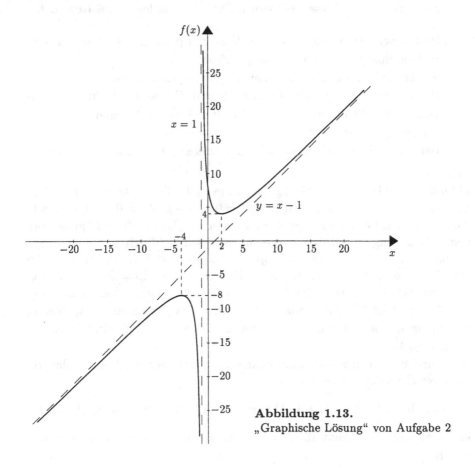

Abbildung 1.13.
„Graphische Lösung" von Aufgabe 2

Ergänzende Bemerkung (welche nicht verlangt wurde)
Man kann geometrisch die gefundene Lösung in einer Skizze veranschaulichen,
wie Abbildung 1.13 sie zeigt.

Aufgabe 3

Betrachten Sie die Mengen von Vektoren

$$\left\{ \mathbf{a}_\lambda \;\middle|\; \mathbf{a}_\lambda = \begin{pmatrix} 1 \\ \lambda \\ 0 \end{pmatrix}, \lambda \in \mathbb{R} \right\} \quad \text{und} \quad \left\{ \mathbf{b}_\mu \;\middle|\; \mathbf{b}_\mu = \begin{pmatrix} 1+4\mu \\ 4\mu \\ 1-\mu \end{pmatrix}, \mu \in \mathbb{R} \right\}.$$

a) Gibt es Paare (λ, μ) aus $\mathbb{R}^2$, so dass $\mathbf{a}_\lambda$ und $\mathbf{b}_\mu$ linear abhängig sind? Wieviele?

b) Zeigen Sie, dass nur ein ν in $\mathbb{R}$ existiert, so daß $\mathbf{a}_\nu$ und $\mathbf{b}_\nu$ senkrecht zueinander sind. Diese Vektoren $\mathbf{a}_\nu$ und $\mathbf{b}_\nu$ werden mit $\mathbf{a}$ bzw. $\mathbf{b}$ bezeichnet.

c) Bestimmen Sie die Menge $\mathcal{P}$ aller Vektoren $\mathbf{p}$ aus $\mathbb{R}^3$, so dass $\mathbf{a}, \mathbf{b}$ und $\mathbf{p}$ einen Spat mit dem Volumen $\frac{1}{4}$ aufspannen.

d) Erklären Sie das erzielte Ergebnis elementargeometrisch.

e) Bestimmen Sie diejenigen Punkte P_1 und P_2 aus $\mathcal{P}$, deren Abstände vom Nullpunkt O minimal sind, d.h. $|\overline{OP_1}|$ und $|\overline{OP_2}|$ sind minimal in der Menge $\{|\overline{OP}| \mid P \in \mathcal{P}\}$.

f) Berechnen Sie die Flächeninhalte der Dreiecke $P_1 P_2 A$ und $P_1 P_2 B$.

Lösung:
a) Sind $\mathbf{a}_\lambda$ und $\mathbf{b}_\mu$ linear abhängig, so gibt es $\alpha, \beta \in \mathbb{R}$, so dass $(\alpha, \beta) \neq (0,0)$ und $\alpha \mathbf{a}_\lambda + \beta \mathbf{b}_\mu = 0$, d. h. $\alpha + \beta(1+4\mu) = 0$, $\alpha\lambda + \beta \cdot 4\mu = 0$, $\beta(1-\mu) = 0$. Aus der letzten Gleichung folgt $\beta = 0$ oder $\mu = 1$. Ist $\beta = 0$, so folgt aus der ersten Gleichung $\alpha = 0$, was ausgeschlossen wurde (durch $(\alpha, \beta) \neq (0,0)$). Deshalb gilt $\mu = 1$ und damit $\alpha + 5\beta = 0$, $\alpha\lambda + 4\beta = 0$. Der Wert $\alpha = -5\beta$ wird in die zweite Gleichung eingesetzt. Es folgt $-5\beta\lambda + 4\beta = \beta(-5\lambda + 4) = 0$. Da – wie schon gesehen – die Zahl β von Null verschieden sein muss, folgt $\lambda = \frac{4}{5}$. Damit ist $(\frac{4}{5}, 1)$ das einzige Paar (λ, μ) mit der Eigenschaft, dass $\mathbf{a}_\lambda$ und $\mathbf{b}_\mu$ linear abhängig sind. Man bestätigt dies leicht, da $\mathbf{a}_{\frac{4}{5}}$ ein Fünftel des Vektors $\mathbf{b}_1$ ist.

b) $\mathbf{a}_\lambda$ und $\mathbf{b}_\lambda$ stehen genau dann senkrecht aufeinander, wenn ihr Skalarprodukt verschwindet, d.h. wenn

$$0 = \mathbf{a}_\lambda \cdot \mathbf{b}_\lambda = 1 \cdot (1 + 4\lambda) + 4 \cdot 4\lambda + 0 \cdot (1 - \lambda) = 1 + 4\lambda + 4\lambda^2 = (1 + 2\lambda)^2$$

gilt. Das trifft also genau für $\lambda = -\frac{1}{2}$ zu. Hiermit hat man $\mathbf{a} = \mathbf{a}_{-\frac{1}{2}}$ und $\mathbf{b} = \mathbf{b}_{-\frac{1}{2}}$.

c) Sei $\mathbf{p} = (x\,,\,y\,,\,z)^T$, so dass der von $\mathbf{a}, \mathbf{b}$ und $\mathbf{p}$ aufgespannte Spat den Volumeninhalt $\frac{1}{4}$ hat. Das ist genau dann der Fall, wenn der Betrag von $(\mathbf{a} \times \mathbf{b}) \cdot \mathbf{p}$ gleich $\frac{1}{4}$ ist. Mit $\mathbf{a} \times \mathbf{b} = (-\frac{3}{4}\,,\,-\frac{3}{2}\,,\,-\frac{5}{2})^T$ erhält man also die Bedingung $|-\frac{3}{4}x - \frac{3}{2}y - \frac{5}{2}z| = \frac{1}{4}$, d.h. $3x + 6y + 10z = 1$ oder $3x + 6y + 10z = -1$.

d) Sei E die Ebene durch den Nullpunkt, die von den Vektoren $\mathbf{a}$ und $\mathbf{b}$ aufgespannt wird. Der Flächeninhalt des von $\mathbf{a}$ und $\mathbf{b}$ aufgespannten Parallelogramms ist $|\mathbf{a} \times \mathbf{b}| = \sqrt{\frac{9}{16} + \frac{9}{4} + \frac{25}{4}} = \frac{1}{4}\sqrt{9 + 36 + 100} = \frac{1}{4}\sqrt{145}$. Deshalb besteht $\mathcal{P}$ geometrisch betrachtet aus allen Punkten des Raums, die den Abstand $\frac{1}{\sqrt{145}}$ zur Ebene E haben. $\mathcal{P}$ ist also die Vereinigung der beiden zu E parallelen Ebenen, die den Abstand $\frac{1}{\sqrt{145}}$ zu E haben, nämlich E_1, gegeben durch die Gleichung $3x + 6y + 10z = 1$, und E_2, beschrieben durch $3x + 6y + 10z = -1$.

e) Für $j = 1, 2$ ist P_j derjenige Punkt von E_j, in welchem die Gerade g durch 0 und mit der Richtung $\mathbf{a} \times \mathbf{b}$ die Ebene trifft. Eine Darstellung von g ist $\frac{x}{3} = \frac{y}{6} = \frac{z}{10}$. Setzt man $x = 3t$, $y = 6t$ und $z = 10t$ in die Gleichung $3x + 6y + 10z = 1$ bzw. $3x + 6y + 10z = -1$ ein, so folgt $t = \frac{1}{145}$ bzw. $t = -\frac{1}{145}$, und damit gilt $P_1 = (\frac{3}{145}, \frac{6}{145}, \frac{2}{29})$ und $P_2 = (-\frac{3}{145}, -\frac{6}{145}, -\frac{5}{145})$.

f) $\overline{P_1 P_2}$ (als Strecke auf g) ist senkrecht auf E und damit insbesondere auf $\mathbf{a}$ und auf $\mathbf{b}$. Es handelt sich jedesmal um ein gleichschenkliges Dreieck mit Basis $\overline{P_1 P_2}$ von der Länge $\frac{2}{\sqrt{145}}$ und Höhe $|\mathbf{a}| = \sqrt{1 + \frac{1}{4} + 0} = \frac{\sqrt{5}}{2}$ bzw. $|\mathbf{b}| = \sqrt{1 + 4 + \frac{9}{4}} = \frac{\sqrt{29}}{2}$. Deshalb sind die Flächeninhalte der Dreiecke $P_1 P_2 A$ und $P_1 P_2 B$ gleich $\frac{1}{2} \cdot \frac{2}{\sqrt{145}} \cdot \frac{\sqrt{5}}{2} = \frac{1}{2\sqrt{29}}$ bzw. $\frac{1}{2} \cdot \frac{2}{\sqrt{145}} \cdot \frac{\sqrt{29}}{2} = \frac{1}{2\sqrt{5}}$.

Aufgabe 4

Lösen Sie in Abhängigkeit von $a \in \mathbb{R}$ das folgende lineare Gleichungssystem:

$$x_1 + ax_2 + 2x_3 = a^2 - 5$$
$$ax_1 + x_2 - x_3 = 2a + 3$$
$$x_1 + 2x_2 - ax_3 = 5a + 1\,.$$

Lösung:
Man hat

$$\det \begin{pmatrix} 1 & a & 2 \\ a & 1 & -1 \\ 1 & 2 & -a \end{pmatrix} = -a - a + 4a - 2 + 2 + a^3 = a^3 + 2a = a(a^2 + 2)\,.$$

Für $a \neq 0$ kann man die Cramersche Regel verwenden. Es gilt deshalb für $a \neq 0$

$$x = \frac{\det \begin{pmatrix} a^2 - 5 & a & 2 \\ 2a + 3 & 1 & -1 \\ 5a + 1 & 2 & -a \end{pmatrix}}{a(a^2 + 2)} = \frac{a^3 + 2a}{a(a^2 + 2)} = 1 \,,$$

$$y = \frac{\det \begin{pmatrix} 1 & a^2 - 5 & 2 \\ a & 2a + 3 & -1 \\ 1 & 5a + 1 & -a \end{pmatrix}}{a(a^2 + 2)} = \frac{a^4 + 2a^2}{a(a^2 + 2)} = a \,,$$

$$z = \frac{\det \begin{pmatrix} 1 & a & a^2 - 5 \\ a & 1 & 2a + 3 \\ 1 & 2 & 5a + 1 \end{pmatrix}}{a(a^2 + 2)} = \frac{-3a^3 - 6a}{a(a^2 + 2)} = -3 \,.$$

Die Probe bestätigt unser Ergebnis:

$$1 + a^2 - 6 = a^2 - 5 \,, \quad a + a + 3 = 2a + 3 \,, \quad 1 + 2a + 3a = 5a + 1 \,.$$

Für $a = 0$ erhält das System die folgende Gestalt

$$
\begin{aligned}
x_1 \quad\quad + 2x_3 &= -5 \\
x_2 - x_3 &= 3 \\
x_1 + 2x_2 \quad\quad &= 1 \,.
\end{aligned}
$$

Die dritte Gleichung erhält man durch Addition der verdoppelten zweiten Zeile zur ersten Zeile, also kann sie weggelassen werden. Sei t eine beliebige reelle Zahl. Setzt man $x_3 = t$, so folgt aus der ersten Gleichung $x_1 = -2t - 5$ und aus der zweiten Gleichung $x_2 = t + 3$. Die Lösungsmenge des Systems für $a = 0$ ist hiermit die folgende Gerade:

$$\left\{ \begin{pmatrix} -5 \\ 3 \\ 0 \end{pmatrix} + t \begin{pmatrix} -2 \\ 1 \\ 1 \end{pmatrix} \mid t \in \mathbb{R} \right\} \,.$$

1.5 Dritter Test für das erste Kapitel

Aufgabe 1

Beweisen Sie, dass für alle natürlichen Zahlen $n \in \mathbb{N}$ gilt:

$$\sum_{k=1}^{n} \frac{1}{k(k+3)} = \frac{n(11n^2 + 48n + 49)}{18(n+1)(n+2)(n+3)} \; .$$

Lösung:
Der Beweis wird durch vollständige Induktion geführt:
Induktionsanfang: Für $n = 1$ gilt die Gleichung, weil $\sum_{k=1}^{1} \frac{1}{k(k+3)} = \frac{1}{4}$ und
$\frac{11 + 48 + 49}{18 \cdot 2 \cdot 3 \cdot 4} = \frac{108}{108 \cdot 4} = \frac{1}{4}$ gilt.

Induktionsschritt: Nimmt man an, dass $\sum_{k=1}^{n} \frac{1}{k(k+3)} = \frac{n(11n^2 + 48n + 49)}{18(n+1)(n+2)(n+3)}$
gilt, so folgt:

$$\sum_{k=1}^{n+1} \frac{1}{k(k+3)} = \frac{n(11n^2 + 48n + 49)}{18(n+1)(n+2)(n+3)} + \frac{1}{(n+1)(n+4)}$$

$$= \frac{(n^2 + 4n)(11n^2 + 48n + 49) + 18(n^2 + 5n + 6)}{18(n+1)(n+2)(n+3)(n+4)}$$

$$= \frac{11n^4 + 92n^3 + 259n^2 + 286n + 108}{18(n+1)(n+2)(n+3)(n+4)}$$

$$= \frac{(n+1)(11n^3 + 81n^2 + 178n + 108)}{18(n+1)(n+2)(n+3)(n+4)}$$

$$= \frac{(n+1)(11n^2 + 70n + 108)}{18(n+2)(n+3)(n+4)} = \frac{(n+1)\left[11(n+1)^2 + 48(n+1) + 49\right]}{18(n+2)(n+3)(n+4)}$$

$$= \frac{(n+1)\left[11(n+1)^2 + 48(n+1) + 49\right]}{18\left((n+1)+1\right)\left((n+2)+1\right)\left((n+3)+1\right)} \; .$$

Damit ist der Induktionsschritt durchgeführt, und die angegebene Gleichung gilt für alle $n \in \mathbb{N}$.

Aufgabe 2

a)　Bestimmen Sie die Polarkoordinaten der beiden komplexen Zahlen $z_1 = -1 - i\sqrt{3}$ und $z_2 = 2 + 2i$.

b)　Berechnen Sie $z_1^{13} \cdot z_2^{10}$.

c)　Bestimmen Sie alle $w \in \mathbb{C}$ mit der Eigenschaft $w^4 = z_1^2$.

Lösung:

a) Die Beträge von z_1 und z_2 sind $r_1 = \sqrt{1+3} = 2$ und $r_2 = \sqrt{4+4} = 2\sqrt{2}$. Aus $\cos\varphi_1 = -\frac{1}{2}$ und $\sin\varphi_1 = -\frac{\sqrt{3}}{2}$ bzw. $\cos\varphi_2 = \frac{2}{2\sqrt{2}} = \frac{1}{\sqrt{2}}$ und $\sin\varphi_2 = \frac{2}{2\sqrt{2}} = \frac{1}{\sqrt{2}}$ folgt: $\varphi_1 = -\frac{\pi}{3}$, $\varphi_2 = \frac{\pi}{4}$. Hiermit gilt $z_1 = 2(\cos(-\frac{\pi}{3}) + i\sin(-\frac{\pi}{3})) = 2e^{-\frac{\pi}{3}i}$, $z_2 = 2\sqrt{2}(\cos\frac{\pi}{4} + i\sin\frac{\pi}{4}) = 2\sqrt{2}\,e^{\frac{\pi}{4}i}$.

b) $z_1^{13} \cdot z_2^{10} = 2^{13}e^{-\frac{13\pi}{3}i} \cdot 2^{15}e^{\frac{5\pi}{2}i} = 2^{28}e^{-\frac{\pi}{3}i} \cdot e^{\frac{\pi}{2}i} = 2^{28}e^{\frac{\pi}{6}i} = 2^{28}(\cos\frac{\pi}{6} + i\sin\frac{\pi}{6})$
$= 2^{28}(\frac{\sqrt{3}}{2} + i\frac{1}{2}) = 2^{27}(\sqrt{3} + i)$. Dabei wurde benutzt, dass $e^{2k\pi i} = 1$ für alle $k \in \mathbb{Z}$ gilt.

c) $z_1^2 = 2^2 e^{-\frac{2\pi}{3}i} = 4e^{\frac{4\pi}{3}i}$. Für w ergeben sich die folgenden 4 Werte: $w_k = \sqrt[4]{4}\,e^{\frac{\frac{4\pi}{3}+2k\pi}{4}i} = \sqrt{2}\,e^{(\frac{\pi}{3}+\frac{k}{2}\pi)i}$, $k = 0,1,2,3$. Also:

$$w_0 = \sqrt{2}\left(\cos\frac{\pi}{3} + i\sin\frac{\pi}{3}\right) = \frac{\sqrt{2}}{2}(1 + i\sqrt{3}) \ ,$$

$$w_1 = \sqrt{2}\left(\cos\frac{5\pi}{6} + i\sin\frac{5\pi}{6}\right) = \frac{\sqrt{2}}{2}(-\sqrt{3} + i) \ ,$$

$$w_2 = \sqrt{2}\left(\cos\frac{4\pi}{3} + i\sin\frac{4\pi}{3}\right) = -\frac{\sqrt{2}}{2}(1 + i\sqrt{3}) \ ,$$

$$w_3 = \sqrt{2}\left(\cos\frac{11\pi}{6} + i\sin\frac{11\pi}{6}\right) = \frac{\sqrt{2}}{2}\left(\sqrt{3} - i\right) \ .$$

Aufgabe 3

Es sei f die durch $f(x) := 3x + 1$ definierte Funktion von $\mathbb{R}$ nach $\mathbb{R}$.

a)　Zeigen Sie, dass f eine bijektive Funktion ist, und bestimmen Sie die Inverse f^{-1} von f.

b)　Berechnen Sie $f \circ f$ und $f \circ f \circ f$.

c)　Beweisen Sie durch vollständige Induktion, dass die n-malige Komposition von f mit sich selbst diejenige Funktion von $\mathbb{R}$ nach $\mathbb{R}$ ist, die jedem x aus $\mathbb{R}$ den Wert $3^n x + \frac{3^n - 1}{2}$ zuordnet.

Lösung:

a) Sei $x_1 \neq x_2$, dann gilt $3x_1 \neq 3x_2$ und damit $3x_1 + 1 \neq 3x_2 + 1$,　d.h.

$f(x_1) \neq f(x_2)$, was zeigt, dass f injektiv ist.

Ist $y \in \mathbb{R}$, so folgt aus $3x + 1 = y$ genau $x = \frac{y-1}{3}$. Deshalb ist f surjektiv und damit bijektiv. Außerdem gilt:

$$f^{-1}(y) = \frac{y-1}{3} \ .$$

b) $(f \circ f)(x) = f(f(x)) = 3f(x) + 1 = 3(3x + 1) + 1 = 9x + 3 + 1 = 9x + 4$.

$(f \circ f \circ f)(x) = f((f \circ f)(x)) = f(9x + 4) = 3(9x + 4) + 1 = 27x + 13$.

c) Induktionsanfang: Für $n = 1$ ist $3^n x + \dfrac{3^n - 1}{2} = 3x + 1 = f(x)$.

Induktionsschritt: Sei $\underbrace{(f \circ \ldots \circ f)}_{n-mal} (x) = 3^n x + \frac{3^n - 1}{2}$.

Dann gilt $\underbrace{(f \circ \ldots \circ f)}_{(n+1)-mal} (x) = f(3^n x + \frac{3^n - 1}{2}) = 3(3^n x + \frac{3^n - 1}{2}) + 1 =$

$3^{n+1} x + \frac{3^{n+1} - 3}{2} + 1 = 3^{n+1} x + \frac{3^{n+1} - 1}{2}$, was zu zeigen war.

Aufgabe 4

a) Untersuchen Sie, ob die Vektoren $\begin{pmatrix} 1 \\ 2 \\ 3 \end{pmatrix}$, $\begin{pmatrix} 1 \\ 3 \\ 2 \end{pmatrix}$, $\begin{pmatrix} 1 \\ 1 \\ 4 \end{pmatrix}$ und $\begin{pmatrix} 2 \\ 5 \\ 4 \end{pmatrix}$

linear unabhängig sind, ein Erzeugendensystem von $\mathbb{R}^3$ bilden, eine Basis von $\mathbb{R}^3$ bilden.

b) Geben Sie alle Vektoren an, die gleichzeitig auf $\begin{pmatrix} 1 \\ 2 \\ 3 \end{pmatrix}$ und $\begin{pmatrix} 1 \\ 3 \\ 2 \end{pmatrix}$ senkrecht stehen.

Lösung:

a) In einem n-dimensionalen Vektorraum sind $n + 1$ Vektoren stets linear abhängig. Deshalb sind die vier Vektoren aus dem $\mathbb{R}^3$ linear abhängig. Das sieht man auch aus

$$2\begin{pmatrix} 1 \\ 2 \\ 3 \end{pmatrix} - \begin{pmatrix} 1 \\ 3 \\ 2 \end{pmatrix} = \begin{pmatrix} 1 \\ 1 \\ 4 \end{pmatrix} \ . \tag{$*$}$$

Der Nullvektor lässt sich also als eine Linearkombination der vier Vektoren darstellen, wobei nicht alle Koeffizienten gleich Null sind:

$$2 \cdot \begin{pmatrix} 1 \\ 2 \\ 3 \end{pmatrix} + (-1) \begin{pmatrix} 1 \\ 3 \\ 2 \end{pmatrix} + (-1) \begin{pmatrix} 1 \\ 1 \\ 4 \end{pmatrix} + 0 \cdot \begin{pmatrix} 2 \\ 5 \\ 4 \end{pmatrix} = \begin{pmatrix} 0 \\ 0 \\ 0 \end{pmatrix} .$$

Insbesondere bilden die vier Vektoren keine Basis des $\mathbb{R}^3$.
Es stellt sich nun die Frage, ob jeder Vektor aus dem $\mathbb{R}^3$ sich als Linearkombination der gegebenen vier Vektoren darstellen lässt. Wegen $(*)$ genügt es, für $(a, b, c)^T$ zu untersuchen, ob α, β, γ aus $\mathbb{R}$ existieren, so dass gilt:

$$\alpha \begin{pmatrix} 1 \\ 2 \\ 3 \end{pmatrix} + \beta \begin{pmatrix} 1 \\ 3 \\ 2 \end{pmatrix} + \gamma \begin{pmatrix} 2 \\ 5 \\ 4 \end{pmatrix} = \begin{pmatrix} a \\ b \\ c \end{pmatrix} .$$

Man hat also das lineare Gleichungssystem $\alpha + \beta + \gamma = a$, $2\alpha + 3\beta + 5\gamma = b$, $3\alpha + 2\beta + 4\gamma = c$ zu untersuchen. Wegen

$$\det \begin{pmatrix} 1 & 1 & 2 \\ 2 & 3 & 5 \\ 3 & 2 & 4 \end{pmatrix} = 12 + 15 + 8 - 18 - 10 - 8 = -1 \neq 0$$

gibt es eine eindeutige Lösung des obigen Systems. Deshalb handelt es sich bei den vier Vektoren um ein Erzeugendensystem des $\mathbb{R}^3$.

Wir haben sogar gezeigt, dass $\begin{pmatrix} 1 \\ 2 \\ 3 \end{pmatrix}, \begin{pmatrix} 1 \\ 3 \\ 2 \end{pmatrix}$ und $\begin{pmatrix} 2 \\ 5 \\ 4 \end{pmatrix}$ eine Basis von $\mathbb{R}^3$ bilden!

b) $\begin{pmatrix} x_1 \\ x_2 \\ x_3 \end{pmatrix}$ ist genau dann senkrecht auf $\begin{pmatrix} 1 \\ 2 \\ 3 \end{pmatrix}$ und $\begin{pmatrix} 1 \\ 3 \\ 2 \end{pmatrix}$, wenn gilt:

$$x_1 + 2x_2 + 3x_3 = 0 \quad \text{und} \quad x_1 + 3x_2 + 2x_3 = 0 .$$

Es folgt $x_2 = x_3$ und daraus $x_1 = -5x_3$. Die Vektoren, die gleichzeitig auf $\begin{pmatrix} 1 \\ 2 \\ 3 \end{pmatrix}$ und $\begin{pmatrix} 1 \\ 3 \\ 2 \end{pmatrix}$ senkrecht stehen, bilden also die Menge $g := \left\{ a \begin{pmatrix} -5 \\ 1 \\ 1 \end{pmatrix} \mid \right.$

$\left. a \in \mathbb{R} \right\}$. g ist diejenige Gerade, welche durch den Nullpunkt geht und senkrecht zur Ebene $E := \left\{ b \begin{pmatrix} 1 \\ 2 \\ 3 \end{pmatrix} + c \begin{pmatrix} 1 \\ 3 \\ 2 \end{pmatrix} \mid b, c \in \mathbb{R} \right\}$ ist. Eine andere

Lösungsmöglichkeit: Das Vektorprodukt $\begin{pmatrix} 1 \\ 2 \\ 3 \end{pmatrix} \times \begin{pmatrix} 1 \\ 3 \\ 2 \end{pmatrix} = \begin{pmatrix} -5 \\ 1 \\ 1 \end{pmatrix}$ ist senkrecht zur Ebene E. Jeder andere Vektor mit der verlangten Eigenschaft ist ein Vielfaches von ihm. Deshalb ist g die gesuchte Vektorenmenge.

Aufgabe 5

Betrachten Sie das lineare Gleichungssystem

$$x_1 + x_2 + 3x_3 = 3$$
$$2x_1 - x_2 + x_3 = 4$$
$$3x_1 + x_2 - 4x_3 = -2 \,.$$

a)   Lösen Sie das System mit Hilfe des Gaußschen Algorithmus.
b)   Lösen Sie das System mit Hilfe der Cramerschen Regel.
c)   Wie kann man das Ergebnis geometrisch interpretieren?

Lösung:
a) Wir lösen das Gleichungssystem mit dem Gaußschen Algorithmus; dabei bezeichnen wir mit **b** den Vektor $(3, 4, -2)^T$.

	x_1	x_2	x_3	b
I	1	1	3	3
	2	-1	1	4
	3	1	-4	-2
II	0	-3	-5	-2
	0	-2	-13	-11
III	0	0	$-\frac{29}{3}$	$-\frac{29}{3}$

Aus III ergibt sich $x_3 = 1$, aus II folgt $x_2 = -1$, und damit $x_1 = 1$ aus I.

b) Wegen $\det \begin{pmatrix} 1 & 1 & 3 \\ 2 & -1 & 1 \\ 3 & 1 & -4 \end{pmatrix} = 4 + 3 + 6 + 9 - 1 + 8 = 29 \neq 0$ kann man die Cramersche Regel für die Berechnung der Lösung anwenden. Mit

$$\det \begin{pmatrix} 3 & 1 & 3 \\ 4 & -1 & 1 \\ -2 & 1 & -4 \end{pmatrix} = 12 - 2 + 12 - 6 - 3 + 16 = 29 \,,$$

$$\det \begin{pmatrix} 1 & 3 & 3 \\ 2 & 4 & 1 \\ 3 & -2 & -4 \end{pmatrix} = -16 + 9 - 12 - 36 + 2 + 24 = -29 \,,$$

$$\det \begin{pmatrix} 1 & 1 & 3 \\ 2 & -1 & 4 \\ 3 & 1 & -2 \end{pmatrix} = 2 + 12 + 6 + 9 - 4 + 4 = 29$$

erhalten wir die Werte $x_1 = 1$, $x_2 = -1$, $x_3 = 1$.

c) Die Ebenen $x_1 + x_2 + 3x_3 = 3$, $2x_1 - x_2 + x_3 = 4$ und $3x_1 + x_2 - 4x_3 = -2$ schneiden sich genau in einem Punkt, nämlich in $(1, -1, 1)$.

Aufgabe 6

Berechnen Sie den Grenzwert der Folgen $(a_n)_{n \geq 1}$ und $(b_n)_{n \geq 1}$ mit

a) $a_n := \sqrt[3]{n^3 + n^2} - \sqrt[3]{n^3 - n^2}$,   b) $b_n := \sqrt[3]{n^3 + n} - \sqrt[3]{n^3 - n}$.

Lösung:

Man benutzt die Identität $(a - b)(a^2 + ab + b^2) = a^3 - b^3$.

a) Es gilt damit

$$\sqrt[3]{n^3 + n^2} - \sqrt[3]{n^3 - n^2} = \frac{2n^2}{\left(\sqrt[3]{n^3 + n^2}\right)^2 + \sqrt[3]{n^6 - n^4} + \left(\sqrt[3]{n^3 - n^2}\right)^2}$$

$$= \frac{2}{\left(\sqrt[3]{1 + \frac{1}{n}}\right)^2 + \sqrt[3]{1 - \frac{1}{n^2}} + \left(\sqrt[3]{1 - \frac{1}{n}}\right)^2} \,.$$

Wegen $\lim\limits_{n \to \infty} \frac{1}{n} = 0 = \lim\limits_{n \to \infty} \frac{1}{n^2}$ erhält man den Grenzwert $\frac{2}{3}$.

b) Analog hat man

$$\sqrt[3]{n^3 + n} - \sqrt[3]{n^3 - n} = \frac{2}{n\left[\left(\sqrt[3]{1 + \frac{1}{n^2}}\right)^2 + \sqrt[3]{1 - \frac{1}{n^4}} + \left(\sqrt[3]{1 - \frac{1}{n^2}}\right)^2\right]} \,.$$

Deshalb ist diesmal der Grenzwert gleich Null.

Aufgabe 7

Betrachten Sie das Polynom $P(x) := 2x^3 + 3x^2 + 5x + 1$.

a)   Zeigen Sie, dass P eine streng monoton steigende Funktion auf $\mathbb{R}$ ist.

b)   Beweisen Sie, dass P nur eine reelle Nullstelle hat.

c)   Geben Sie ein Intervall der Länge $\frac{1}{2}$ an, das diese Nullstelle enthält.

Lösung:

a) Für $x_1 < x_2$ soll gezeigt werden, dass $P(x_1) < P(x_2)$, d.h. $2x_1^3 + 3x_1^2 + 5x_1 + 1 < 2x_2^2 + 3x_2^2 + 5x_2 + 1$ gilt. Man hat also zu zeigen:

$$x_1 < x_2 \Longrightarrow 0 < 2(x_2^3 - x_1^3) + 3(x_2^2 - x_1^2) + 5(x_2 - x_1).$$

Diese letzte Ungleichung wird nun zu äquivalenten Ungleichungen umgeformt:

$$0 < (x_2 - x_1)[2x_2^2 + 2x_1x_2 + 2x_1^2 + 3x_2 + 3x_1 + 5]$$
$$\Longleftrightarrow 0 < x_2^2 + 2x_1x_2 + x_1^2 + x_2^2 + 3x_2 + \tfrac{9}{4} + x_1^2 + 3x_1 + \tfrac{9}{4} + \tfrac{1}{2}$$
$$\Longleftrightarrow 0 < (x_2 + x_1)^2 + (x_2 + \tfrac{3}{2})^2 + (x_1 + \tfrac{3}{2})^2 + \tfrac{1}{2}.$$

Diese letzte Ungleichung ist wahr für alle x_1, x_2 aus $\mathbb{R}$. Deshalb gilt auch $P(x_1) < P(x_2)$ für $x_1 < x_2$.

b) Da P streng monoton steigend ist, ist P eine injektive Funktion. Damit hat P höchstens eine Nullstelle. Wegen $P(-1) = -3$ und $P(0) = 1$ hat sie (nach dem Zwischenwertsatz) eine reelle Nullstelle zwischen -1 und 0.

c) Nachdem wir wissen, dass die reelle Nullstelle zwischen -1 und 0 liegt, bleibt $P(-\frac{1}{2})$ zu berechnen und dann zu entscheiden, ob die Nullstelle in $[-1, -\frac{1}{2}]$ oder $[-\frac{1}{2}, 0]$ liegt. $P(-\frac{1}{2}) = -\frac{1}{4} + \frac{3}{4} - \frac{5}{2} + 1 = -1$ zeigt, dass die einzige Nullstelle von P in $] -\frac{1}{2}, 0[$ liegt.

Aufgabe 8

Bestimmen Sie den maximalen Definitionsbereich der Funktion f, die durch $f(x) := \sqrt{\sin 2x + \cos x}$ definiert ist.

Lösung:

Gesucht wird die Menge $D_f := \{x \in \mathbb{R} \mid \sin 2x + \cos x \geq 0\}$. Es gilt (Additionstheoreme!): $\sin 2x + \cos x = 2\sin x \cos x + \cos x = \cos x(2\sin x + 1)$. Da $\cos x \geq 0 \Longleftrightarrow x \in \bigcup_{n\in\mathbb{Z}} [2n\pi - \frac{\pi}{2}, 2n\pi + \frac{\pi}{2}]$ und $\sin x \geq -\frac{1}{2} \Longleftrightarrow x \in \bigcup_{k\in\mathbb{Z}} [2k\pi - \frac{\pi}{6}, 2k\pi + \frac{7\pi}{6}]$ gilt, hat man:
$2\sin x + 1 \geq 0$ und $\cos x \geq 0 \Longleftrightarrow x \in [2m\pi - \frac{\pi}{6}, 2m\pi + \frac{\pi}{2}]$ mit $m \in \mathbb{Z}$,
$2\sin x + 1 \leq 0$ und $\cos x \leq 0 \Longleftrightarrow x \in [2m\pi + \frac{7\pi}{6}, 2m\pi + \frac{3\pi}{2}]$ mit $m \in \mathbb{Z}$.
Insgesamt gilt also:

$$D_f = \bigcup_{m\in\mathbb{Z}} \left(\left[2m\pi - \frac{\pi}{6}, 2m\pi + \frac{\pi}{2}\right] \bigcup \left[2m\pi + \frac{7\pi}{6}, 2m\pi + \frac{3\pi}{2}\right] \right).$$

2 Differenziation, Integration und Matrizenkalkül

2.1 Begriffe und Ergebnisse

2.1.1 Differenzierbare Funktionen (Aufgabe 1 bis 14)

Überall sei I ein (endliches oder unendliches) Intervall in $\mathbb{R}$, das nicht nur aus einem Punkt besteht. x_0 ist ein Punkt aus I, der – falls I nicht offen ist – auch der Anfangs- oder Endpunkt von I sein kann, also ist x_0 nicht unbedingt ein **innerer Punkt** von I. Manchmal ist es praktisch und platzsparend, die **Menge der inneren Punkte** von I mit I^0 zu bezeichnen. Es gilt also: $[a,b]^0 = [a,b[^0 = \,]a,b]^0 \;= \,]a,b[^0 = \,]a,b[\,$, $\,]-\infty,a]^0 \;= \,]-\infty,a[^0 = \,]-\infty,a[$ und $[b,\infty[^0 = \,]b,\infty[^0 = \,]b,\infty[\,$.

Die Funktion $f : I \to \mathbb{R}$ heißt **differenzierbar in x_0**, wenn sie in diesem Punkt **linear approximierbar** ist, d.h., wenn eine reelle Zahl a und eine stetige Funktion $r_1 : I \to \mathbb{R}$ existieren, so dass $\lim\limits_{x \to x_0} r_1(x) = 0 = r_1(x_0)$ und für alle $x \in I$ gilt:

$$f(x) = f(x_0) + a(x - x_0) + r_1(x)(x - x_0) \;. \tag{2.1}$$

Die Zahl a hat in diesem Fall den Wert $\lim\limits_{x \to x_0} \frac{f(x)-f(x_0)}{x-x_0}$, und ist damit eindeutig bestimmt; sie heißt die **Ableitung von f in x_0** und wird mit $f'(x_0)$, aber auch mit $\frac{df}{dx}(x_0)$ oder $Df(x_0)$ bezeichnet. Kann man I als ein Zeitintervall auffassen, so wird in der Regel t statt x geschrieben und die Ableitung von f in t_0 mit $\dot{f}(t_0)$ bezeichnet. Die Funktion r_1 ist ebenfalls eindeutig bestimmt; für $x \neq x_0$ hat sie den Wert $\frac{f(x)-f(x_0)}{x-x_0} - f'(x_0)$ und in x_0 den Wert Null. Insbesondere folgt aus der **Differenzierbarkeit** von f in x_0 die Stetigkeit von f in x_0 .

Zu allen h_1, h_2 aus $\mathbb{R}$ (für welche $x_0 + h_1$ und $x_0 + h_2$ in I liegen) bezeichnet $s_{h_1,h_2}(x_0)$ die **Sekante** durch $(x_0 + h_1, f(x_0 + h_1))$ und $(x_0 + h_2, f(x_0 + h_2))$. Man sagt, dass die Gerade $t(x_0)$ durch $(x_0, f(x_0))$ die **Tangente** zu f (besser: zum Graphen von f) in x_0 ist, falls der Winkel $\alpha_{h_1,h_2} \in [0, \frac{\pi}{2}]$ zwischen $t(x_0)$ und $s_{h_1,h_2}(x_0)$ gegen Null konvergiert, wenn h_1 und h_2 (unabhängig

voneinander) gegen 0 konvergieren. $s_{h,0}$ und $\alpha_{h,0}$ werden mit s_h bzw. α_h bezeichnet.

Zwischen der Differenzierbarkeit von f und der Existenz der Tangente zu f
(beide in x_0) gibt es eine enge Beziehung: $f'(x_0)$ existiert genau dann, wenn
$t(x_0)$ existiert und $t(x_0)$ nicht parallel zur y-Achse ist. In diesem Fall ist die
Steigung von $t(x_0)$ (also der Tangens des positiv orientierten Winkels zwischen der x-Achse und $t(x_0)$) gleich $f'(x_0)$. Ist $t(x_0)$ parallel zur y-Achse, so
gilt $\lim\limits_{x \to x_0} \frac{f(x)-f(x_0)}{x-x_0} = \infty$ oder $-\infty$ (je nachdem, ob f um x_0 („sehr schnell")
wächst oder abnimmt). In diesem Fall ist f in x_0 **nicht** differenzierbar.

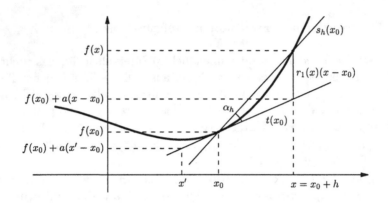

Abbildung 2.1. Sekante und Tangente

Die Ableitung jeder konstanten Funktion ist in jedem Punkt gleich Null. Die
Ableitung der Identität $x \mapsto x$ ist in jedem Punkt gleich 1. Ist $n \geq 2$ eine
natürliche Zahl und $x_0 \in \mathbb{R}$, so ist die Ableitung der n-ten Potenzfunktion
in x_0 gleich nx_0^{n-1}, weil:

$$\lim_{x \to x_0} \frac{x^n - x_0^n}{x - x_0} = \lim_{x \to x_0} (x^{n-1}+x^{n-2}x_0+\ldots+x^{n-k}x_0^{k-1}+\ldots+x_0^{n-1}) = nx_0^{n-1} .$$

Dabei hat man berücksichtigt, dass jede Potenzfunktion stetig ist, also:
$\lim\limits_{x \to x_0} x^{n-k} = x_0^{n-k}$ für jedes $x_0 \in \mathbb{R}$.

Unter Benutzung der Rechenregeln für Grenzwerte kann man zeigen, dass
Operationen (zuerst algebraische, später auch weitere) mit differenzierbaren Funktionen zu differenzierbaren Funktionen führen; konkret wird das
beschrieben durch:

Linearitätsregel: $(c_1 f_1 + c_2 f_2)'(x_0) = c_1 f_1'(x_0) + c_2 f_2'(x_0)$,

Produktregel: $(f_1 \cdot f_2)'(x_0) = f_1'(x_0) f_2(x_0) + f_1(x_0) f_2'(x_0)$,

Quotientenregel: $\left(\dfrac{f_1}{f_2} \right)'(x_0) = \dfrac{f_1'(x_0) f_2(x_0) - f_1(x_0) f_2'(x_0)}{f_2(x_0)^2}$.

Wieder müssen wir betonen, dass man diese Rechenregeln „richtig" lesen muss; das tun wir exemplarisch für die Quotientenregel: Sind f_1 und f_2 auf I definiert und differenzierbar in x_0 und gilt $f_2(x_0) \neq 0$, so ist die Funktion $\frac{f_1}{f_2}$ differenzierbar in x_0 und für die Ableitung von $\frac{f_1}{f_2}$ in x_0 hat den obigen Wert. Daraus folgt, dass jedes Polynom $\sum_{k=0}^{n} c_k x^k$ in jedem $x_0 \in \mathbb{R}$ differenzierbar ist, und es gilt:

$$\left(\sum_{k=0}^{n} a_k x^k \right)'(x_0) = \sum_{k=1}^{n} k a_k x_0^{k-1} . \tag{2.2}$$

Aus der Quotientenregel ergibt sich für die Ableitung von $\frac{1}{x^n}$ ($n \geq 1$ eine natürliche Zahl) in $x_0 \neq 0$:

$$(x^{-n})'(x_0) = \left(\frac{1}{x^n} \right)'(x_0) = -\frac{n}{x_0^{n+1}} = -n x_0^{-n-1} . \tag{2.3}$$

Mit Hilfe der Kettenregel für Grenzwerte kann man die **Kettenregel der Differenzialrechnung** beweisen. Seien $I, J \subset \mathbb{R}$ Intervalle, die nicht nur aus den Punkten x_0 bzw. y_0 bestehen, $f : I \to \mathbb{R}$ und $g : J \to \mathbb{R}$ Funktionen mit $f(I) \subset J$ und $f(x_0) = y_0$. Sind f in x_0 und g in y_0 differenzierbar, so ist $g \circ f$ differenzierbar in x_0, und es gilt

$$(g \circ f)'(x_0) = g'(f(x_0)) \cdot f'(x_0) . \tag{2.4}$$

Die Funktion f bilde das Intervall I bijektiv auf das Intervall J ab, und sie sei dabei streng monoton. (Da I nicht nur aus x_0 besteht, besteht J nicht nur aus $y_0 := f(x_0)$.) Ist f in x_0 differenzierbar, so ist f^{-1} in y_0 differenzierbar genau dann, wenn $f'(x_0) \neq 0$ gilt. Dann folgt aus der Kettenregel der Differenzialrechnung

$$(f^{-1})'(y_0) = \frac{1}{f'(x_0)} = \frac{1}{f'(f^{-1}(y_0))} . \tag{2.5}$$

Außerdem sind die Tangenten $t(x_0)$ zu f in x_0 und $t(y_0)$ zu f^{-1} in y_0 symmetrisch bezüglich der Geraden $x = y$ (also der Winkelhalbierenden des ersten

Quadranten).

Ist $n \geq 2$ eine gerade Zahl, so bildet die n-te Potenzfunktion die Halbgerade $]0, \infty[$ streng monoton wachsend auf $]0, \infty[$ ab. Zu $y_0 > 0$ sei $x_0 > 0$ mit $x_0^n = y_0$; es folgt für die Ableitung der n-ten Wurzelfunktion in y_0 :

$$\left(y^{\frac{1}{n}}\right)'(y_0) = (\sqrt[n]{y})'(y_0) = \frac{1}{(x^n)'(x_0)} = \frac{1}{nx_0^{n-1}} = \frac{1}{n\sqrt[n]{y_0^{n-1}}} = \frac{1}{n}y_0^{\frac{1}{n}-1}. \tag{2.6}$$

Sei nun $n \geq 3$ eine ungerade Zahl; die n-te Potenzfunktion ist eine streng monotone Funktion von $\mathbb{R}$ auf $\mathbb{R}$; ihre Ableitung hat nur im Nullpunkt den Wert Null. Deshalb gilt für $y_0 \neq 0$ wieder die Formel (2.6). In $y_0 = 0$ ist die Tangente zur n-ten Wurzelfunktion die y-Achse; auch $\lim\limits_{y \to 0} \frac{\sqrt[n]{y}-0}{y-0} = \infty$ zeigt, dass $\sqrt[n]{}$ im Nullpunkt nicht differenzierbar ist.

Ist $\frac{m}{n}$ eine gekürzte rationale Zahl, so ist die Funktion $x \mapsto x^{\frac{m}{n}}$ differenzierbar für alle $x_0 > 0$ (sogar für alle $x_0 \neq 0$ falls n ungerade ist); wegen (2.3),(2.4) und (2.6) folgt:

$$\left(x^{\frac{m}{n}}\right)'(x_0) = \frac{m}{n}x_0^{\frac{m}{n}-1}. \tag{2.7}$$

Sind $] - \infty, x_0] \cap I$ und $I \cap [x_0, \infty[$ Intervalle, die nicht nur aus x_0 bestehen, so sind die Einschränkungen $l := f|_{]-\infty,x_0] \cap I}$ und $r := f|_{I \cap [x_0, \infty[}$ von f auf diesen Teilintervallen differenzierbar in x_0, falls f in x_0 differenzierbar ist; dann stimmen die Werte der drei Ableitungen in x_0 überein. Umgekehrt: Sind r und l differenzierbar in x_0 und sind deren Ableitungen in x_0 gleich, so ist auch f in x_0 differenzierbar und $f'(x_0) = r'(x_0) = l'(x_0)$. Sonst (also wenn $r'(x_0) \neq l'(x_0)$ gilt) hat f in x_0 einen **Knickpunkt**, und f ist in diesem Punkt nicht differenzierbar. Dies geschieht z.B. für die Betragsfunktion im Nullpunkt.

Sei $J := \{x \in I \mid f'(x) \text{ existiert}\}$; dann definiert $x \mapsto f'(x)$ eine Funktion f' auf J. Ist $I = J$, so ist f' die **Ableitung** von f (sonst nur von $f|_J$). Man hat zum Beispiel

→   die Nullfunktion als Ableitung jeder konstanten Funktion,

→ $\sum_{k=1}^{n} ka_k x^{k-1}$ als Ableitung von $\sum_{k=0}^{n} a_k x^k$,

→ $\frac{m}{n}x^{\frac{m}{n}-1}$ als Ableitung von $x^{\frac{m}{n}}$ (auf $]0, \infty[$ oder $\mathbb{R}^* = \mathbb{R}\backslash\{0\}$),

→ $\operatorname{sgn} : \mathbb{R}^* \to \{-1, 1\}$, $\operatorname{sgn}(x) = \begin{cases} 1 & \text{, falls } x > 0 \text{ ,} \\ -1 & \text{, falls } x < 0 \end{cases}$ als Ableitung von $|x|$ eingeschränkt auf $\mathbb{R}^* = \mathbb{R}\backslash\{0\}$,

$\rightarrow$ immer eine rationale Funktion als Ableitung einer rationalen Funktion (nicht aber auch umgekehrt, wie wir z.B. bald für die Funktionen arctan und ln sehen werden),

$\rightarrow$ $\frac{nx^{2n-1}}{\sqrt{1+x^{2n}}}$ als Ableitung von $\sqrt{1+x^{2n}}$ auf $\mathbb{R}$.

Ein Körper bewege sich auf einer Geraden nach einem Gesetz $t \mapsto s(t)$. Die Geschwindigkeit und die Beschleunigung seien dabei durch Funktionen $t \mapsto v(t)$ bzw. $t \mapsto a(t)$ beschrieben. Sind die Funktionen s und v differenzierbar, so gilt $s' = v$ sowie $v' = a$. Der Quotient $\frac{s(t)-s(t_0)}{t-t_0}$ ist die Durchschnittsgeschwindigkeit zwischen t_0 und t. Den Grenzwert dieser Durchschnittsgeschwindigkeit, wenn die Dauer der Beobachtung, $|t - t_0|$, gegen Null strebt, nennt man – naheliegenderweise – die „momentane" Geschwindigkeit zum Zeitpunkt t_0, also $v(t_0)$. Analog erklärt man die Beschleunigung zum Zeitpunkt t_0 als $v'(t_0)$.

Die obigen Überlegungen waren vor 300 Jahren der Grund, die Motivation für die Einführung, die Entdeckung des Begriffs Differenzierbarkeit. In der Physik und Technik, aber auch in vielen anderen Wissenschaften und Gebieten der menschlichen Aktivitäten wie in der Biologie, Chemie, Wirtschaft, Straßenbau, Finanzen kann man zahlreiche Beispiele finden, welche durch diesen Begriff besser verstanden und beherrscht werden und gleichzeitig die Fruchtbarkeit dieser genialen Idee belegen: Die Ableitung einer („gutartigen") Funktion ist ein Maß für die Tendenz zur Veränderung der Funktion, sowohl im qualitativen (das Vorzeichen der Ableitung gibt Auskunft über Zu- oder Abnahme) als auch im quantitativen Sinne (am Betrag der Ableitung ist die Intensität der Veränderung abzulesen).

Ist nun $\sum_{n=0}^{\infty} a_n(x - x_0)^n$ eine reelle Potenzreihe mit positivem oder unendlichem Konvergenzradius, so ist uns bekannt, dass sie auf dem Konvergenzintervall eine stetige Funktion definiert. Man kann beweisen, dass sie darauf differenzierbar ist; ihre Ableitung wird durch gliedweise Differenziation gewonnen, d.h.

$$\left(\sum_{n=0}^{\infty} a_n(x - x_0)^n \right)' = \sum_{n=1}^{\infty} na_n(x - x_0)^{n-1} .\qquad(2.8)$$

Aus der Gestalt der Koeffizienten sieht man sofort, dass der Konvergenzradius der Ableitungsreihe nicht größer als der der gegebenen Reihe ist; wegen $\lim_{n \to \infty} \sqrt[n]{n} = 1$ sind diese Radien sogar gleich.
Daraus ergeben sich leicht die Ableitungen einiger durch konvergente Potenzreihen definierter Funktionen:

$$(e^x)' = e^x \ , \ (\sin x)' = \cos x \ , \ (\cos x)' = -\sin x \ ,$$
$$(\sinh x)' = \cosh x \ , \ (\cosh x)' = \sinh x \ . \tag{2.9}$$

Exemplarisch zeigen wir das für die Cosinusfunktion; der Schlüssel dafür ist eine einfache Indexverschiebung:

$$(\cos x)' = \left(\sum_{n=0}^{\infty} (-1)^n \frac{x^{2n}}{(2n)!} \right)' = \sum_{n=1}^{\infty} (-1)^n \frac{x^{2n-1}}{(2n-1)!}$$

$$= \sum_{k=0}^{\infty} (-1)^{k+1} \frac{x^{2k+1}}{(2k+1)!} = -\sum_{k=0}^{\infty} (-1)^k \frac{x^{2k+1}}{(2k+1)!} = -\sin x \ .$$

Die Formel $(e^x)' = e^x$ zeigt, dass die Exponentialfunktion auf $\mathbb{R}$ der **Differenzialgleichung** $f'(x) = f(x)$ genügt. Sie ist – wie wir später sehen werden – bis auf Multiplikation mit einer Konstanten die einzige differenzierbare Funktion mit dieser Eigenschaft.
Aus (2.9) folgt mit Hilfe der Quotientenregel

$$(\tan x)' = \frac{1}{\cos^2 x} = 1 + \tan^2 x \ , \ (\cot x)' = -\frac{1}{\sin^2 x} = -(1 + \cot^2 x) \ ,$$
$$(\tanh x)' = \frac{1}{\cosh^2 x} = 1 - \tanh^2 x \ . \tag{2.10}$$

Benutzt man (2.5), so erhält man aus (2.9) und (2.10) die Ableitungen von ln, arcsin, arccos, area sinh, area cosh, arctan, arccot, area tanh :

$$(\ln x)' = \frac{1}{x} \ , \ (\arcsin x)' = \frac{1}{\sqrt{1-x^2}} \ , \ (\arccos x)' = -\frac{1}{\sqrt{1-x^2}} \ ,$$
$$(\text{area sinh } x)' = \frac{1}{\sqrt{1+x^2}} \ , \ (\text{area cosh } x)' = \frac{1}{\sqrt{x^2-1}} \ , \tag{2.11}$$
$$(\arctan x)' = \frac{1}{1+x^2} \ , \ (\text{arccot } x)' = -\frac{1}{1+x^2} \ , \ (\text{area tanh } x)' = \frac{1}{1-x^2} \ .$$

Selbstverständlich muss man beachten, in welchen Punkten aus dem jeweiligen Definitionsbereich diese Ableitungen existieren. Z.B. für arccos: Es werden diejenige Punkte x aus $[-1, 1]$ entfernt, in welchen die Ableitung $\cos'(\arccos x) = -\sin(\arccos x) = -\sqrt{1-x^2}$ verschwindet, d.h. 1 und -1 .
Sind u und v differenzierbare Funktionen auf I und nimmt u nur positive Werte an, so ist die Funktion u^v, $(u^v)(x) = u(x)^{v(x)}$ durch $e^{v(x) \ln u(x)}$ definiert. Benutzt man (2.4), (2.9) und (2.11), so erhält man die Differenzierbarkeit von u^v auf I und

$$(u^v)'(x) = u(x)^{v(x)} \left(v'(x) \ln u(x) + \frac{v(x)}{u(x)} u'(x) \right) \ . \tag{2.12}$$

Man erhält daraus für $I =]0, \infty[$ die folgenden Spezialfälle:

$$(a^x)' = a^x \ln a \; , \; (x^b)' = b x^{b-1} \; , \; (x^x)' = x^x (1 + \ln x) \; . \tag{2.13}$$

Für die reelle Zahl b macht man dabei keine Einschränkung; dagegen muss a positiv sein. Ist zusätzlich a ungleich 1, so ist bekanntlich $x \mapsto a^x$ invertierbar und $_a\log$ ist ihre Inverse. Mit (2.5) ergibt sich dann aus (2.13):

$$(_a\log x)' = \frac{1}{x \ln a} \; . \tag{2.14}$$

Mit Hilfe von (2.1) erhält man aus $f'(x_0) > 0$ (bzw. $f'(x_0) < 0$) unter Verwendung der Stetigkeit von r_1, dass eine Umgebung von x_0 in I existiert, in welcher f monoton zunimmt (bzw. abnimmt). Die Ableitung von f (es genügt die Existenz der Ableitung von $f|_{I^0}$ anzunehmen) liefert mehr Informationen über das Verhalten von f auf I.

f habe in $x_0 \in I^0$ ein **lokales Extremum**, das heißt, es existiert $\varepsilon > 0$, so dass $]x_0 - \varepsilon, x_0 + \varepsilon[\subset I$ und $f(x_0) \geq f(x)$ bzw. $f(x_0) \leq f(x)$ für alle $x \in]x_0 - \varepsilon, x_0 + \varepsilon[$ gilt. (Im Fall $f(x_0) \leq f(x)$ handelt es sich um ein **lokales Minimum**, in dem anderen Fall, also $f(x_0) \geq f(x)$, um ein **lokales Maximum**.) Dann verschwindet f' in x_0. Die Voraussetzung $x_0 \in I^0$ ist notwendig, wie die Funktion $f : [1, 2] \to \mathbb{R}$, $f(x) = x^2$ zeigt; in 1 bzw. in 2 liegt ein lokales (sogar globales) Minimum bzw. Maximum vor, aber $f'(x) = 2x$ verschwindet nirgendwo auf $[1, 2]$.

Eine stetige Funktion $f : [a, b] \to \mathbb{R}$ mit der Eigenschaft $f(a) = f(b)$ erreicht in mindestens einem Punkt $x_0 \in]a, b[$ ein absolutes (globales) Extremum. Ist f differenzierbar auf $]a, b[$, so ist $f'(x_0)$ gleich Null. Aus diesem Ergebnis, das als **Satz von Rolle** bekannt ist, bekommt man mit einem einfachen Trick den **Mittelwertsatz der Differenzialrechnung**: Ist $f : [a, b] \to \mathbb{R}$ stetig und auf $]a, b[$ differenzierbar, so gibt es ein $x_0 \in]a, b[$ mit der Eigenschaft

$$f'(x_0) = \frac{f(b) - f(a)}{b - a} \; . \tag{2.15}$$

Die Tangente zu f in x_0 ist also parallel zur Sekante durch $(a, f(a))$ und $(b, f(b))$.

Daraus ergibt sich unmittelbar ein wichtiges Ergebnis für viele Eindeutigkeitsfragen: Eine stetige Funktion auf I, die auf I^0 die Ableitung Null hat, ist eine konstante Funktion (auf I). Äquivalente Formulierung: Zwei stetige Funktionen auf I, deren Ableitungen auf I^0 existieren und gleich sind, unterscheiden sich nur um eine additive Konstante, d.h. deren Differenz ist eine Konstante.

Eine weitere Folgerung des Mittelwertsatzes der Differenzialrechnung für eine stetige Funktion $f : I \to \mathbb{R}$, welche auf I^0 differenzierbar ist, besteht in der Äquivalenz zwischen den Eigenschaften „$f' \geq 0$ auf I^{0}" und „f ist monoton wachsend auf I" (bzw. $f' \leq 0$ auf I^0 und f ist monoton fallend auf I).

Verschwindet f' in $x_0 \in I^0$, so heißt x_0 **stationär** für f. Das Vorzeichen von f' in einer „genügend kleinen" Umgebung eines solchen Punktes gibt eine klare Antwort, was in diesem Punkt passiert. Gibt es ein $\varepsilon > 0$ mit $]x_0 - \varepsilon, x_0 + \varepsilon[\subset I$ und

$\to$ $\quad f' > 0$ auf $]x_0 - \varepsilon, x_0[$ und $f' < 0$ auf $]x_0, x_0 + \varepsilon[$, so ist x_0 ein lokales Maximum von f ,

$\to$ $\quad f' < 0$ auf $]x_0 - \varepsilon, x_0[$ und $f' > 0$ auf $]x_0, x_0 + \varepsilon[$, so ist x_0 ein lokales Minimum von f ,

$\to$ $\quad$ Hat f' auf $]x_0 - \varepsilon, x_0[$ und $]x_0, x_0 + \varepsilon[$ dasselbe Vorzeichen, so ist x_0 kein lokales Extremum von f. (Dies ist z.B. der Fall für $f_n : \mathbb{R} \to \mathbb{R}$, $f_n(x) = x^{2n+1}$ im Nullpunkt, wenn $n \geq 1$ eine natürliche Zahl ist.)

Ist x_0 ein lokales Extremum, so ist x_0 stationär, aber falls x_0 stationär ist, ist im Allgemeinen x_0 kein lokales Extremum. Eine weitere Möglichkeit, über das Verhalten von f in einem stationären Punkt zu entscheiden, werden wir in Kürze erörtern.

Ist f eine stetige Funktion auf einem Intervall I und gibt es eine diskrete Punktmenge (also ohne Häufungspunkte) $P \subset I$, so dass $I \backslash P$ die Menge aller Punkte aus I ist, in welchen f differenzierbar ist, so besteht $I \backslash P$ aus einer Vereinigung von Intervallen $I_\alpha, \alpha \in A$, mit $I_\alpha \cap I_\beta = \phi$, falls $\alpha \neq \beta$ gilt. Ist x^* ein absolutes Extremum von f, so ist x^* entweder ein Endpunkt von I oder ein Punkt aus P oder ein stationärer Punkt von f. Diese Gedanken werden Ihnen klarer, wenn Sie die folgenden Beispiele auf lokale und absolute Extrema untersuchen:

$$f : \mathbb{R} \to \mathbb{R} , \ f(x) = |\sin x| \ , \ g : [-5, 5] \to \mathbb{R} , \ g(x) = |(x^2 - 9)(x^2 - 16)| \ .$$

Ist f differenzierbar und f' ebenfalls, so heißt $(f')'$ die **zweite Ableitung von** f und wird mit f'' oder auch $\frac{d^2 f}{dx^2}$ bezeichnet. So ist – kurz gesagt – die zweite Ableitung die Beschleunigung der Funktion, welche die Bewegung beschreibt. Analog werden die dritte, vierte, fünfte,... Ableitung von f definiert und mit $f''', f^{(4)}, f^{(5)}, \ldots$ bezeichnet. Existiert $f^{(k)}$ und ist diese Funktion stetig auf I, so sagt man, dass f k-**mal stetig differenzierbar auf** I ist. ($f, f', f'', \ldots, f^{(k-1)}$ sind dann automatisch stetig.) Existiert $f^{(k)}$ für jede natürliche Zahl $k \geq 1$, so heißt f **unendlich oft differenzierbar**. So sind Polynome, rationale Funktionen, reelle Potenzreihen mit einem von Null verschiedenen Konvergenzradius unendlich oft differenzierbar. Z.B. gilt $(e^x)^{(n)} = e^x, (\sin x)^{(2n)} = (-1)^n \sin x, (\sin x)^{(2n+1)} = (-1)^n \cos x$.

Zu jeder natürlichen Zahl $n \geq 1$ gibt es Funktionen, die n- aber nicht $(n+1)$-mal stetig differenzierbar sind; Beispiel: $g_n : \mathbb{R} \to \mathbb{R}$, $g_n(x) = x^n|x|$. Es gilt: $g_n^{(k)}(x) = (n+1)n(n-1)\ldots(n-k+2)x^{n-k}|x|$ für alle $x \in \mathbb{R}$ und $k \in \{1,\ldots,n\}$. $g_n^{(n)} = (n+1)!|x|$ ist im Nullpunkt nicht differenzierbar.

Jeder n-mal stetig differenzierbare Funktion f auf I wird für jedes $x_0 \in I$ zu Approximationszwecken ein Polynom vom Grad $\leq n$ zugeordnet. Genauer: Es gibt ein Polynom P vom Grad $\leq n$ und eine stetige Funktion r_n auf I mit $r_n(x_0) = 0$, so dass für alle $x \in I$ gilt:

$$f(x) = P(x) + r_n(x)(x - x_0)^n . \tag{2.16}$$

P ist eindeutig bestimmt, hat die Gestalt $\sum_{k=0}^{n} \frac{f^k(x_0)}{k!}(x-x_0)^k$ und heißt das n-te **Taylor-Polynom** von f in x_0. Ist die Funktion f $(n+1)$-mal stetig differenzierbar, so lässt sich $r_n(x)$ in der Form $r_n(x) = \frac{f^{(n+1)}(\xi(x))}{(n+1)!}(x - x_0)$ darstellen; dabei ist $\xi(x)$ ein geeigneter Punkt aus I, der zwischen x_0 und x liegt; manchmal ist es nützlich, $\xi(x)$ als $x_0 + \mathcal{O}(x - x_0)$ darzustellen, wobei $\mathcal{O}$ eine von x und x_0 abhängige reelle Zahl aus $]0,1[$ ist. Man hat also die sogenannte **Taylor-Entwicklung** von f in x_0 :

$$f(x) = \sum_{k=0}^{n} \frac{f^{(k)}(x_0)}{k!}(x - x_0)^k + \frac{f^{(k+1)}(\xi(x))}{(n+1)!}(x - x_0)^{n+1} . \tag{2.17}$$

Der letzte Summand in der Formel heißt das n-te **Lagrangesche Restglied** von f in x_0; er misst den Fehler, der entsteht, wenn man die Zahl $f(x)$ durch $\sum_{k=0}^{n} \frac{f^{(k)}(x_0)}{k!}(x - x_0)^k$ ersetzt. Sind $\varepsilon > 0$ und $M > 0$, so dass $|f^{(n+1)}(x)| \leq M$ für alle $x \in I \cap [x_0 - \varepsilon, x_0 + \varepsilon]$ gilt, so wird f durch das n-te Taylor-Polynom von f auf $I \cap [x_0 - \varepsilon, x_0 + \varepsilon]$ mit einer Toleranz approximiert, die kleiner oder gleich $\frac{M}{(n+1)!}\varepsilon^{n+1}$ ist.

Betrachtet man für ein reelles α die Funktion $]-1, \infty[\to \mathbb{R}$, $x \mapsto (1+x)^\alpha$, so ist ihr n-tes Taylor-Polynom in $x_0 = 0$ gegeben durch $\sum_{k=0}^{n} \binom{\alpha}{k}x^k$ und ihr n-tes Lagrangesche Restglied ist $\binom{\alpha}{n+1}(1 + \theta x)^{\alpha-n-1}x^{n+1}$; dabei gilt $\binom{\alpha}{n} = \frac{\alpha(\alpha-1)\ldots(\alpha-n+1)}{n!}$ und $\theta \in]0,1[$. So hat man insbesondere für $\alpha = \frac{1}{2}$ und $\alpha = -\frac{1}{2}$ die folgenden n-ten Taylor-Polynome für $\sqrt{1+x}$ bzw. $\frac{1}{\sqrt{1+x}}$ im Entwicklungspunkt Null: $1 + \frac{x}{2} - \frac{x^2}{8} + \frac{x^3}{16} - \frac{5x^4}{128} + \ldots + \binom{1/2}{n}x^n$ bzw. $1 - \frac{x}{2} + \frac{3x^2}{8} - \frac{5x^3}{16} + \frac{35x^4}{128} + \ldots + \binom{-1/2}{n}x^n$.

Ist z.B. $x \in [0,1]$ und $n \in \mathbb{N}$ mit $\alpha - n - 1 < 0$, so gilt $(1 + \theta x)^{\alpha-n-1} < 1$ für jedes $\theta \in]0,1[$, und deshalb approximiert $\sum_{k=0}^{n} \binom{\alpha}{k}x^k$ den Wert $(1+x)^\alpha$ mit einem Fehler, der höchstens $|\binom{\alpha}{n+1}|x^{n+1}$ beträgt.

Aus der Taylor-Entwicklung ergibt sich für eine $(n + 1)$-mal stetig differenzierbare Funktion $f : I \to \mathbb{R}$ eine nützliche Information zum Verhalten von
f in einem stationären Punkt $x_0 \in I^0$. Ist $k \leq n$ mit der Eigenschaft

$$f'(x_0) = f''(x_0) = \ldots = f^{(k)}(x_0) = 0 \quad \text{und} \quad f^{(k+1)}(x_0) \neq 0 \, ,$$

so gilt:

→   Für gerades k hat f kein lokales Extremum in x_0 .

→   Für ungerades k und $f^{(k+1)}(x_0) > 0$ (bzw. < 0) liegt in x_0 ein lokales
    Minimum (bzw. Maximum) von f .

Dieses Kriterium wird vor allem in den Fällen $k = 1$ und $k = 2$ benutzt.

Ist f unendlich oft differenzierbar auf I, so kann man die **Taylor-Reihe**
von f **um** x_0 bilden: $\sum_{n=0}^{\infty} \frac{f^{(n)}}{n!}(x - x_0)^n$. Auch wenn diese Reihe einen
von Null verschiedenen Konvergenzradius hat, ist es nicht immer gesagt,
dass sie in irgendeiner Umgebung von x_0 mit f übereinstimmt. Für die
Funktionen exp, sin, cos, sinh und cosh ist dies der Fall. Für die Funktion

$$x \mapsto \begin{cases} 0 & , \text{falls } x \leq 0 \, , \\ e^{-\frac{1}{x}} & , \text{falls } x > 0 \end{cases} \quad \text{verschwinden alle Ableitungen im Nullpunkt,}$$

d.h. ihre Taylor-Reihe um den Nullpunkt ist die Nullfunktion, und damit
stimmt sie mit der gegebenen Funktion auf keiner Umgebung von 0 überein.
Die Logarithmusfunktion und ihre Taylor-Reihe um 1 sind auf $]0, 2]$ gleich,
d.h. für jedes $x \in]0, 2]$ gilt:

$$\ln x = \sum_{n=1}^{\infty} \frac{(-1)^{n-1}}{n}(x - 1)^n \, . \tag{2.18}$$

Oft schreibt man diese Formel als

$$\ln(1 + x) = \sum_{n=1}^{\infty} \frac{(-1)^{n-1}}{n}x^n \tag{2.18'}$$

für alle x aus $] - 1, 1]$. Wir erwähnen zwei weitere Ergebnisse dieser Art. Auf
$[-1, 1]$ gilt

$$\arctan x = \sum_{n=0}^{\infty} \frac{(-1)^n}{2n + 1}x^{2n+1} \, , \tag{2.19}$$

und auf $] - 1, 1[$

$$(1 + x)^\alpha = \sum_{n=0}^{\infty} \binom{\alpha}{n} x^n \, . \tag{2.20}$$

2.1.2 Die Regeln von de l'Hospital (Aufgabe 15)

Die Ableitung einer Funktion ist als Grenzwert definiert. Nun beschreiben wir, wie mit Hilfe von Ableitungen gewisse Grenzwerte berechnet werden können, die bei den Rechenregeln für Grenzwerte ausgespart wurden, da – mit den bis dahin vorhandenen Mitteln – keine allgemeine Antwort möglich war. Es waren die folgenden Ausnahmefälle:

→ $\lim\limits_{x \to x_0} (f(x) - g(x))$, wenn $\lim\limits_{x \to x_0} f(x)$ und $\lim\limits_{x \to x_0} g(x)$ beide ∞ oder beide $-\infty$ sind,

→ $\lim\limits_{x \to x_0} f(x) \cdot g(x)$, wenn $\lim\limits_{x \to x_0} f(x) = 0$ und $\lim\limits_{x \to x_0} g(x) \in \{\infty, -\infty\}$ gelten,

→ $\lim\limits_{x \to x_0} \frac{f(x)}{g(x)}$, wenn $\lim\limits_{x \to x_0} f(x)$ und $\lim\limits_{x \to x_0} g(x)$ beide Null oder beide unendlich sind (dabei sind alle vier Möglichkeiten $(\infty, \infty), (\infty, -\infty), (-\infty, \infty)$ und $(-\infty, -\infty)$ erlaubt),

→ $\lim\limits_{x \to x_0} f(x)^{g(x)}$, wenn $\lim\limits_{x \to x_0} f(x) = 1$ und $\lim\limits_{x \to x_0} g(x) = \infty$, oder $\lim\limits_{x \to x_0} f(x) = \infty$ und $\lim\limits_{x \to x_0} g(x) = 0$, oder auch $\lim\limits_{x \to x_0} f(x_0) = 0 = \lim\limits_{x \to x_0} g(x_0)$ gelten.

Wir sprechen in diesen Fällen von Grenzwerten **vom Typ** $\infty - \infty$, $0 \cdot \infty$, $\frac{0}{0}$, $\frac{\infty}{\infty}$, 1^∞ , ∞^0 bzw. 0^0 .

In den nun folgenden **Regeln von de l'Hospital** bezeichnen f und g differenzierbare Funktionen auf ihrem (gemeinsamen) Definitionsbereich D, welcher eine nichtleere offene Menge aus $\mathbb{R}$ ist. Für D und für den „Punkt" x_0 aus $\mathbb{R} \cup \{\infty, -\infty\} =: \overline{\mathbb{R}}$, in welchem der Grenzwert berechnet wird, gehen wir von einer der folgenden Situationen aus:

→ $D =]a, x_0[$ oder $]x_0, a[$, wobei a aus $\mathbb{R}$ und x_0 aus $\mathbb{R} \cup \{\infty\}$ bzw. $\mathbb{R} \cup \{-\infty\}$ sind,

→ $D =]a, x_0[\cup]x_0, b[$ mit a, b aus $\mathbb{R}$.

Die **Regel von de l'Hospital für den Grenzwert vom Typ $\frac{0}{0}$** lautet: Existiert ein $c \in \mathbb{R}$ mit $a \leq c < x_0$ bzw. $x_0 < c \leq a$, so dass g' auf $]c, x_0[$ bzw. $]x_0, c[$ keine Nullstelle hat, gilt $\lim\limits_{x \to x_0} f(x) = 0 = \lim\limits_{x \to x_0} g(x)$ und existiert in $\overline{\mathbb{R}}$ der Grenzwert $\lim\limits_{x \to x_0} \frac{f'(x)}{g'(x)}$, so existiert auch $\lim\limits_{x \to x_0} \frac{f(x)}{g(x)}$ in $\overline{\mathbb{R}}$, und es gilt

$$\lim_{x \to x_0} \frac{f(x)}{g(x)} = \lim_{x \to x_0} \frac{f'(x)}{g'(x)} . \tag{2.21}$$

Die **Regel von de l'Hospital für den Grenzwert vom Typ $\frac{\infty}{\infty}$** ist leichter zu formulieren (da die Existenz einer Zahl c wie oben in diesem Fall automatisch aus $\lim\limits_{x \to x_0} g(x) = \infty$ oder $\lim\limits_{x \to x_0} g(x) = -\infty$ folgt): Liegen die

Grenzwerte $\lim\limits_{x\to x_0} f(x)$ und $\lim\limits_{x\to x_0} g(x)$ in $\{\infty, -\infty\}$ und existiert der Grenz-

wert von $\lim\limits_{x\to x_0} \frac{f'(x)}{g'(x)}$ in $\overline{\mathbb{R}}$, so existiert auch $\lim\limits_{x\to x_0} \frac{f(x)}{g(x)}$ in $\overline{\mathbb{R}}$, und es gilt wieder die Formel (2.21).

Die Berechnung von Grenzwerte der Typen $\infty - \infty$, $0 \cdot \infty$, 1^∞, ∞^0 und 0^0 kann auf eine dieser zwei Regeln zurückgeführt werden (dabei muss man im konkreten Fall darauf achten, dass die Voraussetzungen erfüllt sind):

Der Typ $\infty - \infty$ kann mittels $f - g = \frac{\frac{1}{g} - \frac{1}{f}}{\frac{1}{g} \cdot \frac{1}{f}}$ mit der Regel für den Typ $\frac{0}{0}$

behandelt werden. (Die Zahl c bei dieser Regel existiert wegen der Voraussetzung, dass der Fall $\infty - \infty$ vorliegt.)

Der Typ $0 \cdot \infty$ kann mittels $f \cdot g = \frac{f}{\frac{1}{g}}$ auf den Typ $\frac{0}{0}$ oder – falls $f > 0$ oder $f < 0$ in einer „kleineren" Umgebung von x_0 in D – mittels $f \cdot g = \frac{g}{\frac{1}{f}}$ auf

den Typ $\frac{\infty}{\infty}$ zurückgeführt werden.

Für die Behandlung der Typen $1^\infty, \infty^0$ und 0^0 bemerken wir, dass $f > 0$ in einer Umgebung von x_0 gilt; in den ersten beiden Fällen ist dies klar (wegen der Stetigkeit von f), im dritten Fall muss es so sein, damit f^g existiert. Durch Logarithmieren von $h := f^g$ erhält man deshalb $\ln h = g \ln f = \frac{\ln f}{\frac{1}{g}}$.

Im Fall 1^∞ liegt für $\frac{\ln f}{\frac{1}{g}}$ der Fall $\frac{0}{0}$ vor. In den Fällen ∞^0 und 0^0 hat man für $g \ln f$ den schon behandelten Fall $0 \cdot \infty$. Hat $\ln h$ in x_0 den Grenzwert $d \in \mathbb{R}$ oder ∞ oder $-\infty$, so hat f^g in x_0 den Grenzwert e^d, ∞ bzw. 0, da die Exponential- und Logarithmusfunktion stetig sind. (Also: $\lim\limits_{x\to x_0} h(x) = \lim\limits_{x\to x_0} \exp(\ln h(x)) = \exp(\lim\limits_{x\to x_0} \ln h(x)) = \exp(\ln \lim\limits_{x\to x_0} h(x))$.

Wir beenden diese Zusammenfassung über die Regeln von de l'Hospital mit zwei Bemerkungen.

Manchmal kommt man zum Ziel, wenn man die Regeln mehrmals hintereinander anwenden (und dabei nicht vergisst, bei jedem Schritt die Voraussetzungen nachzuprüfen). So z.B. muss für $\lim\limits_{x\to 0} \frac{e^x - 1 - x}{x^2}$ und $\lim\limits_{x\to 0} \frac{x - \frac{x^3}{6} - \sin x}{x^5}$ die Regel von de l'Hospital für den Grenzwert vom Typ $\frac{0}{0}$ zwei- bzw. fünfmal angewandt werden.

Die Zahl e wurde als $\sum_{n=0}^{\infty} \frac{1}{n!}$ eingeführt. Dass $\lim\limits_{n\to\infty} (1 + \frac{1}{n})^n$ ebenfalls den Wert e hat, erhält man nun aus den folgenden Überlegungen (unter Einbeziehung der Regeln von de l'Hospital und der Stetigkeit der Exponentialfunktion):

$$\lim_{x\to\infty} \left(1 + \frac{1}{x}\right)^x = \lim_{x\to\infty} (\exp \circ \ln) \left(\left(1 + \frac{1}{x}\right)^x\right)$$

$$= \exp \left(\lim_{x \to \infty} x \ln \left(1 + \frac{1}{x} \right) \right) = \exp \left(\lim_{x \to \infty} \frac{\ln(1 + \frac{1}{x})}{\frac{1}{x}} \right)$$

$$= \exp \left(\lim_{x \to \infty} \frac{-\frac{1}{x^2}}{(1 + \frac{1}{x})(-\frac{1}{x^2})} \right) = \exp \left(\lim_{x \to \infty} \frac{1}{1 + \frac{1}{x}} \right) = \exp(1) = e \, .$$

2.1.3 Iterationsverfahren (Aufgabe 16 bis 18)

In vielen praktischen Problemen ist es nicht möglich, exakte Zahlen für die Lösung zu bestimmen. Den Praktikern genügt die Feststellung „Es gibt genau eine Lösung" nicht; es ist nicht einmal befriedigend, wenn sich obere und untere Schranken für die Lösung angeben lassen. Gesucht wird in solchen Fällen ein Verfahren für die Berechnung eines Näherungswertes, der das genaue Ergebnis um weniger als eine vorgegebene Toleranz approximiert; dabei ist es wünschenswert, angeben zu können, wie lange man arbeiten muss, um diese vorgegebene Güte der Abweichung zu unterbieten. Heute ist es wichtig, solche Verfahren zu kennen, die sich leicht programmieren lassen und keine allzu große Speicherkapazität benötigen. Am besten dazu geeignet sind die sog. **Iterationsverfahren**.

Ein erstes Näherungsverfahren für die Berechnung der Nullstellen einer stetigen Funktion ist das **Intervallhalbierungsverfahren**; dabei geht man aus von einer stetigen Funktion $f : [a, b] \to \mathbb{R}$, die in a und b Werte mit verschiedenen Vorzeichen (also: $f(a) \cdot f(b) < 0$) hat; nach n Schritten wird der Näherungswert einer Nullstelle von f in diesem Intervall mit einer Abweichung um weniger als $\frac{b-a}{2^n}$ berechnet. Dieses Verfahren ist **iterativ**, da bei der Berechnung des $(n + 1)$-ten Näherungswertes nur die letzten zwei Näherungswerte benötigt werden (und die anderen darf der Computer vergessen!). Diese Methode war schon Newton vor 300 Jahren zu langsam (die Schnelligkeit ist keine moderne Erfindung, nur die Hektik!) und aufgrund der folgenden geometrischen Betrachtung hat er für differenzierbare Funktionen ein schnelleres Verfahren entwickelt. Hat f in $[a, b]$ genau eine Nullstelle x^* und ist x_0 ein Näherungswert dafür, so **kann** die Tangente in x_0 zum Graphen von f in x_0 die x-Achse in einem Punkt x_1 aus $[a, b]$ schneiden, der näher an x^* liegt als x_0 .

(Es kann auch schief gehen, wenn man z.B. in Abb. 2.2 mit p_0 statt mit x_0 anfängt!) Im günstigen Fall (also $x_1 \in [a, b]$) ist dieser Schritt fortgesetzt zu wiederholen, also zu **iterieren**. (Für die Berechnung von x_n braucht man nur x_{n-1}.) Liegen alle **Iterierten** $x_1, x_2, x_3, \ldots$ von x_0 in $[a, b]$, so muss man hinreichende Bedingungen dafür finden, dass $\lim_{n \to \infty} x_n = x^*$ gilt; außerdem ist noch $|x^* - x_n|$ abzuschätzen. Das **Newton-Verfahren** wird im folgenden Satz zusammengefasst:

Sei $f : [a, b] \to \mathbb{R}$ eine zweimal stetig differenzierbare Funktion, so dass

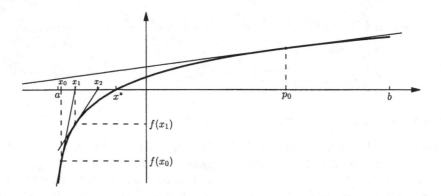

Abbildung 2.2. Das Newtonverfahren

$f(a) \cdot f(b) < 0$ und $f' > 0$ oder $f' < 0$ auf $[a, b]$ gilt. Außerdem gibt es ein $q \in]0, 1[$, so dass $|f \cdot f''| \leq q|f'|^2$ auf $[a, b]$. Gibt es $x_0 \in [a, b]$, so dass die durch

$$x_n = x_{n-1} - \frac{f(x_{n-1})}{f'(x_{n-1})} \quad , \quad n \geq 1 \tag{2.22}$$

rekursiv definierte Folge (x_n) in $[a, b]$ liegt, so konvergiert diese Folge gegen x^*. Außerdem gilt für alle $n \geq 1$ die Fehlerabschätzung

$$|x^* - x_n| \leq \frac{q^n}{1-q}|x_1 - x_0| . \tag{2.23}$$

Sind $a > 0$ eine reelle Zahl und $k \geq 2$ eine natürliche Zahl, so kann man die positive k-te Wurzel aus a mit dem Newton-Verfahren berechnen. Ist $x_0 > 0$ mit $x_0^k > a$, so liegt die Iterationsfolge (x_n) für $f : [0, x_0] \to \mathbb{R}$, $f(x) = x^k - a$ in $[0, x_0]$, und die Iterationsvorschrift lautet

$$x_n = \left(1 - \frac{1}{k}\right)x_{n-1} + \frac{a}{kx_{n-1}^{k-1}} \quad , \quad n \geq 1 . \tag{2.22'}$$

Man kann für q die Zahl $\frac{k^2-1}{k^2}$ nehmen. Insbesondere erhält man für $k = 2$ das sog. **Heron-Verfahren** mit der Iterationsvorschrift

$$x_n = \frac{1}{2}\left(x_{n-1} + \frac{a}{x_{n-1}}\right) \quad , \quad n \geq 1 . \tag{2.22''}$$

Ist f dreimal stetig differenzierbar (wie z.B. im obigen Beispiel), so ist die Konvergenzgeschwindigkeit des Newton-Verfahrens „**quadratisch**", d.h.

grob gesagt, bei jedem Schritt verdoppelt sich die Anzahl der genauen Nach-
kommastellen. Das ist erheblich schneller als beim Intervallhalbierungsverfahren; dort braucht man im Durchschnitt mehr als drei Schritte um eine
weitere genaue Nachkommastelle zu bekommen.

Beim Newton-Verfahren haben wir eine Nullstelle oder Funktion f approximiert. Ist d aus dem Wertebereich von f, so kann das Newton-Verfahren eine
Näherung einer d-Stelle liefern, d.h. die Näherung einer Zahl aus dem Definitionsbereich von f, für die f den Wert d annimmt. Ersetzt man f durch
$f - id$, d.h. betrachtet man $x \mapsto f(x) - x$, so kann man mit dem Newton-
Verfahren versuchen, einen **Fixpunkt** von f zu approximieren, d.h. eine Zahl
c mit der Eigenschaft $f(c) = c$. Geometrisch bedeutet dies, den Schnittpunkt
oder die Schnittpunkte der ersten Winkelhalbierenden (also $x = y$) mit dem
Graphen von f zu bestimmen. Diese simple Beobachtung führt zur folgenden
Idee: Man beginnt mit einem x_0 und bildet iterativ die Folge (x_n) nach der
Vorschrift $x_n = f(x_{n-1})$, $n \geq 1$. Hat man dabei Erfolg (Glück), d.h. liegen

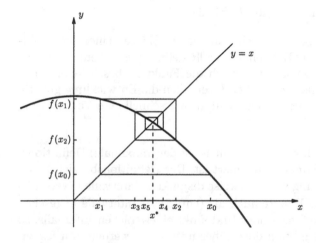

Abbildung 2.3.
Fixpunktbestimmung

mit x_0 auch alle Glieder der Folge (x_n) in dem Definitionsbereich von f und
konvergiert diese Folge, so hat man einen Fixpunkt von f (vgl. Abb. 2.3).

Die markierte eckige Spirale (korrekt wäre Polygonzug) macht den Eindruck,
gegen den Punkt $(c, c) = (c, f(c))$ zu konvergieren, und sie tut es! In diesem
Beispiel hatten wir „Glück". In vielen anderen Fällen tritt das nicht ein. Sei-
en a, b reelle Zahlen mit $0 < a < 1 < b$; die Funktion $[a, b] \to \mathbb{R}$, $x \mapsto x^2$ hat
genau einen Fixpunkt, nämlich 1. Fängt man nicht mit $x_0 = 1$ an, so führt
$x_0 < 1$ (bzw. $x_0 > 1$) nach einigen Schritten zu Iterierten, die außerhalb $[a, b]$
liegen, da $\lim_{n \to \infty} x_0^{2n} = 0$ (bzw. $\lim_{n \to \infty} x_0^{2n} = \infty$) gilt. (Man könnte – was der In-
tuition entspricht – sagen, dass 1 kein stabiler Fixpunkt ist; damit begnügen
wir uns an dieser Stelle.)

Der folgende Satz (den wir als **Fixpunktsatz** zitieren werden) gibt eine hinreichende Bedingung für die Existenz und Eindeutigkeit eines Fixpunktes und gleichzeitig eine Fehlerabschätzung:
Ist $f : [a, b] \to [a, b]$ differenzierbar und gibt es ein $q \in]0, 1[$ mit $|f'| \leq q$ auf $[a, b]$, so hat f genau einen Fixpunkt c. Unabhängig von der Wahl von x_0 aus $[a, b]$ konvergiert die rekursiv definierte Folge (x_n), die gemäß der Iterationsvorschrift $x_n = f(x_{n-1})$ gebildet wird, gegen c, und für jedes $n \geq 1$ gilt

$$|x_n - c| \leq \frac{q^n}{1 - q}|x_1 - x_0| \,. \tag{2.24}$$

Diese einfache Idee, dieser erste Fixpunktsatz, wurde mit viel Erfolg verallgemeinert und vertieft. Untersuchungen von Iterationsprozessen haben gerade in den letzten Jahrzehnten zu einer hoch interessanten und anwendungsreichen mathematischen Theorie geführt: der **Chaostheorie**.

2.1.4 Kurvendiskussion (Aufgabe 19 bis 22)

Die graphische Darstellung (selbst eine ungenaue Skizze) einer reellwertigen Funktion, die auf einer Teilmenge von ℝ definiert ist, dient zum besseren Verständnis des Prozesses, der durch die Funktion beschrieben wird. Auf einen Blick erkennt man, in welchen Intervallen die Entwicklung günstig ist, welche Bereiche vermieden werden sollten, wie schnell eine Veränderung verläuft, usw.

Das erste, worüber man sich klar werden muss, ist der (maximale) Definitionsbereich, auf welchem die Funktion definiert ist. Der Definitionsbereich ist im Allgemeinen eine Vereinigung von paarweise disjunkten Intervallen (verschiedener Art), wobei isolierte Punkte auch als (entartete) Intervalle angesehen werden. Ist $x_0 \in$ ℝ der Anfangs- oder Endpunkt eines solchen Intervalls, so sollte das Verhalten der Funktion dort näher untersucht werden, um festzustellen, ob bzw. warum man die Funktion in x_0 nicht „sinnvoll" (z.B. stetig) fortsetzen kann. Es kann z.B. der Fall eintreten, dass die Funktion in der Nähe von x_0 „immer schneller" schwingt. Das ist der Fall bei der Funktion ℝ\{0\} → ℝ, $x \mapsto \sin \frac{1}{x}$ im Nullpunkt. Für jeden Wert $a \in [-1, 1]$ und jedes $\varepsilon > 0$ gibt es unendlich viele $x \in \,]-\varepsilon, \varepsilon[$ mit $\sin \frac{1}{x} = a$. Es kann aber auch passieren, dass $\lim\limits_{x \to x_0} f(x) \in \{\infty, -\infty\}$ (oder wenigstens $\lim\limits_{x \to x_0+} f(x) \in \{\infty, -\infty\}$ bzw. $\lim\limits_{x \to x_0-} f(x) \in \{\infty, -\infty\}$) gilt. In diesem Fall heißt x_0 eine **Polstelle** von f; so sind z.B. $0, -1$ und 1 die Polstellen von $\frac{1}{x(x^2-1)}$. Man nennt dann die Gerade $x = x_0$ eine **senkrechte Asymptote**, und man sagt, dass der Graph der Funktion sich **asymptotisch** dieser Geraden nähert.
Ist $]a, \infty[$ oder $] - \infty, b[$ in D enthalten, und ist auf diesem unbeschränkten

Intervall eine Funktion g definiert, so sagt man, dass g eine **Asymptote zu** f ist, falls $\lim\limits_{x\to\infty}(f(x)-g(x))=0$ bzw. $\lim\limits_{x\to-\infty}(f(x)-g(x))=0$ gilt. Es ist sinnvoll, davon zu sprechen, dass Polynome Asymptoten von rationalen Funktionen sind. So ist das Polynom A eine Asymptote (sowohl für $x\to\infty$ als auch für $x\to-\infty$) zur rationalen Funktion $\frac{P}{Q}$, falls $A-\frac{P}{Q}=\frac{B}{Q}$ mit Grad von $B<$ Grad von Q gilt. Dann ist das Polynom A eindeutig bestimmt, und deshalb spricht man von **der polynomialen Asymptote** von $\frac{P}{Q}$. Auch für beliebige Funktionen gibt es höchstens eine polynomiale Asymptote für $x\to\infty$ (bzw. für $x\to-\infty$). Als Beispiel: Das Polynom x^3+x nähert sich asymptotisch der rationalen Funktion $\frac{x^5+2x^3+2x+5}{x^2+1}$ sowohl für $x\to\infty$ als auch für $x\to-\infty$, da: $x^3+x-\frac{x^5+2x^3+2x+5}{x^2+1}=\frac{-x-5}{x^2+1}$. Insbesondere ist die Gerade $y=mx+n$ Asymptote zu f für $x\to\infty$ (bzw. für $x\to-\infty$) genau dann, wenn gilt:

$$m=\lim_{x\to\infty}\frac{f(x)}{x}\quad\text{und}\quad n=\lim_{x\to\infty}(f(x)-mx)$$

$$(\text{bzw.}\quad m=\lim_{x\to-\infty}\frac{f(x)}{x}\quad\text{und}\quad n=\lim_{x\to-\infty}(f(x)-mx)).$$

Wichtige Informationen über die Funktion erhält man, wenn man die Punkte aus D bestimmt, in welchen die Funktion stetig bzw. differenzierbar (einschließlich der Differenzierbarkeitsordnung) ist. Die Punkte, in welchen die Funktion f differenzierbar ist, sind diejenigen, in welchen der Graph von f eine Tangente besitzt, die nicht zur y-Achse parallel ist. Falls die Grenzwerte $\lim\limits_{x\to x_0-}\frac{f(x)-f(x_0)}{x-x_0}$ und $\lim\limits_{x\to x_0+}\frac{f(x)-f(x_0)}{x-x_0}$ existieren, aber ungleich sind, hat der Graph von f in x_0 einen **Knickpunkt**. Auf den Intervallen, auf welchen f' nicht negativ bzw. positiv ist, ist f monoton steigend bzw. streng monoton steigend. $f'\leq 0$ bzw. $f'<0$ auf einem Teilintervall aus D bedeutet, dass f auf diesem Teilintervall monoton bzw. streng monoton fallend ist. Ist $f'(x_0)=0$ und wechselt f' dort das Vorzeichen, so hat f bei x_0 ein lokales Maximum, falls f zunächst wächst, und dann fällt, oder ein lokales Minimum im umgekehrten Fall.

Ist $f''\geq 0$ bzw. $f''\leq 0$ auf einem offenen Intervall $]a,b[$ aus D, so liegt der Graph von f in jedem Punkt aus $]a,b[$ oberhalb bzw. unterhalb der Tangente an f. Man nennt f **konvex** bzw. **konkav** auf $]a,b[$. Gilt $f''(x_0)=0$ und wechselt f'' das Vorzeichen in x_0, so hat f einen **Wendepunkt** in x_0. Geometrisch gesehen durchquert der Graph von f die Tangente in x_0. So ist z.B. $x\mapsto x^{2k+1}$ für $k\geq 1$ konvex auf $]0,\infty[$, konkav auf $]-\infty,0[$ und besitzt im Nullpunkt einen Wendepunkt. Allgemeiner: Gilt $f'(x_0)=f''(x_0)=\ldots=f^{(k-1)}(x_0)=0$ und $f^{(k)}(x_0)\neq 0$, so hat f in x_0 einen Wendepunkt, falls k ungerade ist, bzw. ein lokales Extremum, falls k

gerade ist.

Für die Anfertigung einer Skizze ist es außerdem nützlich, die Funktion in einzelnen Punkten auszuwerten; oft bietet es sich an $f(0)$ (falls $0 \in D$) zu bestimmen, und man interessiert sich für Nullstellen von f, d.h. für den Schnitt des Graphen von f mit der y-Achse bzw. die Schnittpunkte des Graphen von f mit der x-Achse.

Noch eine letzte Bemerkung: Falls man beim Zeichnen mit Schwierigkeiten zu kämpfen hat, kann dies auf einen Rechenfehler hinweisen!

Und nun wird ein Programm für die Kurvendiskussion (mit Ziel: Skizze des Graphen) knapp dargestellt.

1. Schritt

Bestimmung des maximalen Definitionsbereichs $D(f)$ von f. Berechnung von Nullstellen von f und von Funktionswerten, insbesondere von $f(0)$, falls $0 \in D(f)$. Untersuchung auf senkrechte und schräge (insb. waagerechte) Asymptoten.

2. Schritt

Bestimmung aller Punkte aus dem Definitionsbereich $D(f)$, in welchen f stetig, rechts- oder linksseitig stetig ist.

3. Schritt

Bestimmung aller Punkte aus $D(f)$, in welchen f differenzierbar ist (oder andernfalls wenigstens eine Knickstelle hat). Berechnung von f' und ihrer Nullstellen. (Hiermit werden die möglichen lokalen Extrema ausfindig gemacht.) Angabe des Vorzeichens von f', und damit der Monotonieintervalle von f. Feststellung, welche der Nullstellen von f' lokale Maxima bzw. Minima sind. Untersuchung, ob der größte (bzw. kleinste) Wert unter den lokalen Maxima (bzw. Minima) sogar das globale Maximum (bzw. Minimum) ist.

4. Schritt

Bestimmung aller Punkte aus $D(f)$, in welchen f' differenzierbar ist, und Berechnung von f'' und deren Nullstellen (die, soweit sie keine lokale Extrema sind, Wendepunkte von f sind). Angabe der Intervalle, auf welchen f'' positiv (und damit f konvex) bzw. negativ (und damit f konkav) ist.

5. Schritt

Anfertigen einer Skizze unter Verwendung der bereits gewonnenen Informationen über die Funktion f.

2.1.5 Interpolationspolynome und Spline-Interpolation
     (Aufgabe 23 bis 26)

Kennt man für einen bestimmten Vorgang keine beschreibende Funktion f sondern nur eine endliche Anzahl von **Messwerten** $f(x_0) = y_0$, $f(x_1) = y_1, \ldots, f(x_n) = y_n$ in den **Stützstellen (Knoten)** $x_0, x_1, \ldots, x_n$, so ist es naheliegend, f durch ein Polynom P kleinsten Grades anzunähern (approximieren, ersetzen), das an den Stützstellen die Werte $y_0, y_1, \ldots, y_n$ annimmt.

Ist f unbekannt oder sehr kompliziert, dafür aber $f^{(n+1)}$ oder wenigstens eine Majorante $M_{n+1} \in \mathbb{R}$ von $f^{(n+1)}$ bekannt, so kann man den Fehler abschätzen, der auftritt, wenn man den Wert $f(x)$ durch die Zahl $P(x)$ ersetzt. Zu diesem Zweck betrachtet man die $n+1$ Polynome n-ten Grades

$$L_k(x) := \frac{(x-x_0)\ldots(x-x_{k-1})(x-x_{k+1})\ldots(x-x_n)}{(x_k-x_0)\ldots(x_k-x_{k-1})(x_k-x_{k+1})\ldots(x-x_n)} \, . \qquad (2.25)$$

Es ist einfach zu zeigen, dass das Polynom $P_n(x) := \sum_{k=0}^{n} y_k L_k(x)$ für jedes x_k den Wert y_k annimmt. Außerdem ist P_n das einzige Polynom, dessen Grad höchstens n ist und diese Eigenschaft hat. P_n heißt das **Lagrangesche Interpolationspolynom** zu den Stützstellen $x_0, x_1, \ldots, x_n$ und den Werten $y_0, y_1, \ldots, y_n$.
Ist nun f eine $(n+1)$-mal differenzierbare Funktion auf $]a, b[$, ist f stetig auf $[a, b]$ und ist P_n das Lagrangesche Interpolationspolynom zu den Stützstellen $x_0, x_1, \ldots, x_n$ aus $[a, b]$ mit den Werten $f(x_0), f(x_1), \ldots, f(x_n)$, so gibt es zu jedem $x \in [a, b]$ ein ξ mit den Eigenschaften

$$\min\{x_0, x_1, \ldots, x_n, x\} < \xi < \max\{x_0, x_1, \ldots, x_n, x\} \, ,$$
$$f(x) - P_n(x) = \frac{f^{(n+1)}(\xi)}{(n+1)!}(x-x_0)(x-x_1)\ldots(x-x_n) \, . \qquad (2.26)$$

Gilt insbesondere $|f^{n+1}(\xi)| \leq M_{n+1}$ für alle $\xi \in]a, b[$, so hat man für jedes $x \in [a, b]$ die **Fehlerabschätzung**

$$|f(x) - P_n(x)| \leq \frac{M_{n+1}}{(n+1)!}|(x-x_0)(x-x_1)\ldots(x-x_n)| \, . \qquad (2.27)$$

Hat man weitere Messdaten in weiteren Knoten, und möchte man diese neuen Informationen berücksichtigen, so lassen sich die bisherigen Berechnungen nicht verwenden; man muss alles neu berechnen. Um diesen Nachteil zu vermeiden, führt man die sog. **dividierten Differenzen** ein:

$$f[x_0] := f(x_0) \, , \; f[x_1] := f(x_1) \, , \; f[x_2] := f(x_2), \ldots$$
$$f[x_0, x_1] := \frac{f[x_0] - f[x_1]}{x_0 - x_1} \, , \; f[x_1, x_2] := \frac{f[x_1] - f[x_2]}{x_1 - x_2}, \ldots$$
$$f[x_0, x_1, x_2] := \frac{f[x_0, x_1] - f[x_1, x_2]}{x_0 - x_2}, \ldots \qquad (2.28)$$
$$\vdots$$
$$f[x_0, x_1, \ldots, x_n] := \frac{f[x_0, \ldots, x_{n-1}] - f[x_1, \ldots, x_n]}{x_0 - x_n} \, .$$

Man kann beweisen, dass mit diesen Bezeichnungen die sog. **Newtonsche Interpolationsformel** für die Darstellung des Lagrangeschen Interpolationspolynom P_n zu den Stützstellen $x_0, \ldots, x_n$ und Werten $f(x_0), \ldots, f(x_n)$ gilt:

$$P_n(x) = f[x_0] + f[x_0, x_1](x - x_0) + f[x_0, x_1, x_2](x - x_0)(x - x_1)$$
$$+ \ldots + f[x_0, x_1, \ldots, x_n](x - x_0)(x - x_1) \ldots (x - x_{n-1}) \,. \tag{2.29}$$

Es ist praktisch, die dividierten Differenzen mit Hilfe des folgenden Schemas Spalte für Spalte zu berechnen:

$f[x_0]$

$\qquad f[x_0, x_1]$

$f[x_1] \qquad\qquad f[x_0, x_1, x_2]$

$\qquad f[x_1, x_2]$

$f[x_2] \qquad\qquad f[x_1, x_2, x_3]$

$\qquad f[x_2, x_3] \qquad\qquad \vdots$

$f[x_3] \qquad \vdots \qquad\qquad \vdots$

$\vdots \qquad\qquad \vdots \qquad\qquad \vdots \qquad\qquad\qquad f[x_0, \ldots, x_n]$

$f[x_{n-1}] \qquad \vdots \qquad\qquad \vdots$

$\qquad f[x_{n-1}, x_n]$

$f[x_n]$

Wenn in einer weiteren Stützstelle x_{n+1} der Wert $f(x_{n+1})$ bekannt ist und wenn man dies zur Verfeinerung der Ergebnisse benutzen will, so ist das obige Schema einfach mit der folgenden Diagonale (von links unten nach rechts aufsteigend) fortzusetzen

$$f[x_{n+1}] \,, \; f[x_n, x_{n+1}] \,, \; f[x_{n-1}, x_n, x_{n+1}], \ldots, f[x_0, x_1, \ldots, x_{n+1}] \,.$$

Das erklärt die Stärke der Newtonschen Interpolationsformel für die Rechenpraxis.

Mit der Vergrößerung der Anzahl der Stützstellen erhöht sich auch der Grad des Interpolationspolynoms, und damit werden die Berechnungen umfangreicher. Die Rundungsfehler beeinflussen verstärkt die Ergebnisse. Deshalb erwies sich die Idee, die (unbekannte oder sehr komplizierte) Funktion auf Teilintervallen durch Polynome höchstens dritten Grades zu approximieren, als fruchtbar.

Ein **kubischer Spline** mit den Stützstellen $a = x_0 < x_1 < \ldots < x_n = b$ ist eine zweimal stetig differenzierbare Funktion $s : [a, b] \to \mathbb{R}$ mit der Eigenschaft, dass die Einschränkung von s auf jedem Teilintervall $[x_{k-1}, x_k]$ der Länge $h_k := x_k - x_{k-1}$ ein Polynom höchstens dritten Grades ist. Diese n – in der Regel verschiedenen – Polynome höchstens dritten Grades sollen in den Punkten $x_1, \ldots, x_{n-1}$ gut zusammen passen, so dass insgesamt eine zweimal stetig differenzierbare Funktion entsteht. Sind $y_0, y_1, \ldots, y_n$ die Werte einer Funktion f in $x_0, x_1, \ldots, x_n$ und ist s ein kubischer Spline mit der Eigenschaft $s(x_k) = y_k$ für alle $k = 0, 1, \ldots, n$, so hat s auf $[x_{k-1}, x_k]$ die Gestalt

$$s(x) = \frac{s_k''}{6h_k}(x - x_{k-1})^3 - \frac{s_{k-1}''}{6h_k}(x - x_k)^3$$

$$+ \left(\frac{y_k}{h_k} - s_k'' \frac{h_k}{6} \right)(x - x_{k-1}) - \left(\frac{y_{k-1}}{h_k} - s_{k-1}'' \frac{h_k}{6} \right)(x - x_k) \, .$$

Dabei sind die $s_0'', \ldots, s_n''$ eine Lösung des linearen Gleichungssystems

$$s_{k-1}'' h_k + 2s_k''(h_k + h_{k+1}) + s_{k+1}'' h_{k+1} = 6 \left(\frac{y_{k+1} - y_k}{h_{k+1}} - \frac{y_k - y_{k-1}}{h_k} \right),$$
$$k = 1, 2, \ldots, n - 1 \, . \tag{$*$}$$

Die Bezeichnung erweist sich als sinnvoll, da $s''(x_k) = s_k''$ für alle $k = 0, \ldots, n$ gilt.

Das System $(*)$, bestehend aus $n + 1$ Gleichungen mit $n - 1$ Unbekannten, ist (wegen seiner Gestalt) stets lösbar, und dabei sind zwei der Unbekannten $s_0'', s_1'', \ldots, s_n''$ frei wählbar. Verlangt man z.B., dass die ersten Ableitungen von s mit den von f in a und b übereinstimmen, so müssen zusätzlich die Bedingungen

$$s_0'' h_1 + 2s_1'' h_1 = 6\frac{y_1 - y_0}{h_1} - y_0' \, ,$$
$$s_{n-1}'' h_n + 2s_n'' h_n = 6\frac{y_{n-1} - y_n}{h_n} + y_n' \tag{$**$}$$

gelten; dabei bezeichnen y_0' und y_n' die Werte $f'(x_0)$ bzw. $f'(x_n)$.

Das aus $(*)$ und $(**)$ gebildete System hat eine eindeutige Lösung (da die Koeffizientenmatrix der Unbekannten $s_0'', s_1'', \ldots, s_n''$ invertierbar ist).

Die Approximationstheorie ist ein – für die Anwendungen – wichtiges Kapitel aus der numerischen Mathematik; an dieser Stelle haben wir einen ersten Eindruck davon erhalten.

2.1.6 Integralrechnung (Aufgabe 27 bis 39)

Der Integralbegriff ist von zentraler Bedeutung in der Mathematik, nicht zuletzt wegen der zahlreichen Anwendungen auch in der Physik und Technik. Es gibt zwei verschiedene Zugänge zu diesem Thema. Daraus ergeben sich sowohl für die theoretischen als auch für die anwendungsorientierten Ergebnisse viele Möglichkeiten, die zum Reichtum dieses Themas beitragen. Die Frage, welchen Zugang man wählen sollte, ist schwer zu beantworten. Einer (Stichwort: Stammfunktion) führt die Integration als inverse Operation zur Differenziation ein; deshalb kann man viele bekannte Ergebnisse aus der Differenzialrechnung sofort anwenden, und damit kommt man schnell zu Ergebnissen, ohne aber eine klare Vorstellung zu haben, was dies praktisch bedeutet und für welche Klasse von Funktionen Stammfunktionen existieren. Der andere Zugang (Stichwort: Treppenfunktionen) gibt vom Anfang an eine geometrische Motivation für die Einführung dieses Begriffes, allerdings muss man eine gewisse Durststrecke überstehen, bis man den Begriff richtig eingeführt hat und in der Lage ist, mit ihm etwas anzufangen! Dieser Zugang hat die Vorteile, dass

–   diese Betrachtungen auf den höher dimensionalen Fall leicht übertragbar sind,
–   eine Erweiterung (Stichwort: Lebesgue-Integral) erlaubt, die für anspruchsvolle theoretische Betrachtungen sinnvoll ist,
–   hiermit Lösungen von Differenzialgleichungen berechnet werden können.

Ich habe den Zugang über Treppenfunktionen gewählt.

Eine Funktion φ heißt eine **Treppenfunktion**, wenn eine Kette $a_0 < a_1 < \ldots < a_n$ und Zahlen $c_1, c_2, \ldots, c_n$ in $\mathbb{R}$ existieren, so dass gilt

$$\varphi(x) = \begin{cases} 0 & \text{für } x \in \,] - \infty, a_0 [\, \cup \,]a_n, \infty[\, , \\ c_k & \text{für } x \in \,]a_{k-1}, a_k[\, . \end{cases}$$

Die Werte von φ in $a_0, a_1, \ldots, a_n$ spielen dabei keine Rolle. $a_0, a_1, \ldots, a_n$, $c_1, \ldots, c_n$ heißt eine **Darstellung** von φ. Sie ist nicht eindeutig bestimmt. Die Treppenfunktionen bilden bzgl. der üblichen Operationen mit Funktionen einen unendlich dimensionalen $\mathbb{R}$-Vektorraum $\mathcal{T}$. Sind φ und ψ Treppenfunktionen, so sind $|\varphi|, \varphi \cdot \psi, \max(\varphi, \psi)$ und $\min(\varphi, \psi)$ auch Treppenfunktionen. Ist φ eine Treppenfunktion wie oben, so heißt die Zahl $\sum_{k=1}^{n} c_k(a_k - a_{k-1})$ das **Integral** von φ und wird mit $\int \varphi$ bezeichnet. Sind alle c_k nichtnegativ, so ist $\int \varphi$ die Summe der Flächeninhalte von Rechtecken mit den Eckpunkten $(a_{k-1}, 0), (a_k, 0), (a_k, c_k)$ und (a_{k-1}, c_k), d.h. zwischen dem Graphen von φ und der x-Achse. (Dabei gehören die Eckpunkte (a_k, c_k) und (a_{k-1}, c_k) im Allgemeinen nicht zum Graphen von φ.) Wenn für $\varphi \in \mathcal{T}$ das Integral $\int \varphi$ gleich Null ist, ist φ nicht notwendig die Nullfunktion. (Beispiel: $\varphi(x) := 0$ für $x \neq 0$ und $\varphi(x) := 1$ für $x = 0$.) Das Integral ist eine Funktion von $\mathcal{T}$ nach $\mathbb{R}$, die $\mathbb{R}$-linear und positiv ist, d.h.:

–   Für alle Treppenfunktionen $\varphi_1, \varphi_2 \in \mathcal{T}$ und $\alpha_1, \alpha_2 \in \mathbb{R}$ gilt $\int(\alpha_1 \varphi_1 + \alpha_2 \varphi_2) = \alpha_1 \int \varphi_1 + \alpha_2 \int \varphi_2$.

–   Ist $\varphi \geq 0$, so gilt $\int \varphi \geq 0$.

Aus dem bekannten Ergebnis „Jede stetige Funktion auf einem abgeschlossenen Intervall $[a,b]$ ist gleichmäßig stetig" folgt, dass jede stetige Funktion f auf $[a,b]$ durch eine Folge (φ_n) von Treppenfunktionen gleichmäßig approximiert werden kann. Dabei verschwinden alle φ_n auf $]-\infty, a[\cup]b, \infty[$. Zu jedem $\varepsilon > 0$ gibt es also ein $n(\varepsilon) \in \mathbb{N}$, so dass für alle $n \geq n(\varepsilon)$ und alle $x \in [a,b]$ gilt: $|f(x) - \varphi_n(x)| < \varepsilon$. Man kann sogar zwei Folgen von Treppenfunktionen (φ_n) und (ψ_n) konstruieren, die gleichmäßig gegen f konvergieren, mit den zusätzlichen Eigenschaften $\varphi_n = 0 = \psi_n$ für alle n auf $]-\infty, a[\cup]b, \infty[$ und $\varphi_n \leq \varphi_{n+1} \leq f \leq \psi_{n+1} \leq \psi_n$ für alle n auf $[a,b]$.

Man kann weiter zeigen, dass jede monotone Funktion f auf $[a,b]$ der Grenzwert einer gleichmäßig konvergierenden Folge von Treppenfunktionen ist, welche dieselbe Monotonieeigenschaft (also fallend oder wachsend) wie f besitzt.

Eine Funktion $f : [a,b] \to \mathbb{R}$ heißt **integrierbar**, wenn eine Folge $(\varphi_n)_n \subset \mathcal{T}$ mit $\varphi_n = 0$ auf $]-\infty, a[\cup]b, \infty[$ existiert, die gleichmäßig gegen f konvergiert. Dann ist f beschränkt auf $[a,b]$ und $\lim_{n \to \infty} \int \varphi_n$ existiert. Man kann sich überlegen, dass diese Zahl unabhängig von der gegen f gleichmäßig konvergenten Folge aus $\mathcal{T}$ ist. Sie heißt das **Integral** von f **über** $[a,b]$ und wird mit $\int_a^b f(x)dx$ bezeichnet. Man spricht auch vom **bestimmten Integral** von f **über** $[a,b]$ oder **von** a **nach** b .

Insbesondere ist jede stetige oder montone Funktion auf $[a,b]$ integrierbar. Auch jede Treppenfunktion φ mit einer Darstellung $a_0, a_1, \ldots, a_n, c_1, \ldots, c_n$ ist bestimmt integrierbar, und es gilt $\int \varphi = \int_{a_0}^{a_n} \varphi(x)dx$.

Die über $[a,b]$ integrierbaren Funktionen bilden einen $\mathbb{R}$-Vektorraum. Die darauf definierte Abbildung $f \mapsto \int_a^b f(x)dx$ ist $\mathbb{R}$-linear und positiv. Die Positivität (also: $f \geq 0 \Rightarrow \int_a^b f(x)dx \geq 0$) ist äquivalent zu $\quad f \leq g \Rightarrow$ $\int_a^b f(x)dx \leq \int_a^b g(x)dx$.

Mit f und g sind auch $|f|, \max\{f,g\}, \min\{f,g\}, f_+ = \max\{f,0\}$ und $f_- = \min\{f,0\}$ integrierbar über $[a,b]$. (Man beachte $f = f_+ + f_-, |f| = f_+ - f_-$ mit $f_+ \geq 0, f_- \leq 0$.) Es gilt

$$\left| \int_a^b f(x)dx \right| \leq \int_a^b |f(x)|dx .$$

Sei $f \geq 0$ integrierbar. Ist $\varepsilon > 0$ beliebig klein, aber fest, so gibt es $\varphi \in \mathcal{T}$ mit $\varphi = 0$ auf $]-\infty, a[\cup]b, \infty[$ und $|\varphi(x) - f(x)| < \frac{\varepsilon}{b-a}$ für alle $x \in [a,b]$. Die Treppenfunktion φ_+ verschwindet auch außerhalb $[a,b]$. Wegen $|\varphi_+(x) - f(x)| \leq |\varphi(x) - f(x)| < \frac{\varepsilon}{b-a}$ für alle $x \in [a,b]$ folgt $|\int \varphi_+ - \int_a^b f(x)dx| < \varepsilon$. Da $\int \varphi_+$ der Flächeninhalt zwischen dem Graphen von φ_+ und der x-Achse ist und $\varepsilon > 0$ beliebig ist, ist es sinnvoll $\int_a^b f(x)dx$ als **Flächeninhalt** zwischen dem Graphen von f und der x-Achse anzusehen. Allgemeiner wird für zwei integrierbare Funktionen $f, g : [a, b] \to \mathrm{IR}$ mit $f(x) \le g(x)$ für alle x aus $[a, b]$ die Zahl $\int_a^b (g(x) - f(x))dx = \int_a^b g(x)dx - \int_a^b f(x)dx$ als der Flächeninhalt von $\{(x, y) \in \mathrm{IR}^2 \mid a \le x \le b \, , \, f(x) \le y \le g(x)\}$] interpretiert.

Seien f, g integrierbar über $[a, b]$. Dann gilt:

→ $f \cdot g$ ist integrierbar über $[a, b]$. Insbesondere sind alle Potenzen f^n von f auch integrierbar.

→   Gibt es $c > 0$ mit $c \le |g(x)|$ für alle $x \in [a, b]$, so ist $\frac{f}{g}$ auch integrierbar über $[a, b]$.

Es gibt keine allgemein gültige Beziehung zwischen $\int_a^b f(x)dx$, $\int_a^b g(x)dx$ und $\int_a^b (fg)(x)dx$, $\int_a^b \frac{f}{g}(x)dx$. Allerdings gilt die **Schwarzsche Ungleichung**

$$\left(\int\limits_a^b (fg)(x)dx \right)^2 \le \int\limits_a^b f(x)^2 dx \cdot \int\limits_a^b g(x)^2 dx \, . \tag{2.30}$$

Man setzt $\int_a^a f(x)dx = 0$, egal wie f in a definiert ist. Ist f integrierbar über $[a, b]$, so definiert man

$$\int\limits_b^a f(x)dx := - \int\limits_a^b f(x)dx \, .$$

Seien $a < b < c$ und $f : [a, c] \to \mathrm{IR}$. Ist f integrierbar über $[a, b]$ und $[b, c]$, so ist f auch über $[a, c]$ integrierbar, und es gilt die **Additivität des Integrals bzgl. Intervalle**:

$$\int\limits_a^b f(x)dx + \int\limits_b^c f(x)dx = \int\limits_a^c f(x)dx \, . \tag{2.31}$$

Sind a, b, c beliebig zueinander angeordnet und existieren zwei der drei Integrale aus (2.31), so existiert auch das dritte, und (2.31) bleibt gültig.

Mit Hilfe des Zwischenwertsatzes und wegen der Positivität des Integrals beweist man den **Mittelwertsatz der Integralrechnung**: Für jede stetige Funktion f auf $[a, b]$ gibt es ein $\xi \in \,]a, b[$ mit der Eigenschaft

$$\int\limits_a^b f(x)dx = f'(\xi) \cdot (b - a) \, . \tag{2.32}$$

Wir haben bis jetzt außer Treppenfunktionen noch keine weitere Funktion integriert. Sei für $p \geq 1$ die p-te Potenz $f_p : [0, a] \to \mathbb{R}$ definiert durch $f_p(x) := x^p$. Man betrachte für jedes $n \geq 1$ die Treppenfunktionen

$$\varphi_{n,p}(x) = \begin{cases} 0 & , \text{ falls } x \in \,]-\infty, 0] \cup \,]a, \infty[\,, \\ (k-1)^p \left(\dfrac{a}{n}\right)^p & , \text{ falls } x \in \,\left]\,(k-1)\dfrac{a}{n}, k\dfrac{a}{n}\right] \text{ für } k = 1, \ldots, n\,, \end{cases}$$

$$\psi_{n,p}(x) = \begin{cases} 0 & , \text{ falls } x \in \,]-\infty, 0] \cup \,]0, \infty[\,, \\ k^p \left(\dfrac{a}{n}\right)^p & , \text{ falls } x \in \,\left]\,(k-1)\dfrac{a}{n}, k\dfrac{a}{n}\right] \text{ für } k = 1, \ldots, n\,. \end{cases}$$

Bekanntlich gelten die Formeln

$$1 + 2 + \ldots + n = \frac{n(n+1)}{2}\,, \quad 1^2 + 2^2 + \ldots + n^2 = \frac{n(n+1)(2n+1)}{6}\,,$$

$$1^3 + 2^3 + \ldots + n^3 = \left[\frac{n(n+1)}{2}\right]^2 \quad \text{und allgemeiner für } \quad n \geq 4$$

$$1^p + 2^p + \ldots + n^p = \frac{n^{p+1}}{p+1} + \quad \text{Polynom } n\text{-ten Grades in } \quad n\,.$$

Es gilt $\varphi_{n,p} \leq f_p \leq \psi_{n,p}$ und $\varphi_{n,p} < \varphi_{n+1,p} \leq f_p \leq \psi_{n1,p} < \psi_{n,p}$ für alle $n \geq 1$ sowie

$$0 \leq \psi_{n,p}(x) - \varphi_{n,p}(x) =$$

$$\begin{cases} 0 & , \text{ falls } x \in \,]-\infty, 0] \cup \,]a, \infty[\,, \\ (k^p - (k-1)^p) \left(\dfrac{a}{n}\right)^p & , \text{ falls } x \in \,\left]\,(k-1)\dfrac{a}{n}, k\dfrac{a}{n}\right] \text{ für } k = 1, \ldots, n. \end{cases}$$

Wegen $k^p - (k-1)^p =$
$k^{p-1} + k^{p-1}(k-1) + \ldots + k^{p-r}(k-1)^{r-1} + \ldots + (k-1)^{p-1} \leq p \cdot k^{p-1} \leq p \cdot n^{p-1}$
hat man $|\psi_{n,p}(x) - \varphi_{n,p}(x)| \leq p \cdot n^{p-1} \cdot (\frac{a}{n})^p = \frac{p}{n} \cdot a^p$, und deshalb konvergieren $(\varphi_{n,p})_n$ und $(\psi_{n,p})_n$ gleichmäßig gegen f_p, und zwar $(\varphi_{n,p})_n$ monoton steigend und $(\psi_{n,p})_n$ monoton fallend. Die obigen Formeln führen zu

$$\int \varphi_{n,1} = \left(\frac{a}{n}\right)^2 \frac{n(n-1)}{2} = \frac{a^2}{2}\left(1 - \frac{1}{n}\right),$$

$$\int \psi_{n,1} = \left(\frac{a}{n}\right)^2 \frac{n(n+1)}{2} = \frac{a^2}{2}\left(1 + \frac{1}{n}\right),$$

$$\int \varphi_{n,2} = \left(\frac{a}{n}\right)^3 \frac{n(n-1)(2n-1)}{6} = \frac{a^3}{6}\left(2 - \frac{3}{n} + \frac{1}{n^2}\right),$$

$$\int \psi_{n,2} = \left(\frac{a}{n} \right)^3 \frac{n(n+1)(2n+1)}{6} = \frac{a^3}{6} \left(2 + \frac{3}{n} + \frac{1}{n^2} \right),$$

$$\int \varphi_{n,3} = \left(\frac{a}{n} \right)^4 \left[\frac{n(n-1)}{2} \right]^2 = \frac{a^4}{4} \left(1 - \frac{2}{n} + \frac{1}{n^2} \right),$$

$$\int \psi_{n,3} = \left(\frac{a}{n} \right)^4 \left[\frac{n(n+1)}{2} \right]^2 = \frac{a^4}{4} \left(1 + \frac{2}{n} + \frac{1}{n^2} \right)$$

und allgemeiner

$$\int \varphi_{n,p} = \left(\frac{a}{n} \right)^{p+1} \left(\frac{n^{p+1}}{p+1} + \quad \text{Polynom} \quad p\text{-ten Grades in} \quad n \right),$$

$$\int \psi_{n,p} = \left(\frac{a}{n} \right)^{p+1} \left(\frac{n^{p+1}}{p+1} + \quad \text{Polynom} \quad p\text{-ten Grades in} \quad n \right).$$

Deshalb hat man

$$\int_0^a x\,dx = \frac{a^2}{2}, \ \int_0^a x^2\,dx = \frac{a^3}{3}, \ \int_0^a x^3\,dx = \frac{a^4}{4}, \ldots, \int_0^a x^p\,dx = \frac{a^{p+1}}{p+1}. \qquad (2.33)$$

Auch $\int_0^a \sin x\,dx$ und $\int_0^a \cos x\,dx$ kann man (mühsam!) mit Hilfe von Treppenfunktionen unter Verwendung der Additionstheoreme berechnen. Die Schwäche des gewählten Zugangs ist somit klar: Sogar für einfache Funktionen ist das Integrieren ziemlich aufwändig. Deshalb kommt uns der folgende Satz wie eine Befreiung vor; er öffnet die Möglichkeit, den anderen Zugang (über Stammfunktionen) zu verwenden und damit leichter zu rechnen. Der **Hauptsatz der Differenzial- und Integralrechnung**, den man ziemlich leicht mit dem obigen Mittelwertsatz beweisen kann, lautet:
Ist $f : [a, b] \to \mathbb{R}$ stetig, so ist die durch $F(x) := \int_a^x f(t)dt$ definierte Funktion $F : [a, b] \to \mathbb{R}$ differenzierbar, und ihre Ableitung ist f; also: $F'(x) = f(x)$.
Eine solche Funktion, also eine differenzierbare Funktion deren Ableitung f ist, heißt eine **Stammfunktion** von f. Sind F_1, F_2 zwei Stammfunktionen von f, so gibt es ein $c \in \mathbb{R}$ mit $F_1 = F_2 + c$ auf $[a, b]$. Dies ergibt sich aus dem Mittelwertsatz für differenzierbare Funktionen.
Seien $\alpha, \beta \in [a, b]$, $f : [a, b] \to \mathbb{R}$ stetig und F eine Stammfunktion von f. Dann gibt es ein $c \in \mathbb{R}$ mit $F(x) = \int_a^x f(t)dt + c$ für alle $x \in [a, b]$. Es gilt $F(\alpha) = \int_a^\alpha f(t)dt + c$, $F(\beta) = \int_a^\beta f(t)dt + c$, und daraus folgt

$$F(\beta) - F(\alpha) = \int_a^\beta f(t)dt - \int_a^\alpha f(t)dt = \int_a^\alpha f(t)dt + \int_\alpha^\beta f(t)dt - \int_a^\alpha f(t)dt = \int_\alpha^\beta f(t)dt.$$

Man schreibt auch $F|_\alpha^\beta := F(\beta) - F(\alpha)$. Also: $\int_a^b f(x)dx = F(b) - F(a)$.

Betrachtet man eine Tabelle, welche die Ableitungen bekannter Funktionen enthält, und liest man sie umgekehrt, so gewinnt man eine genauso umfangreiche Tabelle von Stammfunktionen. So sind auf

→ $\mathbb{R}$ das Polynom $\sum_{k=0}^{n} \frac{1}{k+1} a_k x^{k+1}$ eine Stammfunktion des Polynoms $\sum_{k=0}^{n} a_k x^k$,

→ $]0, \infty[$ die Funktion $\frac{1}{\alpha+1} x^{\alpha+1}$ eine Stammfunktion der allgemeinen Potenz x^α, falls $\alpha \in \mathbb{R}\backslash\{-1\}$,

→ $]0, \infty[$ oder $]-\infty, 0[$ die Logarithmusfunktion $\ln |x|$ eine Stammfunktion von $\frac{1}{x}$,

→ $\mathbb{R}$ die Exponentialfunktion e^x eine Stammfunktion für sich selbst,

→ $\mathbb{R}$ die Funktion $\frac{1}{\ln a} a^x$ eine Stammfunktion der allgemeinen Exponentialfunktion a^x, falls $a \in]0, 1[\, \cup \,]1, \infty[$,

→ $\mathbb{R}$ die Funktionen $\sin$ und $-\cos$ Stammfunktionen von $\cos$ bzw. $\sin$,

→ $I_n :=\,]n\pi - \frac{\pi}{2}$, $n\pi + \frac{\pi}{2}[$, $n \in \mathbb{Z}$ die Funktionen $-\ln |\cos x|$ und $\tan x$ Stammfunktionen von $\tan$ bzw. $\frac{1}{\cos^2 x}$,

→ $J_n :=\,]n\pi, (n+1)\pi[$, $n \in \mathbb{Z}$ die Funktionen $\ln |\sin x|$ und $-\cot x$ Stammfunktionen von $\cot x$ bzw. $\frac{1}{\sin^2 x}$,

→ $]-1, 1[$ die Funktion $\arcsin x$ eine Stammfunktion von $\frac{1}{\sqrt{1-x^2}}$,

→ $\mathbb{R}$ die Funktion $\arctan x$ eine Stammfunktion von $\frac{1}{1+x^2}$,

→ $\mathbb{R}$ die Funktionen $\cosh$ und $\sinh$ Stammfunktionen von $\sinh$ bzw. $\cosh$.

Hat die Potenzreihe $\sum_{n=0}^{\infty} a_n (x - x_0)^n =: f(x)$ den Konvergenzradius $r \in]0, \infty] :=\,]0, \infty[\, \cup \, \{\infty\}$, so hat die Potenzreihe $\sum_{n=0}^{\infty} \frac{1}{n+1} a_n (x - x_0)^{n+1} =: F(x)$ ebenfalls den Konvergenzradius r, und F ist eine Stammfunktion von f (auf dem offenen Konvergenzintervall mit dem Mittelpunkt x_0 und der Länge $2r$). Die Rechenregeln für die Berechnung von Ableitungen werden mühelos in Rechenregeln für die Berechnung von Stammfunktionen übersetzt. Wir werden diese Idee durch einige Beispiele unterstreichen. Auf einem Intervall I aus $\mathbb{R}$ seien die Funktionen f_1, f_2 und deren Stammfunktionen F_1, F_2 sowie die differenzierbaren Funktionen f, g und deren Stammfunktionen F, G definiert.

Für alle reellen Zahlen c_1, c_2 ist $c_1 F_1 + c_2 F_2$ eine Stammfunktion von $c_1 f_1 + c_2 f_2$. Für alle a, b aus I kann man diese Linearitätseigenschaft, wie folgt, festhalten:

$$\int_a^b (c_1 f_1 + c_2 f_2)(x)dx = c_1 \int_a^b f_1(x)dx + c_2 \int_a^b f_2(x)dx . \qquad (2.34)$$

Ist H eine Stammfunktion von $f'g$, so ist $fg - H$ eine Stammfunktion von fg', da $(fg - H)' = f'g + fg' - H' = fg'$ gilt. Für alle a, b aus I hat man

$$\int\limits_{a}^{b}(fg')(x)dx = fg\ \bigg|_{a}^{b} - \int\limits_{a}^{b}(f'g)(x)dx$$

$$= f(b)g(b) - f(a)g(a) - \int\limits_{a}^{b}(f'g)(x)dx. \tag{2.35}$$

Diese Formel trägt den einsichtigen Namen **partielle Integration**.

Besitzt g keine Nullstelle auf I (äquivalent dazu: gilt $g > 0$ oder $g < 0$ auf I), so ist (laut Quotientenregel für die Ableitung) $\frac{f}{g}$ eine Stammfunktion von $\frac{f'g - fg'}{g^2}$. Für alle a, b aus I hat man also

$$\int\limits_{a}^{b}\frac{f'g - fg'}{g^2}(x)dx = \frac{f}{g}\ \bigg|_{a}^{b} = \frac{f(b)}{g(b)} - \frac{f(a)}{g(a)}\ . \tag{2.36}$$

Sind f und g außerdem strikt positiv auf I, so ist $\ln\frac{f}{g}$ eine Stammfunktion von $\frac{f'g - fg'}{fg}$. Für alle a, b aus I gilt also

$$\int\limits_{a}^{b}\frac{f'g - fg'}{fg}(x)dx = \ln\frac{f}{g}\ \bigg|_{a}^{b} = \ln\frac{f(b)g(a)}{f(a)g(b)}\ . \tag{2.37}$$

Die Regel über die Differenzierbarkeit der Umkehrfunktion und die Kettenregel haben als Folgerung die sog. **Substitutionsregel**: Seien I, J Intervalle aus $\mathbb{R}$, $h : J \to I$ eine bijektive und differenzierbare Funktion, F eine Stammfunktion von $f : I \to \mathbb{R}$ und α, β beliebige Punkte aus J. Dann ist $F \circ h$ eine Stammfunktion von $(f \circ h) \cdot h'$, und es gilt:

$$\int\limits_{h(\alpha)}^{h(\beta)} f(x)dx = \int\limits_{\alpha}^{\beta}(f \circ h)(t)h'(t)dt = \int\limits_{\alpha}^{\beta} f(h(t))h'(t)dt\ . \tag{2.38}$$

Ist h^{-1} auch differenzierbar (dafür genügt zu verlangen: h' stetig und h' nullstellenfrei auf J), so gilt für alle a, b aus I

$$\int\limits_{a}^{b} f(x)dx = \int\limits_{h^{-1}(a)}^{h^{-1}(b)}(f \circ h)(t)h'(t)dt = \int\limits_{h^{-1}(a)}^{h^{-1}(b)} f(h(t))h'(t)dt\ . \tag{2.38'}$$

Beim Integrieren muss man gelegentlich verschiedene Regeln nacheinander oder dieselbe Regel mehrmals anwenden. Unter Verwendung verschiedener Formeln und mit geschickten Umformungen kann man für Funktionen, die von einer natürlichen Zahl abhängig sind, oft eine Rekursionsformel aufstellen. Werden eine oder mehrere Substitutionen $x = x(y)$, $y = y(z)$, $z = z(t), \ldots$ benutzt, so ist es meistens praktisch die Integrationsgrenzen zuerst zu vernachlässigen, und erst zum Schluß durch Rücksubstituieren das Ergebnis als Funktion von x darzustellen, und erst an dieser Stelle die Integrationsgrenzen zu berücksichtigen. Die folgenden Beispiele ergänzen und verdeutlichen das eben Gesagte.

Für alle $a, b \in {]0, \infty[}$ wird $\int_a^b (2x+1) \ln(x^2 + x) dx$ zunächst mit Hilfe der Substitution $x^2 + x = y$ behandelt und dann wird eine Stammfunktion für $\ln y$ mittels partieller Integration berechnet. Schließlich erhält man das Ergebnis mit der Rücksubstitution.

$$\int (2x + 1) \ln(x^2 + x) dx = \int \ln y \, dy = y \ln y - \int y \frac{1}{y} dy =$$

$$y \ln y - y = y(\ln y - 1) = (x^2 + x)[\ln(x^2 + x) - 1] =: F(x) \,,$$

$$\int\limits_a^b (2x + 1) \ln(x^2 + x) dx = F(b) - F(a) \,.$$

Zum Berechnen von $\int_a^b e^{\sqrt[3]{x}} dx$ verwenden wir die Substitution $\sqrt[3]{x} = t$, und danach wird zweimal partiell integriert. Abschließend wird rücksubstituiert.

$$\int e^{\sqrt[3]{x}} dx = \int e^t \cdot 3t^2 dt = 3 \left[t^2 e^t - 2 \int t e^t dt \right] = 3t^2 e^t - 6 \left(t e^t - \int e^t dt \right)$$

$$= 3t^2 e^t - 6t e^t + 6e^t = 3(\sqrt[3]{x^2} - 2\sqrt[3]{x} + 2) e^{\sqrt[3]{x}} =: F(x) \,.$$

Das Integrationsergebnis lautet deshalb $F(b) - F(a)$.

Die Integrale $\int_a^b e^{\beta x} \sin \alpha x \, dx$ und $\int_a^b e^{\beta x} \cos \alpha x \, dx$ werden mit Hilfe zweimaliger partieller Integration berechnet. So ergibt sich z.B. aus

$$\int\limits_a^b e^{\beta x} \sin \alpha x \, dx = -\frac{1}{\alpha} e^{\beta x} \cos \alpha x \, \Big|_a^b + \frac{\beta}{\alpha} \int\limits_a^b e^{\beta x} \cos \alpha x \, dx =$$

$$-\frac{1}{\alpha} e^{\beta x} \cos \alpha x \, \Big|_a^b + \frac{\beta}{\alpha} \left[\frac{1}{\alpha} e^{\beta x} \sin \alpha x \, \Big|_a^b - \frac{\beta}{\alpha} \int\limits_a^b e^{\beta x} \sin \alpha x \, dx \right] =$$

$$\left(\frac{\beta}{\alpha^2} e^{\beta x} \sin \alpha x - \frac{1}{\alpha} e^{\beta x} \cos \alpha x \right) \Big|_a^b - \frac{\beta^2}{\alpha^2} \int\limits_a^b e^{\beta x} \sin \alpha x \, dx$$

das Ergebnis

$$\int\limits_a^b e^{\beta x} \sin \alpha x dx = \left(\frac{\beta}{\alpha^2 + \beta^2} e^{\beta x} \sin \alpha x - \frac{\alpha}{\alpha^2 + \beta^2} e^{\beta x} \cos \alpha x \right) \Bigg|_a^b .$$

Wir bezeichnen für jede natürliche Zahl $n \geq 1$ das Integral $\int_a^b \cos^n x \, dx$ mit C_n. Dann ist $C_1 = \int_a^b \cos x dx = \sin b - \sin a$, $C_2 = \int_a^b \cos^2 x dx = \int_a^b \frac{1 + \cos 2x}{2} dx = (\frac{x}{2} + \frac{\sin 2x}{4}) \, |_a^b = \frac{1}{2} (b - a) + \frac{1}{4} (\sin 2b - \sin 2a)$.

Für $n \geq 3$ wird eine Rekursionsformel gesucht; dafür wird geschickt umgeformt und partiell integriert:

$$C_n = \int\limits_a^b \cos^n x dx = \int\limits_a^b (1 - \sin^2 x) \cos^{n-2} x dx$$

$$= C_{n-2} - \int\limits_a^b \sin x \cos^{n-1} x \sin x dx$$

$$= C_{n-2} - \left[- \frac{1}{n-1} \cos^{n-1} x \sin x \Bigg|_a^b + \frac{1}{n-1} \int\limits_a^b \cos^n x dx \right] ,$$

$$\left(1 + \frac{1}{n-1} \right) C_n = C_{n-2} + \frac{1}{n-1} \cos^{n-1} x \sin x \Bigg|_a^b ,$$

$$C_n = \frac{n-1}{n} C_{n-2} + \frac{1}{n} (\cos^{n-1} b \sin b - \cos^{n-1} a \sin a) .$$

Für die meisten Funktionen kann man leider keine Stammfunktion tatsächlich bestimmen. In solchen Fällen bleibt nur die Möglichkeit die Funktion geschickt durch eine andere zu approximieren, von der man eine Stammfunktion kennt. (Darüber gibt es eine Fülle von interessanten und sehr nützlichen Ergebnissen.) Und dabei machen nicht nur komplizierte Funktionen (wie z.B. $\ln(x^2 + x^4 + \sin(\sqrt[3]{x} + \sqrt[5]{x})) + e^{\sin x})$ Schwierigkeiten, sondern auch ziemlich einfache Funktionen, wie z.B. $\sqrt{x^3 + x + 1}$ oder e^{-x^2} oder auch die stetige Funktion

$$x \mapsto \begin{cases} \dfrac{\sin x}{x} & , \text{falls } x \neq 0 \\ 1 & , \text{falls } x = 0 \end{cases} .$$

Für jede rationale Funktion kann – wenigstens theoretisch! – eine Stammfunktion gefunden werden, obwohl manchmal umfangreiche Rechnungen notwendig sind. Dazu spielt der Fundamentalsatz der Algebra eine entscheidende Rolle. Ist f eine beliebige rationale Funktion, so wird zunächst eine Polynomdivision durchgeführt, also Zähler durch Nenner, um f in der Gestalt $f = S + \frac{P}{Q}$ darzustellen, wobei gilt:

→ S, P, Q sind Polynome,

→ Der Grad von Q ist größer als der Grad von P,

→ P und Q haben keinen gemeinsamen Faktor vom Grad ≥ 1,

→ $Q(x) = (x - a_1)^{m_1} \ldots (x - a_r)^{m_r}(x^2 + b_1 x + c_1)^{n_1} \ldots (x^2 + b_s x + c_s)^{n_s}$,

wobei die reellen Zahlen $a_1, \ldots, a_r$ und die Paare reeller Zahlen $(b_1, c_1), \ldots,$ (b_s, c_s) paarweise verschieden sind und $4c_1 - b_1^2 =: k_1 > 0, \ldots, 4c_s - b_s^2 =: k_s > 0$ gilt.

Hier liegt die technische Schwierigkeit; man kann im Allgemeinen $a_1, \ldots, a_r$, $(b_1, c_1), \ldots, (b_s, c_s)$ nicht genau bestimmen. (Wenn Sie sich ärgern wollen, versuchen Sie eine Produktdarstellung von $p(x) := (x^2 + x + 1)(x^2 + x + 2)(x^2 + x + 3) + 1$ mit Faktoren vom Grad höchstens 2 zu finden!) Mit Hilfe der Ergebnisse über lineare Gleichungssysteme kann man zeigen, dass eindeutig bestimmte reelle Zahlen $A_{11}, \ldots, A_{1m_1}, \ldots, A_{r1}, \ldots, A_{rm_s}$ und eindeutig bestimmte Paare reeller Zahlen $(B_{11}, C_{11}), \ldots, (B_{1n_1}, C_{1n_1}), \ldots, (B_{s1}, C_{s1}), \ldots,$ (B_{sn_s}, C_{sn_s}) existieren, so dass für alle $x \in \mathbb{R} \setminus \{a_1, \ldots, a_r\}$ gilt:

$$\frac{P(x)}{Q(x)} = \sum_{i=1}^{r} \sum_{j=1}^{m_i} \frac{A_{ij}}{(x - a_i)^j} + \sum_{k=1}^{s} \sum_{l=1}^{n_k} \frac{B_{kl} x + C_{kl}}{(x^2 + b_k x + c_k)^l} . \tag{2.39}$$

Eine Stammfunktion für $\frac{1}{(x-a)^i}$ ist $\ln |x - a|$ falls $i = 1$ und $-\frac{1}{(i-1)(x-a)^{i-1}}$ falls $i \geq 2$. Die Funktion $\frac{Bx+C}{x^2+bx+c}$ lässt sich, falls $c - \frac{b^2}{4} > 0$ gilt, schreiben als

$$\frac{B}{2} \cdot \frac{2x + b}{x^2 + bx + c} + \frac{C - \frac{bB}{2}}{(x + \frac{b}{2})^2 + (c - \frac{b^2}{4})} = \frac{B}{2} \cdot \frac{2x + b}{x^2 + bx + c} + \frac{2C - bB}{2\delta^2[(\frac{x + \frac{b}{2}}{\delta})^2 + 1]} .$$

Deshalb ist $\frac{B}{2} \ln(x^2 + bx + c) + \frac{2C - bB}{2\delta} \arctan(\frac{x + \frac{b}{2}}{\delta})$ eine Stammfunktion von $\frac{Bx+C}{x^2+bx+c}$; dabei wurde $\sqrt{c - \frac{b^2}{4}}$ mit δ bezeichnet.

Für die Berechnung einer Stammfunktion von $\frac{Bx+C}{(x^2+bx+c)^n}$ mit $k := 4c - b^2 > 0$ benutzt man die Formeln

$$\int_{\alpha}^{\beta} \frac{dx}{(x^2 + bx + c)^{n+1}} = \frac{2x + b}{kn(x^2 + bx + c)^n} \Big|_{\alpha}^{\beta} + \frac{2(2n - 1)}{kn} \int_{\alpha}^{\beta} \frac{dx}{(x^2 + bx + c)^n} ,$$

$$\int_{\alpha}^{\beta} \frac{x dx}{(x^2 + bx + c)^{n+1}} = -\frac{bx + 2c}{kn(x^2 + bx + c)^n} \Big|_{\alpha}^{\beta} - \frac{(2n - 1)b}{kn} \int_{\alpha}^{\beta} \frac{dx}{(x^2 + bx + c)^n} ,$$

welche durch partielle Integration gewonnen werden.

Bis auf die Berechnung der Zerlegung des Nenners in Faktoren ersten und zweiten Grades ist das Integrieren einer rationalen Funktion durchführbar, wenn auch mühsam; deshalb versucht man Integrale komplizierter Funktionen (falls uns sonst nichts gelingt) durch geeignete Substitutionen in Integrale rationaler Funktionen zu transformieren. Kurz gesagt: Man versucht zu **rationalisieren**! Es werden nun einige Klassen von Funktionen angegeben, für welche dieser Weg erfolgreich ist.

Eine rationale Funktion in $\sin x$ und $\cos x$ kann integriert werden, indem man die Substitution $t = \tan \frac{x}{2}$ benutzt; unter Berücksichtigung von $x(t) = 2 \arctan t$, $x'(t) = \frac{2}{1+t^2}$, $\cos x = \frac{1-t^2}{1+t^2}$ und $\sin x = \frac{2t}{1+t^2}$ hat man eine rationale Funktion in t zu integrieren. Manchmal kann man bereits mit der Substitution $\tan x = u$ schneller zum Ziel kommen; die Berechnung ist in diesem Fall leichter, weil der Grad des Nenners in u kleiner als der Grad des Nenners in t ist. So z.B. wird $\int_\alpha^\beta \frac{\sin^2 x + 2}{\cos^4 x + \sin^4 x + 1}\, dx$ wegen $u'(x) = \frac{1}{\cos^2 x} = 1 + \tan^2 x = 1 + u^2$ in $\int_{\tan \alpha}^{\tan \beta} \frac{u^2 + 2(1+u^2)}{1 + u^4 + (1+u^2)^2}\, du$ umgeformt.

Das Integral einer rationalen Funktion in x und $\sqrt[k]{ax+b}$ wird durch die Substitution $t = \sqrt[k]{ax+b}$ in das Integral einer rationalen Funktion in t transformiert. Allgemeiner: Für eine rationale Funktion in x, $\sqrt[k_1]{ax+b}, \ldots, \sqrt[k_s]{ax+b}$ betrachtet man das kleinste gemeinsame Vielfache k von $k_1, \ldots, k_s$; $\sqrt[k]{ax+b}$ wird durch t substituiert. Dann wird $\sqrt[k_i]{ax+b}$ durch t^{n_i} mit $n_i \cdot k_i = k$ ersetzt und anstelle von dx wird $\frac{k}{a} t^{k-1} dt$ geschrieben.

Auch rationale Funktionen in x und $\sqrt{ax^2 + bx + c}$, $a \neq 0$ und $b^2 \neq 4ac$ (falls $b^2 = 4ac$ gilt, so muss a positiv sein, und es gilt $\sqrt{ax^2 + bx + c} = \sqrt{a}\left| x + \frac{b}{\sqrt{a}} \right|$) können rationalisiert werden. Seien $\alpha < \beta$ die Integrationsgrenzen. Die folgende Fallunterscheidung ist notwendig:

1) $b^2 - 4ac > 0$. Seien $x_1 < x_2$ die reellen Nullstellen von $ax^2 + bx + c$.

    i)   Falls $a > 0$ und $x_2 < \alpha$ gelten, so führen die Substitution $t = \sqrt{a\frac{x-x_2}{x-x_1}}$ und die Rücksubstitution $x = \frac{x_1 t^2 - a x_2}{t^2 - a}$ zum Ziel; $\sqrt{ax^2 + bx + c}$ wird durch $\frac{a(x_2-x_1)t}{t^2-a}$ und dx durch $\frac{2a(x_2-x_1)t}{(t^2-a)^2} dt$ ersetzt. Die neuen Integrationsgrenzen sind $\sqrt{a\frac{\alpha-x_2}{\alpha-x_1}}$ und $\sqrt{a\frac{\beta-x_2}{\beta-x_1}}$.

ii) Falls $a > 0$ und $\beta < x_1$ gelten, so wird $t = -\sqrt{a\frac{x-x_2}{x-x_1}}$ und $x = \frac{x_1 t^2 - a x_2}{t^2 - a}$ betrachtet, und $\sqrt{ax^2 + bx + c}$ und dx werden wieder durch $\frac{a(x_1 - x_2)t}{t^2 - a}$ bzw. $\frac{2a(x_2 - x_1)}{(t^2 - a)^2} dt$ ersetzt.

iii) Falls $a < 0$, so muss $x_1 < \alpha < \beta < x_2$ gelten, und es wird genauso wie im Fall i) vorgegangen.

2) $b^2 - 4ac < 0$. Dann gilt $a > 0$ (sonst gilt $ax^2 + bx + c < 0$ für alle x). Diesmal führt die Substitution $t = \sqrt{ax^2 + bx + c} + \sqrt{a}\,x$ zum Ziel. x, $\sqrt{ax^2 + bx + c}$ und dx werden durch $\frac{t^2 - c}{2\sqrt{a}t + b}$, $\frac{\sqrt{a}t^2 + bt + c\sqrt{a}}{2\sqrt{a}t}$ bzw. $\frac{2\sqrt{a}t^2 + 2bt + 2c\sqrt{a}}{(2\sqrt{a}t + b)^2} dt$ ersetzt; die neuen Integrationsgrenzen sind dann $\sqrt{a\alpha^2 + b\alpha + c} + \sqrt{a}\,\alpha$ und $\sqrt{a\beta^2 + b\beta + c} + \sqrt{a}\,\beta$.

Wir erwähnen noch eine Klasse von Funktionen, die sich rationalisieren lassen: Die rationalen Funktionen in x, $\sqrt{ax + b}$, $\sqrt{cx + d}$. (Dabei müssen die Integrationsgrenzen $\alpha < \beta$ in einem Intervall liegen, in welchem $ax + b$ und $cx + d$ positiv sind.) Setzt man $t = \sqrt{cx + d}$, so folgt $x = \frac{1}{c}(t^2 - d)$, $dx = \frac{2}{c}t\,dt$ und $\sqrt{ax + b} = \sqrt{\frac{a}{c}(t^2 - d) + b}$. Damit gewinnt man eine rationale Funktion in t und $\sqrt{\frac{a}{c}t^2 + \frac{bc - ad}{c}}$, die sich (wie gerade gesehen) rationalisieren lässt.

Eine erste Anwendung der Integralrechnung haben wir schon kennengelernt: Sind f und g zwei integrierbare Funktionen auf $[a, b]$ mit der Eigenschaft $f(x) \le g(x)$ für alle x aus $[a, b]$, so ist $\int_a^b (g(x) - f(x))dx$ der Flächeninhalt zwischen den Graphen von f und g (der als ein Grenzprozess von Flächen, die Vereinigungen von Rechtecken innerhalb dieser Fläche sind, definiert werden kann). Nun eine weitere Anwendung: Ist diese Fläche mit einer konstanten Massendichte versehen, so hat der Schwerpunkt S der Fläche (der auch als der Grenzpunkt der Schwerpunkte der Flächen, die Vereinigungen von darin enthaltenen Rechtecken sind, definiert werden kann) die Koordinaten

$$x_S = \frac{\int\limits_a^b (g(x) - f(x))x\,dx}{\int\limits_a^b (g(x) - f(x))dx} \quad , \quad y_S = \frac{1}{2} \cdot \frac{\int\limits_a^b (g^2(x) - f^2(x))dx}{\int\limits_a^b (g(x) - f(x))dx} \, . \tag{2.40}$$

Wenn die Massendichte nicht konstant ist, wird der Schwerpunkt mit komplizierten Formeln berechnet, die wir später kennenlernen werden.

2.1.7 Uneigentliche Integrale (Aufgabe 40 bis 43)

Bis jetzt haben wir auf kompakten (also beschränkten und abgeschlossenen) Intervallen Integrale von Funktionen behandelt; die integrierbaren Funktionen haben sich als beschränkt erwiesen, da sie Grenzwerte von gleichmäßig konvergierenden Folgen von Treppenfunktionen sind. Verzichtet man auf die Kompaktheit der Intervalle, so kann man diesen Begriff auf gewisse Funktionen erweitern, die auf offenen oder halboffenen (aber beschränkten) Intervallen oder auf unbeschränkten Intervallen definiert sind. Damit für beschränkte Intervalle etwas Neues untersucht wird, muss man unbeschränkte Funktionen betrachten. Die Strategie ist in beiden Fällen dieselbe: Man führt ein Grenzprozess durch!

Ist die Funktion $f : [a, \infty[\to$ IR integrierbar über jedes abgeschlossene Intervall $[a, b]$ und existiert $\lim_{b \to \infty} \int_a^b f(x)dx$ in IR, so heißt f **uneigentlich integrierbar von a bis ∞**, und dieser Grenzwert, der mit $\int_a^\infty f(x)dx$ bezeichnet wird, heißt das **uneigentliche Integral von f von a bis ∞**. Analog definiert man das uneigentliche Integral von $-\infty$ bis a für Funktionen, die auf $]-\infty, a]$ definiert sind. Ist $f :$ IR $\to$ IR für ein a aus IR sowohl von a bis ∞ als auch von $-\infty$ bis a uneigentlich integrierbar, so ist f für jedes $b \in$ IR von b bis ∞ und von $-\infty$ bis b uneigentlich integrierbar, und es gilt:

$$\int\limits_{-\infty}^b f(x)dx + \int\limits_b^\infty f(x)dx = \int\limits_{-\infty}^a f(x)dx + \int\limits_a^\infty f(x)dx \ .$$

Diese Zahl heißt das **uneigentliche Integral von f von $-\infty$ bis ∞**, und wird mit $\int_{-\infty}^\infty f(x)dx$ bezeichnet. Also: $\int_{-\infty}^\infty f(x)dx = \lim_{\substack{a \to -\infty \\ b \to \infty}} \int_a^b f(x)dx$.

Wichtig ist dabei, dass a gegen $-\infty$ und b gegen ∞ unabhängig voneinander konvergieren. Die Existenz des sog. **Cauchyschen Hauptwertes von f**

$$C \int\limits_{-\infty}^\infty f(x)dx := \lim_{b \to \infty} \int\limits_{-b}^b f(x)dx \qquad (2.41)$$

bedeutet bei weitem nicht, dass auch $\int_{-\infty}^\infty f(x)dx$ existiert. So ist für jede ungerade, stetige Funktion f auf IR das Integral $\int_{-b}^b f(x)dx$ gleich Null für alle $b > 0$, und damit gilt $C \int_{-\infty}^\infty f(x)dx = 0$, aber $\int_{-\infty}^\infty f(x)dx$ braucht nicht zu existieren; Beispiel: die Sinusfunktion oder jedes Polynom, das nur ungerade Potenzen von x enthält (z.B. $x + 2x^3 - 5x^5$).

f heißt **absolut uneigentlich integrierbar**, wenn $|f|$ uneigentlich integrierbar ist. Einige Beispiele:

$$\int\limits_a^\infty e^{-x} dx = e^{-a} \ , \quad \int\limits_{-\infty}^a e^x dx = e^a \ , \quad \int\limits_a^\infty \frac{1}{1+x^2} dx = \frac{\pi}{2} - \arctan a \ ,$$

$$\int\limits_{-\infty}^a \frac{1}{1+x^2} dx = \arctan a + \frac{\pi}{2} \ , \quad \int\limits_{-\infty}^\infty \frac{1}{1+x^2} dx = \pi \ ,$$

$$\int\limits_a^\infty x^n e^{-x} dx = [a^n + na^{n-1} + n(n-1)a^{n-2} + \ldots + n(n-1)\ldots 2a + n!]e^{-a} \ .$$

Die Funktion x^α ist uneigentlich integrierbar von $a > 0$ bis ∞ genau dann, wenn $\alpha < -1$ gilt; dann gilt: $\int_a^\infty x^\alpha dx = -\frac{a^{\alpha+1}}{\alpha+1}$.

Sei f stetig oder monoton auf $[a, \infty[$. Ist f uneigentlich integrierbar von a bis ∞, so gilt $\lim\limits_{x\to\infty} f(x) = 0$. Insbesondere sind sin und cos nicht uneigentlich integrierbar. Allerdings – wie x^α mit $-1 \leq \alpha < 0$ zeigt – ist die Bedingung $\lim\limits_{x\to\infty} f(x) = 0$ nicht hinreichend für die uneigentliche Integrierbarkeit von f von a bis ∞ .

Das **Majorantenkriterium** (für uneigentliche Integrale) besagt, dass aus $|f| \leq g$ auf $[a, \infty[$ und der uneigentlichen Integrierbarkeit von g von a bis ∞ die uneigentliche Integrierbarkeit von f folgt. Insbesondere ist f uneigentlich integrierbar von a bis ∞, falls f absolut uneigentlich integrierbar von a bis ∞ ist. Entsprechende Ergebnisse können für uneigentliche Integrale von $-\infty$ bis a bzw. von $-\infty$ bis ∞ formuliert und bewiesen werden. Die negative Form des obigen Kriteriums ist das **Minorantenkriterium** (für uneigentliche Integrale): Die Funktionen $f, g : [a, \infty[\to$ IR seien für jedes $b > a$ über $[a, b]$ integrierbar und es gelte $0 \leq g(x) \leq f(x)$ für alle $x \geq a$. Falls g nicht uneigentlich integrierbar von a bis ∞ ist, ist es f auch nicht. Da das Verhalten von x^α bzgl. uneigentlicher Integrierbarkeit bekannt ist, wird diese Funktion (evtl. multipliziert mit einer positiven Konstante) als Testfunktion genommen, und zwar mit $\alpha < -1$ für das Majorantenkriterium und mit $\alpha \geq 1$ für das Minorantenkriterium.

Mit Hilfe der uneigentlichen Integrale kann man ein nützliches Konvergenzkriterium für (nummerische) Reihen angeben. Das **Integralkriterium** für Reihen lautet: Sei $f : [a, \infty[\to [0, \infty[$ eine monoton fallende Funktion und $n_0 \geq a$ eine natürliche Zahl. Die Reihe $\sum_{n=n_0}^\infty f(n)$ ist genau dann konvergent, wenn f von a bis ∞ uneigentlich integrierbar ist. Außerdem gilt für jede natürliche Zahl $m \geq n_0$:

$$\sum_{n=m}^{\infty} f(n) \geq \int_{m}^{\infty} f(x)dx \geq \sum_{n=m+1}^{\infty} f(n) \geq \int_{m+1}^{\infty} f(x)dx \ .$$

Als Folgerung erhält man die Konvergenz von $\sum_{n=1}^{\infty} \frac{1}{n^{\alpha}}$ für $\alpha > 1$ und nur dafür. Ebenfalls nur für $\alpha > 1$ konvergieren die Reihen $\sum_{n=2}^{\infty} \frac{1}{n(\ln n)^{\alpha}}$, $\sum_{n=3}^{\infty} \frac{1}{n \ln n (\ln(\ln n))^{\alpha}}$ und $\sum_{n=16}^{\infty} \frac{1}{n \ln n (\ln(\ln n))(\ln(\ln(\ln n)))^{\alpha}}$. (Beachten Sie: $15 < e^e < 16$.)

Sei nun $f :]a, b] \to \mathbb{R}$ integrierbar über $[c, b]$ für alle $c \in]a, b[$. Die Frage, ob der Grenzwert $\lim_{c \to a+} \int_c^b f(x)dx$ existiert, ist äquivalent zur Existenz von $\lim_{d \to \infty} \int_{\frac{1}{b-a}}^d f(\frac{1}{y} + a)\frac{1}{y^2}dy$. Ist die Antwort positiv, so heißt f **uneigentlich integrierbar von** a **bis** b; der Grenzwert wird mit $\int_a^b f(x)dx$ notiert. Es ist meistens einfacher, mit $\lim_{c \to a+} \int_c^b f(x)dx$ als mit $\lim_{d \to \infty} \int_{\frac{1}{b-a}}^d f(\frac{1}{y}+a)\frac{1}{y^2}dy$ zu arbeiten. Ist $f : [a, b] \to \mathbb{R}$ integrierbar, so ist die Einschränkung von f auf $]a, b]$ uneigentlich integrierbar, und das (klassische!) Integral $\int_a^b f(x)dx$ stimmt mit dem uneigentlichen Integral dieser Einschränkung von f überein. Analog kann man das uneigentliche Integral von $g : [a, b[\to \mathbb{R}$ mittels $\lim_{d \to b_-} \int_a^d f(x)dx$ und dasjenige von $h :]a, b[\to \mathbb{R}$ mittels $\lim_{\substack{c \to a+ \\ d \to b-}} \int_c^d f(x)dx$ sowie die absolute, uneigentliche Integrierbarkeit auf beschränkte, nicht abgeschlossene Intervalle definieren. Beispiele dazu:

$$\int_0^a \ln x \, dx = a \ln a - a \quad \text{für} \quad a > 0 \ ,$$

$$\int_a^1 \frac{1}{\sqrt{1 - x^2}}dx = \frac{\pi}{2} - \arcsin a \quad \text{für} \quad a \in]-1, 1[\ ,$$

$$\int_{-1}^b \frac{1}{\sqrt{1 - x^2}}dx = \arcsin b + \frac{\pi}{2} \quad \text{für} \quad b \in]-1, 1[\ ,$$

$$\int_{-1}^1 \frac{1}{\sqrt{1 - x^2}}dx = \pi \ .$$

Für $b > a$ ist $(x - a)^{\alpha}$ integrierbar von a bis b genau dann, wenn $\alpha > -1$ gilt; man hat in diesem Fall

$$\int\limits_a^b (x-a)^\alpha dx = \frac{(b-a)^{\alpha+1}}{\alpha+1} \; .$$

Wir formulieren nun das Majoranten- und das Minorantenkriterium für Funktionen $f, g : \,]a, b[\to \text{IR}$. Analoge Ergebnisse können für auf $[a, b[$ und $]a, b[$ definierte Funktionen angegeben werden.

Gilt $|f| \leq g$ auf $]a, b]$ und ist g uneigentlich integrierbar von a bis b, so auch f. Gilt $0 \leq g \leq f$ auf $]a, b]$ und ist g nicht uneigentlich integrierbar von a bis b, so ist auch f nicht uneigentlich integrierbar von a bis b.

Die Testfunktion g ist in der Regel $C(x-a)^\alpha$ mit $\alpha > -1$ für das Majorantenkriterium bzw. $\alpha \leq -1$ für das Minorantenkriterium; in beiden Fällen ist C reell positiv.

Diese zwei Arten von uneigentlichen Integralen (d.h. für unbeschränkte Funktionen auf beschränkten, aber nicht abgeschlossenen Intervallen und für Funktionen auf unbeschränkten Intervallen) können gleichzeitig auftreten für eine Funktion $f : \,]a, \infty[\to \text{IR}$; es wird untersucht, ob $\lim\limits_{\substack{c\to a+ \\ b\to\infty}} \int_c^b f(x)dx$ existiert. Dafür wählt man ein $d > a$ und prüft, ob die beiden uneigentlichen Integrale $\int_a^d f(x)dx$ und $\int_d^\infty f(x)dx$ existieren. Ein interessantes Beispiel dazu: Für jedes $t > 0$ ist die Funktion $]0, \infty[\to \text{IR}$, $x \mapsto x^{t-1}e^{-x}$ uneigentlich integrierbar sowohl auf $[0, 1]$, da darauf $0 < x^{t-1}e^{-x} < x^{t-1}$ gilt und $\int_0^1 x^{t-1}dx$ existiert, als auch auf $[1, \infty[$, da für jedes $n \in \text{IN}$ mit $t \leq n$ die Ungleichung $0 < x^{t-1}e^{-x} \leq x^n e^{-x}$ auf $[1, \infty[$ gilt und $\int_1^\infty x^n e^{-x}dx$ existiert. Deshalb wird durch die Zuordnung $t \mapsto \int_0^\infty x^{t-1}e^{-x}dx$ eine Funktion $\Gamma : \,]0, \infty[\to \text{IR}$ definiert, welche die **Gamma-Funktion** heißt. Sie kommt in der Mathematik häufig vor. Bemerkenswert ist die folgende **Funktionalgleichung** der **Gamma-Funktion**:

$$\Gamma(t+1) = t\Gamma(t) \quad \text{für alle} \quad t > 0 \; . \tag{2.42}$$

Insbesondere gilt für jede natürliche Zahl n die Gleichung $\Gamma(n+1) = n!$ Am Ende von Abschnitt 3.1.5 zeigen wir, dass $\int_0^\infty e^{-x^2}dx = \frac{\sqrt{\pi}}{2}$ gilt. Mit der Substitution $t = x^2$ folgt $\Gamma(\frac{1}{2}) = \int_0^\infty t^{-\frac{1}{2}}e^{-t}dt = 2\int_0^\infty e^{-x^2}dx = \sqrt{\pi}$. Daraus und aus (2.42) erhalten wir $\Gamma(\frac{2n+1}{2}) = \frac{1\cdot 3\cdot 5\cdots(2n-1)}{2^n}\sqrt{\pi}$. Wir werden später weitere Eigenschaften dieser Funktion kennenlernen.

2.1.8 Quadraturformeln (Aufgabe 44 und 45)

Die Grundidee für die Approximation von $\int_a^b f(x)dx$ fußt auf der geometrischen Bedeutung dieser Zahl: der Flächeninhalt des Gebietes zwischen dem

Graphen von f und der x-Achse, falls f nur nichtnegative Werte hat, was man immer durch die Addition einer Konstante erreichen kann, da f beschränkt auf $[a, b]$ ist. Deshalb wird

→   eine möglichst feine Zerlegung $a = x_0 < x_1 < \ldots < x_n = b$ betrachtet,
→   die Fläche zwischen dem Graphen von f und der x-Achse über jedem der Teilintervalle $[x_{k-1}, x_k]$ durch jeweils eine Fläche approximiert, deren Inhalt leicht zu berechnen ist,
→   die Summe über diese n approximierenden Flächeninhalte gebildet.

Von der einsichtigen Idee geleitet, dass das Verhalten von f in jedem Teilintervall von $[a, b]$ für die Berechnung von $\int_a^b f(x)dx$ dieselbe Rolle spielt, werden gleichlange Teilintervalle $[x_{k-1}, x_k]$ betrachtet. Der zweite Grund für diese Wahl der Zerlegung ist rein technischer Art; die Rechnungen werden vom Anfang an vereinfacht. Je nachdem wie für $\int_{x_{k-1}}^{x_k} f(x)dx$ eine Näherung berechnet wird, bekommt man eine Berechnungsformel für $\int_a^b f(x)dx$; solche Formeln heißen **Quadraturformeln**. Inzwischen gibt es viele Software-Programme für die nummerische Berechnung von Integralen und für die Abschätzung der Näherungsfehler, die auf solchen Formeln beruhen. Es ist wichtig, zu wissen, welches Programm wir für eine konkrete Aufgabe benutzen sollen und dürfen.

Das Integral der Funktion f über $[a, b]$ soll abgeschätzt werden. Sei $n \geq 1$ eine natürliche Zahl, $h := \frac{b-a}{n}$ und $x_k = a + hk$, $k = 0, 1, \ldots, n$. Die einfachste Näherung für $\int_{x_{k-1}}^{x_k} f(x)dx$ ist der Flächeninhalt des Rechtecks mit der Basis $[x_{k-1}, x_k]$ und der Höhe $f(\frac{x_{k-1}+x_k}{2}) = f(a + \frac{2k-1}{2}h)$. Dadurch bekommt man die **Mittelpunktsformel**

$$\int_a^b f(x)dx \approx h \sum_{k=1}^n f\left(a + \frac{2k-1}{2}h\right) = h \sum_{k=1}^n f\left(\frac{x_{k-1}+x_k}{2}\right) . \qquad (2.43)$$

Ist f zweimal stetig differenzierbar auf $]a, b[$, so gibt es ein $\xi \in]a, b[$ mit der Eigenschaft

$$\int_a^b f(x)dx = h \sum_{k=1}^n f\left(a + \frac{2k-1}{2}h\right) + \frac{(b-a)^3}{24n^2}f''(\xi) . \qquad (2.43')$$

Ist sogar $|f''| \leq M_2$ auf $]a, b[$, so ist der Fehler, den man begeht, wenn man $\int_a^b f(x)dx$ mit dieser Mittelpunktsformel berechnet, nicht größer als $\frac{(b-a)^3}{24n^2}M_2$.

Nimmt man für $\int_{x_{k-1}}^{x_k} f(x)dx$ den Wert $\frac{h}{2}(f(x_{k-1})+f(x_k))$ des Flächeninhalts des Trapezes mit der Höhe h und der Basis $f(x_{k-1})$ und $f(x_k)$, so bekommt als Quadraturformel die **Sehnen-Trapezformel**

$$
\begin{aligned}
\int_a^b f(x)dx &= h\left(f(a) + 2\sum_{k=1}^{n-1} f(a+kh) + f(b) \right) \\
&= h\left(f(a) + 2\sum_{k=1}^{n-1} f(x_k) + f(b) \right) .
\end{aligned}
\tag{2.44}
$$

Unter denselben Voraussetzungen wie im obigen Fall gilt für ein geeignetes $\eta \in \,]a,b[$

$$
\int_a^b f(x)dx = h\left(f(a) + 2\sum_{k=1}^{n-1} f(a+kh) + f(b) \right) - \frac{(b-a)^3}{12n^2} f''(\eta) , \tag{2.44'}
$$

und der entsprechende Fehler ist höchstens $\frac{(b-a)^3}{12n^2} M_2$.

Wird nun anstelle der Einschränkung von f auf $[x_{k-1}, x_k]$ das Interpolationspolynom zweiten Grades für die Knoten $x_{k-1}, \frac{1}{2}(x_{k-1}+x_k)$ und x_k sowie für die Werte $f(x_{k-1}), f(\frac{1}{2}(x_{k-1}+x_k))$ und $f(x_k)$ gewählt, so erhält man die sog. **Simpson-Formel** (oder auch die **Keplersche Faßregel**)

$$
\begin{aligned}
\int_a^b f(x)dx &\approx \frac{h}{3}\left(f(a) + 4\sum_{k=1}^{n} f\left(a + \frac{2k-1}{2}h\right) \right. \\
&\left. +2\sum_{k=1}^{n-1} f(a+kh) + f(b) \right) \\
&= \frac{h}{3}\left(f(a) + 4\sum_{k=1}^{n} f\left(\frac{x_{k-1}+x_k}{2}\right) + 2\sum_{k=1}^{n-1} f(x_k) + f(b) \right) .
\end{aligned}
\tag{2.45}
$$

Ist f viermal stetig differenzierbar auf $]a,b[$, so gibt es ein $\zeta \in \,]a,b[$, so dass gilt:

$$
\begin{aligned}
\int_a^b f(x)dx &= \frac{h}{3}\left(f(a) + 4\sum_{k=1}^{n} f\left(\frac{x_{k-1}+x_k}{2}\right) \right. \\
&\left. +2\sum_{k=1}^{n-1} f(x_k) + f(b) \right) - \frac{(b-a)^5}{2880n^2} f^{(4)}(\zeta) .
\end{aligned}
\tag{2.45'}
$$

Ist außerdem $|f^{(4)}| \leq M_4$ auf $]a,b[$, so ist der Fehler, den man begeht, wenn man für $\int_a^b f(x)dx$ mit dem Wert $\frac{h}{3}(f(a) + 4\sum_{k=1}^n f(a + \frac{2k-1}{2}h) + 2\sum_{k=1}^{n-1} f(a + kh) + f(b))$ arbeitet, höchstens $\frac{(b-a)^5}{2880n^2}M_4$.

2.1.9 Gewöhnliche Differenzialgleichungen (Aufgabe 46 bis 58)

Die Untersuchungen verschiedener physikalischer, biologischer, chemischer, wirtschaftlicher, demographischer u.v.a. Phänomene und das Erfordernis, sie quantitativ zu beschreiben, führen häufig zu Gleichungen, in welchen neben der gesuchten Funktion auch deren Ableitungen vorkommen. Eine solche Gleichung heißt **Differenzialgleichung**. Ist die Funktion nur von einer Variablen abhängig, so heißt die Differenzialgleichung **gewöhnlich**; sonst – d.h. wenn die Funktion von mehreren Variablen abhängt – heißt sie **partiell**. Einige Beispiele von Differenzialgleichungen:

→   Beim freien, reibungslosen Fall bewegt sich ein Körper aufgrund der Erdanziehungskraft mit konstanter Beschleunigung $g \approx 9,81 m/s^2$. Bezeichnet man mit $s(t)$ die Fallstrecke zum Zeitpunkt t, so liefert die Differenzialgleichung $\ddot{s}(t) = g$ durch zweimaliges Integrieren $s(t) = \frac{1}{2}gt^2 + at + b$, wobei die Konstanten a und b ermittelt werden können, wenn man weitere Informationen über den Vorgang hat. Wenn man z.B. weiß, dass zum Zeitpunkt $t = 0$ der Körper im Nullpunkt der Messskala liegt und die Geschwindigkeit für $t = 0$ ebenfalls den Wert Null hat, so ist $s(t) = \frac{1}{2}gt^2$ die Lösung; die Konstanten haben also beide den Wert 0. Die beiden Bedingungen $s(0) = \dot{s}(0) = 0$ nennt man **Anfangsbedingungen**.

→   Wird ein Körper mit der Anfangsgeschwindigkeit v_0 senkrecht nach oben geworfen, so ist es naheliegend, die Höhe in Abhängigkeit von der Zeit, $h(t)$, zu untersuchen und für die Höhe eine Messskala zu wählen, die die umgekehrte Richtung wie die Erdbeschleunigung hat. Deshalb kommt man zu der Differenzialgleichung $\ddot{h}(t) = -g$. Hier sind die Anfangsbedingungen $h(0) = 0$, $\dot{h}(0) = v_0$. Die Lösung lautet $h(t) = v_0 t - \frac{1}{2}gt^2$.

→   Die Stromstärke $I(t)$ zum Zeitpunkt t in einem RL-Stromkreis erfüllt die Differenzialgleichung

$$LI'(t) + RI(t) = U(t) ,$$

wobei L die Induktivität, R den Ohmschen Widerstand und $U(t)$ die Spannung zum Zeitpunkt t bezeichnet.

→   Die einfachste Form, in der Wachstumsprozesse beschrieben werden, ist die Gleichung $\dot{f}(t) = af(t)$; das ist so zu interpretieren: Ist $f(t)$ die Mengenangabe für ein sich vergrößerndes System, so geht man davon aus, dass die Wachstumsrate, $\dot{f}(t)$, zu jedem Zeitpunkt proportional zur jeweiligen Menge ist. Sind zusätzlich abschwächende Einflüsse zu berücksichtigen – z.B. wegen räumlicher Begrenztheit, gegenseitiger Zerstörung o.ä. – so kann man Korrekturglieder anbringen, um die Realität besser zu beschreiben und kommt z.B. zu einer Gleichung der Gestalt $\dot{f}(t) = af(t) - bf^2(t)$ mit $a > 0$, $b > 0$.

→ Die Lage eines freihängenden, homogenen, biegsamen Seils mit q als Eigengewicht pro Längeeinheit, das unter konstanter, waagerechter Spannungskraft H steht, erfüllt in einem kartesischen Koordinatensystem (in welchem die Achse y gegen Mittelpunkt der Erde gewichtet ist) die Differenzialgleichung $y''(x) = \frac{q}{H}\sqrt{1 + y'(x)^2}$.

→ Alle parametrisierten Kurven $x \mapsto (x, y(x))$, die eine Funktion κ als Krümmung haben, genügen der Differenzialgleichung $y''(x) = \kappa(x)(1 + y'(x)^2)^{3/2}$.

→ Sucht man eine Kurve $x \mapsto y(x)$, so dass eine Lichtquelle im Ursprung parallele Strahlen in Richtung der positiven x-Achse reflektiert, so erhält man mit einer geometrischen Überlegung die Differenzialgleichung $y' = \frac{y}{x + \sqrt{x^2 + y^2}}$.

→ Auch die „optimale" Gestalt von Werkzeugen und von aerodynamischen Profilen können mittels Differenzialgleichungen untersucht werden.

→ Die Berechnung des „fairen" Preises einer Option an der Börse führt zu einer Differenzialgleichung. (Solche Forschungsergebnisse wurden mit einem Nobel-Preis belohnt!)

Die **Ordnung einer Differenzialgleichung** ist die Ordnung der höchsten Ableitung, die in der Gleichung auftritt. In den obigen Beispielen haben wir Differenzialgleichungen erster und zweiter Ordnung kennengelernt.
Eine Differenzialgleichung n-ter Ordnung kann **in expliziter Form**

$$y^{(n)} = f(x, y, y', \ldots, y^{(n-1)}) \tag{2.46}$$

(man schreibt auch $y^{(n)}(x) = f(x, y(x), y'(x), \ldots, y^{(n-1)}(x))$) oder **in impliziter Form** $F(x, y(x), y'(x), \ldots, y^{(n-1)}(x), y^{(n)}(x)) = 0$ angegeben werden.
Eine **Lösung** einer Differenzialgleichung n-ter Ordnung

$$F(x, y, y', \ldots, y^{(n-1)}, y^{(n)}) = 0 \tag{2.46'}$$

auf einem Intervall I ist eine Funktion $f : I \to \mathbb{R}$, die auf I n-mal differenzierbar ist und so dass für jedes $x \in I$ der Punkt $(x, y(x), \ldots, y^{(n)}(x))$ im Definitionsbereich von F liegt und $F(x, y(x), \ldots, y^{(n)}(x)) = 0$ gilt. Dabei muss I nicht offen sein. Wenn Randpunkte dazugehören, wird die Ableitung im Sinne einseitiger Differenziation verstanden. Es wird aber vorausgesetzt, dass I nichttrivial ist, d.h. aus mehr als einem Punkt besteht. Allgemeiner versteht man unter einer Lösung eine Funktion auf einer Menge D, die sich als höchstens abzählbarer Vereinigung von Intervallen darstellen lässt, wobei die Einschränkung auf jedes dieser Intervalle eine Lösung im obigen Sinn ist. Die

allgemeine Lösung einer Differenzialgleichung ist die Menge aller Lösungen. Oft wird damit auch eine Gleichung der Gestalt $G(x, f(x), c_1, \ldots, c_n) = 0$ bezeichnet (wobei $c_1, \ldots, c_n$ Parameter in eventuell eingeschränkten Bereichen sind), wenn jede Lösung diese Gleichung für jeweils ein festes Parametertupel $(c_1, \ldots, c_n)$ erfüllt, und wenn umgekehrt jede n-mal differenzierbare Funktion, die für zulässige Parametertupel diese Gleichung erfüllt, gleichzeitig Lösung der Differenzialgleichung ist.

Als **Anfangswertproblem** (kurz: AWP) wird die Aufgabe bezeichnet, Lösungen einer Differenzialgleichung zu finden, für die der Funktionswert und der Wert der Ableitungen in einem festen Punkt – die **Anfangswertbedingungen** – vorgegeben sind.

Von einem **Randwertproblem** spricht man, wenn Lösungen einer Differenzialgleichung in einem Intervall $[a, b]$ gesucht sind, die zusätzliche **Randbedingungen** erfüllen, d.h. Beziehungen, die die Funktionswerte und Werte der Ableitungen in den Punkten a und b betreffen.

Konkrete Fragen können auch zu Systemen von Differenzialgleichungen führen. Die explizite Gestalt eines Differenzialgleichungssystems erster Ordnung mit n unbekannten Funktionen, die alle auf einem Intervall J aus $\mathbb{R}$ definiert sind, wird durch

$$
\begin{aligned}
y_1'(x) &= f_1(x, y_1(x), \ldots, y_n(x)) \,, \\
y_2'(x) &= f_2(x, y_1(x), \ldots, y_n(x)) \,, \\
&\;\vdots \\
y_n'(x) &= f_n(x, y_1(x), \ldots, y_n(x))
\end{aligned}
\tag{2.47}
$$

gegeben. (Kurz geschrieben: $\dot{\mathbf{y}} = \mathbf{f}(x, \mathbf{y}(x))$.) Eine Lösung $\mathbf{y} : I \to \mathbb{R}^n$ auf einem Intervall $I \subset J$ ist ein n-Tupel von n differenzierbaren Funktionen $y_1, y_2, \ldots, y_n$ mit den Eigenschaften

→ die $f_1, \ldots, f_n$ sind definiert auf $\{(x, y_1(x), \ldots, y_n(x)) \mid x \in I\}$,

→ $y_j'(x) = f_j(x, y_1(x), \ldots, y_n(x))$ für alle $x \in I$ und $j = 1, \ldots, n$.

Für das AWP, bestehend aus (2.47) und aus der Anfangswertbedingung

$$
y_1(x_0) = y_{1,0}, \ldots, y_n(x_0) = y_{n,0} \,,
\tag{2.48}
$$

zitieren wir den folgenden wichtigen **Existenz- und Eindeutigkeitssatz für Differenzialgleichungssysteme**: Seien a, b, L und M positive Zahlen

und $K := \left\{ \begin{pmatrix} x \\ \mathbf{y} \end{pmatrix} \in \mathbb{R}^{n+1} \;\middle|\; |x - x_0| \le a \,, \; |y_j - y_{j,0}| \le b \,\forall j = 1, \ldots, n \right\}$.

Mit c bezeichnet man $\min(a, \frac{b}{M})$. Sind $f_1, \ldots, f_n$ stetig auf K, ist M eine gemeinsame obere Schranke für alle $|f_1|, \ldots, |f_n|$ auf K (d.h. $|f_j(x, \mathbf{y})| \le M \,\forall j = 1, \ldots, n$) und erfüllen alle f_j die **Lipschitz-Bedingung** bzgl. $\mathbf{y}$

$$|f_j(x, \mathbf{y}) - f_j(x, \mathbf{z})| \leq L\|\mathbf{y} - \mathbf{z}\| = L\sqrt{\sum_{j=1}^{n}(y_j - z_j)^2} \,,$$

so gibt es **genau eine** Lösung $\mathbf{y} : [x_0 - c, x_0 + c] \to \mathbb{R}^n$ von (2.47), welche der Anfangsbedingung (2.48) genügt.

Sei $y^{(n)} = f(x, y, y', \ldots, y^{(n-2)}, y^{(n-1)})$ eine gewöhnliche Differenzialgleichung n-ter Ordnung; setzt man $y_1(x) := y(x), y_2(x) := y'(x), \ldots, y_{n-1}(x) := y^{(n-2)}(x)$, $y_n(x) := y^{(n-1)}(x)$, so erhält man das Differenzialgleichungssystem $y_1'(x) = y_2(x)$, $y_2'(x) = y_3(x), \ldots, y_{n-1}'(x) = y_n(x)$, $y_n'(x) = f(x, y_1(x), \ldots, y_n(x))$.

Zwischen den Anfangsbedingungen der gegebenen Differenzialgleichung und denen des gewonnenen Differenzialgleichungssystems besteht eine bijektive Beziehung. Ist $(y_1, \ldots, y_n)$ Lösung des Differenzialgleichungssystems oder eines AWP für dieses System, so ist y_1 Lösung der ursprünglichen Differenzialgleichung bzw. des zugeordneten AWP für diese Differenzialgleichung. Der Existenz- und Eindeutigkeitssatz für Differenzialgleichungssysteme hat als Folgerung den folgenden **Existenz- und Eindeutigkeitssatz für gewöhnliche Differenzialgleichungen**: Seien a, b, L und M positive reelle Zahlen

und $K := \left\{ \begin{pmatrix} x \\ \mathbf{y} \end{pmatrix} \in \mathbb{R}^{n+1} \;\middle|\; |x - x_0| \leq a \,, \; |y_j - y_{j,0}| \leq b \; \forall j = 1, \ldots, n \right\}$.

Sei $c := \min(a, \frac{b}{M})$. Ist f stetig auf K, M eine obere Schranke für $|f|$ auf K und erfüllt f die Lipschitz-Bedingung

$$|f(x, \mathbf{y}) - f(x, \mathbf{z})| \leq L\|\mathbf{y} - \mathbf{z}\| = L\sqrt{\sum_{j=1}^{n}(y_j - z_j)^2} \,,$$

so gibt es genau eine Lösung $y : [x_0 - c, x_0 + c] \to \mathbb{R}$ des AWP $y^{(n)}(x) = f(x, y(x), y'(x), \ldots, y^{(n-1)}(x))$, $y(x_0) = y_{1,0}$, $y'(x_0) = y_{2,0}, \ldots,$ $y^{(n-1)}(x_0) = y_{n,0}$.

Dass die Lipschitz-Bedingung eine wesentliche Voraussetzung dieses Satzes ist, wird uns an folgendem Beispiel klar. Für das AWP

$$y'(x) = 2\sqrt{y(x)} \quad , \quad y(0) = 0 \tag{2.49}$$

sind – bis auf die Lipschitz-Bedingung in y – alle Voraussetzungen aus dem obigen Satz erfüllt. Für kein $d > 0$ kann es eine Konstante L mit der Eigenschaft $|2\sqrt{y} - 2\sqrt{z}| \leq L|y - z|$ für alle $y, z \in [0, d]$ geben, da die äquivalente Ungleichung $2 \leq L|\sqrt{y} + \sqrt{z}|$ für alle y und z aus $]0, \min(\frac{1}{4L^2}, d)]$ nicht erfüllt ist. Jede Funktion der Gestalt

$$f(x) := \begin{cases} -(x - \alpha)^2 & \text{für } x < \alpha \,, \\ 0 & \text{für } \alpha \leq x \leq \beta \,, \\ (x - \beta)^2 & \text{für } \beta < x \end{cases}$$

bei beliebigen $\alpha, \beta \in \mathbb{R}$ mit $\alpha \leq \beta$ ist Lösung der Differenzialgleichung in (2.49). Die Anfangsbedingung $y(0) = 0$ ist immer dann erfüllt, wenn $\alpha \leq 0 \leq \beta$ gilt. D.h. es gibt unendlich viele Lösungen des AWP(2.49). Das liegt daran, dass die Lipschitz-Bedingung in $y = 0$ nicht erfüllt ist.

Die einfachsten Differenzialgleichungen erster und zweiter Ordnung können in verschiedene Klassen eingeteilt werden; wir geben dazu einige Beispiele und jeweils den Lösungsweg an.

Die **Differenzialgleichung 1. Ordnung mit getrennten Veränderlichen** hat die Gestalt

$$y' = g(x)h(y) \quad \text{oder} \quad y'(x) = g(x)h(y(x)) \,,$$

wobei g und h stetige Funktionen auf den Intervallen I bzw. J sind. Ist (x_0, y_0) ein Punkt aus $I \times J$, so genügt die Lösung des AWP $y' = g(x)h(y)$, $y(x_0) = y_0$, der Gleichung

$$\int_{y_0}^{y} \frac{ds}{h(s)} = \int_{x_0}^{x} g(t)dt \,. \tag{2.50}$$

Es gelingt nicht immer (eher selten!), y daraus zu explizitieren. Ist g konstant, so spricht man von einer autonomen Gleichung. Ein Beispiel dazu: Aus zwei Stoffen A und B, die in einem Verhältnis $\alpha : \beta$ stehen, entsteht durch eine chemische Reaktion ein Stoff y. (Also: Für 1 Gramm von y benötigt man α Gramm von A und β Gramm von B.) Die Reaktionsgeschwindigkeit $\dot{y}$ sei proportional zu den noch vorhandenen Massen beider Stoffe. Die autonome Differenzialgleichung

$$\dot{y} = \lambda(A - \alpha y)(B - \beta y)$$

beschreibt dieses Verfahren. ($\lambda < 0$ ist eine von der Natur der Stoffe abhängige negative reelle Zahl.)

Eine Differenzialgleichung vom Typ $y' = f(ax + by + c)$ mit a, b, c aus $\mathbb{R}$ lässt sich in eine Differenzialgleichung mit getrennten Veränderlichen $z'(x) = a + bf(z(x))$ umformen, indem man die Substitution $z(x) = ax + by(x) + c$ durchführt.

Auch eine Differenzialgleichung vom Typ $y' = f(\frac{y}{x})$ kann man mittels $z(x) = \frac{y(x)}{x}$ in eine Differenzialgleichung mit getrennten Variablen, nämlich in $z'(x) = \frac{f(z(x)) - z(x)}{x}$ äquivalent umformen. (In der Literatur wird in diesem Fall oft von einer homogenen Differenzialgleichung gesprochen; in Hinblick auf den nächsten Typ von Differenzialgleichungen ist hier Vorsicht geboten.)

Die **homogene lineare Differenzialgleichung 1. Ordnung**

$$y'(x) + p(x)y(x) = 0 \, ,$$

wobei p eine auf einem Intervall I stetige Funktion ist, hat ebenfalls getrennte Veränderliche. Für $x_0 \in I$ und die Anfangsbedingung $y(x_0) = y_0$ ist die Lösung gegeben durch

$$y_h(x) = y_0 \exp\left(- \int\limits_{x_0}^{x} p(t)dt \right) \, . \tag{2.51}$$

(Der Index „h" deutet an, dass es sich hier um eine homogene Differenzialgleichung handelt, d.h. die rechte Seite ist Null. In diesem Sinne wurde „homogen" auch für lineare Gleichungssysteme benutzt.) Eine partikuläre Lösung der **inhomogenen linearen Differenzialgleichung**

$$y'(x) + p(x)y(x) = f(x) \, ,$$

wobei f ebenfalls eine auf I stetige Funktion ist, ist

$$y_p(x) = \left[\int\limits_{x_0}^{x} f(t) \exp\left(\int\limits_{x_0}^{t} p(\tau)d\tau \right) dt \right] \exp\left(- \int\limits_{x_0}^{x} p(t)dt \right) \, . \tag{2.52}$$

Damit ist $y(x) = y_p(x) + cy_h(x)$ die allgemeine Lösung der inhomogenen Differenzialgleichung; der Parameter c muss den Wert 1 haben, falls verlangt wird, dass $y(x_0) = y_0$ gilt. Also ist

$$y(x) = \left[\int\limits_{x_0}^{x} f(t) \exp\left(\int\limits_{x_0}^{t} p(\tau)d\tau \right) dt + y_0 \right] \exp\left(- \int\limits_{x_0}^{x} p(t)dt \right) \tag{2.53}$$

die Lösung des AWP $\quad y'(x) + p(x)y(x) = f(x) \quad , \quad y(x_0) = y_0 \, .$

Eine **Differenzialgleichung vom Typ Bernoulli** hat die Gestalt

$$y'(x) + p(x)y(x) + q(x)y(x)^{\alpha} = 0 \, ; \tag{2.54}$$

dabei sind p und q stetige Funktionen auf einem Intervall I und α ist aus $\mathbb{R}\setminus\{0,1\}$. Für $\alpha = 0$ und $\alpha = 1$ hat man getrennte Veränderliche bzw. eine lineare Differenzialgleichung. Gesucht wird eine Lösung, die nur positive Werte hat. (Für $\alpha = \frac{p}{q}$ aus $\mathbb{Q}$ mit $0 < p < q$ und ungerades q braucht man allerdings diese Einschränkung nicht zu machen.) Mit dem Ansatz $z(x) := y(x)^{1-\alpha}$ ergibt sich äquivalent zur gegebenen Differenzialgleichung die lineare Differenzialgleichung

$$z'(x) + (1-\alpha)p(x)z(x) + (1-\alpha)q(x) = 0 \, .$$

Ist eine Anfangsbedingung vorgegeben, so kann man entweder mit der entsprechenden Anfangsbedingung für z arbeiten und dann das erzielte Ergebnis für z zurücktransformieren, um die Lösung des ursprünglichen Problems zu erhalten, oder zuerst die allgemeine Lösung zurücktransformieren, und dann erst die gegebene Anfangsbedingung benutzen.

Sind p, q, f stetige Funktionen auf einem Intervall I, so ist

$$L(y) := y''(x) + p(x)y'(x) + q(x)y(x) = f(x) \tag{2.55}$$

eine lineare Differenzialgleichung 2. Ordnung. Die Linearität (also die Tatsache, dass y, y' und y'' nur in der ersten Potenz vorkommen) hat als Folgerung das **Superpositions-Prinzip**: Ist y_j eine Lösung von $Ly = f_j$, $j = 1, 2$, so ist $y_1 + y_2$ eine Lösung von $Ly = f_1 + f_2$; dabei müssen f_1, f_2 ebenfalls stetig auf I sein. Schreibt man die Gleichung als $y''(x) = g(x, y(x), y'(x)) := f(x) - p(x)y'(x) - q(x)y(x)$, so folgt aus

$$|g(x, y_1, y_2) - g(x, z_1, z_2)| \leq |p(x)||z_2 - y_2| + |q(x)||z_1 - y_1|$$

und der Stetigkeit von p und q, dass g einer Lipschitz-Bedingung bzgl. (y_1, y_2) genügt. Nach dem Existenz- und Eindeutigkeitssatz für gewöhnliche Differenzialgleichungen gibt es zu jedem inneren Punkt x_0 von I und jeder Anfangsbedingung $y(x_0) = y_0$, $y'(x_0) = y_1$ ein offenes Intervall J mit $x_0 \in J \subset I$ und darauf eine Lösung des AWP

$$y''(x) + p(x)y'(x) + q(x)y(x) = f(x) \, , \; y(x_0) = y_0 \text{ und } y'(x_0) = y_1 \, . \tag{2.55'}$$

Sind p und q konstant, so hat man eine **Schwingungsgleichung** (oder auch eine **lineare Differenzialgleichung 2. Ordnung mit konstanten Koeffizienten**) zu lösen. Ist f die Nullfunktion, so liegt der **homogene** Fall vor. Um nichttriviale Lösungen der homogenen Schwingungsgleichung mit konstanten Koeffizienten

$$y''(x) + py'(x) + qy(x) = 0 \, , \; p, q \in \mathbb{R} \, , \tag{2.55''}$$

zu erhalten, machen wir den Ansatz $y(x) = e^{\lambda x}$; eingesetzt in die Differenzialgleichung führt das auf die Bedingung $(\lambda^2 + p\lambda + q)e^{\lambda x} = 0$. $P(\lambda) := \lambda^2 + p\lambda + q$ heißt das **charakteristische** (oder **determinierende**) **Polynom** der Differenzialgleichung; $P(\lambda) = 0$ ist die **charakteristische** (oder **determinierende**) **Gleichung**.

Ist $p^2 - 4q > 0$, so sind $\lambda_1 = \frac{-p + \sqrt{p^2 - 4q}}{2}$ und $\lambda_2 = \frac{-p - \sqrt{p^2 - 4q}}{2}$ die Nullstellen von p. $e^{\lambda_1 x}$ und $e^{\lambda_2 x}$ sind zwei linear unabhängige Lösungen von (2.55''). Ist $p^2 - 4q = 0$, so ist $e^{-\frac{1}{2}px}$ eine Lösung von (2.55''); $xe^{-\frac{1}{2}px}$ ist eine weitere, von $e^{-\frac{1}{2}px}$ linear unabhängige Lösung der homogenen Schwingungsgleichung. (Bitte nachprüfen!)

Ist $p^2 - 4q < 0$, so sei ω die positive reelle Zahl $\frac{1}{2}\sqrt{4q - p^2}$. Es lässt sich ebenfalls durch Einsetzen bestätigen, dass $e^{-\frac{1}{2}px}\cos\omega x$ und $e^{-\frac{1}{2}px}\sin\omega x$ zwei (linear unabhängige) Lösungen von (2.55'') sind. Dass auch dieses Ergebnis aus dem Ansatz $y(x) = e^{\lambda x}$ folgt, sieht man, wenn man die Exponentialfunktion $e^{\lambda x}$ komplex auffasst. Die Funktion

$$y_h(x) = \begin{cases} c_1^{\lambda_1 x} + c_2 e^{\lambda_2 x} & \text{, falls } p^2 - 4q > 0 \text{,} \\ c_1 e^{-\frac{1}{2}px} + c_2 x e^{-\frac{1}{2}px} & \text{, falls } p^2 - 4q = 0 \text{,} \\ c_1 e^{-\frac{1}{2}px} \cos \omega x + c_2 e^{-\frac{1}{2}px} \sin \omega x & \text{, falls } p^2 - 4q < 0 \end{cases}$$

ist aufgrund des Existenz- und Eindeutigkeitssatzes die allgemeine Lösung der homogenen Schwingungsgleichung, da für jedes $x_0 \in I$ und alle $a_0, a_1 \in \mathbb{R}$ genau ein Paar $(c_1, c_2) \in \mathbb{R}^2$ mit der Eigenschaft existiert, dass für die entsprechende Lösung y_h gilt:

$$y_h(x_0) = a_0 \quad , \quad y_h'(x_0) = a_1 \, . \tag{$*$}$$

Diese Werte c_1 und c_2 erhält man aus $(*)$ mit Hilfe der Cramerschen Regel (und das ist immer möglich, weil $e^{\lambda_1 x}$ und $e^{\lambda_2 x}$, $e^{-\frac{1}{2}px}$ und $xe^{-\frac{1}{2}px}$ bzw. $e^{-\frac{1}{2}px} \cos \omega x$ und $e^{-\frac{1}{2}px} \sin \omega x$ linear unabhängig sind!).
Mit denselben Bezeichnungen ist

$$y_p(x) = e^{-\frac{p}{2}x} \int_{x_0}^{x} (x - t) e^{\frac{p}{2}t} f(t) dt, \quad \text{falls} \quad p^2 - 4q = 0 \text{,}$$

$$y_p(x) = \frac{1}{\omega} e^{-\frac{p}{2}x} \int_{x_0}^{x} e^{\frac{p}{2}t} \sin \omega(t - x) dt, \quad \text{falls} \quad p^2 - 4q < 0 \text{,}$$

$$y_p(x) = \frac{1}{\sqrt{p^2 - 4q}} \left(e^{\lambda_1 x} \int_{x_0}^{x} e^{-\lambda_1 t} f(t) dt - e^{\lambda_2 x} \int_{x_0}^{x} e^{-\lambda_2 t} f(t) dt \right) \quad \text{sonst}$$

eine partikuläre Lösung der inhomogenen Schwingungsgleichung $Ly = f$. Die allgemeine Lösung der Schwingungsgleichung hat dann die Gestalt $y_h + y_p$.

Wenn f ein Polynom, eine lineare Kombination von Exponentialfunktionen, eine lineare Kombination von Sinus- und Cosinusfunktionen verschiedener Perioden oder eine lineare Kombination von Produkten bestehend aus Sinus- oder Cosinusfunktionen mit Exponentialfunktionen ist, kann man mit der folgenden Vorgehensweise eine partikuläre Lösung bestimmen, ohne zu integrieren.
Für $f(x) = \sum_{k=0}^{n} a_k x^k$ sucht man eine partikuläre Lösung der Gestalt $y_p(x) = \sum_{k=0}^{n+2} b_k x^k$. Durch Einsetzen in die Differenzialgleichung und Koeffizientenvergleich erhält man das lineare (algebraische) Gleichungssystem

$$qb_{n+2} = 0 \, ,$$

$$p(n+2)b_{n+2} + qb_{n+1} = 0 \, ,$$

$$(k+1)(k+2)b_{k+2} + p(k+1)b_{k+1} = a_k \, , \quad k = 0, 1, \ldots, n \, .$$

Die Koeffizienten b_k lassen sich sofort nacheinander bestimmen.
Ist $f(x) = \sum_{k=1}^{n} a_k e^{\alpha_k x}$, so genügt es, wegen des Superpositions-Prinzips, $f(x) = ae^{\alpha x}$ zu betrachten. Der Ansatz $y_p(x) = be^{\alpha x}$ führt zum Erfolg, genauer zu $b = \frac{a}{\alpha^2 + p\alpha + q}$, falls α keine Lösung der charakteristischen Gleichung ist (also: $\alpha^2 + p\alpha + q \neq 0$). Ist α eine einfache oder doppelte Nullstelle der charakteristischen Gleichung, so erhält man mit dem Ansatz $y_p(x) = bxe^{\alpha x}$ bzw. $y_p(x) = bx^2 e^{\alpha x}$ für b den Wert $\frac{a}{2\alpha + p}$ bzw. $\frac{a}{2}$.
Ist $f(x) = a\cos\eta x$ oder $b\sin\eta x$ oder auch $a\cos\eta x + b\sin\eta x$, so führt jedesmal der Ansatz $c\cos\eta x + d\sin\eta x$ zum Ziel. Die Koeffizienten c und d ergeben sich aus einem linearen Gleichungssystem bestehend aus zwei Gleichungen.
Ist schließlich die rechte Seite der Differenzialgleichung von der Form $ae^{\alpha x}\cos\eta x$, $be^{\alpha x}\sin\eta x$ oder $(a\cos\eta x + b\sin\eta x)e^{\alpha x}$, so ist bei passender Wahl von c und d die Funktion $ce^{\alpha x}\cos\eta x + de^{\alpha x}\sin\eta x$ bzw. $(c\cos\eta x + d\sin\eta x)xe^{\alpha x}$ eine Lösung der inhomogenen Gleichung, falls $(p,q) \neq (-2\alpha, \alpha^2 + \eta^2)$ bzw. $(p,q) = (-2\alpha, \alpha^2 + \eta^2)$ gilt.

Eine Differenzialgleichung zweiter Ordnung der Gestalt

$$x^2 y''(x) + axy'(x) + by(x) = f(x) \, , \quad a, b \in \mathbb{R} \, , \tag{2.56}$$

ist eine **homogene** bzw. **inhomogene Eulersche Differenzialgleichung 2. Ordnung**, je nachdem, ob f die Nullfunktion ist oder nicht. Die Lösung wird diesmal nicht mit einer Transformation der Funktion y sondern mit einer Transformation der Variablen x gesucht; die Variablentransformation $x(t) = e^t$ und die Bezeichnung $z(t) := y(e^t)$ führen zur linearen Differenzialgleichung 2. Ordnung

$$\ddot{z}(t) + (a-1)\dot{z}(t) + bz(t) = f(e^t) \, ,$$

falls die Anfangsbedingung in einem Punkt $x_0 > 0$ gegeben ist, oder, beim Fehlen einer solchen Bedingung, wenn der Definitionsbereich von f eine Teilmenge von $]0, \infty[$ ist. Ist die Anfangsbedingung in einem Punkt $x_0 < 0$ gegeben, oder ist f auf einer Teilmenge von $]-\infty, 0[$ definiert, so erhält man mit der Variablentransformation $x(t) = -e^t$ und der Bezeichnung $z(t) = y(-e^t)$ die Differenzialgleichung

$$\ddot{z}(t) + (a-1)\dot{z}(t) + bz(t) = f(-e^t) \, .$$

Hiermit schließen wir diese Einführung in die Theorie der Differenzialgleichungen ab. Später werden wir uns erneut damit beschäftigen.

2.1.10 Lineare Abbildungen, Eigenwerte und Hauptachsentransformation von Matrizen (Aufgabe 59 bis 70)

Seien V und W zwei Vektorräume über dem Körper K. Unter den vielen Funktionen, die auf V definiert sind und Werte in W annehmen, sind diejenigen besonders leicht zu handhaben, welche die **Linearität erhalten**; anders gesagt: Die Wirkung einer solchen Funktion und die algebraischen Verknüpfungen sind **vertauschbare** Prozesse. Solche Funktionen heißen **lineare Abbildungen** oder **Homomorphismen von K-Vektorräumen** oder einfach **K-linear**.
$f : V \to W$ ist K-linear, wenn für alle λ_1, λ_2 aus K und $\mathbf{v}_1, \mathbf{v}_2$ aus V gilt:

$$f(\lambda_1 \mathbf{v}_1 + \lambda_2 \mathbf{v}_2) = \lambda_1 f(\mathbf{v}_1) + \lambda_2 f(\mathbf{v}_2) \ .$$

Äquivalent dazu: Für alle $\mathbf{v}, \mathbf{v}_1, \mathbf{v}_2$ aus V und λ aus K gilt:

$$f(\mathbf{v}_1 + \mathbf{v}_2) = f(\mathbf{v}_1) + f(\mathbf{v}_2) \quad \text{und} \quad f(\lambda \mathbf{v}) = \lambda f(\mathbf{v}) \ .$$

Eine K-lineare Abbildung von V nach V heißt ein **Endomorphismus** von V. So ist die Identität $id_V : V \to V$, $\mathbf{v} \mapsto \mathbf{v}$, ein Endomorphismus von V. Allgemeiner definiert jedes $\lambda \in K$ ein Endomorphismus $V \to V$, $\mathbf{v} \mapsto \lambda \mathbf{v}$, von V. Die Nullabbildung $V \to W$, $\mathbf{v} \mapsto \mathbf{0}$ (genauer sollte man $\mathbf{0}_W$ schreiben, um klarzumachen, dass das Nullelement aus W gemeint ist) ist K-linear. Ist $f : V \to W$ eine K-lineare Abbildung, so gilt:

$\to$ f bildet $\mathbf{0}$ (aus V) auf $\mathbf{0}$ (aus W) ab.

$\to$ $f(-\mathbf{v}) = -f(\mathbf{v})$ für jedes $\mathbf{v} \in V$.

$\to$ $\mathrm{Kern}(f) := \{\mathbf{v} \in V \mid f(\mathbf{v}) = \mathbf{0}\}$ ist ein Untervektorraum von V, der **Kern** von f .

$\to$ $f(V) = \mathrm{Bild}(f) := \{\mathbf{w} \in W \mid \exists \mathbf{v} \in V \text{ mit } f(\mathbf{v}) = \mathbf{w}\}$ ist ein Untervektorraum von W, das **Bild** von f .

$\to$ f ist injektiv $\iff \mathrm{Kern}(f) = \{\mathbf{0}\}$.

$\to$ Ist f bijektiv, so ist auch $f^{-1} : W \to V$ ein Homomorphismus.

Ist $f : V \to W$ ein bijektiver Homomorphismus, so ist also f^{-1} auch K-linear; f heißt dann ein **Isomorphismus** von Vektorräumen.

Sind f_1 und f_2 Homomorphismen von K-Vektorräumen von V nach W und sind λ_1, λ_2 aus K, so bezeichnet $\lambda_1 f_1 + \lambda_2 f_2$ die K-lineare(!) Abbildung $\mathbf{v} \mapsto \lambda_1 f_1(\mathbf{v}) + \lambda_2 f_2(\mathbf{v})$. Die Menge $\mathrm{Hom}_K(V, W)$ der K-linearen Abbildungen ist ein K-Vektorraum. Man beachte, dass die Nullabbildung von V nach W das Nullelement von $\mathrm{Hom}_K(V, W)$ ist.
Sind $f : V \to W$ und $g : W \to U$ K-linear, so ist die Komposition $g \circ f$ eine K-lineare Abbildung zwischen den K-Vektorräumen V und U .
Ist $L \subset K$ ein Unterkörper von K, so ist jeder K-Homomorphismus $V \to W$

auch ein L-Homomorphismus, wobei diesmal V und W als L-Vektorräume angesehen werden. Die umgekehrte Behauptung, also: jeder L-Homomorphismus ist ein K-Homomorphismus, ist im allgemeinen falsch. So ist die Konjugation $\mathbb{C} \to \mathbb{C}, z \mapsto \bar{z}$ ein $\mathbb{R}$-Homomorphismus, aber kein $\mathbb{C}$-Homomorphismus.

Wir haben gesehen, dass viele Operationen mit Funktionen lineare Abbildungen sind. So ist die Zuordnung des Grenzwertes in einem Punkt $x_0 \in \mathbb{R}$ eine $\mathbb{R}$-lineare Abbildung vom Vektorraum aller reellwertigen Funktionen, die auf einem Intervall (z.B. $]x_0 - 1, x_0 + 1[$) definiert sind und in x_0 einen Grenzwert haben, in $\mathbb{R}$. Die „Rechenregel"

$$\lim_{x \to x_0} (\lambda_1 f_1(x) + \lambda_2 f_2(x)) = \lambda_1 \lim_{x \to x_0} f_1(x) + \lambda_2 \lim_{x \to x_0} f_2(x)$$

bedeutet genau die $\mathbb{R}$-Linearität dieser Zuordnung (Abbildung).
Auch Ableiten und Integrieren können als $\mathbb{R}$-lineare Abbildung gedeutet werden:

$$(\lambda_1 f_1 + \lambda_2 f_2)' = \lambda_1 f_1' + \lambda_2 f_2' \, ,$$

$$\int_a^b (\lambda_1 f_1 + \lambda_2 f_2)(x) = \lambda_1 \int_a^b f_1(x)dx + \lambda_2 \int_a^b f_2(x)dx \, .$$

Natürlich dürfen wir dabei die zugehörigen Vektorräume nicht vergessen. Im ersten Fall ist (zum Beispiel) $f \mapsto f'$ ein Endomorphismus des Vektorraums aller unendlich differenzierbaren Funktionen auf $\mathbb{R}$; im zweiten ist $f \mapsto \int_a^b f(x)dx$ ein Homomorphismus auf dem Vektorraum aller integrierbaren Funktionen auf $[a, b]$ mit Werten in $\mathbb{R}$.
Nicht jede Operation mit Funktionen führt zu einem Vektorraumhomomorphismus, wie z.B. für stetige Funktionen auf einem Intervall die Operation Betrag $f \mapsto |f|$ oder das Quadrieren $f \mapsto f^2$.
Was uns besonders interessiert, sind die linearen Abbildungen zwischen endlich dimensionalen Vektorräumen, weil eine unmittelbare Verbindung zur Theorie der linearen Gleichungssysteme besteht, wie wir erläutern werden.

Wir nehmen von nun an an, dass V und W endlich dimensionale Vektorräume sind; es seien $n := \dim_K V$ und $m := \dim_K W$. (Es hilft Ihnen vielleicht, wenn Sie bei der ersten Lektüre der nächsten Seiten $K = \mathbb{R}$, $V = \mathbb{R}^n$ und $W = \mathbb{R}^m$ als Modell vor Augen haben.) Für eine K-lineare Abbildung $f : V \to W$ gilt die **Dimensionsformel**

$$\dim_K V = \dim_K \text{Ker}(f) + \dim_K \text{Bild}(f) \, . \tag{2.57}$$

Daraus ergibt sich die Äquivalenz der folgenden Eigenschaften:

$\to$ f ist ein Isomorphismus,

$\rightarrow \quad n = m$ und f ist injektiv,

$\rightarrow \quad n = m$ und f ist surjektiv.

$\mathcal{B} := \{\mathbf{b}_1, \ldots, \mathbf{b}_n\}$ und $\mathcal{C} := \{\mathbf{c}_1, \ldots, \mathbf{c}_m\}$ bezeichnen eine Basis von V bzw. W. Eine lineare Abbildung $f : V \rightarrow W$ ist vollständig bekannt, wenn die Bilder $\mathbf{w}_1 = f(\mathbf{b}_1), \ldots, \mathbf{w}_n = f(\mathbf{b}_n)$ bekannt sind, da für jedes $\mathbf{v} \in V$ eine eindeutige Darstellung $\mathbf{v} = \sum_{j=1}^{n} \lambda_j \mathbf{b}_j$ existiert, und wegen der K-Linearität von f gilt: $f(\mathbf{v}) = f(\sum_{j=1}^{n} \lambda_j \mathbf{b}_j) = \sum_{j=1}^{n} \lambda_j f(\mathbf{b}_j) = \sum_{j=1}^{n} \lambda_j \mathbf{w}_j$. Schreibt man $f(\mathbf{b}_j)$ als (eindeutige) Linearkombination $\sum_{i=1}^{m} a_{ij}\mathbf{c}_i$ für alle $j = 1, \ldots, n$, so erhält man eine $m \times n$-Matrix

$$M_{\mathcal{C},\mathcal{B}}(f) := \begin{pmatrix} a_{11} & a_{12} & \cdots & a_{1n} \\ a_{21} & a_{22} & \cdots & a_{2n} \\ \vdots & \vdots & & \vdots \\ a_{m1} & a_{m2} & \cdots & a_{mn} \end{pmatrix} .$$

Das Bild eines beliebigen Elementes $\mathbf{v} \in V$ (und damit f) ist durch diese Matrix eindeutig bestimmt

$$f(\mathbf{v}) = \sum_{j=1}^{n} \lambda_j f(\mathbf{b_j}) = \sum_{j=1}^{n} \lambda_j \left(\sum_{i=1}^{m} a_{ij}\mathbf{c}_i \right) = \sum_{i=1}^{m} \left(\sum_{j=1}^{n} \lambda_j a_{ij} \right) \mathbf{c}_i . \quad (2.58)$$

Die Zuordnung $f \mapsto M_{\mathcal{C},\mathcal{B}}(f)$ ist eine K-lineare Abbildung von $\mathrm{Hom}_K(V, W)$ nach $K^{m \times n}$, dem K-Vektorraum aller $m \times n$-Matrizen mit Komponenten aus K, weil für alle f_1, f_2 aus $\mathrm{Hom}_K(V, W)$ und $\lambda_1, \lambda_2 \in K$ gilt:

$$M_{\mathcal{C},\mathcal{B}}(\lambda_1 f_1 + \lambda_2 f_2) = \lambda_1 M_{\mathcal{C},\mathcal{B}}(f_1) + \lambda_2 M_{\mathcal{C},\mathcal{B}}(f_2) .$$

Der K-Homomorphismus $M_{\mathcal{C},\mathcal{B}}$ ist sogar ein Isomorphismus. Die inverse Abbildung ordnet jeder Matrix $A \in K^{m \times n}$ eine mittels (2.58) definierte Abbildung $V \rightarrow W$ zu; sie ist offensichtlich K-linear. Dieser Vektorraumisomorphismus $M_{\mathcal{C},\mathcal{B}}$ hängt wesentlich von den Basen $\mathcal{B}$ und $\mathcal{C}$ ab. Sind $\mathcal{B}'$ und $\mathcal{C}'$ weitere Basen von V bzw. W, so gilt

$$M_{\mathcal{C}',\mathcal{C}}(id_W) \cdot M_{\mathcal{C},\mathcal{B}}(f) \cdot M_{\mathcal{B},\mathcal{B}'}(id_V) = M_{\mathcal{C}',\mathcal{B}'}(f) . \quad (2.59)$$

Die $m \times m$-Matrix $M_{\mathcal{C}',\mathcal{C}}(id_W) = \begin{pmatrix} c_{11} & \cdots & c_{1m} \\ \vdots & & \vdots \\ c_{m1} & \cdots & c_{mm} \end{pmatrix}$ heißt die **Über-**

gangsmatrix von der Basis $\mathcal{C}$ zur Basis $\mathcal{C}'$; für alle $i = 1, \ldots, m$ gilt: $\mathbf{c}_i = \sum_{k=1}^{m} c_{ki}\mathbf{c}'_k$. Analog ist $M_{\mathcal{B},\mathcal{B}'}(id_V)$ die Übergangsmatrix von $\mathcal{B}'$ zu $\mathcal{B}$.

Sind $f : V \to W$ und $g : W \to U$ K-lineare Abbildungen sowie $\mathcal{B}, \mathcal{C}$ und $\mathcal{D}$ Basen von V, W bzw. U, so gilt:

$$M_{\mathcal{D},\mathcal{B}}(g \circ f) = M_{\mathcal{D},\mathcal{C}}(g) \cdot M_{\mathcal{C},\mathcal{B}}(f) . \tag{2.60}$$

Ist insbesondere f ein Isomorphismus, so gilt $M_{\mathcal{C},\mathcal{B}}(f)^{-1} = M_{\mathcal{B},\mathcal{C}}(f^{-1})$.

Wir betrachten jetzt ein lineares Gleichungssystem $A\mathbf{x} = \mathbf{b}$ mit $A \in K^{m \times n}$ und $\mathbf{b} \in K^m$. Die Abbildung $f_A : K^n \to K^m$, $\mathbf{v} \mapsto A\mathbf{v}$ hat die Eigenschaft, dass $M_{\mathcal{E}^{(m)},\mathcal{E}^{(n)}}(f_A) = A$ gilt; dabei sind $\mathcal{E}^{(m)}$ und $\mathcal{E}^{(n)}$ die kanonischen Basen von K^m bzw. K^n. Entscheidend sind die Beziehung Rang $A = \dim_K \text{Bild}(f_A)$ und die Dimensionsformel $n = \dim_K \text{Ker}(f_A) + \text{Bild}(f_A)$. Daraus ergeben sich die folgenden Äquivalenzen:

$\to$ $A\mathbf{x} = \mathbf{b}$ hat eine Lösung $\Longleftrightarrow$ $\mathbf{b} \in \text{Bild}(f_A)$.

$\to$ $A\mathbf{x} = \mathbf{b}$ hat für jedes $\mathbf{b}$ eine Lösung $\Longleftrightarrow$ f_A surjektiv.

$\to$ $A\mathbf{x} = \mathbf{b}$ hat höchstens eine Lösung $\Longleftrightarrow$ f_A injektiv.

$\to$ $A\mathbf{x} = \mathbf{b}$ hat genau eine Lösung $\Longleftrightarrow$ f_A injektiv und $\mathbf{b} \in \text{Bild}(f_A)$.

$\to$ $A\mathbf{x} = \mathbf{b}$ hat für jedes $\mathbf{b}$ genau eine Lösung $\Longleftrightarrow$ f_A bijektiv.

Sei nun A eine $n \times n$-Matrix mit Koeffizienten aus dem Körper K und $\lambda \in K$. Die Menge

$$E_A(\lambda) := \{\mathbf{v} \in K^n \mid A\mathbf{v} = \lambda\mathbf{v}\}$$

ist ein Untervektorraum von K^n. Gibt es ein $\mathbf{v} \neq \mathbf{0}$ aus $E_A(\lambda)$, so heißt λ ein **Eigenwert von** A, $\mathbf{v}$ ein **Eigenvektor zum Eigenwert** λ und $E_A(\lambda)$ der **Eigenraum von** A **zum Eigenwert** λ. $E_A(\lambda)$ besteht in diesem Fall aus Eigenvektoren (die sämtlich von $\mathbf{0}$ verschieden sind) und aus $\mathbf{0}$. Schreibt man $A\mathbf{x} = \lambda\mathbf{x}$ als $(\lambda E_n - A)\mathbf{x} = \mathbf{0}$, so ist λ ein Eigenwert von A genau dann, wenn das homogene lineare Gleichungssystem $(\lambda E_n - A)\mathbf{x} = \mathbf{0}$ eine nichttriviale Lösung hat, was bekanntlich zu $\det(\lambda E_n - A) = 0$ äquivalent ist. Diese Gleichung n-ter Ordnung

$$\det(\lambda E_n - A) = \lambda^n - (a_{11} + a_{22} + \ldots + a_{nn})\lambda^{n-1} + \ldots + (-1)^n \det A = 0$$

heißt die **charakteristische Gleichung von** A. Sind $\lambda_1, \ldots, \lambda_k$ paarweise verschiedene Eigenwerte von A und ist $\mathbf{v}_j$ ein Eigenvektor von A zu λ_j für $j = 1, \ldots, k$, so sind $\mathbf{v}_1, \ldots, \mathbf{v}_k$ linear unabhängig. (Der Beweis ergibt sich aus $(\lambda_1 E_n - A) \ldots (\lambda_{i-1}E_n - A)(\lambda_{i+1}E_n - A) \ldots (\lambda_k E_n - A)\mathbf{v}_i = (\lambda_1 - \lambda_i) \ldots (\lambda_{i-1} - \lambda_i)(\lambda_{i+1} - \lambda_i) \ldots (\lambda_k - \lambda_i)\mathbf{v}_i$.)

Entscheidend für die Theorie ist der folgende Satz:

Genau dann gibt es eine invertierbare Matrix $S \in K^{n,n}$, so dass $S^{-1}AS$ eine Diagonalmatrix ist, wenn paarweise verschiedene Elemente $\lambda_1, \ldots, \lambda_l$ aus K und natürliche Zahlen $k_1, \ldots, k_l$ existieren, so dass gilt:

$$\det(\lambda E_n - A) = \prod_{i=1}^{l}(\lambda - \lambda_i)^{k_i} \quad \text{und} \quad \text{Rang}(\lambda_i E - A) = n - k_i \quad \text{für alle} \quad i .$$

Man beachte: $\sum_{i=1}^{l} k_i = n$ und $\dim_K E_A(\lambda_i) = k_i$ für alle $i = 1, \ldots, l$. Die Zahl k_i heißt die **Vielfachheit des Eigenwertes λ_i von A**.

Bilden $\mathbf{v}_1^{(i)}, \ldots, \mathbf{v}_{k_i}^{(i)}$ eine Basis von $E_A(\lambda_i)$, so ist

$$S = \{\mathbf{v}_1^{(1)}, \ldots, \mathbf{v}_{k_1}^{(1)}, \mathbf{v}_1^{(2)}, \ldots, \mathbf{v}_{k_2}^{(2)}, \ldots, \mathbf{v}_1^{(l)}, \ldots, \mathbf{v}_{k_l}^{(l)}\}$$

eine Basis von K^n. Bezeichnet S die $n \times n$-Matrix mit diesen Spalten $\mathbf{v}_1^{(1)}, \ldots, \mathbf{v}_{k_l}^{(l)}$, so ist $S^{-1}AS$ die Diagonalmatrix mit der Diagonale $\lambda_1, \ldots, \lambda_1$, $\lambda_2, \ldots, \lambda_2, \ldots \lambda_l, \ldots, \lambda_l$. Man sagt in diesem Fall, dass A **diagonalisierbar** ist oder dass A zu einer **Diagonalmatrix ähnlich** ist.

Bezeichnet $f_A : K^n \to K^n$ die mittels A definierte Abbildung (also $\mathbf{v} \mapsto A\mathbf{v}$), so gilt:

$$M_{S,S}(f_A) = M_{S,\mathcal{E}^{(n)}}(id_{K^n}) \cdot M_{\mathcal{E}^{(n)},\mathcal{E}^{(n)}}(f_A) \cdot M_{\mathcal{E}^{(n)},S}(id_{K^n}) = S^{-1}AS \ .$$

Deshalb ist A genau dann diagonalisierbar, wenn eine Basis S von K^n existiert, so dass $M_{S,S}(f_A)$ eine Diagonalmatrix ist.

Nicht jede Matrix ist diagonalisierbar. Z.B. für $c \in K\backslash\{0\}$ ist die Matrix $\begin{pmatrix} 1 & c \\ 0 & 1 \end{pmatrix} =: A$ nicht diagonalisierbar. Es gilt: $\det(\lambda E_2 - A) = (\lambda - 1)^2$, $\lambda_1 = \lambda_2 = 1$, $\mathrm{Rang}(1 \cdot E_2 - A) = \mathrm{Rang}\begin{pmatrix} 0 & -c \\ 0 & 0 \end{pmatrix} = 1$. Wäre A diagonalisierbar, so müsste $\mathrm{Rang}(1 \cdot E_2 - A) = 2 - 2 = 0$ gelten.

Ein weiterer Grund für die Existenz nicht diagonalisierbarer Matrizen ist: Das charakteristische Polynom $\det(\lambda E_n - A)$ könnte keine Darstellung als Produkt von Linearfaktoren besitzen. Im Fall $K = \mathbb{R}$ liefert die Matrix $\begin{pmatrix} 0 & -1 \\ 1 & 0 \end{pmatrix}$ ein Beispiel dafür. Um diese Ursache auszuschließen, wird von nun an $K = \mathbb{C}$ angenommen; es werden aber auch Ergebnisse für $K = \mathbb{R}$ erläutert.

Bevor wir uns näher mit der Diagonalisierungsfrage in diesem Fall beschäftigen, schildern wir einige Tatsachen über $\mathbb{C}^{m,n}$; wir betrachten also **komplexe $m \times n$-Matrizen**. Für $A = (a_{ij})_{\substack{1 \leq i \leq m \\ 1 \leq j \leq n}}$ bezeichnen $A^T, \overline{A}$ und $\overline{A}^T$ die **zu A transponierte, konjugierte,, bzw. konjugiert-transponierte** Matrix, also

$$A^T = (a_{ji}^T)_{\substack{1 \leq j \leq n \\ 1 \leq i \leq m}} \quad \text{mit} \quad a_{ji}^T = a_{ij} \ , \ \overline{A} = (\overline{a}_{ij})_{\substack{1 \leq i \leq m \\ 1 \leq j \leq n}} \ .$$

Es gilt $\overline{\overline{A}} = A$, $\overline{A}^T = \overline{A^T}$ und $\overline{\overline{A}^T}^T = A$. Die Abbildung $\mathbb{C}^{m,n} \to \mathbb{C}^{n,m}$, $A \mapsto A^T$, ist ein $\mathbb{C}$-Vektorraumisomorphismus. Dagegen sind $\mathbb{C}^{m,n} \to \mathbb{C}^{m,n}$, $A \mapsto \overline{A}$ und $\mathbb{C}^{m,n} \to \mathbb{C}^{n,m}$, $A \mapsto \overline{A}^T$ nur $\mathbb{R}$-Vektorraumisomorphismen.

$A \in \mathbb{C}^{m,n}$ ist **reell** (d.h. $A \in \mathbb{R}^{m,n}$) genau dann, wenn $\overline{A} = A$ gilt. Eine quadratische Matrix $A \in \mathbb{C}^{n,n}$ heißt

$\to$ **unitär**, falls $\overline{A}^T A = E_n$ gilt.

→   **orthogonal**, falls sie reell ist und $A^T A = E_n$ gilt.

→   **hermitesch**, falls $\overline{A}^T = A$ gilt.

→   **symmetrisch**, falls A reell ist und $A^T = A$ gilt.

Das (kanonische) Skalarprodukt von $\mathbb{R}^n$ (zur Erinnerung: $\mathbf{x} \cdot \mathbf{y} := \sum_{j=1}^n x_j y_j$, also: das Produkt der „Matrizen" $\mathbf{x}^T$ und $\mathbf{y}$) lässt sich auf $\mathbb{C}^n$ erweitern: $\mathbb{C}^n \times \mathbb{C}^n \to \mathbb{C}$, $\mathbf{x} \cdot \mathbf{y} = \sum_{j=n}^n \overline{x_j} y_j$. $\mathbf{x} \cdot \mathbf{y}$ ist das Produkt der „Matrizen" $\overline{\mathbf{x}}^T$ und $\mathbf{y}$. Dieses Skalarprodukt ist

→   **antilinear im ersten Argument**: Für alle $\mathbf{x}_1, \mathbf{x}_2$ und $\mathbf{y}$ aus $\mathbb{C}^n$ sowie λ_1 und λ_2 aus $\mathbb{C}$ gilt $(\lambda_1 \mathbf{x}_1 + \lambda_2 \mathbf{x}_2) \cdot \mathbf{y} = \overline{\lambda}_1 \mathbf{x}_1 \cdot \mathbf{y} + \overline{\lambda}_2 \mathbf{x}_2 \cdot \mathbf{y}$

→   **linear im zweiten Argument**: Für alle $\mathbf{y}_1$ und $\mathbf{y}_2$ aus $\mathbb{C}^n$ sowie λ_1 und λ_2 aus $\mathbb{C}$ gilt $\mathbf{x} \cdot (\lambda_1 \mathbf{y}_1 + \lambda_2 \mathbf{y}_2) = \lambda_1 \mathbf{x} \cdot \mathbf{y}_1 + \lambda_2 \mathbf{x} \cdot \mathbf{y}_2$.

→   **hermitesch**: Für alle $\mathbf{x}, \mathbf{y}$ aus $\mathbb{C}^n$ gilt $\overline{\mathbf{x} \cdot \mathbf{y}} = \mathbf{y} \cdot \mathbf{x}$.

→   **positiv definit**: Für alle $\mathbf{x} \in \mathbb{C}^n \backslash \{\mathbf{0}\}$ ist $\mathbf{x} \cdot \mathbf{x}$ reell, positiv.

Außerdem gilt für jedes A aus $\mathbb{C}^{n,n}$ und alle $\mathbf{x}, \mathbf{y}$ aus $\mathbb{C}^n$:

$$(A\mathbf{x}) \cdot \mathbf{y} = \mathbf{x} \cdot (\overline{A}^T \mathbf{y}) .$$

Mit Hilfe des Skalarproduktes kann man die Begriffe **orthogonal** und **Norm** für die Vektoren aus $\mathbb{C}^n$ definieren. $\mathbf{x}$ ist orthogonal zu $\mathbf{y}$, falls $\mathbf{x} \cdot \mathbf{y} = 0$ gilt. Die Norm des Vektors $\mathbf{x}$ ist

$$\|\mathbf{x}\| = \sqrt{\mathbf{x} \cdot \mathbf{x}} .$$

Die Funktion $\| \cdot \| : \mathbb{C} \to \mathbb{R}$ hat die Eigenschaften:
i) $\|\mathbf{x}\| \geq 0$,   ii) $\|\mathbf{x}\| = 0 \iff \mathbf{x} = \mathbf{0}$,   iii) $\|\lambda \mathbf{x}\| = |\lambda| \cdot \|\mathbf{x}\|$,
iv) $\|\mathbf{x} + \mathbf{y}\| \leq \|\mathbf{x}\| + \|\mathbf{y}\|$.
Die Vektoren $\mathbf{x}_1, \ldots, \mathbf{x}_k$ bilden ein **Orthonormalsystem**, wenn $\|\mathbf{x}_i\| = 1$ für alle $i = 1, \ldots, k$ und $\mathbf{x}_i \cdot \mathbf{x}_j = 0$ für alle $i \neq j$ aus $\{1, \ldots, k\}$ gilt. Ist $k = n$, so spricht man von einer **Orthonormalbasis**. Damit ist die Matrix A genau dann unitär, wenn ihre Spalten eine Orthonormalbasis bilden. Aus k linear unabhängigen Vektoren $\mathbf{x}_1, \ldots, \mathbf{x}_k$ aus $\mathbb{C}^n$ kann man mit Hilfe des sog. **Gram-Schmidt-Orthonormalisierungsverfahrens** ein Orthonormalsystem $\mathbf{v}_1, \ldots, \mathbf{v}_k$ konstruieren, so dass für jedes $r = 1, 2, \ldots, k$ der von $\mathbf{x}_1, \ldots, \mathbf{x}_r$ aufgespannte Untervektorraum von $\mathbb{C}^n$ mit dem von $\mathbf{v}_1, \ldots, \mathbf{v}_r$ aufgespannten Untervektorraum übereinstimmt (vgl. die Aufgaben 63 und 64).

Sei nun A eine quadratische komplexe Matrix mit n Zeilen und Spalten; Eigenvektoren von A zu verschiedenen Eigenwerten sind im Allgemeinen nicht orthogonal zueinander; betrachten wir z.B. die Matrix $\begin{pmatrix} 0 & 4 \\ 1 & 0 \end{pmatrix}$. Zu ihren Eigenwerten 2 und -2 gehören die Eigenvektoren $\begin{pmatrix} 2 \\ 1 \end{pmatrix}$ bzw. $\begin{pmatrix} 2 \\ -1 \end{pmatrix}$. Diese Vektoren sind nicht orthogonal zueinander: $\begin{pmatrix} 2 \\ 1 \end{pmatrix} \cdot \begin{pmatrix} 2 \\ -1 \end{pmatrix} = 4 - 1 = 3 \neq 0$.

Dagegen hat eine hermitesche (und insbesondere eine symmetrische) Matrix nicht nur genau n **reelle** (aber im Allgemeinen nicht notwendig paarweise verschiedene) Eigenwerte, sondern die bemerkenswerte Eigenschaft, dass die Eigenvektoren zu verschiedenen Eigenwerten orthogonal sind. Entscheidend ist für eine hermitesche Matrix A, dass die Vielfachheit jedes Eigenwertes λ von A gleich der Dimension des Eigenraumes $E_A(\lambda)$ ist. Nach dem zitierten Satz über die Diagonalisierbarkeit quadratischer Matrizen über einem beliebigen Körper folgt daraus, dass jede hermitesche Matrix diagonalisierbar ist. Wählt man für jeden Eigenraum eine Orthonormalbasis, so bildet die Vereinigung dieser Basen eine Orthonormalbasis von $\mathbb{C}^n$. Die aus diesen Eigenvektoren (als Spalten) gebildete Matrix S ist unitär und deshalb kann man den folgenden **Satz über die Hauptachsentransformation** formulieren:

Ist $A \in \mathbb{C}^{n \times n}$ eine hermitesche Matrix, so gibt es eine unitäre Matrix S derart, dass $\overline{S}^T A S$ eine Diagonalmatrix ist. Auf der Diagonalen befinden sich die Eigenwerte von A, und zwar jeder so oft wie es seiner Vielfachheit entspricht. Dieses Ergebnis gilt auch für eine symmetrische Matrix $A \in \mathbb{R}^{n \times n}$. In diesem Fall sind nicht nur die Eigenwerte sondern auch die Eigenvektoren und damit auch die Matrix S reell; sie ist also orthogonal.

Was bedeutet eigentlich dieser Satz für die Abbildung $f = f_A$? Die Matrix S liefert eine Koordinatentransformation $\mathbf{x} = S\mathbf{x}'$, so dass bezüglich der neuen Koordinaten die Achsen bei der Wirkung von f invariant bleiben. Sind die Eigenwerte paarweise verschieden, so sind diese Achsen die einzigen invarianten Geraden bezüglich f. (Das bedeutet nicht, dass jeder Punkt dieser Geraden festbleibt, sondern dass die Gerade als Gesamtheit festbleibt!). In diesem Sinne sind die neuen Achsen die Hauptrichtungen (Hauptachsen) von f. Ist λ eine vielfache Nullstelle von $\lambda E_n - A$ (d.h. ein vielfacher Eigenwert) von Ordnung k, so ist $E_A(\lambda)$ ein invarianter k-dimensionaler Untervektorraum, und jede durch $\mathbf{0}$ gehende Gerade in ihm ist f-invariant, und könnte als neue Achse gewählt werden.

Dass diese Methode auch im Fall einer nicht hermiteschen Matrix zum Ziel (Diagonalisierung) führen kann, zeigt uns das Beispiel der Matrix $A = \begin{pmatrix} 0 & 4 \\ 1 & 0 \end{pmatrix}$. Bildet man mit den Eigenvektoren $\begin{pmatrix} 2 \\ 1 \end{pmatrix}$ und $\begin{pmatrix} 2 \\ -1 \end{pmatrix}$ zu ihren Eigenwerten 2 bzw. -2 die Matrix $B = \begin{pmatrix} 2 & 2 \\ 1 & -1 \end{pmatrix}$, so gilt $B^{-1} = \begin{pmatrix} \frac{1}{4} & \frac{1}{2} \\ \frac{1}{4} & -\frac{1}{2} \end{pmatrix}$ und $B^{-1}AB = \begin{pmatrix} 2 & 0 \\ 0 & -2 \end{pmatrix}$.

Allgemeiner: Die $n \times n$-Matrizen mit n verschiedenen Eigenwerten lassen sich mit der obigen Methode diagonalisieren.

2.1.11 Kurven und Flächen zweiter Ordnung (Aufgabe 71 bis 74)

Schneidet man einen Kreiskegel mit Ebenen, so sind die Schnittkurven Kreise, Ellipsen, Hyperbeln und Parabeln; deshalb heißen diese Kurven auch **Ke-**

gelschnitte. Geht eine Ebene durch die Spitze des Kegels, so erhält man zwei Schnitthalbgeraden oder eine Halbgerade – falls die Ebene den Kegel tangential trifft – oder auch nur einen Punkt (die Spitze). Durch Drehung eines Kreises, einer Ellipse, einer Hyperbel oder einer Parabel um eine der Symmetrieachsen entsteht eine Kugel, ein Drehellipsoid, ein Drehhyperboloid oder ein Drehparaboloid. Wenn man den Maßstab in einer Richtung verändert, entstehen daraus Ellipsoide, Hyperboloide oder Paraboloide, die nicht durch eine Drehung erzeugt werden können, d.h. keine Rotationsflächen sind. Was haben diese Kurven und Flächen vom analytischen Standpunkt aus gesehen gemeinsam? Sie sind Nullstellenmengen im $\mathbb{R}^2$ bzw. im $\mathbb{R}^3$ eines Polynoms 2. Grades in x und y, bzw. in x, y und z. Deshalb tragen diese Kurven (bzw. Flächen) den Namen **Kurven** (bzw. **Flächen**) **zweiter Ordnung**. Sie können also durch Gleichungen vom Typ

$$a_{20}x^2 + 2a_{11}xy + a_{02}y^2 + 2b_{10}x + 2b_{01}y + c = 0 \qquad (2.61_2)$$

bzw.

$$a_{200}x^2 + a_{020}y^2 + a_{002}z^2 + 2a_{110}xy + 2a_{101}xz + 2a_{011}yz + \\ 2b_{100}x + 2b_{010}y + 2b_{001}z + c = 0 \qquad (2.61_3)$$

dargestellt werden. Setzt man $\mathbf{x} = \begin{pmatrix} x \\ y \end{pmatrix}$ bzw. $\mathbf{x} = \begin{pmatrix} x \\ y \\ z \end{pmatrix}$, $A = \begin{pmatrix} a_{20} & a_{11} \\ a_{11} & a_{02} \end{pmatrix}$

bzw. $A = \begin{pmatrix} a_{200} & a_{110} & a_{101} \\ a_{110} & a_{020} & a_{011} \\ a_{101} & a_{011} & a_{002} \end{pmatrix}$ und $\mathbf{b} = \begin{pmatrix} b_{10} \\ b_{01} \end{pmatrix}$ bzw. $\mathbf{b} = \begin{pmatrix} b_{100} \\ b_{010} \\ b_{001} \end{pmatrix}$, so kann

man die obigen Gleichungen einheitlich, d.h. sowohl für den $\mathbb{R}^2$ als auch für den $\mathbb{R}^3$, in der Form

$$\mathbf{x}^T A \mathbf{x} + \mathbf{b}^T \mathbf{x} + c = 0 \qquad (2.61)$$

schreiben; dabei ist A eine symmetrische, von der Nullmatrix verschiedene Matrix. Als Folgerung ergibt sich, dass eine (nichttriviale) Schnittkurve einer der betrachteten Flächen mit einer Ebene eine der eingangs genannten Kurven ist. (Eliminiert man eine der Variablen x, y oder z aus (2.61_3) und aus $\alpha x + \beta y + \gamma z + \delta = 0$, so erhält man eine Gleichung der Form (2.61_2), wobei eventuell x oder y durch z zu ersetzen ist.)

Aus der Schulmathematik sind uns die Gleichungen des Kreises, der Ellipse, der Hyperbel und der Parabel in der Gestalt

$$x^2 + y^2 = R^2 \,, \; \frac{x^2}{a^2} + \frac{y^2}{b^2} = 1 \,, \; \frac{x^2}{a^2} - \frac{y^2}{b^2} = 1 \quad \text{bzw.} \quad y^2 = 2px$$

(hoffentlich) bekannt und vertraut. Diese Darstellung heißt auch **Normal-form der Kegelschnitte**; das beinhaltet, dass der Mittelpunkt des Kreises im Nullpunkt liegt, dass für Ellipse und Hyperbel die Symmetrieachsen als Koordinatenachsen gewählt sind und dass bei der Parabel der Scheitelpunkt als Nullpunkt und die Symmetrieachse als x-Achse genommen wird.

Die nicht ausgearteten Flächen zweiter Ordnung (auch **Quadriken** genannt) und deren Gleichungen bei geeigneter Wahl der Koordinaten sind:

$$x^2 + y^2 + z^2 = R^2 \qquad \text{die Kugel,}$$

$$\frac{x^2}{a^2} + \frac{y^2}{b^2} + \frac{z^2}{c^2} = 1 \qquad \text{das Ellipsoid,}$$

$$\frac{x^2}{a^2} + \frac{y^2}{b^2} - \frac{z^2}{c^2} = 1 \qquad \text{das einschalige Hyperboloid,}$$

$$\frac{x^2}{a^2} - \frac{y^2}{b^2} - \frac{z^2}{c^2} = 1 \qquad \text{das zweischalige Hyperboloid,}$$

$$\frac{x^2}{a^2} + \frac{y^2}{b^2} - \frac{z^2}{c^2} = 0 \qquad \text{der elliptische Kegel,}$$

$$\frac{x^2}{a^2} + \frac{y^2}{b^2} + 2pz = 0 \qquad \text{das elliptische Paraboloid,}$$

$$\frac{x^2}{a^2} + \frac{y^2}{b^2} = 1 \qquad \text{der elliptische Zylinder,}$$

$$\frac{x^2}{a^2} - \frac{y^2}{b^2} + 2pz = 0 \qquad \text{das hyperbolische Paraboloid,}$$

$$x^2 = 2pz \qquad \text{der parabolische Zylinder.}$$

Dabei sind a, b, c und R positive Zahlen und $p \neq 0$. Die obigen Darstellungen der Quadriken werden **Normalformen** genannt. An der Formel (2.61_2) oder (2.61_3) können wir nicht sofort erkennen, von welchem Typ die dadurch beschriebene Kurve oder Fläche ist. Auch ist unklar, ob (2.61_2) oder (2.61_3) überhaupt Lösungen besitzt (d.h., ob (2.61_2) oder (2.61_3) nicht vielleicht die leere Menge „beschreibt".) Zur Beantwortung dieser Fragen benutzen wir eine Hauptachsentransformation. Sind λ_1, λ_2 bzw. $\lambda_1, \lambda_2, \lambda_3$ die (reellen, da A symmetrisch ist) Eigenwerte von A und $\mathbf{v}_1, \mathbf{v}_2$ bzw. $\mathbf{v}_1, \mathbf{v}_2, \mathbf{v}_3$ Eigenvektoren zu diesen Eigenwerten, die eine Orthonormalbasis bilden, so bezeichne S die Matrix mit den Spalten $\mathbf{v}_1, \mathbf{v}_2$ bzw. $\mathbf{v}_1, \mathbf{v}_2, \mathbf{v}_3$. Wegen $A \neq 0$ kann man o.E. (eventuell muss man eine Variablenvertauschung vornehmen) $\lambda_1 > 0$ anneh-men. Es gilt $S^T A S = \begin{pmatrix} \lambda_1 & 0 \\ 0 & \lambda_2 \end{pmatrix}$ oder $\begin{pmatrix} \lambda_1 & 0 & 0 \\ 0 & \lambda_2 & 0 \\ 0 & 0 & \lambda_3 \end{pmatrix}$. Setzt man $\mathbf{x} = S\mathbf{x}'$,

so folgt aus $\mathbf{x}^T A \mathbf{x} + 2\mathbf{b}^T \mathbf{x} + c = 0$ zuerst $\mathbf{x}'^T (S^T A S)\mathbf{x}' + 2(\mathbf{b}^T S)\mathbf{x}' + c = 0$, und damit

$$\lambda_1 x'^2 + \lambda_2 y'^2 + 2b'_{10} x' + 2b'_{01} y' + c = 0 \tag{2.62$_2$}$$

bzw.

$$\lambda_1 x'^2 + \lambda_2 y'^2 + \lambda_3 z'^2 + 2b'_{100} x' + 2b'_{010} y' + 2b'_{001} z' + c = 0 \,, \tag{2.63$_3$}$$

wobei $\mathbf{b}'^T := \mathbf{b}^T S$ gesetzt wurde.

Für Kurven zweiter Ordnung betrachten wir die Fälle $\lambda_2 \neq 0$ und $\lambda_2 = 0$.

Ist $\lambda_2 \neq 0$, so führt die Transformation $x'' = x' + \frac{b'_{10}}{\lambda_1}$, $y'' = y' + \frac{b'_{01}}{\lambda_2}$ zu $\lambda_1 x''^2 + \lambda_2 y''^2 + c'' = 0$, wobei $c'' = c - \frac{b'^2_{10}}{\lambda_1} - \frac{b'^2_{01}}{\lambda_2}$ gilt. Diese Gleichung stellt einen Kreis, eine Ellipse, eine Hyperbel, einen Punkt oder die leere Menge dar, je nachdem, ob $\lambda_1 = \lambda_2$ und $c'' < 0$, $\lambda_1 \neq \lambda_2 > 0$ und $c'' < 0$, $\lambda_2 < 0$ und $c'' \neq 0$, $c'' = 0$, bzw. $\lambda_2 > 0$ und $c'' > 0$.

Ist $\lambda_2 = 0$ und $b'_{01} \neq 0$, so führt die Transformation $x'' = x' + \frac{b'_{10}}{\lambda_1}$, $y'' = y' + \frac{c}{2b'_{01}} - \frac{b'^2_{10}}{2\lambda_1 b'_{01}}$ zu $\lambda_1 x''^2 + 2b'_{01} y'' = 0$, was eine Parabel darstellt.

Ist $\lambda_2 = 0$ und $b'_{01} = 0$, so liefert die Gleichung (2.62$_2$) zwei parallele Geraden, einen Punkt oder die leere Menge, je nachdem ob $b'^2_{10} - \lambda_1 c$ positiv, Null oder negativ ist.

Für Flächen zweiter Ordnung genügt es, die Fälle $\lambda_2 \neq 0 \neq \lambda_3$, $\lambda_2 \neq 0$ und $\lambda_3 = 0$ sowie $\lambda_2 = 0 = \lambda_3$ zu betrachten, da der Fall $\lambda_2 = 0$ und $\lambda_3 \neq 0$ mittels Vertauschung von y und z auf den Fall $\lambda_2 \neq 0$ und $\lambda_3 = 0$ zurückgeführt wird.

Ist $\lambda_2 \neq 0 \neq \lambda_3$, so erhält man mit $x'' = x' + \frac{b'_{100}}{\lambda_1}$, $y'' = y' + \frac{b'_{010}}{\lambda_2}$, $z'' = z' + \frac{b'_{001}}{\lambda_3}$ und $c'' = c - \frac{b'^2_{100}}{\lambda_1} - \frac{b'^2_{010}}{\lambda_2} - \frac{b'^2_{001}}{\lambda_3}$ die Gleichung $\lambda_1^2 x''^2 + \lambda_2^2 y''^2 + \lambda_3^2 z''^2 + c'' = 0$; sie beschreibt (zur Erinnerung: $\lambda_1 > 0$)

i)   eine Kugel, falls $\lambda_1 = \lambda_2 = \lambda_3$, $c'' < 0$ gilt,

ii)   ein Ellipsoid, falls $\lambda_1, \lambda_2, \lambda_3$ positiv und c'' negativ sind,

iii)   ein zweischaliges Hyperboloid, falls genau zwei der Eigenwerte und c'' dasselbe Vorzeichen haben,

iv)   ein einschaliges Hyperboloid, falls zwei der Zahlen $\lambda_1, \lambda_2, \lambda_3$ und c'' positiv und die anderen negativ sind,

v)   einen elliptischen Kegel, falls $c'' = 0$ und mindestens einer der Eigenwerte negativ ist,

vi)   einen Punkt, falls $\lambda_1, \lambda_2, \lambda_3$ positiv sind und $c'' = 0$ gilt,

vii)   die leere Menge, falls $\lambda_1, \lambda_2, \lambda_3$ positiv sind und $c'' > 0$ gilt.

Ist $\lambda_2 \neq 0$ und $\lambda_3 = 0$, so erhält man mit $x'' = x' + \frac{b'_{100}}{\lambda_1}$, $y'' = y' + \frac{b'_{010}}{\lambda_2}$ und

a) $z'' = b'_{001}z' + c - \frac{b'^2_{100}}{\lambda_1} - \frac{b'^2_{010}}{\lambda_2}$, falls $b'_{001} \neq 0$ gilt, die Gleichung $\lambda_1 x''^2 + \lambda_2 y''^2 + z'' = 0$. Sie stellt ein elliptisches – falls $\lambda_2 > 0$ – oder ein hyperbolisches – falls $\lambda_2 < 0$ – Paraboloid dar;

b) $c'' = c - \frac{b'_{100}}{\lambda_1} - \frac{b'_{010}}{\lambda_2}$, falls $b'_{001} = 0$ gilt, die Gleichung $\lambda_1 x''^2 + \lambda_2 y''^2 + c'' = 0$. Sie beschreibt im Fall $\lambda_2 > 0$ einen elliptischen Zylinder, eine Gerade oder die leere Menge, je nachdem ob c'' negativ, Null oder positiv ist. Dagegen erhalten wir im Fall $\lambda_2 < 0$ einen hyperbolischen Zylinder oder ein sich schneidendes Ebenenpaar falls $c'' \neq 0$ bzw. $c'' = 0$.

Ist $\lambda_2 = \lambda_3 = 0$, so verwenden wir die Transformation $x'' = x' + \frac{b'_{100}}{\lambda_1}$. Ist $(b'_{010}, b'_{001}) \neq (0,0)$, so erhalten wir die Gleichung eines parabolischen Zylinders $\lambda_1 x''^2 + z'' = 0$, wobei $z'' = 2b'_{010}y' + 2b'_{001}z' + c - \frac{b'^2_{100}}{\lambda_1}$ gesetzt wurde. Falls $(b'_{010}, b'_{001}) = (0,0)$ gilt, ergibt sich mit $c'' = c - \frac{b'_{001}}{\lambda_1}$ die Gleichung $\lambda_1 x''^2 + c'' = 0$, welche ein Paar paralleler Ebenen, eine Ebene oder die leere Menge beschreibt, je nachdem ob c'' negativ, Null oder positiv ist.

In all diesen Fällen hat man es mit einer Drehfläche zu tun, falls die Fläche nicht ausgeartet ist (d.h. wenn keine Ebene, kein Punkt, keine Gerade und nicht die leere Menge vorliegt) und zwei der Eigenwerte gleich sind.

2.1.12 Funktionen mehrerer Veränderlicher (Aufgabe 75 bis 100)

Ist eine reellwertige Funktion auf einer Teilmenge von $\mathbb{R}^n (n \geq 2)$ definiert, so spricht man von einer **Funktion mehrerer Veränderlicher**. Die meisten Begriffe und Ergebnisse sowie die Beweise lassen sich wortwörtlich von einer auf mehrere Veränderliche übertragen. Oft ist dabei nur anstelle des Betrags $|x|$ der reellen Zahl x die Norm $||\mathbf{x}|| = \sqrt{\sum_{i=1}^n x_i^2}$ des Vektors $\mathbf{x} = (x_1, \ldots, x_n)^T$ zu betrachten. Die geometrische Vorstellung in $\mathbb{R}^n$ ist zweifelsohne schwierig; Sie sollten versuchen, diese Begriffe und Ergebnisse zuerst in der Ebene und im dreidimensionalen Raum „zu sehen".
In den folgenden Betrachtungen wird konsequent ausgenutzt, dass die Norm die gleichen Eigenschaften wie der Betrag hat, nämlich:

Homogenität: $a||\mathbf{x}|| = ||a\mathbf{x}|| \ \forall a \in \mathbb{R}$ und $\mathbf{x} \in \mathbb{R}^n$,
Positivität: $||\mathbf{x}|| \geq 0 \ \forall \mathbf{x} \in \mathbb{R}^n$ und $||\mathbf{x}|| = 0 \iff \mathbf{x} = \mathbf{0}$,
Dreiecksungleichung: $||\mathbf{x} + \mathbf{y}|| \leq ||\mathbf{x}|| + ||\mathbf{y}|| \ \forall \mathbf{x}, \mathbf{y} \in \mathbb{R}^n$.

Außerdem sind das Skalarprodukt und die Cauchy-Schwarsche Ungleichung $(||\mathbf{x} \cdot \mathbf{y}|| \leq ||\mathbf{x}|| \, ||\mathbf{y}|| \ \forall \mathbf{x}, \mathbf{y} \in \mathbb{R}^n)$ für die Winkelmessung wichtig.
Mit Hilfe der Norm kann man festlegen, was es heißt, dass eine Teilmenge D von $\mathbb{R}^n$ **beschränkt** ist: Es gibt eine positive reelle Zahl M mit $||\mathbf{x}|| \leq M$ für alle $\mathbf{x} \in D$.

Wir verzichten darauf, die Normen in $\mathbb{R}^n$ und $\mathbb{R}^m$ unterschiedlich zu bezeichnen, schreiben also nicht $\| \ \|_n$ bzw. $\| \ \|_m$. Aus dem Umfeld ist klar, um welche Norm es sich jeweils handelt.

Der allgemeine Begriff einer **Vektorfunktion** oder **vektorwertigen Funktion**, also einer Funktion $\mathbf{f}$ von einer Teilmenge D von $\mathbb{R}^n$ in $\mathbb{R}^m$, erscheint in vielen Fragen sehr natürlich. Wegen der Darstellung von $\mathbf{f}$ als Spaltenvektor von m Funktionen mehrerer Veränderlicher ist es für viele theoretische und praktische Aspekte der Theorie ausreichend, sich mit reellwertigen Funktionen zu beschäftigen, d.h. sich auf den Fall $m = 1$ zu spezialisieren. Es gibt aber auch Situationen (vor allem mit „globalen Charakter"), welche nach der tatsächlichen gleichzeitigen Behandlung aller Komponenten der vektoriellen Funktion verlangen (z.B. der Satz über Umkehrfunktion oder der Satz über implizite Funktionen). Spezielle Vektorfunktionen (die besonders „gutartig" sind) haben wir schon früher kennengelernt: lineare Abbildungen von $\mathbb{R}^n$ nach $\mathbb{R}^m$. Eine besondere Schwierigkeit der folgenden Betrachtungen liegt in der fehlenden einfachen geometrischen Vorstellung; der Graph von

$$ f : D \to \mathbb{R} \text{ bzw. von } \mathbf{f} : D \to \mathbb{R}^m, \text{ also } G_f := \left\{ \begin{pmatrix} \mathbf{x} \\ f(\mathbf{x}) \end{pmatrix} \middle| \mathbf{x} \in D \right\} \text{ bzw.} $$

$$ G_\mathbf{f} := \left\{ \begin{pmatrix} \mathbf{x} \\ \mathbf{f}(\mathbf{x}) \end{pmatrix} \middle| \mathbf{x} \in D \right\} \text{ ist eine Teilmenge in } \mathbb{R}^{n+1} \text{ bzw. } \mathbb{R}^{n+m}. \text{ Lediglich} $$

für $n = 2$ ist G_f eine Fläche (falls f „gute" Eigenschaften hat) in $\mathbb{R}^3$, die wie ein Dach über der Menge D aus $\mathbb{R}^2$ ausgebreitet ist. In diesem Fall kann man versuchen, die Höhenlinien $H_c(f) := \{\mathbf{x} \in D \mid f(\mathbf{x}) = c\}$ für verschiedene Werte $c \in \mathbb{R}$ zu zeichnen, um eine bessere Vorstellung über f zu bekommen. Diese Höhenlinien sind nicht immer Kurven; sie können Bereiche aus D – wie z.B. Kreisscheiben, Kreisringe oder Rechtecke – enthalten (wenn nämlich die Funktion dort konstant ist).

Die allereinfachsten Beispiele von Funktionen oder Vektorfunktionen haben wir schon kennengelernt: lineare Abbildungen ($\mathbb{R}^n \to \mathbb{R}^m$, $\mathbf{x} \mapsto A\mathbf{x}$ für eine $m \times n$-Matrix) und Translationen ($t_\mathbf{y} : \mathbb{R}^n \to \mathbb{R}^n$, $\mathbf{x} \mapsto \mathbf{x} + \mathbf{y}$) sowie deren Kompositionen, mit den Spezialfällen der konstanten Funktionen, der Projektionen (z.B. für $m \leq n$ und $1 \leq j_1 < \dots < j_m \leq n$: $p_{j_1,\dots,j_m} : \mathbb{R}^n \to \mathbb{R}^m$, $(x_1,\dots,x_n)^T \mapsto (x_{j_1},\dots,x_{j_m})^T$) und der Einbettungen (z.B. $i_{1,3,5} : \mathbb{R}^3 \to \mathbb{R}^5$, $(x_1,x_2,x_3)^T \mapsto (x_1,0,x_2,0,x_3)^T$). Weitere einfache Funktionen sind die Polynome und die rationalen Funktionen mehrerer Veränderlicher (z.B. $(x_1,x_2,x_3)^T \mapsto x_1^2 + 3x_1x_2 - 7x_1x_3^5$, bzw. $(x_1,x_2,x_3,x_4)^T \mapsto \frac{x_1x_3+x_2x_4}{1+x_1^2+x_2^2+x_4^4}$).

Ähnlich wie für Funktionen einer Veränderlicher führen Operationen verschiedener Art mit Funktionen mehrerer Veränderlicher wieder zu solchen

Funktionen; darunter versteht man algebraische Operationen, Kompositionen und insbesondere Iterationen, Maximum- oder Minimumabbildung ((f, g) $\mapsto$ $\max\{f, g\}$ oder $\min\{f, g\}$ für $f, g : D \to \mathbb{R}$), u.v.a.

Eine weitere, diesmal kompliziertere Frage als im Fall einer Veränderlicher, ist die Bestimmung des maximalen Definitionsbereich einer Vektorfunktion mehrerer Veränderlicher. Das verlangt oft Ungleichungen mit mehreren Veränderlichen zu lösen. Schauen Sie z.B. die Zuordnung

$$\begin{pmatrix} x_1 \\ x_2 \end{pmatrix} \longmapsto \begin{pmatrix} \sqrt{\arcsin(x_1 + 2x_2 - 2x_1^2 + 1)} \\ \dfrac{1}{x_1 x_2} - \ln(x_1^2 + x_2^4 - 20) \end{pmatrix}$$

an. (Sie können leicht zu schlimmeren Beispielen kommen!)

Man definiert: Die Folge ($\mathbf{a}_k$) aus $\mathbb{R}^n$ konvergiert gegen $\mathbf{a}$, wenn $\lim_{k\to\infty} \|\mathbf{a}_k - \mathbf{a}\| = 0$ gilt. Dafür benutzt man die Schreibweise $\lim_{k\to\infty} \mathbf{a}_k = \mathbf{a}$, weil im Fall der Existenz der Grenzwert eindeutig bestimmt ist. Hat man $\mathbf{a}_k = (a_{1k}, \ldots, a_{nk})^T$ und $\mathbf{a} = (a_1, \ldots, a_n)$, so gilt $\lim_{k\to\infty} \mathbf{a}_k = \mathbf{a}$ genau dann, wenn $\lim_{k\to\infty} a_{jk} = a_j$ für jedes $j \in \{1, \ldots, n\}$ gilt. Das ergibt sich aus

$$|a_{jk} - a_j| \leq \|\mathbf{a}_k - \mathbf{a}\| \leq \sum_{j=1}^{n} |a_{jk} - a_j| .$$

Für die Konvergenz von ($\mathbf{a}_k$) hat man also die Konvergenz jeder **Komponentenfolge** $(a_{jk})_k$ zu überprüfen, und nur wenn alle n Komponentenfolgen konvergieren, konvergiert auch die Vektorenfolge ($\mathbf{a}_k$); halten wir fest:

$$\lim_{k\to\infty} \mathbf{a}_k = \lim_{k\to\infty} (a_{1k}, \ldots, a_{nk})^T = (\lim_{k\to\infty} a_{1k}, \ldots, \lim_{k\to\infty} a_{nk})^T . \qquad (2.63)$$

Daraus erhalten wir – analog zu den Rechenregeln für Folgen reeller Zahlen (s. Formel (1.51) aus dem Paragraphen 1.1.12) – die Rechenregeln für Vektorenfolgen.

Die Menge $\triangle_r(\mathbf{x}) := \{\mathbf{y} \in \mathbb{R}^n \mid \|\mathbf{y} - \mathbf{x}\| < r\}$ heißt die **offene Kugel mit Mittelpunkt x und Radius** r. Der Punkt $\mathbf{x}$ ist ein **innerer Punkt von** $U \subset \mathbb{R}^n$, und U ist eine **Umgebung von x**, wenn ein $r > 0$ mit $\triangle_r(\mathbf{x}) \subset U$ existiert. Wenn U nur solche Punkte enthält, d.h. wenn U eine Umgebung jedes ihrer Punkte ist, dann heißt U **offen**. Sonst ist die Menge $\overset{\circ}{U}$ der inneren Punkte von U eine echte (evtl. leere) Teilmenge von U. Eine Menge $A \subset \mathbb{R}^n$ heißt **abgeschlossen**, wenn ihr Komplement $\mathbb{R}^n \backslash A$ offen ist. $\triangle_r(\mathbf{x})$ trägt zu Recht den Namen offene Kugel, weil sie eine offene Teilmenge von $\mathbb{R}^n$ ist; auch der **offene Kreisring** $\triangle_{r,R}(\mathbf{x}) := \{\mathbf{y} \in \mathbb{R}^n \mid r < \|\mathbf{y} - \mathbf{x}\| < R\}$ ist eine offene Teilmenge von $\mathbb{R}^n$. (Warum?) Dagegen sind die abgeschlossene Kugel $\overline{\triangle}_r(\mathbf{x}) := \{\mathbf{y} \in \mathbb{R}^n \mid \|\mathbf{y} - \mathbf{x}\| \leq r\}$ und der abgeschlossene Kreisring $\overline{\triangle}_{r,R}(\mathbf{x}) := \{\mathbf{y} \in \mathbb{R}^n \mid r \leq \|\mathbf{y} - \mathbf{x}\| \leq R\}$ abgeschlossene Teilmengen und nicht offen. Natürlich gibt es Teilmengen von $\mathbb{R}^n$, die weder abgeschlossen noch offen sind, wie z.B. $\{\mathbf{y} \in \mathbb{R}^n \mid r \leq \|\mathbf{y} - \mathbf{x}\| < R\}$ und $\{\mathbf{y} \in \mathbb{R}^n \mid r < \|\mathbf{y} - \mathbf{x}\| \leq R\}$. (Warum?)

Ein Punkt $\mathbf{a} \in \mathbb{R}^n$ ist ein **Häufungspunkt der Teilmenge** D von $\mathbb{R}^n$, falls jede Umgebung von $\mathbf{a}$ unendlich viele Punkte aus D enthält, oder äquivalent dazu (warum?): Es gibt eine Folge $(\mathbf{a}_k)$ von paarweise verschiedenen Elementen aus D mit $\lim_{k \to \infty} \mathbf{a}_k = \mathbf{a}$. Die Menge $H(D)$ der Häufungspunkte von D liegt in D genau dann, wenn D abgeschlossen ist.

Eine abgeschlossene und beschränkte Teilmenge von $\mathbb{R}^n$ heißt **kompakt** oder ein **Kompaktum**. $\mathbb{R}^n \backslash \triangle_r(\mathbf{x})$ ist zwar abgeschlossen, aber nicht beschränkt, also kein Kompaktum. Dagegen sind $\overline{\triangle}_r(\mathbf{x})$ und $\overline{\triangle}_{r,R}(\mathbf{x})$ Kompakta.

Konvergenzkriterien für Folgen reeller Zahlen lassen sich auf Vektorenfolgen übertragen; einige Beispiele dazu:

→ $(\mathbf{a}_k)$ konvergiert genau dann, wenn jede Teilfolge von $(\mathbf{a}_k)$ konvergiert.

→ Konvergieren zwei Teilfolgen von $(\mathbf{a}_k)$ gegen verschiedene Grenzwerte, so konvergiert $(\mathbf{a}_k)$ nicht.

→ **Cauchy-Kriterium**: $(\mathbf{a}_k)$ konvergiert genau dann, wenn zu jedem $\varepsilon > 0$ ein $k_\varepsilon \in \mathbb{N}$ existiert, so dass für alle $m, n \geq k_\varepsilon$ gilt: $\|\mathbf{a}_m - \mathbf{a}_n\| < \varepsilon$.

→ **Satz von Bolzano-Weierstraß**: Jede beschränkte Folge enthält eine konvergente Teilfolge.

Den **Grenzwert einer Funktion** $\mathbf{f} : D \to \mathbb{R}^m$ in einem Häufungspunkt $\mathbf{x}^0$ von D kann man mit dem (ε, δ)-Kriterium oder (äquivalent) mit Hilfe von Folgen definieren. $\lim_{\mathbf{x} \to \mathbf{x}^0} \mathbf{f}(\mathbf{x}) = \mathbf{y}^0$ bedeutet, dass für jedes $\varepsilon > 0$ ein $\delta > 0$ existiert, so dass aus $\mathbf{x} \in D$ und $\|\mathbf{x} - \mathbf{x}^0\| < \delta$ immer $\|f(\mathbf{x}) - \mathbf{y}^0\| < \varepsilon$ folgt. Äquivalent dazu: Für jede gegen $\mathbf{x}^0$ konvergierende Folge $(\mathbf{x}_k)$ aus $D \backslash \{\mathbf{x}^0\}$ gilt: $\lim_{k \to \infty} f(\mathbf{x}_k) = \mathbf{y}^0$.

Die Rechenregeln mit Grenzwerten lassen sich analog zum eindimensionalen Fall (d.h. $n = m = 1$)(s. Formel (1.55) aus dem Paragraphen 1.1.13) formulieren.

Der Stetigkeitsbegriff für $\mathbf{f} : D \to \mathbb{R}^m$ wird ebenfalls wie für reellwertige Funktionen einer Veränderlichen definiert:

→ $\mathbf{f}$ ist stetig in $\mathbf{x}^0 \in D : \Longleftrightarrow \lim_{\mathbf{x} \to \mathbf{x}^0} \mathbf{f}(\mathbf{x}) = \mathbf{f}(\mathbf{x}^0)$.

→ $\mathbf{f}$ ist stetig in $D : \Longleftrightarrow \mathbf{f}$ ist stetig in jedem Punkt von D.

Sind $f_1, \ldots, f_m$ die Komponenten von $\mathbf{f}$, d.h. gilt $\mathbf{f}(\mathbf{x}) = (f_1(\mathbf{x}), \ldots, f_m(\mathbf{x}))^T$ für alle $\mathbf{x} \in D$, so ist $\mathbf{f}$ genau dann stetig in $\mathbf{x}^0$ oder in D, wenn **alle** Komponentenfunktionen $f_1, \ldots, f_m$ es sind. Ein Beispiel: Die Funktion

$$f : D := \left\{ \begin{pmatrix} x_1 \\ x_2 \end{pmatrix} \in \mathbb{R}^2 \;\middle|\; x_1 + x_2 \neq 0 \right\} \to \mathbb{R} , \; f(x_1, x_2) := \frac{x_1}{x_1 + x_2}$$

ist stetig auf ihrem Definitionsbereich D, aber sie ist in keinen Punkt $\mathbf{x}^0 = (x_1^0, x_2^0)^T$ der Geraden $x_1 + x_2 = 0$ hinein stetig fortsetzbar. Der Grund dafür ist die Unbeschränktheit von f auf $\triangle_r(\mathbf{x}^0) \cap D$ für jedes $r > 0$; im Punkt $\mathbf{0}$ sieht man das ein, wenn man z.B. die Punktefolge $(\frac{1}{n} , \frac{1}{n^2} - \frac{1}{n})^T$ betrachtet, die gegen $\mathbf{0}$ konvergiert. Dafür ist ja $\lim\limits_{n \to \infty} f(\frac{1}{n} , \frac{1}{n^2} - \frac{1}{n}) = \lim\limits_{n \to \infty} \frac{\frac{1}{n}}{\frac{1}{n} + \frac{1}{n^2} - \frac{1}{n}} =$ $\lim\limits_{n \to \infty} n = \infty$. Algebraische Operationen mit stetigen Funktionen und Kompositionen von stetigen Funktionen führen zu stetigen Funktionen. Wichtig ist es zu bemerken, dass jede auf einem Kompaktum $K \subset \mathbb{R}^n$ definierte, stetige Funktion $f : K \to \mathbb{R}$ ihr globales Maximum und ihr globales Minimum annimmt, d.h. es gibt $\mathbf{x}_m$ und $\mathbf{x}_M$ aus K mit der Eigenschaft $f(\mathbf{x}_m) \leq f(\mathbf{x}) \leq f(\mathbf{x}_M)$ für alle $\mathbf{x}$ aus K. Was entspricht dem Zwischenwertsatz im höherdimensionalen Fall? Ist $f : D \to \mathbb{R}$ stetig, $\mathbf{a}, \mathbf{b} \in D$ und $w : [0, 1] \to D$ eine (beliebige) **stetig parametrisierte Kurve in** D, welche $\mathbf{a}$ und $\mathbf{b}$ verbindet (also: w stetig, $f(0) = \mathbf{a}$ und $f(1) = \mathbf{b}$), so gibt es zu jeder Zahl d zwischen $f(\mathbf{a})$ und $f(\mathbf{b})$ einen Punkt $\mathbf{x}$ auf dem **Weg** $\{w(t) \mid t \in [0, 1]\}$ mit $f(\mathbf{x}) = d$. Das ergibt sich sofort aus dem Zwischenwertsatz angewandt auf die stetige Funktion $f \circ w : [0, 1] \to \mathbb{R}$. Gibt es solche stetigen Wege in D für je zwei Punkte aus D, so heißt D **wegzusammenhängend**. Man beachte, dass aus dem obigen Ergebnis folgt, dass das Bild $f(D)$ einer wegzusammenhängenden Teilmenge von $\mathbb{R}^n$ unter einer stetigen Funktion $f : D \to \mathbb{R}$ ein Intervall aus $\mathbb{R}$ ist. Für eine wegzusammenhängende Teilmenge D von $\mathbb{R}^n$, ist es nicht immer möglich, den Weg w so zu wählen, dass $w([0, 1])$ ein Polygonzug ist (z.B. wenn D der Einheitskreis $\partial\triangle_1(\mathbf{0})$ in $\mathbb{R}^2$ ist). Ist aber D offen, dann ist dies stets möglich. Eine offene, wegzusammenhängende Teilmenge G von $\mathbb{R}^n$ heißt **Gebiet**. Offene Kugeln und offene Kugelringe sind Gebiete (und zwar beschränkte Gebiete).

Die höhere Dimension erfordert größere Anstrengungen erst, wenn man den Begriff der Differenzierbarkeit von einer auf mehrere Veränderliche übertragen möchte. Eine Quotientenbildung $\frac{f(x) - f(x_0)}{x - x_0}$ und die Grenzwertbestimmung $\lim\limits_{x \to x_0} \frac{f(x) - f(x_0)}{x - x_0}$ ist diesmal nicht möglich. Deshalb erinnert man sich an die äquivalente Definition über die lineare Approximierbarkeit von f in x_0, und das führt zur sinnvollen Verallgemeinerung des Differenzierbarkeitsbegriffs.

Eine Funktion $f : D \to \mathbb{R}$ heißt **total differenzierbar** oder einfach **differenzierbar** in einem inneren Punkt $\mathbf{x}^0 \in D$, falls ein Zeilenvektor (also eine $1 \times n$-Matrix) $\mathbf{a} = (a_1, \dots, a_n)$ und eine Funktion $\varphi : D \to \mathbb{R}$ existieren, so dass für jedes $\mathbf{x} = (x_1, \ldots, x_n)^T$ aus D gilt:

$$f(\mathbf{x}) = f(\mathbf{x}^0) + \sum_{j=1}^{n} a_j(x_j - x_j^0) + \varphi(\mathbf{x}) = f(\mathbf{x}^0) + \mathbf{a}(\mathbf{x} - \mathbf{x}^0) + \varphi(\mathbf{x}) \,, \quad (*)$$

$$\lim_{\mathbf{x} \to \mathbf{x}^0} \frac{\varphi(\mathbf{x})}{\|\mathbf{x} - \mathbf{x}^0\|} = 0 \,. \qquad (**)$$

Insbesondere folgt aus $(*)$, dass $\varphi(\mathbf{x}^0) = 0$ gilt, und aus $(**)$, dass φ stetig in $\mathbf{x}^0$ ist; dann ergibt sich aus $(*)$ die Stetigkeit von f in $\mathbf{x}^0$. (Damit ist eine wichtige Forderung an eine sinnvolle Verallgemeinerung dieses Begriffs erfüllt: Die Differenzierbarkeit in einem Punkt zieht die Stetigkeit im selben Punkt nach sich!) Man sagt, dass f **total differenzierbar** oder einfach **differenzierbar** auf einer offenen Teilmenge D' von D ist, falls f in jedem Punkt von D' diese Eigenschaft hat. Man setzt $I(j, \mathbf{x}^0) := \{x \in \mathbb{R} \mid (x_1^0, \ldots, x_{j-1}^0, x, x_{j+1}^0, \ldots, x_n^0) \in D\}$ für jedes j aus $\{1, 2, \ldots, n\}$. Wenn D ein Gebiet ist, ist $I(j, \mathbf{x}^0)$ offen, aber nicht unbedingt zusammenhängend, d.h. nicht unbedingt ein offenes Intervall, wie Abb. 2.4 für $I(2, \mathbf{x}^0)$ zeigt.

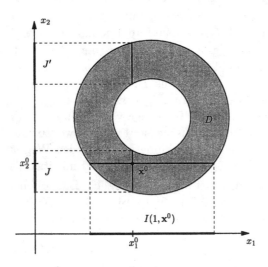

Abbildung 2.4. $I(2, \mathbf{x}^0)$ ist *nicht* zusammenhängend

Die offene Menge $I(2, \mathbf{x}^0)$ besteht aus zwei disjunkten offenen Intervallen J und J'. Ist f differenzierbar in dem inneren Punkt $\mathbf{x}^0$ aus D, so ist für jedes $j \in \{1, 2, \ldots, n\}$ der Punkt x_j^0 ein innerer Punkt von $I(j, \mathbf{x}^0)$ und die Funktion einer Veränderlichen

$$I(j, \mathbf{x}^0) \to \mathbb{R} \,, \quad x \mapsto f(x_1^0, \ldots, x_{j-1}^0, x, x_{j+1}^0, \ldots, x_n^0)$$

ist differenzierbar in x_j^0; ihre Ableitung in diesem Punkt ist a_j. (Die Begründung dafür ist einfach: Setzt man $g_j(x) := f(x_1^0, \ldots, x_{j-1}^0, x, x_{j+1}^0, \ldots, x_n^0)$

und $\varphi_j^0(x) := \varphi(x_1^0, \ldots, x_{j-1}^0, x, x_{j+1}^0, \ldots, x_n^0)$, so folgt aus (∗) und (∗∗) $g_j(x) = g_j(x_j^0) + a_j(x - x_j^0) + \varphi_j^0(x)$ für alle x aus $I(j, \mathbf{x}^0)$ sowie $\lim\limits_{x \to x_j^0} \frac{\varphi_j^0(x)}{|x - x_j^0|} = 0$, was die lineare Approximierbarkeit von g_j^0 und $(g_j^0)'(x_j^0) = a_j$ nachweist.) Man bezeichnet a_j mit $\frac{\partial f}{\partial x_j}(\mathbf{x}^0)$ oder $f_{x_j}(\mathbf{x}^0)$ und man nennt diese Zahl die j-te **partielle Ableitung von** f in $\mathbf{x}^0$. Insbesondere ist $\mathbf{a}$ (und wegen (∗∗) auch φ) eindeutig bestimmt, und heißt die **totale Ableitung** oder **Ableitung** oder auch der **Gradient von** f in $\mathbf{x}^0$ und wird mit $f'(\mathbf{x}^0)$ oder $\operatorname{grad} f(\mathbf{x}^0)$ oder auch $\bigtriangledown f(\mathbf{x}^0)$ bezeichnet (gelesen wird dann: Nabla f in $\mathbf{x}^0$); man hat also

$$f'(\mathbf{x}^0) = \operatorname{grad} f(\mathbf{x}^0) = \bigtriangledown f(\mathbf{x}^0) = \left(\frac{\partial f}{\partial x_1}(\mathbf{x}^0), \frac{\partial f}{\partial x_2}(\mathbf{x}^0), \ldots, \frac{\partial f}{\partial x_n}(\mathbf{x}^0) \right).$$

Ist $f : \mathbb{R}^n \to \mathbb{R}$ die lineare Abbildung, die jedem $(x_1, \ldots, x_n)^T$ aus $\mathbb{R}^n$ die Zahl $\sum_{j=1}^n a_j x_j$ zuordnet, so ist sie auf $\mathbb{R}^n$ differenzierbar, und $(a_1, a_2, \ldots, a_n)$ ist die Ableitung von f in jedem Punkt. Eine konstante Funktion $\mathbb{R}^n \to \mathbb{R}$ ist in jedem Punkt differenzierbar, und ihre Ableitung in jedem Punkt ist der transponierte Nullvektor $\mathbf{0}^T$.

Existieren für eine (nicht notwendig differenzierbare) Funktion $f : D \to \mathbb{R}$ in einem inneren Punkt $\mathbf{x}^0$ von D alle n partiellen Ableitungen (mit der obigen Bezeichnung: Ist jedes g_j in x_j^0 differenzierbar), so heißt f **partiell differenzierbar in** $\mathbf{x}^0$. f ist **partiell differenzierbar in einer offenen Teilmenge** D' von D, falls f in jedem Punkt von D' so ist. Man sagt, dass f in $\mathbf{x}^0$ **lokal partiell differenzierbar** bzw. **lokal stetig partiell differenzierbar**, falls eine offene Umgebung von $\mathbf{x}^0$ (in D) existiert, auf welcher f partiell differenzierbar ist bzw. auf welcher alle $\frac{\partial f}{\partial x^j}$ existieren und stetig sind. Wir haben (bei der Einführung des Begriffs partielle Differenzierbarkeit) gesehen, dass eine total differenzierbare Funktion in einem Punkt dort auch partiell differenzierbar ist. Die umgekehrte Aussage ist nicht richtig. Für $n \geq 2$ liefert die folgende Funktion ein Gegenbeispiel:

$$f : \mathbb{R}^n \to \mathbb{R}, \ f(\mathbf{x}) = \begin{cases} \dfrac{x_1^2 x_2^2 \ldots x_n^2}{x_1^{2n} + x_2^{2n} + \ldots + x_n^{2n}} & , \text{ falls } \mathbf{x} \neq \mathbf{0}, \\ 0 & , \text{ falls } \mathbf{x} = \mathbf{0}. \end{cases}$$

Sie ist partiell differenzierbar in $\mathbf{0}$, und es gilt $\frac{\partial f}{\partial x_j}(\mathbf{0}) = 0$ für alle j. Ist $\mathbf{m} = (m_1, m_2, \ldots, m_n)^T \neq \mathbf{0}$ beliebig gewählt und strebt $\mathbf{x}$ gegen $\mathbf{0}$ auf der Geraden $\{t\mathbf{m} \mid t \in \mathbb{R}\}$, so gilt $\lim\limits_{t \to 0} f(t\mathbf{m}) = \frac{m_1^2 m_2^2 \ldots m_n^2}{m_1^{2n} + m_2^{2n} + \ldots + m_n^{2n}}$; die Abhängigkeit des Grenzwertes von $\mathbf{m}$ zeigt, dass die Stetigkeit von f in $\mathbf{0}$ verletzt ist.

Deshalb kann f nicht total differenzierbar in $\mathbf{0}$ sein.

Im Gegensatz zu diesem Beispiel gibt es ein Kriterium, wann man aus der partiellen Differenzierbarkeit auf die totale Differenzierbarkeit schließen kann: Ist f in $\mathbf{x}^0$ **lokal stetig differenzierbar**, d.h. gibt es eine offene Umgebung U von $\mathbf{x}^0$, auf welcher alle partiellen Ableitungen von f existieren und stetig sind, so ist f auf U total differenzierbar. Man sagt: f ist **stetig differenzierbar auf** U. Der Beweis ist nicht besonders tiefsinnig, erfordert aber einigen technischen Aufwand.

Das folgende Ergebnis ist die unmittelbare Verallgemeinerung des „klassischen" Mittelwertsatzes: Sei $U \subset \mathrm{IR}^n$ eine offene Teilmenge und $f : U \to \mathrm{IR}$ differenzierbar auf U. Liegt die abgeschlossene Strecke $[\mathbf{a}, \mathbf{b}] = \{\mathbf{a} + t(\mathbf{b} - \mathbf{a}) \mid t \in [0, 1]\}$ in U, so gibt es einen Punkt $\mathbf{c}$ auf dieser Strecke derart, dass gilt:

$$f(\mathbf{b}) - f(\mathbf{a}) = f'(\mathbf{c}) \cdot (\mathbf{b} - \mathbf{a}) = \sum_{j=1}^{n} \frac{\partial f}{\partial x_j}(\mathbf{c})(b_j - a_j) \ .$$

Das zeigt man einfach, indem man den bekannten Mittelwertsatz auf die differenzierbare Funktion $[0, 1] \to \mathrm{IR}$, $t \mapsto f(\mathbf{a} + t(\mathbf{b} - \mathbf{a}))$ anwendet. Daraus folgt, dass eine differenzierbare Funktion, welche auf einem Gebiet aus IR^n definiert ist, konstant ist, falls ihr Gradient in jedem Punkt des Gebietes der Nullvektor ist.

Seien $\mathbf{v}$ ein von Null verschiedener Vektor aus IR^n , $\mathbf{x}^0$ ein innerer Punkt der Teilmenge U von IR^n und $f : U \to \mathrm{IR}$. Dann gibt es ein $\varepsilon > 0$, so dass die Strecke innerer Punkte $[\mathbf{x}^0 - \varepsilon\mathbf{v}, \mathbf{x}^0 + \varepsilon\mathbf{v}]$ in U liegt. Ist die Funktion $] - \varepsilon, \varepsilon[\to \mathrm{IR}$, $t \mapsto f(\mathbf{x}^0 + t\mathbf{v})$ differenzierbar in $t = 0$, so heißt f **in $\mathbf{x}^0$ differenzierbar in Richtung v**. Die Ableitung von $t \mapsto f(\mathbf{x}^0 + t\mathbf{v})$ in $t = 0$ wird mit $\frac{\partial f}{\partial \mathbf{v}}(\mathbf{x}^0)$ bezeichnet, und heißt die **Richtungsableitung von f in Richtung v an der Stelle $\mathbf{x}^0$**. Ist $\mathbf{v} = (0, \dots, 0, 1, 0, \dots, 0)^T$ mit 1 an der j-ten Stelle, so ist $\frac{\partial f}{\partial \mathbf{v}}(\mathbf{x}^0)$ die partielle Ableitung $\frac{\partial f}{\partial x_j}(\mathbf{x}^0)$. Ist f total differenzierbar in $\mathbf{x}^0$, so ist f in $\mathbf{x}^0$ in jeder Richtung $\mathbf{v} = (v_1, \dots, v_n)^T$ differenzierbar, und es gilt:

$$\frac{\partial f}{\partial \mathbf{v}}(\mathbf{x}^0) = f'(\mathbf{x}^0)\mathbf{v} = \frac{\partial f}{\partial x_1}(\mathbf{x}^0)v_1 + \dots + \frac{\partial f}{\partial x_n}(\mathbf{x}^0)v_n \ . \tag{2.64}$$

Die totale und die partielle Differenzierbarkeit einer vektorwertigen Funktion $\mathbf{f} : D \to \mathrm{IR}^m$ in einem inneren Punkt $\mathbf{x}^0$ von $D \subset \mathrm{IR}^n$ wird auf natürliche Weise eingeführt; man verlangt, dass jede der m Komponenten $f_1, f_2, \dots, f_m$ von $\mathbf{f}$ in $\mathbf{x}^0$ diese Eigenschaft hat. Für die (totale) Differenzierbarkeit in $\mathbf{x}^0$ bedeutet das, dass eine $m \times n$-Matrix $A = (a_{ij})$ und eine Funktion $\varphi : D \to \mathrm{IR}^m$ existieren, so dass für jedes $\mathbf{x}$ aus D gilt:

$$\mathbf{f}(\mathbf{x}) = \begin{pmatrix} f_1(\mathbf{x}) \\ \vdots \\ f_m(\mathbf{x}) \end{pmatrix} = \begin{pmatrix} f_1(\mathbf{x}^0) \\ \vdots \\ f_m(\mathbf{x}^0) \end{pmatrix} + \begin{pmatrix} \displaystyle\sum_{j=1}^{n} a_{1j}(x_j - x_j^0) \\ \vdots \\ \displaystyle\sum_{j=1}^{n} a_{mj}(x_j - x_j^0) \end{pmatrix} + \begin{pmatrix} \varphi_1(\mathbf{x}) \\ \vdots \\ \varphi_m(\mathbf{x}) \end{pmatrix} \quad (*)$$

$$= \mathbf{f}(\mathbf{x}^0) + A(\mathbf{x} - \mathbf{x}^0) + \varphi(\mathbf{x}) ,$$

$$\lim_{\mathbf{x} \to \mathbf{x}^0} \frac{1}{\|\mathbf{x} - \mathbf{x}^0\|} \varphi(\mathbf{x}) = \mathbf{0} . \quad (**)$$

Wieder erhält man daraus die Stetigkeit von φ und dann die von $\mathbf{f}$ in $\mathbf{x}^0$. Die eindeutig bestimmte Matrix A heißt die **Ableitung** $\mathbf{f}'(\mathbf{x}^0)$ von $\mathbf{f}$ in $\mathbf{x}^0$; die Zeilen von A sind die Ableitungen von $f_1, \ldots, f_m$ in $\mathbf{x}^0$. Man schreibt deshalb $\mathbf{f}'(\mathbf{x}_0) = A = (\frac{\partial f_i}{\partial x_j}(\mathbf{x}^0))_{\substack{i=1,\ldots,m \\ j=1,\ldots,n}}$. $\mathbf{f}'(\mathbf{x}^0)$ heißt auch die **Funktional-matrix** oder die **Jacobische Matrix** von $\mathbf{f}$ in $\mathbf{x}^0$. Für sie ist auch die selbst erklärende Bezeichnung $\frac{d(f_1,\ldots,f_m)}{d(x_1,\ldots,x_n)}(\mathbf{x}^0)$ gebräuchlich.

Aus der (totalen) Differenzierbarkeit von $\mathbf{f}$ in $\mathbf{x}^0$ folgt die Existenz aller partiellen Ableitungen $\frac{\partial f_i}{\partial x_j}(\mathbf{x}^0)$. Existieren alle partiellen Ableitungen von $\mathbf{f}$ auf einer offenen Menge $U \subset D$ und sind sie auf U stetig, so ist $\mathbf{f}$ in jedem Punkt $\mathbf{x}$ von U differenzierbar. Da $\mathbf{x} \mapsto \mathbf{f}'(\mathbf{x})$ eine stetige Funktion von U nach $\mathrm{I\!R}^{m \times n}$ ist, sagt man zu Recht: f ist **stetig differenzierbar in** U .

Die Differenziationsregeln für vektorwertige Funktionen mehrerer Veränderlicher sind schwieriger zu formulieren und zu behalten; das liegt in erster Linie an der fehlenden Kommutativität der Matrizenmultiplikation.

Seien $a, b \in \mathrm{I\!R}$, $\mathbf{x}^0$ ein innerer Punkt von $D \subset \mathrm{I\!R}^n$, $\mathbf{y}^0$ ein innerer Punkt von $G \subset \mathrm{I\!R}^m$, $\mathbf{f}, \mathbf{g} : D \to \mathrm{I\!R}^m$ differenzierbar in $\mathbf{x}^0$ mit $\mathbf{f}(\mathbf{x}^0) = \mathbf{y}^0$ und $\mathbf{f}(D) \subset G, h, k : D \to \mathrm{I\!R}$ mit $k(\mathbf{x}^0) \neq 0$ und $\mathbf{l} : G \to \mathrm{I\!R}^p$ differenzierbar in $\mathbf{y}^0$. Die **Linearitätsregel**, welche gleichzeitig die **Summenregel** und die **Homogenitätsregel** als Spezialfälle enthält, macht (als einzige!) keine Schwierigkeiten:

$$(a\mathbf{f} + b\mathbf{g})'(\mathbf{x}^0) = a\mathbf{f}'(\mathbf{x}^0) + b\mathbf{g}'(\mathbf{x}^0) . \quad (2.65)$$

Bei der **Produktregel**

$$(h\mathbf{f})'(\mathbf{x}^0) = h(\mathbf{x}^0)\mathbf{f}'(\mathbf{x}^0) + \mathbf{f}(\mathbf{x}^0)h'(\mathbf{x}^0) \quad (2.66)$$

ist die Reihenfolge der Faktoren wichtig. Das Produkt $h'(\mathbf{x}^0)\mathbf{f}(\mathbf{x}^0)$ ist für $n \neq m$ gar nicht definiert. Falls $n = m$ gilt, ist $h'(\mathbf{x}^0)\mathbf{f}(\mathbf{x}^0)$ eine Zahl, und nicht – wie gewünscht – eine $m \times n$-Matrix. Dieselbe Vorsicht ist bei der **Quotientenregel** geboten:

$$\left(\frac{1}{k}\mathbf{f}\right)'(\mathbf{x}^0) = \frac{1}{k(\mathbf{x}^0)^2}[k(\mathbf{x}^0)\mathbf{f}'(\mathbf{x}^0) - \mathbf{f}(\mathbf{x}^0)k'(\mathbf{x}^0)] \ . \tag{2.67}$$

Die **Kettenregel**

$$(\mathbf{l} \circ \mathbf{f})'(\mathbf{x}^0) = \mathbf{l}'(\mathbf{f}(\mathbf{x}^0))\mathbf{f}'(\mathbf{x}^0) = \mathbf{l}'(\mathbf{y}^0)\mathbf{f}'(\mathbf{x}^0) \tag{2.68}$$

sieht wie immer aus; natürlich darf man nicht $\mathbf{f}'(\mathbf{x}^0)\mathbf{l}'(\mathbf{y}^0)$ schreiben, da für $p \neq n$ dieses Produkt gar nicht definiert ist.

Die **Skalarproduktregel** ist vielleicht einfacher zu beweisen als auswendig zu behalten:

$$(\mathbf{f} \cdot \mathbf{g})'(\mathbf{x}^0) = \mathbf{f}^T(\mathbf{x}^0)\mathbf{g}'(\mathbf{x}^0) + \mathbf{g}^T(\mathbf{x}^0)\mathbf{f}'(\mathbf{x}^0) \ . \tag{2.69}$$

Eine weitere Frage, die im höherdimensionalen Fall einer besonderen Behandlung bedarf, ist die Umkehrbarkeit einer Funktion. Im eindimensionalen Fall ist eine differenzierbare Funktion $f : I \to \mathbb{R}$, die auf einem Intervall I definiert ist, und für welche f' nur positive oder nur negative Werte annimmt, (global)invertierbar; die Inverse $f^{-1} : f(I) \to \mathbb{R}$ ist ebenfalls differenzierbar, und es gilt $(f^{-1})'(f(x)) = \frac{1}{f'(x)}$ für jedes $x \in I$. Im höherdimensionalen Fall (also $n \geq 2$) liefern strengere Voraussetzungen eine schwächere Aussage, die unter dem Namen **Satz über die lokale Umkehrbarkeit** bekannt ist und eine bedeutende Rolle in vielen Gebieten der heutigen Mathematik spielt.

Ist $\mathbf{f} : U \to \mathbb{R}^n$ eine stetig differenzierbare Funktion auf der offenen Teilmenge $U \subset \mathbb{R}^n$ und ist die **Funktionaldeterminante** $\det \mathbf{f}'(\mathbf{x}^0)$ von Null verschieden für ein $\mathbf{x}^0$ aus U, so gibt es eine offene Teilmenge $V, \mathbf{x}^0 \in V \subset U$, so dass $\mathbf{f}(V)$ offen in $\mathbb{R}^n$ ist, $\mathbf{f}|_V$ bijektiv ist und $(\mathbf{f}|_V)^{-1}$ differenzierbar auf $\mathbf{f}(V)$ ist. Aus der Kettenregel folgt dann $((\mathbf{f}|_V)^{-1})'(\mathbf{f}(\mathbf{x})) = (\mathbf{f}'(\mathbf{x}))^{-1}$ für jedes $\mathbf{x} \in V$.

Beispiele zeigen, dass die Invertierbarkeit von $\mathbf{f}'(\mathbf{x})$ in jedem Punkt eines Gebietes G (also wie im eindimensionalen Fall wird der Definitionsbereich als wegzusammenhängend vorausgesetzt) für die globale Bijektivität von $\mathbf{f}$ und damit für die globale Existenz von $\mathbf{f}^{-1}$ nicht ausreicht. (Für $f : I \to \mathbb{R}$ ist diese Voraussetzung ausreichend, auch wenn I nicht offen ist und f' nicht unbedingt stetig ist.)

Die folgenden Beispiele sind für die Integralrechnung (Stichwort: Transformationsformel) wichtig.

$$\mathbf{f} :]0, \infty[\times \mathbb{R} \to \mathbb{R}^2 \backslash \{\mathbf{0}\} \ , \ \mathbf{f}(r, \varphi) = \begin{pmatrix} x(r, \varphi) \\ y(r, \varphi) \end{pmatrix} = \begin{pmatrix} r\cos\varphi \\ r\sin\varphi \end{pmatrix}$$

ist stetig differenzierbar und in jedem Punkt des Definitionsbereichs ist die Funktionaldeterminante positiv, da:

$$\frac{d(x,y)}{d(r,\varphi)}(r,\varphi) = \mathbf{f}'(r,\varphi) = \begin{pmatrix} \cos\varphi & -r\sin\varphi \\ \sin\varphi & r\cos\varphi \end{pmatrix} \quad \text{und} \quad \det\mathbf{f}'(r,\varphi) = r\,.$$

$\mathbf{f}$ ist eine surjektive, aber nicht bijektive Funktion, da:

$$(r_1,\varphi_1) = (r_2,\varphi_2) \iff r_1 = r_2 \quad \text{und} \quad \varphi_1 - \varphi_2 = 2n\pi \quad \text{mit} \quad n \in \mathbb{Z}\,.$$

Für jedes θ ist die Einschränkung von $\mathbf{f}$ auf $]0,\infty[\times]\theta - \pi, \theta + \pi[$ bijektiv, und damit invertierbar. Die inverse Funktion hat in $\mathbf{f}(r,\varphi)$ die Funktionalmatrix

$$\begin{pmatrix} \cos\varphi & \sin\varphi \\ -\frac{1}{r}\sin\varphi & \frac{1}{r}\cos\varphi \end{pmatrix}.$$

Für $\begin{pmatrix} x \\ y \end{pmatrix} \neq \begin{pmatrix} 0 \\ 0 \end{pmatrix}$ gibt es nur ein $\begin{pmatrix} r \\ \varphi \end{pmatrix}$ mit $r > 0$, $\varphi \in]-\pi, \pi]$, $x = r\cos\varphi$ und $y = r\sin\varphi$. r und φ heißen die (ebenen) **Polarkoordinaten** von x und y.

$$\mathbf{g} :]0,\infty[\times\mathbb{R}\times\left]-\frac{\pi}{2},\frac{\pi}{2}\right[\to \mathbb{R}^3\setminus\{(0,0,z)^T \mid z \in \mathbb{R}\}\,,$$

$$\mathbf{g}(r,\varphi,\theta) = \begin{pmatrix} x(r,\varphi,\theta) \\ y(r,\varphi,\theta) \\ z(r,\varphi,\theta) \end{pmatrix} = \begin{pmatrix} r\cos\varphi\cos\theta \\ r\sin\varphi\cos\theta \\ r\sin\theta \end{pmatrix}$$

ist stetig differenzierbar auf ihrem Definitionsbereich, und in jedem Punkt davon ist die Funktionalmatrix von $\mathbf{g}$ invertierbar, da:

$$\mathbf{g}'(r,\varphi,\theta) = \begin{pmatrix} \cos\varphi\cos\theta & -r\sin\varphi\cos\theta & -r\cos\varphi\sin\theta \\ \sin\varphi\cos\theta & r\cos\varphi\cos\theta & -r\sin\varphi\sin\theta \\ \sin\theta & 0 & r\cos\theta \end{pmatrix}, \det\mathbf{g}'(r,\varphi,\theta)$$

$$= r^2\cos\theta\,.$$

$\mathbf{g}$ ist surjektiv, aber nicht bijektiv. Die Einschränkung von $\mathbf{g}$ auf $]0,\infty[\times]a,b[\times] -\frac{\pi}{2},\frac{\pi}{2}[$ ist genau dann injektiv, wenn $b - a \leq 2\pi$ gilt. Ist $(x,y,z)^T \neq \mathbf{0}$, so gibt es genau ein $(r,\varphi,\theta)^T$ mit $r > 0$, $-\pi < \varphi \leq \pi$, $-\frac{\pi}{2} \leq \theta \leq \frac{\pi}{2}$, $x = r\cos\varphi\cos\theta$, $y = r\sin\varphi\cos\varphi$ und $z = r\sin\theta$. r,φ und θ sind die (**räumlichen**) **Polarkoordinaten** von x, y und z.

$\mathbf{h} :]0,\infty[\times\mathbb{R}\times\mathbb{R} \to \mathbb{R}^3\setminus\{(0,0,z)^T \mid z \in \mathbb{R}\}$, $\mathbf{h}(r,\varphi,z) = (r\cos\varphi, r\sin\varphi, z)^T$

ist eine stetig differenzierbare Funktion; in jedem Punkt des Definitionsbereiches gilt

$$\mathbf{h}'(r,\varphi,z) = \begin{pmatrix} \cos\varphi & -r\sin\varphi & 0 \\ \sin\varphi & r\cos\varphi & 0 \\ 0 & 0 & 1 \end{pmatrix}, \det\mathbf{h}'(r,\varphi,z) = r > 0\,.$$

h ist lokal umkehrbar; genauer: Ist $b - a \leq 2\pi$, so ist die Einschränkung $]0, \infty[\times]a, b[\times\mathbb{R} \to \mathbf{h}(]0, \infty[\times]a, b[\times\mathbb{R})$ von **h** invertierbar. Zu jedem Punkt **x** aus $\mathbb{R}^3\setminus\{0\}$ gibt es genau ein $r > 0$, ein $\varphi \in]-\pi, \pi]$ und ein $z \in \mathbb{R}$ mit $\mathbf{x} = (r\cos\varphi, r\sin\varphi, z)^T$. r, φ und z sind die **Polarkoordinaten** von **x** .

Seien $n > m$ natürliche Zahlen und A eine $m \times n$-Matrix vom maximalen Rang, d.h. Rang $A = m$. Nehmen wir an (o.E. – sonst wird umnummeriert –), dass die aus den ersten m Spalten $\mathbf{a}_1, \ldots, \mathbf{a}_m$ gebildete quadratische Matrix B dafür verantwortlich ist, also det $B \neq 0$. Man schreibt $A = (B, C)$, wobei C die aus den letzten $n - m$ Spalten $\mathbf{a}_{m+1}, \ldots, \mathbf{a}_n$ von A gebildete $m \times (n - m)$-Matrix ist. Hiermit kann man das homogene Gleichungssystem $A\mathbf{x} = \mathbf{0}$ (also $\mathbf{x} \in \mathbb{R}^n$, $\mathbf{0} \in \mathbb{R}^m$) wie folgt schreiben

$$
B \begin{pmatrix} x_1 \\ \vdots \\ x_m \end{pmatrix} = \mathbf{a}_1 x_1 + \ldots + \mathbf{a}_m x_m = -\mathbf{a}_{m+1} x_{m+1} - \ldots - \mathbf{a}_n x_n = -C \begin{pmatrix} x_{m+1} \\ \vdots \\ x_n \end{pmatrix} .
$$

Es folgt $\begin{pmatrix} x_1 \\ \vdots \\ x_m \end{pmatrix} = -B^{-1}C \begin{pmatrix} x_{m+1} \\ \vdots \\ x_n \end{pmatrix}$. Wegen det $B = \det(\mathbf{a}_1, \ldots, \mathbf{a}_m) \neq 0$

konnten wir $x_1, \ldots, x_m$ **explizit** als Funktionen von $x_{m+1}, \ldots, x_n$ schreiben. In dem Gleichungssystem $A\mathbf{x} = \mathbf{0}$ waren $x_1, \ldots, x_m$ nur **implizit** als Funktionen von $x_{m+1}, \ldots, x_n$ angegeben; das ist für die „praktische Arbeit" erschwerend; deshalb ist der Drang zum **Explizitieren** mehr als verständlich. Das folgende Ergebnis ist eine anspruchsvolle Verallgemeinerung dieses Ergebnisses und ist eine der Anwendungen des Satzes über die lokale Umkehrbarkeit. Seien $n > m$ natürliche Zahlen, $D \subset \mathbb{R}^n$ sei offen, $\mathbf{f} = (f_1, \ldots, f_m)^T :$ $D \to \mathbb{R}^m$ sei stetig differenzierbar und $\mathbf{x}^0$ sei ein Punkt aus der Nullstellenmenge $N(\mathbf{f}) := \{\mathbf{x} \in D \mid \mathbf{f}(\mathbf{x}) = \mathbf{0}\}$. (Anders gesagt: $(x_1^0, \ldots, x_n^0)$ ist eine Lösung des Gleichungssystems $f_j(x_1, \ldots, x_n) = 0$, $1 \leq j \leq m$.) Gilt det $\frac{d(f_1, \ldots, f_m)}{d(x_1, \ldots, x_m)}(\mathbf{x}^0) \neq 0$, so gibt es ein $r > 0$ mit $\triangle_r(\mathbf{x}^0) \subset D$, eine offene Teilmenge $V \subset \mathbb{R}^{n-m}$ mit $\mathbf{y}^0 := (x_{m+1}^0, \ldots, x_n^0) \in V$ und eine eindeutig bestimmte stetig differenzierbare Funktion $\mathbf{g} : V \to \mathbb{R}^m$, so dass $\tilde{\mathbf{x}}^0 := (x_1^0, \ldots, x_m^0)^T = \mathbf{g}(\mathbf{y}^0)$ und $N(\mathbf{f}) \cap \triangle_r(\mathbf{x}^0) = \{\binom{g(\mathbf{y})}{\mathbf{y}}) | \mathbf{y} \in V\}$ gilt. Das bedeutet, dass $x_j^0 = g_j(x_{m+1}^0, \ldots, x_n^0)$ für $j = 1, \ldots, m$ gilt und dass jeder Punkt $\mathbf{x} = \binom{\tilde{\mathbf{x}}}{\mathbf{y}}$ mit $\tilde{\mathbf{x}} \in \mathbb{R}^m$, $\mathbf{y} \in \mathbb{R}^{n-m}$ aus $\triangle_r(\mathbf{x}^0)$ genau dann in $N(\mathbf{f})$ liegt, also $\mathbf{f}(\mathbf{x}) = \mathbf{0}$, wenn $\tilde{\mathbf{x}} = \mathbf{g}(\mathbf{y})$ gilt.
Man kann also lokal diejenigen m Koordinaten als Funktionen von den restlichen Koordinaten ausdrücken, für welche die entsprechenden m Spal-

ten aus $\mathbf{f}'(\mathbf{x}^0)$ eine Matrix vom maximalen Rang bilden; dabei ist diese Lösung des Gleichungssystems $\mathbf{f}(\mathbf{x}) = \mathbf{0}$ durch die Anfangsbedingung $\tilde{\mathbf{x}}^0 = \mathbf{g}(\mathbf{y}^0)$ eindeutig bestimmt. Sei $j \in \{m+1, \ldots, n\}$ beliebig, aber fest. Für jedes $\mathbf{x} = \binom{\mathbf{g}(\mathbf{y})}{\mathbf{y}}$ mit $\mathbf{y} = (x_{m+1}, \ldots, x_n)^T \in V$ folgt aus $f_i(\mathbf{x}) = f_i(g_1(x_{m+1}, \ldots, x_n), \ldots, g_m(x_{m+1}, \ldots, x_n), x_{m+1}, \ldots x_n) = 0$ durch Ableiten nach x_j

$$\sum_{k=1}^{m} \frac{\partial f_i}{\partial x_k}(\mathbf{x}) \frac{\partial g_k}{\partial x_j}(\mathbf{y}) + \frac{\partial f_i}{\partial x_j}(\mathbf{x}) = 0 \quad , \quad i = 1, \ldots, m \, .$$

Aus diesem linearen Gleichungssystem mit m Gleichungen und m Unbekannten $\frac{\partial g_k}{\partial x_j}(\mathbf{y}) = \frac{\partial g_k}{\partial x_j}(x_{m+1}, \ldots, x_n)$ ergeben sich wegen $\det(\frac{\partial f_i}{\partial x_k}(\mathbf{x})) \neq 0$ mit der Cramerschen Regel explizit die Werte $\frac{\partial g_k}{\partial x_j}(x_{m+1}, \ldots, x_n)$, $k = 1, \ldots, m$, auch dann, wenn man $g_1, \ldots, g_m$ nicht explizit kennt.

Für $(m, n) = (1, 2), (1, 3)$, bzw. $(2, 3)$ kann man mit diesem Satz feststellen, ob die Nullstellenmenge einer Funktion von zwei oder drei Veränderlichen, bzw. zweier Funktionen von drei Veränderlichen lokal eine ebene Kurve oder eine Fläche, bzw. eine Raumkurve definiert.

Man kann diesen Satz, der als **Satz über implizite Funktionen** in der mathematischen Literatur bekannt ist, als Ausgangspunkt für viele interessante Fragestellungen in der Theorie der differenzierbaren Abbildungen, in der Algebraischen Geometrie, in der Theorie der komplexen Räume usw. ansehen. Gerade die Punkte aus der Nullstellenmenge von $\mathbf{f}$, in welchen der Rang von $\mathbf{f}'$ nicht maximal ist, sind besonders interessant. (Stichwort: **Singularitäten**.)

Wir untersuchen mit Hilfe des Satzes über implizierte Funktionen, ob der Schnitt der Einheitskugel $x^2 + y^2 + z^2 = 1$ mit dem elliptischen Kegel $x^2 + yz = 0$ lokal als parametrisierte Kurve darstellbar ist. Es geht dabei um das Gleichungssystem

$$x^2 + y^2 + z^2 - 1 = 0 \quad , \quad x^2 + yz = 0 \, .$$

Deshalb betrachten wir die stetig differenzierbare Funktion

$$\mathbf{f} : \mathrm{I\!R}^3 \to \mathrm{I\!R}^2 \, , \, \mathbf{f}(x, y, z) = \begin{pmatrix} f_1(x, y, z) \\ f_2(x, y, z) \end{pmatrix} = \begin{pmatrix} x^2 + y^2 + z^2 - 1 \\ x^2 + yz \end{pmatrix} \, .$$

Sie hat die Funktionalmatrix $\frac{\partial(f_1, f_2)}{\partial(x, y, z)} = \begin{pmatrix} 2x & 2y & 2z \\ 2x & z & y \end{pmatrix}$. Die drei 2×2-Matrizen, welche daraus gebildet werden können, sind

$$\frac{\partial(f_1, f_2)}{\partial(x, y)} = \begin{pmatrix} 2x & 2y \\ 2x & z \end{pmatrix} , \quad \frac{\partial(f_1, f_2)}{\partial(y, z)} = \begin{pmatrix} 2y & 2z \\ z & y \end{pmatrix} , \quad \frac{\partial(f_1, f_2)}{\partial(x, z)} = \begin{pmatrix} 2x & 2z \\ 2x & y \end{pmatrix} .$$

Deren Determinanten haben die Werte $2x(z - 2y)$, $2(y^2 - z^2)$ und $2x(y - 2z)$. In keinem Punkt von $N(\mathbf{f})$ verschwinden alle drei Determinanten, d.h. in jedem Punkt von $N(\mathbf{f})$ ist $N(\mathbf{f})$ lokal als (stetig differenzierbar) parametrisierte Kurve darstellbar.

In den vier Punkten $(0, 0, \pm 1)^T$, $(0, \pm 1, 0)^T$ von $N(\mathbf{f})$ verschwinden gleichzeitig $\frac{\partial(f_1, f_2)}{\partial(x, y)}$ und $\frac{\partial(f_1, f_2)}{\partial(x, z)}$, aber $\frac{\partial(f_1, f_2)}{\partial(y, z)}$ nicht. Deshalb kann man in jedem dieser Punkte $N(\mathbf{f})$ lokal als (stetig differenzierbar) parametrisierte Kurve $y = y(x)$, $z = z(x)$ schreiben.

In den vier Punkten $\frac{1}{\sqrt{3}}(\pm 1, 1, -1)^T$, $\frac{1}{\sqrt{3}}(\pm 1, -1, 1)^T$ verschwindet die Determinante von $\frac{\partial(f_1, f_2)}{\partial(y, z)}$, aber die anderen zwei Determinanten nicht. Deshalb gibt es in genügend kleinen Umgebungen dieser Punkte stetig differenzierbare Parametrisierungen von $N(\mathbf{f})$ sowohl von der Form $x = x(z)$, $y = y(z)$ als auch von der Form $x = x(y)$, $z = z(y)$.

In jedem anderen Punkt von $N(\mathbf{f})$ kann man lokal je zwei der Koordinaten als stetig differenzierbare Funktionen von der dritten Koordinate darstellen. In diesem konkreten Fall gelingt es uns (ausnahmsweise!) eine globale Parametrisierung von $N(\mathbf{f})$ anzugeben; aus $\mathbf{f}(x, y, z) = 0$ folgt $(f_1 + 2f_2)(x, y, z) = 0$, d.h. $3x^2 + (y + z)^2 - 1 = 0$. Man setzt $x = \frac{1}{\sqrt{3}} \cos t$, $y + z = \sin t$; für $y + z = \sin t$, $yz = -\frac{1}{3} \cos^2 t$ ist $y = \frac{\sin t + \sqrt{1 + \frac{1}{3} \cos^2 t}}{2}$, $z = \frac{\sin t - \sqrt{1 + \frac{1}{3} \cos^2 t}}{2}$ eine Lösung. Damit gewinnt man die folgende globale stetig differenzierbare Parametrisierung von $N(\mathbf{f})$

$$\mathrm{IR} \to \mathrm{IR}^3 , \ t \mapsto \left(\frac{1}{\sqrt{3}} \cos t , \ \frac{\sin t + \sqrt{1 + \frac{1}{3} \cos^2 t}}{2} , \ \frac{\sin t - \sqrt{1 + \frac{1}{3} \cos^2 t}}{2} \right)^T .$$

Seien D eine offene Teilmenge von IR^n und $f : D \to \mathrm{IR}$ stetig differenzierbar auf D. Sind alle $\frac{\partial f}{\partial x_j}$ partiell differenzierbar (und stetig) auf D, so heißt f **2-mal partiell differenzierbar** (bzw. **2-mal stetig partiell differenzierbar**) auf D. Die Ableitung von $\frac{\partial f}{\partial x_j} = f_j$ nach x_k wird mit $\frac{\partial^2 f}{\partial x_k \partial x_j} =: f_{x_j x_k}$ bezeichnet. Also: $\frac{\partial^2 f}{\partial x_k \partial x_j} = \frac{\partial}{\partial x_k}(\frac{\partial f}{\partial x_j})$ und $(f_{x_j})_{x_k} = f_{x_j x_k}$. Rekursiv werden die Begriffe k-**mal partiell differenzierbar** und k-**mal stetig partiell differenzierbar** eingeführt. Ist f für jedes $k \geq 1$ eine k-mal partiell differenzierbare Funktion, so heißt f **unendlich oft stetig partiell differenzierbar** auf D. (Beachten Sie: Ist f $(k + 1)$-mal partiell differenzierbar, so ist f automatisch k-mal stetig partiell differenzierbar.) Die Bezeichnungen $\frac{\partial^k f}{\partial x_{j_k} \dots \partial x_{j_2} \partial x_{j_1}}$ und $f_{x_{j_1} x_{j_2} \dots x_{j_k}}$ bedeuten dasselbe: f wird zuerst nach x_{j_1}, dann $f_{x_{j_1}}$ nach $x_{j_2}, \dots$, und schließlich $f_{x_{j_1} x_{j_2} \dots x_{j_{k-1}}}$ nach x_{j_k} abgeleitet.

Die weiteren Überlegungen werden durch den **Satz von H.A. Schwarz** vereinfacht. Ist f in $\mathbf{x}^0 \in D$ k-mal partiell differenzierbar, existiert für $j_1, \dots, j_{k+1}$ aus $\{1, \dots, n\}$ (Wiederholungen sind nicht ausgeschlossen!) die Ableitung $\frac{\partial^{k+1} f}{\partial x_{j_{k+1}} \dots \partial x_{j_1}}(\mathbf{x}^0)$ und ist sie stetig, so existiert für jede Permutation $i_1, \dots, i_{k+1}$ von $j_1, \dots, j_{k+1}$ auch die Ableitung $\frac{\partial^{k+1} f}{\partial x_{i_1} \dots \partial x_{i_{k+1}}}(\mathbf{x}^0)$ und diese Ableitungen sind gleich.

Die uns am besten bekannten Funktionen, welche gleichzeitig die bequemste Auswertung (mit und ohne Computer) erlauben, sind – egal ob ein- oder höherdimensional – die Polynome. Deshalb stellt sich auch im höherdimensionalen Fall die Frage nach einer guten (der besten!) Approximation einer Funktion durch Polynome (aus einer sinnvoll eingeschränkten Menge von Polynomen). Je höher die Ordnung der partiellen Differenzierbarkeit der gegebenen Funktionen ist, desto besser (würden wir spontan vermuten, und dies ist auch der Fall!) kann man sie approximieren. Dafür benötigen wir die Erweiterung des Begriffs **Taylor-Polynom** für eine k-mal stetig differenzierbare Funktion $f : D \to \mathbb{R}^n$ in $\mathbf{x}^0 \in D$. Das Taylor-Polynom k-ten Grades von f in $\mathbf{x}^0$ ist

$$T_k(f, \mathbf{x}, \mathbf{x}^0) = T_k(\mathbf{x}) =$$
$$f(\mathbf{x}^0) + \sum_{j=1}^{k} \frac{1}{j!} \sum_{i_1=1}^{n} \cdots \sum_{i_j=1}^{n} f_{x_{i_1} \dots x_{i_j}}(\mathbf{x}^0)(x_{i_1} - x_{i_1}^0) \dots (x_{i_j} - x_{i_j}^0). \tag{2.70}$$

Mit der Bezeichnung

$$S_j(f, \mathbf{x}, \mathbf{x}^0) = S_j(\mathbf{x}) = \frac{1}{j!} \sum_{i_1=1}^{n} \cdots \sum_{i_j=1}^{n} f_{x_{i_1} \dots x_{i_j}}(\mathbf{x}^0)(x_{i_1} - x_{i_1}^0) \dots (x_{i_j} - x_{i_j}^0)$$

und wegen $T_0(\mathbf{x}) = f(\mathbf{x}^0)$ hat man für alle l aus $1, \dots, k$

$$T_l(\mathbf{x}) = T_{l-1}(\mathbf{x}) + S_l(\mathbf{x}) \quad \text{und} \quad T_l(\mathbf{x}) = f(\mathbf{x}^0) + \sum_{j=1}^{l} S_j(\mathbf{x}).$$

Mit den obigen Voraussetzungen sagt der **Satz von Taylor**, dass für jedes $\mathbf{x} \in D$ mit der Eigenschaft, dass die Strecke $[\mathbf{x}^0, \mathbf{x}]$ in D liegt, ein $\mathbf{x}^* \in]\mathbf{x}^0, \mathbf{x}[$ existiert, so dass gilt:

$$f(\mathbf{x}) = T_{k-1}(\mathbf{x}) + S_k(\mathbf{x}^*).$$

Außerdem ergibt sich aus der Stetigkeit der partiellen Ableitungen k-ter Ordnung von f :

$$\lim_{\mathbf{x} \to \mathbf{x}^0} \frac{f(\mathbf{x}) - T_k(\mathbf{x})}{\|\mathbf{x} - \mathbf{x}^0\|^k} = 0 \ . \tag{$*$}$$

T_k ist das einzige Polynom, dessen Grad höchstens k ist, mit der Eigenschaft $(*)$, d.h. kein anderes Polynom, dessen Grad höchstens k ist, approximiert f so gut wie T_k .

Der Satz von H.A. Schwarz hilft uns, die Anzahl der Ableitungen, die für T_k berechnet werden müssen, zu verkleinern. So hat man z.B. für eine 4-mal partiell differenzierbare Funktion $f : \mathbb{R}^2 \to \mathbb{R}$ im Nullpunkt das folgende vierte Taylor-Polynom: $T_4(f, \mathbf{x}, \mathbf{x}^0) = T_4(x, y) =$

$f(0) + f_x(0)x + f_y(0)y + \frac{1}{2!}(f_{xx}(0)x^2 + 2f_{xy}(0)xy + f_{yy}(0)y^2) +$

$\frac{1}{3!}(f_{xxx}(0)x^3 + 3f_{xxy}(0)x^2y + 3f_{xyy}(0)xy^2 + f_{yyy}(0)y^3) +$

$\frac{1}{4!}(f_{xxxx}(0)x^4 + 4f_{xxxy}(0)x^3y + 6f_{xxyy}(0)x^2y^2 + 4f_{xyyy}(0)xy^3 + f_{yyyy}(0)y^4) \ .$

Die Begriffe **lokales** (oder **relatives**) und **globales** (oder **absolutes**) **Maximum** bzw. **Minimum** einer Funktion $f : D \to \mathbb{R}$, $D \subset \mathbb{R}^n$ werden wie für eine Funktion einer Veränderlichen eingeführt; dabei ist – wie dort auch – D nicht notwendig offen. Ist $\mathbf{x}^0$ ein innerer Punkt von D, ist f differenzierbar in $\mathbf{x}^0$ und hat f in $\mathbf{x}^0$ ein lokales Extremum, so hat für jedes $j = 1, \ldots, n$ die Einschränkung g_j^0 von f auf $I(j, \mathbf{x}^0)$ auch ein lokales Extremum in x_j^0, und deshalb gilt $\frac{\partial f}{\partial x_j}(\mathbf{x}^0) = (g_j^0)'(x_j^0) = 0$. So wie im eindimensionalen Fall genügt das Verschwinden von grad $f = f'$ in einem inneren Punkt von D nicht für die Existenz eines lokalen Extremums. So hat z.B. $f : \mathbb{R}^n \to \mathbb{R}$, $f(x_1, \ldots, x_n) = \sum_{j=1}^{n} x_j^{2j+1}$ in $\mathbf{0}$ einen **stationären Punkt** (d.h. grad $f(\mathbf{0}) = \mathbf{0}$), aber kein lokales Extremum, da in jeder Kugel um $\mathbf{0}$ f sowohl positive als auch negative Werte annimmt. Entscheidungshilfe, ob in einem stationären Punkt ein lokales Extremum vorliegt und von welcher Art es ist, gibt im eindimensionalen Fall die zweite Ableitung. Im höherdimensionalen Fall betrachtet man dafür die **Hessesche Matrix von** f **in** $\mathbf{x}^0$

$$H(f, \mathbf{x}^0) := \left(\frac{\partial^2 f}{\partial x_j \partial x_i}(\mathbf{x}^0) \right)_{\substack{i=1,\ldots,n \\ j=1,\ldots,n}} = (f_{ij}(\mathbf{x}^0)) \ . \tag{2.71}$$

Ihr Verhalten liefert uns ein hinreichendes Kriterium für die Existenz eines lokalen Extremums in $\mathbf{x}^0$, und über seine Art. Dazu benötigen wir aus der Linearen Algebra die folgende Definition und äquivalente Charakterisierung. Sei A eine $n \times n$-Matrix und $Q_A : \mathbb{R}^n \to \mathbb{R}$ die zugeordnete **quadratische Form** $Q_A(\mathbf{x}) := \mathbf{x}^T A \mathbf{x} = \sum_{i,j=1}^{n} a_{ij} x_i x_j$. Die Matrix A heißt

→ **positiv definit (negativ definit)**, wenn $Q_A(\mathbf{x}) > 0$ (bzw. $Q_A(\mathbf{x}) < 0$)
   für alle $\mathbf{x} \in \mathbb{R}^n \setminus \{\mathbf{0}\}$ gilt. Das ist genau dann erfüllt, wenn alle Eigenwerte von A positiv (bzw. negativ) sind.

→ **positiv semidefinit (negativ semidefinit)**, wenn $Q_A(\mathbf{x}) \geq 0$ (bzw. $Q_A(\mathbf{x}) \leq 0$) für alle $\mathbf{x} \in \mathbb{R}^n$. Das ist genau dann der Fall, wenn alle Eigenwerte von A größer gleich (bzw. kleiner gleich) Null sind.

→ **indefinit**, wenn Q_A sowohl positive als auch negative Werte annimmt. Äquivalent dazu ist die Existenz sowohl von positiven als auch von negativen Eigenwerten von A .

Das angekündigte **hinreichende Existenzkriterium für die lokalen Extrema** lautet: Eine zweimal stetig partiell differenzierbare Funktion $f : D \to \mathbb{R}^n$ hat in einem inneren Punkt $\mathbf{x}^0$ von D, in dem ihr Gradient verschwindet, ein lokales Maximum bzw. Minimum, falls $H(f, \mathbf{x}^0)$ negativ bzw. positiv definit ist. Sie hat kein lokales Extremum in $\mathbf{x}^0$, falls f indefinit ist. Sonst – also f ist positiv oder negativ semidefinit – ist keine allgemeingültige Aussage möglich; es muss im konkreten Fall genauer untersucht werden.

Im Fall $n = 2$ ist $\lambda^2 - (f_{xx}(\mathbf{x}^0) + f_{yy}(\mathbf{x}^0))\lambda - f_{xy}^2(\mathbf{x}^0)$ das charakteristische Polynom von $H(f, \mathbf{x}^0)$. Die zwei Eigenwerte sind von Null verschieden und haben dasselbe Vorzeichen (also $\mathbf{x}^0$ ist ein lokales Extremum) dann und nur dann, wenn die Funktionaldeterminante $(f_{xx}f_{yy} - f_{xy}^2)(\mathbf{x}^0)$ positiv ist. Ist dann $f_{xx}(\mathbf{x}^0)$ positiv (äquivalent dazu: $f_{yy}(\mathbf{x}^0)$ ist positiv), so sind beide Eigenwerte positiv, und f hat ein lokales Minimum in $\mathbf{x}^0$. Ist $f_{xx}(\mathbf{x}^0)$ negativ, so hat f ein lokales Maximum in $\mathbf{x}^0$. Falls die Funktionaldeterminante negativ ist, haben die Eigenwerte verschiedene Vorzeichen, und f besitzt in $\mathbf{x}^0$ kein lokales Extremum (anders gesagt: $\mathbf{x}^0$ ist ein Sattelpunkt für f). Verschwindet die Funktionaldeterminante in $\mathbf{x}^0$, so kann man noch keine Aussage über das Verhalten von f im Punkt $\mathbf{x}^0$ machen.

Eine Fülle von geometrischen, physikalischen, technischen, chemischen, medizinischen, biologischen u.v.a. Phänomenen führen zu Fragen, deren Lösungen auf die Bestimmung von lokalen bzw. globalen Extrema reduziert werden (oder dies als Zwischenergebnis benötigen). Die globalen Extrema werden dann mit Hilfe verschiedener Überlegungen unter den lokalen Extrema – falls möglich – gesucht. Ein typisches Beispiel dazu möchten wir nun erörtern.
Messungen in verschiedenen Punkten (oder zu verschiedenen Zeiten) $x_1, x_2,$ $\ldots, x_n$ liefern Messwerte $y_1, y_2, \ldots, y_n$, die aufgrund theoretischer Erkenntnisse durch eine Funktion der Gestalt $f(x) = \sum_{k=0}^{m} a_k x^k$ gegeben sein müssen; nicht ausgeschlossen ist, dass alle oder mehrere Messungen denselben Wert ergeben. Diese unbekannten Koeffizienten $a_0, a_1, \ldots, a_m$ sollen „optimal" bestimmt werden; das setzt voraus, dass die Anzahl n der Messungen größer als m ist. Was man unter optimal zu verstehen hat, ist nicht allgemein

festgelegt; es zeigt sich, dass die Rechnungen besonders einfach werden, wenn man verlangt, dass die **Summe der Fehlerquadrate** $\sum_{i=1}^{m}(f(x_i) - y_i)^2$ minimal ist. Dann kann man diese Summe als eine Funktion $F = F(\mathbf{a})$ in den Unbekannten $a_0, a_1, \ldots, a_m$ ansehen. Um unser Ziel zu erreichen, muss also $\operatorname{grad} F = (\frac{\partial F}{\partial a_0}, \frac{\partial F}{\partial a_1}, \ldots, \frac{\partial F}{\partial a_m})$ für die optimalen Koeffizienten verschwinden. Wegen

$$\frac{\partial F}{\partial a_j} = \sum_{i=1}^{n} 2(f(x_i) - y_i)x_i^j \ , \quad \text{d.h.} \quad \sum_{i=1}^{n}\sum_{k=0}^{m} a_k x_i^{k+j} - \sum_{i=1}^{n} y_i x_i^j = 0$$

muss $(a_0, a_1, \ldots, a_m)$ Lösung des linearen Gleichungssystems

$$
\begin{aligned}
a_0 n &+ a_1 \sum_{i=1}^{n} x_i &+ \ldots + a_m \sum_{i=1}^{n} x_i^m &= \sum_{i=1}^{n} y_i \ , \\
a_0 \sum_{i=1}^{n} x_i &+ a_1 \sum_{i=1}^{n} x_i^2 &+ \ldots + a_m \sum_{i=1}^{n} x_i^{m+1} &= \sum_{i=1}^{n} y_i x_i \ , \\
\vdots \qquad & \qquad \vdots & & \\
a_0 \sum_{i=1}^{n} x_i^m &+ a_1 \sum_{i=1}^{n} x_i^{m+1} &+ \ldots + a_m \sum_{i=1}^{n} x_i^{2m} &= \sum_{i=1}^{n} y_i x_i^m
\end{aligned}
\tag{2.72}
$$

sein. Ist die Determinante dieses Systems von Null verschieden (was für $n = m + 1$ immer der Fall ist), so nimmt F in der (mittels Cramerscher Regel berechneten) Lösung dieses Systems das absolute Minimum an, da $F(\mathbf{a}) \geq 0$ für alle $\mathbf{a}$ und $\lim\limits_{||\mathbf{a}|| \to \infty} F(\mathbf{a}) = \infty$ gilt. Die so errechnete Funktion $f(x) = a_0 + a_1 x + \ldots + a_m x^m$ heißt das **Ausgleichspolynom zu den Messdaten** $(x_1, y_1), \ldots, (x_n, y_n)$. Ist $m = 1$, so spricht man von der **Ausgleichsgeraden**. Sie hat die Gleichung $f(x) = a_0 + a_1 x$, wobei gilt

$$a_0 = \frac{d_0}{d} \quad , \quad a_1 = \frac{d_1}{d} \ , \tag{2.73_1}$$

$$
d = \begin{vmatrix} n & \sum_{i=1}^{n} x_i \\ \sum_{i=1}^{n} x_i & \sum_{i=1}^{n} x_i^2 \end{vmatrix} , \quad
d_0 = \begin{vmatrix} \sum_{i=1}^{n} y_i & \sum_{i=1}^{n} x_i \\ \sum_{i=1}^{n} y_i x_i & \sum_{i=1}^{n} x_i^2 \end{vmatrix} ,
$$

$$
d_1 = \begin{vmatrix} n & \sum_{i=1}^{n} y_i \\ \sum_{i=1}^{n} x_i & \sum_{i=1}^{n} y_i x_i \end{vmatrix} .
\tag{2.73_2}
$$

Da n größer gleich 2 ist und $x_1, \ldots, x_n$ paarweise verschieden sind, folgt aus der Cauchy-Schwarzschen Ungleichung $d_0 = n \sum_{i=1}^{n} x_i^2 - (\sum_{i=1}^{n} x_i)^2 > 0$.
Außerdem folgt aus $F_{a_0 a_0} = 2n$, $F_{a_0 a_1} = 2 \sum_{i=1}^{n} x_i$, $F_{a_1 a_1} = 2 \sum_{i=1}^{n} x_i^2$ sowohl $F_{a_0 a_0} F_{a_1 a_1} - F_{a_0 a_1}^2 = 4(n \sum_{i=1}^{n} x_i^2 - (\sum_{i=1}^{n} x_i)^2) > 0$ als auch $F_{a_0 a_0} > 0$,
was noch einmal (diesmal aber wegen der uns schon bekannten Begründung) die Minimalität der Summe der Fehlerquadrate für die Lösung (2.73_1) zeigt.
Im Fall $m = 0$ ist $a_0 = \frac{1}{n} \sum_{i=1}^{n} y_i$ der Mittelwert der Messergebnisse, was plausibel ist. Schließlich erwähnen wir, dass für $n > m + 1$ die Zahl
$\sqrt{\frac{F(a_0, a_1, \ldots, a_m)}{n - m - 1}} = \sqrt{\frac{F(\mathbf{a})}{n - m - 1}}$, wobei $\mathbf{a} = (a_0, a_1, \ldots, a_m)$ die Lösung von (2.72) ist, **der mittlere Fehler** heißt. (Die obigen Anstrengungen hatten das Ziel, diese Zahl zu minimieren.)

Zahlreiche Beispiele aus verschiedenen Anwendungsbereichen führen zu Problemen von folgender Art: Sei $f : D \to \mathbb{R}$, $D \subset \mathbb{R}^n$, wobei D nicht unbedingt offen ist, und $N \subset D$ sei eine Teilmenge von Punkten aus D, die gewissen Bedingungen genügen. Man sagt, dass f an der Stelle $\mathbf{x}^0 \in N$ **unter gegebenen Nebenbedingungen ein lokales Maximum (Minimum)** hat, falls ein $r > 0$ existiert, so dass für jedes $\mathbf{x} \in N \cap \Delta_r(\mathbf{x}^0)$ gilt: $f(\mathbf{x}) \leq f(\mathbf{x}^0)$ (bzw. $f(\mathbf{x}) \geq f(\mathbf{x}^0)$). Das bedeutet aber nicht unbedingt, dass f in $\mathbf{x}^0$ ein lokales Extremum in D hat. Die Nebenbedingungen können durch Gleichungen und/oder Ungleichungen gegeben sein. Wir begnügen uns mit Nebenbedingungen, die nur aus Gleichungen bestehen; genauer: Es gibt differenzierbare Funktionen $g_1, \ldots, g_m : D \to \mathbb{R}$, $m < n$, so dass $N = \{\mathbf{x} \in D \mid g_1(\mathbf{x}) = \ldots = g_m(\mathbf{x}) = 0\}$ gilt. Wir geben zwei einfache Beispiele an. Im ersten soll das Rechteck maximalen Flächeninhalts bestimmt werden, welches den Umfang p hat; im zweiten soll der Quader maximalen Volumens gefunden werden, für welchen die Oberfläche den Wert s hat. Im ersten Beispiel wird $D = D_2 = \{(x, y) \mid x \geq 0, y \geq 0\}$ betrachtet; zu maximieren ist $f = f_2 : D_2 \to \mathbb{R}$, $f_2(x, y) := xy$ unter der Nebenbedingung $g_2(x) := 2x + 2y - p = 0$. Im zweiten Beispiel hat man es mit der Teilmenge $D = D_3 = \{(x, y, z)^T \mid x \geq 0, y \geq 0, z \geq 0\}$ der Funktion $f = f_3 : D_3 \to \mathbb{R}$, $f_3(x, y, z) = xyz$ und der Nebenbedingung $g_3(x, y, z) = 2(xy + yz + zx) - s = 0$ zu tun. Die Antworten lauten:

- Unter allen Rechtecken vom Umfang p ist das Quadrat mit der Seitenlänge $\frac{p}{4}$ dasjenige und das einzige – mit maximalem Flächeninhalt, nämlich $\frac{p^2}{16}$.

- Unter allen Quadern mit der Oberfläche s ist der Würfel mit der Seitenlänge $\sqrt{\frac{s}{6}}$ derjenige – und der einzige – mit maximalem Volumen, nämlich $\frac{s\sqrt{s}}{6\sqrt{6}}$.

Die inneren Punkte aus D, in welchen f unter den Nebenbedingungen $g_1 = \ldots = g_m = 0$ lokale Extrema besitzt und in welchen die Funktionalmatrix $\left(\frac{\partial g_i}{\partial x_j}\right)_{\substack{i=1,\ldots,m \\ j=1,\ldots,n}}$ den maximalen Rang m hat, kann man bestimmen, indem man lokal m der Variablen – z.B. $x_1, \ldots, x_m$ (sonst wird umnummeriert) – als Funktionen von den restlichen schreibt – also $x_i = x_i(x_{m+1}, \ldots, x_n)$, $i = 1, \ldots, m$ – und dann werden die lokalen Extrema von

$$(x_{m+1}, \ldots, x_n) \mapsto f(x_1(x_{m+1}, \ldots, x_n), \ldots, x_m(x_{m+1}, \ldots, x_n), x_{m+1}, \ldots, x_n)$$

gesucht. Ist $(x^*_{m+1}, \ldots, x^*_n)^T$ ein solcher Punkt, so ist

$$(x_1(x^*_{m+1}, \ldots, x^*_n), \ldots, x_m(x^*_{m+1}, \ldots, x^*_n), x^*_{m+1}, \ldots, x^*_n)$$

ein lokales Extremum für f unter den Nebenbedingungen $g_1 = \ldots = g_m = 0$. Die Durchführung dieser Idee ist meistens sehr mühsam oder undurchführbar, weil die Auflösung nach $x_1, \ldots, x_m$ nicht gelingt. (Allerdings hat man im Falle des Erfolgs tatsächlich ein lokales Extremum unter den Nebenbedingungen gefunden, und Klarheit über seine Art gewonnen.) Wesentlich einfacher ist es in vielen Fällen, die sog. **Methode der Multiplikatoren von Lagrange** zu benutzen. Sie beruht auf der Tatsache, dass in den inneren Punkten aus D, in welchen f unter den Nebenbedingungen $g_1 = \ldots = g_m = 0$ lokale Extrema hat und in welchen $\left(\frac{\partial g_i}{\partial x_j}\right)_{\substack{i=1,\ldots,m \\ j=1,\ldots,n}}$ den maximalen Rang hat, gilt: Es gibt $\lambda_1, \ldots, \lambda_m$ aus $\mathbb{R}$, so dass für alle $i = 1, \ldots, n$ gilt

$$\frac{\partial f}{\partial x_i}(\mathbf{x}) = \lambda_1 \frac{\partial g_1}{\partial x_i}(\mathbf{x}) + \ldots + \lambda_m \frac{\partial g_m}{\partial x_i}(\mathbf{x}) \ .$$

Man erhält ein Gleichungssystem bestehend aus diesen m Gleichungen und aus den n Nebenbedingungen. Nur solche Punkte $(x_1, \ldots, x_n)^T$ kommen als Stellen für die lokalen Extrema von f unter den Nebenbedingungen $g_1 = \ldots = g_m = 0$ in Betracht, für welche $\lambda_1, \ldots, \lambda_n$ existieren, so dass $\lambda_1, \ldots, \lambda_m$, $x_1, \ldots, x_n$ eine Lösung des obigen Systems mit $m + n$ Gleichungen ist. Dieser meist einfachere Lösungsweg ist aber mit dem Nachteil behaftet, dass die Überprüfung der Extremalität noch ansteht.

Dass die Überprüfung sehr unangenehm ist und Geschicklichkeit und Übung verlangt, illustrieren wir anhand des obigen Beispiels $f_3 : D_3 \to \mathbb{R}$, $f_3(x, y, z) = xyz$ und $g_3(x, y, z) := 2(xy + yz + zx) - s = 0$. Der Rand von D_3, d.h. die Menge der Punkte für die mindestens eine Koordinate 0 ist, kommt für ein Maximum nicht in Frage, da dort f_3 verschwindet. Sei $(x_1, y_1, z_1)^T \in D_3$ mit $g_3(x_1, y_1, z_1) = 2(x_1y_1 + y_1z_1 + z_1x_1) - 2s = 0$ und außerhalb des Würfels $K := [0, 5\sqrt{s}] \times [0, 5\sqrt{s}] \times [0, 5\sqrt{s}]$. Dann ist mindestens eine Koordinate dieses Punktes $> 5\sqrt{s}$; sei z.B. $z_1 > 5\sqrt{s}$. Aus $x_1y_1 + y_1z_1 + z_1x_1 = \frac{s}{2}$ folgt $x_1z_1 \leq \frac{s}{2}$ und $y_1z_1 \leq \frac{s}{2}$; deshalb gilt

$f_3(x_1, y_1, z_1) = x_1 y_1 z_1 \leq \frac{s}{2z_1} \cdot \frac{s}{2z_1} \cdot z_1 = \frac{s^2}{4z_1} < \frac{s^2}{4 \cdot 5\sqrt{s}} = \frac{s\sqrt{s}}{20} < \frac{s\sqrt{s}}{6\sqrt{6}} = f_3(\frac{\sqrt{s}}{\sqrt{6}}, \frac{\sqrt{s}}{\sqrt{6}}, \frac{\sqrt{s}}{\sqrt{6}})$.

Also: f_3 muss ein globales Maximum haben, und die Stelle/Stellen, wo es angenommen wird, liegt im Kompaktum K (auf welchem f stetig ist!). Der einzige Punkt, der in Frage kommt, ist $(\frac{\sqrt{s}}{\sqrt{6}}, \frac{\sqrt{s}}{\sqrt{6}}, \frac{\sqrt{s}}{\sqrt{6}})^T$, und deshalb ist er auch diese Maximalstelle für f .

2.1.13 Parameterintegrale (Aufgabe 101 bis 103)

Seien $D \subset \mathbb{R}^2$, $I \subset \mathbb{R}$ ein Intervall und $a, b : I \to \mathbb{R}$ stetige Funktionen mit der Eigenschaft, dass für jedes $x \in I$ die Strecke zwischen den Punkten $\binom{x}{a(x)}$ und $\binom{x}{b(x)}$ in D liegt. Ist $f : D \to \mathbb{R}^2$ stetig, so definiert die Zuordnung

$$x \mapsto F(x) := \int_{a(x)}^{b(x)} f(x, y) dy$$

eine stetige Funktion auf I, welche **Parameterintegral** heißt. x ist dann **der Parameter** dieses Parameterintegrals.

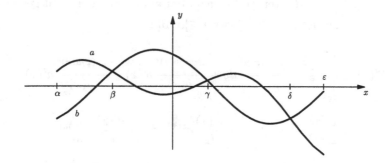

Abbildung 2.5. Zur Definition des Parameterintegrals

Mit den auf $[\alpha, \varepsilon[$ definierten Kurven a und b aus Abb. 2.5 gilt:

$$F(x,y) = \begin{cases} \displaystyle\int\limits_{a(x)}^{b(x)} f(x,y)dy & \text{, falls } x \in \,]\beta, \gamma[\, \cup \,]\delta, \varepsilon[\, , \\[4mm] \displaystyle -\int\limits_{b(x)}^{a(x)} f(x,y)dy & \text{, falls } x \in [\alpha, \beta] \, \cup \, [\gamma, \delta] \, . \end{cases}$$

Ist D offen, sind a und b stetig differenzierbar auf I, existiert die partielle Ableitung $\frac{\partial f}{\partial x}$ auf D und ist sie stetig, so ist das Parameterintegral stetig differenzierbar und es gilt die sog. **Leibnizsche Regel**

$$F'(x) = \int\limits_{a(x)}^{b(x)} \frac{\partial f}{\partial x}(x,y)dy + f(x,b(x))b'(x) - f(x,a(x))a'(x) \, . \tag{2.74}$$

Manchmal gelingt es nicht, F ohne das Integralzeichen zu schreiben (man sagt: F **ist nicht geschlossen auszuwerten**), aber für F' ist das leicht. Ein einfaches Beispiel: Für die auf $]0, \infty[$ unendlich oft differenzierbare Funktion $\frac{e^{cy^2}}{y}$, $c > 0$, kennt man keine Stammfunktion. Sind $a, b :]\alpha, \beta[\to]0, \infty[$ und $c : \mathbb{R} \to]0, \infty[$ stetig differenzierbar, so ist das Parameterintegral $F(x) := \int_{a(x)}^{b(x)} \frac{e^{c(x)y^2}}{y} dy$ stetig differenzierbar auf $]\alpha, \beta[$, aber nicht geschlossen auszuwerten. Dagegen gilt für jedes $x \in]\alpha, \beta[$:

$$F'(x) = \int\limits_{a(x)}^{b(x)} \frac{y^2 c'(x) e^{c(x)y^2}}{y} dy + \frac{e^{c(x)b(x)^2}}{b(x)} b'(x) - \frac{e^{c(x)a(x)^2}}{a(x)} a'(x)$$

$$= \frac{c'(x)}{2c(x)} e^{c(x)y^2} \Big|_{a(x)}^{b(x)} + \frac{b'(x)}{b(x)} e^{c(x)b(x)^2} - \frac{a'(x)}{a(x)} e^{c(x)a(x)^2}$$

$$= \left(\frac{c'(x)}{2c(x)} + \frac{b'(x)}{b(x)} \right) e^{c(x)b(x)^2} - \left(\frac{c'(x)}{2c(x)} + \frac{a'(x)}{a(x)} \right) e^{c(x)a(x)^2} \, .$$

Das **uneigentliche Parameterintegral** mit dem **Parameter** x für eine stetige Funktion $f : [a, b] \times]c, \infty[\to \mathbb{R}$ wird durch $x \mapsto F(x) := \int_c^{\infty} f(x,y)dy$ definiert, falls $\int_c^{\infty} f(x,y)dy$ für jedes x aus $[a, b]$ existiert. Dabei ist der Fall $\lim\limits_{x \to c+} f(x,y) = \infty$ oder $-\infty$ für gewisse x aus $[a, b]$ nicht ausgeschlossen.

Falls in $[c, \infty[$ Folgen (c_k) und (d_k) mit den Eigenschaften

i) $\quad \lim\limits_{k \to \infty} c_k = c \, , \quad \lim\limits_{k \to \infty} d_k = \infty \, ,$

ii) $\int_{c_k}^{d_k} f(x,y)dy)_k$ konvergiert gleichmäßig auf $[a,b]$ gegen F

existieren, dann ist F stetig auf $[a,b]$. Gilt außerdem

iii) $\int_c^\infty f_x(x,y)dy$ existiert für jedes $x \in [a,b]$,

iv) $(\int_{c_k}^{d_k} f_x(x,y)dy)_k$ konvergiert gleichmäßig auf $[a,b]$,

so ist F im offenen Intervall $]a,b[$ differenzierbar, und es gilt

$$F'(x) = \int\limits_c^\infty f_x(x,y)dy .$$

Diese letzte Behauptung kann man als eine Verallgemeinerung der Leibniz-Regel ansehen. Anstelle von $[a,b]$ kann man $]a,\infty[$ oder $]-\infty,\infty[$ nehmen, und entsprechend das obige Ergebnis erweitern, indem man $]a,\infty[$ und $]-\infty,\infty[$ als $\bigcup_{n\geq 1}[a + \frac{1}{n} , a + n]$ bzw. $\bigcup_{n\geq 1}[-n,n]$ darstellt.
Am Ende von Abschnitt 2.1.7 haben wir die Gammafunktion

$$\Gamma :]0,\infty[\to \mathbb{R} \quad , \quad \Gamma(x) := \int\limits_0^\infty y^{x-1}e^{-y}dy$$

kennengelernt. Sie ist in doppeltem Sinn ein Beispiel von einem uneigentlichen Integral: das Integrationsintervall und für $x < 1$ auch die zu integrierende Funktion sind unbeschränkt. Man kann nachweisen, dass Γ eine differenzierbare Funktion auf $]0,\infty[$ ist. Es ist ziemlich mühsam daraus zu folgern, dass $F(x) := \int_0^\infty e^{-xy}\frac{\sin y}{y}dy$ auf $]0,\infty[$ differenzierbar ist. Hat man aber diese Information gewonnen, so ergibt sich sofort

$$F'(x) = -\int\limits_0^\infty e^{-xy} \sin y\, dy = -\frac{1}{x^2+1} ,$$

wobei die letzte Ungleichung aus $\int e^{-at} \sin bt\, dt = -\frac{a}{a^2+b^2}e^{-at} \sin bt - \frac{b}{a^2+b^2}e^{-at} \cos bt$ durch Grenzwertbetrachtung leicht zu erhalten ist. Damit ist $F(x)+\arctan x$ konstant auf $]0,\infty[$. Wegen $\lim\limits_{x\to\infty} F(x) = 0$ und $\lim\limits_{x\to\infty} \arctan x = \frac{\pi}{2}$ ergibt sich für alle $x > 0$ die Identität: $F(x) = \frac{\pi}{2} - \arctan x$. Es ist wiederum unangenehm zu zeigen, dass F im Nullpunkt stetig ist. Mit diesem Ergebnis aber folgt aus der obigen Identität:

$$\int\limits_0^\infty \frac{\sin y}{y}dy = \frac{\pi}{2} . \tag{2.75}$$

2.2 Aufgaben für das zweite Kapitel

Aufgabe 1

i) Bestimmen Sie (ausgehend von der Definition!) alle reellen Zahlen, in welchen die Funktion $f : \mathbb{R} \to \mathbb{R}$, $f(x) := \sqrt[5]{x}$ differenzierbar ist.

ii) Zeigen Sie, dass die Funktion $g : \mathbb{R} \to \mathbb{R}$, $g(x) := |x^2 - 1|$ in den Punkten -1 und 1 nicht differenzierbar ist.

iii) Ist die Funktion $h : \mathbb{R} \to \mathbb{R}$, $h(x) = x|x|$ im Nullpunkt differenzierbar?

Lösung:

i) Ist $x_0 \neq 0$, so gilt

$$\lim_{x \to x_0} \frac{f(x) - f(x_0)}{x - x_0} = \lim_{x \to x_0} \frac{\sqrt[5]{x} - \sqrt[5]{x_0}}{(\sqrt[5]{x})^5 - (\sqrt[5]{x_0})^5}$$

$$= \lim_{x \to x_0} \frac{\sqrt[5]{x} - \sqrt[5]{x_0}}{(\sqrt[5]{x} - \sqrt[5]{x_0})((\sqrt[5]{x})^4 + (\sqrt[5]{x})^3 \sqrt[5]{x_0} + (\sqrt[5]{x})^2 (\sqrt[5]{x_0})^2 + \sqrt[5]{x}(\sqrt[5]{x_0})^3 + (\sqrt[5]{x_0})^4)}$$

$$= \lim_{x \to x_0} \frac{1}{(\sqrt[5]{x})^4 + (\sqrt[5]{x})^3 \sqrt[5]{x_0} + (\sqrt[5]{x})^2 (\sqrt[5]{x_0})^2 + \sqrt[5]{x}(\sqrt[5]{x_0})^3 + (\sqrt[5]{x_0})^4} = \frac{1}{5(\sqrt[5]{x_0})^4}$$

Im Nullpunkt muss man die Existenz des Grenzwertes von $\frac{\sqrt[5]{x} - 0}{x - 0}$ untersuchen. Da $\frac{\sqrt[5]{x}}{x} = \frac{1}{(\sqrt[5]{x})^4}$ gilt und $\lim_{x \to 0} \sqrt[5]{x} = 0$ gilt, gibt es den gesuchten Grenzwert in $\mathbb{R}$ nicht. f ist also für alle $x \neq 0$ differenzierbar.

ii) Es gilt:
$$g(x) = \begin{cases} x^2 - 1 & \text{, falls } x \notin\,]-1, 1[\,, \\ 1 - x^2 & \text{, falls } x \in\,]-1, 1[\,, \end{cases}$$

$$\lim_{x \to -1-} \frac{g(x) - g(-1)}{x + 1} = \lim_{x \to -1-} \frac{x^2 - 1 - 0}{x + 1} = \lim_{x \to -1-} (x - 1) = -2\,,$$

$$\lim_{x \to -1+} \frac{g(x) - g(-1)}{x + 1} = \lim_{x \to -1+} \frac{1 - x^2 - 0}{x + 1} = \lim_{x \to -1+} (1 - x) = 2\,.$$

Deshalb ist g in -1 nicht differenzierbar. Analog zeigt man, dass g in 1 ebenfalls nicht differenzierbar ist. Als Polynom ist die Einschränkung von g sowohl auf $]-1, 1[$ als auch auf $]-\infty, -1[\cup]1, \infty[$ differenzierbar.

iii) Es ist $h(x) = x^2$ falls $x \geq 0$ und $h(x) = -x^2$ falls $x < 0$. Deshalb folgt

$$\lim_{x \to 0+} \frac{h(x) - h(0)}{x - 0} = \lim_{x \to 0+} \frac{x^2 - 0}{x} = \lim_{x \to 0+} x = 0\,,$$

$$\lim_{x \to 0-} \frac{h(x) - h(0)}{x - 0} = \lim_{x \to 0-} \frac{-x^2 - 0}{x} = \lim_{x \to 0-} (-x) = 0\,.$$

Das zeigt, dass h im Nullpunkt differenzierbar ist.

Aufgabe 2

Bestimmen Sie die Ableitung der Funktion tan in einem beliebigen Punkt ihres Definitionsbereichs. Dabei sollen Sie nicht die Quotientenregel verwenden, sondern den Grenzwert direkt (also: von der Definition des Grenzwertes ausgehen!) berechnen. Sie können dazu das Additionstheorem

$$\tan(x - y) = \frac{\tan x - \tan y}{1 + \tan x \tan y},$$

die Stetigkeit von cos und tan und den Grenzwert $\lim\limits_{h \to 0} \frac{\sin h}{h} = 1$ verwenden.

Lösung:
Sei x aus dem Definitionsbereich von tan und $\varepsilon > 0$ so klein, dass $[x - \varepsilon, x + \varepsilon]$ im Definitionsbereich von tan liegt. Für $h \in \mathbb{R}$, $h \neq 0$ und $|h| \leq \varepsilon$ gilt:

$$\frac{\tan(x + h) - \tan x}{h} = \frac{\tan(x + h - x)}{h} \left(1 + \tan x \tan(x + h)\right) =$$

$$\frac{\tan h}{h} \left(1 + \tan x \tan(x + h)\right) = \frac{1}{\cos h} \frac{\sin h}{h} \left(1 + \tan x \tan(x + h)\right).$$

Man hat $\lim\limits_{h \to 0} \frac{1}{\cos h} = \frac{1}{\cos 0} = 1$, $\lim\limits_{h \to 0} \frac{\sin h}{h} = 1$ und $\lim\limits_{h \to 0} \left(1 + \tan x \tan(x + h)\right) =$
$1 + \tan^2 x$; dabei wurde für die erste und die dritte Gleichung die Stetigkeit von cos bzw. tan benutzt. Es folgt:

$$(\tan)'(x) = \lim_{h \to 0} \frac{\tan(x + h) - \tan x}{h} = 1 + \tan^2 x = 1 + \frac{\sin^2 x}{\cos^2 x} = \frac{1}{\cos^2 x}.$$

Aufgabe 3

Differenzieren Sie die folgenden Funktionen auf deren maximalen Definitionsbereichen unter Verwendung der Ableitungsregeln.

i) $\dfrac{x - 1}{x^2 + 1}$.   ii) $\dfrac{3x + 2}{(x^2 - 4)^3}$.   iii) $\dfrac{2x - 1}{(x^2 - 4x + 3)^2}$.

Lösung:
i) Die Funktion ist auf $\mathbb{R}$ definiert; in jedem Punkt aus $\mathbb{R}$ gilt

$$\left(\frac{x - 1}{x^2 + 1}\right)' = \frac{(x^2 + 1) - 2x(x - 1)}{(x^2 + 1)^2} = \frac{1 + 2x - x^2}{(x^2 + 1)^2}.$$

ii) Der maximale Definitionsbereich ist $\mathbb{R} \backslash \{2, -2\}$. In jedem Punkt x dieses Definitionsbereichs gilt:

$$\left(\frac{3x+2}{(x^2-4)^3}\right)' = \frac{3(x^2-4)-3\cdot 2x(3x+2)}{(x^2-4)^4} = -\frac{15x^2+12x+12}{(x^2-4)^4}.$$

iii) x^2-4x+3 hat 1 und 3 als Nullstellen; mit $f(x):=\frac{2x-1}{(x^2-4x+3)^2}$ gilt für $x\in\mathbb{R}\backslash\{1,3\}$

$$f'(x) = \frac{2(x^2-4x+3)-2(2x-4)(2x-1)}{(x^2-4x+3)^3} = -\frac{2(3x^2-6x+1)}{(x^2-4x+3)^3}.$$

Aufgabe 4

Bestimmen Sie für jede der folgenden Funktionen den maximalen Definitionsbereich und dann in jedem Punkt, in welchem die Funktion differenzierbar ist, die Ableitung.

i) $\sqrt[3]{x^3+4x-5}$.   ii) $\sqrt{x+\sqrt[4]{x}+\sqrt[5]{x}}$.   iii) $\sqrt[7]{x+\sqrt[3]{x+\sqrt[5]{x}}}$.

Lösung:

i) Die Funktion ist definiert auf $\mathbb{R}$. Wegen $x^3+4x-5=(x-1)(x^2+x+5)$ ist $x=1$ die einzige Nullstelle der gegebenen Funktion; in jedem x aus $\mathbb{R}\backslash\{1\}$ gilt:

$$\left(\sqrt[3]{x^3+4x-5}\right)' = \frac{1}{3}\frac{3x^2+4}{\left(\sqrt[3]{x^3+4x-5}\right)^2}.$$

ii) Die Funktion ist für jedes $x\geq 0$ definiert. Ist $x>0$, so gilt:

$$\left(\sqrt{x+\sqrt[4]{x}+\sqrt[5]{x}}\right)' = \frac{1}{2}\frac{1+\frac{1}{4(\sqrt[4]{x})^3}+\frac{1}{5(\sqrt[5]{x})^4}}{\sqrt{x+\sqrt[4]{x}+\sqrt[5]{x}}}.$$

Für $0<x\leq 1$ gilt $x\leq \sqrt[4]{x}\leq \sqrt[5]{x}$ und damit $\sqrt{x+\sqrt[4]{x}+\sqrt[5]{x}}\geq \sqrt{x+x+x} = \sqrt{3}\ \sqrt{x}$; es folgt $\frac{\sqrt{x+\sqrt[4]{x}+\sqrt[5]{x}}}{x}\geq \frac{\sqrt{3}\ \sqrt{x}}{x} = \frac{\sqrt{3}}{\sqrt{x}}$ und weil $\lim_{x\to 0+}\frac{\sqrt{3}}{\sqrt{x}} = \infty$ gilt, ist die gegebene Funktion im Nullpunkt nicht differenzierbar.

iii) Die Funktion ist definiert auf $\mathbb{R}$; für $x\neq 0$ hat man $x+\sqrt[3]{x+\sqrt[5]{x}}\neq 0$ und deshalb gilt:

$$\left(\sqrt[7]{x+\sqrt[3]{x+\sqrt[5]{x}}}\right)' = \left[1+\frac{1+\frac{1}{5(\sqrt[5]{x})^4}}{3\left(\sqrt[3]{x+\sqrt[5]{x}}\right)^2}\right] : \left[7\left(\sqrt[7]{x+\sqrt[3]{x+\sqrt[5]{x}}}\right)^6\right].$$

Für $0 < x \leq 1$ gilt $x \leq \sqrt[3]{x} \leq \sqrt[5]{x}$ und damit folgt für $0 < x \leq \frac{1}{2}$:

$$\sqrt[7]{x + \sqrt[3]{x + \sqrt[5]{x}}} \geq \sqrt[7]{x + \sqrt[3]{x + x}} \geq \sqrt[7]{x + x} = \sqrt[7]{2x} ,$$

$$\frac{\sqrt[7]{x + \sqrt[3]{x + \sqrt[5]{x}}} - 0}{x - 0} \geq \frac{\sqrt[7]{2}}{\left(\sqrt[7]{x}\right)^6} .$$

Da $\lim\limits_{x \to 0+} \frac{1}{\left(\sqrt[7]{x}\right)^6} = \infty$ gilt, ist die Funktion $x \mapsto \sqrt[7]{x + \sqrt[3]{x + \sqrt[5]{x}}}$ im Nullpunkt nicht differenzierbar.

Aufgabe 5

a)   Bestimmen Sie den maximalen Definitionsbereich D der Funktion f, die durch die Zuordnung $x \mapsto \cos(\tan(1 + x^2))$ definiert ist.
b)   Begründen Sie, warum f auf D differenzierbar ist.
c)   Berechnen Sie f' und f'' auf D .

Lösung:

a) Da cos auf IR und tan auf $\text{IR} \backslash \{n\pi + \frac{\pi}{2} \; ; \; n \in \mathbb{Z}\}$ definiert sind, ist f für alle $x \in \text{IR}$ mit $1 + x^2 \notin \{n\pi + \frac{\pi}{2} \; ; \; n \in \mathbb{Z}\}$ definiert. Da $n\pi + \frac{\pi}{2} \geq 1$ für $n \geq 0$ (und nur dafür!) gilt, folgt: $D = \text{IR} \backslash \left\{ \pm\sqrt{n\pi + \frac{\pi}{2} - 1} \; ; \; n \in \text{IN}_0 \right\}$.

b) Die Funktionen $x \mapsto 1 + x^2$, $y \mapsto \tan y$ und $z \mapsto \cos z$ sind differenzierbar auf ihren Definitionsbereichen. Deshalb ist f differenzierbar auf D .

c) Es sind $f'(x) = -\sin(\tan(1 + x^2)) \cdot \frac{1}{\cos^2(1+x^2)} \cdot 2x$ und

$$f''(x) = -\cos(\tan(1 + x^2)) \cdot \frac{1}{\cos^4(1+x^2)} \cdot 4x^2$$

$$- \sin(\tan(1 + x^2)) \cdot \frac{\sin(1+x^2)}{\cos^3(1+x^2)} \cdot 8x^2 - \sin(\tan(1 + x^2)) \cdot \frac{1}{\cos^2(1+x^2)} \cdot 2 .$$

Wir haben die Ketten- und dann die Ketten- und die Produktregel benutzt.

Aufgabe 6

Bestimmen Sie die relativen und absoluten Extrema der Funktionen

i) $\dfrac{x - 1}{x^2 + 1}$.

ii) $\dfrac{3x + 2}{(x^2 - 4)^3}$.

iii) $\dfrac{2x - 1}{(x^2 - 4x + 3)^2}$.

Wo sind diese Funktionen streng monoton wachsend bzw. fallend?

Lösung:
Man benutzt die Ergebnisse aus der Lösung der Aufgabe 3.
i) Die Ableitung verschwindet, wenn $1 + 2x - x^2$ verschwindet. Die Nullstellen dieses Polynoms sind $1 + \sqrt{2}$ und $1 - \sqrt{2}$. Wegen

$$1 + 2x - x^2 = - \left(x - (1 + \sqrt{2})\right)\left(x - (1 - \sqrt{2})\right)$$

folgt, dass auf den Intervallen $]-\infty, 1 - \sqrt{2}]$ und $[1 + \sqrt{2}, \infty[$ die Funktion streng monoton abnimmt, während sie auf $[1 - \sqrt{2}, 1 + \sqrt{2}]$ streng monoton zunimmt. Im Punkt $1 - \sqrt{2}$ nimmt die Funktion den Wert

$$\frac{1 - \sqrt{2} - 1}{\left(1 - \sqrt{2}\right)^2 + 1} = \frac{-\sqrt{2}}{1 + 2 - 2\sqrt{2} + 1} = -\frac{\sqrt{2}}{2\left(2 - \sqrt{2}\right)} = -\frac{\sqrt{2} + 1}{2}$$

an, und er ist ein lokales Minimum der Funktion. Im Punkt $1 + \sqrt{2}$ ist der Wert der Funktion gleich

$$\frac{1 + \sqrt{2} - 1}{\left(1 + \sqrt{2}\right)^2 + 1} = \frac{\sqrt{2}}{1 + 2 + 2\sqrt{2} + 1} = \frac{\sqrt{2}}{2\left(2 + \sqrt{2}\right)} = \frac{\sqrt{2} - 1}{2} \; ;$$

dieser Wert ist ein lokales Maximum. Wegen

$$\lim_{x \to -\infty} \frac{x - 1}{x^2 + 1} = 0 = \lim_{x \to \infty} \frac{x - 1}{x^2 + 1} \quad , \quad \frac{\sqrt{2} - 1}{2} > 0 \quad \text{und} \quad -\frac{\sqrt{2} + 1}{2} < 0$$

sind diese lokalen Extrema sogar absolute Extrema von $f_1(x) := \frac{x-1}{x^2+1}$.
ii) Die Funktion f_2, $f_2(x) := \frac{3x+2}{(x^2-4)^3}$ hat höchstens in den Nullstellen des Polynoms $15x^2 + 12x + 12$ lokale Extrema. Da die Nullstellen $\frac{-6 \pm \sqrt{36 - 180}}{15} = \frac{-2 \pm 4i}{5}$ komplex sind, gibt es keine lokalen Extrema, und die Ableitung der Funktion ist stets negativ. Das bedeutet, dass die Funktion f_2 auf $]-\infty, -2[$, auf $]-2, 2[$ und auf $]2, \infty[$ streng monoton fallend ist, und zwar

→ von 0 bis $-\infty$ auf $]-\infty, -2[$, weil $\lim_{x \to -\infty} \frac{3x+2}{(x^2-4)^3} = 0$ und $\lim_{x \to -2-} \frac{3x+2}{(x^2-4)^3} = -\infty$ gilt,

→ von ∞ bis $-\infty$ auf $]-2, 2[$, weil $\lim_{x \to -2+} \frac{3x+2}{(x^2-4)^3} = \infty$ und $\lim_{x \to 2-} \frac{3x+2}{(x^2-4)^3} = -\infty$ gilt,

→ von ∞ bis 0 auf $]2, \infty[$, weil $\lim_{x \to 2+} \frac{3x+2}{(x^2-4)^3} = \infty$ und $\lim_{x \to \infty} \frac{3x+2}{(x^2-4)^3} = 0$ gilt.

Insbesondere gibt es auch keine absoluten Extrema.

iii) Da $3x^2 - 6x + 1$ die Nullstellen $x_1 = 1 - \sqrt{\frac{2}{3}}$ und $x_2 = 1 + \sqrt{\frac{2}{3}}$ hat und damit $x_1 < 1 < x_2 < 3$ gilt, ist die Ableitung unserer Funktion f_3, $f_3(x) :=$ $\frac{2x-1}{(x^2-4x+3)^2}$

$\rightarrow$ positiv auf $]x_1, 1[$ und $]x_2, 3[$,
$\rightarrow$ negativ auf $] - \infty, x_1[$, $]1, x_2[$ und $]3, \infty[$.

Es gilt: $\lim\limits_{x \to -\infty} f_3(x) = 0 = \lim\limits_{x \to \infty} f_3(x)$, $\lim\limits_{x \to 1-} f_3(x) = \lim\limits_{x \to 1+} f_3(x) = \infty =$

$\lim\limits_{x \to 3-} f_3(x) = \lim\limits_{x \to 3+} f_3(x)$, $f_3(x_1) = \frac{2(1-\sqrt{\frac{2}{3}})-1}{[(1-\sqrt{\frac{2}{3}})^2-4(1-\sqrt{\frac{2}{3}})+3]^2} = 9(\frac{3}{20} - \frac{1}{5}\sqrt{\frac{2}{3}}) < 0$

und $f_3(x_2) = \frac{2(1+\sqrt{\frac{2}{3}})-1}{[(1+\sqrt{\frac{2}{3}})^2-4(1+\sqrt{\frac{2}{3}})+3]^2} = 9(\frac{3}{20} + \frac{1}{5}\sqrt{\frac{2}{3}}) > 0$.

Daraus ergibt sich:

$\rightarrow$ Auf $] - \infty, x_1]$ fällt f_3 von 0 bis $f_3(x_1)$ streng monoton.
$\rightarrow$ Auf $[x_1, 1[$ wächst f_3 von $f_3(x_1)$ bis ∞ streng monoton.
$\rightarrow$ Auf $]1, x_2]$ fällt f_3 von ∞ bis $f_3(x_2)$ streng monoton.
$\rightarrow$ Auf $[x_2, 3[$ wächst f_3 von $f_3(x_2)$ bis ∞ streng monoton.
$\rightarrow$ Auf $]3, \infty[$ fällt f_3 von ∞ bis 0 streng monoton.
$\rightarrow$ In x_1 und x_2 hat f_3 lokale Minima.
$\rightarrow$ In x_1 hat f_3 das absolute Minimum.
$\rightarrow$ f_3 hat kein absolutes Maximum.

Aufgabe 7

Bestimmen Sie die größten Intervalle, auf welchen die folgenden Funktionen differenzierbar sind und darauf die jeweiligen Ableitungen

$\quad$ i) $f(x) = \ln\left(\dfrac{\sin x}{x}\right)$. $\qquad\qquad$ ii) $g(x) = \cos(x^3 \sin x)$.

Lösung:

i) Es ist $D_f := (\bigcup_{n \in \mathbb{N}}]2n\pi, (2n + 1)\pi[ ) \cup (\bigcup_{n \in \mathbb{N}}](-2n - 1)\pi, -2n\pi[ )$.
Für jedes $x \in D_f$ gilt:

$$f'(x) = \frac{1}{\frac{\sin x}{x}} \cdot \left(\frac{\sin x}{x}\right)' = \frac{x}{\sin x} \cdot \frac{x \cos x - \sin x}{x^2} = \frac{x \cos x - \sin x}{x \sin x} = \cot x - \frac{1}{x} .$$

ii) g ist definiert auf $\mathbb{R}$. Für jedes x aus $\mathbb{R}$ gilt

$$g'(x) = -x^2(3 \sin x + x \cos x) \sin(x^3 \sin x) .$$

Aufgabe 8

Untersuchen Sie, ob die Funktion f , $f(x) := \sin x - x + \frac{x^3}{6}$ im Nullpunkt ein relatives Extremum besitzt, und bestimmen Sie gegebenenfalls dessen Art.

Lösung:

Wegen $f'(x) = \cos x - 1 + \frac{x^2}{2}$, $f'(0) = 0$, $f''(x) = -\sin x + x$, $f''(0) = 0$, $f'''(x) = -\cos x + 1$, $f'''(0) = 0$, $f^{(4)}(x) = \sin x$, $f^{(4)}(0) = 0$, $f^{(5)}(x) = \cos x$, $f^{(5)}(0) = 1 > 0$ hat f im Nullpunkt kein relatives Extremum (5 ist eine ungerade Zahl!).

Aufgabe 9

Zeigen Sie – unter Verwendung höherer Ableitungen – dass die Funktion sin kein Polynom ist. Könnten Sie diese Aussage auch anders beweisen?

Lösung

Wäre sin ein Polynom n-ten Grades, so wäre die $(n + 1)$-te Ableitung von sin die Nullfunktion, was keineswegs richtig ist, weil die $(n + 1)$-te Ableitung von sin entweder $\pm \sin$ oder $\pm \cos$ ist.

Eine andere Begründung: sin ist eine beschränkte Funktion (mit $[-1, 1]$ als Wertebereich). Jedes Polynom vom Grad ≥ 1 wächst im Betrag für $x \to \infty$ ebenfalls gegen ∞ .

Eine Variante dazu: sin ist eine periodische Funktion. Ein nicht konstantes Polynom ist nicht periodisch, weil sonst sein Wertebereich das Bild eines abgeschlossen Intervalls der Periodenlänge wäre, und damit beschränkt.

Noch eine Begründung: Ein Polynom hat nur endlich viele Nullstellen; sin hat aber unendlich viele.

Aufgabe 10

a) Zeigen Sie, dass die Funktion $f : \mathrm{I\!R} \to \mathrm{I\!R}$, $f(x) := x + 2x^3$, streng monoton ist.

b) Berechnen Sie, ohne f^{-1} explizit anzugeben, $(f^{-1})'(0)$ und $(f^{-1})'(3)$ unter Verwendung der Differentiationsregel der Umkehrfunktion.

Lösung:

a) Aus $x_1 < x_2$ folgt $x_1^3 < x_2^3$, damit $x_1 + 2x_1^3 < x_2 + 2x_2^3$, d.h. $f(x_1) < f(x_2)$.

b) $f'(x_0) = 1 + 6x_0^2$. Da $f'(x_0) > 0$ für alle $x_0 \in \mathrm{I\!R}$ gilt, ist hiermit die Aussage aus a) noch einmal gezeigt. Es gilt $f(0) = 0$ und $f(1) = 3$, d.h. $f^{-1}(0) = 0$ und $f^{-1}(3) = 1$. Nach der Differentiationsregel für die Umkehrfunktion gilt:

$$(f^{-1})'(0) = \frac{1}{f'(0)} = \frac{1}{1 + 6 \cdot 0^2} = 1 \ , \ (f^{-1})'(3) = \frac{1}{f'(1)} = \frac{1}{1 + 6 \cdot 1^2} = \frac{1}{7} \ .$$

Aufgabe 11

a)   Zeigen Sie, dass die Funktion $f : \mathbb{R} \to \mathbb{R}$,

$$f(x) := x^7 + x^6 + x^5 + x^4 + x^3 + x^2 + x + 1$$

streng monoton steigend ist.

b)   Bestimmen Sie die Werte der ersten Ableitung der zu f inversen Funktion f^{-1} in 0 und in 8 (obwohl sich f^{-1} explizit nicht angeben lässt!)

Lösung:

a) Auf $[0, \infty[$ ist die Funktion offensichtlich streng monoton wachsend. Um dies für ganz $\mathbb{R}$ zu beweisen, betrachten wir die Ableitung von f :

$$f'(x) = 7x^6 + 6x^5 + 5x^4 + 4x^3 + 3x^2 + 2x + 1 .$$

Nun gilt eine leichte (aber doch trickreiche) Umformung von $f'(x)$:

$$f'(x) = 4x^6 + 3x^6 + 6x^5 + 3x^4 + 2x^4 + 4x^3 + 2x^2 + x^2 + 2x + 1$$
$$= 4x^6 + 3x^4(x+1)^2 + 2x^2(x+1)^2 + (x+1)^2 .$$

Daraus folgt sofort $f'(x) \geq 0$; es gilt sogar $f'(x) > 0$, da der erste Summand nur in 0 und der letzte Summand nur in -1 verschwindet.

b) Man hat $f(-1) = 0$ und $f(1) = 8$. Deshalb gilt:

$$(f^{-1})'(0) = \frac{1}{f'(-1)} = \frac{1}{7 - 6 + 5 - 4 + 3 - 2 + 1} = \frac{1}{4} ,$$

$$(f^{-1})'(8) = \frac{1}{f'(1)} = \frac{1}{7 + 6 + 5 + 4 + 3 + 2 + 1} = \frac{1}{28} .$$

Aufgabe 12

a)   Berechnen Sie die lokalen Extrema von $f : \mathbb{R} \to \mathbb{R}$, $f(x) := \frac{x^2-2}{x^2+1}$.

b)   Zeigen Sie, dass f in $x_0 = 0$ ein absolutes Minimum besitzt.

c)   Zeigen Sie, dass f kein absolutes Maximum besitzt.

Hinweis zu c): Berechnen Sie $\lim\limits_{x \to \infty} f(x)$ und $\lim\limits_{x \to -\infty} f(x)$.

Lösung:

a)   Man hat

$$f'(x) = \frac{2x(x^2+1) - 2x(x^2-2)}{(x^2+1)^2} = \frac{6x}{(x^2+1)^2} ,$$

$$f''(x) = 6\frac{(x^2+1)^2 - 2x \cdot 2x(x^2+1)}{(x^2+1)^4} = 6\frac{x^2+1-4x^2}{(x^2+1)^3} = 6\frac{1-3x^2}{(x^2+1)^3} .$$

Wegen $f'(x) = 0 \iff x = 0$ und $f''(0) > 0$ (oder $f'(x) > 0$ für $x > 0$ und $f'(x) < 0$ für $x < 0$) ist 0 das einzige lokale Extremum, nämlich ein lokales Minimum.

b) Das Vorzeichen von f' zeigt, dass in 0 sogar ein absolutes Minimum von f vorliegt.

c) Wegen $f(x) = \frac{x^2+1-3}{x^2+1} = 1 - \frac{3}{x^2+1} < 1$ und $\lim\limits_{x\to\infty} f(x) = \lim\limits_{x\to-\infty} f(x) = 1$ besitzt f kein absolutes Maximum auf $\mathbb{R}$.

Aufgabe 13

Sei $f : \mathbb{R} \to \mathbb{R}$, $f(x) := 3x^5 - 25x^3 + 60x - 30$.

a)   Bestimmen Sie die lokalen Maxima und Minima von f.
b)   Bestimmen Sie die Wendepunkte von f.
c)   Bestimmen Sie die größten Intervalle, auf welchen f streng monoton ist.
d)   Fertigen Sie eine einfache Skizze von f an.
e)   Wieviele Lösungen hat die Gleichung $f(x) = a$ in Abhängigkeit von a?
f)   Geben Sie die Taylor-Reihe von f in -1 an.
g)   Wie lässt sich die Teilaufgabe f) „elementar" formulieren? Wie sieht eine „elementare" Lösung aus?

Lösung:
a) Es gilt $f'(x) = 15x^4 - 75x^2 + 60 = 15(x^4 - 5x^2 + 4) = 15(x^2 - 1)(x^2 - 4) = 15(x - 1)(x + 1)(x - 2)(x + 2)$. Für lokale Extrema kommen also nur die x-Werte $1, -1, 2$ und -2 in Frage.

$$f''(x) = 15(4x^3 - 10x) = 30x(2x^2 - 5).$$

Man hat: $f''(1) = -90$, $f''(-1) = 90$, $f''(2) = 180$, $f''(-2) = -180$.
Deshalb liegen in -1 und $+2$ lokale Minima und in 1 und -2 lokale Maxima.

b) f'' hat nur in 0 und $\pm\sqrt{\frac{5}{2}}$ Nullstellen. Es genügt sicherzustellen, dass f''' in diesen Punkten nicht verschwindet, um behaupten zu können, dass diese Punkte die Wendepunkte von f sind. Es gilt: $f'''(x) = 30(60x^2 - 5)$, $f'''(0) = -150 \neq 0$, $f'''(\sqrt{\frac{5}{2}}) = f'''(-\sqrt{\frac{5}{2}}) = 30(150 - 5) = 4350 \neq 0$. Deshalb sind $0, \sqrt{\frac{5}{2}}$ und $-\sqrt{\frac{5}{2}}$ die Wendestellen von f. Es ergeben sich wegen $f(0) = 0$ und

$f(\sqrt{\frac{5}{2}}) = 3\cdot\frac{25}{4}\sqrt{\frac{5}{2}} - 25\cdot\frac{5}{2}\sqrt{\frac{5}{2}} + 60\sqrt{\frac{5}{2}} - 30 = \frac{65}{4}\sqrt{\frac{5}{2}} - 30 \approx -4,31$, $f(-\sqrt{\frac{5}{2}}) =$
$-3\cdot\frac{25}{4}\sqrt{\frac{5}{2}} + 25\cdot\frac{5}{2}\sqrt{\frac{5}{2}} - 60\sqrt{\frac{5}{2}} - 30 = -\frac{65}{4}\sqrt{\frac{5}{2}} - 30 \approx -55,69$ die

folgenden Wendepunkte: $W_1 = (0, 30)$, $W_2 = (\sqrt{\frac{5}{2}}, \frac{65}{4}\sqrt{\frac{5}{2}} - 30)$ und

$W_3 = (-\sqrt{\frac{5}{2}}, -\frac{65}{4}\sqrt{\frac{5}{2}} - 30)$.

c) Auf $]-\infty,-2]$, auf $[-1,1]$ und auf $[2,\infty[$ ist f streng monoton steigend, da $f'(x) > 0$ für $x \in]-\infty,-2[\,\cup\,]-1,1[\,\cup\,]2,\infty[$. Auf $[-2,-1]$ und auf $[1,2]$ ist f streng monoton fallend, weil $f' < 0$ sowohl auf $]-2,-1[$ als auch auf $]1,2[$ gilt.

d) Man hat: $f(0) = -30$, $f(-2) = -46$, $f(-1) = -68$, $f(1) = 8$ und $f(2) = -14$. Wenn man die obigen Ergebnisse berücksichtigt und dazu noch $\lim\limits_{x\to\infty} f(x) = \infty$ sowie $\lim\limits_{x\to-\infty} f(x) = -\infty$, ergibt sich der Verlauf des Graphen von f wie in Abbildung 2.6.

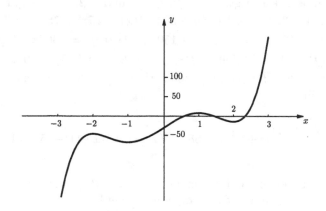

Abbildung 2.6. Skizze von $f(x) = 3x^5 - 25x^3 + 60x - 30$

e) Die Anzahl der reellen Lösungen der Gleichung $f(x) = a$ ist die Anzahl der Punkte, in welchen der Graph von f und die Gerade $y = a$ sich schneiden. Auf jedem abgeschlossenen Intervall I, auf welchem f streng monoton ist, gibt es höchstens einen solchen Schnittpunkt. Wegen des Zwischenwertsatzes gibt es einen Schnittpunkt (dessen erste Koordinate in I liegt) genau dann, wenn

$$\min_{x\in I} f(x) \le a \le \max_{x\in I} f(x)$$

gilt. Deshalb (vgl. Abbildung 2.6, aus welcher die Monotonieintervalle leicht abzulesen sind) folgt, dass die Gleichung $f(x) = a$ für

→ $a < -68$ eine reelle Nullstelle im Intervall $]-\infty,-2[$ hat;

→ $a = -68$ eine reelle Nullstelle im Intervall $]-\infty,-2[$ und eine doppelte Nullstelle in -1 hat;

→ $-68 < a < -46$ drei verschiedene reelle Nullstellen hat, und zwar je eine in $]-\infty,-2[$, $]-2,-1[$ und $]-1,0[$;

→ $a = -46$ eine reelle Nullstelle im Intervall $]-1,0[$ und eine doppelte Nullstelle in -2 hat;

→ $-46 < a < -14$ eine reelle Nullstelle im Intervall $]-1,1[$ hat;

→ $a = -14$ eine reelle Nullstelle in $]0,1[$ und eine doppelte Nullstelle in 2 hat;

→ $-14 < a < 8$ drei verschiedene reelle Nullstellen hat, und zwar je eine in $]0,1[$, $]1,2[$ und $]2,\frac{25}{10}[$;

→ $a = 8$ eine reelle Nullstelle im Intervall $]2,\frac{25}{10}[$ und eine doppelte Nullstelle in 1 hat;

→ $a > 8$ eine reelle Nullstelle im Intervall $[\frac{23}{10},\infty[$ hat.

Dabei wurde berücksichtigt, dass $f(2,3) < 0$ und $f(2,5) > 22$ gilt.

f) Wegen $f(x) = 3x^5 - 25x^3 + 60x - 30$, $f'(x) = 15x^4 - 75x^2 + 60$, $f''(x) = 60x^3 - 150x$, $f'''(x) = 180x^2 - 150$, $f^{(4)}(x) = 360x$, $f^{(5)}(x) = 360$ und $f^{(6)}(x) = 0$ folgt $f(-1) = -68$, $f'(-1) = 0$, $f''(-1) = 90$, $f'''(-1) = 30$, $f^{(4)}(-1) = -360$, $f^{(5)}(-1) = 360$, und nach dem Satz von Taylor gilt

$$f(x) = \sum_{k=0}^{5} \frac{f^{(k)}(-1)}{k!}(x+1)^k = -68+45(x+1)^2+5(x+1)^3-15(x+1)^4+3(x+1)^5 .$$

g) Man könnte die vorige Teilaufgabe (da f ein Polynom ist) elementar so formulieren: Man schreibe f als Polynom in $x + 1$.
Das lässt sich mit elementaren Umformungen leicht bewältigen:

$$\begin{aligned} f(x) &= 3[(x + 1) - 1]^5 - 25[(x + 1) - 1]^3 + 60[(x + 1) - 1] - 30 \\ &= 3[(x + 1)^5 - 5(x + 1)^4 + 10(x + 1)^3 - 10(x + 1)^2 + 5(x + 1) - 1] \\ &\quad -25[(x + 1)^3 - 3(x + 1)^2 + 3(x + 1) - 1] + 60(x + 1) - 90 \\ &= 3(x + 1)^5 - 15(x + 1)^4 + 5(x + 1)^3 + 45(x + 1)^2 - 68 . \end{aligned}$$

Aufgabe 14

Es sei $f : \mathbb{R} \to \mathbb{R}$, $f(x) := (x - 1)^2 \cos(\frac{\pi}{2} x)$.

a)   Bestimmen Sie die ersten fünf Summanden der Taylor-Reihe von f in $x_0 = 1$.

b)   Berechnen Sie die Taylor-Reihe von f in $x_0 = 1$.

Lösung:

a) Man hat $f(x_0) = f'(x_0) = f''(x_0) = 0$, $f'''(x_0) = -3\pi$ und $f^{(4)}(x_0) = 0$, weil:

$$f'(x) = 2(x - 1) \cos(\frac{\pi}{2}x) - \frac{\pi}{2}(x - 1)^2 \sin(\frac{\pi}{2}x) ,$$

$$f''(x) = 2\cos(\frac{\pi}{2}x) - 2\pi(x-1)\sin(\frac{\pi}{2}x) - (\frac{\pi}{2})^2(x-1)^2\cos(\frac{\pi}{2}x) \,,$$

$$f'''(x) = -3\pi\sin(\frac{\pi}{2}x) - \frac{3}{2}\pi^2(x-1)\cos(\frac{\pi}{2}x) + (\frac{\pi}{2})^3(x-1)^2\sin\frac{\pi}{2}x \,,$$

$$f^{(4)}(x) = -3\pi^2\cos(\frac{\pi}{2}x) + \pi^3(x-1)\sin(\frac{\pi}{2}x) + (\frac{\pi}{2})^4(x-1)^2\cos\frac{\pi}{2}x \,.$$

Damit sind die ersten fünf Koeffizienten der Taylor-Reihe von f in $x_0 = 1$:

$$a_0 = 0, \; a_1 = 0, \; a_2 = 0, \; a_3 = -\frac{3\pi}{3!} = -\frac{\pi}{2} \,, \; a_4 = 0 \,.$$

Die Summe der ersten fünf Summanden ist also $\sum_{n=0}^{4} a_n(x - x_0)^n$
$= -\frac{\pi}{2}(x-1)^3$.

b) Es gilt $f^{(n)}(x) = \sum_{j=0}^{n} \binom{n}{j}[(x-1)^2]^{(j)}[\cos(\frac{\pi}{2}x)]^{(n-j)}$ und deshalb auch $f^{(n)}(1) = \binom{n}{2} \cdot 2 \cdot [\cos(\frac{\pi}{2}x)]^{(n-2)}|_{x=1}$ für alle $n \geq 2$. Ist n gerade, so gilt $f^{(n)}(1) = 0$. Sei $n = 2k + 1$ mit $k \geq 1$. Dann gilt $[\cos(\frac{\pi}{2}x)]^{(2k-1)}(1) = (-1)^k \cdot (\frac{\pi}{2})^{2k-1}$ und damit

$$a_n = a_{2k+1} = \frac{(-1)^k}{(2k+1)!} \cdot \binom{2k+1}{2} \cdot 2 \cdot \left(\frac{\pi}{2}\right)^{2k-1} = \frac{(-1)^k}{(2k-1)!}\left(\frac{\pi}{2}\right)^{2k-1} \,.$$

Die gesuchte Taylor-Reihe ist also $\sum_{k=1}^{\infty}(-1)^k \frac{1}{(2k-1)!}(\frac{\pi}{2})^{2k-1}(x-1)^{2k+1}$.

Aufgabe 15

Berechnen Sie die folgenden Grenzwerte mit der Regel von de l'Hospital:

i) $\lim\limits_{x\to 0} \frac{\sin 3x}{\sin 5x}$. ii) $\lim\limits_{x\to 0} \frac{\cos x - 1 + \frac{x^2}{2}}{x^4}$. iii) $\lim\limits_{x\to 0+} (\sin 3x)^{\sin 5x}$.

iv) $\lim\limits_{x\to 0} \frac{\sin(\sin x)}{x}$. v) $\lim\limits_{x\to 0} \frac{\sin(\sin x) - x}{x^3}$. vi) $\lim\limits_{x\to 0} \frac{5^x - 1}{\sin 4x}$.

vii) $\lim\limits_{x\to 1} \frac{\ln x}{\sin 2\pi x}$. viii) $\lim\limits_{x\to \frac{\pi}{2}+} \cos x \cdot \ln(x - \frac{\pi}{2})$. ix) $\lim\limits_{x\to 0+} (\tan 2x)^{\sin 3x}$.

Lösung:

i) Da $\lim\limits_{x\to 0} \sin 3x = 0 = \lim\limits_{x\to 0} \sin 5x$ gilt, untersucht man die Existenz von $\lim\limits_{x\to 0} \frac{(\sin 3x)'}{(\sin 5x)'}$. Es gilt $\lim\limits_{x\to 0} \frac{(\sin 3x)'}{(\sin 5x)'} = \lim\limits_{x\to 0} \frac{3\cos 3x}{5\cos 5x} = \frac{3}{5}$ und damit $\lim\limits_{x\to 0} \frac{\sin 3x}{\sin 5x} = \frac{3}{5}$.

ii) Es gilt: $\lim\limits_{x\to 0}(\cos x - 1 + \frac{x^2}{2}) = 0 = \lim\limits_{x\to 0} x^4$. Deshalb soll festgestellt werden, ob $\lim\limits_{x\to 0} \frac{(\cos x - 1 + \frac{x^2}{2})'}{(x^4)'}$ existiert. Wegen $(\cos x - 1 + \frac{x^2}{2})' = -\sin x + x$, $(x^4)' =$

$4x^3$ und $\lim\limits_{x \to 0}(-\sin x + x) = 0 = \lim\limits_{x \to 0} 4x^3$ folgt, dass man es erneut mit der

Regel von de l'Hospital versucht. Es gilt $\lim\limits_{x \to 0}(-\sin x + x)' = \lim\limits_{x \to 0}(-\cos x + 1) =$

0 und $\lim\limits_{x \to 0}(4x^3)' = \lim\limits_{x \to 0} 12x^2 = 0$. Deshalb wird untersucht, ob $\lim\limits_{x \to 0} \frac{(-\cos x + 1)'}{(12x^2)'}$

existiert. Man erhält $\lim\limits_{x \to 0}(-\cos x + 1)' = \lim\limits_{x \to 0} \sin x = 0$ und $\lim\limits_{x \to 0}(12x^2)' =$

$\lim\limits_{x \to 0} 24x = 0$. Durch nochmalige Anwendung der Regel von de l'Hospital

ergibt sich $\lim\limits_{x \to 0} \frac{(\sin x)'}{(24x)'} = \lim\limits_{x \to 0} \frac{\cos x}{24} = \frac{1}{24}$. Also: Der gesuchte Grenzwert

existiert und ist gleich $\frac{1}{24}$.

iii) Es gilt $\lim\limits_{x \to 0} \sin 3x = 0 = \lim\limits_{x \to 0} \sin 5x$ und $\sin 3x > 0$ sowie $\sin 5x > 0$ für

alle x aus $]0, \frac{\pi}{5}[$. Deshalb wird die Funktion $h :]0, \frac{\pi}{5}[\to \mathbb{R}$,

$$h(x) := \ln\left[(\sin 3x)^{\sin 5x}\right] = \sin 5x \ln(\sin 3x) = \frac{\ln(\sin 3x)}{\frac{1}{\sin 5x}}$$

betrachtet. Da $\lim\limits_{x \to 0+} \ln(\sin 3x) = -\infty$ und $\lim\limits_{x \to 0+} \frac{1}{\sin 5x} = \infty$ gilt, untersucht

man, ob $\lim\limits_{x \to 0+} \frac{[\ln(\sin 3x)]'}{(\frac{1}{\sin 5x})'}$ existiert. Es gilt

$$\lim\limits_{x \to 0+} \frac{[\ln(\sin 3x)]'}{\left(\frac{1}{\sin 5x}\right)'} = \lim\limits_{x \to 0+} \frac{\frac{3\cos 3x}{\sin 3x}}{-\frac{5\cos 5x}{(\sin 5x)^2}} = -\frac{3}{5} \lim\limits_{x \to 0+} \frac{\cos 3x}{\cos 5x} \cdot \frac{(\sin 5x)^2}{\sin 3x} = 0 \,,$$

weil: $\lim\limits_{x \to 0} \cos 3x = 1 = \lim\limits_{x \to 0} \cos 5x$, $\lim\limits_{x \to 0} \sin 5x = 0$ und $\lim\limits_{x \to 0} \frac{\sin 5x}{\sin 3x} = \lim\limits_{x \to 0} \frac{5\cos 5x}{3\cos 3x}$

$= \frac{5}{3}$. Damit hat man $\lim\limits_{x \to 0+} h(x) = 0$; wegen der Stetigkeit der Exponential-

funktion ergibt sich $\lim\limits_{x \to 0+} \sin 3x^{\sin 5x} = 1$.

iv) Es liegt der Typ $\frac{0}{0}$ vor. Der Grenzwert

$$\lim\limits_{x \to 0} \frac{(\sin(\sin x))'}{(x)'} = \lim\limits_{x \to 0} \frac{\cos(\sin x) \cdot \cos x}{1} = \frac{1 \cdot 1}{1} = 1$$

existiert, und deshalb gilt auch $\lim\limits_{x \to 0} \frac{\sin(\sin x)}{x} = 1$.

v) Es liegt wieder der Typ $\frac{0}{0}$ vor. Da

$$\lim\limits_{x \to 0}[\sin(\sin x) - x]' = \lim\limits_{x \to 0}[\cos(\sin x) \cdot \cos x - 1] = 0$$

und $\lim\limits_{x \to 0}(x^3)' = \lim\limits_{x \to 0} 3x^2 = 0$ gelten, versuchen wir noch einmal mit der Regel

von de l'Hospital; es gilt: $\lim\limits_{x \to 0}(3x^2)' = \lim\limits_{x \to 0}(6x) = 0$ und

$$\lim\limits_{x \to 0}[\cos(\sin x) \cdot \cos x - 1]' = \lim\limits_{x \to 0}[-\sin(\sin x) \cdot \cos^2 x - \cos(\sin x) \cdot \sin x] = 0 \,.$$

Deshalb wenden wir noch einmal diese Regel, und diesmal haben wir Erfolg:

$\lim\limits_{x\to0}(6x)' = 6$ und $-\lim\limits_{x\to0}[\sin(\sin x)\cdot\cos^2 x + \cos(\sin x)\cdot\sin x]' =$

$-\lim\limits_{x\to0}[\cos(\sin x)\cdot\cos^3 x - \sin(\sin x)\cdot 2\sin x\cos x - \sin(\sin x)\cdot\sin x\cos x +$

$\cos(\sin x)\cdot\cos x] = -2$. Es folgt $\lim\limits_{x\to0}\frac{\sin(\sin x)-x}{x^3} = \lim\limits_{x\to0}\frac{[\sin(\sin x)-x]'''}{(x^3)'''} = -\frac{1}{3}$.

vi) Es liegt der Fall $\frac{0}{0}$ vor. Wegen $(5^x - 1)' = 5^x\ln 5$ und $(\sin 4x)' = 4\cos 4x$

folgt $\lim\limits_{x\to0}\frac{(5^x-1)'}{(\sin 4x)'} = \frac{\ln 5}{4}$ und damit auch $\lim\limits_{x\to0}\frac{5^x-1}{\sin 4x} = \frac{\ln 5}{4}$.

vii) Es gilt $\lim\limits_{x\to1}\ln x = 0 = \lim\limits_{x\to1}\sin 2\pi x$. Da $(\ln x)' = \frac{1}{x}$ und $(\sin 2\pi x)' =$

$2\pi\cos 2\pi x$ sowie $\lim\limits_{x\to1}\frac{1}{x} = 1$ und $\lim\limits_{x\to1}\cos 2\pi x = 1$ gelten, folgt $\lim\limits_{x\to1}\frac{\ln x}{\sin 2\pi x} = \frac{1}{2\pi}$.

viii) Man hat $\lim\limits_{x\to\frac{\pi}{2}+}\cos x = 0$ und $\lim\limits_{x\to\frac{\pi}{2}+}(x-\frac{\pi}{2}) = -\infty$. Für $\frac{\ln(x-\frac{\pi}{2})}{\frac{1}{\cos x}}$ kann man

die Regel von de l'Hospital (beachten Sie: $\lim\limits_{x\to\frac{\pi}{2}+}\frac{1}{\cos x} = -\infty$) anwenden. Die

Umformungen $\frac{[\ln(x-\frac{\pi}{2})]'}{[\frac{1}{\cos x}]'} = \frac{\frac{1}{x-\frac{\pi}{2}}}{\frac{\sin x}{\cos^2 x}} = \frac{\cos x}{x-\frac{\pi}{2}}\cdot\frac{\cos x}{\sin x}$, die Grenzwerte $\lim\limits_{x\to\frac{\pi}{2}}\frac{\cos x}{\sin x} = 0$

sowie $\lim\limits_{x\to\frac{\pi}{2}}\frac{\cos x}{x-\frac{\pi}{2}} = \lim\limits_{x\to\frac{\pi}{2}}\frac{(\cos x)'}{(x-\frac{\pi}{2})'} = \lim\limits_{x\to\frac{\pi}{2}}(-\sin x) = -1$ und (die nochmalige)

Anwendung der Regel von de l'Hospital führen zum Ergebnis:

$$\lim\limits_{x\to\frac{\pi}{2}+}\cos x\cdot\ln\left(x-\frac{\pi}{2}\right) = \lim\limits_{x\to\frac{\pi}{2}+}\frac{\ln(x-\frac{\pi}{2})}{\frac{1}{\cos x}} = 0 .$$

ix) Die Funktion $g(x) := (\tan 2x)^{\sin 3x}$ hat nur positive Werte auf $]0, \frac{\pi}{4}[$.
Es genügt deshalb, $\lim\limits_{x\to0+}\ln g(x)$ zu berechnen und dann (falls dieser Grenz-

wert im $\mathbb{R}$ existiert!) die „Rechenregel" $\lim\limits_{x\to0+}g(x) = \exp(\lim\limits_{x\to0+}\ln g(x))$ zu

benutzen. $\ln g(x) = (\sin 3x)\ln\tan 2x$ wird in $\frac{\ln\tan 2x}{\frac{1}{\sin 3x}}$ umgeformt, und dar-

auf wird die Regel von de l'Hospital angewandt. Mit $[\ln\tan 2x]' = \frac{\frac{2}{\cos^2 2x}}{\tan 2x} =$

$\frac{2}{\sin 2x\cos 2x} = \frac{4}{\sin 4x}$ und $(\frac{1}{\sin 3x})' = -\frac{3\cos 3x}{\sin^2 3x} = -\frac{3}{\sin 3x\tan 3x}$ sowie wegen

$\lim\limits_{x\to0}\tan 3x = 0$ und $\lim\limits_{x\to0}\frac{\sin 3x}{\sin 4x} = \frac{3}{4}$ (z.B. mit Hilfe der Regel von de l'Hospital:

$\lim\limits_{x\to0}\frac{\sin 3x}{\sin 4x} = \lim\limits_{x\to0}\frac{3\cos 3x}{4\cos 4x} = \frac{3}{4}$) erhält man:

$$\lim\limits_{x\to0+}\ln g(x) = \lim\limits_{x\to0+}\frac{\ln\tan 2x}{\frac{1}{\sin 3x}} = \lim\limits_{x\to0+}\frac{\frac{4}{\sin 4x}}{\frac{-3}{\sin 3x\tan 3x}}$$

$$= -\frac{4}{3}\lim\limits_{x\to0+}\frac{\sin 3x}{\sin 4x}\cdot\lim\limits_{x\to0+}\tan 3x = 0 .$$

Deshalb ist: $\lim\limits_{x\to0+}(\tan 2x)^{\sin 3x} = e^0 = 1$.

Aufgabe 16

Es sei $k \geq 2$ eine natürliche Zahl, $a > 1$ eine reelle Zahl und $f_k : [\sqrt[k]{a}, \infty[\to \mathbb{R}$ die durch $f_k(x) = x^k - a$ definierte Funktion.

a)   Zeigen Sie, dass für jedes $x \geq \sqrt[k]{a}$ gilt:

$$\psi(x) := x - \frac{f_k(x)}{f_k'(x)} \geq \sqrt[k]{a} \quad \text{und} \quad |f_k(x) \cdot f_k''(x)| < \frac{k-1}{k} \, f_k'(x)^2 \; .$$

b)   Geben Sie die Iterationsvorschrift nach Newton zur Berechnung von $\sqrt[5]{3}$ an.

c)   Berechnen Sie soviele Iterationsschritte bis sich die ersten 7 Stellen nach dem Komma nicht mehr ändern. (Wegen $1,4^5 > 3$ dürfen Sie mit $x_1 := 1,4$ anfangen).

Lösung:

a) Es gilt $\psi(x) = x - \frac{x^k - a}{(x^k - a)'} = x - \frac{x^k - a}{kx^{k-1}} = (1 - \frac{1}{k})x + \frac{a}{kx^{k-1}}$, $\psi'(x) = 1 - \frac{1}{k} - (k-1)\frac{a}{kx^k} = \frac{k-1}{k}(1 - \frac{a}{x^k})$ und damit $\psi'(x) > 0$ für alle $x > \sqrt[k]{a}$. Deshalb liegt in $\sqrt[k]{a}$ das absolute Minimum von ψ auf $[\sqrt[k]{a}, \infty[$. Für $x > \sqrt[k]{a}$ hat man

$$\psi(x) > \psi(\sqrt[k]{a}) = \left(1 - \frac{1}{k}\right) \sqrt[k]{a} + \frac{a}{k(\sqrt[k]{a})^{k-1}} = \sqrt[k]{a} \; .$$

Wegen $|f_k(x)f_k''(x)| = (x^k - a) \cdot k(k-1)x^{k-2} = (k-1)k[x^{2k-2} - ax^{k-2}]$ und $\frac{k-1}{k} \cdot f_k'(x)^2 = \frac{k-1}{k} \cdot k^2 x^{2k-2} = (k-1)kx^{2k-2}$ ist die zweite Ungleichung offensichtlich.

b) Die Rekursionsformel

$$x_{n+1} = x_n - \frac{f_k(x_n)}{f_k'(x_n)} = x_n - \frac{x_n^k - a}{kx_n^{k-1}} = \left(1 - \frac{1}{k}\right) x_n + \frac{a}{kx_n^{k-1}}$$

ergibt für $a = 3$ und $k = 5$:

$$x_{n+1} = 0,8x_n + 0,6\frac{1}{x_n^4} \; .$$

c) Es gilt $x_1 = 1,4$, $x_2 = 1,276184923\ldots$, $x_3 = 1,247150131\ldots$, $x_4 = 1,245734166\ldots$, $x_5 = 1,24573094\ldots$, $x_6 = 1,245730939\ldots$, $x_7 = 1,245730939\ldots$. Also ist $\sqrt[5]{3} \approx 1,24573094$ die gesuchte Annäherung.

Aufgabe 17

Sei $f :]0, \infty[\to \mathbb{R}$ durch $f(x) := \frac{1}{x} - \ln x$ gegeben.

a)   Berechnen Sie mit einem einfachen Taschenrechner $f(1,8)$ und $f(1,7)$.

b) Zeigen Sie, dass $f' < 0$ auf $]0, \infty[$ gilt.

c) Zeigen Sie, dass auf $[\frac{17}{10}, \frac{18}{10}]$ gilt:

$$|f(x)| < 0,0577 \; , \; |f'(x)| > 0,864 \; , \; |f''(x)| < 0,7532 \; .$$

d) Folgern Sie daraus, dass für $q = 0,058$ die Bedingung (aus dem Newton-Verfahren)

$$|f(x)f''(x)| \leq q|f'(x)|^2 \quad \text{für} \quad x \in [\tfrac{17}{10}, \tfrac{18}{10}]$$

erfüllt ist.

e) Berechnen Sie für f und $x_0 = 1,7$ die ersten zwei Glieder x_1 und x_2 der Folge $(x_n)_{n \geq 1}$, die gemäß dem Newton-Verfahren bestimmt wird.

f) Zeigen Sie, dass für $x^* = \lim\limits_{n \to \infty} x_n$ gilt:

$$|x^* - x_2| < \frac{q}{1-q}|x_2 - x_1| \; .$$

g) Wieviele Stellen hinter dem Komma haben x^* und x_2 (mindestens) gemeinsam?

Lösung:

a) $f(1,8) \approx 0,5555555 - 0,5877867 \approx -0,0322311$,

$\quad f(1,7) \approx 0,588235294 - 0,530628251 \approx 0,057607042$.

b) $f'(x) = -\frac{1}{x^2} - \frac{1}{x}$ ist offensichtlich negativ für alle $x > 0$.

c) f nimmt ab auf $]0, \infty[$ und ist dort negativ. Deshalb gilt für $x \in [\frac{17}{10}, \frac{18}{10}]$

$$|f(x)| \leq \max \left\{ \left| f\left(\frac{17}{10}\right) \right|, \left| f\left(\frac{18}{10}\right) \right| \right\}$$
$$= \max\{0,0322311\ldots, 0,05760\ldots\} < 0,0577 \; .$$

Da $f''(x) = \frac{2}{x^3} + \frac{1}{x^2}$ positiv für alle $x > 0$ ist, wächst f' auf $]0, \infty[$. Für alle x aus $[\frac{17}{10}, \frac{18}{10}]$ folgt $f'(x) \leq f'(1,8) = -\frac{1}{1,8^2} - \frac{1}{1,8} = -0,86419753 < -0,864$, und damit $|f'(x)| > 0,864$.

Man hat $f''(x) = \frac{2}{x^3} + \frac{1}{x^2}$. Deshalb nimmt f'' auf $[\frac{17}{10}, \frac{18}{10}]$ ab; es gilt also für alle $x \in [\frac{17}{10}, \frac{18}{10}]$:

$$f''(x) \leq f''(1,7) = 0,4070832\ldots + 0,3460207\ldots = 0,7531040\ldots < 0,7532 \; .$$

d) Aus c) folgt für alle $x \in [\frac{17}{10}, \frac{18}{10}]$:

$$|f(x) \cdot f''(x)| < 0,0577 \cdot 0,7532 = 0,04345964 < 0,043296768$$
$$= 0,058 \cdot 0,864^2 < 0,058|f'(x)|^2 = q|f'(x)|^2 \; .$$

e) Mit der Rekursionsformel $x_n = x_{n-1} - \frac{f(x_{n-1})}{f'(x_{n-1})}$ und $x_0 = 1,7$ erhalten wir dann für $f(x) = \frac{1}{x} - \ln x$:

$$x_1 = x_0 - \frac{f(x_0)}{f'(x_0)} \approx 1,7 - \frac{0,057607042}{-0,934256055} \approx 1,761660871 \ .$$

Weiter ergibt sich:

$$x_2 = x_1 - \frac{f(x_1)}{f'(x_1)} \approx 1,761660871 - \frac{0,001389102}{-0,88968287} \approx 1,763221891 \ .$$

f) Wegen $x_n - x_2 = (x_n - x_{n-1} + x_{n-1} - \ldots + x_3 - x_2 + x_2) - x_2$
$= \sum_{k=3}^{n}(x_k - x_{k-1})$ folgt

$$x^* - x_2 = \sum_{k=3}^{\infty}(x_k - x_{k-1}) \quad \text{und daraus} \quad |x^* - x_2| \leq \sum_{k=3}^{\infty}|x_k - x_{k-1}| \ .$$

Bekanntlich gilt $|x_k - x_{k-1}| \leq q|x_{k-1} - x_{k-2}|$, und deshalb $|x_k - x_{k-1}| \leq q^{k-2}|x_2 - x_1|$. Also:

$$|x^* - x_2| \leq \sum_{k=3}^{\infty}q^{k-2}|x_2 - x_1| = \left(\sum_{l=1}^{\infty}q^l\right)|x_2 - x_1| = q\left(\sum_{l=0}^{\infty}q^l\right)|x_2 - x_1| \ .$$

g) Es folgt $|x^* - x_2| \leq \frac{q}{1-q}|x_2 - x_1| \leq \frac{0,058}{1-0,058} \cdot 0,00156102 < 0,0000962$ und damit

$$1,763125691 < x^* < 1,763318091 \ .$$

x_2 und x^* haben also mindestens drei Stellen hinter dem Komma gemeinsam.

Aufgabe 18

a)   Auf $[\frac{1}{2}, 1]$ sei durch $x \mapsto \frac{1}{1+x^2}$ die reelle Funktion f definiert. Zeigen Sie, dass f die Voraussetzungen des Fixpunktsatzes (s. Paragraph 2.1.3) erfüllt und berechnen Sie den Fixpunkt c von f mit einer Genauigkeit, die kleiner als 10^{-3} ist.

b)   Bestimmen Sie die reellen Nullstellen von $x^3 + x - 1 = 0$.

Lösung:

a) Die Funktion f ist unendlich oft differenzierbar und streng monoton fallend. Wegen $f(1) = \frac{1}{2}$ und $f(\frac{1}{2}) = \frac{4}{5}$ ist $[\frac{1}{2}, \frac{4}{5}]$ der Wertebereich von f; er ist im Definitionsbereich von f enthalten.

Es gilt $f'(x) = \frac{-2x}{(1+x^2)^2}$, $f''(x) = \frac{2(3x^2-1)}{(1+x^2)^3}$. Die einzige Nullstelle von f'' ist $\frac{1}{\sqrt{3}}$. ($-\frac{1}{\sqrt{3}}$ liegt nicht im Definitionsbereich von f.) f'' ist also negativ auf $[\frac{1}{2}, \frac{1}{\sqrt{3}}[$ und positiv auf $]\frac{1}{\sqrt{3}}, 1]$. Deshalb nimmt f' auf $[\frac{1}{2}, \frac{1}{\sqrt{3}}]$ von $-\frac{16}{25}$ bis

$-\frac{3\sqrt{3}}{8}$ ab, und auf $[\frac{1}{\sqrt{3}}, 1]$ von $-\frac{3\sqrt{3}}{8}$ bis $-\frac{1}{2}$ zu.

Es folgt: $|f'(x)| \leq \frac{3\sqrt{3}}{8} =: q$ für alle $x \in [\frac{1}{2}, 1]$. Da $q < 1$ ist, sind alle Voraussetzungen des Iterationsverfahrens erfüllt. Fangen wir mit $x_0 = \frac{1}{2}$ an. Es folgt $x_1 = f(x_0) = \frac{4}{5}$, $x_2 = f(x_1) = \frac{25}{41}$, $x_3 = f(x_2) = \frac{1681}{2306}$. Wegen der Abschätzung

$$|x_n - c| \leq \frac{q^n}{1-q}|x_1 - x_0| = \frac{12}{5(8 - 3\sqrt{3})}\left(\frac{3\sqrt{3}}{8}\right)^n$$

erhält man $|x_n - c| < 10^{-3}$ falls $\frac{12}{5(8-3\sqrt{3})}(\frac{3\sqrt{3}}{8})^n < 10^{-3}$ gilt, also falls

$n > \frac{\ln(\frac{5(8-3\sqrt{3})}{12 \cdot 10^3})}{\ln(\frac{3\sqrt{3}}{8})} \approx 15,65$ gilt. Deshalb werden $x_4, x_5, \ldots, x_{16}$ berechnet:

$$x_4 \approx 0,652999, \quad x_5 \approx 0,70106, \quad x_6 \approx 0,67047, \quad x_7 \approx 0,68987,$$

$$x_8 \approx 0,6775, \quad x_9 \approx 0,6853, \quad x_{10} \approx 0,6803, \quad x_{11} \approx 0,6835,$$

$$x_{12} \approx 0,6815, \quad x_{13} \approx 0,6828, \quad x_{14} \approx 0,6820, \quad x_{15} \approx 0,6825,$$

$$x_{16} \approx 0,6822$$

Hiermit gilt $|c - 0,6822| < 0,001$, d.h. der Wert $0,6822$ approximiert c mit einer Genauigkeit, die kleiner als $0,001$ ist.

b) Ist $g : \mathbb{R} \to \mathbb{R}$ die durch $g(x) = x^3 + x - 1$ definierte Funktion, so gilt $g'(x) = 3x^2 + 1 > 0$. Da auch $\lim_{x \to -\infty} g(x) = -\infty$ und $\lim_{x \to \infty} g(x) = \infty$ gelten, ist g streng monoton steigend von $-\infty$ bis ∞. Insbesondere hat g eine einzige Nullstelle. $x^3 + x - 1 = 0$ ist äquivalent zu $x(x^2 + 1) = 1$, d.h. zu $x = \frac{1}{1+x^2}$. Deshalb ist der Fixpunkt $c \approx 0,6822$ von f die einzige reelle Nullstelle von g.

Aufgabe 19

Untersuchen Sie die durch $f(x) = \frac{x}{x^2 + x - 6}$ gegebene Funktion entsprechend dem Kurvendiskussionsprogramm.

Lösung:
1. Schritt (Definitionsbereich, Randverhalten)
Die Nullstellen des Nenners sind 2 und -3. Deshalb ist

$$D(f) := \mathbb{R} \backslash \{2, -3\} =\,]-\infty, -3[\, \cup\,]-3, 2[\, \cup\,]2, \infty[$$

der maximale Definitionsbereich von f. Wir untersuchen das Verhalten von f am Rand von $D(f)$.

$$\lim_{x\to\infty} f(x) = 0 \;,\;\; \lim_{x\to-\infty} f(x) = 0 \;,\;\; \lim_{x\to-3-} f(x) = \lim_{x\to-3-} \tfrac{x}{(x+3)(x-2)} = -\infty \;,$$

$$\lim_{x\to-3+} f(x) = \lim_{x\to-3+} \tfrac{x}{(x+3)(x-2)} = \infty \;,\;\; \lim_{x\to2-} f(x) = \lim_{x\to2-} \tfrac{x}{(x+3)(x-2)} = -\infty \;,$$

$$\lim_{x\to2+} f(x) = \lim_{x\to2+} \tfrac{x}{(x+3)(x-2)} = \infty \;.$$

Die x-Achse ist eine waagrechte Asymptote sowohl für $x \to \infty$ als auch für $x \to -\infty$. Die Geraden $x = -3$ und $x = 2$ sind senkrechte Asymptoten.

2. Schritt (Stetigkeitsverhalten)
f ist stetig auf $D(f)$. Weder in -3 noch in 2 gibt es eine stetige Fortsetzung.

3. Schritt (Monotonie-Verhalten)
Die rationale Funktion f ist differenzierbar auf $D(f)$. Aus

$$f'(x) = \frac{x^2 + x - 6 - x(2x + 1)}{(x^2 + x - 6)^2} = -\frac{x^2 + 6}{(x^2 + x - 6)^2}$$

folgt, dass $f'(x) < 0$ für alle $x \in D(f)$ gilt. f ist also auf $] - \infty, -3[$, auf $] - 3, 2[$ und auf $]2, \infty[$ streng monoton fallend, und hat deshalb kein lokales Extremum.

4. Schritt (Konvexitäts-Verhalten)

$$f''(x) = -\frac{2x(x^2 + x - 6)^2 - 2(x^2 + 6)(x^2 + x - 6)(2x + 1)}{(x^2 + x - 6)^4}$$

$$= 2\frac{-x^3 - x^2 + 6x + 2x^3 + 12x + x^2 + 6}{(x^2 + x - 6)^3} = 2\frac{x^3 + 18x + 6}{(x^2 + x - 6)^3} \;.$$

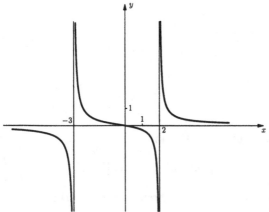

Abbildung 2.7.
Skizze von $f(x) = \frac{x}{x^2+x-6}$

Der Zähler ist eine streng monoton wachsende Funktion; da $g(z) = z^3 + 18z + 6$ in -1 negativ und in 0 positiv ist, ist die einzige Nullstelle ξ von g zwischen -1 und 0 . Also gelten $f''(x) < 0$ für $x \in] - \infty, -3[\cup]\xi, 2[$ und $f''(x) > 0$ für $x \in] - 3, \xi[\cup]2, \infty[$. In ξ liegt ein Wendepunkt vor.

5. Schritt (Skizze): vgl. Abbildung 2.7.

Aufgabe 20

Führen Sie eine Kurvendiskussion für die Funktion $f, f(x) = x - \sqrt{4 - x^2}$ durch.

Lösung:
Der maximale Definitionsbereich von f ist $[-2, 2]$. Es gelten $f(2) = 2$, $f(-2) = -2$ und $f(x) = 0 \iff x = \sqrt{2}$. f ist stetig auf dem Definitionsbereich. Weil der Definitionsbereich ein abgeschlossenes Intervall ist, besitzt f ein absolutes Maximum und ein absolutes Minimum und es sind keine Asymptoten vorhanden. Auf $] - 2, 2[$ ist f unendlich oft differenzierbar und es gilt

$$f'(x) = 1 + \frac{x}{\sqrt{4 - x^2}} , \quad f''(x) = \frac{\sqrt{4 - x^2} + \frac{2x^2}{2\sqrt{4-x^2}}}{4 - x^2} = \frac{4}{(4 - x^2)^{3/2}} .$$

Die einzige Nullstelle von f' ist $-\sqrt{2}$. Man hat damit $f'(x) < 0$ für $x \in] - 2, -\sqrt{2}[$, $f'(x) > 0$ für $x \in] - \sqrt{2}, 2[$ und für die Ränder gilt $\lim\limits_{x \to -2+} f'(x) = -\infty$, $\lim\limits_{x \to 2-} f'(x) = \infty$. Die Funktion f hat also in $-\sqrt{2}$ nicht nur ein lokales Minimum, sondern das absolute Minimum; es gilt $f(-\sqrt{2}) = -2\sqrt{2}$. Wegen $f(-2) = -2$ und $f(2) = 2$ ist 2 das absolute Maximum von f .
f'' ist positiv auf $] - 2, 2[$, und damit ist f konvex auf $[-2, 2]$.

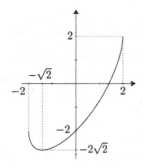

Abbildung 2.8.
$f(x) = x - \sqrt{4 - x^2}$

Unter Benutzung dieser Erkenntnisse sowie unter Verwendung der berechneten Werte und Grenzwerte kann man Abbildung 2.8 anfertigen.

Aufgabe 21

Diskutieren Sie – unter Verwendung des Kurvendiskussionsprogramms – den Verlauf des Graphen der durch $f(x) = x + \sqrt{x^2 - 1}$ gegebene Funktion. Fertigen Sie eine Skizze an.

Lösung:
1. Schritt (Definitionsbereich, Randverhalten)
Der maximale Definitionsbereich $D(f)$ ist $]-\infty, -1] \cup [1, \infty[$. In ∞ und $-\infty$ hat man die Grenzwerte

$$\lim_{x \to -\infty} f(x) = \lim_{x \to -\infty} (x + \sqrt{x^2 - 1}) = \lim_{x \to -\infty} \frac{x^2 - (x^2 - 1)}{x - \sqrt{x^2 - 1}}$$

$$= \lim_{x \to -\infty} \frac{1}{x - \sqrt{x^2 - 1}} = 0$$

$$\lim_{x \to \infty} f(x) = \lim_{x \to \infty} (x + \sqrt{x^2 - 1}) = \infty .$$

In den Randpunkten hat man das folgende Verhalten:

$$\lim_{x \to -1-} f(x) = f(-1) = -1 + 0 = -1, \quad \lim_{x \to 1+} f(x) = f(1) = 1 + 0 = 1 .$$

Die negative Halbgerade $y = 0$ ist die Asymptote für f, wenn x gegen $-\infty$ strebt. Wegen $\lim_{x \to \infty} \frac{f(x)}{x} = \lim_{x \to \infty} \frac{x + \sqrt{x^2 - 1}}{x} = \lim_{x \to \infty} (1 + \sqrt{1 - \frac{1}{x^2}}) = 2$ und

$\lim_{x \to \infty} (f(x) - 2x = \lim_{x \to \infty} (\sqrt{x^2 - 1} - x) = \lim_{x \to \infty} \frac{x^2 - 1 - x^2}{\sqrt{x^2 - 1} + x} = \lim_{x \to \infty} \frac{-1}{\sqrt{x^2 - 1} + x} = 0$

ist $y = 2x$ die Asymptote von f, wenn x gegen ∞ strebt.

2. Schritt (Stetigkeitsverhalten)
f ist stetig auf $D(f)$.

3. Schritt (Monotonie-Verhalten)
$f'(x) = 1 + \frac{x}{\sqrt{x^2 - 1}}$ ist stetig auf $]-\infty, -1[\cup]1, \infty[$. Es gilt $\lim_{x \to -1-0} f'(x) = -\infty$ und $\lim_{x \to 1+0} f'(x) = \infty$. $f'(x) > 1$ für $x \in]1, \infty[$, und f ist streng monoton steigend auf $[1, \infty[$. Ist $x < -1$, so ist $1 + \frac{x}{\sqrt{x^2 - 1}} < 0$, und damit ist f streng monoton fallend auf $]-\infty, -1]$. Insbesondere hat f keine relativen Extrema.

4. Schritt (Konvexitäts-Verhalten)
$f''(x) = \frac{\sqrt{x^2 - 1} - x \cdot \frac{2x}{2\sqrt{x^2 - 1}}}{x^2 - 1} = \frac{x^2 - 1 - x^2}{(x^2 - 1)^{3/2}} = -\frac{1}{(x^2 - 1)^{3/2}} < 0$ für jedes $x \in D(f)$.
Damit ist f sowohl auf $]-\infty, -1]$ als auch auf $[1, \infty[$ konkav.

5. Schritt (Skizze)

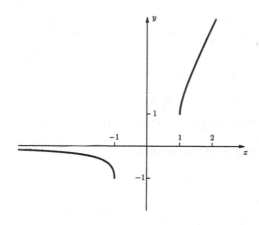

Abbildung 2.9.
$f(x) = x - \sqrt{x^2 - 1}$

Aufgabe 22

Diskutieren Sie den Verlauf des Graphen der Funktion f, $f(x) = \frac{x^3}{x^2-1}$.

Lösung:
Der maximale Definitionsbereich von f ist

$$\mathbb{R}\backslash\{1, -1\} =]-\infty, -1[\cup]-1, 1[\cup]1, \infty[.$$

Es gilt: $f(-x) = -f(x)$ (d.h. f ist ungerade),

$$\lim_{x\to\infty} f(x) = \infty, \quad \lim_{x\to-\infty} f(x) = -\infty, \quad \lim_{x\to-1-} f(x) = -\infty ,$$

$$\lim_{x\to-1+} f(x) = \infty, \quad \lim_{x\to1-} f(x) = -\infty, \quad \lim_{x\to1+} f(x) = \infty .$$

Also: $x = -1$ und $x = 1$ sind senkrechte Asymptoten.
Wegen $\lim_{x\to\infty} \frac{f(x)}{x} = 1 = \lim_{x\to-\infty} \frac{f(x)}{x}$, $\lim_{x\to\infty} (f(x) - x) = \lim_{x\to\infty} \frac{1}{x^2-1} = 0$ und

$$\lim_{x\to-\infty} (f(x) - x) = \lim_{x\to-\infty} \frac{1}{x^2 - 1} = 0 \text{ folgt, dass } y = x \text{ sowohl in Richtung}$$

∞ als auch in Richtung $-\infty$ eine Asymptote von f ist.
Die Funktion f ist differenzierbar auf ihrem Definitionsbereich. Die Nullstellen von $f'(x) = \frac{3x^2(x^2-1)-2x\cdot x^3}{(x^2-1)^2} = \frac{x^4-3x^2}{(x^2-1)^2}$ sind $0, \sqrt{3}$ und $-\sqrt{3}$. Es gilt $f(0) = 0$, $f\left(-\sqrt{3}\right) = \frac{-3\sqrt{3}}{3-1} = -\frac{3\sqrt{3}}{2}$ und $f\left(\sqrt{3}\right) = \frac{3\sqrt{3}}{2}$. Man hat

$$f'(x) > 0 \iff x \in]-\infty, -\sqrt{3}[\cup]\sqrt{3}, \infty[,$$

$$f'(x) < 0 \iff x \in]-\sqrt{3}, -1[\cup]-1, 0[\cup]0, 1[\cup]1, \sqrt{3}[.$$

Insbesondere hat f' im Nullpunkt kein lokales Extremum. Nun berechnen wir die zweite Ableitung von f, sie lautet

$$f''(x) = \frac{(4x^3 - 6x)(x^2 - 1) - 4x(x^4 - 3x^2)}{(x^2 - 1)^3} = \frac{2x(x^2 + 3)}{(x^2 - 1)^3} \; .$$

Die einzige Nullstelle von f'' ist 0; es gilt:

$$f''(x) > 0 \iff x \in\,]-1, 0[\, \cup\,]1, \infty[\, ,$$
$$f''(x) < 0 \iff x \in\,]-\infty, -1[\, \cup\,]0, 1[\, .$$

Daraus ergibt sich eine Skizze gemäß Abbildung 2.10.

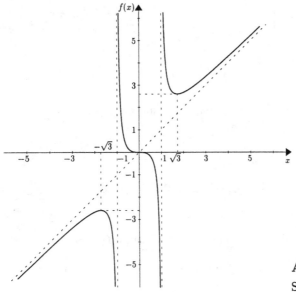

Abbildung 2.10.

Skizze von $f(x) = \frac{x^3}{x^2 - 1}$

Aufgabe 23

Berechnen Sie das Newtonsche Interpolationspolynom für die Stützstellen $x_0 = 0$, $x_1 = \frac{1}{6}$, $x_2 = \frac{1}{3}$, $x_3 = \frac{1}{2}$ sowie für die Werte $y_0 = 0$, $y_1 = \frac{1}{12}$, $y_2 = \frac{\sqrt{3}}{6}$ und $y_3 = \frac{1}{2}$.

Lösung:

Wir werden zuerst die Koeffizienten (die dividierten Differenzen!) $f[x_0]$, $f[x_0, x_1]$, $f[x_0, x_1, x_2]$ und $f[x_0, x_1, x_2, x_3]$ berechnen. Dies tut man am besten mit dem bekannten Schema, wie in der folgenden Tabelle:

$$
\begin{array}{c|ccccc}
0 & 0 \\
& & \dfrac{1}{2} \\
\dfrac{1}{6} & \dfrac{1}{12} & & 3\sqrt{3}-3 \\
& & \sqrt{3}-\dfrac{1}{2} & & 27-18\sqrt{3} \\
\dfrac{1}{3} & \dfrac{\sqrt{3}}{6} & & \dfrac{21}{2}-6\sqrt{3} \\
& & 3-\sqrt{3} \\
\dfrac{1}{2} & \dfrac{1}{2}
\end{array}
$$

Nun stellen wir das Interpolationspolynom in der Newtonschen Form dar:

$$
P_3(x) = \frac{1}{2}x + (3\sqrt{3}-3)x\left(x-\frac{1}{6}\right) + (27-18\sqrt{3})x\left(x-\frac{1}{6}\right)\left(x-\frac{1}{3}\right).
$$

Wenn man ausmultipliziert, bekommt man dass folgende Polynom

$$
P_3(x) = \frac{1}{2}x + (3\sqrt{3}-3)x^2 - \frac{1}{2}(\sqrt{3}-3)x + \frac{1}{2}(3-2\sqrt{3})x - \frac{1}{2}(27-18\sqrt{3})x^2
$$

$$
+(27-18\sqrt{3})x^3 = (27-18\sqrt{3})x^3 + \left(12\sqrt{3}-\frac{33}{2}\right)x^2 + \left(\frac{5}{2}-\frac{3}{2}\sqrt{3}\right)x.
$$

Aufgabe 24

a) Bestimmen Sie das Lagrangesche Interpolationspolynom P_4 für die Funktion f, $f(x) = \sin\frac{\pi x}{6}$ mit den Stützstellen $x_0 = 0$, $x_1 = -1$, $x_2 = 1$, $x_3 = -2$ und $x_4 = 2$.

b) Schätzen Sie den Fehler $f(x) - P_4(x)$ für $x \in [-3,3]$.

Lösung:

Das Interpolationspolynom P_4 von f ist $P_4(x) := \sum_{k=0}^{4} y_k L_k(x)$, wobei gilt:

$$
y_0 = \sin 0 = 0, \ y_1 = \sin\left(-\frac{\pi}{6}\right) = -\frac{1}{2}, \ y_2 = \sin\frac{\pi}{6} = \frac{1}{2},
$$

$$
y_3 = \sin\left(-\frac{2\pi}{6}\right) = -\frac{\sqrt{3}}{2} \quad \text{und} \quad y_4 = \sin\frac{2\pi}{6} = \frac{\sqrt{3}}{2}, \quad \text{sowie}
$$

$$
L_0(x) = \frac{(x+1)(x-1)(x+2)(x-2)}{1\cdot(-1)\cdot 2\cdot(-2)} = \frac{x^4-5x^2+4}{4},
$$

$$
L_1(x) = \frac{x(x-1)(x+2)(x-2)}{(-1)(-1-1)(-1+2)(-1-2)} = -\frac{x^4-x^3-4x^2+4x}{6},
$$

$$
L_2(x) = \frac{x(x+1)(x+2)(x-2)}{1(1+1)(1+2)(1-2)} = -\frac{x^4+x^3-4x^2-4x}{6},
$$

$$L_3(x) = \frac{x(x+1)(x-1)(x-2)}{(-2)(-2+1)(-2-1)(-2-2)} = \frac{x^4 - 2x^3 - x^2 + 2x}{24},$$

$$L_4(x) = \frac{x(x+1)(x-1)(x+2)}{2(2+1)(2-1)(2+2)} = \frac{x^4 + 2x^3 - x^2 - 2x}{24}.$$

Damit erhält man:

$$P_4(x) = \frac{1}{12}[x^4 - x^3 - 4x^2 + 4x - x^4 - x^3 + 4x^2 + 4x]$$

$$+ \frac{\sqrt{3}}{48}[-x^4 + 2x^3 + x^2 - 2x + x^4 + 2x^3 - x^2 - 2x]$$

$$= \frac{1}{6}(-x^3 + 4x) + \frac{\sqrt{3}}{12}(x^3 - x) = \frac{\sqrt{3} - 2}{12}x^3 + \frac{8 - \sqrt{3}}{12}x.$$

b) Wegen $f^{(5)}(x) = (\frac{\pi}{6})^5 \cos \frac{\pi x}{6}$ und $\max_{x \in [-3,3]} |f^{(5)}(x)| = (\frac{\pi}{6})^5$ gilt:

$$|f(x) - P_4(x)| = \left| \sin \frac{\pi x}{6} + \left(\frac{2 - \sqrt{3}}{12}x^3 - \frac{8 - \sqrt{3}}{12}x \right) \right|$$

$$\leq \frac{\pi^5}{5!6^5}|x(x^2 - 1)(x^2 - 4)| \leq \frac{\pi^5}{5!6^5} 3 \cdot 8 \cdot 5 = \frac{\pi^5}{6^5} < 0,03935.$$

Man beachte, dass auf $[-3,3]$ gilt: $|x| \leq 3, |x^2 - 1| \leq 8, |x^2 - 4| \leq 5$.

Aufgabe 25

Betrachten Sie die Funktion $f, f(x) := (x - \frac{\pi}{3}) \sin x$.

a)   Bestimmen Sie das Taylor-Polynom T_4 von f im Punkt $x_0 = 0$.

b)   Seien $x_0 = 0$, $x_1 = \frac{\pi}{6}$, $x_2 = \frac{\pi}{3}$, $x_3 = \frac{\pi}{2}$ und $x_4 = \frac{2\pi}{3}$. Für $j \in \{0, \ldots, 4\}$ sei y_j der Wert $f(x_j)$. Berechnen Sie das Lagrangesche Interpolationspolynom P_4 zu den Stützstellen $x_0, \ldots, x_4$ und den Werten $y_0, \ldots, y_4$.

c)   Geben Sie für $x \in [0, \frac{2\pi}{3}]$ die Fehlerabschätzung des Fehlers $f(x) - P_4(x)$ an.

Lösung:

a) Wegen $\sin x = x - \frac{x^3}{6} + \frac{x^5}{120} - \frac{x^7}{5040} + \ldots$ folgt

$$T_4(x) = \left(x - \frac{\pi}{3} \right) \left(x - \frac{x^3}{6} \right) = -\frac{\pi}{3}x + x^2 + \frac{\pi}{18}x^3 - \frac{1}{6}x^4.$$

b) Es gilt $y_0 = 0$, $y_1 = -\frac{\pi}{12}$, $y_2 = 0$, $y_3 = \frac{\pi}{6}$, $y_4 = \frac{\pi\sqrt{3}}{6}$. In unserem Fall ergeben die Formeln $L_k(x) := \prod_{\substack{i=0 \\ i \neq k}}^{n} \frac{x - x_i}{x_k - x_i}$ und $P_n(x) := \sum_{k=0}^{n} y_k L_k(x)$ (L_0 und

L_2 braucht man wegen $y_0 = 0 = y_2$ gar nicht zu berechnen):

$$L_1(x) = \frac{x\left(x - \frac{\pi}{3}\right)\left(x - \frac{\pi}{2}\right)\left(x - \frac{2\pi}{3}\right)}{\frac{\pi}{6} \cdot \left(-\frac{\pi}{6}\right)\left(-\frac{\pi}{3}\right)\left(-\frac{\pi}{2}\right)} = -\frac{12x(3x - \pi)(2x - \pi)(3x - 2\pi)}{\pi^4},$$

$$L_3(x) = \frac{x\left(x - \frac{\pi}{6}\right)\left(x - \frac{\pi}{3}\right)\left(x - \frac{2\pi}{3}\right)}{\frac{\pi}{2} \cdot \frac{\pi}{3} \cdot \frac{\pi}{6} \cdot \left(-\frac{\pi}{6}\right)} = -\frac{4x(6x - \pi)(3x - \pi)(3x - 2\pi)}{\pi^4},$$

$$L_4(x) = \frac{x\left(x - \frac{\pi}{6}\right)\left(x - \frac{\pi}{3}\right)\left(x - \frac{\pi}{2}\right)}{\frac{2\pi}{3} \cdot \frac{\pi}{2} \cdot \frac{\pi}{3} \cdot \frac{\pi}{6}} = \frac{3x(6x - \pi)(3x - \pi)(2x - \pi)}{2\pi^4},$$

$$P_4(x) = \frac{x(3x - \pi)(2x - \pi)(3x - 2\pi)}{\pi^3} - \frac{2x(6x - \pi)(3x - \pi)(3x - 2\pi)}{3\pi^3}$$

$$+ \frac{\sqrt{3}\,x(6x - \pi)(3x - \pi)(2x - \pi)}{4\pi^3} = \dots\,.$$

c) $f^{(5)}(x) = \left[\left(x - \frac{\pi}{3}\right)\sin x\right]^{(5)} = 5\left(x - \frac{\pi}{3}\right)' \cdot (\sin x)^{(4)} + \left(x - \frac{\pi}{3}\right)(\sin x)^{(5)} = 5\sin x + \left(x - \frac{\pi}{3}\right)\cos x$. Deshalb folgt für alle $x \in [0, \frac{2\pi}{3}]$ die (ziemlich grobe!) Abschätzung $|f^{(5)}(x)| \le 5 + \frac{\pi}{3} < 6,05$ und damit (wegen $\frac{6,05}{120} < 0,0505$)

$$|f(x) - P_4(x)| \le 0,0505\left|x\left(x - \frac{\pi}{6}\right)\left(x - \frac{\pi}{3}\right)\left(x - \frac{\pi}{2}\right)\left(x - \frac{2\pi}{3}\right)\right|\,.$$

Das Produkt zweier positiver Zahlen, deren Summe s ist, ist kleiner gleich $\left(\frac{s}{2}\right)^2$. Ist $x \in [j\frac{\pi}{6}, (j+1)\frac{\pi}{6}]$, so ist deshalb $|(x - j\frac{\pi}{6})(x - (j+1)\frac{\pi}{6})| \le \frac{\pi^2}{12^2}$. Schreibt man

$$x(x - \tfrac{\pi}{6})(x - \tfrac{\pi}{3})(x - \tfrac{\pi}{2})(x - \tfrac{2\pi}{3}) = (x - j\tfrac{\pi}{6})(x - (j+1)\tfrac{\pi}{6})(x - k\tfrac{\pi}{6})(x - l\tfrac{\pi}{6})(x - m\tfrac{\pi}{6})$$

mit $\{0, 1, 2, 3, 4\} = \{j, j + 1, k, l, m\}$ – also entsteht $j, j + 1, k, l, m$ aus $0, 1, 2, 3, 4$ durch eine Permutation –, so hat man für $x \in [j\frac{\pi}{6}, (j+1)\frac{\pi}{6}]$ die Abschätzung

$$\left|\left(x - k\frac{\pi}{6}\right)\left(x - l\frac{\pi}{6}\right)\left(x - m\frac{\pi}{6}\right)\right| \le \frac{\pi}{3} \cdot \frac{\pi}{2} \cdot \frac{2\pi}{3} = \frac{\pi^3}{9}\,.$$

Insgesamt erhält man für $x \in [0, \frac{2\pi}{3}]$ die keineswegs optimale, aber brauchbare Abschätzung $|x(x - \frac{\pi}{6})(x - \frac{\pi}{3})(x - \frac{\pi}{2})(x - \frac{2\pi}{3})| \le \frac{\pi^2}{12^2} \cdot \frac{\pi^3}{9} < 0,24$. Damit wird der Fehler abgeschätzt:

$$|f(x) - P_4(x)| \le 0,0505 \cdot 0,24 = 0,01212\,.$$

Aufgabe 26

Bestimmen Sie den kubischen Spline, der die Funktion f, $f(x) = x \cos \frac{\pi x}{4}$ auf $\{1,3,5\}$ interpoliert und die Bedingungen $s'(1) = f'(1)$ sowie $s'(5) = f'(5)$ erfüllt.

Lösung:

Es soll also gelten (wegen $f'(x) = \cos \frac{\pi x}{4} - \frac{\pi x}{4} \sin \frac{\pi x}{4}$), $s(1) = \frac{\sqrt{2}}{2}$, $s(3) = -\frac{3\sqrt{2}}{2}$, $s(5) = -\frac{5\sqrt{2}}{2}$ sowie $s'(1) = \frac{\sqrt{2}}{2}(1 - \frac{\pi}{4})$, $s'(3) = -\frac{\sqrt{2}}{2}(1 + \frac{3\pi}{4})$, $s'(5) = -\frac{\sqrt{2}}{2}(1 - \frac{5\pi}{4})$. Der gesuchte Spline s wird auf $[1,3]$ durch

$$s(x) = \frac{s_1''}{6\cdot2}(x-1)^3 - \frac{s_0''}{6\cdot2}(x-3)^3 + (\frac{s(3)}{2} - s_1'' \cdot \frac{2}{6})(x-1) - (\frac{s(1)}{2} - s_0'' \cdot \frac{2}{6})(x-3),$$

und auf $[3,5]$ durch

$$s(x) = \frac{s_2''}{6\cdot2}(x-3)^3 - \frac{s_1''}{6\cdot2}(x-5)^3 + (\frac{s(5)}{2} - s_2'' \cdot \frac{2}{6})(x-3) - (\frac{s(3)}{2} - s_1'' \cdot \frac{2}{6})(x-5)$$

angegeben. Dabei werden s_0'', s_1'' und s_2'' aus dem folgenden System von linearen Gleichungen gewonnen:

$$s_0'' \cdot \frac{2}{6} + s_1'' \cdot \frac{4}{3} + s_2'' \cdot \frac{2}{6} = \frac{s(5) - s(3)}{2} - \frac{s(3) - s(1)}{2}$$

$$s_0'' \cdot \frac{2}{3} + s_1'' \cdot \frac{2}{6} \qquad\quad = \frac{s(3) - s(1)}{2} - s'(1)$$

$$s_1'' \cdot \frac{2}{6} + s_2'' \cdot \frac{2}{3} = -\frac{s(5) - s(3)}{2} + s'(5),$$

d.h. aus

$$s_0'' + 4s_1'' + s_2'' = \frac{3}{2}\left(s(5) - s(1)\right) - 3s(3)$$

$$2s_0'' + s_1'' \qquad\quad = \frac{3}{2}\left(s(3) - s(1)\right) - 3s'(1)$$

$$s_1'' + 2s_2'' = \frac{3}{2}\left(s(3) - s(5)\right) + 3s'(5).$$

Es folgt:

$$s_1'' = \frac{3}{4}\left(s(5) + s(1)\right) - \frac{3}{2}s(3) + \frac{1}{2}\left(s'(1) - s'(5)\right)$$

$$s_0'' = -\frac{9}{8}s(1) + \frac{3}{2}s(3) - \frac{3}{8}s(5) - \frac{7}{4}s'(1) + \frac{1}{4}s'(5)$$

$$s_2'' = -\frac{3}{8}s(1) + \frac{3}{2}s(3) - \frac{9}{8}s(5) - \frac{1}{4}s'(1) + \frac{7}{4}s'(5).$$

Mit den Werten von $s(1), s(3), s(5), s'(1)$ und $s'(5)$ erhält man

$$s_0'' = -\frac{23}{8}\sqrt{2} + \frac{3\pi\sqrt{2}}{8} \ , \ s_1'' = \frac{5\sqrt{2}}{4} - \frac{3\pi\sqrt{2}}{8} \ , \ s_2'' = -\frac{5\sqrt{2}}{8} + \frac{9\pi\sqrt{2}}{8} \ .$$

Hiermit ist der Spline s vollständig berechnet.

Aufgabe 27

Berechen Sie die folgenden Integrale durch Angabe einer Stammfunktion:

i) $\displaystyle\int_0^{\frac{1}{\sqrt{7}}} \frac{1}{3 + 7x^2} dx$.

ii) $\displaystyle\int_0^{\frac{2}{\sqrt{3}}} \frac{1}{4 + 9x^2} dx$.

iii) $\displaystyle\int_6^{11} \frac{1}{x^2 - 2x - 15} dx$.

iv) $\displaystyle\int_{-8}^{-4} \frac{1}{x^2 - 2x - 15} dx$.

v) $\displaystyle\int_2^3 \frac{1}{4x^2 - 5x + 1} dx$.

vi) $\displaystyle\int_2^3 \frac{8x - 5}{4x^2 - 5x + 1} dx$.

vii) $\displaystyle\int_0^{\frac{2\pi}{3}} \frac{\sin x}{2 + 3\cos x} dx$.

viii) $\displaystyle\int_0^{\frac{\pi}{6}} \frac{\cos x}{3 + 4\sin x} dx$.

ix) $\displaystyle\int_{\frac{\pi}{6}}^{\frac{\pi}{3}} \frac{\sin x}{\sqrt[3]{\cos x}} dx$.

x) $\displaystyle\int_{\frac{\pi}{24}}^{\frac{\pi}{12}} \frac{\cos 4x}{\sin x \cos x \cos 2x} dx$.

Lösung:

i) Wegen $\frac{1}{3 + 7x^2} = \frac{1}{3} \cdot \frac{1}{1 + \frac{7}{3}x^2} = \frac{1}{3} \cdot \frac{\sqrt{\frac{7}{3}}}{1 + (\sqrt{\frac{7}{3}}x)^2} \cdot \sqrt{\frac{3}{7}} = \frac{1}{\sqrt{21}} \frac{\sqrt{\frac{7}{3}}}{1 + (\sqrt{\frac{7}{3}}x)^2}$

und $(\arctan t)' = \frac{1}{1 + t^2}$ folgt $(\arctan(\sqrt{\frac{7}{3}}x))' = \frac{\sqrt{\frac{7}{3}}}{1 + (\sqrt{\frac{7}{3}}x)^2}$ und deshalb ist

$\frac{1}{\sqrt{21}} \arctan(\sqrt{\frac{7}{3}}x)$ eine Stammfunktion von $\frac{1}{3 + 7x^2}$. Also:

$$\int_0^{\frac{1}{\sqrt{7}}} \frac{1}{3 + 7x^2} dx = \frac{1}{\sqrt{21}} \arctan \left(\sqrt{\frac{7}{3}}x\right) \Big|_0^{\frac{1}{\sqrt{7}}}$$

$$= \frac{1}{\sqrt{21}} \left(\arctan \frac{1}{\sqrt{3}} - \arctan 0\right) = \frac{\pi}{6\sqrt{21}} \ .$$

ii) Analog zu i) erhält man

$$\int_0^{\frac{2}{\sqrt{3}}} \frac{1}{4 + 9x^2} dx = \frac{1}{4} \int_0^{\frac{2}{\sqrt{3}}} \frac{1}{1 + \frac{3x}{2})^2} dx = \frac{1}{4} \cdot \frac{2}{3} \arctan(\frac{3x}{2})\Big|_0^{\frac{2}{\sqrt{3}}}$$

$$= \frac{1}{6}(\arctan \sqrt{3} - \arctan 0) = \frac{\pi}{18}.$$

iii) Es gilt $x^2 - 2x - 15 = (x+3)(x-5)$ und damit $\frac{1}{x^2-2x-15} = \frac{1}{8}(\frac{1}{x-5} - \frac{1}{x+3})$. Deshalb ist $\frac{1}{8}(\ln(x-5) - \ln(x+3))$ eine Stammfunktion von $\frac{1}{x^2-2x-15}$. Beide Funktionen, also $\ln(x-5)$ und $\ln(x+3)$ sind auf $[6,11]$ definiert. Es folgt

$$\int_6^{11} \frac{1}{x^2 - 2x - 15} dx = \frac{1}{8}[\ln 6 - \ln 14 - \ln 1 + \ln 9] = \frac{1}{8} \ln \frac{54}{14}$$

$$= \frac{1}{8} \ln \frac{27}{7} = \frac{1}{8}(\ln 27 - \ln 7) \approx 0,169 .$$

iv) Weder $\ln(x-5)$ noch $\ln(x+3)$ sind auf $[-8,-4]$ definiert. Deshalb betrachtet man die Stammfunktion $\frac{1}{8} \ln \frac{x-5}{x+3}$, da $\frac{x-5}{x+3}$ positiv auf $[-8,-4]$ ist. Es folgt:

$$\int_{-8}^{-4} \frac{1}{x^2 - 2x - 15} dx = \frac{1}{8} \ln \frac{x-5}{x+3} \Big|_{-8}^{-4} = \frac{1}{8} \left(\ln 9 - \ln \frac{13}{5} \right) = \frac{1}{8} \ln \frac{45}{13} \approx 0,155 .$$

v) Die Lösung von iii) ist hier Vorbild:

$$\int_2^3 \frac{1}{4x^2 - 5x + 1} dx = \int_2^3 \frac{1}{(4x-1)(x-1)} dx = \int_2^3 \left[\frac{1/3}{x-1} - \frac{4/3}{4x-1} \right] dx$$

$$= \left[\frac{1}{3} \ln(x-1) - \frac{4}{3} \ln(4x-1) \right] \Big|_2^3$$

$$= \frac{1}{3} \ln 2 - \frac{4}{3}(\ln 11 - \ln 7) = \frac{1}{3} \ln 2 + \frac{4}{3} \ln \frac{7}{11} .$$

vi) Wegen $(4x^2 - 5x + 1)' = 8x - 5$ ist $\ln(4x^2 - 5x + 1)$ eine Stammfunktion der zu integrierenden Funktion. $4x^2 - 5x + 1$ hat die Nullstellen 1 und $\frac{1}{4}$; deshalb ist $4x^2 - 5x + 1$ strikt positiv auf dem Integrationsintervall. Es gilt:

$$\int_2^3 \frac{8x - 5}{4x^2 - 5x + 1} dx = \ln(4x^2 - 5x + 1) \Big|_2^3 = \ln 22 - \ln 7 \approx 1,1451 .$$

vii) Die Ableitung von $2 + 3\cos x$ ist $-3\sin x$. Deshalb schreiben wir anstelle von $\frac{\sin x}{2+3\cos x}$ das Produkt $\frac{1}{-3} \cdot \frac{-3\sin x}{2+3\cos x}$ und wir erkennen sofort, dass die Funktion $-\frac{1}{3} \ln(2 + 3\cos x)$ eine Stammfunktion von $\frac{\sin x}{2+3\cos x}$ ist. Da $2 + 3\cos x$ auf $[0, \frac{2\pi}{3}]$ von 5 bis $\frac{1}{2}$ monoton abnimmt, ist $\ln(2 + 3\cos x)$ auf $[0, \frac{2\pi}{3}]$ wohldefiniert, und es folgt:

$$\int_0^{\frac{2\pi}{3}} \frac{\sin x}{2 + 3\cos x} dx = -\frac{1}{3} \ln(2+3\cos x) \Big|_0^{\frac{2\pi}{3}} = \frac{\ln 5 - \ln \frac{1}{2}}{3} = \frac{\ln 10}{3} \ln 10 \approx 0,7675 .$$

viii) Mit $(3 + 4\sin x)' = 4\cos x$ erhält man

$$\int_{0}^{\frac{\pi}{6}} \frac{\cos x}{3 + 4\sin x}\,dx = \frac{1}{4}[\ln(3 + 4\sin x)]\,\Big|_{0}^{\frac{\pi}{6}} = \frac{1}{4}(\ln 5 - \ln 3) \approx 0,1277\,.$$

ix) Wegen $[(\cos x)^{2/3}]' = -\frac{2}{3}\,\frac{\sin x}{\sqrt[3]{\cos x}}$ folgt:

$$\int_{\frac{\pi}{6}}^{\frac{\pi}{3}} \frac{\sin x}{\sqrt[3]{\cos x}}\,dx = -\frac{3}{2}[(\cos x)^{2/3}]\,\Big|_{\frac{\pi}{6}}^{\frac{\pi}{3}} = \frac{3}{2}\left(\sqrt[3]{\frac{3}{4}} - \frac{1}{\sqrt[3]{4}}\right) \approx 0,4179\,.$$

x) Wegen $\sin 2\alpha = 2\sin\alpha\cos\alpha$ folgt $\sin x \cos x \cos 2x = \frac{1}{2}\sin 2x \cos 2x = \frac{1}{4}\sin 4x$. Die Funktion $\sin 4x$ ist positiv auf $]0, \frac{\pi}{4}[$; deshalb erhält man

$$\int_{\frac{\pi}{24}}^{\frac{\pi}{12}} \frac{\cos 4x}{\sin x \cos x \cos 2x}\,dx = 4\int_{\frac{\pi}{24}}^{\frac{\pi}{12}} \frac{\cos 4x}{\sin 4x}\,dx = \ln(\sin 4x)\,\Big|_{\frac{\pi}{24}}^{\frac{\pi}{12}} = \frac{1}{2}\ln 3 \approx 0,5493\,.$$

Aufgabe 28

Berechnen Sie die folgenden Integrale und stellen Sie fest, welchen Bedingungen die Integrationsgrenzen α und β genügen müssen.

i) $\displaystyle\int_{\alpha}^{\beta} \frac{dx}{x^2 + 4x - 5}$.

ii) $\displaystyle\int_{\alpha}^{\beta} \frac{dx}{x^2 + 4x + 5}$.

iii) $\displaystyle\int_{\alpha}^{\beta} \frac{dx}{\sqrt{x^2 + 4x - 5}}$.

iv) $\displaystyle\int_{\alpha}^{\beta} \frac{dx}{\sqrt{5 - 4x - x^2}}$.

v) $\displaystyle\int_{\alpha}^{\beta} \frac{dx}{\sqrt{x^2 + 4x + 5}}$.

vi) $\displaystyle\int_{\alpha}^{\beta} \frac{dx}{(x^2 + 4x - 5)^2}$.

Lösung:

Es gilt $x^2 + 4x - 5 = (x + 5)(x - 1)$ und $x^2 + 4x + 5 = (x + 2)^2 + 1$.

i) Man hat $\frac{1}{x^2+4x-5} = \frac{1/6}{x-1} - \frac{1/6}{x+5}$. Deshalb dürfen 1 und -5 nicht in $[\alpha, \beta]$ liegen, d.h. α, β liegen entweder beide in $]-\infty, -5[$, oder in $]-5, 1[$, oder in $]1, \infty[$. Es gilt:

$$\int_{\alpha}^{\beta} \frac{dx}{x^2 + 4x - 5} = \left(\frac{1}{6} \ln|x - 1| - \frac{1}{6} \ln|x + 5| \right) \Big|_{\alpha}^{\beta}$$

$$= \frac{1}{6} \ln \left| \frac{(\beta - 1)(\alpha + 5)}{(\alpha - 1)(\beta + 5)} \right| = \frac{1}{6} \ln \frac{(\beta - 1)(\alpha + 5)}{(\alpha - 1)(\beta + 5)} \ .$$

ii) Da $x^2 + 4x + 5 \geq 1$ für alle $x \in \mathbb{R}$ gilt, unterliegen α und β keiner Einschränkung. Mit der Substitution $y = x + 2$ gilt:

$$\int_{\alpha}^{\beta} \frac{dx}{x^2 + 4x + 5} = \int_{\alpha+2}^{\beta+2} \frac{dy}{y^2 + 1} = \arctan y \Big|_{\alpha+2}^{\beta+2} = \arctan(\beta+2) - \arctan(\alpha+2) \ .$$

iii) α und β liegen entweder beide in $]-\infty, -5[$ oder beide in $]1, \infty[$, da $x^2 + 4x - 5 \leq 0$ genau für alle $x \in [-5, 1]$ gilt. Mit der Substitution $y = \frac{x+2}{3}$ gilt für $1 < \alpha \leq \beta$:

$$\int_{\alpha}^{\beta} \frac{dx}{\sqrt{x^2 + 4x - 5}} = \int_{\alpha}^{\beta} \frac{dx}{\sqrt{(x+2)^2 - 9}} = \frac{1}{3} \int_{\alpha}^{\beta} \frac{dx}{\sqrt{\left(\frac{x+2}{3} \right)^2 - 1}} =$$

$$\int_{\frac{\alpha+2}{3}}^{\frac{\beta+2}{3}} \frac{dy}{\sqrt{y^2 - 1}} = \text{areacosh}\, y \ \Big|_{\frac{\alpha+2}{3}}^{\frac{\beta+2}{3}} = \text{areacosh}\, \frac{\beta + 2}{3} - \text{areacosh}\, \frac{\alpha + 2}{3} \ .$$

Dagegen ergibt sich für $\alpha \leq \beta < -5$ das Ergebnis

$$\int_{\alpha}^{\beta} \frac{dx}{\sqrt{x^2 + 4x - 5}} = \text{areacosh} \left(- \frac{\alpha + 2}{3} \right) - \text{areacosh} \left(- \frac{\beta + 2}{3} \right) \ .$$

iv) $5 - 4x - x^2 > 0$ genau dann, wenn $x \in]-5, 1[$ gilt. Deshalb müssen α und β in $]-5, 1[$ liegen. Mit derselben Substitution wie in iii), d.h. mit $y = \frac{x+2}{3}$ folgt:

$$\int_{\alpha}^{\beta} \frac{dx}{\sqrt{5 - 4x - x^2}} = \frac{1}{3} \int_{\alpha}^{\beta} \frac{dx}{\sqrt{1 - \left(\frac{x+2}{3} \right)^2}} = \int_{\frac{\alpha+2}{3}}^{\frac{\beta+2}{3}} \frac{dy}{\sqrt{1 - y^2}} = \arcsin y \ \Big|_{\frac{\alpha+2}{3}}^{\frac{\beta+2}{3}}$$

$$= \arcsin \frac{\beta + 2}{3} - \arcsin \frac{\alpha + 2}{3} \ .$$

v) Wegen $x^2 + 4x + 5 \geq 1$ für alle x aus $\mathbb{R}$ kann man α und β beliebig wählen. Wieder mit $y = x + 2$ ergibt sich

$$\int\limits_{\alpha}^{\beta} \frac{dx}{\sqrt{x^2+4x+5}} = \int\limits_{\alpha}^{\beta} \frac{dx}{\sqrt{(x+2)^2+1}} = \int\limits_{\alpha+2}^{\beta+2} \frac{dy}{\sqrt{y^2+1}} = \text{areasinh}\, y \;\Big|_{\alpha+2}^{\beta+2}$$

$$= \text{areasinh}(\beta+2) - \text{areasinh}(\alpha+2)\,.$$

vi) Diesmal wird die Methode der Partialbruchzerlegung angewandt. Aus

$$\frac{1}{(x^2+4x-5)^2} = \frac{A_1}{x+5} + \frac{A_2}{(x+5)^2} + \frac{B_1}{x-1} + \frac{B_2}{(x-1)^2}$$

$$= \frac{A_1(x^3+3x^2-9x+5)+A_2(x^2-2x+1)}{(x^2+4x-5)^2}$$

$$+ \frac{B_1(x^3+9x^2+15x-25)+B_2(x^2+10x+25)}{(x^2+4x-5)^2}$$

erhält man:

$$
\begin{aligned}
A_1 + \quad\;\; B_1 \qquad\qquad\qquad\quad &= 0 \\
3A_1 + \;\; 9B_1 + \;\; A_2 + \quad B_2 &= 0 \\
-9A_1 + 15B_1 - 2A_2 + 10B_2 &= 0 \\
5A_1 - 25B_1 + \quad A_2 + 25B_2 &= 1\,.
\end{aligned}
$$

Die eindeutige Lösung ist $A_1 = \frac{1}{108}$, $B_1 = -\frac{1}{108}$, $A_2 = \frac{1}{36}$, $B_2 = \frac{1}{36}$.
α und β müssen entweder beide in $]-\infty, -5[$, oder beide in $]-5,1[$, oder beide in $]1,\infty[$ liegen. Es folgt:

$$\int\limits_{\alpha}^{\beta} \frac{dx}{(x^2+4x-5)^2} = \frac{1}{108}\int\limits_{\alpha}^{\beta}\frac{dx}{x+5} + \frac{1}{36}\int\limits_{\alpha}^{\beta}\frac{dx}{(x+5)^2} - \frac{1}{108}\int\limits_{\alpha}^{\beta}\frac{dx}{x-1}$$

$$+\frac{1}{36}\int\limits_{\alpha}^{\beta}\frac{dx}{(x-1)^2} = \left(\frac{1}{108}\ln\left|\frac{x+5}{x-1}\right| - \frac{1}{36(x+5)} - \frac{1}{36(x-1)}\right)\Bigg|_{\alpha}^{\beta} =$$

$$\frac{1}{108}\ln\frac{(\beta+5)(\alpha-1)}{(\alpha+5)(\beta-1)} + \frac{1}{36}\left[\frac{1}{\alpha+5} + \frac{1}{\alpha-1} - \frac{1}{\beta+5} - \frac{1}{\beta-1}\right]\,.$$

Bemerkung:
Wir könnten die Aufgabestellung wie folgt erweitern:
Bei eigentlichen Integralen dürfen die auftretenden Nenner keine Nullstellen haben. Mit der Theorie der uneigentlichen Integrale lässt sich in bestimmten Fällen auch bei Nullstellen des Nenners noch integrieren. Durch Vergleichskriterien kann man das zurückführen auf die Betrachtung der folgenden Fälle.

Ist $a > 0$, so sind $\int_0^a \frac{1}{x}dx$ und $\int_0^a \frac{1}{x^2}dx$ divergent; dagegen ist $\int_0^a \frac{1}{\sqrt{x}}dx$ konvergent, und es gilt $\int_0^a \frac{1}{\sqrt{x}}dx = 2\sqrt{x}|_0^a = 2\sqrt{a}$. Deshalb bleiben die Einschränkungen für α und β in den Fällen i) und vi) erhalten. Dagegen existieren die Integrale im Fall iii) falls α und β beide in $]-\infty, -5]$ oder beide in $[1, \infty[$ liegen; im Fall iv) muss $\alpha, \beta \in [-5, 1]$ gelten. Aus den obigen Resultaten ergeben sich unter Beachtung von areacosh $1 = 0$, $\arcsin(-1) = -\frac{\pi}{2}$ und $\arcsin 1 = \frac{\pi}{2}$ die folgenden Werte für die uneigentlichen Integrale:

iii) $\quad \int_1^\beta \frac{dx}{\sqrt{x^2 + 4x - 5}} = \text{areacosh}\,\frac{\beta + 2}{3} \qquad$ für $\quad \beta > 1$,

$\quad \int_\alpha^{-5} \frac{dx}{\sqrt{x^2 + 4x - 5}} = \text{areacosh}(-\frac{\alpha + 2}{3}) \quad$ für $\quad \alpha < -1$.

iv) $\quad \int_{-5}^\beta \frac{dx}{\sqrt{5 - 4x - x^2}} = \arcsin(\frac{\beta + 2}{3}) + \frac{\pi}{2} \quad$ für $\quad \beta \in]-5, 1[$,

$\quad \int_\alpha^1 \frac{dx}{\sqrt{5 - 4x - x^2}} = \frac{\pi}{2} - \arcsin\frac{\alpha + 2}{3} \quad$ für $\quad \alpha \in]-5, 1[$,

$\quad \int_{-5}^1 \frac{dx}{\sqrt{5 - 4x - x^2}} = \pi$.

Darüber hinaus kann man auch die Grenzwerte $\alpha, \beta \to \pm\infty$ betrachten. Wieder gibt der Vergleich mit den Integralen $\int \frac{1}{x}dx$, $\int \frac{1}{x^2}dx$, $\int \frac{1}{\sqrt{x}}dx$ Aufschluss über die Kovergenz und damit die Existenz des jeweiligen uneigentlichen Integrals. Es zeigt sich, dass die Integrale in iii) und v) nicht konvergieren. In iv) ist der Integrand nur auf einem beschränkten Intervall definiert. Für die anderen Integrale gilt

i) $\quad \int_{-\infty}^\beta \frac{dx}{x^2 + 4x - 5} = \frac{1}{6} \ln \frac{\beta + 1}{\beta - 5} \qquad$ für $\quad \beta \in]-\infty, -5[$,

$\quad \int_\alpha^\infty \frac{dx}{x^2 + 4x - 5} = \frac{1}{6} \ln \frac{\alpha + 5}{\alpha - 1} \qquad$ für $\quad \alpha \in]1, \infty[$.

ii) $\quad \int_{-\infty}^\beta \frac{dx}{x^2 + 4x - 5} = \arctan(\beta + 2) + \frac{\pi}{2} \quad$ für $\quad \beta \in \mathbb{R}$,

$\quad \int_\alpha^\infty \frac{dx}{x^2 + 4x - 5} = \frac{\pi}{2} - \arctan(\alpha + 2) \quad$ für $\quad \alpha \in \mathbb{R}$,

$\quad \int_{-\infty}^\infty \frac{dx}{x^2 + 4x - 5} = \pi$.

vi) $\displaystyle\int_{-\infty}^{\beta} \frac{dx}{(x^2+4x-5)^2} = \frac{1}{108}\ln\frac{\beta+5}{\beta-1} - \frac{1}{36}[\frac{1}{\beta+5}+\frac{1}{\beta-1}]$,

$\displaystyle\int_{\alpha}^{\infty} \frac{dx}{(x^2+4x-5)^2} = \frac{1}{108}\ln\frac{\alpha-1}{\alpha+5} + \frac{1}{36}[\frac{1}{\alpha+5}+\frac{1}{\alpha-1}]$,

$$\text{für}\quad \beta \in]-\infty,-5[\,,\quad \text{bzw. für}\quad \alpha \in]1,\infty[\,.$$

Aufgabe 29

Zeigen Sie, dass $\frac{\sin x+\cos x}{\sin x-\cos x}$ auf $[\frac{\pi}{3},\frac{2\pi}{3}]$ integrierbar ist und berechnen Sie

$$\int_{\frac{\pi}{3}}^{\frac{2\pi}{3}} \frac{\sin x+\cos x}{\sin x-\cos x}dx\,.$$

Lösung:

Da auf $[\frac{\pi}{3},\frac{2\pi}{3}]$ sowohl $\sin x \geq \frac{\sqrt{3}}{2}$ als auch $\cos x \leq \frac{1}{2}$ gilt, hat man $\sin x - \cos x \geq \frac{\sqrt{3}-1}{2} > 0$. Damit ist $\frac{\sin x+\cos x}{\sin x-\cos x}$ eine stetige Funktion auf $[\frac{\pi}{3},\frac{2\pi}{3}]$. Wegen $(\sin x - \cos x)' = \cos x + \sin x$ folgt

$$\int_{\frac{\pi}{3}}^{\frac{2\pi}{3}} \frac{\sin x+\cos x}{\sin x-\cos x}dx = \ln(\sin x - \cos x)\,\Big|_{\frac{\pi}{3}}^{\frac{2\pi}{3}} = \ln\left(\frac{\sqrt{3}}{2}+\frac{1}{2}\right) - \ln\left(\frac{\sqrt{3}}{2}-\frac{1}{2}\right)$$

$$= \ln\frac{\sqrt{3}+1}{\sqrt{3}-1} = \ln\frac{3+1+2\sqrt{3}}{2} = \ln(2+\sqrt{3})\,.$$

Aufgabe 30

Berechnen Sie mit Hilfe partieller Integration folgende Integrale:

i) $\displaystyle\int_{\frac{\pi}{6}}^{\frac{\pi}{4}} \cos x \ln(\sin x)dx$.

ii) $\displaystyle\int_{0}^{\pi} x^2 \sin x\,dx$.

iii) $\displaystyle\int_{0}^{1} x^5 \ln(x^3+1)dx$.

iv) $\displaystyle\int_{0}^{1} x^3 e^{2x}\,dx$.

Lösung:
i)

$$\int_{\frac{\pi}{6}}^{\frac{\pi}{4}} \cos x \ln(\sin x)dx = \sin x \ln(\sin x)\big|_{\frac{\pi}{6}}^{\frac{\pi}{4}} - \int_{\frac{\pi}{6}}^{\frac{\pi}{4}} \sin x \frac{\cos x}{\sin x}dx$$

$$= \frac{\sqrt{2}}{2} \ln \frac{\sqrt{2}}{2} - \frac{1}{2} \ln \frac{1}{2} - \sin x \big|_{\frac{\pi}{6}}^{\frac{\pi}{4}} = \frac{(2 - \sqrt{2}) \ln 2}{4} + \frac{1 - \sqrt{2}}{2} .$$

ii) Es wird zweimal partiell integriert.

$$\int_0^{\pi} x^2 \sin x \, dx = -x^2 \cos x \big|_0^{\pi} + \int_0^{\pi} 2x \cos x \, dx$$

$$= \pi^2 + 2[x \sin x \big|_0^{\pi} - \int_0^{\pi} \sin x \, dx] = \pi^2 + 2 \cos x \big|_0^{\pi} = \pi^2 - 4 .$$

iii) Nach der partiellen Integration ist eine rationale Funktion zu integrieren.

$$\int_0^1 x^5 \ln(x^3 + 1) dx = \frac{x^6}{6} \ln(x^3 + 1) \big|_0^1 - \frac{1}{6} \int_0^1 x^6 \frac{3x^2}{x^3 + 1} dx$$

$$= \frac{1}{6} \ln 2 - \frac{1}{2} \int_0^1 \frac{x^8}{x^3 + 1} dx = \frac{1}{6} \ln 2 - \frac{1}{2} \int_0^1 \frac{x^8 + x^5 - x^5 - x^2 + x^2}{x^3 + 1} dx$$

$$= \frac{1}{6} \ln 2 - \frac{1}{2} (\frac{x^6}{6} - \frac{x^3}{3} + \frac{1}{3} \ln(x^3 + 1)) \big|_0^1$$

$$= \frac{1}{6} \ln 2 - \frac{1}{2} (\frac{1}{6} - \frac{1}{3} + \frac{1}{3} \ln 2) = \frac{1}{12} .$$

iv) Das Ziel ist, den Exponenten von x bei jedem Schritt zu verkleinern, was durch Differenzieren möglich ist.

$$\int_0^1 x^3 e^{2x} dx = \frac{1}{2} x^3 e^{2x} \bigg|_0^1 - \frac{3}{2} \int_0^1 x^2 e^{2x} dx = \frac{1}{2} e^2 - \frac{3}{4} \left[x^2 e^{2x} \bigg|_0^1 - 2 \int_0^1 x e^{2x} dx \right]$$

$$= \frac{1}{2} e^2 - \frac{3}{4} e^2 + \frac{3}{4} \left[x e^{2x} \bigg|_0^1 - \int_0^1 e^{2x} dx \right]$$

$$= \frac{1}{2} e^2 - \frac{3}{4} e^2 + \frac{3}{4} e^2 - \frac{3}{8} e^{2x} \bigg|_0^1 = \frac{1}{8} e^2 + \frac{3}{8} = \frac{e^2 + 3}{8} .$$

Aufgabe 31

Benutzen Sie ein Additionstheorem, um eine Stammfunktion für

$$\sin x \cos x \cos 2x \cos 4x \cdots \cos 2^{n-1} x \cos 2^n x$$

anzugeben, und berechnen Sie dann das Integral

$$\int_0^{\frac{\pi}{3\cdot 2^{n+1}}} \sin x \cos x \cos 2x \cos 4x \cdots \cos 2^{n-1}x \cos^{2n} x \, dx \; .$$

Lösung:
Mit dem Additionstheorem $\sin 2x = 2 \sin x \cos x$ hat man

$$\sin x \cos x \cos 2x \cos 4x \cdots \cos 2^{n-1}x \cos 2^n x$$

$$= \frac{1}{2} \sin 2x \cos 2x \cos 4x \cdots \cos 2^{n-1}x \cos 2^n x$$

$$= \frac{1}{4} \sin 4x \cdots \cos 2^{n-1}x \cos 2^n x = \cdots = \frac{1}{2^{n-1}} \sin 2^{n-1} \cos 2^{n-1}x \cos 2^n x$$

$$= \frac{1}{2^n} \sin 2^n x \cos 2^n x = \frac{1}{2^{n+1}} \sin 2^{n+1}x \; .$$

An der Stelle, wo wir „$= \cdots =$" geschrieben haben, hätten wir – streng genommen – einen Beweis durch vollständige Induktion durchführen müssen! Eine Stammfunktion für $\frac{1}{2^{n+1}} \sin 2^{n+1}x$ ist $-\frac{1}{2^{2n+2}} \cos 2^{n+1}x$. Deshalb gilt:

$$\int_0^{\frac{\pi}{3\cdot 2^{n+1}}} \sin x \cos x \cos 2x \cos 4x \cdots \cos 2^{n-1}x \cos 2^n x \, dx =$$

$$-\frac{1}{2^{2n+2}} \cos 2^{n+1}x \Big|_0^{\frac{\pi}{3\cdot 2^{n+1}}} = \frac{1}{2^{2n+2}} \left(1 - \cos \frac{\pi}{3} \right) = \frac{1}{2^{2n+2}} \left(1 - \frac{1}{2} \right) = \frac{1}{2^{2n+3}} \; .$$

Aufgabe 32

a)   Berechnen Sie die folgenden Integrale mit Hilfe der Substitutionsregel:

$$\text{i)} \quad \int_0^{3\sinh 1} \sqrt{9 + x^2} \, dx \quad . \quad \text{ii)} \quad \int_{-3}^{3} \sqrt{9 - x^2} \, dx \; .$$

$$\text{iii)} \quad \int_3^{3\cosh 1} \sqrt{x^2 - 9} \, dx \quad . \quad \text{iv)} \quad \int_0^7 x^2 \sqrt[3]{x + 1} \, dx \; .$$

b)   Berechnen Sie das Integral aus ii) mit Hilfe einer einfachen geometrischen Überlegung.

Lösung:
a) i) Mit $x = 3 \sinh t$ ergibt sich wegen der Substitutionsregel (und $\sinh 0 = 0$)

$$\int_0^{3\sinh 1} \sqrt{9 + x^2}\, dx = 9\int_0^1 \cosh^2 t\, dt \ .$$

Wegen $\cosh^2 t = \frac{\cosh 2t + 1}{2}$ und wegen $(\sinh 2t)' = 2\cosh 2t$ hat man weiter

$$9\int_0^1 \cosh^2 t\, dt = \frac{9}{2}\int_0^1 (\cosh 2t + 1)dt = \frac{9}{4}\sinh 2t\,\Big|_0^1 + \frac{9}{2}$$

$$= \frac{9}{4}\sinh 2 + \frac{9}{2} = \frac{9}{8}(e^2 - e^{-2}) + \frac{9}{2}\ .$$

ii) Diesmal verwenden wir die Substitution $x = 3\cos t$ und erhalten damit:

$$\int_{-3}^3 \sqrt{9 - x^2}\, dx = \int_{-\pi}^0 \sqrt{9 - 9\cos^2 t}(-3\sin t)dt = \int_{-\pi}^0 3|\sin t|(-3\sin t)dt$$

$$\overset{(*)}{=} 9\int_{-\pi}^0 \sin^2 t\, dt = \frac{9}{2}\int_{-\pi}^0 (1 + \cos 2t)dt = \frac{9}{2}\left(t + \frac{\sin 2t}{2}\right)\Big|_{-\pi}^0 = \frac{9}{2}\pi\ .$$

An der Stelle (∗) wird benutzt, dass sin auf $]-\pi, 0[$ negativ ist.

iii) Mit der Substitution $\operatorname{areacosh}\frac{x}{3} = t$ ergibt sich $x = 3\cosh t$. Wegen $\cosh 0 = 1$, d.h. $0 = \operatorname{areacosh} 1$, und $\operatorname{areacosh}(\cosh 1) = 1$ folgt:

$$\int_3^{3\cosh 1} \sqrt{x^2 - 9}\, dx = 9\int_0^1 \sqrt{\cosh^2 t - 1}\,\sinh t\, dt = 9\int_0^1 \sinh^2 t\, dt$$

$$= \frac{9}{2}\int_0^1 (\cosh 2t - 1)dt = \left(\frac{9}{4}\sinh 2t - \frac{9}{2}t\right)\Big|_0^1$$

$$= \frac{9}{4}\sinh 2 - \frac{9}{2}\frac{9(e^4 - 1)}{8e^2} - \frac{9}{2} = \frac{9(e^4 - 4e^2 - 1)}{8e^2}\ .$$

iv) Mit der Substitution $y = \sqrt[3]{x+1}$ ergibt sich $\int_0^7 x^2\sqrt[3]{x+1}\ dx = \int_1^2 (y^3 - 1)^2 y \cdot 3y^2 dy = 3\int_1^2 (y^9 - 2y^6 + y^3)dy = 3(\frac{y^{10}}{10} - \frac{2y^7}{7} + \frac{y^4}{4})|_1^2 = 3(\frac{2^{10}-1}{10} - \frac{2^8-2}{7} + \frac{2^4-1}{4}) = \dots\ .$

b) Die Funktion $[-3, 3] \to \mathbb{R}^2$, $x \mapsto (x, \sqrt{3 - x^2})$ beschreibt den Rand des Halbkreises mit Mittelpunkt $(0,0)$ und Radius 3, der sich in der oberen Halbebene befindet. Das zu berechnende Integral ergibt den Flächeninhalt dieses Halbkreises, also: $\frac{1}{2}(\pi \cdot 3^2) = \frac{9}{2}\pi$.

Aufgabe 33

Transformieren Sie das Integral $\int_0^{\ln 3} \frac{14e^{3x}}{5e^{4x}+16e^{2x}+3}dx$ durch eine geeignete Substitution in ein Integral über eine rationale Funktion, bestimmen Sie die Partialbruchzerlegung dieser rationalen Funktion und führen Sie dann die Berechnung der (einfacheren) erhaltenen Integrale durch.

Lösung:

Mit $e^x = t$ erhält man unter Verwendung der Substitutionsregel

$$\int_0^{\ln 3} \frac{14e^{3x}}{5e^{4x}+16e^{2x}+3}dx = \int_1^3 \frac{14t^2}{5t^4+16t^2+3}dt \; .$$

Wegen $5t^4 + 16t^2 + 3 = (5t^2+1)(t^2+3)$ ergibt sich (z.B. aus $\frac{At+B}{t^2+3} + \frac{Ct+D}{5t^2+1} = \frac{14t^2}{5t^2+16t^2+3}$, falls Sie die folgende Zerlegung nicht sofort „sehen")

$$\frac{14t^2}{5t^4+16t^2+3} = \frac{3}{t^2+3} - \frac{1}{5t^2+1} \; .$$

Wie in der Lösung der Aufgabe 27, i) und ii) gewinnt man die Stammfunktionen $\frac{1}{\sqrt{3}}\arctan(\frac{t}{\sqrt{3}})$ und $\frac{1}{\sqrt{5}}\arctan(5\sqrt{t})$ für $\frac{1}{t^2+3}$ bzw. $\frac{1}{5t^2+1}$. Also: $\int_1^3 \frac{3}{t^2+3}dt = \sqrt{3}\arctan\frac{t}{\sqrt{3}}|_1^3 = \sqrt{3}(\frac{\pi}{3} - \frac{\pi}{6}) = \frac{\sqrt{3}\pi}{6}$ und $\int_1^3 \frac{1}{5t^2+1}dt = \frac{1}{\sqrt{5}}\arctan(\sqrt{5}t)|_1^3 = \frac{1}{\sqrt{5}}(\arctan 3\sqrt{5} - \arctan\sqrt{5})$. Insgesamt gilt:

$$\int_0^{\ln 3} \frac{14e^{3x}}{5e^{4x}+16e^{2x}+3}dx = \frac{\sqrt{3}\pi}{6} - \frac{1}{\sqrt{5}}(\arctan 3\sqrt{5} - \arctan\sqrt{5}) \; .$$

Aufgabe 34

Bestimmen Sie die Partialbruchzerlegung der rationalen Funktion

$$R(x) = \frac{x^5 + 3x^4 - 6x^3 - x^2 + 27x - 4}{(x-3)^2(x^2+x+2)^2} \; .$$

Lösung:

Zu bestimmen sind die reellen Zahlen A_1, A_2, B_1, B_2, C_1 und C_2, so dass für alle $x \in \mathbb{R}\setminus\{3\}$ gilt

$$R(x) = \frac{A_1}{x-3} + \frac{A_2}{(x-3)^2} + \frac{B_1 x + C_1}{x^2+x+2} + \frac{B_2 x + C_2}{(x^2+x+2)^2} \; ,$$

oder äquivalent dazu:

$$x^5 + 3x^4 - 6x^3 - x^2 + 27x - 4 = A_1(x-3)(x^2+x+2)^2$$
$$+ A_2(x^2+x+2)^2 + (B_1x+C_1)(x-3)^2(x^2+x+2) + (B_2x+C_2)(x-2)^2.$$

Die rechte Seite dieser letzten Gleichung lässt sich wie folgt schreiben:

$$(A_1+B_1)x^5 + (-A_1+A_2-5B_1+C_1)x^4 + (2A_2-A_1+5B_1+B_2-5C_1)x^3$$
$$+ (5A_2-11A_1-3B_1-6B_2+5C_1+C_2)x^2$$
$$+ (4A_2-8A_1+18B_1+9B_2-3C_1-6C_2)x + (-12A_1+4A_2+18C_1+9C_2).$$

Koeffizientenvergleich ergibt nun das lineare Gleichungssystem

$$
\begin{aligned}
A_1 + \ B_1 & & = 1 \\
-A_1 + \ A_2 - \ 5B_1 + \ C_1 & & = 3 \\
-A_1 + 2A_2 + \ 5B_1 + \ B_2 - 5C_1 & & = -6 \\
-11A_1 + 5A_2 - \ 3B_1 - 6B_2 + 5C_1 + \ C_2 & = -1 \\
-8A_1 + 4A_2 + 18B_1 + 9B_2 - 3C_1 - 6C_2 & = 27 \\
-12A_1 + 4A_2 + 18C_1 + 9C_2 & & = -4 \ .
\end{aligned}
$$

Die Lösung dieses Systems lautet:

$$A_1 = 1, \ A_2 = 2, \ B_1 = 0, \ B_2 = 1, \ C_1 = 2, \ C_2 = -4 \ .$$

Die gesuchte Partialbruchzerlegung ist also

$$\frac{1}{x-3} + \frac{2}{(x-3)^2} + \frac{2}{x^2+x+2} + \frac{x-4}{(x^2+x+2)^2} \ .$$

Aufgabe 35

Transformieren Sie die Integrale

i) $\displaystyle\int_0^1 \frac{2e^{4x}+e^{2x}}{3e^{6x}+5e^{4x}+7}dx$,   ii) $\displaystyle\int_0^1 \frac{\cosh x}{2\sinh^2 x + \cosh^2 x + 1}dx$

durch geeignete Substitutionen in Integrale über rationale Funktionen. Die erhaltenen Integrale rationaler Funktionen brauchen nicht berechnet werden.

Lösung:
i) Durch die Substitution $t = e^{2x}$, also $x = \frac{1}{2}\ln t$, lässt sich das gegebene Integral umformen zu

$$\frac{1}{2} \int\limits_{1}^{e^2} \frac{2t^2 + t}{t(3t^3 + 5t^2 + 7)} dt = \frac{1}{2} \int\limits_{1}^{e^2} \frac{2t + 1}{3t^3 + 5t^2 + 7} dt \ .$$

ii) Die Substitution $t = e^x$ führt zur folgenden Transformation:

$$\int\limits_{0}^{1} \frac{\cosh x}{2\sinh^2 x + \cosh^2 x + 1} dx = \int\limits_{1}^{e} \frac{\frac{1}{2}\left(t + \frac{1}{t}\right)}{2\left[\frac{1}{2}\left(t - \frac{1}{t}\right)\right]^2 + \left[\frac{1}{2}\left(t + \frac{1}{t}\right)\right]^2 + 1} \frac{1}{t} dt$$

$$= \int\limits_{1}^{e} \frac{\frac{t^2 + 1}{2t^2}}{\frac{1}{2}\left(t^2 - 2 + \frac{1}{t^2}\right) + \frac{1}{4}\left(t^2 + 2 + \frac{1}{t^2}\right) + 1} dt = 2\int\limits_{1}^{e} \frac{t^2 + 1}{3t^4 - 2t^2 + 7} dt \ .$$

Aufgabe 36

Für $n \geq 1$ sei $I_n := \int_\alpha^\beta \frac{dx}{(x^2 + 4x + 5)^n}$.

a)   Bestimmen Sie eine Rekursionsformel zwischen I_n und I_{n+1} .
b)   Berechnen Sie I_2 .

Lösung:
a) Durch partielle Integration erhält man

$$I_n = \int\limits_{\alpha}^{\beta} \frac{dx}{(x^2 + 4x + 5)^n} = \frac{x}{(x^2 + 4x + 5)^n}\bigg|_{\alpha}^{\beta} + n\int\limits_{\alpha}^{\beta} \frac{(2x + 4)x\,dx}{(x^2 + 4x + 5)^{n+1}}$$

$$= \frac{x}{(x^2 + 4x + 5)^n}\bigg|_{\alpha}^{\beta} + 2n\int\limits_{\alpha}^{\beta} \frac{(x^2 + 4x + 5) - (2x + 4 + 1)}{(x^2 + 4x + 5)^{n+1}} dx$$

$$= \frac{x}{(x^2 + 4x + 5)^n}\bigg|_{\alpha}^{\beta} + 2nI_n + 2\frac{1}{(x^2 + 4x + 5)^n}\bigg|_{\alpha}^{\beta} - 2nI_{n+1}$$

$$= \frac{x + 2}{(x^2 + 4x + 5)^n}\bigg|_{\alpha}^{\beta} + 2nI_n - 2nI_{n+1} \ .$$

Daraus folgt $I_{n+1} = \frac{2n-1}{2n} I_n + \frac{1}{2n} \cdot \frac{x+2}{(x^2+4x+5)^n}\big|_\alpha^\beta$.

b) In der Lösung von 28, ii) wurde gezeigt $I_1 = \arctan(\beta + 2) - \arctan(\alpha + 2)$.
Daraus folgt:

$$I_2 = \frac{1}{2}\left[\arctan(\beta + 2) - \arctan(\alpha + 2)\right] + \frac{1}{2}\left[\frac{\beta + 2}{\beta^2 + 4\beta + 5} - \frac{\alpha + 2}{\alpha^2 + 4\alpha + 5}\right] \ .$$

Aufgabe 37

Die Graphen der Funktionen $\sin 2x$ und $\cos x$ schneiden sich in unendlich vielen Punkten. Dadurch entstehen unendlich viele Flächen, die von diesen Graphen begrenzt werden. F_0 bezeichne diejenige von ihnen, die ein Intervall der y-Achse enthält. Die dazu links bzw. rechts angrenzenden Flächen, die mit F_0 jeweils einen Berührungspunkt haben, seien mit F_{-1} bzw. F_1 bezeichnet.

a)   Geben Sie alle Schnittpunkte der Graphen von $\sin 2x$ und $\cos x$ an.

b)   Berechnen Sie die Flächeninhalte von F_{-1}, F_0 und F_1 .

c)   Bestimmen Sie den Schwerpunkt von F_0 .

Lösung:

a) $\sin 2x = \cos x$ läßt sich auch als $\cos x(2\sin x - 1) = 0$ schreiben. Die Nullstellen von $\cos$ sind $\frac{\pi}{2} + n\pi$, $n \in \mathbb{Z}$. $\sin$ nimmt den Wert $\frac{1}{2}$ genau auf der Menge $\{\frac{\pi}{6} + 2k\pi \mid k \in \mathbb{Z}\} \cup \{\frac{5\pi}{6} + 2p\pi \mid p \in \mathbb{Z}\}$ an.

b) Die Flächen F_{-1} und F_0 sind symmetrisch bezüglich des Punktes $(-\frac{\pi}{2}, 0)$. Man beachte: $\sin 2(-\frac{\pi}{2} - x) = -\sin 2(-\frac{\pi}{2} + x)$ und $\cos(-\frac{\pi}{2} - x) =$

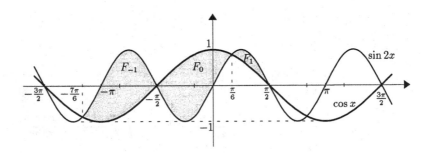

Abbildung 2.11. Die Flächen F_{-1}, F_0 und F_1

$-\cos(-\frac{\pi}{2} + x)$. Deshalb genügt es, die Flächeninhalte von F_0 und F_1 zu berechnen. Es gilt:

$$V(F_0) = \int_{-\frac{\pi}{2}}^{\frac{\pi}{6}} (\cos x - \sin 2x)dx = \left(\sin x + \frac{1}{2} \cos 2x \right) \Big|_{-\frac{\pi}{2}}^{\frac{\pi}{6}}$$

$$= \frac{1}{2} + 1 + \frac{1}{2} \left(\frac{1}{2} + 1 \right) = \frac{9}{4} ,$$

$$V(F_1) = \int_{\frac{\pi}{6}}^{\frac{\pi}{2}} (\sin 2x - \cos x)dx = \left(-\frac{1}{2} \cos 2x - \sin x \right) \Big|_{\frac{\pi}{6}}^{\frac{\pi}{2}}$$

$$= -\frac{1}{2}\left(-1 - \frac{1}{2}\right) - 1 + \frac{1}{2} = \frac{1}{4} .$$

c) Sei (x_s, y_s) der Schwerpunkt der mit der Massendichte $\rho = 1$ belegten Fläche. Man hat:

$$x_s = \frac{\int_{-\frac{\pi}{2}}^{\frac{\pi}{6}} (\cos x - \sin 2x) x \, dx}{V(F_0)} \quad, \quad y_s = \frac{1}{2}\frac{\int_{-\frac{\pi}{2}}^{\frac{\pi}{6}} (\cos^2 x - \sin^2 2x) dx}{V(F_0)} .$$

Wegen

$$\int_{-\frac{\pi}{2}}^{\frac{\pi}{6}} (\cos x - \sin 2x) x \, dx = (\sin x + \frac{1}{2}\cos 2x) x \Big|_{-\frac{\pi}{2}}^{\frac{\pi}{6}} - \int_{-\frac{\pi}{2}}^{\frac{\pi}{6}} (\sin x + \frac{1}{2}\cos 2x) dx$$

$$= \left(\frac{1}{2} + \frac{1}{4}\right)\frac{\pi}{6} + \left(1 + \frac{1}{2}\right)\cdot\left(-\frac{\pi}{2}\right) - \left(-\cos x + \frac{1}{4}\sin 2x\right)\Big|_{-\frac{\pi}{2}}^{\frac{\pi}{6}}$$

$$= \frac{\pi}{8} - \frac{3\pi}{4} - \left(-\frac{\sqrt{3}}{2} + \frac{\sqrt{3}}{8}\right) = \frac{3\sqrt{3} - 5\pi}{8}$$

und

$$\int_{-\frac{\pi}{2}}^{\frac{\pi}{6}} (\cos^2 x - \sin^2 2x) dx = \int_{-\frac{\pi}{2}}^{\frac{\pi}{6}} \left(\frac{1 + \cos 2x}{2} - \frac{1 - \cos 4x}{2}\right) dx$$

$$= \left(\frac{1}{4}\sin 2x - \frac{1}{8}\sin 4x\right)\Big|_{-\frac{\pi}{2}}^{\frac{\pi}{6}} = \frac{\sqrt{3}}{16}$$

folgt: $x_s = \frac{3\sqrt{3}-5\pi}{18}$ und $y_s = \frac{\sqrt{3}}{72}$.

Aufgabe 38

a) Bestimmen Sie die kleinste positive Lösung x_0 der Gleichung $\sin x = \sin 2x$.

b) Seien $f : [0, x_0] \to \mathrm{I\!R}$ und $g : [0, x_0] \to \mathrm{I\!R}$ die durch $f(x) = \sin x$, $g(x) = \sin 2x$ gegebenen Funktionen. Fertigen Sie eine einfache Skizze an.

c) Berechnen Sie den Flächeninhalt der Fläche F zwischen den Graphen von f und g .

d) Berechnen Sie den Schwerpunkt der mit konstanter (z.B. 1) Massendichte belegten Fläche F .

Lösung:

a) $\sin x = \sin 2x$ läßt sich zu $\sin x(1 - 2\cos x) = 0$ umformen. Die Nullstellenmengen der Funktionen $\sin x$ und $1 - 2\cos x$ sind $\{n\pi \mid n \in \mathbb{Z}\}$ bzw.

$\{\pm\frac{\pi}{3} + 2k\pi | k \in \mathbb{Z}\}$. Deshalb gilt $x_0 = \frac{\pi}{3}$.

b) Für $x \in]0, \frac{\pi}{3}[$ gilt $\sin x < \sin 2x = 2\sin x \cos x$, weil auf diesem Intervall $\cos x$ größer als $\frac{1}{2}$ ist. Das „sieht" man auch anhand Abbildung 2.12.

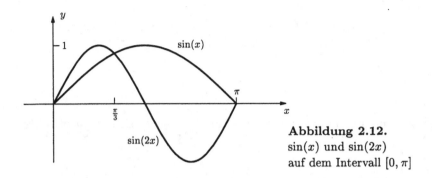

Abbildung 2.12.
$\sin(x)$ und $\sin(2x)$
auf dem Intervall $[0, \pi]$

c) $V(F) = \int_0^{\frac{\pi}{3}} (g - f)dx = \int_0^{\frac{\pi}{3}} (\sin 2x - \sin x)dx = (-\frac{1}{2}\cos 2x + \cos x)|_0^{\frac{\pi}{3}}$

$= \frac{1}{4} + \frac{1}{2} + \frac{1}{2} - 1 = \frac{1}{4}$.

d) Zu bestimmen sind die Koordinaten x_s und y_s des Schwerpunktes; es gilt:

$$x_s = \frac{\int_0^{\frac{\pi}{3}} (g(x) - f(x))\, x dx}{V(F)} \quad , \quad y_s = \frac{1}{2}\frac{\int_0^{\frac{\pi}{3}} (g^2 - f^2)dx}{V(F)} \ .$$

Durch partielle Integration erhält man:

$$\int_0^{\frac{\pi}{3}} (\sin 2x - \sin x)x dx =$$

$$\left[\left(-\frac{1}{2}\cos 2x + \cos x\right)x\right]\Big|_0^{\frac{\pi}{3}} - \int_0^{\frac{\pi}{3}} \left(-\frac{1}{2}\cos 2x + \cos x\right)dx =$$

$$\left(\frac{1}{4} + \frac{1}{2}\right)\frac{\pi}{3} + \left(\frac{1}{4}\sin 2x - \sin x\right)\Big|_0^{\frac{\pi}{3}} = \frac{\pi}{4} + \left(\frac{1}{4}\frac{\sqrt{3}}{2} - \frac{\sqrt{3}}{2}\right) = \frac{\pi}{4} - \frac{3\sqrt{3}}{8} \ .$$

Mit Hilfe der (unentbehrlichen!) Additionstheoreme ergibt sich

$$\int_0^{\frac{\pi}{3}} (\sin^2 2x - \sin^2 x)dx = \int_0^{\frac{\pi}{3}} \frac{\cos 2x - \cos 4x}{2}dx$$

$$\left(\frac{\sin 2x}{4} - \frac{\sin 4x}{8}\right)\Big|_0^{\frac{\pi}{3}} = \frac{1}{4}\sin\frac{2\pi}{3} - \frac{1}{8}\sin\frac{4\pi}{3} = \frac{3}{8}\frac{\sqrt{3}}{2} = \frac{3\sqrt{3}}{16} \ .$$

Also:

$$x_s = \frac{\frac{\pi}{4} - \frac{3\sqrt{3}}{8}}{\frac{1}{4}} = \pi - \frac{3\sqrt{3}}{2} \quad , \quad y_s = \frac{1}{2} \frac{\frac{3\sqrt{3}}{16}}{\frac{1}{4}} = \frac{3\sqrt{3}}{8} \ .$$

Aufgabe 39

a) Bestimmen Sie die kleinste und die zweitkleinste positive Lösung x_1 bzw. x_2 der Gleichung $\cos x = \sqrt{3}\cos 2x$.

b) Seien $f : [-x_2, x_2] \to \mathbb{R}$, $f(x) := \cos x$ und $g : [-x_2, x_2] \to \mathbb{R}$, $g(x) := \sqrt{3}\cos 2x$. Fertigen Sie eine einfache Skizze der Graphen von f und g an.

c) Berechnen Sie den Flächeninhalt der Fläche F zwischen den Graphen f und g. Bemerken Sie dazu, dass F die Vereinigung von drei Flächen F_0, F_+ und F_- ist. Dabei sind F_+ und F_- symmetrisch bzgl. der y-Achse und disjunkt, während F_0 und F_+ sowie F_0 und F_- nur jeweils einen einzigen Berührungspunkt haben. Die Abszissen (ersten Koordinaten) aller Punkte aus F_+ sind positiv.

d) Berechnen Sie die Schwerpunkte der mit konstanter Massendichte belegten Flächen F_0 und F_+ .

Lösung:
a) Mit dem Additionstheorem $\cos 2x = 2\cos^2 x - 1$ erhalten wir die Gleichung zweiter Ordnung in $\cos x$

$$2\sqrt{3}\cos^2 x - \cos x - \sqrt{3} = 0 \ ,$$

welche die Nullstellen $\frac{\sqrt{3}}{2}$ und $-\frac{1}{\sqrt{3}}$ besitzt. Damit ist

$$\left\{ 2k\pi \pm \frac{\pi}{6} \ ; \ k \in \mathbb{Z} \right\} \cup \left\{ 2n\pi \pm \arccos\left(-\frac{1}{\sqrt{3}}\right) ; n \in \mathbb{Z} \right\}$$

die Lösungsmenge der Gleichung $\cos x = \sqrt{3}\cos 2x$. Deshalb gilt $x_2 = \arccos(-\frac{1}{\sqrt{3}})$ und $x_1 = \frac{\pi}{6}$. Wegen $-\frac{1}{\sqrt{2}} < -\frac{1}{\sqrt{3}} < -\frac{1}{2}$ liegt $\arccos(-\frac{1}{\sqrt{3}})$ zwischen $\frac{\pi}{6}$ und $\frac{2\pi}{3}$. Der gesuchte Flächeninhalt von F ist $\int_{-x_2}^{x_2} |f(x) - g(x)| dx$. Dabei ist er die Summe des Flächeninhalts von F_0, nämlich $\int_{-x_1}^{x_1} \left(g(x) - f(x)\right) dx$, und der Flächeninhalt von F_- (also $\int_{-x_2}^{-x_1} \left(f(x) - g(x)\right) dx$) und von F_+ (also $\int_{x_1}^{x_2} \left(f(x) - g(x)\right) dx$). Wegen der Symmetrie genügt es die Integrale $\int_0^{\frac{\pi}{6}} (\sqrt{3}\cos 2x - \cos x) dx$ und $\int_{\frac{\pi}{6}}^{\arccos(-\frac{1}{\sqrt{3}})} (\cos x - \sqrt{3}\cos 2x) dx$ zu berechnen, diese Ergebnisse zu verdoppeln (um den Flächeninhalt von F_0 bzw. die Summe der Flächeninhalte von F_+ und F_- zu bekommen) und dann die Summe der zuletzt erhaltenen Zahlen zu berechnen. Es gilt

b)

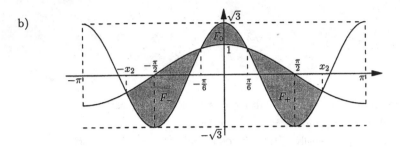

Abbildung 2.13. Die Graphen von f und g

$$\int_0^{\frac{\pi}{6}} (\sqrt{3}\cos 2x - \cos x)dx = \left(\frac{\sqrt{3}}{2}\sin 2x - \sin x \right) \Big|_0^{\frac{\pi}{6}} = \frac{3}{4} - \frac{1}{2} = \frac{1}{4}$$

und

$$\int_{\frac{\pi}{6}}^{\arccos(-\frac{1}{\sqrt{3}})} (\cos x - \sqrt{3}\cos 2x)dx = \left(\sin x - \frac{\sqrt{3}}{2}\sin 2x \right) \Big|_{\frac{\pi}{6}}^{\arccos(-\frac{1}{\sqrt{3}})} =$$

$$\sin\left(\arccos\left(-\frac{1}{\sqrt{3}} \right) \right) - \frac{1}{2} - \frac{\sqrt{3}}{2}\sin\left(2\arccos\left(-\frac{1}{\sqrt{3}} \right) \right) + \frac{\sqrt{3}}{2}\cdot\frac{\sqrt{3}}{2}.$$

Die Fläche von F_0 ist also $\frac{1}{2}$. Die Umformungen $\sin(\arccos(-\frac{1}{\sqrt{3}})) = \sqrt{1 - \frac{1}{3}} = \sqrt{\frac{2}{3}}$ und $\sin(2\arccos(-\frac{1}{\sqrt{3}})) = 2\sin(\arccos(-\frac{1}{\sqrt{3}}))\cos(\arccos(-\frac{1}{\sqrt{3}})) = 2\cdot\sqrt{\frac{2}{3}}\cdot(-\frac{1}{\sqrt{3}}) = -\frac{2\sqrt{2}}{3}$ erlauben, den Flächeninhalt von F_+ wie folgt auszudrücken:

$$\sqrt{\frac{2}{3}} - \frac{1}{2} + \frac{\sqrt{3}}{2}\cdot\frac{2\sqrt{2}}{3} + \frac{3}{4} = 2\sqrt{\frac{2}{3}} + \frac{1}{4}.$$

Insgesamt erhalten wir für den Flächeninhalt von F den folgenden Wert:

$$\frac{1}{2} + 2\left(2\sqrt{\frac{2}{3}} + \frac{1}{4} \right) = 1 + 4\sqrt{\frac{2}{3}}.$$

d) Aus Symmetriegründen liegt der Schwerpunkt S_0 der mit konstanter Massendichte belegten Fläche F_0 auf der y-Achse. Seine Ordinate wird mit der Formel

$$y_{S_0} = \frac{\int_{-\frac{\pi}{6}}^{\frac{\pi}{6}} \left(g(x)^2 - f(x)^2 \right) dx}{2\int_{-\frac{\pi}{6}}^{\frac{\pi}{6}} \left(g(x) - f(x) \right) dx}$$

berechnet. Es gilt wegen $\cos^2 x = \frac{1+\cos 2x}{2}$ und $\cos^2 2x = \frac{1+\cos 4x}{2}$:

$$\int\limits_{-\frac{\pi}{6}}^{\frac{\pi}{6}} \left(g(x)^2 - f(x)^2 \right) dx = \int\limits_{-\frac{\pi}{6}}^{\frac{\pi}{6}} (3\cos^2 2x - \cos^2 x) dx =$$

$$\int\limits_{-\frac{\pi}{6}}^{\frac{\pi}{6}} \left(\frac{3}{2} + \frac{3}{2}\cos 4x - \frac{1}{2} - \frac{1}{2}\cos 2x \right) dx = \frac{\pi}{3} + \frac{3}{8}\sin 4x \Big|_{-\frac{\pi}{6}}^{\frac{\pi}{6}} - \frac{1}{4}\sin 2x \Big|_{-\frac{\pi}{6}}^{\frac{\pi}{6}} =$$

$$\frac{\pi}{3} + \frac{3}{8}\cdot 2 \cdot \frac{\sqrt{3}}{2} - \frac{1}{4}\cdot 2 \cdot \frac{\sqrt{3}}{2} = \frac{\pi}{3} + \frac{\sqrt{3}}{8} .$$

Der Nenner ist $2 \cdot \frac{1}{2} = 1$; also $y_{S_0} = \frac{\pi}{3} + \frac{\sqrt{3}}{8} \approx 1,26$.

Die Koordinaten x_{S_+} und y_{S_+} des Schwerpunktes S_+ der mit konstanter Massendichte belegten Fläche F_+ werden mit den folgenden Formeln berechnet:

$$x_{S_+} = \frac{\int_{x_1}^{x_2} x \left(f(x) - g(x) \right) dx}{\int_{x_1}^{x_2} \left(f(x) - g(x) \right) dx} \quad , \quad y_{S_+} = \frac{\int_{x_1}^{x_2} \left(f^2(x) - g(x)^2 \right) dx}{2\int_{x_1}^{x_2} \left(f(x) - g(x) \right) dx} .$$

Die Nenner von x_{S_+} und y_{S_+} sind $2\sqrt{\frac{2}{3}} + \frac{\sqrt{3}-\sqrt{2}}{2}$ bzw. $4\sqrt{\frac{2}{3}} + \sqrt{3} - \sqrt{2}$. Um die Zähler zu berechnen, berechnen wir zuerst $\cos 2x_2$:

$$\cos 2x_2 = 2(\cos x_2)^2 - 1 = 2 \cdot \left(-\frac{1}{\sqrt{3}} \right)^2 - 1 = \frac{2}{3} - 1 = -\frac{1}{3} .$$

Hinzu erinnern wir an $\sin 2x_2 = -\frac{2\sqrt{2}}{3}$ und $\sin x_2 = \sqrt{\frac{2}{3}}$. Es gilt damit:

$$\int\limits_{x_1}^{x_2} x \left(f(x) - g(x) \right) dx = \int\limits_{x_1}^{x_2} x(\cos x - \sqrt{3}\cos 2x) dx$$

$$= \left(x\sin x - \frac{\sqrt{3}}{2}x\sin 2x \right) \Big|_{x_1}^{x_2} - \int\limits_{x_1}^{x_2} \left(\sin x - \frac{\sqrt{3}}{2}\sin 2x \right) dx = \sqrt{\frac{2}{3}}x_2$$

$$-\frac{\pi}{12} - \frac{\sqrt{3}}{2}\left(-\frac{2\sqrt{2}}{3} \right) x_2 + \frac{\sqrt{3}}{2} \cdot \frac{\pi}{6} \cdot \frac{\sqrt{3}}{2} + \cos x \Big|_{x_1}^{x_2} - \frac{\sqrt{3}}{4}\cos 2x \Big|_{x_1}^{x_2}$$

$$= 2\sqrt{\frac{2}{3}}x_2 + \frac{\pi}{24} - \frac{1}{\sqrt{3}} - \frac{\sqrt{3}}{2} + \frac{\sqrt{3}}{12} + \frac{\sqrt{3}}{8}$$

$$= 2\sqrt{\frac{2}{3}}\arccos \left(-\frac{1}{\sqrt{3}} \right) + \frac{\pi}{24} - \frac{5\sqrt{3}}{8} ,$$

$$\int\limits_{x_1}^{x_2} \left(f(x)^2 - g(x)^2 \right) dx = \int\limits_{x_1}^{x_2} \left(\frac{1}{2}\cos 2x - \frac{3}{2}\cos 4x - 1 \right) dx$$

$$= \left(\frac{1}{4}\sin 2x - \frac{3}{8}\sin 4x - x \right)\Big|_{x_1}^{x_2} = \frac{1}{4}\left(-\frac{2\sqrt{2}}{3} - \frac{\sqrt{3}}{2} \right)$$

$$-\frac{3}{8}\left(2\cdot\left(-\frac{2\sqrt{2}}{3} \right)\cdot\left(-\frac{1}{3} \right) - \frac{\sqrt{2}}{2} \right) - x_2 + \frac{\pi}{6}$$

$$= \frac{\sqrt{3}}{16} - \frac{\sqrt{2}}{3} + \frac{\pi}{6} - \arccos\left(-\frac{1}{\sqrt{3}} \right) .$$

Also:

$$x_{S_+} = \frac{2\sqrt{\frac{2}{3}}\arccos\left(-\frac{1}{\sqrt{3}} \right) + \frac{\pi}{24} - \frac{5\sqrt{3}}{8}}{2\sqrt{\frac{2}{3}} + \frac{\sqrt{3}-\sqrt{2}}{2}} \approx 1,4612 ,$$

$$y_{S_+} = \frac{\frac{\sqrt{3}}{16} - \frac{\sqrt{2}}{3} + \frac{\pi}{6} - \arccos(-\frac{1}{\sqrt{3}})}{4\sqrt{\frac{2}{3}} + \sqrt{3} - \sqrt{2}} \approx -0,5653 .$$

(Man beachte: $\arccos(-\frac{1}{\sqrt{3}}) = \pi - \arccos(\frac{1}{\sqrt{3}})$.)

Aufgabe 40

a)   Beweisen Sie, dass die Funktionen $\frac{x^2}{1+x^4}$ und $\frac{x}{1+x^4}$ von $-\infty$ bis ∞ uneigentlich integrierbar sind.

b)   Berechnen Sie diese uneigentlichen Integrale.

Hinweis: $\int_{-\infty}^{\infty} \frac{dx}{1+x^4} = \frac{\sqrt{2}}{2}\pi$.

Lösung:

a) Auf $[-1,1]$ sind die stetigen Funktionen $\frac{x^2}{1+x^4}$ und $\frac{x}{1+x^4}$ integrierbar. Sowohl auf $]-\infty, -1]$ als auch auf $[1, \infty[$ gelten die Ungleichungen $|\frac{x}{1+x^4}| < \frac{1}{x^2}$ und $|\frac{x^2}{1+x^4}| < \frac{1}{x^2}$. Da $\frac{1}{x^2}$ von 1 bis ∞, aber auch von $-\infty$ bis -1 integrierbar ist, ergibt sich aus dem Majorantenkriterium, dass beide Funktionen von $-\infty$ bis -1 und von 1 bis ∞ uneigentlich integrierbar sind, und damit existieren die uneigentlichen Integrale $\int_{-\infty}^{\infty} \frac{x^2}{1+x^4}dx$ und $\int_{-\infty}^{\infty} \frac{x}{1+x^4}dx$.

b) Die Funktion $\frac{x}{1+x^4}$ ist ungerade. Deshalb gilt $\int_{-a}^{a} \frac{x}{1+x^4}dx = 0$. Da $\int_{-\infty}^{\infty} \frac{x}{1+x^4}dx$ existiert, gilt $\lim\limits_{a\to\infty} \int_{-a}^{a} \frac{x}{1+x^4}dx = \int_{-\infty}^{\infty} \frac{x}{1+x^4}dx$, und damit ergibt sich $\int_{-\infty}^{\infty} \frac{x}{1+x^4}dx = 0$. Sei nun $b < 0 < c$. Es folgt:

$$\int\limits_b^c \frac{x^2}{1+x^4}dx = \int\limits_b^c \frac{1-\sqrt{2}x+x^2+\sqrt{2}x-1}{(1-\sqrt{2}x+x^2)(1+\sqrt{2}x+x^2)}dx$$

$$= \int\limits_b^c \frac{1}{1+\sqrt{2}x+x^2}dx + \sqrt{2}\int\limits_b^c \frac{x}{1+x^4}dx - \int\limits_b^c \frac{1}{1+x^4}dx .$$

Für $c \to \infty$ und $b \to -\infty$ konvergiert das erste Integral gegen $\sqrt{2}\pi$, weil:
$\lim\limits_{y\to\infty} \arctan y = \frac{\pi}{2}$, $\lim\limits_{z\to-\infty} \arctan z = -\frac{\pi}{2}$ und

$$\int\limits_b^c \frac{1}{1+\sqrt{2}x+x^2}dx = \int\limits_b^c \frac{1}{\frac{1}{2}+(\frac{1}{\sqrt{2}}+x)^2}dx = 2\int\limits_b^c \frac{1}{1+(1+\sqrt{2}x)^2}dx$$

$$= \sqrt{2}\int\limits_b^c \frac{\sqrt{2}}{1+(1+\sqrt{2}x)^2}dx = \sqrt{2}[\arctan(1+\sqrt{2}c)-\arctan(1+\sqrt{2}b)] .$$

Hiermit folgt $\int_\infty^\infty \frac{x^2}{1+x^4}dx = \sqrt{2}\pi + 0 - \frac{\sqrt{2}}{2}\pi = \frac{\sqrt{2}}{2}\pi = \frac{\pi}{\sqrt{2}}$.

Aufgabe 41

a) Beweisen Sie mit Hilfe des Majorantenkriteriums, dass die Funktion $\frac{1}{x^3+1}$ von 0 bis ∞ uneigentlich integrierbar ist.

b) Berechnen Sie mit Hilfe der Definition des uneigentlichen Integrals und einer Partialbruchzerlegung $\int_0^\infty \frac{1}{x^3+1}dx$.

Lösung:

a) Auf $[1,\infty[$ gilt $\frac{1}{x^3+1} < \frac{1}{x^3}$. Da die Funktion $\frac{1}{x^3}$ von 1 bis ∞ uneigentlich integrierbar ist, ist wegen des Majorantenkriteriums auch $\frac{1}{x^3+1}$ von 1 bis ∞ uneigentlich integrierbar, und damit auch von 0 bis ∞ (da $\int_0^1 \frac{dx}{x^3+1}$ existiert).

b) Es gilt $\frac{1}{x^3+1} = \frac{\frac{1}{3}}{x+1} - \frac{\frac{1}{3}(x-2)}{x^2-x+1}$, $\int_0^a \frac{1}{x+1}dx = \ln(x+1)|_0^a = \ln(a+1)$,

$$\int\limits_0^a \frac{x-2}{x^2-x+1}dx = \frac{1}{2}\int\limits_0^a \frac{2x-1-3}{x^2-x+1}dx$$

$$= \frac{1}{2}\int\limits_0^a \frac{2x-1}{x^2-x+1}dx - \frac{3}{2}\int\limits_0^a \frac{1}{x^2-x+1}dx$$

$$= \left[\frac{1}{2}\ln(x^2-x+1) - \sqrt{3}\arctan\left(\frac{2x-1}{\sqrt{3}}\right)\right]\Big|_0^a$$

$$= \frac{1}{2}\ln(a^2 - a + 1) - \sqrt{3}\left(\arctan\frac{2a-1}{\sqrt{3}} + \frac{\pi}{6}\right).$$

Daraus folgt

$$\int\limits_0^a \frac{1}{x^3+1}dx = \frac{1}{6}\ln\frac{(a+1)^2}{a^2-a+1} + \frac{1}{\sqrt{3}}\left(\arctan\frac{2a-1}{\sqrt{3}} + \frac{\pi}{6}\right).$$

Wegen $\lim\limits_{a\to\infty}\frac{(a+1)^2}{a^2-a+1} = 1$ und $\lim\limits_{a\to\infty}\arctan\frac{2a-1}{\sqrt{3}} = \frac{\pi}{2}$ ergibt sich

$$\int\limits_0^{+\infty} \frac{1}{x^3+1}dx = \lim\limits_{a\to\infty}\int\limits_0^a \frac{1}{x^3+1}dx = \frac{1}{\sqrt{3}}\left(\frac{\pi}{2} + \frac{\pi}{6}\right) = \frac{2\pi}{3\sqrt{3}}.$$

Aufgabe 42

Für welche reellen Zahlen α ist die Funktion $f_\alpha, f_\alpha(x) := \frac{1}{x(\ln x)(\ln(\ln x))^\alpha}$ integrierbar oder uneigentlich integrierbar auf $[e^e, e^{(e^e)}]$ bzw. auf $[e^e, \infty[$?

Lösung:
Eine Stammfunktion von f_α für $\alpha \neq 1$ auf $]e^e, \infty[$ ist $\frac{1}{1-\alpha}\left(\ln(\ln x)\right)^{1-\alpha} =:$ $F_\alpha(x)$, und für $\alpha = 1$ ist $\ln\left(\ln(\ln x)\right) =: F_1(x)$ eine Stammfunktion von f_1 auf $]e^e, \infty[$. Für $x > e^e$ gilt $\ln x > e$, $\ln(\ln x) > 1$, $\ln\left(\ln(\ln x)\right) > 0$. Außerdem hat man:

$$\lim\limits_{x\to e^e+} \ln(\ln x) = 1 \,,\quad \lim\limits_{x\to e^e+} \ln\left(\ln(\ln x)\right) = 0 \,,\quad \lim\limits_{x\to\infty} \ln\left(\ln(\ln x)\right) = \infty$$

$$\text{sowie}\quad \lim\limits_{x\to\infty} \frac{1}{1-\alpha}\left(\ln(\ln x)\right)^{1-\alpha} = \begin{cases} \infty & \text{für } \alpha < 1\,, \\ 0 & \text{für } \alpha > 1\,. \end{cases}$$

In $e^{(e^e)}$ haben F_α und F_1 den Wert $\frac{1}{1-\alpha}e^{1-\alpha}$ bzw. 1. Daraus ergibt sich für $\alpha \neq 1$

$$\int\limits_{e^e}^{e^{(e^e)}} f_\alpha(x)dx = \frac{1}{1-\alpha}(e^{1-\alpha} - 1)\,.$$

f_α ist uneigentlich integrierbar auf $[e^e, \infty[$ genau dann, wenn $\alpha > 1$ gilt. In diesem Fall ist $\int_{e^e}^\infty f_\alpha(x)dx = \frac{1}{\alpha-1}$.
Für $\alpha = 1$ ist f_1 auf $[e^e, e^{(e^e)}]$ integrierbar; es gilt

$$\int\limits_{e^e}^{e^{(e^e)}} f_1(x)dx = \ln\left(\ln(\ln e^{(e^e)})\right) - \ln\left(\ln(\ln e^e)\right) = 1\ .$$

Auf $[e^e, \infty[$ ist f_1 nicht uneigentlich integrierbar, weil:

$$\lim_{A\to\infty} \int\limits_{e^e}^{A} f_1(x)dx = \lim_{A\to\infty} \ln\left(\ln(\ln A)\right) = \infty\ .$$

Aufgabe 43

Zeigen Sie mit Hilfe des Majorantenkriteriums, dass die Funktion $x \mapsto \frac{1}{\sqrt{x}(x+1)}$ auf $]0,\infty[$ uneigentlich integrierbar ist. Berechnen Sie danach dieses Integral mit Hilfe einer geeigneten Substitution.

Lösung:
Wir zeigen zuerst mit Hilfe des Majorantenkriteriums, dass die Funktion $x \mapsto \frac{1}{\sqrt{x}(x+1)}$ sowohl auf $[0,1]$ als auch auf $[1,\infty[$ uneigentlich integrierbar ist. Für alle x aus $]0,1]$ gilt: $\frac{1}{\sqrt{x}(x+1)} < \frac{1}{\sqrt{x}}$. Da $\frac{1}{\sqrt{x}}$ auf $]0,1]$ uneigentlich integrierbar ist, ist auch $\frac{1}{\sqrt{x}(x+1)}$ uneigentlich integrierbar auf $]0,1]$. Wegen der Ungleichung $\frac{1}{\sqrt{x}(x+1)} < \frac{1}{x^{3/2}}$ folgt aus der uneigentlichen Integrierbarkeit von $\frac{1}{x^{3/2}}$ auf $[1,\infty[$ auch die von $\frac{1}{\sqrt{x}(x+1)}$. Insgesamt ist also $\frac{1}{\sqrt{x}(x+1)}$ uneigentlich integrierbar auf $]0,\infty[$. Mit der Substitution $\sqrt{x} = t$ hat man für $0 < a < b < \infty$:

$$\int\limits_a^b \frac{1}{\sqrt{x}(x+1)}dx = \int\limits_{\sqrt{a}}^{\sqrt{b}} \frac{2t}{t(t^2+1)}dt = 2\int\limits_{\sqrt{a}}^{\sqrt{b}} \frac{1}{t^2+1}dt = 2(\arctan\sqrt{b} - \arctan\sqrt{a})\ .$$

Für $a \to 0+$ und $b \to \infty$ konvergiert dieser letzte Ausdruck gegen $2(\frac{\pi}{2} - 0) = \pi$; also:

$$\int\limits_0^\infty \frac{1}{\sqrt{x}(x+1)}dx = \pi\ .$$

Insbesondere folgt aus der Integration über $[a,b]$ und der anschließenden Grenzbetrachtung noch einmal die Integrierbarkeit von $\frac{1}{\sqrt{x}(x+1)}$ im uneigentlichen Sinne auf $]0,\infty[$.

Aufgabe 44

a)   Approximieren Sie $\int_0^{\frac{\pi}{2}} x\sin x\,dx$ mit Hilfe der Keplerschen Fassregel.

b)   Schätzen Sie ab, wie sich dieser errechnete Wert vom tatsächlichen Wert
      unterscheidet.

Lösung:

a) Für $f(x) = x \sin x$ gilt: $f(0) = 0$, $f(\frac{\pi}{4}) = \frac{\sqrt{2}\pi}{8}$ und $f(\frac{\pi}{2}) = \frac{\pi}{2}$. Deshalb
wird das gegebene Integral mit der Keplerschen Fassregel approximiert durch

$$\frac{1}{6} \cdot \frac{\pi}{2} \cdot \left(0 + 4 \cdot \frac{\sqrt{2}\pi}{8} + \frac{\pi}{2} \right) = \frac{(1+\sqrt{2})\pi^2}{24} =: I_S .$$

b) Es gilt:

$$f'(x) = x \cos x + \sin x, \; f''(x) = -x \sin x + 2 \cos x , \; f'''(x) = -x \cos x - 3 \sin x,$$

$$f^{(4)}(x) = x \sin x - 4 \cos x, \; f^{(5)}(x) = x \cos x + 5 \sin x .$$

$f^{(4)}$ ist auf $]0, \frac{\pi}{2}[$ strikt monton steigend, weil $f^{(5)}$ auf diesem Intervall positiv
ist. Da $f^{(4)}(0) = -4$ und $f^{(4)}(\frac{\pi}{2}) = \frac{\pi}{2}$ gilt, hat man $\max\limits_{x \in [0,\frac{\pi}{2}]} |f^{(4)}(x)| = 4$.

Damit ergibt sich die folgende Fehlerabschätzung:

$$\left| \int\limits_0^{\frac{\pi}{2}} x \sin x \, dx - I_S \right| \leq \frac{1}{2880} \cdot \left(\frac{\pi}{2} \right)^5 \cdot 4 = \frac{\pi^5}{8 \cdot 2880} < 0,0133 .$$

Bemerkung:

Wegen $(\sin x - x \cos x)' = x \sin x$ (oder mit Hilfe der partiellen Integration)
folgt sofort, dass es gilt: $\int_0^{\frac{\pi}{2}} f(x) dx = \int_0^{\frac{\pi}{2}} x \sin x \, dx = (\sin x - x \cos x)|_0^{\frac{\pi}{2}} = 1$.
Außerdem ist $\frac{(1+\sqrt{2})\pi^2}{24}$ ungefähr $0,9928$. Also ist der tatsächliche Abstand
zwischen $\int_0^{\frac{\pi}{2}} f(x) dx$ und I_S etwa $0,0072$.

Aufgabe 45

a)   Bestimmen Sie den Wert I des Integrals $\int_0^2 (x+1) \ln(x+1) dx$.
b)   Berechnen Sie dieses Integral auch näherungsweise mit der Simpson-
      Regel; das Ergebnis sei mit I_S bezeichnet.
c)   Vergleichen Sie den tatsächlichen Fehler $|I - I_S|$ mit der Fehlerabschätzung
      (die für $f : [a, b] \rightarrow \mathbb{R}$ durch $\frac{1}{2880}(b-a)^5 \max\limits_{x \in [a,b]} |f^{(4)}(x)|$ berechnet wird).

Lösung:

a) Mit Hilfe partieller Integration erhalten wir:

$$I = \int\limits_{0}^{2} (x+1)\ln(x+1)dx = \frac{1}{2}(x+1)^2 \ln(x+1) \, \Big|_0^2 - \frac{1}{2}\int\limits_{0}^{2} \frac{(x+1)^2}{x+1}dx$$

$$= \frac{9}{2}\ln 3 - \frac{1}{2}\left(\frac{x^2}{2}+x\right) \, \Big|_0^2 = \frac{9}{2}\ln 3 - 2 \approx 2,943755\ldots\,.$$

b) Für $f : [0,2] \to \mathbb{R}$, $f(x) := (x+1)\ln(x+1)$ ergibt sich die folgende Näherung des Integrals $\int_0^2 f(x)dx$ gemäß der Simpson-Regel:

$$I_S = \frac{1}{6}\cdot 2\cdot[f(0)+4f(1)+f(2)] = \frac{1}{3}(4\cdot 2\ln 2 + 3\ln 3) = \frac{1}{3}\ln(256\cdot 27) \approx 2,9470\,.$$

c) $|I - I_S| \approx 0,003249\ldots$ ist der tatsächliche Fehler. Wegen $f'(x) = \ln(x+1) + 1$,

$$f''(x) = \frac{1}{x+1}\,,\ f'''(x) = -\frac{1}{(x+1)^2}\,,\ f^{(4)}(x) = \frac{2}{(x+1)^3}$$

ist 2 das Maximum von $f^{(4)}(x)$ auf $[0,2]$. Damit ist $\frac{1}{2880}\cdot 2^5 \cdot 2 = \frac{1}{45} = 0,002222\ldots$ die Fehlerabschätzung. Dieser Wert ist etwa 7 mal größer als der tatsächliche Fehler.

Aufgabe 46

a)   Geben Sie **alle** differenzierbaren Funktionen $f : \,]a,b[\to \mathbb{R}$ mit $f'(x) = 0$ für alle $x \in\,]a,b[$ an.

b)   Bestimmen Sie **alle** zweimal differenzierbaren Funktionen $g : \,]a,b[\to \mathbb{R}$ mit $g''(x) = 0$ für alle $x \in\,]a,b[\,$.

Lösung:

a) Die Ableitung jeder konstanten Funktion auf $]a,b[$ verschwindet.
Umgekehrt: Sei f' die Nullfunktion auf $]a,b[$. Gibt es zwei verschiedene Punkte c und d aus $]a,b[$ mit $f(c) \neq f(d)$, so gibt es ξ zwischen c und d mit $f'(\xi) = \frac{f(d)-f(c)}{d-c} \neq 0$. Widerspruch! Also ist f konstant auf $]a,b[$. Hiermit ist die gesuchte Menge die Menge aller konstanten Funktionen.
b) Ist g ein Polynom vom Grad eins oder eine konstante Funktion, so verschwindet g'' auf $]a,b[$. Ist $g'' = (g')'$ die Nullfunktion, so ist g' eine Konstante α auf $]a,b[$. Es gilt $g'(x) - \alpha = \big(g(x) - \alpha x\big)' = 0$. Deshalb ist $g(x) - \alpha x$ konstant auf $]a,b[$. Hiermit ist die gesuchte Menge die Menge aller Polynome ersten Grades vereinigt mit der Menge der konstanten Funktionen. (Oder: Die Menge der Polynomen vom Grad höchstens eins vereinigt mit der Nullfunktion.)

Aufgabe 47

Lösen Sie die folgenden Anfangswertprobleme und bestimmen Sie jeweils das größte offene Intervall, auf welchem die Lösung definiert ist.

i) $\quad y' = e^{2y}\cos 3x \qquad\qquad , \quad y(\frac{\pi}{6}) = 0$.

ii) $\quad (x+1)y' = x^2(y+1) \qquad , \quad y(1) = 1$.

iii) $\quad y' = \frac{1}{3}e^{2(2x+3y)}\cos 3x - \frac{2}{3} \quad , \quad y(\frac{\pi}{6}) = -\frac{\pi}{9}$.

Lösung:

i) Es handelt sich um eine Differenzialgleichung mit getrennten Veränderlichen. Die Lösung $x \mapsto y(x)$ ist für alle x aus IR (da $\cos 3x$ für alle x aus IR definiert ist) implizit durch

$$\int\limits_{0}^{y} \frac{ds}{e^{2s}} = \int\limits_{\frac{\pi}{6}}^{x} \cos 3t \, dt$$

zu berechnen. Es folgt $-\frac{1}{2}e^{-2s}|_0^y = \frac{1}{3}\sin 3t|_{\frac{\pi}{6}}^x$, $\frac{1}{2} - \frac{1}{2}e^{-2y} = \frac{1}{3}\sin 3x - \frac{1}{3}$, $e^{-2y} = \frac{5}{3} - \frac{2}{3}\sin 3x$, und damit $y = -\frac{1}{2}\ln(\frac{5}{3} - \frac{2}{3}\sin 3x)$. Diese Lösung ist auf IR definiert.

ii) Es handelt sich wieder um eine Differenzialgleichung mit getrennten Veränderlichen. Die Lösung erfüllt für $x > -1$ und $y > -1$ die Gleichung

$$\int\limits_{1}^{y} \frac{ds}{s+1} = \int\limits_{1}^{x} \frac{t^2\,dt}{t+1} .$$

Man hat:

$$\ln(s+1)\,\Big|_1^y = \int\limits_{2}^{x+1} \frac{(u-1)^2\,du}{u} = \int\limits_{2}^{x+1} \left(u - 2 + \frac{1}{u}\right) du$$

$$= \left(\frac{u^2}{2} - 2u + \ln u\right)\Big|_2^{x+1} ,$$

$$\ln(y+1) - \ln 2 = \frac{(x+1)^2}{2} - 2(x+1) + \ln(x+1) - 2 + 4 - \ln 2 ,$$

$$\ln\left(\frac{y+1}{x+1}\right) = \frac{x^2}{2} - x + \frac{1}{2} , \qquad \frac{y+1}{x+1} = e^{\frac{x^2}{2}-x+\frac{1}{2}} ,$$

$$y(x) = (x+1)e^{\frac{x^2}{2}-x+\frac{1}{2}} - 1 .$$

Man beachte, dass $y(x) > -1$ für $x > -1$ gilt. Das gesuchte Intervall ist also $]-1, \infty[$.

iii) Durch die Substitution $z(x) := 2x + 3y(x)$ lässt sich das angegebene Anfangswertproblem in das äquivalente Anfangswertproblem $z' = e^{2z} \cos 3x$, $z(\frac{\pi}{6}) = 0$ überführen, weil:

→ $z(\frac{\pi}{6}) = 2 \cdot \frac{\pi}{6} + 3 \cdot (-\frac{\pi}{9}) = \frac{\pi}{3} - \frac{\pi}{3} = 0$.

→   Wegen $z' = 2 + 3y'$, d.h. $y' = \frac{1}{3}(z' - 2)$ erhält man aus der gegebenen Differenzialgleichung $\frac{1}{3}(z' - 2) = \frac{1}{3}e^{2z} \cos 3x - \frac{2}{3}$ und damit $z' = e^{2z} \cos 3x$.

Die in der Lösung von i) erhaltene Lösung $z(x) = -\frac{1}{2}\ln(\frac{5}{3} - \frac{2}{3}\sin 3x)$ wird durch die Rücksubstitution $y(x) = \frac{1}{3}(z(x) - 2x)$ in die Lösung $y(x) = -\frac{1}{6}\ln(\frac{5}{3} - \frac{2}{3}\sin 3x) - \frac{2}{3}x$ des ursprünglichen Anfangswertproblems überführt. Sie ist ebenfalls auf $\mathbb{R}$ definiert.

Aufgabe 48

Berechnen Sie jeweils die allgemeine Lösung der folgenden Differenzialgleichungen und lösen Sie die angegebenen Anfangswertprobleme:

i) $y'(x) = \dfrac{e^{4x} - \sin x}{e^{2y(x)} - \cos y(x)}$, $y(0) = 0$.

ii) $y'(x) = \dfrac{1 + y(x)}{\cos^2 2x}$, $y(0) = 2$.

iii) $y'(x) = \left(-3x + 3y(x) - 1\right)^4$, $y(0) = 1$.

iv) $x^3 y'(x) = 3xy^2 - 2x^2 y$, $y(1) = 2$.

Lösung:

i) Es liegt eine Differenzialgleichung mit getrennten Veränderlichen vor. Eine konstante Lösung gibt es nicht, weil $e^{4x} - \sin x$ nicht identisch Null ist. Es gilt $(\frac{1}{4}e^{4x} + \cos x)' = e^{4x} - \sin x$ und damit $(\frac{1}{2}e^{2y(x)} - \sin y(x))' = (e^{2y(x)} - \cos y(x))y'(x)$. Deshalb ist die allgemeine Lösung der Differenzialgleichung **implizit** durch

$$\frac{1}{2}e^{2y(x)} - \sin y(x) = \frac{1}{4}e^{4x} + \cos x + c \quad \text{mit} \quad c \in \mathbb{R}$$

definiert. Für $x = 0$ und $y = 0$ ergibt sich für c der Wert $-\frac{3}{4}$.

ii) Die einzige konstante Lösung $y(x) = -1$ der Differenzialgleichung ist keine Lösung des Anfangswertproblems. Wegen $(\frac{1}{2}\tan 2x)' = \frac{1}{\cos^2 2x}$ und $[\ln|1 + y(x)|]' = \frac{y'(x)}{1 + y(x)}$ erfüllt jede weitere Lösung die Gleichung

$$\ln|1 + y(x)| = \frac{1}{2}\tan 2x + c \quad \text{mit} \quad c \in \mathbb{R}\,.$$

Sei $d \in]0, \infty[$ mit $\ln d = c$. Dann folgt aus $\ln|1 + y(x)| - \ln d = \ln\frac{|1+y(x)|}{d} = \frac{1}{2}\tan 2x$ zuerst $\frac{|1+y(x)|}{d} = e^{\frac{1}{2}\tan 2x}$ und damit $y(x) = ke^{\frac{1}{2}\tan 2x} - 1$ mit $k \in \mathbb{R}\backslash\{0\}$. Diesmal konnten wir **explizit** die allgemeine Lösung der Differenzialgleichung angeben; das ist eigentlich selten der Fall!
Die Gestalt der allgemeinen Lösung zeigt, dass bis auf die konstante Lösung $y(x) = -1$ keine andere Lösung den Wert -1 annimmt. Die Lösung, die durch den Punkt $(0, 2)$ geht, bekommt man für $k = 3$, weil dies aus $2 = k - 1$ folgt.

iii) Durch die Substitution $z(x) := -3x + 3y(x) - 1$ lässt sich die Gleichung in $z'(x) = 3(z^4 - 1)$ überführen. Wegen $\frac{\frac{1}{4}}{z-1} - \frac{\frac{1}{4}}{z+1} - \frac{\frac{1}{2}}{z^2+1} = \frac{1}{z^4-1}$ hat diese letzte Differenzialgleichung mit getrennten Veränderlichen die allgemeine Lösung

$$\frac{1}{4}\ln\left|\frac{z-1}{z+1}\right| - \frac{1}{2}\arctan z = 3x + c\,.$$

Deshalb ist die gesuchte allgemeine Lösung **implizit** durch die Gleichung

$$\frac{1}{4}\ln\left|\frac{3y(x) - 3x - 2}{3y(x) - 3x}\right| - \frac{1}{2}\arctan\left(3y(x) - 3x - 1\right) = 3x + c$$

definiert. Eine explizite Darstellung der Form $y(x) = f(x, c)$ ist leider nicht zu bekommen. Die Lösung, die durch $(0, 1)$ geht, erhält man für $c = -\frac{1}{4}\ln 3 - \frac{1}{2}\arctan 2\,$.

iv) Man sieht sofort, dass $y(x) = 0$ für alle $x \in \mathbb{R}$ eine Lösung der Differenzialgleichung ist. Sie ist für das Anfangswertproblem unbrauchbar. Jede andere Lösung der Differenzialgleichung ist nicht konstant. Eine solche Lösung wird nun gesucht, und zwar mit der Substitution $z(x) = \frac{y(x)}{x}$ oder auch $y(x) = xz(x)$. Man erhält die äquivalente Differenzialgleichung

$$z' = \frac{3z^2 - 2z - z}{x} = \frac{3z(z - 1)}{x}\,.$$

Wegen $\frac{1}{z(z-1)} = \frac{1}{z-1} - \frac{1}{z}$ erfüllt die Lösung $z(x)$ die Gleichung

$$\ln\left|\frac{z(x) - 1}{x^3 z(x)}\right| = c \quad \text{mit} \quad c \in \mathbb{R}\,.$$

Es folgt zuerst $\frac{z(x)-1}{x^3 z(x)} = \pm e^c$, und dann $1 - \frac{1}{z(x)} = \pm e^c x^3$. Daraus ergibt sich $z(x) = \frac{1}{1\mp e^c x^3}$ und damit $y(x) = \frac{x}{1\mp e^c x^3}$. Das Anfangswertproblem führt zu $2 = y(1) = \frac{1}{1\mp e^c}$, und daher zu $1 \mp e^c = \frac{1}{2}$ oder auch $\frac{1}{2} = \pm e^c$, was nur $\frac{1}{2} = e^c$

erlaubt. Deshalb ist $\frac{x}{1-\frac{1}{2}x^3} = \frac{2x}{2-x^3} = y(x)$ die Lösung des Anfangswertproblems; sie ist auf $]-\infty, \sqrt[3]{2}[$ definiert.

Aufgabe 49

Lösen Sie das Anfangswertproblem $y' = 3\cos x - y\cos x$ mit $y(0) = 2$.

Lösung:
Wir haben es mit einer inhomogenen, linearen Differenzialgleichung 1. Ordnung zu tun. Für eine solche Differenzialgleichung von der allgemeinen Gestalt $y'(x) + p(x)y(x) = f(x)$ mit p und f stetig auf $]a, b[$ und Anfangsbedingung $y(x_0) = y_0$ mit $x_0 \in]a, b[$ ist die eindeutig bestimmte Lösung auf $]a, b[$ gegeben durch

$$y(x) = \exp\left(-\int_{x_0}^{x} p(t)dt\right) \cdot \left[\int_{x_0}^{x} f(t)\exp\left(\int_{x_0}^{t} p(\tau)d\tau\right)dt + y_0\right].$$

In unserem Fall: $f(x) = 3\cos x$, $p(x) = \cos x$, $x_0 = 0$, $y_0 = 2$. Wegen

$$\int_{0}^{t} \cos\tau\, d\tau = \sin\tau \Big|_{0}^{t} = \sin t, \quad \int_{0}^{x} 3\cos t\, e^{\sin t}dt = 3e^{\sin t}\Big|_{0}^{x} = 3e^{\sin x} - 3$$

ergibt sich die folgende Lösung des Anfangswertproblems:

$$y(x) = e^{-\sin x}[3e^{\sin x} - 3 + 2] = 3 - e^{-\sin x}.$$

Aufgabe 50

Berechnen Sie jeweils die allgemeine Lösung der folgenden Differenzialgleichungen, lösen Sie die angegebenen Anfangswertprobleme und bestimmen Sie die maximalen offenen Intervalle, auf welchen die Lösungen dieser Probleme definiert sind.

i) $\sin x = 2\left(1 - y(x)\right)y'(x)$, $y(0) = 0$.

ii) $y'(x)\cos x + y(x)\sin x = \sin x$, $y(0) = 0$.

Lösung:
i) Ist y eine differenzierbare Funktion, die der Differenzialgleichung $\sin x = 2\left(1 - y(x)\right)y'(x)$ genügt, so gibt es $c \in \mathbb{R}$ mit $2y(x) - y^2(x) = c - \cos x$. Die angegebene Anfangsbedingung $y(0) = 0$ ist nur für $c = 1$ erfüllt. Aus $y^2(x) - 2y(x) + 1 - \cos x = 0$ folgt $y(x) = 1 \pm \sqrt{\cos x}$; da $y(0) = 0$ gelten muss, ist $y(x) = 1 - \sqrt{\cos x}$ die gesuchte Lösung. Sie ist maximal auf $]-\frac{\pi}{2}, \frac{\pi}{2}[$ definiert.

ii) Es handelt sich um eine lineare Differenzialgleichung erster Ordnung. Wenn x aus $]-\frac{\pi}{2}, \frac{\pi}{2}[$ ist, lässt sie sich zu $y'(x) + y(x)\tan x = \tan x$ umformen. Die Lösung lautet daher

$$y(x) = \exp\left(-\int\limits_0^x \tan t\, dt\right) \cdot \left[\int\limits_0^x \tan t \exp\left(\int\limits_0^t \tan \tau\, d\tau\right) dt\right]$$

$$= \exp\left(\left.(\ln\cos t)\right|_0^x\right) \cdot \int\limits_0^x \tan t \exp\left(-\left.(\ln\cos\tau)\right|_0^t\right) dt$$

$$= \cos x \cdot \int\limits_0^x \tan t \cdot \frac{1}{\cos t}\, dt = \cos x \left(\left.\frac{1}{\cos t}\right|_0^x\right) = \cos x \left(\frac{1}{\cos x} - 1\right)$$

$$= 1 - \cos x .$$

Offensichtlich erfüllt diese Funktion sowohl die Anfangsbedingung als auch die Differenzialgleichung $y'(x)\cos x + y(x)\sin x = \sin x$ für alle $x \in \mathbb{R}$. Die Einschränkung auf $]-\frac{\pi}{2}, \frac{\pi}{2}[$ erweist sich also nur für die Umformungen als notwendig.

Aufgabe 51

a)   Bestimmen Sie alle Lösungen der Differenzialgleichung

$$x^3 y'(x) + xy(x) = 1 .$$

b)   Wo sind diese Lösungen definiert?

c)   Lösen Sie das Anfangswertproblem $x^3 y'(x) + xy(x) = 1$, $y(1) = e$.

Lösung:

a) Überall muss man $x \neq 0$ verlangen. Die betrachteten Integrationsintervalle liegen entweder in $]0, \infty[$ oder in $]-\infty, 0[$. Es gilt

$$\int\limits_{x_0}^t \frac{1}{\tau^2}\, d\tau = -\left.\frac{1}{\tau}\right|_{x_0}^t = \frac{1}{x_0} - \frac{1}{t} ,$$

$$\exp\left(-\int\limits_{x_0}^x \frac{1}{t^2}\, dt\right) = \exp\left(\frac{1}{x} - \frac{1}{x_0}\right) = e^{\frac{1}{x}} \cdot e^{-\frac{1}{x_0}} ,$$

$$\int\limits_{x_0}^x \frac{1}{t^3} e^{\frac{1}{x_0} - \frac{1}{t}}\, dt = -e^{\frac{1}{x_0}} \int\limits_{-\frac{1}{x_0}}^{-\frac{1}{u}} u e^u\, du = -e^{\frac{1}{x_0}}\left(\left. u e^u\right|_{-\frac{1}{x_0}}^{-\frac{1}{x}} - \int\limits_{-\frac{1}{x_0}}^{-\frac{1}{x}} e^u\, du\right)$$

$$= -e^{\frac{1}{x_0}} \left(\frac{1}{x_0} e^{-\frac{1}{x_0}} - \frac{1}{x} e^{-\frac{1}{x}} - e^{-\frac{1}{x}} + e^{-\frac{1}{x_0}} \right)$$

$$= \left(\frac{1}{x} + 1 \right) e^{\frac{1}{x_0} - \frac{1}{x}} - \left(\frac{1}{x_0} + 1 \right) ,$$

und damit lautet die allgemeine Lösung von $y' + \frac{1}{x^2} y = \frac{1}{x^3}$:

$$y(x) = e^{\frac{1}{x} - \frac{1}{x_0}} \left[\left(\frac{1}{x} + 1 \right) e^{\frac{1}{x_0} - \frac{1}{x}} - \left(\frac{1}{x_0} + 1 \right) + y_0 \right]$$

$$= \frac{1}{x} + 1 - e^{\frac{1}{x} - \frac{1}{x_0}} \left(\frac{1}{x_0} + 1 \right) + y_0 e^{\frac{1}{x} - \frac{1}{x_0}} .$$

b) Je nachdem, ob $x_0 > 0$ oder $x_0 < 0$ gilt, ist die Lösung, die durch (x_0, y_0) geht, auf $]0, \infty[$ bzw. $] - \infty, 0[$ definiert.

c) Die Lösung des Anfangswertproblems lautet

$$y(x) = \frac{1}{x} + 1 - 2e^{\frac{1}{x} - 1} + e^{\frac{1}{x}} = e^{\frac{1}{x}} \left(1 - \frac{2}{e} \right) + \frac{1}{x} + 1 ;$$

sie ist auf $]0, \infty[$ definiert.

Aufgabe 52

Lösen Sie das Anfangswertproblem

$$y' - \frac{1}{3} y \cos x + y^4 \cos x = 0 \quad , \quad y(0) = \frac{1}{\sqrt[3]{2}} .$$

Lösung:
Die Differenzialgleichung aus diesem Anfangswertproblem ist eine Bernoullische Differenzialgleichung. Mit der Substitution $z(x) = y(x)^{-3}$ erhalten wir das folgende äquivalente Anfangswertproblem

$$z'(x) + z \cos x - 3 \cos x = 0 \quad , \quad z(0) = 2 .$$

Die Lösung ist – wie in der Lösung der Aufgabe 49 gezeigt wurde – die Funktion z mit $z(x) = 3 - e^{-\sin x}$. Damit ist $y(x) = \frac{1}{\sqrt[3]{3 - e^{-\sin x}}}$ die gesuchte Lösung. Da aus $|\sin x| \leq 1$ für alle x aus $\mathbb{R}$ die Ungleichung $\frac{1}{e} \leq e^{-\sin x} \leq e$ folgt, ist $3 - e^{-\sin x}$ stets positiv, und damit ist die Lösung auf $\mathbb{R}$ definiert.

Aufgabe 53

Bestimmen Sie die allgemeine Lösung der folgenden Differenzialgleichungen und danach die Lösung des angegebenen Anfangswertproblems:

i) $y'' + 6y' + 5y = 0$, $y(0) = 2$, $y'(0) = 2$.

ii) $y'' + 2y' + 5y = 0$, $y(0) = 2$, $y'(0) = 6$.

iii) $y'' - 6y' + 9y = 0$, $y(0) = 5$, $y'(0) = 14$.

iv) $y'' + 6y' + 5y = 5x^2 + 22x - 21$, $y(0) = 1$, $y'(0) = -14$.

v) $y'' + 4y' - 5y = 26\cos x$, $y(0) = 4$, $y'(0) = -3$.

vi) $y'' - 6y' + 9y = 4e^{3x} + e^{2x}$, $y(0) = 4$, $y'(0) = 10$.

Lösung:
Es handelt sich jedesmal um eine lineare Differenzialgleichung 2. Ordnung mit konstanten Koeffizienten.

i) Die charakteristische Gleichung der gegebenen Differenzialgleichung ist $\lambda^2 + 6\lambda + 5 = 0$; ihre Nullstellen sind -1 und -5, und damit ist $y(x) = c_1 e^{-x} + c_2 e^{-5x}$ die allgemeine Lösung der gegebenen Differenzialgleichung. Es ergibt sich $y(0) = c_1 + c_2 = 2$ und $y'(0) = -c_1 - 5c_2 = 2$; daraus folgt $c_1 = 3$, $c_2 = -1$. Die Lösung des Anfangswertproblems ist damit $y(x) = 3e^{-x} - e^{-5x}$.

ii) Die charakteristische Gleichung ist $\lambda^2 + 2\lambda + 5 = 0$; ihre Lösungen sind $-1 - 2i$ und $-1 + 2i$, und deshalb ist $y(x) = (c_1 \cos 2x + c_2 \sin 2x)e^{-x}$ die gesuchte allgemeine Lösung. Wegen $y(0) = c_1 = 2$ und $y'(0) = 2c_2 - c_1 = 6$ folgt $c_2 = 4$, und damit ist $y(x) = (2\cos 2x + 4\sin 2x)e^{-x}$ die Lösung des Anfangswertproblems.

iii) Diesmal hat die charakteristische Gleichung $\lambda^2 - 6\lambda + 9 = 0$ eine doppelte Nullstelle, nämlich 3. Deshalb ist $c_1 e^{3x} + c_2 x e^{3x}$ die allgemeine Lösung. Das Anfangswertproblem führt zu $c_1 = 5$ und $3c_1 + c_2 = 14$, d.h. zu $c_1 = 5$ und $c_2 = -1$. Die Lösung des Anfangswertproblems lautet also $y(x) = (5 - x)e^{3x}$.

iv) Man benötigt eine partikuläre Lösung der inhomogenen Differenzialgleichung; sie wird in der Form $ax^2 + bx + c$ gesucht. Durch Einsetzen in die Gleichung erhält man

$$2a + 6(2ax + b) + 5(ax^2 + bx + c) = 5x^2 + 22x - 21$$

und daraus $5a = 5$, $12a + 5b = 22$, $2a + 6b + 5c = -21$. Dieses Gleichungssystem hat $a = 1$, $b = 2$, $c = -7$ als Lösung. Wegen der in i) errechneten allgemeinen Lösung ist $c_1 e^{-x} + c_2 e^{-5x} + x^2 + 2x - 7$ die allgemeine Lösung der inhomogenen Gleichung. Die Anfangsbedingungen $y(0) = c_1 + c_2 - 7 = 1$ und $y'(0) = -c_1 - 5c_2 + 2 = -14$ sind für $c_1 = 6$ und $c_2 = 2$ erfüllt. Also ist $y(x) = 6e^{-x} + 2e^{-5x} + x^2 + 2x - 7$ die gesuchte Lösung.

v) Die determinierende Gleichung lautet $\lambda^2 + 4\lambda - 5 = 0$; sie hat die Nullstellen 1 und -5. Damit ist $c_1 e^x + c_2 e^{-5x}$ die Lösung der inhomogenen Gleichung. Man sucht eine partikuläre Lösung mit dem Ansatz $a\sin x + b\cos x$. Einsetzen in die Differenzialgleichung liefert

$$-a\sin x + b\cos x + 4a\cos x - 4b\sin x - 5a\sin x - 5b\cos x = 26\cos x\,,$$

und damit erhält man $-6a - 4b = 0$, $-6b + 4a = 26$. Also: $a = 2$, $b = -3$. Die Lösung $c_1 e^x + c_2 e^{-5x} + 2\sin x - 3\cos x$ genügt den Anfangsbedingungen $y(0) = c_1 + c_2 - 3 = 4$ und $y'(0) = c_1 - 5c_2 + 2 = -3$ dann und nur dann, wenn $c_1 = 5$, $c_2 = 2$ gilt. Also ist

$$y(x) = 5e^x - 2e^{-5x} + 2\sin x - 3\cos x$$

die Lösung des gestellten Anfangswertproblems.

vi) Zur allgemeinen (in iii) berechneten) Lösung der homogenen Differenzialgleichung muss man eine partikuläre Lösung addieren, um die allgemeine Lösung der inhomogenen Differenzialgleichung zu gewinnen; sie wird durch den Ansatz $y_p(x) = ax^2 e^{3x} + be^{2x}$ gesucht. Setzt man y_p in die Gleichung ein, so folgt wegen

$$y_p'(x) = 2axe^{3x} + 3ax^2 e^{3x} + 2be^{2x} \text{ und } y_p''(x) = 2e^{3x} + 12axe^{3x} + 9ax^2 e^{3x} + 4be^{2x}$$

aus

$$2ae^{3x} + 12axe^{3x} + 9ax^2 e^{3x} + 4be^{2x} - 12axe^{3x} - 18ax^2 e^{3x}$$
$$-12be^{2x} + 9ax^2 e^{3x} + 9be^{2x} = 4e^{3x} + e^{2x}$$

zuerst $2a = 4$ und $b = 1$, dann $y_p(x) = 2x^2 e^{3x} + e^{2x}$, und schließlich die allgemeine Lösung der inhomogenen Differenzialgleichung 2. Ordnung

$$y(x) = (c_1 + c_2 x + 2x^2)e^{3x} + e^{2x}\,.$$

Wegen $y(0) = c_1 + 1 = 4$ und $y'(0) = 3c_1 + c_2 + 2 = 10$ ergeben sich die Werte $c_1 = 3$, $c_2 = -1$ und damit die gesuchte Lösung des Anfangswertproblems

$$y(x) = (3 - x + 2x^2)e^{3x} + e^{2x}\,.$$

Aufgabe 54

Bestimmen Sie die allgemeinen Lösungen der folgenden Differenzialgleichungen und die Lösungen der entsprechenden Anfangswertprobleme:

i) $\qquad y''(x) - 4y'(x) + 5y(x) = 0 \quad,\quad y(0) = 1 \quad,\quad y'(0) = 1\,.$

ii) $\qquad y''(x) - 4y'(x) - 5y(x) = 0 \quad,\quad y(0) = 3 \quad,\quad y'(0) = 3\,.$

iii) $\qquad y''(x) - 4y'(x) + 4y(x) = 0 \quad,\quad y(0) = 3 \quad,\quad y'(0) = 5\,.$

Lösung:

i) Die Gleichung $\lambda^2 - 4\lambda + 5 = 0$ hat die komplexen Nullstellen $\frac{4 \pm \sqrt{16-20}}{2}$

$= 2 \pm i$. Deshalb hat die allgemeine Lösung der homogenen linearen Differenzialgleichung 2. Ordnung mit konstanten Koeffizienten $y''(x) - 4y'(x) + 5y(x) = 0$ die Gestalt

$$y(x) = e^{2x}(c_1 \cos x + c_2 \sin x) \ .$$

Es gilt $1 = y(0) = c_1$. Wegen

$$y'(x) = 2e^{2x}(\cos x + c_2 \sin x) + e^{2x}(-\sin x + c_2 \cos x)$$

ergibt sich aus $1 = y'(0) = 2 + c_2$ sofort $c_2 = -1$. Die Lösung des Anfangswertproblems lautet also $y(x) = e^{2x}(\cos x - \sin x)$.

ii) Die Gleichung $\lambda^2 - 4\lambda - 5 = 0$, die der gegebenen Differenzialgleichung zugeordnet ist, hat die Lösungen 5 und -1. Deshalb ist $y(x) = c_1 e^{5x} + c_2 e^{-x}$ die allgemeine Lösung dieser homogenen Differenzialgleichung 2. Ordnung. Mit $y'(x) = 5c_1 e^{5x} - c_2 e^{-x}$ erhält man für die Bestimmung der Lösung des Anfangswertproblems das lineare Gleichungssystem

$$c_1 + c_2 = 3$$
$$5c_1 - c_2 = 3 \ .$$

Seine Lösung ist $c_1 = 1$, $c_2 = 2$. Hiermit ist $y(x) = e^{5x} + 2e^{-x}$ die Lösung des gestellten Anfangswertproblems.

iii) Das zugeordnete charakteristische Polynom $\lambda^2 - 4\lambda + 4 = (\lambda - 2)^2$ hat eine doppelte Nullstelle, nämlich 2. Deshalb ist $y(x) = c_1 e^{2x} + c_2 x e^{2x}$ die allgemeine Lösung der Differenzialgleichung $y''(x) - 4y'(x) + 4y(x) = 0$. Wegen $y'(x) = (2c_1 + c_2)e^{2x} + 2c_2 x e^{2x}$ ist $3 = y(0) = c_1$, $5 = y'(0) = 2c_1 + c_2$ die Anfangsbedingung; sie ist für $c_1 = 3$ und $c_2 = -1$ erfüllt. Damit ist $y(x) = 3e^{2x} - x e^{2x}$ die Lösung des Anfangswertproblems.

Aufgabe 55

Bestimmen Sie die allgemeinen Lösungen der folgenden Differenzialgleichungen 2. Ordnung:

i) $y''(x) - 4y'(x) + 5y(x) = 4 \sin x - 12 \cos x$.

ii) $y''(x) - 4y'(x) - 5y(x) = -5x^4 - x^3 + 38x^2 - 29x + 3$.

iii) $y''(x) - 4y'(x) + 4y(x) = 6e^{2x}$.

Lösung:

i) Man sucht eine partikuläre Lösung in der Form $y_p(x) = A \cos x + B \sin x$. Mit $y_p'(x) = -A \sin x + B \cos x$ und $y_p''(x) = -A \cos x - B \sin x$ erhält man durch Einsetzen in die inhomogene Differenzialgleichung

$$-A \cos x - B \sin x + 4A \sin x - 4B \cos x + 5A \cos x + 5B \sin x$$
$$= (4A - 4B) \cos x + (4A + 4B) \sin x = 4 \sin x - 12 \cos x \ .$$

Wegen der linearen Unabhängigkeit der Funktionen sin und cos ergibt sich daraus $A - B = -3$ und $A + B = 1$. Es folgt $A = -1$, $B = 2$. Die allgemeine Lösung der homogenen Gleichung wurde in der Aufgabe 54,i) berechnet. Die allgemeine Lösung der inhomogenen Gleichung ist die Summe einer (hier $2\sin x - \cos x$) partikulären Lösung der inhomogenen Gleichung mit der allgemeinen Lösung der homogenen Gleichung; sie lautet also

$$e^{2x}(c_1 \cos x + c_2 \sin x) + 2\sin x - \cos x \ .$$

ii) Man sucht eine partikuläre Lösung in der Form $y_p(x) = Ax^4 + Bx^3 + Cx^2 + Dx + E$. Setzt man $y_p'(x) = 4Ax^3 + 3Bx^2 + 2Cx + D$ und $y_p''(x) = 12Ax^2 + 6Bx + 2C$ in die inhomogene Gleichung ein, so ergibt sich

$$12Ax^2 + 6Bx + 2C - 16Ax^3 - 12Bx^2 - 8Cx - 4D - 5Ax^4 - 5Bx^3$$
$$-5Cx^2 - 5Dx - 5E = -5x^4 - x^3 + 38x^2 - 29x + 3$$

und damit

$$-5Ax^4 - (16A + 5B)x^3 + (12A - 12B - 5C)x^2$$
$$+(6B - 8C - 5D)x + 2C - 4D - 5E$$
$$= -5x^4 - x^3 + 38x^2 - 29x + 3 \ .$$

Die lineare Unabhängigkeit der Funktionen $1, x, x^2, x^3$ und x^4 führt zum Gleichungssystem

$$-5A = -5, \qquad 16A + 5B = 1, \qquad 12A - 12B - 5C = 38 \ ,$$
$$6B - 8C - 5D = -29, \quad 2C - 4D - 5E = 3 \ .$$

Es ergeben sich nacheinander $A = 1$, $B = -3$, $C = 2$, $D = -1$, $E = 1$. Zur partikulären Lösung $y_p(x) = x^4 - 3x^3 + 2x^2 - x + 1$ addiert man die in der Aufgabe 54,ii) berechnete allgemeine Lösung der homogenen Gleichung und erhält damit die allgemeine Lösung der inhomogenen Gleichung in der Gestalt

$$y(x) = c_1 e^{5x} + c_2 e^{-x} + x^4 - 3x^3 + 2x^2 - x + 1 \ .$$

iii) Die allgemeine Lösung der homogenen Differenzialgleichung 2. Ordnung wurde für die Aufgabe 54,iii) berechnet: $c_1 e^{2x} + c_2 x e^{2x}$. Die Funktion $3x^2 e^{2x}$ ist eine partikuläre Lösung der inhomogenen Gleichung. Damit ist

$$y(x) := (c_1 + c_2 x + 3x^2)e^{2x}$$

die allgemeine Lösung der inhomogenen Differenzialgleichung.

Aufgabe 56

a) Bestimmen Sie die allgemeine Lösung der homogenen Eulerschen Differenzialgleichung zweiter Ordnung

$$x^2 y''(x) + 7xy'(x) + 5y(x) = 0$$

auf dem Intervall $]0, \infty[$.

b) Lösen Sie das folgende Anfangswertproblem:

$$x^2 y''(x) + 7xy'(x) + 5y(x) = 0 \,, \quad y(1) = 2 \,, \quad y'(1) = -6 \,.$$

c) Bestimmen Sie die auf $]0, \infty[$ definierte, allgemeine Lösung der folgenden inhomogenen Eulerschen Gleichungen zweiter Ordnung:

i) $x^2 y''(x) + 7xy'(x) + 5y(x) = 32x^3 - 42x^2 + 6x - 15$.

ii) $x^2 y''(x) + 7xy'(x) + 5y(x) = 16 + 5\ln x$.

Lösung:

a) Mit der Variablensubstitution $x = e^t$, $t \in \mathbb{R}$ ergibt sich für $z(t) :=$ $y\left(x(t)\right) = y(e^t)$ die folgende lineare Differenzialgleichung zweiter Ordnung mit konstanten Koeffizienten:

$$\ddot{z}(t) + 6\dot{z}(t) + 5z(t) = 0 \,.$$

(Wegen $\dot{z}(t) = y'\left(x(t)\right) \cdot x(t)$ und $\ddot{z}(t) = y''\left(x(t)\right) \cdot x^2(t) + y'\left(x(t)\right) \cdot x(t)$ ist diese Behauptung leicht zu überprüfen.)

Die charakteristische Gleichung der linearen Differenzialgleichung lautet $\lambda^2 + 6\lambda + 5 = 0$; sie hat die Nullstellen $\lambda_1 = -1$ und $\lambda_2 = -5$. Deshalb ist $z(t) = c_1 e^{-t} + c_2 e^{-5t}$ die allgemeine Lösung der linearen Differenzialgleichung, und damit $y(x) = \frac{c_1}{x} + \frac{c_2}{x^5}$ die (auf $]0, \infty[$ definierte) allgemeine Lösung der angegebenen Eulerschen Differenzialgleichung zweiter Ordnung.

b) Wegen $y'(x) = -\frac{c_1}{x^2} - 5\frac{c_2}{x^6}$ folgt aus $y(1) = 2$ und $y'(1) = -6$:

$$c_1 + c_2 = 2 \quad \text{sowie} \quad -c_1 - 5c_2 = -6 \,.$$

Mit der einzigen Lösung $c_1 = 1$, $c_2 = 1$ dieses linearen Systems ergibt sich die Lösung des gestellten Anfangswertproblems: $y(x) = \frac{1}{x} + \frac{1}{x^5}$.

c) Zur allgemeinen Lösung $\frac{c_1}{x} + \frac{c_2}{x^5}$ der homogenen Eulerschen Gleichung muss man eine partikuläre Lösung der inhomogenen Gleichung addieren, um die allgemeine Lösung der inhomogenen Gleichung zu bekommen.

i) Mit dem Ansatz $y_p(x) = ax^3 + bx^2 + cx + d$ ergibt sich aus

$$x^2(6ax+2b) + 7x(3ax^2+2bx+c) + 5(ax^3+bx^2+cx+d) = 32x^3 - 42x^2 + 6x - 15$$

das System von linearen Gleichungen

$$32a = 32, \ 21b = -42, \ 12c = 6, \ 5d = -15 \,.$$

Die Lösung lautet $a = 1$, $b = -2$, $c = \frac{1}{2}$ und $d = -3$, und deshalb gilt $y_p(x) = x^3 - 2x^2 + \frac{1}{2}x - 3$. Also ist $\frac{c_1}{x} + \frac{c_2}{x^5} + x^3 - 2x^2 + \frac{1}{2}x - 3$ die allgemeine

Lösung von $x^2y''(x) + 7xy'(x) + 5y(x) = 32x^3 - 42x^2 + 6x - 15$.

ii) Man sucht eine partikuläre Lösung in der Gestalt $y_p(x) = a + b\ln x$. Wegen $y_p'(x) = b\frac{1}{x}$ und $y_p''(x) = -b\frac{1}{x^2}$ ergibt sich

$$x^2\left(-b\frac{1}{x^2}\right) + 7x\left(b\frac{1}{x}\right) + 5(a + b\ln x) = 16 + 5\ln x$$

und daraus $-b + 7b + 5a + 5b\ln x = 16 + 5\ln x$. Es folgt $b = 1$ und $6 + 5a = 16$, d.h. $a = 2$. Hiermit ist $2 + \ln x + \frac{c_1}{x} + \frac{c_2}{x^5}$ die allgemeine Lösung der Eulerschen Differenzialgleichung aus ii).

Aufgabe 57

Lösen Sie das folgende Anfangswertproblem:

$$5x^2y'' - 5xy' + y = -34\ln x + 3(\ln x)^2 - 9x^2 - 56x^3 \ ,$$
$$y(1) = -5 \quad , \quad y'(1) = 6 \ .$$

Lösung:
Wegen der Funktionen, die in der rechten Seite der Differenzialgleichung vorkommen, muss nur $x > 0$ betrachtet werden. Es handelt sich um eine inhomogene Eulersche Differenzialgleichung 2. Ordnung. Wie üblich wird für diese Gleichung nicht eine Substitution der gesuchten Funktion y sondern der Variablen x, nämlich $x = e^t$ angesetzt. Man bezeichne mit z die Funktion $z(t) = y\big(x(t)\big)$, und die ersten beiden Ableitungen von z mit $\dot{z}$ und $\ddot{z}$. Mit der Kettenregel erhalten wir

$$\dot{z}(t) = y'(e^t)e^t = y'\big(x(t)\big)\,x(t) \ ,$$
$$\ddot{z}(t) = y''(e^t)e^{2t} + y'(e^t)e^t = y''\big(x(t)\big)\,x^2(t) + y'\big(x(t)\big)\,x(t) \ .$$

Die Differenzialgleichung geht damit in die äquivalente inhomogene lineare Differenzialgleichung 2. Ordnung mit konstanten Koeffizienten

$$5\ddot{z}(t) - 10\dot{z}(t) + z(t) = -34t + 3t^2 - 9e^{2t} - 56e^{3t}$$

über. Die Lösung der zugehörigen homogenen Differenzialgleichung ist gegeben durch

$$z(t) = C_1 e^{\lambda_1 t} + C_2 e^{\lambda_2 t} \ ,$$

wobei $\lambda_1 = 1 + \frac{2\sqrt{5}}{5}$, $\lambda_2 = 1 - \frac{2\sqrt{5}}{5}$ die Nullstellen des charakteristischen Polynoms $5\lambda^2 - 10\lambda + 1$ sind. Eine partikuläre Lösung der inhomogenen Gleichung wird mit dem Ansatz $At^2 + Bt + C + Ee^{2t} + Fe^{3t}$ gesucht. Es folgt

$$10A - 10(2At + B) + At^2 + Bt + C + 20Ee^{2t} + 45Fe^{3t} - 20Ee^{2t} - 30Fe^{3t}$$

$$+Ee^{2t} + Fe^{3t} = -34t + 3t^2 - 9e^{2t} - 56e^{3t} \,,$$

und daraus $A = 3$, $B - 20A = -34$, $C - 10B + 10A = 0$, $E = -9$ und $16F = -56$. Damit erhalten wir $B = 26$, $C = 230$, $E = -9$, $F = -\frac{7}{2}$. Die gesuchte partikuläre Lösung ist $3t^2 + 26t + 230 - 9e^{2t} - \frac{7}{2}e^{3t}$; deshalb ist $3t^2 + 26t + 230 - 9e^{2t} - \frac{7}{2}e^{3t} + C_1e^{\lambda_1 t} + C_2e^{\lambda_2 t}$ die allgemeine Lösung der inhomogenen linearen Differenzialgleichung für z. Für die ursprüngliche Eulersche Differenzialgleichung erhält man also die allgemeine Lösung

$$3(\ln x)^2 + 26\ln x + 230 - 9x^2 - \frac{7}{2}x^3 + C_1 x^{\lambda_1} + C_2 x^{\lambda_2}.$$

Die Anfangsbedingungen sind genau dann erfüllt, wenn gilt: $230 - 9 - \frac{7}{2} + C_1 + C_2 = -5$, d.h. $C_1 + C_2 = -\frac{445}{2}$ und $26 + 18 - \frac{21}{2} + \lambda_1 C_1 + \lambda_2 C_2 = 6$, d.h. $\lambda_1 C_1 + \lambda_2 C_2 = \frac{17}{2}$. Es folgt $C_1 = \frac{-445+231\sqrt{5}}{4}$, $C_2 = \frac{-445-231\sqrt{5}}{4}$. Die Lösung des Anfangswertproblems lautet demnach (für $x > 0$):

$$y(x) = 3(\ln x)^2 + 26\ln x + 230 - 9x^2 - \frac{7}{2}x^3$$

$$+ \frac{x}{4}\left((-445 + 231\sqrt{5})x^{\frac{2\sqrt{5}}{5}} - (445 + 231\sqrt{5})x^{-\frac{2\sqrt{5}}{5}}\right).$$

Aufgabe 58

a)   Zeigen Sie, dass

$$\cos(xy)dx + \left(\frac{x}{y}\cos(xy) - \frac{2\sin(xy)}{1+y^2}\right)dy = 0$$

keine exakte Differenzialgleichung ist, d.h., dass es keine offene Menge $U \subset \mathbb{R}^2$ gibt, so dass eine differenzierbare Funktion $F : U \to \mathbb{R}$ mit der folgenden Eigenschaft existiert:

$$\frac{\partial F}{\partial x}(x,y) = \cos(xy) \text{ und } \frac{\partial F}{\partial y}(x,y) = \frac{x}{y}\cos(xy) - \frac{2\sin(xy)}{1+y^2}$$

für alle (x,y) aus U.

b)   Bestimmen Sie einen integrierenden Faktor, der nur von y abhängig ist.

c)   Geben Sie die allgemeine Lösung $F(x,y) = c$ der durch Multiplikation mit diesem integrierenden Faktor exakt gewordene Differenzialgleichung an.

d)   Bestimmen Sie diejenige Lösung, die durch den Punkt $(\frac{\pi}{2}, 1)$ geht. Schreiben Sie die Lösung oder ihre Umkehrfunktion explizit, d.h. lösen Sie die Gleichung $F(x,y) = F(\frac{\pi}{2}, 1)$ entweder nach x oder nach y auf.

Lösung:

Man hat $\frac{\partial}{\partial y}\left(\cos(xy)\right) = -x\sin(xy)$ und $\frac{\partial}{\partial x}(\frac{x}{y}\cos(xy) - \frac{2\sin(xy)}{1+y^2}) = \frac{1}{y}\cos(xy) - x\sin(xy) - \frac{2y}{1+y^2}\sin(xy)$; das zeigt, dass es sich um eine nicht-exakte Differenzialgleichung handelt.

b) Man sucht eine von Null verschiedene (genauer: g verschwindet auf **keinem** offenen Intervall!) Funktion g, die nur von y abhängt, so dass gilt

$$\frac{\partial}{\partial y}\left(g(y)\cos(xy)\right) = \frac{\partial}{\partial x}\left(\frac{x}{y}g(y)\cos(xy) - g(y)\frac{2\sin(xy)}{1+y^2}\right).$$

Es folgt $g'(y)\cos(xy) - xg(y)\sin(xy) = \frac{1}{y}g(y)\cos(xy) - xg(y)\sin(xy) - g(y)\frac{2y}{1+y^2}\cos(xy)$ und daraus

$$\frac{g'(y)}{g(y)} = \frac{1}{y} - \frac{2y}{1+y^2} = \frac{1-y^2}{y(1+y^2)}.$$

Diese Gleichung läßt sich auch wie folgt schreiben:

$$\left(\ln|g(y)|\right)' = \left(\ln|y| - \ln(1+y^2)\right)' = \left(\ln\frac{|y|}{1+y^2}\right)'.$$

Daraus folgt, dass $g(y) = \frac{y}{1+y^2}$ mit $y \in]0,\infty[$ ein integrierender Faktor für die gegebene Differenzialgleichung ist.

c) $\frac{y}{1+y^2}\cos(xy)dx + (\frac{x}{1+y^2}\cos(xy) - \frac{2y\sin(xy)}{(1+y^2)^2})dy$ ist das totale Differenzial von $\frac{\sin(xy)}{1+y^2}$, d.h. $d(\frac{\sin(xy)}{1+y^2}) = \frac{y}{1+y^2}\cos(xy)dx + (\frac{x}{1+y^2}\cos(xy) - \frac{2y\sin(xy)}{(1+y^2)^2})dy$.
Damit ist $F(x,y) := \frac{\sin(xy)}{1+y^2} = c \in$ IR die allgemeine Lösung dieser exakten Differenzialgleichung.

d) Für $x = \frac{\pi}{2}$ und $y = 1$ folgt $\frac{1}{2} = c$. Aus $\frac{\sin(xy)}{1+y^2} = \frac{1}{2}$ kann man y nicht als Funktion von x gewinnen. Wir können aber x als Funktion von y ausdrücken, und zwar: $x = f(y) := \frac{1}{y}\arcsin(\frac{1+y^2}{2})$. Die Funktion f ist auf $]0,1]$ definiert.

Aufgabe 59

a)   Untersuchen Sie, ob die folgenden Abbildungen IR-linear sind:

i) $\mathbf{f} : \text{IR}^2 \to \text{IR}^2$, $\mathbf{f}(\begin{pmatrix} u_1 \\ u_2 \end{pmatrix}) = \begin{pmatrix} 3u_1 - 5u_2 \\ 2u_1 + u_2 \end{pmatrix}$.

ii) $\mathbf{g} : \text{IR}^2 \to \text{IR}^3$, $\mathbf{g}(\begin{pmatrix} u_1 \\ u_2 \end{pmatrix}) = \begin{pmatrix} u_1 + 2u_2 \\ 3u_2 \\ u_1^2 - u_2 \end{pmatrix}$.

b)   Zeigen Sie, dass $\mathbf{h} : \mathbb{C}^2 \to \mathbb{C}^2$, $\begin{pmatrix} u_1 \\ u_2 \end{pmatrix} \mapsto \begin{pmatrix} iu_1 + 2u_2 \\ 3u_1 + (1-i)u_2 \end{pmatrix}$ eine

$\mathbb{C}$-lineare Abbildung ist.

Lösung:

a) i) Für alle $\begin{pmatrix} u_1 \\ u_2 \end{pmatrix}$ und $\begin{pmatrix} v_1 \\ v_2 \end{pmatrix}$ aus $\mathbb{R}^2$ sowie $a \in \mathbb{R}$ gilt:

$$\mathbf{f}(\begin{pmatrix} u_1 \\ u_2 \end{pmatrix} + \begin{pmatrix} v_1 \\ v_2 \end{pmatrix}) = \mathbf{f}(\begin{pmatrix} u_1 + v_1 \\ u_2 + v_2 \end{pmatrix}) = \begin{pmatrix} 3u_1 + 3v_1 - 5u_2 - 5v_2 \\ 2u_1 + 2v_1 + u_2 + v_2 \end{pmatrix}$$

$$= \begin{pmatrix} 3u_1 - 5u_2 \\ 2u_1 + u_2 \end{pmatrix} + \begin{pmatrix} 3v_1 - 5v_2 \\ 2v_1 + v_2 \end{pmatrix} = \mathbf{f}(\begin{pmatrix} u_1 \\ u_2 \end{pmatrix}) + \mathbf{f}(\begin{pmatrix} v_1 \\ v_2 \end{pmatrix}),$$

$$\mathbf{f}(a\begin{pmatrix} u_1 \\ u_2 \end{pmatrix}) = \mathbf{f}(\begin{pmatrix} au_1 \\ au_2 \end{pmatrix}) = \begin{pmatrix} 3au_1 - 5au_2 \\ 2au_1 + au_2 \end{pmatrix} = a\begin{pmatrix} 3u_1 - 5u_2 \\ 2u_1 + u_2 \end{pmatrix} = a\mathbf{f}(\begin{pmatrix} u_1 \\ u_2 \end{pmatrix}).$$

ii) $\mathbf{g}(\begin{pmatrix} 1 \\ 0 \end{pmatrix}) = \begin{pmatrix} 1 \\ 0 \\ 1 \end{pmatrix}$, $\mathbf{g}(\begin{pmatrix} 1 \\ 0 \end{pmatrix}) + \mathbf{g}(\begin{pmatrix} 1 \\ 0 \end{pmatrix}) = \begin{pmatrix} 2 \\ 0 \\ 2 \end{pmatrix}$, $\mathbf{g}(\begin{pmatrix} 2 \\ 0 \end{pmatrix}) = \begin{pmatrix} 2 \\ 0 \\ 4 \end{pmatrix}$.

Also: $\mathbf{g}(\begin{pmatrix} 1 \\ 0 \end{pmatrix} + \begin{pmatrix} 1 \\ 0 \end{pmatrix}) \neq \mathbf{g}(\begin{pmatrix} 2 \\ 0 \end{pmatrix})$ und deshalb ist g nicht linear. (Beachten

Sie: Es genügt ein Gegenbeispiel anzugeben.)

b) Für alle $\begin{pmatrix} u_1 \\ u_2 \end{pmatrix}$, $\begin{pmatrix} v_1 \\ v_2 \end{pmatrix}$ aus $\mathbb{C}^2$ und a aus $\mathbb{C}$ gilt:

$$\mathbf{h}(\begin{pmatrix} u_1 \\ u_2 \end{pmatrix} + \begin{pmatrix} v_1 \\ v_2 \end{pmatrix}) = \mathbf{h}(\begin{pmatrix} u_1 + v_1 \\ u_2 + v_2 \end{pmatrix}) = \begin{pmatrix} iu_1 + iv_1 + 2u_2 + 2v_2 \\ 3u_1 + 3v_1 + (1-i)u_2 + (1-i)v_2 \end{pmatrix}$$

$$= \begin{pmatrix} iu_1 + 2u_2 \\ 3u_1 + (1-i)u_2 \end{pmatrix} + \begin{pmatrix} iv_1 + 2v_2 \\ 3v_1 + (1-i)v_2 \end{pmatrix} = \mathbf{h}(\begin{pmatrix} u_1 \\ u_2 \end{pmatrix}) + \mathbf{h}(\begin{pmatrix} v_1 \\ v_2 \end{pmatrix}),$$

$$\mathbf{h}(a\begin{pmatrix} u_1 \\ u_2 \end{pmatrix}) = \mathbf{h}(\begin{pmatrix} au_1 \\ au_2 \end{pmatrix}) = \begin{pmatrix} iau_1 + 2au_2 \\ 3au_1 + (1-i)au_2 \end{pmatrix}$$

$$= a\begin{pmatrix} iu_1 + 2u_2 \\ 3u_1 + (1-i)u_2 \end{pmatrix} = a\mathbf{h}(\begin{pmatrix} u_1 \\ u_2 \end{pmatrix}).$$

Aufgabe 60

Es sei $\mathbf{f} : \mathbb{R}^3 \to \mathbb{R}^2$ die Abbildung $(x_1, x_2, x_3)^T \mapsto \begin{pmatrix} x_1 + x_2 \\ 2x_1 - x_3 \end{pmatrix}$.

$\mathcal{E}^{(3)}$ und $\mathcal{E}^{(2)}$ bezeichnen die kanonischen Basen von $\mathbb{R}^3$ bzw. $\mathbb{R}^2$.

a) Zeigen Sie, dass **f** eine lineare Abbildung ist.

b) Berechnen Sie $M_{\mathcal{E}^{(2)},\mathcal{E}^{(3)}}(\mathbf{f})$.

c) Zeigen Sie, dass $C = \left\{ \begin{pmatrix} 1 \\ 1 \end{pmatrix}, \begin{pmatrix} -1 \\ 1 \end{pmatrix} \right\}$ eine Basis von $\mathbb{R}^2$ ist.

d) Berechnen Sie $M_{C,\mathcal{E}^{(2)}}(\mathrm{id}_{\mathbb{R}^2})$.

e) Zeigen Sie, dass $\mathcal{B} = \{(1,0,1)^T, (0,1,1)^T, (1,1,0)^T\}$ eine Basis von $\mathbb{R}^3$ ist.

f) Berechnen Sie $M_{\mathcal{B},\mathcal{E}^{(3)}}(\mathrm{id}_{\mathbb{R}^3})$ und $M_{\mathcal{E}^{(3)},\mathcal{B}}(\mathrm{id}_{\mathbb{R}^3})$ und stellen Sie fest, dass diese zwei Matrizen invers zueinander sind.

g) Berechnen Sie $M_{C,\mathcal{B}}(\mathbf{f})$.

h) Prüfen Sie nach, dass gilt:

$$M_{C,\mathcal{B}}(\mathbf{f}) = M_{C,\mathcal{E}^{(2)}}(\mathrm{id}_{\mathbb{R}^2}) \cdot M_{\mathcal{E}^{(2)},\mathcal{E}^{(3)}}(\mathbf{f}) \cdot M_{\mathcal{E}^{(3)},\mathcal{B}}(\mathrm{id}_{\mathbb{R}^3}) \ .$$

Lösung:

a) Für alle $(x_1, x_2, x_3)^T$, $(y_1, y_2, y_3)^T$ aus $\mathbb{R}^3$ und λ, μ aus $\mathbb{R}$ gilt:

$$\mathbf{f}(\lambda \begin{pmatrix} x_1 \\ x_2 \\ x_3 \end{pmatrix} + \mu \begin{pmatrix} y_1 \\ y_2 \\ y_3 \end{pmatrix}) = \mathbf{f}(\begin{pmatrix} \lambda x_1 + \mu y_1 \\ \lambda x_2 + \mu y_2 \\ \lambda x_3 + \mu y_3 \end{pmatrix}) =$$

$$\begin{pmatrix} (\lambda x_1 + \mu y_1) + (\lambda x_2 + \mu y_2) \\ 2(\lambda x_1 + \mu y_1) - (\lambda x_3 + \mu y_3) \end{pmatrix} = \begin{pmatrix} \lambda(x_1 + x_2) + \mu(y_1 + y_2) \\ \lambda(2x_1 - x_3) + \mu(2y_1 - y_3) \end{pmatrix}$$

$$= \lambda \begin{pmatrix} x_1 + x_2 \\ 2x_1 - x_3 \end{pmatrix} + \mu \begin{pmatrix} y_1 + y_2 \\ 2y_1 - y_3 \end{pmatrix} = \lambda \mathbf{f}(\begin{pmatrix} x_1 \\ x_2 \\ x_3 \end{pmatrix}) + \mu \mathbf{f}(\begin{pmatrix} y_1 \\ y_2 \\ y_3 \end{pmatrix}) \ .$$

b) $\mathbf{f}\left(e_1^{(3)}\right) = \mathbf{f}((1,0,0)^T) = \begin{pmatrix} 1 \\ 2 \end{pmatrix} = 1 \cdot \begin{pmatrix} 1 \\ 0 \end{pmatrix} + 2 \cdot \begin{pmatrix} 0 \\ 1 \end{pmatrix} = 1 \cdot e_1^{(2)} + 2 \cdot e_2^{(2)} \ ,$

$\mathbf{f}\left(e_2^{(3)}\right) = \mathbf{f}((0,1,0)^T) = \begin{pmatrix} 1 \\ 0 \end{pmatrix} = 1 \cdot e_1^{(2)} \ ,$

$\mathbf{f}\left(e_3^{(3)}\right) = \mathbf{f}((0,0,1)^T) = \begin{pmatrix} 0 \\ -1 \end{pmatrix} = (-1) \cdot e_2^{(2)} \ .$

Deshalb gilt: $M_{\mathcal{E}^{(2)},\mathcal{E}^{(3)}}(\mathbf{f}) = \begin{pmatrix} 1 & 1 & 0 \\ 2 & 0 & -1 \end{pmatrix}$.

c) Jedes $\begin{pmatrix} z_1 \\ z_2 \end{pmatrix}$ aus $\mathbb{R}^2$ lässt sich eindeutig als lineare Kombination von $\begin{pmatrix} 1 \\ 1 \end{pmatrix}$ und $\begin{pmatrix} -1 \\ 1 \end{pmatrix}$ darstellen: $\begin{pmatrix} z_1 \\ z_2 \end{pmatrix} = \frac{z_1 + z_2}{2} \begin{pmatrix} 1 \\ 1 \end{pmatrix} + \frac{z_2 - z_1}{2} \begin{pmatrix} -1 \\ 1 \end{pmatrix}$.

d) $\qquad \mathrm{id}_{\mathbb{R}^2}\left(\mathbf{e}_1^{(2)}\right) = \mathbf{e}_1^{(2)} = \begin{pmatrix} 1 \\ 0 \end{pmatrix} = \frac{1}{2}\begin{pmatrix} 1 \\ 1 \end{pmatrix} + \left(-\frac{1}{2}\right)\begin{pmatrix} -1 \\ 1 \end{pmatrix}\,,$

$\qquad \mathrm{id}_{\mathbb{R}^2}\left(\mathbf{e}_2^{(2)}\right) = \mathbf{e}_2^{(2)} = \begin{pmatrix} 0 \\ 1 \end{pmatrix} = \frac{1}{2}\begin{pmatrix} 1 \\ 1 \end{pmatrix} + \frac{1}{2}\begin{pmatrix} -1 \\ 1 \end{pmatrix}\,.$

Es gilt also: $M_{\mathcal{C},\mathcal{E}^{(2)}}\left(\mathrm{id}_{\mathbb{R}^2}\right) = \begin{pmatrix} \frac{1}{2} & \frac{1}{2} \\ -\frac{1}{2} & \frac{1}{2} \end{pmatrix} = \frac{1}{2}\begin{pmatrix} 1 & 1 \\ -1 & 1 \end{pmatrix}\,.$

e) Jedes $(t_1, t_2, t_3)^T$ aus $\mathbb{R}^3$ besitzt die folgende (eindeutige!) Darstellung als lineare Kombination von $(1,0,1)^T$, $(0,1,1)^T$ und $(1,1,0)^T$:

$$\frac{t_1 - t_2 + t_3}{2}(1,0,1)^T + \frac{-t_1 + t_2 + t_3}{2}(1,1,0)^T + \frac{t_1 + t_2 - t_3}{2}(0,1,1)^T\,.$$

Eine andere Beweismöglichkeit: Man zeigt, dass die Matrix mit den Spalten $(1,0,1)^T$, $(0,1,1)^T$ und $(1,1,0)^T$ den maximalen Rang hat, d.h. ihre Determinante verschwindet nicht:

$$\det \begin{pmatrix} 1 & 0 & 1 \\ 0 & 1 & 1 \\ 1 & 1 & 0 \end{pmatrix} = -1 - 1 = -2 \neq 0\,.$$

f) $\mathrm{id}_{\mathbb{R}^3}\left(\mathbf{e}_1^{(3)}\right) = \mathbf{e}_1^{(3)} = \begin{pmatrix} 1 \\ 0 \\ 0 \end{pmatrix} = \frac{1}{2}\cdot\begin{pmatrix} 1 \\ 0 \\ 1 \end{pmatrix} + \left(-\frac{1}{2}\right)\begin{pmatrix} 0 \\ 1 \\ 1 \end{pmatrix} + \frac{1}{2}\begin{pmatrix} 1 \\ 1 \\ 0 \end{pmatrix}\,,$

$\mathrm{id}_{\mathbb{R}^3}\left(\mathbf{e}_2^{(3)}\right) = \mathbf{e}_2^{(3)} = \begin{pmatrix} 0 \\ 1 \\ 0 \end{pmatrix} = \left(-\frac{1}{2}\right)\begin{pmatrix} 1 \\ 0 \\ 1 \end{pmatrix} + \frac{1}{2}\cdot\begin{pmatrix} 0 \\ 1 \\ 1 \end{pmatrix} + \frac{1}{2}\cdot\begin{pmatrix} 1 \\ 1 \\ 0 \end{pmatrix}\,,$

$\mathrm{id}_{\mathbb{R}^3}\left(\mathbf{e}_3^{(3)}\right) = \mathbf{e}_3^{(3)} = \begin{pmatrix} 0 \\ 0 \\ 1 \end{pmatrix} = \frac{1}{2}\cdot\begin{pmatrix} 1 \\ 0 \\ 1 \end{pmatrix} + \frac{1}{2}\cdot\begin{pmatrix} 0 \\ 1 \\ 1 \end{pmatrix} + \left(-\frac{1}{2}\right)\begin{pmatrix} 1 \\ 1 \\ 0 \end{pmatrix}\,.$

Also:

$$M_{\mathcal{B},\mathcal{E}^{(3)}}\left(\mathrm{id}_{\mathbb{R}^3}\right) = \begin{pmatrix} \frac{1}{2} & -\frac{1}{2} & \frac{1}{2} \\ -\frac{1}{2} & \frac{1}{2} & \frac{1}{2} \\ \frac{1}{2} & \frac{1}{2} & -\frac{1}{2} \end{pmatrix} = \frac{1}{2}\begin{pmatrix} 1 & -1 & 1 \\ -1 & 1 & 1 \\ 1 & 1 & -1 \end{pmatrix}\,.$$

Man hat:

$$\mathrm{id}_{\mathbb{R}^3}((1,0,1)^T) = (1,0,1)^T = 1\cdot\mathbf{e}_1^{(3)} + 0\cdot\mathbf{e}_2^{(3)} + 1\cdot\mathbf{e}_3^{(3)}\ ,$$

$$\mathrm{id}_{\mathbb{R}^3}((0,1,1)^T) = (0,1,1)^T = 0\cdot\mathbf{e}_1^{(3)} + 1\cdot\mathbf{e}_2^{(3)} + 1\cdot\mathbf{e}_3^{(3)}\ ,$$

$$\mathrm{id}_{\mathbb{R}^3}((1,1,0)^T) = (1,1,0)^T = 1\cdot\mathbf{e}_1^{(3)} + 1\cdot\mathbf{e}_2^{(3)} + 0\cdot\mathbf{e}_3^{(3)}\ .$$

Daraus ergibt sich: $M_{\mathcal{E}^{(3)},\mathcal{B}}(\mathrm{id}_{\mathbb{R}^3}) = \begin{pmatrix} 1 & 0 & 1 \\ 0 & 1 & 1 \\ 1 & 1 & 0 \end{pmatrix}$,

$$M_{\mathcal{E}^{(3)},\mathcal{B}}(\mathrm{id}_{\mathbb{R}^3})\cdot M_{\mathcal{B},\mathcal{E}^{(3)}}(\mathrm{id}_{\mathbb{R}^3}) = \begin{pmatrix} 1 & 0 & 1 \\ 0 & 1 & 1 \\ 1 & 1 & 0 \end{pmatrix}\cdot\begin{pmatrix} \frac{1}{2} & -\frac{1}{2} & \frac{1}{2} \\ -\frac{1}{2} & \frac{1}{2} & \frac{1}{2} \\ \frac{1}{2} & \frac{1}{2} & -\frac{1}{2} \end{pmatrix} = E_3\ .$$

g) $M_{\mathcal{C},\mathcal{B}}(\mathbf{f})$ wird wie folgt berechnet:

$$\mathbf{f}((1,0,1)^T) = \begin{pmatrix} 1 \\ 1 \end{pmatrix} = 1\cdot\begin{pmatrix} 1 \\ 1 \end{pmatrix} + 0\cdot\begin{pmatrix} -1 \\ 1 \end{pmatrix}\ ,$$

$$\mathbf{f}((0,1,1)^T) = \begin{pmatrix} 1 \\ -1 \end{pmatrix} = 0\cdot\begin{pmatrix} 1 \\ 1 \end{pmatrix} + (-1)\begin{pmatrix} -1 \\ 1 \end{pmatrix}\ ,$$

$$\mathbf{f}((1,1,0)^T) = \begin{pmatrix} 2 \\ 2 \end{pmatrix} = 2\cdot\begin{pmatrix} 1 \\ 1 \end{pmatrix} + 0\cdot\begin{pmatrix} -1 \\ 1 \end{pmatrix}\ ,$$

$$M_{\mathcal{C},\mathcal{B}}(\mathbf{f}) = \begin{pmatrix} 1 & 0 & 2 \\ 0 & -1 & 0 \end{pmatrix}\ .$$

h) $\quad M_{\mathcal{C},\mathcal{E}^{(2)}}(\mathrm{id}_{\mathbb{R}^2})\cdot M_{\mathcal{E}^{(2)},\mathcal{E}^{(3)}}(\mathbf{f})\cdot M_{\mathcal{E}^{(3)},\mathcal{B}}(\mathrm{id}_{\mathbb{R}^3})$

$$= \begin{pmatrix} \frac{1}{2} & \frac{1}{2} \\ -\frac{1}{2} & \frac{1}{2} \end{pmatrix}\cdot\begin{pmatrix} 1 & 1 & 0 \\ 2 & 0 & -1 \end{pmatrix}\cdot\begin{pmatrix} 1 & 0 & 1 \\ 0 & 1 & 1 \\ 1 & 1 & 0 \end{pmatrix}$$

$$= \begin{pmatrix} \frac{3}{2} & \frac{1}{2} & -\frac{1}{2} \\ \frac{1}{2} & -\frac{1}{2} & -\frac{1}{2} \end{pmatrix}\begin{pmatrix} 1 & 0 & 1 \\ 0 & 1 & 1 \\ 1 & 1 & 0 \end{pmatrix} = \begin{pmatrix} 1 & 0 & 2 \\ 0 & -1 & 0 \end{pmatrix} = M_{\mathcal{C},\mathcal{B}}(\mathbf{f})\ .$$

Aufgabe 61

a) Zeigen Sie, dass $\mathcal{B} := \left\{\begin{pmatrix} 1 \\ 1 \end{pmatrix}, \begin{pmatrix} -1 \\ 2 \end{pmatrix}\right\}$ und $\mathcal{C} := \left\{\begin{pmatrix} 1 \\ 1 \\ 0 \end{pmatrix}, \begin{pmatrix} 1 \\ 0 \\ 1 \end{pmatrix}, \begin{pmatrix} 0 \\ 1 \\ 1 \end{pmatrix}\right\}$

Basen des $\mathbb{R}^2$ bzw. des $\mathbb{R}^3$ sind.

b)   Geben Sie die Matrizen $M_{\mathcal{B},\mathcal{E}^{(2)}}(\mathrm{id}_{\mathbb{R}^2})$, $M_{\mathcal{E}^{(2)},\mathcal{B}}(\mathrm{id}_{\mathbb{R}^2})$, $M_{\mathcal{C},\mathcal{E}^{(3)}}(\mathrm{id}_{\mathbb{R}^3})$ und $M_{\mathcal{E}^{(3)},\mathcal{C}}(\mathrm{id}_{\mathbb{R}^3})$ an. Prüfen Sie nach, dass $M_{\mathcal{B},\mathcal{E}^{(2)}}(\mathrm{id}_{\mathbb{R}^2})$ und $M_{\mathcal{C},\mathcal{E}^{(3)}}(\mathrm{id}_{\mathbb{R}^3})$ die Inversen der Matrizen $M_{\mathcal{E}^{(2)},\mathcal{B}}(\mathrm{id}_{\mathbb{R}^2})$ bzw. $M_{\mathcal{E}^{(3)},\mathcal{C}}(\mathrm{id}_{\mathbb{R}^3})$ sind.

c)   Zeigen Sie, dass durch die Zuordnung $\begin{pmatrix} x_1 \\ x_2 \end{pmatrix} \mapsto \begin{pmatrix} 2x_1 - 5x_2 \\ x_1 + 2x_2 \\ 3x_1 - x_2 \end{pmatrix}$ eine lineare Abbildung $\mathbf{f}$ von $\mathbb{R}^2$ nach $\mathbb{R}^3$ definiert wird. Wie lautet $M_{\mathcal{E}^{(3)},\mathcal{E}^{(2)}}(\mathbf{f})$?

d)   Berechnen Sie $\mathbf{f}((1,1)^T)$ und $\mathbf{f}((1,2)^T)$, und stellen Sie diese Vektoren als Linearkombinationen von $(1,1,0)^T$, $(1,0,1)^T$ und $(0,1,1)^T$ dar. Daraus erhalten Sie die Gestalt von $M_{\mathcal{C},\mathcal{B}}(\mathbf{f})$.

e)   Prüfen Sie nach, dass gilt:

$$M_{\mathcal{E}^{(3)},\mathcal{C}}(\mathrm{id}_{\mathbb{R}^3}) \cdot M_{\mathcal{C},\mathcal{B}}(\mathbf{f}) \cdot M_{\mathcal{B},\mathcal{E}^{(2)}}(\mathrm{id}_{\mathbb{R}^2}) = M_{\mathcal{E}^{(3)},\mathcal{E}^{(2)}}(\mathbf{f}) ,$$

$$M_{\mathcal{C},\mathcal{E}^{(3)}}(\mathrm{id}_{\mathbb{R}^3}) \cdot M_{\mathcal{E}^{(3)},\mathcal{E}^{(2)}}(\mathbf{f}) \cdot M_{\mathcal{E}^{(2)},\mathcal{B}}(\mathrm{id}_{\mathbb{R}^2}) = M_{\mathcal{C},\mathcal{B}}(\mathbf{f}) .$$

Lösung:

a) Da $\mathcal{B}$ aus zwei Vektoren besteht und $\mathbb{R}^2$ die Dimension 2 hat, genügt es zu zeigen, dass die Vektoren aus $\mathcal{B}$ linear unabhängig sind. Aus $b_1 \begin{pmatrix} 1 \\ 1 \end{pmatrix} + b_2 \begin{pmatrix} -1 \\ 2 \end{pmatrix} = \begin{pmatrix} 0 \\ 0 \end{pmatrix}$, d.h. aus $b_1 - b_2 = 0$ und $b_1 + 2b_2 = 0$ folgt $3b_1 = 0$ und damit $b_1 = b_2 = 0$.

Analog für $\mathcal{C}$: Aus $c_1 \begin{pmatrix} 1 \\ 1 \\ 0 \end{pmatrix} + c_2 \begin{pmatrix} 1 \\ 0 \\ 1 \end{pmatrix} + c_3 \begin{pmatrix} 0 \\ 1 \\ 1 \end{pmatrix} = \begin{pmatrix} 0 \\ 0 \\ 0 \end{pmatrix}$, d.h. aus $c_1 + c_2 = 0$, $c_1 + c_3 = 0$ und $c_2 + c_3 = 0$ folgt zuerst $c_1 + c_2 + c_3 = 0$ (durch Addition der drei Gleichungen und Division durch 2), und damit $c_1 = c_2 = c_3 = 0$. Eine Alternative dazu ist (das sieht man mittels der Cramerschen Regel) der Nachweis, dass $\det \begin{pmatrix} 1 & -1 \\ 1 & 2 \end{pmatrix}$ und $\det \begin{pmatrix} 1 & 1 & 0 \\ 1 & 0 & 1 \\ 0 & 1 & 1 \end{pmatrix}$ von Null verschieden sind. Das ist aber der Fall, weil der Wert der Determinante 3 bzw. -2 ist.

b) Wegen $\begin{pmatrix} 1 \\ 1 \end{pmatrix} = 1 \cdot \begin{pmatrix} 1 \\ 0 \end{pmatrix} + 1 \cdot \begin{pmatrix} 0 \\ 1 \end{pmatrix}$ und $\begin{pmatrix} -1 \\ 2 \end{pmatrix} = (-1) \cdot \begin{pmatrix} 1 \\ 0 \end{pmatrix} + 2 \cdot \begin{pmatrix} 0 \\ 1 \end{pmatrix}$

gilt $M_{\mathcal{E}^{(2)},\mathcal{B}}(\mathrm{id}_{\mathbb{R}^2}) = \begin{pmatrix} 1 & -1 \\ 1 & 2 \end{pmatrix}$. Man hat $\begin{pmatrix} 1 \\ 0 \end{pmatrix} = \frac{2}{3} \begin{pmatrix} 1 \\ 1 \end{pmatrix} - \frac{1}{3} \begin{pmatrix} -1 \\ 2 \end{pmatrix}$ und

$\begin{pmatrix} 0 \\ 1 \end{pmatrix} = \frac{1}{3} \begin{pmatrix} 1 \\ 1 \end{pmatrix} + \frac{1}{3} \begin{pmatrix} -1 \\ 2 \end{pmatrix}$, und damit $M_{B,\mathcal{E}^{(2)}}(\mathrm{id}_{\mathbb{R}^2}) = \begin{pmatrix} \frac{2}{3} & \frac{1}{3} \\ -\frac{1}{3} & \frac{1}{3} \end{pmatrix}$. Es gilt

$$\begin{pmatrix} 1 & -1 \\ 1 & 2 \end{pmatrix} \cdot \begin{pmatrix} \frac{2}{3} & \frac{1}{3} \\ -\frac{1}{3} & \frac{1}{3} \end{pmatrix} = \begin{pmatrix} 1 & 0 \\ 0 & 1 \end{pmatrix} = \begin{pmatrix} \frac{2}{3} & \frac{1}{3} \\ -\frac{1}{3} & \frac{1}{3} \end{pmatrix} \cdot \begin{pmatrix} 1 & -1 \\ 1 & 2 \end{pmatrix} .$$

Analog hat man $M_{\mathcal{E}^{(3)},\mathcal{C}}(\mathrm{id}_{\mathbb{R}^3}) = \begin{pmatrix} 1 & 1 & 0 \\ 1 & 0 & 1 \\ 0 & 1 & 1 \end{pmatrix}$, weil $\begin{pmatrix} 1 \\ 1 \\ 0 \end{pmatrix} = \begin{pmatrix} 1 \\ 0 \\ 0 \end{pmatrix} +$

$\begin{pmatrix} 0 \\ 1 \\ 0 \end{pmatrix}$, $\begin{pmatrix} 1 \\ 0 \\ 1 \end{pmatrix} = \begin{pmatrix} 1 \\ 0 \\ 0 \end{pmatrix} + \begin{pmatrix} 0 \\ 0 \\ 1 \end{pmatrix}$ und $\begin{pmatrix} 0 \\ 1 \\ 1 \end{pmatrix} = \begin{pmatrix} 0 \\ 1 \\ 0 \end{pmatrix} + \begin{pmatrix} 0 \\ 0 \\ 1 \end{pmatrix}$ gilt. Wegen

$$\begin{pmatrix} 1 \\ 0 \\ 0 \end{pmatrix} = \frac{1}{2} \cdot \begin{pmatrix} 1 \\ 1 \\ 0 \end{pmatrix} + \frac{1}{2} \cdot \begin{pmatrix} 1 \\ 0 \\ 1 \end{pmatrix} - \frac{1}{2} \cdot \begin{pmatrix} 0 \\ 1 \\ 1 \end{pmatrix}, \quad \begin{pmatrix} 0 \\ 1 \\ 0 \end{pmatrix} = \frac{1}{2} \cdot \begin{pmatrix} 1 \\ 1 \\ 0 \end{pmatrix} - \frac{1}{2} \cdot \begin{pmatrix} 1 \\ 0 \\ 1 \end{pmatrix} + \frac{1}{2} \cdot \begin{pmatrix} 0 \\ 1 \\ 1 \end{pmatrix}$$

und $\begin{pmatrix} 0 \\ 0 \\ 1 \end{pmatrix} = -\frac{1}{2} \cdot \begin{pmatrix} 1 \\ 1 \\ 0 \end{pmatrix} + \frac{1}{2} \cdot \begin{pmatrix} 1 \\ 0 \\ 1 \end{pmatrix} + \frac{1}{2} \cdot \begin{pmatrix} 0 \\ 1 \\ 1 \end{pmatrix}$ folgt $M_{\mathcal{C},\mathcal{E}^{(3)}}(\mathrm{id}_{\mathbb{R}^3}) =$

$\begin{pmatrix} \frac{1}{2} & \frac{1}{2} & -\frac{1}{2} \\ \frac{1}{2} & -\frac{1}{2} & \frac{1}{2} \\ -\frac{1}{2} & \frac{1}{2} & \frac{1}{2} \end{pmatrix}$. Die folgende Feststellung dient auch als Probe:

$$\begin{pmatrix} 1 & 1 & 0 \\ 1 & 0 & 1 \\ 0 & 1 & 1 \end{pmatrix} \cdot \begin{pmatrix} \frac{1}{2} & \frac{1}{2} & -\frac{1}{2} \\ \frac{1}{2} & -\frac{1}{2} & \frac{1}{2} \\ -\frac{1}{2} & \frac{1}{2} & \frac{1}{2} \end{pmatrix} = E_3 = \begin{pmatrix} \frac{1}{2} & \frac{1}{2} & -\frac{1}{2} \\ \frac{1}{2} & -\frac{1}{2} & \frac{1}{2} \\ -\frac{1}{2} & \frac{1}{2} & \frac{1}{2} \end{pmatrix} \begin{pmatrix} 1 & 1 & 0 \\ 1 & 0 & 1 \\ 0 & 1 & 1 \end{pmatrix} .$$

c) Wir zeigen, dass die Linearität und die Homogenität aus der Definition der linearen Abbildung erfüllt sind. Für alle $\begin{pmatrix} x_1 \\ x_2 \end{pmatrix}$ und $\begin{pmatrix} y_1 \\ y_2 \end{pmatrix}$ aus $\mathbb{R}^2$ sowie a aus $\mathbb{R}$ gilt:

$$\mathbf{f}(\begin{pmatrix} x_1 \\ x_2 \end{pmatrix} + \begin{pmatrix} y_1 \\ y_2 \end{pmatrix}) = \mathbf{f}(\begin{pmatrix} x_1 + y_1 \\ x_2 + y_2 \end{pmatrix}) = \begin{pmatrix} 2(x_1 + y_1) - 5(x_2 + y_2) \\ x_1 + y_1 + 2(x_2 + y_2) \\ 3(x_1 + y_1) - (x_2 + y_2) \end{pmatrix}$$

$$= \begin{pmatrix} 2x_1 - 5x_2 \\ x_1 + 2x_2 \\ 3x_1 - x_2 \end{pmatrix} + \begin{pmatrix} 2y_1 - 5y_2 \\ y_1 + 2y_2 \\ 3y_1 - y_2 \end{pmatrix} = \mathbf{f}(\begin{pmatrix} x_1 \\ x_2 \end{pmatrix}) + \mathbf{f}(\begin{pmatrix} y_1 \\ y_2 \end{pmatrix}),$$

$$\mathbf{f}(a\begin{pmatrix} x_1 \\ x_2 \end{pmatrix}) = \begin{pmatrix} 2ax_1 - 5ax_2 \\ ax_1 + 2ax_2 \\ 3ax_1 - ax_2 \end{pmatrix} = a\begin{pmatrix} 2x_1 - 5x_2 \\ x_1 + 2x_2 \\ 3x_1 - x_2 \end{pmatrix} = a\mathbf{f}(\begin{pmatrix} x_1 \\ x_2 \end{pmatrix}).$$

Laut Definition gilt $M_{\mathcal{E}^{(3)},\mathcal{E}^{(2)}}(\mathbf{f}) = \begin{pmatrix} 2 & -5 \\ 1 & 2 \\ 3 & -1 \end{pmatrix}$.

d) $\mathbf{f}(\begin{pmatrix} 1 \\ 1 \end{pmatrix}) = \begin{pmatrix} -3 \\ 3 \\ 2 \end{pmatrix} = a_{11}\begin{pmatrix} 1 \\ 1 \\ 0 \end{pmatrix} + a_{21}\begin{pmatrix} 1 \\ 0 \\ 1 \end{pmatrix} + a_{31}\begin{pmatrix} 0 \\ 1 \\ 1 \end{pmatrix}$ führt zu $a_{11} =$

-1, $a_{21} = -2$ und $a_{31} = 4$ (z.B. mit der Cramerschen Regel). Analog ergibt sich aus

$$\mathbf{f}(\begin{pmatrix} -1 \\ 2 \end{pmatrix}) = \begin{pmatrix} -12 \\ 3 \\ -5 \end{pmatrix} = a_{12}\begin{pmatrix} 1 \\ 1 \\ 0 \end{pmatrix} + a_{22}\begin{pmatrix} 1 \\ 0 \\ 1 \end{pmatrix} + a_{32}\begin{pmatrix} 0 \\ 1 \\ 1 \end{pmatrix} :$$

$a_{12} = -2$, $a_{22} = -10$, $a_{32} = 5$. Damit hat man $M_{\mathcal{C},\mathcal{B}}(\mathbf{f}) = \begin{pmatrix} -1 & -2 \\ -2 & -10 \\ 4 & 5 \end{pmatrix}$.

e) Wir prüfen nach:

$$M_{\mathcal{E}^{(3)},\mathcal{C}}(\mathrm{id}_{\mathbb{R}^3}) \cdot M_{\mathcal{C},\mathcal{B}}(\mathbf{f}) \cdot M_{\mathcal{B},\mathcal{E}^{(2)}}(\mathrm{id}_{\mathbb{R}^2})$$

$$= \begin{pmatrix} 1 & 1 & 0 \\ 1 & 0 & 1 \\ 0 & 1 & 1 \end{pmatrix} \cdot \begin{pmatrix} -1 & -2 \\ -2 & -10 \\ 4 & 5 \end{pmatrix} \cdot \begin{pmatrix} \frac{2}{3} & \frac{1}{3} \\ -\frac{1}{3} & \frac{1}{3} \end{pmatrix}$$

$$= \begin{pmatrix} -3 & -12 \\ 3 & 3 \\ 2 & -5 \end{pmatrix} \cdot \begin{pmatrix} \frac{2}{3} & \frac{1}{3} \\ -\frac{1}{3} & \frac{1}{3} \end{pmatrix} = \begin{pmatrix} 2 & -5 \\ 1 & 2 \\ 3 & -1 \end{pmatrix} = M_{\mathcal{E}^{(3)},\mathcal{E}^{(2)}}(\mathbf{f})$$

und

$$M_{\mathcal{C},\mathcal{E}^{(3)}}(\mathrm{id}_{\mathbb{R}^3}) \cdot M_{\mathcal{E}^{(3)},\mathcal{E}^{(2)}}(\mathbf{f}) \cdot M_{\mathcal{E}^{(2)},\mathcal{B}}(\mathrm{id}_{\mathbb{R}^2})$$

$$= \begin{pmatrix} \frac{1}{2} & \frac{1}{2} & -\frac{1}{2} \\ \frac{1}{2} & -\frac{1}{2} & \frac{1}{2} \\ -\frac{1}{2} & \frac{1}{2} & \frac{1}{2} \end{pmatrix} \cdot \begin{pmatrix} 2 & -5 \\ 1 & 2 \\ 3 & -1 \end{pmatrix} \cdot \begin{pmatrix} 1 & -1 \\ 1 & 2 \end{pmatrix}$$

$$= \begin{pmatrix} 0 & -1 \\ 2 & -4 \\ 1 & 3 \end{pmatrix} \cdot \begin{pmatrix} 1 & -1 \\ 1 & 2 \end{pmatrix} = \begin{pmatrix} -1 & -2 \\ -2 & -10 \\ 4 & 5 \end{pmatrix} = M_{C,B}(\mathbf{f}) \ .$$

Aufgabe 62

Zeigen Sie, dass durch

$$\sigma(\mathbf{u}, \mathbf{v}) := \sigma\left(\begin{pmatrix} u_1 \\ u_2 \end{pmatrix}, \begin{pmatrix} v_1 \\ v_2 \end{pmatrix}\right) := 2u_1 v_1 + 3(u_1 v_2 + u_2 v_1) + 5u_2 v_2$$

ein Skalarprodukt $\sigma : \mathbb{R}^2 \times \mathbb{R}^2 \to \mathbb{R}$ auf $\mathbb{R}^2$ definiert wird, d.h., dass σ die folgenden Eigenschaften hat:

1) $\mathbb{R}$-linear im ersten Argument,
2) $\mathbb{R}$-linear im zweiten Argument,
3)   symmetrisch, d.h. $\sigma(\mathbf{u}, \mathbf{v}) = \sigma(\mathbf{v}, \mathbf{u})$ für alle $\mathbf{u}, \mathbf{v}$ aus $\mathbb{R}^2$,
4)   positiv definit, d.h. $\sigma(\mathbf{u}, \mathbf{u}) > 0$ für alle $\mathbf{u} \neq \mathbf{0}$ aus $\mathbb{R}^2$.

Lösung:

Es seien $\mathbf{u} = \begin{pmatrix} u_1 \\ u_2 \end{pmatrix}$, $\mathbf{u}' = \begin{pmatrix} u_1' \\ u_2' \end{pmatrix}$, $\mathbf{v} = \begin{pmatrix} v_1 \\ v_2 \end{pmatrix}$ aus $\mathbb{R}^2$ und $a \in \mathbb{R}$.

1) Es gilt:

$$\sigma(\mathbf{u} + \mathbf{u}', \mathbf{v}) = \sigma\left(\begin{pmatrix} u_1 + u_1' \\ u_2 + u_2' \end{pmatrix}, \begin{pmatrix} v_1 \\ v_2 \end{pmatrix}\right)$$

$$= 2(u_1 + u_1')v_1 + 3[(u_1 + u_1')v_2 + (u_2 + u_2')v_1] + 5(u_2 + u_2')v_2$$

$$= 2u_1 v_1 + 3(u_1 v_2 + u_2 v_1) + 5u_2 v_2 + 2u_1' v_1 + 3(u_1' v_2 + u_2' v_1) + 5u_2' v_2$$

$$= \sigma(\mathbf{u}, \mathbf{v}) + \sigma(\mathbf{u}', \mathbf{v}) \ ,$$

$$\sigma(a\mathbf{u}, \mathbf{v}) = \sigma\left(\begin{pmatrix} au_1 \\ au_2 \end{pmatrix}, \begin{pmatrix} v_1 \\ v_2 \end{pmatrix}\right) = 2au_1 v_1 + 3(au_1 v_2 + au_2 v_1) + 5au_2 v_2$$

$$= a[2u_1 v_1 + 3(u_1 v_2 + u_2 v_1) + 5u_2 v_2] = a\sigma(\mathbf{u}, \mathbf{v}) \ .$$

2) folgt sofort aus 1) und 3).

3) $\sigma(\mathbf{u}, \mathbf{v}) = 2u_1 v_1 + 3(u_1 v_2 + u_2 v_1) + 5u_2 v_2 = 2v_1 u_1 + 3(v_1 u_2 + v_2 u_1) + 5v_2 u_2 = \sigma(\mathbf{v}, \mathbf{u})$.

4) $\sigma(\mathbf{u}, \mathbf{u}) = 2u_1^2 + 6u_1 u_2 + 5u_2^2 = (\sqrt{2}u_1)^2 + 2(\sqrt{2}u_1)(\frac{3u_2}{\sqrt{2}}) + \frac{9u_2^2}{2} + \frac{u_2^2}{2} = (\sqrt{2}\, u_1 + \frac{3u_2}{\sqrt{2}})^2 + \frac{u_2^2}{2} \geq 0$ für alle $\mathbf{u}$ aus $\mathbb{R}^2$. Ist $\sigma(\mathbf{u}, \mathbf{u}) = 0$, so muss $u_2 = 0$ und $\sqrt{2}\, u_1 + \frac{3u_2}{\sqrt{2}} = 0$ gelten, d.h. $u_1 = u_2 = 0$ und damit $\mathbf{u} = \mathbf{0}$.

Aufgabe 63

a) Zeigen Sie, dass $a_1 = (1, 0, 2)^T$, $a_2 = (2, 1, 0)^T$ und $a_3 = (0, 2, 1)^T$ eine
    Basis von $\mathbb{R}^3$ bilden.

b) Geben Sie mit Hilfe des Gram-Schmidtschen Verfahrens eine orthonor-
    male Basis v_1, v_2, v_3 von $\mathbb{R}^3$ an, so dass gilt:

$$\langle a_1 \rangle = \langle v_1 \rangle, \langle a_1, a_2 \rangle = \langle v_1, v_2 \rangle \quad \text{und} \quad \langle a_1, a_2, a_3 \rangle = \langle v_1, v_2, v_3 \rangle .$$

Mit $\langle a_1 \rangle$, $\langle a_1, a_2 \rangle$, usw. wird der Untervektorraum bezeichnet, der von
a_1, bzw. a_1 und a_2, usw. erzeugt wird.

Lösung:

a) Da $\mathbb{R}^3$ die Dimension 3 hat, bilden je drei linear unabhängige Vektoren
daraus eine Basis. Die Vektoren a_1, a_2, a_3 sind linear unabhängig, denn

$$\lambda(1, 0, 2)^T + \mu(2, 1, 0)^T + \nu(0, 2, 1)^T = (0, 0, 0)^T$$

impliziert $\lambda = \mu = \nu = 0$, weil die Determinante $\begin{vmatrix} 1 & 2 & 0 \\ 0 & 1 & 2 \\ 2 & 0 & 1 \end{vmatrix}$ einen von Null

verschiedenen Wert hat, nämlich 9. Die Vektoren a_1, a_2, a_3 bilden also eine
Basis von $\mathbb{R}^3$.

b) Durch Normieren von a_1 erhält man

$$v_1 := \frac{1}{\|a_1\|} a_1 = \frac{1}{\sqrt{5}}(1, 0, 2)^T , \quad \text{und damit} \quad \langle a_1 \rangle = \langle v_1 \rangle .$$

v_2 wird aus $a_2 - (v_1 \cdot a_2)v_1$ durch Normieren gewonnen; es gilt:

$$a_2 - (v_1 \cdot a_2)v_1 = (2, 1, 0)^T - \frac{1}{\sqrt{5}} \cdot 2\frac{1}{\sqrt{5}}(1, 0, 2)^T = \left(\frac{8}{5}, 1, -\frac{4}{5}\right)^T ,$$

$$\left\| \begin{pmatrix} \frac{8}{5} \\ 1 \\ -\frac{4}{5} \end{pmatrix} \right\| = \sqrt{\frac{64}{25} + 1 + \frac{16}{25}} = \sqrt{\frac{105}{25}} = \frac{\sqrt{105}}{5} , \quad v_2 = \frac{1}{\sqrt{105}} \begin{pmatrix} 8 \\ 5 \\ -4 \end{pmatrix} .$$

Wegen der Definition von v_2 spannen v_1 und v_2 denselben Untervektorraum
wie a_1 und a_2 auf. Nun erhält man aus

$$a_3 - (v_1 \cdot a_3)v_1 - (v_2 \cdot a_3)v_2$$

$$= \begin{pmatrix} 0 \\ 2 \\ 1 \end{pmatrix} - \frac{2}{\sqrt{5}} \cdot \frac{1}{\sqrt{5}} \begin{pmatrix} 1 \\ 0 \\ 2 \end{pmatrix} - \frac{6}{\sqrt{105}} \cdot \frac{1}{\sqrt{105}} \begin{pmatrix} 8 \\ 5 \\ -4 \end{pmatrix}$$

$$= (0, 2, 1)^T - \left(\frac{2}{5}, 0, \frac{4}{5}\right)^T - \frac{2}{35}(8, 5, -4)^T = \left(-\frac{6}{7}, \frac{12}{7}, \frac{3}{7}\right)^T$$

durch Normieren den Vektor $v_3 = \frac{\sqrt{7}}{3\sqrt{3}}(-\frac{6}{7}, \frac{12}{7}, \frac{3}{7})^T = \frac{1}{\sqrt{21}}(-2, 4, 1)^T$. Die Vektoren v_1, v_2 und v_3 bilden eine orthonormale Basis von $\mathbb{R}^3$; insbesondere gilt $\langle a_1, a_2, a_3 \rangle = \langle v_1, v_2, v_3 \rangle$.

Aufgabe 64

a) Zeigen Sie, dass die folgenden vier Vektoren eine Basis von $\mathbb{R}^4$ bilden:
    $b_1 = (0, 1, 1, 1)^T, b_2 = (1, 0, 1, 1)^T, b_3 = (1, 1, 0, 1)^T, b_4 = (1, 1, 1, 0)^T$.

b) Verwenden Sie das Gram-Schmidtsche Orthonormalisierungsverfahren, um eine Orthonormalbasis c_1, c_2, c_3, c_4 von $\mathbb{R}^4$ zu konstruieren, so dass für jedes $r \in \{1, 2, 3, 4\}$ gilt: $\langle b_1, \ldots, b_r \rangle = \langle c_1, \ldots, c_r \rangle$.

Lösung:

a) Aus $\lambda_1 b_1 + \lambda_2 b_2 + \lambda_3 b_3 + \lambda_4 b_4 = 0$ folgt $\lambda_2 + \lambda_3 + \lambda_4 = 0$, $\lambda_1 + \lambda_3 + \lambda_4 = 0$, $\lambda_1 + \lambda_2 + \lambda_4 = 0$ und $\lambda_1 + \lambda_2 + \lambda_3 = 0$. Summiert man diese vier Gleichungen, so folgt: $\lambda_1 + \lambda_2 + \lambda_3 + \lambda_4 = 0$. Zieht man von dieser Gleichung jede der obigen vier Gleichungen ab, so erhält man $\lambda_1 = 0$, $\lambda_2 = 0$, $\lambda_3 = 0$ und $\lambda_4 = 0$; also: b_1, b_2, b_3 und b_4 sind linear unabhängig.

Ein anderer Beweis ergibt sich aus $\det \begin{pmatrix} 0 & 1 & 1 & 1 \\ 1 & 0 & 1 & 1 \\ 1 & 1 & 0 & 1 \\ 1 & 1 & 1 & 0 \end{pmatrix} = -3 \neq 0$.

b) Da $\|b_1\| = \sqrt{0^2 + 1^2 + 1^2 + 1^2} = \sqrt{3}$ gilt, wird für c_1 der Vektor $\frac{1}{\sqrt{3}}b_1$ genommen. (Eine andere Möglichkeit wäre $-\frac{1}{\sqrt{3}}b_1$.) Mit c_1 und b_2 wird zuerst $d_2 := b_2 - (b_2 \cdot c_1)c_1 = (1, 0, 1, 1)^T - \frac{2}{\sqrt{3}} \cdot \frac{1}{\sqrt{3}}(0, 1, 1, 1)^T = (1, -\frac{2}{3}, \frac{1}{3}, \frac{1}{3})^T$ definiert und dann durch Normieren $c_2 := \frac{1}{\|d_2\|}d_2 = \sqrt{\frac{3}{5}}(1, -\frac{2}{3}, \frac{1}{3}, \frac{1}{3})^T$.

Der Vektor $d_3 := b_3 - (b_3 \cdot c_1)c_1 - (b_3 \cdot c_2)c_2 = \frac{1}{5}(3, 3, -4, 1)^T$ ist orthogonal zu c_1 und c_2; durch Normieren bekommt man den dritten Vektor der gesuchten Basis: $c_3 := \frac{1}{\|d_3\|}d_3 = \frac{5}{\sqrt{35}} \cdot \frac{1}{5}(3, 3, -4, 1)^T = \frac{1}{\sqrt{35}}(3, 3, -4, 1)^T$.

Mit den Skalarprodukten $b_4 \cdot c_1 = \frac{2}{\sqrt{3}}$, $b_4 \cdot c_2 = \sqrt{\frac{3}{5}} \cdot \frac{2}{3}$, $b_4 \cdot c_3 = \frac{2}{\sqrt{35}}$ wird der Vektor d_4 definiert, der orthogonal zu c_1, c_2 und c_3 ist:

$$d_4 := b_4 - (b_4 \cdot c_1)c_1 - (b_4 \cdot c_2)c_2 - (b_4 \cdot c_3)c_3$$

$$= \begin{pmatrix} 1 \\ 1 \\ 1 \\ 0 \end{pmatrix} - \frac{2}{3}\begin{pmatrix} 0 \\ 1 \\ 1 \\ 1 \end{pmatrix} - \frac{2}{5}\begin{pmatrix} 1 \\ -\frac{2}{3} \\ \frac{1}{3} \\ \frac{1}{3} \end{pmatrix} - \frac{2}{35}\begin{pmatrix} 3 \\ 3 \\ -4 \\ 1 \end{pmatrix} = \frac{1}{35}\begin{pmatrix} 15 \\ 15 \\ 15 \\ -30 \end{pmatrix} .$$

Da $||\mathbf{d}_4|| = \frac{1}{35}\cdot 15\sqrt{7}$ gilt, ist $\mathbf{c}_4 := \frac{1}{\sqrt{7}}(1,1,1,-2)^T$ der vierte (und letzte) Vektor der gesuchten orthonormalen Basis $\{\mathbf{c}_1,\mathbf{c}_2,\mathbf{c}_3,\mathbf{c}_4\}$. Durch die Konstruktion ist für jedes $r \in \{1,2,3,4\}$ gewährleistet, dass $\mathbf{b}_1,\ldots,\mathbf{b}_r$ und $\mathbf{c}_1,\ldots \mathbf{c}_r$ denselben Untervektorraum von $\mathbb{R}^4$ aufspannen.

Aufgabe 65

Berechnen Sie die Eigenwerte und Eigenvektoren der folgenden Matrizen:

$$\text{i)} \quad A = \begin{pmatrix} 3 & -i \\ 8i & 1 \end{pmatrix} \quad . \qquad \text{ii)} \quad B = \begin{pmatrix} 2 & -5 \\ 0 & 2 \end{pmatrix} .$$

Lösung:
i) Wir berechnen die Nullstellen des charakteristischen Polynoms

$$\chi_A(z) = \det(zE_2 - A) = \det\begin{pmatrix} z-3 & i \\ -8i & z-1 \end{pmatrix}$$

$$= z^2 - 4z + 3 - 8 = z^2 - 4z - 5 = (z-5)(z+1)\,,$$

die gleichzeitig die Eigenwerte von A sind. Für den Eigenwert $z_1 = 5$ sucht man eine nicht triviale Lösung des homogenen Gleichungssystems

$$\begin{pmatrix} z_1-3 & i \\ -8i & z_1-1 \end{pmatrix}\begin{pmatrix} x \\ y \end{pmatrix} = \begin{pmatrix} 0 \\ 0 \end{pmatrix}, \quad \text{d.h. des Systems} \quad \begin{cases} 2x + iy = 0 \\ -8ix + 4y = 0 \end{cases}.$$

$(-i,2)^T$ ist eine solche Lösung; sie ist gleichzeitig ein Eigenvektor zum Eigenwert 5. Analog für $z_2 = -1$ erhält man die nicht triviale Lösung $(1,-4i)^T$ des homogenen Gleichungssystems $\begin{pmatrix} -4i & i \\ -8i & -2 \end{pmatrix}\begin{pmatrix} x \\ y \end{pmatrix} = 0$. Also ist $\begin{pmatrix} 1 \\ -4i \end{pmatrix}$ ein Eigenvektor zum Eigenwert -1 von A.

ii) Es gilt: $\det(zE_2 - B) = \det\begin{pmatrix} z-2 & 5 \\ 0 & z-2 \end{pmatrix} = (z-2)^2$. Deshalb ist 2 der einzige Eigenwert von B. Das Gleichungssystem $\begin{pmatrix} 0 & 5 \\ 0 & 0 \end{pmatrix}\begin{pmatrix} x \\ y \end{pmatrix} = \begin{pmatrix} 0 \\ 0 \end{pmatrix}$,

d.h. $5y = 0$, hat $(1,0)^T$ als nicht triviale Lösung. Also: B hat nur einen Eigenwert, und dazu (bis auf einen von Null verschiedenen Faktor) nur einen Eigenvektor.

Aufgabe 66

Bestimmen Sie die Eigenwerte und die entsprechenden Eigenräume für

$$\text{i)} \quad A = \begin{pmatrix} 0 & 1 & 1 \\ 0 & 0 & 1 \\ 0 & 0 & 0 \end{pmatrix} . \qquad \text{ii)} \quad B = \begin{pmatrix} 0 & 0 & 1 \\ 0 & 0 & 0 \\ 0 & 0 & 0 \end{pmatrix} .$$

Lösung:

i) Sei λ ein Eigenwert von A und $\mathbf{x} = (x_1, x_2, x_3)^T \in \mathbb{R}^3$ mit der Eigenschaft

$$\begin{pmatrix} 0 & 1 & 1 \\ 0 & 0 & 1 \\ 0 & 0 & 0 \end{pmatrix} \cdot \begin{pmatrix} x_1 \\ x_2 \\ x_3 \end{pmatrix} = \lambda \begin{pmatrix} x_1 \\ x_2 \\ x_3 \end{pmatrix} .$$

Äquivalent dazu ist das lineare Gleichungssystem

$$x_2 + x_3 = \lambda x_1 \quad , \quad x_3 = \lambda x_2 \quad , \quad 0 = \lambda x_3 .$$

Ist $\lambda \neq 0$, so folgt $x_3 = 0$ aus der dritten Gleichung, dann $x_2 = 0$ aus der zweiten Gleichung, und schließlich $x_1 = 0$ aus der ersten Gleichung. Da $\mathbf{x}$ ein Eigenvektor sein soll, ist dies nicht möglich. Deshalb muss $\lambda = 0$ gelten. Es folgt $x_3 = 0$ aus der zweiten Gleichung und damit $x_2 = 0$ aus der ersten Gleichung. Man kann also x_1 beliebig wählen, und deshalb ist $\{(x_1, 0, 0)^T; \ x_1 \in \mathbb{R}\}$ der Eigenraum zum Eigenwert 0.

ii) Sind $\begin{pmatrix} x_1 \\ x_2 \\ x_3 \end{pmatrix} \in \mathbb{R}^3$ und $\lambda \in \mathbb{R}$ mit $\begin{pmatrix} 0 & 0 & 1 \\ 0 & 0 & 0 \\ 0 & 0 & 0 \end{pmatrix} \cdot \begin{pmatrix} x_1 \\ x_2 \\ x_3 \end{pmatrix} = \lambda \begin{pmatrix} x_1 \\ x_2 \\ x_3 \end{pmatrix}$, so

gilt $x_3 = \lambda x_1$, $0 = \lambda x_2$ und $0 = \lambda x_3$. Ist $\lambda \neq 0$, so ist λ kein Eigenwert, da aus den letzten zwei Gleichungen $x_2 = x_3 = 0$ und damit aus der ersten Gleichung $x_1 = 0$ folgt. Ist $\lambda = 0$, so ist $(x_1, x_2, x_3)^T$ genau dann eine Lösung des Gleichungssystems, wenn $x_3 = 0$ gilt. Also: 0 ist ein Eigenwert von B und die Ebene $\{(x_1, x_2, 0)^T ; \ x_1, x_2 \in \mathbb{R}\}$ ist der zugehörige Eigenraum.

Aufgabe 67

Betrachten Sie die Matrix

$$A = \begin{pmatrix} 2 & -1 & 0 & 3 \\ 3 & 2 & -1 & 0 \\ 0 & 3 & 2 & -1 \\ -1 & 0 & 3 & 2 \end{pmatrix}$$

einmal als reelle und zum anderen als komplexe Matrix. Bestimmen Sie in beiden Fällen die Eigenwerte und Eigenräume von A.

Hinweis: 4 ist ein Eigenwert.

Lösung:
Das charakteristische Polynom der Matrix A ist

$$\det(\lambda E_4 - A) = \det \begin{pmatrix} \lambda - 2 & 1 & 0 & -3 \\ -3 & \lambda - 2 & 1 & 0 \\ 0 & -3 & \lambda - 2 & 1 \\ 1 & 0 & -3 & \lambda - 2 \end{pmatrix} = \lambda^4 - 8\lambda^3 + 36\lambda^2 - 80\lambda .$$

Eine Nullstelle dieses Polynoms ist $\lambda_1 = 0$, eine andere ist tatsächlich $\lambda_2 = 4$, weil: $256 - 512 + 576 - 320 = 0$. Teilt man $\lambda^4 - 8\lambda^3 + 36\lambda^2 - 80\lambda$ durch $\lambda(\lambda - 4)$, so erhält man $\lambda^2 - 4\lambda + 20$; die Nullstellen dieses Polynoms sind $\lambda_3 = 2 - 4i$ und $\lambda_4 = 2 + 4i$. Wir bestimmen nun die Eigenräume zu den beiden reellen Eigenvektoren λ_1 und λ_2. Für $\lambda_1 = 0$ hat das Gleichungssystem

$$\begin{aligned} -2x_1 + x_2 \qquad\quad - 3x_4 &= 0 \\ -3x_1 - 2x_2 + x_3 \qquad\quad &= 0 \\ - 3x_2 - 2x_3 + x_4 &= 0 \\ x_1 \qquad\quad - 3x_3 - 2x_4 &= 0 \end{aligned}$$

den Lösungsraum $\{a(-1, 1, -1, 1)^T \mid a \in \mathbb{R}\}$. Er ist der Eigenraum zu $\lambda_1 = 0$. Für $\lambda_2 = 4$ hat das Gleichungssystem

$$\begin{aligned} 2x_1 + x_2 \qquad\quad - 3x_4 &= 0 \\ -3x_1 + 2x_2 + x_3 \qquad\quad &= 0 \\ - 3x_2 + 2x_3 + x_4 &= 0 \\ x_1 \qquad\quad - 3x_3 + 2x_4 &= 0 \end{aligned}$$

als Lösungsraum $\{a(1, 1, 1, 1)^T \mid a \in \mathbb{R}\}$; er ist der Eigenraum zu $\lambda_2 = 4$. Nun bestimmen wir die Eigenräume von A als Untervektorräume von $\mathbb{C}^4$. Zu λ_1 und λ_2 sind $\{a(-1, 1, -1, 1)^T \mid a \in \mathbb{C}\}$ bzw. $\{a(1, 1, 1, 1)^T \mid a \in \mathbb{C}\}$ die Eigenräume. Für $\lambda_3 = 2 - 4i$ erhält man das Gleichungssystem

$$\begin{aligned} -4ix_1 + x_2 \qquad\quad - 3x_4 &= 0 \\ -3x_1 - 4ix_2 + x_3 \qquad\quad &= 0 \\ - 3x_2 - 4ix_3 + x_4 &= 0 \\ x_1 \qquad\quad - 3x_3 - 4ix_4 &= 0 . \end{aligned}$$

Der Eigenraum zu λ_3 ist der Lösungsraum dieses Systems: $\{a(i, -1, -i, 1)^T \mid a \in \mathbb{C}\}$. Schließlich erhält man für λ_4 das Gleichungssystem

$$4ix_1 + x_2 \qquad - 3x_4 = 0$$
$$-3x_1 + 4ix_2 + x_3 \qquad = 0$$
$$- 3x_2 + 4ix_3 + x_4 = 0$$
$$x_1 \qquad - 3x_3 + 4ix_4 = 0$$

und damit den Eigenraum $\{a(-i, -1, i, 1)^T \mid a \in \mathbb{C}\}$.

Aufgabe 68

Sei A die symmetrische 3×3-Matrix $\begin{pmatrix} 1 & 0 & 5 \\ 0 & 5 & 0 \\ 5 & 0 & 1 \end{pmatrix}$.

a)   Bestimmen Sie die Eigenwerte von A .
b)   Bestimmen Sie zu jedem Eigenwert von A einen Eigenvektor von A .
c)   Nehmen Sie die Hauptachsentransformation der Matrix A vor.

Lösung:
a)

$$|zE_3 - A| = \begin{vmatrix} z-1 & 0 & -5 \\ 0 & z-5 & 0 \\ -5 & 0 & z-1 \end{vmatrix}$$

$$= (z-1)^2(z-5) - 25(z-5) = [(z-1)^2 - 25](z-5)$$

hat die Nullstellen $z_1 = -4$, $z_2 = 5$, $z_3 = 6$, wie man sofort an der Gestalt der Determinanten von $zE_3 - A$ sieht. Also: $-4, 5$ und 6 sind die Eigenwerte von A .

b) Das Gleichungssystem $(z_j E_3 - A) \begin{pmatrix} x \\ y \\ z \end{pmatrix} = \begin{pmatrix} 0 \\ 0 \\ 0 \end{pmatrix}$ hat eine nicht triviale

Lösung $\mathbf{v}_1 = \begin{pmatrix} 1 \\ 0 \\ -1 \end{pmatrix}$ für $j = 1$, $\mathbf{v}_2 = \begin{pmatrix} 0 \\ 1 \\ 0 \end{pmatrix}$ für $j = 2$ und $\mathbf{v}_3 = \begin{pmatrix} 1 \\ 0 \\ 1 \end{pmatrix}$ für $j = 3$.

c) Wie erwartet, bilden die Vektoren $\mathbf{v}_1, \mathbf{v}_2$ und $\mathbf{v}_3$ eine orthogonale Basis von $\mathbb{R}^3$. Mit

$$P := (\mathbf{v}_1, \mathbf{v}_2, \mathbf{v}_3) = \begin{pmatrix} 1 & 0 & 1 \\ 0 & 1 & 0 \\ -1 & 0 & 1 \end{pmatrix} \text{ muss gelten: } P^{-1}AP = \begin{pmatrix} -4 & 0 & 0 \\ 0 & 5 & 0 \\ 0 & 0 & 6 \end{pmatrix} .$$

Das zeigen wir als Probe; es gilt $P^{-1} = \begin{pmatrix} \frac{1}{2} & 0 & -\frac{1}{2} \\ 0 & 1 & 0 \\ \frac{1}{2} & 0 & \frac{1}{2} \end{pmatrix}$ und damit

$$P^{-1} \cdot A \cdot P = \begin{pmatrix} \frac{1}{2} & 0 & -\frac{1}{2} \\ 0 & 1 & 0 \\ \frac{1}{2} & 0 & \frac{1}{2} \end{pmatrix} \begin{pmatrix} 1 & 0 & 5 \\ 0 & 5 & 0 \\ 5 & 0 & 1 \end{pmatrix} \begin{pmatrix} 1 & 0 & 1 \\ 0 & 1 & 0 \\ -1 & 0 & 1 \end{pmatrix}$$

$$= \begin{pmatrix} -2 & 0 & 2 \\ 0 & 5 & 0 \\ 3 & 0 & 3 \end{pmatrix} \begin{pmatrix} 1 & 0 & 1 \\ 0 & 1 & 0 \\ -1 & 0 & 1 \end{pmatrix} = \begin{pmatrix} -4 & 0 & 0 \\ 0 & 5 & 0 \\ 0 & 0 & 6 \end{pmatrix}.$$

Aufgabe 69

Führen Sie die Hauptachsentransformation für die Matrizen

i) $\quad A = \begin{pmatrix} 1 & i\sqrt{2} \\ -i\sqrt{2} & 2 \end{pmatrix}$, $\qquad$ ii) $\quad B = \begin{pmatrix} 0 & 0 & 1 \\ 0 & 1 & 0 \\ 1 & 0 & 0 \end{pmatrix}$

und danach die Probe durch!

Lösung:
i) Wir nehmen die Hauptachsentransformation der hermiteschen Matrix A vor. Zuerst bestimmen wir die Eigenwerte von A. Das charakteristische Polynom $\det \begin{pmatrix} \lambda - 1 & -i\sqrt{2} \\ i\sqrt{2} & \lambda - 2 \end{pmatrix} = (\lambda-1)(\lambda-2)+2i^2 = \lambda^2 - 3\lambda$ hat die Nullstellen

0 und 3. $\begin{pmatrix} 2 \\ i\sqrt{2} \end{pmatrix}$ ist wegen $\begin{pmatrix} -1 & -i\sqrt{2} \\ i\sqrt{2} & -2 \end{pmatrix} \begin{pmatrix} 2 \\ i\sqrt{2} \end{pmatrix} = \begin{pmatrix} 0 \\ 0 \end{pmatrix}$ ein Eigenvek-

tor zu 0. Das Gleichungssystem $\begin{pmatrix} 2 & -i\sqrt{2} \\ i\sqrt{2} & 1 \end{pmatrix} \begin{pmatrix} x_1 \\ x_2 \end{pmatrix} = \begin{pmatrix} 0 \\ 0 \end{pmatrix}$ hat z.B.

$\begin{pmatrix} -1 \\ i\sqrt{2} \end{pmatrix}$ als nichttriviale Lösung. Nun wird zu jedem Eigenwert ein normier-

ter Eigenvektor betrachtet; wegen $\| \begin{pmatrix} 2 \\ i\sqrt{2} \end{pmatrix} \|^2 = \begin{pmatrix} 2 \\ -i\sqrt{2} \end{pmatrix} \cdot \begin{pmatrix} 2 \\ i\sqrt{2} \end{pmatrix} = 6$

und $\| \begin{pmatrix} -1 \\ i\sqrt{2} \end{pmatrix} \|^2 = \begin{pmatrix} -1 \\ -i\sqrt{2} \end{pmatrix} \cdot \begin{pmatrix} -1 \\ i\sqrt{2} \end{pmatrix} = 3$ sind $\begin{pmatrix} \sqrt{\frac{2}{3}} \\ -\frac{i}{\sqrt{3}} \end{pmatrix}$ und $\begin{pmatrix} -\frac{1}{\sqrt{3}} \\ i\sqrt{\frac{2}{3}} \end{pmatrix}$

normierte Eigenvektoren zu 0 bzw. 3. Diese zwei Vektoren sind orthogonal

zueinander, da $\begin{pmatrix} \sqrt{\frac{2}{3}} \\ -\frac{i}{\sqrt{3}} \end{pmatrix} \cdot \begin{pmatrix} -\frac{1}{\sqrt{3}} \\ i\sqrt{\frac{2}{3}} \end{pmatrix} = 0$ gilt. (Sonst hätten wir – gemäß

der allgemeinen Theorie – einen Rechenfehler gemacht!). Damit ist $U :=$

$\begin{pmatrix} \sqrt{\frac{2}{3}} & -\frac{1}{\sqrt{3}} \\ \frac{i}{\sqrt{3}} & i\sqrt{\frac{2}{3}} \end{pmatrix}$ eine unitäre Matrix. Es bleibt noch zu prüfen, dass $\overline{U}^T \cdot A \cdot U =$

$\begin{pmatrix} 0 & 0 \\ 0 & 3 \end{pmatrix}$ gilt: $\begin{pmatrix} \sqrt{\frac{2}{3}} & -\frac{i}{\sqrt{3}} \\ -\frac{1}{\sqrt{3}} & -i\sqrt{\frac{2}{3}} \end{pmatrix} \cdot \begin{pmatrix} 1 & i\sqrt{2} \\ -i\sqrt{2} & 2 \end{pmatrix} \cdot \begin{pmatrix} \sqrt{\frac{2}{3}} & -\frac{1}{\sqrt{3}} \\ \frac{i}{\sqrt{3}} & i\sqrt{\frac{2}{3}} \end{pmatrix} =$

$\begin{pmatrix} \sqrt{\frac{2}{3}} & -\frac{i}{\sqrt{3}} \\ -\frac{1}{\sqrt{3}} & -i\sqrt{\frac{2}{3}} \end{pmatrix} \cdot \begin{pmatrix} 0 & -\sqrt{3} \\ 0 & i\sqrt{6} \end{pmatrix} = \begin{pmatrix} 0 & 0 \\ 0 & 3 \end{pmatrix}.$

ii) Für die symmetrische Matrix B ist det $\begin{pmatrix} \lambda & 0 & -1 \\ 0 & \lambda-1 & 0 \\ -1 & 0 & \lambda \end{pmatrix} = \lambda^2(\lambda-1) -$

$(\lambda - 1) = (\lambda^2 - 1)(\lambda - 1) = (\lambda + 1)(\lambda - 1)^2$. Zum Eigenvektor -1 ist das

lineare Gleichungssystem $\begin{pmatrix} -1 & 0 & -1 \\ 0 & -2 & 0 \\ -1 & 0 & -1 \end{pmatrix} \begin{pmatrix} x_1 \\ x_2 \\ x_3 \end{pmatrix} = \begin{pmatrix} 0 \\ 0 \\ 0 \end{pmatrix}$ zu betrachten;

es folgt $x_2 = 0$ und $x_1 + x_3 = 0$, d.h. der entsprechende Eigenraum wird von $(1, 0, -1)^T$ aufgespannt. Für den Eigenwert 1 erhält man das lineare Glei-

chungssystem $\begin{pmatrix} 1 & 0 & -1 \\ 0 & 0 & 0 \\ -1 & 0 & 1 \end{pmatrix} \begin{pmatrix} x_1 \\ x_2 \\ x_3 \end{pmatrix} = \begin{pmatrix} 0 \\ 0 \\ 0 \end{pmatrix}$, was zu $x_1 = x_3$ äquivalent

ist. Deshalb ist der Eigenraum zum Eigenwert 1 eine Ebene, die z.B. von $(0, 1, 0)^T$ und $(1, 0, 1)^T$ aufgespannt wird.

Durch Normieren von $(1, 0, -1)^T$ erhält man $\frac{1}{\sqrt{2}}(1, 0, -1)^T$. Die Vektoren $(0, 1, 0)^T$ und $(1, 0, 1)^T$ sind schon orthogonal zueinander, und der erste hat die Länge 1. Es genügt also $(1, 0, 1)^T$ zu normieren, und damit erhalten wir

eine Orthonormalbasis $\begin{pmatrix} 0 \\ 1 \\ 0 \end{pmatrix}$, $\frac{1}{\sqrt{2}} \begin{pmatrix} 1 \\ 0 \\ 1 \end{pmatrix}$ des Eigenraums zum Eigenwert 1.

Die Matrix $Q := \begin{pmatrix} \frac{1}{\sqrt{2}} & 0 & \frac{1}{\sqrt{2}} \\ 0 & 1 & 0 \\ -\frac{1}{\sqrt{2}} & 0 & \frac{1}{\sqrt{2}} \end{pmatrix}$ muss laut Theorie orthogonal sein; sie

ist es auch, da

$$Q^T \cdot Q = \begin{pmatrix} \frac{1}{\sqrt{2}} & 0 & -\frac{1}{\sqrt{2}} \\ 0 & 1 & 0 \\ \frac{1}{\sqrt{2}} & 0 & \frac{1}{\sqrt{2}} \end{pmatrix} \cdot \begin{pmatrix} \frac{1}{\sqrt{2}} & 0 & \frac{1}{\sqrt{2}} \\ 0 & 1 & 0 \\ -\frac{1}{\sqrt{2}} & 0 & \frac{1}{\sqrt{2}} \end{pmatrix} = \begin{pmatrix} 1 & 0 & 0 \\ 0 & 1 & 0 \\ 0 & 0 & 1 \end{pmatrix}$$

gilt. Zu prüfen ist noch, ob $Q^T B Q$ die Diagonalmatrix $\begin{pmatrix} -1 & 0 & 0 \\ 0 & 1 & 0 \\ 0 & 0 & 1 \end{pmatrix}$ ergibt.

Es gilt tatsächlich:

$$\begin{pmatrix} \frac{1}{\sqrt{2}} & 0 & -\frac{1}{\sqrt{2}} \\ 0 & 1 & 0 \\ \frac{1}{\sqrt{2}} & 0 & \frac{1}{\sqrt{2}} \end{pmatrix} \cdot \begin{pmatrix} 0 & 0 & 1 \\ 0 & 1 & 0 \\ 1 & 0 & 0 \end{pmatrix} \cdot \begin{pmatrix} \frac{1}{\sqrt{2}} & 0 & \frac{1}{\sqrt{2}} \\ 0 & 1 & 0 \\ -\frac{1}{\sqrt{2}} & 0 & \frac{1}{\sqrt{2}} \end{pmatrix} =$$

$$\begin{pmatrix} -\frac{1}{\sqrt{2}} & 0 & \frac{1}{\sqrt{2}} \\ 0 & 1 & 0 \\ \frac{1}{\sqrt{2}} & 0 & \frac{1}{\sqrt{2}} \end{pmatrix} \cdot \begin{pmatrix} \frac{1}{\sqrt{2}} & 0 & \frac{1}{\sqrt{2}} \\ 0 & 1 & 0 \\ -\frac{1}{\sqrt{2}} & 0 & \frac{1}{\sqrt{2}} \end{pmatrix} = \begin{pmatrix} -1 & 0 & 0 \\ 0 & 1 & 0 \\ 0 & 0 & 1 \end{pmatrix}.$$

Aufgabe 70

Welche der folgenden Matrizen sind orthogonal, unitär, hermitesch?

i) $A = \begin{pmatrix} 0 & 1 \\ 1 & 0 \end{pmatrix}$.   ii) $B = \begin{pmatrix} 1 & 0 \\ 1 & 1 \end{pmatrix}$.   iii) $C = \begin{pmatrix} 1 & 1 \\ 1 & 0 \end{pmatrix}$.

iv) $D = \frac{1}{2} \begin{pmatrix} 1+i & 1-i \\ 1-i & 1+i \end{pmatrix}$ v) $F = \frac{1}{3} \begin{pmatrix} 2 & -2 & 1 \\ 1 & 2 & 2 \\ -2 & -1 & 2 \end{pmatrix}$.

Lösung:

Eine reelle quadratische Matrix $A \in M_n(\mathbb{R})$ heißt **orthogonal**, falls $A^T A = E_n$ gilt. Eine komplexe quadratische Matrix $A \in M_n(\mathbb{C})$ heißt **unitär**, falls $\overline{A}^T A = E_n$ gilt. Eine komplexe quadratische Matrix $A \in M_n(\mathbb{C})$ heißt **hermitesch**, falls $A = \overline{A}^T$ gilt.

i) $A = A^T$ und $A^T \cdot A = A^2 = \begin{pmatrix} 0 & 1 \\ 1 & 0 \end{pmatrix} \begin{pmatrix} 0 & 1 \\ 1 & 0 \end{pmatrix} = \begin{pmatrix} 1 & 0 \\ 0 & 1 \end{pmatrix}$. Also ist A orthogonal (und damit unitär) und hermitesch, da $\overline{A}^T = A^T = A$ gilt.

ii) $\overline{B}^T = B^T = \begin{pmatrix} 1 & 1 \\ 0 & 1 \end{pmatrix} \neq B$; deshalb ist B keine hermitesche Matrix. Es gilt $B^T B = \begin{pmatrix} 1 & 1 \\ 0 & 1 \end{pmatrix} \begin{pmatrix} 1 & 0 \\ 1 & 1 \end{pmatrix} = \begin{pmatrix} 2 & 1 \\ 1 & 1 \end{pmatrix}$; das zeigt, dass B weder orthogonal noch unitär ist.

iii) $\overline{C}^T = C^T = C$; also ist C hermitesch. Es gilt $\overline{C}^T C = C^T C = C^2 = \begin{pmatrix} 1 & 1 \\ 1 & 0 \end{pmatrix} \begin{pmatrix} 1 & 1 \\ 1 & 0 \end{pmatrix} = \begin{pmatrix} 2 & 1 \\ 1 & 1 \end{pmatrix}$. Deshalb ist C weder orthogonal noch unitär.

iv) $\overline{D}^T = \frac{1}{2} \begin{pmatrix} 1-i & 1+i \\ 1+i & 1-i \end{pmatrix} \neq D$ zeigt, dass D nicht hermitesch ist. D ist nicht reell; also bleibt nur noch die Frage, ob D unitär ist. $\overline{D}^T \cdot D = \frac{1}{2} \begin{pmatrix} 1-i & 1+i \\ 1+i & 1-i \end{pmatrix} \cdot \frac{1}{2} \begin{pmatrix} 1+i & 1-i \\ 1-i & 1+i \end{pmatrix} = \frac{1}{4} \begin{pmatrix} 2+2 & 0 \\ 0 & 2+2 \end{pmatrix} = \begin{pmatrix} 1 & 0 \\ 0 & 1 \end{pmatrix} = E_2$. Also: D ist unitär.

v) Man hat $\overline{F}^T = F^T = \frac{1}{3} \begin{pmatrix} 2 & 1 & -2 \\ -2 & 2 & -1 \\ 1 & 2 & 2 \end{pmatrix} \neq F$. Es gilt

$$F^T \cdot F = \frac{1}{9} \cdot \begin{pmatrix} 2 & 1 & -2 \\ -2 & 2 & -1 \\ 1 & 2 & 2 \end{pmatrix} \cdot \begin{pmatrix} 2 & -2 & 1 \\ 1 & 2 & 2 \\ -2 & -1 & 2 \end{pmatrix} = \frac{1}{9} \begin{pmatrix} 9 & 0 & 0 \\ 0 & 9 & 0 \\ 0 & 0 & 9 \end{pmatrix} = E_3 \,.$$

F ist also unitär, aber nicht hermitesch.

Aufgabe 71

Bestimmen Sie den Typ des Kegelschnittes der folgenden Gleichung in Abhängigkeit vom Parameter $a \in \mathbb{R}$:

$$x^2 + 2axy + y^2 - 2x - 4y + 4 = 0 \,.$$

Lösung:
Für $a = 0$ lässt sich die Gleichung in der Form $(x-1)^2 + (y-2)^2 - 1 = 0$ schreiben; dadurch wird der Kreis mit dem Mittelpunkt $(1,2)$ und dem Radius 1 beschrieben. Sei $a \neq 0$; mit $A := \begin{pmatrix} 1 & a \\ a & 1 \end{pmatrix}$, $\mathbf{b} := \begin{pmatrix} -1 \\ -2 \end{pmatrix}$ und

$\mathbf{x} = \begin{pmatrix} x \\ y \end{pmatrix}$ lautet die Gleichung $\mathbf{x}^T A \mathbf{x} + 2\mathbf{b}^T \mathbf{x} + 4 = 0$. Die Matrix A hat die Eigenwerte $1+a$ und $1-a$. Dazu sind $\begin{pmatrix} 1 \\ 1 \end{pmatrix}$ bzw. $\begin{pmatrix} -1 \\ 1 \end{pmatrix}$ Eigenvektoren.

$\frac{1}{\sqrt{2}} \begin{pmatrix} 1 \\ 1 \end{pmatrix}$ und $\frac{1}{\sqrt{2}} \begin{pmatrix} -1 \\ 1 \end{pmatrix}$ bilden eine zugehörige Orthonormalbasis von $\mathbb{R}^2$.

Mit $S := \frac{1}{\sqrt{2}} \begin{pmatrix} 1 & -1 \\ 1 & 1 \end{pmatrix}$ führen wir die Koordinatentransformation $\mathbf{x} = S\mathbf{x}'$ durch, und erhalten äquivalent zur gegebenen Gleichung:

$$(1 + a)x'^2 + (1 - a)y'^2 - 2\tfrac{3}{\sqrt{2}}x' - 2\tfrac{1}{\sqrt{2}}y' + 4 = 0 \, . \qquad (*)$$

Ist $a = -1$, so ergibt sich daraus $(y' - \tfrac{1}{2\sqrt{2}})^2 - \tfrac{3}{\sqrt{2}}x' + \tfrac{15}{8} = 0$. Das ist die Gleichung einer Parabel. Ist $a = 1$, so erhält man wieder eine Parabel, diesmal mit der Gleichung $(x' - \tfrac{3}{2\sqrt{2}})^2 - \tfrac{1}{\sqrt{2}}y' + \tfrac{7}{8} = 0$. Ist $a \in \mathbb{R} \backslash \{-1, 1, 0\}$, so kann man $(*)$ in

$$(1 + a)\left(x' - \frac{3}{\sqrt{2}(1 + a)}\right)^2 + (1 - a)\left(y' - \frac{1}{\sqrt{2}(1 - a)}\right)^2 - \frac{(2a - 1)^2}{1 - a^2} = 0$$

umformen. Diese Gleichung beschreibt eine Hyperbel für $|a| > 1$, eine Ellipse für $a \in]-1, \tfrac{1}{2}[\cup]\tfrac{1}{2}, 1[$ oder einen Punkt für $a = \tfrac{1}{2}$.

Aufgabe 72

Zeigen Sie, dass die folgende Gleichung ein elliptisches Paraboloid definiert:

$$3x^2 + 2y^2 + 4z^2 + 4xy + 4xz + 2x + 4y - 6z + \frac{44}{9} = 0 \, .$$

Bestimmen Sie die Symmetrieachse dieses Paraboloids und dessen Scheitelpunkt.

Lösung:

Mit $A = \begin{pmatrix} 3 & 2 & 2 \\ 2 & 2 & 0 \\ 2 & 0 & 4 \end{pmatrix}$, $\mathbf{b} = \begin{pmatrix} 1 \\ 2 \\ -3 \end{pmatrix}$ und $\mathbf{x} = \begin{pmatrix} x \\ y \\ z \end{pmatrix}$ lässt sich die Gleichung

in der Form $\mathbf{x}^T A \mathbf{x} + \mathbf{b}^T \mathbf{x} + \tfrac{44}{9} = 0$ schreiben. Die Matrix A hat die charakteristische Gleichung $\det(\lambda E_3 - A) = \lambda^3 - 9\lambda + 18\lambda = \lambda(\lambda - 3)(\lambda - 6)$, und damit die Eigenwerte $\lambda_1 = 6$, $\lambda_2 = 3$ und $\lambda_3 = 0$. $\mathbf{v}_1 = \tfrac{1}{3}(2, 1, 2)^T$, $\mathbf{v}_2 = \tfrac{1}{3}(1, 2, -2)^T$, $\mathbf{v}_3 = \tfrac{1}{3}(-2, 2, 1)^T$ sind Eigenvektoren von A zu λ_1, λ_2, bzw. λ_3. Sie bilden eine Orthonormalbasis von $\mathbb{R}^3$; mit der daraus gebildeten Matrix

$S := \tfrac{1}{3}\begin{pmatrix} 2 & 1 & -2 \\ 1 & 2 & 2 \\ 2 & -2 & 1 \end{pmatrix}$ führen wir die Koordinatentransformation $\mathbf{x} = S\mathbf{x}'$

durch. Wegen $\mathbf{b}^T \cdot S = \tfrac{1}{3}(-2, 11, -1)$ erhält man aus der gegebenen Gleichung $6x'^2 + 3y'^2 - \tfrac{4}{3}x' + \tfrac{22}{3}y' - \tfrac{2}{3}z' + \tfrac{44}{9} = 0$; anders geschrieben:

$$6\left(x' - \frac{1}{9}\right)^2 + 3\left(y' + \frac{11}{9}\right)^2 - \frac{1}{3}(2z' - 1) = 0 \, .$$

Das ist die Gleichung eines elliptischen Paraboloides mit der Symmetrieachse $x' = \frac{1}{9}$, $y' = -\frac{11}{9}$ und dem Scheitelpunkt $(\frac{1}{9}, -\frac{11}{9}, \frac{1}{2})$. In den ursprünglichen

Koordinaten ist $\left\{ \frac{1}{9} \begin{pmatrix} -3 \\ -7 \\ 8 \end{pmatrix} + \frac{t}{3} \begin{pmatrix} -2 \\ 2 \\ 1 \end{pmatrix} \middle| t \in \mathbb{R} \right\}$ die Symmetrieachse und

$\left(-\frac{2}{3}, -\frac{4}{9}, \frac{19}{18} \right)$ der Scheitelpunkt.

Aufgabe 73

Welche Art von Quadrik wird durch die Gleichung

$$7x^2 + 6y^2 + 5z^2 - 4xy - 4yz - 6x - 24y + 18z + 30 = 0$$

beschrieben?

Lösung:
Die Gleichung kann auch in der folgenden Gestalt geschrieben werden:

$$(x, y, z) \begin{pmatrix} 7 & -2 & 0 \\ -2 & 6 & -2 \\ 0 & -2 & 5 \end{pmatrix} \begin{pmatrix} x \\ y \\ z \end{pmatrix} + 2(-3, -12, 9) \begin{pmatrix} x \\ y \\ z \end{pmatrix} + 30 = 0 .$$

Die charakteristische Gleichung der Matrix $A := \begin{pmatrix} 7 & -2 & 0 \\ -2 & 6 & -2 \\ 0 & -2 & 5 \end{pmatrix}$ ist

$\det(\lambda E_3 - A) = \lambda^3 - 18\lambda^2 + 99\lambda - 162 = 0$. Die Nullstellen dieser Gleichung, also die Eigenwerte von A sind $\lambda_1 = 9$, $\lambda_2 = 6$, $\lambda_3 = 3$. Hieraus können wir bereits ablesen, dass es sich um ein Ellipsoid, um einen Punkt oder um die leere Menge handelt. Die Vektoren $\frac{1}{3}(2, -2, 1)^T$, $\frac{1}{3}(2, 1, -2)^T$ und $\frac{1}{3}(1, 2, 2)^T$ sind Eigenvektoren von A zu den Eigenwerten λ_1, λ_2, bzw. λ_3. Sie bilden eine Orthonormalbasis von $\mathbb{R}^3$, und die orthogonale Matrix

$S := \frac{1}{3} \begin{pmatrix} 2 & 2 & 1 \\ -2 & 1 & 2 \\ 1 & -2 & 2 \end{pmatrix}$ hat die Eigenschaft: $S^{-1}AS = \begin{pmatrix} 9 & 0 & 0 \\ 0 & 6 & 0 \\ 0 & 0 & 3 \end{pmatrix}$. We-

gen $(-3, -12, 9) \cdot S = (9, -12, -3)$ erhält man aus der gegebenen Gleichung mittels der Koordinatentransformation $\mathbf{x} = S\mathbf{x}'$ die Gleichung

$$9x'^2 + 6y'^2 + 3z'^2 + 18x' - 24y' - 6z' + 30 = 0$$

und daraus

$$9(x' + 1)^2 + 6(y' - 2)^2 + 3(z' - 1)^2 = 6 .$$

Mit einer weiteren Koordinatentransformation (nämlich einer Translation der Gestalt $x'' = x' + 1$, $y'' = y' - 2$ und $z'' = z' = 1$) erhält man die Normalform eines Ellipsoides mit den Halbachsen $\sqrt{\frac{2}{3}}, 1, \sqrt{2}$: $\frac{x''^2}{\frac{2}{3}} + \frac{y''^2}{1} + \frac{z''^2}{2} = 1$.

Insgesamt hat man die Koordinatentransformation

$$\begin{pmatrix} x \\ y \\ z \end{pmatrix} = \mathbf{x} = S\mathbf{x}'' + S \begin{pmatrix} -1 \\ 2 \\ 1 \end{pmatrix} = \frac{1}{3} \begin{pmatrix} 2x'' + 2y'' + z'' \\ -2x'' + y'' + 2z'' \\ x'' - 2y'' + 2z'' \end{pmatrix} + \begin{pmatrix} 1 \\ 2 \\ -1 \end{pmatrix} .$$

In den alten Koordinaten ist $(1, 2, -1)$ der Mittelpunkt des Ellipsoides, und die Achsen des Ellipsoides liegen auf den Geraden

$$\frac{x - 1}{2} = \frac{y - 2}{-2} = z + 1 , \quad \frac{x - 1}{2} = y - 2 = \frac{z + 1}{-2} , \quad \text{bzw.} \quad x - 1 = \frac{y - 2}{2} = \frac{z + 1}{2} ,$$

weil sie den x''-,y''-, bzw. z''-Achsen bezüglich der Koordinatentransformation $\mathbf{x} = S\mathbf{x}'' + (1, 2, -1)^T$ entsprechen.

Aufgabe 74

Bestimmen Sie den Typ der folgenden Fläche zweiter Ordnung in Abhängigkeit von der reellen Zahl a :

$$ax^2 + y^2 + az^2 + 2xz + 2x + 2y + 2az + 1 + 2a = 0 .$$

Lösung:

Die Gleichung wird mit den Bezeichnungen $A = \begin{pmatrix} a & 0 & 1 \\ 0 & 1 & 0 \\ 1 & 0 & a \end{pmatrix}, \mathbf{b} = \begin{pmatrix} 1 \\ 1 \\ a \end{pmatrix}$ und $\mathbf{x} = (x, y, z)^T$ wie folgt geschrieben: $\mathbf{x}^T A \mathbf{x} + \mathbf{x}^T \mathbf{b} + 1 + 2a = 0$. Das charakteristische Polynom

$$\det(\lambda E_3 - A) = (\lambda - a)^2(\lambda - 1) - (\lambda - 1) = (\lambda - 1)[(\lambda - a)^2 - 1]$$

hat die Nullstellen $\lambda_1 = 1$, $\lambda_2 = a + 1$ und $\lambda_3 = a - 1$. Für $a \in \mathbb{R} \backslash \{0, 2\}$ sind diese drei Eigenwerte paarweise verschieden. $\mathbf{v}_1 = (0, 1, 0)^T$, $\mathbf{v}_2 = (1, 0, 1)^T$ und $\mathbf{v}_3 = (1, 0, -1)^T$ sind Eigenvektoren zu λ_1, λ_2, bzw. λ_3. Für $a = 0$ gilt $\lambda_1 = \lambda_2 = 1$ und $\lambda_3 = -1$. Die Vektoren $\mathbf{v}_1$ und $\mathbf{v}_2$ bilden eine Basis des Eigenraumes zum Eigenvektor 1, während $\mathbf{v}_3$ ein Eigenvektor zu -1 ist. Für $a = 2$ bilden $\mathbf{v}_1$ und $\mathbf{v}_3$ eine Basis des Eigenraumes zu $1 = \lambda_1 = \lambda_3$; $\mathbf{v}_2$ ist ein Eigenvektor zu $\lambda_2 = 3$. Setzt man $S = \frac{1}{\sqrt{2}} \begin{pmatrix} 0 & 1 & 1 \\ \sqrt{2} & 0 & 0 \\ 0 & 1 & -1 \end{pmatrix}$, so gilt $S^{-1} = \sqrt{2} \begin{pmatrix} 0 & \frac{1}{\sqrt{2}} & 0 \\ \frac{1}{2} & 0 & \frac{1}{2} \\ \frac{1}{2} & 0 & -\frac{1}{2} \end{pmatrix}$, $S^{-1}AS = \begin{pmatrix} 1 & 0 & 0 \\ 0 & a+1 & 0 \\ 0 & 0 & a-1 \end{pmatrix}$. Mit der

Substitution $\mathbf{x} = S\mathbf{x}'$ erhält man

$$x'^2 + (a+1)y'^2 + (a-1)z'^2 + 2x' + \sqrt{2}(a+1)y' + \sqrt{2}(1-a)z' + 1 + 2a = 0 \ .$$

Äquivalent dazu ist $(x'+1)^2 + (a+1)(y'+\frac{1}{\sqrt{2}})^2 + (a-1)(z'-\frac{1}{\sqrt{2}})^2 = a$. Diese
Gleichung (und damit auch die ursprüngliche Gleichung) definiert für $a < -1$
ein zweischaliges Hyperboloid, für $a = 1$ einen hyperbolischen Zylinder, für
$a \in]-1,0[$ ein einschaliges Hyperboloid, für $a = 0$ einen elliptischen Kegel
und für $a \in]0,1[$ ein zweischaliges Hyperboloid. Für $a \geq 1$ erhält man die
leere Menge. (Das sieht man sofort für $a = 1$, da die ursprüngliche Gleichung
in der Form $(x + z + 1)^2 + (y + 1)^2 + 2 = 0$ geschrieben werden kann!)

Aufgabe 75

Untersuchen Sie die Konvergenz der folgenden Folgen und geben Sie gegebenenfalls den Grenzwert an.

i) $\mathbf{a}_n := (\frac{1}{n}\cos n, \log(2 - \frac{1}{n}))^T$.

ii) $\mathbf{b}_n := (\frac{\sin\frac{1}{n}}{n}, \cos n\pi)^T$.

iii) $\mathbf{c}_n := (\frac{n^2+n+1}{n^4+n^2+1}, \frac{1}{n}\cos n, n\sin\frac{\pi}{n})^T$.

iv) $\mathbf{d}_n := ((1 + \frac{1}{n})^n, n\sin\frac{n\pi}{2}, \frac{1}{n}\ln n)^T$.

v) $\mathbf{e}_n := (\sum_{k=1}^{n}(-1)^k\frac{1}{k}, \sum_{k=1}^{n}\frac{1}{k^2}, \sum_{k=1}^{n}\frac{1}{k\cdot 2^k})^T$.

vi) $\mathbf{f}_n := (\frac{n^2+2n-1}{n^2+n+1}, \frac{1}{n}\cos n - \tan\frac{1}{n}, \sum_{k=0}^{n}(\frac{1}{3^k} - \frac{1}{5^k}))^T$.

Hinweis: Es gilt: $\sum_{k=1}^{\infty}\frac{1}{k^2} = \frac{\pi^2}{6}$. Dies kann man als Nebenprodukt von Beispielen über Fourierreihen gewinnen (siehe Kapitel 3). $\sum_{k=1}^{\infty}(-1)^k\frac{1}{k}$ und
$\sum_{k=1}^{\infty}\frac{1}{k\cdot 2^k}$ können Sie aus der Taylor-Reihe von $\ln(1 + x)$ erhalten.

Lösung:

i) Es gilt $|\frac{1}{n}\cos n| \leq \frac{1}{n}$ und deshalb ist $\lim\limits_{n\to\infty} \frac{1}{n}\cos n = 0$. Wegen der Stetigkeit
von $\ln$ folgt $\lim\limits_{n\to\infty} \ln(2 - \frac{1}{n}) = \ln 2$. Also: $\lim\limits_{n\to\infty} \mathbf{a}_n = (0, \ln 2)^T$.

ii) $\lim\limits_{n\to\infty} \frac{\sin\frac{1}{n}}{n} = 0$, da $|\sin\frac{1}{n}| \leq 1$ gilt. Dagegen hat die Folge $(\cos n\pi)_{n\geq 1}$
keinen Grenzwert, da diese Folge die alternierende Folge $(-1, 1, -1, 1, ...)$ ist.
Deshalb konvergiert die Folge $(\mathbf{b}_n)_{n\geq 1}$ nicht.

iii) Es gilt: $\lim\limits_{n\to\infty} \frac{n^2+n+1}{n^4+n^2+1} = \lim\limits_{n\to\infty} \frac{1+\frac{1}{n}+\frac{1}{n^2}}{n^2(1+\frac{1}{n^2}+\frac{1}{n^4})} = 0$, $\lim\limits_{n\to\infty} \frac{1}{n}\cos n = 0$, und $\lim\limits_{n\to\infty} n\sin\frac{\pi}{n} = \lim\limits_{n\to\infty}\pi\frac{\sin\frac{\pi}{n}}{\frac{\pi}{n}} = \pi\lim_{n\to\infty}\frac{\sin\frac{\pi}{n}}{\frac{\pi}{n}} = \pi$, weil $\lim\limits_{x\to 0}\frac{\sin x}{x} =$

$\lim\limits_{x\to 0}\frac{\cos x}{1} = 1$ nach der Regel von de l'Hospital. Also: $\lim\limits_{n\to\infty}\mathbf{c}_n = (0\,,\,0\,,\pi)^T$.

iv) Bekanntlich gilt $\lim\limits_{n\to\infty}(1+\frac{1}{n})^n = e$. Für $n = 4k+1$ gilt $n\sin\frac{n\pi}{2} =$

$(4k+1)\sin(2k\pi + \frac{\pi}{2}) = 4k+1$. Die Folge $(n\sin\frac{n\pi}{2})_{n\geq 1}$ enthält also eine divergente Teilfolge. Sie ist also divergent, und damit ist die gegebene Folge in $\mathbb{R}^3$ auch divergent. (Die dritte Komponente braucht man gar nicht mehr zu untersuchen!).

v) Die Reihe $\sum_{k=1}^\infty (-1)^k\frac{1}{k}$ ist bekanntlich konvergent. (Dies zeigt man z.B. mit Hilfe des Leibnizschen Kriteriums). Die Reihe $\sum_{k=1}^\infty\frac{1}{k^2}$ ist konvergent. Auch die Reihe $\sum_{k=1}^\infty\frac{1}{k\cdot 2^k}$ ist (wegen $\frac{1}{k\cdot 2^k}\leq\frac{1}{2^k}$ und der Konvergenz der geometrischen Reihe) konvergent. Aus

$$\ln(1+x) = x - \frac{x^2}{2} + \frac{x^3}{3} - \frac{x^4}{4} + \frac{x^5}{5} - \frac{x^6}{6} + \dots$$

ergibt sich für $x = 1$ und $x = -\frac{1}{2}$:

$\ln 2 = \sum_{k=1}^\infty (-1)^{k+1}\frac{1}{k} = -\sum_{k=1}^\infty(-1)^k\frac{1}{k}$, $-\ln 2 = \ln(\frac{1}{2}) = \ln(1-\frac{1}{2}) =$

$-\sum_{k=1}^\infty\frac{1}{k\cdot 2^k}$. Also: $\lim\limits_{n\to\infty}\mathbf{e}_n = (-\ln 2\,,\,\frac{\pi^2}{6}\,,\ln 2)^T$.

vi) Wegen $\lim_{n\to\infty}\frac{n^2+2n-1}{n^2+n+1} = \lim\limits_{n\to\infty}\frac{1+\frac{2}{n}-\frac{1}{n^2}}{1+\frac{1}{n}+\frac{1}{n^2}} = 1$, $\lim\limits_{n\to\infty}\frac{1}{n}\cos n = 0$,

$\lim\limits_{n\to\infty}\tan\frac{1}{n} = 0$, $\sum_{k=0}^\infty\frac{1}{3^k} = \frac{1}{1-\frac{1}{3}} = \frac{3}{2}$ und $\sum_{k=0}^\infty\frac{1}{5^k} = \frac{1}{1-\frac{1}{5}} = \frac{5}{4}$ ist die

Folge $(\mathbf{f}_n)$ konvergent und ihr Grenzwert gleich $(1,0,\frac{1}{4})^T$.

Aufgabe 76

Sei $f:\mathbb{R}^2\to\mathbb{R}$ die durch $f(x_1,x_2) := \frac{1}{x_1^2+x_2^2+9}$ definierte Funktion. Bestimmen Sie für alle natürlichen Zahlen $n\geq 1$ die Höhenlinien

$$H_{\frac{1}{n^2}}(f) := \left\{(x_1,x_2)^T\in\mathbb{R}^2\mid f(x_1,x_2) = \frac{1}{n^2}\right\}.$$

Lösung:

Die Gleichung $f(x_1,x_2) = \frac{1}{n^2}$ lässt sich zu $x_1^2 + x_2^2 = n^2 - 9$ umformen. Für $n = 1$ und $n = 2$ gibt es keine Lösung (in $\mathbb{R}^2$) dieser Gleichung. Für $n = 3$ erfüllt nur der Nullpunkt $\mathbf{0}$ die obige Gleichung. Also: $H_{\frac{1}{9}}(f) = \{\mathbf{0}\}$. Schließlich ist $H_{\frac{1}{n^2}}(f)$ für $n\geq 4$ die Kreislinie mit dem Mittelpunkt $\mathbf{0}$ und dem Radius $\sqrt{n^2-9}$.

Aufgabe 77

Es sei $f : \mathbb{R}^2 \backslash \{0\} \to \mathbb{R}$, $f(x_1, x_2) := \frac{x_1^3 + x_2 \sin x_1}{x_1^2 + x_2^2}$. Kann man f in $(0,0)^T$ stetig fortsetzen?

Lösung:
Nein! Man kann f in 0 durch den Wert $a \in \mathbb{R}$ genau dann stetig fortsetzen, wenn f in 0 einen Grenzwert a besitzt. Die folgenden Betrachtungen zeigen, dass es ein solches a hier nicht gibt. Es gilt $\lim\limits_{x_1 \to 0} f(x_1, 0) = \lim\limits_{x_1 \to 0} \frac{x_1^3 + 0}{x_1^2 + 0} = \lim\limits_{x_1 \to 0} x_1 = 0$, $\lim\limits_{x_2 \to 0} f(0, x_2) = \lim\limits_{x_2 \to 0} \frac{0+0}{0+x_2^2} = 0$, aber

$$\lim_{t \to 0} f(t,t) = \lim_{t \to 0} \frac{t^3 + t \sin t}{t^2 + t^2} = \lim_{t \to 0} \left(\frac{t}{2} + \frac{\sin t}{2t} \right) = \frac{1}{2} ,$$

$$\lim_{t \to 0} f(t, 3t) = \lim_{t \to 0} \frac{t^3 + 3t \sin t}{t^2 + 9t^2} = \frac{3}{10} .$$

Aufgabe 78

Sei 0 der Nullpunkt in $\mathbb{R}^2$. Für jede natürliche Zahl $n \geq 1$ betrachte man die Funktion $f_n : \mathbb{R}^2 \backslash \{0\} \to \mathbb{R}$, $f_n(x_1, x_2) := \frac{x_2^n}{x_1^4 + x_2^4}$. Bestimmen Sie alle $n \geq 1$, für welche f_n in 0 stetig fortsetzbar ist, d.h.: Für welche $n \geq 1$ existiert $\lim\limits_{(x_1, x_2)^T \to 0} f_n(x_1, x_2)$?

Lösung:
Für $n = 1, 2, 3$ und 4 und alle $k \geq 1$ gilt: $f_n(\frac{1}{k}, 0) = 0$ und $f_n(0, \frac{1}{k}) = k^{4-n}$. Deshalb existiert der Grenzwert von f_n für $n \leq 4$ im Nullpunkt nicht. Für $n \geq 5$ hat man

$$|f_n(x_1, x_2)| = \frac{|x_2|^n}{x_1^4 + x_2^4} = \frac{x_2^4}{x_1^4 + x_2^4} \cdot |x_2|^{n-4} \leq |x_2|^{n-4} ,$$

und deshalb ist der Grenzwert von f_n in 0 gleich Null. Durch die Hinzunahme des Wertes 0 für den Punkt 0 lässt sich also f_n für $n \geq 5$ zu einer stetigen Funktion auf $\mathbb{R}^2$ fortsetzen.

Aufgabe 79

Seien n_1 und n_2 mit $n_1 \geq n_2 \geq 1$ natürliche Zahlen. Seien f_{n_1, n_2} und g_{n_1, n_2} die durch

$$f_{n_1, n_2}(x_1, x_2) := \frac{x_1^{n_1} x_2^{n_2}}{x_1^2 + x_2^2} \quad \text{und} \quad g_{n_1, n_2}(x_1, x_2) := \frac{x_1^{n_1} + x_2^{n_2}}{x_1^2 + x_2^2}$$

auf $\mathbb{R}^2\backslash\{0\}$ definierten Funktionen. Für welche (n_1, n_2) ist f_{n_1,n_2} bzw. g_{n_1,n_2} in 0 zu einer stetigen Funktion auf $\mathbb{R}^2$ fortsetzbar?

Hinweis: Betrachten Sie die folgenden Spezialfälle:
i) $n_1 = n_2 = 1$, ii) $n_1 \geq 2$, $n_2 = 1$, iii) $n_1 = n_2 = 2$, iv) $n_1 \geq 3$, $n_2 = 2$, v) $n_2 \geq 3$.

Lösung:

Als rationale Funktionen sind f_{n_1,n_2} und g_{n_1,n_2} stetig auf $\mathbb{R}^2\backslash\{0\}$.

i) Sei $m \in \mathbb{R}$ und $(x_1, x_2)^T = (t, mt)^T$. Geht man auf der Geraden $x_2 = mx_1$ gegen 0, so gilt: $\lim\limits_{t\to 0} f_{1,1}(t, mt) = \lim\limits_{t\to 0} \frac{mt^2}{t^2+m^2t^2} = \frac{m}{1+m^2}$, $\lim\limits_{t\to 0} g_{1,1}(t, mt) =$ $\lim\limits_{t\to 0} \frac{t+mt}{t^2+m^2t^2}$. Beide Grenzwerte existieren also in 0 nicht; im ersten Fall, weil das Ergebnis von m abhängig ist, im zweiten, weil für $m = -1$ der Grenzwert 0 ist, während für $m > -1$ gilt:

$$\lim_{t\to 0+} \frac{t+mt}{t^2+m^2t^2} = \infty \; , \; \lim_{t\to 0-} \frac{t+mt}{t^2+m^2t^2} = -\infty \; .$$

ii) Wegen $\frac{|x_1^2 x_2|}{x_1^2+x_2^2} \leq |x_2|$ folgt $\frac{|x_1^{n_1} x_2|}{x_1^2+x_2^2} \leq |x_1|^{n_1-2}|x_2|$ und damit gilt für $n_1 \geq 2 :$ $\lim\limits_{(x_1,x_2)\to 0} f_{n_1,1}(x_1, x_2) = 0$. $f_{n_1,1}$ ist durch den Wert 0 in 0 fortsetzbar. $\lim\limits_{x_1\to 0} g_{2,1}(x_1, 0) = 1$, $\lim\limits_{x_2\to 0+} g_{2,1}(0, x_2) = \infty$, und für $n_1 \geq 3$ $\lim\limits_{x_1\to 0} g_{n_1,1}(x_1, 0) = 0$, $\lim\limits_{x_2\to 0+} g_{n_1,1}(0, x_2) = \infty$ zeigen, dass $g_{n_1,1}$ für $n_1 \geq 2$ in 0 nicht stetig fortgesetzt werden kann.

iii) $g_{2,2}(x_1, x_2) = 1$ für alle $(x_1, x_2)^T \in \mathbb{R}^2\backslash\{0\}$. Deshalb ist $g_{2,2}$ durch 1 in 0 stetig fortsetzbar. Wegen $0 \leq \frac{x_1^2 x_2^2}{x_1^2+x_2^2} \leq \min(x_1^2, x_2^2)$ folgt, dass $f_{2,2}$ in 0 durch den Wert 0 stetig fortgesetzt werden kann.

iv) Für $n_1 \geq 3$ gilt $\lim\limits_{x_1\to 0} f_{n_1,2}(x_1, 0) = 0$, $\lim\limits_{x_2\to 0} f_{n_1,2}(0, x_2) = 1$ und $0 \leq g_{n_1,2}(x_1, x_2) \leq \min(x_1^{n_1}, x_2^2)$. Deshalb ist $f_{n_1,2}$ nicht stetig fortsetzbar in 0, während $g_{n_1,2}$ durch den Wert 0 stetig fortsetzbar in 0 ist.

v) Wegen $|\frac{x_1^{n_1}+x_2^{n_2}}{x_1^2+x_2^2}| \leq 2\max(|x_1|, |x_2|)$ für $n_2 \geq 3$ und $|x_1|, |x_2| \leq 1$ sowie $|\frac{x_1^{n_1} x_2^{n_2}}{x_1^2+x_2^2}| \leq \min(|x_1|^{n_1}, |x_2|^{n_2})$ für $n_2 \geq 3$ und $|x_1|, |x_2| \leq 1$ sind f_{n_1,n_2} und g_{n_1,n_2} in 0 durch den Wert 0 stetig fortsetzbar.

Aufgabe 80

Bestimmen Sie die größte offene Teilmenge D von $\mathbb{R}^2$, auf welcher durch $f(x, y) := (xy)^{xy}$ eine Funktion definiert ist. Berechnen Sie die partiellen Ableitungen von f .

Lösung:

$f(x_0, y_0)$ ist wohl definiert, wenn $x_0 y_0 > 0$ gilt. Ist $x_0 y_0 = 0$, so ist f in $(x_0, y_0)^T$ nicht definiert. Ist $x_0 y_0 < 0$, so kann es manchmal sein, dass $(x_0 y_0)^{x_0 y_0}$ sinnvoll ist, nämlich wenn $x_0 y_0$ eine negative ganze Zahl oder ein negativer Bruch mit ungeradem Nenner ist. In jeder Umgebung von $(x_0, y_0)^T$ liegen aber Punkte, in welchen f nicht definiert ist. Ist nämlich $x_0 y_0$ ganzzahlig und negativ oder ein negativer Bruch mit ungeradem Nenner, so gibt es ein $n_0 \in \mathbb{N}$, so dass der Bruch $x_0 y_0 + \frac{1}{2^n}$ negativ für alle $n \geq n_0$ ist. (Im Falle $x_0 y_0$ ganzzahlig negativ gilt sogar $n_0 = 1$.) Für alle $n \geq n_0$ ist $(x_0 y_0 + \frac{1}{2^n})^{2^n x_0 y_0 + 1}$ definiert, aber die 2^n-te Wurzel daraus nicht. Die Folge $(x_0 + \frac{1}{2^n y_0}, y_0)^T_{n \geq n_0}$ konvergiert gegen $(x_0, y_0)^T$, aber f ist darauf nicht definiert. Deshalb ist die größte offene Menge $D \subset \mathbb{R}^2$, auf welcher f definiert ist, die Vereinigung des offenen, ersten Quadranten mit dem offenen, dritten Quadranten, d.h.

$$D := \{(x,y)^T \in \mathbb{R}^2 \mid x > 0, y > 0\} \cup \{(x,y)^T \in \mathbb{R}^2 \mid x < 0, y < 0\} .$$

Es gilt in jedem $(x,y)^T$ aus D : $\frac{\partial f}{\partial x}(x,y) = \frac{\partial}{\partial x}\left(\exp(xy \ln(xy))\right) = \exp(xy \ln(xy)) \cdot [y \ln(xy) + xy \cdot \frac{y}{xy}] = (xy)^{xy} \cdot y[\ln(xy) + 1]$. Analog zeigt man: $\frac{\partial f}{\partial y}(xy) = (xy)^{xy} \cdot x[\ln(xy) + 1]$.

Aufgabe 81

Es sei $f : \mathbb{R}^2 \to \mathbb{R}$,

$$f(x_1, x_2) = \begin{cases} \frac{x_1^3 + x_2 \sin x_1}{x_1^2 + x_2^2} & \text{für } \begin{pmatrix} x_1 \\ x_2 \end{pmatrix} \neq \begin{pmatrix} 0 \\ 0 \end{pmatrix}, \\ 0 & \text{für } \begin{pmatrix} x_1 \\ x_2 \end{pmatrix} = \begin{pmatrix} 0 \\ 0 \end{pmatrix}. \end{cases}$$

a)   Ist f partiell differenzierbar in $\mathbf{0}$?

b)   Ist f differenzierbar in $\mathbf{0}$?

Lösung:

a) $\lim_{x_1 \to 0} \dfrac{f(x_1, 0) - f(0,0)}{x_1 - 0} = \lim_{x_1 \to 0} \dfrac{x_1 - 0}{x_1 - 0} = 1$;   also: $\dfrac{\partial f}{\partial x_1}(0,0) = 1$.

$\lim_{x_2 \to 0} \dfrac{f(0, x_2) - f(0,0)}{x_2 - 0} = \lim_{x_2 \to 0} \dfrac{0 - 0}{x_2 - 0} = 0$;   also: $\dfrac{\partial f}{\partial x_2}(0,0) = 0$.

f ist deshalb partiell differenzierbar in $\mathbf{0}$.

b) f ist (laut Aufgabe 77) nicht stetig in $\mathbf{0}$, und damit auch nicht differenzierbar in $\mathbf{0}$.

Aufgabe 82

a) Bestimmen Sie für $f(x,y,z) := \frac{\sin x}{x^2+y^2+z^2}$ den maximalen Definitionsbereich D_f in $\mathbb{R}^3$.

b) Ist $f : D_f \to \mathbb{R}^3$ in $(0,0,0)^T = \mathbf{0}$ stetig fortsetzbar?

c) Berechnen Sie die partiellen Ableitungen erster und zweiter Ordnung der Funktion f .

Hinweis: Die neun Ableitungen zweiter Ordnung von f werden wie folgt definiert: $\frac{\partial^2 f}{\partial x^2} = \frac{\partial}{\partial x}\left(\frac{\partial f}{\partial x}\right)$, $\frac{\partial^2 f}{\partial x \partial y} = \frac{\partial}{\partial x}\left(\frac{\partial f}{\partial y}\right)$, $\frac{\partial^2 f}{\partial y \partial x} = \frac{\partial}{\partial y}\left(\frac{\partial f}{\partial x}\right)$, usw.

Lösung:

a) D_f ist $\mathbb{R}^3 \backslash \{\mathbf{0}\}$.

b) Es gilt $\lim\limits_{x \to 0+} f(x,0,0) = \lim\limits_{x \to 0+} \frac{\sin x}{x^2} = \infty$, und deshalb ist f in $\mathbf{0}$ nicht stetig fortsetzbar.

c) Die partiellen Ableitungen erster und zweiter Ordnung von f sind:

$$\frac{\partial f}{\partial x}(x,y,z) = f_x(x,y,z) = \frac{(x^2+y^2+z^2)\cos x - 2x\sin x}{(x^2+y^2+z^2)^2} \ ,$$

$$\frac{\partial f}{\partial y}(x,y,z) = f_y(x,y,z) = -\frac{2y\sin x}{(x^2+y^2+z^2)^2} \ ,$$

$$\frac{\partial f}{\partial z}(x,y,z) = f_z(x,y,z) = -\frac{2z\sin x}{(x^2+y^2+z^2)^2} \ ,$$

$$\frac{\partial^2 f}{\partial x^2}(x,y,z) = f_{xx}(x,y,z) = \frac{2(4x^2-1)\sin x - (x^2+y^2+z^2)(\sin x + 4x\cos x)}{(x^2+y^2+z^2)^3} \ ,$$

$$\frac{\partial^2 f}{\partial y^2}(x,y,z) = f_{yy}(x,y,z) = 2\sin x \frac{3y^2-x^2-z^2}{(x^2+y^2+z^2)^3} \ ,$$

$$\frac{\partial^2 f}{\partial z^2}(x,y,z) = f_{zz}(x,y,z) = 2\sin x \frac{3z^2-x^2-y^2}{(x^2+y^2+z^2)^3} \ ,$$

$$\frac{\partial^2 f}{\partial x \partial y}(x,y,z) = f_{xy}(x,y,z) = 2y\frac{4x\sin x - (x^2+y^2+z^2)\cos x}{(x^2+y^2+z^2)^3} = f_{yx}(x,y,z) \ ,$$

$$\frac{\partial^2 f}{\partial x \partial z}(x,y,z) = f_{xz}(x,y,z) = 2z\frac{4x\sin x - (x^2+y^2+z^2)\cos x}{(x^2+y^2+z^2)^3} = f_{zx}(x,y,z) \ ,$$

$$\frac{\partial^2 f}{\partial y \partial z}(x,y,z) = f_{yz}(x,y,z) = \frac{8yz\sin x}{(x^2+y^2+z^2)^3} = f_{zy}(x,y,z) \ .$$

Bemerkung:

Der Satz von Schwarz zeigt, dass die Gleichungen $\frac{\partial^2 f}{\partial x \partial y} = \frac{\partial^2 f}{\partial y \partial x}$, $\frac{\partial^2 f}{\partial x \partial z} = \frac{\partial^2 f}{\partial z \partial x}$ und $\frac{\partial^2 f}{\partial y \partial z} = \frac{\partial^2 f}{\partial z \partial y}$ kein Zufall sind! Sie gelten wegen der Stetigkeit von $\frac{\partial^2 f}{\partial x \partial y}$, $\frac{\partial^2 f}{\partial y \partial z}$ und $\frac{\partial^2 f}{\partial z \partial x}$.

Aufgabe 83

Bestimmen Sie die größte offene Teilmenge D von $\mathbb{R}^2$, auf welcher die Zuordnung $(x, y)^T \mapsto \mathbf{f}(x, y) := (e^y + \arcsin(\frac{x}{y}), e^x + \arctan(\frac{x}{y}))^T$ definiert ist. Berechnen Sie die (totale) Ableitung von $\mathbf{f} : D \to \mathbb{R}^2$.

Lösung:

Man hat $\quad D = \{(x, y)^T \in \mathbb{R}^2 \mid |x| < |y|\}$. Es gilt

$$\mathbf{f}'(x, y) = \begin{pmatrix} \frac{\partial}{\partial x}(e^y + \arcsin(\frac{x}{y})) & \frac{\partial}{\partial y}(e^y + \arcsin(\frac{x}{y})) \\ \frac{\partial}{\partial x}(e^x + \arctan(\frac{x}{y})) & \frac{\partial}{\partial y}(e^x + \arctan(\frac{x}{y})) \end{pmatrix}$$

$$= \begin{pmatrix} \frac{\frac{1}{y}}{\sqrt{1-\frac{x^2}{y^2}}} & e^y - \frac{\frac{x}{y^2}}{\sqrt{1-\frac{x^2}{y^2}}} \\ e^x + \frac{\frac{1}{y}}{1+\frac{x^2}{y^2}} & \frac{-\frac{x}{y^2}}{1+\frac{x^2}{y^2}} \end{pmatrix} = \begin{pmatrix} \frac{\operatorname{sgn} y}{\sqrt{y^2-x^2}} & e^y - \frac{x}{|y|\sqrt{y^2-x^2}} \\ e^x + \frac{y}{x^2+y^2} & -\frac{x}{x^2+y^2} \end{pmatrix}.$$

Dabei ist $\frac{|y|}{y} = \operatorname{sgn} y = \begin{cases} +1 & \text{, falls } y > 0, \\ -1 & \text{, falls } y < 0. \end{cases}$

Aufgabe 84

Es sei $\mathbf{f} : \mathbb{R}^2 \to \mathbb{R}^2$, $(x_1, x_2)^T \mapsto \mathbf{f}(x_1, x_2) := (e^{x_1} \sin x_2, e^{x_1} \cos x_2)^T$.

a) Zeigen Sie, dass $\mathbf{f}$ in jedem Punkt differenzierbar ist.
b) Berechnen Sie $\mathbf{f}'(x_1, x_2)$ und $\det \mathbf{f}'(x_1, x_2)$.
c) Bestimmen Sie das Bild B von $\mathbf{f}$.
d) Ist $\mathbf{f}$ in jedem Punkt von $\mathbb{R}^2$ lokal umkehrbar?
e) Ist $\mathbb{R}^2 \to B$, $(x_1, x_2)^T \mapsto \mathbf{f}(x_1, x_2)$ global umkehrbar?

Lösung:

a) Die beiden Komponenten von $\mathbf{f}$ sind in jedem Punkt von $\mathbb{R}^2$ differenzierbar, und damit auch $\mathbf{f}$.

b) Es gilt: $\quad \mathbf{f}'(x_1, x_2) = \begin{pmatrix} e^{x_1} \sin x_2 & e^{x_1} \cos x_2 \\ e^{x_1} \cos x_2 & -e^{x_1} \sin x_2 \end{pmatrix}$,

$$\det \mathbf{f}'(x_1, x_2) = -e^{2x_1} \sin^2 x_2 - e^{2x_1} \cos^2 x_2 = -e^{2x_1}.$$

c) Wegen $(e^{x_1} \sin x_2)^2 + (e^{x_1} \cos x_2)^2 = e^{2x_1} \neq 0$ liegt der Nullpunkt $\mathbf{0}$ nicht im Bild von $\mathbf{f}$. Ist $(u_1, u_2) \neq (0, 0)^T = \mathbf{0}$, so hat das Gleichungssystem $e^{x_1} \sin x_2 = u_1$, $e^{x_1} \cos x_2 = u_2$ Lösungen. x_1 ist durch $\frac{1}{2} \ln(u_1^2 + u_2^2)$ eindeutig bestimmt; x_2 ist bis auf ein Vielfaches von 2π durch $\sin x_2 = \frac{u_1}{\sqrt{u_1^2+u_2^2}}$, $\cos x_2 = \frac{u_2}{\sqrt{u_1^2+u_2^2}}$ eindeutig bestimmt. Also: $B = \mathbb{R}^2 \setminus \{\mathbf{0}\}$.

d) Ja! Das folgt wegen $\det \mathbf{f}'(x_1, x_2) \neq 0$ für jedes $(x_1, x_2)^T$ aus $\mathbb{R}^2$.

e) Nein! $(x_1, x_2)^T$ und $(x_1, x_2 + 2\pi)^T$ werden auf denselben Punkt abgebildet, d.h. $\mathbf{f}$ ist nicht injektiv.

Aufgabe 85

Seien $A := \{(r, \varphi, \psi)^T \in \mathbb{R}^3 \mid r > 0\}$, $\mathbf{t} : A \to \mathbb{R}^3$, $(r, \varphi, \psi)^T \mapsto \mathbf{t}(r, \varphi, \psi)$
$= (r \cos \varphi \cos \psi, r \cos \varphi \sin \psi, r \sin \varphi)^T$ und $u : \mathbb{R}^3 \to \mathbb{R}$ eine zweimal stetig differenzierbare Funktion. Ferner bezeichne $v : A \to \mathbb{R}^3$ die Komposition $u \circ \mathbf{t}$. Drücken Sie die partiellen Ableitungen von erster und zweiter Ordnung von v mit Hilfe der partiellen Ableitungen von erster und zweiter Ordnung von u aus.

Lösung:

Man hat also: $v(r, \varphi, \psi) = u(r \cos \varphi \cos \psi, r \cos \varphi \sin \psi, r \sin \varphi)$,

$$v_r = \frac{\partial(u \circ \mathbf{t})}{\partial r} = \frac{\partial u}{\partial x} \cdot \frac{\partial x}{\partial r} + \frac{\partial u}{\partial y} \cdot \frac{\partial y}{\partial r} + \frac{\partial u}{\partial z} \cdot \frac{\partial z}{\partial r}$$
$$= u_x \cos \varphi \cos \psi + u_y \cos \varphi \sin \psi + u_z \sin \varphi ,$$
$$v_\varphi = \frac{\partial(u \circ \mathbf{t})}{\partial \varphi} = \frac{\partial u}{\partial x} \cdot \frac{\partial x}{\partial \varphi} + \frac{\partial u}{\partial y} \cdot \frac{\partial y}{\partial \varphi} + \frac{\partial u}{\partial z} \cdot \frac{\partial z}{\partial \varphi}$$
$$= r(-u_x \sin \varphi \cos \psi - u_y \sin \varphi \sin \psi + u_z \cos \varphi) ,$$
$$v_\psi = \frac{\partial(u \circ \mathbf{t})}{\partial \psi} = \frac{\partial u}{\partial x} \cdot \frac{\partial x}{\partial \psi} + \frac{\partial u}{\partial y} \cdot \frac{\partial y}{\partial \psi} + \frac{\partial u}{\partial z} \cdot \frac{\partial z}{\partial \psi}$$
$$= r(-u_x \cos \varphi \sin \psi + u_y \cos \varphi \cos \psi) .$$

Da u zweimal stetig differenzierbar und $\mathbf{t}$ unendlich oft stetig differenzierbar sind, ist v zweimal stetig differenzierbar auf A, und es gilt: $u_{xy} = u_{yx}$, $u_{xz} = u_{zx}$, $u_{yz} = u_{zy}$, $v_{r\varphi} = v_{\varphi r}$, $v_{r\psi} = v_{\psi r}$, $v_{\varphi\psi} = v_{\psi\varphi}$. Also:

$$v_{rr} = (u_{xx} \cos \varphi \cos \psi + u_{xy} \cos \varphi \cos \psi + u_{xz} \sin \varphi) \cos \varphi \cos \psi$$
$$+ (u_{xy} \cos \varphi \cos \psi + u_{yy} \cos \varphi \sin \psi + u_{yz} \sin \varphi) \cos \varphi \sin \psi$$
$$+ (u_{xz} \cos \varphi \cos \psi + u_{yz} \cos \varphi \sin \psi + u_{zz} \sin \varphi) \sin \varphi$$
$$= u_{xx} \cos^2 \varphi \cos^2 \psi + u_{xy} \cos^2 \varphi \sin 2\psi + u_{xz} \sin 2\varphi \cos \psi$$
$$+ u_{yy} \cos^2 \varphi \sin^2 \psi + u_{yz} \sin 2\varphi \sin \psi + u_{zz} \sin^2 \varphi ,$$
$$v_{r\varphi} = r(-u_{xx} \sin \varphi \cos \psi - u_{xy} \sin \varphi \sin \psi + u_{xz} \cos \varphi) \cos \varphi \cos \psi$$
$$+ r(-u_{xy} \sin \varphi \cos \psi - u_{yy} \sin \varphi \sin \psi + u_{yz} \cos \varphi) \cos \varphi \sin \psi$$
$$+ r(-u_{xz} \sin \varphi \cos \psi - u_{yz} \sin \varphi \sin \psi + u_{zz} \cos \varphi) \sin \varphi$$
$$- u_x \sin \varphi \cos \psi - u_y \sin \varphi \sin \psi + u_z \cos \varphi$$

$$= \tfrac{1}{2}r(-u_{xx}\sin 2\varphi \cos^2\psi - u_{xy}\sin 2\varphi \cos 2\psi + 2u_{xz}\cos 2\varphi \cos\psi$$
$$- u_{yy}\sin 2\varphi \sin^2\psi + 2u_{yz}\cos 2\varphi \sin\psi + u_{zz}\sin 2\varphi)$$
$$- u_x \sin\varphi \cos\psi - u_y \sin\varphi \sin\psi + u_z \cos\varphi \ ,$$

$$v_{r\psi} = r(-u_{xx}\cos\varphi \sin\psi + u_{xy}\cos\varphi \cos\psi)\cos\varphi \cos\psi$$
$$+ r(-u_{xy}\cos\varphi \sin\psi + u_{yy}\cos\varphi \cos\psi)\cos\varphi \sin\psi$$
$$+ r(-u_{xz}\cos\varphi \sin\psi + u_{yz}\cos\varphi \cos\psi)\sin\varphi$$
$$- u_x \cos\varphi \sin\psi + u_y \cos\varphi \cos\psi$$
$$= \tfrac{1}{2}r(-u_{xx}\cos^2\varphi \sin 2\psi + 2u_{xy}\cos^2\varphi \cos 2\psi - u_{xz}\sin 2\varphi \sin\psi$$
$$+ u_{yy}\cos^2\varphi \sin 2\psi + u_{yz}\sin 2\varphi \cos\psi)$$
$$- u_x \cos\varphi \sin\varphi + u_y \cos\varphi \cos\psi \ ,$$

$$v_{\varphi\varphi} = r^2 \left[(u_{xx}\sin\varphi \cos\psi + u_{xy}\sin\varphi \sin\psi - u_{xz}\cos\varphi)\sin\varphi \cos\psi\right.$$
$$(u_{xy}\sin\varphi \cos\psi + u_{yy}\sin\varphi \sin\psi - u_{yz}\cos\varphi)\sin\varphi \sin\psi$$
$$+ \left.(-u_{xz}\sin\varphi \cos\psi - u_{yz}\sin\varphi \sin\psi + u_{zz}\cos\varphi)\cos\varphi\right]$$
$$+ r(-u_x \cos\varphi \cos\psi - u_y \cos\varphi \sin\psi - u_z \sin\varphi)$$
$$= r^2(u_{xx}\sin^2\varphi \cos^2\psi + u_{xy}\sin^2\varphi \sin 2\psi - u_{xz}\sin 2\varphi \cos\psi$$
$$+ u_{yy}\sin^2\varphi \sin^2\psi - u_{yz}\sin 2\varphi \sin\psi + u_{zz}\cos^2\varphi)$$
$$- r(u_x \cos\varphi \cos\psi + u_y \cos\varphi \sin\psi + u_z \sin\varphi) \ ,$$

$$v_{\varphi\psi} = r^2[(u_{xx}\cos\varphi \sin\psi - u_{xy}\cos\varphi \cos\psi)\sin\varphi \cos\psi$$
$$+ (u_{xy}\cos\varphi \sin\psi - u_{yy}\cos\varphi \cos\psi)\sin\varphi \sin\psi$$
$$(-u_{xz}\cos\varphi \sin\psi + u_{yz}\cos\varphi \cos\psi)\cos\varphi]$$
$$+ r(u_x \sin\varphi \sin\psi - u_y \sin\varphi \cos\psi)$$
$$= r^2(\tfrac{1}{4}u_{xx}\sin 2\varphi \sin 2\psi - \tfrac{1}{2}u_{xy}\sin 2\varphi \cos 2\psi - u_{xz}\cos^2\varphi \sin\psi$$
$$- \tfrac{1}{4}u_{yy}\sin 2\varphi \sin 2\psi + u_{yz}\cos^2\varphi \cos\psi$$
$$+ r(u_x \sin\varphi \sin\psi - u_y \sin\varphi \cos\psi) \ ,$$

$$v_{\psi\psi} = r^2 \left[(u_{xx}\cos\varphi \sin\psi - u_{xy}\cos\varphi \cos\psi)\cos\varphi \sin\psi\right.$$
$$+ \left.(-u_{xy}\cos\varphi \sin\psi + u_{yy}\cos\varphi \cos\psi)\cos\varphi \cos\psi\right]$$
$$+ r(-u_x \cos\varphi \cos\psi - u_y \cos\varphi \sin\psi)$$
$$= r^2(u_{xx}\cos^2\varphi \sin^2\psi - u_{xy}\cos^2\varphi \sin 2\psi + u_{yy}\cos^2\varphi \cos^2\psi)$$
$$- r(u_x \cos\varphi \cos\psi + u_y \cos\varphi \sin\psi) \ .$$

Aufgabe 86

a)   Zeigen Sie, dass die Funktion $\mathbf{f} : \mathbb{R}^3 \to \mathbb{R}^3$, $\mathbf{f}(x_1, x_2, x_3) = (e^{x_3} - \cos x_1, e^{x_3} - \cos x_2, \cos x_1 + \cos x_2)^T$ auf $\mathbb{R}^3$ differenzierbar ist.

b)   Berechen Sie $\mathbf{f}'$ und die Funktionaldeterminante von $\mathbf{f}$.

c)   Bestimmen Sie die Menge aller Punkte, in welchen $\mathbf{f}$ regulär ist, d.h. die Menge aller Punkte, in welchen die Funktionaldeterminante von $\mathbf{f}$ nicht verschwindet.

d)   Zeigen Sie, dass $\mathbf{a} = (\frac{\pi}{2}, \frac{\pi}{2}, 1)^T$ ein regulärer Punkt von $\mathbf{f}$ ist und dass eine offene Umgebung U von $\mathbf{a}$ sowie eine offene Umgebung V von $\mathbf{f}(\mathbf{a})$ existieren, so dass die eingeschränkte Funktion $\mathbf{f}|_U : U \to V$ bijektiv und differenzierbar ist.

e)   Berechnen Sie $((\mathbf{f}|_U)^{-1})'$ in $\mathbf{f}(a)$, ohne dass $(\mathbf{f}|_U)^{-1}$ explizit bestimmt werden muss.

Lösung:

a) Die drei Komponenten von $\mathbf{f}$ sind unendlich oft differenzierbare Funktionen, und damit ist auch $\mathbf{f}$ unendlich oft differenzierbar.

b) Es gilt: $\mathbf{f}'(x_1, x_2, x_3) = \begin{pmatrix} \sin x_1 & 0 & e^{x_3} \\ 0 & \sin x_2 & e^{x_3} \\ -\sin x_1 & -\sin x_2 & 0 \end{pmatrix}$, $\det \mathbf{f}'(x_1, x_2, x_3)$

$= 2 \sin x_1 \sin x_2 e^{x_3}$.

c) Die Nullstellenmenge der Funktionaldeterminante ist

$$[\bigcup_{n \in \mathbf{Z}} \{(n\pi, x_2, x_3)^T \mid x_2, x_3 \in \mathbb{R}\}] \cup [\bigcup_{m \in \mathbf{Z}} \{(x_1, m\pi, x_3)^T \mid x_1, x_3 \in \mathbb{R}\}] \,.$$

In allen anderen Punkten von $\mathbb{R}^3$ ist $\mathbf{f}$ regulär.

d) $\det \mathbf{f}'(\frac{\pi}{2}, \frac{\pi}{2}, 1) = 2e \neq 0$, d.h. der Punkt $\mathbf{a}$ ist regulär für f. Es gilt: $\mathbf{f}(\mathbf{a}) = (e, e, 0)^T$. Die Aussage der Teilaufgabe d) folgt deshalb sofort aus dem Satz über die lokale Umkehrbarkeit von Abbildungen.

e) $((\mathbf{f}|_U)^{-1})'(e, e, 0)$ ist die inverse Matrix zu $\mathbf{f}'(\frac{\pi}{2}, \frac{\pi}{2}, 1) = \begin{pmatrix} 1 & 0 & e \\ 0 & 1 & e \\ -1 & -1 & 0 \end{pmatrix}$.

Wir berechnen diese Inverse mit dem Gaußschen Algorithmus:

$$\begin{pmatrix} 1 & 0 & e & 1 & 0 & 0 \\ 0 & 1 & e & 0 & 1 & 0 \\ -1 & -1 & 0 & 0 & 0 & 1 \end{pmatrix} \longmapsto \begin{pmatrix} 1 & 0 & e & 1 & 0 & 0 \\ 0 & 1 & e & 0 & 1 & 0 \\ 0 & -1 & e & 1 & 0 & 1 \end{pmatrix} \longmapsto$$

$$\begin{pmatrix} 1 & 0 & e & 1 & 0 & 0 \\ 0 & 1 & e & 0 & 1 & 0 \\ 0 & 0 & 2e & 1 & 1 & 1 \end{pmatrix} \longmapsto \begin{pmatrix} 1 & 0 & e & 1 & 0 & 0 \\ 0 & 1 & e & 0 & 1 & 0 \\ 0 & 0 & e & \frac{1}{2} & \frac{1}{2} & \frac{1}{2} \end{pmatrix} \longmapsto$$

$$\begin{pmatrix} 1 & 0 & 0 & \frac{1}{2} & -\frac{1}{2} & -\frac{1}{2} \\ 0 & 1 & 0 & -\frac{1}{2} & \frac{1}{2} & -\frac{1}{2} \\ 0 & 0 & e & \frac{1}{2} & \frac{1}{2} & \frac{1}{2} \end{pmatrix} \longmapsto \begin{pmatrix} 1 & 0 & 0 & \frac{1}{2} & -\frac{1}{2} & -\frac{1}{2} \\ 0 & 1 & 0 & -\frac{1}{2} & \frac{1}{2} & -\frac{1}{2} \\ 0 & 0 & 1 & \frac{1}{2e} & \frac{1}{2e} & \frac{1}{2e} \end{pmatrix}.$$

Also: $\left((\mathbf{f}|_U)^{-1} \right)' (e, e, 0) = \begin{pmatrix} \frac{1}{2} & -\frac{1}{2} & -\frac{1}{2} \\ -\frac{1}{2} & \frac{1}{2} & -\frac{1}{2} \\ \frac{1}{2e} & \frac{1}{2e} & \frac{1}{2e} \end{pmatrix}$.

Aufgabe 87

Sei $F(x,y) := x^2 + 2y^4 - x^3 y - 32$. Untersuchen Sie mit Hilfe des Satzes über implizite Funktionen, ob für jedes $(x_0, y_0)^T \in \mathbb{R}^2$ mit $F(x_0, y_0) = 0$ ein $\varepsilon > 0$ existiert, so dass auf der Umgebung $]x_0 - \varepsilon, x_0 + \varepsilon[$ (bzw. $]y_0 - \varepsilon, y_0 + \varepsilon[$) von x_0 (bzw. y_0) eine differenzierbare Funktion

$$g :]x_0 - \varepsilon, x_0 + \varepsilon[\to \mathbb{R} \quad (\text{bzw.} \quad h :]y_0 - \varepsilon, y_0 + \varepsilon[\to \mathbb{R})$$

mit $g(x_0) = y_0$ (bzw. $h(y_0) = x_0$) definiert ist, so dass auf $]x_0 - \varepsilon, x_0 + \varepsilon[$ (bzw. $]y_0 - \varepsilon, y_0 + \varepsilon[$) gilt: $F\big(x, g(x)\big) = 0$ (bzw. $F\big(h(y), y\big) = 0$). Berechnen Sie gegebenenfalls $g'(x_0)$ (bzw. $h'(y_0)$).

Lösung:

Es gilt: $F_x(x,y) = 2x - 3x^2 y$ und $F_y(x,y) = 8y^3 - x^3$. Das Gleichungssystem

$$F(x_0, y_0) = 0 \quad , \quad F_x(x_0, y_0) = 0 \tag{$*$}$$

hat offensichtlich $(x_1, y_1) = (0, 2)$ und $(x_2, y_2) = (0, -2)$ als Lösungen. Die weiteren Lösungen bekommt man aus $x_0 y_0 = \frac{2}{3}$, $x_0^2 + 2y_0^4 - \frac{2}{3} x_0^2 - 32 = 0$. Dies führt zu $\frac{1}{3} \cdot \frac{4}{9y_0^2} + 2y_0^4 - 32 = 0$, und damit zu

$$27 y_0^6 - 432 y_0^2 + 2 = 0. \tag{$**$}$$

Die Gleichung $27z^3 - 432z + 2 = 0$ hat eine negative und zwei positive Nullstellen. (Begründung: Die Funktion $h, h(z) := 27z^3 - 432z + 2$ hat wegen $h'(z) = 81z^2 - 432 = 27(3z^2 - 16)$ lokale Extrema in $\frac{4}{\sqrt{3}}$ und $-\frac{4}{\sqrt{3}}$. Die Behauptung ergibt sich mit Hilfe des Zwischenwertsatzes aus: $\lim\limits_{z \to -\infty} h(z) = -\infty$, $h(-\frac{4}{\sqrt{3}}) > 0$, $h(0) > 0$, $h(\frac{4}{\sqrt{3}}) < 0$ und $\lim\limits_{z \to \infty} h(z) = \infty$). Deshalb hat $(**)$ 4 reelle Nullstellen y_3, y_4, y_5, y_6, die durch Approximationsmethoden ermittelt werden können (aber das ist hier nicht unser Lernziel!). Insgesamt hat $(*)$ mit $x_k = \frac{2}{3y_k}$, $k = 3, 4, 5, 6$ die 6 Nullstellen (x_i, y_i), $i = 1, 2, 3, 4, 5, 6$. Für $x_0 \notin \{x_1, \ldots, x_6\}$ gibt es nach dem Satz über implizite Funktionen ein offenes Intervall $]x_0 - \varepsilon, x_0 + \varepsilon[$, das keinen der Punkte $x_1, x_2, \ldots, x_6$ enthält, und eine differenzierbare Funktion $g :]x_0 - \varepsilon, x_0 + \varepsilon[\to \mathbb{R}$, welche die folgenden Eigenschaften hat: $g(x_0) = y_0$, $F(x, g(x)) = 0$ für alle $x \in]x_0 - \varepsilon, x_0 + \varepsilon[$. Die Ableitung g' wird dann wie folgt berechnet:

$$g'(x) = - \frac{F_y(x, g(x))}{F_x(x, g(x))} = \frac{x^3 - 8g(x)^3}{2x - 3x^2 g(x)} .$$

Das Gleichungssystem $F(x_0, y_0) = 0$, $F_y(x_0, y_0) = 0$ ist wegen $F(0,0) \neq 0$ und $4y_0^2 + 2y_0 x_0 + x_0^2 \geq 0$ äquivalent zu $F(x_0, y_0) = 0$, $2y_0 - x_0 = 0$. Das führt zu $3y_0^4 - 2y_0^2 + 16 = 0$. Diese Gleichung hat nur komplexe Nullstellen. Deshalb gibt es zu jedem (x_0, y_0) mit $F(x_0, y_0) = 0$ ein $\varepsilon = \varepsilon(y_0) > 0$, so dass auf $]y_0 - \varepsilon, y_0 + \varepsilon[$ eine differenzierbare Funktion h mit den folgenden Eigenschaften existiert: $h(y_0) = x_0$, $F(h(y), y) = 0$ für alle $y \in]y_0 - \varepsilon, y_0 + \varepsilon[$. Die Ableitung h' wird dann wie folgt berechnet:

$$h'(y) = - \frac{F_x(h(y), y)}{F_y(h(y), y)} = \frac{2h(y) - 3h(y)^2 y}{h(y)^3 - 8y^3} .$$

Aufgabe 88

Zeigen Sie, dass die Gleichung $x_1^3 + x_2^2 - 4x_1 x_3^3 - x_3 = 0$ in einer geeigneten offenen Umgebung von $(1, 2, 1)^T$ nach x_3 als differenzierbare Funktion von x_1 und x_2 auflösbar ist, dass es also eine offene Umgebung U von $(1, 2)^T$ in $\mathbb{R}^2$ und eine differenzierbare Funktion $g : U \to \mathbb{R}$ gibt mit den Eigenschaften $g(1, 2) = 1$ und $x_1^3 + x_2^2 - 4x_1 g(x_1, x_2)^3 - g(x_1 x_2) = 0$ für alle $(x_1, x_2)^T \in U$. Berechnen Sie die partiellen Ableitungen von g in $(1, 2)^T$.

Lösung:

Die Funktion $F : \mathbb{R}^3 \to \mathbb{R}$, $F(x_1, x_2, x_3) := x_1^3 + x_2^2 - 4x_1 x_3^3 - x_3$ ist stetig differenzierbar auf $\mathbb{R}^3$ (d.h., F hat stetige partielle Ableitungen – nämlich Polynome), und es gilt $F(1, 2, 1) = 1 + 4 - 4 - 1 = 0$ sowie $\frac{\partial F}{\partial x_3}(1, 2, 1) = (-12x_1 x_3^2 - 1)(1, 2, 1) = -13 \neq 0$. Deshalb gibt es nach dem Satz über implizite Funktionen eine offene Umgebung U von $(1, 2)^T$ und eine offene Umgebung V von 1 sowie eine stetige differenzierbare Funktion $g : U \to V$ mit $g(1, 2) = 1$ und $F(x_1, x_2, g(x_1, x_2)) = 0$ für alle $(x_1, x_2)^T$ aus U. Diese letzte Gleichung lässt sich auch als

$$x_1^3 + x_2^2 - 4x_1 g(x_1, x_2)^3 - g(x_1, x_2) = 0$$

schreiben. Es gilt (ebenfalls gemäß dem zitierten Satz) für alle $(x_1, x_2)^T \in U$:

$$g'(x_1, x_2) = - \left[\left(\frac{\partial F}{\partial x_3} \right)^{-1} \cdot \left(\frac{\partial F}{\partial x_1}, \frac{\partial F}{\partial x_2} \right) \right] (x_1, x_2, g(x_1, x_2)) \ .$$

Wegen $\frac{\partial F}{\partial x_1}(x_1, x_2, x_3) = 3x_1^2 - 4x_3^3$ und $\frac{\partial F}{\partial x_2}(x_1, x_2, x_3) = 2x_2$ ergibt sich in $(1, 2)^T$ die folgende Ableitung für g : $g'(1, 2) = -(-13)^{-1}(-1, 4) = (-\frac{1}{13}, \frac{4}{13})$.

Aufgabe 89

Gegeben sei die Abbildung $\mathbf{f} : \mathbb{R}^2 \to \mathbb{R}^2$, $\mathbf{f}(x_1, x_2) = \begin{pmatrix} e^{x_1 - x_2} \\ x_1 + x_2 \end{pmatrix}$.

a) Berechnen Sie die Ableitung und die Funktionaldeterminante von $\mathbf{f}$. Bestimmen Sie die Menge aller Punkte, in welchen $\mathbf{f}$ lokal umkehrbar (also regulär) ist.

b) Zeigen Sie, dass $\mathbf{f}$ global umkehrbar ist und geben Sie die explizite Gestalt von $\mathbf{f}^{-1}$ an.

c) Berechnen Sie die Ableitung von $\mathbf{f}^{-1}$ und die Funktionaldeterminante von $\mathbf{f}^{-1}$ auf zwei verschiedene Arten: Einmal unter Verwendung des Satzes über die lokale Umkehrbarkeit von Abbildungen und zum anderen unter Verwendung der angegebenen Gestalt von $\mathbf{f}^{-1}$.

Lösung:

a) Es gilt: $\mathbf{f}'(x_1, x_2) = \begin{pmatrix} e^{x_1 - x_2} & -e^{x_1 - x_2} \\ 1 & 1 \end{pmatrix}$, $\det \mathbf{f}'(x_1, x_2) = 2e^{x_1 - x_2}$.

$\mathbf{f}$ ist also in jedem Punkt lokal umkehrbar. (Das bedeutet noch nicht, dass $\mathbf{f}$ global umkehrbar ist, da wir noch nicht wissen, ob $\mathbf{f}$ injektiv ist!)

b) Sei $(y_1, y_2)^T \in \mathbb{R}^2$ mit $y_1 > 0$. Wir zeigen, dass es genau einen Punkt $(x_1, x_2)^T$ in $\mathbb{R}^2$ mit $\mathbf{f}(x_1, x_2) = (y_1, y_2)$ gibt. Aus $e^{x_1 - x_2} = y_1$ und $x_1 + x_2 = y_2$ folgt $x_1 - x_2 = \ln y_1$ und $x_1 + x_2 = y_2$, und damit $x_1 = \frac{1}{2}(y_2 + \ln y_1)$ sowie $x_2 = \frac{1}{2}(y_2 - \ln y_1)$. Da außerdem die e-Funktion nur positive Werte annimmt, haben wir gezeigt:

→ Das Bild von $\mathbf{f}$ ist $B = \{(y_1, y_2)^T \in \mathbb{R}^2 \mid y_1 > 0\}$.

→ $\mathbf{f} : \mathbb{R}^2 \to B$ hat eine Inverse, die durch $\mathbf{f}^{-1}(y_1, y_2) = \begin{pmatrix} \frac{1}{2}(y_2 + \ln y_1) \\ \frac{1}{2}(y_2 - \ln y_1) \end{pmatrix}$ gegeben ist.

c) Ist $\begin{pmatrix} y_1 \\ y_2 \end{pmatrix} = \mathbf{f}(x_1, x_2) = \begin{pmatrix} e^{x_1-x_2} \\ x_1 + x_2 \end{pmatrix}$, so gilt nach dem Satz über die

lokale Umkehrbarkeit von Ableitungen: $(\mathbf{f}^{-1})'(y_1, y_2) = (\mathbf{f}'(x_1, x_2))^{-1} =$

$\begin{pmatrix} e^{x_1-x_2} & -e^{x_1-x_2} \\ 1 & 1 \end{pmatrix}^{-1} = \begin{pmatrix} \frac{1}{2}e^{x_2-x_1} & \frac{1}{2} \\ -\frac{1}{2}e^{x_2-x_1} & \frac{1}{2} \end{pmatrix} = \begin{pmatrix} \frac{1}{2y_1} & \frac{1}{2} \\ -\frac{1}{2y_1} & \frac{1}{2} \end{pmatrix}$. Auch aus

der Gestalt von $\mathbf{f}^{-1}(y_1, y_2)$ ergibt sich dasselbe Ergebnis, denn es gilt:
$\frac{\partial}{\partial y_1}(\frac{1}{2}(y_2 + \ln y_1)) = \frac{1}{2y_1}$, $\frac{\partial}{\partial y_2}(\frac{1}{2}(y_2 + \ln y_1)) = \frac{1}{2}$, $\frac{\partial}{\partial y_1}(\frac{1}{2}(y_2 - \ln y_1)) = -\frac{1}{2y_1}$, $\frac{\partial}{\partial y_2}(\frac{1}{2}(y_2 - \ln y_1)) = \frac{1}{2}$.

Aufgabe 90

Geben Sie für jedes $n \geq 1$ das Taylor-Polynom T_n der Funktion (des Polynoms) f, $f : \mathbb{R}^3 \to \mathbb{R}$, $f(x, y, z) = x^2 y + y^2 z + z^2 x$ in $\mathbf{a} = (1, -1, 0)^T$ an.

Lösung:
Da alle partiellen Ableitungen vierten Grades von f verschwinden, gilt $T_3 = T_4 = T_5 = T_6 = \ldots = T_n$ für alle $n \geq 3$. Deshalb genügt es alle partiellen Ableitungen von f bis zur Ordnung 3 in $\mathbf{a}$ zu berechnen, und sie in die bekannte Formel

$$T_3(x, y, z) = f(\mathbf{a}) + f_x(\mathbf{a})(x - 1) + f_y(\mathbf{a})(y + 1) + f_z(\mathbf{a})z$$

$$+ \frac{1}{2}f_{xx}(\mathbf{a})(x - 1)^2 + f_{xy}(\mathbf{a})(x - 1)(y + 1) + \ldots + \frac{1}{6}f_{zzz}(\mathbf{a})z^3$$

einzusetzen. Wesentlich einfacher ist in unserem Fall die folgende algebraische Umformung:

$$T_3(x, y, z) = f(x, y, z) = [(x - 1) + 1]^2[(y + 1) - 1] + [(y + 1) - 1]^2 z +$$

$$z^2[(x - 1) + 1] = (x - 1)^2(y + 1) + (y + 1)^2 z + z^2(x - 1) +$$

$$2(x - 1)(y + 1) - 2(y + 1)z + z^2 - 2(x - 1) + (y + 1) + z - 1 .$$

Daraus erhält man sofort:

$$T_0(x, y, z) = -1 ,$$
$$T_1(x, y, z) = -2(x - 1) + (y + 1) + z - 1 ,$$
$$T_2(x, y, z) = 2(x - 1)(y + 1) - 2(y + 1)z + z^2 - 2(x - 1) + (y + 1) + z - 1 .$$

Aufgabe 91

Bestimmen Sie die Menge aller lokalen Extrema der Funktion

$$f : \mathbb{R}^2 \to \mathbb{R}, \ (x,y)^T \mapsto f(x,y) = e^{x^2+y} \sin(x + 3y - 1) \,.$$

Lösung:
Die Funktion f ist unendlich oft stetig differenzierbar. Es gilt:

$$f_x(x,y) = 2x e^{x^2+y} \sin(x + 3y - 1) + e^{x^2+y} \cos(x + 3y - 1) \,,$$

$$f_y(x,y) = e^{x^2+y} \sin(x + 3y - 1) + 3 e^{x^2+y} \cos(x + 3y - 1) \,.$$

Da e^{x^2+y} stets positiv ist, hat man das Gleichungssystem

$$2x \sin(x + 3y - 1) + \cos(x + 3y - 1) = 0$$
$$\sin(x + 3y - 1) + 3 \cos(x + 3y - 1) = 0$$

zu lösen. Von der zweiten Gleichung subtrahiert man die mit 3 multiplizierte erste Gleichung; es folgt: $(1 - 6x) \sin(x + 3y - 1) = 0$.
Aus $\sin(x + 3y - 1) = 0$ folgt $\cos(x + 3y - 1) = \pm 1$, und damit keine Lösung des Systems. Es bleibt die Möglichkeit $1 - 6x = 0$ zu untersuchen. Für $x = \frac{1}{6}$ ergibt sich aus der zweiten Gleichung die äquivalenten Umformungen

$$\sin\left(3y - \frac{5}{6}\right) + 3 \cos\left(3y - \frac{5}{6}\right) = 0 \,, \ \tan\left(3y - \frac{5}{6}\right) = -3 \,,$$

$$3y - \frac{5}{6} = -\arctan 3 + n\pi \quad \text{und} \quad y_n := \frac{5}{18} - \frac{1}{3} \arctan 3 + n\frac{\pi}{3} \quad \text{mit} \quad n \in \mathbb{Z}.$$

Also ist $\{(\frac{1}{6}, y_n) \mid n \in \mathbb{Z}\}$ die Menge aller möglichen lokalen Extrema von f. Wir müssen nun $\Delta(\frac{1}{6}, y_n) := \left(f_{xx} f_{yy} - f_{xy}^2\right)(\frac{1}{6}, y_n)$ berechnen. Es gilt:

$$f_{xx}(x,y) = (4x^2 + 1) e^{x^2+y} \sin(x + 3y - 1) + 4x e^{x^2+y} \cos(x + 3y - 1) \,,$$

$$f_{xy}(x,y) = (2x - 3) e^{x^2+y} \sin(x + 3y - 1) + (6x + 1) e^{x^2+y} \cos(x + 3y - 1) \,,$$

$$f_{yy}(x,y) = -8 e^{x^2+y} \sin(x + 3y - 1) + 6 e^{x^2+y} \cos(x + 3y - 1) \,,$$

$$\Delta(x,y) = e^{2(x^2+y)} \Big[(-32x^2 - 8 - 4x^2 + 12x - 9) \sin^2(x + 3y - 1)$$

$$+ (24x - 36x^2 - 12x - 1) \cos^2(x + 3y - 1)$$

$$+ (24x^2 + 6 - 32x - 24x^2 + 32x + 6) \cdot \sin(x + 3y - 1) \cos(x + 3y - 1) \Big]$$

$$= e^{2(x^2+y)} \Big[(-36x^2 + 12x - 17) \sin^2(x + 3y - 1)$$

$$+ (-36x^2 + 12x - 1) \cos^2(x + 3y - 1) + 12 \sin(x + 3y - 1) \cos(x + 3y - 1) \Big] \,.$$

Für $x = \frac{1}{6}$ und $y = y_n$ haben $-3x^2 + 12x - 17$, $-36x^2 + 12x - 1$ und $x + 3y - 1$ die Werte $-16, 0$ bzw. $n\pi - \arctan 3$. Man hat $12 \sin(x + 3y -$

1) $\cos(x + 3y - 1) = 6\sin(2x + 6y - 2)$. Da die Exponentialfunktion nur positive Werte annimmt, hat die Zahl $\Delta(\frac{1}{6}, y_n)$ dasselbe Vorzeichen wie $-16\sin^2(n\pi - \arctan 3) + 6\sin(2n\pi - 2\arctan 3)$.

Man beachte die folgenden elementaren Umformungen:
$$\sin^2(n\pi - \arctan 3) = \frac{1 - \cos(2n\pi - 2\arctan 3)}{2} = \frac{1 - \cos(2\arctan 3)}{2} =$$

$$\frac{1 - \frac{1 - \tan^2(\arctan 3)}{1 + \tan^2(\arctan 3)}}{2} = \frac{1 - \frac{1-9}{1+9}}{2} = \frac{1 + \frac{4}{5}}{2} = \frac{9}{10} ,$$

$$\sin(2n\pi - 2\arctan 3) = -\sin(2\arctan 3) = -\frac{2\tan(\arctan 3)}{1 + \tan^2(\arctan 3)} = -\frac{2 \cdot 3}{1+9} = -\frac{3}{5} .$$

Damit folgt:
$$-16\sin^2(n\pi - \arctan 3) + 6\sin(2n\pi - 2\arctan 3) = -16 \cdot \frac{9}{10} + 6 \cdot (-\frac{3}{5}) = -18 .$$

Das bedeutet, dass die Funktion f keine lokale Extrema besitzt.

Aufgabe 92

Bestimmen Sie die relativen Extrema der Funktion f,

$$f : \mathbb{R}^2 \to \mathbb{R}, \ f(x,y) = x^4 + y^4 - x^2 - xy - y^2 .$$

Lösung:
Die relativen Extrema von f liegen in der Lösungsmenge des folgenden Gleichungssystems:

$$\frac{\partial f}{\partial x}(x,y) = 4x^3 - 2x - y = 0$$

$$\frac{\partial f}{\partial y}(x,y) = 4y^3 - x - 2y = 0 .$$

Die Summe der Ableitungen $(\frac{\partial f}{\partial x} + \frac{\partial f}{\partial y})(x,y) = 4(x^3 + y^3) - 3(x + y) = 0$ lässt sich als $(x + y)(4x^2 + 4y^2 - 4xy - 3) = 0$ schreiben. Man hat also die folgenden Systeme zu lösen:

$$\begin{cases} x + y = 0 \\ 4x^3 - 2x - y = 0 \end{cases} \quad \text{und} \quad \begin{cases} 4x^2 + 4y^2 - 4xy - 3 = 0 \\ 4x^3 - 2x - y = 0 \end{cases} .$$

Das erste System hat die Lösungsmenge $\{(0,0)^T, (\frac{1}{2}, -\frac{1}{2})^T, (-\frac{1}{2}, \frac{1}{2})^T\}$, da aus den beiden Gleichungen folgt $4x^3 - x = 0$.

Mit $y = 4x^3 - 2x$ erhält die erste Gleichung des zweiten Systems die folgende Gestalt: $64x^6 - 80x^4 + 28x^2 - 3 = 0$. Mit $4x^2 = t$ erhält man die Gleichung $t^3 - 5t^2 + 7t - 3 = 0$, welche die doppelte Nullstelle 1 und die einfache Nullstelle 3 hat. $(t^3 - 5t^2 + 7t - 3 = (t-1)^2(t-3))$. Damit hat man die Nullstellen $\frac{1}{2}, -\frac{1}{2}, \frac{\sqrt{3}}{2}$ und $-\frac{\sqrt{3}}{2}$ für die Gleichung $64x^6 - 80x^4 + 28x^2 - 3 = 0$. Die Lösungsmenge des zweiten System ist also

$$\left\{\left(\frac{1}{2},-\frac{1}{2}\right)^T,\left(-\frac{1}{2},\frac{1}{2}\right)^T,\left(\frac{\sqrt{3}}{2},\frac{\sqrt{3}}{2}\right)^T,\left(-\frac{\sqrt{3}}{2},-\frac{\sqrt{3}}{2}\right)^T\right\}.$$

Wegen $\frac{\partial^2 f}{\partial x^2}(x,y)=12x^2-2$, $\frac{\partial^2 f}{\partial y^2}(x,y)=12y^2-2$ und $\frac{\partial^2 f}{\partial x\partial y}(x,y)=-1$ folgt

$$\Delta(x,y)=\det\begin{pmatrix}\frac{\partial^2 f}{\partial x^2}(x,y) & \frac{\partial^2 f}{\partial x\partial y}(x,y)\\[2mm]\frac{\partial^2 f}{\partial x\partial y}(x,y) & \frac{\partial^2 f}{\partial y^2}(x,y)\end{pmatrix}=144x^2y^2-24(x^2+y^2)+3$$

und damit gilt: $\Delta(0,0)=3>0$, $\frac{\partial^2 f}{\partial x^2}(0,0)=-2<0$, $\Delta(\frac{1}{2},-\frac{1}{2})=$ $\Delta(-\frac{1}{2},\frac{1}{2})=0$, $\Delta(\frac{\sqrt{3}}{2},\frac{\sqrt{3}}{2})=48>0$, $\frac{\partial^2 f}{\partial x^2}(\frac{\sqrt{3}}{2},\frac{\sqrt{3}}{2})=7>0$, $\Delta(-\frac{\sqrt{3}}{2},-\frac{\sqrt{3}}{2})=48>0$, $\frac{\partial^2 f}{\partial x^2}(-\frac{\sqrt{3}}{2},-\frac{\sqrt{3}}{2})=7>0$. Also: f hat in $(0,0)^T$ ein relatives Maximum, nämlich $f(0,0)=0$; f hat sowohl in $(\frac{\sqrt{3}}{2},\frac{\sqrt{3}}{2})^T$ als auch in $(-\frac{\sqrt{3}}{2},-\frac{\sqrt{3}}{2})^T$ ein relatives Minimum, nämlich $f(\frac{\sqrt{3}}{2},\frac{\sqrt{3}}{2})=$ $f(-\frac{\sqrt{3}}{2},-\frac{\sqrt{3}}{2})=-\frac{9}{8}$. In den Punkten $(\frac{1}{2},-\frac{1}{2})^T$ und $(-\frac{1}{2},\frac{1}{2})^T$ ist die Untersuchung mühsam. Um das Verhalten von f im Punkt $(\frac{1}{2},-\frac{1}{2})$ zu studieren, formen wir zuerst um, d.h. wir schreiben die Taylor-Entwicklung von f in $(\frac{1}{2},-\frac{1}{2})^T$ auf: $f(x,y)=(x-\frac{1}{2})^4+(y+\frac{1}{2})^4+2(x-\frac{1}{2})^3-2(y+\frac{1}{2})^3+$ $\frac{1}{2}(x-\frac{1}{2})^2+\frac{1}{2}(y+\frac{1}{2})^2-(x-\frac{1}{2})(y+\frac{1}{2})-\frac{1}{8}$. Für die gegen $(\frac{1}{2},-\frac{1}{2})^T$ konvergente Folge $((\frac{1}{2}+\frac{1}{n},-\frac{1}{2}+\frac{1}{n})^T)_{n\geq 1}$ gilt: $f(\frac{1}{2}+\frac{1}{n},-\frac{1}{2}+\frac{1}{n})=\frac{2}{n^4}-\frac{1}{8}$. Danach konvergiert $(f(\frac{1}{2}+\frac{1}{n},-\frac{1}{2}+\frac{1}{n})^T)_{n\geq 1}$ monoton fallend gegen $f(\frac{1}{2},-\frac{1}{2})=-\frac{1}{8}$. Hätte f in $(\frac{1}{2},-\frac{1}{2})^T$ ein lokales Extremum, so müsste dies ein lokales Minimum sein.
Für die Folge $((\frac{1}{2}+\frac{1}{n}-\frac{1}{n^2},-\frac{1}{2}+\frac{1}{n})^T)_{n\geq 1}$, die ebenfalls gegen $(\frac{1}{2},-\frac{1}{2})^T$ konvergiert, hat man $f(\frac{1}{2}+\frac{1}{n}-\frac{1}{n^2},-\frac{1}{2}+\frac{1}{n})=-\frac{7}{2n^4}+\frac{2}{n^5}+\frac{4}{n^6}-\frac{4}{n^7}+\frac{1}{n^8}-\frac{1}{8}$. Da für alle großen n, z.B. für $n\geq 10$, die Zahl $-\frac{7}{2n^4}+\frac{2}{n^5}+\frac{4}{n^6}-\frac{4}{n^7}+\frac{1}{n^8}$ negativ ist, könnte f in $(\frac{1}{2},-\frac{1}{2})^T$ nur ein lokales Maximum besitzen. Da f in keiner Umgebung von $(\frac{1}{2},-\frac{1}{2})^T$ konstant ist, hat f in $(\frac{1}{2},-\frac{1}{2})^T$ kein lokales Extremum.
Analog zeigt man, dass f in $(-\frac{1}{2},\frac{1}{2})^T$ kein lokales Extremum besitzt. Oder man schließt direkt mit dem obigen Resultat unter Ausnutzung der Symmetrieeigenschaft $f(x,y)=f(y,x)$.

Aufgabe 93

a) Bestimmen Sie den maximalen Definitionsbereich D_f, auf welchem durch die Zuordnung $(x_1,x_2)^T\mapsto\ln(\sin x_1+\sin x_2)$ eine Funktion f definiert ist.

b) Skizzieren Sie den Definitionsbereich D_f .

c)   Berechnen Sie alle Ableitungen dritter Ordnung von f .

d)   Bestimmen Sie die Taylor-Polynome T_1, T_2 und T_3 von f in $(\frac{\pi}{2}, \frac{\pi}{2})^T$.

e)   Geben Sie den Fehler $R_2 = f - T_2$ in $(\frac{\pi}{2}, \frac{\pi}{2})^T$ an.

f)   Schätzen Sie $R_2(x_1, x_2)$ für $x_1, x_2 \in [\frac{\pi}{3}, \frac{2\pi}{3}]$ ab.

g)   Bestimmen Sie die lokalen Extrema von f .

h)   Zeigen Sie, dass jedes solche Extremum ein globales Maximum von f ist.

Lösung:

a) D_f besteht aus allen $(x_1, x_2)^T \in \mathbb{R}^2$ mit $\sin x_1 + \sin x_2 > 0$. Schreibt man $\sin x_1 + \sin x_2$ mittels Additionstheorem als $2 \sin \frac{x_1 + x_2}{2} \cos \frac{x_1 - x_2}{2}$, so müssen die Zahlen $\sin \frac{x_1 + x_2}{2}$ und $\cos \frac{x_1 - x_2}{2}$ gleichzeitig positiv oder negativ sein, d.h.: Entweder $2n\pi < \frac{x_1 + x_2}{2} < (2n+1)\pi$ und $2m\pi - \frac{\pi}{2} < \frac{x_1 - x_2}{2} < 2m\pi + \frac{\pi}{2}$ oder $(2n-1)\pi < \frac{x_1 + x_2}{2} < 2n\pi$ und $2m\pi + \frac{\pi}{2} < \frac{x_1 - x_2}{2} < 2m\pi + \frac{3\pi}{2}$ mit geeigneten ganzen Zahlen n und m. D_f ist also die Vereinigung nach allen (n, m) aus $\mathbb{Z} \times \mathbb{Z}$ folgender Teilmengen von $\mathbb{R}^2$:

$$\{(x_1, x_2)^T \mid 4n\pi < x_1 + x_2 < (4n+2)\pi, (4m-1)\pi < x_1 - x_2 < (4m+1)\pi\},$$

$$\{(x_1, x_2)^T \mid (4n-2)\pi < x_1 + x_2 < 4n\pi, (4m+1)\pi < x_1 - x_2 < (4m+3)\pi\}.$$

Man betrachte in der Ebene zwei Scharen von parallelen und äquidistanten Geraden, die parallel zur zweiten bzw. ersten Winkelhalbierenden (d.h. zu $x + y = 0$ bzw. $x - y = 0$) sind, und durch die Punkte $(2n\pi, 0,)^T, n \in \mathbb{Z}$ bzw. $(2m+1)\pi, 0)^T, m \in \mathbb{Z}$ gehen.

b) Abbildung 2.14 zeigt den Definitionsbereich von f. Eingefärbt sind die Quadrate, die zu D_f gehören, und zwar hell und dunkel, je nachdem, ob in

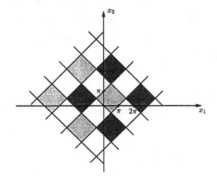

Abbildung 2.14.
Der Definitionsbereich von f

einem solchen Quadrat beide Faktoren (d.h. $\sin \frac{x_1 + x_2}{2}$ und $\cos \frac{x_1 - x_2}{2}$) positiv oder negativ sind.

c) Es gilt in jedem $(x_1, x_2)^T \in D_f$:

$$f_{x_1}(x_1, x_2) = \frac{\cos x_1}{\sin x_1 + \sin x_2}, f_{x_1 x_1 x_1}(x_1, x_2) = \frac{\cos x_1 [2 + \sin x_1 \sin x_2 - \sin^2 x_2]}{(\sin x_1 + \sin x_2)^3},$$

$$f_{x_1 x_1}(x_1, x_2) = -\frac{1 + \sin x_1 \sin x_2}{(\sin x_1 + \sin x_2)^2}, f_{x_1 x_1 x_2}(x_1, x_2) = \frac{\cos x_2 [2 + \sin x_1 \sin x_2 - \sin^2 x_1]}{(\sin x_1 + \sin x_2)^3},$$

$$f_{x_2}(x_1, x_2) = \frac{\cos x_2}{\sin x_1 + \sin x_2}, f_{x_2 x_2}(x_1, x_2) = -\frac{1 + \sin x_1 \sin x_2}{(\sin x_1 + \sin x_2)^2},$$

$$f_{x_1 x_2}(x_1, x_2) = -\frac{\cos x_1 \cos x_2}{(\sin x_1 + \sin x_2)^2}, f_{x_1 x_2 x_2}(x_1, x_2) = \frac{\cos x_1 [2 + \sin x_1 \sin x_2 - \sin^2 x_2]}{(\sin x_1 + \sin x_2)^3},$$

$$f_{x_2 x_2 x_2}(x_1, x_2) = \frac{\cos x_2 [2 + \sin x_1 \sin x_2 - \sin^2 x_1]}{(\sin x_1 + \sin x_2)^3}.$$

d) Die Taylor-Polynome T_1, T_2 und T_3 von $f(x_1, x_2) = \ln(\sin x_1 + \sin x_2)$ in $(\frac{\pi}{2}, \frac{\pi}{2})^T$ sind:

$T_1(x_1, x_2) = \ln 2 + f_{x_1}(\frac{\pi}{2}, \frac{\pi}{2})(x_1 - \frac{\pi}{2}) + f_{x_2}(\frac{\pi}{2}, \frac{\pi}{2})(x_2 - \frac{\pi}{2}) = \ln 2$, $T_2(x_1, x_2) = T_1(x_1, x_2) + f_{x_1 x_1}(\frac{\pi}{2}, \frac{\pi}{2})(x_1 - \frac{\pi}{2})^2 + 2 f_{x_1 x_2}(\frac{\pi}{2}, \frac{\pi}{2})(x_1 - \frac{\pi}{2})(x_2 - \frac{\pi}{2})$
$+ f_{x_2 x_2}(\frac{\pi}{2}, \frac{\pi}{2})(x_2 - \frac{\pi}{2})^2 = \ln 2 - \frac{1}{2}(x_1 - \frac{\pi}{2})^2 - \frac{1}{2}(x_2 - \frac{\pi}{2})^2$, $T_3(x_1, x_2) = T_2(x_1, x_2) + f_{x_1 x_1 x_1}(\frac{\pi}{2}, \frac{\pi}{2})(x_1 - \frac{\pi}{2})^3 + 3 f_{x_1 x_1 x_2}(\frac{\pi}{2}, \frac{\pi}{2})(x_1 - \frac{\pi}{2})^2 (x_2 - \frac{\pi}{2})$
$+ 3 f_{x_1 x_2 x_2}(\frac{\pi}{2}, \frac{\pi}{2})(x_1 - \frac{\pi}{2})(x_2 - \frac{\pi}{2})^2 + f_{x_2 x_2 x_2}(\frac{\pi}{2}, \frac{\pi}{2})(x_2 - \frac{\pi}{2})^3 = \ln 2$
$- \frac{1}{2}(x_1 - \frac{\pi}{2})^2 - \frac{1}{2}(x_2 - \frac{\pi}{2})^2 = T_2(x_2, x_3)$, weil $\cos \frac{\pi}{2} = 0$ und $\sin \frac{\pi}{2} = 1$ gilt.

e) Wir berechnen den Fehler R_2.

$$R_2(x_1, x_2) = \frac{1}{6} \frac{\cos z_1 [2 + \sin z_1 \sin z_2 - \sin^2 z_2]}{(\sin z_1 + \sin z_2)^3} \left(x_1 - \frac{\pi}{2} \right)^3$$

$$+ \frac{1}{2} \frac{\cos z_2 [2 + \sin z_1 \sin z_2 - \sin^2 z_1]}{(\sin z_1 + \sin z_2)^3} \left(x_1 - \frac{\pi}{2} \right)^2 \left(x_2 - \frac{\pi}{2} \right)$$

$$+ \frac{1}{2} \frac{\cos z_1 [2 + \sin z_1 \sin z_2 - \sin^2 z_2]}{(\sin z_1 + \sin z_2)^3} \left(x_1 - \frac{\pi}{2} \right) \left(x_2 - \frac{\pi}{2} \right)^2$$

$$+ \frac{1}{6} \frac{\cos z_2 [2 + \sin z_1 \sin z_2 - \sin^2 z_1]}{(\sin z_1 + \sin z_2)^3} \left(x_2 - \frac{\pi}{2} \right)^3 ,$$

wobei $\binom{z_1}{z_2} = \binom{\frac{\pi}{2}}{\frac{\pi}{2}} + \tau \binom{x_1 - \frac{\pi}{2}}{x_2 - \frac{\pi}{2}}$ mit $\tau \in]0, 1[$ gilt. (τ hängt von $\binom{x_1}{x_2}$ ab!)

f) Zuerst bemerken wir, dass das Quadrat $[\frac{\pi}{3}, \frac{2\pi}{3}] \times [\frac{\pi}{3}, \frac{2\pi}{3}]$ in D_f liegt. Für $t \in [\frac{\pi}{3}, \frac{2\pi}{3}]$ gilt $\sin t \geq \frac{\sqrt{3}}{2}$ und $|\cos t| \leq \frac{1}{2}$. Deshalb kann man wie folgt abschätzen:

$$\left| \frac{\cos z_1 [2 + \sin z_1 \sin z_2 - \sin^2 z_2]}{(\sin z_1 + \sin z_2)^3} \right| \leq \frac{\frac{1}{2} \left(2 + 1 \cdot 1 - (\frac{\sqrt{3}}{2})^2 \right)}{(\frac{\sqrt{3}}{2} + \frac{\sqrt{3}}{2})^3}$$

$$= \frac{\frac{1}{2}(3 - \frac{3}{4})}{3\sqrt{3}} = \frac{\frac{9}{8}}{3\sqrt{3}} = \frac{\sqrt{3}}{8} \approx 0,216506 \ .$$

Analog wird $\frac{\cos z_2 [2 + \sin z_1 \sin z_2 - \sin^2 z_1]}{(\sin z_1 + \sin z_2)^3}$ abgeschätzt. Man kann den Ausdruck $2 + \sin z_1 \sin z_2 - \sin^2 z_2$ noch schärfer abschätzen:

$$2 + \sin z_1 \sin z_2 - \sin^2 z_2 \leq 2 + \sin z_2 - \sin^2 z_2 \overset{(*)}{\leq} 2 + \frac{\sqrt{3}}{2} - (\frac{\sqrt{3}}{2})^2 = \frac{5}{4} + \frac{\sqrt{3}}{2} \ ,$$

und damit

$$\left| \frac{\cos z_1 [2 + \sin z_1 \sin z_2 - \sin^2 z_2]}{(\sin z_1 + \sin z_2)^3} \right| \leq \frac{\frac{1}{2}\left(\frac{5}{4} + \frac{\sqrt{3}}{2}\right)}{3\sqrt{3}} \approx 0,203614 < 0,203615 \ .$$

($2 + u - u^2$ hat sein Maximum in $\frac{1}{2}$. Wenn u auf $[\frac{1}{2}, 1]$ wächst, nimmt $2 + u - u^2$ monoton ab, und damit ergibt sich (*), wenn z_2 aus $[\frac{\pi}{3}, \frac{2\pi}{3}]$ ist). Deshalb gilt für $\binom{x_1}{x_2}$ aus $[\frac{\pi}{3}, \frac{2\pi}{3}] \times [\frac{\pi}{3}, \frac{2\pi}{3}]$:

$$|R(x_1, x_2)| < 0,034 \left[\left| x_1 - \frac{\pi}{2} \right|^3 + 3 \left| x_1 - \frac{\pi}{2} \right|^2 \cdot \left| x_2 - \frac{\pi}{2} \right| + \right.$$

$$\left. 3 \left| x_1 - \frac{\pi}{2} \right| \cdot \left| x_2 - \frac{\pi}{2} \right|^2 + \left| x_2 - \frac{\pi}{3} \right|^3 \right] = 0,034 \left[\left| x_1 - \frac{\pi}{2} \right| + \left| x_2 - \frac{\pi}{2} \right| \right]^3 .$$

g) Die Nullstellenmenge von Cosinus ist $\{\frac{\pi}{2} + p\pi \mid p \in \mathbb{Z}\}$. Aus $\cos x_1 = 0 = \cos x_2$ und $4n\pi < x_1 + x_2 < (4n+2)\pi$ sowie $(4m-1)\pi < x_1 - x_2 < (4m+1)\pi$ folgt deshalb $x_1 + x_2 = (4n+1)\pi$ sowie $x_1 - x_2 = 4m\pi$. Damit ergeben sich „die Hälfte" der Nullstellen von f' (die in D_f liegen müssen!):

$$\left\{ \begin{pmatrix} 2(n+m)\pi + \frac{\pi}{2} \\ 2(n-m)\pi + \frac{\pi}{2} \end{pmatrix} \Bigg| \, n, m \in \mathbb{Z} \right\} .$$

Die andere „Hälfte" der Nullstellen ergibt sich aus $\cos x_1 = 0 = \cos x_2$, $(4n-2)\pi < x_1 + x_2 < 4n\pi$ und $(4m+1)\pi < x_1 - x_2 < (4m+3)\pi$; zuerst hat man $x_1 + x_2 = (4n-1)\pi$, $x_1 - x_2 = (4m+2)\pi$, und daraus

$$\left\{ \begin{pmatrix} 2(n+m)\pi + \frac{\pi}{2} \\ 2(n-m-1)\pi + \frac{\pi}{2} \end{pmatrix} \Bigg| \, n, m \in \mathbb{Z} \right\} .$$

In jedem dieser Punkte hat die Hessesche Matrix die Gestalt $\begin{pmatrix} -\frac{1}{2} & 0 \\ 0 & -\frac{1}{2} \end{pmatrix}$.

Das zeigt, dass in allen obigen Punkten lokale Maxima von f vorliegen. Der

Wert von f in diesen lokalen Maxima ist derselbe, nämlich $\ln 2$.

h) Aus $\sin x_1 \leq 1$, $\sin x_2 \leq 1$ folgt $\sin x_1 + \sin x_2 \leq 2$, und damit ist $\ln 2$ sogar das globale Maximum von f .

Aufgabe 94

a) Untersuchen Sie, wo die Funktion $f : \mathbb{R}^2 \to \mathbb{R}$, $f(x,y) := 3x^2 + 7y^2 - 3x^2 y$ lokale Extrema hat.

b) Untersuchen Sie, ob f ein globales Maximum und/oder ein globales Minimum besitzt.

c) Untersuchen Sie, wo die Einschränkung von f auf $K := \{(x,y) \in \mathbb{R}^2 \mid x^2 + y^2 \leq 4^2\}$ das absolute Maximum bzw. Minimum annimmt.

Lösung:

a) Es gilt $f_x(x,y) = 6x - 6xy$, $f_y(x,y) = 14y - 3x^2$ und damit $f_{xx}(x,y) = 6 - 6y$, $f_{xy}(x,y) = -6x$, $f_{yy}(x,y) = 14$.

Deshalb verschwindet $f'(x,y) = \big(6x(1-y) \quad 14y - 3x^2\big)$ genau dann, wenn

der Punkt $(x,y)^T$ in der Menge $\{(0,0)^T, (\sqrt{\frac{14}{3}}, 1)^T, (-\sqrt{\frac{14}{3}}, 1)^T\}$ liegt. Die Hessesche Matrix in jedem dieser Punkte ist:

$$H(0,0) = \begin{pmatrix} 6 & 0 \\ 0 & 14 \end{pmatrix}, \; H\left(\sqrt{\frac{14}{3}}, 1\right) = \begin{pmatrix} 0 & -6\sqrt{\frac{14}{3}} \\ -6\sqrt{\frac{14}{3}} & 14 \end{pmatrix},$$

$$H\left(-\sqrt{\frac{14}{3}}, 1\right) = \begin{pmatrix} 0 & 6\sqrt{\frac{14}{3}} \\ 6\sqrt{\frac{14}{3}} & 14 \end{pmatrix}.$$

Die Matrix $H(0,0)$ hat die Eigenwerte 6 und 14, und damit ist sie positiv definit. f hat also in $(0,0)^T$ ein lokales Minimum; es gilt: $f(0,0) = 0$.

Die Matrizen $H(\sqrt{\frac{14}{3}}, 1)$ und $H(-\sqrt{\frac{14}{3}}, 1)$ haben als Eigenwerte die Nullstellen von $\lambda^2 - 14\lambda - 168$, d.h. $= 7 \pm \sqrt{49 + 168}$; eine davon ist positiv, die andere negativ. Deshalb sind diese zwei Matrizen indefinit, und in diesen Punkten, d.h. in $(\pm\sqrt{\frac{14}{3}}, 1)^T$, hat f kein lokales Extremum.

b) Wegen jeder der 4 Gleichungen $\lim_{x \to \infty} f(x,0) = \infty$, $\lim_{x \to -\infty} f(x,0) = \infty$, $\lim_{y \to \infty} f(0,y) = \infty$ und $\lim_{y \to -\infty} f(0,y) = \infty$ ist f nicht nach oben beschränkt, und deshalb hat f auf $\mathbb{R}^2$ kein globales Maximum. Aus $\lim_{t \to \infty} f(t,t) = \lim_{t \to \infty} t^2(10 - 3t) = -\infty$ folgt, dass f auf $\mathbb{R}^2$ auch kein globales Minimum hat.

c) f eingeschränkt auf den abgeschlossenen (und damit kompakten) Kreis K besitzt (wie jede stetige Funktion) ein globales Maximum und ein globales Minimum. Würde dieses Maximum (bzw. Minimum) in einem inneren Punkt $(x_0, y_0)^T$ des Kreises (d.h. $x_0^2 + y_0^2 < 4^2$) angenommen, so wäre $(x_0, y_0)^T$ insbesondere ein lokales Maximum (bzw. lokales Minimum) von f auf $\mathbb{R}^2$. Also: Die Einschränkung von f auf K erreicht ihr globales Maximum (bzw. globales Minimum) auf dem Rand von K oder in $(0,0)^T$.

Ein beliebiger Punkt des Randes von K ist durch $(4\cos t, 4\sin t)^T$ mit $t \in [0, 2\pi[$ darstellbar. Es gilt:

$$g(t) := f(4\cos t, 4\sin t) = 48\cos^2 t + 112\sin^2 t - 192\cos^2 t \sin t$$

$$= 48 + 64\sin^2 t - 192\sin t + 192\sin^3 t .$$

Die Funktion h, $h(u) = 192u^3 + 64u^2 - 192u + 48$, hat die Ableitung $h'(u) = 576u^2 + 128u - 192 = 64(9u^2 + 2u - 3)$; die Nullstellen von f' sind $\frac{-1 \pm \sqrt{1+27}}{9}$. Für $u_1 = \frac{-1-\sqrt{28}}{9} \approx -0,69905$ und $u_2 = \frac{-1+\sqrt{28}}{9} \approx 0,47683$ gilt: $h(u_1) \approx 99,9043$ und $h(u_2) \approx -8,18414$. Da $f(0,0) = 0$ gilt, ergibt sich daraus:

→   Das globale Minimum von f auf K ist etwa $-8,18414$; es wird in den Punkten $(\pm\sqrt{4^2 - u_2^2}\,,\ 4u_2)^T$ angenommen.

→   Das globale Maximum von f auf K ist etwa $99,9043$ und es wird in $(\pm\sqrt{4^2 - u_1^2}\,,\ 4u_1)^T$ angenommen.

Aufgabe 95

Es liegen die folgenden vier Messpunkte $(x_i, y_i)^T$, $i \in \{1, 2, 3, 4\}$, vor:

i	1	2	3	4
x_i	-1	1	2	3
y_i	-1	2	3	$4,5$

Bestimmen Sie

a)   die Ausgleichsgerade,
b)   den mittleren Fehler zu dieser Geraden,
c)   die Ausgleichsparabel 2. Grades,
d)   den mittleren Fehler zu dieser Parabel.

Lösung:

Mit Hilfe der Messpunkte erhält man die folgende Tabelle:

i	x_i	y_i	x_i^2	$x_i y_i$	$x_i^2 y_i$	x_i^3	x_i^4
1	-1	-1	1	1	-1	-1	1
2	1	2	1	2	2	1	1
3	2	3	4	6	12	8	16
4	3	$4,5$	9	$13,5$	$40,5$	27	81
$\sum$	5	$8,5$	15	$22,5$	$53,5$	35	99

a) Daraus erhalten wir:

$$D = \det \begin{pmatrix} 4 & 5 \\ 5 & 15 \end{pmatrix} = 60 - 25 = 35 \,,$$

$$D_a = \det \begin{pmatrix} 8,5 & 5 \\ 22,5 & 15 \end{pmatrix} = 127,5 - 112,5 = 15 \,,$$

$$D_b = \det \begin{pmatrix} 4 & 8,5 \\ 5 & 23,5 \end{pmatrix} = 90 - 42,5 = 47,5 \,,$$

$$a = \frac{D_a}{D} = \frac{15}{35} = \frac{3}{7} \quad , \quad b = \frac{D_b}{D} = \frac{47,5}{35} = \frac{9,5}{7} = \frac{19}{14} \,.$$

Die gesuchte Ausgleichsgerade ist gegeben durch $y = a + bx = \frac{3}{7}x + \frac{19}{14}$ oder auch $7y = 3x + 9,5$.

b) Der mittlere Fehler ist $m = \sqrt{\frac{Q(a,b)}{4-2}} = \sqrt{\frac{\sum_{i=1}^4 (a+bx_i - y_i)^2}{2}} = \frac{1}{2\sqrt{7}}$, weil:
$a + bx_1 - y_1 = \frac{3}{7} - \frac{9,5}{7} + 1 = \frac{1}{14}$, $a + bx_2 - y_2 = \frac{3}{7} + \frac{9,5}{7} - 2 = -\frac{3}{14}$, $a + bx_3 - y_3 = \frac{3}{7} + \frac{19}{7} - 3 = \frac{1}{7}$, $a + bx_4 - y_4 = \frac{3}{7} + \frac{28,5}{7} - 4,5 = 0$, $Q(a,b) = \sum_{i=1}^4 (a + bx_i - y_i)^2 = (\frac{1}{14})^2 + (-\frac{3}{14})^2 + (\frac{1}{7})^2 + 0^2 = \frac{1}{14}$.

c) Die 3 Koeffizienten der Ausgleichsparabel erfüllen das lineare Gleichungssystem

$$\begin{aligned} 4a_0 + 5a_1 + 15a_2 &= 8,5 \\ 5a_0 + 15a_1 + 35a_2 &= 22,5 \\ 15a_0 + 35a_1 + 99a_2 &= 53,5 \,. \end{aligned}$$

Mit der Cramerschen Regel erhält man $a_0 = \frac{21}{44}$, $a_1 = \frac{125}{88}$, $a_2 = -\frac{3}{88}$. Die Ausgleichsparabel 2. Grades ist deshalb $y = \frac{21}{44} + \frac{125}{88}x - \frac{3}{88}x^2$.

d) Der mittlere Fehler ist $m = \sqrt{\frac{Q(a_0,a_1,a_2)}{4-2-1}} = \frac{3}{4\sqrt{11}}$, weil:
$Q(a_0, a_1, a_2) = \sum_{i=1}^4 (a_0 + a_1 x_i + a_2 x_i^2 - y_i)^2 = (\frac{42}{88} - \frac{125}{88} - \frac{3}{88} + 1)^2$

$+ \left(\frac{42}{88} + \frac{125}{88} - \frac{3}{88} - 2\right)^2 + \left(\frac{42}{88} + \frac{250}{88} - \frac{12}{88} - 3\right)^2 + \left(\frac{42}{88} + \frac{375}{88} - \frac{27}{88} - 4,5\right)^2$

$= \left(\frac{1}{44}\right)^2 + \left(-\frac{5}{44}\right)^2 + \left(\frac{8}{44}\right)^2 + \left(-\frac{3}{44}\right)^2 = \frac{99}{44^2} = \frac{9}{4^2 \cdot 11}$.

Aufgabe 96

Es liegen die folgenden 7 Messpunkte $\{(x_i, y_i)^T \in \mathbb{R}^2 \mid i = 1, \ldots, 7\}$ vor:

i	1	2	3	4	5	6	7
x_i	0	1	3	5	6	8	9
y_i	13	12	8	5	3	0	-4

.

Bestimmen Sie die Ausgleichsgerade und die Ausgleichsparabel 2. Grades durch diese sieben Punkte.

Lösung:
Die Ausgleichsgerade hat die Gleichung $y = a + bx$; dabei werden die Koeffizienten a und b wie folgt berechnet:

$$a = \frac{\det \begin{pmatrix} \sum_{i=1}^{7} y_i & \sum_{i=1}^{7} x_i \\ \sum_{i=1}^{7} x_i y_i & \sum_{i=1}^{7} x_i^2 \end{pmatrix}}{\det \begin{pmatrix} 7 & \sum_{i=1}^{7} x_i \\ \sum_{i=1}^{7} x_i & \sum_{i=1}^{7} x_i^2 \end{pmatrix}} \quad , \quad b = \frac{\det \begin{pmatrix} 7 & \sum_{i=1}^{7} y_i \\ \sum_{i=1}^{7} x_i & \sum_{i=1}^{7} x_i y_i \end{pmatrix}}{\det \begin{pmatrix} 7 & \sum_{i=1}^{7} x_i \\ \sum_{i=1}^{7} x_i & \sum_{i=1}^{7} x_i^2 \end{pmatrix}} .$$

Die Koeffizienten a_0, a_1 und a_2 der Ausgleichsparabel $y = a_0 + a_1 x + a_2 x^2$ werden aus dem folgenden Gleichungssystem gewonnen:

$$7a_0 + a_1 \sum_{i=1}^{7} x_i + a_2 \sum_{i=1}^{7} x_i^2 = \sum_{i=1}^{7} y_i ,$$

$$a_0 \sum_{i=1}^{7} x_i + a_1 \sum_{i=1}^{7} x_i^2 + a_2 \sum_{i=1}^{7} x_i^3 = \sum_{i=1}^{7} x_i y_i ,$$

$$a_0 \sum_{i=1}^{7} x_i^2 + a_1 \sum_{i=1}^{7} x_i^3 + a_2 \sum_{i=1}^{7} x_i^4 = \sum_{i=1}^{7} x_i^2 y_i .$$

Für die Bestimmen von a, b, a_0, a_1 und a_2 stellen wir die folgende Tabelle auf:

i	x_i	y_i	x_i^2	x_i^3	x_i^4	$x_i y_i$	$x_i^2 y_i$
1	0	13	0	0	0	0	0
2	1	12	1	1	1	12	12
3	3	8	9	27	81	24	72
4	5	5	25	125	625	25	125
5	6	3	36	216	1296	18	108
6	8	0	64	512	4096	0	0
7	9	-4	81	729	6561	-36	-324
$\sum$	32	37	216	1610	12660	43	-7

Man erhält:

$$a = \frac{\begin{vmatrix} 37 & 32 \\ 43 & 216 \end{vmatrix}}{\begin{vmatrix} 7 & 32 \\ 32 & 216 \end{vmatrix}} = \frac{7992 - 1376}{1512 - 1024} = \frac{827}{61} \, , \quad b = \frac{\begin{vmatrix} 7 & 37 \\ 32 & 43 \end{vmatrix}}{\begin{vmatrix} 7 & 32 \\ 32 & 216 \end{vmatrix}} = \frac{301 - 1184}{1512 - 1024} = \frac{883}{488} \, ,$$

$$a_0 = \frac{\begin{vmatrix} 37 & 32 & 216 \\ 43 & 216 & 1610 \\ -7 & 1610 & 12660 \end{vmatrix}}{\begin{vmatrix} 7 & 32 & 216 \\ 32 & 216 & 1610 \\ 216 & 1610 & 12660 \end{vmatrix}} = \frac{2770492}{212324} = \frac{692623}{53081} \, , \quad a_1 = \frac{\begin{vmatrix} 7 & 37 & 216 \\ 32 & 43 & 1610 \\ 216 & -7 & 12660 \end{vmatrix}}{\begin{vmatrix} 7 & 32 & 216 \\ 32 & 216 & 1610 \\ 216 & 1610 & 12660 \end{vmatrix}}$$

$$= \frac{-287362}{212324} = \frac{-143681}{106162} \, , \quad a_2 = \frac{\begin{vmatrix} 7 & 32 & 37 \\ 32 & 216 & 43 \\ 216 & 1610 & -7 \end{vmatrix}}{\begin{vmatrix} 7 & 32 & 216 \\ 32 & 216 & 1610 \\ 216 & 1610 & 12660 \end{vmatrix}} = \frac{-10842}{212324} = \frac{-5421}{106162} \, .$$

Die Gleichung der Ausgleichsgeraden ist also $y = \frac{827}{61} + \frac{883}{488} x$, während die Gleichung der Ausgleichsparabel für dieselben Messpunkte lautet: $y = \frac{692623}{53081} - \frac{143681}{106162} x - \frac{5421}{106162} x^2$.

Aufgabe 97

Bestimmen Sie mit Hilfe der Methode des Lagrange-Multiplikators alle Stellen möglicher lokaler Extrema der durch $f(x, y) = 6 - 4x - 3y$ gegebenen Funktion $f : \mathbb{R}^2 \to \mathbb{R}$ unter der Nebenbedingung $x^2 + y^2 = 1$. Kann man darüber mehr sagen?

Lösung:

Man sucht auf dem Kreis $K := \{(x,y)^T \in \mathbb{R}^2; x^2 + y^2 = 1\}$ diejenigen Punkte $(x,y)^T$, in welchen $\operatorname{grad} f(x,y)$ proportional zu $\operatorname{grad}(x^2 + y^2 - 1)$ ist. Also:

$$-4 = \lambda \cdot 2x, \quad -3 = \lambda \cdot 2y \quad \text{und} \quad x^2 + y^2 = 1.$$

Es folgt: $x = -\frac{2}{\lambda}$, $y = -\frac{3}{2\lambda}$ und damit $\frac{1}{\lambda^2}(4 + \frac{9}{4}) = 1$, d.h. $\lambda^2 = \frac{25}{4}$. Zu $\lambda = \frac{5}{2}$ ergibt sich der Punkt $(-\frac{4}{5}, -\frac{3}{5})^T$, und entsprechend $f(-\frac{4}{5}, -\frac{3}{5}) = 6 + \frac{16}{5} + \frac{9}{5} = 11$. Dagegen erhält man für $\lambda = -\frac{5}{2}$ erhält man den Punkt $(\frac{4}{5}, \frac{3}{5})^T$ und den Wert $f(\frac{4}{5}, \frac{3}{5}t) = 6 - \frac{16}{5} - \frac{9}{5} = 1$. Da K kompakt ist, hat die Einschränkung von f auf K sowohl ein absolutes Maximum als auch ein absolutes Minimum. Sie müssen 11 bzw. 1 sein!

Aufgabe 98

a) Bestimmen Sie mit Hilfe der Methode des Lagrange-Multiplikators alle Stellen möglicher lokaler Extrema der durch $f(x,y) := x^2y^3$ gegebenen Funktion $f : \mathbb{R}^2 \to \mathbb{R}$ unter der folgenden Nebenbedingung $g(x,y) := x^2 + 3y^2 - 1 = 0$.

b) Wie könnten Sie diese Aufgabe mit Hilfe der Kenntnisse aus der Differenzialrechnung für Funktionen einer Veränderlichen lösen? Entscheiden Sie, ob die errechneten Punkte tatsächlich lokale Extrema sind und bestimmen Sie deren Art.

Hinweis zu b): Betrachten Sie für die Punkte der Ellipse $x^2 + 3y^2 - 1 = 0$ die Darstellung $x = \cos t$, $y = \frac{1}{\sqrt{3}} \sin t$.

Lösung:

a) Aus $\frac{\partial f}{\partial x} = \lambda \frac{\partial g}{\partial x}$ und $\frac{\partial f}{\partial y} = \lambda \frac{\partial g}{\partial y}$ folgt $2xy^3 = 2\lambda x$ und $3x^2y^2 = 6\lambda y$, und damit erhält man, dass für $\lambda = 0$ lokale Extrema von f unter der Nebenbedingung $g = 0$ höchstens in den vier Punkten $(\pm 1, 0)^T$, $(0, \pm\frac{1}{\sqrt{3}})^T$ auftreten können. Für $\lambda \neq 0$ ergibt sich $x \neq 0$, $y \neq 0$. Es folgt $y^3 = \lambda$ und $x^2y = 2\lambda$. Mit $y = \sqrt[3]{\lambda}$ ergibt sich $x^2 = 2\left(\sqrt[3]{\lambda}\right)^2$, und damit $x = \pm\sqrt{2}\sqrt[3]{\lambda}$. Setzt man $x = \pm\sqrt{2}\sqrt[3]{\lambda}$ und $y = \sqrt[3]{\lambda}$ in g ein, so folgt: $2\sqrt[3]{\lambda^2} + 3\sqrt[3]{\lambda^2} - 1 = 0$, d.h. $\lambda = \pm\frac{1}{5\sqrt{5}}$. Es folgt: $(\pm\frac{\sqrt{2}}{\sqrt{5}}, \pm\frac{1}{\sqrt{5}})^T$ sind weitere 4 Punkte, in welchen f unter der Nebenbedingung $g = 0$ lokale Extrema haben kann. Es gilt: $f(\pm\frac{\sqrt{2}}{\sqrt{5}}, \frac{1}{\sqrt{5}}) = \frac{2}{25\sqrt{5}}, f(\pm\frac{\sqrt{2}}{\sqrt{5}}, -\frac{1}{\sqrt{5}}) = -\frac{2}{25\sqrt{5}}$ und $f(0, \pm\frac{1}{\sqrt{3}}) = f(\pm 1, 0) = 0$.

b) Setzt man in $f(x,y)$ die Werte $x = \cos t$, $y = \frac{1}{\sqrt{3}} \sin t$ ein, so erhält man die Funktion $h : [0, 2\pi[\to \mathbb{R}$, $h(t) = \frac{1}{3\sqrt{3}} \sin^3 t \cos^2 t$. Die lokalen Extrema von f unter der Nebenbedingung $g = 0$ entsprechen den lokalen Extrema von h. Es gilt $h'(t) = \frac{1}{3\sqrt{3}} \sin^2 t \cos t [3 \cos^2 t - 2 \sin^2 t]$.

Die lokalen Extrema von h können nur in den Punkten der Menge

$\{0, \frac{\pi}{2}, \pi, \frac{3\pi}{2}, \arctan\sqrt{\frac{3}{2}}, \pi + \arctan\sqrt{\frac{3}{2}}, \pi - \arctan\sqrt{\frac{3}{2}}, 2\pi - \arctan\sqrt{\frac{3}{2}}\}$

angenommen werden. Es gilt:

$h''(t) = \frac{1}{3\sqrt{3}} \sin t (6 \cos^4 t - 17 \sin^2 t \cos^2 t + 2 \sin^4 t)$, $h'''(t) =$

$\frac{1}{3\sqrt{3}}[6 \cos^5 t + \sin^2 t(\ldots)]$, $h''(0) = 0$, $h'''(0) = \frac{2}{\sqrt{3}} \neq 0$, $h''(\pi) = 0$, $h'''(\pi) =$

$-\frac{2}{\sqrt{3}} \neq 0$, $h''(\frac{\pi}{2}) = \frac{2}{3\sqrt{3}} > 0$ und $h''(\frac{3\pi}{2}) = -\frac{2}{3\sqrt{3}} < 0$.

Deshalb hat h in 0 und π zwei Wendepunkte; h besitzt in $\frac{\pi}{2}$ und $\frac{3\pi}{2}$ ein lokales Minimum bzw. Maximum.

Für $t = \arctan\sqrt{\frac{3}{2}}$, $\pi + \arctan\sqrt{\frac{3}{2}}$, $\pi - \arctan\sqrt{\frac{3}{2}}$, $2\pi - \arctan\sqrt{\frac{3}{2}}$ haben

$\sin t$ und $\cos t$ die Werte $\frac{1}{\sqrt{5}}$ und $\sqrt{\frac{2}{5}}$, $-\frac{1}{\sqrt{5}}$ und $-\sqrt{\frac{2}{5}}$, $\frac{1}{\sqrt{5}}$ und $-\sqrt{\frac{2}{5}}$ bzw.

$-\frac{1}{\sqrt{5}}$ und $\sqrt{\frac{2}{5}}$. Deshalb gilt

$h''(\arctan\sqrt{\frac{3}{2}}) = \frac{1}{3\sqrt{3}}[6 \cdot \frac{1}{\sqrt{5}} \cdot \frac{4}{25} - 17 \cdot \frac{1}{5\sqrt{5}} \cdot \frac{2}{5} + 2 \cdot \frac{1}{25\sqrt{5}}] = -\frac{8}{75\sqrt{15}}$

und analog $h''(\pi - \arctan\sqrt{\frac{3}{2}}) = -\frac{8}{75\sqrt{15}}$. Entsprechend erhält man

$h''(\pi + \arctan\sqrt{\frac{3}{2}}) = h''(2\pi - \arctan\sqrt{\frac{3}{2}}) = \frac{8}{75\sqrt{15}}$. Also besitzt h in

$\arctan\sqrt{\frac{3}{2}}$ und $\pi - \arctan\sqrt{\frac{3}{2}}$ lokale Maxima, während in $\pi + \arctan\sqrt{\frac{3}{2}}$ und

$2\pi - \arctan\sqrt{\frac{3}{2}}$ lokale Minima liegen. Man beachte, dass den Punkten $t =$

$0, \frac{\pi}{2}, \pi, \frac{3\pi}{2}, \arctan\sqrt{\frac{3}{2}}$, $\pi - \arctan\sqrt{\frac{3}{2}}$, $\pi + \arctan\sqrt{\frac{3}{2}}$ und $2\pi - \arctan\sqrt{\frac{3}{2}}$

die folgenden Punkte aus $\mathbb{R}^2$ entsprechen: $(1,0)^T$, $(0, \frac{1}{\sqrt{3}})^T$, $(-1,0)^T$,

$(0, -\frac{1}{\sqrt{3}})^T, (\sqrt{\frac{2}{5}}, \frac{1}{\sqrt{5}})^T$, $(-\sqrt{\frac{2}{5}}, \frac{1}{\sqrt{5}})^T$, $(-\sqrt{\frac{2}{5}}, -\frac{1}{\sqrt{5}})^T$ und $(\sqrt{\frac{2}{5}}, -\frac{1}{\sqrt{5}})^T$.

Damit nimmt f die folgenden lokalen Extrema unter der Nebenbedingung $g = 0$ an:

→ lokale Maxima in $(0, -\frac{1}{\sqrt{3}})^T$, $(\pm\sqrt{\frac{2}{5}}, \frac{1}{\sqrt{5}})^T$,

→ lokale Minima in $(0, \frac{1}{\sqrt{3}})^T$, $(\pm\sqrt{\frac{2}{5}}, -\frac{1}{\sqrt{5}})^T$.

In den Punkten $(1,0)^T$ und $(-1,0)^T$ liegen also keine lokale Extrema für f unter der gegebenen Nebenbedingung vor.

Aufgabe 99

Bestimmen Sie den kleinsten und den größten Abstand des Punktes $(x_0, 0, 0)$

zur Schnittkurve C des Kreiszylinders $x^2 + y^2 = 25$ mit dem hyperbolischen Zylinder $x^2 - z^2 = 16$.

Lösung:
Man bezeichne mit g_1 und g_2 die Funktionen $g_1(x,y,z) = x^2 + y^2 - 25$ und $g_2(x,y,z) = x^2 - z^2 - 16$. Der Abstand zwischen $(x_0,0,0)^T$ und einem beliebigen Punkt von C ist $\sqrt{(x-x_0)^2 + y^2 + z^2}$; es ist genau dann maximal oder minimal, wenn $f(x,y,z) := (x-x_0)^2 + y^2 + z^2$ maximal bzw. minimal ist. Man sucht die Lösungen $(x,y,z,\lambda_1,\lambda_2)$ von

$$\operatorname{grad} f(x,y,z) = (\lambda_1 \operatorname{grad} g_1 + \lambda_2 \operatorname{grad} g_2)(x,y,z) \qquad (*)$$

mit der Eigenschaft $g_1(x,y,z) = 0 = g_2(x,y,z)$. Schreibt man $(*)$ in der Gestalt

$$\lambda_1 \frac{\partial g_1}{\partial x}(x,y,z) + \lambda_2 \frac{\partial g_2}{\partial x}(x,y,z) - \frac{\partial f}{\partial x}(x,y,z) = 0 \,,$$

$$\lambda_1 \frac{\partial g_1}{\partial y}(x,y,z) + \lambda_2 \frac{\partial g_2}{\partial xy}(x,y,z) - \frac{\partial f}{\partial y}(x,y,z) = 0 \,, \qquad (**)$$

$$\lambda_1 \frac{\partial g_1}{\partial z}(x,y,z) + \lambda_2 \frac{\partial g_2}{\partial z}(x,y,z) - \frac{\partial f}{\partial z}(x,y,z) = 0 \,,$$

so sieht man, dass $(x,y,z,\lambda_1,\lambda_2)$ nur dann eine Lösung ist, wenn die Determinante des homogenen Systems mit der Koeffizientenmatrix

$$\begin{pmatrix} \frac{\partial g_1}{\partial x} & \frac{\partial g_2}{\partial x} & \frac{\partial f}{\partial x} \\ \frac{\partial g_1}{\partial y} & \frac{\partial g_2}{\partial y} & \frac{\partial f}{\partial y} \\ \frac{\partial g_1}{\partial z} & \frac{\partial g_2}{\partial z} & \frac{\partial f}{\partial z} \end{pmatrix} (x,y,z)$$

verschwindet, denn dieses System hat ja wegen $(**)$ die nichttriviale Lösung $(\lambda_1, \lambda_2, -1)$; d.h.

$$\begin{vmatrix} 2x & 2x & 2(x-x_0) \\ 2y & 0 & 2y \\ 0 & -2z & 2z \end{vmatrix} = -8(x-x_0)yz = 0 \,.$$

Ist $y = 0$, so ergeben sich die 4 Punkte $(\pm 5, 0, \pm 3)$ von C; ist $z = 0$, so erhält man 4 weitere Punkte $(\pm 4, \pm 3, 0)^T$ von C. Ist $x - x_0 = 0$, also $x_0 = x$, so folgt $|x_0| \in [4,5]$ wegen $g_1(x,y,z) = 0$ und $g_2(x,y,z) = 0$, und als weitere Punkte von C, die für die Extremstellen in Frage kommen haben wir: $(x_0, \pm\sqrt{25 - x_0^2}, \sqrt{x_0^2 - 16})$. Die Kurve C ist kompakt, da sie abgeschlossen – als Nullstellenmenge von Polynomen – und beschränkt – wegen $C \subset [-5,5] \times [-5,5] \times [-3,3]$ – ist. Deshalb muss $f|_C$ als stetige Funktion auf einem Kompaktum sowohl ein absolutes Maximum M als auch ein absolutes Minimum m besitzen. Diese Extremwerte können von x_0 abhängig sein und liegen nur in der ermittelten Menge der Kandidaten für Extrema; in diesen Punkten berechnen wir deshalb die Werte der Funktion f :

$$f(4, \pm 3, 0) = (4 - x_0)^2 + 9 \, , \quad f(-4, \pm 3, 0) = (4 + x_0)^2 + 9 \, ,$$

$$f(5, 0, \pm 3) = (5 - x_0)^2 + 9 \, , \quad f(-5, 0, \pm 3) = (5 + x_0)^2 + 9 \, ,$$

$$f(x_0, \pm\sqrt{25 - x_0^2}, \pm\sqrt{x_0^2 - 16}) = 25 - x_0^2 + x_0^2 - 16 = 9 \, .$$

Deshalb unterscheiden wir die folgenden Fälle:
i) $x_0 < -5 : M = f(5, 0, \pm 3) \, , \quad m = f(-5, 0, \pm 3) \, .$
ii) $x_0 = -5 : M = f(5, 0, \pm 3) = 109 \, , \quad m = f(-5, 0, \pm 3) = 9 \, .$
iii) $x_0 \in \,]-5, -4[: M = f(5, 0, \pm 3) \, , \quad m = f(x_0, \pm\sqrt{25 - x_0^2}, \pm\sqrt{x_0^2 - 16}) = 9 \, .$
iv) $x_0 = -4 : M = f(5, 0, \pm 3) = 90 \, , \quad m = f(-4, 0, \pm 3) = 9 \, .$
v) $-4 < x_0 \leq 0 : M = f(5, 0, \pm 3) \, , \quad m = f(-4, 0, \pm 3) \, .$
vi) $0 \leq x_0 < 4 : M = f(-5, 0, \pm 3) \, , \quad m = (4, 0, \pm 3) \, .$
vii) $x_0 = 4 : M = f(-5, 0, \pm 3) = 90 \, , \quad m = f(4, 0, \pm 3) = 9 \, .$
viii) $x_0 \in \,]4, 5[: M = f(-5, 0, \pm 3) \, , \quad m = f(x_0, \pm\sqrt{25 - x_0^2}, \pm\sqrt{x_0^2 - 16}) = 9 \, .$
ix) $x_0 = 5 : M = f(-5, 0, \pm 3) = 109 \, , \quad m = f(5, 0, \pm 3) = 9 \, .$
x) $x_0 > 5 : M = f(-5, 0, \pm 3) \, , \quad m = f(5, 0, \pm 3) \, .$

Aufgabe 100

Die Winkel eines Trapezes sind $\alpha_1, \alpha_2, \alpha_3$ und α_4; dabei bezeichnen α_1 und α_4 die Winkel zwischen der kleineren der beiden parallelen Seiten und einer der nichtparallelen Seiten. α_1 und α_2 sind die Winkel zwischen dieser nichtparallelen Seite und den beiden parallelen Seiten. Beim Messen der Winkel haben sich kleine Fehler ergeben, so dass $\alpha_1 + \alpha_2 + \alpha_3 + \alpha_4$ nicht 2π sondern $2\pi - \varphi$ und $\alpha_1 + \alpha_4$ nicht π sondern $\pi - \psi$ sind. Addieren Sie zu $\alpha_1, \alpha_2, \alpha_3$ und α_4 Ausgleichssummanden x_1, x_2, x_3, bzw. x_4, so dass $(\alpha_1 + x_1) + (\alpha_2 + x_2) + (\alpha_3 + x_3) + (\alpha_4 + x_4) = 2\pi$ und $(\alpha_1 + x_1) + (\alpha_4 + x_4) = \pi$ gelten, und so dass die Fehlerquadratsumme $x_1^2 + x_2^2 + x_3^2 + x_4^2$ möglichst klein ist.

Lösung:

Gesucht wird also das Minimum der Funktion $f, f(\mathbf{x}) = f(x_1, x_2, x_3, x_4) = x_1^2 + x_2^2 + x_3^2 + x_4^2$ unter den Nebenbedingungen

$$g_1(\mathbf{x}) = (\alpha_1 + x_1) + (\alpha_2 + x_2) + (\alpha_3 + x_3) + (\alpha_4 + x_4) - 2\pi = 0 \, ,$$

$$g_2(\mathbf{x}) = (\alpha_1 + x_1) + (\alpha_4 + x_4) = \pi \, .$$

Die Koordinaten eines Punktes, in welchem ein solches Minimum erreicht wird, besteht aus den ersten 4 Komponenten einer Lösung des folgenden

Gleichungssystems mit den Unbekannten $x_1, x_2, x_3, x_4, \lambda_1$ und λ_2 :

$$\operatorname{grad} f(\mathbf{x}) = \lambda_1 \operatorname{grad} g_1(\mathbf{x}) + \lambda_2 \operatorname{grad} g_2(\mathbf{x}), \ g_1(\mathbf{x}) = 0, \ g_2(\mathbf{x}) = 0 \ .$$

Wegen $\operatorname{grad} f(\mathbf{x}) = (2x_1, 2x_2, 2x_3, 2x_4)^T$, und $\operatorname{grad} g_1(\mathbf{x}) = (1, 1, 1, 1)^T$ und $\operatorname{grad} g_2(\mathbf{x}) = (1, 0, 0, 1)^T$ hat man das folgende System zu lösen:

$$2x_1 = \lambda_1 + \lambda_2, \ 2x_2 = \lambda_1, \ 2x_3 = \lambda_1, \ 2x_4 = \lambda_1 + \lambda_2 \ ,$$

$$x_1 + x_2 + x_3 + x_4 = 2\pi - (\alpha_1 + \alpha_2 + \alpha_3 + \alpha_4) = \varphi \ ,$$

$$x_1 \qquad\qquad + x_4 = \pi - (\alpha_1 + \alpha_4) = \psi \ .$$

Es folgt $x_2 = x_3 = \frac{\lambda_1}{2}$, $x_1 = x_4 = \frac{\lambda_1 + \lambda_2}{2}$, $\lambda_1 + \lambda_2 + \lambda_1 = \varphi$ und $\lambda_1 + \lambda_2 = \psi$. Daraus ergibt sich $\lambda_1 = \varphi - \psi$, $\lambda_2 = 2\psi - \varphi$, und damit $x_2 = x_3 = \frac{\varphi - \psi}{2}$, $x_1 = x_4 = \frac{\psi}{2}$. Das Minimum kann also nur in $(\frac{\psi}{2}, \frac{\varphi - \psi}{2}, \frac{\varphi - \psi}{2}, \frac{\psi}{2})^T =: \mathbf{x}_0$ angenommen werden; sein Wert wäre dann $f(\frac{\psi}{2}, \frac{\varphi - \psi}{2}, \frac{\varphi - \psi}{2}, \frac{\psi}{2}) = \frac{\varphi^2}{2} - \varphi\psi + \psi^2$.

Dazu bemerke man, dass $\frac{\varphi^2}{2} - \varphi\psi + \psi^2 = \frac{1}{2}(\varphi - \psi)^2 + \frac{1}{2}\psi^2 \geq 0$ gilt. Dieser Wert ist das gesuchte Minimum; das zeigt man wie folgt: Als Definitionsbereich für f genügt es, die kompakte Menge $K := \{(x_1, x_2, x_3, x_4)^T \in \mathbb{R}^4 \mid -\alpha_i \leq x_i \leq \pi - \alpha_i$ für $i = 1, 2, 3, 4$, $g_1(\mathbf{x}) = g_2(\mathbf{x}) = 0\}$ zu nehmen. (Man bedenke, dass $\alpha_i + x_i$ die Größe eines Trapezwinkels ist; deshalb muss gelten $0 \leq \alpha_i + x_i \leq \pi$.) Wegen seiner Stetigkeit hat f darauf sowohl ein globales Minimum als auch ein globales Maximum. Es genügt zu zeigen, dass in $\mathbf{x}_0$ ein lokales Minimum von f auf K angenommen wird. Die Gleichungen $g_1(\mathbf{x}) = 0$ und $g_2(\mathbf{x}) = 0$ erlauben, x_2 und x_4 als Funktionen von $x_1 =: x$ und $x_3 =: y$ darzustellen: $x_4 = \psi - x_1 = \psi - x$, $x_2 = \varphi - \psi - x_3 = \varphi - \psi - y$. Damit hat man die Funktion

$$h(x, y) := f(x, \varphi - \psi - y, y, \psi - x) = x^2 + (\varphi - \psi - y)^2 + y^2 + (\psi - x)^2$$
$$= 2x^2 + 2y^2 - 2\psi x - 2(\varphi - \psi)y + (\varphi - \psi)^2 + \psi^2$$

zu untersuchen. Ihr Gradient hat die Komponenten $4x - 2\psi$ und $4y - 2(\varphi - \psi)$, und deshalb kommt (erwartungsgemäß!) nur der Punkt $(\frac{\psi}{2}, \frac{\varphi - \psi}{2})^T$ für das Eintreten eines lokalen Extremums von h in Frage. Die Hessesche Matrix $\begin{pmatrix} h_{xx} & h_{xy} \\ h_{yx} & h_{yy} \end{pmatrix}$ ist in jedem Punkt gleich $\begin{pmatrix} 4 & 0 \\ 0 & 4 \end{pmatrix}$, also positiv definit. Deshalb besitzt h in $(\frac{\psi}{2}, \frac{\varphi - \psi}{2})^T$ ein lokales Minimum. f hat also auf K nur in $\mathbf{x}_0$ ein lokales Minimum.

Aufgabe 101

Differenzieren Sie das folgende Parameterintegral mit Hilfe der Leibnizschen Regel:

$$F(x) = \int\limits_0^1 \ln(x^2 + y^2 + 1) dy \ .$$

Lösung:

$$F'(x) = \int\limits_0^1 \frac{2x}{x^2 + y^2 + 1} dy = 2x \int\limits_0^1 \frac{1}{(x^2+1)[1 + (\frac{y}{\sqrt{x^2+1}})^2]} dy$$

$$= \frac{2x}{\sqrt{x^2+1}} \int\limits_0^1 \frac{\frac{1}{\sqrt{x^2+1}}}{1 + (\frac{y}{\sqrt{x^2+1}})^2} dy = \frac{2x}{\sqrt{x^2+1}} \arctan \frac{y}{\sqrt{x^2+1}} \Big|_{y=0}^{y=1}$$

$$= \frac{2x}{\sqrt{x^2+1}} \arctan \frac{1}{\sqrt{x^2+1}} \ .$$

Aufgabe 102

Es sei $F(x) := \int_{\frac{1}{|x|}}^{\sqrt{1-x^2}} \frac{\ln(x^2+y^3+4)}{x} dy$.

a)   Bestimmen Sie den maximalen Definitionsbereich von F.
b)   Bestimmen Sie die Nullstellen von F.
c)   Bestimmen Sie für jedes offene Intervall aus dem Definitionsbereich von F die Ableitung von F.

Lösung:

a) Für $F(x) := \int_{\frac{1}{|x|}}^{\sqrt{1-x^2}} \frac{\ln(x^2+y^3+4)}{x} dy$ ist $D_F := [-1,0\ [\ \cup\ ]\ 0,1]$ der maximale Definitionsbereich von F. Auf dem Integrationsintervall ist y positiv; deshalb macht die dritte Potenz von y keine Schwierigkeit!

b) Für $x \in D_F$ ist $\sqrt{1-x^2} < 1$ und $\frac{1}{|x|} \geq 1$; also sind die beiden Integrationsgrenzen immer verschieden voneinander, und zwar ist die untere Grenze größer als die obere Grenze.

Für $x > 0$ ist die zu integrierende (stetige) Funktion $y \mapsto \frac{\ln(x^2+y^3+4)}{x}$ positiv, und deshalb gilt $F(x) < 0$; dagegen ist für $x < 0$ die durch $y \mapsto \frac{\ln(x^2+y^3+4)}{x}$ angegebene Funktion negativ, und damit $F(x) > 0$. Fazit: F hat keine Nullstellen.

c) Mit der Leibnizschen Regel bekommt man falls $x \in]0,1[$ für F die Ableitung

$$F'(x) = \int_{\frac{1}{x}}^{\sqrt{1-x^2}} \frac{x\frac{2x}{x^2+y^3+4} - \ln(x^2+y^3+4)}{x^2} dy$$

$$+ \frac{\ln[x^2+(1-x^2)^{3/2}+4]}{x} \cdot \frac{-2x}{2\sqrt{1-x^2}} - \frac{\ln\left(x^2+\frac{1}{x^3}+4\right)}{x}\left(-\frac{1}{x^2}\right) =$$

$\int_{\frac{1}{x}}^{\sqrt{1-x^2}} \left(\frac{2}{x^2+y^3+4} - \frac{\ln(x^2+y^3+4)}{x^2} \right) dy + \frac{\ln\left(x^2+\frac{1}{x^3}+4\right)}{x^3} - \frac{\ln[x^2+(1-x^2)^{3/2}+4]}{\sqrt{1-x^2}}$.

Analog wird für $x \in\,]-1,0[$ die Ableitung von $F(x) = \int_{-\frac{1}{x}}^{\sqrt{1-x^2}} \frac{\ln(x^2+y^3+4)}{x} dy$ berechnet.

Aufgabe 103

a) Bestimmen Sie den maximalen Definitionsbereich D_F der durch die Zuordnung $x \mapsto F(x) := \int_{\sin x}^{1+x^2} \frac{e^{xy^2}}{y} dy$ definierten Funktion F .

b) Begründen Sie, warum F auf D_F stetig differenzierbar ist, und berechnen Sie die Ableitung von F; geben Sie dabei den Wert von F' in $x \in D_F$ an, ohne das Integralzeichen zu verwenden.

Lösung:

a) Da $1 + x^2$ stets positiv ist, muss auch $\sin x$ positiv sein, damit 0 nicht im Integrationsintervall liegt. (Man bemerke, dass die Funktion $y \mapsto \frac{e^{xy^2}}{y}$ für jedes x und jedes $a > 0$ auf $]0,a]$ nicht uneigentlich integrierbar ist!) Also gilt:

$$D_F = \bigcup_{n\in\mathbf{Z}}]2n\pi, (2n+1)\pi[\,.$$

b) Die partielle Ableitung nach x der Funktion $\frac{e^{xy^2}}{y}$ existiert und ist stetig differenzierbar auf $D_F\times]0, \infty[$. Die Funktionen $x \mapsto 1+x^2$ und $x \mapsto \sin x$ sind stetig differenzierbar auf $\mathbb{R}$, und insbesondere auf D_F. Nach der Leibnizschen Regel ist F stetig differenzierbar auf D_F, und für jedes x aus D_F gilt:

$$F'(x) = \int\limits_{\sin x}^{1+x^2} y e^{xy^2} dy + \frac{e^{x(1+x^2)^2}}{1+x^2}\cdot 2x - \frac{e^{x\sin^2 x}}{\sin x} \cos x$$

$$= \frac{1}{2x}e^{xy^2}\Big|_{y=\sin x}^{y=1+x^2} + 2\frac{xe^{x(1+x^2)^2}}{1+x^2} - \frac{e^{x\sin^2 x}}{\tan x}$$

$$= \frac{1}{2x}\left[e^{x(1+x^2)^2} - e^{x\sin^2 x}\right] + 2\frac{xe^{x(1+x^2)^2}}{1+x^2} - \frac{e^{x\sin^2 x}}{\tan x}$$

$$= \frac{1+5x^2}{2x(1+x^2)}e^{x(1+x^2)^2} - \left(\frac{1}{2x} - \frac{1}{\tan x}\right)e^{x\sin^2 x} \,.$$

2.3 Erster Test für das zweite Kapitel

Aufgabe 1

Führen Sie für die Funktion f, $f(x) = x|x^2 - 3x|$ das Kurvendiskussionsprogramm durch. Untersuchen Sie insbesondere die Existenz der ersten und der zweiten Ableitung von f in den Punkten 0 und 3 .

Lösung:
a) Die Funktion ist auf $\mathbb{R}$ definiert; es gilt:

$$f(x) = \begin{cases} x^3 - 3x^2 & \text{falls } x \in\,] -\infty, 0] \cup [3, \infty[\\ \\ 3x^2 - x^3 & \text{sonst.} \end{cases}$$

Man hat: $\lim\limits_{x \to -\infty} f(x) = -\infty$, $\lim\limits_{x \to \infty} f(x) = \infty$. f hat keine Asymptote, weil sie auf $\mathbb{R}$ definiert ist und weil gilt:

$$\lim_{x \to \infty} \frac{f(x)}{x} = \lim_{x \to \infty} \frac{x^3 - 3x^2}{x} = \lim_{x \to \infty} (x^2 - 3x) = \lim_{x \to \infty} x^2(1 - \frac{3}{x}) = \infty ,$$

$$\lim_{x \to -\infty} \frac{f(x)}{x} = \lim_{x \to -\infty} \frac{x^3 - 3x^2}{x} = \lim_{x \to -\infty} (x^2 - 3x) = \lim_{x \to -\infty} x^2(1 - \frac{3}{x}) = \infty .$$

b) Die Funktion f ist stetig auf $]-\infty, 0[\, \cup\,]0, 3[\, \cup\,]3, \infty[$, da auf diesen drei Intervallen f jeweils ein Polynom ist. In den Punkten 0 und 3 ist f ebenfalls stetig (und damit auf $\mathbb{R}$), weil:

$$\lim_{x \to 0-} f(x) = \lim_{x \to 0-} (x^3 - 3x^2) = 0 = f(0) = \lim_{x \to 0+} (3x^2 - 3x^3) = \lim_{x \to 0+} f(x) ,$$

$$\lim_{x \to 3-} f(x) = \lim_{x \to 3-} (3x^3 - x^2) = 0 = f(3) = \lim_{x \to 3+} (x^3 - 3x^2) = \lim_{x \to 3+} f(x) .$$

c) Auf $]-\infty, 0[\cup]0, 3[\cup]3, \infty[$ ist f unendlich oft differenzierbar. Man hat:

$$\lim_{x \to 0-} \frac{f(x) - f(0)}{x - 0} = \lim_{x \to 0-} \frac{x^3 - 3x^2}{x} = \lim_{x \to 0-} (x^2 - 3x) = 0 ,$$

$$\lim_{x \to 0+} \frac{f(x) - f(0)}{x - 0} = \lim_{x \to 0+} \frac{3x^2 - x^3}{x} = \lim_{x \to 0+} (3x - x^2) = 0 ,$$

$$\lim_{x \to 3-} \frac{f(x) - f(3)}{x - 3} = \lim_{x \to 3-} \frac{3x^2 - x^3}{x - 3} = \lim_{x \to 3-} (-x^2) = -9 ,$$

$$\lim_{x \to 3+} \frac{f(x) - f(3)}{x - 3} = \lim_{x \to 3+} \frac{x^3 - 3x^2}{x - 3} = \lim_{x \to 3+} (x^2) = 9 .$$

Also: f ist in 0 differenzierbar, in 3 nicht. Es gilt

$$f'(x) = \begin{cases} 3x^2 - 6x & \text{, falls } x \in \,] -\infty, 0] \cup \,]3, \infty[\,, \\ 6x - 3x^2 & \text{, falls } x \in \,]0, 3[\,. \end{cases}$$

Die Nullstellen von f' sind 0 und 2. Da $f(x) < 0$ für $x < 0$ und $f(x) > 0$ für $x > 0$ gelten, hat f im Nullpunkt kein lokales Extremum.

d) f' ist in 0 nicht differenzierbar (in 3 wird gar nicht untersucht, da $f'(3)$ nicht existiert!), weil: $\lim\limits_{x \to 0-} \frac{f'(x) - f'(0)}{x - 0} = \lim\limits_{x \to 0-} \frac{3x^2 - 6x}{x} = -6$, $\lim\limits_{x \to 0+} \frac{f'(x) - f'(0)}{x - 0} =$ $\lim\limits_{x \to 0+} \frac{6x - 3x^2}{x} = 6$. Damit hat man:

$$f''(x) = \begin{cases} 6x - 6 & \text{, falls } x \in \,] -\infty, 0[\cup \,]3, \infty[\,, \\ 6 - 6x & \text{, falls } x \in \,]0, 3[\,. \end{cases}$$

Insbesondere ist $f''(2) = 6 - 6 \cdot 2 = -6 < 0$, und damit besitzt f in 2 ein lokales Maximum, nämlich $f(2) = 4$.
Die einzige Nullstelle von f'' liegt in 1. Da $f''(x) > 0$ für $x \in \,]0, 1[$ und $f''(x) < 0$ für $x \in \,]1, 3[$ gilt, ist 1 ein Wendepunkt für f.
e) Die folgende Tabelle hilft uns bei der graphischen Darstellung von f:

x		-1		0		1		2		3		4		
$f'(x)$		$+$	$+$	$+$	0	$+$	3	$+$	0	$-$	$\|$	$+$	$+$	$+$
$f(x)$	$-\infty$	$\nearrow$	-4	$\nearrow$	0	$\nearrow$	2	$\nearrow$	4	$\searrow$	0	$\nearrow$	16	$\nearrow$ ∞
$f''(x)$		$-$	$-$	$-$	$\|$	$+$	0	$-$	$-$	$-$	$\|$	$+$	$+$	$+$

Danach wächst die Funktion f auf dem Intervall $] -\infty, 0]$ von $-\infty$ bis 0, und ist dabei konkav. Im Nullpunkt hat f einen Wendepunkt, und dabei ist die Tangente zum Graphen von f die x-Achse. Auf dem Intervall $[0, 1]$ wächst f weiter, von 0 bis 2, und ist dabei konvex. Im Punkt 1 gibt es einen Wendepunkt; die Tangente in diesem Punkt hat die Steigung 3. Auf $[1, 2]$ wächst f von 2 bis 4. In 2 gibt es ein lokales Maximum; danach auf $[2, 3]$ nimmt f von 4 bis auf 0 ab. Dabei ist f auf $[1, 3]$ konkav. Schließlich wächst f auf $[3, \infty]$ vom relativen Minimum 0 bis ∞, und dabei ist f konvex. Man beachte, dass die Funktion f weder gerade noch ungerade ist, weil $f(1) = 2$ und $f(-1) = -4$ gilt.
Mit diesen Daten erhalten wir die folgende Skizze der Funktion f gemäß Abbildung 2.15; diese Funktion ist weder ein Polynom, noch eine rationale Funktion. (Für Polynome und rationale Funktionen kommt ein Verhalten wie in der Umgebung von 3 nicht vor! Diese Aussage möchten wir an dieser Stelle nicht vertiefen!)

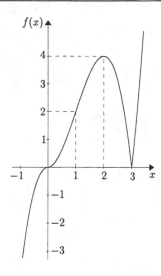

Abbildung 2.15.
Skizze der Funktion f,
$f(x) = x|x^2 - 3x|$

Aufgabe 2

Sei P eine Platte mit konstanter Dichte, die wie folgt beschrieben wird:

$$P = \left\{ \begin{pmatrix} x \\ y \end{pmatrix} \in \mathbb{R}^2 \,\middle|\, 0 \le x \le 3 \,,\, 0 \le y \le 3x^2 - x^3 \right\} .$$

Bestimmen Sie den Flächeninhalt und den Schwerpunkt von P.

Lösung:

Für $x \in]0, 3[$ gilt $3x^2 - x^3 = x^2(3 - x) > 0$. Deshalb ist der Flächeninhalt der Platte P:

$$\int_0^3 (3x^2 - x^3)dx = \left(x^3 - \frac{x^4}{4} \right) \Bigg|_0^3 = 27 - \frac{81}{4} = \frac{27}{4} .$$

Die Koordinaten x_S und y_S des Schwerpunktes S von P werden berechnet mittels

$$x_S = \frac{\displaystyle\int_0^3 x(3x^2 - x^3)dx}{\displaystyle\int_0^3 (3x^2 - x^3)dx} \quad \text{und} \quad y_S = \frac{\frac{1}{2}\displaystyle\int_0^3 (3x^2 - x^3)^2 dx}{\displaystyle\int_0^3 (3x^2 - x^3)dx} .$$

Es gilt

$$\int_0^3 x(3x^2 - x^3)dx = \left(\frac{3}{4}x^4 - \frac{1}{5}x^5\right)\Big|_0^3 = 243\left(\frac{1}{4} - \frac{1}{5}\right) = \frac{243}{20},$$

$$\int_0^3 (3x^2 - x^3)^2 dx = \left(\frac{9}{5}x^5 - x^6 + \frac{x^7}{7}\right)\Big|_0^3 = \frac{729}{35}$$

und damit $x_S = \frac{243}{20} : \frac{27}{4} = \frac{9}{5}$, $y_S = \left(\frac{1}{2} \cdot \frac{729}{35}\right) : \frac{27}{4} = \frac{54}{35}$.

Aufgabe 3

Seien $a < b$ reelle Zahlen.

a)   Berechnen Sie das Integral $\int_a^b \frac{4-x^2}{(x^2+1)(x^2+16)}dx$.

b)   Zeigen Sie, dass $\int_0^\infty \frac{4-x^2}{(x^2+1)(x^2+16)}dx$ existiert.

c)   Berechnen Sie das uneigentliche Integral aus b).

Lösung:
a) Wie immer für solche rationalen Funktionen führt man eine Partialbruchzerlegung durch. Der Ansatz $\frac{4-x^2}{(x^2+1)(x^2+16)} = \frac{Ax+B}{x^2+1} + \frac{Cx+D}{x^2+16}$ führt zu $4 - x^2 = 16B + D + (16A + C)x + (B + D)x^2 + (A + C)x^3$ und damit zu $A + C = 0$, $16A + C = 0$ sowie zu $16B + D = 4$, $B + D = -1$.
Die Lösung des ersten Systems ist die triviale Lösung $A = C = 0$; dagegen hat das zweite System die Lösung $B = \frac{1}{3}$, $D = -\frac{4}{3}$. Deshalb hat man

$$\frac{4 - x^2}{(x^2 + 1)(x^2 + 16)} = \frac{1}{3} \cdot \frac{1}{x^2 + 1} - \frac{4}{3} \cdot \frac{1}{x^2 + 16}.$$

Da $[\arctan(cx)]' = \frac{c}{c^2x^2+1}$ gilt, ist $\frac{1}{4}\arctan(\frac{x}{4})$ eine Stammfunktion für $\frac{1}{x^2+16}$ und $\arctan x$ eine Stammfunktion für $\frac{1}{x^2+1}$. Man hat also

$$\int_a^b \frac{4 - x^2}{(x^2 + 1)(x^2 + 16)}dx = \frac{1}{3}\left[\arctan b - \arctan a - \arctan \frac{b}{4} + \arctan \frac{a}{4}\right].$$

b) Wegen $\frac{|4-x^2|}{(x^2+1)(x^2+16)} \leq \frac{4+x^2}{(x^2+1)(x^2+16)} < \frac{1}{x^2+1}$ für $x \in \mathbb{R}$ und da $\int_0^\infty \frac{1}{x^2+1}dx = \frac{\pi}{2}$ gilt, ist nach dem Majorantenkriterium die rationale Funktion $\frac{4-x^2}{(x^2+1)(x^2+16)}$ uneigentlich integrierbar auf $[0, \infty[$.

c) $\int_0^\infty \frac{4-x^2}{(x^2+1)(x^2+16)}dx = \lim_{b\to+\infty} \int_0^b \frac{4-x^2}{(x^2+1)(x^2+16)}dx = 0$, weil:

$\lim\limits_{b\to\infty} \frac{1}{3}[\arctan b - \arctan 0 - \arctan(\frac{b}{4}) + \arctan 0] = \frac{1}{3}(\frac{\pi}{2} - 0 - \frac{\pi}{2} + 0) = 0$.

Aufgabe 4

Bestimmen Sie die Eigenwerte und dazu jeweils einen Eigenvektor für die Matrix

$$\begin{pmatrix} 3 & 0 & 7 \\ 0 & 5 & 0 \\ 7 & 0 & 3 \end{pmatrix} .$$

Lösung:

Die Matrix $\begin{pmatrix} 3 & 0 & 7 \\ 0 & 5 & 0 \\ 7 & 0 & 3 \end{pmatrix} - \lambda \begin{pmatrix} 1 & 0 & 0 \\ 0 & 1 & 0 \\ 0 & 0 & 1 \end{pmatrix} = \begin{pmatrix} 3-\lambda & 0 & 7 \\ 0 & 5-\lambda & 0 \\ 7 & 0 & 3-\lambda \end{pmatrix}$ hat die

Determinante $(3 - \lambda)(5 - \lambda)(3 - \lambda) - 49(5 - \lambda) = (5 - \lambda)[(\lambda - 3)^2 - 7^2] = (5 - \lambda)(\lambda - 3 - 7)(\lambda - 3 + 7) = (5 - \lambda)(\lambda - 10)(\lambda + 4)$. Die Eigenwerte der Matrix sind also $5, 10$ und -4. Ein Eigenvektor zum Eigenwert λ ist eine nichttriviale Lösung von

$$\begin{pmatrix} 3 & 0 & 7 \\ 0 & 5 & 0 \\ 7 & 0 & 3 \end{pmatrix} \begin{pmatrix} x_1 \\ x_2 \\ x_3 \end{pmatrix} = \lambda \begin{pmatrix} x_1 \\ x_2 \\ x_3 \end{pmatrix} , \quad \text{d.h. von} \quad \begin{matrix} (3 - \lambda)x_1 + 7x_3 = 0 \\ (5 - \lambda)x_2 = 0 \\ 7x_1 + (3 - \lambda)x_3 = 0 . \end{matrix}$$

Für $\lambda = 5$ erhält das lineare Gleichungssystem die Form $-2x_1 + 7x_3 = 0$, $7x_1 - 2x_3 = 0$, was zu $x_1 = x_3 = 0$ führt. Damit ist $x_1 = 0$, $x_2 = 1$, $x_3 = 0$ eine nichttriviale Lösung des Systems.

Für $\lambda = 10$ hat das System die Gestalt $-7x_1 + 7x_3 = 0$, $-5x_2 = 0$; $x_1 = 1$, $x_2 = 0$, $x_3 = 1$ ist eine nichttriviale Lösung dafür.

Schließlich bekommt man für $\lambda = -4$ das System $7x_1 + 7x_3 = 0$, $-9x_2 = 0$; eine nichttriviale Lösung ist nun $x_1 = 1$, $x_2 = 0$, $x_3 = -1$.

Damit sind $(0, 1, 0)^T, (1, 0, 1)^T$ und $(1, 0, -1)^T$ Eigenvektoren der angegebenen Matrix zu den Eigenvektoren $5, 10$, bzw. -4 .

Aufgabe 5

Lösen Sie die folgenden Anfangswertprobleme:

a) $\quad y'(x) + y(x)\ln x = x^{-x}$, $y(1) = 1$.
b) $\quad 2y'(x) - y(x)\ln x + y(x)^3 x^{-x} = 0$, $y(1) = 1$.

Lösung:

a) Setzt man $p(x) := \ln x$, $f(x) := x^{-x}$, $x_0 = 1$ und $y_0 = 1$ in die Formel

$$y(x) = \exp\left(-\int_{x_0}^{x} p(t)dt\right) \cdot \left[\int_{x_0}^{x} f(t)\exp\left(\int_{x_0}^{t} p(\tau)d\tau\right)dt + y_0\right],$$

ein, so erhält man diejenige Lösung der gegebenen inhomogenen linearen Differenzialgleichung, welche der Anfangsbedingung genügt. Man erhält durch partielle Integration

$$\int_{1}^{x} p(t)dt = \int_{1}^{x} \ln t\, dt = t\ln t \Big|_{1}^{x} - \int_{1}^{x} t \cdot \frac{1}{t}dt = 1 - x + x\ln x.$$

Daraus folgt

$$\int_{1}^{x} f(t)\exp\left(\int_{1}^{t} p(\tau)d\tau\right)dt = \int_{1}^{x} t^{-t}\exp(1 - t + t\ln t)dt = e\int_{1}^{x} t^{-t}e^{-t}e^{t\ln t}dt$$

$$= e\int_{1}^{x} t^{-t}e^{-t}t^{t}dt = e\int_{1}^{x} e^{-t}dt = -e \cdot e^{-t}\Big|_{1}^{x} = -e(e^{-x} - e^{-1}) = 1 - e^{1-x}$$

und damit

$$y(x) = \exp(x-1-x\ln x)\cdot[1-e^{1-x}+1] = e^{x-1}\cdot x^{-x}(2-e^{1-x}) = (2e^{x-1}-1)x^{-x}.$$

Die Lösung des Anfangswertproblems lautet

$$y(x) = (2e^{x-1} - 1)x^{-x} \quad \text{für alle} \quad x > 0.$$

Probe: Es gilt $y(1) = (2e^{1-1} - 1)1^{-1} = 1$. Wegen
$y'(x) = 2e^{x-1}x^{-x} + (2e^{x-1} - 1) \cdot [-x \cdot x^{-x-1} + x^{-x} \cdot (-1) \cdot \ln x] = 2e^{x-1}x^{-x} + (1 - 2e^{x-1})x^{-x}(1 + \ln x)$ ergibt sich $y'(x) + p(x)y(x) = 2e^{x-1}x^{-x} + (1 - 2e^{x-1})x^{-x}(1 + \ln x) + (2e^{x-1} - 1)x^{-x}\ln x = x^{-x} = f(x)$.
b) Die vorliegende Differenzialgleichung ist vom Typ Bernoulli; für diese Bernoullische Differenzialgleichung machen wir den Ansatz $z(x) = y^{-2}(x)$. Es ergibt sich

$$2z'(x) - (1 - 3)z(x)\ln x + (1 - 3)x^{-x} = 0, \quad \text{d.h.} \quad z'(x) + z(x)\ln x = x^{-x}.$$

Dies ist genau die in a) gelöste Differenzialgleichung; auch die Anfangsbedingung ist dieselbe: $z(1) = y^{-2}(1) = 1$. Da $y(1) = 1$ gelten muss, folgt aus $z(x) = y^{-2}$ nur $y(x) = \frac{1}{\sqrt{z(x)}}$. Damit lautet die gesuchte Lösung

$$y(x) = \frac{1}{\sqrt{(2e^{x-1} - 1)x^{-x}}} \quad \text{für alle} \quad x > 0.$$

Aufgabe 6

Sei $f : \mathbb{R}^2 \to \mathbb{R}$, $f(x,y) := x^2 + y^2 - 2x + 3$.

a) Berechnen Sie alle partiellen Ableitungen von f .

b) Was folgern Sie daraus über das Taylor-Polynom von f von der Ordnung $n \geq 2$ in einem festen Entwicklungspunkt?

c) Geben Sie das Taylor-Polynom von f zweiter Ordnung im Punkt $(3, -1)^T$ an.

d) Bestimmen Sie die lokalen Extrema von f .

e) Bestimmen Sie alle Punkte $(x_0, y_0)^T$ der Ebene, so dass ein $\varepsilon = \varepsilon(x_0, y_0)$ und entweder eine differenzierbare Funktion $g :]x_0 - \varepsilon, x_0 + \varepsilon[\to \mathbb{R}$ mit $g(x_0) = y_0$ und $\{(x,y)^T \mid f(x,y) = f(x_0, y_0), x_0 - \varepsilon < x < x_0 + \varepsilon\} = \{(x, g(x))^T \mid x_0 - \varepsilon < x < x_0 + \varepsilon\}$ oder wenigstens eine differenzierbare Funktion $h :]y_0 - \varepsilon, y_0 + \varepsilon[\to \mathbb{R}$ mit $h(y_0) = x_0$ und $\{(x,y)^T \mid f(x,y) = f(x_0, y_0), y_0 - \varepsilon < y < y_0 + \varepsilon\} = \{(h(y), y)^T \mid y_0 - \varepsilon < y < y_0 + \varepsilon\}$ existieren.

Lösung:

a) Es gilt für einen beliebigen Punkt $(x,y)^T$ aus $\mathbb{R}^2$: $\frac{\partial f}{\partial x}(x,y) = 2x - 2$, $\frac{\partial f}{\partial y}(x,y) = 2y$, $\frac{\partial^2 f}{\partial x^2}(x,y) = 2$, $\frac{\partial^2 f}{\partial x \partial y}(x,y) = 0$, $\frac{\partial^2 f}{\partial y^2}(x,y) = 2$.

Da jede partielle Ableitung einer konstanten Funktion die Nullfunktion ist, folgt daraus, dass alle weiteren partiellen Ableitungen $\frac{\partial^{i+j} f}{\partial x^i \partial y^j}$ für alle (i,j) mit $i + j \geq 3$ auf $\mathbb{R}^2$ verschwinden.

b) Da alle partiellen Ableitungen von f der Ordnung ≥ 3 identisch verschwinden, sind alle Taylor-Polynome von f der Ordnung ≥ 2 in einem festen Entwicklungspunkt $(x_0, y_0)^T$ gleich, d.h. sie sind von der Gestalt

$$f(x_0, y_0) + \frac{\partial f}{\partial x}(x_0, y_0)(x - x_0) + \frac{\partial f}{\partial y}(x_0, y_0)(y - y_0) + \frac{\partial^2 f}{\partial x^2}(x_0, y_0)(x - x_0)^2$$

$$+ 2\frac{\partial^2 f}{\partial x \partial y}(x_0, y_0)(x - x_0)(y - y_0) + \frac{\partial^2 f}{\partial y^2}(x_0, y_0)(y - y_0)^2 =$$

$$= f(x_0, y_0) + (2x_0 - 2) + (2y_0)(y - y_0) + 2(x - x_0)^2 + 2(y - y_0)^2 .$$

c) Für $(x_0, y_0)^T = (3, -1)^T$ ist $f(x_0, y_0) = 7$ und damit sind alle Taylor-Polynome von f der Ordnung ≥ 2 im Entwicklungspunkt $(3, -1)^T$ gleich

$$7 + 4(x - 3) - 2(y + 1) + 2(x - 3)^2 + 2(y + 1)^2 .$$

Bemerkung:

Dieses Ergebnis kann man natürlich auch elementar erhalten; die folgende Umformung führt also zum Taylor-Polynom von f der Ordnung 2 :

$$f(x,y) = [3 + (x-3)]^2 + [-1 + (y+1)]^2 - 2[3 + (x-3)] + 3$$
$$= 9 + 6(x-3) + (x-3)^2 + 1 - 2(y+1) + (y+1)^2 - 6 - 2(x-3) + 3$$
$$= 7 + 4(x-3) - 2(y+1) + (x-3)^2 + (y+1)^2 .$$

d) Aus $\frac{\partial f}{\partial x}(x,y) = 2x - 2$ und $\frac{\partial f}{\partial y}(x,y) = 2y$ folgt, dass der einzige Punkt, in welchem f ein lokales Extremum haben könnte, $(1,0)^T$ ist. Da die Matrix

$$\begin{pmatrix} \frac{\partial^2 f}{\partial x^2} & \frac{\partial^2 f}{\partial x \partial y} \\ \frac{\partial^2 f}{\partial x \partial y} & \frac{\partial^2 f}{\partial y^2} \end{pmatrix} (1,0) = \begin{pmatrix} 2 & 0 \\ 0 & 2 \end{pmatrix}$$ positiv definit ist, und $\frac{\partial^2 f}{\partial x^2}(1,0) = 2 > 0$

gilt, hat f in $(1,0)^T$ ein lokales Maximum.

Bemerkung:
Das (und sogar mehr!) ergibt sich auch durch die folgende elementare Umformung: $f(x,y) = (x-1)^2 + y^2 + 2$. Hieraus sieht man, dass f in $(1,0)^T$ sogar ein absolutes Minimum hat.

e) Kurz gesagt, sollen wir alle Punkte $(x_0, y_0)^T$ der Ebene bestimmen, in welchen aus der Gleichung $f(x,y) = f(x_0, y_0)$ entweder x sich als Funktion von y oder y sich als Funktion von x in einer Umgebung von y_0 bzw. x_0 „explizitieren" lässt.
Gilt $(\frac{\partial f}{\partial x}(x_0, y_0), \frac{\partial f}{\partial y}(x_0, y_0)) \neq (0,0)$, so kann man gemäß dem Satz über implizite Funktionen entweder x als Funktion von y oder y als Funktion von x „lokal" explizitieren.
Ist $(x_0, y_0)^T$ eine Nullstelle des Gradienten von f, so hat man zu untersuchen, ob um x_0 oder um y_0 eine „Explizitierung" möglich ist. Der einzige Punkt, der in unserem Fall in Frage kommt, ist $(1,0)^T$. $f(x,y) = f(1,0)$ führt zu $x^2 + y^2 - 2y + 3 = 2$ und damit zu $x^2 + y^2 - 2x + 1 = 0$. Die einzige Lösung der Gleichung $(x-1)^2 + y^2 = 0$ ist $x = 1$, $y = 0$. Deshalb kann man weder x als differenzierbare Funktion von y auf einem Intervall $]-\varepsilon, \varepsilon[$ noch y als differenzierbare Funktion von x auf einem Intervall $]1-\varepsilon, 1+\varepsilon[$ schreiben. Der einzige Punkt, der nicht zur gesuchten Menge gehört, ist also $(1,0)^T$.

2.4 Zweiter Test für das zweite Kapitel

Aufgabe 1

Führen Sie für die Funktion $f(x) = \frac{x^2+8}{x+1}$ die Kurvendiskussion nach dem folgenden Programm durch:

i)   Bestimmung des maximalen Definitionsbereichs, Untersuchung der Stetigkeit und Differenzierbarkeit.
ii)   Verhalten an den Rändern des Definitionsbereichs (einschließlich $\pm\infty$).
iii) Bestimmung aller Asymptoten.
iv)   Berechnung von f' und f''.
v)   Berechnung der Nullstellen von f, f', f''.
vi)   Bestimmung der relativen Extrema und deren Art.
vii) Bestimmung der Bereiche, in denen f monoton, konkav oder konvex ist.
viii) Anfertigung einer Skizze.

Lösung:
i) Der maximale Definitionsbereich von f ist

$$D_f := \mathbb{R}\backslash\{-1\} =]-\infty, -1[\,\cup\,]-1, \infty[\,.$$

Als rationale Funktion ist f auf D_f stetig differenzierbar, sogar unendlich oft stetig differenzierbar.

ii) Wegen $f(x) = \frac{x+\frac{8}{x}}{1+\frac{1}{x}}$ für alle $x \in \mathbb{R}\backslash\{0, -1\}$ gilt $\lim\limits_{x\to-\infty} f(x) = -\infty$ und $\lim\limits_{x\to\infty} f(x) = \infty$. Da $x^2 + 8$ den Wert 9 in $x = -1$ hat, folgt:

$$\lim_{x\to-1-} f(x) = -\infty \quad \text{und} \quad \lim_{x\to-1+} f(x) = \infty\,.$$

iii) $x = -1$ ist eine senkrechte Asymptote. Man hat $\lim\limits_{x\to-\infty} \frac{f(x)}{x} = 1 = \lim\limits_{x\to\infty} \frac{f(x)}{x}$. Wegen $f(x) - x = \frac{8-x}{x+1}$ folgt $\lim\limits_{x\to-\infty} \big(f(x) - x\big) = -1 = \lim\limits_{x\to\infty} \big(f(x) - x\big)$. Die Gerade $y = x - 1$ ist Asymptote sowohl für $x \to \infty$ als auch für $x \to -\infty$.

iv) $$f'(x) = \frac{2x(x + 1) - (x^2 + 8)}{(x + 1)^2} = \frac{x^2 + 2x - 8}{(x + 1)^2}\,,$$

$$f''(x) = \frac{(2x + 2)(x + 1) - 2(x^2 + 2x - 8)}{(x + 1)^3} = \frac{18}{(x + 1)^3}\,.$$

v) Da $x^2 + 8 \geq 8$ hat f keine Nullstelle; dasselbe gilt für f''. Die Nullstellen von f' ergeben sich aus $x^2 + 2x - 8 = (x + 1)^2 - 9 = 0$; sie sind -4 und 2 .

vi) Lokale Extrema können nur in -4 und 2 vorliegen. Da $f''(-4) = \frac{18}{-27} = -\frac{2}{3} < 0$ und $f''(2) = \frac{18}{27} = \frac{2}{3} > 0$ gelten, liegt in -4 ein lokales Maximum $f(-4) = \frac{16+8}{-4+1} = -8$ und in 2 ein lokales Minimum $f(2) = \frac{4+8}{2+1} = 4$.

vii) Wegen $f'(x) = \frac{(x+4)(x-2)}{(x+1)^2}$ ist f strikt monoton steigend auf $]-\infty, -4]$ und auf $[2, \infty[$. Auf $[-4, -1[$ und auf $]-1, 2]$ ist f strikt monoton fallend. Der Ausdruck für f'' zeigt, dass f konkav auf $]-\infty, -1[$ und konvex auf $]-1, \infty[$ ist.

viii) Die Skizze zeigt Abbildung 2.16.

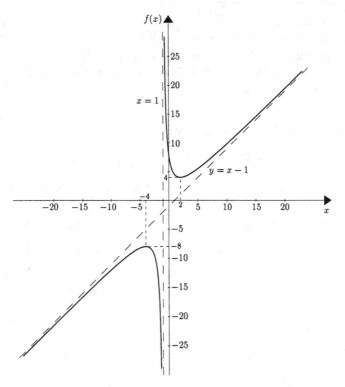

Abbildung 2.16. Skizze der Funktion $f(x) = \frac{x^2+8}{x+1}$

Aufgabe 2

Berechnen Sie das Integral $\int_\alpha^\beta \frac{x\,dx}{(x^2-1)(x^2+4)}$. In welchen Intervallen müssen die Integrationsgrenzen α und β liegen?

Lösung:

Mit der Substitution $y = x^2$ hat man $\int \frac{x\,dx}{(x^2-1)(x^2+4)} = \frac{1}{2} \int \frac{dy}{(y-1)(y+4)} =$

$\frac{1}{2} \int [\frac{\frac{1}{5}}{y-1} - \frac{\frac{1}{5}}{y+4}]dy = \ln|y-1| - \frac{1}{10} \ln|y+4| = \frac{1}{10} \ln|\frac{y-1}{y+4}| = \frac{1}{10} \ln|\frac{x^2-1}{x^2+4}|$.

Weil der Integrand stetig in $\mathbb{R}\backslash\{-1,1\}$ ist, ist die einzige Einschränkung für α und β die folgende: Die Punkte 1 und -1 dürfen nicht in $[\alpha, \beta]$ liegen. Also: Entweder $\alpha, \beta \in]-\infty, -1[$, oder $\alpha, \beta \in]-1, 1[$, oder $\alpha, \beta \in]1, \infty[$. In jedem dieser drei Fälle hat man

$$\int_\alpha^\beta \frac{x\,dx}{(x^2-1)(x^2+4)} = \frac{1}{10} \ln\left|\frac{\beta^2-1}{\beta^2+4}\right| - \frac{1}{10} \ln\left|\frac{\alpha^2-1}{\alpha^2+4}\right| =$$

$$\frac{1}{10} \ln\left|\frac{(\alpha^2+4)(\beta^2-1)}{(\alpha^2-1)(\beta^2+4)}\right| = \frac{1}{10} \ln\frac{(\alpha^2+4)(\beta^2-1)}{(\alpha^2-1)(\beta^2+4)} .$$

Etwas mehr Arbeit hat man, wenn man sofort mit der Partialbruchzerlegung anfängt. Aus $\frac{x}{(x^2-1)(x^2+4)} = \frac{A}{x-1} + \frac{B}{x+1} + \frac{Cx+D}{x^2+4}$ folgt für alle $x \in \mathbb{R}$

$$x = A(x+1)(x^2+4) + B(x-1)(x^2+4) + (Cx+D)(x^2-1)$$
$$= x^3(A+B+C) + x^2(A-B+D) + x(4A+4B-C) + 4A-4B-D .$$

und daraus ergibt sich ein Gleichungssystem, das aus folgenden linearen Gleichungen besteht: $A+B+C = 0$, $A-B+D = 0$, $4A+4B-C = 1$, $4A-4B-D = 0$. Seine Lösung lautet $A = \frac{1}{10}$, $B = \frac{1}{10}$, $C = -\frac{1}{5}$, $D = 0$. Die weitere Berechnung von $\frac{1}{10} \int_\alpha^\beta \frac{dx}{x-1} + \frac{1}{10} \int_\alpha^\beta \frac{dx}{x+1} - \frac{1}{5} \int_\alpha^\beta \frac{dx}{x^2+4}$ verläuft wie im ersten Lösungsweg.

Aufgabe 3

i) $\quad$ Bestimmen Sie $\alpha \in \mathbb{R}$, so dass $A = \begin{pmatrix} 1 & 2 & -3 \\ 2 & -1 & 4 \\ 0 & 1 & \alpha \end{pmatrix}$ den Eigenwert

$\quad \lambda_1 = 1$ hat.

ii) $\quad$ Bestimmen Sie für dieses α die weiteren zwei Eigenwerte λ_2 und λ_3 der Matrix.

iii) $\quad$ Bestimmen Sie einen Eigenvektor von A zum Eigenwert λ_1 .

Lösung:

i) $\det \begin{pmatrix} \lambda-1 & -2 & 3 \\ -2 & \lambda+1 & -4 \\ 0 & -1 & \lambda-\alpha \end{pmatrix} = (\lambda^2-1)(\lambda-\alpha) + 6 - 4(\lambda-1) - 4(\lambda-\alpha) =$

$\lambda^3 - \alpha\lambda^2 - \lambda + \alpha + 6 - 4\lambda + 4 - 4\lambda + 4\alpha = \lambda^3 - \alpha\lambda^2 - 9\lambda + 10 + 5\alpha$.

Dieses charakteristische Polynom hat $\lambda_1 = 1$ als Nullstelle genau dann, wenn gilt: $0 = 1 - \alpha - 9 + 10 + 5\alpha = 2 + 4\alpha$, d.h. $\alpha = -\frac{1}{2}$.

ii) Die anderen zwei Nullstellen des charakteristischen Polynoms $\lambda^3 + \frac{1}{2}\lambda^2 - 9\lambda + \frac{15}{2} = (\lambda - 1)(\lambda^2 + \frac{3}{2}\lambda - \frac{15}{2})$ sind die Nullstellen des Polynoms $\lambda^2 + \frac{3}{2}\lambda - \frac{15}{2}$, d.h. $\frac{-\frac{3}{2} \pm \sqrt{\frac{9}{4} + 30}}{2} = \frac{-3 \pm \sqrt{129}}{4}$.

iii) Die von Null verschiedenen Lösungen des homogenen Gleichungssystems

$$\begin{pmatrix} 0 & -2 & 3 \\ -2 & 2 & -4 \\ 0 & -1 & \frac{3}{2} \end{pmatrix} \begin{pmatrix} x_1 \\ x_2 \\ x_3 \end{pmatrix} = \begin{pmatrix} 0 \\ 0 \\ 0 \end{pmatrix}$$

sind die Eigenvektoren zum Eigenwert $\lambda_1 = 1$. Eine solche Lösung ist $(-1, 3, 2)^T$, und jede weitere Lösung ist ein Vielfaches davon.

Aufgabe 4

Gegeben sei die Funktion $\mathbf{f} : \mathbb{R}^2 \to \mathbb{R}^2$, $\mathbf{f}(\begin{pmatrix} x \\ y \end{pmatrix}) = \begin{pmatrix} \sin(x+y)e^x \\ \cos(x+y)e^y \end{pmatrix}$.

i)   Berechnen Sie die Funktionalmatrix und die Funktionaldeterminante von $\mathbf{f}$.

ii) Beschreiben Sie die Teilmenge $U \subset \mathbb{R}^2$, auf welcher $\mathbf{f}$ lokal umkehrbar ist. Fertigen Sie eine einfache Skizze an.

iii) Zeigen Sie, dass $\mathbf{f}$ nicht surjektiv ist. (Also: Geben Sie einen Punkt aus $\mathbb{R}^2$ an, der nicht im Bild von $\mathbf{f}$ liegt.)

iv) Zeigen Sie, dass $\mathbf{f}$ nicht injektiv ist. (Also: Bestimmen Sie zwei verschiedene Punkte in $\mathbb{R}^2$ mit demselben Bild unter $\mathbf{f}$).

v)   Bestimmen Sie die Bilder der Geraden $h_1 := \{(x,y)^T \in \mathbb{R}^2 \mid x+y = 0\}$, $h_2 := \{(x,y)^T \in \mathbb{R}^2 \mid x+y = \frac{\pi}{6}\}$ und $h_3 := \{(x,y)^T \in \mathbb{R}^2 \mid x+y = \frac{\pi}{2}\}$ unter $\mathbf{f}$. Um welche Kurven handelt es sich?

vi) Fertigen Sie eine Skizze zu v) an.

Lösung:

i) Die Funktionalmatrix von $\mathbf{f}$ ist

$$\begin{pmatrix} \cos(x+y)e^x + \sin(x+y)e^x & \cos(x+y)e^x \\ -\sin(x+y)e^y & -\sin(x+y)e^y + \cos(x+y)e^y \end{pmatrix}.$$

Ihre Determinante ist

$$\left[-\sin^2(x+y) + \cos^2(x+y) + \sin(x+y)\cos(x+y) \right] e^x e^y =$$

$$\left[\cos 2(x+y) + \frac{1}{2}\sin 2(x+y) \right] e^{x+y}.$$

ii) Dort, wo diese Funktionaldeterminante nicht verschwindet, ist die Funktion $\mathbf{f}$ lokal invertierbar. Da die Exponentialfunktion nur positive Werte annimmt, ist die Nullstellenmenge N von $\cos 2t + \frac{1}{2}\sin 2t = 0$ zu bestimmen, und dann ist U die Menge aller $(x,y)^T$ aus $\mathbb{R}^2$ mit $x+y \notin N$. Ist $\cos 2t = 0$, so ist $\sin 2t = \pm 1$, und damit ist $\cos 2t + \frac{1}{2}\sin 2t = 0$ nicht erfüllt. Deshalb ist diese Gleichung zu $\tan 2t = -2$ äquivalent. Es folgt $2t = n\pi + \arctan(-2)$

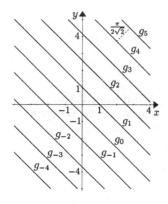

Abbildung 2.17.
Die Nullstellenmenge
der Funktionaldeterminante

mit $n \in \mathbb{Z}$, oder auch $N = \{n\frac{\pi}{2} - \frac{1}{2}\arctan 2 \mid n \in \mathbb{Z}\}$. Hiermit ist U eine Vereinigung von abzählbar vielen offenen Streifen gleicher Breite (nämlich $\frac{\pi}{2\sqrt{2}}$). In Abbildung 3.18 ist mit g_n die Gerade mit einer Gleichung der Form $x + y = n\frac{\pi}{2} - \frac{1}{2}\arctan 2$ bezeichnet; also: $U = \mathbb{R}^2 \backslash \bigcup_{n\in\mathbb{Z}} g_n$.

iii) Der Punkt $(0,0)^T$ liegt nicht im Bild von $\mathbf{f}$, weil aus $\sin(x+y)e^x = 0 = \cos(x+y)e^y$ folgt $\sin(x+y) = 0 = \cos(x+y)$, was bekanntlich wegen $\sin^2(x+y) + \cos^2(x+y) = 1$ nicht möglich ist.

iv) Alle Punkte $(2n\pi,0)^T$ mit $n \in \mathbb{Z}$ werden mittels $\mathbf{f}$ auf $(0,1)^T$ abgebildet.

v) Sei $\mathbf{f}((x,y)^T) = (u(x,y),v(x,y))^T$; also $u(x,y) = \sin(x+y)e^x$ und $v(x,y) = \cos(x+y)e^y$.

Ist $x + y = 0$, so gilt $\mathbf{f}(x,y)^T = (0,e^y)^T$. Die Exponentialfunktion bildet $\mathbb{R}$ auf $]0,\infty[$; deshalb ist das Bild von h_1 mittels $\mathbf{f}$ die positive v-Halbachse (ohne den Nullpunkt).

Ist $x + y = \frac{\pi}{6}$, so gilt $\mathbf{f}(x,y)^T = (\frac{1}{2}e^x, \frac{\sqrt{3}}{2}e^{\frac{\pi}{6}-x})^T$. Mit $u = \frac{1}{2}e^x$ und $v = \frac{\sqrt{3}}{2}e^{\frac{\pi}{6}-x}$ folgt $uv = \frac{\sqrt{3}}{4}e^{\frac{\pi}{6}}$; dabei nimmt u alle (aber nur diese!) Werte aus $]0,\infty[$ an. Also: $\mathbf{f}(h_2)$ ist der Ast der Hyperbel $uv = \frac{\sqrt{3}}{4}e^{\frac{\pi}{6}}$, der im ersten Quadranten liegt.

Ist $x+y = \frac{\pi}{2}$, so gilt $\mathbf{f}(x,y)^T = (e^x,0)^T$. Wie für h_1 gilt: $\mathbf{f}(h_3)$ ist die positive

u-Halbachse.

vi) Die erhaltenen Informationen führen zu einer Skizze, wie Abbildung 2.18 sie zeigt.

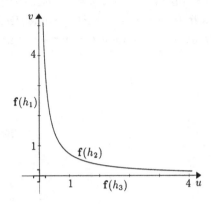

Abbildung 2.18.
Die Bilder der Geraden
h_1, h_2 und h_3

Aufgabe 5

Bestimmen Sie alle lokalen Extrema von $f : \mathbb{R}^3 \to \mathbb{R}, f(x,y,z) = x - y + 2z$ unter der Nebenbedingung $x^2 + y^2 + 2z^2 = 2$.

Lösung:

Die Funktionen f und $g : \mathbb{R}^3 \to \mathbb{R}, g(x,y,z) = x^2 + y^2 + 2z^2 - 2$, sind stetig partiell differenzierbar auf $\mathbb{R}^3$. Der Gradient von g verschwindet nur im Nullpunkt, der nicht zu $N := \{(x,y,z) \in \mathbb{R}^3 \mid g(x,y,z) = 0\}$ gehört. Das Gleichungssystem $\mathrm{grad}\, f = \lambda\, \mathrm{grad}\, g$ und $g = 0$, d.h.

$$1 = 2\lambda x\,, \quad -1 = 2\lambda y,\ 2 = 4\lambda z \quad \text{und} \quad x^2 + y^2 + 2z^2 = 2$$

hat die Lösungen $\lambda = \frac{1}{\sqrt{2}}, x = \frac{1}{\sqrt{2}}, y = -\frac{1}{\sqrt{2}}, z = \frac{1}{\sqrt{2}}$ und $\lambda = -\frac{1}{\sqrt{2}}, x = -\frac{1}{\sqrt{2}}, y = \frac{1}{\sqrt{2}}, z = -\frac{1}{\sqrt{2}}$. Die stetige Funktion f eingeschränkt auf das Kompaktum N (das ein Rotationsellipsoid mit den Halbachsen $\sqrt{2}, \sqrt{2}, 1$ ist) hat ein Maximum und ein Minimum, und diese Extrema können nur in $(\frac{1}{\sqrt{2}}, -\frac{1}{\sqrt{2}}, \frac{1}{\sqrt{2}})^T =: \mathbf{x}_1$ und $(-\frac{1}{\sqrt{2}}, \frac{1}{\sqrt{2}}, -\frac{1}{\sqrt{2}})^T =: \mathbf{x}_2$ angenommen werden. Es gilt $f(\mathbf{x}_1) = 2\sqrt{2}$ und $f(\mathbf{x}_2) = -2\sqrt{2}$. Deshalb nimmt f unter der Nebenbedingung $g = 0$ das Maximum und das Minimum in $\mathbf{x}_1$ bzw. $\mathbf{x}_2$ an.

2.5 Dritter Test für das zweite Kapitel

Aufgabe 1

Berechnen Sie mit Hilfe der Regel von de l'Hospital den Grenzwert $\lim\limits_{x\to 0} \frac{x - \frac{x^3}{6} - \sin x}{x^5}$. Dafür müssen Sie diese Regel fünfmal anwenden. Begründen Sie jedesmal, warum diese Regel anwendbar ist.

Lösung:

Die Funktionen $x - \frac{x^3}{6} - \sin x$ und x^5 sind unendlich oft differenzierbar. Deren Ableitungen bis zur Ordnung 5 sind $1 - \frac{x^2}{2} - \cos x$, $-x + \sin x$, $-1 + \cos x$, $-\sin x$, $-\cos x$ bzw. $5x^4$, $20x^3$, $60x^2$, $120x$, 120. Sowohl die Funktionen als auch deren Ableitungen bis zur Ordnung 4 verschwinden im Nullpunkt. Die Ableitungen fünfter Ordnung haben im Nullpunkt die Werte -1 bzw. 120. Deshalb gilt nach der Regel von de l'Hospital für den Fall $\frac{0}{0}$:

$$-\frac{1}{120} = \lim_{x\to 0} \frac{-\cos x}{120} = \lim_{x\to 0} \frac{-\sin x}{120x} = \lim_{x\to 0} \frac{-1 + \cos x}{60x^2}$$

$$= \lim_{x\to 0} \frac{-x + \sin x}{20x^3} = \lim_{x\to 0} \frac{-\frac{x^2}{2} - \cos x}{5x^4} = \lim_{x\to 0} \frac{x - \frac{x^3}{3} - \sin x}{x^5} .$$

Aufgabe 2

Seien $g : \mathbb{R} \to \mathbb{R}$ eine unendlich oft differenzierbare Funktion und a eine reelle Zahl. Betrachten Sie die durch $f(x) := xg(ax)$ definierte Funktion $f : \mathbb{R} \to \mathbb{R}$.

a) Zeigen Sie, dass f unendlich oft differenzierbar ist.

b) Beweisen Sie durch vollständige Induktion, dass für alle natürlichen Zahlen $n \geq 1$ und alle reellen Zahlen x gilt:

$$f^{(n)}(x) = n\, a^{n-1}\, g^{(n-1)}(ax) + a^n\, xg^{(n)}(ax) .$$

c) Berechnen Sie für alle Zahlen $n \geq 1$ die n-te Ableitung von h , $x \mapsto x \sin 2x$ und l , $x \mapsto x \cos 2x$.

Lösung:

a) Das Polynom $x \mapsto ax$ ist unendlich oft differenzierbar. Die Komposition dieses Polynoms mit der unendlich oft differenzierbaren Funktion g ist ebenfalls unendlich oft differenzierbar. Diese Eigenschaft bleibt erhalten, wenn man sie (also $x \mapsto g(ax)$) mit der Identität $x \mapsto x$ multipliziert, da die Identität ebenfalls unendlich oft differenzierbar ist.

b) Für $n = 1$ gilt die angegebene Formel:

$$f'(x) = (xg(ax))' = g(ax) + x \cdot (g(ax))' = g(ax) + axg'(ax) .$$

Der Induktionsschritt wird wie folgt nachgewiesen. Aus der Annahme

$$f^{(n)}(x) = n\, a^{n-1}g^{(n-1)}(ax) + a^n x g^{(n)}(ax)$$

ergibt sich unter Verwendung der Differentiationsregel:

$$f^{(n+1)}(x) = (f^{(n)}(x))' = (na^{n-1}g^{(n-1)}(ax) + a^n x g^{(n)}(ax))'$$

$$= na^{n-1} \cdot ag^{(n)}(ax) + a^n g^{(n)}(ax) + a^n x \cdot a \cdot g^{(n+1)}(ax)$$

$$= (n+1)a^n g^{(n)}(ax) + a^{n+1}x g^{(n+1)}(ax) .$$

Das ist genau das erwartete Ergebnis. Damit ist der Induktionsschritt vollzogen, und die angegebene Formel gilt für alle $n \geq 1$ und $x \in \mathbb{R}$.

c) Für jede natürliche Zahl $k \geq 1$ gilt

$$(\sin t)^{(2k)} \quad = (-1)^k \sin t , \quad (\cos t)^{2k} \quad = (-1)^k \cos t ,$$
$$(\sin t)^{(2k-1)} = (-1)^{k-1} \cos t , (\cos t)^{2k-1} = (-1)^k \sin t .$$

Mit Hilfe der Formel aus b) erhält man deshalb

$$(x \sin 2x)^{(2k)} \quad = 2k \cdot 2^{2k-1} \cdot (-1)^{k-1} \cos 2x + 2^{2k}x \cdot (-1)^k \sin 2x$$

$$= (-1)^{k-1}2^{2k}(k \cos 2x - x \sin 2x) ,$$

$$(x \sin 2x)^{(2k-1)} = (2k-1) \cdot 2^{2k-2} \cdot (-1)^{k-1} \sin 2x + 2^{2k-1}x \cdot (-1)^{k-1} \cos 2x$$

$$= (-1)^{k-1}2^{2k-2}((2k-1) \sin 2x + x \cos 2x) ,$$

$$(x \cos 2x)^{(2k)} \quad = 2k \cdot 2^{2k-1} \cdot (-1)^k \sin 2x + 2^{2k}x \cdot (-1)^k \cos 2x$$

$$= (-1)^k 2^{2k}(k \sin 2x + x \cos 2x) ,$$

$$(x \cos 2x)^{(2k-1)} = (2k-1)2^{2k-2} \cdot (-1)^{k-1} \cos 2x + 2^{2k-1}x \cdot (-1)^k \sin 2x$$

$$= (-1)^{k-1}2^{2k-2}((2k-1) \cos 2x - 2x \sin 2x) .$$

Aufgabe 3

Diskutieren Sie - unter Verwendung des Kurvendiskussionsprogramms - den Verlauf des Graphen der durch $f(x) = \frac{x}{x^2-4}$ definierten Funktion. Fertigen Sie eine einfache Skizze an.

Lösung:

1. Schritt (Randverhalten)

Der Definitionsbereich von f ist $\mathbb{R}\backslash\{2, -2\} = \ ]-\infty, -2[\ \cup\ ]-2, 2[\ \cup\ ]2, \infty[\ $.
Wegen der äquivalenten Darstellung $f(x) = \frac{x}{(x-2)(x+2)}$ folgt

$$\lim_{x \to -2-} f(x) = -\infty\ ,\quad \lim_{x \to -2+} f(x) = \infty\ ,\quad \lim_{x \to 2-} f(x) = -\infty\ ,\quad \lim_{x \to 2+} f(x) = \infty\ .$$

$x = 2$ und $x = -2$ sind also senkrechte Asymptoten. Wegen $\lim\limits_{x \to \infty} \frac{f(x)}{x} = 0 =$
$\lim\limits_{x \to -\infty} \frac{f(x)}{x}$ und $\lim\limits_{x \to \infty} (f(x) - 0 \cdot x) = 0 = \lim\limits_{x \to -\infty} (f(x) - 0 \cdot x)$ ist die x-Achse
sowohl für $x \to \infty$ also auch für $x \to -\infty$ eine waagerechte Asymptote für f.

2. Schritt (Stetigkeitsverhalten)

Auf ihrem Definitionsbereich ist f stetig. (In den Punkten 2 und -2 kann man diese Frage nicht stellen.) Man kann wegen der vorhandenen senkrechten Asymptoten die Funktion f in 2 und -2 nicht stetig fortsetzen.

3. Schritt (Monotonie-Verhalten)

$f'(x) = \frac{x^2 - 4 - x \cdot 2x}{(x^2 - 4)^2} = -\frac{x^2 + 4}{(x^2 - 4)^2} < 0$ für alle $x \in \mathbb{R}\backslash\{2, -2\}$. Deshalb ist f

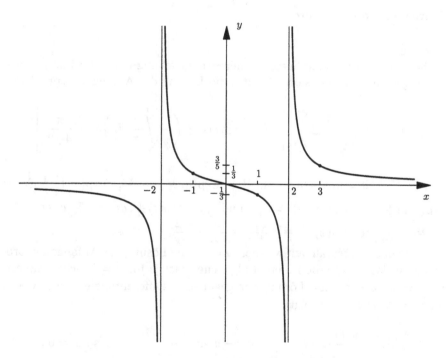

Abbildung 2.19. Graph der Funktion $f(x) = \frac{x}{x^2 - 4}$

streng monoton fallend auf $]-\infty, -2[$, $]-2, 2[$ und $]2, \infty[$(aber insgesamt, d.h. auf $\mathbb{R}\backslash\{2, -2\}$ nicht: z.B. $f(0) = 0$, $f(3) = \frac{3}{5}$).
Insbesondere hat f keine lokalen Extrema.

4. Schritt
$f''(x) = -\frac{2x(x^2-4)-2\cdot 2x(x^2+4)}{(x^2-4)^3} = \frac{2x(x^2+12)}{(x^2-4)^3}$. Deshalb ist f'' positiv auf $]-2, 0[$ und $]2, \infty[$, negativ auf $]-\infty, -2[$ und $]0, 2[$. Die einzige Nullstelle liegt im Nullpunkt; da hier ein Vorzeichenwechsel von f'' vorliegt, ist 0 ein Wendepunkt für den Graphen von f. In der folgenden Skizze wird also berücksichtigt, dass die Funktion f auf $]-2, 0[$ und $]2, \infty[$ konvex und auf $]-\infty, -2[$ und $]0, 2[$ konkav ist.

5. Schritt (Skizze) Die Skizze zeigt Abbildung 2.19.

Aufgabe 4

Lösen Sie das Anfangswertproblem

$$y' - \frac{y}{x} + x\sin x = 0 \ , \quad y\left(\frac{\pi}{4}\right) = \frac{\pi}{4\sqrt{2}} \ .$$

Führen Sie die Probe durch.

Lösung:
Es handelt sich um eine lineare Differentialgleichung erster Ordnung. Nach der allgemeinen Lösungsformel lautet die Lösung des Anfangswertproblems

$$y(x) = \exp\left(\int_{\frac{\pi}{4}}^{x} \frac{1}{t}\, dt\right) \cdot \left[\int_{\frac{\pi}{4}}^{x}(-t\sin t)\exp\left(-\int_{\frac{\pi}{4}}^{t} \frac{1}{\tau}\, d\tau\right)dt + \frac{\pi}{4\sqrt{2}}\right] \ .$$

Wegen $\int_{\frac{\pi}{4}}^{x} \frac{1}{t}\, dt = \ln x - \ln\frac{\pi}{4} = \ln\frac{4x}{\pi}$, $\exp(\ln\frac{4x}{\pi}) = \frac{4x}{\pi}$, $\exp(-\int_{\frac{\pi}{4}}^{t} \frac{1}{\tau}\, d\tau) = \exp(-\ln\frac{4t}{\pi}) = \exp(\ln\frac{\pi}{4t}) = \frac{\pi}{4t}$ und $\int_{\frac{\pi}{4}}^{x} -t\sin t\frac{\pi}{4t}\, dt = \frac{\pi}{4}\cos t \ \big|_{\frac{\pi}{4}}^{x}=$
$\frac{\pi\cos x}{4} - \frac{\pi}{4\sqrt{2}}$ folgt $y(x) = \frac{4x}{\pi}[\frac{\pi\cos x}{4} - \frac{\pi}{4\sqrt{2}} + \frac{\pi}{4\sqrt{2}}] = x\cos x$.
Das maximale Intervall, auf welchem $x\cos x$ die Lösung des Anfangswertproblems ist, ist $]0, \infty[$; die Differentialgleichung ist ja für $x = 0$ nicht definiert.
$y(x) = x\cos x$ ist eine Lösung der gegebenen Differentialgleichung; wegen $y'(x) = \cos x - x\sin x$ folgt:

$$y'(x) - \frac{y(x)}{x} + x\sin x = \cos x - x\sin x - \frac{x\cos x}{x} + x\sin x = 0 \ .$$

Diese Lösung genügt der Anfangsbedingung: $y(\frac{\pi}{4}) = \frac{\pi}{4}\cos\frac{\pi}{4} = \frac{\pi}{4\sqrt{2}}$.

Aufgabe 5

Lösen Sie das folgende Anfangswertproblem:

$$y''(x) - 7y'(x) + 10y(x) = 2e^{4x} - 2e^{3x} \ , \ \ y(0) = 3 \ , \ \ y'(0) = 11 \ .$$

Lösung:
Man löst zuerst die homogene, lineare Differentialgleichung

$$y''(x) - 7y'(x) + 10y(x) = 0$$

mit dem Ansatz $y(x) = e^{\lambda x}$. Daraus ergibt sich die charakteristische Gleichung $\lambda^2 - 7\lambda + 10 = 0$, welche die Nullstellen $\lambda = 2$ und $\lambda = 5$ hat. Hiermit ist $C_1 e^{2x} + C_2 e^{5x}$ die allgemeine Lösung der homogenen, linearen Differentialgleichung. Mit dem Ansatz $Ae^{4x} + Be^{3x}$ sucht man eine partikuläre Lösung der nichthomogenen Gleichung. Es folgt durch Einsetzen:

$$16Ae^{4x} + 9Be^{3x} - 28Ae^{4x} - 21Be^{3x} + 10Ae^{4x} + 10Be^{3x} = 2e^{4x} - 2e^{3x} \ .$$

Damit gilt $-2A = 2$ und $-2B = -2$, also $A = -1$ und $B = 1$. Die allgemeine Lösung $C_1 e^{2x} + C_2 e^{5x} - e^{4x} + e^{3x}$ muss nun die Anfangsbedingungen erfüllen, d.h., es soll gelten $C_1 + C_2 - 1 + 1 = 3$, $2C_1 + 5C_2 - 4 + 3 = 11$, also: $C_1 + C_2 = 3$, $2C_1 + 5C_3 = 12$. Die Lösung dieses (algebraischen) linearen Systems ist $C_1 = 1$, $C_2 = 2$. Deshalb ist $e^{2x} + 2e^{5x} - e^{4x} + e^{3x}$ die Lösung des Anfangswertproblems.

Aufgabe 6

Mit A wird die 3×3-Matrix $\begin{pmatrix} 0 & 1 & 0 \\ 1 & 2 & 0 \\ 2 & -3 & 1 \end{pmatrix}$ bezeichnet.

a) Zeigen Sie, dass $\lambda_1 = 1$ ein Eigenwert von A ist.
b) Bestimmen Sie die anderen zwei Eigenwerte λ_2 und λ_3 von A.
c) Berechnen Sie zu jedem Eigenwert von A einen Eigenvektor.
d) Bestimmen Sie eine invertierbare Matrix B, so dass

$$B^{-1}AB = \begin{pmatrix} \lambda_1 & 0 & 0 \\ 0 & \lambda_2 & 0 \\ 0 & 0 & \lambda_3 \end{pmatrix}$$

gilt. Führen Sie auch die Probe durch, d.h. berechnen Sie die Produkte AB und $B^{-1}(AB)$.

Lösung

a) Die Eigenwerte der Matrix A sind die Lösungen der charakteristischen Gleichung

$$\det \begin{pmatrix} \lambda & -1 & 0 \\ -1 & \lambda - 2 & 0 \\ -2 & 3 & \lambda - 1 \end{pmatrix} = \lambda^3 - 3\lambda^2 + 2\lambda - \lambda + 1 = \lambda^3 - 3\lambda^2 + \lambda + 1 = 0 \,.$$

Da $1^3 - 3 \cdot 1^2 + 1 + 1 = 0$ gilt, ist $\lambda_1 = 1$ ein Eigenwert von A.

b) Es gilt $\lambda^3 - 3\lambda^2 + \lambda + 1 = (\lambda - 1)(\lambda^2 - 2\lambda - 1)$. Die Gleichung $\lambda^2 - 2\lambda - 1 = 0$ hat $\lambda_2 = 1 - \sqrt{2}$ und $\lambda_3 = 1 + \sqrt{2}$ als Nullstellen.

c) Ein Eigenvektor von A zu $\lambda_1 = 1$ ist eine nichttriviale Lösung des linearen Gleichungssystems

$$\begin{pmatrix} 1 & -1 & 0 \\ -1 & -1 & 0 \\ -2 & 3 & 0 \end{pmatrix} \begin{pmatrix} x \\ y \\ z \end{pmatrix} = \begin{pmatrix} 0 \\ 0 \\ 0 \end{pmatrix} \,, \quad \text{d.h.} \quad \begin{matrix} x - y = 0 \\ -x - y = 0 \\ -2x + 3y = 0 \,. \end{matrix}$$

Eine solche Lösung ist $\mathbf{v}_1 := (0, 0, 1)^T$.

Die ersten zwei Gleichungen des linearen Gleichungssystems

$$\begin{pmatrix} 1 - \sqrt{2} & -1 & 0 \\ -1 & -1 - \sqrt{2} & 0 \\ -2 & 3 & -\sqrt{2} \end{pmatrix} \begin{pmatrix} x \\ y \\ z \end{pmatrix} = \begin{pmatrix} 0 \\ 0 \\ 0 \end{pmatrix} \,, \quad \text{d.h.} \quad \begin{matrix} (1 - \sqrt{2})x - y = 0 \\ -x - (1 + \sqrt{2})y = 0 \\ -2x + 3y - \sqrt{2}\,z = 0 \,, \end{matrix}$$

sind äquivalent. Nimmt man für y den Wert 1, so folgt $x = -1 - \sqrt{2}$ und daraus $z = 2 + \frac{5}{\sqrt{2}}$; also ist $\mathbf{v}_2 := (-1, -\sqrt{2}, 1, 2 + \frac{5}{\sqrt{2}})^T$ ein Eigenvektor von A zum Eigenwert λ_2. Analog erhält man $\mathbf{v}_3 := (-1 + \sqrt{2}, 1, 2 - \frac{5}{\sqrt{2}})^T$ als Eigenvektor von A zum Eigenwert λ_3.

d) Die Matrix B wird aus den Spalten $\mathbf{v}_1$, $\mathbf{v}_2$ und $\mathbf{v}_3$ gebildet, also

$$B = \begin{pmatrix} 0 & -1 - \sqrt{2} & -1 + \sqrt{2} \\ 0 & 1 & 1 \\ 1 & 2 + \frac{5}{\sqrt{2}} & 2 - \frac{5}{\sqrt{2}} \end{pmatrix} \,.$$

B ist invertierbar, da $\det B = -2\sqrt{2}$ gilt. Mit Hilfe der adjunkten Matrix oder mit der Methode von Gauß bekommt man die inverse Matrix von B:

$$B^{-1} = \begin{pmatrix} \frac{5}{2} & \frac{1}{2} & 1 \\ -\frac{1}{2\sqrt{2}} & \frac{1}{2} - \frac{1}{2\sqrt{2}} & 0 \\ \frac{1}{2\sqrt{2}} & \frac{1}{2} + \frac{1}{2\sqrt{2}} & 0 \end{pmatrix} \,.$$

Es gilt $A \cdot B =$

$$\begin{pmatrix} 0 & 1 & 0 \\ 1 & 2 & 0 \\ 2 & -3 & 1 \end{pmatrix} \begin{pmatrix} 0 & -1-\sqrt{2} & -1+\sqrt{2} \\ 0 & 1 & 1 \\ 1 & 2+\frac{5}{\sqrt{2}} & 2-\frac{5}{\sqrt{2}} \end{pmatrix} = \begin{pmatrix} 0 & 1 & 1 \\ 0 & 1-\sqrt{2} & 1+\sqrt{2} \\ 1 & \frac{\sqrt{2}}{2}-3 & -\frac{\sqrt{2}}{2}-3 \end{pmatrix} \text{ und}$$

damit $B^{-1}(A \cdot B) = \begin{pmatrix} \frac{5}{2} & \frac{1}{2} & 1 \\ -\frac{1}{2\sqrt{2}} & \frac{1}{2}-\frac{1}{2\sqrt{2}} & 0 \\ \frac{1}{2\sqrt{2}} & \frac{1}{2}+\frac{1}{2\sqrt{2}} & 0 \end{pmatrix} \begin{pmatrix} 0 & 1 & 1 \\ 0 & 1-\sqrt{2} & 1+\sqrt{2} \\ 1 & \frac{\sqrt{2}}{2}-3 & -\frac{\sqrt{2}}{2}-3 \end{pmatrix} =$

$\begin{pmatrix} 1 & 0 & 0 \\ 0 & 1-\sqrt{2} & 0 \\ 0 & 0 & 1+\sqrt{2} \end{pmatrix}$, was zu erwarten war!

Aufgabe 7

Bestimmen Sie die lokalen Extrema der Funktion $f : \mathbb{R}^2 \to \mathbb{R}$,

$$f(x,y) := x^2 + xy + by^2 ,$$

in Abhängigkeit von $b \in \mathbb{R}$.

Lösung:
Die lokalen Extrema von f sind Nullstellen des Gradienten von f (aber nicht umgekehrt!). Deshalb wird zuerst der Gradient von f berechnet; es gilt:

$$\frac{\partial f}{\partial x}(x,y) = 2x + y \quad , \quad \frac{\partial f}{\partial y}(x,y) = x + 2by .$$

Daraus folgt: $x - 4bx = 0$, d.h. $x = 0$ oder $1 - 4b = 0$. Ist $x = 0$, so muss auch $y = 0$ gelten. Den Fall $1 - 4b = 0$ stellen wir zunächst zurück. Die partiellen Ableitungen zweiter Ordnung von f sind:

$$\frac{\partial^2 f}{\partial x^2}(x,y) = 2 \quad , \quad \frac{\partial^2 f}{\partial x \partial y}(x,y) = 1 = \frac{\partial^2 f}{\partial y \partial x}(x,y) \quad , \quad \frac{\partial^2 f}{\partial y^2}(x,y) = 2b .$$

Damit ist $\begin{pmatrix} 2 & 1 \\ 1 & 2b \end{pmatrix}$ in jedem Punkt die Hessesche Matrix von f. Für $4b - 1 > 0$ ist diese Matrix positiv definit; da $\frac{\partial^2 f}{\partial x^2}(x,y) = 2 > 0$ gilt, ist in diesem Fall (also $4b - 1 > 0$) der Nullpunkt ein lokales Minimum. Wegen $x^2 + xy + by^2 = x^2 + xy + \frac{1}{4}y^2 + \frac{1}{4}(4b-1)y^2 = (x + \frac{1}{2}y)^2 + \frac{1}{4}(4b-1)y^2 \geq 0$ ist $(0,0)$ sogar ein absolutes Minimum.
Ist $4b - 1 < 0$, so ist die Matrix indefinit, und damit ist $(0,0)$ ein Sattelpunkt,

was auch aus der Darstellung $f(x,y) = (x + \frac{1}{2}y)^2 + \frac{1}{4}(4b - 1)y^2$ folgt: Entlang der x-Achse ist f positiv, entlang der Geraden $x + \frac{1}{2}y = 0$ ist f negativ. (Der Nullpunkt wird dabei ausgespart).

Wir betrachten nun den Fall $4b - 1 = 0$. In diesem Fall hat man: $f(x,y) = (x + \frac{1}{2}y)^2$. Also hat f in jedem Punkt der Geraden $x + \frac{1}{2}y = 0$ ein relatives, sogar ein absolutes Minimum, da: $f(x,y) > 0 \iff x + \frac{1}{2}y \neq 0$ und $f(x,y) = 0 \iff x + \frac{1}{2}y = 0$.

3 Ausgewählte Themen aus der Analysis

3.1 Begriffe und Ergebnisse

3.1.1 Kurven in der Ebene und im Raum (Aufgabe 1 bis 6)

Der Begriff Kurve ist außerordentlich wichtig für die Mathematik und Physik sowie für deren Anwendungen. Dabei geht es nicht nur um besondere Teilmengen der Ebene bzw. des Raumes, sondern – und das ist gerade für die Anwendungen von eminenter Bedeutung – auch um die Art, wie diese Teilmengen „durchlaufen" bzw. „erzeugt" werden. Dies wird durch den Begriff der **Parametrisierung** exakt beschrieben.

Sei $n \geq 2$ eine natürliche Zahl und $[a, b]$ ein abgeschlossenes, beschränktes Intervall aus $\mathbb{R}$. Eine stetige Funktion $\mathbf{x} : [a, b] \to \mathbb{R}^n$ heißt eine **parametrisierte Kurve** oder eine **Parametrisierung (Parameterdarstellung)** einer Kurve in $\mathbb{R}^n$. Auch der uninteressante Fall, dass $\mathbf{x}$ konstant ist (d.h. das **Bild** (die **Spur**) $\mathbf{x}([a, b])$ besteht nur aus einem Punkt) fällt unter dieser Definition. Interessanter sind die **regulär** (oder **glatt**) **parametrisierten Kurven**, in diesem Fall ist $\mathbf{x}$ stetig differenzierbar auf $[a, b]$ und die Ableitung $\mathbf{x}'$ von $\mathbf{x}$ verschwindet in keinem Punkt (d.h. $\mathbf{x}'(t) \neq \mathbf{0}$ für alle $t \in [a, b]$). Da wir auch Ecken, allgemeiner Knickpunkte zulassen wollen (also insbesondere sollen auch Polygonzüge als Bilder von „gutartigen" Kurven auftreten), werden wir **stückweise glatt parametrisierte Kurven** betrachten. $\mathbf{x} : [a, b] \to \mathbb{R}^n$ ist stückweise glatt parametrisiert, wenn $t_1, \ldots, t_{m-1}$ aus $]a, b[$ existieren, so dass $a =: t_0 < t_1 < \ldots < t_{m-1} < t_m := b$ gilt (eventuell ist $m = 1$) und $\mathbf{x}|_{[t_{j-1}, t_j]} : [t_{j-1}, t_j] \to \mathbb{R}^n$ glatt parametrisiert ist für alle $j = 1, \ldots, m$. Zwei parametrisierte Kurven $\mathbf{x} : [a, b] \to \mathbb{R}^n$ und $\mathbf{y} : [c, d] \to \mathbb{R}^n$ heißen **äquivalent**, wenn eine **zulässige Parametertransformation** von $\mathbf{x}$ nach $\mathbf{y}$ existiert, d.h. eine bijektive und stetig differenzierbare Funktion $\tau : [a, b] \to [c, d]$ mit den folgenden Eigenschaften existiert: $\tau'(t) > 0$ und $\mathbf{x}(t) = \mathbf{y}(\tau(t))$ für alle $t \in [a, b]$.

Es folgt $\tau(a) = c$ und $\tau(b) = d$ sowie $(\tau^{-1})'(s) > 0$ für alle $s \in [c, d]$; deshalb ist dann τ^{-1} eine zulässige Parametertransformation von $\mathbf{y}$ nach $\mathbf{x}$. Außerdem ist die Komposition zweier zulässiger Parametertransformationen ebenfalls eine zulässige Parametertransformation. Damit ist klar, dass mit Hilfe des Begriffs zulässige Transformation eine Äquivalenzrelation auf der Menge der parametrisierten Kurven definiert ist; eine Äquivalenzklasse bezüglich dieser Relation heißt eine (**orientierte**) **Kurve**. (Deshalb spricht man von **x** als einer Parametrisierung der Kurve, die **x** als Repräsentanten hat.) **x**(a) und **x**(b) heißen der **Anfangs**- bzw. **Endpunkt** von **x** : $[a, b]$ → IR. Gilt **x**(a) = **x**(b), so heißt **x** **geschlossen**.

Äquivalente parametrisierte Kurven haben denselben Anfangs- und Endpunkt; deshalb kann man von dem Anfangs- bzw. Endpunkt einer Kurve sprechen. Eine Kurve ist **glatt** bzw. **geschlossen**, wenn sie die Klasse einer glatten bzw. geschlossenen parametrisierten Kurve ist. Jeder Repräsentant einer glatten (bzw. einer geschlossenen) Kurve ist glatt (bzw. geschlossen). Ist **x** : $[a, b]$ → IR^n eine parametrisierte Kurve und $\mathcal{P}$:= $(t_0, t_1, \ldots, t_m)$ mit $a = t_0 < t_1 < \ldots < t_{m-1} < t_m = b$ eine Zerlegung $\mathcal{P}$ des Intervalls $[a, b]$, so betrachtet man den Polygonzug $P(\mathbf{x}; \mathcal{P})$ mit den Ecken **x**(t_0), **x**(t_1), ..., **x**(t_{m-1}), **x**(t_m) und bezeichnet mit $L(P(\mathbf{x}; \mathcal{P}))$ seine Länge. Nimmt man das Supremum $L(\mathbf{x})$ über alle möglichen Zerlegungen $\mathcal{P}$ von $[a, b]$, so erhält man die **Länge** von **x**, die eine Zahl oder ∞ ist. Ist diese Länge eine Zahl, so heißt **x** **rektifizierbar** (rektifizieren = begradigen). Sind **x** und **y** äquivalent, so sind ihre Längen gleich; deshalb kann man von der Länge einer Kurve sprechen. Ist **x** : $[a, b]$ → IR^n rektifizierbar und hat man $a \le c \le d \le b$, so ist die Einschränkung auf das Intervall $[c, d]$ ebenfalls rektifizierbar, und es gilt dann die **Additivitätseigenschaft**

$$L(\mathbf{x}) = L(\mathbf{x}|_{[a,c]}) + L(\mathbf{x}|_{[c,b]}) \ .$$

Ist **x** glatt, so ist **x** immer rektifizierbar (zur Begründung verwendet man den Mittelwertsatz und die Beschränktheit der stetigen Funktion $t \mapsto ||\mathbf{x}'(t)||$ auf dem Kompaktum $[a, b]$), und es gilt

$$L(\mathbf{x}) = \int_a^b ||\mathbf{x}'(t)||dt \ . \tag{3.1}$$

Wegen der Additivitätseigenschaft ist eine stückweise glatt parametrisierte Kurve rektifizierbar, und ihre Länge ist die Summe der Längen ihrer glatt parametrisierten Einschränkungen auf den Teilintervallen einer Zerlegung. Ist **x** : $[a, b]$ → IR^n glatt, so ist σ : $[a, b]$ → $[0, L(\mathbf{x})]$, $\sigma(t)$:= $\int_a^t ||\mathbf{x}'(\tau)||d\tau$ bijektiv und stetig differenzierbar mit $\sigma'(t) = ||\mathbf{x}'(t)|| > 0$ für alle $t \in [a, b]$. Deshalb ist σ eine zulässige Parametertransformation von **x** nach **y** := **x** $\circ$ σ^{-1}. Die Parameterdarstellung **y** hat wegen der Kettenregel die Eigenschaft $||\mathbf{y}'(s)|| = 1$ für alle $s \in [0, L(\mathbf{x})]$. Sie ist die einzige zu **x** äquivalente glatte Parametrisierung mit dieser Eigenschaft und wird deshalb die **ausgezeichnete Parametrisierung** zur Kurve mit dem Repräsentanten **x** genannt. Man sagt, dass **y** **nach der Bogenlänge parametrisiert** ist. Für

die meisten glatten Kurven gibt es leider große Schwierigkeiten, diese aus-
gezeichneten Parametrisierungen konkret anzugeben. Selbst für so einfache
Kurven wie Ellipsen wurden eigens dafür neue Funktionen eingeführt.

Ist $\mathbf{x} : [a, b] \to \mathbb{R}^n$ glatt, so heißt der Vektor $\mathbf{t}(t) := \frac{1}{||\mathbf{x}'(t)||}\mathbf{x}'(t)$ der **Tangen-
tenvektor** in t zur parametrisierten Kurve $\mathbf{x}$. Die Gerade durch $\mathbf{x}(t)$ mit der
Richtung $\mathbf{t}(t)$ ist im Fall $n = 2$ die **Tangente** in t zu $\mathbf{x}$. Diese Terminologie
wird auch für $n \geq 3$ beibehalten.

Sind zwei glatt parametrisierte Kurven $\mathbf{x}$ und $\mathbf{y}$ mittels der zulässigen Parametertransformation τ äquivalent, so sind die Tangentenvektoren in t zu $\mathbf{x}$
und in $\tau(t)$ zu $\mathbf{y}$ gleich. Ist $\mathbf{p} \in \mathbf{x}([a, b])$, so kann man im allgemeinen nicht
vom Tangentenvektor in $\mathbf{p}$ zu $\mathbf{x}$ sprechen, da $\mathbf{x}$ im allgemeinen nicht injektiv
ist, d.h. es können $t_1 \neq t_2$ aus $[a, b]$ existieren mit $\mathbf{x}(t_1) = \mathbf{p} = \mathbf{x}(t_2)$ und
$\mathbf{t}(t_1) \neq \mathbf{t}(t_2)$. (z.B. wenn die Kurve sich in $\mathbf{p}$ selbst schneidet)

Sei nun $n = 2$. Ist $\mathbf{x} : [a, b] \to \mathbb{R}^2$ eine glatt parametrisierte ebene Kurve mit
den Komponenten x und y, so ist

$$\mathbf{t}(t) = \frac{1}{||\mathbf{x}'(t)||}\mathbf{x}'(t) = \frac{1}{\sqrt{(x'(t))^2 + (y'(t))^2}} \begin{pmatrix} x'(t) \\ y'(t) \end{pmatrix} . \tag{3.2}$$

Der dazu um 90^0 gegen den Uhrzeigersinn gedrehte Vektor $\frac{1}{||\mathbf{x}'(t)||}\begin{pmatrix} -y'(t) \\ x'(t) \end{pmatrix}$
heißt der **Normalenvektor** in t zu $\mathbf{x}$ und wird mit $\mathbf{n}(t)$ bezeichnet. Das
Funktionenpaar $(\mathbf{t}, \mathbf{n})$ heißt das **begleitende Zweibein** von $\mathbf{x}$.

Ist $\mathbf{x}$ außerdem geschlossen und ist die Einschränkung von $\mathbf{x}$ auf $[a, b[$ injektiv, so heißt $\mathbf{x}$ eine **Jordankurve**. Nach einem berühmten (und keineswegs
einfach zu beweisenden) Satz von Jordan hat dann $\mathbb{R}^2 \backslash \mathbf{x}([a, b])$ genau zwei
Zusammenhangskomponenten: eine beschränkte (das **Innere** von $\mathbf{x}$) und eine unbeschränkte (das **Äußere** von $\mathbf{x}$). Bemerkenswert ist, dass zu jedem
$t \in [a, b]$ ein $\varepsilon(t) > 0$ existiert, so dass $\mathbf{x}(t) + \lambda\mathbf{n}(t)$ für alle $0 < \lambda < \varepsilon(t)$ im
Inneren von $\mathbf{x}$ liegt, d.h. $\mathbf{n}(t)$ zeigt ins Innere von $\mathbf{x}$.

Die Ableitungen (die momentanen Veränderungen) von $\mathbf{t}$ und $\mathbf{n}$ in t_0 sind
für das Verhalten der Kurve um t_0 maßgebend; die Vektoren $\mathbf{t}'$ und $\mathbf{n}'$ lassen
sich in der Basis $\{\mathbf{t}, \mathbf{n}\}$ durch die sog. **Frenetschen Formeln** berechnen.
Für eine ebene, glatt parametrisierte Kurve $\mathbf{x}$, die zweimal differenzierbar in
einem Punkt t_0 ist, lauten die Frenetschen Formeln:

$$\mathbf{t}'(t_0) = ||\mathbf{x}'(t_0)||\kappa(t_0)\mathbf{n}(t_0) , \quad \mathbf{n}'(t_0) = -||\mathbf{x}'(t_0)||\kappa(t_0)\mathbf{t}(t_0) . \tag{3.3}$$

Dabei gilt

$$\kappa(t_0) = \frac{x'(t_0)y''(t_0) - x''(t_0)y'(t_0)}{||\mathbf{x}'(t_0)||^3} = \frac{\det(\mathbf{x}'(t_0), \mathbf{x}''(t_0))}{||\mathbf{x}'(t_0)||^3} . \tag{3.4}$$

Diese Zahl κ heißt die **Krümmung** von $\mathbf{x}$ in t_0, und geometrisch bedeutet sie folgendes: Betrachtet man alle Kreise, die durch den Punkt $\mathbf{x}(t_0)$ gehen und in einer Umgebung dieses Punktes möglichst nah an der Kurve $\mathbf{x}$ liegen, so müssen sie in $\mathbf{x}(t_0)$ dieselbe Tangente wie $\mathbf{x}$ haben, d.h. ihre Mittelpunkte liegen auf der **Normalen** $\{\mathbf{a}(\lambda) := \mathbf{x}(t_0) + \lambda\mathbf{n}(t_0) \mid \lambda \in \mathbb{R}\}$. Für diejenigen λ, für welche der Abstand (äquivalent: dessen Quadrat) zwischen den Kurvenpunkten und den Kreispunkten (in der Nähe von $\mathbf{x}(t_0)$) möglichst klein wird, muss die Nullstellenordnung von $t \mapsto \|\mathbf{x}(t) - \mathbf{a}(\lambda)\|^2 - \lambda^2$ in $t = t_0$ möglichst groß sein. (Zur Erinnerung: Die Nullstellenordnung einer Funktion h in einem Punkt x_0 ist größer gleich k, falls $h(t_0) = h'(t_0) = \ldots = h^{(k)}(t_0) = 0$ gilt.) Die Rechnungen zeigen, dass für $\kappa(t_0) \neq 0$ nur für ein einziges λ, nämlich für $\lambda = \frac{1}{\kappa(t_0)}$, die Ableitungen erster und zweiter Ordnung der obigen Funktion in $t = t_0$ verschwinden. Der Kreis, der sich der Kurve in $\mathbf{x}(t_0)$ am besten „anschmiegt", hat also die Gleichung $(\mathbf{y} - \mathbf{a}(\frac{1}{\kappa(t_0)}))^2 = \frac{1}{\kappa(t_0)^2}$ und heißt der **Krümmungskreis** zu $\mathbf{x}$ in t_0; sein Radius $\rho(t_0) := \frac{1}{\kappa(t_0)}$ und sein Mittelpunkt $\mathbf{e}(t_0) := \mathbf{a}(\rho(t_0))$ heißen der **Krümmungsradius** und der **Krümmungsmittelpunkt** von $\mathbf{x}$ in t_0. Ist $\mathbf{x} : [a, b] \to \mathbb{R}^2$ eine zweimal stetig differenzierbare, glatt parametrisierte Kurve und hat κ keine Nullstelle in $[a, b]$, so nennt man $\mathbf{e} : [a, b] \to \mathbb{R}^2$, $\mathbf{e}(t) := \mathbf{a}(\rho(t)) = \mathbf{x}(t) + \rho(t)\mathbf{n}(t)$ die **Evolute** von $\mathbf{x}$; sie ist die Kurve der Krümmungskreismittelpunkte.

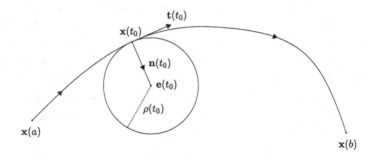

Abbildung 3.1. Krümmungskreis, -radius und -mittelpunkt

Ist $\kappa(t_0) = 0$, so sagt man, dass der Krümmungsradius in diesem Punkt ∞ ist. Diese Vereinbarung ist in Hinblick auf die folgenden Ergebnisse sinnvoll:

–   Die Krümmung von $\mathbf{x}$ ist identisch Null dann und nur dann, wenn $\mathbf{x}$ eine gerade Strecke ist.
–   Hat $\mathbf{x}$ in t_0 einen Wendepunkt, so gilt $\kappa(t_0) = 0$.

Sei $\mathbf{x} = \binom{x}{y}$ eine zweimal stetig differenzierbare, glatt parametrisierte Kurve. Wegen $x'(t)^2 + y'(t)^2 \neq 0$, d.h. wegen $x'(t) \neq 0$ oder $y'(t) \neq 0$, kann man die Funktion x oder y in einer Umgebung von t invertieren; mit $f := y \circ x^{-1}$ bzw. $g := x \circ y^{-1}$ lässt sich (wenigstens theoretisch!) $\mathbf{x}$ lokal um $\mathbf{x}(t)$ durch $u \mapsto \binom{u}{f(u)}$ oder $v \mapsto \binom{g(v)}{v}$ darstellen. Für eine derart parametrisierte Kurve hat man

$$\mathbf{t}(u) = \frac{1}{\sqrt{1+f'(u)^2}}(1, f'(u))^T \ , \quad \mathbf{n}(u) = \frac{1}{\sqrt{1+f'(u)^2}}(-f'(u), 1)^T \ ,$$

$$\kappa(u) = \frac{f''(u)}{\sqrt{1+f'(u)^2}}, \text{ bzw. } \mathbf{t}(v) = \frac{1}{\sqrt{g'(v)^2+1}}(g'(v), 1)^T \ ,$$

$$\mathbf{n}(v) = \frac{1}{\sqrt{g'(v)^2+1}}(-1, g'(v))^T \ , \quad \kappa(v) = \frac{-g''(v)}{\sqrt{g'(v)^2+1}} \ .$$

Damit kann man insbesondere leicht die obigen zwei Ergebnisse beweisen. Nun betrachten wir Raumkurven. Sei $\mathbf{x} : [a, b] \to \mathbb{R}^3$ eine zweimal stetig differenzierbare und glatt parametrisierte Kurve. Man kann zeigen, dass $\mathbf{x}'(t) \times \mathbf{x}''(t) = \mathbf{0}$ für alle t aus einem Teilintervall $[a_1, b_1]$ von $[a, b]$ genau dann gilt, wenn $\mathbf{x}|_{[a_1, b_1]}$ eine gerade Strecke parametrisiert. Um $\mathbf{x}$ in einer Umgebung eines Punktes $\mathbf{x}(t_0)$, in welchem $\mathbf{x}'(t_0) \times \mathbf{x}''(t_0) \neq \mathbf{0}$ gilt, näher zu untersuchen, suchen wir nach einer Ebene, der sich die Kurve in einer Umgebung von $\mathbf{x}(t_0)$ am besten nähert. Eine solche Ebene mit einer Gleichung der Form $\mathbf{y} \cdot \mathbf{h} - d = 0$ geht durch $\mathbf{x}(t_0)$, falls $d = \mathbf{x}(t_0) \cdot \mathbf{h}$ gilt; o.E. sei $\|\mathbf{h}\| = 1$. $\mathbf{x}(t) \cdot \mathbf{h} - \mathbf{x}(t_0) \cdot \mathbf{h}$ beschreibt als Funktion von t den Abstand zwischen den Kurvenpunkten und den Punkten der Ebene in der Nähe von $\mathbf{x}(t_0)$ und ist desto kleiner, je größer deren Nullstellenordnung in $t = t_0$ ist. Nur für $\mathbf{h} = \pm \frac{1}{\|\mathbf{x}'(t_0) \times \mathbf{x}''(t_0)\|} \mathbf{x}'(t_0) \times \mathbf{x}''(t_0)$ ist diese Ordnung größer gleich zwei. Der Vektor $\mathbf{b}(t_0) := \frac{1}{\|\mathbf{x}'(t_0) \times \mathbf{x}''(t_0)\|} \mathbf{x}'(t_0) \times \mathbf{x}''(t_0)$ heißt der **Binormalenvektor** zu $\mathbf{x}$ in t_0. Die Ebene durch $\mathbf{x}(t_0)$, welche senkrecht zu $\mathbf{b}(t_0)$ steht und welche sich in der Nähe von t_0 am besten an $\mathbf{x}$ anschmiegt, heißt die **Schmiegebene**. Zu ihr sind $\mathbf{t}(t_0)$ und $\mathbf{n}(t_0) := \mathbf{b}(t_0) \times \mathbf{t}(t_0)$ parallel. Ist $\mathbf{x}$ dreimal stetig differenzierbar in t_0, so sucht man eine Kugel mit einer Gleichung der Form $(\mathbf{y} - \mathbf{a})^2 - r^2 = 0$, die durch $\mathbf{x}(t_0)$ geht (also gilt insbesondere $(\mathbf{x}(t_0) - \mathbf{a})^2 = r^2$) und in einer Umgebung von $\mathbf{x}(t_0)$ möglichst nah an der Kurve liegt. Dafür muss $t \mapsto (\mathbf{x}(t) - \mathbf{a})^2 - r^2$ in t_0 eine Nullstelle von möglichst großer Ordnung haben. Falls $\det(\mathbf{x}'(t_0), \mathbf{x}''(t_0), \mathbf{x}'''(t_0)) \neq 0$ gilt, d.h. falls $(\mathbf{x}' \times \mathbf{x}'') \cdot \mathbf{x}'''$ in t_0 nicht verschwindet, so verschwinden die ersten drei Ableitungen dieser Funktion in t_0 nur für

$$\mathbf{a} = \mathbf{x}(t_0) + \frac{\|\mathbf{x}'(t_0)\|^3}{\|\mathbf{x}'(t_0) \times \mathbf{x}''(t_0)\|} \mathbf{n}(t_0) - \frac{\det(\mathbf{x}'(t_0), \mathbf{x}''(t_0), \mathbf{x}'''(t_0))}{\|\mathbf{x}'(t_0) \times \mathbf{x}''(t_0)\|^2} \mathbf{b}(t_0) \ .$$

Die Kugel mit dem Mittelpunkt $\mathbf{a}$ und dem Radius

$$r = \sqrt{\frac{\|\mathbf{x}'(t_0)\|^6}{\|\mathbf{x}'(t_0) \times \mathbf{x}''(t_0)\|^2} + \frac{(\det(\mathbf{x}'(t_0), \mathbf{x}''(t_0), \mathbf{x}'''(t_0)))^2}{\|\mathbf{x}'(t_0) \times \mathbf{x}''(t_0)\|^4}}$$

heißt die **Schmiegkugel** zu $\mathbf{x}$ in t_0. Diese Kugel schneidet die Schmiegebene in dem Kreis mit dem Mittelpunkt $\mathbf{m}(t_0) := \mathbf{x}(t_0) + \frac{||\mathbf{x}'(t_0)||^3}{||\mathbf{x}'(t_0)\times\mathbf{x}''(t_0)||}\mathbf{n}(t_0)$ und dem Radius $\frac{||\mathbf{x}'(t_0)||^3}{||\mathbf{x}'(t_0)\times\mathbf{x}''(t_0)||}$. Die Kurve $\mathbf{x}$ ist genau dann **eben** (d.h. sie liegt in einer Ebene), wenn gilt:

$$\det(\mathbf{x}'(t), \mathbf{x}''(t), \mathbf{x}'''(t)) = (\mathbf{x}'(t) \times \mathbf{x}''(t)) \cdot \mathbf{x}'''(t) = 0 \quad \text{für alle} \quad t \in [a,b] \,.$$

In diesem Fall liegt die Kurve in der Schmiegebene, $\mathbf{m}(t_0)$ ist der Mittelpunkt der Schmiegkugel und $\frac{||\mathbf{x}'(t_0)||^3}{||\mathbf{x}'(t_0)\times\mathbf{x}''(t_0)||}$ ist der Krümmungsradius der ebenen Kurve. Deshalb wird im allgemeinen mit $\kappa(t_0) = \frac{||\mathbf{x}'(t_0)\times\mathbf{x}''(t_0)||}{||\mathbf{x}'(t_0)||^3}$ die **Krümmung der Raumkurve** $\mathbf{x}$ in t_0 bezeichnet. Die Zahl $\tau(t_0) = \frac{\det(\mathbf{x}'(t_0),\mathbf{x}''(t_0),\mathbf{x}'''(t_0))}{||\mathbf{x}'(t_0)\times\mathbf{x}''(t_0)||^2}$ ist ein Maß für die Abweichung der Raumkurve $\mathbf{x}$ von ihrer Projektion in Richtung $\mathbf{b}(t_0)$ auf die Schmiegebene; sie heißt die **Torsion (Windung)** von $\mathbf{x}$ in t_0. (Anschaulich: Die Torsion gibt an, wie stark sich die Kurve aus der Schmiegebene herauswindet.) Also: Der Radius $r(t_0)$ der Schmiegkugel von $\mathbf{x}$ in t_0 ist $\sqrt{(\frac{1}{\kappa(t_0)})^2 + \tau(t_0)^2}$. Bemerkenswert ist, dass κ und τ auch durch die **Frenetschen Formeln** (also die Darstellung der Ableitungen $\mathbf{t}', \mathbf{n}'$ und $\mathbf{b}'$ als Kombinationen von $\mathbf{t}, \mathbf{n}$ und $\mathbf{b}$) wie folgt eindeutig charakterisiert werden:

$$\begin{aligned}
\mathbf{t}'(t_0) &= \kappa(t_0)||\mathbf{x}'(t_0)||\mathbf{n}(t_0) \,, \\
\mathbf{n}'(t_0) &= -\kappa(t_0)||\mathbf{x}'(t_0)||\mathbf{t}(t_0) + \tau(t_0)||\mathbf{x}'(t_0)||\mathbf{b}(t_0) \,, \\
\mathbf{b}'(t_0) &= -\tau(t_0)||\mathbf{x}'(t_0)||\mathbf{n}(t_0) \,.
\end{aligned} \qquad (3.6)$$

Die Ebenen durch $\mathbf{x}(t_0)$, welche von $\mathbf{t}(t_0)$ und $\mathbf{b}(t_0)$ bzw. von $\mathbf{n}(t_0)$ und $\mathbf{b}(t_0)$ aufgespannt werden, heißen die **rektifizierbare Ebene** bzw. die **Normalebene**.

Die bisherige Definition von parametrisierten Kurven hat, da das Definitionsintervall I beschränkt ist, den Nachteil, dass unbeschränkte Mengen wie z.B. Geraden, Spiralen, die Sinuskurve usw. keine Kurven liefern. Dieser Mangel lässt sich durch die folgende Definition beheben. Ist I ein beliebiges (nicht notwendig kompaktes) Intervall in $\mathbb{R}$ und $\mathbf{x}: I \to \mathbb{R}^n$ mit der Eigenschaft, dass für jedes $[a,b] \subset I$ die Einschränkung $\mathbf{x}|_{[a,b]}$ eine parametrisierte Kurve ist, so wird auch $\mathbf{x}$ als parametrisierte Kurve angesehen. Um eine Eigenschaft von $\mathbf{x}$ in einem Punkt $t \in I$ zu definieren, bedienen wir uns einer Einschränkung $\mathbf{x}|_{[a,b]}$ mit $t \in]a,b[$. Um globale Eigenschaften von $\mathbf{x}$ zu definieren (z.B. Regularität), verlangen wir diese Eigenschaft von den Einschränkungen von $\mathbf{x}$ auf alle kompakten Teilintervalle von I. Um die Rektifizierbarkeit von $\mathbf{x}$ zu definieren, genügt es nicht, die Rektifizierbarkeit von $\mathbf{x}$ auf jedem kompakten

Teilintervall von I zu fordern, sondern vielmehr die Existenz einer positiven Zahl M, so dass für jedes kompakte Teilintervall die Länge der Einschränkung von $\mathbf{x}$ darauf kleiner als M ist. Das Infimum dieser M ist dann die Länge von $\mathbf{x}$. In diesem Sinne lassen sich auch Geraden, Spiralen usw. als Kurven (als Bilder von Kurven!) auffassen.

3.1.2 Flächen im dreidimensionalen Raum (Aufgabe 7 bis 8)

Der Begriff Fläche ist – ebenso wie der Begriff Kurve – fundamental für die Mathematik und deren Anwendungen. Grob gesagt ist eine Fläche die Vereinigung von offenen Flächenstücken. Für das Studium von lokalen Eigenschaften der Fläche genügt es, sich mit den Flächenstücken zu beschäftigen. Lediglich für globale Eigenschaften kommt es auf den allgemeinen Begriff der Fläche an.

Eine Menge $\mathbf{F} \subset \mathbb{R}^3$ heißt C^r-parametrisierbar über einem Gebiet $D \subset \mathbb{R}^2$, falls eine bijektive C^r-Abbildung $\mathbf{x} : D \to \mathbf{F}$ existiert. $\mathbf{x}$ heißt dann eine C^r-**Parametrisierung** oder C^r-**Parameterdarstellung** von $\mathbf{F}$, und das Paar $(D, \mathbf{x})$ heißt ein **parametrisiertes** C^r-**Flächenstück**. (Manche Autoren verlangen lediglich die Surjektivität und – eventuell – die lokale Bijektivität von $\mathbf{x}$.) Ist $r \geq 1$, so heißt die C^r-Parameterdarstellung $\mathbf{x} : D \to \mathbf{F}$ **glatt** oder **regulär**, falls $(\mathbf{x}_u \times \mathbf{x}_v)(u, v) \neq \mathbf{0}$ für jedes $\binom{u}{v} \in D$. Ist $\mathbf{x}_0 := \mathbf{x}(u_0, v_0)$, so heißt

$$\mathbf{n}(\mathbf{x}_0) := \mathbf{n}(u_0, v_0) := \frac{1}{||(\mathbf{x}_u \times \mathbf{x}_v)(u_0, v_0)||}(\mathbf{x}_u \times \mathbf{x}_v)(u_0, v_0) \qquad (3.7)$$

die **Normale** zu $\mathbf{F}$ in $\mathbf{x}_0$. Die Ebene durch $\mathbf{x}_0$, die senkrecht zu $\mathbf{n}(\mathbf{x}_0)$ ist, also $\{\mathbf{y} \in \mathbb{R}^3 \mid (\mathbf{y} - \mathbf{x}_0) \cdot \mathbf{n}(\mathbf{x}_0) = 0\}$ heißt die **Tangentialebene** zu $\mathbf{F}$ in $\mathbf{x}_0$. Ist $f : D \to \mathbb{R}$ eine C^r-Funktion, so ist durch $\mathbf{x}(u, v) := (u, v, f(u, v))^T$ eine C^r-Parametrisierung des Graphen $\mathbf{F} := \mathbf{x}(D)$ von f gegeben. Für $r \geq 1$ ist diese Parameterdarstellung regulär, weil für alle $\binom{u}{v} \in D$ gilt: $(\mathbf{x}_u \times \mathbf{x}_v)(u, v) = (-f_u(u, v), -f_v(u, v), 1)^T \neq \mathbf{0}$. Sei $\mathbf{c} = \binom{c_1}{c_2} :]a, b[\to \mathbb{R}^2$ injektiv und von der Klasse C^r, so dass $c_1(t) > 0$ für alle $t \in]a, b[$ gilt. Man ordnet dieser parametrisierten ebenen Kurve die Teilmenge

$$\mathbf{F}(\mathbf{c}) := \{\mathbf{x}_{\mathbf{c}}(u, v) := (c_1(u)\cos v, c_1(u)\sin v, c_2(u))^T \mid u \in]a, b[\,, \ v \in \mathbb{R}\}$$

von $\mathbb{R}^3$ zu. Sie entsteht also durch Drehung der Raumkurve $]a, b[\to \mathbb{R}^3$, $u \mapsto (c_1(u), 0, c_2(u))^T$, deren Bild in der x-z-Ebene liegt, um die z-Achse und wird deshalb die $\mathbf{c}$ zugeordnete **Drehfläche** genannt. Die Abbildung $\mathbf{x} :]a, b[\times \mathbb{R} \to \mathbf{F}(\mathbf{c})$ ist nicht injektiv, und deshalb ist dadurch kein Flächenstück gegeben. Sei $v_0 \in \mathbb{R}$ fest. Schneidet man aus $\mathbf{F}(\mathbf{c})$ den **Meridian**

$$\mathbf{m}_{v_0} := \{(c_1(u)\cos v_0, c_1(u)\sin v_0, c_2(u))^T \mid u \in]a, b[\}$$

heraus, so ist durch die Einschränkung $]a, b[\times]v_0, v_0 + 2\pi[\to \mathbf{F}(\mathbf{c})\backslash\mathbf{m}_{v_0}$ von $\mathbf{x}$ eine reguläre C^r-Parametrisierung von $\mathbf{F}(\mathbf{c})\backslash\mathbf{m}_{v_0}$ gegeben, falls $\mathbf{c}$ regulär ist, denn es gilt:

$$(\mathbf{x}_u \times \mathbf{x}_v)(u, v) = \begin{pmatrix} -c_1(u)c_2'(u)\cos v \\ -c_1(u)c_2'(u)\sin v \\ c_1(u)c_1'(u) \end{pmatrix}, \|(\mathbf{x}_u \times \mathbf{x}_v)(u, v)\| = c_1(u)\|\mathbf{c}'(u)\| > 0.$$

Entfernt man z.B. aus der Einheitskugel $\mathbf{S}^2 := \{(x, y, z)^T \mid x^2 + y^2 + z^2 = 1\}$ den Nordpol $N = (1, 0, 0)^T$ und den Südpol $S = (-1, 0, 0)^T$, so erhält man die dem Halbkreis $] - \frac{\pi}{2}, \frac{\pi}{2}[\to \mathsf{IR}^2$, $u \mapsto \binom{\cos u}{\sin u}$ zugeordnete Drehfläche.

Entfernt man aus der Einheitskugel nur einen Punkt, etwa den Nordpol, so kann man sie als Flächenstück parametrisieren. Dafür ordnet man jedem Punkt $(x, y, z)^T \neq N$ der Kugel den Schnittpunkt der Geraden durch $(x, y, z)^T$ und N mit der x-y-Ebene zu. Bezeichnet man diesen Schnittpunkt mit $(s_1(x, y, z), s_2(x, y, z), 0)^T$, so ist die Zuordnung $\mathbf{S}^2\backslash\{N\} \to \mathsf{IR}^2$, $(x, y, z)^T \mapsto (s_1(x, y, z), s_2(x, y, z))^T$ bijektiv und von der Klasse C^∞. Die Inverse $\sigma : \mathsf{IR}^2 \to \mathbf{S}^2\backslash\{N\}$ dieser Abbildung ist eine reguläre C^∞-Parameterdarstellung von $\mathbf{S}^2\backslash\{N\}$ über IR^2. (Eine nützliche Übung wäre die Berechnung der Gestalt von s_1 und s_2 sowie von σ. Damit lässt sich die Regularität von σ leicht nachweisen.)

Zwei C^r-Parameterdarstellungen $\mathbf{x} : D \to \mathbf{F}$ und $\mathbf{x}^* : D^* \to \mathbf{F}$ von $\mathbf{F}$ sind **äquivalent**, wenn eine bijektive C^r-Abbildung $\varphi = \binom{\varphi_1}{\varphi_2} : D \to D^*$ existiert, so dass φ^{-1} ebenfalls von der Klasse C^r ist und $\mathbf{x} = \mathbf{x}^* \circ \varphi$ gilt. φ heißt **Parametertransformation**. Ist $r \geq 1$, so nennt man φ **orientierungserhaltend** oder **zulässig**, falls $\det(\varphi'(u, v)) = \det\left(\begin{smallmatrix}(\varphi_1)_u & (\varphi_1)_v \\ (\varphi_2)_u & (\varphi_2)_v\end{smallmatrix}\right)(u, v) > 0$ für alle $\binom{u}{v}$ aus D gilt. $\mathbf{x}$ und $\mathbf{x}^*$ heißen dann **orientierungsäquivalent**. (Wegen der Invertierbarkeit von φ und da D ein Gebiet ist, genügt es, diese Bedingung nur in einem Punkt zu prüfen.) $\mathbf{x}$ ist genau dann glatt, wenn die zu $\mathbf{x}$ äquivalente Parameterdarstellung $\mathbf{x}^*$ glatt ist. Die Normalen in einem beliebigen Punkt von $\mathbf{F}$ für orientierungsäquivalente Parameterdarstellungen $\mathbf{x}$ und $\mathbf{x}^*$ sind gleich. Sind $\mathbf{x}$ und $\mathbf{x}^*$ äquivalent, aber nicht orientierungsäquivalent, so sind die Normalen zu $\mathbf{F}$ in einem beliebigen Punkt für $\mathbf{x}$ und $\mathbf{x}^*$ entgegengesetzt (d.h. sie unterscheiden sich um den Faktor -1).

Für Untersuchungen eines C^r-Flächenstücks $\mathbf{x} : D \to \mathbf{F}$ ist es hilfreich, darauf Kurven zu betrachten. Wegen der Bijektivität von $\mathbf{x}$ lässt sich jede parametrisierte C^r-Kurve $]a, b[\to \mathbf{F}$ als Komposition einer parametrisierten Kurve $\mathbf{c} :]a, b[\to D$ mit $\mathbf{x}$ darstellen. Ist $]a_0, b_0[$ bei vorgegebenem $\mathbf{x}_0 = \mathbf{x}(u_0, v_0) \in \mathbf{F}$ das größte offene Intervall mit den Eigenschaften $a_0 < u_0 < b_0$ und $]a_0, b_0[\times\{v_0\} \subset D$, so ist $]a_0, b_0[\to \mathbf{F}, u \mapsto \mathbf{x}(u, v_0)$ die **erste Parameterlinie** oder **erste Koordinatenkurve** von $(D, \mathbf{x})$ durch

$\mathbf{x}_0 = \mathbf{x}(u_0, v_0)$. Der Tangentenvektor zu dieser parametrisierten Kurve in $\mathbf{x}_0$ ist $\frac{\partial \mathbf{x}}{\partial u}(u_0, v_0) = \mathbf{x}_u(u_0, v_0)$. Analog wird die **zweite Parameterlinie** oder **zweite Koordinatenkurve** $v \mapsto \mathbf{x}(u_0, v)$ definiert. Die Tangentialvektoren zu diesen Parameterlinien spannen die Tangentialebene in $\mathbf{x}_0$ auf. Der Tangentenvektor in $\mathbf{x}_0$ zu einer beliebigen parametrisierten Kurve auf $\mathbf{F}$ liegt in dieser Ebene.

Weitere Bilder parametrisierter Kurven durch $\mathbf{x}_0$ ergeben sich als Schnitte von $\mathbf{F}$ mit Ebenen, die den Normalenvektor $\mathbf{n}(\mathbf{x}_0) = \mathbf{n}(u_0, v_0)$ enthalten. Parametrisiert man eine solche Kurve nach der Bogenlänge, so bekommt man eine parametrisierte Kurve durch $\mathbf{x}_0$, welche den Namen **Normalschnitt** trägt.

Ist nun $]a, b[\to D$, $t \mapsto \binom{u(t)}{v(t)}$ eine C^1-Kurve, so wird die Bogenlänge der Kurve $t \mapsto \mathbf{x}(t) := \mathbf{x}(u(t), v(t))$ zwischen zwei Punkten t_1 und t_2 (also $a < t_1 < t_2 < b$) wegen

$$\|\mathbf{y}'(t)\|^2 = \mathbf{y}'(t) \cdot \mathbf{y}'(t) = (\mathbf{x}_u(u(t), v(t))u'(t) + \mathbf{x}_v(u(t), v(t))v'(t))^2$$
$$= (\mathbf{x}_u \cdot \mathbf{x}_u)(u(t), v(t))u'(t)^2 + 2(\mathbf{x}_u \cdot \mathbf{x}_v)(u(t), v(t))u'(t)v'(t)$$
$$+ (\mathbf{x}_v \cdot \mathbf{x}_v)(u(t), v(t))v'(t)^2$$

mit der Formel

$$\int_{t_1}^{t_2} \sqrt{[(\mathbf{x}_u \cdot \mathbf{x}_v)(u, v)u'^2 + 2(\mathbf{x}_u \cdot \mathbf{x}_v)(u, v)u'v' + (\mathbf{x}_v \cdot \mathbf{x}_v)(u, v)v'^2](t)}\, dt \quad (3.8)$$

berechnet. Die **Differenzialform zweiter Ordnung**

$$(\mathbf{x}_u \cdot \mathbf{x}_u)(u, v)du^2 + 2(\mathbf{x}_u \cdot \mathbf{x}_v)(u, v)dudv + (\mathbf{x}_v \cdot \mathbf{x}_v)(u, v)dv^2 \,,$$

die hier auftritt, heißt die **erste Fundamentalform** des Flächenstücks. Die Koeffizienten dieser ersten Fundamentalform, also die drei Funktionen $(u, v) \mapsto (\mathbf{x}_u \cdot \mathbf{x}_u)(u, v)$, $(\mathbf{x}_u \cdot \mathbf{x}_v)(u, v)$ und $(\mathbf{x}_v \cdot \mathbf{x}_v)(u, v)$, werden traditionsgemäß mit $E(u, v)$, $F(u, v)$ und $G(u, v)$ bezeichnet. Für die erste Fundamentalform wird (wegen der obigen Formel) die Bezeichnung

$$ds^2 = Edu^2 + 2Fdudv + Gdv^2 \quad (3.9)$$

benutzt. Ist $\varphi : D \to D^*$ eine Parametertransformation zwischen den Parametrisierungen $\mathbf{x} : D \to \mathbf{F}$ und $\mathbf{x}^* : D^* \to \mathbf{F}$ und bezeichnet φ' die Funktionalmatrix von φ, so gilt

$$\begin{pmatrix} E(u, v) & F(u, v) \\ F(u, v) & G(u, v) \end{pmatrix} = \varphi'(u, v)^T \begin{pmatrix} E^*(\tau(u, v)) & F^*(\tau(u, v)) \\ F^*(\tau(u, v)) & G^*(\tau(u, v)) \end{pmatrix} \varphi'(u, v) \,,$$

wobei E^*, F^* und G^* die Koeffizienten der ersten Fundamentalform für die Parameterdarstellung $\mathbf{x}^*$ bezeichnen. Seien $\binom{u_1}{v_1}$: $]a_1, b_1[\to D$ und

$\binom{u_2}{v_2}$: $]a_2, b_2[\to D$ zwei parametrisierte C^1-Kurven. Schneiden sich deren zugeordnete Kurven $\mathbf{x}(u_1, v_1)$ und $\mathbf{x}(u_2, v_2)$ auf $\mathbf{F}$ in $\mathbf{x}_0 = \mathbf{x}(u_1(t_1), v_1(t_1)) = \mathbf{x}(u_2(t_2), v_2(t_2))$ unter einem Winkel α, so gilt

$$\cos \alpha = \frac{Eu_1'u_2' + F(u_1'v_2' + u_2'v_1') + Gv_1'v_2'}{\sqrt{Eu_1'^2 + 2Fu_1'v_1' + Gv_1'^2}\ \sqrt{Eu_2'^2 + 2Fu_2'v_2' + Gv_2'^2}} \ , \qquad (3.10)$$

wobei E, F und G in $\mathbf{x}_0$, u_1' und v_1' in t_1 und u_2' und v_2' in t_2 ausgewertet werden.

Ebenfalls mit Hilfe der ersten Fundamentalform kann man Flächeninhalte messen. Für die offene Teilmenge $D_0 \subset D$ definiert man den Flächeninhalt von $\mathbf{F}_0 := \mathbf{x}(D_0)$ durch

$$\mathrm{Vol}(\mathbf{F}_0) = \int_{D_0} \sqrt{(EG - F^2)(u, v)}\ d\sigma(u, v) \ . \qquad (3.11)$$

Das Integral kann auch den Wert ∞ annehmen (s. dazu Paragraph 3.1.6).

Sei nun durch $\mathbf{x} : D \to \mathbf{F}$ ein reguläres C^2-Flächenstück $(D, \mathbf{x})$ definiert, $\mathbf{n}$ sei die Flächennormale zu $\mathbf{x}$ und $\binom{u}{v}$: $]a, b[\to D$ sei eine zweimal stetig differenzierbare, glatt parametrisierte Kurve. Die Flächenkurve $]a, b[\to \mathbf{F}$, $t \mapsto \mathbf{y}(t) := \mathbf{x}(u(t), v(t))$ hat in $t \in\ ]a, b[$ den Tangentenvektor $\mathbf{t}(t)$, der in der Tangentialebene zu $\mathbf{x}$ liegt und damit senkrecht zu $\mathbf{n}(u(t), v(t))$ ist. Mit $\kappa(t)$ und $\rho(t)$ bezeichnet man die Krümmung bzw. den Krümmungsradius der Kurve $\mathbf{y}$ in t. Wir interpretieren die Zuordnung $t \mapsto \mathbf{y}(t)$ als die Bewegung eines Teilchens mit der Geschwindigkeit $\gamma(t) := \|\mathbf{y}'(t)\|$. Der Beschleunigungsvektor $\mathbf{y}''(t)$ lässt sich als Linearkombination von Vektoren der Orthogonalbasis $\mathbf{t}(t)$, $\mathbf{n}(u(t), v(t))$ und $\mathbf{t}(t) \times \mathbf{n}(u(t), v(t))$ darstellen:

$$\mathbf{y}''(t) = \beta_b(t)\mathbf{t}(t) + \beta_n(t)\mathbf{n}(u(t), v(t)) + \beta_g(t)\mathbf{t}(t) \times \mathbf{n}(u(t), v(t)) \ .$$

Die Komponenten $\beta_b(t), \beta_n(t)$ und $\beta_g(t)$ der Beschleunigung in dieser Basis heißen die **Bahn-**, **Normal-** bzw. **Seitenbeschleunigung**. Die Bahnbeschleunigung, also die Beschleunigung in Richtung des Tangentenvektors zu $\mathbf{x}$, hat in t den Wert $\gamma'(t)$, also $\beta_b(t) = \gamma'(t)$. Die Quotienten $\frac{\beta_n(t)}{\gamma(t)^2}$ und $\frac{\beta_g(t)}{\gamma(t)^2}$ heißen die **Normal-** bzw. **geodätische Krümmung** von $\mathbf{y}$ in t, und werden mit $\kappa_n(t)$ bzw. $\kappa_g(t)$ bezeichnet. Es gilt

$$\kappa(t)^2 = \kappa_n(t)^2 + \kappa_g(t)^2 \ . \qquad (3.12)$$

Die Seitenbeschleunigung misst die Seitenkräfte, welche in der Tangentialebene senkrecht zur Kurve wirken. Wenn die Kurve so verläuft, dass keine Seitenkräfte auftreten, also $\kappa_g(t) = 0$ gilt für alle t, spricht man von einer **geodätischen Linie** oder von einer **Geodätischen**. Eine solche Kurve ist eindeutig durch die folgende Eigenschaft charakterisiert: Für jedes Paar (t_1, t_2) mit $a < t_1 < t_2 < b$ ist $\mathbf{y}|_{[t_1, t_2]}$ unter allen Flächenkurven zwischen

$\mathbf{y}(t_1)$ und $\mathbf{y}(t_2)$ diejenige mit minimaler Länge. Aus (3.12) folgt, dass die Geodätischen diejenigen Kurven auf $\mathbf{F}$ sind, für welche die Normalkrümmung und Krümmung bis auf das Vorzeichen gleich sind. Die Normalkrümmung wird mit Hilfe der sog. **zweiten Fundamentalform** berechnet. Diese Differenzialform zweiter Ordnung, die dem Flächenstück zugeordnet wird, lautet

$$L(u,v)du^2 + 2M(u,v)dudv + N(u,v)dv^2 \,,$$

wobei die Koeffizienten L, M und N definiert sind durch

$$L(u,v) = (\mathbf{x}_{uu} \cdot \mathbf{n})(u,v) = -(\mathbf{x}_u \cdot \mathbf{n}_u)(u,v) \,,$$
$$M(u,v) = (\mathbf{x}_{uv} \cdot \mathbf{n})(u,v) = -(\mathbf{x}_u \cdot \mathbf{n}_v)(u,v) = -(\mathbf{x}_v \cdot \mathbf{n}_u)(u,v) \,,$$
$$N(u,v) = (\mathbf{x}_{vv} \cdot \mathbf{n})(u,v) = -(\mathbf{x}_v \cdot \mathbf{n}_v)(u,v) \,.$$

Der **Satz von Meusnier** besagt

$$\kappa_n(t) = \kappa(t)\cos\theta = \frac{\cos\theta}{\rho(t)}$$
$$= \frac{L(u(t),v(t))u'(t)^2 + 2M(u(t),v(t))u'(t)v'(t) + N(u(t),v(t))v'(t)^2}{E(u(t),v(t))u'(t)^2 + 2F(u(t),v(t))u'(t)v'(t) + G(u(t),v(t))v'(t)^2} \,,$$

wobei θ der Winkel zwischen $\mathbf{n}(u,v)$ und dem Hauptnormalenvektor zur Raumkurve $t \mapsto \mathbf{y}(t)$ ist.

Sei nun $t_0 \in\,]a,b[$ fest, $u_0 = u(t_0)$, $v_0 = v(t_0)$ und $\mathbf{x}_0 = \mathbf{x}(u_0,v_0)$. Aus der obigen Formel folgt insbesondere, dass alle Flächenkurven auf $\mathbf{F}$, die in $\mathbf{x}_0$ dieselbe Tangentenrichtung haben, dieselbe Normalkrümmung in $\mathbf{x}_0$ haben. Deshalb genügt es, sich bei der Untersuchung der Normalkrümmungen aller C^2-Kurven auf $\mathbf{F}$ durch $\mathbf{x}_0$ auf Normalschnitte durch $\mathbf{x}_0$ zu beschränken. Im Fall eines Normalschnitts stimmt die Normale $\mathbf{n}(u_0,v_0)$ mit dem Hauptnormalenvektor zu diesem Normalschnitt überein, also gilt $\theta = 0$. Entspricht dieser Normalschnitt dem Tangentenvektor

$$\mathbf{t} = \lambda\mathbf{x}_u(u_0,v_0) + \mu\mathbf{x}_v(u_0,v_0) \quad \text{mit} \quad \lambda^2 + \mu^2 = 1$$

und bezeichnet $\rho(\lambda,\mu)$ den Krümmungsradius dieses Normalschnitts in $\mathbf{x}_0$, so hat man nach dem Satz von Meusnier

$$\frac{1}{\rho(\lambda,\mu)} = \frac{L(\mathbf{x}_0)\lambda^2 + 2M(\mathbf{x}_0)\lambda\mu + N(\mathbf{x}_0)\mu^2}{E(\mathbf{x}_0)\lambda^2 + 2F(\mathbf{x}_0)\lambda\mu + G(\mathbf{x}_0)\mu^2} \,.$$

Wegen $(EG - F^2)(u_0,v_0) > 0$ und $E(u_0,v_0) > 0$ ist $E(\mathbf{x}_0)\lambda^2 + 2F(\mathbf{x}_0)\lambda\mu + G(\mathbf{x}_0)\mu^2$ stets positiv. Ist die Funktion $(\lambda,\mu) \mapsto \frac{1}{\rho(\lambda,\mu)}$ konstant (d.h. stimmen die beiden Fundamentalformen in $\mathbf{x}_0$ bis auf eine multiplikative Konstante überein), so haben alle Normalschnitte durch $\mathbf{x}_0$ dieselbe Krümmung. Ein solcher Punkt $\mathbf{x}_0$ heißt **Nabelpunkt**. Ist die Funktion $(\lambda, \mu) \mapsto \frac{1}{\rho(\lambda, \mu)}$ nicht konstant, so gibt es genau zwei Richtungen (λ_1, μ_1) und (λ_2, μ_2) mit

$$\frac{1}{\rho(\lambda_1, \mu_1)} = \max\{\frac{1}{\rho(\lambda, \mu)} \mid \lambda^2 + \mu^2 = 1\} \,, \quad \frac{1}{\rho(\lambda_2, \mu_2)} = \min\{\frac{1}{\rho(\lambda_1, \mu)} \mid \lambda^2 + \mu^2 = 1\} \,,$$

und $\lambda_1 \lambda_2 + \mu_1 \mu_2 = 0$. Diese letzte Gleichung bedeutet, dass die den Paaren (λ_1, μ_1) und (λ_2, μ_2) entsprechenden Richtungen in der Tangentialebene senkrecht zueinander sind. Sie heißen die **Hauptrichtungen** des Flächenstücks in $\mathbf{x}_0$. Die zugehörigen Krümmungen $\frac{1}{\rho(\lambda_1, \mu_1)}$ und $\frac{1}{\rho(\lambda_2, \mu_2)}$ heißen die **Hauptkrümmungen**. Die **Hauptkrümmungsradien** $\rho(\lambda_1, \mu_1)$ und $\rho(\lambda_2, \mu_2)$ sind die Nullstellen der Gleichung zweiter Ordnung

$$\frac{1}{\rho^2} - \frac{NE - 2MF + LG}{EG - F^2}(\mathbf{x}_0)\frac{1}{\rho} + \frac{LN - M^2}{EG - F^2}(\mathbf{x}_0) = 0 \,.$$

Die Werte

$$K(\mathbf{x}_0) := \frac{1}{\rho(\lambda_1, \mu_1)} \cdot \frac{1}{\rho(\lambda_2, \mu_2)} = \frac{LN - M^2}{EG - F^2}(\mathbf{x}_0) \,, \tag{3.13}$$

$$H(\mathbf{x}_0) := \frac{1}{2}\left(\frac{1}{\rho(\lambda_1, \mu_1)} + \frac{1}{\rho(\lambda_2, \mu_2)}\right) = \frac{NE - 2MF + LG}{2(EG - F^2)}(\mathbf{x}_0) \tag{3.14}$$

heißen die **Gaußsche** bzw. **mittlere Krümmung** von $\mathbf{F}$ in $\mathbf{x}_0$.
Gauß hat bemerkt, dass bei einer zulässigen Parametertransformation die Krümmungen $K(\mathbf{x}_0)$ und $H(\mathbf{x}_0)$ **invariant** (unverändert) bleiben. Damit ist die folgende Definition sinnvoll. Ein Punkt $\mathbf{x}_0 \in \mathbf{F}$ heißt

$\rightarrow$ **elliptisch**, falls $K(\mathbf{x}_0) > 0$ gilt,
$\rightarrow$ **hyperbolisch**, falls $K(\mathbf{x}_0) < 0$ gilt,
$\rightarrow$ **parabolisch**, falls $K(\mathbf{x}_0) = 0$ und $H(\mathbf{x}_0) \neq 0$ gilt,
$\rightarrow$ **eben**, falls $K(\mathbf{x}_0) = 0 = H(\mathbf{x}_0)$ gilt.

Diese Namensgebung stammt von den entsprechenden Flächen zweiter Ordnung. Zu jedem Punkt eines Ellipsoides bzw. Hyperboloides gibt es eine offene Umgebung, die über einem Gebiet aus $\mathbb{R}^2$ parametrisierbar ist, und jeder Punkt dieses Flächenstücks ist elliptisch bzw. hyperelliptisch. Ein Paraboloid und eine Ebene lassen sich (global) über $\mathbb{R}^2$ parametrisieren, und jeder Punkt des Flächenstücks ist parabolisch bzw. eben.
Man kann beweisen, dass ein Ellipsoid über keinem Gebiet aus $\mathbb{R}^2$ parametrisierbar ist. Eine Drehfläche können wir als Bild eines Flächenstücks darstellen, wenn man aus ihr einen Meridian entfernt. Diese Beispiele motivieren die nachstehende Definition.
Sei $r \geq 2$. Die Teilmenge $\mathbf{F} \subset \mathbb{R}^3$ heißt eine C^r-**Fläche**, wenn es zu jedem Punkt von $\mathbf{F}$ eine Umgebung U in $\mathbb{R}^3$ gibt, so dass $\mathbf{F} \cap U$ als reguläres

C^r-Flächenstück parametrisiert werden kann. Die Ellipsoide und die Hyperboloide sowie die Drehflächen von glatt parametrisierten C^∞-Kurven sind C^∞-Flächen; man kann sie jeweils als Vereinigung von zwei Flächenstücken darstellen. Jede Eigenschaft eines Punktes (z.B. diejenige, dass der Punkt elliptisch ist), die für ein Flächenstück gilt und bezüglich zulässiger Parametertransformationen erhalten bleibt (man sagt: **invariant** ist), kann auf Flächen eingeführt werden. Ob sie in einem Punkt gilt, muss dann nur auf einem Flächenstück nachgeprüft werden, das diesen Punkt enthält. Es gibt aber auch Eigenschaften und Fragestellungen, wie die nun definierte Orientierbarkeit, die „globalen" Charakter haben. Eine Fläche **F** heißt **orientierbar**, wenn eine Menge $(U_i)_{i \in I}$ von offenen Teilmengen von $\mathbb{R}^3$ mit folgenden Eigenschaften existiert:

a) $\mathbf{F} \subset \bigcup_{i \in I} U_i$,

b) $\mathbf{F} \cap U_i$ ist mittels $\mathbf{x}_i : D_i \to \mathbf{F} \cap U_i$ regulär parametrisiert für alle $i \in I$,

c) für jedes Paar $(i, j) \in I^2$ mit $\mathbf{F} \cap U_i \cap U_j \neq \phi$ und für jede Zusammenhangskomponente V von $\mathbf{F} \cap U_i \cap U_j$ sind die Parameterdarstellungen $\mathbf{x}_i : \mathbf{x}_i^{-1}(V) \to V$ und $\mathbf{x}_j : \mathbf{x}_j^{-1}(V) \to V$ orientierungsäquivalent.

Ein bekanntes Beispiel für eine nicht orientierbare Fläche ist das Möbiusband. Eine weitere Fragestellung mit globalem Charakter ist, ob zwei gegebene C^r-Flächen **isomorph** (oder C^r-**diffeomorph**) sind, d.h., ob es eine bijektive C^r-Abbildung zwischen ihnen gibt, deren Inverse ebenfalls von der Klasse C^r ist. Die Weiterführung dieser Frage ist die **Klassifikation von Flächen** von einem „bestimmten Typ". Eine praktische Aufgabe der Flächentheorie, auf die wir hier nicht eingehen wollen, ist die Berechnung der Bogenlänge einer Kurve, die nicht in einem Flächenstück enthalten ist.

Wir beenden diesen kurzen Einblick in die Flächentheorie mit einem wichtigen Ergebnis, das mit dem Satz über implizite Funktionen bewiesen werden kann. Seien $U \subset \mathbb{R}^3$ offen, $f : U \to \mathbb{R}$ eine C^∞-Funktion und $\alpha \in \mathbb{R}$ ein **regulärer Wert** von f, d.h. der Gradient von f verschwindet in keinem Punkt der Urbildmenge $f^{-1}(\alpha)$. Dann ist $f^{-1}(\alpha)$ eine orientierbare C^∞-Fläche.

3.1.3 Integrierbarkeit und Differenzierbarkeit von Funktionenfolgen und Funktionenreihen (Aufgabe 9 bis 11)

Die gleichmäßige Konvergenz ist die „richtige" Konvergenzart, wenn man die Eigenschaft der Funktionen einer Folge oder Reihe auf die Grenzfunktion übertragen möchte. Im Paragraphen 1.1.15 haben wir gesehen, dass aus der Stetigkeit der Funktionen f_n die Stetigkeit des Grenzwertes $\lim_{n \to \infty} f_n$ bzw. der Summe $\sum_{n=1}^{\infty} f_n$ folgt, falls die Konvergenz gleichmäßig ist. Auch die Eigenschaften integrierbar und differenzierbar lassen sich bei gleichmäßiger Konvergenz übertragen. Die genaue Formulierung dieser Ergebnisse wird nun angegeben. Dabei werden wir dies nicht nur für Folgen (was ausreichen würde, da eine Reihe nichts anderes ist als die Folge ihrer Partialsummen), sondern (aus praktischen Gründen und im Hinblick auf bekannte Konvergenzkriterien für Reihen) auch für Reihen tun.

Ist $f_n : [a, b] \to \mathbb{R}$ integrierbar über $[a, b]$ für jedes $n \geq 1$ und konvergiert $(f_n)_{n \geq 1}$ bzw. $\sum_{n=1}^{\infty} f_n$ gleichmäßig in $[a, b]$ gegen die Funktion f, so ist f ebenfalls integrierbar über $[a, b]$ und es gilt

$$
\lim_{n \to \infty} \int_a^b f_n(x)dx \overset{(*)}{=} \int_a^b (\lim_{n \to \infty} f_n(x))dx = \int_a^b f(x)dx \ ,
$$

$$
\sum_{n=1}^{\infty} \int_a^b f_n(x)dx \overset{(*)}{=} \int_a^b \left(\sum_{n=1}^{\infty} f_n(x) \right) dx = \int_a^b f(x)dx \ .
$$

(3.15)

Die Gleichungen (3.15) kann man wie folgt interpretieren: Integration und Grenzwertbildung sind für gleichmäßig konvergente Folgen und Reihen von Funktionen auf einem kompakten Intervall vertauschbare Operationen. Für Reihen sagt man kurz, dass eine gleichmäßig konvergente Reihe von integrierbaren Funktionen **gliedweise integrierbar** ist.

Sind die Funktionen f_n stetig differenzierbar auf $[a, b]$, konvergiert $(f_n')_{n \geq 1}$ bzw. $\sum_{n=1}^{\infty} f_n'$ gleichmäßig gegen die Funktion $h : [a, b] \to \mathbb{R}$ und gibt es $x_0 \in [a, b]$, so dass $(f_n(x_0))_{n \geq 1}$ bzw. $\sum_{n=1}^{\infty} f_n(x_0)$ konvergiert, so konvergiert $(f_n)_{n \geq 1}$ bzw. $\sum_{n=1}^{\infty} f_n$ gleichmäßig gegen eine stetig differenzierbare Funktion $f : [a, b] \to \mathbb{R}$, deren Ableitung h ist. Es handelt sich wieder um eine „**Vertauschungsregel**". Für alle $x \in [a, b]$ gilt

$$
\lim_{n \to \infty} f_n'(x) = (\lim_{n \to \infty} f_n(x))' \quad \text{bzw.} \quad \sum_{n=1}^{\infty} f_n'(x) = \left(\sum_{n=1}^{\infty} f_n(x) \right)' . \quad (3.16)
$$

Man beachte, dass die Forderung nach Konvergenz in einem Punkt (der oben mit x_0 bezeichnet wurde) notwendig ist (d.h. darauf kann nicht verzichtet werden.) Ist f_n für alle $n \geq 1$ die konstante Funktion n, so ist $f_n' = 0$ und damit ist sowohl $(f_n')_{n \geq 1}$ als auch $\sum_{n=1}^{\infty} f_n'$ gleichmäßig konvergent. Aber weder $(f_n)_{n \geq 1} = (n)_{n \geq 1}$ noch $\sum_{n=1}^{\infty} f_n = \sum_{n=1}^{\infty} n$ ist konvergent.

Für die Potenzreihe $\sum_{n=0}^{\infty} a_n x^n$ gilt innerhalb ihres offenen Konvergenzintervalls

$$
\left(\sum_{n=0}^{\infty} a_n x^n \right)' = \sum_{n=1}^{\infty} n a_n x^{n-1} \ ,
$$

(3.17)

da $\sum_{n=1}^{\infty} n a_n x^{n-1}$ denselben Konvergenzradius wie $\sum_{n=0}^{\infty} a_n x^n$ hat und weil sie auf jedem kompakten Teilintervall des offenen Konvergenzintervalls gleichmäßig konvergiert.

3.1.4 Periodische Funktionen und Fourierreihen (Aufgabe 12 bis 19)

Viele Phänomene in der Mechanik, Akustik und Elektrotechnik haben einen periodischen Charakter, wenn ihnen Schwingungen zugrunde liegen. Auch andere Vorgänge aus der Natur führen zu Ergebnissen, die sich nach einer festen Zeit in derselben Abfolge wiederholen, z.B. die Position der Erde zur Sonne. Denken Sie daran, dass auch die Zeitmessung (insbesondere die Definition der Sekunde) periodischen Charakter hat. Schließlich wären moderne Produktionsverfahren ohne periodische Vorgänge nicht vorstellbar.

Eine Funktion $f : \mathbb{R} \to \mathbb{R}$ heißt **periodisch**, wenn eine positive reelle Zahl p mit folgender Eigenschaft existiert:

$$f(x + p) = f(x) \quad \text{für alle} \quad x \in \mathbb{R} . \tag{3.18}$$

Man sagt, dass p **eine Periode** von f ist. f ist genau dann eine konstante Funktion, wenn jede positive reelle Zahl eine Periode von f ist. Gibt es eine kleinste Periode, so heißt sie **die** Periode von f. Das ist der Fall für eine stetige, periodische und nicht konstante Funktion. Ist p eine Periode, so sind alle np für $n \in \mathbb{N}$, $n \geq 2$ auch Perioden von f.

Sind f_1 und f_2 periodische Funktionen mit **den** Perioden p_1 und p_2, so ist $f_1 + f_2$ genau dann periodisch, wenn $\frac{p_1}{p_2}$ eine rationale Zahl ist. Die Periode von $f_1 + f_2$ ist dann die kleinste positive Zahl der Form $n_1 p_1 + n_2 p_2$, wenn n_1 und n_2 ganze Zahlen sind.

Ist f periodisch und differenzierbar auf $\mathbb{R}$, so ist f' ebenfalls periodisch. Falls f nicht konstant ist, haben f und f' dieselbe Periode.

Ist p eine Periode von f und ist f integrierbar über einem Intervall der Länge p, so ist f integrierbar über jedem beschränkten Intervall, und der Wert des Integrals $\int_a^{a+p} f(x)dx$ hängt nicht von a ab, d.h. $\int_0^p f(x)dx = \int_a^{a+p} f(x)dx$ für alle $a \in \mathbb{R}$. Sei nun I ein halboffenes Intervall der Länge p, also $I = [a, a+p[$ oder $]a, a+p]$ mit festem $a \in \mathbb{R}$, und $f : I \to \mathbb{R}$ sei eine beliebige Funktion. Jedes $y \in \mathbb{R}$ lässt sich auf genau eine Art als $x + np$ mit $x \in I$ und $n \in \mathbb{Z}$ schreiben. Setzt man $\tilde{f}(y) := f(x)$, so erhält man eine Fortsetzung von f auf $\mathbb{R}$ ($\tilde{f}(x) = f(x)$ für alle $x \in I$), welche die p-**periodische Fortsetzung** von f heißt. Man beachte, dass p *eine* Periode aber nicht unbedingt *die* Periode von $\tilde{f}$ ist. So ist z.B. die 4π-periodische Fortsetzung von $\sin : [0, 4\pi[\to \mathbb{R}$ die Funktion $\sin$, welche die Periode 2π hat. Ist f stetig, so ist $\tilde{f}$ genau dann stetig, wenn f (im Fall $I = [a, a+p[$) im Punkt $a + p$ einen Grenzwert hat und dieser mit $f(a)$ übereinstimmt. Entsprechendes gilt für $I =]a, a+p]$. (Überlegen Sie sich, wie es mit der Differenzierbarkeit von $\tilde{f}$ steht, wenn f differenzierbar und $\tilde{f}$ stetig ist!)

Ist $f : [0, \frac{p}{2}] \to \mathbb{R}$ eine beliebige Funktion, so kann man sie mittels $x \mapsto f(-x)$ auf $] - \frac{p}{2}, 0[$ fortsetzen, und diese Fortsetzung ist gerade auf $] - \frac{p}{2}, \frac{p}{2}[$. Setzt man diese neue Funktion auf $\mathbb{R}$ p-periodisch fort, so erhält man die **gerade p-periodische Fortsetzung** von f. Für eine Funktion $f : [0, \frac{p}{2}] \to \mathbb{R}$ mit $f(0) = f(\frac{p}{2}) = 0$ setzt man $f(x) = -f(-x)$ für alle $x \in] - \frac{p}{2}, 0[$. Die p-periodische Fortsetzung dieser neuen Funktion ist die **ungerade p-periodische Fortsetzung** von f.

Die Menge aller Funktionen, für welche $p > 0$ eine Periode ist, bilden einen $\mathbb{R}$-Vektorraum. Darin enthalten sind alle konstanten Funktionen und die trigonometrischen Funktionen $\sin \frac{2\pi k}{p} x$ sowie $\cos \frac{2\pi k}{p} x$ für alle $k \in \mathbb{N}$ und damit auch die Menge (besser: der Untervektorraum) aller Funktionen f, die eine Darstellung der Form $f(x) = \frac{a_0}{2} + \sum_{k=1}^{n} (a_k \cos \frac{2k\pi}{p} x + b_k \sin \frac{2k\pi}{p} x)$ mit n aus $\mathbb{N}$ und $a_0, a_1, \ldots, a_n$, $b_1, \ldots, b_n$ aus $\mathbb{R}$ besitzen. Das konstante Glied von f wird in der Form $\frac{a_0}{2}$ geschrieben, und zwar nicht nur wegen der Tradition sondern, weil sich damit die Berechnungsformeln für die Koeffizienten einheitlich darstellen lassen. Wegen der **Orthogonalitätsrelationen**

$$\int_0^p \cos \frac{2\pi k}{p} x \cos \frac{2\pi l}{p} x\, dx = \begin{cases} 0 & \text{für } k \neq l\,, \\ \frac{p}{2} & \text{für } k = l > 0\,, \\ p & \text{für } k = l = 0\,, \end{cases}$$

$$\int_0^p \cos \frac{2\pi k}{p} x \sin \frac{2\pi l}{p} x\, dx = 0\,, \qquad\qquad (3.19)$$

$$\int_0^p \sin \frac{2\pi k}{p} x \sin \frac{2\pi l}{p} x\, dx = \begin{cases} 0 & \text{für } k \neq l\,, \\ \frac{p}{2} & \text{für } k = l > 0\,, \end{cases}$$

gilt

$$a_k = \frac{2}{p} \int_0^p f(x) \cos \frac{2\pi k}{p} x\, dx \qquad \text{für} \quad k = 0, 1, \ldots, n\,,$$

$$b_k = \frac{2}{p} \int_0^p f(x) \sin \frac{2\pi k}{p} x\, dx \qquad \text{für} \quad k = 1, \ldots, n\,. \qquad (3.20)$$

Nicht jede p-periodische Funktion ist als trigonometrisches Polynom darstellbar, denn trigonometrische Polynome sind (unendlich oft) differenzierbar, was für p-periodische Funktionen i.A. nicht gilt. Dieser Gedanke wirft die Frage auf, ob man alle p-periodischen Funktionen (oder wenigstens alle p-periodischen und stetig differenzierbaren Funktionen) als konvergente Funktionenreihe vom Typ $\frac{a_0}{2} + \sum_{k=1}^{\infty} (a_k \cos \frac{2\pi k}{p} x + b_k \sin \frac{2\pi k}{p} x)$ darstellen kann.

Eine Reihe dieser Gestalt heißt **Fourierreihe**. (Man beachte, dass wegen $|\sin x| \leq 1$ und $|\cos x| \leq 1$ die Konvergenz von $\sum_{k=1}^{\infty}(|a_k| + |b_k|)$ für die gleichmäßige Konvergenz der Funktionenreihe genügen würde.) Für die Untersuchung und die Darstellung periodischer Funktionen sind die Fourierreihen, wie wir im Folgenden sehen werden, das geeignete Instrument.

Sei $p > 0$ eine reelle Zahl. Falls die Reihe

$$\frac{a_0}{2} + \sum_{k=1}^{\infty} \left(a_k \cos \frac{2\pi k}{p} x + b_k \sin \frac{2\pi k}{p} x \right) \tag{3.21}$$

gleichmäßig auf $[0, p]$ konvergiert, definiert sie eine stetig differenzierbare Funktion $f : \mathbb{R} \to \mathbb{R}$, welche p-periodisch ist, und die Koeffizienten a_k und b_k sind wegen der gleichmäßigen Konvergenz (was die gliedweise Integration erlaubt) und der Orthogonalitätsrelationen von f durch (3.20) eindeutig bestimmt.

Ist nun $f : \mathbb{R} \to \mathbb{R}$ eine p-periodische Funktion, die über $[0, p]$ integrierbar ist, so sind die Funktionen $f(x) \sin \frac{2\pi k}{p} x$ und $f(x) \cos \frac{2\pi k}{p} x$ ebenfalls integrierbar über $[0, p]$. Die Zahlen a_k und b_k, die mittels (3.20) definiert werden, heißen die **Fourierkoeffizienten** von f und die mittels (3.21) definierte Reihe **die** f **zugeordnete Fourierreihe**. Ist f eine gerade Funktion, so ist $f(x) \sin \frac{2k\pi}{x}$ ungerade, und damit gilt

$$b_k = \frac{2}{p} \int_0^p f(x) \sin \frac{2k\pi}{p} x\, dx = \frac{2}{p} \int_{-\frac{p}{2}}^{\frac{p}{2}} f(x) \sin \frac{2k\pi}{p} x\, dx = 0 \,.$$

Die einer geraden Funktion zugeordnete Fourierreihe ist also eine reine „Cosinus-Reihe". Analog ist die einer ungeraden Funktion f zugeordnete Fourierreihe eine reine „Sinus-Reihe", denn $f(x) \cos \frac{2\pi k}{p} x$ ist eine ungerade Funktion, und damit gilt:

$$a_k = \frac{2}{p} \int_0^p f(x) \cos \frac{2k\pi}{p} x\, dx = \frac{2}{p} \int_{-\frac{p}{2}}^{\frac{p}{2}} f(x) \cos \frac{2k\pi}{p} x\, dx = 0 \,.$$

Sei nun wieder f p-periodisch und integrierbar über $[0, p]$ und a_k , $k = 0, 1, 2, \ldots$ sowie b_k , $k = 1, 2, \ldots$ seien die Fourierkoeffizienten von f. Die damit gebildete Fourierreihe braucht nicht gleichmäßig (nicht einmal punktweise) zu konvergieren und i.A. konvergiert sie auch nicht in jedem Punkt $x \in \mathbb{R}$ gegen $f(x)$. Die Partialsummen $\frac{a_0}{2} + \sum_{k=1}^{n}(a_k \cos \frac{2\pi k}{p} x + b_k \sin \frac{2\pi k}{p} x)$, erfüllen die bemerkenswerte **Minimalitätseigenschaft**: Sei $n \geq 0$ fest. Unter allen trigonometrischen Polynomen der Gestalt

$$p_n(c_0, c_1, \ldots, c_n; d_1, \ldots, d_n)(x) = \frac{c_0}{2} + \sum_{k=1}^{n} \left(c_k \cos \frac{2\pi k}{p} x + d_k \sin \frac{2\pi k}{p} x \right)$$

ist $p_n(a_0, a_1, \ldots, a_n; b_1, \ldots, b_n)$ das einzige, welches

$$\int_0^p [f(x) - p_n(c_0, c_1, \ldots, c_n; d_1, \ldots, d_n)(x)]^2 \, dx$$

minimiert. Aus der Definition der Fourierkoeffizienten von f und wegen der Orthogonalitätsrelationen ergibt sich nach einer Umformung die Relation

$$\int_0^p [f(x) - p_n(a_0, \ldots; \ldots b_n)(x)]^2 dx = \int_0^p f(x)^2 dx - \frac{p}{2} \left[\frac{1}{2} a_0^2 + \sum_{k=1}^{n} (a_k^2 + b_k^2) \right] .$$

Da das Integral einer nicht negativen Funktion nicht negativ ist (Monotonieeigenschaft des Integrals), folgt daraus für alle n

$$\frac{1}{2} a_0^2 + \sum_{k=1}^{n} (a_k^2 + b_k^2) \leq \frac{2}{p} \int_0^p f(x)^2 dx$$

und damit die Konvergenz der Reihen $\sum_{k=1}^{\infty} a_k^2$ sowie $\sum_{k=1}^{\infty} b_k^2$. Man erhält insbesondere $\lim_{k \to \infty} a_k = 0 = \lim_{k \to \infty} b_k$ sowie die **Besselsche Ungleichung**

$$\frac{1}{2} a_0^2 + \sum_{k=1}^{\infty} a_k^2 + \sum_{1}^{\infty} b_k^2 \leq \frac{2}{p} \int_0^p f(x)^2 dx . \tag{3.22}$$

Der folgende **Konvergenzsatz** gibt eine allgemeine Antwort auf die Frage, ob die einer p-periodischen Funktion $f : \mathbb{R} \to \mathbb{R}$ zugeordnete Fourierreihe punktweise gegen f konvergiert: Ist f integrierbar über $[0, p]$, $x_0 \in \mathbb{R}$ und existieren die links- und rechtsseitigen Grenzwerte $f(x_0-) := \lim_{x \to x_0-} f(x)$ und $f(x_0+) := \lim_{x \to x_0+} f(x)$ sowie positive Zahlen ε, K und α mit

$$|f(x_0 - t) - f(x_0-)| \leq Kt^\alpha, |f(x_0 + t) - f(x_0+)| \leq Kt^\alpha$$
$$\text{für alle} \quad t \in \,]0, \varepsilon[, \tag{3.23}$$

so konvergiert die f zugeordnete Fourierreihe in x_0 gegen $\frac{f(x_0-)+f(x_0+)}{2}$. Ist darüber hinaus f stetig, so konvergiert die f zugeordnete Fourierreihe in x_0 gegen $f(x_0)$. Die Konstanten ε, K und α mit der obigen Eigenschaft existieren (und zwar mit $\alpha = 1$), falls f links- und rechtsseitig differenzierbar in x_0 ist, und damit auch, falls f differenzierbar in x_0 ist. Ist f sogar stetig differenzierbar auf $\mathbb{R}$, so konvergiert die f zugeordnete Fourierreihe gleichmäßig auf $\mathbb{R}$ gegen f. Dann konvergieren auch die Reihen $\sum_{k=1}^{\infty} a_k$ und $\sum_{k=1}^{\infty} b_k$.

Wir schließen nun diese Zusammenfassung wichtigster Fakten über die Fourierreihen mit dem Hinweis, dass man entsprechende Überlegungen für komplexe Fourierreihen (der Gestalt $\sum_{k=-\infty}^{\infty} a_k e^{i\frac{2\pi k}{p} z}$) und periodische Funktionen von IR nach $\mathbb{C}$ anstellen kann.

3.1.5 Integrale von Funktionen mehrerer Veränderlicher
(Aufgabe 20 bis 26)

Die Einführung des Integralbegriffs über Treppenfunktionen hat den Vorteil, dass der Übergang zu höheren Dimensionen leicht ist. Man geht vor wie im eindimensionalen Fall. Neue Aspekte treten erst bei den iterierten Integralen und bei der Integration über beliebigen Gebieten auf. Wenn man von dem Integral $\int_G f(x,y)d\sigma(x,y)$ einer auf einem Gebiet $G \subset \mathrm{IR}^2$ definierten Funktion $f : G \to [0,\infty[$ spricht, ist es nützlich, den Graphen $G_f := \{(x,y,f(x,y))^T \in \mathrm{IR}^3 \mid (x,y) \in G\}$ vor Augen zu haben und unter dem Integral das Volumen des Körpers zwischen G und G_f (der ein Teil des Zylinders über G ist) zu verstehen.

Ein **Intervall** J aus IR^n (manchmal auch **Quader** genannt) ist das Produkt $I_1 \times I_2 \times \ldots \times I_n$ von Intervallen (gleichgültig welcher Art) aus IR. Genau dann ist J eine offene, abgeschlossene oder beschränkte Teilmenge aus IR^n, wenn alle $I_1, I_2, \ldots, I_n$ diese Eigenschaft haben. Der **Abschluss** $\bar{J}$ bzw. der **offene Kern** $\overset{\circ}{J}$ (d.h. die kleinste abgeschlossene Teilmenge von IR^n, die J enthält bzw. die größte offene Teilmenge von IR^n, die in J enthalten ist) ist das Intervall $\bar{I}_1 \times \bar{I}_2 \times \ldots \times \bar{I}_n$ bzw. $\overset{\circ}{I}_1 \times \overset{\circ}{I}_2 \times \ldots \times \overset{\circ}{I}_n$.

Ist A eine beliebige Teilmenge von IR^n, so bezeichnet $\chi_A : \mathrm{IR}^n \to \mathrm{IR}$ die **charakteristische Funktion von** A; sie ist definiert durch

$$\chi_A(\mathbf{x}) = \begin{cases} 1 & \text{, falls } \mathbf{x} \in A \text{ ,} \\ 0 & \text{sonst .} \end{cases}$$

Sei $J = I_1 \times I_2 \times \ldots \times I_n$ ein beschränktes Intervall aus IR^n und für jedes j aus $\{1, 2, \ldots, n\}$ seien $a_j < b_j$ die Randpunkte von I_j (wobei es gleichgültig ist, ob beide, einer oder keiner davon zu I_j gehört). Man definiert das **Integral von** χ_J als Volumen des Intervalls $I_1 \times I_2 \times \ldots \times I_n \times [0,1]$ aus IR^{n+1}, d.h.

$$\int \chi_J := \prod_{k=1}^{n} (b_k - a_k) = (b_1 - a_1)(b_2 - a_2) \ldots (b_n - a_n) \ .$$

Eine **Treppenfunktion** φ ist eine Funktion $\varphi : \mathrm{IR}^n \to \mathrm{IR}$, die als Linearkombination $\sum_{k=1}^{m} \lambda_k \chi_{J_k}$ mit reellen Koeffizienten $\lambda_1, \lambda_2, \ldots, \lambda_m$ der charakteristischen Funktionen von **beschränkten** Intervallen $J_1, J_2, \ldots, J_m$ aus IR^n

darstellbar ist. Dabei wird nicht verlangt, dass die Intervalle $J_1, J_2, \ldots, J_m$ paarweise disjunkt sind. (Auch in diesem Fall wäre die Darstellung nicht eindeutig, da z.B. ein Intervall als endliche Vereinigung von paarweise disjunkten Intervallen darstellbar ist.) Die Treppenfunktionen bilden einen unendlich dimensionalen IR-Vektorraum $\mathcal{T}$. Auch das Produkt, das Maximum und das Minimum zweier Treppenfunktionen ist eine Treppenfunktion. Da die Nullfunktion eine Treppenfunktion ist, sind zu jeder Treppenfunktion φ die Funktionen $\varphi_+ = \max(0, \varphi)$ und $\varphi_- = \min(0, \varphi)$ sowie $|\varphi| = \varphi_+ - \varphi_-$ Treppenfunktionen. Hat eine Treppenfunktion φ zwei Darstellungen $\sum_{k=1}^{m} \lambda_k \chi_{J_k}$ und $\sum_{l=1}^{r} \mu_l \chi_{K_l}$, so gilt $\sum_{k=1}^{m} \lambda_k \int \chi_{J_k} = \sum_{l=1}^{r} \mu_l \int \chi_{K_l}$. Deshalb kann das **Integral** von φ mit einer beliebigen Darstellung $\varphi = \sum_{k=1}^{m} \lambda_k \chi_{J_k}$ definiert werden durch: $\int \varphi := \int (\sum_{k=1}^{m} \lambda_k \chi_{J_k}) := \sum_{k=1}^{m} \lambda_k \int \chi_{J_k}$.

Aus der Definition des Integrals und wegen der Unabhängigkeit des Integrals von der Darstellung der Treppenfunktion ergeben sich folgende Eigenschaften des Integrals:

Die **IR-Linearität** bedeutet, dass für alle reellen Zahlen α_1 und α_2 sowie alle Treppenfunktionen φ_1 und φ_2 gilt: $\int (\alpha_1 \varphi_1 + \alpha_2 \varphi_2) = \alpha_1 \int \varphi_1 + \alpha_2 \int \varphi_2$.

Die **Positivität** des Integrals besagt, dass das Integral einer nicht negativen Treppenfunktion nicht negativ ist, d.h. $\varphi \geq 0 \Rightarrow \int \varphi \geq 0$.

Daraus und aus der Linearität folgt die **Monotonie** des Integrals; diese Eigenschaft lautet: $\varphi \leq \psi \Rightarrow \int \varphi \leq \int \psi$.

Insbesondere gilt $|\int \varphi| \leq \int |\varphi|$ für $\varphi \in \mathcal{T}$. Mit Hilfe der bekannten Cauchy-Schwarzschen Ungleichung für reelle Zahlen $(\sum_{i=1}^{n} a_i b_i)^2 \leq (\sum_{i=1}^{n} a_i^2)(\sum_{i=1}^{n} b_i^2)$ beweist man die **Schwarzsche Ungleichung**

$$\left(\int \varphi\psi \right)^2 \leq \int \varphi^2 \cdot \int \psi^2 \text{ für alle } \varphi, \psi \in \mathcal{T}. \tag{3.24}$$

Für die Erweiterung des Integrals auf Funktionen, die keine Treppenfunktionen sind, benötigt man die gleichmäßige Konvergenz. (Wir haben wiederholt gesehen, dass sie die „richtige" Konvergenzart beim Übertragen der Eigenschaften der Folgenglieder auf die Grenzfunktion ist.) Sei nun J ein kompaktes (also beschränktes und abgeschlossenes) Intervall aus IR^n, $f : J \to \mathrm{IR}$ und $(\varphi_n)_{n \geq 1}$ eine Folge von Treppenfunktionen, die gleichmäßig gegen f auf J konvergiert. Gilt $\varphi_n(\mathbf{x}) = 0$ für alle $n \geq 1$ und alle $\mathbf{x} \notin J$, so konvergiert die Zahlenfolge $(\int \varphi_n)_{n \geq 1}$. Ist $(\psi_n)_{n \geq 1}$ eine weitere Folge von Treppenfunktionen mit denselben Eigenschaften wie $(\varphi_n)_{n \geq 1}$, so hat man $\lim_{n \to \infty} \int \varphi_n = \lim_{n \to \infty} \int \psi_n$. Diese Ergebnisse legen es nahe zu definieren, dass $f : J \to \mathrm{IR}$ **integrierbar** ist, falls eine Treppenfunktionenfolge $(\varphi_n)_{n \geq 1}$ existiert, die gleichmäßig auf J gegen f konvergiert und bei der jede der Treppenfunktionen φ_n außerhalb von J verschwindet. Der (existierende und von der speziellen Wahl von (φ_n) unabhängige) Grenzwert der Zahlenfolge $(\int \varphi_n)_{n \geq 1}$ heißt das **Integral** von f **über** J und wird mit $\int_J f(\mathbf{x}) d\sigma(\mathbf{x})$ oder auch $\int_J f d\sigma(\mathbf{x})$ bezeichnet. Ist insbesondere f selbst eine Treppenfunktion, so stimmt das Integral von f über J (genauer: der Einschränkung von f auf J) mit der ursprünglichen Definition des Integrals über Treppenfunktionen überein, wenn J so groß gewählt ist, dass $f(\mathbf{x}) = 0$ für $\mathbf{x} \notin J$ gilt: $\int_J (f|_J) d\sigma(\mathbf{x}) = \int f$. Die konstante Funktion 1 auf J ist die Einschränkung von χ_J auf J. Deshalb folgt daraus, dass der Wert des Integrals über J der konstanten Funktion 1 das Volumen $\text{Vol}(J)$ ist. Man hat es deshalb mit einer vernünftigen aber auch echten Erweiterung des Integralbegriffs zu tun, weil jede auf einem kompakten Intervall $J \subset \mathbb{R}^n$ stetige Funktion $f : J \to \mathbb{R}$ integrierbar ist, da f auf J durch eine Folge von Treppenfunktionen $(\varphi_n)_{n \geq 1}$ (mit $\varphi_n(\mathbf{x}) = 0$ für alle $n \geq 1$ und $\mathbf{x} \notin J$) gleichmäßig approximierbar ist.

Die über das kompakte Intervall J integrierbaren Funktionen bilden einen $\mathbb{R}$-Vektorraum. Das Integral über J hat die angegebenen Eigenschaften des Integrals von Treppenfunktionen, nämlich die $\mathbb{R}$-Linearität, Positivität und Monotonie. Sind f und g integrierbar über J, so sind es $|f|$ und fg auch, und es gilt sowohl $|\int_J f d\sigma(\mathbf{x})| \leq \int_J |f| d\sigma(\mathbf{x})$ als auch die Schwarzsche Ungleichung $(\int_J fg d\sigma(\mathbf{x}))^2 \leq (\int_J f^2 d\sigma(\mathbf{x})(\int_J g^2 d\sigma(\mathbf{x}))$. Gibt es eine positive Zahl c mit $|g| \geq c$ auf J, so ist auch $\frac{f}{g}$ über J integrierbar.

Seien $J = \prod_{k=1}^n [a_k, b_k], J' = \prod_{k=1}^n [a_k', b_k']$ und $J'' = \prod_{k=1}^n [a_k'', b_k'']$ mit $J = J' \cup J''$ und $\overset{\circ}{J'} \cap \overset{\circ}{J''} = \phi$. (Das ist genau dann der Fall, wenn ein l aus $\{1, 2, \ldots, n\}$ existiert mit $[a_k, b_k] = [a_k', b_k'] = [a_k'', b_k'']$ für alle $k \neq l$, $[a_l', b_l'] \cap [a_l'', b_l'']$ besteht aus einem Punkt. Geometrisch gesagt: Die Quader J' und J'' haben genau eine gemeinsame Seite.) Sei $f : J \to \mathbb{R}$. $f|_{J'}$ und $f|_{J''}$ sind integrierbar über J' bzw. J'' genau dann, wenn f integrierbar über J ist. Es gilt

$$\int_J f d\sigma(\mathbf{x}) = \int_{J'} f d\sigma(\mathbf{x}) + \int_{J''} f d\sigma(\mathbf{x}) . \tag{3.25}$$

Dieses Ergebnis verallgemeinert die Additivitätseigenschaft aus dem eindimensionalen Fall. Der **Mittelwertsatz der Integralrechnung** lässt sich ebenfalls (und sogar einsichtiger) verallgemeinern: Ist f stetig auf J, so gibt es ein $\mathbf{x}_0 \in J$ mit der Eigenschaft $\int_J f d\sigma(\mathbf{x}) = f(\mathbf{x}_0) \text{Vol}(J)$. (Wo ein solcher Punkt $\mathbf{x}_0$ liegt, kann man i.A. nicht sagen. Sind $\mathbf{x}_m$ und $\mathbf{x}_M$ Punkte aus J, in welchen f das Minimum bzw. Maximum annimmt, so liegt ein solcher Punkt $\mathbf{x}_0$ auf der Strecke von $\mathbf{x}_m$ nach $\mathbf{x}_M$.)

Im eindimensionalen Fall ließ sich das Integral einer Funktion nur dann leicht berechnen, wenn wir eine Stammfunktion der gegebenen Funktion kannten.

Wie man das Integral über einem kompakten Intervall $J = \prod_{k=1}^{n}[a_k, b_k]$ aus $\mathbb{R}^n$ unter Verwendung der Integrationsmethoden aus dem eindimensionalen Fall berechnet, werden wir nun erläutern. Sei f integrierbar über J und $\mathbf{x} = (x_1, x_2, \ldots, x_{n-1}, x_n)^T$ ein Punkt aus J. Durch $x_n \mapsto f(x_1, x_2, \ldots, x_{n-1}, x_n)$ wird eine integrierbare Funktion über $[a_n, b_n]$ definiert. Ordnet man jedem $\mathbf{x}^* := (x_1, \ldots, x_{n-1})^T$ aus $J^* := \prod_{k=1}^{n-1}[a_k, b_k]$ die Zahl $\int_{a_n}^{b_n} f(\mathbf{x}^*, x_n)dx_n$ zu, so bekommt man eine über J^* integrierbare Funktion, und es gilt

$$\int_J f(\mathbf{x})d\sigma(\mathbf{x}) = \int_{J^*} \left(\int_{a_n}^{b_n} f(\mathbf{x}^*, x_n)dx_n \right) d\sigma(\mathbf{x}^*) . \tag{3.26}$$

Setzt man dieses Verfahren fort, so erhält man

$$\int_J f(\mathbf{x})d\sigma(\mathbf{x}) =$$

$$\int_{a_1}^{b_1} \left(\int_{a_2}^{b_2} \left(\cdots \left(\int_{a_{n-1}}^{b_{n-1}} \left(\int_{a_n}^{b_n} f(x_1, \ldots, x_n)dx_n \right) dx_{n-1} \right) \cdots \right) dx_2 \right) dx_1 . \tag{3.27}$$

Die hier gewählte Reihenfolge der Integration spielt keine Rolle. Wir hätten zuerst über $[a_1, b_1]$, dann über $[a_2, b_2], \ldots$ und schließlich über $[a_n, b_n]$ integrieren können und dasselbe Ergebnis erhalten. Allgemeiner gilt

$$\int_J f(\mathbf{x})d\sigma(\mathbf{x}) =$$

$$\int_{a_{\tau(1)}}^{b_{\tau(1)}} \left(\int_{a_{\tau(2)}}^{b_{\tau(2)}} \left(\cdots \left(\int_{a_{\tau(n)}}^{b_{\tau(n)}} f(x_1, \ldots, x_n)dx_{\tau(n)} \right) \cdots \right) dx_{\tau(2)} \right)dx_{\tau(1)}, \tag{3.27}$$

wobei τ eine Permutation von $\{1, 2, \ldots, n\}$ ist. Man integriert also in beliebiger Reihenfolge n-mal hintereinander. Deshalb spricht man von einem **mehrfachen** oder **iterierten Integral**. Die Klammern kann man weglassen, da klar ist: Es wird von „innen" nach „außen" integriert. In der Praxis helfen Übung und eine umfangreiche Sammlung (noch besser Kenntnis) von Stammfunktionen bei der Entscheidung über die Integrationsreihenfolge. So ist z.B. das Integral $\int_{[0, \frac{\pi}{2}] \times [0, \frac{\pi}{2}]} x \sin(xy)d\sigma(x, y)$ leichter zu berechnen, wenn man zuerst nach y und dann nach x integriert. In dieser Reihenfolge hat man

$$\int_0^{\frac{\pi}{2}} \left(\int_0^{\frac{\pi}{2}} x \sin(xy)dy \right) dx = \int_0^{\frac{\pi}{2}} \left[-\cos(xy) \; \Big|_0^{\frac{\pi}{2}} \right] dx = \int_0^{\frac{\pi}{2}} \left(1 - \cos\left(\frac{\pi}{2}x \right) \right) dx$$

$$= \frac{\pi}{2} - \frac{2}{\pi} \sin\left(\frac{\pi}{2}x\right) \Big|_0^{\frac{\pi}{2}} = \frac{\pi}{2} - \frac{2}{\pi} \sin\left(\frac{\pi^2}{4}\right).$$

Hätten wir zuerst nach x integriert, so hätten wir zweimal partiell integriert und erst dann nach y integriert.

Im eindimensionalen Fall ist jede offene und zusammenhängende Teilmenge ein offenes Intervall. Im IR^n, $n \geq 2$, ist eine solche offene und zusammenhängende Teilmenge (also ein Gebiet) im Allgemeinen wesentlich komplizierter. Wenn man den Begriff Integral auf Gebiete aus IR^n erweitern möchte, benutzt man die folgenden Ergebnisse, die sich auf ein Gebiet G und eine Funktion $f : G \to \mathsf{IR}$ beziehen. Dabei wird verlangt, dass für jedes kompakte Intervall $J \subset G$ die Funktion $f|_J$ integrierbar über J ist. (Im Folgenden werden die verschiedenen Einschränkungen von f ebenfalls mit f bezeichnet.)

$\to$ G kann als abzählbare Vereinigung von kompakten Intervallen dargestellt werden, deren offene Kerne paarweise disjunkt sind. Also $G = \bigcup_{k=1}^{\infty} J_k$ und $\overset{\circ}{J_k} \cap \overset{\circ}{J_l} = \phi$ für alle $k \neq l$. Eine solche Intervallfolge $(J_k)_{k \geq 1}$ ist eine **Ausschöpfung** von G.

$\to$ Ist $\sum_{k=1}^{\infty} \int_{J_k} |f| d\sigma(\mathbf{x})$ konvergent, so auch $\sum_{k=1}^{\infty} \int_{J_k} f d\sigma(\mathbf{x})$.

$\to$ Sind $(J_k)_{k \geq 1}$ und $(K_l)_{l \geq 1}$ zwei Ausschöpfungen von G, so sind $\sum_{k=1}^{\infty} \int_{J_k} |f| d\sigma(\mathbf{x})$ und $\sum_{k=1}^{\infty} \int_{K_l} |f| d\sigma(\mathbf{x})$ gleichzeitig konvergent oder divergent. Im Fall der Konvergenz sind sowohl $\sum_{k=1}^{\infty} \int_{J_k} |f| d\sigma(\mathbf{x})$ und $\sum_{l=1}^{\infty} \int_{K_l} |f| d\sigma(\mathbf{x})$ als auch $\sum_{k=1}^{\infty} \int_{J_k} f d\sigma(\mathbf{x})$ und $\sum_{l=1}^{\infty} \int_{K_l} f d\sigma(\mathbf{x})$ gleich.

$\to$ Ist J ein offenes Intervall aus IR^n und $(J_k)_{k \geq 1}$ eine Ausschöpfung (mit kompakten Intervallen) von J, so sind für jede integrierbare Funktion $g : J \to \mathsf{IR}$ alle Einschränkungen $g|_{J_k}$ integrierbar und es gilt $\int_J g d\sigma(\mathbf{x}) = \sum_{k=1}^{\infty} \int_{J_k} (g|_{J_k}) d\sigma(\mathbf{x})$.

Deshalb ist es sinnvoll zu definieren, dass $f : G \to \mathsf{IR}$ **integrierbar über** G ist, falls eine Ausschöpfung $(J_k)_{k \geq 1}$ (mit kompakten Intervallen) von G existiert, so dass die Reihe $\sum_{k=1}^{\infty} \int_{J_k} |f| d\sigma(\mathbf{x})$ konvergiert. Die (von der konkreten Wahl der Ausschöpfung unabhängige) Zahl $\sum_{k=1}^{\infty} \int_{J_k} f d\sigma(\mathbf{x})$ heißt das Integral von f über G und wird mit $\int_G f d\sigma(\mathbf{x})$ oder $\int_G f(\mathbf{x}) d\sigma(\mathbf{x})$ bezeichnet. Auch das Integral über einem Gebiet G ist IR-linear, positiv und monoton. Ist f eine über G integrierbare Funktion, so ist auch $|f|$ integrierbar, und es gilt

$$\left| \int_G f(\mathbf{x}) d\sigma(\mathbf{x}) \right| \leq \int_G |f(\mathbf{x})| d\sigma(\mathbf{x}).$$

Seien die Teilgebiete $G_1, G_2, \ldots, G_m$ von G mit den Eigenschaften $G_i \cap G_j = \phi$

für alle $i \neq j$ und $\bar{G} = \bigcup_{k=1}^{m} \bar{G}_k$. Man beschreibt diese Situation – etwas unpräzise –, indem man sagt, dass G in endlich viele Teilgebiete $G_1, G_2, \ldots, G_m$ **zerlegt** ist, oder dass $\{G_1, G_2, \ldots, G_m\}$ eine **Zerlegung** von G ist. Von einer Zerlegung würde man normalerweise erwarten, dass G die disjunkte Vereinigung der G_i ist. Bei der Integration spielt es aber keine Rolle, wenn Randteile nicht berücksichtigt werden. $f : G \to$ IR ist genau dann integrierbar über G, wenn jede Einschränkung $f|_{G_k}$ integrierbar über G_k ist. Bezeichnet man die Einschränkungen wieder mit f, so hat man

$$\int_G f(\mathbf{x})d\sigma(\mathbf{x}) = \sum_{k=1}^{m} \int_{G_k} f(\mathbf{x})d\sigma(\mathbf{x}) .$$

Der **Mittelwertsatz** für ein beschränktes Gebiet G und eine stetige Funktion $f : \bar{G} \to$ IR besagt, dass ein $\mathbf{x}_0 \in G$ existiert, so dass gilt: $\int_G f d\sigma(\mathbf{x}) = f(\mathbf{x}_0) \int_G d\sigma(\mathbf{x})$. Ist die konstante Funktion 1 auf G integrierbar über G, so sagt man, dass $\int_G d\sigma(\mathbf{x})$ der **Inhalt** von G ist. Im Fall $n = 2$ (bzw. $n = 3$) spricht man vom Flächeninhalt (bzw. vom Volumen) von G. Jedes beschränkte Gebiet hat einen Inhalt. Auch ein unbeschränktes Gebiet, wie z.B. $G := \{(x,y)^T \in \text{IR}^2 \mid x > 1 , 0 < y < \frac{1}{x^2}\}$, kann einen Inhalt haben.

Ist G ein Gebiet aus IR^2 oder IR^3, so wird dafür in der Physik der Begriff **Dichte** definiert. Mathematisch ist die Dichte eine nicht negative Funktion $\rho : G \to$ IR. Ist sie integrierbar über G, so heißt $\int_G \rho(\mathbf{x})d\sigma(\mathbf{x})$ die **Masse** von G. Sind x_1, x_2 bzw. x_1, x_2, x_3 die Koordinatenfunktionen in IR^2 bzw. IR^3 und sind die Funktionen $x_i\rho(\mathbf{x})$ für $i = 1, 2$ bzw. $i = 1, 2, 3$ integrierbar über G, so hat der **Schwerpunkt** $\mathbf{x}_S$ von G als i-te Koordinate die Zahl

$$(\mathbf{x}_S)_i = \frac{\displaystyle\int_G x_i\rho(\mathbf{x})d\sigma(\mathbf{x})}{\displaystyle\int_G \rho(\mathbf{x})d\sigma(\mathbf{x})} .$$

Ist g eine Gerade aus IR^2 oder IR^3 (wie G auch) und bezeichnet $d(\mathbf{x}, g)$ den Abstand des Punktes $\mathbf{x}$ zur Geraden g, so wird das **Trägheitsmoment** $T_g(G)$ von G bezüglich der Achse g durch das folgende Integral definiert:

$$T_g(G) = \int_G d^2(\mathbf{x}, g)\rho(\mathbf{x})d\sigma(\mathbf{x}) .$$

Wir kennen eine Formel (s. (3.26)) für die Berechnung von Integralen über Intervallen, die es uns erlaubt, die Integration über ein Intervall aus IR^n zurückzuführen auf eine Integration über ein Intervall aus IR gefolgt von einer Integration über ein Intervall aus IR^{n-1}. Diese Idee hilft uns bei der Berechnung von Integralen über sog. „schlichten" Gebieten. Ein Gebiet $G \subset \mathbb{R}^n$ heißt **schlicht über** der Hyperebene $\{(x_1, \ldots, x_n)^T \in \mathbb{R}^n \mid x_k = 0\}$, wenn ein beschränktes Gebiet $G^* \subset \mathbb{R}^{n-1}$ und zwei stetige Funktionen $r_1, r_2 : \overline{G^*} \to \mathbb{R}$ existieren, so dass gilt $G = \{(x_1, \ldots, x_{k-1}, x_k, x_{k+1}, \ldots, x_n)^T = \mathbf{x} \in \mathbb{R}^n \mid$ $\mathbf{x}^* := (x_1, \ldots, x_{k-1}, x_{k+1}, \ldots, x_n) \in G^*, r_1(\mathbf{x}^*) < x_k < r_2(\mathbf{x}^*)\}$.

Ist dann $f : \bar{G} \to \mathbb{R}$ stetig, so ist f integrierbar über G^*, und es gilt

$$\int_G f d\sigma(\mathbf{x}) = \int_{G^*} \left(\int_{r_1(\mathbf{x}^*)}^{r_2(\mathbf{x}^*)} f dx_k \right) d\sigma(\mathbf{x}^*) . \tag{3.28}$$

In der Rechenpraxis versucht man eine Zerlegung von G in (endlich viele) Teilgebiete zu finden, die jeweils schlicht über einer (aber nicht unbedingt derselben) Hyperebene sind. Ein Beispiel: Sei G das Innere des durch die nacheinander durchlaufenen Punkte $\binom{2}{0}, \binom{0}{2}, \binom{-2}{0}, \binom{-1}{-1}, \binom{-2}{-2}, \binom{0}{-2}, \binom{-1}{0}, \binom{0}{1}, \binom{2}{0}$ bestimmten Polygonzuges. Die Teilgebiete G_1 und G_2, die durch Aufschneiden längs der x-Achse entstehen, bilden eine Zerlegung von G. G_1 ist schlicht über der x-Achse, während G_2 schlicht über der y-Achse ist. Aber G_1 ist nicht schlicht über der y-Achse, und G_2 ist nicht schlicht über der x-Achse. Bei der konkreten Integration über Gebiete des $\mathbb{R}^n$ geht es oft darum, mit

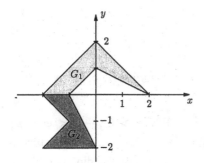

Abbildung 3.2.
Eine Zerlegung von G
in zwei schlichte Teilgebiete

Geschick das Ausgangsgebiet zu zerlegen (möglichst in schlichte Gebiete) und die Integrationsreihenfolge so zu wählen, dass die auszuwertenden Integrale möglichst einfach werden. Wie bei der Substitutionstechnik im eindimensionalen Fall gibt es für die Integration im $\mathbb{R}^n$ eine Transformationsformel: Sei $D \subset \mathbb{R}^n$ eine offene Teilmenge und $\mathbf{h} : D \to \mathbb{R}^n$ eine stetig differenzierbare und injektive Funktion, deren Funktionaldeterminante $\det \mathbf{h}'(\mathbf{x})$ in jedem Punkt $\mathbf{x} \in D$ von Null verschieden ist. Sei $G \subset D$ ein beschränktes Gebiet, dessen Abschluss $\bar{G}$ in D liegt. Dann ist $U := \mathbf{h}(G)$ ebenfalls ein beschränktes Gebiet. Ist $f : \bar{U} \to \mathbb{R}$ stetig, so gilt die **Transformationsformel**

$$\int\limits_{U} f(\mathbf{y})d\sigma(\mathbf{y}) = \int\limits_{G} (f \circ \mathbf{h})(\mathbf{x})|\det \mathbf{h}'(\mathbf{x})|d\sigma(\mathbf{x}) \,. \tag{3.29}$$

Dazu geben wir drei Beispiele an, die in Anwendungen oft benutzt werden.
Die **ebenen Polarkoordinaten**: $D = \{(r,\varphi)^T \in \mathbb{R}^2 \mid r > 0 \,, -\pi < \varphi < \pi\}$
und $\mathbf{h} : D \to \mathbb{R}^2 \,, \mathbf{h}(r,\varphi) = (r\cos\varphi, r\sin\varphi)^T$. Die Funktionalmatrix von $\mathbf{h}$

ist $\begin{pmatrix} \cos\varphi & -r\sin\varphi \\ \sin\varphi & r\cos\varphi \end{pmatrix}$, und deshalb verschwindet $\det \mathbf{h}'(r,\varphi) = r$ nirgendwo

in D. Das Bild von D ist $\mathbb{R}^2\backslash\{(x,0)^T \in \mathbb{R}^2 \mid x \leq 0\}$. Ist G ein beschränktes Gebiet mit $\bar{G} \subset D$ und ist $U := \mathbf{h}(G)$, so gilt für jede stetige Funktion
$f : \bar{U} \to \mathbb{R}$

$$\int\limits_{U} f(x,y)d\sigma(x,y) = \int\limits_{G} f(r\cos\varphi, r\sin\varphi)r d\sigma(r,\varphi) \,. \tag{3.30}$$

Die **Kugelkoordinaten** (auch die **räumlichen Polarkoordinaten**):
$D = \{(r,\varphi,\theta)^T \in \mathbb{R}^3 \mid r > 0, -\pi < \varphi < \pi, -\frac{\pi}{2} < \theta < \frac{\pi}{2}\}$ und $\mathbf{h} : D \to \mathbb{R}^3$,
$\mathbf{h}(r,\varphi,\theta) = (r\cos\varphi\cos\theta, r\sin\varphi\cos\theta, r\sin\theta)^T$. Die Funktionaldeterminante
von $\mathbf{h}$ ist $r^2\cos\theta$, ist also positiv auf D. Das Bild von D ist $\mathbb{R}^3\backslash\{(x,y,z)^T \mid$
$y = 0 \,, x \leq 0\}$. Ist G ein beschränktes Gebiet mit $\bar{G} \subset D \,, U := \mathbf{h}(G)$ und
ist $f : \bar{U} \to \mathbb{R}$ stetig, so gilt

$$\int\limits_{U} f(x,y,z)d\sigma(x,y,z) =$$
$$\int\limits_{G} f(r\cos\varphi\cos\theta, r\sin\varphi\cos\theta, r\sin\theta)r^2\cos\theta d\sigma(r,\varphi,\theta) \,. \tag{3.31}$$

Die **Zylinderkoordinaten**: $D = \{(r,\varphi,z)^T \in \mathbb{R}^3 \mid r > 0 \,, -\pi < \varphi < \pi\}$
und $\mathbf{h} : D \to \mathbb{R}^3 \,, \mathbf{h}(r,\varphi,z) = (r\cos\varphi, r\sin\varphi, z)^T$. Die Funktionaldeterminante von $\mathbf{h}$ ist r, ist also positiv auf D. Entfernt man aus $\mathbb{R}^3$ die abgeschlossene Halbebene $\{(x,y,z)^T \in \mathbb{R}^3 \mid y = 0 \,, x \leq 0\}$, so erhält man das Bild
von $\mathbf{h}$. Für ein beschränktes Gebiet G mit $\bar{G} \subset D$ ist $U := \mathbf{h}(G)$ ebenfalls
beschränkt. Ist $f : \bar{U} \to \mathbb{R}$ stetig, so erhält die Transformationsformel die
spezielle Gestalt

$$\int\limits_{U} f(x,y,z)d\sigma(x,y,z) = \int\limits_{G} f(r\cos\varphi, r\sin\varphi, z)r d\sigma(r,\varphi,z) \,. \tag{3.32}$$

Als Beispiel für überraschende Anwendungen der Transformationsformel ebe-
ner Polarkoordinaten berechnen wir $\int_0^\infty e^{-t^2}dt$. Wegen $0 < e^{-t^2} < \frac{1}{t^2}$
für $t \geq 1$ und wegen der Konvergenz von $\int_1^\infty \frac{1}{t^2}dt$ konvergiert $\int_1^\infty e^{-t^2}dt$

und damit auch $\int_0^\infty e^{-t^2} dt$ sowie $\int_{-\infty}^\infty e^{-t^2} dt = 2 \int_0^\infty e^{-t^2} dt$. Sei $G_n =$ $]\frac{1}{n}, n[\times] - \pi + \frac{1}{n}$, $\pi - \frac{1}{n}[$, $U_n = \{\binom{r \cos \varphi}{r \sin \varphi} \mid \binom{r}{\varphi} \in G_n\}$ und $f : \mathbb{R}^2 \to \mathbb{R}$, $f(x,y) = e^{-x^2 - y^2}$. Es gilt also $\int_{U_n} e^{-x^2 - y^2} d\sigma(x,y) =$ $\int_{G_n} e^{-r^2 \cos^2 \varphi - r^2 \sin^2 \varphi} r d\sigma(r, \varphi) = \int_{G_n} e^{-r^2} r d\sigma(r, \varphi) = \int_{-\pi + \frac{1}{n}}^{\pi - \frac{1}{n}} (\int_{\frac{1}{n}}^n e^{-r^2} r dr) d\varphi$ $= (2\pi - \frac{2}{n})(-\frac{1}{2} e^{-r^2} \mid_{\frac{1}{n}}^n) = (\pi - \frac{1}{n})(e^{-\frac{1}{n^2}} - \frac{1}{e^{n^2}})$.

Wegen $\lim\limits_{n \to \infty} e^{-\frac{1}{n^2}} = 1$ und $\lim\limits_{n \to \infty} \frac{1}{e^{n^2}} = 0$ folgt $\lim\limits_{n \to \infty} \int_{U_n} e^{-x^2 - y^2} d\sigma(x,y) = \pi$.

Aber $(U_n)_{n \geq 1}$ ist eine Ausschöpfung des $\mathbb{R}^2$, d.h. eine Folge von Gebieten mit den Eigenschaften $U_1 \subset U_2 \subset U_3 \subset \dots$ und $\bigcup_{n=1}^\infty U_n = \mathbb{R}^2$. Deshalb ist $\lim\limits_{n \to \infty} \int_{U_n} e^{-x^2 - y^2} d\sigma(x,y) = \int_{\mathbb{R}^2} e^{-x^2 - y^2} d\sigma(x,y)$. Man hat also $\pi = \int_{\mathbb{R}^2} e^{-x^2 - y^2} d\sigma(x,y) = \int_{\mathbb{R}} (\int_{\mathbb{R}} e^{-x^2 - y^2} dy) dx = \int_{\mathbb{R}} e^{-x^2} (\int_{\mathbb{R}} e^{-y^2} dy) dx = (\int_{\mathbb{R}} e^{-y^2} dy)(\int_{\mathbb{R}} e^{-x^2} dx) = (\int_{\mathbb{R}} e^{-t^2} dt)^2$ und damit $\int_{\mathbb{R}} e^{-t^2} dt = \sqrt{\pi}$. Es folgt

$$\int_0^\infty e^{-t^2} dt = \frac{1}{2} \int_{-\infty}^\infty e^{-t^2} dt = \frac{1}{2} \int_{\mathbb{R}} e^{-t^2} dt = \frac{\sqrt{\pi}}{2} \ .$$

3.1.6 Kurvenintegrale, Potenzialfelder, Greenscher Satz
(Aufgabe 27 bis 35)

Sei $n \geq 2$ eine natürliche Zahl und G ein Gebiet in $\mathbb{R}^n$. Eine Funktion $f : G \to \mathbb{R}$ nennt man in der Physik oft ein **Skalarfeld**, eine Funktion $f : G \to \mathbb{R}^n$ ein **Vektorfeld**. Für Kurvenintegrale und später für Flächenintegrale werden wir auch von dieser Terminologie Gebrauch machen, weil die Betrachtung solcher Integrale vor allem für physikalische Fragen notwendig ist. So berechnet man die Masse eines Drahtes, wenn seine (lineare) Dichte (Masse pro Längeneinheit) bekannt ist, durch das Integral der Dichte entlang der Kurve, die die Form des Drahtes beschreibt. Man benötigt das Kurvenintegral eines Vektorfeldes, wenn man z.B. die Arbeit berechnen will, die angewandt werden muss, um einen Körper in einem Kraftfeld längs einer Kurve zwischen zwei Punkten zu verschieben. Ein **Potenzialfeld** ist ein Feld, für welches diese Arbeit nur von den Anfangs- und Endpunkten abhängt, und nicht vom Verlauf der Kurve zwischen diesen Punkten.

Seien $\mathbf{x} : [a, b] \to \mathbb{R}^n$ und $\mathbf{x}^* : [a^*, b^*] \to \mathbb{R}^n$ stückweise glatt parametrisierte Kurven, die bzgl. einer zulässigen Parametertransformation äquivalent sind, d.h. es gibt eine bijektive, differenzierbare Abbildung $\tau : [a, b] \to [a^*, b^*]$ mit $\tau'(t) > 0$ und $\mathbf{x}(t) = \mathbf{x}^*(\tau(t))$ für alle $t \in [a, b]$. Dann gilt

$$\int_a^b f(\mathbf{x}(t)) \|\mathbf{x}'(t)\| dt = \int_{a^*}^{b^*} f(\mathbf{x}^*(t)) \|(\mathbf{x}^*)'(t^*)\| dt^*$$

für jede stetige Funktion f auf $\mathbf{x}([a, b]) = \mathbf{x}^*([a^*, b^*])$. Bezeichnet man mit $\mathcal{C}$ die Äquivalenzklasse von $\mathbf{x}$ bzgl. zulässiger Parametertransformationen, so ist $\int_{\mathcal{C}} f ds$ durch $\int_a^b f(\mathbf{x}(t)) \|\mathbf{x}'(t)\| dt$ unabhängig vom Repräsentanten $\mathbf{x}$ von $\mathcal{C}$ definiert, und diese Zahl heißt das **Kurvenintegral** von f **längs** $\mathcal{C}$. Dieses Integral hat ähnliche Eigenschaften wie das Integral im eindimensionalen Fall:

→   Es ist IR-**linear**, also $\int_{\mathcal{C}} (\alpha_1 f_1 + \alpha_2 f_2) ds = \alpha_1 \int_{\mathcal{C}} f_1 + \alpha_2 \int_{\mathcal{C}} f_2 ds$ für alle $\alpha_1, \alpha_2 \in$ IR und alle stetigen Funktionen f_1, f_2 auf $\mathbf{x}([a, b])$, wobei $\mathbf{x} : [a, b] \to$ IR^n ein Repräsentant von $\mathcal{C}$ ist.

→   Es ist **additiv bezüglich des Weges**, d.h. sind $\mathbf{x} : [a, b] \to$ IR^n, $\mathbf{y} : [b, c] \to$ IR^n und $\mathbf{z} : [a, c] \to$ IR^n stückweise glatt parametrisierte Kurven mit $\mathbf{x}(b) = \mathbf{y}(b)$ und $\mathbf{z}(t) = \mathbf{x}(t)$ falls $t \in [a, b]$ und $\mathbf{z}(t) = \mathbf{y}(t)$ falls $t \in [b, c]$ und ist f stetig auf $\mathbf{z}([a, c])$, so gilt: $\int_{\mathcal{C}_1} f ds + \int_{\mathcal{C}_2} f ds = \int_{\mathcal{C}} f ds$, wobei $\mathcal{C}_1, \mathcal{C}_2$ und $\mathcal{C}$ die Äquivalenzklassen von $\mathbf{x}, \mathbf{y}$ bzw. $\mathbf{z}$ sind.

→   Der Wert des Integrals $\int_{\mathcal{C}} f ds$ ist **unabhängig von der Orientierung** von $\mathcal{C}$. Das bedeutet: Ist $\mathbf{x} : [a, b] \to$ IR^n ein Repräsentant von $\mathcal{C}, \mathbf{x}^- : [a, b] \to$ IR^n die zu $\mathbf{x}$ **entgegengesetzt durchlaufene parametrisierte Kurve** (also $\mathbf{x}^-(t) = \mathbf{x}(a + b - t)$ für alle $t \in [a, b]$) und $\mathcal{C}^-$ die Äquivalenzklasse von $\mathbf{x}^-$, so gilt $\int_{\mathcal{C}} f ds = \int_{\mathcal{C}^-} f ds$ für jede stetige Funktion f auf $\mathbf{x}([a, b])$.

→   Es gilt die Abschätzung $|\int_{\mathcal{C}} f ds| \leq M(f) \cdot L(\mathcal{C})$. Dabei bezeichnet $L(\mathcal{C}) = \int_a^b \|\mathbf{x}'(t)\| dt$ die Länge von $\mathcal{C}$ und $M(f)$ das Maximum des Betrags der Werte der stetigen Funktion $f : \mathbf{x}([a, b]) \to$ IR ist.

Sind wieder $\mathbf{x} : [a, b] \to$ IR^n und $\mathbf{x}^* : [a^*, b^*] \to$ IR^n stückweise glatt parametrisierte Kurven, die bezüglich einer zulässigen Parametertransformation äquivalent sind, so gilt für jede stetige Funktion $\mathbf{f} = (f_1, \ldots, f_n)^T : \mathbf{x}([a, b]) \to$ IR^n

$$\int\limits_a^b \mathbf{f}(\mathbf{x}(t)) \cdot \mathbf{x}'(t) dt = \int\limits_{a^*}^{b^*} \mathbf{f}(\mathbf{x}^*(t^*)) \cdot (\mathbf{x}^*)'(t^*) dt^* .$$

Ist $\mathcal{C}$ die Äquivalenzklasse von $\mathbf{x}$, so heißt $\int_a^b \mathbf{f}(\mathbf{x}(t)) \cdot \mathbf{x}'(t) dt$ das Kurvenintegral von $\mathbf{f}$ längs $\mathcal{C}$ und wird mit $\int_{\mathcal{C}} \mathbf{f} \cdot d\mathbf{x}$ oder auch mit $\int_{\mathcal{C}} (f_1(\mathbf{x}) dx_1 + \ldots + f_n(\mathbf{x}) dx_n)$ bezeichnet; dabei gilt $\int_{\mathcal{C}} f_i(\mathbf{x}) dx_i = \int_a^b f_i(\mathbf{x}(t)) x_i'(t) dt$. Auch dieses Integral ist IR-linear und additiv bzgl. des Weges. Allerdings ist es abhängig von der Orientierung von $\mathcal{C}$, da $\int_{\mathcal{C}^-} \mathbf{f} \cdot d\mathbf{x} = - \int_{\mathcal{C}} \mathbf{f} \cdot d\mathbf{x}$ für jede stetige Funktion $\mathbf{f} : \mathbf{x}([a, b]) \to$ IR^n. Deshalb spricht man von einem **orientierten Kurvenintegral**. Ist $L(\mathcal{C})$ die Länge von $\mathcal{C}$ und $M(\mathbf{f})$ das Maximum der Norm von $\mathbf{f}$ auf $\mathbf{x}([a, b])$, so gilt $|\int_{\mathcal{C}} \mathbf{f} \cdot d\mathbf{x}| \leq M(\mathbf{f}) \cdot L(\mathcal{C})$.

Gibt es für $\mathbf{f} = (f_1, \ldots, f_n)^T : G \to \mathbb{R}^n$ eine **Stammfunktion** $F : G \to \mathbb{R}$, d.h. existiert eine stetig differenzierbare Funktion F mit $(\operatorname{grad} F)^T = \mathbf{f}$ oder äquivalent $\frac{\partial F}{\partial x_i} = f_i$ für alle i aus $\{1, \ldots, n\}$, so heißt $\mathbf{f}$ ein **Potenzialfeld** oder ein **Gradientenfeld** oder auch **konservativ**. F heißt dann das Potenzial von $\mathbf{f}$. Der Name Stammfunktion ist dadurch gerechtfertigt, dass für jede Kurve $\mathcal{C}$ in G mit Anfangspunkt $\mathbf{a}$ und Endpunkt $\mathbf{b}$ gilt

$$\int_{\mathcal{C}} \mathbf{f} \cdot d\mathbf{x} = F(\mathbf{b}) - F(\mathbf{a}) \ . \tag{3.33}$$

Dieses Ergebnis zeigt die **Wegunabhängigkeit des Kurvenintegrals für Potenzialfelder**. Ein stetig differenzierbares Potenzialfeld $= (f_1, \ldots, f_n)^T$ genügt den **Integrabilitätsbedingungen**

$$\frac{\partial f_i}{\partial x_j} = \frac{\partial f_j}{\partial x_i} \quad \text{für alle} \quad i, j \quad \text{aus} \quad \{1, \ldots, n\} \ , \tag{3.34}$$

weil die Stammfunktion F in diesem Fall zweimal stetig differenzierbar ist und damit der Satz von H.A. Schwarz über die Vertauschbarkeit der Ableitungen zur Anwendung kommt. Man beachte, dass zwei Stammfunktionen F_1 und F_2 von $\mathbf{f}$ sich nur durch eine additive Konstante unterscheiden. (Also: $\operatorname{grad} F_1 = \operatorname{grad} F_2 \iff \exists c \in \mathbb{R}$ mit $F_1 = F_2 + c$ auf G.) Genügt $\mathbf{f} : G \to \mathbb{R}^n$ den Integrabilitätsbedingungen, so ist i.A. $\mathbf{f}$ kein Potenzialfeld, wie das folgende Beispiel zeigt. $\mathbf{g} : \mathbb{R}^2 \backslash \{\mathbf{0}\} \to \mathbb{R}^2$, $(x, y)^T \mapsto (-\frac{y}{x^2+y^2}, \frac{x}{x^2+y^2})^T$ genügt der einzigen Integrabilitätsbedingung

$$\frac{\partial}{\partial y} \left(-\frac{y}{x^2+y^2} \right) = \frac{y^2 - x^2}{(x^2+y^2)^2} = \frac{\partial}{\partial x} \left(\frac{x}{x^2+y^2} \right) \ ,$$

aber das Kurvenintegral von $\mathbf{g}$ längs des Einheitskreises (einmal gegen den Uhrzeigersinn durchlaufen) ist gleich 2π (und nicht Null, wie es sein müsste, falls $\mathbf{g}$ ein Potenzialfeld wäre). Der Grund dafür ist das „Loch" im Nullpunkt. Die Beschaffenheit von G spielt also eine entscheidende Rolle für die Äquivalenz der Eigenschaften Potenzialfeld und den Integrabilitätsbedingungen. Ein Gebiet G heißt **sternförmig**, wenn ein $\mathbf{x}_0 \in G$ existiert, so dass für jedes $\mathbf{x} \in G$ die ganze Strecke zwischen $\mathbf{x}_0$ und $\mathbf{x}$ in G liegt. Ist G sternförmig, so ist jedes Vektorfeld $\mathbf{f} : G \to \mathbb{R}^n$, das den Integrabilitätsbedingungen genügt, ein Potenzialfeld. Eine Stammfunktion F für $\mathbf{f}$ erhält man, indem jedem $\mathbf{x} \in G$ der Wert des Integrals von $\mathbf{f}$ entlang der Strecke von $\mathbf{x}_0$ nach $\mathbf{x}$ zugeordnet wird. Als Anwendung dazu betrachtet man für ein Gebiet $G \subset \mathbb{R}^2$ und zwei stetige Funktionen $P, Q : G \to \mathbb{R}$ das Vektorfeld $\binom{P}{Q} : G \to \mathbb{R}^2$ und die Differenzialgleichung

$$P(x, y) + Q(x, y)y'(x) = 0 \ . \tag{3.35}$$

Diese Differenzialgleichung heißt **exakt**, wenn das Vektorfeld $\binom{P}{Q}$ ein Poten-

zialfeld ist. Das ist z.B. der Fall, wenn G sternförmig ist und $P_y = Q_x$ gilt.
Seien $F : G \to \mathbb{R}$ eine Stammfunktion von $\binom{P}{Q}$, $I \subset \mathbb{R}$ ein Intervall und
$f : I \to \mathbb{R}$ stetig differenzierbar. f ist genau dann eine Lösung von (3.35),
wenn der Graph $\{\binom{x}{f(x)} \mid x \in I\}$ von f in G enthalten ist und die Funktion
$x \mapsto F(x, f(x))$ konstant auf I ist. Um aus $F(x, y) = F(x_0, y_0)$ die Existenz
einer (auf einer Umgebung von x_0 definierten) Lösung $y = y(x)$ mit der Eigenschaft $y(x_0) = y_0$ nachzuweisen, benötigt man den Satz über implizite
Funktionen. Manchmal kann man nur umgekehrt x lokal als Funktion von y
darstellen. Um beide Möglichkeiten offen zu halten, schreibt man symbolisch
(3.35) um in

$$P(x, y)dx + Q(x, y)dy = 0 .\tag{3.35'}$$

Ist die Differenzialgleichung nicht exakt, so kann man versuchen, einen **integrierenden Faktor** $\mu : G \to \mathbb{R}$ zu finden, für welchen $\binom{P\mu}{Q\mu}$ ein Potenzialfeld ist. Das bedeutet für ein sternförmiges Gebiet $G : (P\mu)_y = (Q\mu)_x$. Jede
Lösung der exakten Gleichung $(P\mu)dx + (Q\mu)dy = 0$ ist auch eine Lösung
von (3.35') .

Ein Gebiet $G \subset \mathbb{R}^2$ heißt **schlicht über der x-Achse**, falls es in der Form

$$G = \{(x, y)^T \in \mathbb{R}^2 \mid a < x < b ,\ g_1(x) < y < g_2(x)\}$$

darstellbar ist; dabei sind g_1 und g_2 stetige Funktionen auf $[a, b]$. Insbesondere ist G beschränkt. Analog definiert man den Begriff „schlicht über der
y-Achse". Für Gebiete G, die in endlich viele Teilgebiete zerlegbar sind, die
sowohl über der x- als auch über der y-Achse schlicht sind, gilt der sog. **Satz
von Green**, der vor allem für die physikalischen Anwendungen wichtig ist.
Seien P und Q stetig differenzierbare Funktionen auf einer offenen Umgebung
D von $\bar{G}$ und ∂G der positiv orientierte Rand von G. Jede Komponente von
∂G sei eine stückweise glatt parametrisierte Kurve, die positiv orientiert ist,
was bedeutet, dass G beim Durchlaufen immer links liegt. Die Aussage des
Satzes von Green lautet

$$\int\limits_{\partial G} (Pdx + Qdy) = \int\limits_{G} (Q_x - P_y)d\sigma(x, y) .\tag{3.36}$$

Insbesondere kann man den Flächeninhalt von G mit Hilfe der folgenden Integrale berechnen:

$$\text{Vol}(G) = \int\limits_{\partial G} xdy = -\int\limits_{\partial G} ydx = \frac{1}{2}\int\limits_{\partial G} (xdy - ydx) .\tag{3.37}$$

Sei $f = \binom{P}{Q}$, $\operatorname{div} f = \frac{\partial P}{\partial x} + \frac{\partial Q}{\partial y}$ (**Divergenz** von f) und $\mathbf{n}$ die äußere Normale
zum Rand ∂G ($\mathbf{n}$ ist also eventuell auf einer endlichen Teilmenge von Punk-
ten nicht definiert, aber dies spielt für die Integration keine Rolle). Damit

kann man (3.36) wie folgt formulieren:

$$\int\limits_{\partial G} \mathbf{f} \cdot \mathbf{n}\, ds = \int\limits_{G} \operatorname{div} \mathbf{f}\, d\sigma(x,y)\ . \tag{3.38}$$

In der Literatur ist diese Formulierung unter dem Namen **Divergenzsatz von Gauß in der Ebene** zu finden.

3.1.7 Oberflächenintegrale, Divergenzsatz von Gauß, Satz von Stokes (Aufgabe 36 bis 50)

Seien D und D^* Gebiete in $\mathbb{R}^2$, $\mathbf{x} : D \to \mathbb{R}^3$ und $\mathbf{x}^* : D^* \to \mathbb{R}^3$ glatt parametrisierte Flächenstücke, die mittels einer orientierungstreuen zulässigen Parametertransformation äquivalent sind, und $\mathcal{F}$ die Äquivalenzklasse von $\mathbf{x}$ und $\mathbf{x}^*$. Ist $\|\mathbf{x}_u \times \mathbf{x}_v\|$ integrierbar über D, so ist auch $\|\mathbf{x}_{u^*}^* \times \mathbf{x}_{v^*}^*\|$ integrierbar über D^*, und wegen des Transformationsformel für Integrale (s. (3.29) in Paragraph 3.1.5) gilt

$$\int\limits_{D} \|\mathbf{x}_u \times \mathbf{x}_v(u,v)\| d\sigma(u,v) = \int\limits_{D^*} \|\mathbf{x}_{u^*}^* \times \mathbf{x}_{v^*}^*(u^*,v^*)\| d\sigma(u^*,v^*)\ . \tag{3.39}$$

In diesem Fall sagt man, dass $\mathcal{F}$ einen **endlichen Flächeninhalt** hat; man bezeichnet ihn mit $I(\mathcal{F})$ oder $\int_{\mathcal{F}} do$ oder $\int_{\mathcal{F}} do(\mathbf{x})$; also:

$$I(\mathcal{F}) := \int\limits_{\mathcal{F}} do := \int\limits_{\mathcal{F}} do(\mathbf{x}) := \int\limits_{D} \|\mathbf{x}_u \times \mathbf{x}_v(u,v)\| d\sigma(u,v)\ .$$

Man nennt $do(\mathbf{x}) = \|\mathbf{x}_u \times \mathbf{x}_v(u,v)\| d\sigma(u,v)$ das **skalare Oberflächenelement**. Sind E, F, G die Koeffizienten der ersten Fundamentalform von $\mathbf{x}$, also $E = \mathbf{x}_u \cdot \mathbf{x}_u$, $F = \mathbf{x}_u \cdot \mathbf{x}_v$ und $G = \mathbf{x}_v \cdot \mathbf{x}_v$, so gilt $\|\mathbf{x}_u \times \mathbf{x}_v\| = \sqrt{EG - F^2}$ und damit $I(\mathcal{F}) = \int_D \sqrt{(EG - F^2)}(u,v) d\sigma(u,v)$. Ist $f : \mathbf{x}(D) \to \mathbb{R}$ stetig und existiert $\int_D f(\mathbf{x}(u,v))\|\mathbf{x}_u \times \mathbf{x}_v(u,v)\| d\sigma(u,v)$, so auch $\int_{D^*} f(\mathbf{x}^*(u^*,v^*))\|\mathbf{x}_{u^*}^* \times \mathbf{x}_{v^*}^*(u^*,v^*)\| d\sigma(u^*,v^*)$, und beide Integrale sind gleich. Ihren gemeinsamen Wert bezeichnen wir mit $\int_{\mathcal{F}} f do$ oder $\int_{\mathcal{F}} f(\mathbf{x}) do(\mathbf{x})$ und nennen ihn das **Flächen-** oder **Oberflächenintegral** von f über $\mathcal{F}$. Für eine integrierbare Funktion f über der Fläche $\mathcal{F}$ hat man also:

$$\int\limits_{\mathcal{F}} f do := \int\limits_{\mathcal{F}} f(\mathbf{x}) do(\mathbf{x}) := \int\limits_{D} f(\mathbf{x}(u,v))\|\mathbf{x}_u \times \mathbf{x}_v(u,v)\| d\sigma(u,v)\ .$$

Das Flächenintegral ist $\mathbb{R}$-linear. Wird D in zwei Gebiete D_1 und D_2 zerlegt, deren gemeinsamer Rand $\partial D_1 \cap \partial D_2$ eine stückweise glatt parametrisierte Kurve ist, und bezeichnen $\mathcal{F}_1$ und $\mathcal{F}_2$ die Äquivalenzklassen der Einschränkungen von $\mathbf{x}$ auf D_1 bzw. D_2, so ist jede integrierbare Funktion f über $\mathcal{F}$ auch integrierbar über $\mathcal{F}_1$ und $\mathcal{F}_2$, und es gilt:

$$\int_{\mathcal{F}} f\,do = \int_{\mathcal{F}_1} f\,do + \int_{\mathcal{F}_2} f\,do \quad \text{(\textbf{Additivität bezüglich der Fläche}).}$$

Ist $M(f)$ das Maximum von $|f|$ auf $\mathbf{x}(D)$ und hat $\mathcal{F}$ einen endlichen Flächeninhalt, so gilt die Abschätzung $|\int_{\mathcal{F}} f\,do| \le I(\mathcal{F})M(f)$.

So wie das Kurvenintegral von skalaren Feldern von der Orientierung der Kurve unabhängig ist, ist auch das Oberflächenintegral von skalaren Feldern von der Orientierung der Fläche unabhängig. Konkret bedeutet dies Folgendes. Seien $s(D)$ das bezüglich der Geraden $x = y$ gespiegelte Gebiet D, also $s(D) = \{(u,v)^T \mid (v,u)^T \in D\}$, $\mathbf{x}^- = \mathbf{x} \circ s : s(D) \to \mathbb{R}^3$ und $\mathcal{F}^-$ die Äquivalenzklasse von $\mathbf{x}^-$. In jedem Punkt $\mathbf{x}_0 \in \mathbf{x}(D) = \mathbf{x}^-(s(D))$ sind die Flächennormalen zu $\mathcal{F}$ und $\mathcal{F}^-$ in $\mathbf{x}_0$ entgegengesetzt, d.h. $\mathcal{F}$ und $\mathcal{F}^-$ sind entgegengesetzt orientiert. Aus der Existenz von $\int_{\mathcal{F}} f\,do$ folgt diejenige von $\int_{\mathcal{F}^-} f\,do$, und es gilt $\int_{\mathcal{F}} f\,do = \int_{\mathcal{F}^-} f\,do$. Deshalb spricht man von einem **nichtorientierten Flächenintegral**.

Ist nun $\mathbf{f} : \mathbf{x}(D) \to \mathbb{R}^3$ ein Vektorfeld, so können wir für $\mathbf{x}_0 \in \mathbf{x}(D)$ den Vektor $\mathbf{f}(\mathbf{x}_0)$ als Geschwindigkeitsvektor einer Flüssigkeit ansehen, die $\mathbf{x}(D)$ in $\mathbf{x}_0$ passiert. Ist $\mathbf{N}(\mathbf{x}_0)$ die Flächennormale zu $\mathbf{x}(D)$ in $\mathbf{x}_0$, so interpretiert man $\mathbf{f}(\mathbf{x}_0) \cdot \mathbf{N}(\mathbf{x}_0)$ als Geschwindigkeit dieser Flüssigkeit in Richtung der Normalen, $\mathbf{f}(\mathbf{x}_0) \cdot \mathbf{N}(\mathbf{x}_0) \|\mathbf{x}_u \times \mathbf{x}_v(u,v)\|$ als „infinitesimale" Menge an Flüssigkeit, die pro Sekunde durch $\mathbf{x}_0$ fließt – und falls das Integral existiert –

$$\int_D (\mathbf{f}(\mathbf{x}) \cdot \mathbf{N}(\mathbf{x}))(u,v)\|(\mathbf{x}_u \times \mathbf{x}_v)(u,v)\| d\sigma(u,v)$$

$$= \int_D (\mathbf{f}(\mathbf{x}) \cdot (\mathbf{x}_u \times \mathbf{x}_v))(u,v) d\sigma(u,v)$$

als Flüssigkeitsmenge, die durch $\mathbf{x}(D)$ pro Sekunde fließt. Da diese Integration für zwei orientierungsäquivalente Parametrisierungen $\mathbf{x}$ und $\mathbf{x}^*$ der Fläche $\mathcal{F}$ denselben Wert ergibt, spricht man (unabhängig von der speziellen Parametrisierung) von dem **Flächenintegral** bzw. dem **Oberflächenintegral** von $\mathbf{f}$ über $\mathcal{F}$. Man nennt diese Zahl den **Fluss** von $\mathbf{f}$ durch $\mathbf{x}(D)$. Dieses bezeichnet man mit $\int_{\mathcal{F}} \mathbf{f} \cdot do$ oder $\int_{\mathcal{F}} \mathbf{f}(\mathbf{x}) \cdot do(\mathbf{x})$; dabei heißt $do(\mathbf{x}) := (\mathbf{x}_u \times \mathbf{x}_v(u,v)) d\sigma(u,v)$ das **vektorielle Oberflächenelement**.

Auch dieses Integral ist $\mathbb{R}$-linear und additiv bzgl. der Fläche, aber man hat es mit einem **orientierten Flächenintegral** zu tun, d.h., falls $\mathbf{f}$ über $\mathcal{F}$ integrierbar ist, so ist $\mathbf{f}$ auch über $\mathcal{F}^-$ integrierbar, und es gilt

$$\int_{\mathcal{F}} \mathbf{f} \cdot do = - \int_{\mathcal{F}^-} \mathbf{f} \cdot do \ .$$

Ein Gebiet $G \subset \mathbb{R}^3$ heißt **schlicht über der** (x,y)**-Ebene**, wenn ein beschränktes Gebiet $D \subset \mathbb{R}^2$ mit stückweise glattem Rand und zwei stetige Funktionen $g_1, g_2 : \bar{D} \to \mathbb{R}$ existieren, mit denen man folgende Darstellung von G erhält: $G = \{(x,y,z)^T \in \mathbb{R}^3 \mid (x,y)^T \in D , \ g_1(x,y) < z < g_2(x,y)\}$.
Analog definiert man Schlichtheit über der (x,z)- bzw. über der (y,z)-Ebene. Schlichte Gebiete über einer Ebene sind beschränkt. Für beschränkte Gebiete aus $\mathbb{R}^3$, die in endlich viele Gebiete zerlegbar sind, deren Ränder aus endlich vielen glatten Flächen bestehen, kann man – analog zum ebenen Fall – den **Gaußschen Divergenzsatz im Raum** formulieren: Sei $\mathbf{f} = (f_1, f_2, f_3)^T$ stetig differenzierbar in einem Gebiet U, das $\bar{G}$ enthält. Die **Divergenz** von $\mathbf{f}$ ist definiert durch

$$\operatorname{div} \mathbf{f} := \frac{\partial f_1}{\partial x} + \frac{\partial f_2}{\partial y} + \frac{\partial f_3}{\partial z} . \tag{3.40}$$

Sei ∂G so parametrisiert, dass die Flächennormale $\mathbf{N}$ von G aus betrachtet nach außen zeigt. Dann gilt

$$\int_{\partial G} \mathbf{f} \cdot d\mathbf{o} = \int_G (\operatorname{div} \mathbf{f}) d\sigma(x,y,z) \quad \textbf{(Satz von Gauß)}. \tag{3.41}$$

Speziell ergibt sich bei der Wahl $\mathbf{f}(\mathbf{x}) = \mathbf{x}$ wegen $\operatorname{div} \mathbf{f} = 1$ für das Volumen des Gebiets die Formel

$$V(G) = \operatorname{Vol}(G) = \frac{1}{3} \int_{\partial G} \mathbf{x} \cdot d\mathbf{o}(\mathbf{x}) . \tag{3.42}$$

Unter den Voraussetzungen und mit den Bezeichnungen des Gaußschen Satzes gelten für die zweimal stetig differenzierbare Funktionen $f, h : G \to \mathbb{R}$ die sog. **Greenschen Formeln**

$$\int_G [(\operatorname{grad} f)(\operatorname{grad} h)^T + f \triangle h] d\sigma(\mathbf{x}) = \int_{\partial G} f \frac{\partial h}{\partial \mathbf{N}} d\mathbf{o}(\mathbf{x}) ,$$

$$\int_G (h \triangle f - f \triangle h) d\sigma(\mathbf{x}) = \int_{\partial G} \left(h \frac{\partial f}{\partial \mathbf{N}} - f \frac{\partial h}{\partial \mathbf{N}} \right) d\mathbf{o}(\mathbf{x}) . \tag{3.43}$$

Dabei bezeichnet $\triangle$ den **Laplace-Operator** $\frac{\partial^2}{\partial x^2} + \frac{\partial^2}{\partial y^2} + \frac{\partial^2}{\partial z^2}$. Sind n_1, n_2, n_3 die Komponenten von $\mathbf{N}$, so ist die Richtungsableitung $\frac{\partial f}{\partial \mathbf{N}}$ definiert durch $\frac{\partial f}{\partial x} n_1 + \frac{\partial f}{\partial y} n_2 + \frac{\partial f}{\partial z} n_3$, d.h. es gilt $\frac{\partial f}{\partial \mathbf{N}} = (\operatorname{grad} f) \cdot \mathbf{N}$.

Für Anwendungen in der Physik ist der Satz von Stokes wichtig. Sei dafür G ein Gebiet in der Ebene, für welches der Satz von Green gilt, und D ein ebenes Gebiet, das $\bar{G}$ enthält. Sei $\mathbf{x} : D \to \mathbb{R}^3$ ein glatt parametrisiertes Flächenstück, $\mathcal{F}$ die Äquivalenzklasse von $\mathbf{x}|_G$ und $\partial \mathcal{F} = \mathbf{x}(\partial G)$ das $\mathbf{x}$-Bild des Randes von G, also eine stückweise glatt parametrisierte Kurve. Für jedes stetig differenzierbare Vektorfeld $\mathbf{f} = (f_1, f_2, f_3)^T$, das auf einem Gebiet $U \subset \mathbb{R}^3$, welches $\mathbf{x}(\bar{G})$ enthält, definiert ist, gilt

$$\int_{\mathcal{F}} (\operatorname{rot} \mathbf{f}) \cdot do = \int_{\partial\mathcal{F}} \mathbf{f} \cdot d\mathbf{x} \quad \textbf{(Satz von Stokes)} \quad . \tag{3.44}$$

Dabei bezeichnet das Vektorfeld $\operatorname{rot}(\mathbf{f}) := (\frac{\partial f_3}{\partial y} - \frac{\partial f_2}{\partial z}, \frac{\partial f_1}{\partial z} - \frac{\partial f_3}{\partial x}, \frac{\partial f_2}{\partial x} - \frac{\partial f_1}{\partial y})^T$ die **Rotation** von $\mathbf{f}$. (Bezeichnet ∇ den Operator $(\frac{\partial}{\partial x}, \frac{\partial}{\partial y}, \frac{\partial}{\partial z})^T$, so ist $\operatorname{rot} \mathbf{f}$ gleich $\nabla \times \mathbf{f}$.) Erfüllt $\mathbf{f}$ die Integrabilitätsbedingung, d.h. gilt $\operatorname{rot} \mathbf{f} = \mathbf{0}$, so nennt man $\mathbf{f}$ auch **wirbelfrei**. Die im vorigen Paragraphen behandelten Beziehungen zwischen der Existenz einer Stammfunktion und den Integrabilitätsbedingungen kann man damit auch wie folgt formulieren:

→ Ist $\mathbf{f}$ ein Potenzialfeld, so ist $\mathbf{f}$ wirbelfrei.

→ Ist U sternförmig und $\mathbf{f}$ wirbelfrei, so ist $\mathbf{f}$ ein Potenzialfeld.

Ein stetig differenzierbares Vektorfeld $\mathbf{f} : U \to \mathbb{R}^3$ heißt

- **Wirbelfeld**, falls ein zweimal stetig differenzierbares Vektorfeld $\mathbf{h}$ auf U existiert, so dass gilt: $\mathbf{f} = \operatorname{rot} \mathbf{h}$.
- **quellenfrei**, falls gilt: $\operatorname{div} \mathbf{f} = 0$.

Leicht zeigt man, dass ein Wirbelfeld quellenfrei ist; es gilt nämlich $\operatorname{div} \circ \operatorname{rot} = 0$. Wesentlich komplizierter ist das Ergebnis nachzuweisen, dass ein quellenfreies Vektorfeld auf einem sternförmigen Gebiet ein Wirbelfeld ist.

3.1.8 Einführung in die Funktionentheorie (Aufgabe 51 bis 77)

Viele Begriffe und Ergebnisse über differenzierbare Abbildungen von $G \subset \mathbb{R}^2$ nach $\mathbb{R}^2$ lassen sich problemlos und fast wörtlich auf komplexwertige Funktionen von $G \subset \mathbb{C}$ in $\mathbb{C}$ übertragen, da $\mathbb{C}$ mit $\mathbb{R}^2$ identifiziert werden kann, wobei dem Betrag $| \ | : \mathbb{C} \to [0, \infty[$ der euklidische Abstand zum Nullpunkt im $\mathbb{R}^2$ entspricht. Es gibt aber auch Ergebnisse, die völlig neu und überraschend sind. Diese Unterschiede werden kleiner, wenn man die komplex differenzierbaren Funktionen nicht mit den unendlich oft reell differenzierbaren sondern mit den **reell analytischen** Funktionen vergleicht, also die lokal durch konvergente Potenzreihen darstellbar sind. Das liegt daran, dass man jede Potenzreihe $\sum_{n=0}^{\infty} a_n(x - x_0)^n$ mit positivem Konvergenzradius $r = \frac{1}{\limsup \sqrt[n]{|a_n|}}$ auch als komplexe Potenzreihe $\sum_{n=0}^{\infty} a_n(z - x_0)^n$ schreiben kann. Sie konvergiert in der Kreisscheibe $\{z \in \mathbb{C} \mid |z - x_0| < r\}$. Leicht einzusehen ist, dass eine durch eine derartige Potenzreihe definierte Funktion komplex differenzierbar ist, wenn man den Begriff der Ableitung in naheliegender Weise vom Reellen ins Komplexe überträgt; und eines der zentralen

Ergebnisse in der Funktionentheorie ist, dass aus der (einmaligen!) komplexen Differenzierbarkeit bereits die Entwickelbarkeit in eine Potenzreihe folgt – ganz im Gegensatz zur reellen Differenzierbarkeit. Da ist es dann auch nicht mehr ganz so überraschend, dass bei Fortsetzung vom Reellen ins Komplexe Funktionen ganz neue Eigenschaften bekommen können. Z.B. ist die Sinusfunktion im Reellen beschränkt, die Fortsetzung ihrer Potenzreihe ins Komplexe ist unbeschränkt; oder: die reelle Exponentialfunktion ist injektiv und nimmt nur positive Werte an, die komplexe Exponentialfunktion nimmt bis auf die Null alle (komplexen) Zahlen als Werte an und zwar alle unendlich oft. Vor der Lektüre der folgenden Seiten empfiehlt es sich, den Paragraphen 1.1.5 noch einmal anzuschauen.

Der Punkt $z = x + iy$ aus $\mathbb{C}$ wird mit dem Punkt $\binom{x}{y}$ aus IR^2 identifiziert, und entsprechend lässt sich jede auf einer Teilmenge A aus $\mathbb{C}$ definierte Funktion f eindeutig als Summe $u + iv$ schreiben, wobei $f(x + iy) = u(x,y) + iv(x,y)$ gilt. Dabei sind u und v reellwertige Funktionen, die auf einer mit A identifizierten Teilmenge von IR^2 definiert sind. u und v heißen **Real-** bzw. **Imaginärteil** von f. Der Graph einer solchen Funktion f in $\mathbb{C}^2 = \mathbb{C} \times \mathbb{C}$ ist mit der Teilmenge $\{(x, y, u(x,y), v(x,y))^T \mid x + iy \in A\}$ von IR^4 identifizierbar und deshalb schwer vorstellbar. Um das Verhalten einer solchen Funktion in einer Umgebung eines Punktes z_0 aber auch global besser zu verstehen, greift man auf die Bilder von Scharen von Geraden durch z_0 und von Kreisen mit z_0 als Mittelpunkt zurück, oder man stellt die Funktion als Komposition einfacher Funktionen dar, deren Verhalten bekannt (oder leichter zu untersuchen) ist. So besteht eine sogenannte **lineare Funktion** $z \mapsto re^{i\theta}z + a$ mit $r > 0$, $\theta \in [0, 2\pi[$ und $a \in \mathbb{C}$ aus einer Streckung um den Faktor r, einer Drehung um den Nullpunkt um den Winkel θ und einer Verschiebung um den Vektor a. (Diese Funktion ist natürlich nicht linear im Sinne der Linearen Algebra, wenn $a \neq 0$.) Die Quadratfunktion $q : \mathbb{C} \to \mathbb{C}$, $z \mapsto z^2$ (s. dazu auch Aufgabe 77) bildet folgendermaßen ab:

$\to$ die negative und die positive reelle Halbachse jeweils bijektiv auf die positive reelle Halbachse,

$\to$ die negative und die positive imaginäre Halbachse jeweils bijektiv auf die negative reelle Halbachse,

$\to$ die zur y-Achse parallele Gerade $x = x_0$ bijektiv auf die Parabel $u = x_0^2 - \frac{v^2}{4x_0^2}$, falls $x_0 \neq 0$,

$\to$ die zur x-Achse parallele Gerade $y = y_0$ bijektiv auf die Parabel $u = \frac{v^2}{4y_0^2} - y_0^2$, falls $y_0 \neq 0$,

$\to$ den Kreis mit dem Mittelpunkt 0 und dem Radius r auf den Kreis mit dem Mittelpunkt 0 und dem Radius r^2, wobei die Winkelgeschwindigkeit beim Durchlaufen verdoppelt wird und damit das Bild zweimal durchlaufen wird.

Die **Inversion** inv $: \mathbb{C}^* \to \mathbb{C}^*$, $z \mapsto \frac{1}{z}$ (oder $re^{i\theta} \mapsto \frac{1}{r}e^{-i\theta}$) bildet folgendermaßen ab:

→ den Kreis mit dem Mittelpunkt 0 und dem Radius r auf den Kreis mit dem Mittelpunkt 0 und dem Radius $\frac{1}{r}$, wobei der Umlaufsinn umgekehrt wird,

→ die vom Nullpunkt ausgehende offene Halbgerade, welche einen Winkel θ mit der reellen Achse bildet, auf die „von Unendlich kommende und zum Nullpunkt gehende" offene Halbgerade, die den Winkel $2\pi - \theta$ mit der reellen Achse bildet.

Die **allgemeine quadratische Funktion** $\mathbb{C} \to \mathbb{C}$, $z \mapsto az^2 + bz + c$ mit $a \in \mathbb{C}^*$ und $b, c \in \mathbb{C}$ ist wegen $az^2 + bz + c = a(z + \frac{b}{2a})^2 + (c - \frac{b}{4a})$ die Hintereinanderausführung der Verschiebung $z \mapsto z + \frac{b}{2a}$, der Quadratfunktion q und der linearen Funktion $\xi \mapsto a\xi + (c - \frac{b^2}{4a})$.

Für solche Untersuchungen ist es nützlich zu wissen, wie bestimmte geometrische Figuren im Komplexen beschrieben werden können. So ist z.B. für $A = 0, B \in \mathbb{C}^*$ und $C \in \mathbb{R}$ durch $\{z \in \mathbb{C} \mid Az\bar{z} + \bar{B}z + B\bar{z} + C = 0\}$ eine Gerade gegeben. Es gilt auch umgekehrt: Jede Gerade lässt sich so darstellen. Dagegen wird durch die obige Menge ein Kreis beschrieben, falls $A > 0$, $B \in \mathbb{C}$ und $C \in \mathbb{R}$ mit $AC < |B|^2$ gilt. Auch hier gilt: Jeder Kreis lässt sich so darstellen.

Zur Erinnerung: Die Folge $(x_n + iy_n)_{n \geq 1}$ konvergiert genau dann gegen $\xi + i\eta$, wenn $(x_n)_{n \geq 1}$ und $(y_n)_{n \geq 1}$ gegen ξ bzw. η konvergieren. Die Begriffe Grenzwert und Stetigkeit einer komplexen Funktion $f : A \to \mathbb{C}$ kann man also sofort aus dem Reellen übertragen. Kurz geschrieben gilt für den Grenzwert:

$$\lim_{z \to z_0} f(z) = w \iff \forall \varepsilon > 0 \, \exists \delta > 0 \, \forall z \in A \quad \text{mit}$$
$$|z - z_0| < \delta : |f(z) - f(z_0)| < \varepsilon . \tag{$*$}$$

Dabei braucht z_0 nur ein Häufungspunkt von A zu sein. Für die Stetigkeit von f in x_0 verlangt man zusätzlich $z_0 \in A$ und $f(z_0) = w$. Ist jetzt $z_0 \in A$ beliebig und kann man für jedes $\varepsilon > 0$ die Zahl $\delta > 0$ unabhängig von z_0 wählen, so erhält man in diesem Fall den Begriff gleichmäßig stetig. Fast alles, was über Stetigkeit und gleichmäßige Stetigkeit reeller Funktionen bekannt ist, lässt sich problemlos ins Komplexe übertragen, denn es gilt:

→ $f = u + iv$ (gleichmäßig) stetig $\iff$ u und v (gleichmäßig) stetig,

→ f stetig $\Rightarrow$ $|f|$ stetig.

Aufpassen muss man nur dort, wo die Ordnungsrelation von $\mathbb{R}$ ins Spiel kommt, da auf $\mathbb{C}$ keine mit den algebraischen Operationen verträgliche Ordnungsrelation existiert. Deshalb gibt es im Komplexen keinen dem Zwischenwertsatz entsprechenden Satz. Auch vom Maximum und Minimum einer komplexwertigen Funktion kann man nicht sprechen.

Um bestimmte Betrachtungen einheitlich darzustellen, aber auch um das Verhalten einer Funktion in der Umgebung eines Punktes, in welchem sie nicht mehr im gewöhnlichen Sinne stetig fortsetzbar ist, zu untersuchen, erweist es sich als hilfreich die komplexe Ebene $\mathbb{C}$ durch einen zusätzlichen Punkt zu erweitern; dieser Punkt soll unendlich fern liegen. Was nach Science-fiction klingt, ist mathematisch klar zu definieren. Im $\mathbb{R}^3$ identifiziert man $\mathbb{C}$ mit der Ebene $x_3 = 0$, also: $x + iy \leftrightarrow (x, y, 0)^T$. Jeder Punkt der Einheitskugel $S^2 := \{(x_1, x_2, x_3)^T \mid x_1^2 + x_2^2 + x_3^2 = 1\}$ außer dem Nordpol $N = (0, 0, 1)^T$ selbst wird vom Nordpol aus auf die Ebene $x_3 = 0$ projiziert, d.h. jedem $(x_1, x_2, x_3)^T$ aus S^2 mit $x_3 \neq 1$ wird $(\frac{x_1}{1-x_3}, \frac{x_2}{1-x_3}, 0)^T$ oder auch $\frac{x_1 + ix_2}{1-x_3}$ zugeordnet. Dadurch erhält man eine bijektive und stetige Abbildung von $S^2 \backslash \{N\}$ auf die Ebene $x_3 = 0$, die mit $\mathbb{C}$ identifiziert wird. Man führt ein Symbol ∞ ein, das **Unendlich** genannt wird, und die Vereinigung $\mathbb{C} \cup \{\infty\}$, die mit $\tilde{\mathbb{C}}$ bezeichnet wird. (Deshalb werden in diesem Rahmen die unendlich fernen Punkte von $\mathbb{R}$ mit $-\infty$ und $+\infty$ bezeichnet; wenn keine Verwechslung möglich ist, schreiben wir wie bisher ∞ statt $+\infty$). Man sagt, dass die Folge $(z_n)_{n \geq 1}$ aus $\mathbb{C}$ gegen ∞ konvergiert, wenn $\lim_{n \to \infty} |z_n| = +\infty$ gilt. In diesem Sinne ist die Fortsetzung der obigen Projektion mittels $N = (0, 0, 1)^T \mapsto \infty$ eine stetige Abbildung von S^2 auf $\tilde{\mathbb{C}}$, deren Inverse ebenfalls stetig ist, weil für die Folge $((x_{1,n}, x_{2,n}, x_{3,n})^T)_{n \geq 1}$ von S^2 die Konvergenz gegen N zu $\lim_{n \to \infty} x_{3,n} = 1$ (und damit auch $\lim_{n \to \infty} x_{1,n} = 0 = \lim_{n \to \infty} x_{2,n}$) äquivalent ist und weil die folgende Umformung gilt:

$$\left| \frac{x_{1,n} + ix_{2,n}}{1 - x_{3,n}} \right|^2 = \frac{x_{1,n}^2 + x_{2,n}^2}{(1 - x_{3,n})^2} = \frac{1 - x_{3,n}^2}{(1 - x_{3,n})^2} = \frac{1 + x_{3,n}}{1 - x_{3,n}}.$$

Für die **erweiterte komplexe Ebene** $\tilde{\mathbb{C}}$ kann man die Fortsetzungen $\tilde{\mathbb{C}} \to \tilde{\mathbb{C}}$

$\to$ von inv mittels $\infty \mapsto 0$ und $0 \mapsto \infty$,
$\to$ von q mittels $\infty \mapsto \infty$,
$\to$ von jedem Polynom vom Grad ≥ 1 mittels $\infty \mapsto \infty$

betrachten und zeigen, dass sie auch dort stetig sind.

Seien $P(z) = a_0 z^n + a_1 z^{n-1} + \ldots + a_n$ und $Q(z) = b_0 z^m + b_1 z^{m-1} + \ldots + b_m$ zwei Polynome vom Grad n bzw. m (d.h. $a_0 \neq 0 \neq b_0$) ohne gemeinsame Nullstellen und $z_1, \ldots, z_k$ ($k \leq m$) die paarweise verschiedenen Nullstellen von Q. Man setze $\frac{P}{Q}(z) := \frac{P(z)}{Q(z)}$, falls $z \in \mathbb{C} \backslash \{z_1, \ldots, z_k\}$, $\frac{P}{Q}(z_j) := \infty$, falls

$$j \in \{1, \ldots, k\}, \ \frac{P}{Q}(\infty) := \begin{cases} 0 & \text{, falls } n < m, \\ \frac{a_0}{b_0} & \text{, falls } n = m, \\ \infty & \text{, falls } n > m. \end{cases}$$

Dadurch wird die **rationale Funktion** $\frac{P}{Q} : \tilde{\mathbb{C}} \to \tilde{\mathbb{C}}$ definiert, welche stetig auf

$\tilde{\mathbb{C}}$ ist. Die **Möbius-Transformationen** sind spezielle rationale Funktionen. Sei $A = \begin{pmatrix} a & b \\ c & d \end{pmatrix}$ eine invertierbare 2×2-Matrix mit komplexen Koeffizienten, also $ad - bc \neq 0$. Die der Matrix A zugeordnete Möbius-Transformation T_A ist die rationale Funktion $\frac{az+b}{cz+d}$. Mit Hilfe des Fundamentalsatzes der Algebra kann man zeigen, dass die Möbius-Transformationen die einzigen rationalen Funktionen sind, welche $\tilde{\mathbb{C}}$ bijektiv auf sich abbilden. Die Inverse der A zugeordneten Möbius-Transformation ist die A^{-1} zugeordnete Möbius-Transformation, also $T_{A^{-1}} = (T_A)^{-1}$. Man kann leicht zeigen, dass die den invertierbaren Matrizen A und B zugeordneten Möbius-Transformationen genau dann gleich sind, wenn ein $\lambda \in \mathbb{C}^*$ mit $A = \lambda B$ existiert. Dem Produkt AB entspricht die Komposition der den Matrizen A und B zugeordneten Möbius-Transformationen, also $T_{AB} = T_A \circ T_B$.

Die Möbius-Transformationen bilden also eine Gruppe bzgl. Komposition von Funktionen. Die Zuordnung $A \mapsto T_A$ definiert einen surjektiven (aber nicht injektiven) Gruppenhomomorphismus von der multiplikativen Gruppe der invertierbaren 2×2-Matrizen mit komplexen Komponenten auf die Gruppe der Möbius-Transformationen.

Die linearen Abbildungen und die Inversion inv sind spezielle Möbius-Transformationen. Es gilt sogar: Für $c = 0$ ist jede Möbius-Transformation $\frac{az+b}{cz+d}$ eine lineare Abbildung und für $c \neq 0$ eine Komposition einer linearen Funktion mit inv und einer weiteren linearen Funktion: $\frac{az+b}{cz+d} = \frac{1}{c} \cdot \frac{bc-ad}{cz+d} + \frac{a}{c}$. Kurz ausgedrückt: Die linearen Funktionen und die Inversion sind **Erzeugende** der Gruppe der Möbius-Transformationen. Hiermit kann man die Möbius-Transformationen geometrisch besser verstehen. Außerdem hilft uns diese Darstellung zu beweisen, dass jede Möbius-Transformation die Menge der Kreise und Geraden aus $\tilde{\mathbb{C}}$ bijektiv auf sich abbildet. Dabei ist ein Kreis aus $\tilde{\mathbb{C}}$ lediglich ein Kreis aus $\mathbb{C}$, während eine Gerade aus $\tilde{\mathbb{C}}$ eine Gerade aus $\mathbb{C}$ vereinigt mit ∞ ist.

Sei $n \geq 2$ eine natürliche Zahl. Für jedes $z = re^{i\theta} \neq 0$, $\theta \in \,]-\pi, \pi]$ gibt es genau n verschiedene n-te Wurzeln von z, nämlich $\sqrt[n]{r}\, e^{i\frac{\theta+2k\pi}{n}}, k = 0, 1, \ldots, n$. Es gibt aber keine stetige Funktion $w : \mathbb{C} \to \mathbb{C}$ mit $w(z)^n = z$ für alle z aus $\mathbb{C}$. Entfernt man aus $\mathbb{C}$ die abgeschlossene negative reelle Halbgerade $\,]-\infty, 0]$, so ist $\mathbb{C}\backslash\,]-\infty, 0] \to \{z = \rho e^{i\varphi} \mid \rho > 0, -\frac{\pi}{n} < \varphi < \frac{\pi}{n}\}$, $re^{i\theta} \mapsto \sqrt[n]{r}\, e^{i\frac{\theta}{n}}$ eine stetige, bijektive Abbildung, deren n-te Potenz die Identität ist. Sie heißt der **Hauptzweig** oder **Hauptwert der n-ten Wurzel**.

Im Paragraphen 1.1.16 haben wir die komplexe Exponentialfunktion $\exp : \mathbb{C} \to \mathbb{C}$, $\exp(z) = e^z = \sum_{n=0}^{\infty} \frac{1}{n!} z^n$ eingeführt. Diese Reihe ist absolut und gleichmäßig konvergent auf jedem abgeschlossenen Kreis um den Nullpunkt und damit definiert sie eine stetige Funktion auf $\mathbb{C}$. Es gilt $\exp(0) = 1$, $\exp(1) = e$ und $\exp(\bar{z}) = \overline{\exp(z)}$. Die Funktionalgleichung für die Exponentialfunktion $\exp(z_1 + z_2) = \exp(z_1) \cdot \exp(z_2)$ für alle z_1, z_2 aus $\mathbb{C}$ führt zu $\exp(-z) = \frac{1}{\exp(z)}$ und $\exp(kz) = (\exp(z))^k$ für alle $z \in \mathbb{C}$ und $k \in \mathbb{Z}$. Die komplexen Funktionen Sinus und Cosinus werden auf $\mathbb{C}$ durch die Eulerschen Formeln oder durch Potenzreihen eingeführt, d.h.

$$\sin z = \frac{e^{iz} - e^{-iz}}{2i} = \sum_{n=0}^{\infty} (-1)^n \frac{1}{(2n+1)!} z^{2n+1} \, ,$$
$$\cos z = \frac{e^{iz} + e^{-iz}}{2} = \sum_{n=0}^{\infty} (-1)^n \frac{1}{(2n)!} z^{2n} . \tag{3.45}$$

Sie sind stetige Fortsetzungen der reellen Sinus- und Cosinusfunktionen (s. die Formeln (1.66) und (1.67) aus Paragraph 1.1.16). Wir erinnern weiter an die Identität $\exp(x + iy) = e^{x+iy} = e^x(\cos y + i \sin y)$, welche aus der Funktionalgleichung und aus $e^{iy} = \sum_{n=0}^{\infty} \frac{1}{n!} i^n y^n = \sum_{n=0}^{\infty} \frac{(-1)^n}{(2n)!} y^{2n} + i \sum_{n=0}^{\infty} \frac{(-1)^n}{(2n+1)!} y^{2n+1} = \cos y + i \sin y$ folgt.

Ein **komplexer Logarithmus** von $z = re^{i\theta} \in \mathbb{C}^*$ ist eine Zahl $w = \xi + i\eta$ mit der Eigenschaft $\exp(w) = z$. Aus $e^w = e^\xi e^{i\eta} = re^{i\theta}$ folgt $\xi = \ln r$ und $\eta \in \{\theta + 2k\pi \mid k \in \mathbb{Z}\}$. Insbesondere ist $\exp$ eine Funktion von $\mathbb{C}$ auf $\mathbb{C}^* = \mathbb{C} \backslash \{0\}$, und das Urbild jedes Punktes aus $\mathbb{C}^*$ ist eine abzählbare Menge von Punkten, die auf einer zur imaginären Achse parallelen Geraden liegen, so dass der Abstand zwischen je zwei benachbarten Urbildern gleich 2π ist. Deshalb bildet die Einschränkung von $\exp$ jeden zur reellen Achse parallelen halboffenen Streifen der Breite 2π bijektiv auf $\mathbb{C}^*$ ab, d.h. für jedes $a \in \mathbb{R}$ ist die Einschränkung

$$\exp : \{x + iy \in \mathbb{C} \mid x \in \mathbb{R}, \, a \leq y < a + 2\pi\} \to \mathbb{C}^*$$

bijektiv, stetig mit stetiger Umkehrfunktion. Man kann zeigen, dass keine (globale) stetige Funktion $l : \mathbb{C}^* \to \mathbb{C}$ mit der Eigenschaft $\exp(l(z)) = z$ für alle $z \in \mathbb{C}^*$ existiert. Allerdings ist die Funktion

$$\mathrm{Log} : \mathbb{C} \backslash \,] - \infty, 0] \to \{x + iy \in \mathbb{C} \mid -\pi < y < \pi\}, \, re^{i\varphi} \mapsto \ln r + i\varphi$$

bijektiv und stetig; ihre Inverse ist als entsprechende Einschränkung der Exponentialfunktion auch stetig. Log heißt der **Hauptwert des Logarithmus**. Die bekannte Identität $a^b = e^{b \ln a}$ für $a > 0$ und $b \in \mathbb{R}$ erklärt, warum z^w für $z \in \mathbb{C}^*$ und $w \in \mathbb{C}$ die Menge $\{\exp(w(\mathrm{Log}\, z + i2k\pi)) \mid k \in \mathbb{Z}\}$ bezeichnet. So ist z.B. i^i die Menge von reellen (!) Zahlen $\{e^{(2n - \frac{1}{2})\pi} \mid n \in \mathbb{Z}\}$.

Der entscheidende Begriff der Funktionentheorie ist die **komplexe Differenzierbarkeit**. Seien $U \subset \mathbb{C}$ offen und $z_0 \in U$. $f : U \to \mathbb{C}$ heißt komplex differenzierbar in z_0, falls der Grenzwert $\lim_{z \to z_0} \frac{f(z) - f(z_0)}{z - z_0}$ existiert. Diese Zahl wird mit $f'(z_0)$ bezeichnet und heißt die **Ableitung** von f in z_0. Man sagt, dass f komplex differenzierbar auf U ist, falls f in jedem Punkt von U komplex differenzierbar ist. $f' : U \to \mathbb{C}$, $z \mapsto f'(z)$ ist dann die **Ableitung** von f auf U .

f ist komplex differenzierbar in z_0 genau dann, wenn f **linear approximierbar** in z_0 ist, d.h. es gibt ein $c \in \mathbb{C}$, eine Kreisscheibe $\Delta_\varepsilon(z_0) := \{ z \in \mathbb{C} \mid |z - z_0| < \varepsilon \}$ in U und eine in z_0 stetige Funktion $f_1 : \Delta_\varepsilon(z_0) \to \mathbb{C}$, so dass auf $\Delta_\varepsilon(z_0)$ gilt: $f(z) = f(z_0) + (z - z_0)c + |z - z_0| f_1(z)$. Die Zahl c ist dann $f'(z_0)$.

Wie im Reellen kann man zeigen, dass jedes Polynom P, $P(z) := \sum_{k=0}^{n} a_k z^{n-k}$, komplex differenzierbar ist und $P'(z) = \sum_{k=0}^{n-1}(n - k)a_k z^{n-k-1}$ gilt. Sind $z_1, \ldots, z_l$ die paarweise verschiedenen Nullstellen eines weiteren Polynoms Q, so ist $\frac{P}{Q}$ auf $\mathbb{C} \setminus \{z_1, \ldots, z_l\}$ komplex differenzierbar, und es gilt dort: $(\frac{P}{Q})' = \frac{P'Q - PQ'}{Q^2}$. Ist $\sum_{n=0}^{\infty} a_n(z - z_0)^n$ eine konvergente Potenzreihe auf $\Delta_r(z_0)$, so ist die dadurch auf $\Delta_r(z_0)$ definierte Funktion komplex differenzierbar, und es gilt $(\sum_{n=0}^{\infty} a_n(z - z_0)^n)' = \sum_{n=1}^{\infty} n a_n(z - z_0)^{n-1}$. Also: Auf ihrem offenen Konvergenzkreis kann man eine Potenzreihe gliedweise differenzieren. Insbesondere ist die Exponentialfunktion – und damit auch Sinus und Cosinus – differenzierbar auf $\mathbb{C}$. Es gilt: $(e^z)' = e^z$, $(\sin z)' = \cos z$, $(\cos z)' = -\sin z$.

Andere Beispiele: Die Funktionen $z \mapsto \bar{z}$ und $z \mapsto |z|$ sind in keinem Punkt von $\mathbb{C}$ komplex differenzierbar, die Funktion $z \mapsto |z|^2 = z\bar{z}$ nur im Nullpunkt. Die Differenziationsregeln aus dem Reellen (Linearität, Produkt-, Quotienten- und Kettenregel) gelten auch im Komplexen und werden analog bewiesen.

Sind u und v der Real- bzw. Imaginärteil von f auf U (die gleichzeitig als offene Teilmenge von $\mathbb{C}$ und von $\mathbb{R}^2$ gesehen wird), so ist f in $z_0 = x_0 + iy_0 \in U$ genau dann komplex differenzierbar, wenn u und v in $\binom{x_0}{y_0}$ reell differenzierbar sind und die folgenden **Cauchy-Riemannschen Differenzialgleichungen** in $\binom{x_0}{y_0}$ gelten:

$$u_x(x_0, y_0) = v_y(x_0, y_0) , \ u_y(x_0, y_0) = -v_x(x_0, y_0) . \tag{3.46}$$

Aus dem Beweis dieser Äquivalenz (also: f komplex differenzierbar in $z_0 \iff u$ und v reell differenzierbar in $\binom{x_0}{y_0}$ und (3.46) gilt) ergibt sich $f'(z_0) = [\frac{1}{2}(\frac{\partial}{\partial x} - i\frac{\partial}{\partial y})f](z_0)$, weshalb die Bezeichnung $\frac{\partial}{\partial z} := \frac{1}{2}(\frac{\partial}{\partial x} - i\frac{\partial}{\partial y})$ eingeführt wird. Man spricht vom Operator $\frac{\partial}{\partial z}$. Ist $f = u + iv$ nur reell differenzierbar in $z_0 = x_0 + iy_0$, d.h. sind u und v reell differenzierbar in $\binom{x_0}{y_0}$, so gibt es eine in z_0 stetige Funktion f_1 mit den Eigenschaften $\lim_{z \to z_0} f_1(z) = f_1(z_0) = 0$ und $f(z) - f(z_0) = \frac{\partial f}{\partial z}(z_0)(z - z_0) + \frac{\partial f}{\partial \bar{z}}(z_0)\overline{(z - z_0)} + f_1(z) \cdot |z - z_0|$. Dabei bezeichnet $\frac{\partial}{\partial \bar{z}}$ den Operator $\frac{1}{2}(\frac{\partial}{\partial x} + i\frac{\partial}{\partial y})$. Man beachte:

$$\frac{\partial f}{\partial \bar{z}}(x_0 + iy_0) = \frac{\partial(u + iv)}{\partial \bar{z}}(x_0 + iy_0) =$$

$$\frac{1}{2}\left(\frac{\partial u}{\partial x} - \frac{\partial v}{\partial y}\right)(x_0, y_0) + \frac{i}{2}\left(\frac{\partial u}{\partial y} + \frac{\partial v}{\partial x}\right)(x_0, y_0) \,.$$

Die Cauchy-Riemannschen Differenzialgleichungen in z_0 gelten also genau dann, wenn $\frac{\partial f}{\partial \bar{z}}(z_0) = 0$ gilt.

Aus den Bezeichnungen für $\frac{\partial}{\partial z}$ und $\frac{\partial}{\partial \bar{z}}$ folgt $\frac{\partial}{\partial x} = \frac{\partial}{\partial z} + \frac{\partial}{\partial \bar{z}}$ und $\frac{\partial}{\partial y} = i(\frac{\partial}{\partial z} - \frac{\partial}{\partial \bar{z}})$.

Auch für $\frac{\partial}{\partial z}$ und $\frac{\partial}{\partial \bar{z}}$ gelten die Linearitäts-, die Produkt- und die Quotientenregel. Außerdem gilt für jede in z_0 reell differenzierbare Funktion f :

$$\frac{\partial \bar{f}}{\partial z}(z_0) = \overline{\left(\frac{\partial f}{\partial \bar{z}}(z_0)\right)} \quad , \quad \frac{\partial \bar{f}}{\partial \bar{z}}(z_0) = \overline{\left(\frac{\partial f}{\partial z}(z_0)\right)} \,.$$

Sind U und V offen in $\mathbb{C}$, $f : U \to V$ reell differenzierbar in $z_0 \in U$, $g : V \to \mathbb{C}$ reell differenzierbar in $w_0 = f(z_0)$, so ist $g \circ f$ reell differenzierbar in z_0, und es gelten:

$$\frac{\partial(g \circ f)}{\partial z}(z_0) = \frac{\partial g}{\partial w}(w_0)\frac{\partial f}{\partial z}(z_0) + \frac{\partial g}{\partial \bar{w}}(w_0)\frac{\partial \bar{f}}{\partial z}(z_0) \,,$$

$$\frac{\partial(g \circ f)}{\partial \bar{z}}(z_0) = \frac{\partial g}{\partial w}(w_0)\frac{\partial f}{\partial \bar{z}}(z_0) + \frac{\partial g}{\partial \bar{w}}(w_0)\frac{\partial \bar{f}}{\partial \bar{z}}(z_0) \,.$$

Das folgende Ergebnis ist die erste Überraschung. Ist $U \subset \mathbb{C}$ ein Gebiet und $f : U \to \mathbb{C}$ komplex differenzierbar auf U, so sind die folgenden Eigenschaften von f äquivalent:

i) f ist konstant auf U ,

ii) f ist lokal konstant auf U, d.h. zu jedem $z \in U$ gibt es einen offenen Kreis in z, auf welchem f konstant ist,

iii) $f' = 0$ auf U ,

iv) $|f|$ ist konstant auf U .

Bevor wir weitere überraschende Ergebnisse über komplex differenzierbare Funktionen kennenlernen, beschäftigen wir uns mit dem komplexen Integral. Sei $[a, b] \subset \mathbb{R}$ und $f = u + iv : [a, b] \to \mathbb{C}$ stetig. Man definiert $\int_a^b f(t)dt$ als $\int_a^b u(t)dt + i\int_a^b v(t)dt$. Sei nun G ein Gebiet aus $\mathbb{C}, \gamma = \alpha + i\beta : [a, b] \to G$ eine glatt parametrisierte Kurve, d.h. α und β sind stetig differenzierbar und $|\gamma'(t)|^2 = \alpha^2(t) + \beta^2(t) > 0$ für alle $t \in [a, b]$, und $f : \Gamma \to \mathbb{C}$ stetig, wobei $\Gamma := \{\gamma(t) \in \mathbb{C} \mid t \in [a, b]\}$ das Bild von γ ist. Dann wird das **komplexe Kurvenintegral** von f über (längs) γ definiert durch

$$\int\limits_{\gamma} f(z)dz := \int\limits_{a}^{b} f(\gamma(t))\gamma'(t)dt = \int\limits_{a}^{b} [u(\alpha(t),\beta(t))\alpha'(t) - v(\alpha(t),\beta(t))\beta'(t)]dt$$

$$+ i \int\limits_{a}^{b} [u(\alpha(t),\beta(t))\beta'(t) + v(\alpha(t),\beta(t))\alpha'(t)]dt.$$

Der so definierte Wert des Integrals ist invariant bei einer zulässigen Parametertransformation $\tau : [a^*, b^*] \to [a, b]$, da $\int_{\gamma \circ \tau} f(z)dz = \int_{\gamma} f(z)dz$ aus der Substitutionsformel $\int_{a^*}^{b^*} f(\tau(t^*)) \cdot (\gamma \circ \tau)'(t^*)dt^* = \int_{a}^{b} f(t)\gamma(t)dt$ folgt.

Schreibt man $\int_{\partial \Delta_r(z_0)} f(z)dz$, so ist damit immer gemeint, dass der Kreis einmal im positiven Sinne durchlaufen wird, d.h. dass die Parametrisierung $[0, 2\pi] \to \mathbb{C}$, $\theta \mapsto z_0 + re^{i\theta}$ oder eine zu ihr orientierungsäquivalente Parametrisierung genommen wird. Ist $\gamma : [a, b] \to G$ eine stückweise glatt parametrisierte Kurve, d.h. gibt es eine Partition $a = c_0 < c_1 < \ldots < c_{n-1} < c_n = b$ von $[a, b]$, so dass $\gamma|_{[c_{j-1}, c_j]}$ für jedes $j = 1, \ldots, n$ glatt parametrisiert ist, bezeichnet Γ das Bild (die Spur) von γ, d.h. $\Gamma = \gamma([a, b])$, und ist $f : \Gamma \to \mathbb{C}$ stetig, so wird $\int_a^b f(z)dz$ als $\sum_{j=1}^{n} \int_{c_{j-1}}^{c_j} f(\gamma(t))\gamma'(t)dt$ definiert. Es gilt

$$\left| \int\limits_{a}^{b} f(z)dz \right| \leq \int\limits_{a}^{b} |f(\gamma(t))||\gamma'(t)|dt . \tag{3.47}$$

Ist $|f| \leq M$ auf Γ und bezeichnet $L(\Gamma)$ die Bogenlänge von γ, so folgt aus (3.47) die Abschätzung

$$\left| \int\limits_{\gamma} f(z)dz \right| \leq M \cdot L(\Gamma) . \tag{3.48}$$

Sei $(f_n : \Gamma \to \mathbb{C})_{n \geq 1}$ eine Folge von stetigen Funktionen. Konvergiert $(f_n)_{n \geq 1}$ oder $\sum_{n=1}^{\infty} f_n$ gleichmäßig auf Γ gegen f bzw. gegen g, so gilt $\lim_{n \to \infty} \int_{\Gamma} f_n(z)dz = \int_{\Gamma} f(z)dz$ bzw. $\sum_{n=1}^{\infty} (\int_{\Gamma} f_n(z)dz) = \int_{\Gamma} g(z)dz$.

Besitzt $f : G \to \mathbb{C}$ eine Stammfunktion $F : G \to \mathbb{C}$, ist also F komplex differenzierbar mit $F' = f$, so gilt für jede stückweise glatt parametrisierte Kurve $\gamma : [a, b] \to G$

$$\int\limits_{\gamma} f(z)dz = F(\gamma(b)) - F(\gamma(a)) .$$

Aus der Existenz einer Stammfunktion für f folgt also die Wegunabhängigkeit des Integrals von f längs jeder stückweise glatt parametrisierten Kurve in G. Auch die umgekehrte Aussage ist richtig. Es gilt also: $\int_{\gamma} f(z)dz = 0$ für jede geschlossene stückweise glatt parametrisierte Kurve in G $\iff$ f besitzt eine Stammfunktion $F : G \to \mathbb{C}$.

Sei nun eine geschlossene stückweise glatt parametrisierte Jordankurve $\gamma : [a, b] \to G$ (also $\gamma(a) = \gamma(b)$ und $\gamma|_{[a,b[}$ ist injektiv) gegeben, die positiv orientiert ist. Man nimmt an, dass das von γ berandete, beschränkte Gebiet (das sog. Innere von γ) den Voraussetzungen des Greenschen Satzes genügt. Dann kann man aus dem Greenschen Satz sofort folgern, dass für jede komplex differenzierbare Funktion f auf G gilt: $\int_\gamma f(z)dz = 0$. Insbesondere gilt diese Aussage für jeden geschlossenen Polygonzug ohne Selbstschnitte und jeden Kreis, der zusammen mit seinem Inneren in G liegt. Bekanntlich hat jeder solche geschlossene Polygonzug ohne Selbstschnitte und jeder Kreis diese Eigenschaft genau dann, wenn das Gebiet G einfach zusammenhängend ist. Hiermit erhält man den Beweis des **Cauchyschen Integralsatzes für Polygone** oder **Kreise**: Ist f stetig komplex differenzierbar auf einem einfach zusammenhängenden Gebiet G und $\Gamma \subset G$ ein geschlossener Polygonzug ohne Selbstschnitte oder ein Kreis, so gilt $\int_\Gamma f(z)dz = 0$.

Man kann für Γ anstelle eines geschlossenen Polygonzuges ohne Selbstschnitte eine beliebige geschlossene stückweise glatt parametrisierte (sogar nur rektifizierbare – aber für die Rechenpraxis ist dies wenig realistisch) Kurve in G nehmen, da für jede komplex differenzierbare Funktion $f : G \to \mathbb{C}$ und jedes $\varepsilon > 0$ eine von f und ε abhängige endliche Vereinigung von geschlossenen Polygonzügen ohne Selbstschnitte $\bigcup_{k=1}^{n} \Gamma_k$ existiert, so dass $|\int_\Gamma f(z)dz - \sum_{k=1}^{n} \int_{\Gamma_k} f(z)dz| < \varepsilon$ gilt. Dadurch haben wir den Beweis des **Cauchyschen Integralsatzes** skizziert: Ist G ein einfach zusammenhängendes Gebiet, $\gamma : [a, b] \to G$ eine geschlossene stückweise glatt parametrisierte Kurve und $f : G \to \mathbb{C}$ stetig komplex differenzierbar, so gilt $\int_\gamma f(z)dz = 0$.

Man kann bei den Voraussetzungen sogar auf die Stetigkeit der Ableitung f' verzichten. Dafür ist aber ein anderer Beweis notwendig; ein solcher Beweis wurde von dem französischen Mathematiker Goursat gegeben. Eine für die Anwendungen nützliche Verallgemeinerung lautet: Seien $\gamma, \gamma_1, \ldots, \gamma_k$ geschlossene, positiv orientierte, stückweise glatt parametrisierte Jordankurven, so dass für ihre Bilder $\Gamma, \Gamma_1, \ldots, \Gamma_k$ und die von ihnen berandeten beschränkten Gebiete $D, D_1, \ldots, D_k$ gilt $\bar{D}_j := \Gamma_j \cup D_j \subset D$ für alle j und $\bar{D}_j \cap \bar{D}_l = \phi$ für alle $j \neq l$ und sei G ein Gebiet, das $\bar{D} \backslash \bigcup_{j=1}^{k} D_j$ enthält (vgl. Abb. 3.3). Dann gilt für jede komplex differenzierbare Funktion $f : G \to \mathbb{C}$

$$\int_\Gamma f(z)dz = \sum_{j=1}^{k} \int_{\Gamma_j} f(z)dz . \tag{3.49}$$

Aus der Definition des komplexen Integrals ergibt sich (z.B. bei Verwendung der Parametrisierung $[0, 2\pi] \to \mathbb{C}$, $\theta \mapsto z_0 + re^{i\theta}$)

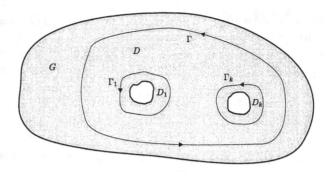

Abbildung 3.3. G ist die graue Fläche, D_j ist das Innere von Γ_j

$$\int\limits_{\partial\triangle_r(z_0)} \frac{1}{z-z_0}dz = 2\pi i \;. \tag{3.50}$$

Die obige Verallgemeinerung zeigt, dass man $\partial\triangle_r(z_0)$ durch eine beliebige geschlossene, positiv orientierte, glatt parametrisierte Jordankurve, die z_0 in ihrem Inneren enthält, ersetzen kann. Diese Bemerkung zusammen mit der obigen Verallgemeinerung führt zur **Integralformel von Cauchy**: Ist f eine komplex differenzierbare Funktion auf einem Gebiet G und γ eine beliebige geschlossene, positiv orientierte stückweise glatt parametrisierte Jordankurve, deren Bild Γ zusammen mit dem von ihr berandeten beschränkten Gebiet D in G liegt, so hat man für jedes $z \in D$:

$$f(z) = \frac{1}{2\pi i} \int\limits_{\gamma} \frac{f(w)}{w-z}dw \;. \tag{3.51$_0$}$$

Der Vollständigkeit wegen sei erwähnt, dass für $z \notin \bar{D}$ das Integral $\int_{\gamma} \frac{f(w)}{w-z}dw$ verschwindet. (Begründung: $w \mapsto \frac{f(w)}{w-z}$ ist komplex differenzierbar auf einem einfach zusammenhängenden Gebiet, das $\bar{D}$ – aber nicht z – enthält.) Durch $z \mapsto \int_{\gamma} \frac{f(w)}{w-z}dw$ ist auf $\mathbb{C}\setminus\Gamma$ eine Funktion definiert (die für $z \notin \bar{D}$ verschwindet und für $z \in D$ mit $2\pi i f(z)$ übereinstimmt). Man kann beweisen, dass diese Funktion unendlich oft komplex differenzierbar ist und ihre Ableitung n-ter Ordnung in $z \in D$ gleich $n! \int_{\gamma} \frac{f(w)}{(w-z)^{n+1}}dw$ ist. Daraus folgt, dass f auf D und damit auf G, weil γ beliebig war, unendlich oft differenzierbar ist, und dass die n-te Ableitung in allen Punkten z des von Γ berandeten beschränkten Teilgebiets D von G mit Hilfe der Cauchyschen Integralformel

$$f^{(n)}(z) = \frac{n!}{2\pi i} \int\limits_{\gamma} \frac{f(w)}{(w-z)^{n+1}}dw \tag{3.51$_n$}$$

berechnet wird. Wir staunen also erneut: Jede komplex differenzierbare Funk-

tion auf einer offenen Menge ist unendlich oft komplex differenzierbar auf
dieser Menge! Aus (3.51_0) erhalten wir, wiederum überraschend, das sog.
Maximumprinzip: Der Betrag $|f|$ einer nicht konstanten komplex differen-
zierbaren Funktion f auf einem Gebiet G besitzt in keinem Punkt von G
ein lokales Maximum. Ist G beschränkt und f stetig fortsetzbar auf ∂G, so
nimmt $|f|$ sein Maximum auf dem Kompaktum $\bar{G}$ in Punkten aus ∂G an.

Aus (3.51_2) erhält man einen Beweis des **Satzes von Liouville**: Eine auf
ganz $\mathbb{C}$ komplex differenzierbare Funktion ist entweder konstant, oder ihr
Betrag ist nicht beschränkt. Daraus bekommt man leicht einen Beweis des
Fundamentalsatzes der Algebra. (Zur Erinnerung: Er besagt, dass jedes Po-
lynom n-ten Grades mit komplexen Koeffizienten genau n Nullstellen besitzt.
Dabei wird jede Nullstelle mit ihrer Vielfachheit gezählt.)

Ist $f = u + iv$ komplex differenzierbar, so ist f unendlich oft komplex differenzierbar, und damit sind u und v unendlich oft reell differenzierbar. Insbesondere sind u und v zweimal stetig differenzierbar; da wegen (3.46) sowohl
Δu als auch Δv verschwinden, sind u und v harmonisch. Nun zur umgekehrten Frage: Gibt es zu einer reellwertigen harmonischen Funktion u auf
einem Gebiet G eine harmonische Funktion v, so dass $u + iv$ komplex differenzierbar ist? (Falls eine solche existiert, heißt sie eine **zu u harmonisch
konjugierte Funktion**, und jede weitere solche Funktion wird daraus durch
Addition einer reellen Zahl gewonnen.) Die Antwort, auf deren anspruchsvol-
len Beweis wir hier verzichten, lautet: G ist einfach zusammenhängend genau
dann, wenn jede auf G harmonische Funktion eine zu ihr harmonisch konjugierte Funktion hat. Insbesondere folgt daraus, dass zu jeder harmonischen
Funktion lokal eine zu ihr komplex konjugierte Funktion vorhanden ist, da
jeder Punkt aus G in einer in G enthaltenen offenen Kreisscheibe liegt. (Für
Kreisscheiben und für ganz $\mathbb{C}$ – oder $\mathbb{R}^2$ – kann man eine solche komplex
konjugierte Funktion explizit angeben.)

Aus der Cauchyschen Integralformel kann man die folgende **Mittelwert-
gleichung für harmonische Funktionen** ableiten. Sei u eine auf einer
offenen Teilmenge $U \subset \mathbb{R}^2$ harmonische Funktion, $(x_0, y_0)^T$ ein Punkt aus
U und $r > 0$ so klein, dass die abgeschlossene Kreisscheibe mit Radius r um
$(x_0, y_0)^T$ in U liegt. Dann gilt:

$$u(x_0, y_0) = \frac{1}{2\pi} \int\limits_0^{2\pi} u(x_0 + r\cos\theta, y_0 + r\sin\theta)d\theta . \qquad (3.52)$$

Daraus folgert man das **Maximum- und Minimumprinzip für harmonische Funktionen**. Eine nicht konstante harmonische Funktion auf einer
offenen Menge besitzt weder ein lokales Maximum noch ein lokales Minimum.
Physikalische Phänomene wie die stationäre Temperaturverteilung innerhalb
eines homogenen, vollen Zylinders, das elektrostatische Potenzial im (ungela-
denen) Inneren des Hohlzylinders oder die stationäre Strömung einer inkom-

pressiblen Flüssigkeit in einem Zylinder führen bei entsprechender Modellie-
rung zum folgenden **Dirichlet-Problem** (in welchem G jeweils ein Schnitt
senkrecht zur Zylinderachse ist): Sei G ein Gebiet aus $\mathbb{R}^2$ und $u_0 : \partial G \to \mathbb{R}$
eine stetige Funktion. Gesucht wird eine stetige Fortsetzung $u : \partial G \cup G \to \mathbb{R}$
von u_0 (also $u|_{\partial G} = u_0$), deren Einschränkung auf G harmonisch ist.
Ist G ein beschränktes Gebiet, so gibt es zu jeder gegebenen **Randwert-
Funktion** u_0 höchstens eine Lösung u. Gibt es zu jedem stetigen $u_0 : \partial G \to \mathbb{R}$
eine Lösung, so heißt G ein **Dirichlet-Gebiet**. Ein wichtiges Ergebnis ist,
dass die Einheitskreisscheibe $\triangle$ diese Eigenschaft hat. Die Lösung für das zu
u_0 gehörige Problem ist explizit durch die **Poisson-Formel für den Kreis**
gegeben:

$$
\begin{aligned}
u(re^{i\varphi}) &= u(r\cos\varphi, r\sin\varphi) \\
&= \frac{1}{2\pi} \int\limits_{-\pi}^{\pi} \frac{1-r^2}{1-2r\cos(\varphi-\theta)+r^2} u_0(\cos\theta, \sin\theta)d\theta .
\end{aligned}
\tag{3.53}
$$

Dabei ist r aus $[0,1[$ beliebig. Aus dem Beweis dieses Ergebnisses kann man
auch ableiten, dass u durch die folgende auf jedem $\overline{\triangle_R}$ mit $R < 1$ gleichmäßig
konvergente Reihe darstellbar ist:

$$
u(r\cos\varphi, r\sin\varphi) = \frac{a_0}{2} + \sum_{n=1}^{\infty} (a_n \cos n\varphi + b_n \sin n\varphi)r^n ,
\tag{3.54}
$$

wobei für $n = 0, 1, 2, \ldots$ und $n = 1, 2, 3, \ldots$ gilt:

$$
a_n = \frac{1}{\pi} \int\limits_{-\pi}^{\pi} u(\cos\theta, \sin\theta) \cos n\theta d\theta \quad \text{bzw.} \quad b_n = \frac{1}{\pi} \int\limits_{-\pi}^{\pi} u(\cos\theta, \sin\theta) \sin n\theta d\theta .
$$

Eine reell analytische Funktion auf einer offenen Teilmenge aus $\mathbb{R}$ ist eine
Funktion, die in einer Umgebung jedes Punktes durch eine konvergente Potenzreihe mit reellen Koeffizienten dargestellt werden kann. Analog wird der
Begriff **komplex analytische** (oder einfach: **analytische**) **Funktion** auf
einer offenen Teilmenge aus $\mathbb{C}$ definiert, wobei komplexe Koeffizienten für die
Potenzreihen zugelassen sind. Während eine unendlich oft reell differenzierbare Funktion nicht notwendig reell analytisch ist (z.B. ist

$$
f : \mathbb{R} \to \mathbb{R} , \quad x \mapsto \begin{cases} 0 & \text{, falls } x \leq 0 , \\ \exp(-\frac{1}{x^2}) & \text{sonst} \end{cases}
$$

unendlich oft differenzierbar, aber alle Ableitungen verschwinden im Nullpunkt; deswegen ist f um 0 in einer Potenzreihe entwickelbar, aber die
Taylorentwicklung stimmt nicht mit f überein), sind die Begriffe komplex differenzierbar und komplex analytisch äquivalent. Hat die Funktion

f auf $\Delta_r(z_0)$ die Darstellung $\sum_{n=0}^{\infty} a_n(z - z_0)^n$, so gilt $a_n = \frac{f^{(n)}(z_0)}{n!} = \frac{1}{2\pi i} \int_{\partial \Delta_\rho(z_0)} \frac{f(w)}{(w-z_0)^{n+1}} dw$ für jedes $\rho \in \,]0, r[$.

Definieren die Potenzreihen $\sum_{n=0}^{\infty} a_n(z - z_0)^n$ und $\sum_{n=0}^{\infty} b_n(z - z_0)^n$ zwei komplex differenzierbare Funktionen f bzw. g und ist $\sum_{n=0}^{\infty} c_n(z - z_0)^n$ die dem komplex differenzierbaren Produkt $f \cdot g$ zugeordnete Potenzreihe auf einer Umgebung von z_0, so gilt:

$$c_n = \frac{(f \cdot g)^{(n)}(z_0)}{n!} = \frac{1}{n!} \sum_{k=0}^{n} \binom{n}{k} f^{(k)}(z_0) \cdot g^{(n-k)}(z_0) =$$

$$\sum_{k=0}^{n} \frac{1}{k!(n-k)!} f^{(k)}(z_0) \cdot g^{(n-k)}(z_0) = \sum_{k=0}^{n} \frac{f^{(k)}(z_0)}{k!} \frac{g^{(n-k)}(z_0)}{(n-k)!} = \sum_{k=0}^{n} a_k b_{n-k} .$$

Dieses Ergebnis wurde für reelle Potenzreihen am Ende von Abschnitt 1.1.15 angekündigt.

Aus der Äquivalenz der Begriffe *komplex differenzierbar* und *analytisch* folgt auch der **Identitätssatz für komplex differenzierbare Funktionen**, der beinhaltet, dass für zwei komplex differenzierbare Funktionen f und g auf einem Gebiet G folgende Aussagen äquivalent sind:

i) $f = g$ auf G ,

ii) $\{z \in G \mid f(z) = g(z)\}$ hat einen Häufungspunkt in G ,

iii) $\exists z_0 \in G$ mit $f^{(n)}(z_0) = g^{(n)}(z_0)$ für alle $n \geq 0$.

Eine andere gleichwertige Formulierung dieses Satzes ist: Ist die komplex differenzierbare Funktion f auf dem Gebiet G nicht konstant, so ist die Urbildmenge $f^{-1}(a) = \{z \in G \mid f(z) = a\}$ für jedes $a \in \mathbb{C}$ entweder leer oder diskret in G (d.h. ohne Häufungspunkt in G). Diese Formulierung des Identitätssatzes und das Maximumprinzip werden entscheidend im Beweis des **Offenheitssatzes** benutzt: Ist f eine nicht konstante komplex differenzierbare Funktion auf dem Gebiet G, so ist für jede offene Teilmenge U von G das Bild $f(U)$ wiederum offen. Eine weitere Folgerung des Identitätssatzes besagt, dass für zwei komplex differenzierbare Funktionen $f_1 : G_1 \to \mathbb{C}$ und $f_2 : G_2 \to \mathbb{C}$ genau eine gemeinsame komplex differenzierbare Fortsetzung auf $G_1 \cup G_2$ existiert, falls $f_1|_{G_1 \cap G_2} = f_2|_{G_1 \cap G_2}$ gilt. (Man beachte, dass von den offenen Mengen G_1 und G_2 nichts verlangt wird.)

Ist der Konvergenzradius der Potenzreihe $\sum_{n=0}^{\infty} b_n(z - z_0)^n$ eine Zahl $\rho > 0$ oder $+\infty$, so konvergiert die Funktionenreihe $\sum_{n=0}^{\infty} \frac{b_n}{(z-z_0)^n}$ auf $\mathbb{C} \backslash \overline{\Delta_{\frac{1}{\rho}}(z_0)}$ bzw. $\mathbb{C} \backslash \{z_0\}$ und definiert darauf eine komplex differenzierbare Funktion. Man schreibt auch $\sum_{n=-\infty}^{0} b_{-n}(z - z_0)^n$ anstelle von $\sum_{k=0}^{\infty} \frac{b_n}{(z-z_0)^n}$. Konvergiert $\sum_{n=0}^{\infty} a_n(z - z_0)^n$ auf $\Delta_R(z_0)$ und $\sum_{n=-\infty}^{-1} a_n(z - z_0)^n$ auf $\mathbb{C} \backslash \overline{\Delta_r(z_0)}$, und ist $0 \leq r < R$, so definiert $\sum_{n=-\infty}^{\infty} a_n(z - z_0)^n = \sum_{n=-\infty}^{-1} a_n(z - z_0)^n +$

$\sum_{n=0}^{\infty} a_n(z - z_0)^n$ eine komplex differenzierbare Funktion auf dem offenen Kreisring $\Delta_{r,R}(z_0) := \{z \in \mathbb{C} \mid r < |z - z_0| < R\}$. Umgekehrt ist auch richtig: Jede komplex differenzierbare Funktion f auf dem offenen Kreisring $\Delta_{r,R}(z_0)$ lässt sich darauf als konvergente Funktionenreihe $\sum_{n=-\infty}^{\infty} a_n(z - z_0)^n$ darstellen. Für jedes $\rho \in \,]r, R[$ gilt:

$$a_n = \frac{1}{2\pi i} \int\limits_{\partial \Delta_\rho(z_0)} \frac{f(w)}{(w - z_0)^{n+1}} \, dw \ . \tag{3.55}$$

Diese Funktionenreihe heißt die **Laurentreihe** von f.

Sei $U \subset \mathbb{C}$ offen, $z_0 \in U$ und $r > 0$ mit $\overline{\Delta_r(z_0)} \subset U$. Man sagt, dass die komplex differenzierbare Funktion $f : U \backslash \{z_0\} \to \mathbb{C}$ eine isolierte Singularität in z_0 hat. Auf der in z_0 punktierten Kreisscheibe $\Delta_{0,r}(z_0)$ sei $\sum_{n=-\infty}^{\infty} a_n(z - z_0)^n$ die Laurent-Reihe von f. Man nennt z_0 eine

→   **hebbare Singularität**, wenn $a_n = 0$ für alle $n < 0$ gilt,

→   **Polstelle** (oder **Pol**) k-ter **Ordnung**, falls $a_{-k} \neq 0$ und $a_n = 0$ für alle $n < -k$ gilt,

→   **wesentliche Singularität**, falls unendlich viele $n < 0$ mit $a_n \neq 0$ existieren.

Nach dem **Riemannschen Hebbarkeitssatz** ist eine isolierte Singularität z_0 von f hebbar, wenn ein $\varepsilon > 0$ existiert, so dass f (d.h. $|f|$) auf $\Delta_{0,\varepsilon}(z_0)$ beschränkt ist. Eine weitere Aussage dieses Satzes ist, dass dann $\lim\limits_{z \to z_0} f(z)$ existiert und dass die dadurch fortgesetzte Funktion nicht nur stetig sondern sogar komplex differenzierbar ist.

f hat einen Pol in z_0, wenn $\lim\limits_{z \to z_0} f(z) = \infty$ oder äquivalent, wenn $\lim\limits_{z \to z_0} |f(z)| = +\infty$ gilt. Die Polstellenordnung von f in z_0 ist genau dann gleich k, wenn $\lim\limits_{z \to z_0} (z - z_0)^k f(z)$ in $\mathbb{C}$ existiert und von Null verschieden ist. Äquivalent dazu:

Es gibt ein $\varepsilon > 0$, so dass die auf $\Delta_\varepsilon(z_0)$ durch $z \mapsto \begin{cases} 0 & \text{, falls } z = z_0 \ , \\ \frac{1}{f(z)} & \text{sonst} \end{cases}$

definierte Funktion komplex differenzierbar ist und in z_0 eine Nullstelle k-ter Ordnung hat.

Einige Beispiele: Der Nullpunkt ist eine hebbare Singularität für $\frac{e^z - 1}{z}$, $\frac{\sin z}{z}$, $\frac{1 - \frac{z^2}{2} - \cos z}{z^4}$ und $\frac{z - \sin z}{z^3}$. Die Funktionen $\frac{1}{\sin z}$ und $\frac{z}{1 - \cos z}$ haben im Nullpunkt eine einfache Polstelle. Die anderen Pole von $\frac{z}{1 - \cos z}$ bilden die Menge $\{2n\pi \mid n \in \mathbb{Z} \backslash \{0\}\}$, und die Polstellenordnung ist in jedem dieser Punkte gleich zwei. Die Funktion $\sin \frac{1}{z}$ hat eine einzige isolierte Singularität; sie liegt im Nullpunkt und ist weder hebbar noch ein Pol, also eine wesentliche Singularität. Übrigens ist der Nullpunkt eine Singularität für die Funktion $\frac{1}{\sin \frac{1}{z}}$, aber, da jedes Glied der gegen Null konvergierenden Folge $(\frac{1}{n\pi})_{n\geq 1}$ eine Polstelle dieser Funktion ist, *keine isolierte* Singularität! Wir werden uns aber nur mit isolierten Singularitäten beschäftigen.

Eine Überraschung liefern die folgenden zwei Ergebnisse über wesentliche Singularitäten. Es sei f eine komplex differenzierbare Funktion, z_0 eine wesentliche Singularität von f und $\varepsilon > 0$ so gewählt, dass $\triangle_\varepsilon(z_0) \backslash \{z_0\} = \triangle_{0,\varepsilon}(z_0)$ im Definitionsbereich von f liegt. Dann

→   ist die Bildmenge $f(\triangle_{0,\varepsilon}(z_0))$ dicht in $\mathbb{C}$ (**Satz von Casorati-Weierstraß**),

→   und es gilt sogar $f(\triangle_{0,\varepsilon}(z_0)) = \mathbb{C}$ oder $f(\triangle_{0,\varepsilon}(z_0)) - \mathbb{C}\backslash\{w_0\}$, wobei w_0 ein von ε unabhängiger **Ausnahmewert** von f ist (**Satz von Picard**).

Das zweite Ergebnis ist viel stärker als das erste und erheblich mühsamer zu beweisen.

Sei $\sum_{n=-\infty}^{\infty} a_n(z-z_0)^n$ die Laurent-Reihe von f um die isolierte Singularität z_0. Die Zahl $a_{-1} = \frac{1}{2\pi i}\int_{\partial\triangle_r(z_0)} f(z)dz$ heißt das **Residuum** von f in z_0 und wird mit $\operatorname{Res} f|_{z_0}$ (oder auch mit $\operatorname{Res}(f; z_0)$ oder $\operatorname{Res} f(z_0)$) bezeichnet. Wir geben nun einige Regeln für die Berechnung von Residuen an. Ist z_0 eine Polstelle n-ter Ordnung von f, so gilt

$$\operatorname{Res} f|_{z_0} = \frac{1}{(n-1)!}\lim_{z\to z_0}[f(z)\cdot(z-z_0)^n]^{(n-1)} . \tag{3.56$_n$}$$

Insbesondere gilt für $n = 1$, d.h. für den Fall, dass z_0 eine einfache Polstelle ist

$$\operatorname{Res} f|_{z_0} = \lim_{z\to z_0} f(z)\cdot(z-z_0) . \tag{3.56$_1$}$$

Lässt sich f auf einer Kreisscheibe um z_0 als $\frac{g}{h}$ darstellen, wobei g und h auf dieser Kreisscheibe komplex differenzierbar sind und z_0 keine Nullstelle von g aber eine einfache Nullstelle von h ist, so gilt

$$\operatorname{Res} f|_{z_0} = \frac{g(z_0)}{h'(z_0)} . \tag{3.57}$$

Das Bilden des Residuums ist ein linearer Prozess, d.h. für alle $a_1, a_2 \in \mathbb{C}$ und komplex differenzierbare Funktionen f_1, f_2 auf einer in z_0 punktierten Kreisscheibe um z_0 gilt:

$$\operatorname{Res}(a_1 f_1 + a_2 f_2)|_{z_0} = a_1 \operatorname{Res} f_1|_{z_0} + a_2 \operatorname{Res} f_2|_{z_0} .$$

Unser Interesse an Residuen ist durch den folgenden **Residuensatz** begründet: Sei G ein Gebiet aus $\mathbb{C}$ und $\gamma : [a,b] \to G$ eine geschlossene, positiv orientierte, stückweise glatt parametrisierte Jordankurve. Sind $z_1, \ldots, z_n$ Punkte aus dem Inneren von γ und ist $f : G\backslash\{z_1, \ldots, z_n\} \to \mathbb{C}$ komplex differenzierbar, so gilt

$$\int\limits_{\gamma} f(z)dz = 2\pi i \sum_{k=1}^{n} \text{Res } f|_{z_k} .\tag{3.58}$$

Damit kann man also komplexe Integrale berechnen, aber auch uneigentliche (reelle) Integrale wie das folgende Beispiel zeigt: Seien P und Q reelle Polynome mit grad $P + 2 \leq$ grad Q. Q habe keine reelle Nullstellen. Daraus folgt, dass der Grad von Q gerade ist und dass genau die Hälfte der Nullstellen, sagen wir $z_1, \ldots, z_n$ in der oberen Halbebene liegen. ($x + iy$ ist eine Nullstelle von Q $\iff$ $x - iy$ ist eine Nullstelle von Q). Integriert man f auf dem geschlossenen Halbkreis mit dem Mittelpunkt Null und dem Radius r und berücksichtigt, dass $\int_0^\pi \frac{P(re^{i\theta})}{Q(re^{i\theta})} r i e^{i\theta} d\theta$ für $r \to \infty$ gegen Null konvergiert, so folgt aus dem Residuensatz:

$$\int\limits_{-\infty}^{\infty} \frac{P(x)}{Q(x)} dx = 2\pi i \sum_{k=1}^{n} \text{Res } \frac{P}{Q}\bigg|_{z_k} .\tag{3.59}$$

Sollte der Nenner Q nur negative reelle Nullstellen aber keine weiteren reellen Nullstellen haben, so kann man $\int_0^\infty \frac{P(x)}{Q(x)} dx$ in bestimmten Fällen durch geschickte Wahl einer geschlossenen Jordankurve mit Hilfe des Residuensatzes berechnen und danach eine Grenzwertbetrachtung anstellen. Im Fall $\int_0^\infty \frac{dx}{x^{2n+1}+1}$, $n \geq 1$, integriert man z.B. mit Hilfe des Residuensatzes die komplex differenzierbare Funktion $z \mapsto \frac{1}{z^{2n+1}+1}$ auf dem Weg, der aus der Strecke $[0, R]$, $R > 1$, dem Kreisbogen mit Mittelpunkt 0 und Radius R von R bis $Re^{\frac{2\pi i}{2n+1}}$ und schließlich aus der Strecke von $Re^{\frac{2\pi i}{2n+1}}$ zum Nullpunkt besteht, und führt dann den Limes $R \to \infty$ durch.

Auch Integrale vom Typ $\int_0^{2\pi} \frac{P(\cos\theta, \sin\theta)}{Q(\cos\theta, \sin\theta)} d\theta$, wobei der Nenner keine Nullstelle auf $[0, 2\pi]$ hat, werden mit Hilfe des Residuensatzes berechnet. Für $z = \cos\theta + i\sin\theta$ aus $\partial\triangle = \partial\triangle_1 = \{z \in \mathbb{C} \mid |z| = 1\}$ folgt $z^{-1} = \cos\theta - i\sin\theta$ und damit $\cos\theta = \frac{z+z^{-1}}{2}$, $\sin\theta = \frac{z-z^{-1}}{2i}$ und $d\theta = \frac{1}{iz} dz$. Aus dem gegebenen Integral erhält man mit diesem Ansatz ein komplexes Integral längs $\partial\triangle_1$, das mit dem Residuensatz ausgewertet werden kann.

Eine weitere (auf den ersten Blick nur theoretisch interessante) Folgerung des Residuensatzes ist das sog. **Prinzip des Argumentes**. Es seien $n(f; \gamma)$ die Anzahl der Nullstellen und $p(f; \gamma)$ die Anzahl der Polstellen $z_1, z_2, \ldots, z_n$ (beide mit Vielfachheiten gezählt) einer komplex differenzierbaren Funktion $f : G\backslash\{z_1, \ldots, z_n\} \to \mathbb{C}$, die innerhalb einer geschlossenen, positiv orientierten, stückweise glatt parametrisierten Jordankurve γ liegen. Dann gilt die folgende Formel:

$$n(f; \gamma) - p(f; \gamma) = \frac{1}{2\pi i} \int\limits_{\gamma} \frac{f'(z)}{f(z)} dz .\tag{3.60}$$

Daraus ergibt sich der **Satz von Rouché**: Seien f und g zwei komplex differenzierbare Funktionen auf einem Gebiet G und γ eine geschlossene, positiv orientierte, glatt parametrisierte Jordankurve in G, so dass $|g(z)| < |f(z)|$ für alle z aus dem Bild von γ gilt. Dann haben f und $f + g$ innerhalb γ gleich viele Nullstellen. Der Satz von Rouché liefert sofort einen weiteren Beweis des Fundamentalsatzes der Algebra. (Hinweis dazu: Für $\sum_{k=0}^{n} a_k z^{n-k}$ mit $a_0 \neq 0$ gibt es ein $R > 0$, so dass $|\sum_{k=1}^{n} a_k z^{n-k}| < |a_0 z^n|$ für alle $z \in \partial\triangle_R$. Dann gibt es in $\triangle_R$ für $a_0 z^n$ und $a_0 z^n + \sum_{k=1}^{n} a_k z^{n-k}$ gleich viele, nämlich n Nullstellen.) Außerdem hilft der Satz von Rouché beim Lokalisieren von Nullstellen komplex differenzierbarer Funktionen (s. Aufgabe 76). Wir schließen das Thema Residuensatz mit dem Hinweis, dass mit seiner Hilfe Anfangswertprobleme für Systeme von linearen Differenzialgleichungen gelöst werden können (s. Aufgabe 73).

Eine bijektive, komplex differenzierbare Funktion $f : G \to G^*$ zwischen zwei Gebieten G und G^* von $\mathbb{C}$ heißt **konform** oder **analytischer Isomorphismus**, falls f^{-1} ebenfalls komplex differenzierbar ist. Insbesondere ist f ein **Homöomorphismus** (oder **topologischer Isomorphismus**), d.h. f ist bijektiv, stetig, und f^{-1} ist ebenfalls stetig. So sind z.B. die lineare Funktion $z \mapsto az + b$ für $a \neq 0$ und die Möbius-Transformation $z \mapsto \frac{az+b}{cz+d}$ für $c \neq 0$ konform von $\mathbb{C}$ auf $\mathbb{C}$ bzw. $\mathbb{C}\backslash\{-\frac{d}{c}\}$ auf $\mathbb{C}\backslash\{\frac{a}{c}\}$. Zwei Gebiete G und G^* heißen **topologisch äquivalent**, falls ein Homöomorphismus $f : G \to G^*$ existiert. Ist f zusätzlich konform, so heißen G und G^* **konform äquivalent**. Z.B. sind $\mathbb{C}$ und $\triangle$ nicht konform äquivalent, was aus dem Satz von Liouville folgt. $\mathbb{C}$ und $\mathbb{C}^*$ sowie $\triangle_R$ und $\triangle_{r,R}$, $0 \leq r < R$, sind nicht einmal topologisch äquivalent, da nur jeweils eins der Gebiete einfach zusammenhängend ist. Eine komplex differenzierbare Funktion $f : G \to G^*$ heißt **lokal konform**, wenn jeder Punkt z aus G eine offene Umgebung U besitzt, so dass $f|_U : U \to f(U)$ konform ist. (Man beachte, dass f nicht konstant und deshalb $f(U)$ eine offene Umgebung von $f(z)$ ist.) So sind z.B. $\mathbb{C}^* \to \mathbb{C}^*$, $z \mapsto z^2$ und $\mathbb{C} \to \mathbb{C}^*$, $z \mapsto e^z$ lokal konform aber nicht konform, da beide nicht injektiv sind. Ist f lokal konform und bijektiv, so ist f konform, was z.B. für $q : \{z \in \mathbb{C} \mid \mathrm{Re}\, z > 0\} \to \mathbb{C}\backslash] - \infty, 0]$, $z \mapsto z^2$ und für $\exp : \{z = x + iy \mid -\pi < y < \pi\} \to \mathbb{C}\backslash] - \infty, 0]$ der Fall ist. Das folgende Ergebnis liefert eine nachprüfbare Charakterisierung für die lokale Konformität einer komplex differenzierbaren Abbildung $f : G \to G^*$. f ist genau dann lokal konform, wenn $f'(z) \neq 0$ für alle $z \in G$ gilt, d.h., wenn f' nullstellenfrei ist. Es folgt: f konform $\iff$ f bijektiv und f' nullstellenfrei. Eine weitere, diesmal geometrische Charakterisierung ist: f ist dann und nur dann lokal konform, wenn f in jedem Punkt **winkeltreu** ist. Das bedeutet, dass für jeden Punkt $z^0 \in G$ und für je zwei glatt parametrisierte Kurven $\gamma_1 : [a_1, b_1] \to \mathbb{C}$ und $\gamma_2 : [a_2, b_2] \to \mathbb{C}$ mit $\gamma_1(t_1^0) = \gamma_2(t_2^0) = z^0$ der Winkel zwischen den Tangenten zu γ_1 und γ_2 in t_1^0 bzw. t_2^0 gleich dem Winkel zwischen den Tangenten zu $f \circ \gamma_1$ und $f \circ \gamma_2$ in t_1^0 und t_2^0 ist.

Wird ein Gebiet G auf die Einheitskreisscheibe $\triangle = \triangle_1 = \{z \in \mathbb{C} \mid |z| < 1\}$ konform abgebildet, so ist G einfach zusammenhängend und nach dem Satz von Liouville ist $G \neq \mathbb{C}$. Ein eindrucksvolles Resultat, dessen Beweis höchst anspruchsvoll ist, sagt aus, dass die Umkehrung gilt. Dieser **Riemannsche Abbildungssatz** lautet: Ist $G \neq \mathbb{C}$ ein einfach zusammenhängendes Gebiet aus $\mathbb{C}$ und $z_0 \in G$, so gibt es genau eine konforme Funktion $f : G \to \triangle$ mit $f(z_0) = 0$ und so dass $f'(z_0)$ reell positiv ist. Ein Beispiel dazu: Für die obere Halbebene $H = \{z \in \mathbb{C} \mid \operatorname{Im} z > 0\}$ und $z_0 = i$ ist $f : H \to \triangle$, $f(z) = i\frac{z-i}{z+i}$ die konforme Funktion aus dem Abbildungssatz. Für ein beliebiges, einfach zusammenhängendes Gebiet $G \neq \mathbb{C}$ kann man eine solche Funktion i.A. nicht explizit angeben. Es gibt aber eine Fülle von Beispielen konkreter Gebiete, in welchen dies möglich ist. Die Untersuchungen dazu stoßen auf großes Interesse, da unter zusätzlichen Voraussetzungen an G die Angabe der expliziten Lösung des Dirichlet-Problems für G möglich ist – wenn das Dirichlet-Problem für die Einheitskreisscheibe konkret lösbar ist –, und damit wird die Tür zu den Anwendungen in der Aero- und Hydrodynamik aber auch in der Elektrotechnik geöffnet. Man nimmt an, dass G ein beschränktes, einfach zusammenhängendes Gebiet ist und dass eine bijektive, stetige Funktion $f : \bar{G} \to \bar{\triangle}$ bekannt ist, deren Inverse auch stetig ist, und so dass $f(\partial G) = \partial\triangle$ und $f|_G$ konform ist. Ist $u_0 : \partial G \to \mathbb{R}$ stetig, so ist $v_0 := f^{-1} \circ u_0$ stetig auf $\partial\triangle$. Ist $v : \bar{\triangle} = \partial\triangle \cup \triangle \to \mathbb{R}$ die Lösung des von v_0 gestellten Dirichlet-Problems für $\triangle$, so ist $u := f \circ v : \bar{G} \to \mathbb{R}$ die Lösung des zu u_0 gehörigen Dirichlet-Problems für G. Dies liegt daran, dass $(\frac{\partial^2 u}{\partial x^2} + \frac{\partial^2 u}{\partial y^2})(z) = (\frac{\partial^2 v}{\partial \xi^2} + \frac{\partial^2 v}{\partial \eta^2})(f(z)) \cdot |f'(z)|^2$ gilt; dabei bezeichnet $z = x + iy$ die Koordinate in G und $\xi + i\eta$ diejenige in $\triangle$.

Wir schließen diese Einführung in die Funktionentheorie mit einigen Ergebnissen über eine nach dem russischen Aerodynamiker Joukowski benannte Funktion. Die **Joukowski-Funktion** $j : \tilde{\mathbb{C}} \to \tilde{\mathbb{C}}$ mit $j(z) = \frac{1}{2}(z + \frac{1}{z})$ für $z \in \mathbb{C}^*$ und $j(0) = j(\infty) = \infty$ bildet folgende Gebiete konform ab:

→　das Äußere der in der oberen Halbebene gelegenen abgeschlossenen Einheitskreishalbscheibe, also $\{z = x + iy \in \mathbb{C} \mid y > 0 \text{ und } |z| > 1\}$ auf die obere Halbebene,

→　die untere offene Einheitskreishalbscheibe $\{z \in \mathbb{C} \mid y < 0 \text{ und } |z| < 1\}$ auf die untere Halbebene,

→　das Äußere der abgeschlossenen Einheitskreisscheibe $\{z \in \mathbb{C} \mid |z| > 1\}$ auf $\mathbb{C} \backslash [-1, 1]$,

→　die obere Halbebene auf $\mathbb{C} \backslash ([-\infty, -1] \cup [1, +\infty[)$.

Für die gewünschten Profile von Flugzeugflügeln hat Joukowski Bilder von Kreisen mittels j untersucht. Dafür hat er wegen $j(z) = \frac{1+(\frac{z-1}{z+1})^2}{1-(\frac{z-1}{z+1})^2}$ die Funktion j als Komposition der Möbius-Transformation $z \mapsto \frac{z-1}{z+1}$ mit der Quadratfunktion q und mit einer weiteren Möbius-Transformation $z \mapsto \frac{z+1}{z-1}$ dargestellt.

3.1.9 Laplacetransformation und ihre Anwendungen
(Aufgabe 78 bis 87)

Eine Funktion $f : [0, \infty[\to \mathbb{C}$ heißt eine **Zeitfunktion**, wenn sie auf jedem endlichen Intervall $[0, A]$ stetig bis auf endlich viele Ausnahmepunkte und absolut integrierbar ist. Um bestimmte Ergebnisse und Formeln einheitlich anzugeben, wird jede Zeitfunktion auf $] - \infty, 0[$ durch den Wert 0 fortgesetzt. So entsteht aus der konstanten Funktion $[0, \infty[\to \mathbb{R}, t \mapsto 1$ die **Heavisidesche Sprungfunktion** $u : \mathbb{R} \to \mathbb{R}$ mit $u(t) := 0$ für $t < 0$ und $u(t) := 1$ für $t \geq 0$. Sei $a > 0$; aus einer Zeitfunktion f entsteht bei der **Rechtsverschiebung** $t \mapsto f(t - a)$ die Zeitfunktion, welche denselben Prozess wie f beschreibt aber erst a Zeiteinheiten später. Dagegen ist bei der **Linksverschiebung** $t \mapsto f(t + a)$ das Verhalten in den ersten a Zeiteinheiten „vergessen". Das **Laplaceintegral der Zeitfunktion** f in $s \in \mathbb{C}$ ist $\int_0^\infty f(t)e^{-st}dt$. Die Menge $\{s \in \mathbb{C} \mid \int_0^\infty f(t)e^{-st}dt$ konvergiert$\}$ ist die **Konvergenzmenge** oder die **Menge der einfachen Konvergenz** des Laplaceintegrals von f. Ist diese Menge nicht leer, so heißt f **zulässig für die Laplacetransformation** und die Funktion $K(f) \to \mathbb{C}$, $s \mapsto \int_0^\infty f(t)e^{-st}dt =: L[f](s)$ die **Laplacetransformierte** von f. Sei $\mathcal{Z}$ die Menge der zulässigen Funktionen für die Laplacetransformation. Eine Zeitfunktion, die „zu schnell gegen ∞ wächst", ist keine zulässige Funktion für die Laplacetransformation. Das ist z.B. der Fall für $[0, \infty[\to \mathbb{R}$, $t \mapsto \exp(t^2)$ oder $t \mapsto \exp(\exp t)$. Manchmal ist es bequemer – wenn auch formal nicht ganz korrekt –, $L[f(t)]$ und entsprechend $K(f(t))$ anstelle von $L[f]$ bzw. $K(f)$ zu schreiben. So ist es z.B. einfacher, $L[t]$ statt $L[\mathrm{id}_{[0,\infty[}]$ zu schreiben. Auch für die Rechts- und Linksverschiebung von $f \in \mathcal{Z}$ ist es vernünftig, $L[f(t - a)]$ und $K(f(t - a))$ bzw. $L[f(t + a)]$ und $K(f(t + a))$ zu schreiben. Für die Funktion $t \mapsto f(at)$ (mit $a > 0$) ist die Bezeichnung $L[f(at)]$ und $K(f(at))$ einleuchtend.

Für die Anwendungen ist es sehr nützlich, die Laplacetransformierten und deren einfache Konvergenzmengen von möglichst vielen Zeitfunktionen zu kennen. Dafür gibt es Tabellen in Formelsammlungen, aber auch gewisse Regeln, welche die Berechnungen erleichtern.

Die Heavisidesche Sprungfunktion u hat die einfache Konvergenzmenge $K(u) = \{s \in \mathbb{C} \mid \operatorname{Re} s > 0\}$ und die (darauf definierte) Laplacetransformierte $L[u](s) = \frac{1}{s}$. Für $a > 0$ gilt $K(u) = K(u(t - a)) = K(u(t + a))$,

$L[u(t-a)](s) = \frac{e^{-sa}}{s}$ und $L[u(t+a)](s) = \frac{1}{s}$. Für die Identität und ihre n-te Potenz hat man $K(t) = K(t^n) = \{s \in \mathbb{C} \mid \operatorname{Re} s > 0\}$ und $L[t](s) = \frac{1}{s^2}$ sowie $L[t^n](s) = \frac{n!}{s^{n+1}}$. Seien I, T und τ positive Zahlen mit $\tau < T$ und $f_{T,I,\tau}$ die Zeitfunktion, die auf $\bigcup_{n=0}^{\infty}[nT, nT+\tau]$ den Wert I und sonst den Wert 0 hat. Ist τ viel kleiner als T, so ist anhand der graphischen Darstellung dieser Funktion einleuchtend, warum sie **Impulsfunktion** heißt. Man hat $K(f_{T,I,\tau}) = \{s \in \mathbb{C} \mid \operatorname{Re} s > 0\}$ und $L[f_{T,I,\tau}](s) = \frac{I}{s} \cdot \frac{1-e^{-s\tau}}{1-e^{-sT}}$. Ist $\alpha \in \mathbb{C}$, so gilt $K(e^{\alpha t}) = K(te^{\alpha t}) = \{s \in \mathbb{C} \mid \operatorname{Re}(s-\alpha) > 0\}$ und $L[e^{\alpha t}](s) = \frac{1}{s-\alpha}$ sowie $L[te^{\alpha t}] = \frac{1}{(s-\alpha)^2}$. Die folgenden Regeln sind ziemlich einfach zu beweisen.

Seien $f, g \in \mathcal{Z}, a, b \in]0, \infty[$ und $\alpha, \beta \in \mathbb{C}$. Für $M \subset \mathbb{C}$ und $\gamma \in \mathbb{C}$ benutzt man die Bezeichnungen $\gamma + M = \{\gamma + m \mid m \in M\}$ und $\gamma \cdot M = \{\gamma m \mid m \in M\}$. Hiermit gilt:

Additionsregel:
$\alpha f + \beta g \in \mathcal{Z}$, $K(\alpha f + \beta g) \supset K(f) \cap K(g)$ und $L[\alpha f + \beta g](s) = \alpha L[f](s) + \beta L[g](s)$.

Ähnlichkeitsregel:
$t \mapsto f(at)$ ist aus $\mathcal{Z}$, $K(f(at)) = a \cdot K(f(t))$ und $L[f(at)](s) = \frac{1}{a}L[f](\frac{s}{a})$.

Verschiebungsregel:
$t \mapsto f(t-b)$ und $t \mapsto f(t+b)$ sind aus $\mathcal{Z}$, $K(f(t-b)) = K(f(t)) = K(f(t+b))$ und $L[f(t-b)](s) = e^{-sb}L[f](s)$, $L[f(t+b)](s) = e^{sb}L[f](s) - e^{sb}\int_0^b f(t)e^{-st}dt$.

Regel für eine allgemeine lineare Substitution:
$t \mapsto f(at-b)$ ist aus $\mathcal{Z}$, $K(f(at-b)) = a \cdot K(f)$ und $L[f(at-b)](s) = \frac{1}{a}e^{-\frac{b}{a}s}L[f](\frac{s}{a})$.

Dämpfungsregel:
$t \mapsto e^{\alpha t}f(t)$ ist aus $\mathcal{Z}$, $K(e^{\alpha t}f(t)) = \alpha + K(f)$ und $L[e^{\alpha t}f(t)](s) = L[f](s-a)$.

Regel für eine periodische Funktion $f \in \mathcal{Z}$ mit der Periode T:
$(1 - e^{-sT})L[f](s) = \int_0^T f(t)e^{-st}dt$.

Bevor wir weitere (weniger leicht zu beweisende) Regeln für die Laplacetransformation angeben, beschäftigen wir uns mit der Konvergenzmenge $K(f)$ des Laplaceintegrals einer Funktion $f \in \mathcal{Z}$. Entscheidend ist die Existenz und Eindeutigkeit der **Konvergenzabszisse** k_f. Nun ist k_f entweder $-\infty$ oder diejenige reelle Zahl, für die gilt:

$$\{s \in \mathbb{C} \mid \operatorname{Re} s > k_f\} \subset K(f) \subset \{s \in \mathbb{C} \mid \operatorname{Re} s \geq k_f\} .$$

Das bedeutet, dass $K(f)$ für $k_f = -\infty$ ganz $\mathbb{C}$ für $k_f \in \mathbb{R}$ aus der **Konvergenzhalbebene** $\{z \in \mathbb{C} \mid \operatorname{Re} z > k_f\}$ besteht, vereinigt mit Punkten und Intervallen der **Konvergenzgeraden** $\{z \in \mathbb{C} \mid \operatorname{Re} z = k_f\}$. So gilt z.B.

$K(\frac{1}{1+t^2}) = \{s \in \mathbb{C} \mid \operatorname{Re} s \geq 0\}$ und $K(\frac{t}{1+t^2}) = \{s \in \mathbb{C} \mid \operatorname{Re} s \geq 0\} \setminus \{0\}$.

Für bestimmte Aussagen genügt es nicht, dass das Laplaceintegral von $f \in \mathcal{Z}$ in einem Punkt s (oder in einem Gebiet) konvergiert; man benötigt zusätzlich die absolute Konvergenz des Laplaceintegrals, d.h. die Existenz (Konvergenz) des uneigentlichen Integrals $\int_0^\infty |f(t)e^{-st}| dt$. Es gibt ein eindeutig bestimmtes $a_f \in \mathbb{R} \cup \{\infty, -\infty\}$, so dass die Menge aller $s \in \mathbb{C}$, für welche $\int_0^\infty f(t)e^{-st} dt$ absolut konvergiert, entweder $\{s \in \mathbb{C} \mid \operatorname{Re} s > a_f\}$ oder $\{s \in \mathbb{C} \mid \operatorname{Re} s \geq a_f\}$ ist. a_f heißt dann die **Abszisse absoluter Konvergenz**, und die offene oder abgeschlossene Halbebene, worauf das Laplaceintegral absolut konvergiert, heißt die **Halbebene absoluter Konvergenz des Laplaceintegrals** von f. Es gilt offensichtlich $k_f \leq a_f$. Aber sowohl $k_f = a_f$ ist möglich als auch $k_f \in \mathbb{R} \cup \{-\infty\}$ und $a_f = \infty$.

Nun kommen wir – wie angekündigt – zu weiteren Regeln für die Laplacetransformation.

Multiplikationsregel:

Für $f \in \mathcal{Z}$ ist $L[f]$ komplex differenzierbar auf $\{s \in \mathbb{C} \mid \operatorname{Re} s > k_f\}$, $t \mapsto t^n f(t)$ ist aus $\mathcal{Z}$ und es gilt

$$(L[f])^{(n)}(s) = (-1)^n L[t^n f](s) \quad \text{für alle } s \in \mathbb{C} \text{ mit } \operatorname{Re} s > k_f . \tag{3.61}$$

Um die Stärke dieser Regel deutlich zu machen, betrachten wir $f : [0, \infty[\to \mathbb{R}$ mit $f(0) := 0$ und $f(t) := \frac{1}{\sqrt{t}}$ für $t > 0$. Man kann ausgehend von der Definition zeigen, dass die einfache Konvergenzmenge $K(f)$ die Menge $\{s \in \mathbb{C} \mid \operatorname{Re} s \geq 0\} \setminus \{0\}$ ist. Für $x > 0$ führt die Substitution $xt = v^2$ zu

$$L[f](x) = \int_0^\infty \frac{1}{\sqrt{t}} e^{-xt} dt = \frac{2}{\sqrt{x}} \int_0^\infty e^{-v^2} dv = \frac{2}{\sqrt{x}} \cdot \frac{\sqrt{\pi}}{2} = \frac{\sqrt{\pi}}{\sqrt{x}} .$$

$L[f]$ ist auf $\{s \in \mathbb{C} \mid \operatorname{Re} s > 0\}$ komplex differenzierbar nach der obigen Regel. Der Hauptwert $s \mapsto \sqrt{s}$ der Wurzelfunktion (in Polarkoordinaten $re^{i\theta} \mapsto \sqrt{r} e^{i\frac{\theta}{2}}$ für $r > 0$ und $-\pi < \theta < \pi$) ist auf derselben Menge ebenfalls komplex differenzierbar. Da $L[f]$ und $s \mapsto \frac{\sqrt{\pi}}{\sqrt{s}}$ auf $]0, \infty[$ gleich sind, folgt aus dem Identitätssatz für komplex differenzierbare Funktionen $L[f](s) = \frac{\sqrt{\pi}}{\sqrt{s}}$ auf $\{s \in \mathbb{C} \mid \operatorname{Re} s > 0\}$. Weiter folgt aus der Multiplikationsregel $L[\sqrt{t}](s) = \frac{\sqrt{\pi}}{2s\sqrt{s}}$ für alle $s \in \mathbb{C}$ mit $\operatorname{Re} s > 0$. (Entsprechend kann man $L[t^{n+\frac{1}{2}}]$ für jede natürliche Zahl n berechnen.)

Integrationsregel:

Für $f \in \mathcal{Z}$ und $x_0 > 0$ aus $K(f)$ ist $t \mapsto \int_0^t f(\tau) d\tau$ aus $\mathcal{Z}$, und das Laplaceintegral dieser Funktion konvergiert auf $\{x_0\} \cup \{s \in \mathbb{C} \mid \operatorname{Re} s > x_0\}$. Darauf hat man

$$L \left[\int\limits_0^t f(\tau)d\tau \right](s) = \frac{1}{s}L[f](s) \, . \tag{3.62}$$

Außerdem wächst die Funktion $t \mapsto |\int_0^t (\tau)d\tau|$ langsamer als $e^{x_0 t}$ für $t \to +\infty$,
d.h. es gibt ein $C > 0$ und ein $t_0 > 0$ mit $|\int_0^t f(\tau)d\tau| \leq Ce^{x_0 t}$ für alle $t \geq t_0$,
und die Abszisse absoluter Konvergenz von $t \mapsto \int_0^t f(\tau)d\tau$ ist kleiner gleich
x_0 .

Differenziationsregel:
Sei $f \in \mathcal{Z}$ auf $]0, \infty[$ differenzierbar und $x_0 > 0$ aus $K(f')$. Dann existiert
$f(0+) := \lim\limits_{x \to 0+} f(x)$ und x_0 liegt in $K(f)$. Für $s \in \{x_0\} \cup \{s \in \mathbb{C} \mid \mathrm{Re}\, s > x_0\}$
hat man

$$L[f'](s) = sL[f](s) - f(0+) \, . \tag{3.63}$$

Außerdem wächst $|f|$ langsamer als $e^{x_0 t}$ für $t \to \infty$ und es gilt $a_f \leq x_0$.
Als Folgerung erhält man die n-te **Differenziationsregel:** Sei $f \in \mathcal{Z}$
auf $]0, \infty[$ n-mal differenzierbar und $x_0 > 0$ aus $K(f^{(n)})$. Dann existiert
$f^{(k)}(0+) := \lim\limits_{t \to 0+} f^{(k)}(t)$ für $k = 0, 1, \ldots, n-1$, und x_0 liegt in $K(f^{(k)})$ für
$k = 0, 1, \ldots, n-1$. Es gilt

$$L[f^{(n)}](s) = s^n L[f](s) - f(0+)s^{n-1} - f'(0+)s^{n-2} - \ldots - f^{(n-1)}(0+)$$
$$\text{für alle} \quad s \in \{x_0\} \cup \{s \in \mathbb{C} \mid \mathrm{Re}\, s > x_0\} \, . \tag{3.64}$$

Die Funktionen $|f|, |f'|, \ldots, |f^{(n-1)}|$ wachsen langsamer als $e^{x_0 t}$ für $t \to +\infty$,
und man hat $a_{f^{(k)}} \leq x_0$ für $k = 0, 1, \ldots, n-1$.
Mit $\mathcal{Z}_0$ bezeichnet man den $\mathbb{C}$-Untervektorraum von $\mathcal{Z}$, der alle Funktionen enthält, die auf jedem Intervall $[A, B]$ mit $0 < A < B$ beschränkt
sind. Man sagt, dass die **Faltung** der Funktionen f_1, f_2 aus $\mathcal{Z}$ existiert, falls
$\int_0^t f_1(\tau)f_2(t-\tau)d\tau$ für alle $t \geq 0$ existiert. Diese auf $[0, \infty[$ definierte Funktion wird mit $f_1 * f_2$ bezeichnet, also: $f_1 * f_2(t) = \int_0^t f_1(\tau)f_2(t-\tau)d\tau$. So
gilt für die Heavisidesche Funktion $u * u(t) = t$ und $(u * u) * u(t) = \frac{t^2}{2}$. Die
Integrationsregel besagt genau, dass die Faltung jeder Funktion f aus $\mathcal{Z}$ mit
der Heavisideschen Sprungfunktion u existiert, und die Formel (3.62) lässt
sich als $L[u * f](s) = \frac{1}{s}L[f](s)$ schreiben. Sind f_1 und f_2 aus $\mathcal{Z}_0$, so ist $f_1 * f_2$
definiert und sogar stetig auf $[0, \infty[$. Das folgende Ergebnis ist eine erhebliche
Verallgemeinerung der Integrationsregel.
Faltungsregel: Seien f_1, f_2 aus $\mathcal{Z}_0$. In einem $s_0 \in \mathbb{C}$ konvergiere eine der
beiden Laplacetransformierten $L[f_1]$ und $L[f_2]$ absolut und die andere we-
nigstens einfach. Dann konvergiert $L[f_1 * f_2]$ in s_0 einfach, und für alle

$s \in \{s_0\} \cup \{s \in \mathbb{C} \mid \operatorname{Re} s > \operatorname{Re} s_0\}$ gilt

$$L[f_1](s) \cdot L[f_2](s) = L[f_1 * f_2](s) . \tag{3.65}$$

Insbesondere folgt daraus $k_{f_1 * f_2} \le \min\{\max(a_{f_1}, k_{f_2}), \max(k_{f_1}, a_{f_2})\}$.

Für die Anwendungen der Laplacetransformation ist es wichtig zu wissen, was aus $L[f_1] = L[f_2]$ folgt. Der **Eindeutigkeitssatz** sagt aus, dass in diesem Fall $f_1 - f_2$ **eine Nullfunktion** ist, d.h. $\int_0^A (f_1 - f_2)(t)dt = 0$ für alle $A > 0$. Umgekehrt gilt trivialerweise: Ist $f_1 - f_2$ eine Nullfunktion, so gilt $L[f_1] = L[f_2]$. (Beachten Sie: *Eine Nullfunktion ist nicht die Nullfunktion.* Hat f in jedem Intervall $[a, A]$ nur in endlich vielen Punkten von Null verschiedene Werte, so ist f eine Nullfunktion.) Sind f_1 und f_2 stetig, so folgt aus $L[f_1] = L[f_2]$ und aus dem Eindeutigkeitssatz $f_1 = f_2$. Wir erwähnen in diesem Zusammenhang das von Doetsch eingeführte **Korrespondenzzeichen**:

$$f(t) \circ\!\!-\!\!\bullet L[f](s) \quad \text{bzw.} \quad L[f](s) \bullet\!\!-\!\!\circ f(t) .$$

So hat man z.B. $\sin at \circ\!\!-\!\!\bullet \frac{a}{s^2+a^2}$, $\cos at \circ\!\!-\!\!\bullet \frac{s}{s^2+a^2}$, $t^n \circ\!\!-\!\!\bullet \frac{n!}{s^{n+1}}$, usw. (Dass man nicht eine Bezeichnung vom Typ $\rightleftharpoons$ oder $\leftrightarrow$ benutzt, liegt an der Tatsache, dass allen Funktionen aus $\mathcal{Z}$, die sich additiv nur um eine *Nullfunktion* unterscheiden, dieselbe Laplacetransformierte entspricht.)

Die Laplacetransformation wird meist beim Lösen von Anfangswertproblemen für lineare Differenzialgleichungen und Differenzialgleichungsprobleme mit konstanten Koeffizienten benutzt. Ist $y^{(n)}(t) + a_1 y^{(n-1)}(t) + \ldots + a_{n-1} y'(t) + a_n y(t) = f(t)$ eine Differenzialgleichung mit $a_1, \ldots, a_n$ aus $\mathbb{R}$, f aus $\mathcal{Z}$ und sind die reellen Zahlen (Anfangsbedingungen) $y_0^{(0)} = y_0, y_0', \ldots, y_0^{(n-1)}$ gegeben, so wird eine Funktion $y \in \mathcal{Z}$ gesucht, die auf $]0, \infty[$ n-mal differenzierbar ist, so dass für jedes $k \in \{0, 1, \ldots, n-1\}$ der rechtsseitige Grenzwert $\lim_{t \to 0+} y^{(k)}(t)$ existiert und gleich $y_0^{(k)}$ ist. Wendet man die Laplacetransformation auf beide Seiten der Differenzialgleichung an und berücksichtigt man die Differenziationsregel sowie die Anfangsbedingungen, so hat man wegen $L[y^{(k)}](s) = s^k L[y](s) - y_0 s^{k-1} - y_0' s^{k-2} - \ldots - y_0^{(k-2)} s - y_0^{(k-1)}$ in der offenen Halbebene $\{s \in \mathbb{C} \mid \operatorname{Re} s > b\}$, in der $L[f]$ definiert ist und $Q(s) := s^n + a_1 s^{n-1} + \ldots + a_{n-1} s + a_n$ keine Nullstelle hat, die Gleichung

$$Q(s)L[y](s) = L[f](s) + y_0(s^{n-1} + a_1 s^{n-2} + \ldots + a_{n-2} s + a_{n-1}) + \ldots$$
$$+ y_0^{(n-2)}(s + a_1) + y_0^{(n-1)}.$$

Bezeichnet man mit P das Polynom $y_0 s^{n-1} + (y_0 a_1 + y_0') s^{n-2} + \ldots + (y_0 a_{n-2} + \ldots + y_0^{(n-3)} a_1 + y_0^{(n-2)}) s + y_0 a_{n-1} + \ldots + y_0^{(n-2)} a_1 + y_0^{(n-1)}$, so gilt in der oberen

Halbebene $L[y](s) = \frac{L[f](s)}{Q(s)} + \frac{P(s)}{Q(s)}$. Die Lösung des Anfangswertproblems ist also die eindeutig bestimmte, n-mal differenzierbare Funktion $y \in \mathcal{Z}$, deren Laplacetransformierte $\frac{L[f](s)}{Q(s)} + \frac{P(s)}{Q(s)}$ ist. (Natürlich ist diese Aufgabe – so wie auch die Berechnung von $L[f]$ – nicht immer leicht zu bewältigen.) Im Spezialfall $y^2 + ay = f(x)$ mit $a > 0$ ist diese Methode sehr eindrucksvoll. Aus $L[y](s) = \frac{1}{s^2+a^2} \cdot (L[f](s) + y_0' + y_0 s) = \frac{1}{a} L[\sin at](s) \cdot L[f](s) + \frac{y_0'}{a} L[\sin at](s) + y_0 L[\cos t](s) = L[\frac{1}{a} \int_0^t f(\tau) \sin a(t-\tau)d\tau + \frac{y_0'}{a} \sin at + y_0 \cos at](s)$ folgt nach dem Eindeutigkeitssatz die Lösung

$$y(t) = \frac{1}{a} \int\limits_0^t f(\tau) \sin a(t-\tau)d\tau + \frac{y_0'}{a} \sin at + y_0 \cos at \ .$$

Man betrachtet nun das Anfangswertproblem, bestehend aus dem linearen System von Differenzialgleichungen $\mathbf{y}' = A\mathbf{y} + \mathbf{f}$. Dabei ist A eine $n \times n$-Matrix mit reellen Koeffizienten, $\mathbf{y} = (y_1, y_2, \ldots, y_n)^T$ ist die gesuchte Vektorfunktion mit Komponenten aus $\mathcal{Z}$, welche auf $]0, \infty[$ differenzierbar sind, und $\mathbf{f} = (f_1, f_2, \ldots, f_n)^T$ ist eine Vektorfunktion mit Komponenten aus $\mathcal{Z}$; die Anfangswerte sind durch den Vektor $\mathbf{y}_0 = (y_{10}, y_{20}, \ldots, y_{n0})^T$ gegeben. Wendet man die Laplacetransformation auf das System an, so ergibt sich

$$sL[\mathbf{y}](s) - \mathbf{y}_0 = s(L[y_1](s), L[y_2](s), \ldots, L[y_n](s))^T - \mathbf{y}_0^T =$$
$$AL[\mathbf{y}](s) + L[\mathbf{f}](s) = AL[\mathbf{y}](s) + (L[f_1](s), L[f_2](s), \ldots, L[f_n](s))^T$$

und damit $(sE_n - A)L[\mathbf{y}](s) = \mathbf{y}_0 + L[\mathbf{f}](s)$. Ist $\mathrm{Re}\,s$ größer als die Realteile aller Eigenwerte von A, so ist $sE_n - A$ invertierbar, und damit hat man für alle s aus einer Halbebene (auf welcher auch $L[\mathbf{f}]$ definiert ist)

$$L[\mathbf{y}](s) = (sE_n - A)^{-1}(\mathbf{y}_0 + L[\mathbf{f}](s)) =: (F_1(s), F_2(s), \ldots, F_n(s))^T \ .$$

Das Lösen des Anfangswertproblems hat sich auf die Bestimmung der Funktionen $y_1, y_2, \ldots, y_n$ mit $L[y_k](s) = F_k(s)$ für alle $k = 1, 2, \ldots, n$ reduziert.

Wir erwähnen an dieser Stelle, dass die Laplacetransformation auch beim Lösen der inhomogenen Wellengleichung, also einer partiellen Differenzialgleichung der Gestalt $u_{xx}(x,t) - u_{tt}(x,t) = f(x,y)$ gebraucht werden kann und dass die Faltungsregel sowie der Eindeutigkeitssatz beim Berechnen von Integralen manchmal schnell zum Erfolg führen können. So lässt sich z.B. das Integral $\int_0^t x^m(t-x)^n dx$ für $m, n \in \mathbb{N}$ als Faltung von $t \mapsto t^m$ und $t \mapsto t^n$ interpretieren und damit wie folgt berechnen. Aus $L[\int_0^t x^m(t-x)^n dx](s) = L[t^m * t^n](s) = L[t^m](s) \cdot L[t^n](s) = \frac{m!}{s^{m+1}} \cdot \frac{n!}{s^{n+1}} = \frac{m!n!}{(m+n+1)!} \cdot \frac{(m+n+1)!}{s^{m+n+2}} = L[\frac{m!n!}{(m+n+1)!}t^{m+n+1}](s)$ folgt $\int_0^t x^m(t-x)^n dx = \frac{m!n!}{(m+n+1)!}t^{m+n-1}$ für alle $m, n \in \mathbb{N}$ und $t > 0$.

Auch das (konvergente!) uneigentliche Integral $\int_0^t \frac{dx}{\sqrt{x(t-x)}}$ für $t > 0$ ist die

Faltung der Funktion $t \mapsto \frac{1}{\sqrt{t}}$ mit sich. Für $s \in \mathbb{C}$, $\operatorname{Re} s > 0$ folgt wegen

$L[\frac{1}{\sqrt{t}}](s) = \frac{\sqrt{\pi}}{\sqrt{s}}$ zuerst $L[\int_0^t \frac{dx}{\sqrt{x(t-x)}} dx](s) = L[\frac{1}{\sqrt{t}} * \frac{1}{\sqrt{t}}](s) = (L[\frac{1}{\sqrt{t}}](s))^2 =$

$(\frac{\sqrt{\pi}}{\sqrt{s}})^2 = \frac{\pi}{s} = \pi L[u](s)$ und damit $\int_0^t \frac{dx}{\sqrt{x(t-x)}} = \pi$ für alle $t > 0$.

3.1.10 Fouriertransformation und ihre Anwendungen
(Aufgaben 88 und 89)

Die Fouriertransformation ist vor allem wegen ihrer Anwendungen von Interesse. Sie ermöglicht es, gewöhnliche und partielle Differenzialgleichungen in einfachere Gleichungen umzuwandeln. Gerade für die Behandlung von Fragen aus der Elektrotechnik ist die Fouriertransformation sehr geeignet.

Sei $f : \mathbb{R} \to \mathbb{C}$ eine absolut integrierbare Funktion auf $\mathbb{R}$, d.h. $\int_{-\infty}^{\infty} |f(t)| dt$ konvergiert. Für jedes $\omega \in \mathbb{R}$ ist dann das sog. **Fourierintegral** konvergent, und die Funktion $F(f) = \hat{f} : \mathbb{R} \to \mathbb{C}$, $F(f)(\omega) = \hat{f}(\omega) := \int_{-\infty}^{\infty} f(t) e^{-i\omega t} dt$ heißt die **Fouriertransformierte** von f. (Von der Technik her sind die Bezeichnungen **Originalfunktion** oder **eingegebenes Signal** für f und **empfangenes Signal** für $\hat{f}$ üblich. t und ω werden als Zeit bzw. Frequenz interpretiert.) Man beachte, dass für alle $\omega \in \mathbb{R}$ gilt: $|\hat{f}(\omega)| \leq \int_{-\infty}^{\infty} |f(t)| dt$. Insbesondere gilt für eine reellwertige, nicht negative Funktion $f : \mathbb{R} \to \mathbb{R}$, die über $\mathbb{R}$ integrierbar ist, die Ungleichung $|\hat{f}(\omega)| \leq \hat{f}(0)$ für alle ω aus $\mathbb{R}$. Schwierig zu beweisen ist die gleichmäßige Stetigkeit von $\hat{f}$ und $\lim_{\omega \to \infty} \hat{f}(\omega) = 0 = \lim_{\omega \to -\infty} \hat{f}(\omega)$.

Ähnlich wie bei der Laplacetransformation wird die Berechnung von Fouriertransformierten durch Tabellen bekannter und oft benutzter Funktionen sowie durch verschiedene Regeln für die Fouriertransformation sehr erleichtert. In den folgenden Beispielen und Regeln seien a und T positive reelle Zahlen, $b \in \mathbb{R} \setminus \{0\} = \mathbb{R}^*$, $c \in \mathbb{R}$, $\alpha, \beta \in \mathbb{C}$, $\gamma \in \mathbb{C}$ mit $\operatorname{Re} \gamma > 0$, $\omega_0 \in \mathbb{R}$ und u die Heavisidesche Funktion. Die Fouriertransformierte der Funktion

$\rightarrow \quad t \mapsto \begin{cases} 1 & \text{, falls } |t| \leq T \\ 0 & \text{sonst} \end{cases}$ ist $\omega \mapsto \begin{cases} \frac{2\sin T\omega}{\omega} & \text{, falls } \omega \neq 0, \\ 2T & \text{, falls } \omega = 0, \end{cases}$

$\rightarrow \quad t \mapsto \begin{cases} 1 - \frac{1}{T}|t| & \text{, falls } |t| \leq T \\ 0 & \text{sonst} \end{cases}$ ist $\omega \mapsto \begin{cases} \frac{4}{T\omega^2} \sin^2(\frac{T\omega}{2}) & \text{, falls } \omega \neq 0, \\ T & \text{, falls } \omega = 0, \end{cases}$

$\rightarrow \quad t \mapsto \begin{cases} -1 & \text{, falls } -T \leq t \leq 0, \\ 1 & \text{, falls } 0 \leq t \leq T, \\ 0 & \text{sonst} \end{cases}$ ist $\omega \mapsto \begin{cases} -4i\frac{\sin^2(\frac{T\omega}{2})}{\omega} & \text{, falls } \omega \neq 0, \\ 0 & \text{, falls } \omega = 0, \end{cases}$

$$\rightarrow \quad t \mapsto e^{-\gamma t} u(t) = \begin{cases} e^{-\gamma t} & \text{, falls } t \geq 0 , \\ 0 & \text{sonst} \end{cases} \quad \text{ist } \omega \mapsto \frac{1}{\gamma + i\omega} ,$$

$$\rightarrow \quad t \mapsto e^{\gamma t} u(-t) = \begin{cases} e^{\gamma t} & \text{, falls } t \leq 0 , \\ 0 & \text{sonst} \end{cases} \quad \text{ist } \omega \mapsto \frac{1}{\gamma - i\omega} ,$$

$$\rightarrow \quad t \mapsto e^{-\gamma |t|} \text{ ist } \omega \mapsto \frac{2\gamma}{\gamma^2 + \omega^2} ,$$

$$\rightarrow \quad t \mapsto e^{-at^2} \text{ ist } \omega \mapsto \sqrt{\frac{\pi}{a}}\, e^{-\frac{\omega^2}{4a}} .$$

Bei der Aufstellung der Rechenregeln werden (analog zu den Laplacetransformierten) die Bezeichnungen $F(f(bt))$, $F(f(t-c))$ und $F((-it)^n f(t))$ für die Fouriertransformierten von $t \mapsto f(bt)$, $t \mapsto f(t-c)$ bzw. $t \mapsto (-it)^n f(t)$ verwendet. Für absolut integrierbare Funktionen $f, g : \mathbb{R} \to \mathbb{C}$ gelten die folgenden Regeln:

Additionsregel:
$\alpha f + \beta g$ ist absolut integrierbar über $\mathbb{R}$, und es gilt $F(\alpha f + \beta g) = \alpha F(f) + \beta F(g)$.

Ähnlichkeitsregel:
$t \mapsto f(bt)$ ist absolut integrierbar über $\mathbb{R}$, und es gilt $F(f(bt))(\omega) = \frac{1}{|b|} F(f)(\frac{\omega}{b})$.

Verschiebungsregel:
$t \mapsto f(t-c)$ ist absolut integrierbar über $\mathbb{R}$, und es gilt $F(f(t-c))(\omega) = e^{-ic\omega} F(f)(\omega)$.

Konjugationsregel:
$\bar{f}$ ist absolut integrierbar über $\mathbb{R}$, und es gilt $F(\bar{f})(\omega) = \overline{F(f)(-\omega)}$.

Modulationsregel:
$t \mapsto e^{i\omega_0 t} f(t)$ ist absolut integrierbar über $\mathbb{R}$, und es gilt $F(e^{i\omega_0 t} f(t))(\omega) = F(f)(\omega - \omega_0)$.

Als Folgerungen erhält man daraus:

$\rightarrow$ $\quad F(f(-t))(\omega) = F(f(t))(-\omega)$, und deshalb ist mit f auch $F(f)$ gerade bzw. ungerade.

$\rightarrow$ $\quad$ Ist f rellwertig, so gilt $F(f)(\omega) = \overline{F(f)(-\omega)}$, und deshalb ist für gerades f die Funktion $F(f)$ reellwertig, für ungerades f hat $F(f)$ nur rein imaginäre Werte.

Die obigen Regeln sind ziemlich leicht nachzuweisen; dagegen sind die Beweise der folgenden Regeln kompliziert.

Differenziationsregel:
Sei $f : \mathbb{R} \to \mathbb{C}$ n-mal stetig differenzierbar und $f, f', \ldots, f^{(n)}$ seien absolut integrierbar über $\mathbb{R}$. Dann gilt $\lim_{t \to \infty} f^{(k)}(t) = 0 = \lim_{t \to -\infty} f^{(k)}(t)$ für alle $k = 0, 1, \ldots, n-1$ und

$$F(f^{(k)})(\omega) = (i\omega)^k F(f)(\omega) \text{ für } k = 1, 2, \ldots, n \text{ und } \omega \in \mathbb{R} . \tag{3.66}$$

Differenziationsregel der Bildfunktion:

Für $f : \mathbb{R} \to \mathbb{C}$ seien $t \mapsto t^k f(t)$, $k = 0, 1, \ldots, n$, absolut integrierbar über $\mathbb{R}$. Damit ist $F(f)$ n-mal differenzierbar auf $\mathbb{R}$, und es gilt

$$F((-it)^k f(t))(\omega) = F(f)^{(n)}(\omega) \quad \text{für } k = 1, \ldots, n \text{ und } \omega \in \mathbb{R} . \tag{3.67}$$

Integrationsregel:

Seien $f : \mathbb{R} \to \mathbb{C}$ und $t \mapsto \int_{-\infty}^{t} f(\tau) d\tau$ absolut integrierbar auf $\mathbb{R}$. Für alle $\omega \in \mathbb{R}^*$ gilt

$$F \left(\int\limits_{-\infty}^{t} f(\tau) d\tau \right) (\omega) = \frac{F(\omega)}{i\omega} . \tag{3.68}$$

Faltungsregel:

Eine der auf $\mathbb{R}$ absolut integrierbaren Funktionen $f_1, f_2 : \mathbb{R} \to \mathbb{C}$ sei beschränkt. Dann ist die Faltung $f_1 * f_2 : \mathbb{R} \to \mathbb{C}$, $t \mapsto \int_{-\infty}^{\infty} f_1(\tau) f_2(t - \tau) d\tau$ dieser Funktionen auch absolut integrierbar auf $\mathbb{R}$, und es gilt

$$F(f_1 * f_2)(\omega) = F(f_1)(\omega) \cdot F(f_2)(\omega) . \tag{3.69}$$

Als Anwendung der Integrationsregel erhält man für $a > 0$ das Ergebnis

$$F(te^{-at^2})(\omega) = -i\sqrt{\frac{\pi}{a}} \cdot \frac{\omega}{2a} e^{-\frac{\omega^2}{4a}} , \tag{3.70}$$

wobei $F(e^{-at^2})(\omega) = \sqrt{\frac{\pi}{a}}\, e^{-\frac{\omega^2}{4a}}$ benutzt wurde.

Für Anwendungen, aber auch an sich ist die Frage nach der Beziehung zwischen auf $\mathbb{R}$ absolut integrierbaren Funktionen f_1 und f_2, deren Fouriertransformierten übereinstimmen, wichtig. Analog zur Laplacetransformation hat man einen **Eindeutigkeitssatz**, dessen Beweis anspruchsvoll ist: Die Fouriertransformierten $\hat{f}_1$ und $\hat{f}_2$ stimmen genau dann überein, wenn die Differenz $f_1 - f_2$ **eine Nullfunktion** ist, d.h. für alle a, b aus $\mathbb{R}$ gilt $\int_a^b (f_1 - f_2)(t) dt = 0$. Insbesondere ist eine stetige und über $\mathbb{R}$ absolut integrierbare Funktion f durch ihre Fouriertransformierte $F(f)$ eindeutig bestimmt. Ist außer der Stetigkeit von f auch die absolute Integrierbarkeit von $F(f)$ gegeben, so kann man f aus $F(f)$ mit der sog. **Umkehrformel** gewinnen:

$$f(t) = \frac{1}{2\pi} \int\limits_{-\infty}^{\infty} F(f)(\omega) e^{it\omega} d\omega \quad \text{für alle} \quad t \in \mathbb{R} . \tag{3.71}$$

Ist außerdem $F(f)$ reell und gerade bzw. reell und ungerade, so ist f reell und gerade bzw. rein imaginär und ungerade, und die Formel (3.71) erhält die Gestalt

$$f(t) = \frac{1}{\pi} \int\limits_0^\infty F(f)(\omega) \cos \omega t dt \quad \text{bzw.} \quad f(t) = \frac{i}{\pi} \int\limits_0^\infty F(f)(\omega) \sin t \omega d\omega .$$

Die absolute Integrierbarkeit von $F(f)$ ist nicht automatisch gegeben, wie man aus $F(e^{-\gamma t} u(t))(\omega) = \frac{1}{\gamma + i\omega}$ sieht. Die Formel (3.71) gilt für ein $t_0 \in \mathbb{R}$ auch dann, wenn f nur in t_0 stetig und $F(f)$ absolut integrierbar ist.

Wegen der Bedeutung dieses Ergebnisses hat man untersucht, inwieweit man auf die Stetigkeit von f in t_0 beim weiteren Bestehen von (3.71) oder einer ähnlichen Formel verzichten kann. Wir erwähnen nur, dass für den Fall, dass f in einer Umgebung von t_0 von „lokaler Variation" (es gibt eine Umgebung $[a, b]$ von t_0 und $M > 0$, so dass für jede Unterteilung $a = \tau_0 < \tau_1 < \ldots < \tau_n = b$ gilt: $\sum_{j=1}^n |f(\tau_j) - f(\tau_{j-1})| < M$) ist, $f(t_0+)$ und $f(t_0-)$ existieren, und es gilt

$$\frac{f(t_0+) + f(t_0-)}{2} = \frac{1}{2\pi} C \int\limits_{-\infty}^\infty F(f)(\omega) e^{it_0\omega} d\omega .$$

(Die Definition des Cauchyschen Hauptwertes wurde in Paragraph 2.1.7 gegeben.)

Sei $x^{(n)}(t) + a_1 x^{(n-1)}(t) + \ldots + a_{n-1} x'(t) + a_n x(t) = f(t)$ eine lineare Differenzialgleichung n-ter Ordnung mit konstanten Koeffizienten $a_1, a_2, \ldots, a_n$ aus $\mathbb{C}$, und $f : \mathbb{R} \to \mathbb{C}$ sei fouriertransformierbar. Gibt es eine über $\mathbb{R}$ absolut integrierbare Lösung $x : \mathbb{R} \to \mathbb{C}$ dieser Gleichung, so ist sie eindeutig bestimmt, und ihre Fouriertransformierte $\hat{x}$ erfüllt die Gleichung $[(i\omega)^n + a_1(i\omega)^{n-1} + \ldots + a_{n-1}(i\omega) + a_n]\hat{x}(\omega) = \hat{f}(\omega)$ für alle $\omega \in \mathbb{R}$. Kann man $\frac{\hat{f}(\omega)}{(i\omega)^n + \ldots + a_n}$ als Summe von Funktionen schreiben, für welche die Umkehrformel anwendbar ist oder welche die Fouriertransformierten bekannter Funktionen sind, so hat man die Lösung x berechnet. In vielen konkreten Fällen kommt man hiermit aber nicht oder nur sehr mühsam zum Ziel.

Mehr Erfolg hingegen verspricht die Anwendung der Fouriertransformation in der Theorie der partiellen Differenzialgleichungen.

Man betrachtet auf einem unendlich langen, orientierten Stab einen festen Punkt (Ursprung). Für einen Beobachtungspunkt, der in einer Entfernung x vom Ursprung liegt, bezeichne $u(x, t)$ die Temperatur zum Zeitpunkt t. Unter bestimmten physikalischen Annahmen ist die Funktion $(x, t) \mapsto u(x, t)$ genügend oft differenzierbar und erfüllt die Wärmeleitungsgleichung $u_t = c^2 u_{xx}$, wobei $c > 0$ eine Materialkonstante ist. Ist zum Zeitpunkt $t = 0$ die Temperatur $f(x)$ in jedem Beobachtungspunkt x bekannt, d.h. hat man die Anfangsbedingung $u(x, 0) = f(x)$, und ist f eine fouriertransformierbare Funktion, so kann man unter Verwendung der Fouriertransformation die folgende Gestalt für u nachweisen:

$$u(x,t) = \frac{1}{2c\sqrt{\pi t}} \int\limits_{-\infty}^{\infty} f(s)e^{-\frac{(x-s)}{4c^2 t}}\,ds \qquad \text{für alle} \quad t > 0\,.$$

Eine rechteckige Platte, deren Länge viel größer als ihre Breite a ist, wird in unseren Überlegungen als ein Streifen $\{(x,y)^T \in \mathbb{R}^2 \mid 0 \leq y \leq 0\}$ angesehen, also unendlich lang. Die Temperaturverteilung darauf sei zeitunabhängig (man sagt auch stationär). Bezeichnet $u(x,y)$ die zeitlich konstante Temperatur im Punkt $(x,y)^T$ dieses Streifens, so ist u (unter bestimmten Annahmen über die Beschaffenheit der Platte) eine harmonische Funktion, d.h. sie erfüllt die Potenzialgleichung $u_{xx} + u_{yy} = 0$. An den Rändern der Platte werden in den Punkten $(x,0)^T$ und $(x,a)^T$ die Temperaturen $f(x)$ bzw. $g(x)$ gemessen, d.h. u genügt den Randbedingungen $u(x,0) = f(x)$ und $u(x,a) = g(x)$ für alle $x \in \mathbb{R}$. Sind die Funktionen f und g stetig und absolut integrierbar über $\mathbb{R}$, so kann man unter Einbeziehung der Fouriertransformation nach komplizierten Überlegungen die folgende Temperaturverteilung auf der Platte nachweisen:

$$u(x,y) = \frac{1}{2a} \int\limits_{-\infty}^{\infty} \left[\frac{f(s)\sin\frac{\pi(a-y)}{a}}{\cosh\frac{\pi(x-s)}{a} + \cos\frac{\pi(a-y)}{a}} + \frac{g(s)\sin\frac{\pi y}{a}}{\cosh\frac{\pi(x-s)}{a} + \cos\frac{\pi y}{a}} \right] ds\,.$$

Eine unendlich lange, elastische Saite (in Wirklichkeit genügt „sehr lang") habe im Punkt x zum Zeitpunkt t eine Auslenkung $u(x,t)$ (im Vergleich zur Ruhestellung). Unter bestimmten Voraussetzungen ist die Funktion $(x,t) \mapsto u(x,t)$ mindestens zweimal stetig differenzierbar und genügt der Schwingungsgleichung (auch Wellengleichung genannt) $u_{tt} - c^2 u_{xx} = 0$, wobei $c > 0$ wieder eine Materialkonstante ist. Ist zum Zeitpunkt Null die Auslenkung der Saite im Punkt x gleich $f(x)$ und ihre senkrechte Geschwindigkeit gleich $g(x)$, d.h. gelten die Anfangsbedingungen $u(x,0) = f(x)$ und $u_t(x,0) = g(x)$, und sind f und g zweimal bzw. einmal stetig differenzierbar sowie absolut uneigentlich integrierbar über $\mathbb{R}$, so wird die Bewegung (Auslenkung) der Saite wie folgt beschrieben:

$$u(x,t) = \frac{1}{2}(f(x+ct) + f(x-ct)) + \frac{1}{2c} \int\limits_{x-ct}^{x+ct} g(\xi)d\xi\,. \tag{3.72}$$

Diese Formel kann man auch mit Hilfe der Fouriertransformation herleiten. Auch die Bewegung der Saite unter Berücksichtigung äußerer Einflüsse, d.h. die inhomogene Schwingungsgleichung $(u_{tt} - cu_{xx})(x,t) = h(x,t)$, kann man mit Hilfe der Fouriertransformation untersuchen.

3.2 Aufgaben für das dritte Kapitel

Aufgabe 1

$\mathbf{x} : [0, 2\pi] \to \mathbb{R}^2$, $\mathbf{x}(t) = (\cos^3 t, \sin^3 t)^T$ parametrisiert die sog. Astroide.

a) Zeigen Sie:
  i) Diese parametrisierte Kurve ist geschlossen.
  ii) Die Einschränkung $\mathbf{x}|_{[0,2\pi[}$ ist eine injektive Abbildung von $[0, 2\pi[$ in $\mathbb{R}^2$.
  iii) Das Bild $\mathbf{x}([0, 2\pi[)$ dieser Kurve liegt im Kreisring mit dem Mittelpunkt $(0,0)$ und den Radien $\frac{1}{2}$ und 1.
  iv) Das Bild $\mathbf{x}([0, 2\pi[)$ berührt jeden der beiden Randkreise in genau vier verschiedenen Punkten.
  v) Es existieren genau vier Punkte t_1, t_2, t_3 und t_4 in $[0, 2\pi[$, in welchen $\mathbf{x}$ nicht glatt ist, d.h. in welchen $\mathbf{x}'$ verschwindet.
b) Berechnen Sie
  i) die Bogenlänge der parametrisierten Kurve zwischen zwei beliebigen Werten t' und t'' mit $0 \le t' < t'' \le 2\pi$,
  ii) die Bogenlänge der Astroide,
  iii) das begleitende Zweibein und die Krümmung der Kurve im Punkt $\mathbf{x}(t_0)$ mit $t_0 \in]t_1, t_2[$, wobei t_1 und t_2 die beiden kleineren Parameterwerte aus a)v) sind.
c) Seien t', t'' mit $t_1 < t' < t'' < t_2$, wobei t_1 und t_2 wie in b)iii) gewählt sind. Bestimmen Sie die Evolute der glatt parametrisierten Kurve $[t', t''] \to \mathbb{R}^2$, $t \mapsto \mathbf{x}(t)$.
d) Skizzieren Sie die Astroide.

Lösung:
a)i) $\mathbf{x}(0) = (0, 1)^T = \mathbf{x}(2\pi)$.
ii) $\mathbf{x}(t) = \mathbf{x}(\tau)$ mit $t, \tau \in [0, 2\pi[$ ist äquivalent zu $\cos^3 t = \cos^3 \tau$ und $\sin^3 t = \sin^3 \tau$, d.h. zu $\cos t = \cos \tau$ und $\sin t = \sin \tau$. Die erste Gleichung (also $\cos t = \cos \tau$) gilt genau dann, wenn $t = \tau$ oder $t + \tau = 2\pi$ gilt, während die zweite Gleichung genau für $t = \tau$ oder $t + \tau = \pi$ oder $t + \tau = 3\pi$ erfüllt ist. Deshalb gilt $\mathbf{x}(t) = \mathbf{x}(\tau)$ nur, wenn t und τ gleich sind, d.h. $\mathbf{x}$ eingeschränkt auf $[0, 2\pi[$ ist injektiv. Der folgende Weg führt ebenfalls zu diesem Ergebnis: Aus $\cos t = \cos \tau$ und $\sin t = \sin \tau$ folgt $\cos(t - \tau) = \cos t \cos \tau + \sin t \sin \tau = \cos^2 t + \sin^2 t = 1$ und daraus $t - \tau = 2k\pi$ mit $k \in \mathbb{Z}$. Da t und τ in $[0, 2\pi[$ liegen, muss k gleich Null sein, d.h. $t = \tau$.
iii) $\|\mathbf{x}(t)\|^2 = \cos^6 t + \sin^6 t = (\cos^2 t + \sin^2 t)(\cos^4 t + \sin^4 t - \cos^2 t \sin^2 t)$
$$= (\cos^2 t + \sin^2 t)^2 - 3\cos^2 t \sin^2 t = 1 - \frac{3}{4}\sin^2 2t .$$

Es folgt $\frac{1}{2} \leq ||\mathbf{x}(t)|| \leq 1$ für alle t, da $0 \leq \sin^2 t \leq 1$ gilt.

iv) Insbesondere ergibt sich aus der Lösung von iii), dass für $t \in [0, 2\pi[$ der Abstand vom Nullpunkt zu $\mathbf{x}(t)$ genau dann maximal (minimal) ist, wenn $\sin 2t = 0$ ($\sin 2t = \pm 1$) gilt. Für $t \in \{0, \frac{\pi}{2}, \pi, \frac{3\pi}{2}\}$ hat man $\sin 2t = 0$, d.h. die Astroide berührt den Kreis mit dem Radius 1 in $\mathbf{x}(0) = (1, 0)^T$, $\mathbf{x}(\frac{\pi}{2}) = (0, 1)^T$, $\mathbf{x}(\pi) = (-1, 0)^T$ und $\mathbf{x}(\frac{3\pi}{2}) = (0, -1)^T$. Dagegen hat man $\sin^2 2t = 1$ für $t \in \{\frac{\pi}{4}, \frac{3\pi}{4}, \frac{5\pi}{4}, \frac{7\pi}{4}\}$; deshalb sind $\mathbf{x}(\frac{\pi}{4}) = \left(\begin{smallmatrix} \frac{1}{2\sqrt{2}} \\ \frac{1}{2\sqrt{2}} \end{smallmatrix}\right)$, $\mathbf{x}(\frac{3\pi}{4}) = \left(\begin{smallmatrix} -\frac{1}{2\sqrt{2}} \\ \frac{1}{2\sqrt{2}} \end{smallmatrix}\right)$, $\mathbf{x}(\frac{5\pi}{4}) = \left(\begin{smallmatrix} -\frac{1}{2\sqrt{2}} \\ -\frac{1}{2\sqrt{2}} \end{smallmatrix}\right)$ und $\mathbf{x}(\frac{7\pi}{4}) = \left(\begin{smallmatrix} \frac{1}{2\sqrt{2}} \\ -\frac{1}{2\sqrt{2}} \end{smallmatrix}\right)$ die Berührungspunkte der Astroide mit dem kleineren Kreis. Für alle anderen t aus $[0, 2\pi[$ gilt $0 < \sin^2 2t < 1$, d.h. die entsprechenden Punkte $\mathbf{x}(t)$ liegen im Inneren des Kreisringes mit dem Mittelpunkt $(0, 0)^T$ und den Radien $\frac{1}{2}$ und 1.

v) Man hat $\mathbf{x}'(t) = (-3\cos^2 t \sin t, 3\sin^2 t \cos t)^T$ und damit

$$||\mathbf{x}'(t)||^2 = 9\cos^4 t \sin^2 t + 9\sin^4 t \cos^2 t = 9\sin^2 t \cos^2 t = \frac{9}{4}\sin^2 2t .$$

$\mathbf{x}'(t)$ verschwindet genau dann, wenn $||\mathbf{x}'(t)||$ verschwindet, d.h. wenn $t \in \{0, \frac{\pi}{2}, \pi, \frac{3\pi}{2}\}$ gilt. Wir setzen $t_1 = 0$, $t_2 = \frac{\pi}{2}$, $t_3 = \pi$, $t_4 = \frac{3\pi}{2}$.

b)i) $\mathbf{x}$ ist stückweise glatt; die Bogenlänge zwischen $\mathbf{x}(t')$ und $\mathbf{x}(t'')$ berechnet sich wie folgt: $L(t', t'') = \int_{t'}^{t''} ||\mathbf{x}'(t)|| dt = \int_{t'}^{t''} \frac{3}{2}|\sin 2t| dt$. Wegen des Betrages im Integranden muss man Fallunterscheidungen für t' und t'' machen. Ist $0 \leq t' \leq t'' \leq \frac{\pi}{2}$, so gilt

$$L(t', t'') = \frac{3}{2} \int_{t'}^{t''} \sin 2t \, dt = -\frac{3}{4} \cos 2t \Big|_{t'}^{t''} = \frac{3}{4}(\cos 2t' - \cos 2t'') ,$$

und dieses Ergebnis ist auch für $\pi \leq t' \leq t'' \leq \frac{3\pi}{2}$ richtig. Für $\frac{\pi}{2} \leq t' \leq t'' \leq \pi$ und $\frac{3\pi}{2} \leq t' \leq t'' \leq 2\pi$ ergibt sich $L(t', t'') = \frac{3}{4}(\cos 2t'' - \cos 2t')$.

Im allgemeinen Fall, d.h. wenn t' und t'' in verschiedenen Intervallen $[0, \frac{\pi}{2}]$, $\dots, [\frac{3\pi}{2}, 2\pi]$ liegen, berechnet man $L(t', t'')$ stückweise über die Additivität der Kurvenlänge. So hat man z.B. für $t' \in [0, \frac{\pi}{2}]$, $t'' \in [\frac{3\pi}{2}, 2\pi]$:

$$L(t', t'') = L\left(t', \frac{\pi}{2}\right) + L\left(\frac{\pi}{2}, \pi\right) + L\left(\pi, \frac{3\pi}{2}\right) + L\left(\frac{3\pi}{2}, t''\right)$$

$$= \frac{3}{4}(\cos 2t' + 1) + 2L\left(0, \frac{\pi}{2}\right) + L\left(0, t'' - \frac{3\pi}{2}\right)$$

$$= \frac{3}{4}\cos 2t' + \frac{15}{4} + \frac{3}{4}\left(1 - \cos(2t'' - 3\pi)\right) = \frac{9}{2} + \frac{3}{4}(\cos 2t' + \cos 2t'') .$$

ii) Aus diesem letzten Ergebnis erhält man für $t = 0$ und $t'' = 2\pi$ die Bogenlänge der Astroide: $L(0, 2\pi) = 6$.

iii) Sei also $t_0 \in\,]0, \frac{\pi}{2}[$. Es gilt $\mathbf{x}'(t_0) = (-3\cos^2 t_0 \sin t_0, 3\sin^2 t_0 \cos t_0)^T$, und damit $\|\mathbf{x}'(t_0)\| = 3\sin t_0 \cos t_0$. Daraus ergeben sich

$$\mathbf{t}(t_0) = \frac{1}{\|\mathbf{x}'(t_0)\|}\mathbf{x}'(t_0) = \begin{pmatrix} -\cos t_0 \\ \sin t_0 \end{pmatrix} \quad \text{und} \quad \mathbf{n}(t_0) = \begin{pmatrix} -\sin t_0 \\ -\cos t_0 \end{pmatrix}\,.$$

Die Krümmung im Punkt $\mathbf{x}(t_0)$ wird mit der Formel

$$\kappa(t_0) = \left.\frac{(\cos^3 t)'(\sin^3 t)'' - (\sin^3 t)'(\cos^3 t)''}{\|\mathbf{x}'(t)\|^3}\right|_{t=t_0}$$

berechnet. Wegen $(\cos^3 t)' = -3\cos^2 t \sin t$, $(\cos^3 t)'' = 6\cos t \sin^2 t - 3\cos^3 t$, $(\sin^3 t)' = 3\sin^2 t \cos t$, $(\sin^3 t)'' = 6\sin t \cos^2 t - 3\sin^3 t$ folgt

$$\kappa(t_0) = -\frac{1}{3\sin t_0 \cos t_0}\,.$$

c) Sei $t \in [t', t''] \subset\,]0, \frac{\pi}{2}[$. Für die Evolute der Kurve $\mathbf{x}$ ergibt sich die parametrisierte Kurve $\mathbf{a}$ mit $\mathbf{a}(t) = \mathbf{x}(t) + \frac{1}{\kappa(t)}\mathbf{n}(t) = (\cos^3 t, \sin^3 t)^T -$ $3\sin t \cos t(-\sin t, -\cos t)^T \overset{\sim}{=} (\cos^3 t + 3\sin^2 t \cos t, \sin^3 t + 3\sin t \cos^2 t)^T =$ $(\cos t(1 + 2\sin^2 t), \sin t(1 + 2\cos^2 t)^T = 3(\cos t, \sin t)^T - 2(\cos^3 t, \sin^3 t)^T$.

d) Die Abbildung 3.4 zeigt die Asteroide.

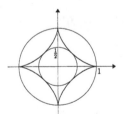

Abbildung 3.4. Die Asteroide

Aufgabe 2

Betrachten Sie die parametrisierte Kurve $\mathbf{x} : [-2, 3] \to \mathbb{R}^2$, $\mathbf{x}(t) = (t^2 + 2t, t^2 - 2t)^T$.

a) Zeigen Sie, dass diese Kurve glatt parametrisiert ist.

b) Besitzt diese Kurve Doppelpunkte, d.h. gibt es zwei verschiedene t und τ aus $[-2, 3]$ mit $\mathbf{x}(t) = \mathbf{x}(\tau)$?

c) Berechnen Sie die Bogenlänge dieser parametrisierten Kurve.

d) Bestimmen Sie das begleitende Zweibein, die Krümmung, den Krümmungsradius und den Krümmungsmittelpunkt $\mathbf{a}(t)$ in einem beliebigen Punkt $\mathbf{x}(t)$ der Kurve.

e) Wann ist der Krümmungsradius minimal, wann maximal?

f) Seien $x(t) = t^2 + 2t$ und $y(t) = t^2 - 2t$. Bestimmen Sie ein Polynom $P(x, y)$, so dass $P\left(x(t), y(t)\right) = 0$ für alle $t \in [-2, 3]$ gilt. (Damit zeigen Sie, dass $\mathbf{x}$ eine algebraische Kurve ist.)

Lösung:

a) $\mathbf{x}'(t) = (2t+2, 2t-2)^T \neq (0,0)^T$ für alle $t \in [-2, 3]$, weil die erste Komponente $x'(t) = 2t + 2$ nur in $t = -1$ und die zweite Komponente $y'(t) = 2t - 2$ nur in $t = 1$ verschwindet.

b) Aus $\mathbf{x}(t) = \mathbf{x}(\tau)$, d.h. aus $t^2 + 2t = \tau^2 + 2\tau$ und $t^2 - 2t = \tau^2 - 2\tau$ folgt $4t = 4\tau$ und damit $t = \tau$. Die Kurve hat also keine Doppelpunkte.

c) $\|\mathbf{x}'(t)\| = \sqrt{(2t+2)^2 + (2t-2)^2} = 2\sqrt{2}\sqrt{t^2+1}$. Es folgt: $\int_{-2}^{3} \|\mathbf{x}'(t)\| dt = 2\sqrt{2}\int_{-2}^{3}\sqrt{t^2+1}\, dt = 2\sqrt{2}(\frac{1}{2}t\sqrt{t^2+1} + \frac{1}{2}\text{areasinh}\, t)|_{-2}^{3} = 6\sqrt{5} + 2\sqrt{10} + \sqrt{2}(\text{areasinh}\, 3 + \text{areasinh}\, 2) = 6\sqrt{5} + 2\sqrt{10} + \sqrt{2}\ln(6 + 5\sqrt{2} + 2\sqrt{10} + 3\sqrt{5})$.

d) $\mathbf{t}(t) = \frac{1}{\|\mathbf{x}'(t)\|}\mathbf{x}'(t) = \frac{1}{\sqrt{2}} \cdot \frac{1}{\sqrt{t^2+1}}\begin{pmatrix} t+1 \\ t-1 \end{pmatrix}$, $\mathbf{n}(t) = \frac{1}{\sqrt{2}} \cdot \frac{1}{\sqrt{t^2+1}}\begin{pmatrix} 1-t \\ t+1 \end{pmatrix}$,

$\kappa(t) = \frac{x'(t)y''(t) - x''(t)y'(t)}{\|x'(t)\|^3} = \frac{(2t+2)\cdot 2 - 2(2t-2)}{16\sqrt{2}\sqrt{(t^2+1)^3}} = \frac{1}{2\sqrt{2}\sqrt{(t^2+1)^3}}$,

$\rho(t) = 2\sqrt{2}\sqrt{(t^2+1)^3}$,

$\mathbf{a}(t) = \mathbf{x}(t) + \rho(t)\mathbf{n}(t) = \begin{pmatrix} t^2 + 2t \\ t^2 - 2t \end{pmatrix} + 2\sqrt{2}\sqrt{(t^2+1)^3} \cdot \frac{1}{\sqrt{2}} \cdot \frac{1}{\sqrt{t^2+1}}\begin{pmatrix} 1-t \\ t+1 \end{pmatrix}$

$= \begin{pmatrix} t^2 + 2t \\ t^2 - 2t \end{pmatrix} + 2(t^2 + 1)\begin{pmatrix} 1-t \\ t+1 \end{pmatrix} = \begin{pmatrix} -2t^3 + 3t^2 + 2 \\ 2t^3 + 3t^2 + 2 \end{pmatrix}$.

e) Für $t = 0$ ist der Krümmungsradius minimal; $\rho(0) = 2\sqrt{2}$. Für $t = 3$ ist der Krümmungsradius maximal; $\rho(3) = 2\sqrt{2} \cdot 10\sqrt{10} = 40\sqrt{5}$.

f) Aus $x(t) = t^2 + 2t$ und $y(t) = t^2 - 2t$ folgt $x(t) + y(t) = 2t^2$, $x(t) - y(t) = 4t$ und damit $8\left(x(t) + y(t)\right) = \left(x(t) - y(t)\right)^2 = 16t^2$. Das Polynom $P(x, y) := x^2 + y^2 - 2xy - 8x - 8y$ erfüllt die Bedingung $P\left(x(t), y(t)\right) = 0$ für alle $t \in [-2, 3]$.

Aufgabe 3

Seien a und b reelle Zahlen, $a < b$, und $\mathbf{x}_{a,b} : [a, b] \to \mathbb{R}^2$ die mittels $t \mapsto (t\sin t, t\cos t)^T$ parametrisierte Kurve.

a)   Zeigen Sie, dass für alle a und b diese parametrisierte Kurve glatt (regulär) ist.

b)   Ist $\mathbf{x}_{a,b}$ nach der Bogenlänge parametrisiert? (Anders gefragt: Ist die angegebene Parametrisierung ausgezeichnet?)

c)   Berechnen Sie die Bogenlänge L von $\mathbf{x}_{a,b}$.

d)   Berechnen Sie den Tangenten- und den Normalenvektor sowie die Krümmung der Kurve $\mathbf{x}_{a,b}$ in einem beliebigen Punkt.

e)   Wann ist $\mathbf{x}_{a,b}$ eine geschlossene Kurve? (Anders gefragt: Für welche a und b, $a < b$, gilt $\mathbf{x}_{a,b}(a) = \mathbf{x}_{a,b}(b)$?)

f)   Wann ist $\mathbf{x}_{a,b}$ eine geschlossene Jordankurve? (Anders gefragt: Für welche a und b, $a < b$, ist $\mathbf{x}_{a,b}$ geschlossen und $\mathbf{x}_{a,b} : [a, b[\to \mathbb{R}^2$ injektiv?)

g)   Bestimmen Sie die Evolute von $\mathbf{x}_{a,b}$.

Lösung:
a) Aus $\mathbf{x}_{a,b}(t) = (t \sin t, t \cos t)^T$ ergibt sich $\mathbf{x}'_{a,b}(t) = (\sin t + t \cos t,$ $\cos t - t \sin t)^T$ und damit $\|\mathbf{x}'_{a,b}(t)\| = \sqrt{1 + t^2}$, denn es gilt: $(\sin t + t \cos t)^2 +$ $(\cos t - t \sin t)^2 = \sin^2 t + t^2 \cos^2 t + 2t \sin t \cos t + \cos^2 t + t^2 \sin^2 t - 2t \sin t \cos t =$ $(1 + t^2)(\sin^2 t + \cos t^2) = 1 + t^2$. Deshalb gilt $\mathbf{x}'_{a,b}(t) \neq (0,0)^T$ für alle t, d.h. $\mathbf{x}_{a,b}$ ist überall glatt.

b) Nein! $\|\mathbf{x}'_{a,b}(t)\| = 1$ gilt nur für $t = 0$.

c) $L = \int_a^b \|\mathbf{x}'_{a,b}(t)\| dt = \int_a^b \sqrt{1 + t^2} dt = \frac{1}{2}(t\sqrt{1 + t^2} + \ln(\sqrt{1 + t^2} + t)) \,|_a^b =$ $\frac{1}{2}[b\sqrt{1 + b^2} - a\sqrt{1 + a^2} + \ln(\frac{\sqrt{1+b^2}+b}{\sqrt{1+a^2}+a})]$. Anstelle von $\ln(\sqrt{1 + t^2} + t)$ kann man auch $\operatorname{areasinh} t$ schreiben, und damit lautet das Ergebnis $\frac{1}{2}[b\sqrt{1 + b^2} -$ $a\sqrt{1 + a^2} + \operatorname{areasinh} b - \operatorname{areasinh} a]$.

d) Der Tangentenvektor von $\mathbf{x}_{a,b}$ im Punkt $\mathbf{x}_{a,b}(t_0)$ ist

$$\mathbf{t}(t_0) = \frac{1}{\|\mathbf{x}'_{a,b}(t_0)\|} \mathbf{x}'_{a,b}(t_0) = \frac{1}{\sqrt{1 + t_0^2}} \begin{pmatrix} \sin t_0 + t_0 \cos t_0 \\ \cos t_0 - t_0 \sin t_0 \end{pmatrix} .$$

Deshalb ist

$$\mathbf{n}(t_0) = \frac{1}{\sqrt{1 + t_0^2}} \begin{pmatrix} t_0 \sin t_0 - \cos t_0 \\ t_0 \cos t_0 + \sin t_0 \end{pmatrix}$$

der Normalenvektor der Kurve im Punkt $\mathbf{x}_{a,b}(t_0)$. Die Krümmung im Punkt $\mathbf{x}_{a,b}(t_0)$ ist

$$\kappa\left(\mathbf{x}_{a,b}(t_0)\right) = \frac{\det\left(\mathbf{x}'_{a,b}(t_0), \mathbf{x}''_{a,b}(t_0)\right)}{\|\mathbf{x}'_{a,b}(t_0)\|^3} = -\frac{2 + t_0^2}{(1 + t_0^2)^{3/2}} ,$$

denn $x''_{a,b}(t_0) = \begin{pmatrix} 2\cos t_0 - t_0 \sin t_0 \\ -2\sin t_0 - t_0 \cos t_0 \end{pmatrix}$ und $\det\left(x'_{a,b}(t_0), x''_{a,b}(t_0)\right) =$

$$\begin{vmatrix} \sin t_0 + t_0 \cos t_0 & 2\cos t_0 - t_0 \sin t_0 \\ \cos t_0 - t_0 \sin t_0 & -2\sin t_0 - t_0 \cos t_0 \end{vmatrix} = -2\sin^2 t_0 - 2t_0 \sin t_0 \cos t_0 -$$

$t_0 \sin t_0 \cos t_0 - t_0^2 \cos^2 t_0 - 2\cos^2 t_0 + 2t_0 \sin t_0 \cos t_0 + t_0 \sin t_0 \cos t_0 - t_0^2 \sin^2 t_0$

$= -2 - t_0^2$.

e) Aus $a\sin a = b\sin b$ und $a\cos a = b\cos b$ folgt $a^2(\sin^2 a + \cos^2 a) = b^2(\sin^2 b + \cos^2 b)$, und damit $a^2 = b^2$. Wegen $a < b$ muss gelten $a < 0 < b$ und damit $a = -b$. Aus $a\cos a = b\cos b = (-a)\cos(-a) = -a\cos a$ erhält man $2a\cos a = 0$, d.h. $a \in \{-\frac{\pi}{2} - n\pi \mid n \in \mathbb{N}\} = \{\frac{\pi}{2}, \frac{3\pi}{2}, \frac{5\pi}{2}, \ldots\}$. Also: Die einzigen geschlossenen Kurven der Kurvenschar $\{x_{a,b} \mid (a,b) \in \mathbb{R}^2, a < b\}$ sind diejenigen der Gestalt $x_{-\frac{\pi}{2}-n\pi, \frac{\pi}{2}+n\pi}$ mit $n \in \mathbb{N}$.

f) Die Zuordnung $t \mapsto (t\sin t, t\cos t)^T$ ist injektiv auf $[-\frac{\pi}{2}, \frac{\pi}{2}[$, aber für jedes $n \geq 1$ ist sie auf $[-\frac{\pi}{2} - n\pi, \frac{\pi}{2} + n\pi[$ nicht injektiv. Deshalb ist $x_{-\frac{\pi}{2}, \frac{\pi}{2}}$ die einzige geschlossene Jordankurve in der obigen Kurvenschar.

g) Die Evolute von $x_{a,b}$ ist die parametrisierte Kurve $[a, b] \to \mathbb{R}^2$, die jedem t aus $[a, b]$ den folgenden Punkt zuordnet:

$$x_{a,b}(t) + \frac{1}{\kappa(x_{a,b}(t))}n(t) = (t\sin t, t\cos t)^T - \frac{1+t^2}{2+t^2}(t\sin t - \cos t, t\cos t + \sin t)^T .$$

Aufgabe 4

Die Koordinaten eines Teilchens, das sich im Raum bewegt, sind als Funktionen der Zeit durch $x(t) = at$, $y(t) = \sqrt{3ab}\,t^2$, $z(t) = 2bt^3$ gegeben; dabei sind a und b positive Konstanten. Welche Strecke legt das Teilchen vom Zeitpunkt $t = 0$ bis zum Zeitpunkt $t = 3$ zurück?

Lösung:

Die Länge der zurückgelegten Strecke ist $S := \int_0^3 \sqrt{x'(t)^2 + y'(t)^2 + z'(t)^2}\, dt$. Mit $x'(t) = a$, $y'(t) = 2\sqrt{3ab}\,t$ und $z'(t) = 6bt^2$ erhält man:

$$S = \int_0^3 \sqrt{a^2 + 12abt^2 + 36b^2t^4}\, dt = \int_0^3 (a + 6bt^2) dt = (at + 2bt^3)\Big|_0^3 = 3a + 54b .$$

Aufgabe 5

Betrachten Sie die durch $t \mapsto (1 + t - t^2, 1 + t + t^2, \frac{4\sqrt{2}}{3}t\sqrt{t})^T$ parametrisierte Kurve $x : [1, 4] \to \mathbb{R}^3$.

a) Zeigen Sie, dass diese Parametrisierung glatt ist.

b)   Berechnen Sie die Bogenlänge dieser Kurve.

c)   Berechnen Sie in einem beliebigen Punkt der Kurve das begleitende Dreibein, die Krümmung und die Torsion.

Lösung:

a)   Wegen $\mathbf{x}'(t) = (1 - 2t, 1 + 2t, \sqrt{8t})^T$ gilt $\|\mathbf{x}'(t)\| = \sqrt{(1 - 2t)^2 + (1 + 2t)^2 + (\sqrt{8t})^2} = \sqrt{1 - 4t + 4t^2 + 1 + 4t + 4t^2 + 8t} = \sqrt{2}(1 + 2t) \geq 3\sqrt{2}$ und damit $\mathbf{x}'(t) \neq \mathbf{0}$ für alle $t \in [1, 4]$. Einfacher argumentiert man hier, wie folgt: Aus $\mathbf{x}'(t) = 0$ folgt $t = 0$ (dritte Komponente), für $t = 0$ ist aber die erste Komponente von $\mathbf{x}'(t)$ ungleich Null.

b) $\int_1^4 \|\mathbf{x}'(t)\| dt = \int_1^4 \sqrt{2}(1 + 2t) dt = \sqrt{2}(t + t^2)|_1^4 = 18\sqrt{2}$.

c) Wir verwenden die üblichen Formeln. Für die Vektoren $\mathbf{t}(t)$, $\mathbf{n}(t)$ und $\mathbf{b}(t)$ des Dreibeins der Kurve in $\mathbf{x}(t)$ ergibt sich

$$\mathbf{t}(t) = \frac{1}{\|\mathbf{x}'(t)\|}\mathbf{x}'(t) = \frac{1}{\sqrt{2}(1 + 2t)}(1 - 2t, 1 + 2t, 2\sqrt{2}\sqrt{t})^T,$$

$$\mathbf{t}'(t) = (\frac{-2\sqrt{2}}{(1 + 2t)^2}, 0, \frac{1 - 2t}{\sqrt{t}(1 + 2t)^2})^T, \quad \|\mathbf{t}'(t)\| = \frac{1}{\sqrt{t}(1 + 2t)},$$

$$\mathbf{n}(t) = \frac{1}{\|\mathbf{t}(t)\|}\mathbf{t}'(t) = (\frac{-2\sqrt{2}\sqrt{t}}{1 + 2t}, 0, \frac{1 - 2t}{1 + 2t})^T,$$

$$\mathbf{b}(t) = \mathbf{t}(t) \times \mathbf{n}(t) = (\frac{1 - 2t}{\sqrt{2}(1 + 2t)}, -\frac{1}{\sqrt{2}}, \frac{2\sqrt{t}}{1 + 2t})^T.$$

Die Krümmung wird mit der Formel $\kappa(t) = \frac{\|\mathbf{x}'(t) \times \mathbf{x}''(t)\|}{\|\mathbf{x}'(t)\|^3}$ berechnet. Wegen

$\mathbf{x}'(t) = (1 - 2t, 1 + 2t, 2\sqrt{2}\sqrt{t})^T$, $\mathbf{x}''(t) = (-2, 2, \frac{\sqrt{2}}{\sqrt{t}})^T$ erhalten wir

$\mathbf{x}'(t) \times \mathbf{x}''(t) = (\frac{\sqrt{2}(1 - 2t)}{\sqrt{t}}, -\frac{\sqrt{2}(1 + 2t)}{\sqrt{t}}, 4)^T$ und damit $\|\mathbf{x}'(t) \times \mathbf{x}''(t)\| = \frac{2}{\sqrt{t}}(1 + 2t)$. Deshalb gilt:

$$\kappa(t) = \frac{\frac{2}{\sqrt{t}}(1 + 2t)}{2\sqrt{2}(1 + 2t)^3} = \frac{1}{\sqrt{2}\sqrt{t}(1 + 2t)^2}.$$

Die Torsion erhalten wir mit $\tau(t) = \frac{\det(\mathbf{x}'(t), \mathbf{x}''(t), \mathbf{x}'''(t))}{\|\mathbf{x}'(t) \times \mathbf{x}''(t)\|^2}$. Für jedes $t \in [1, 4]$ hat man $\mathbf{x}'''(t) = (0, 0, -\frac{1}{\sqrt{2}\sqrt{t^3}})^T$, und damit folgt

$$\det \begin{pmatrix} 1 - 2t & -2 & 0 \\ 1 + 2t & 2 & 0 \\ 2\sqrt{2}\sqrt{t} & \frac{\sqrt{2}}{\sqrt{t}} & -\frac{1}{\sqrt{2}\sqrt{t^3}} \end{pmatrix} = -\frac{2\sqrt{2}}{t\sqrt{t}},$$

$$\tau(t) = -\frac{\frac{2\sqrt{2}}{t\sqrt{t}}}{\frac{4}{t}(1+2t)^2} = -\frac{1}{\sqrt{2t}\,(1+2t)^2}\,.$$

Aufgabe 6

Seien a und b reelle Zahlen, $a < b$, und $\mathbf{y}_{a,b} : [a,b] \to \mathbb{R}^3$ die durch $t \mapsto (2t\sin t, \frac{1}{3}t^3, 2t\cos t)^T$ parametrisierte Raumkurve.

a) Zeigen Sie, dass diese Raumkurve für alle a und b glatt ist.

b) Ist $\mathbf{y}_{a,b}$ nach der Bogenlänge parametrisiert?

c) Berechnen Sie die Bogenlänge L von $\mathbf{y}_{a,b}$.

d) Berechnen Sie das begleitende Dreibein der Kurve in einem beliebigen Punkt.

e) Bestimmen Sie die Krümmung und die Windung (Torsion) der Kurve $\mathbf{y}_{a,b}$ in einem beliebigen Punkt.

Lösung:

a) $\mathbf{y}'_{a,b}(t) = (2\sin t + 2t\cos t, t^2, 2\cos t - 2t\sin t)^T$ ist nie der Nullvektor, da $\|\mathbf{y}'_{a,b}(t)\|^2 = 4 + 4t^2 + t^4$ gilt. Deshalb ist $\mathbf{y}_{a,b}$ eine reguläre Kurve im $\mathbb{R}^3$.

b) Nein! $\|\mathbf{y}'_{a,b}(t)\| = 2 + t^2$ hat nie den Wert 1.

c) $L = \int_a^b \|\mathbf{y}'_{a,b}(t)\| dt = \int_a^b (2 + t^2) dt = 2(b - a) + \frac{1}{3}(b^3 - a^3)$.

d) Der Tangentenvektor in $\mathbf{y}_{a,b}(t)$ ist

$$\mathbf{t}(t) = \frac{1}{\|\mathbf{y}'_{a,b}(t)\|}\mathbf{y}'_{a,b}(t) = \frac{1}{2+t^2}(2\sin t + 2t\cos t, t^2, 2\cos t - 2t\sin t)^T\,.$$

Wegen $\mathbf{t}'(t) = \frac{2}{(2+t^2)^2}(4\cos t - 4t\sin t - t^3\sin t, 2t, -4\sin t - 4t\cos t - t^3\cos t)^T$ und $\|\mathbf{t}'(t)\| = \frac{2\sqrt{t^2+4}}{2+t^2}$ ist

$$\mathbf{n}(t) = \frac{1}{(t^2+2)\sqrt{t^2+4}}(4\cos t - 4t\sin t - t^3\sin t, 2t, -4\sin t - 4t\cos t - t^3\cos t)^T$$

der Hauptnormalenvektor in $\mathbf{y}_{a,b}(t)$. Da

$$\begin{pmatrix} 2\sin t + 2t\cos t \\ t^2 \\ 2\cos t - 2t\sin t \end{pmatrix} \times \begin{pmatrix} 4\cos t - 4t\sin t - t^3\sin t \\ 2t \\ -4\sin t - 4t\cos t - t^3\cos t \end{pmatrix} = \begin{pmatrix} -t\cos t(2 + t^2)^2 \\ 2(2 + t^2)^2 \\ t\sin t(2 + t^2)^2 \end{pmatrix}$$

gilt, erhält man den folgenden Binormalenvektor in $\mathbf{y}_{a,b}(t)$ zu $\mathbf{y}_{a,b}$:

$$\mathbf{b}(t) = \mathbf{t}(t) \times \mathbf{n}(t) = \frac{1}{\sqrt{t^2+4}}(-t\cos t, 2, t\sin t)^T\,.$$

e) Mit

$$\mathbf{y}''_{a,b}(t) = (4\cos t - 2t\sin t, 2t, -4\sin t - 2t\cos t)^T \,,$$

$$\mathbf{y}'''_{a,b}(t) = (-6\sin t - 2t\cos t, 2, -6\cos t + 2t\sin t)^T \,,$$

$$\mathbf{y}'_{a,b}(t) \times \mathbf{y}''_{a,b}(t) = 2(2 + t^2)(-t\cos t, 2, t\sin t)^T \,,$$

$$\|\mathbf{y}'_{a,b}(t) \times \mathbf{y}''_{a,b}(t)\| = 2(2 + t^2)\sqrt{4 + t^2}$$

und $\det(\mathbf{y}'_{a,b}(t), \mathbf{y}''_{a,b}(t), \mathbf{y}'''_{a,b}(t)) = \ldots = 4(2 + t^2)^2$

ergeben sich für die Krümmung und Windung in $\mathbf{y}_{a,b}(t)$

$$\kappa\left(\mathbf{y}_{a,b}(t)\right) = \frac{\|\mathbf{y}'_{a,b}(t) \times \mathbf{y}''_{a,b}(t)\|}{\|\mathbf{y}'_{a,b}(t)\|^3} = \frac{2(2 + t^2)\sqrt{4 + t^2}}{(2 + t^2)^3} = \frac{2\sqrt{4 + t^2}}{(2 + t^2)^2}$$

bzw.

$$\tau\left(\mathbf{y}_{a,b}(t)\right) = \frac{\det\left(\mathbf{y}'_{a,b}(t), \mathbf{y}''_{a,b}(t), \mathbf{y}'''_{a,b}(t)\right)}{\|\mathbf{y}'_{a,b}(t) \times \mathbf{y}''_{a,b}(t)\|^2} = \frac{4(2 + t^2)^2}{4(2 + t^2)^2(4 + t^2)} = \frac{1}{4 + t^2} \,.$$

Aufgabe 7

Die Temperaturverteilung im Inneren eines Sterns, der die Gestalt eines Rotationsellipsoids hat, ist gegeben durch

$$T(x, y, z) = (12.000 - 40x^2 - 40y^2 - 50z^2)^0 C \,.$$

An der Oberfläche ist die Temperatur konstant, nämlich 7.000^0C. Dabei wird als Maß für eine Längeneinheit 10.000 km genommen. (Der Mittelpunkt des Sterns befindet sich also im Ursprung 0 des Koordinatensystems; dort beträgt die Temperatur 12.000^0C.)

a) Geben Sie eine Gleichung der Oberfläche $\mathbf{F}$ des Sterns an. Entfernen Sie aus $\mathbf{F}$ eine Teilmenge $\mathbf{A}$, so dass $\mathbf{F}' := \mathbf{F} \backslash \mathbf{A}$ eine reguläre Parameterdarstellung $\mathbf{x} : D \to \mathbf{F}'$ zulässt.

b) Durch die Drehung welcher Ellipse $\mathbf{E}$ in der x-z-Ebene um die z-Achse entsteht diese Oberfläche $\mathbf{F}$?

c) Wie groß ist der Durchmesser des Sterns? (Begründen Sie Ihre Antwort elementar geometrisch!)

d) Bestimmen Sie die Tangentialebene an $\mathbf{x}$ in einem beliebigen Punkt von $\mathbf{F}'$.

e) Geben Sie die Parameterlinien von $\mathbf{x}$ durch einen beliebigen Punkt von $\mathbf{F}'$ an. Bestimmen Sie den Winkel zwischen diesen Linien. Können Sie das erzielte Ergebnis erklären?

f)   Berechnen Sie die erste Fundamentalform des Flächenstücks $(D, \mathbf{x})$.

g)   Mit Hilfe welchen Integrals wird der Flächeninhalt von $\mathbf{F}'$ berechnet?

h)   Bestimmen Sie die zweite Fundamentalform von $\mathbf{x}$.

i)   Es sei $\mathbf{u} = (u, v)^T : [a, b] \to D$ eine glatt parametrisierte, zweimal stetig differenzierbare Kurve und $\mathbf{w} = \mathbf{x} \circ \mathbf{u} : [a, b] \to \mathbb{R}^3$ die entsprechende glatt, zweimal stetig differenzierbare Raumkurve auf $\mathbf{F}'$. Berechnen Sie die Normalkrümmung von $\mathbf{w}$ in einem beliebigen Punkt $t \in]a, b[$.

j)   Berechnen Sie die Gaußsche und die mittlere Krümmung der Fläche in einem beliebigen Punkt.

k)   Warum ist $\mathbf{F}$ eine orientierbare C^∞-Fläche?

l)   Gibt es Nabelpunkte auf der Fläche $\mathbf{F}$?

Lösung:

a) Aus $12.000 - 40x^2 - 40y^2 - 50z^2 = 7000$ ergibt sich $40x^2 + 40y^2 + 50z^2 = 5000$ und damit eine Gleichung von $\mathbf{F}$:

$$f(x, y, z) := \frac{x^2}{125} + \frac{y^2}{125} + \frac{z^2}{100} - 1 = 0 \ .$$

Es handelt sich also um einen Rotationsellipsoid mit den Halbachsen $5\sqrt{5}$, $5\sqrt{5}$ und 10. Durch $(\varphi, \theta) \mapsto \mathbf{x}(\varphi, \theta) := \begin{pmatrix} 5\sqrt{5} \cos\varphi \cos\theta \\ 5\sqrt{5} \cos\varphi \sin\theta \\ 10 \sin\varphi \end{pmatrix}$ wird eine C^∞-Abbildung von $\mathbb{R}^2$ auf $\mathbf{F}$ angegeben, denn

$f(5\sqrt{5}\cos\varphi\cos\theta, 5\sqrt{5}\cos\varphi\sin\theta, 10\sin\varphi)$

$$= \frac{125\cos^2\varphi\cos^2\theta}{125} + \frac{125\cos^2\varphi\sin^2\theta}{125} + \frac{100\sin^2\varphi}{100} - 1$$

$$= \cos^2\varphi(\cos^2\theta + \sin^2\theta) + \sin^2\varphi - 1 = \cos^2\varphi + \sin^2\varphi - 1 = 0 \ .$$

Mit $\mathbf{x}_\varphi(\varphi, \theta) = \begin{pmatrix} -5\sqrt{5}\sin\varphi\cos\theta \\ -5\sqrt{5}\sin\varphi\sin\theta \\ 10\cos\varphi \end{pmatrix}$, $\mathbf{x}_\theta(\varphi, \theta) = \begin{pmatrix} -5\sqrt{5}\cos\varphi\sin\theta \\ 5\sqrt{5}\cos\varphi\cos\theta \\ 0 \end{pmatrix}$

und $\mathbf{x}_\varphi(\varphi, \theta) \times \mathbf{x}_\theta(\varphi, \theta) = \begin{pmatrix} -50\sqrt{5}\cos^2\varphi\cos\theta \\ -50\sqrt{5}\cos^2\varphi\sin\theta \\ -125\sin\varphi\cos\varphi \end{pmatrix}$ folgt:

$\|(\mathbf{x}_\varphi \times \mathbf{x}_\theta)(\varphi, \theta)\|$

$$= \sqrt{12500\cos^4\varphi\cos^2\theta + 12500\cos^4\varphi\sin^2\theta + 125^2\sin^2\varphi\cos^2\varphi}$$

$$= 25\sqrt{20\cos^4\varphi(\cos^2\theta + \sin^2\theta) + 25\sin^2\varphi\cos^2\varphi}$$

$$= 25\sqrt{5}\sqrt{4\cos^2\varphi + 5\sin^2\varphi} = 25\sqrt{5}\,|\cos\varphi|\sqrt{4+\sin^2\varphi}\,.$$

$\mathbf{x}_\varphi \times \mathbf{x}_\theta(\varphi,\theta)$ ist genau dann der Nullvektor, wenn $\varphi \in \{\frac{\pi}{2} + n\pi \mid n \in \mathbb{Z}\}$.
Sei θ_1 beliebig aber fest. Schränkt man $\mathbf{x}$ auf $D :=]-\frac{\pi}{2}, \frac{\pi}{2}[\times]\theta_1, \theta_1 + 2\pi[$ ein,
so erhält man eine bijektive C^∞-Abbildung $D \to \mathbf{F}'$, wobei $\mathbf{F}' = \mathbf{F}\backslash\mathbf{A}$ gilt
mit der Ausnahmemenge $\mathbf{A} = \{(5\sqrt{5}\cos\varphi\cos\theta_1, 5\sqrt{5}\cos\varphi\sin\theta_1, 10\sin\varphi)^T \mid$
$\varphi \in \mathbb{R}\}$. $\mathbf{A}$ ist ein abgeschlossener Halbellipsenbogen vom Nordpol $\mathbf{x}_N =$
$\mathbf{x}(\frac{\pi}{2},\theta_1) = (0,0,10)^T$ bis zum Südpol $\mathbf{x}_S = \mathbf{x}(-\frac{\pi}{2},\theta_1) = (0,0,-10)^T$. Diese
Einschränkung bezeichnen wir weiter mit $\mathbf{x}$. Da dabei auch $\mathbf{x}_N$ und $\mathbf{x}_S$ aus
$\mathbf{F}$ entfernt wurden, ist diese Parameterdarstellung regulär.
Sei nun $\mathbf{x}_L := \mathbf{x}(0,\pi) = (-5\sqrt{5},0,0)^T$. Die Gerade durch $\mathbf{x}_L$ und einen
beliebigen Punkt $(x,y,z)^T \neq \mathbf{x}_L$ aus $\mathbf{F}$ schneidet die Ebene $x = 0$ in dem
Punkt $(0, \frac{5\sqrt{5}\,y}{5\sqrt{5}+x}, \frac{5\sqrt{5}z}{5\sqrt{5}+x})^T$. Die Gerade, welche den Punkt $(0,u,v)^T$ mit $\mathbf{x}_L$
verbindet, schneidet den Rotationsellipsoid (zum zweiten Mal) in

$$\mathbf{y}(u,v) := \left(\frac{5\sqrt{5}(1 - \frac{u^2}{125} - \frac{v^2}{100})}{1 + \frac{u^2}{125} + \frac{v^2}{100}}, \quad \frac{2u}{1 + \frac{u^2}{125} + \frac{v^2}{100}}, \quad \frac{2v}{1 + \frac{u^2}{125} + \frac{v^2}{100}} \right)^T.$$

Damit ist $\mathbf{y} : \mathbb{R}^2 \to \mathbf{F}\backslash\{\mathbf{x}_L\}$, $(u,v) \mapsto \mathbf{y}(u,v)$ eine reguläre C^∞-
Parametrisierung von $\mathbf{F}\backslash\{\mathbf{x}_L\}$. Damit haben wir eine zweite mögliche Ant-
wort zu a) gegeben. Wir werden im folgenden mit der bequemeren Parameterdarstellung $\mathbf{x}$ arbeiten.
b) Schneidet man $\mathbf{F}$ mit der x-z-Ebene, so erhält man die Ellipse
E: $\frac{x^2}{125} + \frac{z^2}{100} = 1$, oder (als parametrisierte Raumkurve dargestellt)

$$[0,2\pi] \to \mathbb{R}^3 \,, \quad \varphi \mapsto (5\sqrt{5}\cos\varphi, 0, 10\sin\varphi)^T = \mathbf{x}(\varphi,0)\,.$$

c) Sind P_1 und P_2 zwei Punkte von $\mathbf{F}$, so ist die Länge der Strecke
$\overline{P_1 P_2}$ kleiner gleich der Summe der Längen von $\overline{OP_1}$ und $\overline{OP_2}$. Es gilt

$$|\overline{OP_1}| = \|\mathbf{x}(\varphi,\theta)\| = \sqrt{125\cos^2\varphi\cos^2\theta + 125\cos^2\varphi\sin^2\theta + 100\sin^2\varphi}$$

$$= 5\sqrt{5\cos^2\varphi + 4\sin^2\varphi} = 5\sqrt{4 + \cos^2\varphi}\,.$$

Die Länge ist genau dann maximal, wenn $\cos^2\varphi = 1$ ist, d.h. wenn P_1 in der
x-y-Ebene liegt. Deshalb ist die längste Strecke zwischen zwei Punkten von
$\mathbf{F}$ der Durchmesser des Kreises $x^2 + y^2 = 125$ in der x-y-Ebene. Also beträgt
der Durchmesser des Sterns $2 \cdot 5\sqrt{5} \cdot 10000 = 100000\sqrt{5}$km ≈ 2236068km .
d) Wir haben die Ableitungen von $\mathbf{x}$ nach φ und θ in (φ,θ) schon in a)
berechnet. Die Tangentialebene an $\mathbf{x}$ in $\mathbf{x}(\varphi,\theta)$ lautet somit:

$$\{\mathbf{x}(\varphi,\theta) + \alpha\mathbf{x}_\varphi(\varphi,\theta) + \beta\mathbf{x}_\theta(\varphi,\theta) \mid \alpha,\beta \in \mathbb{R}\} \ .$$

e) Sei $\mathbf{x}(\varphi_0,\theta_0)$ ein Punkt aus $\mathbf{F}'$ mit $\theta_1 < \theta_0 < \theta_1 + 2\pi$. Die Parameterlinien durch $\mathbf{x}(\varphi_0,\theta_0)$ sind die parametrisierten C^∞-Kurven $] - \frac{\pi}{2}, \frac{\pi}{2}[\to \mathbf{F}'$, $\varphi \mapsto \mathbf{x}(\varphi,\theta_0)$ und $]\theta_1,\theta_1 + 2\pi[\to \mathbf{F}'$, $\theta \mapsto \mathbf{x}(\varphi_0,\theta)$. Für den Winkel α_0 zwischen diesen Linien in $\mathbf{x}(\varphi_0,\theta_0)$ gilt: $\cos\alpha_0 = \frac{\mathbf{x}_\varphi(\varphi_0,\theta_0)\cdot\mathbf{x}_\theta(\varphi_0,\theta_0)}{||\mathbf{x}_\varphi(\varphi_0,\theta_0)||\,||\mathbf{x}_\theta(\varphi_0,\theta_0)||}$. Wegen $\mathbf{x}_\varphi\cdot\mathbf{x}_\theta(\varphi_0,\theta_0) = 125\sin\varphi_0\cos\varphi_0\sin\theta_0\cos\theta_0 - 125\sin\varphi_0\cos\varphi_0\sin\theta_0\cos\theta_0 = 0$ folgt $\alpha_0 = \frac{\pi}{2}$, d.h. die Linien stehen senkrecht aufeinander. Die Behauptung ist sofort klar, wenn man bedenkt, dass die Parameterlinie $\varphi \mapsto \mathbf{x}(\varphi,\theta_0)$ in der Ebene $x\cdot\sin\theta_0 = y\cdot\cos\theta_0$ und $\theta \mapsto \mathbf{x}(\varphi_0,\theta)$ in der Ebene $z = 10\sin\varphi_0$ liegt, und dass diese zwei Ebenen senkrecht zueinander stehen.

f) Man hat $E(\varphi,\theta) = E = \mathbf{x}_\varphi(\varphi,\theta)\cdot\mathbf{x}_\varphi(\varphi,\theta) = 125\sin^2\varphi\cos^2\theta + 125\sin^2\varphi\sin^2\theta + 100\cos^2\varphi = 25(5\sin^2\varphi + 4\cos^2\varphi) = 25(4 + \sin^2\varphi)$, $F(\varphi,\theta) = F = \mathbf{x}_\varphi(\varphi,\theta)\cdot\mathbf{x}_\theta(\varphi,\theta) = 0$, $G(\varphi,\theta) = G = \mathbf{x}_\theta(\varphi,\theta)\cdot\mathbf{x}_\theta(\varphi,\theta) = 125(\cos^2\varphi\sin^2\theta + \cos^2\varphi\cos^2\theta) = 125\cos^2\varphi$. Die erste Fundamentalform lautet also $25(4 + \sin^2\varphi)d\varphi^2 + 125\cos^2\varphi d\theta^2$.

g) Aus den obigen Rechnungen folgt, dass der Wert von $\sqrt{g} := \sqrt{EG - F^2} = ||\mathbf{x}_\varphi \times \mathbf{x}_\theta||$ in (φ,θ) gleich $25\sqrt{5}\,|\cos\varphi|\sqrt{4 + \sin^2\varphi}$ ist. Der Flächeninhalt des Ellipsoides wird mittels $\int_D \sqrt{g}d\sigma(\varphi,\theta) = 25\sqrt{5}\int_D \cos\varphi\sqrt{4 + \sin^2\varphi}\,d\sigma(\varphi,\sigma)$ berechnet. Dieses Integral berechnen wir mit Hilfe der Substitution $t = \frac{1}{2}\sin\varphi$ und der Stammfunktion $\frac{1}{2}(t\sqrt{1 + t^2} + \text{areasinh}\,t)$ von $\sqrt{1 + t^2}$ wie folgt:

$$25\sqrt{5}\int_{\theta_1}^{\theta_1+2\pi} d\theta \int_{-\frac{\pi}{2}}^{\frac{\pi}{2}} \cos\varphi\sqrt{4 + \sin^2\varphi}\,d\varphi = 100\pi\sqrt{5}\int_0^{\frac{\pi}{2}} \cos\varphi\sqrt{1 + 4\sin^2\varphi}\,d\varphi$$

$$= 400\pi\sqrt{5}\int_0^{\frac{1}{2}} \sqrt{1 + t^2}\,dt = 200\pi\sqrt{5}(t\sqrt{1 + t^2} + \text{areasinh}\,t)\,\Big|_0^{\frac{1}{2}}$$

$$= 250\pi + 200\pi\sqrt{5}\,\text{areasinh}\frac{1}{2}\ .$$

h) Die Flächennormale in $\mathbf{x}(\varphi,\theta) \in \mathbf{F}'$ lautet

$$\mathbf{n}(\varphi,\theta) = \frac{\mathbf{x}_\varphi(\varphi,\theta) \times \mathbf{x}_\theta(\varphi,\theta)}{||\mathbf{x}_\varphi(\varphi,\theta) \times \mathbf{x}_\theta(\varphi,\theta)||} = \frac{1}{\sqrt{4 + \sin^2\varphi}}\begin{pmatrix} -2\cos\theta \\ -2\sin\theta \\ -\sqrt{5}\sin\varphi \end{pmatrix} .$$

Mit $\mathbf{x}_{\varphi\varphi}(\varphi,\theta) = \begin{pmatrix} -5\sqrt{5}\,\cos\varphi\cos\theta \\ -5\sqrt{5}\,\cos\varphi\sin\theta \\ -10\sin\varphi \end{pmatrix}$, $\mathbf{x}_{\varphi\theta}(\varphi,\theta) = \begin{pmatrix} 5\sqrt{5}\,\sin\varphi\sin\theta \\ -5\sqrt{5}\,\sin\varphi\cos\theta \\ 0 \end{pmatrix}$,

$\mathbf{x}_{\theta\theta}(\varphi,\theta) = \begin{pmatrix} -5\sqrt{5}\,\cos\varphi\cos\theta \\ -5\sqrt{5}\,\cos\varphi\sin\theta \\ 0 \end{pmatrix}$ erhalten wir $L(\varphi,\theta) = (\mathbf{x}_{\varphi\varphi}\cdot\mathbf{n})(\varphi,\theta) =$

$\dfrac{1}{\sqrt{4+\sin^2\varphi}}[10\sqrt{5}\,\cos^2\varphi\cos^2\theta + 10\sqrt{5}\,\cos^2\varphi\sin^2\theta + 10\sqrt{5}\,\sin^2\varphi] = \dfrac{10\sqrt{5}}{\sqrt{4+\sin^2\varphi}}$,

$M(\varphi,\theta) = (\mathbf{x}_{\varphi\theta}\cdot\mathbf{n})(\varphi,\theta) = 0$, $N(\varphi,\theta) = (\mathbf{x}_{\theta\theta}\cdot\mathbf{n})(\varphi,\theta) = \dfrac{10\sqrt{5}\,\cos^2\varphi}{\sqrt{4+\sin^2\varphi}}$, und

damit lautet die zweite Fundamentalform $\dfrac{10\sqrt{5}}{\sqrt{4+\sin^2\varphi}}(d\varphi^2 + \cos^2\varphi\,d\theta^2)$.

i) Die Normalkrümmung $\kappa_n(t)$ der Flächenkurve $\mathbf{w} = \mathbf{x}\circ\mathbf{u}$ in $t\in\,]a,b[$ ist der

Quotient von $\dfrac{10\sqrt{5}}{\sqrt{4+\sin^2\varphi(t)}}\left(\varphi'(t)^2 + \cos^2\varphi(t)\theta'(t)^2\right)$ und

$25\left(4+\sin^2\varphi(t)\right)\varphi'(t)^2 + 125\cos^2\varphi(t)\theta'(t)^2$, also

$$\kappa_n(t) = \frac{2}{\sqrt{5}}\,\frac{\varphi'(t)^2 + \cos^2\varphi(t)\theta'(t)^2}{\sqrt{4+\sin^2\varphi(t)}\left[\left(4+\sin^2\varphi(t)\right)\varphi'(t)^2 + 5\left(\cos^2\varphi(t)\right)\theta'(t)^2\right]} .$$

j) Die Gaußsche Krümmung in $\mathbf{x}(\varphi,\theta)$ hat den Wert $\frac{LN-M^2}{EG-F^2}(\varphi,\theta)$, d.h.

$$K = \frac{\frac{10\sqrt{5}}{\sqrt{4+\sin^2\varphi}}\cdot\frac{10\sqrt{5}\,\cos^2\varphi}{\sqrt{4+\sin^2\varphi}}}{25(4+\sin^2\varphi)\cdot 125\cos^2\varphi} = \frac{4}{25(4+\sin^2\varphi)^2} .$$

Die mittlere Krümmung in $\mathbf{x}(\varphi,\theta)$ hat den Wert $\frac{1}{2}\frac{NE-2MF+LG}{EG-F^2}(\varphi,\theta)$, d.h.

$$H = \frac{1}{2}\frac{\frac{10\sqrt{5}\,\cos^2\varphi}{\sqrt{4+\sin^2\varphi}}\cdot 25(4+\sin^2\varphi) + \frac{10\sqrt{5}}{\sqrt{4+\sin^2\varphi}}\cdot 125\cos^2\varphi}{25(4+\sin^2\varphi)\cdot 125\cos^2\varphi}$$

$$= \frac{1}{2}\frac{2\sqrt{5}(4+\sin^2\varphi) + 10\sqrt{5}}{25(4+\sin^2\varphi)^{3/2}} = \frac{\sqrt{5}(9+\sin^2\varphi)}{25(4+\sin^2\varphi)^{3/2}} .$$

k) $\mathbf{F}$ lässt sich darstellen als Nullstellenmenge der C^∞-Funktion $f : \mathbb{R}^3 \to \mathbb{R}$, $f(x,y,z) = \frac{x^2}{125} + \frac{y^2}{125} + \frac{z^2}{100} - 1$, wobei $\operatorname{grad} f(x,y,z) = (\frac{2x}{125}, \frac{2y}{125}, \frac{z}{50})^T$ auf $\mathbf{F}$ keine Nullstelle hat. Deshalb ist $\mathbf{F} = f^{-1}(0)$ eine orientierbare C^∞-Fläche.

l) In einem Nabelpunkt sind alle Normalkrümmungen gleich. Äquivalent: $H^2 = K$. $\frac{5(9+\sin^2\varphi)^2}{625(4+\sin^2\varphi)^3} = \frac{4}{25(4+\sin^2\varphi)^2}$ lässt sich zu $(\sin^2\varphi - 1)^2 = 0$ umformen. Da φ aus $]-\frac{\pi}{2},\frac{\pi}{2}[$ ist, ist dies nicht möglich. Also besitzt $\mathbf{F}'$ keine

Nabelpunkte.

Man kann allerdings zeigen, dass x_N und x_S Nabelpunkte von F sind. Dafür benutzt man entweder eine andere Parametrisierung wie zum Beispiel $(\varphi, \theta) \mapsto (5\sqrt{5} \cos\varphi \cos\theta, 5\sqrt{5} \sin\varphi, 10 \cos\varphi \sin\theta)^T$ oder man gibt die folgende geometrische Begründung: F ist die Drehfläche einer Ellipse mit den Halbachsen $5\sqrt{5}$ und 10 um die z-Achse. Deshalb haben die Krümmungen aller Normalschnitte in x_N und x_S den gleichen Wert $\frac{\sqrt{5}}{20}$, und das bedeutet, dass x_N und x_S Nabelpunkte von F sind.

Aufgabe 8

a) Bestimmen Sie die größte offene Teilmenge D von $\mathbb{R}^2$, für welche die Abbildung $x : D \to \mathbb{R}^3$, $x(u, v) = (u + v^2, v + u^2, uv)^T$ eine glatt parametrisierte Fläche definiert. Sei nun $(u_0, v_0)^T \in D$ und $x_0 := x(u_0, v_0)$.

b) Bestimmen Sie die Tangentialebene und die Flächennormale in x_0.

c) Bestimmen Sie den Winkel α, unter dem sich die Parameterlinien in x_0 schneiden.

d) Berechnen Sie die erste und die zweite Fundamentalform der Fläche.

e) Berechnen Sie die Gaußsche Krümmung der Fläche in x_0.

f) Ist $0 = x(0, 0) = (0, 0, 0)^T$ ein Nabelpunkt der Fläche?

Lösung:

a) Es gilt $x_u(u, v) = (1, 2u, v)^T$, $x_v(u, v) = (2v, 1, u)^T$ und damit

$$x_u(u, v) \times x_v(u, v) = \begin{pmatrix} 1 \\ 2u \\ v \end{pmatrix} \times \begin{pmatrix} 2v \\ 1 \\ u \end{pmatrix} = \begin{pmatrix} 2u^2 - v \\ 2v^2 - u \\ 1 - 4uv \end{pmatrix}.$$

Das Gleichungssystem $2u^2 - v = 0$, $2v^2 - u = 0$, $1 - 4uv = 0$ hat nur die Lösung $u = v = \frac{1}{2}$. Also ist $D := \mathbb{R}^2 \backslash \{(\begin{smallmatrix} \frac{1}{2} \\ \frac{1}{2} \end{smallmatrix})\}$ die gesuchte Menge.

b) Die Tangentialebene in x_0 ist

$$\{(u_0 + v_0^2, v_0 + u_0^2, u_0 v_0)^T + \alpha(1, 2u_0, v_0)^T + \beta(2v_0, 1, u_0)^T \mid \alpha, \beta \in \mathbb{R}\}.$$

Da $\|x_u(u_0, v_0) \times x_v(u_0, v_0)\|^2 = (2u_0^2 - v_0)^2 + (2v_0^2 - u_0)^2 + (1 - 4u_0 v_0)^2 = 5u_0^4 + 5v_0^4 + 16u_0^2 v_0^2 - 4u_0 v_0 (u_0 + v_0) + u_0^2 + v_0^2 - 8u_0 v_0 + 1$ gilt, ist

$$N(u_0, v_0) := \frac{1}{r_0} (2u_0^2 - v_0, 2v_0^2 - u_0, 1 - 4u_0 v_0)^T$$

mit $r_0 = \sqrt{5(u_0^4 + v_0^4) + 16u_0^2 v_0^2 - 4u_0 v_0 (u_0 + v_0) + u_0^2 + v_0^2 - 8u_0 v_0 + 1}$ die Flächennormale in x_0 .

c) $\cos\alpha = \frac{x_u(u_0, v_0) \cdot x_v(u_0, v_0)}{\|x_u(u_0, v_0)\| \, \|x_v(u_0, v_0)\|} = \frac{2u_0 + 2v_0 + u_0 v_0}{\sqrt{1 + 4u_0^2 + v_0^2} \sqrt{1 + u_0^2 + 4v_0^2}}$.

d) $E(u,v) = \mathbf{x}_u(u,v) \cdot \mathbf{x}_u(u,v) = 1 + 4u^2 + v^2$, $F(u,v) = \mathbf{x}_u(u,v) \cdot \mathbf{x}_v(u,v) = 2(u+v) + uv$, $G(u,v) = \mathbf{x}_v \cdot \mathbf{x}_v(u,v) = 1 + u^2 + 4v^2$. Die erste Fundamentalform der Fläche ist also

$$(1 + 4u^2 + v^2)du^2 + 2(2u + 2v + uv)du\,dv + (1 + u^2 + 4v^2)dv^2 \ .$$

Mit $\mathbf{x}_{uu}(u,v) = (0,2,0)^T$, $\mathbf{x}_{uv}(u,v) = (0,0,1)^T$ und $\mathbf{x}_{vv}(u,v) = (2,0,0)^T$ ergeben sich die Koeffizienten der zweiten Fundamentalform wie folgt:

$$L(u,v) = \mathbf{x}_{uu}(u,v) \cdot \mathbf{N}(u,v) = \frac{2}{r(u,v)}(2v^2 - u) \ ,$$

$$M(u,v) = \mathbf{x}_{uv}(u,v) \cdot \mathbf{N}(u,v) = \frac{1}{r(u,v)}(1 - 4uv) \ ,$$

$$N(u,v) = \mathbf{x}_{vv}(u,v) \cdot \mathbf{N}(u,v) = \frac{2}{r(u,v)}(2u^2 - v)$$

mit $r(u,v) := \sqrt{5(u^4 + v^4) + 16u^2v^2 - 4uv(u+v) + u^2 + v^2 - 8uv + 1}$. Die zweite Fundamentalform der Fläche lautet

$$\frac{2}{r(u,v)}\left[(2v^2 - u)du^2 + (1 - 4uv)du\,dv + (2u^2 - v)dv^2\right] \ .$$

e) Mit $r_0 := r(u_0, v_0)$ erhalten wir

$$(LN - M^2)(\mathbf{x}_0) = \frac{1}{r_0^2}\left[4(2v_0^2 - u_0)(2u_0^2 - v_0) - (1 - 4u_0v_0)^2\right]$$

$$= \frac{1}{r_0^2}\left[12u_0v_0 - 8(u_0^3 + v_0^3) - 1\right] \ ,$$

$$(EG - F^2)(\mathbf{x}_0) = \left(1 + 4u_0^2 + v_0^2\right)\left(1 + u_0^2 + 4v_0^2\right) - (2u_0 + 2v_0 + u_0v_0)^2$$

$$= 4\left(u_0^4 + v_0^4\right) + 16v_0^2 v_0^2 - 4u_0v_0(u_0 + v_0) + u_0^2 + v_0^2 - 8u_0v_0 + 1 \ .$$

Die Gaußsche Krümmung in $\mathbf{x}_0$ ist

$$\frac{LN - M^2}{EG - F^2}(\mathbf{x}_0) = \frac{1}{r_0^2}\frac{12u_0v_0 - 8(u_0^3 + v_0^3) - 1}{4(u_0^4 + v_0^4) + 16u_0^2 v_0^2 - 4u_0v_0(u_0 + v_0) + u_0^2 + v_0^2 - 8u_0v_0 + 1} \ .$$

f) In $\mathbf{0} = \mathbf{x}(0,0) = (0,0,0)^T$ haben E, F, G, L, M und N die Werte $1, 0, 1, 0, 1$ bzw. 0. Deshalb haben $NE - 2MF + LG$, $LN - M^2$ und $EG - F^2$ in $\mathbf{0}$ die Werte $0, -1$ bzw. 1. Die Hauptkrümmungen $\kappa_1(\mathbf{0})$ und $\kappa_2(\mathbf{0})$ der Fläche in $\mathbf{0}$ sind die Lösungen der quadratischen Gleichung

$$\kappa^2 - \frac{NE - 2MF + LG}{EG - F^2}(\mathbf{0})\kappa + \frac{LN - M^2}{EG - F^2}(\mathbf{0}) = 0 \ , \quad \text{d.h.} \quad \kappa^2 - 1 = 0 \ .$$

Die Hauptkrümmungen in 0 sind also 1 und -1 und damit verschiedene Zahlen. Deshalb ist 0 kein Nabelpunkt dieser Fläche.

Aufgabe 9

a) Zeigen Sie, dass die Reihe $\sum_{n=1}^{\infty} \tan \frac{x}{n^2}$ in jedem abgeschlossenen Teilintervall von $[0, \frac{\pi}{2}[$ gleichmäßig konvergiert.

b) Zeigen Sie, dass die durch $f(x) = \sum_{n=1}^{\infty} \tan \frac{x}{n^2}$ definierte Funktion auf $[0, \frac{\pi}{2}[$ stetig differenzierbar ist.

Hinweis zu a): Zeigen Sie zuerst, dass auf $[0, \frac{\pi}{3}]$ gilt: $\tan x \leq 2x$.

Lösung:

a) Wegen $\sin x \leq x$ und $\cos x \geq \frac{1}{2}$ ist $0 < \tan x = \frac{\sin x}{\cos x} \leq \frac{x}{\frac{1}{2}} = 2x$ für $x \in [0, \frac{\pi}{3}]$. Ist $[a, b]$ ein Teilintervall von $[0, \frac{\pi}{2}[$, so erhält man nach der obigen Ungleichung sofort $0 \leq \tan \frac{x}{n^2} \leq \frac{2b}{n^2}$ für alle $n \geq 2$ und $x \in [a, b]$. Nach dem Majorantenkriterium ist die Reihe $\sum_{n=1}^{\infty} \tan \frac{x}{n^2}$ gleichmäßig konvergent auf dem Intervall $[a, b]$.

b) Die Reihe $\sum_{n=1}^{\infty} (\tan \frac{x}{n^2})' = \sum_{n=1}^{\infty} \frac{1}{n^2} \frac{1}{\cos^2 \frac{x}{n^2}}$ ist gleichmäßig konvergent auf jedem Intervall $[a, b] \subset [0, \frac{\pi}{2}[$, weil für $x \in [a, b]$ und $n \geq 2$ gilt: $\frac{1}{n^2} \frac{1}{\cos^2 \frac{x}{n^2}} \leq \frac{1}{n^2} \frac{1}{\cos^2 \frac{\pi}{8}}$. Insbesondere ist $\sum_{n=1}^{\infty} \frac{1}{n^2} \frac{1}{\cos^2 \frac{x}{n^2}}$ eine stetige Funktion auf $[0, \frac{\pi}{2}[$ (als Summe einer auf jedem Intervall $[a, b]$ aus $[0, \frac{\pi}{2}[$ gleichmäßig konvergenten Reihe!). Da die ursprüngliche Reihe $\sum_{n=1}^{\infty} \tan \frac{x}{n^2}$ ebenfalls auf $[0, \frac{\pi}{2}[$ konvergiert, ist $\sum_{n=1}^{\infty} \tan \frac{x}{n^2}$ differenzierbar, und es gilt $(\sum_{n=1}^{\infty} \tan \frac{x}{n^2})' = \sum_{n=1}^{\infty} \frac{1}{n^2} \frac{1}{\cos^2 \frac{x}{n^2}}$. Es hätte der Konvergenznachweis für $\sum_{n=1}^{\infty} \tan \frac{x}{n^2}$ in einem einzigen Punkt genügt!. Wie oben bemerkt, ist $\sum_{n=1}^{\infty} \tan \frac{x}{n^2}$ sogar stetig differenzierbar.

Aufgabe 10

Betrachten Sie die Funktionenreihe $\sum_{n=1}^{\infty} f_n$, wobei $f_n(x) := \sin \frac{x}{n\sqrt{n}}$ für alle $x \in \mathbb{R}$ gesetzt wird.

a) Zeigen Sie, dass diese Reihe in jedem kompakten (also beschränkten und abgeschlossenen) Intervall von $\mathbb{R}$ konvergiert. Die dadurch definierte Funktion auf $\mathbb{R}$ wird mit f bezeichnet.

b) Zeigen Sie, dass f eine auf $\mathbb{R}$ stetig differenzierbare Funktion ist, und berechnen Sie ihre Ableitung.

c)   Geben Sie für jedes $n \in \mathbb{N}$ eine Stammfunktion g_n von f_n an, so dass $\sum_{n=1}^{\infty} g_n$ eine stetig differenzierbare Funktion g auf $\mathbb{R}$ definiert, deren Ableitung f ist.

d)   Ist $\sum_{n=1}^{\infty} f_n$ die Fourierreihe von f ?

Lösung:

Die Ungleichung $|\sin x| \le |x|$ für alle $x \in \mathbb{R}$ ist wichtig für die Lösung dieser Aufgabe.

a) Jedes kompakte Intervall von $\mathbb{R}$ ist in einem bzgl. des Nullpunktes symmetrischen Intervall $[-a, a]$ mit $a > 0$ enthalten. Deshalb genügt es, die Konvergenz von $\sum_{n=1}^{\infty} f_n$ auf einem solchen Intervall zu untersuchen. Wegen $|\sin \frac{x}{n\sqrt{n}}| \le \frac{|x|}{n\sqrt{n}} \le \frac{a}{n\sqrt{n}}$ für alle $x \in [-a, a]$ und der Konvergenz von $\sum_{n=1}^{\infty} \frac{a}{n\sqrt{n}}$ folgt die gleichmäßige Konvergenz von $\sum_{n=1}^{\infty} f_n$ auf $[-a, a]$. Deshalb definiert diese Reihe eine auf $\mathbb{R}$ stetige Funktion f.

b) Wegen $f_n'(x) = \frac{1}{n\sqrt{n}} \cos \frac{x}{n\sqrt{n}}$ und $|f_n'(x)| \le \frac{1}{n\sqrt{n}}$ für alle $x \in \mathbb{R}$ konvergiert $\sum_{n=1}^{\infty} f_n'$ gleichmäßig auf $\mathbb{R}$. Da $\sum_{n=1}^{\infty} f_n$ ebenfalls konvergiert (es genügt, die Konvergenz in einem einzigen Punkt zu wissen!) ist f nach dem Satz über die Differenzierbarkeit von Funktionenreihen differenzierbar auf $\mathbb{R}$, und es gilt:

$$f'(x) = \left(\sum_{n=1}^{\infty} f_n(x) \right)' = \sum_{n=1}^{\infty} f_n'(x) = \sum_{n=1}^{\infty} \frac{1}{n\sqrt{n}} \cos \frac{x}{n\sqrt{n}} \ .$$

Man bemerke, dass für alle $k \ge 1$ und $n \ge 1$ gilt: $|f_n^{(k)}(x)| \le \frac{1}{n^{1,5k}}$ für alle $x \in \mathbb{R}$. Deshalb kann man mit Hilfe des eben zitierten Satzes zeigen, dass f unendlich oft differenzierbar ist und $f^{(k)}(x) = \sum_{n=1}^{\infty} f_n^{(k)}(x)$ für alle $k \in \mathbb{N}$ gilt.

c) Ist $c_n \in \mathbb{R}$, so ist $c_n - n\sqrt{n} \cos \frac{x}{n\sqrt{n}}$ eine Stammfunktion von f_n. Die Frage, für welche Folge $(c_n)_{n \ge 1}$ die Reihe $\sum_{n=1}^{\infty} (c_n - n\sqrt{n} \cos \frac{x}{n\sqrt{n}})$ auf $\mathbb{R}$ konvergiert, ist direkt nicht sehr leicht zu beantworten. Deshalb benutzt man (dies ist erlaubt, weil $\sum_{n=1}^{\infty} f_n$ gleichmäßig gegen f konvergiert) den Satz über die Integrierbarkeit von Funktionenreihen und erhält

$$\int_0^x f(t)dt = \int_0^x \left(\sum_{n=1}^{\infty} f_n(t) \right) dt = \sum_{n=1}^{\infty} \int_0^x f_n(t)dt$$

$$= \sum_{n=1}^{\infty} \left(-n\sqrt{n} \cos \frac{t}{n\sqrt{n}} \ \Big|_0^x \right) = \sum_{n=1}^{\infty} \left(n\sqrt{n} - n\sqrt{n} \cos \frac{x}{n\sqrt{n}} \right)$$

weswegen die Reihe $\sum_{n=1}^{\infty} n\sqrt{n}(1 - \cos \frac{x}{n\sqrt{n}})$ konvergiert. Diese letzte Aussage kann man auch aus der folgenden Abschätzung mit dem Majorantenkriterium folgern, denn für alle $x \in [-a, a]$ gilt

$$\left| n\sqrt{n} \left(1 - \cos \frac{x}{n\sqrt{n}} \right) \right| \leq n\sqrt{n} \cdot 2 \sin^2 \frac{x}{2n\sqrt{n}}$$

$$\leq n\sqrt{n} \cdot 2 \cdot \frac{|x|^2}{(2n\sqrt{n})^2} = \frac{|x|^2}{2n\sqrt{n}} \leq \frac{|a|^2}{2n\sqrt{n}} \ .$$

d) Die Reihe $\frac{a_0}{2} + \sum_{n=1}^{\infty}(a_n \cos c_n x + b_n \sin c_n x)$ ist eine Fourierreihe, wenn eine Zahl $P = 2L$ existiert, so dass $c_n = \frac{\pi n}{L}$ für alle $n \geq 1$ gilt. Das ist für die Reihe $\sum_{n=1}^{\infty} \sin \frac{x}{n\sqrt{n}}$ nicht der Fall, da $(\frac{1}{n\sqrt{n}})_{n \geq 1}$ eine Nullfolge ist!

Aufgabe 11

a)   Zeigen Sie, dass für $x \in \,]-1, 1[$ gilt: $\ln \frac{1+x^2}{1-x^2} = 4 \int_0^x \frac{t}{1-t^4} dt$.

b)   Berechnen Sie die Taylorreihe von $\ln \frac{1+x^2}{1-x^2}$ im Nullpunkt auf $]-1, 1[$ unter Benutzung der obigen Identität.

c)   Folgern Sie daraus:

$$\ln 3 = 1 + \frac{1}{3 \cdot 2^2} + \frac{1}{5 \cdot 2^4} + \frac{1}{7 \cdot 2^6} + \frac{1}{9 \cdot 2^8} + \frac{1}{11 \cdot 2^{10}} + \ldots = \sum_{n=0}^{\infty} \frac{1}{(2n+1) \cdot 2^{2n}} \ .$$

Lösung:

a) Auf $]-1, 1[$ sind die Funktionen $\ln \frac{1+x^2}{1-x^2}$ und $4 \int_0^x \frac{t \, dt}{1-t^4}$ differenzierbar. Im Nullpunkt haben diese Funktionen denselben Wert, nämlich 0. Da außerdem ihre Ableitungen $(\ln(\frac{1+x^2}{1-x^2}))' = (\ln(1+x^2) - \ln(1-x^2))' = \frac{2x}{1+x^2} + \frac{2x}{1-x^2} = \frac{4x}{1-x^4}$ und $(4 \int_0^x \frac{t \, dt}{1-t^4})' = 4 \frac{x}{1-x^4}$ gleich sind, erhält man die angekündigte Identität.

b) Für jedes $a, a \in [0, 1[$, ist die geometrische Reihe $\sum_{n=1}^{\infty} t^{4n+1}$ in $[-a, a]$ gegen $\frac{t}{1-t^4}$ gleichmäßig konvergent. Nach dem Satz über die Integrierbarkeit von Funktionenreihen gilt dann für jedes $x \in \,]-1, 1[$: $\int_0^x \frac{t}{1-t^4} dt = \int_0^x (\sum_{n=0}^{\infty} t^{4n+1}) dt = \sum_{n=0}^{\infty} \int_0^x t^{4n+1} dt = \sum_{n=0}^{\infty} (\frac{1}{4n+2} t^{4n+2} \, |_0^x) = \sum_{n=0}^{\infty} \frac{x^{4n+2}}{4n+2}$. Die Reihe $\sum_{n=0}^{\infty} \frac{2}{2n+1} x^{4n+2}$ ist also die Taylor-Reihe von $\ln \frac{1+x^2}{1-x^2}$ im Nullpunkt auf $]-1, 1[$.

c) Für $x^2 = \frac{1}{2}$ erhält man $\ln 3 = \ln \frac{1+\frac{1}{2}}{1-\frac{1}{2}} = \sum_{n=0}^{\infty} \frac{2}{2n+1} \cdot \frac{1}{2^{2n+1}} = \sum_{n=0}^{\infty} \frac{1}{(2n+1) \cdot 2^{2n}} = 1 + \frac{1}{3 \cdot 2^2} + \frac{1}{5 \cdot 2^4} + \frac{1}{7 \cdot 2^6} + \frac{1}{9 \cdot 2^8} + \frac{1}{11 \cdot 2^{10}} + \ldots$.

Aufgabe 12

a)   Geben Sie eine Fourierreihe an, die im Intervall $]0, 1[$ gegen die Funktion f, $f(x) := x^2$, konvergiert und nur aus Sinus-Gliedern (i) bzw. nur aus Cosinus-Gliedern (ii) besteht. Untersuchen Sie die Konvergenz der berechneten Fourierreihen.

b)   Zeigen Sie, dass aus der Cosinus-Reihe für die gerade periodische Fortsetzung von f mit der Periode 2 die folgende Identität gewonnen werden kann:

$$\frac{\pi^2}{12} = \sum_{n=1}^{\infty} (-1)^{k-1} \frac{1}{k^2} = 1 - \frac{1}{2^2} + \frac{1}{3^2} - \frac{1}{4^2} + \frac{1}{5^2} - \frac{1}{6^2} + \cdots .$$

c)   Warum wurde in a) „eine" und nicht „die" Fourierreihe gesucht? Wie könnten wir a) ergänzen, um „die" Fourierreihe zu bestimmen, die gegen f auf $]0,1[$ konvergiert?

Lösung:

a)i) Setzt man f auf $[-1,0]$ durch $x \mapsto x^2$ und dann periodisch mit Periode 2 fort, so bekommt man eine stetige Funktion f_2 auf $\mathbb{R}$, wie sie Abbildung 3.5 zeigt. Diese gerade Funktion hat eine Fourierreihe, die nur

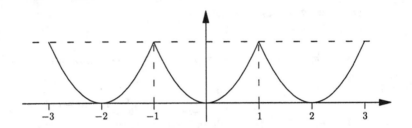

Abbildung 3.5. Eine stetige, gerade Fortsetzung von f

Cosinus-Glieder enthält, also: $\frac{a_0}{2} + \sum_{n=1}^{\infty} a_n \cos n\pi x$. Die Koeffizienten werden wie folgt berechnet: $a_0 = 2 \int_0^1 t^2 dt = \frac{2}{3}$, $a_n = 2 \int_0^1 t^2 \cos \pi n t\, dt =$
$\frac{2}{\pi n}[t^2 \sin \pi n t \mid_0^1 \ -2 \int_0^1 t \sin n\pi t\, dt] = \frac{4}{\pi^2 n^2}[t \cos n\pi t \mid_0^1 \ - \int_0^1 \cos n\pi t\, dt] =$
$\frac{4}{\pi^2 n^2}[(-1)^n - \frac{1}{\pi n} \sin n\pi t \mid_0^1] = (-1)^n \frac{4}{\pi^2 n^2}$.
Hiermit ist $\frac{1}{3} + \sum_{n=1}^{\infty} (-1)^n \frac{4}{\pi^2 n^2} \cos n\pi x$ die Fourierreihe von f_2. In jedem Punkt $x_0 \in \mathbb{R}$ konvergiert sie gegen $f_2(x_0)$ wegen der

→   Stetigkeit von f_2 auf $\mathbb{R}$,

→   Differenzierbarkeit von f_2 auf $\mathbb{R}\backslash\{2n+1 \mid n \in \mathbb{Z}\}$,

→   links- und rechtsseitigen Differenzierbarkeit von f_2 an den Ausnahmestellen $x = 2n+1$, $n \in \mathbb{Z}$.

Aus der Gestalt der Fourierreihe folgt wegen der Abschätzung $|(-1)^n \frac{4}{\pi^2 n^2} \cos n\pi x| \leq \frac{4}{\pi^2 n^2}$ für $x \in \mathbb{R}$ und der Konvergenz von $\sum_{n=1}^{\infty} \frac{1}{n^2}$ die gleichmäßige Konvergenz der Fourierreihe auf ganz $\mathbb{R}$ gegen f_2 .

ii) Setzt man die Funktion $x \mapsto x^2$ auf $[-1,0]$ durch $-x^2$ und dann mit der

Periode 2 auf ganz IR fort, so erhält man eine ungerade Funktion $f_1 : \text{IR} \to \text{IR}$, die nur in den Punkten $x = 2n + 1$ mit $2n + 1$ mit $n \in \mathbb{Z}$ nicht stetig aber immerhin rechtsseitig differenzierbar ist. Die Funktion

$$x \mapsto \begin{cases} f_1(x) & \text{, falls } x \notin \{2n+1 \mid n \in \mathbb{Z}\} \\ -1 & \text{, falls } x \in \{2n+1 \mid n \in \mathbb{Z}\} \end{cases}$$

ist in allen Punkten von $\{2n + 1 \mid n \in \mathbb{Z}\}$ linksseitig differenzierbar. Deshalb konvergiert die (noch zu berechnende) Fourierreihe von f_1 in jedem $x \in \text{IR}\backslash\{2n+1 \mid n \in \mathbb{Z}\}$ gegen $f_1(x)$ und in jedem Punkt von $\{2n+1 \mid n \in \mathbb{Z}\}$ gegen $\frac{-1+1}{2} = 0$. Aus der graphischen Darstellung von f_1 (vgl. Abbildung 3.6) sieht man, dass f_1 eingeschränkt auf $\text{IR}\backslash\{2n + 1 \mid n \in \mathbb{Z}\}$ ungerade ist, und

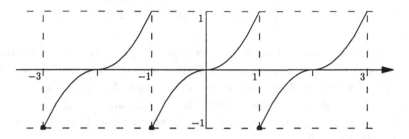

Abbildung 3.6. Eine ungerade Fortsetzung von f

damit enthält die Fourierreihe $\sum_{n=1}^{\infty} b_n \sin n\pi x$ von f_1 nur Sinus-Glieder. Es gilt:

$$b_n = 2 \int_0^1 t^2 \sin \pi n t \, dt = \frac{2}{\pi n} \left[-t^2 \cos \pi n t \Big|_0^1 + 2 \int_0^1 t \cos \pi n t \, dt \right]$$

$$= \frac{2}{\pi n} \left[(-1)^{n+1} - \frac{2}{\pi n} t \sin \pi n t \Big|_0^1 + \frac{2}{\pi n} \int_0^1 \sin \pi n t \, dt \right]$$

$$= \frac{2}{\pi n} \left[(-1)^{n+1} - \frac{2}{\pi^2 n^2} \cos \pi n t \Big|_0^1 \right] =$$

$$= \begin{cases} \dfrac{2}{\pi n}(-1)^{n+1} & \text{, falls } n \text{ gerade,} \\ \dfrac{2}{\pi n}\left[(-1)^{n+1} + \dfrac{4}{\pi^2 n^2}\right] & \text{, falls } n \text{ ungerade.} \end{cases}$$

b) Aus $x^2 = \frac{1}{3} + \sum_{n=1}^{\infty} (-1)^n \frac{4}{\pi^2 n^2} \cos n\pi x$ ergibt sich für $x = \frac{1}{2}$:

$$-\frac{1}{12} = \frac{1}{4} - \frac{1}{3} = \sum_{n=1}^{\infty} (-1)^n \frac{4}{\pi^2 n^2} \cos n\frac{\pi}{2} = \sum_{k=1}^{\infty} \frac{1}{\pi^2 k^2} \cos k\pi = \sum_{k=1}^{\infty} \frac{(-1)^k}{\pi^2 k^2}$$

und damit $\frac{\pi^2}{12} = 1 - \frac{1}{2^2} + \frac{1}{3^2} - \frac{1}{4^2} + \frac{1}{5^2} - \frac{1}{6^2} + \cdots$.

Bemerken Sie, dass aus dieser Identität und aus der in der Aufgabe 3c) be-
wiesenen Identität die weitere Identität $\frac{\pi^2}{6} = 1 + \frac{1}{2^2} + \frac{1}{3^2} + \frac{1}{4^2} + \frac{1}{5^2} + \cdots$ folgt.

c) Man kann f zu beliebig vielen anderen ungeraden Funktion fortsetzen,
z.B. zu einer ungeraden Funktion g_1 mit Periode 4

$$g_1(x) = \begin{cases} x^2 & \text{, falls } 0 < x \le 1, \\ (2-x)^2 & \text{, falls } 1 < x < 2, \\ -x^2 & \text{, falls } -1 < x \le 0, \\ -(2+x)^2 & \text{, falls } -2 \le x < 1. \end{cases}$$

Die Fourierreihe von g_1 (die von derjenigen von f_1 verschieden ist) hat in
jedem $x \in]0, 1[$ den Grenzwert x^2. Deshalb kann man in a) nicht von „der"
Fourierreihe sprechen. Analog kann man für f eine andere gerade Fortsetzung
finden, wie z.B. die 4-periodische Funktion g_2, die auf $[-2, 2[$ gleich x^2 ist.
Die Eindeutigkeit in a) gewinnt man nur, wenn man eine Periode (in diesem
Fall die Periode 2) festlegt.

Aufgabe 13

Sei $f : \mathbb{R} \to \mathbb{R}$, $f(x) = \max\{\sin x, \cos x\}$.

a)   Zeigen Sie, dass f eine periodische Funktion mit der Periode 2π ist, und
       fertigen Sie eine einfache Skizze von f an.

b)   Berechnen Sie die Fourierkoeffizienten von f.

c)   Warum konvergiert die Fourierreihe von f in jedem $x \in \mathbb{R}$ gegen $f(x)$?

Lösung:

a) Die Funktion f hat auf $[0, 2\pi]$ die folgende Gestalt:

$$x \mapsto \begin{cases} \cos x & \text{, falls } x \in [0, \frac{\pi}{4}] \cup [\frac{5\pi}{4}, 2\pi], \\ \sin x & \text{, falls } x \in]\frac{\pi}{4}, \frac{5\pi}{4}[\end{cases}.$$

Da die Funktionen Sinus und Cosinus 2π als (kleinste, positive) Periode ha-
ben, hat f auch 2π als Periode. Wegen $f^{-1}(-\frac{\sqrt{2}}{2}) = \{2n\pi + \frac{5\pi}{4} \mid n \in \mathbb{Z}\}$
ist 2π sogar die kleinste, positive Periode von f. (Beachten Sie: f nimmt auf
$[0, 2\pi[$ jeden Wert aus $] - \frac{\sqrt{2}}{2}, 1]$ mindestens zweimal höchstens viermal an,
bis auf den Wert $-\frac{\sqrt{2}}{2}$, den f in $[0, 2\pi[$ genau einmal annimmt, nämlich in $\frac{5\pi}{4}$.

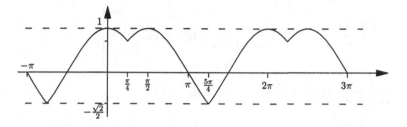

Abbildung 3.7. $f(x) = \max\{\sin x, \cos x\}$

b) Als Maximum von zwei stetigen Funktionen ist f stetig, und damit existieren die Fourierkoeffizienten von f. Sie werden nun berechnet; dabei muss man – wie oft in solchen Fällen – für die Indizes Fallunterscheidungen vornehmen.

$$a_0 = \frac{1}{\pi} \int\limits_0^{2\pi} f(x)dx = \frac{1}{\pi} \left[\int\limits_0^{\frac{\pi}{4}} \cos x \, dx + \int\limits_{\frac{\pi}{4}}^{\frac{5\pi}{4}} \sin x \, dx + \int\limits_{\frac{5\pi}{4}}^{2\pi} \cos x \, dx \right]$$

$$= \frac{1}{\pi} \left[\sin x \, \bigg|_0^{\frac{\pi}{4}} - \cos x \, \bigg|_{\frac{\pi}{4}}^{\frac{5\pi}{4}} + \sin x \, \bigg|_{\frac{5\pi}{4}}^{2\pi} \right]$$

$$= \frac{1}{\pi} \left[\frac{\sqrt{2}}{2} - \left(-\frac{\sqrt{2}}{2} - \frac{\sqrt{2}}{2} \right) + \frac{\sqrt{2}}{2} \right] = \frac{2\sqrt{2}}{\pi} \ .$$

$$a_k = \frac{1}{\pi} \int\limits_0^{2\pi} f(x) \cos kx \, dx$$

$$= \frac{1}{\pi} \left[\int\limits_0^{\frac{\pi}{4}} \cos x \cos kx \, dx + \int\limits_{\frac{\pi}{4}}^{\frac{5\pi}{4}} \sin x \cos kx dx + \int\limits_{\frac{5\pi}{4}}^{2\pi} \cos x \cos kx dx \right]$$

$$= \frac{1}{\pi} \left[\frac{1}{2} \left(\frac{1}{k+1} \sin(k+1)x + \frac{1}{k-1} \sin(k-1)x \right) \bigg|_0^{\frac{\pi}{4}} \right.$$

$$+ \frac{1}{2} \left(-\frac{1}{k+1} \cos(k+1)x + \frac{1}{k-1} \cos(k-1)x \right) \bigg|_{\frac{\pi}{4}}^{\frac{5\pi}{4}}$$

$$+ \frac{1}{2}\left(\frac{1}{k+1}\sin(k+1)x + \frac{1}{k-1}\sin(k-1)x \right)\Bigg|_{\frac{5\pi}{4}}^{2\pi}\Bigg]$$

$$= \frac{1}{2\pi}\Bigg[\frac{1}{k+1}\sin(k+1)\frac{\pi}{4} + \frac{1}{k-1}\sin(k-1)\frac{\pi}{4}$$

$$- \frac{1}{k+1}\left(\cos\left[(k+1)\pi + (k+1)\frac{\pi}{4} \right] - \cos(k+1)\frac{\pi}{4} \right)$$

$$+ \frac{1}{k-1}\left(\cos\left[(k-1)\pi + (k-1)\frac{\pi}{4} \right] - \cos(k-1)\frac{\pi}{4} \right)$$

$$- \frac{1}{k+1}\sin\left[(k+1)\pi + (k+1)\frac{\pi}{4} \right] - \frac{1}{k-1}\sin\left[(k-1)\pi + (k-1)\frac{\pi}{4} \right] \Bigg].$$

Ist $k = 4n$ mit $n \geq 1$, so folgt

$$\frac{1}{4n+1}\left(\sin(4n+1)\frac{\pi}{4} - \sin\left[(4n+1)\pi + (4n+1)\frac{\pi}{4} \right] \right) = (-1)^n\frac{\sqrt{2}}{4n+1},$$

$$\frac{1}{4n+1}\left(\cos(4n+1)\frac{\pi}{4} - \cos\left[(4n+1)\pi + (4n+1)\frac{\pi}{4} \right] \right) = (-1)^n\frac{\sqrt{2}}{4n+1},$$

$$\frac{1}{4n-1}\left(\sin(4n-1)\frac{\pi}{4} - \sin\left[(4n-1)\pi + (4n-1)\frac{\pi}{4} \right] \right) = (-1)^{n+1}\frac{\sqrt{2}}{4n-1}$$

$$\frac{1}{4n-1}\left(\cos\left[(4n-1)\pi + (4n-1)\frac{\pi}{4} \right] - \cos(4n-1)\frac{\pi}{4} \right) = (-1)^{n+1}\frac{\sqrt{2}}{4n-1},$$

$$a_{4n} = \frac{(-1)^n\sqrt{2}}{\pi}\frac{1}{4n+1} + \frac{(-1)^{n+1}\sqrt{2}}{\pi}\frac{1}{4n-1} = \frac{(-1)^{n+1}2\sqrt{2}}{\pi(16n^2-1)}.$$

Ist $k = 4n+1$ oder $k = 4n+3$ mit $n \geq 0$, so folgt $a_{4n+1} = a_{4n+3} = 0$.
Ist $k = 4n+2$ mit $n \geq 0$, so folgt

$$\frac{1}{4n+3}\left(\sin(4n+3)\frac{\pi}{4} - \sin\left[(4n+3)\pi + (4n+3)\frac{\pi}{4} \right] \right) = (-1)^n\frac{\sqrt{2}}{4n+3},$$

$$\frac{1}{4n+3}\left(\cos(4n+3)\frac{\pi}{4} - \cos\left[(4n+3)\pi + (4n+3)\frac{\pi}{4} \right] \right) = (-1)^{n+1}\frac{\sqrt{2}}{4n+3},$$

$$\frac{1}{4n+1}\left(\sin(4n+1)\frac{\pi}{4} - \sin\left[(4n+1)\pi + (4n+1)\frac{\pi}{4} \right] \right) = (-1)^n\frac{\sqrt{2}}{4n+1},$$

$$\frac{1}{4n+1}\left(\cos\left[(4n+1)\pi+(4n+1)\frac{\pi}{4}\right]-\cos(4n+1)\frac{\pi}{4}\right)=(-1)^{n+1}\frac{\sqrt{2}}{4n+1}\,,$$

und damit $a_{4n+2}=0$.

$$b_k=\frac{1}{\pi}\int_0^{2\pi}f(x)\sin kx\,dx$$

$$=\frac{1}{\pi}\left[\int_0^{\frac{\pi}{4}}\cos x\sin kx\,dx+\int_{\frac{\pi}{4}}^{\frac{5\pi}{4}}\sin x\sin kx\,dx+\int_{\frac{5\pi}{4}}^{2\pi}\cos x\sin kx\,dx\right]$$

$$=\frac{1}{\pi}\left[\frac{1}{2}\left(-\frac{1}{k+1}\cos(k+1)x-\frac{1}{k-1}\cos(k-1)x\right)\Big|_0^{\frac{\pi}{4}}\right.$$

$$+\frac{1}{2}\left(\frac{1}{k-1}\sin(k-1)x+\frac{1}{k+1}\sin(k+1)x\right)\Big|_{\frac{\pi}{4}}^{\frac{5\pi}{4}}$$

$$\left.+\frac{1}{2}\left(-\frac{1}{k+1}\cos(k+1)x-\frac{1}{k-1}\cos(k-1)x\right)\Big|_{\frac{5\pi}{4}}^{2\pi}\right]$$

$$=\frac{1}{2\pi}\left[\frac{1}{k+1}+\frac{1}{k-1}-\frac{1}{k+1}\cos(k+1)\frac{\pi}{4}-\frac{1}{k-1}\cos(k-1)\frac{\pi}{4}\right.$$

$$+\frac{1}{k-1}\left(\sin\left[(k-1)\pi+(k-1)\frac{\pi}{4}\right]-\sin(k-1)\frac{\pi}{4}\right)$$

$$+\frac{1}{k+1}\left(\sin\left[(k+1)\pi+(k+1)\frac{\pi}{4}\right]-\sin(k+1)\frac{\pi}{4}\right)$$

$$+\frac{1}{k+1}\cos\left[(k+1)\pi\right.$$

$$\left.+(k+1)\frac{\pi}{4}+\frac{1}{k-1}\cos\left[(k-1)\pi+(k-1)\frac{\pi}{4}\right]-\frac{1}{k+1}-\frac{1}{k-1}\right.$$

Ist $k=4n$ mit $n\geq 1$, so folgt

$$\frac{1}{4n+1}\left(\cos\left[(4n+1)\pi+(4n+1)\frac{\pi}{4}\right]-\cos(4n+1)\frac{\pi}{4}\right)=(-1)^{n+1}\frac{\sqrt{2}}{4n+1}\,,$$

$$\frac{1}{4n+1}\left(\sin\left[(4n+1)\pi+(4n+1)\frac{\pi}{4}\right]-\sin(4n+1)\frac{\pi}{4}\right)=(-1)^{n+1}\frac{\sqrt{2}}{4n+1}\ ,$$

$$\frac{1}{4n-1}\left(\cos\left[(4n-1)\pi+(4n-1)\frac{\pi}{4}\right]-\cos(4n-1)\frac{\pi}{4}\right)=(-1)^{n+1}\frac{\sqrt{2}}{4n-1}\ ,$$

$$\frac{1}{4n-1}\left(\sin\left[(4n-1)\pi+(4n-1)\frac{\pi}{4}\right]-\sin(4n-1)\frac{\pi}{4}\right)=(-1)^{n}\frac{\sqrt{2}}{4n-1}\ ,$$

$$b_{4n}=(-1)^{n+1}\frac{\sqrt{2}}{\pi(4n+1)}\ .$$

Ist $k=4n+2$ mit $n\geq 0$, so folgt

$$\frac{1}{4n+3}\left(\cos\left[(4n+3)\pi+(4n+3)\frac{\pi}{4}\right]-\cos(4n+3)\frac{\pi}{4}\right)=(-1)^{n}\frac{\sqrt{2}}{4n+3}\ ,$$

$$\frac{1}{4n+3}\left(\sin\left[(4n+3)\pi+(4n+3)\frac{\pi}{4}\right]-\sin(4n+3)\frac{\pi}{4}\right)=(-1)^{n+1}\frac{\sqrt{2}}{4n+3}\ ,$$

$$\frac{1}{4n+1}\left(\cos\left[(4n+1)\pi+(4n+1)\frac{\pi}{4}\right]-\cos(4n+1)\frac{\pi}{4}\right)=(-1)^{n+1}\frac{\sqrt{2}}{4n+1}\ ,$$

$$\frac{1}{4n+1}\left(\sin\left[(4n+1)\pi+(4n+1)\frac{\pi}{4}\right]-\sin(4n+1)\frac{\pi}{4}\right)=(-1)^{n+1}\frac{\sqrt{2}}{4n+1}\ ,$$

$$b_{4n+2}=(-1)^{n+1}\frac{\sqrt{2}}{\pi(4n+1)}\ .$$

Wegen $\sin(\alpha+\pi)=-\sin\alpha$ und $\cos(\alpha+\pi)=-\cos\alpha$ sind b_{4n+1} und b_{4n+3} gleich Null. Hiermit ergibt sich die folgende f zugeordnete Fourierreihe

$$\frac{\sqrt{2}}{\pi}+\frac{2\sqrt{2}}{\pi}\sum_{n=1}^{\infty}(-1)^{n+1}\frac{1}{16n^{2}-1}\cos 4nx$$

$$+\frac{\sqrt{2}}{\pi}\sum_{n=1}^{\infty}(-1)^{n+1}\frac{1}{4n+1}(\sin 4nx+\sin(4n+2)x)\ .$$

c) Weil die Funktion f auf $\mathbb{R}\backslash\{\frac{\pi}{4}+n\pi\mid n\in\mathbb{Z}\}$ stetig differenzierbar und in den Punkten $\frac{\pi}{4}+n\pi$ die Funktion links- und rechtsseitig differenzierbar ist, konvergiert die Fourierreihe auf ganz $\mathbb{R}$ gegen f. Insbesondere erhält man für $x=0$:

$1=\frac{\sqrt{2}}{\pi}+\frac{2\sqrt{2}}{\pi}\sum_{n=1}^{\infty}(-1)^{n+1}\frac{1}{16n^{2}-1}$, also: $\frac{1}{2}(\frac{\pi}{\sqrt{2}}-1)=\sum_{n=1}^{\infty}(-1)^{n+1}\frac{1}{16n^{2}-1}$.

Aufgabe 14

Geben Sie eine Fourierreihe mit kleinstmöglicher Periode an, die in $[0, 2[$ gegen die Funktion f, $f(x) := x$, konvergiert und nur aus Sinus-Gliedern (i) bzw. nur aus Cosinus-Gliedern (ii) besteht. Zeichnen Sie die durch die Fourierreihen definierten Funktionen und begründen Sie Ihre Zeichnung. Folgern Sie daraus die Identität

$$\frac{\pi^2}{8} = 1 + \frac{1}{3^2} + \frac{1}{5^2} + \frac{1}{7^2} + \frac{1}{9^2} + \dots .$$

Lösung:

Einer ungeraden (geraden), stetigen und p-periodischen Funktion wird eine Fourierreihe zugeordnet, die nur aus Sinusgliedern (Cosinusgliedern) der Gestalt $\sin \frac{2\pi k}{p} x$, $k = 1, 2, 3, \dots$ ($\cos \frac{2\pi k}{p} x$, $k = 0, 1, 2, \dots$) besteht. Das gilt auch dann, wenn diese drei Eigenschaften (also: ungerade oder gerade, p-periodisch und stetig) in endlich vielen Punkten aus einem Intervall der Länge p nicht erfüllt sind. Umgekehrt: Besteht die Fourierreihe einer nicht unbedingt stetigen, aber stückweise stetig differenzierbaren Funktion nur aus Sinus- bzw. Cosinusgliedern der obigen Gestalt, so ist die Funktion ungerade bzw. gerade (evtl. mit endlich vielen Ausnahmen in $]-\frac{p}{2}, \frac{p}{2}[$).

(i) Wir setzen zuerst die gegebene Funktion auf $[-2, 0[$ durch $f(x) := x$ fort. Diese stetig differenzierbare Funktion auf $]-2, 2[$ setzen wir anschließend periodisch mit der Periode 4 auf ganz $\mathbb{R}$ fort. Diese Fortsetzung bezeichnen wir (streng mathematisch betrachtet unkorrekterweise) ebenfalls mit f. Dadurch erhält man eine Funktion $f : \mathbb{R} \to \mathbb{R}$, die auf $\mathbb{R} \setminus \{4n + 2 \mid n \in \mathbb{Z}\}$ ungerade und 4-periodisch ist. Für jede andere Fortsetzung der gegebenen Funktion mit ähnlichen Eigenschaften (also: gleich x auf $]0, 2[$, stückweise stetig differenzierbar, ungerade und p-periodisch mit endlich vielen Ausnahmen auf jedem Intervall der Länge p) ist die Periode p ein Vielfaches von 4, da diese Fortsetzung bis auf endlich vielen Ausnahmen auf $]-2, 2[$ mit $x \mapsto x$ übereinstimmen muss. Die zugeordneten Fourierkoeffizienten von f sind $a_k = 0$ für alle $k \geq 0$ und $b_k = \int_0^2 f(x) \sin \frac{\pi k x}{2} dx = \int_0^2 x \sin \frac{\pi k x}{2} dx = -\frac{2}{\pi k} x \cos \frac{\pi k x}{2} \big|_0^2$ $+\frac{2}{\pi k} \int_0^2 \cos \frac{\pi k x}{2} dx = -\frac{4}{\pi k} \cos k\pi + \frac{4}{\pi^2 k^2} \sin \frac{\pi k x}{2} \big|_0^2 = (-1)^{k+1} \frac{4}{\pi k}$. Die zugeordnete Fourierreihe lautet also $\frac{4}{\pi} \sum_{k=1}^{\infty} (-1)^{k+1} \frac{1}{k} \sin \frac{k\pi x}{2}$. Diese Fourierreihe konvergiert auf $]-2, 2[$ gegen f, weil die Funktion dort differenzierbar ist; für alle $x \in]-2, 2[$ gilt also:

$$x = \frac{4}{\pi} \left(\sin \frac{\pi x}{2} - \frac{1}{2} \sin \frac{2\pi x}{2} + \frac{1}{3} \sin \frac{3\pi x}{2} - \frac{1}{4} \sin \frac{4\pi x}{4} + \dots \right) .$$

In 2 ist die betrachtete Fortsetzung von f sowohl linksseitig als auch rechtsseitig differenzierbar; deshalb hat die Fourierreihe in 2 den Wert

$$\frac{\lim_{x \to 2-} f(x) + \lim_{x \to 2+} f(x)}{2} = \frac{\lim_{x \to 2-} f(x) + \lim_{x \to -2+} f(x)}{2} = \frac{2 + (-2)}{2} = 0,$$

was auch direkt zu sehen ist. Die Fourierreihe (als Funktion!) kann man also

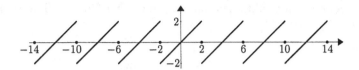

Abbildung 3.8. Darstellung der Fourierreihe aus i)

gemäß Abbildung 3.8 darstellen.

(ii) Um die Fourierreihe mit der kleinstmöglichen Periode zu erhalten, die in $[0, 2[$ gegen die identische Funktion $x \mapsto x$ konvergiert und nur aus Cosinus-Gliedern besteht, setzen wir zuerst f auf $[-2, 0[$ durch $f(x) = -x$ und dann periodisch auf $\mathbb{R}$ mit der Periode 4 fort. (Da jede gerade Fortsetzung von f auf $]-2, 0[$ jedem x den Wert $-x$ zuordnen muss, ist 4 die kleinstmögliche Periode einer solchen geraden Fortsetzung.) Diese ebenfalls mit f bezeichnete Fortsetzung auf $\mathbb{R}$ ist stetig, weil $f(2) = 2 = f(-2)$ gilt, stetig differenzierbar auf $\mathbb{R} \backslash \{2k \mid k \in \mathbb{Z}\}$ und in jedem Punkt $2k, k \in \mathbb{Z}$, links- und rechtsseitig differenzierbar. Die Fourierreihe von f stimmt also auf ganz $\mathbb{R}$ mit f überein.

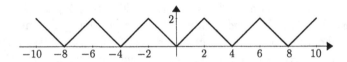

Abbildung 3.9. Darstellung der Fourierreihe aus ii)

Abbildung 3.9 zeigt die graphische Darstellung in diesem Fall. Die Koeffizienten $a_0, a_1, a_2, a_3, \ldots$ werden nun berechnet. Man hat $a_0 = \int_0^2 f(x) dx = \int_0^2 x dx = \frac{x^2}{2}\big|_0^2 = 2$ und für $k \geq 1$: $a_k = \int_0^2 f(x) \cos \frac{\pi k x}{2} dx = \int_0^2 x \cos \frac{\pi k x}{2} dx = \frac{2}{\pi k} x \sin \frac{\pi k x}{2}\big|_0^2 - \frac{2}{\pi k} \int_0^2 \sin \frac{\pi k x}{2} dx = \frac{4}{\pi^2 k^2} \cos \frac{\pi k x}{2}\big|_0^2 = \frac{4}{\pi^2 k^2}(\cos k\pi - 1)$, d.h., für $k \geq 1$ ist $a_k = 0$ falls k gerade bzw. $a_k = \frac{8}{\pi^2 k^2}$ falls k ungerade. Also gilt für $x \in [0, 2] : x = 1 - \frac{8}{\pi^2} \sum_{n=0}^{\infty} \frac{1}{(2n+1)^2} \cos \frac{(2n+1)\pi x}{2}$. Insbesondere folgt daraus für $x = 0$ zunächst $0 = 1 - \frac{8}{\pi^2} \sum_{n=0}^{\infty} \frac{1}{(2n+1)^2}$ und damit $\frac{\pi^2}{8} = \sum_{n=0}^{\infty} \frac{1}{(2n+1)^2}$.

Aufgabe 15

Gegeben sei die Funktion $f : \mathbb{R} \to \mathbb{R}$,

$$f(x) = \max\{\cos x, 0\} = \begin{cases} \cos x & \text{, falls } \cos x \geq 0, \\ 0 & \text{sonst.} \end{cases}$$

a) Zeigen Sie, dass f eine periodische Funktion mit der kleinsten Periode 2π ist.

b) Skizzieren Sie diese Funktion.

c) Berechnen Sie die der Funktion f zugeordnete Fourierreihe.

d) Untersuchen Sie die Konvergenz der Fourierrreihe.

e) Zeigen Sie, dass die folgende Identität gilt: $\frac{\pi}{4} = \frac{1}{2} + \sum_{m=1}^{\infty} \frac{(-1)^{m-1}}{4m^2-1}$.

Lösung:

a) 2π ist eine Periode von f, da $\cos(x + 2\pi) = \cos x$ für alle $x \in \mathbb{R}$ und f genau auf $\bigcup_{n \in \mathbb{Z}}[2n\pi - \frac{\pi}{2} , 2n\pi + \frac{\pi}{2}]$ gleich Null ist. Ist $p \in]0, 2\pi[$ eine kleinere Periode von f, so gibt es ein $x_0 \in] - \frac{\pi}{2}, \frac{\pi}{2}[$ (z.B. $x_0 = \frac{\pi}{2} - \frac{p}{2}$) mit der Eigenschaft $x_0 + p \in]\frac{\pi}{2}, \frac{3\pi}{2}[$. Es folgt $0 \neq f(x_0) = \cos x_0$ und $f(x_0 + p) = 0$, was ein Widerspruch zur Eigenschaft von p ist!

b) Vgl. Abbildung 3.10.

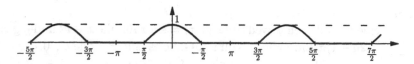

Abbildung 3.10. Skizze der Funktion $f(x) = \max\{\cos x, 0\}$

c) Wir bemerken, dass $f(-x) = f(x)$ $\forall x \in \mathbb{R}$ gilt. f ist also eine gerade Funktion, und damit ist die ihr zugeordnete Fourierreihe in eine reine Cosinusreihe $\frac{a_0}{2} + \sum_{k=1}^{\infty} a_k \cos kx$ mit $a_k = \frac{2}{\pi} \int_0^{\pi} f(x) \cos kx\,dx = \frac{2}{\pi} \int_0^{\frac{\pi}{2}} \cos x \cos kx\,dx$. Für $k = 0$ und $k = 1$ hat man $a_0 = \frac{2}{\pi} \int_0^{\frac{\pi}{2}} \cos x\,dx = \frac{2}{\pi} \sin x \mid_0^{\frac{\pi}{2}} = \frac{2}{\pi}$ bzw. $a_1 = \frac{2}{\pi} \int_0^{\frac{\pi}{2}} \cos^2 x\,dx = \frac{1}{\pi} \int_0^{\frac{\pi}{2}} (1 + \cos 2x)dx = \frac{1}{\pi}(\frac{\pi}{2} + \frac{1}{2} \sin 2x \mid_0^{\frac{\pi}{2}}) = \frac{1}{2}$. Für $k \geq 2$ erhält man $a_k = \frac{2}{\pi} \int_0^{\frac{\pi}{2}} \cos x \cos kx\,dx = \frac{1}{\pi} \int_0^{\frac{\pi}{2}} (\cos(k + 1)x + \cos(k - 1)x)dx = \frac{1}{\pi}(\frac{1}{k+1} \sin(k + 1)x + \frac{1}{k-1} \sin(k - 1)x) \mid_0^{\frac{\pi}{2}} =$

$$\frac{1}{\pi}(\frac{1}{k+1} \sin(k+1)\frac{\pi}{2} + \frac{1}{k-1} \sin(k-1)\frac{\pi}{2}) = \begin{cases} 0 & \text{, falls } k \text{ ungerade,} \\ \frac{(-1)^{m-1}\cdot 2}{(4m^2-1)\pi} & \text{, falls } k = 2m. \end{cases}$$

Die Fourierreihe von f lautet $\frac{1}{\pi} + \frac{1}{2} \cos x + \frac{2}{\pi} \sum_{m=1}^{\infty} \frac{(-1)^{m-1}}{4m^2-1} \cos 2mx$.

d) Die Funktion f ist stetig auf $\mathbb{R}$, differenzierbar auf $\mathbb{R}\backslash\{\frac{\pi}{2} + n\pi \mid n \in \mathbb{Z}\}$ und in jedem $\frac{\pi}{2} + n\pi$ sowohl links- als auch rechtsseitig differenzierbar. Deshalb konvergiert die f zugeordnete Fourierrreihe in jedem Punkt x aus $\mathbb{R}$ gegen $f(x)$.

e) Für $x = 0$ gilt $1 = f(0) = \frac{1}{\pi} + \frac{1}{2} + \frac{2}{\pi}\sum_{m=1}^{\infty}\frac{(-1)^{m-1}}{4m^2-1}$ und damit

$$\frac{\pi}{4} = \frac{1}{2} + \sum_{m=1}^{\infty}\frac{(-1)^{m-1}}{4m^2-1} .$$

Aufgabe 16

Gegeben sei die Funktion $g : \mathbb{R} \to \mathbb{R}$,

$$g(x) = \max\{\sin x, 0\} = \begin{cases} \sin x & \text{, falls } \sin x \geq 0, \\ 0 & \text{sonst.} \end{cases}$$

a)   Zeigen Sie, dass die kleinste Periode von g die Zahl 2π ist.
b)   Skizzieren Sie diese Funktion.
c)   Berechnen Sie die g zugeordnete Fourierreihe.
d)   Untersuchen Sie die Konvergenz der Fourierreihe von g.
e)   Wie kann man die Fourierreihe von g aus derjenigen von f aus Aufgabe 15 gewinnen?

Lösung:
a) 2π ist eine Periode von g, weil $\sin(x+2\pi) = \sin x$ für alle $x \in \mathbb{R}$ und g genau auf $\bigcup_{n \in \mathbb{Z}}[(2n-1)\pi, 2n\pi]$ gleich Null ist. Gäbe es eine Periode q , $0 < q < 2\pi$ von g, so sei $x_0 \in]0, \pi[$ mit $x_0 + q \in]\pi, 2\pi[$. Es folgt $g(x_0) = \sin x_0 \neq 0$ und $g(x_0 + q) = 0$. q ist also keine Periode!
 b) Vgl. Abbildung 3.11.

Abbildung 3.11. Skizze der Funktion $g(x) = \max\{\sin x, 0\}$

c) g ist weder gerade noch ungerade.
Sei $g(x) \sim \frac{a_0}{2} + \sum_{k=1}^{\infty}(a_k \cos kx + b_k \sin kx)$. Es gilt für $k = 0, 1, 2, \ldots$
$a_k = \frac{1}{\pi}\int_{-\pi}^{\pi}g(x)\cos kx\,dx = \frac{1}{\pi}\int_0^{\pi}\sin x \cos kx\,dx$ und für $k = 1, 2, 3, \ldots$
$b_k = \frac{1}{\pi}\int_{-\pi}^{\pi}g(x)\sin kx\,dx = \frac{1}{\pi}\int_0^{\pi}\sin x \sin kx\,dx$. Es folgt $a_0 = \frac{1}{\pi}\int_0^{\pi}\sin x\,dx =$
$-\frac{1}{\pi}\cos x\mid_0^{\pi} = \frac{2}{\pi}$, $a_1 = \frac{1}{\pi}\int_0^{\pi}\sin x \cos x\,dx = \frac{1}{2\pi}\int_0^{\pi}\sin 2x\,dx = -\frac{1}{4\pi}\cos 2x\mid_0^{\pi} =$

0 und für $k \geq 2$ ist $a_k = \frac{1}{\pi} \int_0^\pi \sin x \cos kx dx = \frac{1}{2\pi} \int_0^\pi (\sin(k+1)x$
$- \sin(k-1)x)dx = \frac{1}{2\pi}[-\frac{1}{k+1}\cos(k+1)x + \frac{1}{k-1}\cos(k-1)x] \mid_0^\pi =$
$\frac{1}{2\pi}[\frac{1}{k+1} - \frac{1}{k-1} + \frac{(-1)^k}{k+1} - \frac{(-1)^k}{k-1}] = \begin{cases} 0 & \text{, falls } k \text{ ungerade,} \\ -\frac{2}{\pi(k^2-1)} & \text{, falls } k \text{ gerade.} \end{cases}$

Weiter hat man $b_1 = \frac{1}{\pi} \int_0^\pi \sin^2 x dx = \frac{1}{2\pi} \int_0^\pi (1 - \cos 2x)dx = \frac{1}{2}$ und für
$k \geq 2$ ist $b_k = \frac{1}{\pi} \int_0^\pi \sin x \sin kx dx = \frac{1}{2\pi} \int_0^\pi (\cos(k-1)x - \cos(k+1)x)dx = \frac{1}{2\pi}[\frac{1}{x-1}\sin(k-1)x - \frac{1}{k+1}\sin(k+1)x] \mid_0^\pi = 0$.

Die Fourierreihe lautet $\frac{1}{\pi} - \frac{2}{\pi} \sum_{k=1}^\infty \frac{1}{(4k^2-1)} \cos 2kx + \frac{1}{2}\sin x$.

d) g ist stetig auf $\mathbb{R}$, differenzierbar auf $\mathbb{R}\backslash\{n\pi \mid n \in \mathbb{Z}\}$ und sowohl links-als auch rechtsseitig differenzierbar in jedem Punkt $n\pi$. Deshalb konvergiert diese Fourierreihe auf $\mathbb{R}$ punktweise gegen g .

e) Sei f die in Aufgabe 15 definierte Funktion. Dann gilt:

$$g(x) = f(x + \frac{\pi}{2}) = \frac{1}{\pi} + \frac{1}{2}\cos(x - \frac{\pi}{2}) + \frac{2}{\pi}\sum_{m=1}^\infty \frac{(-1)^{m-1}}{4m^2 - 1} \cos 2m(x - \frac{\pi}{2})$$

$$= \frac{1}{\pi} + \frac{1}{2}\sin x + \frac{2}{\pi}\sum_{m=1}^\infty \frac{(-1)^{m-1}}{4m^2 - 1}(\cos 2mx \cos m\pi + \sin 2mx \sin m\pi)$$

$$= \frac{1}{\pi} + \frac{1}{2}\sin x + \frac{2}{\pi}\sum_{m=1}^\infty \frac{(-1)^{m-1}}{4m^2 - 1}(-1)^m \cos 2mx$$

$$= \frac{1}{\pi} + \frac{1}{2}\sin x - \frac{2}{\pi}\sum_{m=1}^\infty \frac{1}{4m^2 - 1} \cos 2mx \ .$$

Aufgabe 17

Sei $f : \mathbb{R} \to \mathbb{R}$ die periodische Funktion mit der Periode 6, die durch die folgende Zuordnung eindeutig bestimmt ist:

$$x \mapsto \begin{cases} 2x - 2 & \text{, falls } 0 \leq x < 1 \ , \\ 0 & \text{, falls } 1 \leq x < 5 \ , \\ 10 - 2x & \text{, falls } 5 \leq x < 6 \ . \end{cases}$$

Berechnen Sie die Fourierreihe von f und skizzieren Sie die durch sie definierte Funktion. Leiten Sie aus dem erzielten Ergebnis die folgende Identität ab:

$\frac{5\pi^2}{3} = 6\sum_{k=1}^\infty (\frac{1}{(6k+1)^2} + \frac{1}{(6k+5)^2}) + \frac{9}{2}\sum_{k=1}^\infty (\frac{1}{(3k+1)^2} + \frac{1}{(3k+2)^2}) + \frac{8}{3}\sum_{k=1}^\infty \frac{1}{(2k+1)^2}$.

Lösung:
Sei $A := \{6n \mid n \in \mathbb{Z}\} \cup \{6n + 1 \mid n \in \mathbb{Z}\} \cup \{6n - 1 \mid n \in \mathbb{Z}\}$. Die Menge A ist

also genau die Menge der „Knickstellen" von f, d.h. f ist stetig auf $\mathbb{R}$, stetig differenzierbar auf $\mathbb{R}\setminus A$ und links- sowie rechtsseitig differenzierbar in jedem Punkt von A. Deshalb konvergiert die Fourierreihe von f auf ganz $\mathbb{R}$ gegen f, und damit ist Abbildung 3.12 die gewünschte Skizze. Die Koeffizienten der

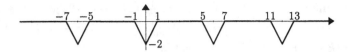

Abbildung 3.12. Skizze der Funktion $f(x)$

Fourierreihe $\frac{a_0}{2} + \sum_{n=1}^{\infty} a_n \cos \frac{k\pi x}{3}$ von f werden folgendermaßen berechnet:

$$a_0 = \frac{1}{3} \int_0^6 f(x)dx = \frac{2}{3} \int_0^1 (2x - 2)dx = \frac{2}{3}(x^2 - 2x) \Big|_0^1 = -\frac{2}{3} \,,$$

$$a_n = \frac{1}{3} \int_0^6 f(x) \cos \frac{n\pi x}{3} dx = \frac{2}{3} \int_0^3 f(x) \cos \frac{k\pi x}{3} dx = \frac{2}{3} \int_0^1 (2x - 2) \cos \frac{n\pi x}{3} dx$$

$$= \frac{2}{3} \left[\frac{3}{n\pi}(2x - 2) \sin \frac{n\pi x}{3} \Big|_0^1 - \frac{6}{n\pi} \int_0^1 \sin \frac{n\pi x}{3} dx \right] = -\frac{4}{n\pi} \int_0^1 \sin \frac{n\pi x}{3} dx$$

$$= \frac{12}{n^2\pi^2} \cos \frac{n\pi x}{3} \Big|_0^1 = \frac{12}{n^2\pi^2} \left(\cos \frac{n\pi}{3} - 1 \right) = \frac{24}{n^2\pi^2} \sin^2 \frac{n\pi}{6}$$

$$= \begin{cases} 0 & , \text{ falls } n = 6k \,, \\ -\frac{6}{n^2\pi^2} & , \text{ falls } n = 6k + 1 \text{ oder } 6k - 1 \,, \\ -\frac{18}{n^2\pi^2} & , \text{ falls } n = 6k + 2 \text{ oder } 6k - 2 \,, \\ -\frac{24}{n^2\pi^2} & , \text{ falls } n = 6k + 3 \,. \end{cases}$$

Hiermit folgt für alle $x \in \mathbb{R}$

$$f(x) = -\frac{1}{3} - \frac{6}{\pi^2} \sum_{k=1}^{\infty} \left(\frac{1}{(6k + 1)^2} \cos \frac{(6k + 1)\pi x}{3} + \frac{1}{(6k + 5)^2} \cos \frac{(6k + 5)\pi x}{3} \right)$$

$$- \frac{9}{2\pi^2} \sum_{k=1}^{\infty} \left(\frac{1}{(3k + 1)^2} \cos \frac{(6k + 2)\pi x}{3} + \frac{1}{(3k + 2)^2} \cos \frac{(6k + 4)\pi x}{3} \right)$$

$$- \frac{8}{3\pi^2} \sum_{k=1}^{\infty} \frac{1}{(2k + 1)^2} \cos(2k + 1)\pi x \,.$$

Für $x = 0$ hat man

$$2 = \frac{1}{3} + \frac{6}{\pi^2} \sum_{k=1}^{\infty} \left(\frac{1}{(6k+1)^2} + \frac{1}{(6k+5)^2} \right) + \frac{9}{2\pi^2} \sum_{k=1}^{\infty} \left(\frac{1}{(3k+1)^2} + \frac{1}{(3k+2)^2} \right)$$

$$+ \frac{8}{3\pi^2} \sum_{k=1}^{\infty} \frac{1}{(2k+1)^3}$$

und damit die gewünschte Identität.

Aufgabe 18

Sei f die durch $f(x) = \begin{cases} \frac{L}{4} & \text{, falls } x = -L, \\ 0 & \text{, falls } -L < x < 0, \\ x & \text{, falls } 0 \leq x < \frac{L}{2}, \\ \frac{L}{2} & \text{, falls } \frac{L}{2} \leq x < L \end{cases}$ definierte $2L$-periodische

Funktion.

a)   Skizzieren Sie f.
b)   Bestimmen Sie die Fourierreihe von f.
c)   Begründen Sie, warum die Fourierreihe von f in jedem Punkt $x \in \mathbb{R}$ gegen $f(x)$ konvergiert.

Lösung:
a)Vgl. Abbildung 3.13.

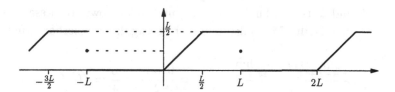

Abbildung 3.13. Skizze der Funktion $f(x)$

b) Die Fourierreihe von f lautet $\frac{a_0}{2} + \sum_{n=1}^{\infty} (a_n \cos \frac{\pi n}{L} x + b_k \sin \frac{\pi n}{L} x)$ mit

$$a_n = \frac{1}{L} \int_{-L}^{L} f(x) \cos \frac{\pi n}{L} x \, dx \quad \text{für} \quad n = 0, 1, 2, \ldots$$

und $b_n = \frac{1}{L} \int_{-L}^{L} f(x) \sin \frac{\pi n}{L} x \, dx \quad \text{für} \quad n = 1, 2, 3, \ldots$.

Es gilt $a_0 = \frac{1}{L}\int_{-L}^{L}f(x)dx = \frac{1}{L}\int_0^{\frac{L}{2}}x\,dx + \frac{1}{L}\int_{\frac{L}{2}}^{L}\frac{L}{2}dx = \frac{3L}{8}$ und für $n \geq 1$

ist $a_n = \frac{1}{L}\int_{-L}^{L}f(x)\cos\frac{n\pi x}{L}dx = \frac{1}{L}\int_0^{\frac{L}{2}}x\cos\frac{n\pi x}{L}dx + \frac{1}{2}\int_{\frac{L}{2}}^{L}\cos\frac{n\pi x}{L}dx =$

$\frac{1}{L}[\frac{L}{n\pi}x\sin\frac{n\pi x}{L}|_0^{\frac{L}{2}} - \frac{L}{n\pi}\int_0^{\frac{L}{2}}\sin\frac{n\pi x}{L}dx] + \frac{L}{2n\pi}\sin\frac{n\pi x}{L}|_{\frac{L}{2}}^{L} = -\frac{L}{n^2\pi^2}\sin^2\frac{n\pi}{4}$. Also

ist

$$a_n = \begin{cases} -\frac{L}{(4k+1)^2\pi^2} & \text{, falls } n = 4k+1\,, \\ -\frac{2L}{(4k+2)^2\pi^2} & \text{, falls } n = 4k+2\,, \\ -\frac{L}{(4k+3)^2\pi^2} & \text{, falls } n = 4k+3\,, \\ 0 & \text{, falls } n = 4k+4\,. \end{cases}$$

Weiterhin gilt $b_n = \frac{1}{L}\int_0^{\frac{L}{2}}x\sin\frac{n\pi x}{L}dx + \frac{1}{2}\int_{\frac{L}{2}}^{L}\sin\frac{n\pi x}{L}dx = \frac{1}{L}[-\frac{L}{\pi n}x\cos\frac{\pi n}{L}x|_0^{\frac{L}{2}}$

$+\frac{L}{\pi n}\int_0^{\frac{L}{2}}\cos\frac{\pi n}{L}x\,dx] - \frac{L}{2n\pi}\cos\frac{n\pi x}{L}|_{\frac{L}{2}}^{L} = +\frac{L}{\pi^2 n^2}\sin\frac{\pi n x}{2}|_0^{\frac{L}{2}} - \frac{L}{2n\pi}(\cos n\pi) =$

$\frac{L}{\pi^2 n^2}\sin\frac{\pi n}{2} - \frac{L}{2n\pi}(-1)^n$, d.h.

$$b_n = \begin{cases} \frac{L}{\pi^2(4k+1)^2} + \frac{L}{2(4k+1)\pi} & \text{, falls } n = 4k+1, \\ -\frac{L}{2(4k+2)\pi} & \text{, falls } n = 4k+2, \\ \frac{-L}{\pi^2(4k+3)^2} + \frac{L}{2(4k+3)\pi} & \text{, falls } n = 4k+3, \\ \frac{L}{2(4k+4)\pi} & \text{, falls } n = 4k+4. \end{cases}$$

Die Reihe lässt sich mathematisch leicht, aber mühsam aufschreiben.

c) In jedem Punkt $x \in]-L,0[\,\cup\,]0,\frac{L}{2}[\,\cup\,]\frac{L}{2},L[$ ist f differenzierbar. In den Punkten 0 und $\frac{L}{2}$ ist die Funktion stetig und links- sowie rechtsseitig differenzierbar. In $-L$ gilt: f ist links- und rechtsseitig differenzierbar. Außerdem gilt:

$$\frac{\lim\limits_{x\to-L+}f(x) + \lim\limits_{x\to-L-}f(x)}{2} = \frac{0+\frac{L}{2}}{2} = \frac{L}{4} = f(-L)\,.$$

Deshalb konvergiert die Fourierreihe von f in jedem Punkt $x \in \mathbb{R}$ gegen $f(x)$.

Aufgabe 19

Sei f eine periodische Funktion mit Periode 2, die jedem x aus $[-1,1[$ den Wert e^{-2x} zuordnet.

a)   Skizzieren Sie diese Funktion.

b)   Bestimmen Sie die Fourierreihe von f.

c)   Gegen welche periodische Funktion g mit Periode 2 konvergiert diese Fourierreihe?

d)   Zeigen Sie: $\sum_{k=1}^{\infty} \frac{(-1)^k}{4+k^2\pi^2} = \frac{1}{4}\left(\frac{1}{\sinh 2} - \frac{1}{2}\right)$.

Hinweise:

1) $e \approx 2,718$, $e^2 \approx 7,389$, $e^{-2} \approx 0,135$.

2) $\int e^{ax} \sin bx\, dx = \frac{e^{ax}}{a^2+b^2}(a \sin bx - b \cos bx)$,

        $\int e^{ax} \cos bx\, dx = \frac{e^{ax}}{a^2+b^2}(a \cos bx + b \sin bx)$.

Lösung:

 a) Abbildung 3.14 zeigt eine Skizze der Funktion f.

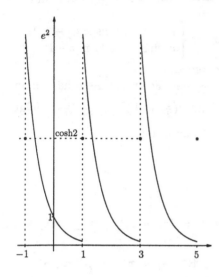

Abbildung 3.14.
Skizze der Funktion $f(x)$

b) $f(x) \sim \frac{a_0}{2} + \sum_{k=1}^{\infty}(a_k \cos \pi kt + b_k \sin \pi kt)$, wobei $a_k = \int_{-1}^{1} f(t) \cos \pi kt\, dt$
für $k = 0, 1, 2, \ldots$ und $b_k = \int_{-1}^{1} f(t) \sin \pi kt\, dt$ für $k = 1, 2, 3, \ldots$ gilt. Mit dem
zweiten Hinweis folgt:

$$a_0 = \int_{-1}^{1} e^{-2t} dt = -\frac{1}{2}e^{-2t} \bigg|_{-1}^{1} = \frac{1}{2}(e^2 - e^{-2}) = \sinh 2 \, ,$$

$$a_k = \int_{-1}^{1} e^{-2t} \cos \pi kt\, dt = \frac{e^{-2t}}{4+\pi^2 k^2}(-2 \cos \pi kt + \pi k \sin \pi kt) \bigg|_{-1}^{1}$$

$$= \frac{2e^{-2}}{4+\pi^2 k^2}(-1)^{k+1} + \frac{2e^2}{4+\pi^2 k^2}(-1)^k = \frac{4(-1)^k \sinh 2}{4+\pi^2 k^2} \, ,$$

$$b_k = \int_{-1}^{1} e^{-2t} \sin \pi kt\, dt = \frac{e^{-2t}}{4+\pi^2 k^2}(-2 \sin \pi kt - \pi k \cos \pi kt) \bigg|_{-1}^{1}$$

$$= \frac{\pi k e^{-2}}{4 + \pi^2 k^2}(-1)^{k+1} + \frac{\pi k e^2}{4 + \pi^2 k^2}(-1)^k = \frac{2\pi k(-1)^k \sinh 2}{4 + \pi^2 k^2}.$$

Die Fourierreihe ist $\frac{1}{2}\sinh 2 + 2\sinh 2\sum_{k=1}^{\infty}\frac{(-1)^k}{4+\pi^2 k^2}(2\cos\pi kt + \pi k \sin\pi kt)$.

c) In jedem Punkt $x \in \bigcup_{n\in\mathbb{Z}}]2n-1, 2n+1[$ ist differenzierbar, und damit konvergiert die Fourierreihe gegen $f(x)$. In jedem Punkt $2n+1, n \in \mathbb{Z}$ ist die Funktion links- und rechtsseitig differenzierbar. Deshalb konvergiert die Fourierreihe von f gegen

$$\frac{\lim\limits_{x\to(2n+1)+} f(x) + \lim\limits_{x\to(2n+1)-} f(x)}{2} = \frac{e^{-2} + e^2}{2} = \cosh 2.$$

Die Funktion g ist also auf $[-1, 1[$ durch $g(x) = \begin{cases} e^{-2x} & \text{, falls } x \in]-1, 1[\text{ ,} \\ \cosh 2 & \text{, falls } x = -1 \end{cases}$

definiert, und mit Periode 2 auf ganz $\mathbb{R}$ fortgesetzt.

d) Für $x = 0$ gilt $f(0) = 1$ und aus der Fourierreihe erhält man $\sinh 2(\frac{1}{2} + 4\sum_{k=1}^{\infty}\frac{(-1)^k}{4+\pi^2 k^2})$. Aus $1 = \sinh 2(\frac{1}{2} + 4\sum_{k=1}^{\infty}\frac{(-1)^k}{4+\pi^2 k^2})$ folgt $\frac{1}{4\sinh 2} - \frac{1}{8} = \sum_{k=1}^{\infty}\frac{(-1)^k k}{4+\pi^2 k^2}$ und damit die Behauptung.

Aufgabe 20

Berechnen Sie das Integral

i) $\int_I (\sin x + \cos(y - z))\, d\sigma(x, y, z)$ auf $I = \{(x, y, z)^T \mid 0 \le x \le \pi$, $0 \le y \le \frac{\pi}{2}$, $-\frac{\pi}{4} \le z \le \frac{\pi}{3}\}$.

ii) $\int_G (x^2 y - xy^3)\, d\sigma(x)$ auf $G = \{(x, y)^T \in \mathbb{R}^2 \mid -y < x < y^2$, $0 < y < 1\}$.

iii) $\int_G xyz\, d\sigma(\mathbf{x})$ auf $G = \{(x, y, z)^T \in \mathbb{R}^3 \mid 1 < x < 3$, $x < y < 2x$, $0 < z < xy^2\}$.

Lösung:
i) Die Reihenfolge der Integrationen in diesem dreifachen Integral ist gleichgültig. Deshalb darf man wie folgt berechnen:

$$\int_I (\sin x + \cos(y - z))\, d\sigma(x, y, z) = \int_0^\pi (\int_0^{\frac{\pi}{2}} (\int_{-\frac{\pi}{4}}^{\frac{\pi}{3}} (\sin x + \cos(y - z))dz)dy)dx$$

$$= \int_0^\pi (\int_0^{\frac{\pi}{2}} ((z\sin x - \sin(y - z)) \Big|_{z=-\frac{\pi}{4}}^{z=\frac{\pi}{3}})dy)dx$$

$$= \int_0^\pi (\int_0^{\frac{\pi}{2}} (\frac{7\pi}{12}\sin x - \sin(y - \frac{\pi}{3}) + \sin(y + \frac{\pi}{4}))dy)dx$$

$$= \int\limits_0^\pi (\frac{7\pi}{12} y \sin x + \cos(y - \frac{\pi}{3}) - \cos(y + \frac{\pi}{4}) \Big|_{y=0}^{y=\frac{\pi}{2}})dx$$

$$= \int\limits_0^\pi \left(\frac{7\pi^2}{24} \sin x + \cos \frac{\pi}{6} - \cos \frac{\pi}{3} - \cos \frac{3\pi}{4} + \cos \frac{\pi}{4} \right) dx$$

$$= -\frac{7\pi^2}{24} \cos x \Big|_0^\pi + \left(\frac{\sqrt{3}}{2} - \frac{1}{2} + \frac{\sqrt{2}}{2} + \frac{\sqrt{2}}{2} \right) x \Big|_0^\pi = \frac{7\pi^2}{12} + \frac{\sqrt{3} + 2\sqrt{2} - 1}{2} \pi .$$

ii)

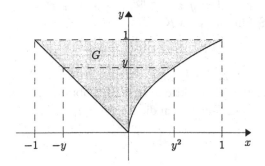

Abbildung 3.15.
Darstellung des Gebietes G

$$\int\limits_G (x^2 y - xy^3) d\sigma(\mathbf{x}) = \int\limits_0^1 \left(\int\limits_{-y}^{y^2} (x^2 y - xy^3) dx \right) dy$$

$$= \int\limits_0^1 \left[\left(\frac{1}{3} x^3 y - \frac{1}{2} x^2 y^3 \right) \Big|_{-y}^{y^2} \right] dy = \int\limits_0^1 \left[\frac{1}{3} y^7 + \frac{1}{3} y^4 - \frac{1}{2} y^7 + \frac{1}{2} y^5 \right] dy$$

$$= \int\limits_0^1 \left(\frac{1}{3} y^4 + \frac{1}{2} y^5 - \frac{1}{6} y^7 \right) dy = \left(\frac{1}{15} y^5 + \frac{1}{12} y^6 - \frac{1}{48} y^8 \right) \Big|_0^1 = \frac{31}{240} .$$

iii) Fertigen Sie eine Skizze von G an; man hat

$$\int\limits_G xyz d\sigma(\mathbf{x}) = \int\limits_1^3 \left[\int\limits_x^{2x} \left(\int\limits_0^{xy^2} xyz dz \right) dy \right] dx$$

$$= \int\limits_1^3 \left[\int\limits_x^{2x} \left(\frac{1}{2} xyz^2 \Big|_0^{xy^2} \right) dy \right] dx = \frac{1}{2} \int\limits_1^3 \left[\int\limits_x^{2x} x^3 y^5 dy \right] dx$$

$$= \frac{1}{2} \int_1^3 \left(\frac{1}{6} x^3 y^6 \Big|_x^{2x} \right) dx = \frac{1}{12} \int_1^3 (64x^9 - x^9) dx$$

$$= \frac{63}{12} \int_1^3 x^9 dx = \frac{21}{4} \frac{x^{10}}{10} \Big|_1^3 = \frac{21}{40}(3^{10} - 1).$$

Aufgabe 21

Man betrachte die „volle" Ellipse $\{(x, 0, z)^T \in \mathbb{R}^3 \mid 3x^2 + z^2 < 4\}$ in der x-z-Ebene; mit E bezeichne man das Rotationsellipsoid, das durch Drehung der Ellipse um die z-Achse entsteht. Sei K die Vollkugel mit dem Mittelpunkt $(0, 0, 0)$ und dem Radius $\sqrt{2}$, also $K = \{(x, y, z)^T \in \mathbb{R}^3 \mid x^2 + y^2 + z^2 < 2\}$. Berechnen Sie das Volumen des Schnittkörpers $K \cap E$.

Lösung:

Das Ellipsoid ist gegeben durch $E = \{(x, y, z)^T \in \mathbb{R}^3 \mid 3x^2 + 3y^2 + z^2 < y\}$. In der x-z- bzw. x-y-Ebene ergeben sich die Projektionen gemäß Abbildung 3.16. Die Halbachsen der Ellipse in der x-z-Ebene haben die Längen $\frac{2}{\sqrt{3}}$ und 2. Die

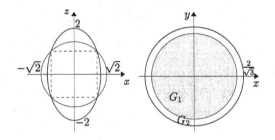

Abbildung 3.16.
Die Projektionen
von E und K

4 Schnittepunkte dieser Ellipse mit dem Kreis sind $(\pm 1, \pm 1)$. Für $(x, y)^T$ aus $G_1 := \{(x, y)^T \in \mathbb{R}^2 \mid x^2 + y^2 < 1\}$ ist $(x, y, z)^T \in K \cap E$ genau dann, wenn die Ungleichung $-\sqrt{2 - x^2 - y^2} < z < \sqrt{2 - x^2 - y^2}$ gilt. Ist $(x, y)^T$ aus $G_2 := \{(x, y)^T \in \mathbb{R}^2 \mid 1 < x^2 + y^2 < 4/3\}$, so ist $(x, y, z)^T$ aus $K \cap E$ dann und nur dann, wenn $-\sqrt{4 - 3(x^2 + y^2)} < z < \sqrt{4 - 3(x^2 + y^2)}$ gilt. Deshalb hat man

$$\text{Vol}(K \cap E) = \int_{G_1} \left(\int_{-\sqrt{2-x^2-y^2}}^{\sqrt{2-x^2-y^2}} dz \right) d\sigma(x, y) + \int_{G_2} \left(\int_{-\sqrt{4-3(x^2+y^2)}}^{\sqrt{4-3(x^2+y^2)}} dz \right) d\sigma(x, y)$$

$$= 2 \int\limits_{G_1} \sqrt{2 - x^2 - y^2} \, d\sigma(x,y) + 2 \int\limits_{G_2} \sqrt{4 - 3(x^2 + y^2)} d\sigma(x,y)$$

$$= 2 \int\limits_0^1 \left(\int\limits_0^{2\pi} \sqrt{2 - \rho^2} \, d\varphi \right) \rho \, d\rho + 2 \int\limits_1^{\frac{2}{\sqrt{3}}} \left(\int\limits_0^{2\pi} \sqrt{4 - 3\rho^2} \, d\varphi \right) \rho \, d\rho$$

$$= -4\pi \frac{1}{3} (2 - \rho^2)^{3/2} \Big|_0^1 - 4\pi \frac{1}{9} (4 - 3\rho^2)^{3/2} \Big|_1^{2/\sqrt{3}}$$

$$= \frac{4\pi}{3} (2\sqrt{2} - 1) + \frac{4\pi}{9} = \frac{8\pi}{3} \left(\sqrt{2} - \frac{1}{3} \right) .$$

Aufgabe 22

Zeigen Sie, dass die Menge $G := \{(x,y)^T \in \mathrm{I\!R}^2 \mid (4x^2 + 9y^2)^2 - 12xy < 0\}$ die Vereinigung zweier Gebiete ist. Berechnen Sie den Flächeninhalt dieser Gebiete.

Lösung:

Es bietet sich an, die Koordinatentransformation $x = 3\rho \cos\varphi$, $y = 2\rho \sin\varphi$ durchzuführen. Das liefert $(36\rho^2 \cos^2\varphi + 36\rho^2 \sin^2\varphi)^2 - 36 \cdot 2\rho^2 \sin\varphi \cos\varphi < 0$ oder äquivalent $36\rho^4 - \rho^2 \sin 2\varphi < 0$ und damit $\rho^2 < \frac{1}{36} \sin 2\varphi$. Da $(0,0)$ nicht zu der Menge G gehört, ist $\rho > 0$; außerdem folgt aus $\rho < \frac{1}{6}\sqrt{\sin 2\varphi}$, dass φ in $]0, \frac{\pi}{2}[$ oder in $]\pi, \frac{3\pi}{2}[$ liegen muss. Hiermit besteht die Menge G aus den beschränkten Mengen

$$G_1 := \left\{ (3\rho \cos\varphi, 2\rho \sin\varphi)^T \in \mathrm{I\!R}^2 \mid 0 < \varphi < \tfrac{\pi}{2} \, , \, 0 < \rho < \tfrac{1}{6}\sqrt{\sin 2\varphi} \right\}$$

und

$$G_3 := \left\{ (3\rho \cos\varphi, 2\rho \sin\varphi)^T \in \mathrm{I\!R}^2 \mid \pi < \varphi < \tfrac{3\pi}{2} \, , \, 0 < \rho < \tfrac{1}{6}\sqrt{\sin 2\varphi} \right\} ,$$

welche paarweise disjunkt sind und symmetrisch bzgl. des Nullpunktes liegen; falls wir wissen, dass G_1 und G_3 Gebiete sind, existieren die Flächeninhalte von G_1 und G_3, und $\mathrm{Vol}(G_1) = \mathrm{Vol}(G_3)$.

G ist offen, weil G das Urbild des Intervalls $] - \infty, 0[$ unter der stetigen Funktion $(x,y)^T \mapsto (4x^2 + 9y^2)^2 - 12xy$ ist. G_1 ist der Schnitt von G mit dem offenen ersten Quadranten $Q_1 := \{(x,y)^T \in \mathrm{I\!R}^2 \mid x > 0 \, , \, y > 0\}$ und damit offen. Ist $(3\rho_0 \cos\varphi_0, 2\rho_0 \sin\varphi_0)^T$ aus G_1, so ist $\rho_0 < \frac{1}{6}$, und deshalb liegt der Weg $\{(3\rho_0 \cos\varphi, 2\rho_0 \sin\varphi)^T \mid \varphi$ zwischen φ_0 und $\frac{\pi}{4}\}$ (dessen Bild ein Ellipsenbogen ist!) in G_1. Also ist jeder Punkt aus G_1 mit einem Punkt der Strecke $\{(\frac{3}{\sqrt{2}}\rho \, , \, \frac{2}{\sqrt{2}}\rho)^T \mid 0 < \rho < \frac{1}{6}\}$, welche in G_1 liegt, verbindbar. Das zeigt, dass G_1 zusammenhängend ist. Folglich ist G_1 offen und zusammenhängend und damit ein Gebiet. Das Analoge gilt für G_3, wobei diesmal der dritte, offene Quadrant $Q_3 := \{(x,y)^T \in \mathbb{R}^2 \mid x < 0 ,\ y < 0\}$ und die Strecke $\{(-\frac{3}{\sqrt{2}}\rho ,\ -\frac{2}{\sqrt{2}}\rho)^T \mid 0 < \rho < \frac{1}{6}\}$ betrachtet werden. Die Funktionaldeterminante der benutzten Koordinatentransformation ist 6ρ. Symbolisch heißt das: $d\sigma(x,y) = 6\rho d\sigma(\rho,\varphi)$. Hiermit hat man:

$$
\mathrm{Vol}(G_1) = \int\limits_{G_1} d\sigma(x,y) = \int\limits_{0}^{\frac{\pi}{2}} \left(\int\limits_{0}^{\frac{1}{6}\sqrt{\sin 2\varphi}} 6\rho d\rho \right) d\varphi = \int\limits_{0}^{\frac{\pi}{2}} \left(3\rho^2 \Big|_0^{\frac{1}{6}\sqrt{\sin 2\varphi}} \right) d\varphi
$$

$$
= \frac{1}{12} \int\limits_{0}^{\frac{\pi}{2}} \sin 2\varphi\, d\varphi = \frac{1}{24}(-\cos 2\varphi)\Big|_0^{\frac{\pi}{2}} = \frac{1}{12} .
$$

Aufgabe 23

Gegeben sei das Tetraeder T mit den Ecken $(1,0,0)^T$, $(0,1,0)^T$, $(-1,-1,0)^T$ und $(0,0,1)^T$. Bestimmen Sie

a) das Volumen von T sowohl elementar geometrisch als auch mittels Integration,

b) seine Masse bei der Massendichte $\rho, \rho(x,y,z) = 2 - z$,

c) seinen Schwerpunkt,

d) das Trägheitsmoment bezüglich der z-Achse.

Lösung:
In der x-y-Ebene ist die Basis B des Tetraeders T die Vereinigung der Dreiecke D_1, D_2 und D_3, wie Abbildung 3.17 sie zeigt. Die Ebene durch die Eck-

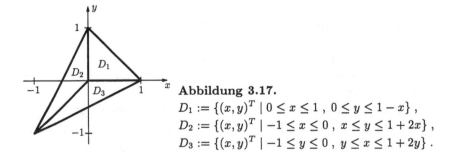

Abbildung 3.17.
$D_1 := \{(x,y)^T \mid 0 \le x \le 1 ,\ 0 \le y \le 1 - x\}$,
$D_2 := \{(x,y)^T \mid -1 \le x \le 0 ,\ x \le y \le 1 + 2x\}$,
$D_3 := \{(x,y)^T \mid -1 \le y \le 0 ,\ y \le x \le 1 + 2y\}$.

punkte $(1,0,0)^T, (0,1,0)^T$ und $(0,0,1)^T$ hat $x+y+z = 1$ als Gleichung. Die Ebene durch $(0,1,0)^T, (-1,-1,0)^T$ und $(0,0,1)^T$ wird durch $-2x+y+z = 1$ beschrieben. Schließlich geht die Ebene mit der Gleichung $x-2y+z = 1$ durch

$(-1, -1, 0)^T, (1, 0, 0)^T$ und $(0, 0, 1)^T$. Deshalb ist T die Vereinigung der Tetraeder

$$T_1 := \{(x, y, z)^T \in \mathbb{R}^3 \mid 0 \le x \le 1, 0 \le y \le 1 - x, 0 \le z \le 1 - x - y\},$$

$$T_2 := \{(x, y, z)^T \in \mathbb{R}^3 \mid -1 \le x \le 0, x \le y \le 1 + 2x, 0 \le z \le 1 + 2x - y\},$$

$$T_3 := \{(x, y, z)^T \in \mathbb{R}^3 \mid -1 \le y \le 0, y \le x \le 1 + 2y, 0 \le z \le 1 + 2y - x\}.$$

Je zwei dieser Tetraeder haben nur eine Seite (ein Dreieck) gemeinsam; diese Seiten liegen in den folgenden Ebenen:

$\rightarrow \quad y - 0 \quad$ für $\quad T_1 \quad$ und $\quad T_3$,

$\rightarrow \quad x = 0 \quad$ für $\quad T_1 \quad$ und $\quad T_2$,

$\rightarrow \quad x = y \quad$ für $\quad T_2 \quad$ und $\quad T_3$.

Außerdem haben diese drei Tetraeder eine gemeinsame Kante, die Strecke zwischen $(0, 0, 0)^T$ und $(0, 0, 1)^T$.

a) Elementar geometrisch lässt sich das Volumen von T leicht berechnen. Der Flächeninhalt von B ist $\frac{3}{2}$, da jedes der Dreiecke D_1, D_2, D_3 den Flächeninhalt $\frac{1}{2}$ hat. Da die darauf senkrechte Höhe (also die erwähnte gemeinsame Kante) die Länge 1 hat, ist $\frac{1}{3} \cdot 1 \cdot \frac{3}{2} = \frac{1}{2}$ das Volumen von T. Dies ergibt sich auch (hier umständlich, aber zum Üben nützlich!) wie folgt $\int_{T_1} d\sigma(x, y, z) =$ $\int_{D_1} (\int_0^{1-x-y} dz) d\sigma(x, y) = \int_{D_1} (1 - x - y) d\sigma(x, y) = \int_0^1 (\int_0^{1-x} (1 - x - y) dy) dx =$ $\int_0^1 [((1-x)y - \frac{y^2}{2}) \mid_{y=0}^{y=1-x}] dx = \int_0^1 ((1-x)^2 - \frac{1}{2}(1-x)^2) dx = \frac{1}{2} \cdot (-\frac{1}{3}(1-x)^3) \mid_0^1 =$ $\frac{1}{6}$. Ebenso berechnet man $\int_{T_2} d\sigma = \int_{T_3} d\sigma = \frac{1}{6}$ und erhält damit $\int_T d\sigma = 3 \cdot \frac{1}{6} = \frac{1}{2}$

für das Volumen von T.

b) Die Masse des Tetraeders wird mit Hilfe des Integrals

$$\int_T \rho(x, y, z) d\sigma(x, y, z) = \int_T (2 - z) d\sigma(x, y, z)$$

berechnet. Es gilt: $\int_{T_1} (2 - z) d\sigma(x, y, z) = \int_{D_1} (\int_0^{1-x-y} (2 - z) dz) d\sigma(x, y) =$ $\int_{D_1} [2(1 - x - y) - \frac{1}{2}(1 - x - y)^2] d\sigma(x, y) = \int_0^1 (\int_0^{1-x} (\frac{3}{2} - x - y - \frac{1}{2}x^2$ $- \frac{1}{2}y^2 - xy) dy) dx = \int_0^1 [(\frac{3}{2} - x - \frac{1}{2}x^2)(1 - x) - \frac{1}{2}(1 + x)(1 - x)^2 - \frac{1}{6}(1 - x)^3] dx =$ $\int_0^1 (\frac{5}{6} - \frac{3}{2}x + \frac{1}{2}x^2 + \frac{1}{6}x^3) dx = \frac{5}{6} - \frac{3}{4} + \frac{1}{6} + \frac{1}{24} = \frac{7}{24}$, $\int_{T_2} (2 - z) d\sigma(x, y, z) =$ $\int_{D_2} (\int_0^{1+2x-y} (2 - z) dz) d\sigma(x, y) = \int_{D_2} [2(1 + 2x - y) - \frac{1}{2}(1 + 2x - y)^2] d\sigma(x, y) =$ $\int_{-1}^0 (\int_x^{1+2x} [\frac{3}{2} + 2x - 2x^2 + y(2x - 1) - \frac{1}{2}y^2] dy) dx = \int_{-1}^0 [(\frac{3}{2} + 2x - 2x^2)(1 + x) +$

$$\tfrac{1}{2}(2x-1)(1+4x+3x^2)-\tfrac{1}{6}(1+6x+12x^2+7x^3)]dx = \int\limits_{-1}^{0} (\tfrac{5}{6}+\tfrac{3}{2}x+\tfrac{1}{2}x^2-\tfrac{1}{6}x^3)dx =$$

$$\tfrac{5}{6} - \tfrac{3}{4} + \tfrac{1}{6} + \tfrac{1}{24} = \tfrac{7}{24} \ , \int_{T_3}(2-z)d\sigma(x,y,z) = \int_{D_1}(\int_0^{1+2y-x}(2-z)dz)d\sigma(x,y) =$$

$\ldots = \tfrac{7}{24}$. (Dieses letzte Ergebnis ergibt sich auch sofort aus dem Obigen wegen der Symmetrie in der Variablen x und y.) Insgesamt ist also $3 \cdot \tfrac{7}{24} = \tfrac{7}{8}$ die Masse des Tetraeders.

c) Wegen der Symmetrie von T bzgl. der Ebene $x = y$ und der Unabhängigkeit von ρ von x und y sind die ersten beiden Koordinaten des Schwerpunktes $(x_S, y_S, z_S)^T$ von T gleich, d.h. $x_S = y_S$. Man hat

$$x_S = \frac{1}{\tfrac{7}{8}} \int\limits_T x\rho(x,y,z)d\sigma(x,y,z) = \frac{8}{7} \int\limits_T x(2-z)d\sigma(x,y,z) \ ,$$

$$z_S = \frac{1}{\tfrac{7}{8}} \int\limits_T z\rho(x,y,z)d\sigma(x,y,z) = \frac{8}{7} \int\limits_T z(2-z)d\sigma(x,y,z) \ .$$

Wie oben berechnet man nacheinander die Integrale auf T_1, T_2 und T_3 :

$\int_{T_1} x(2-z)d\sigma(x,y,z) = \int_{D_1}(\int_0^{1-x-y}(2x-xz)dz)d\sigma(x,y)$

$= \int_{D_1}[2x(1-x-y) - \tfrac{1}{2}x(1-x-y)^2]d\sigma(x,y)$

$= \int_0^1(\int_0^{1-x}[(\tfrac{3}{2}x - x^2 - \tfrac{1}{2}x^3) - (x+x^2)y - \tfrac{1}{2}xy^2]dy)dx$

$= \int_0^1[(\tfrac{3}{2}x - x^2 - \tfrac{1}{2}x^3)(1-x) + \tfrac{1}{2}(1-x)^2(x+x^2) - \tfrac{1}{6}x(1-x)^3]dx$

$= \int_0^1(\tfrac{5}{6}x - \tfrac{3}{2}x^2 + \tfrac{1}{2}x^3 + \tfrac{1}{6}x^4)dx$

$= \tfrac{5}{12} - \tfrac{1}{2} + \tfrac{1}{8} + \tfrac{1}{30} = \tfrac{3}{40}$,

$\int_{T_2} x(2-z)d\sigma(x,y,z) = \int_{D_2}(\int_0^{1+2x-y} x(2-z)dz)d\sigma(x,y)$

$= \int_{-1}^0(\int_x^{1+2x}[2x(1+2x-y) - \tfrac{1}{2}x(1+2x-y)^2]dy)dx$

$= \int_{-1}^0(\int_x^{1+2x}[\tfrac{3}{2}x + 2x^2 - 2x^3 + y(2x^2 - x) - \tfrac{1}{2}xy^2]dy)dx$

$= \int_{-1}^0[(\tfrac{3}{2}x + 2x^2 - 2x^3)(1+x) + \tfrac{1}{2}(2x^2 - x)(1+4x+3x^2)$

$\qquad - \tfrac{1}{6}(x + 6x^2 + 12x^3 + 7x^4)]dx$

$= \int_{-1}^0(\tfrac{5}{6}x + \tfrac{3}{2}x^2 + \tfrac{1}{2}x^3 - \tfrac{1}{6}x^4)dx$

$= -\tfrac{5}{12} + \tfrac{1}{2} - \tfrac{1}{8} - \tfrac{1}{30} = -\tfrac{3}{40}$,

$\int_{T_3} x(2-z)d\sigma(x,y,z) = \int_{D_3}(\int_0^{1-2y+x} x(2-z)dz)d\sigma(x,y)$

$= \int_{-1}^0(\int_y^{1+2y}[2x(1-2y+x) - \tfrac{1}{2}x(1-2y+x)^2]dx)dy$

$= \int_{-1}^0(\int_y^{1+2y}[x(\tfrac{3}{2} - 2y - 2y^2) + x^2(1+2y) - \tfrac{1}{2}x^3]dx)dy$

$= \int_{-1}^0[\tfrac{1}{2}(\tfrac{3}{2} - 2y - 2y^2)(1+4y+3y^2) + \tfrac{1}{3}(1+2y)(1+6y+12y^2+7y^3)$

$\qquad - \tfrac{1}{8}(1+8y+24y^2+32y^3+15y^4)]dy$

$= \int_{-1}^{0} (\frac{23}{24} + \frac{11}{3}y + \frac{9}{4}y^2 - \frac{2}{3}y^3 - \frac{5}{24}y^4)dy$

$= (\frac{23}{24}y + \frac{11}{6}y^2 + \frac{3}{4}y^3 - \frac{1}{6}y^4 - \frac{1}{24}y^5)|_{-1}^{0} = 0$,

$\int_{T_1} z(2-z)d\sigma(x,y,z) = \int_{D_1}(\int_{0}^{1-x-y}(2z-z^2)dz)d\sigma(x,y)$

$= \int_{0}^{1}(\int_{0}^{1-x}[(1-x-y)^2 - \frac{1}{3}(1-x-y)^3]dy)dx$

$= \int_{0}^{1}(\int_{0}^{1-x}[\frac{2}{3} - x + \frac{1}{3}x^3 + (x^2-1)y + xy^2 + \frac{1}{3}y^3]dy)dx$

$= \int_{0}^{1}[(\frac{2}{3} - x + \frac{1}{3}x^3)(1-x) + \frac{1}{2}(x^2-1)(x^2-2x+1) + \frac{1}{3}x(1-x)^3 + \frac{1}{12}(1-x)^4 dx$

$= \int_{0}^{1}(\frac{1}{4} - \frac{2}{3}x + \frac{1}{2}x^2 - \frac{1}{12}x^4)dx = \frac{3}{4} - \frac{1}{3} + \frac{1}{6} - \frac{1}{60} = \frac{1}{15}$,

$\int_{T_2} z(2-z)d\sigma(x,y,z) = \int_{D_2}(\int_{0}^{1+2x-y}(2z-z^2)dz)d\sigma(x,y)$

$= \int_{-1}^{0}(\int_{x}^{1+2x}[(1+2x-y)^2 - \frac{1}{3}(1+2x-y)^3]dy)dx$

$= \int_{-1}^{0}(\int_{x}^{1+2x}[\frac{2}{3} + 2x - \frac{8}{3}x^3 + y(4x^2-1) - 2xy^2 + \frac{1}{3}y^3]dy)dx$

$= \int_{-1}^{0}(\frac{1}{4} + \frac{2}{3}x + \frac{1}{2}x^2 - \frac{1}{12}x^4)dx = (\frac{1}{4}x + \frac{1}{3}x^2 + \frac{1}{6}x^3 - \frac{1}{60}x^5)|_{-1}^{0} = \frac{1}{15}$,

und

$\int_{T_3} z(2-z)d\sigma(x,y,z) = \int_{D_3}(\int_{0}^{1-2y+x}(2z-z^2)dz)d\sigma(x,y)$

$= \int_{-1}^{0}(\int_{y}^{1+2y}[(1-2y+x)^2 - \frac{1}{3}(1-2y+x)^3]dx)dy = \ldots = \frac{1}{15}$.

(Das letzte Ergebnis entspricht dem Integral auf T_2 wegen der Symmetrie in x und y.) Es ergibt sich

$$x_S = y_S = \left(\frac{3}{40} - \frac{3}{40} + 0\right) \cdot \frac{8}{7} = 0, \; z_S = \left(\frac{1}{15} + \frac{1}{15} + \frac{1}{15}\right) \cdot \frac{8}{7} = \frac{8}{35}.$$

Der Schwerpunkt ist also $S = (0, 0, \frac{8}{35})^T$.

d) Das Trägheitsmoment bezüglich der z-Achse ist

$$\int_{T} (x^2 + y^2)\rho(x,y,z)d\sigma(x,y,z) = \int_{T}(x^2+y^2)(2-z)d\sigma(x,y,z).$$

Man hat
$\int_{T_1}(x^2+y^2)(2-z)d\sigma(x,y,z) = \int_{D_1}(x^2+y^2)(\int_{0}^{1-x-y}(2-z)dz)d\sigma(x,y)$

$= \int_{0}^{1}(\int_{0}^{1-x}(x^2+y^2)[2(1-x-y) - \frac{1}{2}(1-x-y)^2]dy)dx$

$= \int_{0}^{1}(\int_{0}^{1-x}[\frac{3}{2}x^2 - x^3 - \frac{1}{2}x^4 - (x^2+x^3)y + (\frac{3}{2} - x - x^2)y^2 - (1+x)y^3 - \frac{1}{2}y^4]dy)dx$

$= \int_{0}^{1}(\frac{3}{20} - \frac{7}{12}x + \frac{5}{3}x^2 - 2x^3 - \frac{7}{12}x^4 + \frac{11}{60}x^5)dx = \ldots = \frac{11}{180}$,

$\int_{T_2}(x^2+y^2)(2-z)d\sigma(x,y,z) = \int_{D_2}(x^2+y^2)(\int_{0}^{1+2x-y}(2-z)dz)d\sigma(x,y)$

$= \int_{D_2}[2(1+2x-y) - \frac{1}{2}(1+2x-y^2)](x^2+y^2)d\sigma(x,y)$

$= \int_{-1}^{0}(\int_{x}^{1+2x}[\frac{3}{2}x^2 + 2x^3 - 2x^4 + y(2x^3 - x^2) + (\frac{3}{2} + 2x - \frac{5}{2}x^2)y^3$

$+ \frac{1}{4}(2x-1)y^4 - \frac{1}{10}y^5]dy)dx$

$= \int_{-1}^{0} [(\frac{3}{2}x^2 + 2x^3 - 2x^4)(1+x) + \frac{1}{2}(2x^3 - x^2)(1 + 4x - 3x^2)$

$\quad + \frac{1}{3}(\frac{3}{2} + 2x - \frac{5}{2}x^2)(1 + 6x + 12x^2 + 7x^3)$

$\quad + \frac{1}{4}(2x-1)(1 + 8x + 24x^2 + 32x^3 + 15x^4)$

$\quad - \frac{1}{10}(1 + 10x + 40x^2 + 80x^3 + 80x^4 + 31x^5)]dx$

$= \int_{-1}^{0} [\frac{3}{20} + \frac{7}{6}x + \frac{25}{6}x^2 + 5x^3 + \frac{31}{12}x^4 - \frac{13}{30}x^5]dx$

$= (\frac{3}{20}x + \frac{7}{12}x^2 + \frac{25}{18}x^3 + \frac{5}{4}x^4 + \frac{31}{60}x^5 - \frac{13}{360}x^6) \mid_{-1}^{0} = \frac{43}{180}$

und genauso $\int_{T_3} (x^2 + y^2)(2-z)d\sigma(x,y,z) = \frac{43}{180}$. Also ist $\frac{11}{180} + 2 \cdot \frac{43}{180} = \frac{97}{180}$ das Trägheitsmoment des Tetraeders T bezüglich der z-Achse.

Aufgabe 24

Sei G die Viertelkugel $G := \{(x,y,z)^T \in \mathbb{R}^3 \mid y > 0, z > 0, x^2 + y^2 + z^2 < 1\}$. Die Massendichte ρ von G nimmt linear mit der Höhe z ab, und zwar von $7g/cm^3$ (für $z = 0$) bis $3g/cm^3$ (für $z = 1$).

a)   Geben Sie die explizite Formel für die Berechnung von ρ an.

b)   Berechnen Sie das Integral $\int_G yzd\sigma(x,y,z)$ sowohl mit Hilfe des Satzes von Fubini als auch mit der Transformationsformel für Kugelkoordinaten.

c)   Bestimmen Sie die Masse von G.

d)   Berechnen Sie den Schwerpunkt S von G.

e)   Bestimmen Sie das Trägheitsmoment von G bezüglich der Achse g, die durch $(0, \frac{1}{2}, 0)$ geht und parallel zur z-Achse ist.

Lösung:

a) Die Funktion $\rho(x,y,z) = \rho(z)$ hat die Gestalt $a + bz$. Wegen $\rho(0) = 7$ und $\rho(1) = 3$ folgt $\rho(z) = 7 - 4z$.

b) Sei H der offene Halbkreis $\{(x,y)^T \in \mathbb{R}^2 \mid y > 0, x^2 + y^2 < 1\}$. G ist schlicht über der x-y-Ebene, weil H beschränkt ist, die Nullfunktion und $(x,y)^T \mapsto \sqrt{1 - x^2 - y^2}$ stetig auf $\overline{H} = \{(x,y)^T \in \mathbb{R}^2 \mid y \geq 0, x^2 + y^2 \leq 1\}$ sind und weil gilt:

$$G = \{(x,y,z)^T \in \mathbb{R}^3 \mid (x,y)^T \in H, 0 < z < \sqrt{1 - x^2 - y^2}\}.$$

H ist schlicht über der x-Achse, weil die Nullfunktion sowie $x \mapsto \sqrt{1 - x^2}$ stetig auf dem beschränkten Intervall $[-1, 1]$ sind und weil gilt:

$$H = \{(x,y)^T \in \mathbb{R}^2 \mid -1 < x < 1, 0 < y < \sqrt{1 - x^2}\}.$$

Es folgt mit dem Satz von Fubini (zweimal angewandt!): $\int_G yzd\sigma(x,y,z) =$

$\int_H y(\int_0^{\sqrt{1-x^2-y^2}} zdz)d\sigma(x,y) \quad = \quad \int_{-1}^{1}(\int_0^{\sqrt{1-x^2}} y(\int_0^{\sqrt{1-x^2-y^2}} zdz)dy)dx \quad =$

$\frac{1}{2}\int_{-1}^{1}(\int_{0}^{\sqrt{1-x^2}} y(1-x^2-y^2)dy)dx = \frac{1}{2}\int_{-1}^{1}(\frac{1}{2}(1-x^2)^2 - \frac{1}{4}(1-x^2)^2)dx =$

$\frac{1}{8}\int_{-1}^{1}(1-2x^2+x^4)dx = \frac{1}{8}(x-\frac{2}{3}x^3+\frac{1}{5}x^5)\mid_{-1}^{1} = \frac{1}{4}(1-\frac{2}{3}+\frac{1}{5}) = \frac{2}{15}$.

Mit der Koordinatentransformation $x = r\cos\varphi\cos\theta$, $y = r\sin\varphi\cos\theta$, $z = r\sin\theta$, $D = \{(r,\theta,\varphi)^T \mid 0 < r < 1, 0 < \theta < \frac{\pi}{2} , 0 < \varphi < \pi\}$ und wegen der bekannten Relation $d\sigma(x,y,z) = r^2\cos\theta d\sigma(r,\theta,\varphi)$ gilt:

$\int_{G} yzd\sigma(x,y,z) = \int_{D} r^4\sin\varphi\sin\theta\cos^2\theta d\sigma(r,\theta,\varphi)$

$= (\int_{0}^{1} r^4 dr)\cdot(\int_{0}^{\pi}\sin\varphi d\varphi)\cdot(\int_{0}^{\frac{\pi}{2}}\sin\theta\cos^2\theta d\theta) = \frac{1}{5}\cdot2\cdot\frac{1}{3} = \frac{2}{15}$.

c) Die Masse von G berechnet man wie folgt: $M = \int_{G}(7-4z)d\sigma(x,y,z) =$

$\int_{D}(7-4r\sin\theta)r^2\cos\theta d\sigma(r,\theta,\varphi) = \pi\int_{0}^{\frac{\pi}{2}}(\int_{0}^{1}(7r^2-4r^3\sin\theta)dr)\cos\theta d\theta =$

$\pi\int_{0}^{\frac{\pi}{2}}(\frac{7}{3}-\sin\theta)\cos\theta = \pi(\frac{7}{3}\sin\theta - \frac{1}{2}\sin^2\theta)\mid_{0}^{\frac{\pi}{2}} = \pi(\frac{7}{3}-\frac{1}{2}) = \frac{11\pi}{6}$.

d) Wegen der Symmetrie von G bzgl. der y-z-Ebene und da ρ von x unabhängig ist, hat die erste Koordinate des Schwerpunktes den Wert Null. Also: $S = (0, y_S, z_S)$. Es gilt

$y_S = \frac{1}{M}\int_{G} y\rho(z)d\sigma(x,y,z)$

$= \frac{1}{M}\int_{D} r\sin\varphi\cos\theta(7-4r\sin\theta)r^2\cos d\sigma(r,\varphi,\theta)$

$= \frac{6}{11\pi}\int_{0}^{1}(\int_{0}^{\frac{\pi}{2}}(\int_{0}^{\pi}\sin\varphi d\varphi)\cos^2\theta(7-4r\sin\theta)d\theta)r^3 dr$

$= \frac{12}{11\pi}\int_{0}^{1}[(\frac{7}{2}\theta - \frac{7}{4}\sin2\theta + \frac{4}{3}r\cos^3\theta)\mid_{0}^{\frac{\pi}{2}}]r^3 dr = \frac{12}{11\pi}\int_{0}^{1}(\frac{7\pi}{4}-\frac{4}{3}r)r^3 dr$

$= \frac{12}{11\pi}(\frac{7\pi}{16}-\frac{4}{15}) = \frac{21}{44} - \frac{16}{55\pi}$,

$z_S = \frac{1}{M}\int_{G} z\rho(z)d\sigma(x,y,z) = \frac{1}{M}\int_{G}(7z-4z^2)d\sigma(x,y,z)$

$= \frac{1}{M}\int_{D}(7r\sin\theta - 4r^2\sin^2\theta)r^2\cos\theta d\sigma(r,\theta,\varphi)$

$= \frac{6}{11\pi}\cdot\pi\int_{0}^{1}(\int_{0}^{\frac{\pi}{2}}(7r\sin\theta - 4r^2\sin^2\theta)\cos\theta d\theta)r^2 dr = \frac{6}{11}\int_{0}^{1}(7r^3-\frac{4}{3}r^4)dr$

$= \frac{6}{11}(\frac{7}{4}-\frac{4}{15}) = \frac{89}{220}$.

Also: $S = (0 , \frac{21}{44} - \frac{16}{55\pi} , \frac{89}{220})$.

e) $T_g = \int_{G}[x^2+(y-\frac{1}{2})^2](7-4z)d\sigma(x,y,z)$

$= \int_{G}(x^2+y^2-y+\frac{1}{4})\cdot(7-4z)d\sigma(x,y,z)$

$= \int_{D}(r^2\cos^2\theta - r\sin\varphi\cos\theta + \frac{1}{4})(7-4r\sin\theta)r^2\cos\theta d\sigma(r,\theta,\varphi)$

$= \int_{D}[7r^4(1-\sin^2\theta)\cos\theta - 4r^5\cos^3\theta\sin\theta - r^3\sin\varphi\cos^2\theta(7-4r\sin\theta)$

$\qquad + \frac{7}{4}r^2\cos\theta - r^3\sin\theta\cos\theta]d\sigma(r,\theta,\varphi)$

$= \pi\int_{0}^{\frac{\pi}{2}}(\int_{0}^{1}[7r^4(1-\sin^2\theta)\cos\theta - 4r^5\cos^3\theta\sin\theta + \frac{7}{4}r^2\cos\theta$

$\qquad - r^3\sin\theta\cos\theta]dr)d\sigma - 2\int_{0}^{\frac{\pi}{2}}(\int_{0}^{1}[7\frac{1+\cos2\theta}{2}r^3 - 4(\sin\theta\cos^2\theta)r^4]dr)d\theta$

$= \int_{0}^{\frac{\pi}{2}}[\frac{7}{5}\cos\theta - \frac{7}{5}\sin^2\theta\cos\theta - \frac{2}{3}\cos^3\theta\sin\theta + \frac{7}{12}\cos\theta - \frac{1}{4}\sin\theta\cos\theta]d\theta$

$\qquad - 2\int_{0}^{\frac{\pi}{2}}(\frac{7}{8}(1+\cos2\theta) - \frac{4}{5}\sin\theta\cos^2\theta)d\theta$

$= \pi(\frac{7}{5}-\frac{7}{15}-\frac{1}{6}+\frac{7}{12}-\frac{1}{8}) - 2(\frac{7\pi}{16}-\frac{4}{15}) = \frac{7\pi}{20} + \frac{8}{15}$.

Aufgabe 25

Betrachten Sie den Körper $K = \{(x,y,z)^T \in \mathbb{R}^3 \mid x^2 + y^2 \leq z^4 \leq 1\}$ mit der konstanten Dichte δ .

a)   Beschreiben Sie den Rand ∂K von K und deuten Sie K als Drehkörper.

b)   Zeigen Sie, dass das Innere $K \backslash \partial K$ von K die disjunkte Vereinigung zweier Gebiete des $\mathbb{R}^3$ ist. Beschreiben Sie diese Gebiete.

c)   Berechnen Sie das Volumen von K.

d)   Bestimmen Sie den Schwerpunkt jedes der beiden Gebiete.

e)   Berechnen Sie das Trägheitsmoment um die z-Achse für jedes der beiden Gebiete.

Lösung:

a) $(x,y,z)^T$ aus $\mathbb{R}^3$ gehört genau dann zu K, wenn $\sqrt[4]{x^2 + y^2} \leq |z| \leq 1$ also $-1 \leq z \leq -\sqrt[4]{x^2 + y^2}$ oder $\sqrt[4]{x^2 + y^2} \leq z \leq 1$ gilt. Der Schnitt von K mit

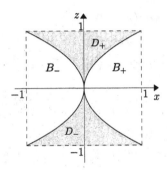

Abbildung 3.18.
Ein Schnitt durch K

der x-z-Ebene ist die schraffierte Menge in Abbildung 3.18.

Der Rand dieser Menge besteht aus den Strecken $\{(x,1)^T \mid -1 \leq x \leq 1$ und $\{(x,-1)^T \mid -1 \leq x \leq 1\}$ sowie aus den Parabelbögen $B_+ = \{(x,z)^T \mid z^2 = x, 0 \leq x < 1\}$ und $B_- = \{(x,z)^T \mid z^2 = -x, -1 < x \leq 0\}$. Der Körper K entsteht durch Drehung der schraffierten Fläche mit ihrem Rand um die z-Achse. Der Rand ∂K von K besteht aus den Kreisscheiben $\{(x,y,1)^T \mid x^2 + y^2 \leq 1\}$ und $\{(x,y,-1)^T \mid x^2 + y^2 \leq 1\}$ sowie aus der Fläche, die durch Drehung von B_+ um die z-Achse entsteht.

b) Zum Rand von K gehört $(0,0,0)^T$, also der einzige Punkt von K, der in der x-y-Ebene liegt. Deshalb ist $K \backslash \partial K$ die disjunkte Vereinigung der offenen Teilmengen $G_+ := \{(x,y,z)^T \mid \sqrt[4]{x^2 + y^2} < z < 1\}$ und $G_- := \{(x,y,z)^T \mid -1 < z < -\sqrt[4]{x^2 + y^2}\}$ G_+ entsteht durch Drehung von $D_+ := \{(x,0,z)^T \mid -z^2 < x < z^2 , 0 < z < 1\}$ um die z-Achse. Da sich

D_+ mit einem Gebiet in $\mathbb{R}^2$ identifizieren lässt, ist G_+ zusammenhängend, und damit ein Gebiet. Analoges gilt für G_-, das durch die Drehung von $D_- := \{(x,0,z)^T \mid -z^2 < x < z^2 \,, \ -1 < z < 0\}$ entsteht.

c) Mit $\triangle := \{(x,y)^T \mid x^2 + y^2 < 1\}$ folgt wegen der Symmetrie von K bzgl. der x-y-Ebene: $\mathrm{Vol}(K) = 2\mathrm{Vol}(G_+) = 2\int_\triangle (\int_{\sqrt[4]{x^2+y^2}}^1 dz)d\sigma(x,y) =$

$2\int_\triangle (1 - \sqrt[4]{x^2+y^2})d\sigma(x,y) = 2[\pi - \int_0^1(\int_0^{2\pi} d\varphi]\rho^{\frac{3}{2}}d\rho] = 2[\pi - \frac{4\pi}{5}] = \frac{2\pi}{5}$.

d) Wegen der Symmetrie von G_+ und G_- bzgl. der z-Achse liegen die Schwerpunkte von G_+ und G_- auf der z-Achse. Ist $(0,0,z_0)$ der Schwerpunkt von G_+, so ist $(0,0,-z_0)^T$ der Schwerpunkt von G_-, weil $(x,y,z)^T \in G_+ \iff (x,y,-z)^T \in G_-$ gilt. Man hat

$$z_0 = \frac{\displaystyle\int_{G_+} z\delta d\sigma(x,y,z)}{\displaystyle\int_{G_+} \delta d\sigma(x,y,z)} = \frac{\displaystyle\int_\triangle \left(\int_{\sqrt[4]{x^2+y^2}}^1 z\,dz \right) d\sigma(x,y)}{\frac{\pi}{5}} = $$

$$\frac{5}{\pi} \cdot \frac{1}{2}\int_\triangle (1 - \sqrt{x^2+y^2})d\sigma(x,y) = \frac{5}{2\pi}\left(\pi - 2\pi\int_0^1 \rho^2 d\rho\right) = \frac{5}{2\pi}\left(\pi - \frac{2\pi}{3}\right) = \frac{5}{6} \ .$$

e)

$$T_z = \int_{G_+} (x^2 + y^2)\delta d\sigma(x,y,z) = \delta\int_\triangle \left(\int_{\sqrt[4]{x^2+y^2}}^1 dz \right)(x^2 + y^2)d\sigma(x,y)$$

$$= \delta\int_\triangle \left(1 - \sqrt[4]{x^2+y^2}\right)(x^2 + y^2)d\sigma(x,y) = 2\pi\delta\int_0^1 \left(1 - \sqrt{\rho}\right)\rho^3 d\rho$$

$$= 2\pi\delta\left(\frac{\rho^4}{4} - \frac{2}{9}\rho^{9/2}\right)\Bigg|_0^1 = 2\pi\delta\left(\frac{1}{4} - \frac{2}{9}\right) = \frac{\pi\delta}{18} \ .$$

Das Trägheitsmoment um die z-Achse von G_- ist ebenfalls $\frac{\pi\delta}{18}$.

Bemerkung:
Man kann die Integrale aus c) und d) leichter berechnen, wenn man die Reihenfolge des Integrierens ändert, was der Satz von Fubini erlaubt. Man berechnet also zuerst den Flächeninhalt des Kreises $C_z = \{(x,y)^T \in \mathbb{R}^2 \mid x^2 + y^2 < z^4\}$, der gleich πz^4 ist, und erst dann $\int_0^1 z^4 dz$ bzw. $\int_0^1 z^5 dz$.

Aufgabe 26

Die Halbkugel $\{(x,y,z)^T \mid x^2 + y^2 + z^2 \leq 4 , z \geq 0\}$ wird mit dem Zylinder $\{(x,y,z)^T \mid x^2 + y^2 \leq 1\}$ geschnitten. Dadurch entsteht ein Behälter B, dessen Dichte ρ linear mit der Höhe abnimmt, und zwar gemäß $\rho(x,y,z) = 3 - z$. Berechnen Sie

a)   das Volumen von B,
b)   die Masse von B,
c)   den Schwerpunkt von B .

Lösung:

a) Sei $E := \{(x,y)^T \in \mathbb{R}^2 \mid x^2 + y^2 \leq 1\}$ der abgeschlossene Einheitskreis.

Das Volumen von B ist $\mathrm{Vol}(B) = \int_B d\sigma(x,y,z) = \int_E (\int_0^{\sqrt{4-x^2-y^2}} dz) d\sigma(x,y)$. Es folgt:

$$\mathrm{Vol}(B) = \int_E \sqrt{4 - x^2 - y^2}\, d\sigma(x,y) \ .$$

Unter Verwendung von Polarkoordinaten $x = r\cos\varphi,\ y = r\sin\varphi$ mit $0 \leq r \leq 1$ und $0 \leq \varphi \leq 2\pi$ erhält man wegen $d\sigma(x,y) = r\,d\sigma(r,\varphi)$

$$\mathrm{Vol}(B) = \int_0^{2\pi} \left(\int_0^1 r\sqrt{4 - r^2}\, dr \right) d\varphi = 2\pi \cdot \frac{(-1)}{3}(4 - r^2)^{3/2} \Big|_0^1 = \frac{2\pi}{3}(8 - 3\sqrt{3}) \ .$$

b) Für die Masse von B gilt

$$M(B) = \int_B \rho(x,y,z) d\sigma(x,y,z) = \int_B (3 - z) d\sigma(x,y,z)$$

$$= \int_E \left(\int_0^{\sqrt{4-x^2-y^2}} dz \right) d\sigma(x,y) = \int_E \left((3z - \frac{1}{2}z^2) \Big|_0^{\sqrt{4-x^2-y^2}} \right) d\sigma(x,y)$$

$$= \int_E \left[3\sqrt{4 - x^2 - y^2} - \frac{1}{2}(4 - x^2 - y^2) \right] d\sigma(x,y)$$

$$= \int_0^{2\pi} \left[\int_0^1 \left(3r\sqrt{4 - r^2} + \frac{1}{2}(r^3 - 4r) \right) dr \right] d\varphi$$

$$= 2\pi[3 \cdot \frac{1}{3}(8 - 3\sqrt{3}) + \frac{1}{8} - 1] = 2\pi[7 + \frac{1}{8} - 3\sqrt{3}] \ .$$

c) Aus Symmetriegründen und wegen der Gestalt von ρ liegt der Schwerpunkt S von B auf der z-Achse, also $S = (0,0,z_S)^T$. Es gilt:

$$z_S = \frac{\int_B z\rho(x,y,z)d\sigma(x,y,z)}{M(B)} ,$$

$$\int_B z\rho(x,y,z)d\sigma(x,y,z) = \int_B z(3-z)d\sigma(x,y,z)$$

$$= \int_E (\int_0^{\sqrt{4-x^2-y^2}}(3z-z^2)dz)d\sigma(x,y)$$

$$= \int_E [\frac{3}{2}(4-x^2-y^2) - \frac{1}{3}(4-x^2-y^2)^{3/2}]d\sigma(x,y)$$

$$= \int_0^{2\pi}[\int_0^1 [\frac{3}{2}(4-r^2) - \frac{1}{3}(4-r^2)^{3/2}]rdr]d\varphi$$

$$= 2\pi[3r^2 - \frac{3}{8}r^4 - \frac{1}{3}\cdot\frac{2}{5}\cdot\frac{-1}{2}(4-r^2)^{5/2}]\,|_0^1 = 2\pi[3 - \frac{3}{8} + \frac{1}{15}(9\sqrt{3}-32)]$$

$$= 2\pi(\frac{59}{120} + \frac{3\sqrt{3}}{5}) ,$$

und damit $z_S = \frac{2\pi(\frac{59}{120} + \frac{3\sqrt{3}}{5})}{2\pi(\frac{57}{8} - 3\sqrt{3})} = \frac{59 + 72\sqrt{3}}{15(57 - 24\sqrt{3})} .$

Aufgabe 27

Integrieren Sie die Funktion $f : \mathbb{R}^3 \to \mathbb{R}$, $f(x,y,z) := \sqrt{x^2+y^2+z^2}$ auf der parametrisierten Kurve $\mathbf{x} : [1,4] \to \mathbb{R}^3$, $\mathbf{x}(t) := (t\cos t, t, t\sin t)^T$.

Lösung:

Im Sinne der Definition des Kurvenintegrals wird f auf $\mathbf{x}([1,4])$ eingeschränkt und dann integriert. Man hat also $\int_C f ds = \int_1^4 f(\mathbf{x}(t))\|\mathbf{x}'(t)\|dt =$

$\int_1^4 \sqrt{t^2\cos^2 t + t^2 + t^2\sin^2 t} \ \sqrt{(\cos t - t\sin t)^2 + 1 + (\sin t - t\cos t)^2} \ dt =$

$\sqrt{2}\int_1^4 t\sqrt{\cos^2 t + t^2\sin^2 t - 2t\sin t\cos t + 1 + \sin^2 t + t^2\cos^2 t + 2t\sin t\cos t} \ dt$

$= \sqrt{2}\int_1^4 t\sqrt{2+t^2} \ dt = \frac{\sqrt{2}}{3}(2+t^2)^{3/2}\,|_1^4 = 36 - \sqrt{6} .$

Aufgabe 28

a)   Berechnen Sie das Integral $\int_C y^2 dx + (2x+y)^2 dy$, wobei C

   i)   der Polygonzug (die geradlinige Verbindung) von $(0,0)^T$ über $(0,2)^T$ nach $(2,2)^T$ ist,

   ii)   die Strecke von $(0,0)^T$ nach $(2,2)^T$ ist,

   iii)   der Parabelbogen auf der Parabel $y = \frac{1}{2}x^2$ von $(0,0)^T$ bis $(2,2)^T$ ist.

b)   Ist $\mathbf{f} : \mathbb{R}^2 \to \mathbb{R}^2$, $\mathbf{f}(x,y) = \begin{pmatrix} y^2 \\ (2x+y)^2 \end{pmatrix}$ wegunabhängig integrierbar?

c)   Ist $\mathbf{f}$ ein Potenzialfeld?

Lösung:

a)i) Der Polygonzug besteht aus der Strecke S_1 von $(0,0)^T$ nach $(0,2)^T$ mit der Parametrisierung $[0,1] \to \mathbb{R}^2$, $t \mapsto (0,2t)^T$ und aus der Strecke S_2 von

$(0,2)^T$ nach $(2,2)^T$, welche durch $[0,1] \to \mathbb{R}^2$, $t \mapsto (2t,2)^T$ parametrisiert ist. Man hat also

$$\int_0^1 \binom{4t^2}{4t^2} \cdot \binom{0}{2} \, dt + \int_0^1 \binom{4}{(4t+2)^2} \cdot \binom{2}{0} \, dt = \int_0^1 8t^2 \, dt + \int_0^1 8 \, dt$$

$$= \left(\frac{8t^3}{3} + 8t \right) \bigg|_0^1 = \frac{32}{3} \, .$$

ii) Diesmal ist die Kurve durch $[0,1] \to \mathbb{R}^2$, $t \mapsto (2t,2t)^T$ parametrisiert. Man erhält

$$\int_0^1 \binom{4t^2}{36t^2} \cdot \binom{2}{2} \, dt = \int_0^1 80t^2 \, dt = \frac{80t^3}{3} \bigg|_0^1 = \frac{80}{3} \, .$$

iii) Nimmt man die Parametrisierung $[0,1] \to \mathbb{R}^2$, $t \mapsto (2t,2t^2)^T$ für den Parabelbogen, so ergibt sich

$$\int_0^1 \binom{4t^4}{(4t+2t^2)^2} \cdot \binom{2}{4t} \, dt = \int_0^1 (8t^4 + 64t^3 + 64t^4 + 16t^5) \, dt$$

$$= \left(\frac{72}{5} t^5 + \frac{64}{4} t^4 + \frac{16}{6} t^6 \right) \bigg|_0^1 = \frac{496}{15} \, .$$

b) Wir haben $\mathbf{f}$ auf drei verschiedenen Wegen von $(0,0)^T$ nach $(2,2)^T$ integriert und dabei drei verschiedene Ergebnisse erhalten. Das zeigt, dass $\mathbf{f}$ nicht wegunabhängig integrierbar ist.

c) Wäre $\mathbf{f}$ ein Potenzialfeld, so wäre das Kurvenintegral von $\mathbf{f}$ (nach dem Hauptsatz für Kurvenintegrale) wegunabhängig, was laut b) nicht der Fall ist. Also ist $\mathbf{f}$ kein Potenzialfeld.

Aufgabe 29

a)   Integrieren Sie das Vektorfeld $\mathbf{f} : \mathbb{R}^2 \to \mathbb{R}^2$, $\mathbf{f}(x,y) = \binom{y}{-x}$ längs der durch $[0,1] \to \mathbb{R}^2$ parametrisierte Kurve

   i) $t \mapsto (\cos 2\pi t, \sin 2\pi t)^T$, die mit C bezeichnet wird,

   ii) $t \mapsto \begin{cases} (\cos 4\pi t, \sin 4\pi t)^T & \text{für } 0 \le t \le \frac{1}{4}, \\ (\cos \frac{2}{3}\pi(2t+1), \sin \frac{2}{3}\pi(2t+1))^T & \text{für } \frac{1}{4} < t \le 1. \end{cases}$

b)   Warum hätten wir uns die Berechnung zu b) sparen können?

Lösung:

a)i) Die Ableitung von $\mathbf{x}(t) = \binom{\cos 2\pi t}{\sin 2\pi t}$ ist $\mathbf{x}'(t) = 2\pi\binom{-\sin 2\pi t}{\cos 2\pi t}$; ihr Skalarprodukt mit $\mathbf{f}(\cos 2\pi t, \sin 2\pi t) = \binom{\sin 2\pi t}{-\cos 2\pi t}$ ist $2\pi(-\sin^2 2\pi t - \cos^2 2\pi t) = -2\pi$.

Deshalb gilt $\int_C \mathbf{f} \cdot d\mathbf{x} = \int_0^1 \mathbf{f}(\cos 2\pi t, \sin 2) \cdot 2\pi\binom{-\sin 2\pi t}{\cos 2\pi t} dt = \int_0^1 (-2\pi) dx = -2\pi$.

ii) Für $0 \leq t \leq \frac{1}{4}$ ist $\mathbf{x}(t) = \binom{\cos 4\pi t}{\sin 4\pi t}$ und damit $\mathbf{x}'(t) = 4\pi\binom{-\sin 4\pi t}{\cos 4\pi t}$, $\mathbf{f}(\mathbf{x}(t)) = \binom{\sin 4\pi t}{-\cos 4\pi t}$, $\mathbf{f}(\mathbf{x}(t)) \cdot \mathbf{x}'(t) = -4\pi$, also $\int_0^{\frac{1}{4}} \mathbf{fx}(t) \cdot \mathbf{x}'(t) dt = -\pi$. Für $\frac{1}{4} < t \leq 1$ hat man $\mathbf{y}(t) = \binom{\cos \frac{2}{3}\pi(2t+1)}{\sin \frac{2}{3}\pi(2t+1)}$, $\mathbf{y}'(t) = \frac{4\pi}{3}\left(\binom{-\sin \frac{2}{3}\pi(2t+1)}{\cos \frac{2}{3}\pi(2t+1)}\right)$, $\mathbf{f}(\mathbf{y}(t)) = \binom{\sin \frac{2}{3}\pi(2t+1)}{-\cos \frac{2}{3}\pi(2t+1)}$, $\mathbf{f}(\mathbf{y}(t)) \cdot \mathbf{y}'(t) = -\frac{4\pi}{3}$, und dadurch $\int_{\frac{1}{4}}^1 \mathbf{f}(\mathbf{y}(t)) \cdot \mathbf{y}'(t) dt = -\frac{4\pi}{3} \cdot \frac{3}{4} = -\pi$. Damit haben wir auch in diesem Fall das Ergebnis $-\pi - \pi = -2\pi$.

b) Die obigen parametrisierten Kurven sind zwei verschiedene Parametrisierungen des positiv orientierten einmal durchlaufenen Einheitskreises. Die erste Parametrisierung ist glatt, die zweite nur stückweise glatt, da im Punkt $t = \frac{1}{4}$ die Linksableitung von der Rechtsableitung verschieden ist; von links ist sie $4\pi(0, -1)^T$, von rechts $\frac{4\pi}{3}(0, -1)^T$. (Die „physikalische" Erklärung dazu ist einfach: Im Fall i) wird der Kreis mit konstanter Winkelgeschwindigkeit durchlaufen; im Fall ii) ist sie zuerst – für ein Viertel der Zeit – doppelt so groß wie in i), danach hat sie für Dreiviertel der Zeit Zweidrittel des Wertes in i).) Das Ergebnis der Integration einer stetigen Funktion entlang einer stückweise glatten parametrisierten Kurve ist unabhängig von der Parametrisierung. Dies haben wir hier auch „zu Fuß" gezeigt.

Aufgabe 30

Betrachten Sie die Raumkurve mit der Parametrisierung $\mathbf{x} : [0, \sqrt{6}] \to \mathbb{R}^3$, $t \mapsto \mathbf{x}(t) = (1, t, t^2)^T$, und die Funktionen $f, \mathbf{g}$ sowie $\mathbf{h}$ auf $\mathbb{R}^3$, die durch $f(x, y, z) = 2xy + 8yz$, $\mathbf{g}(x, y, z) = (y, z, x)^T$ und $\mathbf{h}(x, y, z) = (x, z, y)^T$ definiert sind.

a) Begründen Sie die Existenz der Integrale

$$\int_C f \, ds \quad , \quad \int_C \mathbf{g} \cdot d\mathbf{x} \quad \text{und} \quad \int_C \mathbf{h} \cdot d\mathbf{x} \, .$$

b) Berechnen Sie diese drei Integrale.

c) Erfüllt $\mathbf{g}$ oder $\mathbf{h}$ die Integrabilitätsbedingungen? Falls ja, ist $\mathbf{g}$ oder $\mathbf{h}$ ein Potenzialfeld? Bestimmen Sie gegebenenfalls ein solches Potenzial.

d)   Bestätigen Sie gegebenenfalls mit Hilfe des Hauptsatzes für Kurvenintegrale das Ergebnis aus b).

Lösung:

a) $\mathbf{x}$ ist eine parametrisierte Kurve, deren Komponenten – als Polynome – unendlich oft differenzierbar sind. Sie ist regulär (glatt), weil $\mathbf{x}'(t) = (0, 1, 2t)^T$ und damit $\|\mathbf{x}'(t)\| = \sqrt{1 + 4t^2} \neq 0$ gilt. Die Funktionen $f, \mathbf{g}$ und $\mathbf{h}$ sind unendlich oft differenzierbar auf $\mathbb{R}^3$ und insbesondere stetig auf $\mathbf{x}([0, \sqrt{6}])$. Deshalb existieren die drei Integrale.

b) Es gilt:

$$\int_C f ds = \int_0^{\sqrt{6}} f(\mathbf{x}(t))\|\mathbf{x}'(t)\| dt = \int_0^{\sqrt{6}} (2t + 8t^3)\sqrt{1 + 4t^2}\, dt$$

$$= \frac{1}{4} \int_0^{\sqrt{6}} 8t(1 + 4t^2)^{3/2} dt = \frac{1}{4} \cdot \frac{2}{5}(1 + 4t^2)^{5/2} \Big|_0^{\sqrt{6}} = \frac{5^5 - 1}{10} = 312,4\,.$$

$$\int_C \mathbf{g} \cdot d\mathbf{x} = \int_0^{\sqrt{6}} \mathbf{g}(\mathbf{x}(t)) \cdot \mathbf{x}'(t) dt = \int_0^{\sqrt{6}} \begin{pmatrix} t \\ t^2 \\ 1 \end{pmatrix} \begin{pmatrix} 0 \\ 1 \\ 2t \end{pmatrix} dt$$

$$= \int_0^{\sqrt{6}} (t^2 + 2t) dt = \left(\frac{t^3}{3} + t^2 \right) \Big|_0^{\sqrt{6}} = 2\sqrt{6} + 6\,.$$

$$\int_C \mathbf{h} \cdot d\mathbf{x} = \int_0^{\sqrt{6}} \mathbf{h}(\mathbf{x}(t)) \cdot \mathbf{x}'(t) dt = \int_0^{\sqrt{6}} \begin{pmatrix} 1 \\ t^2 \\ t \end{pmatrix} \cdot \begin{pmatrix} 0 \\ 1 \\ 2t \end{pmatrix} dt = \int_0^{\sqrt{6}} 3t^2 dt = 6\sqrt{6}.$$

c) Wegen $0 = \frac{\partial z}{\partial x} \neq \frac{\partial y}{\partial y} = 1$, $0 = \frac{\partial x}{\partial y} \neq \frac{\partial z}{\partial z} = 1$ und $0 = \frac{\partial y}{\partial z} \neq \frac{\partial x}{\partial x} = 1$ erfüllt $\mathbf{g}$ keine der Integrabilitätsbedingungen. (Für den Nachweis, dass $\mathbf{g}$ nicht integrabel ist, reicht es schon, wenn eine der Bedingungen nicht erfüllt ist.) Dagegen erfüllt $\mathbf{h}$ die Integrabilitätsbedingungen: $\frac{\partial z}{\partial x} = 0 = \frac{\partial x}{\partial y}$, $\frac{\partial y}{\partial y} = 1 = \frac{\partial z}{\partial z}$ und $\frac{\partial x}{\partial z} = 0 = \frac{\partial y}{\partial x}$. $\mathbf{h}$ ist ein Potenzialfeld, weil $\mathbb{R}^3$ sternförmig (bezüglich jedes seiner Punkte) und $\mathbf{h}$ unendlich oft differenzierbar ist.

Zu jedem $\mathbf{x} = (x, y, z)^T$ aus $\mathbb{R}^3$ bezeichnet $[0, \mathbf{x}]$ die Strecke vom Nullpunkt nach $\mathbf{x}$; sie kann durch $\mathbf{y}_\mathbf{x} : [0, 1] \to [0, \mathbf{x}]$, $t \mapsto t\mathbf{x} = (tx, ty, tz)^T$ parametrisiert werden. Dann wird mittels $\mathbf{x} \mapsto H(\mathbf{x}) := \int_{[0,\mathbf{x}]} \mathbf{h} \cdot d\mathbf{y}_\mathbf{x} = \int_0^1 \mathbf{h}(\mathbf{y}_\mathbf{x}(t)) \cdot \mathbf{y}_\mathbf{x}'(t) dt$ eine Stammfunktion von $\mathbf{h}$ definiert. Es gilt

$$H(\mathbf{x}) = \int\limits_0^1 \begin{pmatrix} tx \\ tz \\ ty \end{pmatrix} \cdot \begin{pmatrix} x \\ y \\ z \end{pmatrix} dt = \int\limits_0^1 (x^2 + 2yz)t\, dt = \frac{1}{2}x^2 + yz.$$

Es gilt tatsächlich grad $H(\mathbf{x}) = \mathbf{h}(\mathbf{x})$, weil: $\frac{\partial}{\partial x}(\frac{1}{2}x^2+yz) = x$, $\frac{\partial}{\partial y}(\frac{1}{2}x^2+yz) = z$, $\frac{\partial}{\partial z}(\frac{1}{2}x^2 + yz) = y$.

d) Mit dem Hauptsatz für Kurvenintegrale bestätigt man das für $\mathbf{h}$ in b) gewonnene Ergebnis:

$$\int\limits_C \mathbf{h} \cdot d\mathbf{x} = H(\mathbf{x}(\sqrt{6})) - H(\mathbf{x}(0)) = H(1, \sqrt{6}, 6) - H(1, 0, 0) = 6\sqrt{6} .$$

Aufgabe 31

a) Zeigen Sie, dass die folgende Differenzialgleichung exakt ist:
$\sin y - y\sin x + (x\cos y + \cos x)y' = 0$.

b) Bestimmen Sie eine Stammfunktion S dieser Differenzialgleichung.

c) Zeigen Sie, dass eine Umgebung U von $\frac{\pi}{4}$ und eine differenzierbare Funktion $f : U \to \mathbb{R}$ existieren, so dass $f(\frac{\pi}{4}) = \frac{\pi}{4}$ und $S\left(x, f(x)\right) = \frac{\pi}{2\sqrt{2}}$ für alle $x \in U$ gilt.

Lösung:

a) Es gilt: $\frac{\partial}{\partial y}(\sin y - y\sin x) = \cos y - \sin x$, $\frac{\partial}{\partial x}(x\cos y + \cos x) = \cos y - \sin x$.
Deshalb ist die gegebene Differenzialgleichung exakt.

b) Gesucht wird also eine differenzierbare Funktion S mit den Eigenschaften

$$\frac{\partial S}{\partial x}(x, y) = \sin y - y\sin x , \quad \frac{\partial S}{\partial y}(x, y) = x\cos y + \cos x .$$

Aus der ersten Bedingung folgt $S(x, y) = x\sin y + y\cos x + g(y)$, wobei g eine differenzierbare Funktion ist, die nur von y abhängt. Setzt man diese Funktion in die zweite Bedingung ein, so folgt: $x\cos y + \cos x + g'(y) = x\cos y + \cos x$, d.h. $g'(y) = 0$. g ist also eine reelle Zahl c ; hiermit gilt: $S(x, y) = x\sin y + y\cos x + c$.

c) Es muss die Existenz einer offenen Umgebung U von $\frac{\pi}{4}$ und einer differenzierbaren Funktion $f : U \to \mathbb{R}$ mit den Eigenschaften $f(\frac{\pi}{4}) = \frac{\pi}{4}$ und $S(x, f(x)) = \frac{\pi}{2\sqrt{2}}$ nachgewiesen werden. Da $S(\frac{\pi}{4} , \frac{\pi}{4}) = \frac{\pi}{2\sqrt{2}} + c$ gilt, ist $c = 0$. Wegen $\frac{\partial S}{\partial y}(\frac{\pi}{4}, \frac{\pi}{4}) = (x\cos y + \cos x)(\frac{\pi}{4}, \frac{\pi}{4}) = \frac{\pi}{4} \cdot \frac{1}{\sqrt{2}} + \frac{1}{\sqrt{2}} \neq 0$ sichert der Satz über implizite Funktionen die gewünschte Existenz. Wie in den meisten Fällen kann man f nicht explizit schreiben! Deshalb muss man sich mit der definierenden Gleichung $x\sin f(x) + f(x)\cos x = \frac{\pi}{2\sqrt{2}}$ begnügen.

Aufgabe 32

Gegeben ist die Differenzialgleichung $\frac{3x^2+y^2}{x} + 2yy' = 0$.

a)   Zeigen Sie, dass diese Differenzialgleichung auf keinem offenen Teilintervall von $]0,\infty[$ bzw. von $]-\infty,0[$ exakt ist.

b)   Bestimmen Sie einen integrierenden Faktor auf $]0,\infty[$, der nur von x abhängt.

c)   Lösen Sie das Anfangswertproblem, das aus der obigen Gleichung und der Anfangsbedingung $y(1) = 1$ besteht.

Lösung:

a) Wegen $\frac{\partial}{\partial y}(\frac{3x^2+y^2}{x}) = \frac{2y}{x}$ und $\frac{\partial}{\partial x}(2y) = 0$ ist die Differenzialgleichung dann und nur dann auf $]a,b[$ exakt, wenn $y(x) = 0$ für alle x aus $]a,b[$ gilt. Dies ist aber keine Lösung der Differenzialgleichung.

b) Sei g eine stetig differenzierbare Funktion auf $]0,\infty[$ mit der Eigenschaft $\frac{\partial}{\partial y}(\frac{3x^2+y^2}{x}g(x)) = \frac{\partial}{\partial x}(2yg(x))$. Es folgt $\frac{2y}{x}g(x) = 2yg'(x)$ und damit $\frac{g'(x)}{g(x)} = \frac{1}{x}$ für alle $x > 0$ mit $g(x) \neq 0$. Diese Gleichung ist für $g(x) = Cx$ (mit $C > 0$) erfüllt; insbesondere ist $g(x) = x$ ein integrierender Faktor.

c) Für die exakte Differenzialgleichung $3x^2 + y^2 + 2xyy' = 0$ sucht man eine stetig differenzierbare Funktion $U :]0,\infty[\times\mathbb{R} \to \mathbb{R}$ mit $\frac{\partial U}{\partial x} = 3x^2 + y^2$ und $\frac{\partial U}{\partial y} = 2xy$. Aus der ersten Gleichung folgt $U(x,y) = x^3 + xy^2 + V(y)$ mit stetig differenzierbarem V. Aus der zweiten Gleichung gewinnt man $V'(y) = 0$, und damit ist V konstant. Also ist $U(x,y) = x^3 + xy^2 = D$ mit $D > 0$ die allgemeine Lösung. Für das Anfangswertproblem ergibt sich $1 + 1 = D$ und damit lautet die auf $]0, \sqrt[3]{2}[$ definierte Lösung $y(x) = \sqrt{\frac{2}{x} - x^2}$.

Aufgabe 33

Geben Sie alle Lösungen der Differenzialgleichung

$$(1 + y^2)\ln(1 + y^2) + 2y(x - 1)y' = 0$$

an; berechnen Sie dazu einen integrierenden Faktor, der nur von y abhängt. Bestimmen Sie aus der Lösungsmenge diejenige Lösung, welche im Punkt 2 den Wert 1 annimmt; geben Sie den maximalen Definitionsbereich an.

Lösung:

Sucht man einen integrierenden Faktor h, der nur von y abhängt, so ergibt sich aus

$$\frac{\partial}{\partial y}[(1 + y^2)h(y)\ln(1 + y^2)] = \frac{\partial}{\partial x}[2y(x - 1)h(y)]$$

zuerst

$$2yh(y)\ln(1+y^2) + (1+y^2)h'(y)\ln(1+y^2) + 2yh(y) = 2yh(y)$$

und daraus

$$2yh(y) + (1+y^2)h'(y) = 0 \, .$$

Man sieht sofort, dass die Nullfunktion eine Lösung für h ist. Für die Bestimmung weiterer Lösungen betrachtet man die daraus durch Kürzung erhaltene Gleichung $\frac{h'(y)}{h(y)} + \frac{2y}{1+y^2} = 0$; eine Lösung dieser Differenzialgleichung mit getrennten Variablen ist $\ln h(y) + \ln(1+y^2) = 0$, also $h(y) = \frac{1}{1+y^2}$, d.h. $\frac{1}{1+y^2}$ ist ein integrierender Faktor. Die exakte Differenzialgleichung $\ln(1+y^2) + \frac{2y}{1+y^2}(x-1)y' = 0$ hat eine „Stammfunktion" U der Gestalt $U(x,y(x)) = U(x,y) = (x-1)\ln(1+y^2)$, weil gilt:

$$\frac{d}{dx}U(x,y(x)) = \frac{\partial}{\partial x}U(x,y) + \frac{\partial}{\partial y}U(x,y) \cdot y' = \ln(1+y^2) + \frac{2y}{1+y^2}(x-1)y' \, .$$

Da die Ausgangsdifferenzialgleichung zu der exakten Differenzialgleichung äquivalent ist, ergeben sich aus $(x-1)\ln(1+y^2) = C$ mit $C \in \mathbb{R}$ alle Lösungen: $y(x) = \sqrt{e^{\frac{C}{x-1}} - 1}$. Insbesondere erhalten wir für $x = 2$, $y = 1$ den Wert $C = \ln 2$, also die Lösung

$$y(x) = \sqrt{e^{\frac{\ln 2}{x-1}} - 1} = \sqrt{2^{\frac{1}{x-1}} - 1} \, .$$

Aufgabe 34

a)   Zeigen Sie, dass die Differenzialgleichung $6x^2y + y^3 + 4(x^3 + xy^2)y' = 0$ nicht exakt ist.

b)   Zeigen Sie, dass diese Differenzialgleichung einen integrierenden Faktor μ besitzt, der nur von y abhängt und geben Sie einen an.

c)   Berechnen Sie eine Stammfunktion für $(6x^2y+y^3)\mu(y)+4(x^3+xy^2)\mu(y)y'$.

d)   Bestimmen Sie möglichst große offene Intervalle I und J, auf welchen Lösungen $f : I \to \mathbb{R}$ bzw. $g : J \to \mathbb{R}$ der Differenzialgleichung definiert sind, so dass $f(1) = 1$ bzw. $g(1) = -1$ gilt.

Lösung:

a) Wegen $\frac{\partial}{\partial y}(6x^2y + y^3) = 6x^2 + 3y^2$ und $\frac{\partial}{\partial x}(4x^3 + 4xy^2) = 12x^2 + 4y^2$ ist die gegebene Differenzialgleichung nicht exakt.

b) Die differenzierbare Funktion $\mu = \mu(y)$ ist ein integrierender Faktor, wenn gilt

$$\frac{\partial}{\partial y}((6x^2y + y^3)\mu(y)) = (6x^2 + 3y^2)\mu(y) + (6x^2y + y^3)\mu'(y)$$

$$= \frac{\partial}{\partial x}((4x^3 + 4xy^2)\mu(y)) = (12x^2 + 4y^2)\mu(y) ,$$

d.h. wenn gilt $(6x^2y + y^3)\mu'(y) = (6x^2 + y^2)\mu(y)$, d.h. $y\mu'(y) = \mu(y)$. Eine Lösung dieser Gleichung ist $\mu(y) = y$.

c) Die Differenzialgleichung $(6x^2y^2 + y^4) + 4(x^3y + xy^3)y'(x) = 0$ hat eine Stammfunktion $S(x,y) = 2x^3y^2 + xy^4$, wie man leicht nachprüft.

d) $S(1, \pm 1) = 2 + 1 = 3$. Gibt es auf einem Intervall der x-Achse eine Lösung $y = y(x)$ von $xy^4 + 2x^3y^2 = 3$, so enthält dieses Intervall den Nullpunkt nicht, und es gilt

$$y(x)^2 = \frac{-x^3 \pm \sqrt{x^6 + 3x}}{x} .$$

Da dieses Intervall 1 enthalten soll, muss es in $]0, \infty[$ enthalten sein. Außerdem ist $x^6 + 3x$ negativ auf $] - 1, 0[$. Auf $]0, \infty[$ ist $\frac{-x^3 - \sqrt{x^6+3x}}{x}$ negativ, während $\frac{-x^3 + \sqrt{x^6+3x}}{x}$ positiv ist. Deshalb betrachten wir $y(x) = \pm\sqrt{\frac{-x^3+\sqrt{x^6+3x}}{x}}$. Nun ist leicht zu sehen, dass $I = J =]0, \infty[$, $f(x) := \sqrt{\frac{-x^3+\sqrt{x^6+3x}}{x}}$ und $g(x) := -\sqrt{\frac{-x^3+\sqrt{x^6+3x}}{x}}$ die gewünschten Eigenschaften haben.

Aufgabe 35

Sei G das Gebiet $G := \{(x,y)^T \in \mathbb{R}^2 \mid x^2 + 4y^2 > 1 \quad \text{und} \quad x^2 + y^2 < 4\}$.

a)   Beweisen Sie, dass G und sein Rand ∂G die Voraussetzungen aus dem Satz von Green erfüllen.

b)   Bestätigen Sie den Satz von Green für den Fall

$$\int_{\partial G} (-x^2y\,dx + xy^2\,dy) = \int_G (x^2 + y^2)d\sigma(x,y) ,$$

indem Sie beide Integrale direkt ausrechnen.

Lösung:

a) G besteht aus allen Punkten, die außerhalb der Ellipse $x^2 + \frac{y^2}{(1/2)^2} = 1$, aber innerhalb des Kreises $x^2 + y^2 = 4$ liegen. Seien

$$G_1 := \{(x,y)^T \in G \mid x > 0, y > 0\} , \quad G_2 := \{(x,y)^T \in G \mid x < 0, y > 0\} ,$$

$$G_3 := \{(x,y)^T \in G \mid x < 0, y < 0\} , \quad G_4 := \{(x,y)^T \in G \mid x > 0, y < 0\} .$$

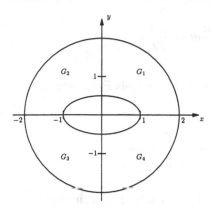

Abbildung 3.19.
Die Zerlegung von G

G_1, G_2, G_3 und G_4 zerlegen G und sind sowohl über der x-Achse als auch über der y-Achse schlicht. Zum Beispiel gilt für G_2 :

$$G_2 = \{(x,y)^T \in \mathbb{R}^2 \mid -2 < x < 0, g_2(x) < y < \sqrt{4 - x^2}\}$$
$$= \{(x,y)^T \in \mathbb{R}^2 \mid 0 < y < 2, -\sqrt{4 - y^2} < x < h_2(y)\}\,,$$

wobei gilt:

$$g_2(x) = \begin{cases} 0 & \text{, falls } -2 < x \le -1\,, \\ \frac{1}{2}\sqrt{1 - x^2} & \text{, falls } -1 < x < 0\,, \end{cases}$$

$$\text{und} \quad h_2(x) = \begin{cases} -\sqrt{1 - 4y^2} & \text{, falls } 0 < y < \frac{1}{2}\,, \\ 0 & \text{, falls } \frac{1}{2} \le y < 2\,. \end{cases}$$

g_2 und h_2 bestehen aus 2 glatten Stücken, $\sqrt{4 - x^2}$ und $-\sqrt{4 - y^2}$ sind glatt; also ist auch der Rand von G_2 stückweise glatt.

b) $\int_{\partial G}(-x^2 y\,dx + x y^2\,dy)$ wird berechnet, indem man auf dem Rand des Kreises die Parametrisierung $]0, 2\pi[\to \mathbb{R}^2$, $t \mapsto (2\cos t, 2\sin t)^T$ und auf dem Rand der Ellipse die Parametrisierung $]0, 2\pi[\to \mathbb{R}^2$, $t \mapsto (\cos t, -\frac{1}{2}\sin t)^T$ nimmt. (Bemerken Sie, dass man den Rand der Ellipse im Uhrzeigersinn durchläuft; nur in dieser Richtung lässt man das Gebiet G zur Linken!). Es folgt:

$$\int_{\partial G}(-x^2 y\,dx + x y^2\,dy) = \int_0^{2\pi}(16\cos^2 t\sin^2 t + 16\sin^2 t\cos^2 t)dt$$

$$+ \int_0^{2\pi}\left(-\frac{1}{2}\cos^2 t\sin^2 t - \frac{1}{8}\sin^2 t\cos^2 t\right)dt = \frac{251}{8}\int_0^{2\pi}\sin^2 t\cos^2 t\,dt$$

$$= \frac{251}{32} \int_0^{2\pi} \sin^2 2t = \frac{251}{32} \int_0^{2\pi} \frac{1 - \cos 4t}{2} dt = \frac{251}{32} \pi \; .$$

Integriert man $x^2 + y^2$ auf dem Kreis $x^2 + y^2 < 4$ mittels Parametrisierung $x = r \cos t$, $y = r \sin t$, so erhält man

$$\int_0^{2\pi} \left(\int_0^2 r^2 \cdot r dr \right) dt = 2\pi \cdot \frac{r^4}{4} \bigg|_0^2 = 8\pi \; .$$

Integriert man $x^2 + y^2$ auf der Ellipse $x^2 + 4y^2 < 1$ mittels Parametrisierung $x = r \cos t$, $y = \frac{1}{2} r \sin t$, so ist $\frac{1}{2} r dr dt = dx dy$ und damit

$$\int_0^{2\pi} \left(\int_0^1 \left(r^2 \cos^2 t + \frac{r^2}{4} \sin^2 t \right) \frac{1}{2} r dr \right) dt = \int_0^{2\pi} \left(\frac{r^4}{8} \bigg|_0^1 \cdot \cos^2 t + \frac{r^4}{32} \bigg|_0^1 \cdot \sin^2 t \right) dt$$

$$= \frac{1}{8} \int_0^{2\pi} \frac{1 + \cos 2t}{2} dt + \frac{1}{32} \int_0^{2\pi} \frac{1 - \cos 2t}{2} dt = \frac{5}{32} \pi \; .$$

Deshalb gilt $\int_G (x^2 + y^2) d\sigma(x,y) = 8\pi - \frac{5}{32}\pi = \frac{251}{32}\pi$. Die Bestätigung des Satzes von Green ist uns also gelungen!

Aufgabe 36

Seien a, b reelle Zahlen mit $0 < b \leq a$, G das beschränkte Gebiet in IR^2, dessen Rand ∂G aus der Strecke S von $(0,0)^T$ nach $(2\pi a, 0)^T$ und der durch $\mathbf{x} : [0, 2\pi] \to \mathrm{IR}^2$, $t \mapsto (at - b \sin t, 1 - \cos t)^T$ parametrisierten Kurve C besteht, und $\mathbf{f} : \mathrm{IR}^2 \to \mathrm{IR}^2$ sei gegeben durch $\mathbf{f}(x,y) := (x,y)^T$.

a)   Zeigen Sie, dass G sowohl über der x- als auch über der y-Achse schlicht ist.

b)   Berechnen Sie den Flächeninhalt von G mit Hilfe eines Kurvenintegrals längs ∂G.

c)   Zeigen Sie, dass für G und $\mathbf{f}$ der Divergenzsatz von Gauß gilt, d.h. $\int_{\partial G} \mathbf{f} \cdot \mathbf{n} \, ds = \int_G \operatorname{div} \mathbf{f} \, d\sigma(x,y)$, wobei $\mathbf{n}$ die äußere Normale zu ∂G ist.

Lösung:

a) Wegen $\mathbf{x}(0) = (0,0)^T$ und $\mathbf{x}(2\pi) = (2\pi a, 0)^T$ haben S und C denselben Anfangs- und Endpunkt. Da $(at - b \sin t)' = a - b \cos t > a - b \geq 0$ für alle t aus $]0, 2\pi[$ gilt, folgt, dass die erste Komponente von $\mathbf{x}$ streng monoton wachsend ist. Insbesondere bildet sie $[0, 2\pi]$ bijektiv auf $[0, 2\pi a]$ ab, d.h. zu jedem $x \in [0, 2\pi a]$ gibt es genau ein $t_x \in [0, 2\pi]$ mit $at_x - b\sin t_x = x$. Deshalb liegt $(x, y)^T$ in G genau dann, wenn $x \in]0, 2\pi a[$ und $0 < y < 1 - \cos t_x$ gilt, was die Schlichtheit von G über der x-Achse nachweist.

Ist nun y aus $]0, 2[$, so hat die Gleichung $y = 1 - \cos t$, also $1 - y = \cos t$ für t genau zwei Lösungen in $]0, 2\pi[$, nämlich $t_1(y) \in]0, \pi[$ und $t_2(y)$ in $]\pi , 2\pi[$. Man hat $at_1(y) - b\sin t_1(y) < at_2(y) - b\sin t_2(y)$, denn:

$$b\left(\sin t_2(y) - \sin t_1(y)\right) = 2b\sin\frac{t_2(y) - t_1(y)}{2}\cos\frac{t_2(y) - t_1(y)}{2} \leq$$

$$2b|\sin\frac{t_2(y) - t_1(y)}{2}| < 2b\frac{t_2(y) - t_1(y)}{2} \leq a\left(t_2(y) - t_1(y)\right) .$$

Also gilt $G = \{(x, y)^T \in \mathbb{R}^2 \mid 0 < y < 2, t_1(y) < x < t_2(y)\}$, was die Schlichtheit von G über der y-Achse zeigt.

b) Der positiv orientierte Rand von G ist die Vereinigung von S und der Kurve, die aus C entsteht, wenn man die Orientierung umkehrt. Nun wird der Satz von Green angewandt:

$$\mathrm{Vol}(G) = \int\limits_{\partial G} x\,dy = \int\limits_{S} x\,dy - \int\limits_{C} x\,dy .$$

Da die zweite Komponente jedes Punktes von S Null ist, gilt weiter

$\mathrm{Vol}(G) = -\int_C x\,dy = -\int_0^{2\pi}(at - b\sin t)\sin t\,dt = -a\int_0^{2\pi} t\sin t + b\int_0^{2\pi}\sin^2 t\,dt$

$= -a[-t\cos t\,|_0^{2\pi} + \int_0^{2\pi}\cos t\,dt] + b(\frac{t}{2} - \frac{\sin 2t}{2})\,|_0^{2\pi} = 2\pi a + \pi b = \pi(2a + b)$.

c) Wegen $\mathrm{div}\binom{x}{y} = \frac{\partial x}{\partial x} + \frac{\partial y}{\partial y} = 1 + 1 = 2$ gilt

$$\int\limits_{G} \mathrm{div}\,\mathbf{f}\,d\sigma(x, y) = \int\limits_{G} 2\,d\sigma(x, y) = 2\mathrm{Vol}(G) = 2\pi(2a + b) .$$

Die Parametrisierung von S ist $[0, 1] \to \mathbb{R}^2$, $t \mapsto (2\pi at, 0)^T$; es folgt:

$$\int\limits_{S} \mathbf{f}\cdot\mathbf{n}\,ds = \int\limits_{0}^{1} \binom{2\pi t}{0}\cdot\binom{0}{-1}\,2\pi a\,dt = 0 .$$

Der Tangentialvektor zu C in $\mathbf{x}(t)$ ist $\frac{1}{\sqrt{(a - b\cos t)^2 + \sin^2 t}}\binom{a - b\cos t}{\sin t}$. Deshalb ist

$\mathbf{n}(t) = \frac{1}{\sqrt{(a - b\cos t)^2 + \sin^2 t}}\binom{\sin t}{-a + b\cos t}$ und damit:

$$\int\limits_{C} \mathbf{f}\cdot\mathbf{n}\,ds = \int\limits_{0}^{2\pi} \binom{at - b\sin t}{1 - \cos t}\sqrt{(a - b\cos t)^2 + \sin^2 t}\binom{\sin t}{-a + b\cos t}\,dt$$

$$= \int_0^{2\pi} (at\sin t - b\sin^2 t - a + a\cos t + b\cos t - b\cos^2 t)dt$$

$$= a\int_0^{2\pi} t\sin t\,dt - (a+b)\int_0^{2\pi} dt + (a+b)\int_0^{2\pi} \cos t\,dt$$

$$= -a\left[t\cos t\,\Big|_0^{2\pi} - \int_0^{2\pi} \cos t\,dt \right] - 2\pi(a+b)$$

$$= -2\pi a - 2\pi(a+b) = -2\pi(2a+b)\ .$$

Also: $\int_{\partial G} \mathbf{f}\cdot\mathbf{n}\,ds - \int_S \mathbf{f}\cdot\mathbf{n}\,ds - \int_C \mathbf{f}\cdot\mathbf{n}\,ds = 2\pi(2a+b)$. Insgesamt haben wir mit $\int_G \operatorname{div}\mathbf{f}\,d\sigma(x,y) = 2\pi(2a+b) = \int_{\partial G} \mathbf{f}\cdot\mathbf{n}\,ds$ gezeigt, dass für $\mathbf{f}$ der Divergenzsatz von Gauß gilt.

Aufgabe 37

Gegeben sei G das Gebiet $G := \{(x,y)^T \mid y > 0,\ x^2 + \frac{y^2}{9} < 1,\ x^2 + y^2 > 1\}$.

a)   Zeichnen Sie dieses Gebiet und stellen Sie fest, dass G und sein Rand ∂G die Voraussetzung für den Greenschen Satz erfüllen.

b)   Berechnen Sie die Integrale $\int_{\partial G}(x^2 y\,dx + y^2\,dy)$ und $\int_G x^2 d\sigma(x,y)$.

c)   Erklären Sie, warum die Gleichung gilt:

$$\int_{\partial G}(x^2 y\,dx + y^2\,dy) + \int_G x^2 d\sigma(x,y) = 0\ .$$

Lösung:

a) G besteht aus allen Punkten der oberen Halbebene, die außerhalb des Einheitskreises $x^2 + y^2 = 1$ und innerhalb der Ellipse $x^2 + \frac{y^2}{9} = 1$ liegen. G ist schlicht über der x-Achse, da der Rand von G stückweise glatt ist und $G = \{(x,y)^T \in \mathbb{R}^2 \mid -1 < x < 1,\ \sqrt{1-x^2} < y < 3\sqrt{1-x^2}\}$ gilt. (Die Funktionen $]-1,1[\ \to \mathbb{R},\ x \mapsto \sqrt{1-x^2}$ bzw. $x \mapsto 3\sqrt{1-x^2}$ sind differenzierbar und deren Ableitungen verschwinden nirgendwo auf $]-1,1[$.) G lässt sich in drei Gebieten zerlegen, die schlicht über der y-Achse sind (aber auch über der x-Achse!), nämlich

$$G_1 := \left\{ (x,y)^T \in \mathbb{R}^2 \mid 1 < y < 3,\ -\sqrt{1-\frac{y^2}{9}} < x < \sqrt{1-\frac{y^2}{9}} \right\},$$

$$G_2 := \left\{ (x,y)^T \in \mathbb{R}^2 \mid 0 < y < 1,\ -\sqrt{1-\frac{y^2}{9}} < x < -\sqrt{1-y^2} \right\},$$

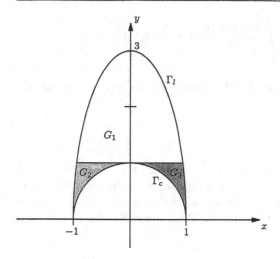

Abbildung 3.20.
G und seine Zerlegung

$$G_3 := \left\{ (x,y)^T \in \mathbb{R}^2 \mid 0 < y < 1 \,, \sqrt{1-y^2} < x < \sqrt{1 - \frac{y^2}{9}} \right\} .$$

Die vier Funktionen $y \mapsto \sqrt{1 - \frac{y^2}{9}}$, $y \mapsto -\sqrt{1 - \frac{y^2}{9}}$, $y \mapsto \sqrt{1-y^2}$ und $y \mapsto -\sqrt{1-y^2}$ sind stetig auf $[1,3]$ bzw. $[0,1]$.

b) Wir berechnen die zwei Integrale zuerst:

$$\int\limits_G x^2 d\sigma(x,y) = \int\limits_{-1}^{1} x^2 \left(\int\limits_{\sqrt{1-x^2}}^{3\sqrt{1-x^2}} dy \right) dx = 2 \int\limits_{-1}^{1} x^2 \sqrt{1-x^2}\, dx$$

$$\stackrel{(*)}{=} 2 \int\limits_{-\frac{\pi}{2}}^{\frac{\pi}{2}} \sin^2 t \cos^2 t\, dt = \frac{1}{2} \int\limits_{-\frac{\pi}{2}}^{\frac{\pi}{2}} \frac{1 - \cos 4t}{2} dt = \frac{\pi}{4} .$$

An der Stelle $(*)$ wurde die Substitution $x = \sin t$ durchgeführt. Der Rand von G besteht aus einem Halbkreis Γ_c und aus einer Halbellipse Γ_e. Es gilt

$$\int\limits_{\partial G} (x^2 y dx + y^2 dy) = \int\limits_{\Gamma_e} (x^2 y dx + y^2 dy) - \int\limits_{\Gamma_c} (x^2 y dx + y^2 dy) \,,$$

wenn man sowohl Γ_e als auch Γ_c gegen den Uhrzeigersinn durchläuft. Mit den Parametrisierungen $[0,\pi] \ni \theta \mapsto \binom{\cos\theta}{3\sin\theta} \in \Gamma_e$ und $[0,\pi] \ni \theta \mapsto \binom{\cos\theta}{\sin\theta} \in \Gamma_c$ folgt

$$\int\limits_{\partial G} (x^2 y dx + y^2 dy) = \int\limits_{0}^{\pi} (-2\cos^2\theta \sin^2\theta + 26\sin^2\theta \cos\theta) d\theta$$

$$= \frac{1}{4} \int\limits_0^\pi \frac{1 - \cos 4\theta}{2} d\theta + \frac{26}{3} \sin^3 \theta \,\Big|_0^\pi = \frac{\pi}{4} \, .$$

c) Es gilt $\frac{\partial}{\partial x}(y^2) - \frac{\partial}{\partial y}(x^2 y) = -x^2$. Die Gleichung ist deshalb genau die Behauptung des Satzes von Green.

Aufgabe 38

Gegeben ist ein Kreiszylinder durch die Gleichung $x^2 + y^2 = 1$. F_1 sei die Teilfläche des Zylinders, die oberhalb der x-y-Ebene und unterhalb der Ebene $x + y + z = 1$ liegt, F_2 diejenige Teilfläche, welche oberhalb der x-y-Ebene und unterhalb der Ebene $x + y + z = 2$ liegt. Bestimmen Sie die Inhalte von F_1 und F_2.

Lösung:
Man wählt für die Oberfläche des Kreiszylinders, aus welchem die Gerade $\{(1,0,z)^T \mid z \in \mathbb{R}\}$ entfernt wurde, die übliche Parameterdarstellung $\mathbf{x} :]0, 2\pi[\times \mathbb{R} \to \mathbb{R}^3$, $(\varphi, z) \mapsto (\cos\varphi, \sin\varphi, z)^T$. Es gilt: $\mathbf{x}_\varphi(\varphi, z) = (-\sin\varphi, \cos\varphi, 0)^T$, $\mathbf{x}_z(\varphi, z) = (0, 0, 1)^T$, $\mathbf{x}_\varphi(\varphi, z) \times \mathbf{x}_z(\varphi, z) = (\cos\varphi, \sin\varphi, 0)^T$ und $\|\mathbf{x}_\varphi(\varphi, z) \times \mathbf{x}_z(\varphi, z)\| = 1$.
$\mathbf{x}(\varphi, z)$ gehört zu F_1 bzw. F_2 genau dann, wenn z positiv und kleiner als $1 - \sin\varphi - \cos\varphi$ bzw. $2 - \sin\varphi - \cos\varphi$ ist. Es gilt $\sin\varphi + \cos\varphi = \sin\varphi + \sin(\varphi + \frac{\pi}{2}) = 2\sin(\varphi + \frac{\pi}{4})\cos(-\frac{\pi}{4}) \le \sqrt{2}$ für alle $\varphi \in \mathbb{R}$; also liegt $\mathbf{x}(\varphi, z)$ in F_2 für alle $\varphi \in]0, 2\pi[$ und $z \in]0, 2 - \sin\varphi - \cos\varphi[$. Deshalb ist der Flächeninhalt von F_2

$$I(F_2) = \int\limits_0^{2\pi} \left(\int\limits_0^{2 - \sin\varphi - \cos\varphi} dz \right) d\varphi = \int\limits_0^{2\pi} (2 - \sin\varphi - \cos\varphi) d\varphi = 4\pi \, .$$

$\mathbf{x}(\varphi, z)$ gehört zu F_1 genau dann, wenn $\sin\varphi + \cos\varphi < 1$ und $0 < z < 1 - \sin\varphi - \cos\varphi$ gilt. Da für $\varphi \in]0, 2\pi[$ die Ungleichung $\sin\varphi + \cos\varphi < 1$ genau für $\sin(\varphi + \frac{\pi}{4}) < \frac{1}{\sqrt{2}}$ (s.o.), also für $\varphi \in]\frac{\pi}{2}, 2\pi[$ gilt, berechnet man den Flächeninhalt von F_1, wie folgt:

$$I(F_1) = \int\limits_{\frac{\pi}{2}}^{2\pi} \left(\int\limits_0^{1 - \sin\varphi - \cos\varphi} dz \right) d\varphi = \int\limits_{\frac{\pi}{2}}^{2\pi} (1 - \sin\varphi - \cos\varphi) d\varphi$$

$$= \frac{3\pi}{2} + (\cos\varphi - \sin\varphi) \,|_{\frac{\pi}{2}}^{2\pi} = \frac{3\pi}{2} + 2 \, .$$

Aufgabe 39

Der Graph der Cosinusfunktion $[0, \frac{\pi}{2}] \to [0,1]$, $x \mapsto y = \cos x$ in der x-y-Ebene wird um die x-Achse gedreht. Dadurch entsteht eine berandete Fläche F. (Ihr Rand ∂F ist der Kreis mit der Gleichung $y^2 + z^2 = 1$ in der y-z-Ebene.) Berechnen Sie den Flächeninhalt der Rotationsfläche F.

Hinweis: $\int \sqrt{a^2 x^2 \pm b^2}\, dx = \frac{1}{2} x \sqrt{a^2 x^2 + b^2} \pm \frac{b^2}{2a} \ln|x + \sqrt{a^2 x^2 \pm b^2}|$.

Lösung:
Der Flächeninhalt ist (wegen $(\cos x)' = -\sin x$) nach der Regel von Guldin
$2\pi \int_0^{\frac{\pi}{2}} \cos x \sqrt{1 + \sin^2 x}\ \ dx \ = \ 2\pi \int_0^1 \sqrt{1 + t^2}\ \ dt \ = \ 2\pi[\frac{1}{2} t \sqrt{t^2 + 1} +$
$\frac{1}{2} \ln|t + \sqrt{t^2 + 1}|] \big|_0^1 = 2\pi[\frac{\sqrt{2}}{2} + \frac{1}{2}\ln(1 + \sqrt{2})] = \pi(\sqrt{2} + \ln(1 + \sqrt{2}))$.

Aufgabe 40

Berechnen Sie die Oberfläche des Rotationsparaboloides $x^2 + y + z^2 = 4$, die zwischen den Ebenen $y = -5$ und $y = 3$ liegt, also den Flächeninhalt von

$$F := \{(x, y, z)^T \in \mathbb{R}^3 \mid x^2 + y + z^2 = 4, -5 < y < 3\} .$$

Lösung:
Die Oberfläche des Paraboloidstumpfes F, die wir berechnen möchten, ist (z.B.) gegeben durch $\mathbf{x} : D \to \mathbb{R}^3$, $(u, v)^T \mapsto (u, 4 - u^2 - v^2)^T$, wobei $D = \{(u, v)^T \mid 1 < u^2 + v^2 < 9\}$ ein Kreisring ist. Man hat $\mathbf{x}_u(u, v) = (1, -2u, 0)^T$, $\mathbf{x}_v(u, v) = (0, -2v, 1)^T$ und damit $(\mathbf{x}_u \times \mathbf{x}_v)(u, v) = (-2u, -1, -2v)^T$. Es folgt $\|(\mathbf{x}_u \times \mathbf{x}_v)(u, v)\| = \sqrt{4u^2 + 1 + 4v^2}$, und deshalb ist der Flächeninhalt von F: $\int_F d\sigma(\mathbf{x}) = \int_D \|(\mathbf{x}_u \times \mathbf{x}_v)(u, v)\| d\sigma(u, v) = \int_D \sqrt{4(u^2 + v^2) + 1}\, d\sigma(u, v)$. Mit der Parametertransformation $u = r\cos\varphi$, $v = r\sin\varphi$, $1 < r < 3$, $0 \le \varphi < 2\pi$, ergibt sich weiter

$$\int_0^{2\pi} \left(\int_1^3 \sqrt{4r^2 + 1}\, r\, dr \right) d\varphi = 2\pi \cdot \frac{1}{12}(4r^2 + 1)^{3/2} \Big|_1^3 = \frac{\pi}{6}(37\sqrt{37} - 5\sqrt{5}) .$$

Aufgabe 41

Berechnen Sie den Oberflächeninhalt des Durchschnitts der Kreiszylinder $x^2 + z^2 = 9$ und $y^2 + z^2 = 9$.

Lösung:

Der Zylinder $x^2 + z^2 = 9$ schneidet eine Oberfläche F aus dem Zylinder $y^2 + z^2 = 9$; umgekehrt schneidet der Zylinder $y^2 + z^2 = 9$ eine Oberfläche G aus dem Zylinder $x^2 + z^2 = 9$. F und G sind deckungsgleich, wie man z.B. mittels der Transformation $(x, y, z)^T \mapsto (y, x, z)^T$ sieht. Für die Berechnung des Flächeninhalts $I(F)$ von F betrachten wir die Parametrisierung $D := \{(x, z)^T \in \mathbb{R}^2 \mid x^2 + z^2 < 9\} \to \mathbb{R}^3$, $(x, z)^T \mapsto \mathbf{f}(x, z) = (x, \sqrt{9 - z^2}, z)^T$ der oberen Hälfte von F, d.h. derjenigen, die oberhalb der Ebene $y = 0$ liegt. Wegen $\mathbf{f}_x(x, z) = (1, 0, 0)^T$, $\mathbf{f}_z(x, z) = (0; -\frac{z}{\sqrt{9-z^2}}, 1)^T$ folgt $(\mathbf{f}_x \times \mathbf{f}_z)(x, z) = (0, -1, -\frac{z}{\sqrt{9-z^2}})^T$. Es gilt $\|(\mathbf{f}_x \times \mathbf{f}_z)(x, z)\| = \sqrt{1 + \frac{z^2}{9-z^2}} = \frac{3}{\sqrt{9-z^2}}$ und damit ist der Flächeninhalt $I(F)$ von F:

$$\int_F d\sigma(\mathbf{f}) = 2 \int_D \|(\mathbf{f}_x \times \mathbf{f}_z)(x, z)\| d\sigma(x, z) = 2 \int_{-3}^{3} \left(\int_{-\sqrt{9-z^2}}^{\sqrt{9-z^2}} \frac{3}{\sqrt{9 - z^2}} dx \right) dz$$

$$= 6 \int_{-3}^{3} \left(\frac{x}{\sqrt{9 - z^2}} \Big|_{x=-\sqrt{9-z^2}}^{x=\sqrt{9-z^2}} \right) dz = 6 \int_{-3}^{3} 2 dz = 12 \cdot (z|_{-3}^3) = 72 \, .$$

Der Flächeninhalt des Durchschnittes der beiden Zylinder ist $I(F) + I(G) = 2I(F) = 2 \cdot 72 = 144$.

Aufgabe 42

Sei F derjenige Teil der Oberfläche der Einheitskugel in $\mathbb{R}^3$, der im ersten Oktant liegt, d.h. $F = \{(x, y, z)^T \in \mathbb{R}^3 \mid x^2 + y^2 + z^2 = 1 \, , \, x > 0, \, y > 0, z > 0\}$, und f sei das Skalarfeld auf F, das jedem $(x, y, z)^T \in F$ den Wert $x^2 + y^2 + z^3 - 2$ zuordnet. Integrieren Sie f auf F .

Lösung:

Wir haben also $\int_F f\, do$ zu berechnen. Dafür betrachten wir (wegen der Kugelsymmetrie) Kugelkoordinaten, d.h. die folgende Parameterdarstellung $D :=]0, \frac{\pi}{2}[\times]0, \frac{\pi}{2}[\ni (\varphi, \theta) \mapsto \mathbf{x}(\varphi, \theta) := (\cos\theta \cos\varphi, \cos\theta \sin\varphi, \sin\theta)^T \in F$. Wegen

$$\mathbf{x}_\varphi(\varphi, \theta) = (-\cos\theta \sin\varphi, \cos\theta \cos\varphi, 0)^T \, ,$$

$$\mathbf{x}_\theta(\varphi, \theta) = (-\sin\theta \cos\varphi, -\sin\theta \sin\varphi, \cos\theta)^T \, ,$$

$$(\mathbf{x}_\varphi \times \mathbf{x}_\theta)(\varphi, \theta) = (\cos^2\theta \cos\varphi, \cos^2\theta \sin\varphi, \cos\theta \sin\theta)^T \, ,$$

$$\|(\mathbf{x}_\varphi \times \mathbf{x}_\theta)(\varphi, \theta)\| = \sqrt{\cos^4\theta \cos^2\varphi + \cos^4\theta \sin^2\varphi + \cos^2\theta \sin^2\theta}$$

$$= \sqrt{\cos^4 \theta + \cos^2 \theta \sin^2 \theta} = \cos \theta$$

$$\text{und } f\left(\mathbf{x}(\varphi, \theta)\right) = \cos^2 \theta \cos^2 \varphi + \cos^2 \theta \sin^2 \varphi + \sin^3 \theta - 2$$

$$= \cos^2 \theta + \sin^3 \theta - 2$$

folgt

$$\int_F f \, do = \int_F f(\mathbf{x}) do(\mathbf{x}) = \int_D f\left(\mathbf{x}(\varphi, \theta)\right) \|\mathbf{x}_\varphi(\varphi, \theta) \times \mathbf{x}_\theta(\varphi, \theta)\| d\sigma(\varphi, \theta)$$

$$= \int_D (\cos^2 \theta + \sin^3 \theta - 2) \cos \theta \, d\sigma\,(\varphi, \theta)$$

$$= \int_0^{\frac{\pi}{2}} \left(\int_0^{\frac{\pi}{2}} (\cos \theta - \sin^2 \theta \cos \theta + \sin^3 \theta \cos \theta - 2 \cos \theta) d\theta \right) d\varphi$$

$$= \frac{\pi}{2} \left(\sin \theta - \frac{1}{3} \sin^3 \theta + \frac{1}{4} \sin^4 \theta - 2 \sin \theta \right) \Bigg|_0^{\frac{\pi}{2}}$$

$$= \frac{\pi}{2} \left(1 - \frac{1}{3} + \frac{1}{4} - 2 \right) = -\frac{13\pi}{24} .$$

Aufgabe 43

F bezeichne die Halbkugeloberfläche $\{(x, y, z)^T \in \mathbb{R}^3 \mid x^2 + y^2 + z^2 = 1$, $y > 0\}$ und $\mathbf{f}$ das stetige Vektorfeld mit

$$\mathbf{f}(x, y, z) := \begin{pmatrix} xy - z^2 \\ yz - x^2 \\ zx - y^2 \end{pmatrix} .$$

Berechnen Sie das Oberflächenintegral von $\mathbf{f}$ über F .

Lösung:
Für F betrachten wir die Parameterdarstellung $\mathbf{x} : D := \{(\varphi, \theta)^T \in \mathbb{R}^2 \mid$ $-\frac{\pi}{2} < \theta < \frac{\pi}{2} , \, 0 < \varphi < \pi\} \to \mathbb{R}^3$, $\mathbf{x}(\varphi, \theta) := (\cos \theta \cos \varphi, \cos \theta \sin \varphi, \sin \theta)^T$.
Wie gesehen, gilt $\mathbf{x}_\varphi(\varphi, \theta) \times \mathbf{x}_\theta(\varphi, \theta) = (\cos^2 \theta \cos \varphi, \cos^2 \theta \sin \varphi, \cos \theta \sin \theta)^T$
und damit $do(\mathbf{x}) = (\cos^2 \theta \cos \varphi, \cos^2 \theta \sin \varphi, \cos \theta \sin \theta)^T d\sigma(\varphi, \theta)$ sowie

$$\mathbf{f}(\mathbf{x}) \cdot do(\mathbf{x}) = [\mathbf{f}(\mathbf{x}) \cdot (\mathbf{x}_\varphi \cdot \mathbf{x}_\theta) d\sigma](\varphi, \theta)$$

$$= \begin{pmatrix} \cos^2\theta\cos\varphi\sin\varphi - \sin^2\theta \\ \cos\theta\sin\theta\sin\varphi - \cos^2\theta\cos^2\varphi \\ \cos\theta\sin\theta\cos\varphi - \cos^2\theta\sin^2\varphi \end{pmatrix} \begin{pmatrix} \cos^2\theta\cos\varphi \\ \cos^2\theta\sin\varphi \\ \cos\theta\sin\theta \end{pmatrix} d\sigma(\varphi,\theta)$$

$$= \Big(\cos^4\theta\cos^2\varphi\sin\varphi - \cos^2\theta\sin^2\theta\cos\varphi + \cos^3\theta\sin\theta\sin^2\varphi$$

$$- \cos^4\theta\cos^2\varphi\sin\varphi + \cos^2\theta\sin^2\theta\cos\varphi - \cos^3\theta\sin\theta\sin^2\varphi \Big)\, d\sigma(\varphi,\theta) = 0\,.$$

Deshalb ist das Oberflächenintegral von f über F gleich Null:

$$\int_F \mathbf{f}\cdot do = \int_D \mathbf{f}\big(\mathbf{x}(\varphi,\theta)\big)\cdot\big(\mathbf{x}_\varphi(\varphi,\theta)\times\mathbf{x}_\theta(\varphi,\theta)\big)\, d\sigma(\varphi,\theta) = 0\,.$$

Aufgabe 44

Es sei $G := \{(x,y,z)^T \in \mathbb{R}^3 \mid x^2 + y^2 + z^2 < 1\,,\ y > 0\}$, also eine Hälfte des Inneren der Einheitskugel und $\mathbf{f}$ sei das stetig differenzierbare Vektorfeld auf $\mathbb{R}^3$, das jedem $(x,y,z)^T$ den Vektor $(y,z,xy+1)^T$ zuordnet.

a) Berechnen Sie das Oberflächenintegral $\int_{\partial G}\mathbf{f}\cdot do$, wobei die Flächennormale „nach außen" weist.

b) Zeigen Sie, dass für G und $\mathbf{f}$ die Voraussetzungen des Divergenzsatzes von Gauß erfüllt sind und bestätigen Sie damit das in a) erzielte Ergebnis.

Lösung:

a) ∂G besteht aus der in Aufgabe 43 mit F bezeichneten Fläche und dem Inneren K des Einheitskreises in der x-z-Ebene, $K := \{(x,0,z)^T \in \mathbb{R}^3 \mid x^2 + z^2 < 1\}$. Sei $\triangle := \{(x,z)^T \in \mathbb{R}^2 \mid x^2 + z^2 < 1\} \to \mathbb{R}^3$, $(x,z)^T \mapsto (x,0,z)^T$ die Parametrisierung von K. Die Normale dazu ist $(1,0,0)^T \times (0,0,1)^T = (0,-1,0)^T$, und sie zeigt tatsächlich nach außen. Mit den Bezeichnungen und Vorbereitungen aus der Lösung zu Aufgabe 42 folgt $\int_{\partial G}\mathbf{f}\cdot do =$

$$\int_F\mathbf{f}\cdot do + \int_K\mathbf{f}\cdot do = \int_D \begin{pmatrix} \cos\theta\sin\varphi \\ \sin\theta \\ \cos^2\theta\cos\varphi\sin\varphi + 1 \end{pmatrix}\cdot \begin{pmatrix} \cos^2\theta\cos\varphi \\ \cos^2\theta\sin\varphi \\ \cos\theta\sin\theta \end{pmatrix} d\sigma(\varphi,\theta) +$$

$$\int_\triangle \begin{pmatrix} 0 \\ z \\ 1 \end{pmatrix}\cdot\begin{pmatrix} 0 \\ -1 \\ 0 \end{pmatrix}\, d\sigma(x,z) \;=\; \int_0^\pi\big(\int_{-\frac{\pi}{2}}^{\frac{\pi}{2}}(\cos^3\theta\cos\varphi\sin\varphi + \cos^2\theta\sin\theta\sin\varphi +$$

$$\cos^3\theta\sin\theta\cos\varphi\sin\varphi \;+\; \cos\theta\sin\theta)d\theta)\big)d\varphi \;+\; \int_{-1}^1(\int_{-\sqrt{1-x^2}}^{\sqrt{1-x^2}}(-z)dz)dx \;=$$

$$\big(\int_0^\pi\cos\varphi\sin\varphi d\varphi\big)\big(\int_{-\frac{\pi}{2}}^{\frac{\pi}{2}}\cos^3\theta d\theta\big) \;+\; \big(\int_0^\pi\sin\varphi d\varphi\big)\big(\int_{-\frac{\pi}{2}}^{\frac{\pi}{2}}\cos^2\theta\sin\theta d\theta\big) \;+$$

$$\big(\int_0^\pi\cos\varphi\sin\varphi d\varphi\big)\big(\int_{-\frac{\pi}{2}}^{\frac{\pi}{2}}\cos^3\theta\sin\theta d\theta\big) \;+\; \pi\int_{-\frac{\pi}{2}}^{\frac{\pi}{2}}\cos\theta\sin\theta d\theta \;+$$

$\frac{1}{2}\int_{-1}^{1}(-(\sqrt{1-x^2})^2 + (\sqrt{1-x^2})^2)dx = 0$,

weil $\int_0^{\pi}\cos\varphi\sin\varphi d\varphi = \int_{-\frac{\pi}{2}}^{\frac{\pi}{2}}\cos^2\theta\sin\theta d\theta = \int_{-\frac{\pi}{2}}^{\frac{\pi}{2}}\cos\theta\sin\theta d\theta = 0$ gilt.

b) Das Vektorfeld $\mathbf{f}$ ist stetig differenzierbar auf $\mathbb{R}^3$. Die offene Menge G ist offensichtlich zusammenhängend und damit ein Gebiet. G liegt schlicht über der x-z-Ebene, denn:

$$(x,y,z)^T \in G \iff (x,z)^T \in \Delta \quad \text{und} \quad 0 < y < \sqrt{1-x^2-z^2}\,.$$

Der Rand von G besteht aus zwei glatten Flächen, nämlich F und K; mit den angegebenen Parameterdarstellungen von F und K sieht man sofort, dass in jedem Punkt von F und K die Normale definiert ist. (Geometrisch ist dies noch einfacher zu sehen.) Hiermit sind die Voraussetzungen des Divergenzssatzes von Gauß erfüllt. Es gilt $\text{div}\,\mathbf{f} = \frac{\partial y}{\partial x} + \frac{\partial z}{\partial y} + \frac{\partial(xy+1)}{\partial z} = 0$ und damit $\int_{\partial G}\mathbf{f}\cdot d\mathbf{o} = \int_G \text{div}\,\mathbf{f}\,d\sigma(x,y,z) = 0$. Also ist das Ergebnis aus a) bestätigt.

Aufgabe 45

Sei T das Tetraeder mit den Ecken $p_0 = (0,0,0)$, $p_1 = (1,0,0)$, $p_2 = (0,1,0)$ und $p_3 = (0,0,1)$. Der Rand F von T besteht aus vier Seitenflächen, nämlich aus den Dreiecken T_0, T_1, T_2, T_3 wobei $p_i \notin T_i$ für $i = 0,1,2,3$.

a)   Geben Sie die Parametrisierungen der Seiten von T an, so dass der Normalvektor immer nach außen gerichtet ist.

b)   Berechnen Sie das Integral $\int_F f\,do$ für $f : \mathbb{R}^3 \to \mathbb{R}$, $f(x,y,z) = x^2 + y^2 + z^2$.

c)   Sei $\mathbf{v} : \mathbb{R}^3 \to \mathbb{R}^3$ das identische Vektorfeld $\mathbf{x} \mapsto \mathbf{x}$. Berechnen Sie $\int_F \mathbf{v}\cdot d\mathbf{o}$, wobei auf den Seiten von T die obigen Parametrisierungen genommen werden. Wie erklären Sie das erzielte Ergebnis für $\int_{T_i}\mathbf{v}\cdot d\mathbf{o}$ für $i = 1,2,3$? Formulieren Sie das erzielte Ergebnis für $\int_F \mathbf{v}\cdot d\mathbf{o}$ in der Sprache der Physik (indem Sie die Begriffe Fluss und Strömungsgeschwindigkeit benutzen.)

d)   Bestätigen Sie das erzielte Ergebnis für $\int_F \mathbf{v}\cdot d\mathbf{o}$ mit Hilfe des Divergenzsatzes von Gauß.

Lösung:

a) Sei $D := \{(u,v)^T \in \mathbb{R}^2 \mid u > 0, v > 0, u+v < 1\}$. Als Parametrisierungen für die Seitenflächen T_i von T können wir $\mathbf{x}_i : D \to \mathbb{R}^3$, $\mathbf{x}_1(u,v) = (0,v,u)^T$, $\mathbf{x}_2(u,v) = (u,0,v)^T$, $\mathbf{x}_3(u,v) = (v,u,0)^T$, $\mathbf{x}_0(u,v) = (u,v,1-u-v)^T$ nehmen.

Es gilt: $(\mathbf{x}_{0u}\times\mathbf{x}_{0v})(u,v) = (1,1,1)^T$, $(\mathbf{x}_{1u}\times\mathbf{x}_{1v})(u,v) = (-1,0,0)^T$, $(\mathbf{x}_{2u}\times\mathbf{x}_{2v})(u,v) = (0,-1,0)^T$ und $(\mathbf{x}_{3u}\times\mathbf{x}_{3v})(u,v) = (0,0,-1)^T$. Man sieht, dass die Flächennormalen

$$
\mathbf{N}_0 = \frac{1}{\sqrt{3}} \begin{pmatrix} 1 \\ 1 \\ 1 \end{pmatrix} \;,\; \mathbf{N}_1 = \begin{pmatrix} -1 \\ 0 \\ 0 \end{pmatrix} \;,\; \mathbf{N}_2 = \begin{pmatrix} 0 \\ -1 \\ 0 \end{pmatrix} \quad \text{und} \quad \mathbf{N}_3 = \begin{pmatrix} 0 \\ 0 \\ -1 \end{pmatrix}
$$

von T aus gesehen nach außen gerichtet sind.

b) Das Integral wird wie folgt berechnet:

$$
\int_F f \, do = \int_D \sum_{i=0}^{3} f(\mathbf{x}_i(u,v)) \| \mathbf{x}_{iu}(u,v) \times \mathbf{x}_{iv}(u,v) \| \, d\sigma(u,v) \; .
$$

$$
\int_D f(\mathbf{x}_0(u,v)) \| \mathbf{x}_{o,u}(u,v) \times \mathbf{x}_{o,v}(u,v) \| \, d\sigma(u,v)
$$

$$
= \sqrt{3} \int_D [u^2 + v^2 + (1 - u - v)^2] \, d\sigma(u,v)
$$

$$
= \sqrt{3} \int_0^1 \left(\int_0^{1-u} (2u^2 + 2v^2 + 2uv + 1 - 2u - 2v) dv \right) du
$$

$$
= \sqrt{3} \int_0^1 \left[(2u^2 - 2u + 1)(1 - u) + (u - 1)(1 - u)^2 + \frac{2}{3}(1 - u)^3 \right] du
$$

$$
= \sqrt{3} \int_0^1 \left(2u^2 - 2u + 1 - 2u^3 + 2u^2 - u + \frac{u^3}{3} - u^2 + u - \frac{1}{3} \right) du
$$

$$
= \sqrt{3} \int_0^1 \left(-\frac{5}{3}u^3 + 3u^2 - 2u + \frac{2}{3} \right) du = -\frac{5}{12} + 1 - 1 + \frac{2}{3} = \frac{\sqrt{3}}{4} \; .
$$

$$
\int_D f(\mathbf{x}_1(u,v)) \| \mathbf{x}_{1,u}(u,v) \times \mathbf{x}_{1v}(u,v) \| \, d\sigma(u,v)
$$

$$
= \int_0^1 \left(\int_0^{1-u} (u^2 + v^2) dv \right) du = \int_0^1 \left(u^2(1 - u) + \frac{(1 - u)^3}{3} \right) du
$$

$$
= \int_0^1 \left(\frac{1}{3} - u + 2u^2 - \frac{4}{3}u^3 \right) du = \frac{1}{3} - \frac{1}{2} + \frac{2}{3} - \frac{1}{3} = \frac{1}{6} \; .
$$

Analog: $\int_D f(\mathbf{x}_2(u,v)) \| \mathbf{x}_{2u}(u,v) \times \mathbf{x}_{2v}(u,v) \| \, d\sigma(u,v) =$
$\int_D f(\mathbf{x}_3(u,v)) \| \mathbf{x}_{3u}(u,v) \times \mathbf{x}_{3v}(u,v) \| \, d\sigma(u,v) = \frac{1}{6} \; .$

Insgesamt gilt: $\int_F f\,do = \frac{\sqrt{3}}{4} + 3 \cdot \frac{1}{6} = \frac{\sqrt{3}}{4} + \frac{1}{2}$.

c) Es ist $\int_{T_1} \mathbf{v} \cdot do = \int_{T_2} \mathbf{v} \cdot do = \int_{T_3} \mathbf{v} \cdot do$ wegen der Symmetrie. Man hat

$\int_{T_1} \mathbf{v} \cdot do = \int_D \mathbf{v}(\mathbf{x}_1(u,v)) \cdot (\mathbf{x}_{1,u}(u,v) \times \mathbf{x}_{1,v}(u,v))d\sigma(u,v) = $
$\int_D (0,v,u)^T \cdot (-1,0,0)^T d\sigma(u,v) = \int_D 0\,d\sigma(u,v) = 0$. Die Erklärung dazu:
Die Projektion der Einschränkung $\mathbf{v}|_{T_1}$ auf die Normale $\mathbf{N}_1$ ist gleich Null.

$$\int_{T_0} \mathbf{v} \cdot do = \int_D \begin{pmatrix} u \\ v \\ 1-u-v \end{pmatrix} \cdot \begin{pmatrix} 1 \\ 1 \\ 1 \end{pmatrix} d\sigma(u,v) = \int_D d\sigma(u,v) = I(D) = \frac{1}{2}.$$

Also gilt: $\int_F \mathbf{v} \cdot do = \frac{1}{2}$.

Der Fluss Φ durch die Oberfläche F des Tetraeders T von innen nach außen ist $\frac{1}{2}$, wenn die Strömungsgeschwindigkeit im Punkt $\mathbf{x}$ gleich $\mathbf{v}(\mathbf{x}) = \mathbf{x}$ ist.

d) $\operatorname{div} \mathbf{v}(\mathbf{x}) = \frac{\partial x}{\partial x} + \frac{\partial y}{\partial y} + \frac{\partial z}{\partial z} = 3$. Der Divergenzsatz von Gauß besagt:
$\int_T \operatorname{div} \mathbf{v}(\mathbf{x})d\sigma(x,y,z) = \int_F \mathbf{v} \cdot do$. Es gilt: $\int_T 3\,d\sigma(x,y,z) = 3\operatorname{Vol}(T) = 3 \cdot \frac{1}{6} = \frac{1}{2}$.
Damit haben wir das Ergebnis aus c) bestätigt.

Aufgabe 46

Sei T das Innere des Tetraeders mit den Ecken $(0,0,0)$, $(1,0,0)$, $(0,2,0)$ und $(0,0,1)$. Mit S_x, S_y und S_z bezeichne man die Seiten von T, die in den Ebenen $x = 0$, $y = 0$, bzw. $z = 0$ liegen. Die vierte Seite von T sei mit S bezeichnet. Im Raum strömt eine Flüssigkeit mit der Geschwindigkeit

$$\mathbf{f}(\mathbf{x}) = \mathbf{f}(x,y,z) = (y + z, x - 13z, y + x)^T.$$

a) Berechnen Sie den Fluss durch die Seite S.
b) Wie erklären Sie das Ergebnis?
c) Berechnen Sie den Fluss durch den Rand von T von innen nach außen.
d) Warum ist T schlicht über jeder der Koordinatenebenen?
e) Bestätigen Sie das in c) erzielte Ergebnis mit Hilfe des Divergenzsatzes von Gauß.

Lösung:

a) Die Ebene durch die Punkte $(1,0,0), (0,2,0)$ und $(0,0,1)$, in welcher S liegt, hat eine Gleichung der Form $2x + y + 2z = 2$. Wählt man für S die Parametrisierung $\mathbf{y} : D_y := \{(x,z)^T \mid 0 < x < 1, 0 < z < 1-x\} \to S$, $\mathbf{y}(x,z) = (x, 2 - 2x - 2z, z)^T$, so ist $(\mathbf{y}_z \times \mathbf{y}_x)(x,z) = (2,1,2)^T$ von innen nach außen orientiert und damit

$$\int_S \mathbf{f} \cdot do = \int_S \mathbf{f}(\mathbf{y}(x,z)) \cdot do(x,z) = \int_{D_y} \begin{pmatrix} 2 - 2x - z \\ x - 13z \\ 2 - x - 2z \end{pmatrix} \cdot \begin{pmatrix} 2 \\ 1 \\ 2 \end{pmatrix} d\sigma(x,z) =$$

$$\int_0^1 \left(\int_0^{1-x} (8 - 5x - 19z)dz \right) dx = \int_0^1 \left(\left(8z - 5xz - \frac{19}{2}z^2 \right) \Big|_{z=0}^{z=1-x} \right) dx =$$

$$\int_0^1 \left(8 - 13x + 5x^2 - \frac{19}{2}(1 - x)^2 \right) dx = 0 .$$

b) Durch S fließt Flüssigkeit. Der Ausdruck $8 - 5x - 19z$ ist positiv in D_+ und negativ in D_- . Die Strömung fließt in jedem Punkt von $\mathbf{y}(D_+)$ aus T

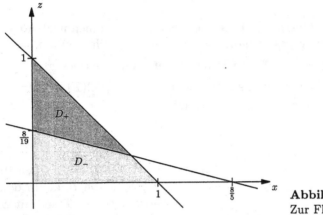

Abbildung 3.21.
Zur Flussrichtung

hinaus und in jedem Punkt von $\mathbf{y}(D_-)$ nach T hinein, und die entsprechenden Mengen an Flüssigkeit sind gleich, so dass im Endeffekt die Flüssigkeitsmenge in T konstant bleibt.

c) Für S_x betrachtet man die Parametrisierung

$$D_x := \left\{ \begin{pmatrix} y \\ z \end{pmatrix} \Big| 0 < z < 1 , 0 < y < 2 - 2z \right\} \to S_x , \begin{pmatrix} y \\ z \end{pmatrix} \mapsto \mathbf{x}(y,z) = \begin{pmatrix} 0 \\ y \\ z \end{pmatrix} .$$

Es gilt $(\mathbf{x}_y \times \mathbf{x}_z)(y,z) = (0,1,0)^T \times (0,0,1)^T = (1,0,0)^T$. Da diese Richtung (bezüglich T) von außen nach innen zeigt, ist der Fluß von innen nach außen durch S_x gleich $-\int_{S_x} \mathbf{f} \cdot d\mathbf{o} = -\int_{S_x} \mathbf{f}(\mathbf{x}(y,z)) \cdot d\mathbf{o}(y,z) = -\int_{D_x}(y + z, -13z, y)^T \cdot (1,0,0)d\sigma(y,z) = -\int_0^1 (\int_0^{2-2z}(y + z)dy)dz = -\int_0^1 (\frac{(2-2z)^2}{2} + z(2 - z))dz = \int_0^1 (-2 + 2z)dz = -1$. Das Vorzeichen zeigt, dass es hinein fließt. Analog geht man für S_y und S_z vor:
$\int_{S_y} \mathbf{f} \cdot d\mathbf{o} = \int_{D_y}(z, x - 13z, x)^T \cdot (0, -1, 0)^T d\sigma(x,z)$

$= \int_0^1 (\int_0^{1-x}(13z - x)dz)dx = \int_0^1 (\frac{13}{2}(1-x)^2 - x(1-x))dx = 2$,

$\int_{S_z} \mathbf{f} \cdot do = \int_{D_z}(y, x, y + x)^T \cdot (0, 0, -1)^T do(x, y) = \int_0^1 (\int_0^{2-2x}(-y - x)dy)dx$

$= \int_0^1 ((-\frac{y^2}{2} - xy) \mid \mid_{y=0}^{y=2-2x})dx = \int_0^1 (-2 + 2x)dx = -1$;

dabei wurde mit D_z das Gebiet $\{(x, y)^T \mid 0 < x < 1 \, , \, 0 < y < 2 - 2x\}$ bezeichnet. Insgesamt ist der Fluss von innen nach außen durch den Rand von T gleich

$$\int_{\partial T} \mathbf{f} \cdot do = 0 - 1 + 2 - 1 = 0 \, .$$

d) T ist schlicht über jeder der Koordinatenebenen, weil die Dreiecke D_x, D_y und D_z stückweise glatte Randkurven haben, und es gilt:

$$T = \{(x, y, z)^T \in \mathsf{IR}^3 \mid (x, y)^T \in D_z \, , \, 0 < z < 1 - x - \frac{1}{2}y\}$$

$$= \{(x, y, z)^T \in \mathsf{IR}^3 \mid (x, z)^T \in D_y \, , \, 0 < y < 2 - 2x - 2z\}$$

$$= \{(x, y, z)^T \in \mathsf{IR}^3 \mid (y, z)^T \in D_x \, , \, 0 < x < 1 - \frac{1}{2}y - z\} \, .$$

e) $\operatorname{div} \mathbf{f} = \frac{\partial}{\partial x}(y + z) + \frac{\partial}{\partial y}(x - 13z) + \frac{\partial}{\partial z}(y + x) = 0$. Deshalb gilt nach dem Divergenzsatz von Gauß $\int_{\partial T} \mathbf{f} \cdot do = \int_T \operatorname{div}(\mathbf{f})do(x, y, z) = 0$, was schon in der Lösung von c) gezeigt wurde.

Aufgabe 47

a)   Bestimmen Sie $a, b, c \in \mathsf{IR}$ so, dass das Vektorfeld $\mathbf{f}$, $\mathbf{f}(x, y, z)$ $= (3x - y + az, bx + 4y + 2z, x + cy - z)^T$, wirbelfrei ist.

b)   Untersuchen Sie, für welche $a, b, c \in \mathsf{IR}$ das Vektorfeld $\mathbf{g} : \mathsf{IR}^3 \to \mathsf{IR}^3$, $\mathbf{g}(x, y, z) = (ayz, bxz, cxy)^T$, wirbelfrei ist.

Lösung:
a) $\operatorname{rot} \mathbf{f}(x, y, z) = (c - 2, a - 1, b + 1)^T$ verschwindet in jedem Punkt aus IR^3 genau dann, wenn $c = 2$, $a = 1$ und $b = -1$ gilt.
b) Es ist $\operatorname{rot} \mathbf{g}(x, y, z) = ((c - b)x, (a - c)y, (b - a)z)^T = (0, 0, 0)^T$ genau dann, wenn $a = b = c$ gilt.

Aufgabe 48

Es sei a eine reelle Zahl aus $[0, 1[$, F_a sei die Fläche

$$\{(x, y, z)^T \in \mathsf{IR}^3 \mid x^2 + y^2 + z^2 = 1 \, , \, z > a\} \, ,$$

K_a sei die Drehkegelfläche (einschließlich Rand), welche den Nullpunkt als Spitze und die Kreislinie $\partial F_a = \{(x, y, a)^T \in \mathbb{R}^3 \mid x^2 + y^2 = 1 - a^2\}$ als Basis hat, und G_a sei das beschränkte Gebiet im Inneren der Einheitskugel mit $F_a \cup K_a$ als Rand. O bezeichne den Ursprung des Koordinatensystems.

a) Zeigen Sie, dass G_a ein Drehkörper mit der z-Achse als Drehachse ist, und weisen Sie nach, dass G_a schlicht über allen drei Koordinatenebenen ist.

b) Geben Sie für F_a und $K_a \backslash (\partial F_a \cup \{O\})$ reguläre Parameterdarstellungen an, so dass die entsprechenden Flächennormalen aus G_a hinaus weisen.

c) Bestimmen Sie den Flächeninhalt von F_a.

d) Berechnen Sie das Oberflächenintegral $\int_{F_a} \mathbf{f}(\mathbf{x}) \cdot d\mathbf{o}(\mathbf{x})$, wobei $\mathbf{f}$ das Vektorfeld $\mathbf{f}: \mathbb{R}^3 \to \mathbb{R}^3$, $\mathbf{f}(x, y, z) := (3xz^2 + y^3, y^3 + xz, 3x^2z - y)^T$ ist.

e) Berechnen Sie $\operatorname{div} \mathbf{f}$ und $\operatorname{rot} \mathbf{f}$.

f) Berechnen Sie $\int_{G_a} (\operatorname{div} \mathbf{f}) d\sigma(x, y, z)$.

g) Berechnen Sie $\int_{F_a} (\operatorname{rot} \mathbf{f}) \cdot d\mathbf{o}$, und prüfen Sie nach, dass das erzielte Ergebnis mit $\int_{\partial F_a} \mathbf{f} \cdot d\mathbf{x}$ übereinstimmt, was nach dem Satz von Stokes gelten muss!

Lösung:

a) Es gibt genau ein $\alpha \in [0, \frac{\pi}{2}[$ mit $\sin \alpha = a$, es ist $\alpha = \arcsin a$. Der Schnitt D_a von G_a mit der x-z-Ebene ist ein Kreissektor des Einheitskreises mit dem

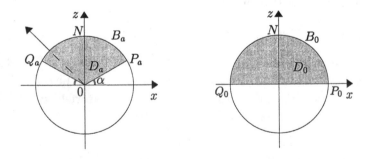

Abbildung 3.22. D_a für $a > 0$ und $a = 0$

Öffnungswinkel $\pi - 2\alpha$, wie in Abbildung 3.22. Durch Drehung von D_a um die z-Achse entsteht G_a; dabei beschreibt der Punkt $P_a = (\cos \alpha, 0, \sin \alpha)^T$ den Kreis ∂F_a. Durch Drehung des offenen Kreisbogens B_a, dessen Randpunkte P_a und $Q_a = (-\cos \alpha, 0, \sin \alpha)^T$ sind, entsteht F_a. Der Radius $\overline{OP_a}$ erzeugt dabei die Kegelfläche K_a. Es gilt:

$$K_a = \{(x, y, z)^T \in \mathbb{R}^3 \mid (x^2 + y^2)a^2 = (1 - a^2)z^2 \,,\, 0 \le z \le a\}$$

$$= \{(x, y, z)^T \in \mathbb{R}^3 \mid (x^2 + y^2) \tan^2 \alpha = z^2 , \; 0 \le z \le a\} .$$

Da G_a ein Drehkörper mit der z-Achse als Drehachse ist, genügt es zu zeigen, dass G_a schlicht über der x-z-Ebene und der x-y-Ebene ist. (Die Begründung der Schlichtheit von G_a über der y-z-Ebene verläuft analog zu derjenigen über der x-z-Ebene.) Man hat

$$G_a = \{(x, y, z)^T \in \mathbb{R}^3 \mid \begin{pmatrix} x \\ z \end{pmatrix} \in D_a , \; -m(x, z) < y < m(x, z)\} ,$$

wobei gilt $m(x, z) := \begin{cases} \sqrt{1 - x^2 - z^2} & \text{, falls } a \le z \le 1 , \\ \sqrt{\frac{1 - a^2}{a^2} z^2 - x^2} & \text{, falls } 0 \le z < a . \end{cases}$

Der Rand von D_a besteht aus glatten Kurven (nämlich $B_a, \overline{OP_a}$ und $\overline{OQ_a}$). Da die Funktionen $(x, z)^T \mapsto -m(x, z)$ und $(x, z)^T \mapsto m(x, z)$ stetig auf $\overline{D_a}$ sind, ist G_a schlicht über der x-z-Ebene. Sei nun $\Delta_a := \{(x, y)^T \in \mathbb{R}^2 \mid x^2 + y^2 < \cos^2 \alpha = 1 - a^2\}$; es gilt $G_a = \{(x, y, z)^T \in \mathbb{R}^3 \mid \sqrt{x^2 + y^2} \tan \alpha < z < \sqrt{1 - x^2 - y^2}\}$. Da der Rand von Δ_a glatt ist und beide Funktionen $(x, y)^T \mapsto \sqrt{x^2 + y^2} \tan \alpha$ und $(x, y)^T \mapsto \sqrt{1 - x^2 - y^2}$ stetig auf $\overline{\Delta_a}$ sind, ist G_a schlicht über der x-y-Ebene.

b) Sei $D_a := \{(x, y)^T \in \mathbb{R}^2 \mid x^2 + y^2 < 1 - a^2\}$. Durch $\mathbf{z} : D_a \to \mathbb{R}^3$, $(x, y)^T \mapsto (x, y, \sqrt{1 - x^2 - y^2})^T$ wird F_a regulär parametrisiert, weil:

$$\mathbf{z}_x(x, y) = \begin{pmatrix} 1 \\ 0 \\ \frac{-x}{\sqrt{1 - x^2 - y^2}} \end{pmatrix} , \quad \mathbf{z}_y(x, y) = \begin{pmatrix} 0 \\ 1 \\ \frac{-y}{\sqrt{1 - x^2 - y^2}} \end{pmatrix} ,$$

$$(\mathbf{z}_x \times \mathbf{z}_y)(x, y) = \begin{pmatrix} \frac{x}{\sqrt{1 - x^2 - y^2}} \\ \frac{y}{\sqrt{1 - x^2 - y^2}} \\ 1 \end{pmatrix} \neq \begin{pmatrix} 0 \\ 0 \\ 0 \end{pmatrix} .$$

Aus $\mathbf{z}(x, y) = \sqrt{1 - x^2 - y^2}(\mathbf{z}_x \times \mathbf{z}_y)(x, y)$ folgt, dass die Flächennormale von G_a nach außen zeigt; also wird F_a mittels $\mathbf{z}$ mit der richtigen Orientierung versehen.

Für die offene Kegelfläche (ohne Spitze) könnten wir die Parameterdarstellung $\Delta_a \to \mathbb{R}^3$, $(x, y)^T \mapsto (x, y, \sqrt{x^2 + y^2} \tan \alpha)^T$ wählen. Die Ableitungen nach x und y sind $(1, 0, \frac{x}{\sqrt{x^2 + y^2}} \tan \alpha)^T$ und $(0, 1, \frac{y}{\sqrt{x^2 + y^2}} \tan \alpha)^T$; deren Vektorprodukt ist $(-\frac{x}{\sqrt{x^2 + y^2}} \tan \alpha, -\frac{y}{\sqrt{x^2 + y^2}} \tan \alpha, 1)^T$. Da die dritte

Komponente positiv ist, hat diese Parameterdarstellung nicht die gesuchte Orientierung; deshalb muss man die Parameterdarstellung ändern. Am einfachsten wäre es, $\mathbf{y} : \Delta_a \to \mathbb{R}^3$, $(x,y)^T \mapsto (y, x, \sqrt{x^2 + y^2}\tan\alpha)^T$ zu nehmen, also die ersten beiden Komponenten zu vertauschen. Damit erhält man: $\mathbf{y}_x(x,y) = (0, 1, \frac{x}{\sqrt{x^2+y^2}}\tan\alpha)^T$, $\mathbf{y}_y(x,y) = (1, 0, \frac{y}{\sqrt{x^2+y^2}}\tan\alpha)^T$,

$(\mathbf{y}_x \times \mathbf{y}_y)(x,y) = (\frac{y}{\sqrt{x^2+y^2}}\tan\alpha, \frac{x}{\sqrt{x^2+y^2}}\tan\alpha, -1)^T$.

c) Wir berechnen zuerst den Flächeninhalt von F_a mit Hilfe der obigen Parameterdarstellung $\mathbf{z}$ wie folgt: $\int_F do \ = \ \int_{D_a} \|\mathbf{z}_y(x,y)\| do(x,y) \ = $
$\int_{D_a} \frac{1}{\sqrt{1-x^2-y^2}} do(x,y) = \int_0^{2\pi} (\int_0^{\sqrt{1-a^2}} \frac{r}{\sqrt{1-r^2}} dr) d\varphi = 2\pi(-\sqrt{1-r^2}) \ |_0^{\sqrt{1-a^2}} = $
$2\pi(1-a) = 2\pi(1-\sin\alpha)$.

Ein anderer Lösungsweg: Man betrachtet in der x-z-Ebene die stetig differenzierbare Funktion $h :]a, 1[\to \mathbb{R}_+, h(z) = \sqrt{1-z^2}$. Die Menge $\{(h(z), z)^T \ |$ $a < z < 1\}$ ist der Bogen auf dem Einheitskreis von P_a bis N; durch die Drehung dieses Kreisbogens um die z-Achse entsteht die Fläche F_a (ohne N). Hiermit ist der Flächeninhalt von F_a gleich

$$2\pi \int_a^1 h(z)\sqrt{1 + (h'(z))^2} dz = 2\pi \int_a^1 \sqrt{1-z^2} \sqrt{1 - \left(\frac{-z}{\sqrt{1-z^2}}\right)^2} dz$$

$$= 2\pi \int_a^1 dz = 2\pi(1-a).$$

d) Das vektorielle Oberflächenelement ist $do(\mathbf{x}) = \begin{pmatrix} \cos^2\theta\cos\varphi \\ \cos^2\theta\sin\varphi \\ \cos\theta\sin\theta \end{pmatrix} do(\varphi,\theta)$.

Außerdem gilt $\mathbf{f}(\mathbf{x}(\varphi,\theta)) = \begin{pmatrix} 3\cos\theta\sin^2\theta\cos\varphi + \cos^3\theta\sin^3\varphi \\ \cos^3\theta\sin^3\varphi + \cos\theta\sin\theta\cos\varphi \\ 3\cos^2\theta\sin\theta\cos^2\varphi - \cos\theta\sin\varphi \end{pmatrix}$ und damit

$\mathbf{f}(\mathbf{x}(\varphi,\theta)) \cdot do(\mathbf{x}(\varphi,\theta)) = \Big(6\cos^3\theta\sin^2\theta\cos^2\varphi + \cos^5\theta\sin^4\varphi$

$+ \cos^5\theta\cos\varphi\sin^3\varphi + \cos^3\theta\sin\theta\cos\varphi\sin\varphi - \cos^2\theta\sin\theta\sin\varphi\Big) do(\varphi,\theta)$.

Es wird über θ von α bis $\frac{\pi}{2}$ und über φ von 0 bis 2π integriert. Wegen $\int_0^{2\pi} \cos\varphi\sin^3\varphi \, d\varphi = \frac{1}{4}\sin^4\varphi \ |_0^{2\pi} = 0$, $\int_0^{2\pi} \cos\varphi\sin\varphi \, d\varphi = \frac{1}{2}\sin^2\varphi \ |_0^{2\pi} = 0$, $\int_0^{2\pi} \sin\varphi \, d\varphi = -\cos\varphi \ |_0^{2\pi} = 0$ genügt es, nur die ersten beiden Summanden zu integrieren. Es gilt:

$$\int\limits_{\alpha}^{\frac{\pi}{2}} \cos^3\theta \sin^2\theta \, d\theta = \int\limits_{\alpha}^{\frac{\pi}{2}} (\sin^2\theta - \sin^4\theta)\cos\theta \, d\theta$$

$$= \left(\frac{1}{3}\sin^3\theta - \frac{1}{5}\sin^5\theta\right)\Bigg|_{\alpha}^{\frac{\pi}{2}} = \frac{2}{15} - \frac{1}{3}\sin^3\alpha + \frac{1}{5}\sin^5\alpha \,,$$

$$\int\limits_{0}^{2\pi} \cos^2\varphi \, d\varphi = \frac{1}{2}\int\limits_{0}^{2\pi}(1+\cos 2\varphi)d\varphi = \pi \,,$$

$$\int\limits_{\alpha}^{\frac{\pi}{2}} \cos^5\theta \, d\theta = \int\limits_{\alpha}^{\frac{\pi}{2}}(1-\sin^2\theta)^2\cos\theta \, d\theta = \int\limits_{\alpha}^{\frac{\pi}{2}}(1-2\sin^2\theta+\sin^4\theta)\cos\theta \, d\theta$$

$$= \left(\sin\theta - \frac{2}{3}\sin^3\theta + \frac{1}{5}\sin^5\theta\right)\Bigg|_{\alpha}^{\frac{\pi}{2}}$$

$$= \frac{8}{15} - \sin\alpha + \frac{2}{3}\sin^3\alpha - \frac{1}{5}\sin^5\alpha \,,$$

$$\int\limits_{0}^{2\pi} \sin^4\varphi \, d\varphi = \frac{1}{4}\int\limits_{0}^{2\pi}(1-2\cos 2\varphi)^2 d\varphi$$

$$= \frac{1}{4}\int\limits_{0}^{2\pi}\left(\frac{3}{2} - 2\cos 2\varphi + \frac{\cos 4\varphi}{2}\right)d\varphi = \frac{3\pi}{4} \,.$$

Hiermit ergibt sich wegen $a = \sin\alpha$

$$\int\limits_{F_a} \mathbf{f}(\mathbf{x})\cdot do(\mathbf{x}) = 6\pi\left(\frac{2}{15} - \frac{1}{3}a^3 + \frac{1}{5}a^5\right) + \frac{3\pi}{4}\left(\frac{8}{15} - a + \frac{2}{3}a^3 - \frac{1}{5}a^5\right)$$

$$= \frac{6\pi}{5} - \frac{3\pi}{4}a - \frac{3\pi}{2}a^3 + \frac{21\pi}{20}a^5 \,.$$

e) Wir berechnen die Divergenz und Rotation von $\mathbf{f}$:

$$\mathrm{div}\,\mathbf{f} = \frac{\partial(3xz^2+y^3)}{\partial x} + \frac{\partial(y^3+xz)}{\partial y} + \frac{\partial(3x^2z-y)}{\partial z}$$

$$= 3z^2 + 3y^2 + 3x^2 = 3(x^2+y^2+z^2) \,.$$

$$\operatorname{rot} \mathbf{f} = \begin{pmatrix} \frac{\partial(3x^2z-y)}{\partial y} - \frac{\partial(y^3+xz)}{\partial z} \\ \frac{\partial(xz^2+y^3)}{\partial z} - \frac{\partial(3x^2z-y)}{\partial x} \\ \frac{\partial(y^3+xz)}{\partial x} - \frac{\partial(3xz^2+y^3)}{\partial y} \end{pmatrix} = \begin{pmatrix} -x - 1 \\ -4xz \\ z - 3y^2 \end{pmatrix}.$$

f) Man benutzt die Kugelkoordinaten $x = \rho \cos\theta \cos\varphi$, $y = \rho \cos\theta \sin\varphi$, $z = \rho \sin\theta$ und die Relationen $x^2 + y^2 + z^2 = \rho^2$, $do(x,y,z) = \rho^2 \cos\theta\, do(\rho,\varphi,\theta)$. Hiermit folgt: $\int_{G_a} \operatorname{div} do(x,y,z) = 3\int_{G_a}(x^2 + y^2 + z^2)do(x,y,z) = 3\int_0^1 (\int_0^{2\pi}(\int_0^{\frac{\pi}{2}} \rho^4 \cos\theta d\theta)d\varphi)d\rho = 3(\int_0^1 \rho^4 d\rho)(\int_0^{2\pi} d\varphi)(\int_\alpha^{\frac{\pi}{2}} \cos\theta\, d\theta) = 3 \cdot \frac{1}{5} \cdot 2\pi(1 - a) = \frac{6\pi}{5}(1 - a)$.

g) $do(\mathbf{x})$ haben wir schon in d) berechnet. Weiter gilt

$$\operatorname{rot} \mathbf{f}(\mathbf{x}) = \begin{pmatrix} -\cos\theta \cos\varphi - 1 \\ -4\cos\theta \sin\theta \cos\varphi \\ \sin\theta - 3\cos^2\theta \sin^2\varphi \end{pmatrix},$$

und damit folgt

$$\int_{F_a} (\operatorname{rot} \mathbf{f}) \cdot do = \int_\alpha^{\frac{\pi}{2}} \left(\int_0^{2\pi} \left(-\cos^3\theta \cos^2\varphi - \cos^2\theta \cos\varphi \right.\right.$$

$$-4\cos^3\theta \sin\theta \cos\varphi \sin\varphi + \cos\theta \sin^2\theta$$

$$\left.\left. -3\cos^3\theta \sin\theta \sin^2\varphi \right) d\varphi \right) d\theta$$

$$= -\left(\int_\alpha^{\frac{\pi}{2}} \cos^3\theta\, d\theta \right) \left(\int_0^{2\pi} \cos^2\varphi\, d\varphi \right) + 2\pi \int_\alpha^{\frac{\pi}{2}} \cos\theta \sin^2\theta\, d\theta$$

$$-3\left(\int_\alpha^{\frac{\pi}{2}} \cos^3\theta \sin\theta\, d\theta \right) \left(\int_0^{2\pi} \sin^2\varphi\, d\varphi \right)$$

$$= -\frac{2\pi}{3} + \pi \sin\alpha - \frac{\pi}{3} \sin^3\alpha + \frac{2\pi}{3} - \frac{2\pi}{3} \sin^3\alpha - \frac{3\pi}{4} \cos^4\alpha$$

$$= \pi a - \pi a^3 - \frac{3\pi}{4}(1 - a^2)^2 = \pi(1 - a^2)\left(\frac{3}{4}a^2 + a - \frac{3}{4} \right).$$

Der Rand ∂F_a hat eine Parameterdarstellung $\varphi \mapsto \begin{pmatrix} \cos\alpha\cos\varphi \\ \cos\alpha\sin\varphi \\ \sin\alpha \end{pmatrix}$, wobei φ

zwischen 0 und 2π variiert.

Wegen $\mathbf{f}(\cos\alpha\cos\varphi, \cos\alpha\sin\varphi, \sin\alpha) = \begin{pmatrix} 3\cos\alpha\sin^2\alpha\cos\varphi + \cos^3\alpha\sin^3\varphi \\ \cos^3\alpha\sin^3\varphi + \cos\alpha\sin\alpha\cos\varphi \\ 3\cos^2\alpha\sin\alpha\cos^2\varphi - \cos\alpha\sin\varphi \end{pmatrix}$

und $d\mathbf{x} = \begin{pmatrix} -\cos\alpha\sin\varphi \\ \cos\alpha\cos\varphi \\ 0 \end{pmatrix} d\varphi$ erhält man

$$\int_{\partial F_a} \mathbf{f} \cdot d\mathbf{x} = \int_0^{2\pi} \Big[-3\cos^2\alpha\sin^2\alpha\cos\varphi\sin\varphi - \cos^4\alpha\sin^4\varphi$$

$$= + \cos^4\alpha\cos\varphi\sin^3\varphi + \cos^2\alpha\sin\alpha\cos^2\varphi \Big] d\varphi$$

$$= - \cos^4\alpha \int_0^{2\pi} \sin^4\varphi \, d\varphi + \cos^2\alpha\sin\alpha \int_0^{2\pi} \cos^2\varphi \, d\varphi$$

$$= - \frac{3\pi}{4}\cos^4\alpha + \pi\cos^2\alpha\sin\alpha = \pi(1 - a^2)\left(\frac{3}{4}a^2 + a - \frac{3}{4}\right) ,$$

was zu erwarten war.

Aufgabe 49

Betrachten Sie den Abschnitt F der Kugelfläche $x^2 + y^2 + (z+1)^2 = 4$, der oberhalb der x-y-Ebene liegt.

a) Berechnen Sie mit Hilfe des Oberflächenintegrals den Flächeninhalt von F. Bestätigen Sie das erzielte Ergebnis, indem Sie F als Rotationsfläche auffassen und das entsprechende Integral auswerten. Dabei wird ein Kreisbogen um die z-Achse gedreht.

b) Betrachten Sie das Vektorfeld $\mathbf{f} : \mathbb{R}^3 \rightarrow \mathbb{R}^3$, $\mathbf{f}(x,y,z) = (2y + z, 2z + x, 2x + y)^T$. Berechnen Sie $\int_F (\mathrm{rot}\, \mathbf{f}) \cdot d\mathbf{o}$.

c) Bestätigen Sie das obige Ergebnis für $\int_F (\mathrm{rot}\, \mathbf{f}) \cdot d\mathbf{o}$ mit Hilfe des Satzes von Stokes.

Lösung:

Eine mögliche Parametrisierung von F ist

$$D := \left[0, \frac{\pi}{3}\right] \times [0, 2\pi] \ni (u, v) \mapsto \mathbf{x}(u, v) = \begin{pmatrix} 2\sin u \cos v \\ 2\sin u \sin v \\ 2\cos u - 1 \end{pmatrix}.$$

Es gilt

$$(\mathbf{x}_u \times \mathbf{x}_v)(u, v) = \begin{pmatrix} 2\cos u \cos v \\ 2\cos u \sin v \\ -2\sin u \end{pmatrix} \times \begin{pmatrix} -2\sin u \sin v \\ 2\sin u \cos v \\ 0 \end{pmatrix} = 4 \begin{pmatrix} \sin^2 u \cos v \\ \sin^2 u \sin v \\ \sin u \cos u \end{pmatrix}$$

und $\|(\mathbf{x}_u \times \mathbf{x}_v)(u, v)\| = 4|\sin u|$. Der Flächeninhalt ist also

$$I(F) = \int_D 4\sin u \, d\sigma(u, v) = 4 \int_0^{2\pi} \left(\int_0^{\frac{\pi}{3}} \sin u \, du \right) dv = 4 \cdot 2\pi(-\cos u) \Big|_0^{\frac{\pi}{3}} = 4\pi \, .$$

Betrachtet man den Kreisbogen $[0, 1] \ni z \mapsto y(z) = \sqrt{4 - (z+1)^2} \in [0, \sqrt{3}]$,

so erhält man (wegen $(\sqrt{4 - (z+1)^2})' = \frac{-z-1}{\sqrt{4-(z+1)^2}}$) mit der Regel von

Guldin $2\pi \int_0^1 \sqrt{4 - (z+1)^2} \cdot \sqrt{1 + \frac{(z+1)^2}{4-(z+1)^2}} \, dz = 2\pi \int_0^1 2 \, dz = 4\pi$.

b) Es gilt: $(\operatorname{rot} \mathbf{f})(x, y, z) = (1 - 2, 1 - 2, 1 - 2)^T = (-1, -1, -1)^T$.

$$\int_F (\operatorname{rot} \mathbf{f}) \cdot d\mathbf{o} = \int_D \begin{pmatrix} -1 \\ -1 \\ -1 \end{pmatrix} \cdot 4 \begin{pmatrix} \sin^2 u \cos v \\ \sin^2 u \sin v \\ \sin u \cos u \end{pmatrix} d\sigma(u, v)$$

$$= \int_0^{\frac{\pi}{3}} \left(\int_0^{2\pi} (-4\sin^2 u \cos v - 4\sin^2 u \sin v - 4\sin u \cos u) dv \right) du$$

$$= -8\pi \int_0^{\frac{\pi}{3}} \sin u \cos u \, du = -4\pi \cdot \left(\sin^2 u \Big|_0^{\frac{\pi}{3}} \right) = -4\pi \cdot \frac{3}{4} = -3\pi \, .$$

c) ∂F ist der Schnittkreis von F mit der Ebene $z = 0$. Wir müssen also in der Parametrisierung von F $\quad u = \frac{\pi}{3}$ setzen und erhalten die dadurch induzierte Parametrisierung $\mathbf{x}$ für ∂F : $\mathbf{x} : [0, 2\pi] \to \partial F, \mathbf{x}(v) = (\sqrt{3}\cos v, \sqrt{3}\sin v, 0)^T$. Es gilt $\frac{d}{dv}\mathbf{x}(v) = (-\sqrt{3}\sin v, \sqrt{3}\cos v, 0)^T$ und $\mathbf{f}(\mathbf{x})(v)) = (2\sqrt{3}\sin v, \sqrt{3}\cos v, 2\sqrt{3}\cos v + \sqrt{3}\sin v)^T$. Damit ergibt sich als Bestätigung von b)

$$\int_{\partial F} \mathbf{f} \cdot d\mathbf{x} = \int_0^{2\pi} (-6\sin^2 v + 3\cos^2 v) dv = \int_0^{2\pi} \left(-\frac{3}{2} + \frac{9}{2}\cos 2v \right) dv = -3\pi \, .$$

Aufgabe 50

Sei F die Oberfläche des Rotationsparaboloides $x^2 + y^2 = 3z$, die unterhalb der Ebene $z = 3$ liegt, also $F := \{(x, y, z)^T \in \mathbb{R}^3 \mid x^2 + y^2 = 3z, z < 3\}$. Das stetig differenzierbare Vektorfeld $\mathbf{f} : \mathbb{R}^3 \to \mathbb{R}^3$ sei durch $\mathbf{f}(x, y, z) = (2y + z, xz, yz)^T$ definiert.

a) Berechnen Sie $\int_{\partial F} \mathbf{f} \cdot d\mathbf{x}$.

b) Bestätigen Sie das erzielte Ergebnis mit Hilfe des Satzes von Stokes.

Hinweis: Betrachten Sie die Parametrisierung $\mathbf{x} :]0, 2\pi[\times]0, 3[\to F$, $\mathbf{x}(t, r) = (r \cos t, r \sin t, \frac{1}{3}r^2)^T$. Der Vektor $\mathbf{x}_t \times \mathbf{x}_r$ hat eine negative dritte Komponente und weist aus dem Gebiet $\{(x, y, z)^T \in \mathbb{R}^3 \mid x^2 + y^2 < 3z < 9\}$ heraus, wie es im Satz von Stokes verlangt wird. Die auf ∂F induzierte Orientierung ist deshalb im Uhrzeigersinn, d.h. auf ∂F soll die Parametrisierung $]0, 2\pi[\to \partial F$, $t \mapsto (3 \cos t, -3 \sin t, 3)^T$ betrachtet werden.

Lösung:

a) Mit der Parametrisierung $\mathbf{y} :]0, 2\pi[\to \partial F, t \mapsto (3 \cos t, -3 \sin t, 3)^T$ erhält das Vektorfeld die Gestalt $(-6 \sin t + 3, 9 \cos t, -9 \sin t)^T$ und damit gilt

$$\int_{\partial F} \mathbf{f} \cdot d\mathbf{y} = \int_0^{2\pi} \mathbf{f}(\mathbf{y}(t)) \cdot \mathbf{y}'(t) dt = \int_0^{2\pi} \begin{pmatrix} -6 \sin t + 3 \\ 9 \cos t \\ -9 \sin t \end{pmatrix} \cdot \begin{pmatrix} -3 \sin t \\ -3 \cos t \\ 0 \end{pmatrix} dt$$

$$= \int_0^{2\pi} (18 \sin^2 t - 9 \sin t - 27 \cos^2 t) dt$$

$$= \int_0^{2\pi} \left(-\frac{9}{2} - \frac{45}{2} \cos 2t - 9 \sin t \right) dt = -9\pi .$$

b) Man hat $\mathbf{x}_t(t, r) = \begin{pmatrix} -r \sin t \\ r \cos t \\ 0 \end{pmatrix}$, $\mathbf{x}_r(t, r) = \begin{pmatrix} \cos t \\ \sin t \\ \frac{2}{3}r \end{pmatrix}$, $\mathbf{x}_t \times \mathbf{x}_r(t, r) =$

$\begin{pmatrix} \frac{2}{3}r^2 \cos t \\ \frac{2}{3}r^2 \sin t \\ -r \end{pmatrix}$, $\operatorname{rot} \mathbf{f}(x, y, z) = \begin{pmatrix} z - x \\ 1 \\ z - 2 \end{pmatrix}$, $\operatorname{rot} \mathbf{f}(\mathbf{x}(t, r)) = \begin{pmatrix} \frac{1}{3}r^2 - r \cos t \\ 1 \\ \frac{1}{3}r^2 - 2 \end{pmatrix}$,

$$\int_F (\operatorname{rot} \mathbf{f}) \cdot d\mathbf{o} = \int_0^3 \left(\int_0^{2\pi} \begin{pmatrix} \frac{1}{3}r^2 - r \cos t \\ 1 \\ \frac{1}{3}r^2 - 2 \end{pmatrix} \cdot \begin{pmatrix} \frac{2}{3}r^2 \cos t \\ \frac{2}{3}r^2 \sin t \\ -r \end{pmatrix} dt \right) dr$$

$$= \int\limits_{0}^{3} \left(\int\limits_{0}^{2\pi} \left(\frac{2}{9}r^4 \cos t - \frac{2}{3}r^3 \cos^2 t + \frac{2}{3}r^2 \sin t - \frac{1}{3}r^3 + 2r \right) dt \right) dr$$

$$= 2\pi \int\limits_{0}^{3} \left(-\frac{1}{3}r^3 - \frac{1}{3}r^3 + 2r \right) dr = 2\pi \left(-\frac{2}{3} \cdot \frac{1}{4}r^4 + r^2 \right) \Big|_{0}^{3} = -9\pi \ .$$

Wir haben dabei berücksichtigt, dass $\cos^2 t = \frac{1+\cos 2t}{2}$ gilt und dass $\int_0^{2\pi} \cos t \, dt$, $\int_0^{2\pi} \cos 2t \, dt$ und $\int_0^{2\pi} \sin t \, dt$ gleich Null sind. Die zwei Ergebnisse stimmen also überein. Entscheidend dabei war, auf ∂F die richtige, d.h. die induzierte Orientierung zu wählen. Anschaulich hat man sich auf ∂F so zu bewegen, dass F links von einem liegt (vorausgesetzt, die Richtung der Flächennormalen stimmt beim Durchlaufen von ∂F überein mit der Richtung Füße – Kopf).

Aufgabe 51

a) Bestimmen Sie die Möbius-Transformation f, welche -1 festlässt und 1 und i auf ∞ und 0 abbildet.

b) Geben Sie für die folgenden Mengen das Bild unter f an:
    i)   Der Einheitskreis,
    ii)   das Innere des Einheitskreises,
    iii) das Äußere des Einheitskreises,
    iv)   die Gerade durch -1 und i,
    v)   die Strecke $]-1, 1[$,
    vi)   die Halbgerade $]1, +\infty[$,
    vii) die Halbgerade $]-\infty, -1[$,
    viii) die imaginäre Achse.

c) Sei g die Möbius-Transformation $z \mapsto \frac{z-i}{z-1}$. Bestimmen Sie die Bilder derselben Mengen unter g .

Lösung:

a) Sei $f(z) = \frac{az+b}{cz+d}$ die gesuchte Möbius-Transformation. Aus $f(1) = \infty$ folgt $c + d = 0$, d.h. $d = -c$. O.E. $c = 1$ und damit $d = -1$. Aus $f(i) = 0$ folgt $ai + b = 0$, d.h. $b = -ai$, und deshalb $f(z) = \frac{a(z-i)}{z-1}$. Wegen $f(-1) = -1$ folgt $-1 = \frac{a(-1-i)}{-1-1}$, $2 = a(-1-i)$, $a = -1 + i$ und damit $f(z) = \frac{(i-1)(z-i)}{z-1}$.

b) Es gilt: $f(1) = \infty$, $f(i) = 0$, $f(-1) = -1$, $f(0) = -1 - i$, $f(\infty) = -1 + i$, $f(2) = -1 + 3i$, $f(-2) = -1 + \frac{i}{3}$, $f(-i) = -2$. f ist eine bijektive Abbildung von $\hat{\mathbb{C}}$ auf $\hat{\mathbb{C}}$. Außerdem bildet f die Menge der Kreise und Geraden auf die Menge der Kreise und Geraden ab. Daraus folgt:

i) Das Bild des Einheitskreises ist die reelle Achse vereinigt mit dem unendlich fernen Punkt ∞.

ii) Wegen a) ist das Bild des Inneren des Einheitskreises entweder die obere oder die untere Halbebene. $f(0) = -1 - i$ zeigt, dass das Bild des Inneren des Einheitskreises die untere Halbebene ist.

iii) Wegen i),ii) und da f bijektiv ist, ist das Bild des Äußeren des Einheitskreises die obere Halbebene.

iv) Wegen $f(-1) = -1$, $f(i) = 0$ und $f(\infty) = -1+i$ ist das Bild der Geraden

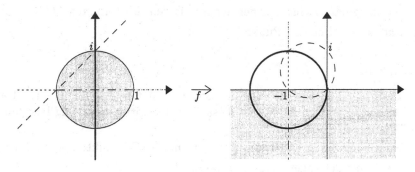

Abbildung 3.23. Die Möbiustransformation $f(z) = \frac{(i-1)(z-i)}{z-1}$

durch -1 und i der Kreis durch $-1, 0$ und $-1+i$, d.h. der Kreis mit $-\frac{1}{2} + \frac{i}{2}$ als Mittelpunkt und dem Radius $\frac{\sqrt{2}}{2}$ ohne den Punkt $-1+i$.

v) Da $f(-1) = -1$, $f(0) = -1 - i$ und $f(1) = \infty$ gilt, ist $f(]-1,1[)$ die Halbgerade $\{-1 + ti \mid t < 0\}$.

vi) Mit $f(1) = \infty$, $f(2) = -1 + 3i$ und $f(\infty) = -1 + i$ erhält man als Bild von $]1, +\infty[$ die Halbgerade $\{-1 + ti \mid t > 1\}$.

vii) $f(]-\infty, -1[) = \{-1 + ti \mid 0 < t < 1\}$.

viii) Da $f(0) = -1 - i$, $f(i) = 0$, $f(-i) = -2$ und $f(\infty) = -1 + i$ gilt, ist das Bild der imaginären Achse der Kreis mit dem Mittelpunkt -1 und dem Radius 1 ohne den Punkt $-1+i$.

c) Aus der Gestalt von f und der Definition von g folgt $f(z) = (i-1)g(z) = \sqrt{2}\,e^{\frac{3\pi}{4}i}g(z)$, und damit $g(z) = \frac{1}{\sqrt{2}}e^{\frac{\pi}{4}i}f(z)$. Die Funktion g ist also die Hintereinanderausführung von f, einer Drehung um den Nullpunkt um $\frac{5\pi}{4}$ und schließlich einer Streckung um den Faktor $\frac{1}{\sqrt{2}}$ (was natürlich wegen $\frac{1}{\sqrt{2}} < 1$ auf eine Verkürzung hinausläuft). So wird z.B. -1 durch g auf $\frac{1}{\sqrt{2}}e^{\frac{\pi}{4}i} = \frac{1}{2}(1 + i)$ abgebildet. Deshalb werden die Mengen aus b) durch g in folgender Weise abgebildet:

i) Der Einheitskreis auf die erste Winkelhalbierende vereinigt mit ∞.

ii), iii) Das Innere (Äußere) des Einheitskreises auf die Halbebene, die oberhalb (unterhalb) der ersten Winkelhalbierenden liegt.

iv) Die Gerade durch -1 und i auf den Kreis mit dem Mittelpunkt $\frac{1}{2}$ und dem Radius $\frac{1}{2}$ ohne den Punkt 1.

v) Die Strecke $]-1,1[$ auf die Halbgerade $\{\frac{1}{2}(1+i) + u(-1+i) \mid u > 0\}$.

vi) Die Halbgerade $]1,+\infty[$ auf die Halbgerade $\{1 + u(-1+i) \mid u < 0\}$.

vii) Die Halbgerade $]-\infty,-1[$ auf die Strecke zwischen $\frac{1}{2}(1+i)$ und 1 ohne Endpunkte.

viii) Die imaginäre Achse auf den Kreis mit dem Mittelpunkt $\frac{1}{2}(1+i)$ und dem Radius $\frac{1}{\sqrt{2}}$ ohne den Punkt 1.

Aufgabe 52

a)   Bestimmen Sie eine Möbius-Transformation f, welche 1 auf -1, -1 auf $-i$ und $-i$ auf i abbildet. Ist diese Transformation eindeutig bestimmt?

b)   Wie lautet f^{-1}?

c)   Berechnen Sie $f(0)$, $f(\infty)$, $f^{-1}(\infty)$ und die Fixpunkte von f, d.h. die $z \in \tilde{\mathbb{C}}$ mit der Eigenschaft $f(z) = z$.

d)   Bestimmen Sie das Bild

    i)   der Geraden aus $\tilde{\mathbb{C}}$, die durch 1 und $-i$ geht,

    ii)   der reellen Achse (mit ∞ vereinigt),

    iii)   der imaginären Achse (mit ∞ vereinigt),

    iv)   des Kreises durch $-1-2i, 0$ und 1 unter der Transformation f.

Lösung:

a) Sei $f(z) = \frac{az+b}{cz+d}$ mit $ad - bc \neq 0$ und $f(1) = -1$, $f(-1) = -i$ sowie $f(-i) = i$. Daraus folgt $a+b+c+d = 0$, $a-b+ic-id = 0$, $ia-b+c+id = 0$. Durch Eliminieren von b folgt aus diesen Gleichungen $a + (1-i)c + d = 0$, $a + \frac{1+i}{2}c + \frac{1-i}{2}d = 0$. Durch Subtraktion erhält man daraus $d = (1+2i)c$. Wählt man für c den Wert 1, so folgt $d = 1 + 2i$ und damit $a = -2 - i$ sowie $b = -i$. Also ist $f(z) = \frac{(-2-i)z-i}{z+1+2i}$ eine Möbius-Transformation, die die gewünschten Eigenschaften hat, wie man leicht überprüft. Wir hatten $c = 1$ gewählt. Die Wahl $c = 0$ an derselben Stelle führt zu $d = 0$, man erhält also keine Möbius-Transformation. Für $c \neq 0$ erhält man für a, b, d die Werte $c(-2-i), ci, c(1+2i)$ und damit, wenn man c kürzt, dieselbe Möbius-Transformation f. Somit ist f eindeutig bestimmt.

b) Aus $w = \frac{(-2-i)z-i}{z+1+2i}$ folgt $wz+w+2iw = (-2-i)z-i$, dann $z(w+2+i) = (-1-2i)w - i$ und damit $z = \frac{-(1+2i)w-i}{w+2+i}$. Die inverse Transformation f^{-1} ist also durch $f^{-1}(w) = \frac{-(1+2i)w-i}{w+2+i}$ definiert.

c) $f(0) = \frac{-i}{1+2i} = \frac{-i(1-2i)}{1+4} = -(\frac{2}{5} + \frac{1}{5}i)$, $f(\infty) = \lim_{z \to \infty} f(z) = -2 - i$,

$f^{-1}(\infty) = \lim_{w \to \infty} f^{-1}(w) = -1 - 2i$. Aus $f(z) = z$ folgt $(-2 - i)z - i =$

$z^2 + z + 2iz$ und damit die Gleichung $z^2 + 3(1+i)z + i = 0$ mit den Nullstellen

$$z = \frac{-3(1+i) \pm \sqrt{9(1+i)^2 - 4i}}{2} = \frac{-3(1+i) \pm \sqrt{14i}}{2} \ .$$

Da die Quadratwurzeln von $i = \cos \frac{\pi}{2} + i \sin \frac{\pi}{2}$ die Zahlen $\frac{1}{\sqrt{2}}(1+i)$ und

$-\frac{1}{\sqrt{2}}(1+i)$ sind, sind $\frac{-3+\sqrt{7}}{2}(1+i)$ und $\frac{-3-\sqrt{7}}{2}(1+i)$ die Fixpunkte von f .

d)i) Das Bild der durch 1 und $-i$ gehenden Geraden aus $\tilde{\mathbb{C}}$ enthält die Punkte
$f(1) = -1$, $f(-i) = i$ und $f(\infty) = -2 - i$ und ist entweder eine Gerade oder
ein Kreis in $\tilde{\mathbb{C}}$. Da -1, i und $-2 - i$ kollinear sind (nämlich auf der reell
geschriebenen Geraden $y = x + 1$ liegen), ist das Bild die Gerade aus $\tilde{\mathbb{C}}$, die
durch -1 und i geht.

ii) Das Bild der reellen Achse (vereinigt mit ∞) enthält die Punkte $f(-1) =$
$-i$, $f(1) = -1$ und $f(\infty) = -1 - 2i$. Diese drei Punkte liegen nicht auf
einer Geraden. Deshalb ist das Bild der reellen Achse unter f ein Kreis.
Geometrisch ist sofort einzusehen, dass $-1 - i$ den Abstand 1 zu $-i$, -1
und $-1 - 2i$ hat. Somit ist das Bild der Kreis mit Mittelpunkt $-1 - i$ und
Radius 1, also die Menge $\{z \in \mathbb{C} \mid |z - (-1 - i)| = 1\}$. (Hätte man nur die
reelle Achse abgebildet, so hätte man aus diesem Kreis den Punkt $-1 - 2i$
entfernen müssen!)

iii) Die Bilder von $-i, 0$ und ∞ unter f sind i , $\frac{-2-i}{5}$ bzw. $-2 - i$. Sie
liegen nicht auf einer Geraden. Das gesuchte Bild ist deshalb ein Kreis mit
Mittelpunkt $\alpha + i\beta$. Es gilt: $\alpha^2 + (\beta - 1)^2 = (\alpha + 2)^2 + (\beta + 1)^2 = (\alpha + \frac{2}{5})^2 +$
$(\beta + \frac{1}{5})^2$. Äquivalent dazu ist das lineare Gleichungssystem $2\alpha + \beta + 3 =$
0 , $\alpha + 3\beta - 1 = 0$. Seine Lösung ist $\alpha = -2$, $\beta = 1$. Deshalb ist das gesuchte
Bild der Kreis mit Mittelpunkt $-2 + i$ und Radius 2 .

iv) Das Bild des Kreises durch $-1 - 2i$, 0 und 1 unter f enthält $f(-1 - 2i) =$
∞, $f(0) = \frac{-2-i}{5}$ und $f(1) = -1$, es ist also die Gerade durch $\frac{-2-i}{5}$ und -1,
vereinigt mit ∞ .

Aufgabe 53

Ist g eine Gerade in $\mathbb{C}$, so bezeichnet $\tilde{g}$ die erweiterte Gerade $g \cup \{\infty\}$ in der
erweiterten komplexen Ebene $\tilde{\mathbb{C}} := \mathbb{C} \cup \{\infty\}$.

a) Bestimmen Sie die Möbius-Transformation $f : \tilde{\mathbb{C}} \to \tilde{\mathbb{C}}$, welche $-1, 0$ und
1 auf $0, i$, bzw. 1 abbildet. Berechnen Sie f^{-1} .

b) Geben Sie die f-Bilder an für
i) die erweiterte reelle und die erweiterte imaginäre Achse,

ii)   die Strecken $[-1, 0]$ und $[0, 1]$ sowie die erweiterte Halbgeraden
      $h_- :=] - \infty, -1] \cup \{\infty\}$ und $h_+ := [1, \infty[\cup\{\infty\}$,

iii) die Strecken $[-i, 0]$ und $[0, 1]$ sowie die erweiterten Halbgeraden
      $l_- := \{-it \mid t \geq 1\} \cup \{\infty\}$ und $l_+ := \{it \mid t \geq 1\} \cup \{\infty\}$.

c)   Wann wird eine erweiterte Gerade in $\tilde{\mathbb{C}}$ unter f auf eine erweiterte Ge-
     rade in $\tilde{\mathbb{C}}$ abgebildet?

d)   Bestimmen Sie die f-Bilder der offenen vier Quadranten

$$Q_1 := \{x + iy \in \mathbb{C} \mid x > 0, y > 0\}, \ Q_2 := \{x + iy \in \mathbb{C} \mid x < 0, y > 0\},$$
$$Q_3 := \{x + iy \in \mathbb{C} \mid x < 0, y < 0\}, \ Q_4 := \{x + iy \in \mathbb{C} \mid x > 0, y < 0\}.$$

Lösung:

a) Ist $f(z) = \frac{az+b}{cz+d}$ mit $ad - bc \neq 0$, so folgt aus $f(-1) = 0$, $f(0) = i$, $f(1) = 1$
zuerst $a = b$, $b = id$ und $a + b = c + d$ und damit $f(z) = \frac{z+1}{(2+i)z-i}$, falls
$z \in \mathbb{C}\backslash\{\frac{1+2i}{5}\}$ ist. Außerdem hat man $f(\frac{1+2i}{5}) = \infty$ und $f(\infty) = \frac{2-i}{5}$. Aus
$w = \frac{z+1}{(2+i)z-i}$ erhält man $(2+i)zw - iw = z+1$, daraus $z[(2+i)w - 1] = iw + 1$,
und deshalb gilt $f^{-1}(w) = \frac{iw+1}{(2+i)w-1}$ für alle $w \in \mathbb{C}\backslash\{\frac{2-i}{5}\}$. Schließlich ergibt
sich $f^{-1}(\infty) = \frac{1+2i}{5}$ und $f^{-1}(\frac{2-i}{5}) = \infty$.

b) i) Die Punkte $f(-1) = 0$, $f(0) = i$ und $f(1) = 1$ sind nicht kollinear; sie
bilden ein gleichschenkliges, rechtwinkliges Dreieck. Deshalb ist das f-Bild
der erweiterten x-Achse der Kreis mit dem Mittelpunkt $\frac{1+i}{2}$ und dem Radius
$\frac{\sqrt{2}}{2}$, also $\partial\Delta_{\frac{\sqrt{2}}{2}}(\frac{1+i}{\sqrt{2}})$. Wegen $f(i) = -i$, $f(0) = i$, $f(-i) = \frac{2+i}{5}$ ist auch das
f-Bild der erweiterten imaginären Achse ein Kreis. Sein Mittelpunkt ist -1,
und sein Radius ist $\sqrt{2}$. Deshalb gilt $f(i\mathbb{R} \cup \{\infty\}) = \partial\Delta_{\sqrt{2}}(-1)$.

ii) Wir bestimmen zuerst die f-Bilder der angegebenen Halbgeraden und
Strecken, die auf der reellen Achse liegen. Wenn z von $-\infty$ bis $+\infty$ auf der
reellen Achse über $-1, 0, 1$ läuft, läuft $f(z)$ von $f(\infty) = \frac{2-i}{5}$ auf $\partial\Delta_{\frac{\sqrt{2}}{2}}(\frac{1+i}{2})$
über $0, i, 1$ und wieder nach $\frac{2-i}{5}$, und zwar im Uhrzeigersinn. $h_-, [-1, 0], [0, 1]$
und h_+ werden durch f jeweils auf den Bogen von $\partial\Delta_{\frac{\sqrt{2}}{2}}(\frac{1+i}{2})$ zwischen $\frac{2-i}{5}$
und 0, 0 und i, i und 1, bzw. 1 und $\frac{2-i}{5}$ abgebildet. Als Bestätigung dienen
die Werte $f(-\frac{1}{2}) = \frac{-2+3i}{13}$ und $f(\frac{1}{2}) = \frac{3}{5}(2+i)$.
Wenn z auf der imaginären Achse von ganz unten nach ganz oben über
$-i, 0$ und i geht, geht $f(z)$ von $f(-\infty) = \frac{2-i}{5}$ über $\frac{2+i}{5}$, i , $-i$ wieder
nach $f(\infty) = \frac{2-i}{5}$, und zwar gegen den Uhrzeigersinn. Entsprechend werden
hintereinander $l_-, [-i, 0], [0, i]$ und l_+ mittels f abgebildet auf Bögen von
$\partial\Delta_{\sqrt{2}}(-1)$, und zwar von $\frac{2-i}{5}$ nach $\frac{2+i}{5}$, von $\frac{2+i}{5}$ nach i, von i nach $-i$, bzw.
von $-i$ nach $\frac{2-i}{5}$, wobei von i nach $-i$ der Bogen durch $-1 - \sqrt{2}$ zu nehmen
ist und die anderen Bilder die jeweils kürzeren Bögen sind. Beachten Sie dazu

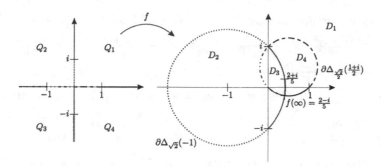

Abbildung 3.24. Die Möbiustransformation $f(z) = \frac{z+1}{(2+i)z-i}$

Abbildung 3.24.

c) Genau dann wird eine erweiterte Gerade in $\tilde{\mathbb{C}}$ durch f auf eine erweiterte Gerade abgebildet, wenn sie durch $f^{-1}(\infty) = \frac{1+2i}{5}$ geht.

d) f bildet $\tilde{\mathbb{C}}$ bijektiv auf $\tilde{\mathbb{C}}$ ab und insbesondere das erweiterte Achsenkreuz auf $V := \partial\Delta_{\frac{\sqrt{2}}{2}}(\frac{1+i}{2}) \cup \partial\Delta_{\sqrt{2}}(-1)$. f bildet die vier offenen Quadranten Q_j auf die offenen Teilmengen $D_1 := \Delta_{\frac{\sqrt{2}}{2}}(\frac{1+i}{2}) \cap \Delta_{\sqrt{2}}(-1)$, $D_2 := \Delta_{\sqrt{2}}(-1)\backslash\overline{D}_1$, $D_3 := \tilde{\mathbb{C}}\backslash(\overline{\Delta}_{\frac{\sqrt{2}}{2}}(\frac{1+i}{2}) \cup \overline{\Delta}_{\sqrt{2}}(-1))$ und $D_4 := \Delta_{\frac{\sqrt{2}}{2}}(\frac{1+i}{2})$ ab. $\bar{A}$ bezeichnet den Abschluß der Menge A, d.h. $\bar{A} = A \cup \partial A$. Begründung dazu: Würden z' und z'' aus demselben Quadranten Q_j in zwei verschiedene Mengen D_i und D_k abgebildet, so würde das f-Bild der Strecke $[z', z'']$ zwischen z' und z'' (die in Q_j liegt) die Menge V schneiden, was wegen der Bijektivität (genauer wegen der Injektivität) von f nicht möglich ist.

Betrachtet man $2 \in D_1$, $-\frac{i}{2} \in D_2$, $\frac{i}{2} \in D_3$ und $\frac{2}{3} \in D_4$, so folgt aus der obigen Überlegung und aus $f^{-1}(2) = \frac{7+4i}{13} \in Q_1$, $f^{-1}(-\frac{i}{2}) = \frac{-3+6i}{5} \in Q_2$, $f^{-1}(\frac{i}{2}) = \frac{-3-2i}{13} \in Q_3$ sowie $f^{-1}(\frac{2}{3}) = \frac{7-4i}{5} \in Q_4$, dass $f(D_j) \subset Q_j$ für alle $j \in \{1, 2, 3, 4\}$. Da hinzu f surjektiv ist, gilt sogar $f(D_j) = Q_j$ für alle j .

Aufgabe 54

Gibt es eine offene Teilmenge von $\mathbb{C}$, auf welcher die Funktion $u, u(x+iy) = \frac{y}{x^2+y^2}$ der Realteil einer komplex differenzierbaren Funktion ist? Falls ja: Geben Sie diejenige komplex differenzierbare Funktion f mit Realteil u an, welche 1 auf $2i$ abbildet. Stellen Sie f in der Form $f(x+iy) = f(z)$ dar.

Lösung:

u ist lokal genau dann der Realteil einer komplex differenzierbaren Funktion, wenn $\Delta u = 0$ gilt. Wir berechnen nun die benötigten partiellen Ableitungen erster und zweiter Ordnung von u. Man hat $\frac{\partial u}{\partial x} = -\frac{2xy}{(x^2+y^2)^2}$,

$\frac{\partial u}{\partial y} = \frac{x^2+y^2-2y^2}{(x^2+y^2)^2} = \frac{x^2-y^2}{(x^2+y^2)^2}$, $\frac{\partial^2 u}{\partial x^2} = -2y\frac{x^2+y^2-4x^2}{(x^2+y^2)^3} = 2y\frac{3x^2-y^2}{(x^2+y^2)^3}$,

$\frac{\partial^2 u}{\partial y^2} = \frac{-2y(x^2+y^2)-4y(x^2-y^2)}{(x^2+y^2)^3} = -2y\frac{x^2+y^2+2x^2-2y^2}{(x^2+y^2)^3} = -2y\frac{3x^2-y^2}{(x^2+y^2)^3}$, und da-

mit $\frac{\partial^2 u}{\partial x^2} + \frac{\partial^2 u}{\partial y^2} = 0$. Gesucht ist eine zweimal stetig differenzierbare Funk-

tion v mit $\frac{\partial u}{\partial x} = \frac{\partial v}{\partial y}$ und $\frac{\partial u}{\partial y} = -\frac{\partial v}{\partial x}$. Aus $\frac{\partial v}{\partial y} = \frac{\partial u}{\partial y} = -\frac{2xy}{(x^2+y^2)^2}$ folgt

$v(x,y) = \frac{x}{x^2+y^2} + g(x)$ mit stetig differenzierbaren g. Aus der zweiten

Cauchy-Riemannschen Differenzialgleichung folgt $\frac{\partial v}{\partial x} = \frac{x^2+y^2-2x^2}{(x^2+y^2)^2} + g'(x) =$

$-\frac{\partial u}{\partial y} = \frac{y^2-x^2}{(x^2+y^2)^2}$, und daraus $g'(x) = 0$, d.h. g ist eine reelle Konstan-

te. Eine komplex differenzierbare Funktion, deren Realteil u ist, hat al-

so die Gestalt $\frac{y}{x^2+y^2} + i(\frac{x}{x^2+y^2} + C)$. Für $x = 1$, $y = 0$ muss man den

Wert $2i$ erhalten; also: $0 + i(1 + C) = 2i$. Es folgt $C = 1$, und damit:

$f(z) = f(x + iy) = \frac{y+ix}{x^2+y^2} + i = i\frac{x-iy}{x^2+y^2} + i = i\frac{\bar{z}}{z\bar{z}} + i = \frac{i}{z} + i = i(\frac{1}{z} + 1)$.

Aufgabe 55

a)   Zeigen Sie, dass $u : \mathbb{R}^2 \to \mathbb{R}^2$, $u(x,y) = e^{-y}\sin x$ eine harmonische
      Funktion ist.

b)   Bestimmen Sie eine zu u harmonisch konjugierte Funktion v .

c)   Schreiben Sie die Funktion $z = x + iy \mapsto u(x,y) + iv(x,y)$ als Funktion
      von z .

Lösung:

a) u ist unendlich oft reell differenzierbar, weil dies für die Exponential- und
Sinusfunktion gilt. Wegen $u_x(x,y) = e^{-y}\cos x$, $u_{xx}(x,y) = -e^{-y}\sin x$,
$u_y(x,y) = -e^{-y}\sin x$ und $u_{yy}(x,y) = e^{-y}\sin x$ folgt $(u_{xx} + u_{yy})(x,y) =$
$-e^{-y}\sin x + e^{-y}\sin x = 0$, und damit ist bewiesen, dass u harmonisch ist.

b) Sei $v : \mathbb{R}^2 \to \mathbb{R}$ unendlich oft reell differenzierbar und harmonisch konjugiert zu u. Aus $v_y(x,y) = u_x(x,y) = e^{-y}\cos x$ ergibt sich $v(x,y) =$
$-e^{-y}\cos x + g(x)$ mit einer unendlich oft differenzierbaren Funktion g. Es
muss gelten $v_x(x,y) = e^{-y}\sin x + g'(x) = -u_y(x,y) = e^{-y}\sin x$, d.h. $g'(x) =$
0, g ist konstant. Wir wählen $g = 0$ und erhalten mit $v(x,y) = -e^{-y}\cos x$
eine zu u harmonisch konjugierte Funktion.

c) Die gesuchte Darstellung ist $z \mapsto -ie^{iz}$, weil für alle x und y aus $\mathbb{R}$
gilt: $u(x,y) + iv(x,y) = e^{-y}\sin x - ie^{-y}\cos x = e^{-y}(\sin x - i\cos x) =$
$-ie^{-y}(\cos x + i\sin x) = -ie^{-y}e^{ix} = -ie^{ix-y} = -ie^{i(x+iy)}$.

Aufgabe 56

Seien Γ_k für $k = 1,\ldots,5$ die folgenden Wege von -1 nach 1 :

→ Γ_1 ist die Strecke von -1 nach 1,

→ Γ_2 ist das (nach unten unvollständige) Rechteck von -1 über $-1+i$ und $1+i$ nach 1,

→ Γ_3 ist die obere Hälfte des Einheitskreises von -1 nach 1,

→ Γ_4 ist der Parabelbogen von -1 nach 1 auf $y = 1 - x^2$,

→ Γ_5 ist der Bogen von -1 nach 1 auf $y = 1 - x^4$.

Berechnen Sie $\displaystyle\int_{\Gamma_k} \bar{z}\,dz$ für $k = 1, \ldots, 5$.

Lösung:

Für jedes k ist Γ_k als Spur (Bild) einer stückweise glatten parametrisierten Kurve $\{\gamma_{k_j} : [a_{k_j}, b_{k_j}] \to \mathbb{C} \mid 1 \le j \le n(k)\}$ anzusetzen und dann $\int_{\gamma_k} \bar{z}\,dz$ als $\sum_{j=1}^{n(k)} \int_{a_{k_j}}^{b_{k_j}} \overline{\gamma_{k_j}(t)}\,\gamma'_{k_j}(t)dt$ zu berechnen. Für die Strecke Γ_1 nehmen wir die Parameterdarstellung $[-1,1] \to \mathbb{C}, t \mapsto t$; man erhält wegen $\bar{t} = t$: $\int_{\Gamma_1} \bar{z}\,dz = \int_{-1}^{1} t\,dt = \frac{1}{2}t^2 \big|_{-1}^{1} = 0$.

Die Kurve Γ_2 wird mittels $[0,1] \to \mathbb{C}, t \mapsto -1 + it$, $[-1,1] \to \mathbb{C}, t \mapsto t+i$ und $[0,1] \to \mathbb{C}, t \mapsto 1 + i(1-t)$ parametrisiert. Damit ergibt sich

$$\int_{\Gamma_2} \bar{z}\,dz = \int_0^1 \overline{(-1+it)}\,i\,dt + \int_{-1}^1 \overline{(t+i)}\,dt + \int_0^1 \overline{(1+i(1-t))}(-i)\,dt$$

$$= \int_0^1 (-i+t)\,dt + \int_{-1}^1 (t-i)\,dt + \int_0^1 (-i-1+t)\,dt$$

$$= -i + \frac{1}{2} - 2i - i - 1 + \frac{1}{2} = -4i.$$

Γ_3 wird durch $[0,\pi] \to \mathbb{C}, t \mapsto e^{i(\pi-t)} = -\cos t + i\sin t$ parametrisiert; man erhält:

$$\int_{\Gamma_3} \bar{z}\,dz = \int_0^\pi \overline{(-\cos t + i\sin t)}(\sin t + i\cos t)\,dt$$

$$= \int_0^\pi (-\cos t \sin t + \cos t \sin t - i\sin^2 t - i\cos^2 t)\,dt = -\pi i.$$

Γ_4 wird mit der Parameterdarstellung $[-1,1] \to \mathbb{C}, t \mapsto t+i(1-t^2)$ versehen; damit gilt:

$$\int_{\Gamma_4} \overline{z}dz = \int_{-1}^{1} \overline{(t + i(1 - t^2))}(1 - 2it)dt = \int_{-1}^{1} \left(t - i(1 - t^2) \right)(1 - 2it)dt$$

$$= \int_{-1}^{1} \left(t - 2t + 2t^3 - i(1 - t^2 + 2t^2) \right) dt$$

$$= -\frac{1}{2} + \frac{1}{2} + \frac{1}{2} - \frac{1}{2} - i(1 + 1 + \frac{1}{3} + \frac{1}{3}) = -\frac{8}{3}i .$$

Schließlich erhält man mit der Parameterdarstellung $[-1, 1] \to \mathbb{C}, \ t \mapsto t + i(1 - t^4)$ für den Bogen Γ_5 :

$$\int_{\Gamma_5} \overline{z}dz = \int_{-1}^{1} \overline{(t + i(1 - t^4))}(1 - 4it^3)dt = \int_{-1}^{1} \left((t - 4t^3 + 4t^7) - i(1 + 3t^4) \right) dt$$

$$= \frac{1}{2} - \frac{1}{2} - 1 + 1 + \frac{1}{2} - \frac{1}{2} - i \left(1 + 1 + \frac{3}{5} + \frac{3}{5} \right) = -\frac{16}{5}i .$$

Aufgabe 57

Seien $\gamma_1, \gamma_2 : [0, 1] \to \mathbb{C}$ mit $\gamma_1(t) = t + it^2$ und $\gamma_2(t) = t^2 + it$ parametrisierte Kurven. Integrieren Sie die Funktion $f, f(x + iy) = x^2 + 2iy$ längs γ_1 und γ_2. Kann man aus diesen Ergebnissen folgern, dass f keine Stammfunktion besitzt?

Lösung:

Es gilt für alle $t \in [0, 1]$: $\gamma_1'(t) = 1 + 2it$, $\gamma_2'(t) = 2t + i$, sowie $f(\gamma_1(t)) = t^2 + 2it^2$, $f(\gamma_2(t)) = t^4 + 2it$. Deshalb hat man

$$\int_{\gamma_1} f(z)dz = \int_{0}^{1} (t^2 + 2it^2)(1 + 2it)dt = \int_{0}^{1} [(t^2 - 4t^3) + i(2t^2 + 2t^3)]dt$$

$$= \left[\left(\frac{t^3}{3} - t^4 \right) + i \left(\frac{2}{3}t^3 + \frac{1}{2}t^4 \right) \right]_{0}^{1} = \left(\frac{1}{3} - 1 \right) + i \left(\frac{2}{3} + \frac{1}{2} \right) = -\frac{2}{3} + \frac{7}{6}i ,$$

$$\int_{\gamma_2} f(z)dz = \int_{0}^{1} (t^4 + 2it)(2t + i)dt = \int_{0}^{1} [(2t^5 - 2t) + i(t^4 + 4t^2)]dt$$

$$= \left[\left(\frac{t^6}{3} - t^2 \right) + i \left(\frac{t^5}{5} + \frac{4}{3}t^3 \right) \right]_0^1 = \left(\frac{1}{3} - 1 \right) + i \left(\frac{1}{5} + \frac{4}{3} \right) = -\frac{2}{3} + \frac{23}{15}i \, .$$

Die Kurven γ_1 und γ_2 haben dieselben Anfangs- und Endpunkte, nämlich 0 und $1+i$. Hätte f eine Stammfunktion F, so wären die Werte $\int_{\gamma_1} f(z)dz$ und $\int_{\gamma_2} f(z)dz$ gleich $F(1+i) - F(0)$. Die Integralwerte sind aber verschieden; deshalb kann es F nicht geben!

Aufgabe 58

Sei $f : \mathbb{C} \to \mathbb{C}$, $f(x+iy) = x^4 + y^4 - 6x^2y^2 + 4i(x^3y - xy^3)$.

a)   Zeigen Sie auf zwei verschiedene Arten, dass f komplex differenzierbar in $\mathbb{C}$ ist. Schreiben Sie f als Funktion von z .

b)   Sei γ eine stückweise glatt parametrisierte Kurve mit 0 und $1+i$ als Anfangs- und Endpunkt. Berechnen Sie $\int_{\gamma} f(z)dz$.

Lösung:

a) Mit $u(x,y) := x^4 + y^4 - 6x^2y^2$ und $v(x,y) := 4(x^3y - xy^3)$ hat man $f(x+iy) = u(x,y) + iv(x,y)$, $\frac{\partial u}{\partial x}(x,y) = 4x^3 - 12xy^2 = \frac{\partial v}{\partial y}(x,y)$ sowie $\frac{\partial u}{\partial y}(x,y) = 4y^3 - 12x^2y = -\frac{\partial v}{\partial x}(x,y)$. Die Funktionen u und v sind unendlich oft reell differenzierbar und erfüllen die Cauchy-Riemannschen Differenzialgleichungen. Deshalb ist f komplex differenzierbar auf $\mathbb{C}$. Anders: $f(z) = f(x+iy) = (x+iy)^4 = z^4$. Jedes Polynom in z, insbesondere z^4, ist komplex differenzierbar.

b) $\frac{1}{5}z^5$ ist eine Stammfunktion von f. Deshalb gilt für jede stückweise parametrisierte Kurve γ zwischen 0 und $1+i$

$$\int_{\gamma} f(z)dz = \frac{1}{5}z^5 \bigg|_0^{1+i} = \frac{1}{5}(1+i)^5 = \frac{1}{5}\left(\sqrt{2}\left(\cos\frac{\pi}{4} + i\sin\frac{\pi}{4} \right) \right)^5$$

$$= \frac{4}{5}\left(\sqrt{2}\left(\cos\frac{5\pi}{4} + i\sin\frac{5\pi}{4} \right) \right) = -\frac{4}{5}(1+i) \, .$$

Aufgabe 59

Berechnen Sie den Realteil des Integrals $\int_W \frac{e^{iz}}{z^2+2z-8}dz$, wobei W die Ellipse $\{x+iy \in \mathbb{C} \mid \frac{x^2}{9} + \frac{y^2}{4} - 1 = 0\}$ ist, die im Uhrzeigersinn durchlaufen wird.

Lösung:

$z^2 + 2z - 8 = (z-2)(z+4)$. Die Funktion f, $f(z) := \frac{e^{iz}}{z+4}$ ist komplex differenzierbar auf dem Kreis $\Delta_4(0)$. Der Weg W befindet sich in diesem Kreis und der Punkt 2 liegt im Inneren der Ellipse mit dem Nullpunkt als Mittelpunkt und den Halbachsen 3 und 2. Nach der Integralformel von Cauchy (unter Berücksichtigung des Umlaufsinns) gilt:

$$\int\limits_W \frac{e^{iz}}{z^2 + 2z - 8} dz = \int\limits_W \frac{\frac{e^{iz}}{z+4}}{z-2} dz = \int\limits_W \frac{f(z)}{z-2} dz = -2\pi i\, f(2)$$

$$= -2\pi i \frac{e^{2i}}{2+4} = -\frac{\pi i}{3}(\cos 2 + i \sin 2) = \frac{\pi}{3}(\sin 2 - i \cos 2)\,.$$

Somit gilt: $\mathrm{Re}(\int_W \frac{e^{iz}}{z^2+2z-8} dz) = \mathrm{Re}(\frac{\pi}{3}(\sin 2 - i \cos 2)) = \frac{\pi \sin 2}{3}$.

Aufgabe 60

Berechnen Sie mit der Cauchyschen Integralformel das Integral $\int_W \frac{ze^z}{z^2-4} dz$, wobei W

i)   der Kreis $\{(x,y)^T \in \mathbb{R}^2 \mid (x-1)^2 + y^2 = 4\}$ ist, der einmal entgegen dem Uhrzeigersinn durchlaufen wird,

ii) die Ellipse $\{(x,y)^T \in \mathbb{R}^2 \mid \frac{(x+3)^2}{9} + y^2 = 1\}$ ist, die zweimal im Uhrzeigersinn durchlaufen wird.

Lösung:

Die Nullstellen des Nenners von $\frac{ze^z}{z^2-4}$ sind ± 2 .

i) Die Funktion $\frac{ze^z}{z+2}$ ist komplex differenzierbar in einer Umgebung des Kreises $\{z \in \mathbb{C} \mid |z-1| \leq 2\}$, genauer (z.B.) in $\{z \in \mathbb{C} \mid |z-1| < 3\}$. Deshalb gilt nach der Cauchyschen Integralformel (man bemerke, dass der Punkt 2 im Inneren des Kreises W liegt, das beim Durchlaufen des Randes immer links liegt):

$$\int\limits_W \frac{ze^z}{z^2-4} dz = \int\limits_W \frac{\frac{ze^z}{z+2}}{z-2} dz = 2\pi i \frac{ze^z}{z+2} \Big|_{z=2} = 2\pi i \frac{2e^2}{4} = e^2\pi i\,.$$

ii) Die Funktion $\frac{ze^z}{z-2}$ ist komplex differenzierbar auf $\{z \in \mathbb{C} \mid |z+3| < 4\}$; dieser offene Kreis enthält die angegebene Ellipse. Der Punkt -2 liegt im Inneren der Ellipse. Berücksichtigt man den Durchlaufsinn (das Innere der Ellipse liegt dabei rechts!) und das doppelte Durchlaufen, so erhält man mit der Integralformel von Cauchy

$$\int\limits_W f(z)dz = \int\limits_W \frac{\frac{ze^z}{z-2}}{z+2}dz = 2\pi i(-2)\cdot \frac{ze^z}{z-2}\bigg|_{z=-2} = 2\pi i(-2)\cdot \frac{-2e^{-2}}{-4} = -\frac{2\pi i}{e^2}\,.$$

Aufgabe 61

Berechnen Sie die folgenden Integrale

$$\text{i)} \int\limits_{\partial\triangle_1} \frac{\sin z}{z+\frac{\pi}{2}}dz \quad . \quad \text{ii)} \int\limits_{\partial\triangle_2} \frac{\sin z}{z+\frac{\pi}{2}}dz\,.$$

$$\text{iii)} \int\limits_{\partial\triangle_2} \frac{\cos z}{z+\frac{\pi}{2}}dz \quad . \quad \text{iv)} \int\limits_{\partial\triangle_2(-2)} \frac{3z^2+z^4-e^{2z}}{(z+2)^3}dz\,.$$

Lösung:

i) Die einzige Singularität (nämlich eine einfache Polstelle) der Funktion $\frac{\sin z}{z+\frac{\pi}{2}}$ liegt in $-\frac{\pi}{2}$, also außerhalb von $\overline{\triangle}_1 = \{z \in \mathbb{C} \mid |z| \le 1\}$, da $\frac{\pi}{2} > 1$ gilt. Deshalb gilt nach dem Integralsatz von Cauchy $\int_{\partial\triangle_1} \frac{\sin z}{z+\frac{\pi}{2}}dz = 0$.

ii) Aus der Cauchyschen Integralformel folgt wegen $|-\frac{\pi}{2}| < 2$:

$$\int\limits_{\partial\triangle_2} \frac{\sin z}{z+\frac{\pi}{2}}dz = 2\pi i \sin\left(-\frac{\pi}{2}\right) = -2\pi i\,.$$

iii) Die Funktionen $z+\frac{\pi}{2}$ und $\cos z$ haben in $-\frac{\pi}{2}$ jeweils eine einfache Nullstelle. Deshalb ist $-\frac{\pi}{2}$ eine hebbare Singularität von $\frac{\cos z}{z+\frac{\pi}{2}}$, und diese Funktion lässt sich zu einer auf ganz $\mathbb{C}$ komplex differenzierbaren Funktion f (mit $f(-\frac{\pi}{2}) = -1$) fortsetzen. Für jede stückweise glatt parametrisierte, geschlossene Kurve Γ (insbesondere für $\partial\triangle_2$) gilt nach der Integralformel von Cauchy: $\int_\Gamma f(z)dz = 0$.

iv) Mit der Cauchyschen Integralformel ergibt sich $\int_{\partial\triangle_2(-2)} \frac{3z^2+z^4-e^{2z}}{(z+2)^3}dz = \frac{2\pi i}{2!}(3z^2+z^4-e^{2z})''\,|_{z=-2} = \pi i(6+12z^2-4e^{2z})|_{z=-2} = (54-\frac{4}{e^4})\pi i$.

Aufgabe 62

Bestimmen Sie für $r > 0$ auf $\overline{\triangle}_r = \{z \in \mathbb{C} \mid |z| \le r\}$ das Maximum und das Minimum der reellwertigen Funktion $|e^{z^3}|$.

Lösung:

Die Funktion $f(z) := e^{z^3}$ ist komplex differenzierbar und nullstellenfrei auf $\mathbb{C}$. Deshalb kann man sowohl das Maximum- als auch das Minimumprinzip anwenden; demnach gilt

$$\max_{z \in \overline{\Delta}_r} |f(z)| = \max_{z \in \partial \Delta_r} |f(z)| \quad , \quad \min_{z \in \overline{\Delta}_r} |f(z)| = \min_{z \in \partial \Delta_r} |f(z)| \, .$$

Mit der Parametrisierung $\gamma : [0, 2\pi] \to \mathbb{C}$, $\gamma(t) = re^{it}$ von $\partial \Delta_r$ ergibt sich

$$|f(\gamma(t))| = |f(re^{it})| = |\exp[(r(\cos t + i \sin t))^3]|$$
$$= |\exp(r^3(\cos 3t + i \sin 3t))| = e^{r^3 \cos 3t} |e^{ir^3 \sin 3t}| = e^{r^3 \cos 3t} \, .$$

Da die reelle Exponentialfunktion streng monoton wachsend ist, nimmt die Funktion $t \mapsto e^{r^3 \cos 3t}$ ihr Maximum bzw. ihr Minimum genau an denselben Stellen an wie $\cos 3t$, nämlich in $t \in \{0, \frac{2\pi}{3}, \frac{4\pi}{3}\}$ bzw. in $t \in \{\frac{\pi}{3}, \pi, \frac{5\pi}{3}\}$. Also:

$$\max_{z \in \overline{\Delta}_r} |e^{z^3}| = e^{r^3} \quad , \quad \min_{z \in \overline{\Delta}_r} |e^{z^3}| = e^{-r^3} \, .$$

Aufgabe 63

i)   Gibt es eine stetige Funktion f auf dem Inneren des Einheitskreises, so dass $f(\frac{1}{2n+1}) = n$ für alle natürliche Zahlen n gilt?

ii) Zeigen Sie unter Benutzung des Identitätssatzes, dass es keine komplex differenzierbare Funktion f auf dem offenen Einheitskreis Δ_1 gibt, so dass für alle natürlichen Zahlen $n \geq 2$ gilt: $f(\frac{1}{n}) = \frac{2+n}{3+n}$.

Lösung:

i) Gäbe es eine solche stetige Funktion f, so wäre sie auf der kompakten Menge $K = \{z \in \mathbb{C} \mid |z| \leq \frac{1}{3}\}$ beschränkt. Wegen $\frac{1}{2n+1} \leq \frac{1}{3}$ gibt es aber eine Folge, $(\frac{1}{2n+1})_{n \geq 1}$ in K, auf welcher f nicht beschränkt ist! Es gibt also keine derartige stetige Funktion.

ii) Angenommen, es gibt auf Δ_1 eine komplex differenzierbare Funktion f mit $f(\frac{1}{n}) = \frac{2+n}{3+n} = \frac{\frac{2}{n}+1}{\frac{3}{n}+1}$. In $z = \frac{1}{n}$ hat also f dieselben Werte wie die komplex differenzierbare Funktion $g : \Delta_1 \backslash \{-\frac{1}{3}\} \to \mathbb{C}$, $g(z) := \frac{2z+1}{3z+1}$. Da $(\frac{1}{n})_{n \geq 1}$ gegen Null konvergiert, gilt nach dem Identitätssatz $f(z) = g(z)$ für alle $z \in \Delta_1 \backslash \{-\frac{1}{3}\}$. f ist also, wie g, das in $z_0 = -\frac{1}{3}$ eine Polstelle besitzt, in jeder Umgebung von z_0 unbeschränkt. Damit ist f in $z_0 \in \Delta_1$ nicht komplex differenzierbar (nicht einmal stetig). Widerspruch!

Aufgabe 64

Zeigen Sie, dass die Potenzreihe $\sum_{n=1}^{\infty} n^2 z^n$ den Konvergenzradius 1 hat, und weisen Sie nach, dass für alle $z \in \mathbb{C}$ mit $|z| < 1$ gilt:

$$\sum_{n=1}^{\infty} n^2 z^n = \frac{z(1+z)}{(1-z)^3} \, .$$

Lösung:

Da $\lim\limits_{n\to\infty} \frac{n^2}{(n+1)^2} = \lim\limits_{n\to\infty} (\frac{n}{n+1})^2 = 1$ gilt, ist 1 der Konvergenzradius der angegebenen Reihe. Aus $\frac{1}{1-z} = \sum_{n=0}^{\infty} z^n$ folgt durch Differenzieren $\frac{1}{(1-z)^2} =$
$\sum_{n=1}^{\infty} nz^{n-1}$ und daraus $\frac{z}{(1-z)^2} = \sum_{n=1}^{\infty} nz^n$. Durch nochmaliges Differenzieren ergibt sich $\frac{1-z+2z}{(1-z)^3} = \sum_{n=1}^{\infty} n^2 z^{n-1}$ und daraus die zu beweisende
Identität $\frac{z(1+z)}{(1-z)^3} = \sum_{n=1}^{\infty} n^2 z^n$.

Aufgabe 65

Entwickeln Sie die Funktion $f, f(z) := \frac{1}{(z-1)(z+2)(z-3)}$ in eine Taylor- bzw.
Laurent-Reihe um den Nullpunkt in den folgenden Gebieten:

$$G_1 := \{z \in \mathbb{C} \mid |z| < 1\}, \qquad G_2 := \{z \in \mathbb{C} \mid 1 < |z| < 2\},$$
$$G_3 := \{z \in \mathbb{C} \mid 2 < |z| < 3\}, \; G_4 := \{z \in \mathbb{C} \mid 3 < |z| < 4\}.$$

Lösung:
Für $a \in \mathbb{C}\backslash\{0\}$ folgt aus der Konvergenz der geometrischen Reihe:

$$\frac{1}{z-a} = -\frac{1}{a} \cdot \frac{1}{1-\frac{z}{a}} = -\sum_{n=0}^{\infty} \frac{1}{a^{n+1}} z^n \quad \text{auf} \quad \{z \in \mathbb{C} \mid |z| < a\},$$

$$\frac{1}{z-a} = \frac{1}{z} \cdot \frac{1}{1-\frac{a}{z}} = \sum_{n=1}^{\infty} a^{n-1} \frac{1}{z^n} \quad \text{auf} \quad \{z \in \mathbb{C} \mid |z| > a\}.$$

Für alle $z \in \mathbb{C}\backslash\{1, -2, 3\}$ gilt

$$f(z) = -\frac{1}{6} \cdot \frac{1}{z-1} + \frac{1}{15} \cdot \frac{1}{z+2} + \frac{1}{10} \cdot \frac{1}{z-3}.$$

Deshalb hat man auf G_1 die Taylor-Reihe

$$f(z) = \sum_{n=0}^{\infty} \left(\frac{1}{6} - \frac{1}{15} \cdot \frac{1}{(-2)^{n+1}} - \frac{1}{10} \cdot \frac{1}{3^{n+1}} \right) z^n$$

$$= \sum_{n=0}^{\infty} \left(\frac{1}{6} + \frac{1}{15} \cdot \frac{(-1)^n}{2^{n+1}} - \frac{1}{10} \cdot \frac{1}{3^{n+1}} \right) z^n .$$

Analog berechnet man die folgenden Laurent-Reihen für f :

$$f(z) = -\frac{1}{6} \sum_{n=1}^{\infty} \frac{1}{z^n} + \sum_{n=0}^{\infty} \left(\frac{1}{15} \cdot \frac{(-1)^n}{2^{n+1}} - \frac{1}{10} \cdot \frac{1}{3^{n+1}} \right) z^n \qquad \text{auf } G_2 \,,$$

$$f(z) = \sum_{n=1}^{\infty} \left(-\frac{1}{6} + \frac{(-1)^{n-1}}{15} \cdot 2^{n-1} \right) \frac{1}{z^n} - \frac{1}{10} \sum_{n=0}^{\infty} \frac{1}{3^{n+1}} z^n \qquad \text{auf } G_3 \,,$$

$$f(z) = \sum_{n=1}^{\infty} \left(-\frac{1}{6} + \frac{(-1)^{n-1}}{15} \cdot 2^{n-1} + \frac{1}{10} \cdot 3^{n-1} \right) \frac{1}{z^n} \qquad \text{auf } G_4 \,.$$

Aufgabe 66

Entwickeln Sie die Funktion $f, f(z) := \frac{1}{(z+1)(z+3)}$, in den folgenden Gebieten jeweils in eine Taylor- bzw. Laurent-Reihe um z_0:

a) $G_1 = \{ z \in \mathbb{C} \mid |z| < 1 \}, z_0 = 0$.
b) $G_2 = \{ z \in \mathbb{C} \mid 1 < |z| < 3 \}, z_0 = 0$.
c) $G_3 = \{ z \in \mathbb{C} \mid |z| > 3 \}, z_0 = 0$.
d) $G_4 = \{ z \in \mathbb{C} \mid |z + 2| < 1 \}, z_0 = -2$.
e) $G_5 = \{ z \in \mathbb{C} \mid 0 < |z + 1| < 2 \}, z_0 = -1$.

Lösung:
Es wird die Partialbruchzerlegung $\frac{1}{(z+1)(z+3)} = \frac{1}{2} \frac{1}{z+1} - \frac{1}{2} \frac{1}{z+3}$ benutzt. Man hat

$$\frac{1}{z+1} = \sum_{k=0}^{\infty} (-1)^k z^k \quad \text{für} \quad |z| < 1 \,,$$

$$\frac{1}{z+1} = \frac{1}{z} \frac{1}{1 + \frac{1}{z}} = \frac{1}{z} \sum_{k=0}^{\infty} (-1)^k \frac{1}{z^k} = \sum_{k=-\infty}^{-1} (-1)^{1-k} z^k \quad \text{für} \quad |z| > 1 \,,$$

$$\frac{1}{z+3} = \frac{1}{3} \frac{1}{1 + \frac{z}{3}} = \frac{1}{3} \sum_{k=0}^{\infty} \left(-\frac{1}{3} \right)^k z^k \quad \text{für} \quad |z| < 3 \,,$$

$$\frac{1}{z+3} = \frac{1}{z} \frac{1}{1 + \frac{3}{z}} = \frac{1}{z} \sum_{k=0}^{\infty} (-1)^k \frac{3^k}{z^k} = \sum_{k=-\infty}^{-1} (-3)^{1-k} z^k \quad \text{für} \quad |z| > 3 \,.$$

Daraus erhalten wir:
a) $f(z) = \frac{1}{2} \sum_{k=0}^{\infty} (-1)^k z^k - \frac{1}{6} \sum_{k=0}^{\infty} (-\frac{1}{3})^k z^k = \sum_{k=0}^{\infty} (-1)^k (\frac{1}{2} - \frac{1}{6 \cdot 3^k}) z^k$ für $z \in G_1$.
b) $f(z) = \frac{1}{2} \sum_{k=-\infty}^{-1} (-1)^{1-k} z^k - \frac{1}{6} \sum_{k=0}^{\infty} (-\frac{1}{3})^k z^k$ für $z \in G_2$.
c) Für $z \in G_3$ ist $f(z) = \frac{1}{2} \sum_{k=-\infty}^{-1} (-1)^{1-k} z^k - \frac{1}{2} \sum_{k=-\infty}^{-1} (-3)^{1-k} z^k = \sum_{k=-\infty}^{-1} (-1)^{1-k} (\frac{1}{2} - \frac{1}{2 \cdot 3^{k-1}}) z^k$.
d) Wir setzen $z + 2 = w$; für $z \in G_4$, d.h. für $|w| < 1$ folgt

$$f(z) = f(w-2) = \frac{1}{(w-1)(w+1)} = -\frac{1}{1-w^2} = -\sum_{k=0}^{\infty} w^{2k} = -\sum_{k=0}^{\infty} (z+2)^{2k} .$$

e) Mit $z + 1 = w$ ergibt sich für $z \in G$, d.h. für $0 < |w| < 2$:

$$f(z) = f(w-1) = \frac{1}{2}\frac{1}{w} - \frac{1}{2}\frac{1}{w+2} = \frac{1}{2}\frac{1}{w} - \frac{1}{4}\frac{1}{1+\frac{w}{2}}$$

$$= \frac{1}{2}\frac{1}{w} - \frac{1}{4}\sum_{k=0}^{\infty}(-1)^k\frac{1}{2^k}w^k = \frac{1}{2}\frac{1}{z+1} + \sum_{k=0}^{\infty}(-1)^{k+1}\frac{1}{2^{k+2}}(z+1)^k .$$

Aufgabe 67

Betrachten Sie die Funktion $f : \mathbb{C}\backslash\{0,1\} \to \mathbb{C}$, $f(z) = \frac{z^2-z+1}{z^2(z-1)^2}$.

a) Bestimmen Sie die Laurent-Reihe von f um den Nullpunkt auf

$$G_0 := \{z \in \mathbb{C} \mid 0 < |z| < 1\} \quad \text{und} \quad G_1 := \{z \in \mathbb{C} \mid 1 < |z|\} .$$

b) Bestimmen Sie die Laurent-Reihe von f um 1 auf

$$G_2 := \{z \in \mathbb{C} \mid 0 < |z-1| < 1\} \quad \text{und} \quad G_3 := \{z \in \mathbb{C} \mid 1 < |z-1|\} .$$

Lösung:
Aus $\frac{z^2-z+1}{z^2(z-1)^2} = \frac{A}{z} + \frac{B}{z^2} + \frac{C}{z-1} + \frac{D}{(z-1)^2}$ erhält man durch Koeffizientenvergleich die Partialbruchzerlegung

$$\frac{z^2 - z + 1}{z^2(z - 1)^2} = \frac{1}{z} + \frac{1}{z^2} - \frac{1}{z - 1} + \frac{1}{(z - 1)^2} .$$

Für $|z| < 1$ hat man $\frac{1}{1-z} = \sum_{n=0}^{\infty} z^n$; daraus folgt durch Differenzieren $\frac{1}{(1-z)^2} = \sum_{n=1}^{\infty} nz^{n-1} = \sum_{n=0}^{\infty}(n+1)z^n$. Es ergibt sich die folgende Laurent-Reihenentwicklung von f um den Nullpunkt auf G_0 :

$$f(z) = \frac{1}{z} + \frac{1}{z^2} + \sum_{n=0}^{\infty} z^n + \sum_{n=0}^{\infty}(n+1)z^n = \frac{1}{z} + \frac{1}{z^2} + \sum_{n=0}^{\infty}(n+2)z^n .$$

Für $|z| > 1$ gilt $\frac{1}{z-1} = \frac{1}{z} \cdot \frac{1}{1-\frac{1}{z}} = \frac{1}{z}\sum_{n=0}^{\infty}\frac{1}{z^n} = \sum_{n=1}^{\infty}\frac{1}{z^n}$ und durch Differenzieren

$$\frac{1}{(z-1)^2} = \sum_{n=1}^{\infty} n\frac{1}{z^{n+1}} = \sum_{n=2}^{\infty}(n-1)\frac{1}{z^n} .$$

Die Laurent-Reihe von f um den Nullpunkt auf G_1 ist gegeben durch

$$f(z) = \frac{1}{z} + \frac{1}{z^2} - \left(\frac{1}{z} + \frac{1}{z^2} + \sum_{n=3}^{\infty} \frac{1}{z^n} \right) + \left(\frac{1}{z^2} + \sum_{n=3}^{\infty} (n-1) \frac{1}{z^n} \right)$$

$$= \frac{1}{z^2} + \sum_{n=3}^{\infty} (n-2) \frac{1}{z^n} \ .$$

Für $|z-1| < 1$ gilt $\frac{1}{z} = \frac{1}{1-(-(z-1))} = \sum_{n=0}^{\infty} (-1)^n (z-1)^n$; es folgt daraus $-\frac{1}{z^2} = \sum_{n=1}^{\infty} (-1)^n n (z-1)^{n-1}$, also $\frac{1}{z^2} = \sum_{n=0}^{\infty} (-1)^n (n+1)(z-1)^n$.
Die Laurent-Reihe von f um 1 auf G_2 ist deshalb

$$f(z) = -\frac{1}{z-1} + \frac{1}{(z-1)^2} + \sum_{n=0}^{\infty} (-1)^n (n+2)(z-1)^n \ .$$

Ist nun $|z-1| > 1$, so hat man $\frac{1}{z} = \frac{1}{z-1} \frac{1}{1+\frac{1}{z-1}} = \frac{1}{z-1} \sum_{n=0}^{\infty} (-1)^n \frac{1}{(z-1)^n} = \sum_{n=1}^{\infty} (-1)^{n+1} \frac{1}{(z-1)^n}$. Wieder durch Differenzieren erhält man

$$-\frac{1}{z^2} = \sum_{n=1}^{\infty} (-1)^n n \frac{1}{(z-1)^{n+1}} = \sum_{n=2}^{\infty} (-1)^{n+1} (n-1) \frac{1}{(z-1)^n} \ ,$$

d.h. $\quad \dfrac{1}{z^2} = \displaystyle\sum_{n=2}^{\infty} (-1)^n (n-1) \frac{1}{(z-1)^n} \ .$

Die Laurent-Reihenentwicklung von f um 1 auf G_3 ist

$$f(z) = -\frac{1}{z-1} + \frac{1}{(z-1)^2} + \frac{1}{z-1} - \frac{1}{(z-1)^2} + \sum_{n=3}^{\infty} (-1)^{n+1} \frac{1}{(z-1)^n}$$

$$+ \frac{1}{(z-1)^2} + \sum_{n=3}^{\infty} (-1)^n (n-1) \frac{1}{(z+1)^n}$$

$$= \frac{1}{(z-1)^2} + \sum_{n=3}^{\infty} (-1)^n (n-2) \frac{1}{(z-1)^n}.$$

Aufgabe 68

a)   Bestimmen Sie die Polstellen und die zugehörigen Residuen der Funktionen

$$f(z) := \frac{z}{z^2+4} \qquad \text{und} \qquad g(z) := \frac{1}{z^2+z+1} \ .$$

b)   Berechnen Sie die Integrale von f und g entlang der Kurven $\mathcal{C}$ und $\mathcal{D}$ aus Abbildung 3.25 mit den eingezeichneten Orientierungen.

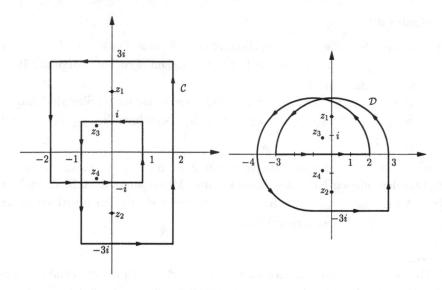

Abbildung 3.25. Die Kurven C und D

Lösung:

a) Die Polstellen von f sind die Nullstellen von $z^2 + 4$, d.h. $z_1 := 2i$ und $z_2 := -2i$. Die Polstellen von g sind $\frac{-1+i\sqrt{3}}{2} =: z_3$ und $\frac{-1-i\sqrt{3}}{2} =: z_4$. Es gilt

$$\operatorname{Res} f|_{z_1} = \lim_{z \to 2i}[(z - 2i)f(z)] = \lim_{z \to 2i}\frac{z}{z + 2i} = \frac{2i}{4i} = \frac{1}{2},$$

$$\operatorname{Res} f|_{z_2} = \lim_{z \to -2i}[(z + 2i)f(z)] = \lim_{z \to -2i}\frac{z}{z - 2i} = \frac{-2i}{-4i} = \frac{1}{2},$$

$$\operatorname{Res} g|_{z_3} = \lim_{z \to z_3}[(z - z_3)g(z)] = \lim_{z \to z_3}\frac{1}{z - z_4} = \frac{1}{z_3 - z_4} = -\frac{i}{\sqrt{3}},$$

$$\operatorname{Res} g|_{z_4} = \lim_{z \to z_4}[(z - z_4)g(z)] = \lim_{z \to z_4}\frac{1}{z - z_3} = \frac{1}{z_4 - z_3} = \frac{i}{\sqrt{3}}.$$

b) Mit Hilfe des Residuensatzes folgt

$$\int_C f\,dz = 2\pi i(\operatorname{Res} f|_{z_1} + \operatorname{Res} f|_{z_2}) = 2\pi i, \quad \int_C g\,dz = 2\pi i(2\operatorname{Res} g|_{z_3} + 2\operatorname{Res} g|_{z_4}) = 0.$$

Dabei wurde berücksichtigt, dass C im positiven Sinne zweimal um z_3 und z_4, aber nur einmal um z_1 und z_2 läuft, wie aus der Skizze folgt. Analog sieht man, dass D im positiven Sinne zweimal um z_1 und z_3, aber nur einmal um z_2 und z_4 läuft; deshalb gilt: $\int_D f\,dz = 2\pi i(2\operatorname{Res} f|_{z_1} + \operatorname{Res} f|_{z_2}) = 3\pi i$, $\int_D g\,dz = 2\pi i(2\operatorname{Res} g|_{z_3} + \operatorname{Res} g|_{z_4}) = 2\pi i(-\frac{i}{\sqrt{3}}) = \frac{2\pi}{\sqrt{3}}$.

Aufgabe 69

i)　　Geben Sie die isolierten Singularitäten der Funktion $f, f(z) :=$ $\frac{z+1}{(z^2+4)(z+2)^2}$ an. Stellen Sie fest, um welchen Typ von Singularität es sich jeweils handelt.

ii)　　Bestimmen Sie das Residuum in jeder dieser isolierten Singularitäten.

iii)　　Seien $\Gamma_1 = \partial\triangle_2(-1)$ und $\Gamma_2 = \partial\triangle_4(3i)$. Berechnen Sie $\int_{\Gamma_1} f(z)dz$ und $\int_{\Gamma_2} f(z)dz$.

Hinweis: Ist $r > 0$ eine positive reelle Zahl und $z_0 \in \mathbb{C}$, so bezeichne $\triangle_r(z_0)$ den offenen Kreis mit Radius r und Mittelpunkt z_0, d.h. $\triangle_r(z_0) := \{z \in \mathbb{C} \,|\, |z - z_0| < r_0\}$. Sein Rand $\partial\triangle_r(z_0)$ wird einmal im positiven Sinne (d.h. gegen den Uhrzeigersinn) durchlaufen.

Lösung:

i) Die Nullstellen des Nenners sind $2i, -2i$ und -2. In diesen Punkten verschwindet der Zähler von f nicht. Deshalb sind $2i$ und $-2i$ einfache Polstellen, während -2 eine doppelte Polstelle von f ist.

ii) Sind g und h komplex differenzierbar um z_0 und gelten $g(z_0) \neq 0$, $h(z_0) = 0$ sowie $h'(z_0) \neq 0$, so gilt $\text{Res}\,\frac{g}{h}\big|_{z_0} = \frac{g(z_0)}{h'(z_0)}$. Wegen $[(z^2 + 4)(z + 2)^2]' = 2(z + 2)(z(z + 2) + z^2 + 4)$ folgt

$$\text{Res}\, f|_{2i} = \frac{z + 1}{2(z + 2)\left(z(z + 2) + z^2 + 4\right)}\bigg|_{2i}$$

$$= \frac{2i + 1}{2(2i + 2)^2 2i} = \frac{2i + 1}{32i^2} = \frac{-1 - 2i}{32},$$

$$\text{Res}\, f|_{-2i} = \frac{z + 1}{2(z + 2)\left(z(z^2 + 2 + z^2 + 4)\right)}\bigg|_{-2i} = \frac{-1 + 2i}{32}.$$

Hat die Funktion g eine Polstelle n-ter Ordnung in z_0, so gilt $\text{Res}\,g\big|_{z_0}$ $= \frac{1}{(n-1)!} \lim_{z \to z_0} \left[g(z) \cdot (z - z_0)^n\right]^{(n-1)}$. Insbesondere erhält man:

$$\text{Res}\, f|_{-2} = \lim_{z \to -2} \left[\frac{z + 1}{(z^2 + 4)(z + 2)^2}(z + 2)^2\right]'$$

$$= \lim_{z \to -2} \frac{4 - 2z - z^2}{(z^2 + 4)^2} = \frac{4 + 4 - 4}{64} = \frac{1}{16}.$$

iii) Der Punkt -2 liegt im Inneren des Kreises mit dem Mittelpunkt -1 und dem Radius 2, aber $2i$ und $-2i$ nicht, weil sie beide den Abstand $\sqrt{5}$ zu -1 haben. Also:

$$\int_{\Gamma_1} f(z)dz = 2\pi i \operatorname{Res} f|_{-2} = 2\pi i \frac{1}{16} = \frac{\pi i}{8} \ .$$

$2i$ und -2 liegen im Inneren von $\triangle_4(3i)$, aber der Abstand von $3i$ zu $-2i$ ist 5, also größer als der Radius 4. Es folgt:

$$\int_{\Gamma_2} f(z)dz = 2\pi i \left(\operatorname{Res} f|_{-2} + \operatorname{Res} f|_{2i}\right) = 2\pi i \left(\frac{-1-2i}{32} + \frac{1}{16}\right) = \frac{\pi}{16}(2+i) \ .$$

Aufgabe 70

a)   Bestimmen Sie die isolierten Singularitäten und deren Typ der Funktion
      $f, f(z) := \frac{(2z-1)e^z}{(z-1)(z+2)(z-3)}$. Berechnen Sie die zugehörigen Residuen.

b)   Sei D_k der offene Kreis mit Mittelpunkt i und Radius $k \in \mathbb{N}$. ∂D_k werde
      wie üblich entgegen dem Uhrzeigersinn durchlaufen. Berechnen Sie mit
      Hilfe des Residuensatzes $\int_{\partial D_k} f(z)dz$ in Abhängigkeit von k .

c)   Wie kann man das Integral nur mit Hilfe des Cauchyschen Integralsatzes
      und der Cauchyschen Integralformel berechnen? Bestätigen Sie das in
      b) erzielte Ergebnis.

Lösung:

a) Die einzige Nullstelle des Zählers $g, g(z) := (2z-1)e^z$ ist $\frac{1}{2}$. Die Nullstellen
des Nenners $h, h(z) := (z-1)(z+2)(z-3)$ sind einfach und liegen in $1, -2$ und
3. Deshalb sind $1, -2$ und 3 einfache Polstellen von f. In jeder einfachen Pol-
stelle z_0 von f wird das Residuum von f mit Hilfe der Formel $\operatorname{Res} f|_{z_0} = \frac{g(z_0)}{h'(z_0)}$
berechnet. Wegen $h'(z) = (z-1)(z+2) + (z-1)(z-3) + (z+2)(z-3)$
gilt $h'(1) = -6$, $h'(-2) = 15$ und $h'(3) = 10$. Da außerdem $g(1) = e$, $g(-2) = -\frac{5}{e^2}$ und $g(3) = 5e^3$ gelten, erhält man mit der obigen For-
mel $\operatorname{Res} f|_1 = -\frac{e}{6}, \operatorname{Res} f|_{-2} = -\frac{1}{3e^2}, \operatorname{Res} f|_3 = \frac{e^3}{2}$.

b) Entscheidend für die Anwendung des Residuensatzes ist die Frage, welche der isolierten Singularitäten innerhalb von D_k und welche außerhalb von
$D_k \cup \partial D_k$ liegen. (Außerdem darf keine isolierte Singularität auf ∂D_k liegen.)
Die Abstände von i zu $1, -2, 3$ sind $\sqrt{2}, \sqrt{5}$, bzw. $\sqrt{10}$. Deshalb liegen alle
Singularitäten außerhalb von $D_1 \cup \partial D_1$; innerhalb von D_2 liegt nur 1, innerhalb von D_3 liegen genau 1 und -2; für $k \geq 4$ liegen alle drei isolierten
Singularitäten innerhalb von D_k. Deshalb gilt

$$\int_{\partial D_1} f(z)dz = 0 \ ,$$

$$\int_{\partial D_2} f(z)dz = \pi i \operatorname{Res} f|_1 = -\frac{\pi e}{3}i \ ,$$

$$\int\limits_{\partial D_3} f(z)dz = 2\pi i(\operatorname{Res} f|_1 + \operatorname{Res} f|_{-2}) = \left(-\frac{\pi e}{3} - \frac{2\pi}{3e^2}\right) i\,,$$

$$\int\limits_{\partial D_k} f(z)dz = 2\pi i(\operatorname{Res} f|_1 + \operatorname{Res} f|_{-2} + \operatorname{Res} f|_3) = \left(-\frac{\pi e}{3} - \frac{2\pi}{3e^2} + \pi e^3\right) i$$

für alle $k \geq 4$.

c) Wegen $\frac{1}{(z-1)(z+2)(z-3)} = -\frac{1}{6(z-1)} + \frac{1}{15(z+2)} + \frac{1}{10(z-3)}$ hat man

$$f(z) = \frac{(1-2z)e^z}{6(z-1)} + \frac{(2z-1)e^z}{15(z+2)} + \frac{(2z-1)e^z}{10(z-3)}\,.$$

Berücksichtigt man wieder die Abstände von i zu $1, -2$ und 3, so erhält man nach dem Integralsatz und der Integralformel von Cauchy

$$\int\limits_{\partial D_1} \frac{(1-2z)e^z}{6(z-1)}dz = 0 \text{ und } \int\limits_{\partial D_k} \frac{(1-2z)e^z}{6(z-1)}dz = -\frac{\pi e}{3}i \text{ für } k \geq 2\,,$$

$$\int\limits_{\partial D_j} \frac{(2z-1)e^z}{15(z+2)}dz = 0 \text{ für } j = 1,2 \text{ und } \int\limits_{\partial D_k} \frac{(2z-1)e^z}{15(z+2)}dz = -\frac{2\pi}{3e^2}i \text{ für } k \geq 3\,,$$

$$\int\limits_{\partial D_j} \frac{(2z-1)e^z}{10(z-3)}dz = 0 \text{ für } j = 1,2,3 \text{ und } \int\limits_{\partial D_k} \frac{(2z-1)e^z}{10(z-3)}dz = \pi e^3 i \text{ für } k \geq 4\,.$$

Durch die Addition dieser Ergebnisse erhält man eine Bestätigung der schon in b) berechneten Resultate für $\int_{\partial D_k} f(z)dz$.

Aufgabe 71

a)   Bestimmen Sie die isolierten Singularitäten von $f, f(z) := \frac{z}{e^z - 2}$ und berechnen Sie die Residuen von f in diesen Punkten.

b)   Berechnen Sie

$$\int\limits_{\partial \triangle_2} f(z)dz \quad \text{und} \quad \int\limits_{\partial \triangle_8} f(z)dz\,.$$

Lösung:

a) Die Nullstellen des Nenners sind $z_n, z_n := \ln 2 + 2n\pi i, n \in \mathbb{Z}$. In diesen Punkten verschwindet der Zähler von f nicht. Da außerdem $(e^z - 2)' = e^z$ keine Nullstellen hat, sind z_n einfache Polstellen von f. Weitere isolierten Singularitäten gibt es nicht. Es gilt

$$\operatorname{Res} f|_{z_n} = \frac{z_n}{e^{z_n}} = \frac{\ln 2 + 2n\pi i}{2} = \frac{\ln 2}{2} + n\pi i \quad \text{für} \quad n \in \mathbb{Z}\,.$$

b) Wegen $2n\pi < \sqrt{(\ln 2)^2 + (2n\pi)^2} = |z_n| < \ln 2 + 2n\pi$ liegen nur z_0 in $\triangle_2$ bzw. z_0, z_1 und z_{-1} in $\triangle_8$. Deshalb gilt nach dem Residuensatz

$$\int_{\partial\triangle_2} f(z)dz = 2\pi i \cdot \frac{\ln 2}{2} = i\pi \ln 2\,,$$

$$\int_{\partial\triangle_8} f(z)dz = 2\pi i \left(\frac{\ln 2}{2} + \frac{\ln 2}{2} + \pi i + \frac{\ln 2}{2} - \pi i\right) = 3i\pi \ln 2\,.$$

Aufgabe 72

Berechnen Sie $\int_{\partial\triangle_k} \frac{z^2}{\sin z(1-\cos z)}dz$ für $k = 1,2,3,4$.

Lösung:

Der Nenner lässt sich auch als $2\sin z \sin^2 \frac{z}{2}$ schreiben. Er hat also in $2n\pi$, $n \in \mathbb{Z}$, eine dreifache Nullstelle und in $(2n+1)\pi, n \in \mathbb{Z}$, eine einfache Nullstelle. Da der Zähler nur im Nullpunkt eine doppelte Nullstelle hat, hat $f, f(z) := \frac{z^2}{\sin z(1-\cos z)}$, die folgenden isolierten Singularitäten:

→   In 0 und in allen $(2n+1)\pi, n \in \mathbb{Z}$, eine einfache Polstelle.

→   In $2n\pi, n \in \mathbb{Z}\backslash\{0\} = \mathbb{Z}^*$, eine dreifache Polstelle.

In $\triangle_1, \triangle_2$ und $\triangle_3$ ist der Nullpunkt die einzige Singularität; in $\triangle_4$ liegen hierzu $-\pi$ und π. Es gilt:

$$\operatorname{Res} f|_0 = \lim_{z\to 0} \frac{z^2}{\sin z \cdot \sin^2 \frac{z}{2}} \cdot z = 4 \lim_{z\to 0} \frac{z}{\sin z} \cdot \lim_{z\to 0} \left(\frac{\frac{z}{2}}{\sin \frac{z}{2}}\right)^2 = 4 \cdot 1 \cdot 1 = 4\,,$$

$$\operatorname{Res} f|_\pi = \lim_{z\to \pi} \frac{z^2}{\sin z \cdot \sin^2 \frac{z}{2}} \cdot (z-\pi) = \lim_{z\to \pi} \frac{z-\pi}{\sin z} \cdot \lim_{z\to \pi} \frac{z^2}{\sin^2 \frac{z}{2}} = -\pi^2\,,$$

$$\operatorname{Res} f|_{-\pi} = \lim_{z\to -\pi} \frac{z^2}{\sin z \cdot \sin^2 \frac{z}{2}}(z+\pi) = \lim_{z\to -\pi} \frac{z+\pi}{\sin z} \cdot \lim_{z\to -\pi} \frac{z^2}{\sin^2 \frac{z}{2}} = -\pi^2\,.$$

Die Berechnung von $\lim\limits_{z\to\infty} \frac{z-\pi}{\sin z}$ und $\lim\limits_{z\to-\pi} \frac{z+\pi}{\sin z}$ ergibt sich am einfachsten mit der Regel von de l'Hospital (die man im komplexen Fall entsprechend formulieren kann!). Es folgt

$$\int_{\partial\triangle_k} f(z)dz = 2\pi i \cdot 4 = 8\pi i \quad \text{für} \quad k = 1,2,3\,,$$

$$\int_{\partial\triangle_4} f(z)dz = 2\pi i(4 - \pi^2 - \pi^2) = 4\pi i(2 - \pi^2)\,.$$

Aufgabe 73

Lösen Sie mit Hilfe des Residuensatzes das Anfangswertproblem

$$x_1' = 2x_1 + x_2 + 3x_3 \, , \ x_2' = 2x_2 - x_3 \, , \ x_3' = 2x_3 \, ,$$

$$x_1(0) = 1, \ x_2(0) = 2, \ x_3(0) = 1 \, .$$

Lösung:

Das Verfahren wird exemplarisch für das gegebene Problem durchgeführt.

Dem Differenzialgleichungssystem wird die Matrix $A = \begin{pmatrix} 2 & 1 & 3 \\ 0 & 2 & -1 \\ 0 & 0 & 2 \end{pmatrix}$ zuge-

ordnet sowie die Spalte $(-1, -2, -1)^T$, die aus der Anfangsbedingung durch Vorzeichenwechsel entsteht. Mit

$$\det \Delta(z) = \det \begin{pmatrix} 2-z & 1 & 3 \\ 0 & 2-z & -1 \\ 0 & 0 & 2-z \end{pmatrix} = -(z-2)^3 \, ,$$

$$\det \Delta_1(z) = \det \begin{pmatrix} -1 & 1 & 3 \\ -2 & 2-z & -1 \\ -1 & 0 & 2-z \end{pmatrix} = -z^2 - z + 7 \, ,$$

$$\det \Delta_2(z) = \det \begin{pmatrix} 2-z & -1 & 3 \\ 0 & -2 & -1 \\ 0 & -1 & 2-z \end{pmatrix} = -(z-2)(2z-5) \, ,$$

$$\det \Delta_3(z) = \det \begin{pmatrix} 2-z & 1 & -1 \\ 0 & 2-z & -2 \\ 0 & 0 & -1 \end{pmatrix} = -(z-2)^2$$

ergeben sich die Funktionen

$$\frac{\det \Delta_1(z)}{\det \Delta(z)} e^{tz} = \frac{z^2 + z - 7}{(z-2)^3} e^{tz} \, , \ \frac{\det \Delta_2(z)}{\det \Delta(z)} e^{tz} = \frac{2z-5}{(z-2)^2} e^{tz} \, ,$$

$$\frac{\det \Delta_3(z)}{\det \Delta(z)} e^{tz} = \frac{1}{z-2} e^{tz} \, ,$$

womit die Lösung des Anfangswertproblems wie folgt berechnet wird:

$$x_1(t) = \text{Res} \left(\frac{\det \Delta_1(z)}{\det \Delta(z)} e^{tz} \right) \Bigg|_2 = \frac{1}{2!} \lim_{z \to 2} \left[(z^2 + z - 7) e^{tz} \right]''$$

$$= \frac{1}{2} \lim_{z \to 2} \left[2e^{tz} + 2(2z+1)te^{tz} + (z^2 + z - 7)t^2 e^{tz} \right]$$

$$= \left(1 + 5t - \frac{1}{2}t^2 \right) e^{2t} ,$$

$$x_2(t) = \mathrm{Res} \left(\frac{\det \Delta_2(z)}{\det \Delta(z)} e^{tz} \right) \Bigg|_2 = \lim_{z \to 2} [(2z - 5)e^{tz}]'$$

$$= \lim_{z \to 2} \left[(2 + (2z - 5)t) \, e^{tz} \right] = (2 - t)e^{2t} ,$$

$$x_3(t) = \mathrm{Res} \left(\frac{\det \Delta_3(z)}{\det \Delta(z)} e^{tz} \right) \Bigg|_2 = \lim_{z \to 2} e^{tz} = e^{2t} .$$

Die Lösung lautet also $\begin{pmatrix} 1 + 5t - \frac{1}{2}t^2 \\ 2 - t \\ 1 \end{pmatrix} e^{2t} .$

Aufgabe 74

Berechnen Sie das uneigentliche Integral $\int_{-\infty}^{\infty} \frac{dx}{(x^2+9)(x^2+16)}$

i)   ohne Ergebnisse aus der Funktionentheorie zu benutzen,

ii) unter Verwendung des Residuensatzes.

Lösung:

i) Es gilt $\frac{1}{(x^2+9)(x^2+16)} = \frac{1}{7}(\frac{1}{x^2+9} - \frac{1}{x^2+16} = \frac{1}{21} \cdot \frac{\frac{1}{3}}{\left(\frac{x}{3}\right)^2+1} - \frac{1}{28} \cdot \frac{\frac{1}{4}}{\left(\frac{x}{4}\right)^2+1}$. Mit

den Substitutionen $x = 3u$ und $x = 4v$ ergibt sich damit $\int_{-\infty}^{\infty} \frac{dx}{(x^2+9)(x^2+16)} =$

$\frac{1}{21} \int_{-\infty}^{\infty} \frac{du}{u^2+1} - \frac{1}{28} \int_{-\infty}^{\infty} \frac{dv}{v^2+1} = \frac{1}{21}\pi - \frac{1}{28}\pi = \frac{\pi}{84}$. Dabei wurde berücksichtigt:

$\int_{-\infty}^{\infty} \frac{du}{u^2+1} = \lim_{\substack{A \to \infty \\ B \to -\infty}} \int_B^A \frac{du}{u^2+1} = \lim_{\substack{A \to \infty \\ B \to -\infty}} (\arctan u \, |_B^A) =$

$\lim_{\substack{A \to \infty \\ B \to -\infty}} (\arctan A - \arctan B) = \frac{\pi}{2} - (-\frac{\pi}{2}) = \pi$.

ii) Die komplexe Funktion $f, f(z) := \frac{1}{(z^2+9)(z^2+16)}$ hat einfache Polstellen
in $\pm 3i$ und $\pm 4i$ als isolierte Singularitäten. In der oberen Halbebene liegen
also nur die Singularitäten $3i$ und $4i$. Für die Anwendung des Residuensatzes
braucht man nur die Residuen von f an diesen Stellen zu berechnen.

$$\mathrm{Res}\, f|_{3i} = \lim_{z \to 3i} f(z) \cdot (z - 3i) = \lim_{z \to 3i} \frac{1}{(z + 3i)(z^2 + 16)} = \frac{1}{6i(-9 + 16)} = \frac{1}{42i} ,$$

$$\mathrm{Res}\, f|_{4i} = \lim_{z \to 4i} f(z) \cdot (z - 4i) = \lim_{z \to 4i} \frac{1}{(z + 4i)(z^2 + 9)} = \frac{1}{8i(-16 + 9)} = -\frac{1}{56i} .$$

Hiermit erhält man

$$\int\limits_{-\infty}^{\infty} \frac{dx}{(x^2 + 9)(x^2 + 16)} = 2\pi i (\operatorname{Res} f|_{3i} + \operatorname{Res} f|_{4i})$$

$$= 2\pi i \left(\frac{1}{42i} - \frac{1}{56i} \right) = \pi \left(\frac{1}{21} - \frac{1}{28} \right) = \frac{\pi}{84}.$$

Aufgabe 75

a)   Bestimmen Sie für die Funktion f , $f(z) := \frac{z^2}{z^4 + z^2 + 1}$ die isolierten Singularitäten und deren Typ.

b)   Berechnen Sie die Residuen von f .

c)   Integrieren Sie f auf dem Rand von $\triangle_R(0)$ für $R \neq 1$; dabei ist – wie immer, falls nichts anderes gesagt wird – der Durchlaufsinn auf $\partial \triangle_R(0)$ dem Uhrzeigersinn entgegengesetzt.

d)   Für $R > 1$ sei Γ_R der Halbkreis in der oberen Halbebene mit 0 als Mittelpunkt und dem Radius R, der von R nach $-R$ durchlaufen wird. S_R bezeichne die Strecke von $-R$ nach R, und W_R sei der geschlossene Weg $\Gamma_R \cup S_R$. Berechnen Sie $\int_{W_R} f(z)dz$.

e)   Schätzen Sie $|\int_{\Gamma_R} f(z)dz|$ für $R > 2$ nach oben ab.

f)   Bestimmen Sie mit den in d) und e) erzielten Ergebnissen den Wert des uneigentlichen Integrals $\int_{-\infty}^{\infty} \frac{x^2}{x^4 + x^2 + 1} dx$.

Lösung:

a) Die sog. biquadratische Gleichung $z^4 + z^2 + 1 = 0$ kann wie folgt gelöst werden: Mit der Substitution $w = z^2$ erhält man die quadratische Gleichung $w^2 + w + 1 = 0$ mit den Lösungen $w = \frac{1}{2}(-1 \pm i\sqrt{3}) = e^{i\varphi}$ mit $\varphi = \frac{2\pi}{3}$ bzw. $\varphi = \frac{4\pi}{3}$. Dann sind wegen $z^2 = w$ die vier Lösungen der Ausgangsgleichung $z = e^{i\psi}$ mit $\psi = \frac{\pi}{3}$ und $\psi = \frac{4\pi}{3}$ sowie $\psi = \frac{2\pi}{3}$ und $\psi = \frac{5\pi}{3}$. In kartesischen Koordinaten sind die Nullstellen $z_1 = \frac{1+i\sqrt{3}}{2}$, $z_2 = \frac{-1+i\sqrt{3}}{2}$, $z_3 = \frac{-1-i\sqrt{3}}{2}$ und $z_4 = \frac{1-i\sqrt{3}}{2}$. Davon liegen z_1 und z_2 in der oberen und z_3 und z_4 in der unteren Halbebene.

Ein anderer Lösungsweg: Da $(z^4 + z^2 + 1)(z^2 - 1) = z^6 - 1$ gilt und $z^6 - 1$ einfache Nullstellen besitzt, sind die Nullstellen von $z^4 + z^2 + 1$ diejenigen Nullstellen von $z^6 - 1$, die von 1 und -1 verschieden sind. Die Einheitswurzeln sechster Ordnung, die von 1 und -1 verschieden sind, sind $z_1 = e^{i\frac{\pi}{3}}$, $z_2 = e^{i\frac{2\pi}{3}}$, $z_3 = e^{i\frac{4\pi}{3}}$ und $z_4 = e^{i\frac{5\pi}{3}}$.

b) Für die Berechnung der Residuen bemerken wir, dass aus $z_1 = -z_3$ und $z_2 = -z_4$ folgt

$$\operatorname{Res} f|_{z_1} = \frac{z_1^2}{(z_1 - z_2)(z_1 - z_3)(z_1 - z_4)} = \frac{z_3^2}{(-z_3 + z_4)(-z_3 + z_1)(-z_3 + z_2)}$$

$$= \frac{-z_3^2}{(z_3 - z_4)(z_3 - z_1)(z_3 - z_2)} = \frac{-z_3^2}{(z_3 - z_1)(z_3 - z_2)(z_3 - z_4)}$$

$$= -\operatorname{Res} f|_{z_3}$$

und analog $\operatorname{Res} f|_{z_2} = -\operatorname{Res} f|_{z_4}$. Wegen $z_1 - z_2 = z_4 - z_3 = 1$, $z_1 - z_4 = z_2 - z_3 = i\sqrt{3}$, $z_1 - z_3 = 1 + i\sqrt{3}$ und $z_2 - z_4 = -1 + i\sqrt{3}$ ergibt sich

$$\operatorname{Res} f|_{z_1} = \frac{z_1^2}{(z_1 - z_2)(z_1 - z_3)(z_1 - z_4)} = \frac{z_2}{1 \cdot (1 + i\sqrt{3}) \cdot i\sqrt{3}}$$

$$= \frac{\frac{-1+i\sqrt{3}}{2}(1 - i\sqrt{3})}{4 \cdot i\sqrt{3}} = \frac{\sqrt{3} + \sqrt{3} + i - 3i}{8\sqrt{3}} = \frac{3 - i\sqrt{3}}{12},$$

und man berechnet analog $\operatorname{Res} f|_{z_2} = -\frac{3+i\sqrt{3}}{12}$.

c) Ist $R < 1$, so gilt nach dem Integralsatz von Cauchy $\int_{\partial \triangle_R(0)} f(z)dz = 0$, denn f ist komplex differenzierbar im Inneren des Einheitskreises, welches $\partial \triangle_R(0)$ enthält. Ist $R > 1$, so liegen z_1, z_2, z_3 und z_4 in $\triangle_R(0)$, und nach dem Residuensatz gilt:

$$\int_{\partial \triangle_R(0)} f(z)dz = 2\pi \left(\operatorname{Res} f|_{z_1} + \operatorname{Res} f|_{z_2} + \operatorname{Res} f|_{z_3} + \operatorname{Res} f|_{z_4} \right) = 0.$$

d) Ebenfalls nach dem Residuensatz gilt

$$\int_{W_R} f(z)dz = 2\pi i \left(\operatorname{Res} f|_{z_1} + \operatorname{Res} f|_{z_2} \right) = 2\pi i \left(\frac{3 - i\sqrt{3}}{12} - \frac{3 + i\sqrt{3}}{12} \right)$$

$$= 2\pi i \frac{-2i\sqrt{3}}{12} = \frac{\pi\sqrt{3}}{3} = \frac{\pi}{\sqrt{3}}.$$

Das Ergebnis ist unabhängig von R.

e) Für $R > 2$ gilt $R^4 - R^2 - 1 > 0$.

$$\left| \int_{\Gamma_R} f(z)dz \right| = \left| \int_0^\pi \frac{R^2 e^{2i\theta} R i e^{i\theta}}{R^4 e^{4i\theta} + R^2 e^{2i\theta} + 1} d\theta \right| \leq \int_0^\pi \left| \frac{R^3 i e^{3i\theta}}{R^4 e^{4i\theta} + R^2 e^{2i\theta} + 1} \right| d\theta$$

$$\leq \int_0^\pi \frac{R^3}{R^4 - R^2 - 1} d\theta = \frac{\pi R^3}{R^4 - R^2 - 1}.$$

f) Da $\lim\limits_{R\to\infty} \frac{R^3}{R^4-R^2-1} = 0$ und die Gleichung $\int_{\Gamma_R} f(z)dz + \int_{S_R} f(z)dz = \frac{\pi}{\sqrt{3}}$

gilt, existiert $\lim\limits_{R\to\infty} \int_{S_R} f(z)dz$, und dieser Grenzwert ist $\frac{\pi}{\sqrt{3}}$. Schreibt man

$\int_{S_R} f(z)dz$ als $\int_{-R}^{R} \frac{x^2}{x^4+x^2+1}dx$ (wegen der gewählten Parameterdarstellung $[-R,R] \to \mathbb{C}$, $x \mapsto x$ von S_R), so erhalten wir:

$$\int\limits_{-\infty}^{\infty} \frac{x^2}{x^4+x^2+1}dx = \frac{\pi}{\sqrt{3}}.$$

Aufgabe 76

Sei $p, p(x) = x^5 - 3x - 1$ ein Polynom mit reellen Koeffizienten.

a) Beweisen Sie, ohne Kenntnisse aus der Funktionentheorie zu verwenden, dass p drei reelle Nullstellen hat und geben Sie drei Intervalle der Länge kleiner gleich $\frac{1}{2}$, in welchen sich diese Nullstellen befinden. Dafür berechnen Sie $p(-1,4)$ und $p(1,4)$.

b) Zeigen Sie mit Hilfe des Satzes von Rouché, dass die nichtreellen Nullstellen von p im Kreisring $\triangle_{1,\frac{7}{5}} := \{z \in \mathbb{C} \mid 1 < |z| < \frac{7}{5}\}$ liegen.

Lösung:

a) $p'(x) = 5x^4 - 3 = (\sqrt{5}x^2 + \sqrt{3})(\sqrt{5}x^2 - \sqrt{3})$ hat die Nullstellen $x = \pm\sqrt[4]{\frac{3}{5}} \approx \pm 0,8801$. Es gilt:

$$p\left(\sqrt[4]{\frac{3}{5}}\right) = \sqrt[4]{\frac{3}{5}}\left(\frac{3}{5}-3\right) - 1 < 0 \,, \quad p\left(-\sqrt[4]{\frac{3}{5}}\right) = \sqrt[4]{\frac{3}{5}}\left(-\frac{3}{5}+3\right) - 1 > 0 \,,$$

$p(1) = -3$, $p(-1) = 1$, $p(0) = -1$, $p(-0,5) = -0,03125 + 1,5 - 1 > 0$,

$p(-1,4) = -5,37824 + 4,2 - 1 = -2,17824$ und

$p(1,4) = 5,37824 - 4,2 - 1 = 0,17824$.

Aus diesen Daten folgt:

→ p wächst streng monoton auf $]-\infty, -\sqrt[4]{\frac{3}{5}}]$; wegen $p(-1,4) < 0$ und $p(-1) > 0$ hat p genau eine Nullstelle auf dem Intervall $]-\frac{7}{5},-1[$.

→ p fällt streng monoton auf dem Intervall $[-\sqrt[4]{\frac{3}{5}}, \sqrt[4]{\frac{3}{5}}]$; aus $p(-0,5) > 0$ und $p(0) < 0$ folgt, dass p eine weitere Nullstelle im Intervall $]-\frac{1}{2}, 0[$ besitzt.

→ p wächst streng monoton auf dem Intervall $[\sqrt[4]{\frac{3}{5}}, \infty[$. Die Werte von p in 1 und 1,4 zeigen, dass p im Intervall $]1, \frac{7}{5}[$ eine dritte (und letzte!) reelle Nullstelle hat.

Damit müssen die anderen zwei noch vorhandenen Nullstellen von p komplex sein.

b) Setzt man $f_1(z) := -3z$ und $g_1(z) := z^5 - 1$, so folgt $p(z) = g_1(z) + f_1(z)$. Für $z \in \partial\Delta_1$ gilt $|g_1(z)| \leq |z|^5 + 1 = 2 < 3 = |3z| = |f_1(z)|$.

Aus dem Satz von Rouché folgt, dass p und f_1 in Δ_1 dieselbe Anzahl von Nullstellen haben, also eine (da f_1 nur 0 als Nullstelle hat). Diese Nullstelle von p ist – wie in a) gezeigt – reell und liegt zwischen $-\frac{1}{2}$ und 0 .

Setzt man nun $f_2(z) := z^5$ und $g_2(z) := -3z - 1$, so gilt $p = f_2 + g_2$ und für jedes $z \in \partial\Delta_{\frac{7}{5}}$: $|f_2(z)| = |z|^5 = (\frac{7}{5})^5 = 5,3784 > 5,2 = 3 \cdot 1,4 + 1 = 3|z| + 1 \geq |g_2(z)|$.

Da f_2 in $\Delta_{\frac{7}{5}}$ genau 5 Nullstellen hat (nämlich 0 als fünffache Nullstelle), hat p in $\Delta_{\frac{7}{5}}$ alle 5 Nullstellen, und damit 4 in $\Delta_{1,\frac{7}{5}}$. Zwei von denen sind reell; die anderen zwei sind die noch gesuchten komplexen Nullstellen.

Man bemerke, dass diese Nullstellen zueinander komplex konjugiert sind, da p reelle Koeffizienten hat. ($p(\xi) = 0 \iff \overline{p(\xi)} = 0 \iff p(\overline{\xi}) = 0$.)

Aufgabe 77

Seien $a, b, c \in \mathbb{R}^*$, $a > 0$ und $q : \mathbb{C} \to \mathbb{C}$, $q(z) = z^2$.

a)   Bestimmen Sie die Menge $D := \{z \in \mathbb{C} \mid q \text{ ist lokal konform in } z\}$.
b)   Ist $q : D \to q(D)$ konform?
c)   Bestimmen Sie das q-Bild
 →   jeder Geraden, die durch den Nullpunkt geht,
 →   jedes Kreises mit Null als Mittelpunkt,
 →   jeder Geraden, die parallel zu einer der Koordinatenachsen ist,
 →   jeder Halbebene $R_a := \{z \in \mathbb{C} \mid \mathrm{Re}\, z > a\}$,
 →   jeder Halbebene $U_a := \{z \in \mathbb{C} \mid \mathrm{Im}\, z > a\}$.
d)   Wie erklären Sie die Tatsache, dass die Geraden $x = b$ und $y = c$ sich in einem Punkt, aber deren q-Bilder sich in zwei Punkten schneiden?

Lösung:

a) Bekanntlich gilt $D = \{z \in \mathbb{C} \mid q'(z) \neq 0\}$. Da $q'(z) = 2z$ gilt, hat man $D = \mathbb{C}^* = \mathbb{C} \setminus \{0\}$.

b) Nein, weil jedes $w \in \mathbb{C}^* = q(\mathbb{C}^*)$ zwei q-Urbilder besitzt. Ist $w = re^{i\varphi} = r(\cos\varphi + i\sin\varphi)$, so sind $\pm\sqrt{r}(\cos\frac{\varphi}{2} + i\sin\frac{\varphi}{2})$ seine q-Urbilder.

c) Das Bild der x-Achse ist $\mathbb{R}_0^+ = \{x \in \mathbb{R} \mid x \geq 0\}$. Wenn x von $-\infty$ bis Null, und dann weiter bis $+\infty$ läuft, so läuft der Bildpunkt von $+\infty$ bis Null und dann zurück bis $+\infty$. Das Bild der y-Achse ist das Intervall $]-\infty, 0]$ auf der reellen Achse. Ist $y = mx$ mit $m \neq 0$ eine weitere Gerade durch den Nullpunkt, so ist das q-Bild die Menge $\{(x + imx)^2 \mid x \in \mathbb{R}\} = \{x^2(1 - m^2) + 2imx^2 \mid x \in \mathbb{R}\} = \{(1 - m^2)t + 2imt \mid t \geq 0\}$. Auch diese

Halbgerade wird zweimal durchlaufen. Insbesondere bekommt man für $m = 1$
und $m = -1$ (also für die Winkelhalbierenden) die Intervalle $[0, +\infty[$ bzw.
$]-\infty, 0]$ auf der imaginären Achse. Es gilt $q(\triangle_r) = \triangle_{r^2}$ und $q(\partial\triangle_r) = \partial\triangle_{r^2}$.
Sei $x = b$ eine Gerade, die parallel zur y-Achse ist. Ein beliebiger Punkt $b + iy$
dieser Geraden wird mittels q auf $b^2 - y^2 + 2iby$ abgebildet. Betrachtet man
in der Bildebene die Koordinaten u und v und eliminiert man y aus

$$u = b^2 - y^2 \quad , \quad v = 2iby \, ,$$

so gewinnt man die Parabel $u = b^2 - \frac{v^2}{4b^2}$. Sie hat $u = 0$ als Symmetrieachse.
Diese Achse schneidet die Parabel in $(b^2, 0)$. Die Parabel öffnet sich gegen
$-\infty$. Analog zeigt man, dass das q-Bild der Geraden $y = c$ die Parabel
$u = \frac{v^2}{4c^2} - c^2$ mit $u = 0$ als Symmetrieachse ist. Die Parabel schneidet diese
Achse in $(-c^2, 0)$ und öffnet sich gegen $+\infty$.
Das q-Bild des Randes $x = a$ von R_a ist die Parabel $u = a^2 - \frac{v^2}{4a^2}$. Sie zer-
legt die (u, v)-Ebene in zwei einfach zusammenhängende Gebiete. Dasjenige,
welches den Nullpunkt nicht enthält, ist

$$L_a := \{u + iv \mid u > a^2\} \cup \{u + iv \mid u \leq a^2 \, , \, v < -2|a|\sqrt{a^2 - u}\}$$
$$\cup \{u + iv \mid u \leq a^2 \, , \, v > 2|a|\sqrt{a^2 - u}\} \, .$$

Wir zeigen, dass $L_a = q(R_a)$ gilt: Sei $x + iy \in R_a$ beliebig, also $x > 0$.
Dann ist $q(x + iy) = x^2 - y^2 + 2ixy =: u + iv$. Für $u > a^2$ liegt
$q(x + iy)$ in L_a. Sei $u \leq a^2$; dann gilt $x^2 - u > a^2 - u \geq 0$. Man hat
entweder $v = 2xy = -2x\sqrt{x^2 - u}$ oder $x = 2xy = 2x\sqrt{x^2 - u^2}$. Wegen
$x > |a| > 0$ folgt dann entweder $v = 2x\sqrt{x^2 - u} \geq 2x\sqrt{a^2 - u} > 2|a|\sqrt{a^2 - u}$
oder $v = -2x\sqrt{x^2 - u} \leq -2x\sqrt{a^2 - u} < -2|a|\sqrt{a^2 - u}$. In beiden Fällen liegt
also $q(x + iy)$ in L_a .
Sei nun $u + iv \in L_a$. Wir zeigen, dass ein $x_0 + iy_0 \in R_a$ mit $q(x_0 + iy_0) = u + iv$
existiert. (Da q eingeschränkt auf R_a injektiv ist, ist dieses Element $x_0 + iy_0$
sogar eindeutig bestimmt.) Man betrachte das Gleichungssystem

$$x^2 - y^2 = u \quad , \quad 2xy = v \, .$$

Es folgt $4x^4 - 4ux^2 - v^2 = 0$ und damit $x^2 = \frac{u + \sqrt{u^2 + v^2}}{2}$. (Man bemerke, dass
der Wert $\frac{1}{2}(u - \sqrt{u^2 + v^2}) \leq 0$ und damit uninteressant ist.) Ist $u > a^2$, so
ist $\sqrt{u^2 + v^2} > a^2$ und damit auch $x^2 > \frac{a^2 + a^2}{2} = a^2$. Es gibt eine (einzige)
Lösung $x_0 > |a|$. Mit $y_0 := \frac{v}{2x_0}$ hat man das gesuchte Element $x_0 + iy_0$ aus
R_a gefunden.
Sei nun $u \leq a^2$ und $v > 2|a|\sqrt{a^2 - u}$; es folgt

$$\frac{u + \sqrt{u^2 + v^2}}{2} > \frac{u + \sqrt{u^2 + 4a^4 - 4a^2u}}{2} = \frac{u + 2a^2 - u}{2} = a^2 .$$

Deshalb gibt es wieder eine Lösung (x_0, y_0) mit $x_0 = \sqrt{\frac{u + \sqrt{u^2 + v^2}}{2}} > |a|$, d.h. $x_0 + iy_0 \in R_a$. Analog folgt aus $u \leq a^2$ und $v < -2|a|\sqrt{a^2 - u}$ zuerst $\frac{u + \sqrt{u^2 + v^2}}{2} > a^2$ und damit $x_0 > |a|$, usw.

Ähnlich zeigt man, dass $q(U_a)$ die folgende Menge ist: $\{u + iv \mid u < -a^2\} \cup \{u + iv \mid u \geq -a^2, v > 2|a|\sqrt{u + a^2}\} \cup \{u + iv \mid u \geq -a^2, v < -2|a|\sqrt{u + a^2}\}$.
Eine geometrische Beweisidee: Man betrachtet U_a als Vereinigung aller Geraden $y = b$ mit $b > a$. Dann ist $q(U_a)$ die Vereinigung aller Parabeln $u = \frac{v^2}{4b^2} - b^2$. Damit vermeidet man die obigen mühsamen Rechnungen.

d) Die Parabeln $u = b^2 - \frac{v^2}{4b^2}$ und $u = \frac{v^2}{4c^2} - c^2$ schneiden sich in zwei Punkten, nämlich $(b^2 - c^2, 2bc)$ und $(b^2 - c^2, -2bc)$. Der erste Punkt ist das q-Bild des Schnittpunktes (b, c) der beiden Geraden. Der andere Punkt ist das q-Bild von $(b, -c)$ und $(-b, c)$, die jeweils auf den Geraden $x = b$ und $y = c$ liegen.

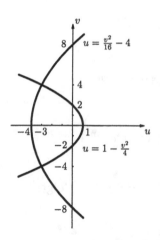

Abbildung 3.26.
Die Parabeln $u = \frac{v^2}{16} - 4$ und $u = 1 - \frac{v^2}{4}$

Erklärung zu Abbildung 3.26, die für $b = 1$ und $c = 2$ angefertigt wurde: Da die Geraden $x = 1$ und $y = 2$ zueinander senkrecht sind und q in $1 + 2i$ lokal konform ist, sind auch die Parabeln in $(-3, 4)$ und aus Gründen der Symmetrie auch in $(-3, -4)$ senkrecht zueinander.

Aufgabe 78

a)   Begründen Sie die Existenz der Laplacetransformierten der Funktion
$f : [0, \infty[\to \mathbb{R}$, mit $f(t) = (-1)^{n+1}$, falls $t \in [n - 1, n[$, $n \in \mathbb{N}$.

b)   Bestimmen Sie die Konvergenzhalbebene dieser Transformierten.
c)   Berechnen Sie $L[f](s)$ für $\operatorname{Re} s > k_f$.

Lösung:
a) Sei $s \in \mathbb{C}$ mit $\sigma = \operatorname{Re} s > 0$. Dann gilt $|f(t)e^{-st}| = e^{-\sigma t}$ für jedes $t \geq 0$.
Da $\int_0^\infty e^{-\sigma t} dt$ existiert, existiert auch $L[f](s)$ für $\operatorname{Re} s > 0$. Insbesondere gilt
$k_f \leq 0$.
b) $\int_0^\infty f(t)dt$ existiert nicht, da für $n \geq 1$ gilt:

$$\int_0^n f(t)dt = 1 - 1 + 1 - 1 + \ldots + (-1)^{n+1} = \begin{cases} 0 & \text{, falls } n \text{ gerade,} \\ 1 & \text{, falls } n \text{ ungerade.} \end{cases}$$

Deshalb ist $k_f = 0$ und $\{s \in \mathbb{C} \mid \operatorname{Re} s > 0\}$ die Konvergenzhalbebene.
c) Sei $n \geq 1$. Dann gilt für jedes $s \in \mathbb{C}$ mit $\operatorname{Re} s > 0$:

$$\int_0^n f(t)e^{-st}dt = \sum_{k=1}^n \int_{k-1}^k f(t)e^{-st}dt = -\frac{1}{s}\sum_{k=1}^n \left((-1)^{k+1}e^{-st} \Big|_{k-1}^k \right)$$

$$= \frac{1}{s}\sum_{k=1}^n (-1)^{k+1}(e^{-s(k-1)} - e^{-sk})$$

$$= \frac{1}{s}\left(1 + 2\sum_{k=1}^{n-1}(-1)^k e^{-sk} + (-1)^{n+2}e^{-sn} \right)$$

$$= \frac{1}{s}\left(1 - 2e^{-s}\sum_{k=0}^{n-2}(-1)^k e^{-sk} + (-1)^n e^{-sn} \right) .$$

Da $\lim\limits_{n \to \infty} \sum_{k=0}^{n-2}(-1)^k e^{-sk} = \frac{1}{1+e^{-s}}$ und $\lim_{n\to\infty} e^{-sn} = 0$ gelten, folgt:

$$L[f](s) = \int_0^\infty f(t)e^{-st}dt = \frac{1}{s}\left(1 - 2e^{-s}\frac{1}{1+e^{-s}} \right) = \frac{1-e^{-s}}{s(1+e^{-s})} .$$

Eine weitere Möglichkeit, $L[f]$ zu berechnen, ergibt sich aus der Periodizität
von f. Da 2 die (kleinste) Periode von f ist, gilt für s mit $\operatorname{Re} s > 0$:

$$(1 - e^{-2s})L[f](s) = \int_0^2 f(t)e^{-st}dt = \int_0^1 e^{-st}dt - \int_1^2 e^{-st}dt$$

$$= \frac{1}{s}(1 - e^{-s}) - \frac{1}{s}(e^{-s} - e^{-2s}) = \frac{1}{s}(1 - e^{-s})^2 .$$

Daraus folgt (wie erwartet) $L[f](s) = \frac{1}{s(1-e^{-2s})}(1 - e^{-s})^2 = \frac{1-e^{-s}}{s(1+e^{-s})}$.

Aufgabe 79

Bestimmen Sie eine für die Laplacetransformation zulässige Funktion f mit der Eigenschaft

$$L[f](s) = \frac{2s^4 + s^2 - 9s + 9}{s^3(s^2 + 9)} .$$

Lösung:

Man sucht reelle Zahlen A, B, C, D, E mit der Eigenschaft

$$\frac{A}{s^3} + \frac{B}{s^2} + \frac{C}{s} + \frac{Ds + E}{s^2 + 9} = \frac{2s^4 + s^2 - 9s + 9}{s^3(s^2 + 9)} .$$

Es folgt

$$A(s^2 + 9) + Bs(s^2 + 9) + Cs^2(s^2 + 9) + Ds^4 + Es^3 = 2s^4 + s^2 - 9s + 9 ,$$
$$(C + D)s^4 + (B + E)s^3 + (A + 9C)s^2 + 9Bs + 9A = 2s^4 + s^2 - 9s + 9 .$$

Die gesuchten Zahlen müssen dem folgenden linearen Gleichungssystem genügen:

$$C + D = 2 \,,\ B + E = 0 \,,\ A + 9C = 1 \,,\ 9B = -9 \,,\ 9A = 9 \,.$$

Es ergibt sich die eindeutige Lösung $A = 1$, $B = -1$, $C = 0$, $D = 2$ und $E = 1$. Man hat also für alle $s \in \mathbb{C}$ mit $\operatorname{Re} s > 0$

$$
\begin{aligned}
L[f](s) &= \frac{1}{s^3} - \frac{1}{s^2} + \frac{2s + 1}{s^2 + 9} \\
&= \frac{1}{2}L[t^2](s) - L[t](s) + 2L[\cos 3t](s) + \frac{1}{3}L[\sin 3t](s) \\
&= L\left[\frac{1}{2}t^2 - t + 2\cos 3t + \frac{1}{3}\sin 3t\right](s) \,.
\end{aligned}
$$

Die Funktion $\frac{1}{2}t^2 - t + 2\cos 3t + \frac{1}{3}\sin 3t$ ist also die einzige stetige Funktion, deren Laplacetransformierte $\frac{2s^4+s^2-9s+9}{s^3(s^2+9)}$ ist.

Aufgabe 80

Bestimmen Sie die stetigen Funktionen f und g und die entsprechenden Konvergenzhalbebenen, so dass gilt:

$$L[f](s) = \frac{3s + 5}{(s + 1)^3} \quad,\quad L[g](s) = \frac{4s^2 - 13s + 13}{(s - 3)(s^2 + 1)} .$$

Lösung:

Es gilt $\frac{3s+5}{(s+1)^3} = \frac{3(s+1)+2}{(s+1)^3} = \frac{3}{(s+1)^2} + \frac{2}{(s+1)^3}$. Wegen $L[te^{-t}](s) = \frac{1}{(s+1)^2}$

und $L[t^2 e^{-t}](s) = \frac{2}{(s+1)^3}$ ist die Funktion $(3t^2 + t)e^{-t}$ die stetige Funktion

f mit $L[f](s) = \frac{3s+5}{(s+1)^3}$. Mit Hilfe der Partialbruchzerlegung $\frac{A}{s-3} + \frac{Bs+C}{s^2+1} =$

$\frac{4s^2 - 13s + 13}{(s-3)(s^2+1)}$ wird die Funktion g gesucht. Aus $A(s^2 + 1) + (Bs + C)(s - 3) =$

$4s^2 - 13s + 13$, d.h. aus $(A + B)s^2 + s(C - 3B) + A - 3C = 4s^2 - 13s + 13$

folgt

$$A + B = 4, \ C - 3B = 13, \ A - 3C = 13 \ .$$

Die Lösung dieses linearen Gleichungssystems lautet $A = 1$, $B = 3$, $C = -4$.
Man hat

$$L[e^{3t}](s) = \frac{1}{s-3} \ , \ L[\cos t](s) = \frac{s}{s^2+1} \quad \text{und} \quad L[\sin t](s) = \frac{1}{s^2+1} \ .$$

Damit ist $L[e^{3t} + 3\cos t - 4\sin t](s) = \frac{4s^2 - 13s + 13}{(s-3)(s^2+1)}$. Die gesuchte stetige Funktion ist $g(t) = e^{3t} + 3\cos t - 4\sin t$.

Für die Funktion f ist $\{s \in \mathbb{C} \mid \text{Re}\, s > -1\}$ die Konvergenzhalbebene, weil sie die Konvergenzebene für te^{-t} und $t^2 e^{-t}$ ist.

$\{s \in \mathbb{C} \mid \text{Re}\, s > 0\}$ und $\{s \in \mathbb{C} \mid \text{Re}\, s > 3\}$ sind die Konvergenzebenen für $\sin t$ und $\cos t$ bzw. e^{3t}. Deren Durchschnitt, also $\{s \in \mathbb{C} \mid \text{Re}\, s > 3\}$ ist die Konvergenzebene von g .

Aufgabe 81

Lösen Sie das Anfangswertproblem

$$y'' - 7y' + 6y = 24e^{3t} \quad , \quad y(0) = 1 \quad , \quad y'(0) = 8$$

mit Hilfe der Laplacetransformation.

Lösung:
Wenden wir die Laplacetransformation auf beide Seiten der Differenzialgleichung an, so erhalten wir mit der Bezeichnung $Y = L[y]$ und unter Benutzung der Beziehungen

$$L[y'](s) = sL[y](s) - y(0) \quad \text{und} \quad L[y''](s) = s^2 L[y](s) - y(0)s - y'(0)$$

die Gleichung $s^2 Y(s) - y(0)s - y'(0) - 7sY(s) + 7y(0) + 6Y(s) = \frac{24}{s-3}$ und
äquivalent dazu $(s^2 - 7s + 6)Y(s) = \frac{24}{s-3} + s + 1$, d.h.

$$Y(s) = \frac{s^2 - 2s + 21}{(s-1)(s-3)(s-6)} = \frac{2}{s-1} - \frac{4}{s-3} + \frac{3}{s-6} \ .$$

Man kann deshalb schreiben $L[y](s) = L[2e^t - 4e^{3t} + 3e^{6t}](s)$. Wegen des Eindeutigkeitssatzes ergibt sich daraus die Lösung des AWP:

$$y(t) = 2e^t - 4e^{3t} + 3e^{6t} .$$

Aufgabe 82

Lösen Sie mit Hilfe der Laplacetransformation die Anfangswertaufgabe

$$y^{(4)} + 10y'' + 9y = \sin 2t - 3\cos 4t \quad , \quad y(0) = y'(0) = y''(0) = y'''(0) = 0 .$$

Lösung:

Mit der Differenziationsregel erhalten wir für die gesuchte Lösung y der Anfangswertaufgabe

$$L[y''](s) = s^2 L[y](s) - sy(0) - y'(0) = s^2 L[y](s) ,$$
$$L[y^{(4)}](s) = s^4 L[y](s) - s^3 y(0) - s^2 y'(0) - sy''(0) - y'''(0) = s^4 L[y](s) .$$

Mit $L[\sin 2t](s) = \frac{2}{s^2+4}$ und $L[\cos 4t](s) = \frac{s}{s^2+16}$ erhält man aus der gestellten Anfangswertaufgabe $(s^4 + 10s^2 + 9)L[y](s) = \frac{2}{s^2+4} - \frac{3s}{s^2+16}$ und damit

$$L[y](s) = \frac{2}{(s^2 + 4)(s^2 + 1)(s^2 + 9)} - \frac{3s}{(s^2 + 16)(s^2 + 1)(s^2 + 9)} ,$$

weil $s^4 + 10s^2 + 9 = (s^2 + 1)(s^2 + 9)$ gilt. Die Partialbruchzerlegungen $\frac{1}{(u+4)(u+1)(u+9)} = \frac{-\frac{1}{15}}{u+4} + \frac{\frac{1}{24}}{u+1} + \frac{\frac{1}{40}}{u+9}$ und $\frac{1}{(u+16)(u+1)(u+9)} = \frac{\frac{1}{105}}{u+16} + \frac{\frac{1}{120}}{u+1} + \frac{-\frac{1}{56}}{u+9}$ führen zu

$$L[y](s) = \frac{1}{12}\frac{1}{s^2+1} - \frac{2}{15}\frac{1}{s^2+4} + \frac{1}{20}\frac{1}{s^2+9} - \frac{1}{40}\frac{s}{s^2+1} + \frac{3}{56}\frac{s}{s^2+9} - \frac{1}{35}\frac{s}{s^2+16}$$
$$= L\left[\frac{1}{12}\sin t - \frac{1}{15}\sin 2t + \frac{1}{60}\sin 3t - \frac{1}{40}\cos t + \frac{3}{56}\cos 3t - \frac{1}{35}\cos 4t\right](s).$$

Nach dem Eindeutigkeitssatz erhalten wir die Lösung

$$y(t) = \frac{1}{12}\sin t - \frac{1}{15}\sin 2t + \frac{1}{60}\sin 3t - \frac{1}{40}\cos t + \frac{3}{56}\cos 3t - \frac{1}{35}\cos 4t .$$

Führen Sie zur Bestätigung die Probe durch!

Aufgabe 83

Lösen Sie mit und ohne Hilfe der Laplacetransformation das folgende Anfangswertproblem:

$$y''' - 2y'' + y = \sin t - 7\cos t \ , \ y(0) = y_0 = -2 \ , \ y'(0) = y_0' = 1 \ , \ y''(0) = y_0'' = 2 .$$

Lösung:

Aus der allgemeinen Formel $L[y^{(k)}](s) = s^k L[y](s) - y_0 s^{k-1} - y_0' s^{k-2} - \ldots - y_0^{(k-1)}$ ergibt sich in unserem Fall

$$L[y'](s) = sL[y](s) + 2 \, ,$$
$$L[y''](s) = s^2 L[y](s) + 2s - 1 \, ,$$
$$L[y'''](s) = s^3 L[y](s) + 2s^2 - s - 2 \, .$$

Deshalb erhält man durch Anwendung der Laplacetransformation auf die gegebene Differenzialgleichung

$$s^3 L[y](s) + 2s^2 - s - 2 - 2s^2 L[y](s) - 4s + 2 + L[y](s) = \tfrac{1}{s^2+1} - 7\tfrac{s}{s^2+1} \, ;$$

daraus folgt $L[y](s) = \frac{-2s^4 + 5s^3 - 2s^2 - 2s + 1}{(s^3 - 2s^2 + 1)(s^2 + 1)}$. Da $s^3 - 2s^2 + 1 = (s-1)(s^2 - s - 1)$ und $-2s^4 + 5s^3 - 2s^2 - 2s + 1 = (-2s + 1)(s - 1)(s^2 - s - 1)$ gelten, hat man $L[y](s) = \frac{-2s+1}{s^2+1} = L[\sin t](s) - 2L[\cos t](s)$. Die gesuchte Lösung ist also $y(t) = \sin t - 2\cos t$.

Die charakteristische Gleichung der linearen, homogenen Differenzialgleichung $y''' - 2y'' + y = 0$ ist $\lambda^3 - 3\lambda^2 + 1 = 0$. Die Nullstellen dazu sind $\lambda_1 = 1$, $\lambda_2 = \frac{1+\sqrt{5}}{2}$, $\lambda_3 = \frac{1-\sqrt{5}}{2}$. Sucht man eine partikuläre Lösung der inhomogenen Gleichung mit dem Ansatz $\alpha \sin t + \beta \cos t$, so erhält man aus

$$-\alpha \cos t + \beta \sin t - 2(-\alpha \sin t - \beta \cos t) + \alpha \sin t + \beta \cos t = \sin t - 7\cos t \, ,$$

d.h. aus $(3\beta - \alpha)\cos t + (\beta + 3\alpha)\sin t = \sin t - 7\cos t$ die Werte $\alpha = 1$, $\beta = -2$. Verlangt man, dass die Funktion

$$y(t) = ae^t + be^{\lambda_2 t} + ce^{\lambda_3 t} + \sin t - 2\cos t$$

den Anfangsbedingungen genügt, so erhält man aus

$$a + b + c - 2 = -2 \, , \quad a + \lambda_2 b + \lambda_3 c + 1 = 1 \, , \quad a + \lambda_2^2 b + \lambda_3^2 c + 2 = 2$$

das homogene Gleichungssystem

$$a + b + c = 0 \, , \quad a + \lambda_2 b + \lambda_3 c = 0 \, , \quad a + \lambda_2^2 b + \lambda_3^2 c = 0 \, .$$

Wegen det $\begin{pmatrix} 1 & 1 & 1 \\ 1 & \lambda_2 & \lambda_3 \\ 1 & \lambda_2^2 & \lambda_3^2 \end{pmatrix} = (1 - \lambda_2)(1 - \lambda_3)(\lambda_3 - \lambda_2) \neq 0$ hat man nur die

triviale Lösung $a = b = c = 0$. Deshalb hat man (erwartungsgemäß) wieder $y(t) = \sin t - 2\cos t$ als Lösung des gestellten Anfangswertproblems.

Aufgabe 84

Ist $a > 0$ und ist f eine für die Laplacetransformation zulässige Funktion, so ist die Lösung des Anfangswertproblems

$$y'' + a^2 y = f(t) , \ y(0) = y_0 , \ y'(0) = y_0'$$

gegeben durch

$$y(t) = \frac{1}{a} \int\limits_0^t f(\tau) \sin[a(t - \tau)]d\tau + \frac{y_0'}{a} \sin at + y_0 \cos at .$$

Verwenden Sie dieses Ergebnis und die Formeln

$$\left(\frac{a}{a^2 + b^2} e^{at} \sin bt - \frac{b}{a^2 + b^2} e^{at} \cos bt \right)' = e^{at} \sin bt ,$$

$$\left(\frac{a}{a^2 + b^2} e^{at} \cos bt + \frac{b}{a^2 + b^2} e^{at} \sin bt \right)' = e^{at} \cos bt ,$$

um das folgende Anfangswertproblem zu lösen:

$$y'' + y = e^{3t} \quad , \quad y_0 = \frac{1}{5} \quad , \quad y_0' = \frac{3}{5} .$$

Lösung:
Unter Benutzung des Additionstheorems für die Sinusfunktion ergibt sich aus dem zitierten Ergebnis

$$y(t) = \int\limits_0^t e^{3\tau} \sin(t - \tau)d\tau + \frac{3}{5} \sin t + \frac{1}{5} \cos t$$

$$= \sin t \int\limits_0^t e^{3t} \cos \tau d\tau - \cos t \int\limits_0^t e^t \sin \tau d\tau + \frac{3}{5} \sin t + \frac{1}{5} \cos t$$

$$= \sin t \left(\frac{3}{10} e^{3\tau} \cos \tau \Big|_0^t + \frac{1}{10} e^{3\tau} \sin \tau \Big|_0^t \right) + \frac{3}{5} \sin t$$

$$\quad - \cos t \left(\frac{3}{10} e^{3\tau} \sin \tau \Big|_0^t - \frac{1}{10} e^{3\tau} \cos \tau \Big|_0^t \right) + \frac{1}{5} \cos t$$

$$= \sin t \left(\frac{3}{10} e^{3t} \cos t - \frac{3}{10} + \frac{1}{10} e^{3t} \sin t \right) + \frac{3}{5} \sin t$$

$$-\cos t \left(\frac{3}{10} e^{3t} \sin t - \frac{1}{10} e^{3t} \cos t + \frac{1}{10} \right) + \frac{1}{5} \cos t$$

$$= \frac{1}{10} e^{3t} + \frac{3}{10} \sin t + \frac{1}{10} \cos t \,.$$

Aufgabe 85

Seien $\alpha \in \mathbb{R}^*$ und $n \in \mathbb{N}$. Stellen Sie mit Hilfe der Faltungsregel die Funktion F, $F(t) := \int_0^t e^{\alpha\tau}(t-\tau)^n d\tau$ explizit, d.h. ohne das Integralzeichen dar.

Lösung:
Für $s \in \mathbb{C}$ mit $\operatorname{Re} s > 0$ und $\operatorname{Re}(s - \alpha) > 0$ gilt

$$L[F(t)](s) = L[e^{\alpha t} * t^n](s) = L[e^{\alpha t}](s) \cdot L[t^n](s) = \frac{1}{s - \alpha} \cdot \frac{n!}{s^{n+1}} \,.$$

Man bestimmt nun die Koeffizienten $A, B_1, B_2, \ldots, B_{n+1}$ der Partialbruchzerlegung

$$\frac{1}{(s-\alpha)s^{n+1}} = \frac{A}{s-\alpha} + \frac{B_1}{s} + \frac{B_2}{s^2} + \ldots + \frac{B_n}{s^n} + \frac{B_{n+1}}{s^{n+1}} \,.$$

Aus $1 = As^{n+1} + B_1(s-\alpha)s^n + B_2(s-\alpha)s^{n-1} + \ldots + B_n(s-\alpha)s + B_{n+1}(s-\alpha)$ folgt $A + B_1 = 0$, $-\alpha B_1 + B_2 = 0, \ldots, -\alpha B_n + B_{n+1} = 0$, $-\alpha B_{n+1} = 1$ und daraus $B_{n+1} = -\frac{1}{\alpha}$, $B_n = -\frac{1}{\alpha^2}, \ldots, B_1 = -\frac{1}{\alpha^{n+1}}$, $A = \frac{1}{\alpha^{n+1}}$. Es gilt

$$L[F(t)](s) = n! \left[\frac{1}{\alpha^{n+1}} \cdot \frac{1}{s-\alpha} - \sum_{k=1}^{n+1} \frac{1}{\alpha^k} \cdot \frac{1}{s^{n-k+2}} \right]$$

$$= n! \left[\frac{1}{\alpha^{n+1}} L[e^{\alpha t}](s) - \sum_{k=1}^{n+1} \frac{1}{\alpha^k} \cdot \frac{1}{(n-k+1)!} L[t^{n-k+1}](s) \right]$$

$$= \frac{n!}{\alpha^{n+1}} L \left[e^{\alpha t} - \sum_{k=1}^{n+1} \frac{\alpha^{n-k+1}}{(n-k+1)!} t^{n-k+1} \right] (s) \,.$$

Der Eindeutigkeitssatz ergibt $F(t) = \frac{n!}{\alpha^{n+1}} (e^{\alpha t} - \sum_{k=0}^{n} \frac{\alpha^{n-k}}{(n-k)!} t^{n-k})$.

Aufgabe 86

Lösen Sie das folgende Anfangswertproblem mit Hilfe der Laplacetransformation:

$$y_1' = -6y_2 \,,\ y_2' = -y_1 + y_2 \,,\ y_1(0) = y_{10} = 5 \,,\ y_2(0) = y_{20} = 0 \,.$$

Lösung:
Durch die Anwendung der Laplacetransformation erhalten wir für $Y_1 = L[y_1]$
und $Y_2 = L[y_2]$ das lineare Gleichungssystem

$$sY_1(s) - 5 = -6Y_2(s) \quad , \quad sY_2(s) = -Y_1(s) + Y_2(s) \ ,$$

mit der Lösung $Y_1(s) = \frac{5s-5}{s^2-s-6}$, $Y_2(s) = -\frac{5}{s^2-s-6}$. Aus den Partialbruchzerlegungen $Y_1(s) = \frac{5(s-1)}{(s+2)(s-3)} = \frac{3}{s+2} + \frac{2}{s-3}$, $Y_2(s) = \frac{-5}{(s+2)(s-3)} =$
$\frac{1}{s+2} - \frac{1}{s-3}$ erhält man $Y_1(s) = L[3e^{-2t} + 2e^{3t}](s)$, $Y_2(s) = L[e^{-2t} - e^{3t}](s)$
und daraus wegen des Eindeutigkeitssatzes $y_1(t) = 3e^{-2t} + 2e^{3t}$, $y_2(t) =$
$e^{-2t} - e^{3t}$. Führen Sie die leichte Probe durch!

Aufgabe 87

Lösen Sie das folgende Anfangswertproblem mit Hilfe der Laplacetransformation:

$$
\begin{aligned}
y_1' &= & y_2 & - 3y_3 \\
y_2' &= -y_1 + & 2y_2 & - y_3 \\
y_3' &= y_1 - & y_2 & + 4y_3 \\
\end{aligned}
$$
$$y_{10} = 1 \, , \, y_{20} = 2 \, , \, y_{30} = 0 \ .$$

Lösung:
Mit $Y_j(s) = L[y_j(t)](s)$, $j = 1, 2, 3$ ergibt sich aus dem homogenen System
von linearen Differenzialgleichungen das lineare System

$$
\begin{aligned}
sY_1(s) - & Y_2(s) + & 3Y_3(s) &= 1 \\
Y_1(s) + (s-2)Y_2(s) + & Y_3(s) &= 2 \\
-Y_1(s) + & Y_2(s) + (s-4)Y_3(s) &= 0 \ .
\end{aligned}
$$

Um die Cramersche Regel anzuwenden, berechnen wir die Determinanten

$$
\begin{vmatrix}
s & -1 & 3 \\
1 & s-2 & 1 \\
-1 & 1 & s-4
\end{vmatrix} = s(s-2)(s-4) + 4 + 3(s-2) - s + s - 4
$$

$$= (s-1)(s-2)(s-3) \ ,$$

$$
\begin{vmatrix}
1 & -1 & 3 \\
2 & s-2 & 1 \\
0 & 1 & s-4
\end{vmatrix} = (s-2)(s-4) + 6 - 1 + 2(s-4) = s^2 - 4s + 5 \ ,
$$

$$\begin{vmatrix} s & 1 & 3 \\ 1 & 2 & 1 \\ -1 & 0 & s-4 \end{vmatrix} = 2s(s-4) - 1 + 6 - (s-4) = 2s^2 - 9s + 9 \, ,$$

$$\begin{vmatrix} s & -1 & 1 \\ 1 & s-2 & 2 \\ -1 & 1 & 0 \end{vmatrix} = 2 + 1 + s - 2 + 2s = 1 - s \, .$$

Deshalb hat man für alle $s \in \mathbb{C}$ mit $\operatorname{Re} s > 3$

$$Y_1(s) = \frac{s^2 - 4s + 5}{(s-1)(s-2)(s-3)} = \frac{1}{s-1} - \frac{1}{s-2} + \frac{1}{s-3}$$
$$= L[e^t - e^{2t} + e^{3t}](s) \, ,$$

$$Y_2(s) = \frac{2s^2 - 9s + 9}{(s-1)(s-2)(s-3)} = \frac{2s-3}{(s-1)(s-2)} = \frac{1}{s-1} + \frac{1}{s-2}$$
$$= L[e^t + e^{2t}](s) \, ,$$

$$Y_3(s) = \frac{1-s}{(s-1)(s-2)(s-3)} = \frac{1}{s-2} - \frac{1}{s-3} = L[e^{2t} - e^{3t}](s) \, .$$

Die Lösung des Anfangswertproblems ist also

$$y_1(t) = e^t - e^{2t} + e^{3t} \, , \; y_2(t) = e^t + e^{2t} \, , \; y_3(t) = e^{2t} - e^{3t} \, .$$

Aufgabe 88

Bestimmen Sie jeweils die Fouriertransformierten von f :

i) f ist durch Abbildung 3.27 gegeben.

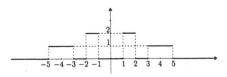

Abbildung 3.27. Gesucht ist die Fouriertransformierte von f

ii) $f : \mathbb{R} \to \mathbb{R}$, $f(t) := \begin{cases} \sin 3t + \frac{\pi}{3} - t & \text{für } 0 \leq t \leq \frac{\pi}{3} \, , \\ \sin 3t + \frac{\pi}{3} + t & \text{für } -\frac{\pi}{3} \leq t \leq 0 \, , \\ \qquad 0 & \text{sonst.} \end{cases}$

Lösung:

i) Wir gehen von der Definition der Fouriertransformierten aus; danach hat man

$$\hat{f}(\omega) = \int\limits_{-\infty}^{\infty} f(t)e^{-i\omega t}dt = \int\limits_{-5}^{-3} e^{-i\omega t}dt + 2\int\limits_{-2}^{-1} e^{-i\omega t}dt + 2\int\limits_{1}^{2} e^{-i\omega t}dt + \int\limits_{3}^{5} e^{-i\omega t}dt$$

$$= \frac{1}{-i\omega}\left[e^{-i\omega t}\Big|_{-5}^{-3} + 2e^{-i\omega t}\Big|_{-2}^{-1} + 2e^{-i\omega t}\Big|_{1}^{2} + e^{-i\omega t}\Big|_{3}^{5} \right]$$

$$= \frac{i}{\omega}\left[\cos 3\omega + i\sin 3\omega - (\cos 5\omega + i\sin 5\omega) + 2(\cos\omega + i\sin\omega)\right.$$

$$-2(\cos 2\omega + i\sin 2\omega) + 2(\cos 2\omega - i\sin 2\omega) - 2(\cos\omega - i\sin\omega)$$

$$\left.+ (\cos 5\omega - i\sin 5\omega) - (\cos 3\omega - i\sin 3\omega)\right]$$

$$= \frac{2}{\omega}[\sin 5\omega - \sin 3\omega + 2\sin 2\omega - 2\sin\omega]\,.$$

ii) Mit den Funktionen $g, h : \mathbb{R} \to \mathbb{R}$,

$$g(t) = \begin{cases} \sin 3t & \text{falls } |t| \le \frac{\pi}{3}\,, \\ 0 & \text{sonst} \end{cases} \quad \text{und} \quad h(t) = \begin{cases} 1 - \frac{3}{\pi}|t| & \text{falls } |t| \le \frac{\pi}{3}\,, \\ 0 & \text{sonst} \end{cases}$$

lässt sich f als Summe von g und $\frac{\pi}{3} \cdot h$ darstellen, d.h. $f(t) = g(t) + \frac{\pi}{3}h(t)$ für alle $t \in \mathbb{R}$. Dabei ist h der Dreieckimpuls der Breite $\frac{2\pi}{3}$ (d.h. $T = \frac{\pi}{3}$). Nach den Regeln über Addition und Ähnlichkeit folgt für $\omega \neq 0$

$$F(f)(\omega) = F(g)(\omega) + \frac{\pi}{3}F(h)(\omega) = \frac{1}{3}F(\sin t)\left(\frac{\omega}{3}\right) + \frac{\pi}{3}F(h)(\omega)$$

$$= \frac{1}{3}\frac{2i}{\left(\frac{\omega}{3}\right)^2 - 1}\sin\left(\frac{\pi\omega}{3}\right) + \frac{\pi}{3}\frac{4}{\omega^2\frac{\pi}{3}}\sin^2\left(\frac{\pi\omega}{6}\right)$$

$$= \frac{6i}{\omega^2 - 9}\sin\left(\frac{\pi\omega}{3}\right) + \frac{4}{\omega^2}\sin^2\left(\frac{\pi\omega}{6}\right)\,.$$

Für $\omega = 0$ hat man $F(f)(\omega) = \frac{\pi^2}{9}$, da $\int_{-\frac{\pi}{3}}^{\frac{\pi}{3}} g(t)dt = 0$ und $\int_{-\frac{\pi}{3}}^{\frac{\pi}{3}} h(t)dt = \frac{\pi}{3}$ gilt.

Aufgabe 89

Bestimmen Sie mit Hilfe der Fouriertransformation die stetige, ungerade und über $\mathbb{R}$ absolut integrierbare Funktion $f : \mathbb{R} \to \mathbb{R}$ mit der Eigenschaft

$$\int\limits_{0}^{\infty} f(x)\sin(\xi x)dx = \begin{cases} \xi + \xi^2 & \text{für } 0 \le \xi \le 1\,, \\ 0 & \text{für } \xi > 1\,. \end{cases}$$

Lösung:

Mit f ist auch $\hat{f}$ ungerade, und es gilt

$$\hat{f}(\xi) = \int\limits_{-\infty}^{\infty} f(x)e^{-i\xi x}dx = -2i\int\limits_{0}^{\infty} f(x)\sin(\xi x)dx$$

$$= \begin{cases} -2i(\xi + \xi^2) & \text{für } 0 \le \xi \le 1 \,, \\ 0 & \text{für } \xi > 1 \,. \end{cases}$$

$\hat{f}$ ist absolut integrierbar über IR. Es folgt für $x \ne 0$

$$f(x) = \frac{1}{2\pi}\int\limits_{-\infty}^{\infty}\hat{f}(\xi)e^{ix\xi}d\xi = \frac{i}{\pi}\int\limits_{0}^{\infty}\hat{f}(\xi)\sin(x\xi)d\xi = \frac{2}{\pi}\int\limits_{0}^{1}(\xi + \xi^2)\sin(x\xi)d\xi$$

$$= \frac{2}{\pi}\left[-(\xi + \xi^2)\frac{\cos(x\xi)}{x}\,\Big|_{\xi=0}^{\xi=1} + \int\limits_{0}^{1}(1 + 2\xi)\frac{\cos(x\xi)}{x}d\xi\right]$$

$$= \frac{2}{\pi}\left[-2\frac{\cos x}{x} + (1 + 2\xi)\frac{\sin(x\xi)}{x^2}\,\Big|_{\xi=0}^{\xi=1} - 2\int\limits_{0}^{1}\frac{\sin(x\xi)}{x^2}d\xi\right]$$

$$= \frac{2}{\pi}\left[-2\frac{\cos x}{x} + 3\frac{\sin x}{x^2} + 2\frac{\cos(x\xi)}{x^3}\,\Big|_{\xi=0}^{\xi=1}\right]$$

$$= \frac{2}{\pi}\cdot\frac{3x\sin x - 2x^2\cos x + 2\cos x - 2}{x^3}\,.$$

Den Grenzwert von f im Nullpunkt berechnet man mit der Regel von de l'Hospital:

$$\lim_{x\to 0}f(x) = \frac{2}{\pi}\lim_{x\to 0}\frac{3x\sin x - 2x^2\cos x + 2\cos x - 2}{x^3}$$

$$= \frac{2}{\pi}\lim_{x\to 0}\frac{3\sin x + 3x\cos x - 4x\cos x + 2x^2\sin x - 2\sin x}{3x^2}$$

$$= \frac{2}{3\pi}\lim_{x\to 0}\frac{\sin x - x\cos x + 2x^2\sin x}{x^2}$$

$$= \frac{2}{3\pi}\lim_{x\to 0}\frac{\cos x - \cos x + x\sin x + 2x^2\cos x + 4x\sin x}{2x}$$

$$= \frac{1}{3\pi}\lim_{x\to 0}(5\sin x - 2x\cos x) = 0\,.$$

Deshalb ist die gesuchte Funktion

$$f(x) = \begin{cases} \dfrac{2}{\pi} \cdot \dfrac{3x\sin x - 2x^2\cos x + 2\cos x - 2}{x^3} & \text{, falls } x \neq 0 \, , \\[4mm] 0 & \text{, falls } x = 0 \, , \end{cases}$$

und ist sowohl stetig als auch ungerade.

3.3 Erster Test für das dritte Kapitel

Aufgabe 1

Betrachten Sie die Raumkurve $\mathbf{x} : \mathbb{R} \to \mathbb{R}^3$, $\mathbf{x}(t) = (t^2 - 1, t^2 + 1, \frac{1}{3}t^3)^T$. Berechnen Sie

a)   die Bogenlänge zwischen $(0, 2, -\frac{1}{3})^T$ und $(0, 2, \frac{1}{3})^T$,

b)   das begleitende Dreibein in $\mathbf{x}(t)$,

c)   die Krümmung und die Torsion im Punkt $\mathbf{x}(t)$, falls $\mathbf{x}'(t) \neq \mathbf{0}$ gilt.

d)   Ist diese Kurve eine ebene Kurve?

Lösung:

a) Man hat $\mathbf{x}(t) = \begin{pmatrix} t^2 - 1 \\ t^2 + 1 \\ \frac{1}{3}t^3 \end{pmatrix}$, $\mathbf{x}'(t) = \begin{pmatrix} 2t \\ 2t \\ t^2 \end{pmatrix}$, $\|\mathbf{x}'(t)\| = |t|\sqrt{t^2 + 8}$.

Die Zuordnung $t \mapsto \frac{1}{3}t^3$ definiert eine streng monotone Funktion; deshalb ist die dritte Komponente von $\mathbf{x}$ und damit $\mathbf{x}$ selbst injektiv. Insbesondere sind -1 und 1 eindeutig bestimmt mit $\mathbf{x}(-1) = (0, 2, -\frac{1}{3})^T$, bzw. $\mathbf{x}(1) = (0, 2, \frac{1}{3})^T$. Die gesuchte Bogenlänge wird deshalb wie folgt berechnet:

$\int_{-1}^{1} |t|\sqrt{t^2 + 8}\, dt = -\int_{-1}^{0} t\sqrt{t^2 + 8}\, dt + \int_{0}^{1} t\sqrt{t^2 + 8}\, dt = -\frac{1}{3}(t^2 + 8)^{3/2}\, |_{-1}^{0}$

$+\frac{1}{3}(t^2 + 8)^{3/2}\, |_{0}^{1} = -\frac{1}{3}(16\sqrt{2} - 27) + \frac{1}{3}(27 - 16\sqrt{2}) = 18 - \frac{32}{3}\sqrt{2}$.

b) Die weiteren Rechnungen werden für $t > 0$ durchgeführt; für $t < 0$ verlaufen sie entsprechend. Man hat:

$$\mathbf{t}(t) = \frac{1}{\|\mathbf{x}'(t)\|}\, \mathbf{x}'(t) = \frac{1}{\sqrt{t^2 + 8}}(2, 2, t)^T ,$$

$$\mathbf{t}'(t) = (-2t(t^2 + 8)^{-3/2}, -2t(t^2 + 8)^{-3/2}, 8(t^2 + 8)^{-3/2})^T$$

$$= \frac{1}{\left(\sqrt{t^2 + 8}\right)^3}(-2t, -2t, 8)^T ,$$

$$\mathbf{n}(t) = \frac{1}{\|\mathbf{t}'(t)\|}\, \mathbf{t}'(t) = \frac{1}{\sqrt{2}\sqrt{t^2 + 8}}(-t, -t, 4)^T ,$$

$$\mathbf{b}(t) = \mathbf{t}(t) \times \mathbf{n}(t) = \frac{1}{\sqrt{2}\sqrt{t^2 + 8}}(8 + t^2, -8 - t^2, 0)^T = \frac{1}{\sqrt{2}}(1, -1, 0)^T .$$

c) Für $t \neq 0$ gilt $\mathbf{x}''(t) = (2, 2, 2t)^T$, $\mathbf{x}'(t) \times \mathbf{x}''(t) = (2t^2, -2t^2, 0)^T$, $\|\mathbf{x}'(t) \times \mathbf{x}''(t)\| = 2\sqrt{2}\, t^2$, $\mathbf{x}'''(t) = (0, 0, 2)^T$, $(2t^2, -2t^2, 0)^T \cdot (0, 0, 2)^T = 0$, und damit

$$\kappa(t) = \frac{\|\mathbf{x}'(t) \times \mathbf{x}''(t)\|}{\|\mathbf{x}'(t)\|^3} = \frac{2\sqrt{2}\, t^2}{|t|^3\, (t^2 + 8)^{3/2}} = \frac{2\sqrt{2}}{|t|\, (t^2 + 8)^{3/2}} ,$$

$$\tau(t) = \frac{\det\left(\mathbf{x}'(t),\ \mathbf{x}''(t),\ \mathbf{x}'''(t)\right)}{\|\mathbf{x}'(t) \times \mathbf{x}''(t)\|^2} = 0 \ .$$

d) Die Torsion der Raumkurve $\mathbf{x}$ ist in jedem $t \neq 0$ gleich Null. Aus der Theorie kann man folgern, dass sowohl $\mathbf{x}$:$] - \infty, 0[\to \mathsf{IR}^3$ als auch $\mathbf{x}$:$]0, \infty[\to \mathsf{IR}^3$ ebene Kurven sind (aber mehr nicht!). Wegen $(t^2 + 1) - (t^2 - 1) = 2$ liegt sogar das Bild der ganzen Kurve in der Ebene $y - x = 2$.

Aufgabe 2

a)   Zeigen Sie, dass die Mengen $B := \{(x,y)^T \in \mathsf{IR}^2 \mid (x^2+y^2)^2 - 8xy < 0\}$ und $C := \{(x,y)^T \in \mathsf{IR}^2 \mid (x^2+y^2)^2 - 8xy = 0\}$ beschränkte Teilmengen der Ebene sind.

b)   Welche Symmetrieeigenschaften haben B und C ?

c)   Fertigen Sie eine einfache Skizze von B und C an.

d)   Berechnen Sie den Flächeninhalt von B.

Hinweise: Verwenden Sie auch Polarkoordinaten. Benutzen Sie (ohne Beweis), dass C das Bild einer stückweise stetig differenzierbaren Kurve ist und gleichzeitig der Rand von B.

Lösung:

a) Setzt man $x = r\cos\varphi$, $y = r\sin\varphi$, so gilt $(x^2 + y^2)^2 - 8xy = (r^2 \cos^2\varphi + r^2 \sin^2\varphi)^2 - 8r^2 \sin\varphi\cos\varphi = r^4 - 4r^2 \sin 2\varphi = r^2(r^2 - 4\sin 2\varphi)$ und damit

$$B = \{(r\cos\varphi, r\sin\varphi)^T \in \mathsf{IR}^2 \mid r > 0,\ 0 \leq \varphi \leq 2\pi,\ r^2 - 4\sin 2\varphi < 0\}\ ,$$

$$C = \{(r\cos\varphi, r\sin\varphi)^T \in \mathsf{IR}^2 \mid r \geq 0,\ 0 \leq \varphi \leq 2\pi,\ r^2 - 4\sin 2\varphi = 0\}\ .$$

Da $|\sin 2\varphi| \leq 1$ für alle φ gilt, ist der Abstand jedes Punktes $(r\cos\varphi, r\sin\varphi)^T$ von B und C zum Nullpunkt kleiner bzw. kleiner gleich 2. Außerdem (das wurde nicht verlangt!) bemerken wir

i) $(r\cos\varphi, r\sin\varphi)^T \in B \Rightarrow \varphi \in]0, \frac{\pi}{2}[\ \cup\ ]\pi, \frac{3\pi}{2}[\ ,$

               $(r\cos\varphi, r\sin\varphi)^T \in C \Rightarrow \varphi \in [0, \frac{\pi}{2}]\ \cup [\pi, \frac{3\pi}{2}]\ .$

ii) B ist eine offene Teilmenge von IR^2, nämlich als Urbild des offenen Intervalls $]-\infty, 0[$ unter der stetigen Funktion $f : \mathsf{IR}^2 \to \mathsf{IR}$, $f(x,y) := (x^2 + y^2)^2 - 8xy$.

iii) Bezeichnet $r : [0, \frac{\pi}{2}] \cup [\pi, \frac{3\pi}{2}] \to \mathsf{IR}$ die Zuordnung $r(\varphi) := 2\sqrt{\sin 2\varphi}$, so ist C die Vereinigung der Bilder stückweise differenzierbarer Kurven $\gamma_1 : [0, \frac{\pi}{2}] \to \mathsf{IR}^2$, $\gamma_1(\varphi) = (r(\varphi)\cos\varphi, r(\varphi)\sin\varphi)^T$ und $\gamma_3 : [\pi, \frac{3\pi}{2}] \to \mathsf{IR}^2$, $\gamma_3(\varphi) = (r(\varphi)\cos\varphi, r(\varphi)\sin\varphi)^T$.

iv) $r(\varphi) = 2 \iff \varphi \in \{\frac{\pi}{4}, \frac{5\pi}{4}\}$, d.h. $(\sqrt{2},\ \sqrt{2})$ und $(-\sqrt{2},\ -\sqrt{2})$ sind die einzigen Berührungspunkte zwischen C und dem Kreis mit 0 als Mittelpunkt und Radius 2.

b) Mit $(x,y)^T$ liegen auch $(y,x)^T$ und $(-x,-y)^T$ in B bzw. C. Also: B und C sind symmetrisch bzgl. dem Nullpunkt und der ersten Winkelhalbierenden des kartesischen Koordinatensystems. Dieselben Aussagen erhält man auch mit Polarkoordinaten, da $\sin 2\varphi = \sin 2(\frac{\pi}{2} - \varphi)$ und $\sin 2\varphi = \sin 2(\varphi + \pi)$ gelten.

c) $C = C_1 \cup C_3$ mit $C_1 := \text{Bild}(\gamma_1)$, $C_3 := \text{Bild}(\gamma_3)$, $B = B_1 \cup B_3$ mit

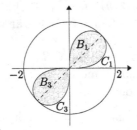

Abbildung 3.28.
$B = B_1 \cup B_3$
und $C = C_1 \cup C_3$

$$B_1 = \{(r\cos\varphi, r\sin\varphi)^T \in \mathbb{R}^2 \mid 0 < \varphi < \frac{\pi}{2},\ 0 < r < 2\sqrt{\sin 2\varphi}\}\ ,$$

$$B_3 = \{(r\cos\varphi, r\sin\varphi)^T \in \mathbb{R}^2 \mid \pi < \varphi < \frac{3\pi}{2},\ 0 < r < 2\sqrt{\sin 2\varphi}\}\ .$$

d) Es genügt wegen der Symmetrie, den Flächeninhalt von B_1 zu berechnen und dann zu verdoppeln. Es gilt für den Flächeninhalt von B_1 (unter Verwendung der Parameterdarstellung von $\partial B_1 = C_1$ gegeben durch γ_1):

$$V(B_1) = \frac{1}{2} \int\limits_{\partial B_1} (-y\ dx + x\ dy) = \frac{1}{2} \int\limits_{C_1} (-y\ dx + x\ dy)$$

$$= \frac{1}{2} \int\limits_0^{\frac{\pi}{2}} \left[-r(\varphi)\sin\varphi \left(r'(\varphi)\cos\varphi - r(\varphi)\sin\varphi \right) \right.$$

$$\left. +\ r(\varphi)\cos\varphi \left(r'(\varphi)\sin\varphi + r(\varphi)\cos\varphi \right) \right] d\varphi$$

$$= \frac{1}{2} \int\limits_0^{\frac{\pi}{2}} \left[r^2(\varphi)(\sin^2\varphi + \cos^2\varphi) + r(\varphi)r'(\varphi)\ (-\sin\varphi\cos\varphi + \sin\varphi\cos\varphi) \right] d\varphi$$

$$= \frac{1}{2} \int\limits_0^{\frac{\pi}{2}} r^2(\varphi) d\varphi = \frac{1}{2} \int\limits_0^{\frac{\pi}{2}} 4\sin 2\varphi \; d\varphi = \int\limits_0^{\frac{\pi}{2}} 2\sin 2\varphi \; d\varphi = -\cos 2\varphi \Big|_0^{\frac{\pi}{2}}$$

$$= \cos 0 - \cos \pi = 2.$$

Also: $V(B) = 2V(B_1) = 4$.

Natürlich können wir den Flächeninhalt von B_1 auch folgendermaßen berechnen:

$$V(B_1) = \int\limits_0^{\frac{\pi}{2}} \int\limits_0^{2\sqrt{\sin 2\varphi}} r \; dr \; d\varphi = \int\limits_0^{\frac{\pi}{2}} \left(\frac{r^2}{2} \Big|_0^{2\sqrt{\sin 2\varphi}} \right) d\varphi = \int\limits_0^{\frac{\pi}{2}} 2\sin 2\varphi \; d\varphi = 2 \; .$$

Aufgabe 3

Geben Sie eine Fourierreihe mit kleinstmöglicher Periode an, die in $[0, 2[$ gegen die Funktion $f(x) := 2 - x$ konvergiert und

    i)   nur aus Sinus-Gliedern,   ii)   nur aus Cosinus-Gliedern

besteht. Fertigen Sie eine Zeichnung der durch die Fourierreihen definierten Funktionen an und begründen Sie diese.

Lösung:

Durch die Zuordnung $x \mapsto -2 - x$ setzen wir die Funktion f auf $[-2, 0[$ fort. Diese Fortsetzung ist eine ungerade Funktion auf $]-2, 0[\cup]0, 2[$. Diese wird nun mit der Periode 4 zu einer Funktion $\tilde{f}$ auf $\mathbb{R}$ fortgesetzt. Man entwickelt

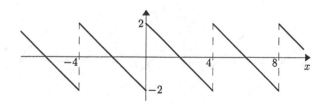

Abbildung 3.29. Skizze der Fortsetzung $\tilde{f}$

nun $\tilde{f}$ in eine reine Sinus-Reihe $g(x) := \sum_{k=1}^\infty b_k \sin \frac{\pi k x}{2}$. Die Koeffizienten b_k, $k = 1, 2, 3, \ldots$, werden mit partieller Integration berechnet.

$$b_k = \int\limits_0^2 f(x) \sin \frac{\pi k x}{2} \; dx = \int\limits_0^2 (2 - x) \sin \frac{\pi k x}{2} \; dx$$

$$= -2 \cdot \frac{2}{\pi k} \cos \frac{\pi k x}{2} \Big|_0^2 + \frac{2}{\pi k} \, x \cos \frac{\pi k x}{2} \Big|_0^2 - \frac{2}{\pi k} \int_0^2 \cos \frac{\pi k x}{2} \, dx$$

$$= \frac{4}{\pi k} \left(1 - (-1)^k\right) + \frac{4}{\pi k}(-1)^k - \frac{4}{\pi^2 k^2} \sin \frac{\pi k x}{2} \Big|_0^2 = \frac{4}{\pi k} \, .$$

Also gilt $g(x) = \frac{4}{\pi} \sum_{k=1}^{\infty} \frac{1}{k} \sin \frac{\pi k x}{2}$. Die fortgesetzte Funktion $\tilde{f}$ ist stetig differenzierbar auf $\mathrm{IR} \backslash \{4n \mid n \in \mathbb{Z}\}$. Um das Verhalten von g in den restlichen Punkten von IR zu untersuchen, benutzt man das folgende Ergebnis:

Sei $f : \mathrm{IR} \rightarrow \mathrm{IR}$ eine periodische Funktion, die auf jedem beschränkten Intervall von IR integrierbar ist. Sei $x_0 \in \mathrm{IR}$, so dass die rechts- und linksseitigen Grenzwerte $f(x_0+)$ und $f(x_0-)$ existieren. Gibt es positive Konstanten α, ϵ und K, so dass für $t \in \,]0, \epsilon[$

$$|f(x_0 + t) - f(x_0+)| \le K t^\alpha \quad \text{und} \quad |f(x_0 - t) - f(x_0-)| \le K t^\alpha \qquad (*)$$

gilt, so konvergiert die f zugeordnete Fourierreihe in x_0 gegen $\frac{f(x_0+) + f(x_0-)}{2}$. (Die Ungleichungen aus $(*)$ sind insbesondere erfüllt, wenn f in x_0 rechts- und linksseitig differenzierbar ist.)

Mit $K = 1, \alpha = 1$ und $\epsilon = 1$ gilt $(*)$ für unsere Funktion $\tilde{f}$ in jedem Punkt $4n$; deshalb hat man $g(x) = \tilde{f}(x)$ für alle $x \in \mathrm{IR} \backslash \{4n \mid n \in \mathbb{Z}\}$ und

$$g(4n) = \frac{\lim\limits_{x \to 4n+} \tilde{f}(x) + \lim\limits_{x \to 4n-} \tilde{f}(x)}{2} = \frac{2 + (-2)}{2} = 0 \, .$$

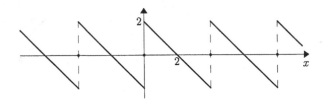

Abbildung 3.30. Skizze der Funktion g

Nun wird f auf $[-2, 0[$ mittels $x \mapsto 2 + x$ fortgesetzt, und dann wird die erhaltene Funktion zu einer 4-periodischen Funktion $\hat{f}$ auf IR fortgesetzt, die auf IR gerade und stetig ist und auf $\mathrm{IR} \backslash \{2n \mid n \in \mathbb{Z}\}$ stetig differenzierbar ist. In allen Punkten $2n$, $n \in \mathbb{Z}$, erfüllt $\hat{f}$ die Ungleichungen aus $(*)$, falls $K = 1, \alpha = 1$ und $\epsilon > 0$ beliebig genommen werden. Deshalb haben $\hat{f}$ und die durch ihre Fourierreihe definierte Funktion überall dieselben Werte. Wir

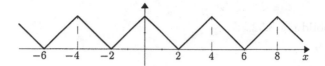

Abbildung 3.31. Skizze von $\hat{f}$

berechnen nun die Koeffizienten $a_0, a_1, a_2, \ldots$ der zu $\hat{f}$ gehörigen Fourierreihe $\frac{a_0}{2} + \sum_{k=1}^{\infty} a_k \cos \frac{\pi k x}{2}$ wie folgt:

$$a_0 = \int_0^2 (2 - x) dx = \left. \left(2x - \frac{x^2}{2}\right) \right|_0^2 = 4 - 2 = 2 \,,$$

$$a_k = \int_0^2 (2 - x) \cos \frac{\pi k x}{2} dx$$

$$= 2 \cdot \frac{2}{\pi k} \sin \frac{\pi k x}{2} \Big|_0^2 - \frac{2}{\pi k} x \sin \frac{\pi k x}{2} \Big|_0^2 + \frac{2}{\pi k} \int_0^2 \sin \frac{\pi k x}{2} dx$$

$$= -\frac{4}{\pi^2 k^2} \cos \frac{\pi k x}{2} \Big|_0^2 = \frac{4}{\pi^2 k^2} \left(1 - (-1)^k\right) = \begin{cases} 0 & \text{, falls } k \text{ gerade,} \\ \dfrac{8}{\pi^2 k^2} & \text{, falls } k \text{ ungerade.} \end{cases}$$

Hiermit ist die gesuchte Cosinus-Reihe $1 + \frac{8}{\pi^2} \sum_{j=0}^{\infty} \frac{1}{(2j+1)^2} \cos \pi (j + \frac{1}{2}) x$.

Aufgabe 4

Sei C die positiv orientierte Kurve in $\mathbb{R}^2$, die aus der Strecke $[0,1]$ auf der x-Achse, aus dem Kreisbogen auf dem Einheitskreis zwischen $(1,0)$ und $(-\frac{1}{\sqrt{2}}, \frac{1}{\sqrt{2}})$ sowie aus der Strecke von $(-\frac{1}{\sqrt{2}}, \frac{1}{\sqrt{2}})$ zum Nullpunkt besteht.

a) Skizzieren Sie die Kurve C.

b) Berechnen Sie, ausgehend von der Definition des Kurvenintegrals,

$$\int_C (x + y) dx + xy \, dy \,.$$

c) Bestätigen Sie das erzielte Ergebnis mit Hilfe des Greenschen Satzes, nachdem Sie festgestellt haben, dass die Voraussetzungen dieses Satzes erfüllt sind.

Lösung:

a) Vgl. Abbildung 3.32.

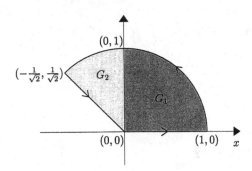

Abbildung 3.32.
Das Gebiet G und
eine schlichte Zerlegung

b) C ist eine stückweise differenzierbare Kurve; als mögliche Parameterdarstellungen dienen: $C_1 : [0,1] \to \mathbb{R}^2, t \mapsto (t,0)$, $C_2 : [0, \frac{3\pi}{4}] \to \mathbb{R}^2$, $\theta \mapsto (\cos\theta, \sin\theta)$ und $C_3 : [0,1] \to \mathbb{R}^2$, $t \mapsto (-\frac{1}{\sqrt{2}}(1-t), \frac{1}{\sqrt{2}}(1-t))$. Man hat:

$$\int_C (x+y)dx + xy\,dy$$

$$= \int_0^1 t\,dt + \int_0^1 \frac{1}{2\sqrt{2}}\,(t-1)^2\,dt + \int_0^{\frac{3\pi}{4}} \left[(\cos\theta + \sin\theta)(-\sin\theta) + \cos^2\theta\sin\theta\right] d\theta$$

$$= \frac{1}{2} + \left[\left(-\frac{\sin^2\theta}{2} - \frac{\theta}{2} + \frac{\sin 2\theta}{4}\right) - \frac{1}{3}\cos^3\theta\right]\Bigg|_0^{\frac{3\pi}{4}} + \frac{1}{6\sqrt{2}}(t-1)^3\,\Bigg|_0^1$$

$$= \frac{1}{2} - \frac{1}{4} - \frac{3\pi}{8} - \frac{1}{4} + \frac{1}{3} + \frac{1}{6\sqrt{2}} + \frac{1}{6\sqrt{2}} = \frac{1}{3} + \frac{1}{3\sqrt{2}} - \frac{3\pi}{8}\,.$$

c) Das beschränkte Gebiet G, das von C berandet ist, lässt sich in zwei Gebiete G_1 und G_2 zerlegen. G_1 ist der Durchschnitt von G mit dem ersten Quadranten, G_2 ist der Durchschnitt von G mit dem zweiten Quadranten. Beide sind schlicht über der x-Achse, weil gilt:

$$G_1 = \{(x,y)^T \in \mathbb{R}^2 \mid 0 < x < 1, 0 < y < \sqrt{1-x^2}\}\,,$$

$$G_2 = \{(x,y)^T \in \mathbb{R}^2 \mid -\frac{1}{\sqrt{2}} < x < 0, -x < y < \sqrt{1-x^2}\}\,.$$

G_1 und G_2 sind auch über der y-Achse schlicht, da

$$G_1 = \{(x,y)^T \in \mathbb{R}^2 \mid 0 < y < 1,\ 0 < x < \sqrt{1-y^2}\}\,,$$

$$G_2 = \{(x,y)^T \in \mathbb{R}^2 \mid 0 < y < 1,\ g(y) < x < 0\}\,,$$

wobei die Funktion g wie folgt definiert ist:

$$g(y) := \begin{cases} -y & ,\ \text{falls}\ 0 < y \le \tfrac{1}{\sqrt{2}}\,, \\ -\sqrt{1-y^2} & ,\ \text{falls}\ \tfrac{1}{\sqrt{2}} < y < 1\,. \end{cases}$$

g ist stetig, da in dem einzig problematischen Punkt $\tfrac{1}{\sqrt{2}}$ gilt:

$$\lim_{y \to \frac{1}{\sqrt{2}}-} y = \lim_{y \to \frac{1}{\sqrt{2}}-} g(y) = g(\tfrac{1}{\sqrt{2}}) = -\tfrac{1}{\sqrt{2}} = \lim_{y \to \frac{1}{\sqrt{2}}+} g(y) = \lim_{y \to \frac{1}{\sqrt{2}}+} (-\sqrt{1-y^2}).$$

Außerdem sind die Funktionen $(x,y) \mapsto x + y$ und $(x,y) \mapsto xy$ stetig differenzierbar auf $\mathbb{R}^2$. Deshalb sind alle Voraussetzungen des Satzes von Green erfüllt, und es folgt:

$$\int_C (x+y)dx + xy\ dy = \int_{\partial G} (x+y)dx + xy\ dy$$

$$= \int_G \left[\frac{\partial}{\partial x}(xy) - \frac{\partial}{\partial y}(x+y) \right] d\sigma(x,y)$$

$$= \int_G (y-1)d\sigma(x,y) = \int_G y\ d\sigma(x,y) - \frac{3\pi}{8}\,,$$

weil der Flächeninhalt von G genau $\tfrac{3}{8}$ des Flächeninhalts des Einheitskreises ist. Nun hat man

$$\int_G y\ d\sigma(x,y) = \int_{G_2} y\ d\sigma(x,y) + \int_{G_1} y\ d\sigma(x,y)$$

$$= \int_{-\frac{1}{\sqrt{2}}}^{0} \left(\int_{-x}^{\sqrt{1-x^2}} y\ dy \right) dx + \int_{0}^{1} \left(\int_{0}^{\sqrt{1-x^2}} y\ dy \right) dx$$

$$= \int_{-\frac{1}{\sqrt{2}}}^{0} \left(\frac{y^2}{2} \bigg|_{-x}^{\sqrt{1-x^2}} \right) dx + \int_{0}^{1} \left(\frac{y^2}{2} \bigg|_{0}^{\sqrt{1-x^2}} \right) dx$$

$$= \int_{-\frac{1}{\sqrt{2}}}^{0} \left(\frac{1-x^2-x^2}{2} \right) dx + \int_{0}^{1} \frac{1-x^2}{2}\ dx$$

$$= \left(\frac{x}{2} - \frac{x^3}{3} \right) \Big|_{-\frac{1}{\sqrt{2}}}^{0} + \left(\frac{x}{2} - \frac{x^3}{6} \right) \Big|_{0}^{1}$$

$$= - \left(-\frac{1}{2\sqrt{2}} + \frac{1}{6\sqrt{2}} \right) + \frac{1}{2} - \frac{1}{6} = \frac{1}{3} + \frac{1}{3\sqrt{2}} \ .$$

Das Ergebnis ist also wieder $\frac{1}{3} + \frac{1}{3\sqrt{2}} - \frac{3\pi}{8}$.

Aufgabe 5

Es sei K die Teilmenge des Ellipsoids $\{(x,y,z)^T \in \mathbb{R}^3 \mid x^2 + \frac{y^2}{9} + z^2 \leq 1\}$, die zwischen den beiden Mantelflächen des Drehkegels $\{(x,y,z)^T \in \mathbb{R}^3 \mid x^2 + z^2 \geq \frac{y^2}{3}\}$ liegt. Es gilt also:

$$K := \{(x,y,z)^T \in \mathbb{R}^3 \mid x^2 + \frac{y^2}{9} + z^2 \leq 1, x^2 + z^2 \geq \frac{y^2}{3}\} \ .$$

a)   Skizzieren Sie den Schnitt dieses Körpers mit der x-y-Ebene und mit einer Ebene, die parallel zur x-z-Ebene ist.

b)   Beschreiben Sie K als Rotationskörper.

c)   Berechnen Sie das Volumen von K.

Lösung:

a) Schneidet man K mit der Ebene $z = 0$ (d.h. mit der x-y-Ebene), so erhält man zwei bzgl. des Nullpunktes symmetrische Flächen D_1 und D_2, die jeweils von zwei Strecken und einem Ellipsenbogen begrenzt sind. Ihre Vereinigung

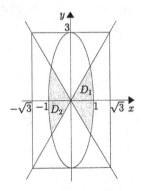

Abbildung 3.33.
Der Durchschnitt von K
mit der Ebene $z = 0$

lässt sich beschreiben durch

$$\left\{ (x,y)^T \in \mathbb{R}^2 \mid x^2 + \frac{y^2}{9} \leq 1 \ , \ -\sqrt{3}\,|x| \leq y \leq \sqrt{3}\,|x| \right\} \ .$$

Jede Ebene, die zur x-z-Ebene parallel ist, hat eine Gleichung der Gestalt $y = y_0$. Gehört $(x, y_0, z)^T$ der Schnittmenge von K mit dieser Ebene an, so folgt aus $x^2 + \frac{y_0^2}{9} + z^2 \leq 1$ und $x^2 + z^2 \geq \frac{y_0^2}{3}$ die Ungleichung $\frac{y_0^2}{3} \leq 1 - \frac{y_0^2}{9}$, d.h. $\frac{4y_0^2}{9} \leq 1$ oder auch $|y_0| \leq \frac{3}{2}$. Für $|y_0| > \frac{3}{2}$ sind also K und die Ebene $y = y_0$ disjunkt. Für $|y_0| = \frac{3}{2}$ ist der Schnitt von K mit $y = y_0$ der Kreis (die Kreislinie) $x^2 + z^2 = \frac{3}{4}$ in der Ebene $y = y_0$. Für $|y_0| < \frac{3}{2}$ hat man als Schnittmenge den abgeschlossenen Kreisring $\frac{y_0^2}{3} \leq x^2 + z^2 \leq 1 - \frac{y_0^2}{9}$ mit dem Nullpunkt als Mittelpunkt und den Radien $\frac{|y_0|}{\sqrt{3}}$ und $\sqrt{1 - \frac{y_0^2}{9}}$. Schließlich

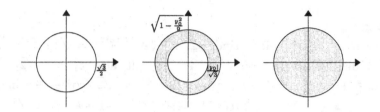

Abbildung 3.34. Durchschnitte von K mit Ebenen der Form $y = y_0$ für $|y_0| = \frac{3}{2}, 0 < |y_0| < \frac{3}{2}$ und $y_0 = 0$

ist der abgeschlossene Einheitskreis $x^2 + z^2 \leq 1$ der Schnitt von K mit der x-z-Ebene.

b) K ist der Drehkörper, der durch die Drehung von

$$D_1 := \left\{ (x, y, 0)^T \in \mathbb{R}^3 \ \middle| \ x^2 + \frac{y^2}{9} \leq 1, \ x \geq 0, \ -\sqrt{3}\,x \leq y \leq \sqrt{3}\,x \right\}$$

um die y-Achse entsteht.

c) Das Volumen von K berechnet sich aufgrund der Lösung von Teilaufgabe a) mit $D_y := \{\binom{x}{z} \in \mathbb{R}^2 \ | \ \frac{y^2}{3} \leq x^2 + z^2 \leq 1 - \frac{y^2}{9}\}$ wie folgt: $2 \int_0^{\frac{3}{2}} [\int_{D_y} d\sigma(x, z)] dy = 2 \int_0^{\frac{3}{2}} (\pi(1 - \frac{y^2}{9}) - \pi \frac{y^2}{3}) dy = 2\pi \int_0^{\frac{3}{2}} (1 - \frac{4y^2}{9}) dy = 2\pi(y - \frac{4y^3}{27}) \big|_0^{\frac{3}{2}} = 2\pi(\frac{3}{2} - \frac{1}{2}) = 2\pi$.

Aufgabe 6

a)   Berechnen Sie die Nullstellen des Polynoms $z^4 + 4$.

b)   Bestimmen Sie die isolierten Singularitäten in $\mathbb{C}$ und deren Typ für die Funktion f, $f(z) := \frac{1}{z^4 + 4}$.

c)   Berechnen Sie die Residuen von f in den isolierten Singularitäten.

d)   Berechnen Sie die Integrale

$$\int\limits_{\partial\triangle_2(1)} f(z)dz \;, \qquad \int\limits_{\partial\triangle_2(i)} f(z)dz \;, \qquad \int\limits_{\partial\triangle_1(0)} f(z)dz \;.$$

Fertigen Sie eine einfache Skizze an.

e)   Berechnen Sie mit Hilfe des Residuensatzes das uneigentliche Integral

$$\int\limits_0^\infty \frac{dx}{x^4+4} \;.$$

Lösung:

a) Wegen $z^4 = -4 = 4e^{\pi i}$ sind $z_{k+1} := \sqrt[4]{4}\, e^{\frac{\pi+2k\pi}{4}i} = \sqrt{2}\, e^{\frac{\pi+2k\pi}{4}i}$, $k = 0,1,2,3$ die Nullstellen von z^4+4 ; es gilt also $z_1 = \sqrt{2}\, e^{\frac{\pi i}{4}} = \sqrt{2}\,(\cos\frac{\pi}{4} + i\sin\frac{\pi}{4}) = 1+i$, $z_2 = \sqrt{2}\, e^{\frac{3\pi i}{4}} = \sqrt{2}\,(\cos\frac{3\pi}{4} + i\sin\frac{3\pi}{4}) = -1+i$, $z_3 = \sqrt{2}\, e^{\frac{5\pi i}{4}} = \sqrt{2}\,(\cos\frac{5\pi}{4} + i\sin\frac{5\pi}{4}) = -1-i$, $z_4 = \sqrt{2}\, e^{\frac{7\pi i}{4}} = \sqrt{2}\,\left(\cos\frac{7\pi}{4} + i\sin\frac{7\pi}{4}\right) = 1-i$.

b) f hat nur vier isolierte Singularitäten; es handelt sich dabei um vier einfache Polstellen in z_1, z_2, z_3 und z_4.

c) Das Residuum von f , $f(z) = \frac{1}{(z-z_1)(z-z_2)(z-z_3)(z-z_4)}$, im Punkt z_k wird mit der Formel $\operatorname{Res} f\,|_{z_k} = \lim\limits_{z\to z_k}\big((z-z_k)f(z)\big)$ berechnet. Im einzelnen hat man:

$$\operatorname{Res} f\,\bigg|_{z_1} = \frac{1}{(z_1-z_2)(z_1-z_3)(z_1-z_4)} = \frac{1}{(2)(2+2i)(2i)} = -\frac{1+i}{16}\;,$$

$$\operatorname{Res} f\,\bigg|_{z_2} = \frac{1}{(z_2-z_1)(z_2-z_3)(z_2-z_4)} = \frac{1}{(-2)(2i)(-2+2i)} = \frac{1-i}{16}\;,$$

$$\operatorname{Res} f\,\bigg|_{z_3} = \frac{1}{(z_3-z_1)(z_3-z_2)(z_3-z_4)} = \frac{1}{(-2-2i)(-2i)(-2)} = \frac{1+i}{16}\;,$$

$$\operatorname{Res} f\,\bigg|_{z_4} = \frac{1}{(z_4-z_1)(z_4-z_2)(z_4-z_3)} = \frac{1}{(-2i)(2-2i)(2)} = \frac{-1+i}{16}\;.$$

Zusammengefasst: $\operatorname{Res} f\,|_{z_k} = -\frac{z_k}{16}$, $k = 1,2,3,4$. Mit $g(z) := z^4+4$ bekommt man dieses Ergebnis sehr schnell: $\lim\limits_{z\to z_k}(z-z_k)f(z) = \lim\limits_{z\to z_k}\frac{z-z_k}{g(z)} = \lim\limits_{z\to z_k}\frac{z-z_k}{g(z)-g(z_k)} = \frac{1}{g'(z_k)} = \frac{1}{4z_k^3} = \frac{z_k}{4z_k^4} = -\frac{z_k}{16}$.

d) Eine einfache Skizze zeigt Abbildung 3.35. Daraus (oder durch Berechnung

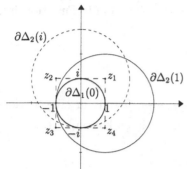

Abbildung 3.35.
Die drei Kreise und vier Singularitäten

der Abstände) ergibt sich:

→ z_1 und z_4 liegen im Kreis $\Delta_2(1) := \{z \in \mathbb{C} \,||z-1| < 2\}$, während z_2 und z_3 außerhalb dieses Kreises liegen.

→ z_1 und z_2 liegen im Kreis $\Delta_2(i) := \{z \in \mathbb{C} \,||z-i| < 2\}$, während z_3 und z_4 außerhalb dieses Kreises liegen.

→   Alle Polstellen von f befinden sich außerhalb des Einheitskreises.

→   Keine Polstelle von f liegt auf einer der Integrationskurven $\partial\Delta_2(1)$, $\partial\Delta_2(i)$ und $\partial\Delta_1(0)$.

Nach dem Integralsatz von Cauchy gilt deshalb $\int_{\partial\Delta_1(0)} f(z)dz = 0$. Mit Hilfe des Residuensatzes berechnen wir die anderen zwei Integrale, und zwar unter Berücksichtigung der Lage der Polstellen von f bzgl. der Integrationswege.

$$\int\limits_{\partial\Delta_2(1)} f(z)dz = 2\pi i \left(\left. \text{Res } f \right|_{z_1} + \left. \text{Res } f \right|_{z_4} \right) = 2\pi i \left(\frac{-1-i}{16} + \frac{-1+i}{16} \right) = -\frac{\pi i}{4} \,.$$

$$\int\limits_{\partial\Delta_2(i)} f(z)dz = 2\pi i \left(\left. \text{Res } f \right|_{z_1} + \left. \text{Res } f \right|_{z_2} \right) = 2\pi i \left(\frac{-1-i}{16} + \frac{1-i}{16} \right) = \frac{\pi}{4} \,.$$

e) Ist $R > 1$ und bezeichnet Γ_R den oberen Halbkreis mit Radius R sowie 0 als Mittelpunkt, der von R nach $-R$ durchlaufen wird (z.B. mit der Parameterdarstellung $[0,\pi] \to \mathbb{C}$, $\theta \mapsto Re^{i\theta}$) , so gilt:

$$\int\limits_{-R}^{R} \frac{dx}{4+x^4} + \int\limits_{\Gamma_R} f(z)dz = 2\pi i \left(\left. \text{Res } f \right|_{z_1} + \left. \text{Res } f \right|_{z_2} \right)$$

$$= 2\pi i \left(-\frac{1+i}{16} + \frac{1-i}{16} \right) = \frac{\pi}{4} \,.$$

Da der Grad des Nenners von f gleich 4 und der des Zählers gleich 0 ist, und $4 - 0 = 4 \geq 2$ gilt, weiß man, dass $\int_{\Gamma_R} f(z)dz \to 0$ für $R \to \infty$ gilt. Deshalb folgt $\int_{-\infty}^{\infty} \frac{dx}{4+x^4} = \lim\limits_{R \to +\infty} \int_{-R}^{R} \frac{dx}{4+x^4} = \frac{\pi}{4}$. Da $f|_{\mathbb{R}}$ eine gerade Funktion ist, erhält man daraus $\int_0^{\infty} \frac{dx}{4+x^4} = \frac{\pi}{8}$.

Aufgabe 7

Entwickeln Sie die Funktion f, $f(z) := \frac{1}{(z-2)(z+5)}$, jeweils in eine Taylor-bzw. Laurentreihe um z_0, die in den folgenden Gebieten konvergiert:

a) $G_1 = \{z \in \mathbb{C} \mid |z| < 2\}$, $z_0 = 0$.
b) $G_2 = \{z \in \mathbb{C} \mid 2 < |z| < 5\}$, $z_0 = 0$.
c) $G_3 = \{z \in \mathbb{C} \mid |z| > 5\}$, $z_0 = 0$.
d)   In dem größtmöglichen Kreis mit Mittelpunkt $z_0 = -2$.

Lösung:
Man berechnet leicht: $f(z) = \frac{1}{7}(\frac{1}{z-2} - \frac{1}{z+5})$. Auf G_1 gilt $\frac{1}{z-2} = -\frac{1}{2} \cdot \frac{1}{1-\frac{z}{2}} = -\frac{1}{2} \sum_{n=0}^{\infty} \frac{z^n}{2^n} = -\sum_{n=0}^{\infty} \frac{z^n}{2^{n+1}}$ und auf $\mathbb{C}\backslash\overline{G_1}$: $\frac{1}{z-2} = \frac{1}{z} \cdot \frac{1}{1-\frac{2}{z}} = \frac{1}{z} \sum_{n=0}^{\infty} \frac{2^n}{z^n} = \sum_{n=1}^{\infty} \frac{2^{n-1}}{z^n}$. Auf $\{z \in \mathbb{C} \mid |z| < 5\}$ hat man $\frac{1}{z+5} = \frac{1}{5} \cdot \frac{1}{1-(-\frac{z}{5})} = \frac{1}{5} \sum_{n=0}^{\infty}(-1)^n \frac{z^n}{5^n} = \sum_{n=0}^{\infty}(-1)^n \frac{z^n}{5^{n+1}}$ und auf G_3 gilt $\frac{1}{z+5} = \frac{1}{z} \cdot \frac{1}{1-(-\frac{5}{z})} = \frac{1}{z} \sum_{n=0}^{\infty}(-1)^n \frac{5^n}{z^n} = \sum_{n=1}^{\infty}(-1)^{n-1} \frac{5^{n-1}}{z^n}$.

Damit ergibt sich:

a) Auf G_1 gilt die folgende Taylorreihe

$$f(z) = \frac{1}{7}\left(- \sum_{n=0}^{\infty} \frac{z^n}{2^{n+1}}\right) - \frac{1}{7} \sum_{n=0}^{\infty}(-1)^n \frac{z^n}{5^{n+1}} = \sum_{n=0}^{\infty} \frac{1}{7}\left(\frac{(-1)^{n+1}}{5^{n+1}} - \frac{1}{2^{n+1}}\right) z^n.$$

b) Auf G_2 gilt die Laurentreihe

$$f(z) = \frac{1}{7} \sum_{n=1}^{\infty} \frac{2^{n-1}}{z^n} - \frac{1}{7} \sum_{n=0}^{\infty}(-1)^n \frac{z^n}{5^{n+1}} = \sum_{n=-\infty}^{\infty} a_n z^n$$

mit $a_n = \begin{cases} \frac{1}{7} \cdot 2^{-n-1} & \text{für } n < 0 \\ (-1)^{n+1} \frac{1}{7 \cdot 5^{n+1}} & \text{für } n \geq 0 \end{cases}$.

c) Auf G_3 gilt die Laurentreihe

$$f(z) = \frac{1}{7} \sum_{n=1}^{\infty} \frac{2^{n-1}}{z^n} - \frac{1}{3} \sum_{n=1}^{\infty}(-1)^{n-1} \frac{5^{n-1}}{z^n} = \sum_{n=1}^{\infty} \frac{1}{7}\left(2^{n-1} + (-1)^n 5^{n-1}\right) \frac{1}{z^n} .$$

Hier ist der Nebenteil gleich Null.

d) Im Punkt -2 gibt es eine Taylorreihe, deren Konvergenzradius der Abstand von -2 zur nächsten Singularität ist. Da nur die Punkte -5 und 2 Singularitäten von f sind, ist dieser Abstand gleich 3. Auf $\{z \in \mathbb{C} \mid |z + 2| < 3\}$ gilt

$$\frac{1}{z - 2} = \frac{1}{z + 2 - 4} = \frac{-1}{4} \cdot \frac{1}{1 - \frac{z+2}{4}} = -\frac{1}{4} \sum_{n=0}^{\infty} \left(\frac{z+2}{4}\right)^n,$$

$$\frac{1}{z + 5} = \frac{1}{z + 2 + 3} = \frac{1}{3} \cdot \frac{1}{1 - \left(-\frac{z+2}{3}\right)} = \frac{1}{3} \sum_{n=0}^{\infty} (-1)^n \left(\frac{z+2}{3}\right)^n,$$

$$f(z) = -\frac{1}{28} \sum_{n=0}^{\infty} \left(\frac{z+2}{4}\right)^n + \frac{1}{21} \sum_{n=0}^{\infty} (-1)^n \left(\frac{z+2}{3}\right)^n$$

$$= \sum_{n=0}^{\infty} \left((-1)^n \frac{1}{7 \cdot 3^{n+1}} - \frac{1}{7 \cdot 4^{n+1}}\right) (z + 2)^n.$$

Aufgabe 8

Lösen Sie mit Hilfe der Laplace-Transformation das System von linearen Differenzialgleichungen $x_1'(t) = x_2(t) + x_3(t)$, $x_2'(t) = -x_1(t) + x_4(t)$, $x_3'(t) = x_4(t)$, $x_4'(t) = -x_3(t)$ unter den Anfangsbedingungen $x_1(0) = x_2(0) = x_3(0) = 0$ und $x_4(0) = 1$.

Hinweis: Betrachten Sie zuerst das Anfangswertproblem, das aus den letzten beiden Gleichungen und aus den entsprechenden Anfangswertbedingungen besteht.

Lösung:
Wir lösen das Anfangswertproblem mit Hilfe der Laplace-Transformation. Wegen der bekannten Regel $L[x_j'](s) = sL[x_j](s) - x_j(0)$ erhält man aus dem gegebenen System von Differenzialgleichungen das folgende (algebraische) System:

$$sL[x_1](s) = L[x_2](s) + L[x_3](s),$$
$$sL[x_2](s) = -L[x_1](s) + L[x_4](s),$$
$$sL[x_3](s) = L[x_4](s),$$
$$sL[x_4](s) = -L[x_3](s) + 1.$$

Aus den letzten beiden Gleichungen folgt $s^2 L[x_3](s) = sL[x_4](s) = -L[x_3](s) + 1$, d.h. $L[x_3](s) = \frac{1}{s^2+1} = L[\sin t](s)$ und damit $x_3(t) = \sin t$. Analog hat man $s^2 L[x_4](s) = -sL[x_3](s) + s = -L[x_4](s) + s$, $L[x_4](s) = \frac{s}{s^2+1} = L[\cos t](s)$, $x_4(t) = \cos t$. Hiermit erhalten die ersten zwei Gleichungen des algebraischen Systems die Form $sL[x_1](s) = L[x_2](s) + \frac{1}{s^2+1}$, $sL[x_2](s) = -L[x_1](s) + \frac{s}{s^2+1}$. Daraus erhält man $s^2 L[x_1](s) = sL[x_2](s) + \frac{s}{s^2+1} = -L[x_1](s) + \frac{2s}{s^2+1}$, d.h. $L[x_1](s) = \frac{2s}{(s^2+1)^2}$, und analog $s^2 L[x_2](s) = -sL[x_1](s) + \frac{s^2}{s^2+1} = -L[x_2](s) + \frac{s^2-1}{s^2+1}$, also $L[x_2](s) = \frac{s^2-1}{(s^2+1)^2}$. Da $\left(\frac{1}{s^2+1}\right)' = -\frac{2s}{s^2+1}$ und $\left(\frac{s}{s^2+1}\right)' = -\frac{s^2-1}{(s^2+1)^2}$ gelten, ergibt sich nach der Multiplikationsregel $L[x_1](s) = L[t\sin t](s)$, $L[x_2](s) = L[t\cos t](s)$, d.h. $x_1(t) = t\sin t$, $x_2(t) = t\cos t$. Insgesamt lautet also die Lösung:

$$x_1(t) = t\sin t, \quad x_2(t) = t\cos t, \quad x_3(t) = \sin t, \quad x_4(t) = \cos t \ .$$

3.4 Zweiter Test für das dritte Kapitel

Aufgabe 1

Betrachten Sie die Funktion $f_0 : [0, \pi[\to \mathrm{IR}$, $f_0(x) := \pi x - x^2$. Sei $f_1 : \mathrm{IR} \to \mathrm{IR}$ die π-periodische Funktion, die auf $[0, \pi[$ mit f_0 übereinstimmt. $f_2 : \mathrm{IR} \to \mathrm{IR}$ sei die ungerade Funktion mit kleinstmöglicher Periode, die auf $[0, \pi[$ mit f_0 übereinstimmt.

a) Zeigen Sie, dass f_1 eine gerade Funktion ist. Untersuchen Sie, ob f_1 stetig, differenzierbar oder wenigstens links- und rechtsseitig differenzierbar in jedem Punkt von IR ist. Skizzieren Sie die Funktion f_1 .

b) Zeigen Sie, dass f_2 stetig differenzierbar auf IR ist. Skizzieren Sie diese Funktion.

c) Geben Sie die Fourierreihen von f_1 und f_2 an.

d) Gegen welche Funktion konvergiert die Fourierreihe der Funktion f_1 bzw. f_2? Warum? Ist diese Konvergenz punktweise, gleichmäßig, absolut?

e) Folgern Sie aus c) und d) die folgenden Identitäten:

$$\frac{\pi^2}{6} = \sum_{k=1}^{\infty} \frac{1}{k^2} = \frac{1}{1^2} + \frac{1}{2^2} + \frac{1}{3^2} + \frac{1}{4^2} + \frac{1}{5^2} + \cdots ,$$

$$\frac{\pi^3}{32} = \sum_{j=0}^{\infty} (-1)^j \frac{1}{(2j+1)^3} = \frac{1}{1^3} - \frac{1}{3^3} + \frac{1}{5^3} - \frac{1}{7^3} + \cdots .$$

Lösung:

a) Für jedes $x \in [0, \pi[$ und $n \in \mathbb{Z}$ wird definiert: $f_1(x + n\pi) := f_0(x)$. Daraus und wegen $f_0(x) > 0$ für $x \in]0, \pi[$ folgt, dass die Menge $\{n\pi \mid n \in \mathbb{Z}\}$ die Nullstellenmenge der Funktion f_1 ist. Für jedes y aus dieser Menge gilt natürlich $f_1(y) = f_1(-y)$. Ist nun $y \in \mathrm{IR} \backslash \{n\pi \mid n \in \mathbb{Z}\}$, so gibt es genau ein $x \in]0, \pi[$ und ein $n \in \mathbb{Z}$ mit $y = x + n\pi$. Man hat: $f_1(-y) = f_1(-(x+n\pi)) = f_1((\pi - x) + (n+1)\pi) = f_0(\pi - x) = \pi(\pi - x) - (\pi - x)^2 = \pi^2 - \pi x - \pi^2 + 2\pi x - x^2 = \pi x - x^2 = f_0(x) = f_1(y)$. Also ist f_1 eine gerade Funktion. Auf jedem Intervall $]n\pi, (n+1)\pi[$, $n \in \mathbb{Z}$, ist f_1 unendlich oft differenzierbar. Wegen $f_0(0) = \lim\limits_{x \to 0+} f_0(x) = \lim\limits_{x \to \pi-} f_0(x) = 0$ ist f_1 in jedem Punkt $n\pi$ stetig.

Da

$$\lim_{x \to 0+} \frac{f_0(x) - f_0(0)}{x - 0} = \pi \quad \text{und} \quad \lim_{x \to \pi-} \frac{f_0(x) - 0}{x - \pi} = -\pi$$

gelten, ist f_1 in jedem Punkt $n\pi$ links- und rechtsseitig differenzierbar, aber nicht differenzierbar.

Durch die Translationen des Parabelbogens, der durch die Funktion f_0 defi-

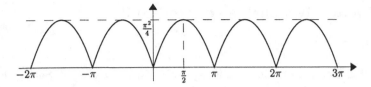

Abbildung 3.36. Darstellung der Funktion f_1

niert ist, erhält man eine Skizze für f_1 gemäß Abbildung 3.36.

b) Man setzt f_0 auf $[-\pi, 0[$ durch die Zuordnung

$$x \mapsto \begin{cases} -f(-x) & \text{, falls } x \in]-\pi, 0[\,, \\ 0 & \text{, falls } x = -\pi \,, \end{cases}$$

fort, und anschließend wird diese Funktion 2π-periodisch auf ganz $\mathbb{R}$ fortgesetzt. Die erhaltene Funktion f_2 hat also $\{n\pi \mid n \in \mathbb{Z}\}$ als Nullstellenmenge und ist auf jedem Intervall $]n\pi, (n+1)\pi[$ unendlich oft differenzierbar, da auf diesem Intervall f_2 durch einen Parabelbogen darstellbar ist. In 0 und π soll nun f_2 untersucht werden. Man hat:

$$f_2(x) = \begin{cases} \pi x - x^2 & \text{, falls } 0 \le x < \pi \,, \\ \pi x + x^2 & \text{, falls } -\pi < x < 0 \,, \end{cases}$$

und damit

$$f_2'(x) = \begin{cases} \pi - 2x & \text{, falls } 0 < x < \pi \,, \\ \pi + 2x & \text{, falls } -\pi < x < 0 \,; \end{cases}$$

außerdem gilt: $\lim\limits_{x \to 0+} \frac{f_2(x) - f_2(0)}{x - 0} = \lim\limits_{x \to 0+} \frac{\pi x - x^2}{x} = \pi$, $\lim\limits_{x \to 0-} \frac{f_2(x) - f_2(0)}{x - 0} =$
$\lim\limits_{x \to 0-} \frac{\pi x + x^2}{x} = \pi$.

Das zeigt, dass f_2 in 0 stetig differenzierbar ist. Sei nun $x \in]\pi, 2\pi[$; es gilt $f_2(x) = f_2(x - 2\pi) = -f_2(2\pi - x) = -[\pi(2\pi - x) - (2\pi - x)^2] = 2\pi^2 - 3\pi x + x^2 = (2\pi - x)(\pi - x)$ und damit

$$f_2'(x) = \begin{cases} \pi - 2x & \text{, falls } 0 < x < \pi \,, \\ -3\pi + 2x & \text{, falls } \pi < x < 2\pi \,. \end{cases}$$

In π hat man: $\lim\limits_{x \to \pi+} \frac{f_2(x) - f(\pi)}{x - \pi} = \lim\limits_{x \to \pi+} \frac{2\pi^2 - 3\pi x + x}{x - \pi} = \lim\limits_{x \to \pi+} (x - 2\pi) = -\pi$,
$\lim\limits_{x \to \pi-} \frac{f_2(x) - f(\pi)}{x - \pi} = \lim\limits_{x \to \pi-} \frac{\pi x - x^2}{x - \pi} = -\pi$. Deshalb ist f_2 auch in π stetig differenzierbar und damit auf ganz $\mathbb{R}$ stetig differenzierbar.

c) f_1 ist eine gerade Funktion mit der Periode π; die Fourierreihe von f_1 ist

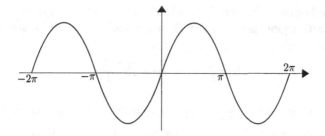

Abbildung 3.37. Die ungerade Fortsetzung f_2 von f_0

also $\frac{a_0}{2} + \sum_{k=1}^{\infty} a_k \cos 2kt$, mit $a_k = \frac{4}{\pi} \int_0^{\frac{\pi}{2}} (\pi t - t^2) \cos 2kt\, dt$. Für $k = 0$ gilt $a_0 = \frac{4}{\pi} \int_0^{\frac{\pi}{2}} (\pi t - t^2) dt = \frac{4}{\pi}(\frac{\pi t^2}{2} - \frac{t^3}{3}) = \frac{\pi^2}{3}$; für $k \geq 1$ erhält man mit partieller Integration $a_k = \frac{4}{\pi}[\frac{1}{2k}(\pi t - t^2) \sin 2kt \,|_0^{\frac{\pi}{2}} - \frac{1}{2k} \int_0^{\frac{\pi}{2}} (\pi - 2t) \sin 2kt\, dt] = \frac{1}{\pi k^2}[(\pi - 2t) \cos 2kt \,|_0^{\frac{\pi}{2}} - 2\int_0^{\frac{\pi}{2}} \cos 2kt\, dt] = -\frac{1}{k^2} - \frac{1}{\pi k^3} \sin 2kt \,|_0^{\frac{\pi}{2}} = -\frac{1}{k^2}$.

Die Fourierreihe von f_1 lautet also: $\frac{\pi^2}{6} - \sum_{k=1}^{\infty} \frac{1}{k^2} \cos 2kt$.

Für die ungerade Funktion f_2 mit der Periode 2π bekommt man die Fourierreihe $\sum_{k=1}^{\infty} b_k \sin kt$ mit $b_k = \frac{2}{\pi} \int_0^{\pi} (\pi t - t^2) \sin kt\, dt$ ist. Also:

$$b_k = \frac{2}{\pi k} \left[-(\pi t - t^2) \cos kt \,\Big|_0^{\pi} + \int_0^{\pi} (\pi - 2t) \cos kt\, dt \right]$$

$$= \frac{2}{\pi k^2} \left[(\pi - 2t) \sin kt \,\Big|_0^{\pi} + 2\int_0^{\pi} \sin kt\, dt \right]$$

$$= -\frac{4}{\pi k^3} \cos kt \,\Big|_0^{\pi} = \begin{cases} 0 & \text{, falls } k \text{ gerade,} \\ \frac{8}{\pi k^3} & \text{, falls } k \text{ ungerade.} \end{cases}$$

Die Fourierreihe von f_2 lautet damit $\frac{8}{\pi} \sum_{j=0}^{\infty} \frac{1}{(2j+1)^3} \sin(2j+1)x$.

d) Wegen der Eigenschaften der Funktion f_1 (also: stetig auf IR und sowohl links- als auch rechtsseitig differenzierbar in jedem Punkt) konvergiert die Fourierreihe von f_1 in jedem Punkt $x \in$ IR gegen $f(x)$. (Siehe dazu auch das erwähnte Ergebnis in der Lösung der Aufgabe 3 aus 3.3.) Wenn man die Gestalt der Fourierreihe von f_1 anschaut, dann sieht man wegen

$$\left| \frac{1}{k^2} \cos 2kt \right| \leq \frac{1}{k^2} \quad \text{für} \quad k \geq 1 \quad \text{und alle} \quad t \in \text{IR}$$

und der Konvergenz der Reihe $\sum_{k=1}^{\infty} \frac{1}{k^2}$, dass die Fourierreihe von f_1 gleichmäßig und absolut konvergiert. Da f_2 stetig differenzierbar auf IR ist, konvergiert die Fourierreihe von f_2 gleichmäßig und absolut gegen f_2 .

e) Für $x = 0$ ergibt sich aus der Fourierreihe von f_1 die erste der beiden Identitäten:

$$0 = f_1(0) = \frac{\pi^2}{6} - \sum_{k=1}^{\infty} \frac{1}{k^2} \,.$$

Setzt man in $\pi x - x^2 = \frac{8}{\pi} \sum_{j=0}^{\infty} \frac{1}{(2j+1)^3} \sin(2j+1)x$ den Wert $\frac{\pi}{2}$ für x, so erhält man die zweite Identität, weil $\sin(2j+1)\frac{\pi}{2} = (-1)^j$ gilt.

Aufgabe 2

a)   Berechnen Sie das Kurvenintegral $\int_C (x^2 y \, dx + y^2 \, dy)$, wobei C

    i)   der Ellipsenbogen auf der Ellipse $\frac{x^2}{9} + \frac{y^2}{4} = 1$ von $(-3,0)^T$ über $(0,2)^T$ nach $(3,0)^T$ ist.

    ii)   der Polygonzug bestehend aus den beiden Strecken von $(-3,0)^T$ nach $(0,2)^T$ und von $(0,2)^T$ nach $(3,0)^T$ ist.

b)   Ist das Vektorfeld $\mathbf{f} : \mathbb{R}^2 \to \mathbb{R}$, $\mathbf{f}(x,y) := (x^2 y, y^2)^T$ wegunabhängig integrierbar?

c)   Ist $\mathbf{f}$ ein Potenzialfeld?

Lösung:

a) i) $[0,\pi] \to \mathbb{R}^2$, $t \mapsto \binom{3\cos(\pi-t)}{2\sin(\pi-t)} = \binom{-3\cos t}{2\sin t}$ ist eine Parametrisierung des Ellipsenbogens. Es gilt

$$\int\limits_C (x^2 y \, dx + y^2 \, dy) = \int\limits_0^\pi (9\cos^2 t \cdot 2\sin t \cdot 3\sin t + 4\sin^2 t \cdot 2\cos t) dt$$

$$= 54 \int\limits_0^\pi \frac{\sin^2 2t}{4} dt + \frac{8}{3}\sin^3 t \,\Big|_0^\pi$$

$$= \frac{27}{2} \int\limits_0^\pi \frac{1 - \cos 4t}{2} dt = \frac{27\pi}{4} - \frac{27}{16}\sin 4t \,\Big|_0^\pi = \frac{27\pi}{4} \,.$$

ii) Die Strecke von $(-3,0)^T$ nach $(0,2)^T$ wird mittels $[-3,0] \to \mathbb{R}^2$, $t \mapsto \binom{t}{\frac{2}{3}t+2}$ parametrisiert; die andere Strecke, also von $(0,2)^T$ nach $(3,0)^T$ wird mittels $[0,3] \to \mathbb{R}^2$, $t \mapsto \binom{t}{2-\frac{2}{3}t}$ parametrisiert. Damit gilt

$$\int\limits_C (x^2 y \, dx + y^2 \, dy) = \int\limits_{-3}^0 \left[t^2 \cdot \left(\frac{2}{3}t + 2 \right) + \left(\frac{2}{3}t + 2 \right)^2 \cdot \frac{2}{3} \right] dt$$

$$+ \int\limits_{0}^{3} \left[t^2 \cdot \left(2 - \frac{2}{3}t \right) + \left(2 - \frac{2}{3}t \right)^2 \cdot \left(-\frac{2}{3} \right) \right] dt$$

$$= \int\limits_{-3}^{0} \left(\frac{2}{3}t^3 + \frac{62}{27}t^2 + \frac{16}{9}t + \frac{8}{3} \right) dt + \int\limits_{0}^{3} \left(-\frac{2}{3}t^3 + \frac{46}{27}t^2 + \frac{16}{9}t - \frac{8}{3} \right) dt$$

$$= \left(\frac{1}{6}t^4 + \frac{62}{81}t^3 + \frac{8}{9}t^2 + \frac{8}{3}t \right) \Big|_{-3}^{0} + \left(-\frac{1}{6}t^4 + \frac{46}{81}t^3 + \frac{8}{9}t^2 - \frac{8}{3}t \right) \Big|_{0}^{3}$$

$$= -\frac{27}{2} + \frac{62}{3} - 8 + 8 - \frac{27}{2} + \frac{46}{3} + 8 - 8 = -27 + 36 = 9 \ .$$

b) Das Vektorfeld $\mathbf{f}$ wurde von $(-3,0)^T$ nach $(3,0)^T$ auf zwei verschiedenen Wegen integriert mit den verschiedenen Ergebnissen $\frac{27\pi}{4}$ und 9. Deshalb ist $\mathbf{f}$ nicht wegunabhängig integrierbar.

c) Da ein Potenzialfeld immer wegunabhängig integrierbar ist, ist $\mathbf{f}$ kein Potenzialfeld. Eine andere Begründung: Gäbe es eine zweimal stetig differenzierbare Funktion F, $F : \mathrm{IR}^2 \to \mathrm{IR}$ mit $\frac{\partial F}{\partial x}(x,y) = x^2 y$ und $\frac{\partial F}{\partial y}(x,y) = y^2$, so wären die Funktionen $\frac{\partial}{\partial y}(x^2 y) = x^2$ und $\frac{\partial}{\partial x}(y^2) = 0$ gleich, was aber nicht der Fall ist.

Aufgabe 3

Gegeben sei das Gebiet

$$G := \{(x,y,z)^T \in \mathrm{IR}^3 \mid x^2 + y^2 + z^2 < 1 \, , \, x > 0 \, , \, y > 0 \, , \, z > 0 \} \, ,$$

G ist also ein offenes Achtel des Inneren der Einheitskugel. Weiter betrachte man das Vektorfeld $\mathbf{f} : \mathrm{IR}^3 \to \mathrm{IR}$, $\mathbf{f}(x,y,z) := (y, -x, xy)^T$.

a) Berechnen Sie das Oberflächenintegral $\int_{\partial G} \mathbf{f} \cdot d\mathbf{o}$, wobei die Flächennormale in das Äußere des Gebiets G weist.

b) Zeigen Sie, dass für G und $\mathbf{f}$ die Voraussetzungen des Divergenzsatzes von Gauß gelten, und bestätigen Sie damit das Ergebnis aus a).

Hinweis: Wählen Sie für den Teil des Randes, der auf der Kugel liegt, die Parameterdarstellung $\mathbf{x} : D := \{ \binom{\varphi}{\theta} \in \mathrm{IR}^2 \mid 0 < \theta < \frac{\pi}{2} \, , \, 0 < \varphi < \frac{\pi}{2} \} \to \mathrm{IR}^3$, $\mathbf{x}(\varphi, \theta) = (\cos\theta\cos\varphi, \cos\theta\sin\varphi, \sin\theta)^T$. Für das vektorielle Oberflächenelement gilt: $d\mathbf{o}(\mathbf{x}) = (\cos^2\theta\cos\varphi, \cos^2\theta\sin\varphi, \cos\theta\sin\theta)^T d\sigma(\varphi, \theta)$.

Lösung:

a) Der Rand ∂G besteht aus einem Achtel der Einheitskugel R, aus drei Viertelkreisen

$$X := \{(0,y,z)^T \in \mathbb{R}^3 \mid y^2 + z^2 < 1,\ y > 0,\ z > 0\}\,,$$

$$Y := \{(x,0,z)^T \in \mathbb{R}^3 \mid x^2 + z^2 < 1,\ x > 0,\ z > 0\}\,,$$

$$Z := \{(x,y,0)^T \in \mathbb{R}^3 \mid x^2 + y^2 < 1,\ x > 0,\ y > 0\}\,,$$

aus drei Strecken der Länge 1 auf den Achsen und aus drei Kreisbögen auf den Koordinatenebenen. (Dabei spielen die Strecken und Kreisbögen für die zweidimensionale Integration keine Rolle!). Man hat also

$$\int_{\partial G} \mathbf{f} \cdot do = \int_R \mathbf{f} \cdot do + \int_X \mathbf{f} \cdot do + \int_Y \mathbf{f} \cdot do + \int_Z \mathbf{f} \cdot do\,.$$

Auf R hat man $\mathbf{f}(\mathbf{x}) \cdot do(\mathbf{x}) = \mathbf{f}(\mathbf{x}(\varphi,\theta)) \cdot (\mathbf{x}_\varphi(\varphi,\theta) + \mathbf{x}_\theta(\varphi,\theta))do(\varphi,\theta) =$

$$\begin{pmatrix} \cos\theta\sin\varphi \\ -\cos\theta\cos\varphi \\ \cos^2\theta\sin\varphi\cos\varphi \end{pmatrix} \cdot \begin{pmatrix} \cos^2\theta\cos\varphi \\ \cos^2\theta\sin\varphi \\ \cos\theta\sin\theta \end{pmatrix} do(\varphi,\theta) = \cos^3\theta\sin\theta\sin\varphi\cos\varphi\, d\theta d\varphi,$$

und deshalb $\int_R \mathbf{f} \cdot do = (\int_0^{\frac{\pi}{2}} \cos^3\theta\sin\theta\, d\theta)(\int_0^{\frac{\pi}{2}} \sin\varphi\cos\varphi\, d\theta) = (-\frac{1}{4}\cos^4\theta|_0^{\frac{\pi}{2}})(\frac{1}{2}\sin^2\varphi|_0^{\frac{\pi}{2}}) = \frac{1}{4} \cdot \frac{1}{2} = \frac{1}{8}$. Für X hat man die Parameterdarstellung

$$D_1 := \{(y,z)^T \in \mathbb{R}^2 \mid y^2 + z^2 < 1,\ y > 0,\ z > 0\} \to X\,,\ (y,z)^T \mapsto (0,y,z)^T;$$

dafür ist das vektorielle Oberflächenelement $(-1,0,0)^T dydz$. Es gilt

$$\int_X \mathbf{f} \cdot do(\mathbf{x}) = \int_{D_1} \begin{pmatrix} y \\ 0 \\ 0 \end{pmatrix} \cdot \begin{pmatrix} -1 \\ 0 \\ 0 \end{pmatrix} dydz = \int_0^1 (-y) \left(\int_0^{\sqrt{1-y^2}} dz \right) dy$$

$$= -\int_0^1 y\sqrt{1-y^2}\, dy = \sqrt{1-y^2}\ \Big|_0^1 = -1\,.$$

Analog erhält man mit der Parameterdarstellung von Y

$$D_2 := \{(x,z)^T \in \mathbb{R}^2 \mid x^2 + z^2 < 1,\ x > 0,\ z > 0\} \to Y\,,\ (x,z)^T \mapsto (x,0,z)^T$$

und mit dem vektoriellen Oberflächenelement $(0,-1,0)^T dxdz$:

$$\int_Y \mathbf{f} \cdot do(\mathbf{x}) = \int_{D_2} \begin{pmatrix} 0 \\ -x \\ 0 \end{pmatrix} \cdot \begin{pmatrix} 0 \\ -1 \\ 0 \end{pmatrix} dxdz = \int_0^1 x \left(\int_0^{\sqrt{1-x^2}} dz \right) dx = 1\,.$$

Schließlich nimmt man für Z die Parameterdarstellung

$$D_3 := \{(x,y)^T \in \mathbb{R}^2 \mid x^2+y^2 < 1 \,,\; x > 0 \,,\; y > 0\} \to Z \,,\; (x,y)^T \mapsto (x,y,0)^T,$$

für welche $(0,0,-1)^T dx dy$ das vektorielle Flächenelement ist, und erhält

$$\int_Z \mathbf{f} \cdot do(\mathbf{x}) = \int_{D_3} \begin{pmatrix} y \\ -x \\ xy \end{pmatrix} \cdot \begin{pmatrix} 0 \\ 0 \\ -1 \end{pmatrix} dx dy = \int_0^1 (-y) \left(\int_0^{\sqrt{1-y^2}} x\, dx \right) dy$$

$$-\int_0^1 y \frac{1-y^2}{2} dy = \int_0^1 \frac{y^3-y}{2} dy = \left(\frac{y^4}{8} - \frac{y^2}{4} \right) \Big|_0^1 = -\frac{1}{8}\,.$$

Insgesamt ergibt sich: $\int_{\partial G} \mathbf{f} \cdot do(\mathbf{x}) = \frac{1}{8} - 1 + 1 - \frac{1}{8} = 0\,.$

b) Das Vektorfeld $\mathbf{f}$ ist stetig differenzierbar auf $\mathbb{R}^3$, weil seine Komponenten Polynome sind. G ist das Achtel der Einheitskugel, das sich im Achtelraum

$$\{(x,y,z)^T \in \mathbb{R}^3 \mid x > 0 \,,\; y > 0 \,,\; z > 0\}$$

befindet und damit ein Gebiet mit vier glatten Flächen als Rand. G liegt schlicht über jeder der drei Koordinatenebenen, z.B. über der x-y-Ebene wegen: $(x,y,z)^T \in G \iff (x,y)^T \in D_3$ und $0 < z < \sqrt{1-x^2-y^2}\,.$
Wegen $\operatorname{div} \mathbf{f} = \frac{\partial y}{\partial x} + \frac{\partial(-x)}{\partial y} + \frac{\partial(xy)}{\partial z} = 0$ erhält man mit dem Divergenzsatz von Gauß dasselbe Ergebnis wie in a):

$$\int_{\partial G} \mathbf{f} \cdot do(\mathbf{x}) = \int_G \operatorname{div} \mathbf{f}\, d\sigma(x,y,z) = 0\,.$$

Aufgabe 4

a)   Bestimmen Sie für die Funktion f, $f(z) := \frac{z^2}{(z-1)(z-2)^2}$, die isolierten Singularitäten und deren Typ.

b)   Berechnen Sie die Residuen von f.

c)   Integrieren Sie f auf dem Rand der Kreise mit dem Mittelpunkt 0 und den Radien $\frac{1}{2}, \frac{3}{2}$ sowie $\frac{5}{2}$; dabei ist der Durchlaufsinn auf dem Rand jedesmal dem Uhrzeigersinn entgegengesetzt.

d)   Entwickeln Sie die Funktion f jeweils in eine Taylor- bzw. Laurentreihe um den Nullpunkt, die in den folgenden Gebieten konvergiert:

$$G_1 = \{z \in \mathbb{C} \mid |z| < 1\}\,,$$
$$G_2 = \{z \in \mathbb{C} \mid 1 < |z| < 2\}\,,$$
$$G_3 = \{z \in \mathbb{C} \mid |z| > 2\}\,.$$

Hinweis: Führen Sie zuerst die Partialbruchzerlegung durch.

Lösung:
a) Der Zähler von f hat genau eine doppelte Nullstelle in 0, und der Nenner von f hat eine einfache Nullstelle in 1 und eine doppelte Nullstelle in 2. Deshalb hat f eine einfache Polstelle in 1, eine doppelte Polstelle in 2 und sonst keine weitere Singularität.

b) $\frac{z^2}{(z-1)(z-2)^2} = \frac{a}{z-1} + \frac{b}{z-2} + \frac{c}{(z-2)^2}$ führt zu

$$a(z^2 - 4z + 4) + b(z^2 - 3z + 2) + c(z - 1) = z^2$$

und damit zu $a + b = 1$, $-4a - 3b + c = 0$, $4a + 2b - c = 0$. Aus den letzten beiden Gleichungen folgt durch Addition $b = 0$; deshalb ergibt sich aus der ersten Gleichung $a = 1$. Aus der zweiten (oder dritten) Gleichung erhält man $c = 4$. Also: $f(z) = \frac{1}{z-1} + \frac{4}{(z-2)^2}$.

Im Punkt 1 ist $\frac{4}{(z-2)^2}$ eine komplex differenzierbare Funktion; deshalb gilt

$$\operatorname{Res} f|_1 = \operatorname{Res} \frac{1}{z-1} \bigg|_1 = 1 .$$

In 2 ist $\frac{1}{z-1}$ komplex differenzierbar; damit erhält man

$$\operatorname{Res} f|_2 = \operatorname{Res} \frac{4}{(z-2)^2} \bigg|_2 = 0 .$$

c) Innerhalb des Kreises $\triangle_1(0)$ ist f komplex differenzierbar; wegen der Inklusion $\partial \triangle_{1/2}(0) \subset \triangle_1(0)$ gilt nach dem Integralsatz von Cauchy: $\int_{\partial \triangle_{1/2}(0)} f(z)dz = 0$. Der einzige Punkt von $\triangle_2(0)$, in welchem f nicht komplex differenzierbar ist, ist 1. Da $1 \notin \partial \triangle_{3/2}(0)$ gilt, folgt nach dem Residuensatz

$$\int_{\partial \triangle_{3/2}(0)} f(z)dz = 2\pi i \operatorname{Res} f|_1 = 2\pi i .$$

Schließlich liegen die einzigen Singularitäten von f, also 1 und 2, innerhalb des Kreises $\triangle_{5/2}(0)$. Mit dem Residuensatz ergibt sich

$$\int_{\partial \triangle_{5/2}(0)} f(z)dz = 2\pi i(\operatorname{Res} f|_1 + \operatorname{Res} f|_2) = 2\pi i .$$

d) Es gilt
i) Auf $\triangle_1(0)$: $\frac{1}{z-1} = -\frac{1}{1-z} = -\sum_{n=0}^{\infty} z^n$,

ii) auf $\Delta_2(0) : \frac{1}{z-2} = -\frac{1}{2} \frac{1}{1-\frac{z}{2}} = -\sum_{n=0}^{\infty} \frac{z^n}{2^{n+1}}$, und durch Ableiten erhalten

wir $\frac{1}{(z-2)^2} = \sum_{n=1}^{\infty} \frac{n}{2^{n+1}} z^{n-1} = \sum_{n=0}^{\infty} \frac{n+1}{2^{n+2}} z^n$,

iii) auf $\{z \in \mathbb{C} \mid |z| > 1\} : \frac{1}{z-1} = \frac{1}{z} \frac{1}{1-\frac{1}{z}} = \frac{1}{z} \sum_{n=0}^{\infty} \frac{1}{z^n} = \sum_{n=1}^{\infty} \frac{1}{z^n}$,

iv) auf $\{z \in \mathbb{C} \mid |z| > 2\} : \frac{1}{z-2} = \frac{1}{z} \frac{1}{1-\frac{2}{z}} = \sum_{n=0}^{\infty} \frac{2^n}{z^{n+1}}$, und durch Ableiten

ergibt sich $\frac{1}{(z-2)^2} = \sum_{n=0}^{\infty} (n+2) \frac{2^n}{z^{n+2}} = \sum_{n=2}^{\infty} n \frac{2^{n-2}}{z^n}$.

Unter Berücksichtigung der Partialbruchzerlegung $f(z) = \frac{1}{z-1} + \frac{4}{(z-2)^2}$ erhält man die folgenden Entwicklungen:

$\rightarrow$ auf $G_1 : f(z) = -\sum_{n=0}^{\infty} z^n + 4 \sum_{n=0}^{\infty} \frac{n+1}{2^{n+2}} z^n = \sum_{n=0}^{\infty} \left(\frac{n+1}{2^n} - 1 \right) z^n$,

$\rightarrow$ auf $G_2 : f(z) = \sum_{n=1}^{\infty} \frac{1}{z^n} + 4 \sum_{n=0}^{\infty} \frac{n+1}{2^{n+2}} z^n = \sum_{n=1}^{\infty} \frac{1}{z^n} + \sum_{n=0}^{\infty} \frac{n+1}{2^n} z^n$,

$\rightarrow$ auf $G_3 : f(z) = \sum_{n=1}^{\infty} \frac{1}{z^n} + 4 \sum_{n=2}^{\infty} n \frac{2^{n-2}}{z^n} = \frac{1}{z} + \sum_{n=2}^{\infty} (1 + n 2^n) \frac{1}{z^n}$.

3.5 Dritter Test für das dritte Kapitel

Aufgabe 1

Sei $\mathbf{x} :]0, \infty[\to \mathbb{R}^3$ die durch $t \mapsto (\frac{1}{t}, t, \sqrt{2} \ln t)^T$ parametrisierte Kurve.

a) Ist diese Kurve glatt parametrisiert?

b) Bestimmen Sie die Länge dieser Kurve zwischen den Punkten $(e, \frac{1}{e}, -\sqrt{2})^T$ und $(\frac{1}{e}, e, \sqrt{2})^T$.

c) Bestimmen Sie die Krümmung und die Torsion in jedem Punkt dieser Kurve.

Lösung:

a) Jede Komponente von $\mathbf{x}$ ist eine unendlich oft differenzierbare Funktion auf $]0, \infty[$. Wegen $\mathbf{x}'(t) = (-\frac{1}{t^2}, 1, \frac{\sqrt{2}}{t})^T$ ist diese Kurve glatt parametrisiert, da $\mathbf{x}'(t)$ für jedes $t > 0$ vom Nullvektor verschieden ist.

b) $\|\mathbf{x}'(t)\| = \sqrt{\frac{1}{t^4} + 1 + \frac{2}{t^2}} = \sqrt{\frac{1 + 2t^2 + t^4}{t^4}} = \frac{1 + t^2}{t^2} = \frac{1}{t^2} + 1$. $\mathbf{x}$ ist eine injektive Funktion von $]0, \infty[$ in $\mathbb{R}^3$, wie am einfachsten an der zweiten Komponente von $\mathbf{x}$ zu sehen ist. Deshalb gibt es jeweils nur ein $t > 0$, welches einem Punkt der Kurve entspricht. So gilt $\mathbf{x}(\frac{1}{e}) = (e, \frac{1}{e}, -\sqrt{2})^T$ und $\mathbf{x}(e) = (\frac{1}{e}, e, \sqrt{2})^T$, und damit ist die gesuchte Bogenlänge der Wert des Integrals

$$\int_{\frac{1}{e}}^{e} \|\mathbf{x}'(t)\| dt = \int_{\frac{1}{e}}^{e} \left(\frac{1}{t^2} + 1 \right) dt = \left(-\frac{1}{t} + t \right) \Big|_{\frac{1}{e}}^{e} = 2e - \frac{2}{e} .$$

Mit $\mathbf{x}''(t) = (\frac{2}{t^3}, 0, -\frac{\sqrt{2}}{t^2})^T$ und $\mathbf{x}'''(t) = (-\frac{6}{t^4}, 0, \frac{2\sqrt{2}}{t^3})^T$ ergibt sich $\mathbf{x}'(t) \times \mathbf{x}''(t) = (-\frac{\sqrt{2}}{t^2}, -\frac{\sqrt{2}}{t^4}, -\frac{2}{t^3})^T$, $\|\mathbf{x}'(t) \times \mathbf{x}''(t)\| = \frac{\sqrt{2}(1 + t^2)}{t^4}$, $\det(\mathbf{x}'(t), \mathbf{x}''(t), \mathbf{x}'''(t)) = -\frac{2\sqrt{2}}{t^6}$. Damit erhalten wir

$$\kappa(t) = \frac{\|\mathbf{x}'(t) \times \mathbf{x}''(t)\|}{\|\mathbf{x}'(t)\|^3} = \frac{\frac{2(1+t^2)}{t^4}}{\frac{(1+t^2)^3}{t^6}} = \frac{2t^2}{(1 + t^2)^2} ,$$

$$\tau(t) = \frac{\det(\mathbf{x}'(t), \mathbf{x}''(t), \mathbf{x}'''(t))}{\|\mathbf{x}'(t) \times \mathbf{x}''(t)\|^2} = \frac{-\frac{2\sqrt{2}}{t^6}}{\frac{2(1+t^2)^2}{t^8}} = -\frac{\sqrt{2}t^2}{(1 + t^2)^2} .$$

Aufgabe 2

a) Bestimmen Sie die Fourierreihe der π-periodischen Funktion $f : \mathbb{R} \to \mathbb{R}$, welche auf $[0, \pi[$ durch $f(x) := x \sin x$ gegeben ist.

b) Ist f eine gerade Funktion?

c) Wo stellt die Fourierreihe die Funktion f dar?

d) Folgern Sie aus den obigen Antworten:

$$\frac{\pi}{4} - \frac{1}{2} = \sum_{k=1}^{\infty} \frac{(-1)^k}{4k^2 - 1} = \frac{1}{3} - \frac{1}{15} + \frac{1}{35} - \frac{1}{63} + \frac{1}{99} - \frac{1}{143} + \cdots .$$

Lösung:

a) Die Funktion f hat die Periode π; die Koeffizienten der f zugeordneten Fourierreihe $\frac{a}{2} + \sum_{k=1}^{\infty}(a_k \cos 2kt + b_k \sin 2kt)$ werden mit den folgenden Integralen berechnet: $a_k = \frac{2}{\pi} \int_0^{\pi} f(t) \cos 2kt\, dt$, $k = 0, 1, 2, \ldots$, $b_k = \frac{2}{\pi} \int_0^{\pi} f(t) \sin 2kt\, dt$, $k = 1, 2, 3, \ldots$.
Es gilt für $k \geq 1$:

$$a_k = \frac{2}{\pi} \int_0^{\pi} t \sin t \cos kt\, dt = \frac{1}{\pi} \int_0^{\pi} t[\sin(2k+1)t - \sin(2k-1)t]dt$$

$$= \frac{1}{\pi} \left[-\frac{1}{2k+1} t \cos(2k+1)t + \frac{1}{2k-1} t \cos(2k+1)t \right] \Big|_0^{\pi}$$

$$+ \frac{1}{\pi} \left[\frac{1}{2k+1} \int_0^{\pi} \cos(2k+1)t dt - \frac{1}{2k-1} \int_0^{\pi} \cos(2k-1)t dt \right]$$

$$= \frac{1}{\pi} \left[\frac{\pi}{2k+1} - \frac{\pi}{2k-1} \right] + \frac{1}{\pi} \left[\frac{\sin(2k+1)t}{(2k+1)^2} \Big|_0^{\pi} - \frac{\sin(2k-1)t}{(2k-1)^2} \Big|_0^{\pi} \right] = -\frac{2}{4k^2 - 1},$$

$$b_k = \frac{2}{\pi} \int_0^{\pi} t \sin t \sin kt\, dt = \frac{1}{\pi} \int_0^{\pi} t[\cos(2k-1)t - \cos(2k+1)t]dt$$

$$= \frac{1}{\pi} \left[\frac{1}{2k-1} t \sin(2k-1)t - \frac{1}{2k+1} t \sin(2k+1)t \right] \Big|_0^{\pi}$$

$$+ \frac{1}{\pi} \left[-\frac{1}{2k-1} \int_0^{\pi} \sin(2k-1)t dt + \frac{1}{2k+1} \int_0^{\pi} \sin(2k+1)t dt \right]$$

$$= \frac{1}{\pi} \left[\frac{1}{(2k-1)^2} (\cos(2k-1)\pi - 1) - \frac{1}{(2k+1)^2} (\cos(2k+1)\pi - 1) \right]$$

$$= -\frac{16k}{\pi(4k^2 - 1)^2} .$$

Da außerdem $a_0 = \frac{2}{\pi} \int_0^{\pi} t \sin t dt = \frac{2}{\pi}(-t \cos t \,|_0^{\pi} + \int_0^{\pi} \cos t dt) = 2$ gilt, ergibt sich die folgende Fourierreihe von f :

$$1 - 2 \sum_{k=1}^{\infty} \left(\frac{1}{4k^2 - 1} \cos 2kt + \frac{8k}{\pi(4k^2 - 1)^2} \sin 2kt \right).$$

b) Aus dem Ergebnis (weil Sinussummanden auftreten) folgt, dass f nicht gerade ist. Aber das ist natürlich auch direkt an der Definition von f nachzuprüfen: Für jedes $x \in]-\frac{\pi}{2}, 0[$ gilt $f(x) = f(\pi + x) = (\pi + x)\sin(\pi + x) = -(\pi + x)\sin x \neq x \sin x = (-x)\sin(-x) = f(-x)$.

c) Setzt man $x \mapsto x \sin x$ von $[0, \pi[$ auf IR mit der Periode π fort, so erhält man eine stetige Funktion f, welche auf $\mathrm{IR} \setminus \{n\pi \mid n \in \mathbb{Z}\}$ differenzierbar und in den Punkten $n\pi$ nicht differenzierbar ist. Es gilt:

$$\lim_{x \to 0+} \frac{f(x) - f(0)}{x - 0} = \lim_{x \to 0+} \sin x = 0,$$

$$\lim_{x \to 0-} \frac{f(x) - f(0)}{x - 0} = \lim_{x \to 0-} \frac{(\pi + x)\sin(\pi + x)}{x} = -\lim_{x \to 0-} \frac{(\pi + x)\sin x}{x} = -\pi.$$

f ist deshalb in jedem Punkt $n\pi$ links- und rechtsseitig differenzierbar. Also ist die f zugeordnete Fourierreihe punktweise konvergent auf IR gegen f; die Fourierreihe stellt also überall die Funktion dar.

d) Aus a) und c) folgt für $t = \frac{\pi}{2}$: $f(\frac{\pi}{2}) = \frac{\pi}{2} = 1 - 2\sum_{k=1}^{\infty} \frac{1}{4k^2-1}\cos k\pi = 1 - 2\sum_{k=1}^{\infty} \frac{(-1)^k}{4k^2-1}$ und daraus $\frac{\pi}{4} - \frac{1}{2} = \sum_{k=1}^{\infty} \frac{(-1)^{k-1}}{4k^2-1}$.

Aufgabe 3

Es sei C die Schnittkurve des elliptischen Zylinders $\{(x, y, z)^T \in \mathrm{IR}^3 \mid x^2 + \frac{y^2}{2} = 1\}$ mit der Ebene $\{(x, y, z)^T \in \mathrm{IR}^3 \mid x = z\}$, die so orientiert ist, dass ihre Projektion auf die Ellipse $x^2 + \frac{y^2}{2} = 1$ positiv orientiert ist. Weiterhin sei das Vektorfeld $\mathbf{f} : \mathrm{IR}^3 \to \mathrm{IR}^3$, $\mathbf{x} = (x, y, z)^T \mapsto (yz^2, xz^2 + 4y, 2xyz)^T =: \mathbf{f}(\mathbf{x})$.

a)   Geben Sie eine glatte Parametrisierung von C an.

b)   Berechnen Sie das Kurvenintegral $\int_C \mathbf{f} \cdot d\mathbf{x}$ mit Hilfe der obigen Parametrisierung.

c)   Zeigen Sie, dass $\mathbf{f}$ die Integrabilitätsbedingungen erfüllt.

d)   Bestimmen Sie ein $g : \mathrm{IR}^3 \to \mathrm{IR}$ mit $\mathrm{grad}\, g = \mathbf{f}$.

e)   Bestätigen Sie das in b) erzielte Ergebnis sowohl mit Hilfe des Potenzials g als auch mit dem Satz von Stokes.

Lösung:

a) $[0, 2\pi] \to \mathrm{IR}^3$, $t \mapsto \mathbf{x}(t) := (\cos t, \sqrt{2}\sin t, \cos t)^T$ ist eine glatte Parametrisierung von C, weil für jedes t gilt:

$$\|\mathbf{x}'(t)\| = \sqrt{(-\sin t)^2 + (\sqrt{2}\cos t)^2 + (-\sin t)^2} = \sqrt{2} \neq 0 \ .$$

Außerdem ist die Projektion dieser Kurve auf die x-y-Ebene die parametrisierte Kurve $[0, 2\pi] \mapsto \left(\begin{smallmatrix} \cos t \\ \sqrt{2}\sin t \end{smallmatrix}\right)$, welche positiv orientiert ist.

b) Mit der angegebenen Parametrisierung erhält man

$$\int_C \mathbf{f} \cdot d\mathbf{x} = \int_0^{2\pi} \begin{pmatrix} \sqrt{2}\sin t\cos^2 t \\ \cos^3 t + 4\sqrt{2}\sin t \\ 2\sqrt{2}\sin t\cos^2 t \end{pmatrix} \cdot \begin{pmatrix} -\sin t \\ \sqrt{2}\cos t \\ -\sin t \end{pmatrix} dt$$

$$= \int_0^{2\pi} (\sqrt{2}\cos^4 t + 8\sin t\cos t - 3\sqrt{2}\sin^2 t\cos^2 t)dt$$

$$= \int_0^{2\pi} [\sqrt{2}\cos^2 t(\cos^2 t - 3\sin^2 t) + 4\sin 2t]dt$$

$$= \sqrt{2}\int_0^{2\pi} \frac{1 + \cos 2t}{2}(2\cos 2t - 1)dt - 2\cos 2t\ \Big|_0^{2\pi}$$

$$= \frac{\sqrt{2}}{2}\int_0^{2\pi}(\cos 2t + \cos 4t)dt = \left(\frac{\sqrt{2}}{4}\sin 2t + \frac{\sqrt{2}}{8}\sin 4t\right)\ \Big|_0^{2\pi} = 0 \ .$$

c) Die Integrabilitätsbedingungen $\frac{\partial}{\partial y}(yz^2) = \frac{\partial}{\partial x}(xz^2 + 4y)$, $\frac{\partial}{\partial z}(xz^2 + 4y) = \frac{\partial}{\partial y}(2xyz)$ und $\frac{\partial}{\partial x}(2xyz) = \frac{\partial}{\partial z}(yz^2)$ gelten in allen Punkten aus $\mathbb{R}^3$.

d) $\frac{\partial g}{\partial x}(x, y, z) = yz^2$ ist für $g(x, y, z) = xyz^2 + \varphi(y, z)$ erfüllt. Betrachtet man die zweite Komponente von $\mathbf{f}$, so folgt aus $\frac{\partial}{\partial y}g(x, y, z) = xz^2 + \frac{\partial\varphi}{\partial y}(y, z) = xz^2 + 4y$, dass φ die Gestalt $\varphi(y, z) = 2y^2 + \psi(z)$ hat. Die Funktion $xyz^2 + 2y^2 + \psi(z)$ erfüllt die Bedingung $\frac{\partial}{\partial z}(xyz^2 + 2y^2 + \psi(z)) = 2xyz$, wenn $\psi'(z) = 0$ gilt. Also ist $g, g(x, y, z) := xyz^2 + 2y^2$ ein Potenzial für $\mathbf{f}$.

e) Auf jeder geschlossenen Kurve Γ im $\mathbb{R}^3$ gilt $\int_\Gamma \mathbf{f} \cdot d\mathbf{x} = 0$, weil $\mathbf{f}$ ein Potenzial besitzt. Die Integrabilitätsbedingungen sind äquivalent zu $\operatorname{rot}\mathbf{f} = \mathbf{0}$. Nach dem Satz von Stokes ist also $\int_G \mathbf{f} \cdot d\mathbf{x} = \int_F \operatorname{rot}\mathbf{f}\,do = 0$, eine zweite Bestätigung des in b) erzielten Ergebnisses. (Dabei kann man die Fläche $F = \{(x, y, z)^T \in \mathbb{R}^3 \mid x = z , \ x^2 + \frac{y^2}{2} < 1\}$ mit C als Rand wählen.)

Aufgabe 4

Gegeben ist die Differenzialgleichung $2xy\,dx + (y^2 - x^2)dy = 0$.

a)   Zeigen Sie, dass diese Differenzialgleichung auf keiner offenen Teilmenge von IR^2 exakt ist.

b)   Bestimmen Sie für die obige Differenzialgleichung auf $\mathsf{IR}^2\backslash\{0\}$ einen integrierenden Faktor der Form $(x^2 + y^2)^a$ mit $a \in \mathsf{IR}$.

c)   Berechnen Sie $\operatorname{grad}(\frac{-y}{x^2+y^2})$.

d)   Verwenden Sie die Ergebnisse aus b) und c), um die allgemeine Lösung der gegebenen Differenzialgleichung zu erhalten.

e)   Bestimmen Sie die Lösung der Differenzialgleichung, die die Anfangsbedingung $y(1) = \frac{1}{2}$ erfüllt, und deren maximalen Definitionsbereich.

Lösung:

a) Die Bedingung für die Exaktheit $\frac{\partial}{\partial x}(y^2 - x^2) = \frac{\partial}{\partial y}(2xy)$, d.h. $-2x = 2x$, ist nur auf der y-Achse erfüllt. Keine offene Menge aus IR^2 ist darin erhalten.

b) $\frac{\partial}{\partial x}[(x^2 + y^2)^a(y^2 - x^2)] = \frac{\partial}{\partial y}[(x^2 + y^2)^a 2xy]$ lässt sich als $a2x(x^2 + y^2)^{a-1}(y^2 - x^2) + (x^2 + y^2)^a(-2x) = a2y(x^2 + y^2)^{a-1}2xy + (x^2 + y^2)^a 2x$ schreiben und damit als $a(x^2 + y^2)^{a-1}[2xy^2 - 2x^3 - 4xy^2] = 4(x^2 + y^2)^a x$. Auf $\mathsf{IR}^2\backslash\{0\}$ ist diese Gleichung zu $-2ax = 4x$ äquivalent, was auf $\mathsf{IR}^2\backslash\{0\}$ für $a = -2$ (und nur dafür) erfüllt ist.

c) Es gilt $\frac{\partial}{\partial x}(\frac{-y}{x^2+y^2}) = \frac{2xy}{(x^2+y^2)^2}$, $\frac{\partial}{\partial y}(\frac{-y}{x^2+y^2}) = \frac{y^2-x^2}{(x^2+y^2)^2}$.

d) Berücksichtigt man den integrierenden Faktor $(x^2 + y^2)^{-2}$, so hat man die Gleichung $\frac{2xy}{(x^2+y^2)^2} dx + \frac{y^2-x^2}{(x^2+y^2)^2} dy = 0$ zu lösen. Aus c) folgt, dass $\frac{-y}{x^2+y^2} = C$ mit $C \in \mathsf{IR}$ die allgemeine Lösung ist.

e) Die Anfangsbedingung $y(1) = \frac{1}{2}$ führt zu $C = \frac{2}{5}$. Aus $2y^2 + 2x^2 = 5y$ ergeben sich die möglichen Lösungen $\frac{5\pm\sqrt{25-16x^2}}{4}$; nur $y(x) := \frac{5-\sqrt{25-16x^2}}{4}$ erfüllt die Anfangsbedingung. Die Zuordnung $x \mapsto y(x) := \frac{5-\sqrt{25-16x^2}}{4}$ definiert eine differenzierbare Funktion auf $]-\frac{5}{4}, \frac{5}{4}[$; eine (differenzierbare) Fortsetzung dieser Funktion auf ein größeres Intervall ist wegen $\lim\limits_{x\to\frac{5}{4}-0} y'(x) = \infty$ und $\lim\limits_{x\to-\frac{5}{4}+0} y'(x) = -\infty$ nicht möglich.

Aufgabe 5

Entwickeln Sie die Funktion f , $f(z) := \frac{1}{(z+1)^2(z-3)}$, in eine konvergente Taylor- bzw. Laurentreihe, und zwar

i)   um $z_0 = 0$ in $\triangle_1 := \{z \in \mathbb{C} \mid |z| < 1\}$,

ii)   um $z_0 = 0$ in $\triangle_{1,3}(0) := \{z \in \mathbb{C} \mid 1 < |z| < 3\}$,

iii) um $z_0 = 1$ in $\triangle_2(1) := \{z \in \mathbb{C} \mid |z - 1| < 2\}$,

iv)   um $z_0 = 1$ in $\triangle_{2,\infty}(1) := \{z \in \mathbb{C} \mid |z - 1| > 2\}$.

Lösung:
Die Methode der Partialbruchzerlegung führt zu

$$f(z) = \frac{1}{(z+1)^2(z-3)} = \frac{1}{16} \cdot \frac{1}{z-3} - \frac{1}{16} \cdot \frac{1}{z+1} - \frac{1}{4} \cdot \frac{1}{(z+1)^2}.$$

Auf Δ_1 gilt $\frac{1}{z+1} = \sum_{n=0}^{\infty}(-1)^n z^n$ und damit (durch gliedweise Ableiten der Reihe, was wegen der kompakten Konvergenz erlaubt ist) $\frac{1}{(z+1)^2} = \sum_{n=0}^{\infty}(-1)^n(n+1)z^n$. Auf $\Delta_{1,\infty}(0)$ gilt $\frac{1}{z+1} = \sum_{n=0}^{\infty}(-1)^n\frac{1}{z^{n+1}}$ und deshalb auch $\frac{1}{(z+1)^2} = \sum_{n=1}^{\infty}(-1)^{n+1}\frac{n}{z^{n+1}}$. Auf $\Delta_3(0)$ gilt $\frac{1}{z-3} = -\sum_{n=0}^{\infty}\frac{z^n}{3^{n+1}}$; dagegen hat man auf $\Delta_{3,\infty}(0)$ die Laurent-Entwicklung $\frac{1}{z-3} = \sum_{n=1}^{\infty}\frac{3^{n-1}}{z^n}$. Möchte man nun um 1 entwickeln, so schreibt man $f(z) = \frac{1}{((z-1)+2)^2((z-1)-2)}$ $= \frac{1}{16} \cdot \frac{1}{(z-1)-2} - \frac{1}{16} \cdot \frac{1}{(z-1)+2} - \frac{1}{4}\frac{1}{((z-1)+2)^2}$. Auf $\Delta_2(1)$ gilt $\frac{1}{(z-1)-2} = -\sum_{n=0}^{\infty}\frac{(z-1)^n}{2^{n+1}}$ und $\frac{1}{(z-1)+2} = \sum_{n=0}^{\infty}(-1)^n\frac{(z-1)^n}{2^{n+1}}$; daraus erhält man $\frac{1}{((z-1)+2)^2} = \sum_{n=0}^{\infty}(-1)^n\frac{(n+1)(z-1)^n}{2^{n+2}}$. Schließlich konvergieren auf $\Delta_{2,\infty}(1)$ die Reihen $\sum_{n=0}^{\infty}\frac{2^n}{(z-1)^{n+1}}$, $\sum_{n=0}^{\infty}(-1)^n\frac{2^n}{(z-1)^{n+1}}$ und $\sum_{n=1}^{\infty}(-1)^{n+1}\frac{2^{n-1}n}{(z-1)^{n+1}}$ gegen $\frac{1}{(z-1)-2}$, $\frac{1}{(z-1)+2}$ bzw. $\frac{1}{((z-1)+2)^2}$.

Setzt man diese Reihen in die angegebene Partialbruchzerlegung ein, so erhält man (nach einigen Änderungen der Summationsindizes)

i) $f(z) = -\dfrac{1}{16}\displaystyle\sum_{n=0}^{\infty}\left(\dfrac{1}{3^{n+1}} + (-1)^n(4n+5)\right)z^n$ auf Δ_1 ,

ii) $f(z) = \dfrac{1}{z} + \displaystyle\sum_{n=2}^{\infty}(-1)^n\dfrac{5-4n}{16} \cdot \dfrac{1}{z^n} - \displaystyle\sum_{n=0}^{\infty}\dfrac{z^n}{3^{n+1}}$ auf $\Delta_{1,3}(0)$,

iii) $f(z) = -\displaystyle\sum_{n=0}^{\infty}\dfrac{1+(-1)^n(2n+3)}{2^{n+5}}(z-1)^n$ auf $\Delta_2(1)$,

iv) $f(z) = \displaystyle\sum_{k=0}^{\infty}\dfrac{4^{k-1}}{(z-1)^{2k+2}} + \displaystyle\sum_{n=1}^{\infty}(-1)^n\dfrac{2^{n-3}n}{(z-1)^{n+1}}$ auf $\Delta_{2,\infty}(1)$.

Aufgabe 6

Berechnen Sie mit Hilfe des Residuensatzes

$$\int_{-\infty}^{\infty} \frac{x\cos x}{(x^2+1)(x^2+4)}dx \quad \text{und} \quad \int_{-\infty}^{\infty} \frac{x\sin x}{(x^2+1)(x^2+4)}dx \ .$$

Begründen Sie Ihre Vorgehensweise!

Lösung:

Sei $R \geq 4$, und γ_R der Halbkreis mit der Parametrisierung $[0, \pi] \to \mathbb{C}$, $t \mapsto Re^{it}$. Betrachtet man die geschlossene Kurve, die aus γ_R und der Strecke $[-R, R]$ besteht, so folgt mit dem Residuensatz für die Funktion $f, f(z) := \frac{z}{(z^2+1)(z^2+4)} e^{iz}$:

$$\int_{-R}^{R} \frac{x}{(x^2+1)(x^2+4)} e^{ix} dx + \int_{\gamma_R} f(z) dz = 2\pi i (\operatorname{Res} f|_i + \operatorname{Res} f|_{2i}) . \quad (*)$$

Für die Abschätzung von $|\int_{\gamma_R} f(z) dz|$ bemerken wir, dass für $|z| \geq R \geq 4$ die Ungleichung $|z|^4 < 2(|z|^4 - 5|z|^2 - 4)$ gilt, weil sie zu $|z|^4 - 10|z|^2 - 8 > 0$ äquivalent ist, und diese letzte Ungleichung ist leicht einzusehen:

$$|z|^4 - 10|z|^2 - 8 = |z|^2(|z|^2 - 10) - 8 \geq 16(16 - 10) - 8 > 0 .$$

Wegen $|z|^4 - 5|z|^2 - 4 \leq |z^4 + 5z^2 + 4|$ folgt $|z|^4 < 2|z^4 + 5z^2 + 4|$ und damit $\frac{|z|}{|z^4 + 5z^2 + 4|} < \frac{2}{|z|^3}$. Schließlich ergibt sich daraus auf $\{z = x + iy \in \mathbb{C} \mid |z| \geq R , y \geq 0\}$ die Ungleichung

$$|f(z)| = \left| \frac{z}{(z^2+1)(z^2+4)} e^{iz} \right| \leq 2 \frac{1}{|z|^3} e^{-y} \leq \frac{2}{R^3} .$$

Damit erhält man die Abschätzung

$$\left| \int_{\gamma_R} f(z) dz \right| \leq \int_{0}^{\pi} |f(z) Rie^{it}| dt \leq 2 \int_{0}^{\pi} \frac{1}{R^2} dt = \frac{2\pi}{R^2} ,$$

was $\lim_{R \to \infty} \int_{\gamma_R} f(z) dz = 0$ als Folgerung hat. Die Residuen von f in den einfachen Polstellen i und $2i$ – die einzigen Polstellen, die innerhalb der geschlossenen Kurve $\gamma_R \cup [-R, R]$ liegen – sind:

$$\operatorname{Res} f|_i = \lim_{z \to i}(z - i)f(z) = \lim_{z \to i} \frac{z}{(z+i)(z^2+4)} e^{iz} = \frac{1}{6e} ,$$

$$\operatorname{Res} f|_{2i} = \lim_{z \to 2i}(z - 2i)f(z) = \lim_{z \to 2i} \frac{z}{(z^2+1)(z+2i)} e^{iz} = -\frac{1}{6e^2} .$$

Damit ergibt sich aus $(*)$ durch den Grenzübergang $R \to \infty$

$\int_{-\infty}^{\infty} \frac{x \cos x}{(x^2+1)(x^2+4)} dx + i \int_{-\infty}^{\infty} \frac{x \sin x}{(x^2+1)(x^2+4)} dx = 2\pi i (\frac{1}{6e} - \frac{1}{6e^2}) = \frac{\pi i(e-1)}{3e^2}$, was

zu $\int_{-\infty}^{\infty} \frac{x \cos x}{(x^2+1)(x^2+4)} dx = 0$ und $\int_{-\infty}^{\infty} \frac{x \sin x}{(x^2+1)(x^2+4)} dx = \frac{\pi(e-1)}{3e^2}$ führt. Das erste

Ergebnis dient eigentlich nur zur Probe, da $\int_{-\infty}^{\infty} g(x)dx = 0$ für jede uneigentlich integrierbare, ungerade Funktion g, also insbesondere für $\frac{x \cos x}{(x^2+1)(x^2+4)}$ gilt.

Aufgabe 7

Lösen Sie mit Hilfe der Laplacetransformation die Differenzialgleichung

$$y'' - 2y' - 15y = 18 \sin t - 14 \cos t$$

unter den Anfangsbedingungen

i) $y(0) = 1$, $y'(0) = 7$, ii) $y(0) = 1$, $y'(0) = -1$.

Lösung:
Wendet man auf die Differenzialgleichung unter Berücksichtigung der Anfangsbedingungen der Laplacetransformation an, so erhält man mit der Bezeichnung $L[y] = Y$ und wegen der bekannten Regeln $L[y'](s) = sY(s) - y(0)$ und $L[y''](s) = s^2 Y(s) - sy(0) - y'(0)$ die Gleichungen

i) $(s^2 - 2s - 15)Y(s) - s - 5 = \frac{18-14s}{s^2+1}$,

ii) $(s^2 - 2s - 15)Y(s) - s + 3 = \frac{18-14s}{s^2+1}$.

Daraus erhält man mit Partialbruchzerlegungen

i) $Y(s) = \frac{s^3+5s^2-13s+23}{(s^2+1)(s-5)(s+3)} = \frac{s}{s^2+1} - \frac{1}{s^2+1} + \frac{1}{s-5} - \frac{1}{s+3}$,

ii) $Y(s) = \frac{s^3-3s^2-13s+15}{(s^2+1)(s-5)(s+3)} = \frac{s}{s^2+1} - \frac{1}{s^2+1}$.

Wegen $L[\sin t](s) = \frac{1}{s^2+1}$, $L[\cos t](s) = \frac{s}{s^2+1}$, $L[e^{at}](s) = \frac{1}{s-a}$ für jedes $a \in \mathrm{I\!R}$ und aus dem Eindeutigkeitssatz ergeben sich schließlich die Lösungen

i) $y(t) = \cos t - \sin t + e^{5t} - e^{-3t}$, ii) $y(t) = \cos t - \sin t$.

Literaturhinweise

1. Beekmann, W.: Analysis, I u. II, Kurse 1132 u. 1133 der Fernuniversität, Hagen, 2001

2. Beekmann, W. / Duma, A. / Linden, H. / Petersson, H. / Pumplün, D.: Mathematik für Ingenieure; Band I, II, III u. IV, Kurse 1191-1194 der Fernuniversität, Hagen, 2001

3. Duma, A./ Garske, G.: Einführung in die Funktionentheorie; Kurs 1339 der Fernuniversität, Hagen, 2001

4. Endl, K. / Luh, W.: Analysis, Band I, II u. III, Akad. Verlagsgesellschaft, Frankfurt/M., 1972, 1973 u. 1974

5. Fischer, G.: Lineare Algebra; vieweg studium, Vieweg u. Sohn, Braunschweig, 1995

6. Fischer, W. / Lieb, I.: Funktionentheorie, Vieweg u. Sohn, Braunschweig, 1994

7. Forster, O.: Analysis, Band I u. II; vieweg studium, Vieweg u. Sohn, Braunschweig 1983 u. 1984

8. Habetha, K.: Höhere Mathematik für Ingenieure und Physiker; Band 1,2 u. 3, Klett Studienbücher, Ernst Klett Verlag, Stuttgart, 1976

9. Königsberger, K.: Analysis 1 u. 2; Springer Verlag, Berlin/Heidelberg/New-York, 1995 u. 1993

10. Locher, F.: Numerische Mathematik für Informatiker, Springer Verlag, Berlin/Heidelberg/New-York, 1992

11. Meyberg, K. / Vachenauer,P.: Höhere Mathematik; Band 1 u. 2, Springer Verlag, Berlin/Heidelberg/New-York, 1995 u. 1997

12. Neunzert, H. et Al.: Analysis; Band 1 u. 2, Springer Verlag, Berlin/Heidelberg/New-York, 1996 u. 1993

13. Räde, L. / Westergren, B.: Mathematische Formeln, Springer Verlag, Berlin/Heidelberg/New-York, 1997

14. Reiffen, H.-J. / Trapp, H.W.: Differentialrechung; B.I. Wissenschaftsverlag, Mannheim/Wien/Zürich, 1989

15. Reiffen, H.-J. / Trapp,H.W.: Einführung in die Analysis, Differentiation und Integration; Universitätsverlag Rasch, Osnabrück, 1999

16. Remmert, R.: Funktionentheorie, Band 1 u. 2, Springer Verlag, Berlin/Heidelberg/New-York, 1995

17. Smirnow, W.I.: Lehrgang der Höheren Mathematik, Band I, II, III, IV u. V, Deutscher Verlag der Wissenschaften, Berlin, 1973, 1974, 1975

18. Storch, U./ Wiebe, H.: Lehrbuch der Mathematik, Band 1,2 u. 3, B.I. Wissenschaftsverlag, Mannheim/Wien/Zürich, 1989, 1990, 1993

Index

Preisgekrönte Didaktik

T. Westermann

Mathematik für Ingenieure mit Maple

**Band 1: Differential- und Integral-
rechnung für Funktionen einer
Variablen, Vektor- und Matrizen-
rechnung, Komplexe Zahlen,
Funktionenreihen**

Systemanforderung: Intel 486 DX oder
Pentium 32 MB Festplattenplatz, 32 MB
RAM. Windows NT 4.0, 95, 98 und höher.

3. Aufl. 2002. IX, 534 S. 300 Abb.
(Springer-Lehrbuch) Brosch.
€ 34,95; sFr 56,-
ISBN 3-540-43835-1

„... Die Darstellung ist gut strukturiert und über-
sichtlich. Das Fehlen exakter mathematischer
Herleitungen und der Verzicht auf Beweise ist
sinnvoll, da sich das Lehrbuch an Mathematik-
Anwender richtet... Insgesamt ist das Lehrbuch
für alle Mathematik-Grundvorlesungen an Fach-
hochschulstudiengängen gut geeignet, besonders
für Ingenieure, aber auch für Informatiker und
Mathematiker." (Prof. Dr. Dietwald Schuster, FH
Regensburg)
Inhaltsübersicht: Zahlen, Gleichungen und Gleichungssysteme.- Vektorrechnung.- Matrizen und
Determinanten.- Elementare Funktionen.- Die
komplexen Zahlen.- Differential- und Integralrechnung.- Funktionenreihen.- Numerisches
Lösen von Gleichungen.- Numerische Differentiation und Integration.- Anhang A: Lösungen zu
den Übungsaufgaben.- Anhang B: Einführung in
MAPLE.- Anhang C: Die CD-ROM.- Literaturver-
zeichnis.- Index.

Springer · Kundenservice
Haberstr. 7 · 69126 Heidelberg
Tel.: (0 62 21) 345 - 217/-218
Fax: (0 62 21) 345 - 229
e-mail: orders@springer.de

Die €-Preise für Bücher sind gültig in Deutschland und enthalten 7% MwSt.
Preisänderungen und Irrtümer vorbehalten. d&p · BA 43598/3

Druck: Strauss GmbH, Mörlenbach
Verarbeitung: Schäffer, Grünstadt